国家出版基金项目
NATIONAL PUBLICATION FOUNDATION

国家电网公司
电力科技著作出版项目

GREEN MANUFACTURING TECHNOLOGY AND PRACTICE OF SUPER LARGE NUCLEAR POWER FORGINGS

超大型核电锻件绿色制造技术与实践

王宝忠　等著

中国电力出版社
CHINA ELECTRIC POWER PRESS

内 容 提 要

本专著系统地回顾了我国核电锻件的自主研发历程，以解决世界性难题为目标，以具体产品实例为契入点，运用大量翔实的试验数据对超大型核电锻件从传统制造迈向绿色制造（胎模锻造、仿形锻造及近净成形锻造）过程中的理论创新、技术研发及工程实践进行了详细的阐述，并对其中的失败案例进行了深入剖析，揭示了工程应用领域技术创新的本质。针对核电装备的预期走向，对超大型核电锻件未来的发展趋势进行了展望。

本专著含有2500余幅图片和200多份表格等珍贵技术资料，客观真实地再现了超大型核电锻件1∶1评定、解剖及制造的研发经历，是一代工程技术人员心血的结晶，对稳定和提高超大型核电锻件质量具有一定的参考价值，对未来新技术研发亦具有指导意义。

本书可供核电装备设计、制造、监管者以及将要从事核电装备的专业技术人员和管理人员参考。

图书在版编目（CIP）数据

超大型核电锻件绿色制造技术与实践 / 王宝忠等著. —北京：中国电力出版社，2017. 12
ISBN 978-7-5198-1102-0

Ⅰ. ①超… Ⅱ. ①王… Ⅲ. ①核电厂-大型锻件-锻造-制造工艺 Ⅳ. ①TM623. 4②TG316

中国版本图书馆 CIP 数据核字（2017）第 213403 号

出版发行：中国电力出版社
地　　址：北京市东城区北京站西街 19 号（邮政编码 100005）
网　　址：http：//www. cepp. sgcc. com. cn
责任编辑：周　娟　梁　瑶　杨淑玲　关　童
责任校对：郝军燕　太兴华
装帧设计：王红柳
责任印制：杨晓东

印　　刷：北京盛通印刷股份有限公司
版　　次：2017 年 12 月第 1 版
印　　次：2017 年 12 月北京第 1 次印刷
开　　本：787mm×1092mm　16 开本
印　　张：45. 75
字　　数：1130 千字
定　　价：268. 00 元

序　一

作为中国核电装备引进、消化、吸收、创新的筹备者与见证人，很高兴应著者之邀为《超大型核电锻件绿色制造技术与实践》一书作序。

核电锻件对核电装备的发展起着至关重要的作用，中国核电装备的发展实践证明，没有核电锻件就无法掌握发展核电的主动权。十几年前，按照党和国家领导人的部署，在与美国、法国、俄罗斯等核电强国交流引进三代核电技术时，将核电锻件作为一个重要引进内容进行谈判。然而，正如吴邦国同志所说，“外方就是不同意转让核电锻件制造技术”，最后的谈判结果只是从美国西屋公司（WEC）引进了 AP1000 核电设计和制造技术。

为了推动核电锻件自主化，摆脱受制于人的被动局面，我曾多方奔走呼吁国家支持核电锻件的研发，得到了科技部的大力支持，在“十一五”科技支撑计划中追加了核电锻件的研制内容。国内的核电锻件供应商与科研院所联合攻关，经过三年多的努力基本解决了二代加核电锻件的供货问题。

在大型先进压水堆重大专项的资助下，由中国一重牵头，联合了中国二重、上海重型机器厂等国内知名企业及科研院所共同开展了超大型核电锻件的联合研制工作，以王宝忠为首的攻关团队不分昼夜潜心研究，耗费了大量的心血。经过多年的不懈努力，实现了三代核电核岛及常规岛锻件全部自主化，同时取得了制造技术国际领先的好成绩，可以说是难能可贵的。

《超大型核电锻件绿色制造技术与实践》用大量翔实的数据所列举的具有国际领先水平的制造技术彻底改变了人们对大型锻件“傻大黑粗”的印象。事实证明，只要用心去做产品，中国制造不仅能解决有无的问题，同样也能实现绿色制造。

然而，中国制造的产品最让人不放心的是质量的稳定性。产品质量之所以存在着“一好、二坏、三推倒、四重来”的怪现象，究其原因是先进的制造技术不能很好地得以传承。《超大型核电锻件绿色制造技术与实践》既全面系统地介绍了研制过程中取得的成果，又总结了一些经验和教训，对稳定和提高超大型核电锻件的产品质量有着很好的指导与借鉴作用。

党中央国务院提出了核电装备“走出去”的发展战略，习近平主席和李克强总理亲自做“推销员”，“一带一路”为我国核电装备描绘了美好的发展前景。衷心希望《超大型核电锻件绿色制造技术与实践》一书能成为核电装备设计、制造、监管者以及将要从事核电装备的学习者们的良师益友。

原机械工业部副部长

二〇一七年六月

序　二

审阅了《超大型核电锻件绿色制造技术与实践》一书送审稿后，非常震撼，很高兴应著者之邀为该书作序。

超大型锻件是重大装备的脊梁，其制造质量制约着产品的水平。由于超大型锻件体积庞大、形状复杂，制造难度相当大。传统的大型锻件固态成形过程基本是自由锻造，加工余量大，精度差，冶金质量差。著者们为了改变我国核电大型锻件基础薄弱、技术粗放、工艺落后的面貌，以实现绿色制造为目标，不断向“不可能”发起挑战。创造性地将超大型锻件的自由锻造提升为胎模锻造、仿形锻造及近净成形锻造，改写了超大型锻件只能是“傻大黑粗”的历史。

超大型核电锻件绿色制造技术的研发是以企业为主体，联合高校、科研院所协同创新，是产学研结合的典范。实践再一次证明了理论研究是实践的基础，而实践又是理论验证、完善和创新的源泉。

研发团队在超大型锻件的绿色制造实践中，将冶金行业的长水口、挡墙、挡坝等引入机械行业超大型钢锭的铸锭，有效地避免钢液的二次氧化以及防止钢渣进入钢锭模；借鉴冶金行业的楔形轧制，实现了双端不对称同步压下变截面筒体类锻件的近净成形。通过集成创新，开发了锻压工程领域新工艺、新技术、新装备，取得了多项具有世界领先水平的技术突破。这一创新工作中所积累的宝贵实践经验和理论上取得的创新与突破，是我国锻造技术领域一笔非常宝贵的财富。

《超大型核电锻件绿色制造技术与实践》在系统论述研制成果的同时，还客观地介绍了一些不足与教训，同时对全面实现超大型锻件的转型升级、跨越发展的目标提出了展望。相信该书的问世必将对稳定和提高超大型核电锻件质量、促进超大型核电锻件技术进步产生推动作用。

《超大型核电锻件绿色制造技术与实践》一书是一代科技工作者和工程技术人员心血的结晶。著者们能站在国家的高度，将 2700 多份弥足珍贵的图表和大量的实验数据展现给读者，深入浅出地介绍超大型核电锻件研发工作的经验和教训，对于传承技术、培养人才将起到非常重要的作用，精神可嘉，难能可贵。为此，我热忱地向读者推荐这本书，衷心希望《超大型核电锻件绿色制造技术与实践》一书能成为从事超大型锻件研发、制造工作者以及金属压力加工学习者的工作和学习指南。

中国工程院院士 

二○一七年十一月

前　言

为了适应核电装备长寿期、大型化等发展需求，超大型核电锻件应运而生。长期以来，我国重主机而轻配套的发展思路，致使超大型锻件依赖进口供货，国产件能力与质量难以满足要求，已成为重大装备工业发展的瓶颈并受制于人。在第三代核电技术引进中，外方不同意转让大型锻件制造技术，大型锻件制造技术已成为我国发展重大装备工业的瓶颈之一。为了尽快实现超大型核电锻件的自主化并达到国际先进水平，由中国第一重型机械集团公司牵头，联合国内优势企业、高等院校及科研院所，承担了国家“十一五”科技支撑计划及大型先进压水堆核电重大专项等科研课题，开展了长达十年的超大型核电锻件研究与制造工作。

超大型核电锻件的绿色制造具体体现为锻件的胎模锻造、仿形锻造及近净成形锻造。超大型核电锻件的制造已很“难”，一体化超大型核电锻件的制造“更难”，而近净成形锻造的一体化超大型核电锻件绿色制造则是“难以想象”。科研团队秉承着核电锻件超大型化和绿色化的研制理念，不断向“不可能”发起挑战。在近乎“一穷二白”的基础上，攻坚克难、“屡败屡战”，经过不懈努力，取得了多项世界之最的优异成绩。

目前，全球经济发展进入新常态，导致热加工产能严重过剩，60MN 及以上液压机开工率平均不足 30%。虽然超大型核电锻件“热火朝天”、供不应求的局面可能“一去不复返”了，但能源装备“清洁、绿色、高效”的发展趋势，对超大型核电锻件的需求是永恒的。国家核电装备“走出去”战略的实施，也必将为超大型核电锻件的发展提供更加广阔的空间。因此，我们将十几年来在超大型核电锻件研究与制造方面的经验、体会和教训编撰成册，对如何进行系统性基础研究、如何进行低成本工程化试制，以及怎样实现绿色化、产业化、批量化生产进行了阐述，对未来的发展趋势进行了展望。

本书共分 8 篇 33 章。第 1 篇从超大型核电锻件的重要性、主要特点、创新性研发以及国内外同类制造技术对比等方面进行了综述；第 2 篇对超大型核电锻件的坯料——超大型钢锭的研制进行了论述；第 3～7 篇分别重点对各种堆型的压力容器、蒸汽发生器、主管道等核电锻件以及常规岛锻件研制及应用实践和经验教训进行了详细阐述；第 8 篇对核电超大型锻件研制中具有代表性的问题与不足进行了列举，对未来发展进行了展望。

本书是工程实践经验的总结与提炼，含有直径 ϕ4000mm 的 600t 级超大型钢锭和直径 ϕ3000mm 的汽轮机整锻低压转子锻件解剖等大量珍贵技术资料，希望能成为核电装备的设计、制造、质量管理人员，特别是超大型锻件研究制造工作者的技术工作指南。此外，由于本书涉及的内容已突破了传统论述，亦可供高等院校及研究院所从事热加工理论学习的人员参考。

本专著采用大量工程实践的图表展示了超大型核电锻件绿色制造技术的先进性，为了保证试验数据的真实性及完整性，本专著少部分图表及描述采用了机械工业出版社出版的《超大型核电锻件绿色制造技术》相关内容。

本书由王宝忠执笔并统稿，刘颖、聂义宏、金嘉瑜、赵德利参与了部分章节的撰写；刘凯泉、曹志远、高建军曾参与了《超大型核电锻件绿色制造技术》专著部分章节的撰写。

在超大型核电锻件绿色制造技术研发工作中，得到了上海核工程研究设计院、清华大学、燕山大学、重庆大学、东北大学、太原科技大学、中国科学院金属研究所、钢铁研究总院和机械科学研究总院等单位的大力支持，在此一并表示感谢！

由于我们的水平有限，书中不妥及疏漏的地方，敬请读者批评指正。

著　者

二〇一七年十一月

目　录

第 2 篇 超大型钢锭研制及应用

第 3 篇 压力容器锻件研制及应用

第 7 篇 常规岛锻件研制及应用

第8篇 存在的问题与未来发展设想

第 1 篇　绪　论

当今社会，核电技术已成为一个国家科技创新水平的重要标志。只有掌握了核心技术才能够真正“亮剑”，也才能够赢得尊重与未来。1991 年 12 月 15 日是中国核电发展史上一个应该被永远铭记的日子，这一天秦山核电一期首次并网发电，结束了我国大陆无核电的历史。此时距离世界首座试验核电站的建成已经过去了整整 38 年。落后的起步直接催生出奋起的动力。今天，以浙江秦山、广东大亚湾和江苏田湾为代表的三大核电基地，已经赫然矗立在中国的经济版图和世界的目光中。中国已经发展壮大为世界核电业中一支重要力量。

中国核电起步虽晚，但是发展速度却超乎寻常。比之“中国速度”更为引人注目的，是中国核电从无到有、由弱转强的“三级跳”式的跃升。

1985 年 3 月，我国首座自行设计、制造和运营管理的秦山原型堆核电站在浙江省海盐县开工建设。经过 81 个月的艰苦奋斗，这座 300MW 压水堆核电站正式并网发电。秦山核电站一期工程三十多年的安全运行，不仅实现了周恩来总理提出的“掌握技术、积累经验、培养人才，为中国核电发展打下基础”的目标，而且为引进消化吸收新的核电技术和自主创新奠定了坚实的基础，使核电国产化成为现实。

2005 年，我国建成了具有自主知识产权的秦山二期 600MW 压水堆核电机组两台，实现了中国核电站由原型堆向大型商用堆的重大跨越。广东大亚湾、岭澳以及江苏田湾等核电站的相继建成，表明我国已经能够自主建设百万千瓦级核电机组，基本具备“中外结合，以我为主，发展核电”的能力。

目前，世界上处于商业运行的核电机组大部分是在 20 世纪 70 年代建造的第二代核电堆型，随着这一代核电机组设计寿期的临近，国际上又开发出了以美国 Westinghouse（西屋）公司的 AP1000 和法国 AREVA（阿海珐）集团的 EPR 为代表的三代压水堆机组，以践行“安全为生命线”的核电发展理念。安全性大幅度提高也是我国引进三代核电技术的重要原因。三代核电技术的引进消化与吸收，促进了我国核电技术的自主创新，进一步提升了我国核电建设的能力与管理水平，形成了以 CAP1400 与华龙一号为代表的中国核电自主品牌。

然而，与中国核电发展速度极不协调的是我国核电锻件制造技术与能力的严重落后，彼时民用大型核电锻件几乎全部依赖进口，而世界上具备核电锻件生产技术和能力的企业又屈指可数，进口核电锻件不仅价格不菲、供货周期长，而且某些成品锻件的进口还要受到诸多限制，由此导致国内已开工建设的核电项目严重拖期。这种事态迫使国家下定决心务必要尽快实现核电锻件的国产化！素有“国宝”之称的共和国工业长子中国第一重型机械集团公司（以下简称中国一重）当之无愧地承担起了核电锻件国产化的重任。

虽然早在 20 世纪 60 年代，中国一重就已经开始研制军用核电锻件，且民用核电锻件所用材料与之相近，但民用核电锻件的特点是规格更大、形状更复杂、技术要求相对更高。为此，自 2007 年始中国一重联合国内优势企业及科研院所组成研发团队，承担了国家“十一五”科技支撑计划（2007BAF02B01）及大型先进压水堆核电重大专项（2008ZX06004-011、2013ZX06002-004、2014ZX06002-001）等项目的研制任务。为了卓有成效地改变我国核电锻件基础苍白、技术落后、工艺传统、装备陈旧的现状，更为了积累数据以期为中国核电自主品牌的设计与创新提供支撑，研发团队秉承机理研究与技术创新优先、工艺革新与装备改造并举、数值模拟与工程实践并重的研创理念，发扬敢为人先、艰苦奋斗的优良传统，以舍我其谁的精神，不断向“不可能”发起挑战。累计投入10多亿元科研经费，开展了超大型核电锻件研发与创新工作。长达10年的核电锻件研制工作可分为三个主要阶段：第一阶段是实现核电锻件国产化以解燃眉之急。该阶段以国家“十一五”科技支撑计划“百万千瓦级核电设备大型铸锻件关键制造技术研究”项目（见图1.0-1）攻关为标志，按照RCC-M标准对二代改进型核电（M310机型）锻件进行全面评定，在一穷二白的基础上解决了核电锻件的有无问题，扭转了核电锻件依赖进口供货并受制于人的被动局面，实现了核电锻件的国产化。第二阶段是核电锻件超大型化与一体化研发，在国产化的基础上进一步提升核电锻件制造水平，为中国核电自主品牌化奠定了基础。该阶段以2008ZX06004-011重大专项“核电关键设备超大型锻件研制”项目（见图1.0-2）为代表，以三代核电技术引进为契机，按照ASME标准和美国西屋公司（WEC）采购技术条件，对AP1000锻件进行超大型化及整体化开发。该阶段的研发工作以创新为导向，不仅首次提出了超大型锻件的概念，而且研制的超大型整体化核电锻件均为世界首创，不仅全面实现了超大型核电锻件的自主化，而且其制造技术亦跃居到国际领先水平。第三阶段是实现以CAP1400为代表的超大型整体化核电锻件的绿色制造。该阶段依托2013ZX06002-004“CAP1400反应堆压力容器研制”（见图1.0-3）等重大专项的实施而开展研制工作，创造性地将超大型核电锻件的传统自由锻造技术提升为以仿形锻造和近净成形锻造为主的绿色制造技术，发明了具有完全自主知识产权的CAP1400压力容器（RPV）整体化顶盖及一体化底封头锻件。通过大量的1∶1锻件解剖评定及锻件各部位、全截面性能数据的检测与分析，积累了中国自主品牌核电RPV接管段、蒸汽发生器（SG）管板及水室封头等超大型核电锻件全截面性能的大数据，为国产品牌核电的设计与创新提供了强有力的支撑。研发团队十年来的不懈努力与奋斗具有重大意义，不仅取得了宝贵的工程实践经验，而且实现了理论上的创新与突破。在全面实现超大型核电锻件国产化目标的基础上，开发并掌握了拥有完全自主知识产权的绿色制造技术，成果已批量应用到具有完全自主知识产权的华龙一号及CAP1400核电装备的制造，为核电装备“走出去”奠定了坚实的基础。

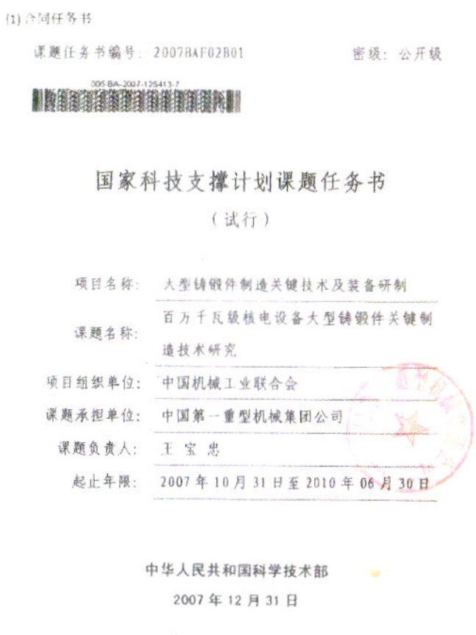
(1) 合同任务书

课题任务书编号：2007BAF02B01　　密级：公开级

国家科技支撑计划课题任务书

（试行）

项目名称：大型铸锻件制造关键技术及装备研制

课题名称：百万千瓦级核电设备大型铸锻件关键制造技术研究

项目组织单位：中国机械工业联合会

课题承担单位：中国第一重型机械集团公司

课题负责人：王 宝 忠

起止年限：2007年10月31日至2010年06月30日

中华人民共和国科学技术部

2007年12月31日

图1.0-1　国家“十一五”科技支撑计划

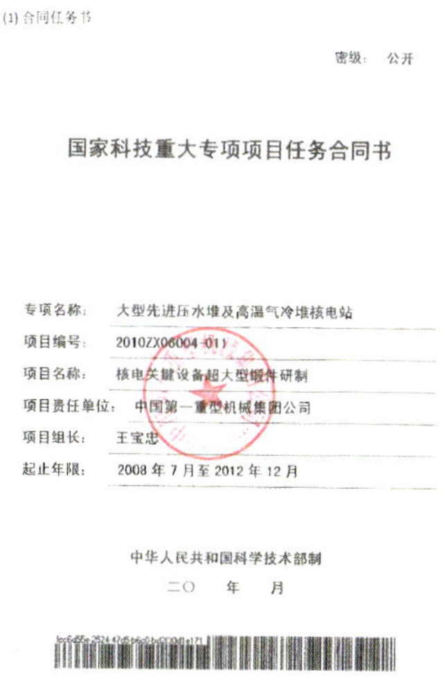
(1) 合同任务书

密级：　公开

国家科技重大专项项目任务合同书

专项名称：大型先进压水堆及高温气冷堆核电站

项目编号：2010ZX06004-011

项目名称：核电关键设备超大型锻件研制

项目责任单位：中国第一重型机械集团公司

项目组长：王宝忠

起止年限：2008年7月至2012年12月

中华人民共和国科学技术部制

二〇　年　月

图1.0-2　核电关键设备超大型锻件研制

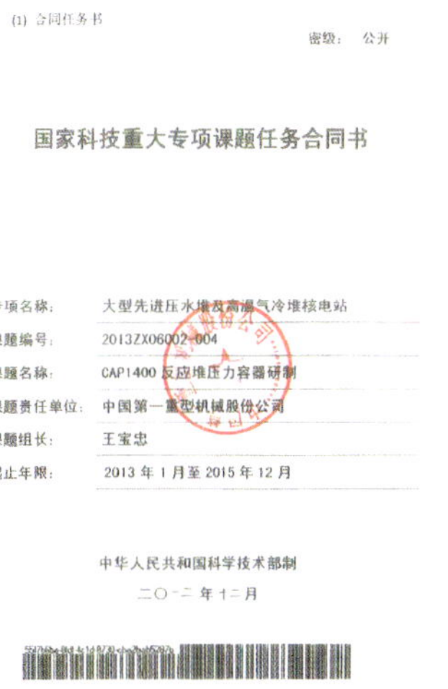
(1) 合同任务书

密级：　公开

国家科技重大专项课题任务合同书

专项名称：大型先进压水堆及高温气冷堆核电站

课题编号：2013ZX06002-004

课题名称：CAP1400反应堆压力容器研制

课题责任单位：中国第一重型机械股份公司

课题组长：王宝忠

起止年限：2013年1月至2015年12月

中华人民共和国科学技术部制

二〇一二年十二月

图1.0-3　示范工程压力容器研制

本篇共分 7 章。首先从核电锻件的重要性入手，回顾了历代党和国家领导人对发展核电和研发核电锻件的殷切期望以及我国核电锻件的研发历程与取得的重大成果；通过主要规格及相关参数的列举，对超大型核电锻件以及所需设备与工装的主要特点进行了简述；用积累的大数据，对具有代表性的创新性评定及验证工作进行了介绍；通过国内外同类制造技术对比，展示了一批具有国际领先水平的超大型核电锻件绿色制造技术；通过具体案例，阐述了理论—实践—再理论—再实践的必要性；最后对产品质量的稳定提高、核电锻件标准的自主化及核电锻件的极端制造等提出了期望。

第1章 核电锻件概述

几十年的核电发展经验表明：没有核电锻件就无法掌握发展核电的主动权。为此，几代党和国家领导人都非常关注核电锻件的研发工作，纷纷做出重要批示。国务院相关部委也适时对党和国家领导人的批示进行贯彻落实。

1.1 核电简介

利用原子核内部蕴藏的能量产生的电能称为核电。核电站以核反应堆来代替火电厂的锅炉，以核燃料在核反应堆中发生特殊形式的"燃烧"产生热量来加热水使之变成蒸汽。蒸汽通过管路进入汽轮机，推动汽轮发电机发电。核电是目前唯一可以大规模利用的高效清洁非化石能源。

核电站的开发与建设始于20世纪50年代。第一代核电站属于原型堆，主要目的是通过试验示范的形式来验证核电在工程实施上的可行性。第一代核电站主要以苏联、美国等建造的首批单机容量在300MW左右的核电站为代表，如美国的希平港（Shipping Port）和印第安角（Indian Point）1号核电站、法国的舒兹（Chooz）核电站、德国的奥珀利海母（Obrigheim）核电站以及日本的美浜（Mihama）1号核电站等。

进入20世纪70年代，因石油涨价而引发的能源危机促进了核电的大发展，目前世界上已经商业运行的400多台机组大部分是在这一时期建成的，称其为第二代核电机组。这一代核电站主要是实现商业化、标准化、系列化与批量化，以提高其经济性。第二代核电站是世界正在运行的437座核电站（2014年12月统计数据）中的主力机组，总装机容量为3.72亿kW。此外还共有71台在建核电机组，总装机容量为0.278亿kW。在三里岛核电站和切尔诺贝利核电站发生事故之后，各国对正在运行的核电站进行了不同程度的改进，使其在安全性和经济性方面都有了不同程度的提高，由此产生了二代加核电站。21世纪初以来，二代加核电机组在中国得到了大量应用。

通过总结经验教训，美国、欧洲和国际原子能机构相继出台了新规定，把预防和缓解严重事故作为设计上的必须要求，堆芯熔化频率（Core Damage Frequency，CDF）不超过1×10^{-5}/(堆·年)，大量放射性释放频率（Large Release Frequency，LRF）不超过1×10^{-6}/(堆·年)。满足以上要求的核电站称为第三代核电站。三代核电主要有美国的AP1000（压水堆）和ABWR（沸水堆）以及欧洲的EPR（压水堆）等型号，其发生严重事故的概率均比第二代核电机组小100倍以上。美国、法国等国家已公开宣布，今后不再建造第二代核电机组，只建设第三代核电机组。中国未来重点放在建设第三代核电机组上，并开发出具有中国自主知识产权的第三代先进核电机组（CAP1400及华龙一号）。

第四代核能系统（Gen-IV）概念最先由美国能源部的核能、科学与技术办公室提出，始见于1999年6月美国核学会夏季年会，同年11月的该学会冬季年会上，发展第四代核能系统的设想得到进一步明确。2000 年 1 月，美国能源部发起并邀请阿根廷、巴西、加拿大、法国、日本、韩国、南非和英国等 9 个国家的政府代表开会，讨论开发新一代核能技术的国际合作问题，取得了广泛共识，并发表了“九国联合声明”。随后，由美国、法国、日本、英国等核电发达国家组建了“第四代核能系统国际论坛（GIF）”，拟于 2～3 年内定出相关目标和计划，这项计划总的目标是在 2030 年左右，向市场推出能够解决核能经济性、安全性、废物处理和防止核扩散问题的第四代核能系统（Gen-IV）。

第四代核能系统包括三种快中子反应堆系统和三种热中子反应堆系统。

根据慢化剂的不同，核电堆型可分为轻水堆、重水堆及石墨堆。重水及石墨均是比较好的慢化剂，但由于石墨堆的安全性差而重水的价格又比较高，所以目前的核电以轻水堆为主。轻水堆又分为压水堆和沸水堆，因为沸水堆安全性较差，故压水堆是当前的主流堆型。此外还有快中子反应堆（没有中子慢化剂）等堆型。目前，在以发电为目的的核能动力领域，世界上应用比较普遍或具有良好发展前景的五种堆型是压水堆（PWR）、沸水堆（BWR）、重水堆（PHWR）、高温气冷堆（HTGR）和快堆（FBR）。其中，高温气冷堆是石墨水冷堆中发展较快的一种堆型，下面分别进行简单介绍。

1. 压水堆（pressurized water reactor）

以加压轻水（即普通水）为冷却剂和慢化剂且水在堆内不沸腾的核反应堆被称为压水堆（见图 1.1-1）。压水堆以低浓铀为燃料。20 世纪 80 年代，压水堆被公认为是技术最成熟，运行安全且经济实用的堆型。

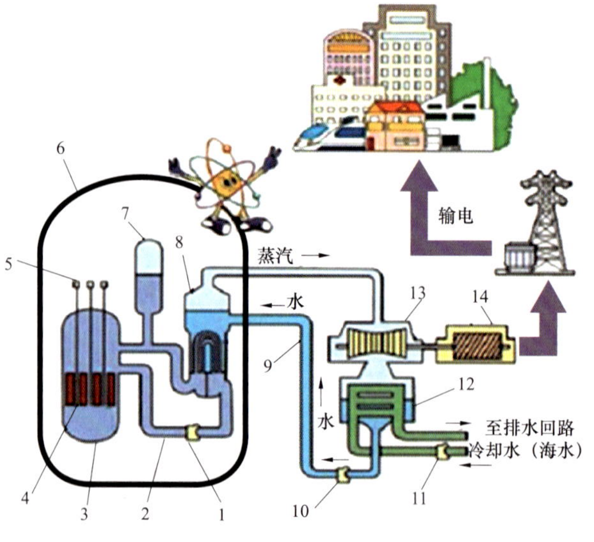

图 1.1-1　压水堆核电站构成

1—冷却剂泵；2—1 次冷却系统；3—核反应堆；4—燃料；5—控制棒；6—安全壳；
7—稳压器（PRZ）；8—蒸汽发生器（SG）；9—2 次冷却系统；10—给水泵；
11—循环水泵；12—冷凝器；13—汽轮机；14—发电机

压水堆核电站主要由核岛和常规岛组成。核岛中的四大部件是蒸汽发生器（SG）、稳压器（PRZ）、主泵和堆芯。压水堆核岛中的系统设备主要有压水堆本体、一回路系统以及为支持一回路系统正常运行和保证反应堆安全而设置的辅助系统。常规岛主要包括汽轮机组及二回路等系统，其形式与常规火电厂类似。

2. 沸水堆（boiled water reactor）

沸水堆是以沸腾轻水为慢化剂和冷却剂并在反应堆压力容器内直接产生饱和蒸汽的动力堆（见图 1.1-2）。沸水堆只有一个回路，冷却水保持在较低的压力（约为 7MPa）下，水通过堆芯变成约 285℃的蒸汽并被直接引入汽轮机，省去了容易发生泄漏的 SG。由于堆内产生的蒸汽直接进入汽轮机会使汽轮机受到放射性污染，所以在汽轮机的设计与维修方面沸水堆要比压水堆相对烦琐。沸水堆核电站主要有主系统（包括反应堆）、蒸汽-给水系统与反应堆辅助系统等。

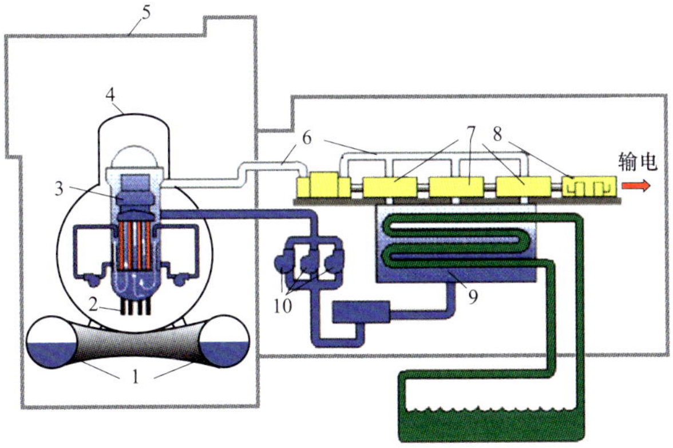

图 1.1-2　沸水堆核电站构成

1—圆环托；2—控制棒；3—堆芯；4—主安全壳；5—第二层安全壳；
6—主蒸汽管道；7—汽轮机；8—发电机；9—冷凝器；10—给水泵

沸水堆与压水堆同属轻水堆，两者的主要区别是：沸水堆采用一个回路，压水堆有两个回路；由于沸水堆的堆芯顶部要安装汽水分离器等设备，故其控制棒需要自下而上地从堆芯底部向上插入，而压水堆的控制棒则是自上而下地从堆芯顶部进入堆芯；沸水堆具有较低的运行压力（约为 7MPa），冷却水在堆内以汽液形式存在，而压水堆一回路压力通常达 15MPa，冷却水不会沸腾。

结构上的差异使得压水堆在安全方面相对沸水堆更具优势。首先，当出现机械或者电气故障时，安装在堆芯上部的控制棒可以依靠重力自行落下插到底进而阻断链式反应。其次，压水堆的一回路系统和二回路系统通过 SG 分隔开，而 SG 又被安置在安全壳内，所以放射性物质不会被释放到环境中。为了进一步增大安全系数，新的三代压水堆在设计上拥有了非能动性或称自主能动性安全冷却体系，当压水堆冷却动力丧失时，可以用应急水泵对 SG 进行喷淋，并调节 PRZ 压力，保证一回路系统不出现局部沸腾，依靠一回路与二回路的温差实现自然循环，让堆芯慢慢退热。

3. 重水堆（pressurized heavy water reactor）

重水（D_2O）是由氘和氧组成的化合物，其相对分子质量（20.027 5）比普通水的相对分子质量（18.015 3）高出约 11%。重水堆是以重水作为慢化剂的反应堆，可以直接利用天然铀作为核燃料（见图 1.1-3）。重水堆使用轻水（即普通水）或重水作冷却剂，可分为压力容器式和压力管式两大类。具有各种类别的重水堆核电站虽然发展较早，但已实现工业规模推广的只有加拿大坎杜能源公司（Candu Energy）的压力管式重水堆核电站。

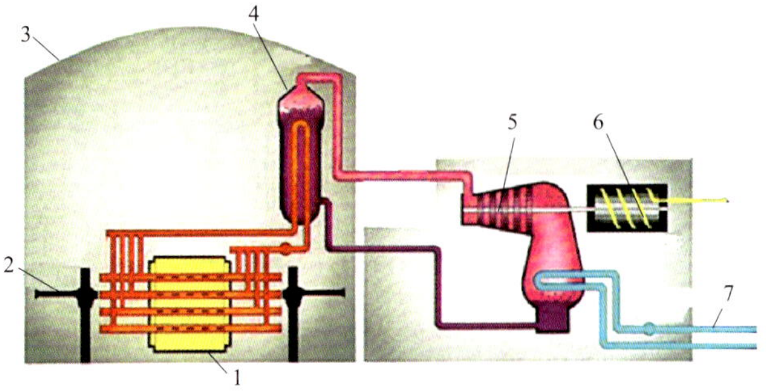

图 1.1-3　重水堆核电站构成

1—反应堆；2—燃料装料机；3—反应堆建筑物；4—SG；
5—汽轮机；6—发电机；7—循环水

4. 石墨水冷堆（graphite water-cooled reactor）

石墨慢化反应堆的种类较多，主要有气冷反应堆（见图 1.1-4）、高温气冷反应堆（研发或建设中）、球床反应堆（PBMR）、棱镜燃料反应堆（PFR）、超高温试验堆（UHTREX）、大功率管式反应堆（RBMK）等。

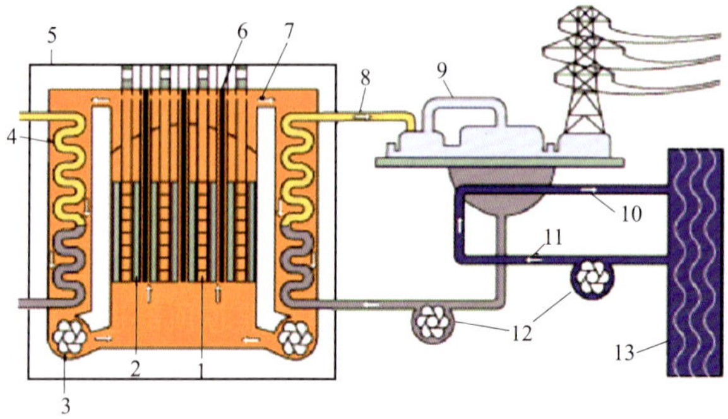

图 1.1-4　石墨气冷堆核电站构成

1—燃料组件；2—石墨慢化剂；3—气体循环器；4—锅炉；5—钢筋混凝土压力容器（生物屏蔽）；6—控制棒；
7—CO_2冷却剂；8—蒸汽；9—汽轮发电机；10—热水；11—冷水；12—泵；13—海水

石墨水冷堆是以石墨为慢化剂、水为冷却剂的热中子反应堆。核工业发展初期，石墨水冷堆主要用以生产钚、氚等核武器装料，一般以天然铀金属元件作为燃料。天然铀石墨水冷堆的重要特点之一是后备反应性很小。早期石墨水冷堆的反应性随其温度升高而升高，堆功率也随之升高（即所谓的正温度效应），从而导致了反应性上升，存在严重的安全隐患。1986 年发生切尔诺贝利核事故后，正温度效应问题更加引起各方面的重视，在堆物理设计方面要求必须获得负温度效应，以确保反应堆具有至关重要的自稳性。美国自 1943 年起建造了 8 座石墨水冷军用钚（Pu）生产堆。

5. 高温气冷堆（high temperature gas-cooled reactor）

高温气冷堆是指用氦气作为冷却剂，出口温度高的核反应堆。这种反应堆采用涂敷颗粒作为燃料，以石墨为慢化剂，堆芯出口温度为850～1000℃甚至更高。高温气冷堆具有热效率高（40%～41%）、燃耗深（最大高达20MW/t铀）及转换比高（0.7～0.8）等优点。根据堆芯形状，高温气冷堆可分为球床高温气冷堆和棱柱状高温气冷堆。

高温气冷堆核电与压水堆核电的设备不同之处是RPV体积较大而SG体积较小（见图1.1-5）。

作为第四代核反应堆六种堆型之一，高温气冷堆是一个很有前途的堆型。现行的高温气冷堆主要有两个流派：中国和南非使用的石墨球床高温气冷堆；美国、俄罗斯和日本所喜欢的棱柱状燃料高温气冷堆。

6. 快堆（fast breeder reactor）

快堆是指没有中子慢化剂的核裂变反应堆（见图1.1-6）。为了提升核燃料链式裂变反应的效率，核裂变反应堆一般需要将裂变产生的高速中子（快中子）减速成为速度较慢的中子（热中子），通常加入轻水、重水等作为中子慢化剂，利用慢化剂里面的氢或氘原子与高速中子碰撞使之减速。

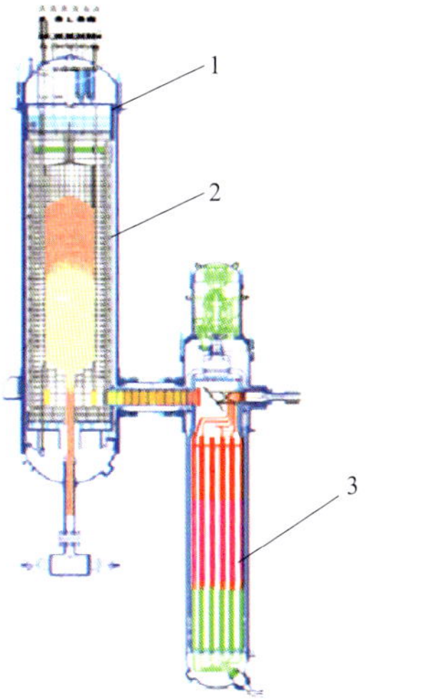

图1.1-5 高温气冷堆核电主设备

1—RPV；2—金属堆内构件；3—SG

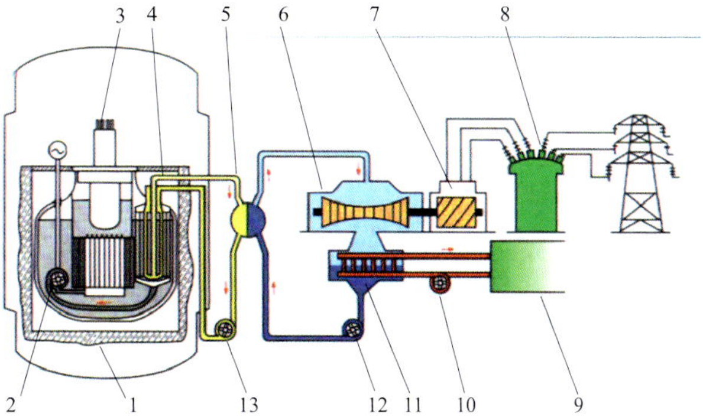

图1.1-6 快堆核电站构成

1—燃料；2—主回路冷却泵；3—控制棒；4—热交换器；5—SG；6—汽轮机；7—发电机；8—变压器；9—冷却水池；10—循环水泵；11—冷凝器；12—给水泵；13—二回路冷却泵

快堆在消耗裂变燃料的同时又生产出裂变燃料，而且所产大于所耗，裂变燃料越烧越多得到了增殖，故快堆的全名为快中子增殖反应堆，是当今唯一现实的增殖堆型。2010年7月22日，中国自主研发的由中国一重制造堆容器和旋塞的中国首座快中子反应堆——中国试验快堆（CEFR）达到首次临界，这意味着我国第四代先进核能系统技术实现重大突破。

由于快堆会产生核武器用重要原料（钚-239），因而有较大的核武器扩散风险。

1.2 发展核电的必要性

改善人类生存环境、解决长期性的能源紧张以及保持和平时期的战略威慑能力是发展核电的三个主要目的。

煤、石油与天然气等化石能源的利用，对人类社会发展产生过巨大的影响。然而大量燃用化石能源所产生的温室效应与酸雨现象也对人类生存环境造成了严重破坏。进入 21 世纪，人们越发注重生存环境和生存空间的质量。与此同时，长期开采使得化石能源日趋枯竭，已不足以支撑全球经济的发展。关于中国能源有如下预测：2020 年前煤耗总量见顶；2025 年前煤炭和石油消耗总量越峰；2030 年前碳排放总量达峰。在寻找替代能源的过程中，人们开始越来越重视核能的应用，而核能最主要的应用就是核能发电。核电站只需消耗很少的核燃料，就可以产生大量的电能，每千瓦时电能的成本比火电站要低 20% 以上。核电站可以大大减少燃料的运输量。据报道，一座 1000MW 的火电厂每年耗煤约二三百万吨，而相同功率的核电站每年仅需铀燃料二三十吨。核电的另一个优势是清洁无污染，几乎是零排放，这一点对于发展迅速而环境压力较大的中国来说，再合适不过。核能、天然气与可再生能源（风电、水电、太阳能）被统称为低碳能源“三匹马”，中国正在致力于逐步较早实现低碳能源对煤炭的高比例替代，预计到 2030 年低碳能源“三匹马”在一次能源中的占比将大于 35%。

发展核电是建造核动力航空母舰（见图 1.1-7）的需要。现在已经建成核动力航母的国家只有美国和法国。美国的所有现役航母（11 艘）均为核动力，而法国只有戴高乐号航母是核动力，其他所有国家的现役航母均采用常规动力。从全球航母的发展规划来看，核动力航母是必然趋势。

图 1.1-7　核动力航空母舰

发展核电也是建造核动力潜艇（见图 1.1-8）的需要。世界上第一艘核潜艇是 1957 年 1 月 17 日开始试航的美国“鹦鹉螺”号。目前全世界公开宣称拥有核潜艇的国家有美国、俄罗斯、中国、英国、法国与印度，其中美国和俄罗斯拥有核动力潜艇数量最多。核动力潜艇的出现与核战略导弹的运用，使核动力潜艇发展进入了一个新阶段。

图 1.1-8　核动力潜艇

1.3　核电锻件自主化及核电装备“走出去”

中国核电的发展可以追溯到 1970 年，周恩来总理于当年 2 月 8 日做出发展核电的指示，“七二八”工程研究设计院（上海核工程研究设计院的前身）由此得名。1971 年 9 月中国第一艘核动力潜艇下水，1974 年正式服役。19 世纪 80 年代中期，以秦山一期和大亚湾两个核电站相继开工为标志，中国的核电建设终于起步。2007 年国家发展与改革委员会公布的《核电中长期发展规划 2005—2020》，把中国的核电建设推向了高潮。

日本福岛核事故以后，中国更加注重核安全，制定了一系列安全措施。党中央和国务院做出部署：重启核电，发展三代核电。在我国核工业创建 60 周年之际，国家主席习近平做出重要指示：核工业是高科技战略产业，是国家安全重要基石，要全面提升核工业的核心竞争力。国务院总理李克强做出批示指出：全面提升核工业竞争优势，推动核电装备“走出去”。

中国核电的迅猛发展推动了核电锻件制造技术水平的提升与创新，特别是超大型核电锻件绿色制造技术已处于国际领先水平，具有强大的国内外市场竞争力。拥有完全自主知识产权的中国三代核电的代表——华龙一号及 CAP1400 核电装备即将走出国门，届时超大型核电锻件绿色制造技术将发挥更大作用。

1.4 核电锻件的重要性

国家最高科技奖获得者，已故金属学及材料科学家师昌绪先生在 92 岁高龄之际率领两院资深院士到中国一重视察（见图 1.1-9），看到超大型核电锻件的研发成果后大加赞赏，并回忆了他 1984 年陪同方毅（时任国务院副总理）到某国采购秦山一期核电 RPV 锻件时的遭遇。由于我国当时没有能力制造核电锻件，国外对中国发展核电又进行封锁，不得已由国家领导人亲自出面率团到国外采购。因在与外方的谈判中受到了百般刁难，使得方毅副总理下定决心要自主研制核电锻件。后来因苏联切尔诺贝利核事故影响了全球核电的发展，导致中国研发核电锻件的计划暂时搁浅。

图 1.1-9　两院资深院士视察中国一重
（师昌绪院士前排左二）

21 世纪初中国经济进入了高速发展阶段，火电、水电以及核电等能源装备出现了“井喷式”发展，为装备制造业带来了前所未有的发展机遇。然而，由于我国长期以来实施重主机而轻配套的发展战略，致使制造大型铸锻件的技术水平及装备能力远远落后于重大装备的发展水平。大型铸锻件严重制约着能源装备的发展，出现了火电转子“一根难求”、核电锻件无法寻找供货渠道等现象。

大型铸锻件制造技术水平严重滞后的情况引起了党和国家领导人的高度重视并对此纷纷做出重要批示。曾培炎（时任国务院副总理，主管工业）在《关于三峡三期工程重大设备制造检查组 2005 年度工作情况的报告》中批示：“请家宝同志阅示，重大装备国产化项目中，大型关键铸锻件依赖进口供货，国产件能力与质量难以满足要求，已成为重大装备业发展的瓶颈，并受制于人。要采取有力措施，用好有关政策，加强铸锻工艺研究。结合现有能力，加大重点企业技术改造的力度，争取有大的突破。时任国务院总理温家宝批示：“同意培炎同志批示，必须采取有力措施，确保三峡三期工程国产设备优质按时投入运行。”

为了贯彻落实国务院领导同志的批示精神，时任国家发展和改革委员会副主任、国家振兴东北地区等老工业基地领导小组办公室主任张国宝派人到中国一重等装备制造企业就大型铸锻件问题进行了专题调研，于 2005 年 5 月 30 日将《关于一重集团大型关键铸锻件研制情况的报告》上报给时任国务院副总理曾培炎、陈至立。报告中指出：“国内铸锻件产品品种、规模和工艺水平与国外差距很大，部分产品国内尚不能制造。国外大型铸锻件主要制造企业是日本制钢所、韩国斗山重工、法国克鲁索、意大利台尔尼等。日本制钢所技术水平世界领先。中国一重虽然在国内锻件上占有优势，且在规模上居世界前列，但产品档次较低，自主创新能力不强。存在的主要问题是按照国际第三代核电技术要求不具备制造接管段、整体顶盖、水室封头等。建议要认真贯彻国家中长期发展规划纲要和加快振兴装备制造业的若干意见精神，积极为中国一重提供良好的外部发展环境。历史上国家曾多次协调组织发电设备主机的技术引进，但对大型铸锻件的制造技术引进重视不够。今后，我们在考虑核电设备重大技术装备引进时，要同等重视大型铸锻件的技术引进和消化吸收再创新。由于核电大锻件制造技术难度高、难点多，建议科技部大力支持中国一重，协调组织有关科研院所进行科技攻关。”曾培炎批示：“请张平（时任国家发改委主任）、尤权（时任国务院副秘书长）同志阅示，建议有关方面予以支持。”陈至立批示：“请科技部结合《规划纲要》实施，对第五页的相关科技攻关给予大力支持。”国家发改委对上述批示进行了贯彻落实。在组织三代核电技术引进的对外谈判工作中，除了要求外方转让设备设计、制造技术外，还要求转让锻件制造技术。但由于提供 AP1000 制造技术的 WEC 和提供 EPR 制造技术的 ARAWA 自身都没有制造三代核电大型锻件的技术，为他们提供配套产品的唯一具有制造三代核电锻件能力的日本制钢所（JSW）又无论如何也不向中国转让技术。所以最终只从 WEC 引进了 AP1000 的设计和设备制造技术。科技部也对上述批示进行了贯彻落实，临时在国家“十一五”科技支撑计划中追加了“百万千瓦级核电设备大型铸锻件关键制造技术研究”（2007BAF02B01）课题，以推进核电锻件的研发及共性技术研究。

由于未能引进核电锻件的制造技术，加之国内正在进行的核电锻件研发受资金和装备能力等限制进展缓慢，导致“井喷式”的核电建设严重受制于人。国内几大核电巨头纷纷提前支付全额天价货款到 JSW 排队预购核电锻件。由于 JSW 核电锻件制造能力有限，且 RPV 锻件对中国出口又有诸多限制，导致很多核电工程无法按期进行。时任全国人大常委会委员长的吴邦国在 2008 年 3 月 28 日批示：“克强、德江同志：据了解，在第三代核电技术引进中，外方就是不同意转让大型锻件制造技术，大型锻件制造技术已成为我国发展重大装备工业的瓶颈之一……”张德江（时任国务院副总理，主管工业）批示：“邦国同志的批示指明了我国加快发展大型锻件制造技术的方向，建议工业和信息化部商发改委、能源局研究支持我国大型锻件制造技术发展的政策措施，请克强同志批示。”李克强（时任国务院常务副总理）批示：“赞成邦国同志意见，大型铸锻件自主化已具备突破条件，应采取综合配套措施，加大推进力度。请发改委和能源局按邦国、德江同志的批示精神协同有关部门认真研究支持的措施”。

时任国家发改委副主任、国家能源局局长张国宝亲自出面协调科技部推动了国家重大专项“核电关键设备超大型锻件研制”（2008ZX06004-011）课题的立项及资金拨付。为了使中国的核电锻件跃居世界前列，张国宝曾连续四年在每年的元旦前后冒着零下三四十度的严寒，率领由国内相关部门领导、专家等组成的近百人队伍，到中国一重铸锻件生产基地（黑龙江省齐齐哈尔市富拉尔基区）召开专题会议，解决中国一重在超大型锻件研发和技术改造等方面存在的问题，使得中国一重超大型核电锻件的研制工作突飞猛进，同时建成了国际一流的铸锻钢基地。中国超大型核电锻件制造水平及能力能够跃居世界领先地位，张国宝主任的贡献功不可没，他的勇于担当的精神将永远载入史册。

在党和国家领导人的亲切关怀、国家有关部委的大力支持以及各相关企业和院所的密切配合下，中国一重经过近十年的不懈努力，全面超额完成了国家“十一五”科技支撑计划（2007BAF02B01）及大型先进压水堆核电重大专项（2008ZX06004-011）等项目的攻关任务。解决了制约我国核电发展的瓶颈问题，进口锻件数量逐年降低（见图 1. 1-10）。超大型核电锻件自主化为国家节约了大量的外汇（见图 1. 1-11），对降低核电站工程投资、保证国家核电安全具有重大意义。不仅完全实现了超大型核电锻件的自主化，而且还为核电装备“走出去”奠定了坚实的基础。

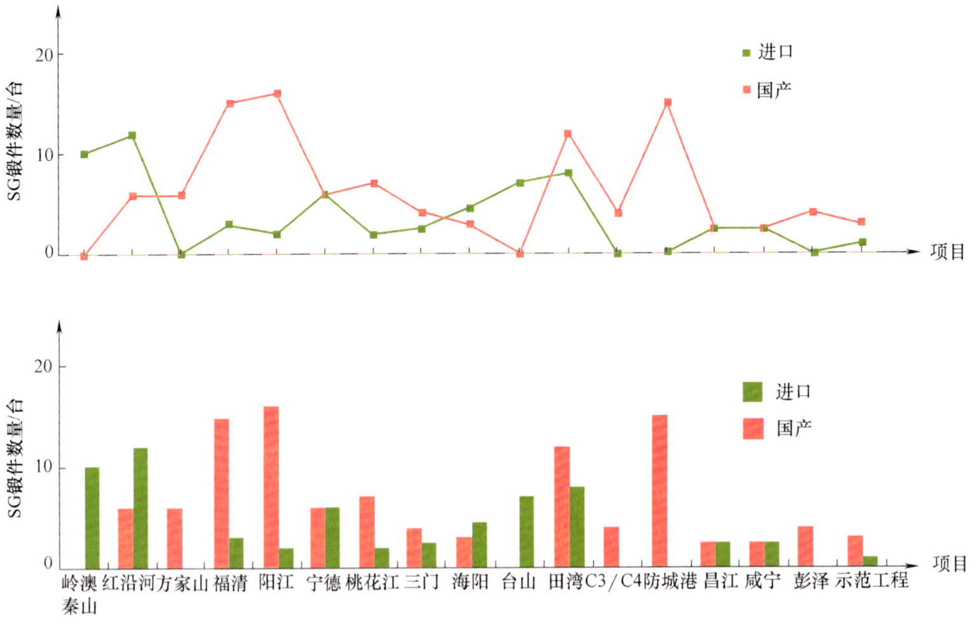

图 1. 1-10　进口与国产 SG 锻件数量（台）

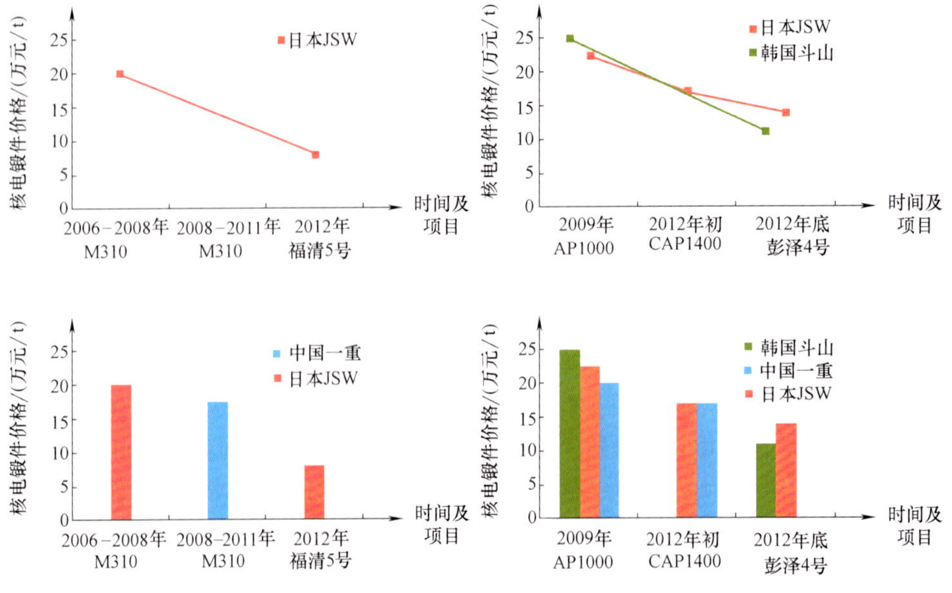

图 1. 1-11　核电锻件价格（万元/t）

中国一重承制了国内在建核电站 95% 以上的核电大型锻件，截至 2016 年底，累计为国内外用户提供 1000 多件各类核电锻件，增加销售收入 100 多亿元。

由于无法引进核电锻件制造技术，所以 AP1000 核电锻件只能按照 WEC 提供的采购技术条件进行研制，缺少对锻件各部位组织及性能的全面了解，也无法对制造技术水平的合理性与先进性进行评价。因此需要对规格更大且具有完全自主知识产权的 CAP1400 核电锻件进行全面解剖检测，以便为标准化设计提供详细的基础数据，为核电装备"走出去"奠定坚实基础。在圆满完成了上述两项国家课题研制任务的基础上，中国一重再度承担起示范工程"CAP1400 反应堆压力容器研制"（2013ZX06002-004）和"CAP1400 反应堆蒸汽发生器研制"（2014ZX06002-001）的锻件研制重任。这两项课题不仅增加了一体化锻件绿色制造技术的研发内容，而且提高了锻件采购技术条件，RT_{NDT} 及夹杂物等要求更加严格。此外，又增加了锻件的检测内容，在一体化接管段性能最差的接管孔部位进行取样检测并将其结果提升为验收指标。通过两项 CAP1400 课题研究，开发出了 RPV 一体化整体顶盖锻件（改变 WEC 在 AP1000RPV 整体顶盖上堆焊 Quick-loc 管的设计方案，将 Quick-loc 管与整体顶盖变为一个锻件）及一体化底封头锻件（将过渡段及下封头合并为一个锻件），以减少 RPV 焊缝的数量及在役检测时间。

研制超大型核电锻件在取得重大经济效益和社会效益的同时，也收获了大量的科技成果。由两院院士李依依、中国工程院院士叶奇蓁与钟掘、原机械工业部副部长陆燕荪与孙昌基等国内知名专家、学者和领导等组成的鉴定委员会评定，600t 级超大型钢锭、大型先进压水堆核电超大型核岛锻件、核电常规岛整锻低压转子等科研成果均达到了国际领先水平（见图 1.1-12～图 1.1-14）。"600t 级超大型钢锭研制及工程应用"项目获 2012 年度黑龙江省科技进步特等奖（见图 1.1-15）；"大型先进压水堆核电核岛主设备超大型锻件研制及工程应用"项目获 2014 年度中国机械工业科技进步特等奖（见图 1.1-16）；"大型先进压水堆核岛超纯净超大型锻件绿色制造技术与推广应用"项目获中国机械工程学会第五届绿色制

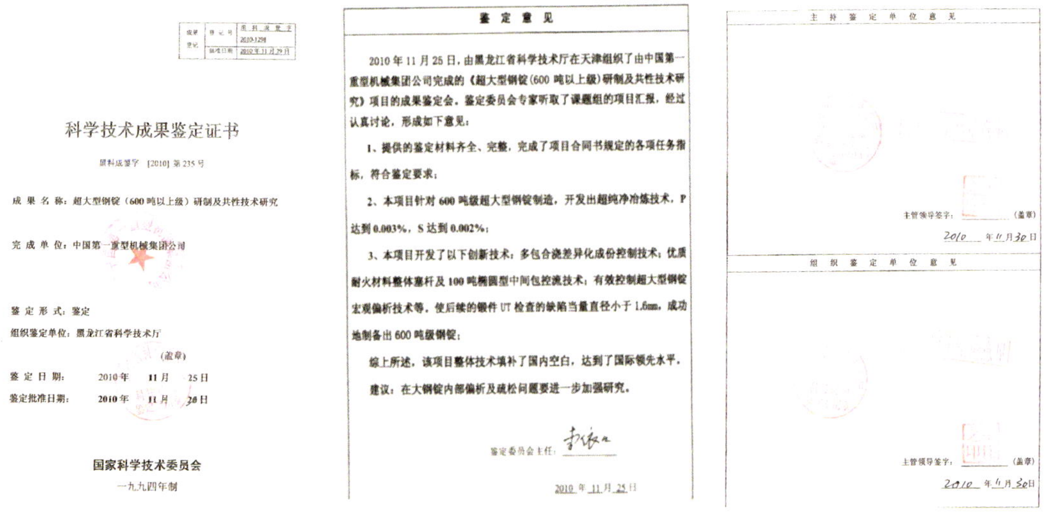
成果登记 登记号 国科成登字 2010-1298 批准日期 2010年11月29日

科学技术成果鉴定证书

国科成鉴字 [2010] 第235号

成果名称：超大型钢锭（600吨以上级）研制及共性技术研究

完成单位：中国第一重型机械集团公司

鉴定形式：鉴定

组织鉴定单位：黑龙江省科学技术厅

（盖章）

鉴定日期： 2010年 11月 25日

鉴定批准日期： 2010年 11月 20日

国家科学技术委员会

一九九四年制

鉴定意见

2010年11月25日，由黑龙江省科学技术厅在天津组织了由中国第一重型机械集团公司完成的《超大型钢锭(600吨以上级)研制及共性技术研究》项目的成果鉴定会。鉴定委员会专家听取了课题组的项目汇报，经过认真讨论，形成如下意见：

1、提供的鉴定材料齐全、完整，完成了项目合同书规定的各项任务指标，符合鉴定要求；

2、本项目针对600吨级超大型钢锭制造，开发出超纯净冶炼技术，P达到0.003%，S达到0.002%；

3、本项目开发了以下创新技术：多包合浇差异化成份控制技术；优质耐火材料整体塞杆及100吨椭圆型中间包控流技术；有效控制超大型钢锭宏观偏析技术等，使后续的锻件UT检查的缺陷当量直径小于1.6mm，成功地制备出600吨级钢锭；

综上所述，该项目整体技术填补了国内空白，达到了国际领先水平。

建议：在大钢锭内部偏析及疏松问题要进一步加强研究。

鉴定委员会主任：

2010年11月25日

主持鉴定单位意见

主管领导签字： （盖章）

2010年11月30日

组织鉴定单位意见

主管领导签字： （盖章）

2010年11月30日

图 1.1-12 钢锭鉴定意见及结论

第1篇 绪论

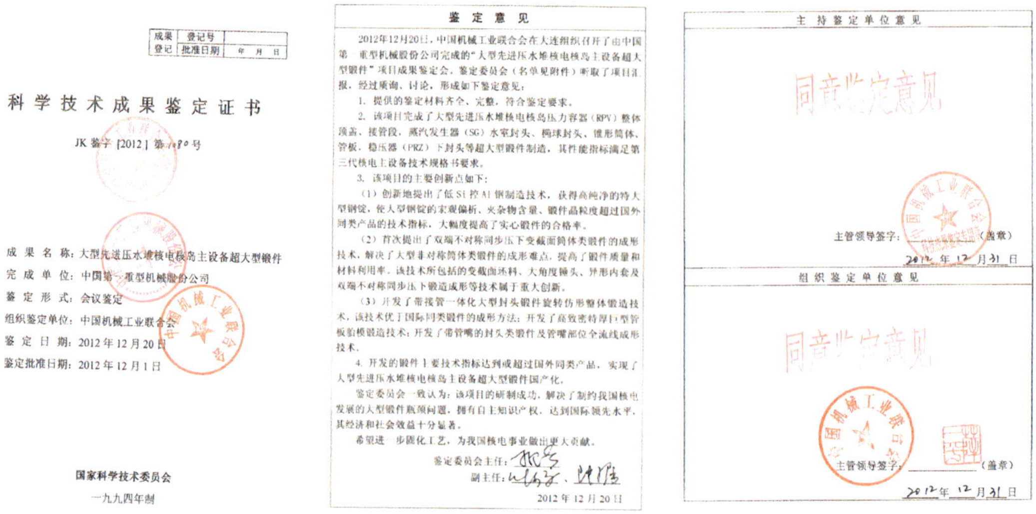
成果 登记号
登记 批准日期 年 月 日

科学技术成果鉴定证书

JK鉴字［2012］第180号

成果名称：大型先进压水堆核电核岛主设备超大型锻件
完成单位：中国第一重型机械股份公司
鉴定形式：会议鉴定
组织鉴定单位：中国机械工业联合会
鉴定日期：2012年12月20日
鉴定批准日期：2012年12月1日

国家科学技术委员会
一九九四年制

鉴定意见

2012年12月20日，中国机械工业联合会在大连组织召开了由中国第一重型机械股份公司完成的"大型先进压水堆核电核岛主设备超大型锻件"项目成果鉴定会。鉴定委员会（名单见附件）听取了项目汇报，经过质询、讨论，形成如下鉴定意见：

1．提供的鉴定材料齐全、完整，符合鉴定要求。

2．该项目完成了大型先进压水堆核电核岛压力容器（RPV）整体顶盖、接管段，蒸汽发生器（SG）水室封头、椭球封头、锥形筒体、管板，稳压器（PRZ）下封头等超大型锻件制造，其性能指标满足第三代核电主设备技术规格书要求。

3．该项目的主要创新点如下：

（1）创新地提出了低Si控Al钢制造技术，获得高纯净的特大型钢锭，使大型钢锭的宏观偏析、夹杂物含量、锻件晶粒度超过国外同类产品的技术指标，大幅度提高了实心锻件的合格率。

（2）首次提出了双端不对称同步压下变截面筒体类锻件的成形技术，解决了大型非对称筒体类锻件的成形难点，提高了锻件质量和材料利用率。该技术所包括的变截面坯料、大角度锤头、异形内套及双端不对称同步压下锻造成形等技术属于重大创新。

（3）开发了带接管一体化大型封头锻件旋转仿形整体锻造技术，该技术优于国际同类锻件的成形方法；开发了高致密特厚巨型管板胎模锻造技术；开发了带管嘴的封头类锻件及管嘴部位全流线成形技术。

4．开发的锻件主要技术指标达到或超过国外同类产品，实现了大型先进压水堆核电核岛主设备超大型锻件国产化。

鉴定委员会一致认为：该项目的研制成功，解决了制约我国核电发展的大型锻件瓶颈问题，拥有自主知识产权，达到国际领先水平，其经济和社会效益十分显著。

希望进一步固化工艺，为我国核电事业做出更大贡献。

鉴定委员会主任：
副主任：

2012年12月20日

主持鉴定单位意见

同意鉴定意见

主管领导签字：　　（盖章）
2012年12月31日

组织鉴定单位意见

同意鉴定意见

主管领导签字：　　（盖章）
2012年12月31日

图 1.1-13　核岛锻件鉴定意见及结论

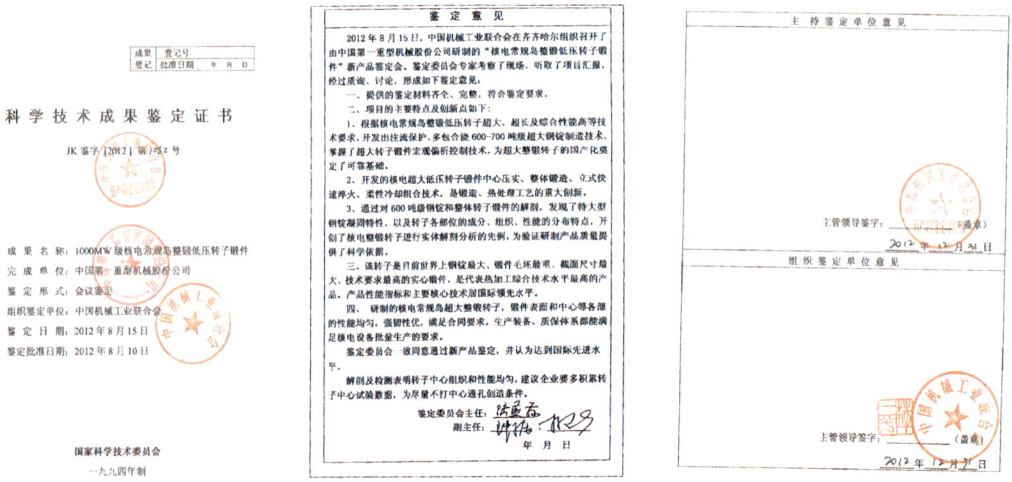
成果 登记号
登记 批准日期 年 月 日

科学技术成果鉴定证书

JK鉴字［2012］第1[illegible]2号

成果名称：1000MW级核电常规岛整锻低压转子锻件
完成单位：中国第一重型机械股份公司
鉴定形式：会议鉴定
组织鉴定单位：中国机械工业联合会
鉴定日期：2012年8月15日
鉴定批准日期：2012年8月10日

国家科学技术委员会
一九九四年制

鉴定意见

2012年8月15日，中国机械工业联合会在齐齐哈尔组织召开了由中国第一重型机械股份公司研制的"核电常规岛整锻低压转子锻件"新产品鉴定会。鉴定委员会专家考察了现场，听取了项目汇报，经过质询、讨论，形成如下鉴定意见：

一、提供的鉴定材料齐全、完整，符合鉴定要求。

二、项目的主要特点及创新点如下：

1、根据核电常规岛整锻低压转子超大、超长及综合性能高等技术要求，开发出注流保护、多包合浇600-700吨级超大钢锭制造技术，掌握了超大转子锻件宏观偏析控制技术，为超大整锻转子的国产化奠定了可靠基础。

2、开发的核电超大低压转子锻件中心压实、整体锻造、立式快速淬火、柔性冷却组合技术，是锻造、热处理工艺的重大创新。

3、通过对600吨级钢锭和整体转子锻件的解剖，发现了特大型钢锭凝固特性，以及转子各部位的成分、组织、性能的分布特点，开创了核电整锻转子进行实体解剖分析的先例，为验证研制产品质量提供了科学依据。

三、该转子是目前世界上钢锭最大、锻件毛坯最重、截面尺寸最大、技术要求最高的实心锻件，是代表热加工综合技术水平最高的产品。产品性能指标和主要核心技术居国际领先水平。

四、研制的核电常规岛超大整锻转子，锻件表面和中心等各部的性能均匀，强韧性优，满足合同要求，生产装备、质保体系都能满足核电设备批量生产的要求。

鉴定委员会一致同意通过新产品鉴定，并认为达到国际先进水平。

解剖及检测表明转子中心组织和性能均匀，建议企业要多积累转子中心试验数据，为尽量不打中心通孔创造条件。

鉴定委员会主任：
副主任：
年 月 日

主持鉴定单位意见

主管领导签字：　　（盖章）
2012年12月31日

组织鉴定单位意见

主管领导签字：　　（盖章）
2012年12月31日

图 1.1-14　低压转子鉴定意见及结论

科学技术奖证书

为表彰在推动科技进步、促进我省经济和社会发展中做出贡献的单位，特颁发此证书

项目名称：600吨级超大型钢锭研制及工程应用
获奖单位：中国第一重型机械股份公司
奖励等级：特等奖（进步）

证书号：2012-001

二〇[illegible]年[illegible]月

图 1.1-15　600t 级超大型钢锭获奖证书

图 1.1-16　超大型锻件获奖证书

造科学技术进步一等奖（见图 1.1-17）。课题研制期间撰写的核岛 RPV 一体化接管段、常规岛汽轮机整锻低压转子、主管道、CAP1400RPV 一体化锻件等产品研发的学术论文分别在第 17～20 届国际锻造师年会上宣读（见图 1.1-18）并被收入论文集[1~6]。

党和国家领导人对中国一重在核电锻件方面取得的成绩给予了高度评价。时任国务院总理温家宝在到中国一重大连核电装备制造基地考察期间，见到遍地都是核电锻件时即兴发表讲话："现在能够制造核电站核心部位核岛的锻件，看了非常高兴。我讲两句话，叫作'一重能够锻造核岛，核岛又能够锻造一重'"。这既是对中国一重为我国核电建设所做贡献的充分肯定，也是对核电锻件在发展核电装备中重要性的高度认可。

图 1.1-17　绿色制造科学技术进步奖获奖证书

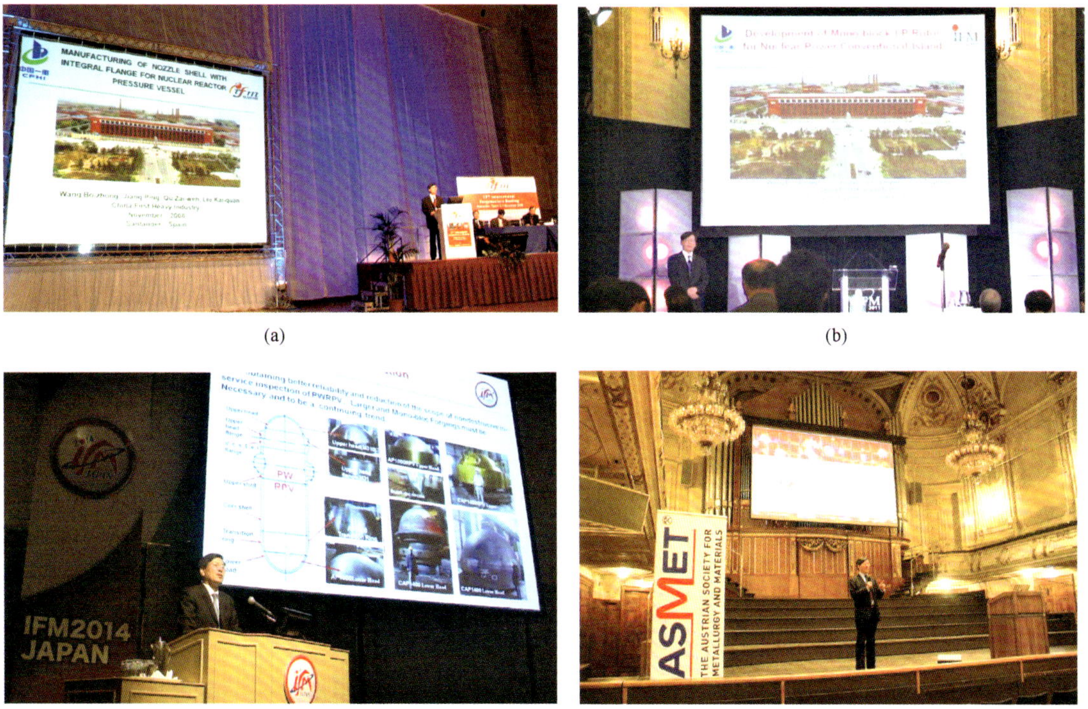

(a)　(b)　(c)　(d)

图 1.1-18　在国际锻造师年会上宣读核电锻件研发论文

（a）压力容器一体化接管段锻件（2008 年，西班牙）；（b）常规岛整锻低压转子锻件（2011 年，美国）；（c）CAP1400RPV 一体化锻件（2014 年，日本）；（d）CAP1400 主管道近净成形锻造（2017 年，奥地利）

第 2 章　超大型核电锻件特性及绿色制造

大型锻件一般是指通过 10MN 以上液压机、0.05MN 以上自由锻锤锻造生产的自由锻锻件及由 60MN 以上热模锻设备、0.1MN 以上模锻锤生产的模锻件。经过多方查询，没有找到超大型锻件的确切定义。对此，本书将通过 60MN 以上液压机生产的自由锻（或胎模锻）锻件定义为超大型锻件。在国家大型先进压水堆及高温气冷堆重大专项“核电关键设备超大型锻件研制”（2008ZX06004-011）课题任务书中正式提出了“超大型锻件”的概念，“超大型锻件”一词得以推广和应用。

超大型核电锻件具有技术要求高、规格巨大、形状复杂等主要特点，其绿色制造技术代表着热加工制造技术的最高水平。

2.1　规格超大　形状复杂

超大型核电锻件不仅规格超大而且形状异常复杂。AP1000 核电常规岛汽轮机整锻低压转子锻件的直径达到 3000mm；CAP1400 核电常规岛发电机转子的净重已超过 250t；CAP1400RPV 一体化顶盖以及 CAP1400SG 整体水室封头锻件除直径超过 5000mm 以外，还带多个非向心的超长管嘴。

1. 常规岛汽轮机整锻低压转子

核电常规岛汽轮机转子的转速虽然不及火电转子，但其尺寸规格超大。由于全球锻件供应商的装备能力及制造水平的限制，核电常规岛汽轮机低压转子经历了从套装、焊接到整锻的发展历程。AP1000 核电常规岛汽轮机低压转子采用先进的整体锻造结构，需要使用 600t 级钢锭制造，以往只有 JSW 具有制造能力。中国一重通过国家核电重大专项的攻关，研发出 AP1000 核电常规岛汽轮机整锻低压转子锻件。CAP1400 核电常规岛汽轮机组取消了中间轴，与 AP1000 相比该整锻低压转子锻件不仅直径更大而且轴颈也更长，如果采用整体锻造，则需要 700t 以上钢锭。为了证明制造技术水平与装备能力以确保实现 CAP1400 整锻低压转子锻件的国产化，中国一重研制出了世界最大的 715t 钢锭（见表 1.2-1）。但因国外不具备制造 700t 级钢锭的能力，CAP1400 核电常规岛汽轮机低压转

表 1.2-1　世界主要锻件供应商最大钢锭制造能力对比表

公　司	钢锭质量/t	浇包数量
中国一重	715	6 包浇注
JSW（日本）	670	5 包浇注
JCFC（日本）	650	5 包浇注
中国二重	650	4 包浇注
DOOSAN（韩国）	650	4 包浇注
OMZ（俄罗斯）	500	4 包浇注
Saarschmiede（德国）	330	
Lehigh heavy forge（美国）	350	

子退而求其次地采用了焊接结构。在这种情况下，中国一重只好采用 715t 钢锭锻造了本该使用 600t 钢锭制造的 AP1000 核电常规岛汽轮机整锻低压转子，多出的近百吨作为余料留在了转子锻件的延长部位。图 1.2-1 是著者（左二）陪同核电常规岛汽轮机整锻低压转子成果鉴定专家委员会部分成员与用 715t 钢锭锻造的转子合影。图中左侧为该转子法兰部位所增加的额外余料。

图 1.2-1　AP1000 核电常规岛整锻低压转子锻件（带余料）

2. 核电常规岛发电机转子

CAP1400 核电常规岛发电机转子是迄今为止单体交货重量最大的转子锻件，轮廓尺寸为 ϕ2000mm×18 000mm（见图 1.2-2）。目前的锻件供应商均采用 600t 级钢锭制造 CAP1400 核电常规岛发电机转子，未来还有可能研制规格更大的 CAP1700 核电常规岛发电机转子。

图 1.2-2　CAP1400 核电常规岛发电机转子锻件

3. 核电一体化封头

在大型先进压水堆核电设备中，有一些“头上长角、身上长刺”、规格超大且形状异常复杂的一体化锻件极难实现绿色制造（近净成形）。无论是 RPV 顶盖还是 SG 水室封头，都带有多个非向心的超长管嘴，不仅形状复杂而且规格超大。CAP1400RPV 一体化顶盖锻件（由厚壁法兰、球形封头及 Quick-loc 管组成）如图 1.2-3 所示。CAP1400SG 水室封头锻件如图 1.2-4 所示。

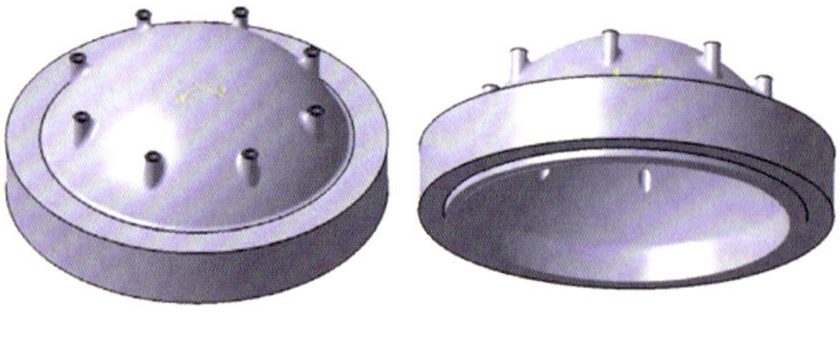

图 1.2-3　CAP1400RPV 一体化顶盖锻件

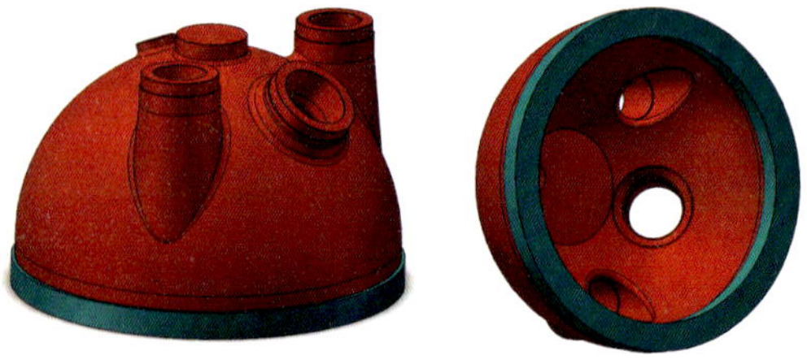

图 1.2-4　CAP1400SG 水室封头锻件

2.2　技术要求高

在技术要求方面，三代核电核岛锻件具有高强度、高韧性、高纯净性与高均匀性的特点。高强度主要体现在 RPV 锻件的屈服强度为 550～725MPa，而 SG 锻件的屈服强度则要求不小于 620MPa。高韧性则表现为较严格的落锤验收指标，其中 CAP 系列 RPV 堆心部位锻件的 RT_{NDT}从-23.3℃提高到-25℃，而 SG 管板的 RT_{NDT}则从-21℃提高到-25℃。高纯净性是通过增加锻件各类夹杂物不大于 1.5 的检测要求来表征的。高均匀性具体表现为两个方面：一是增加 CAP 系列 RPV 接管段接管孔位置 1/4 壁厚处的性能检测；二是要求 CAP 系列 SG 锻件进行直波束和斜波束的 UT 检测。除此之外，自主化设计的 CAP1400 及华龙一号核电锻件技术要求在高于 ASME 与 RCC-M 标准的基础上又增加了一些附加要求，而且用户为了保证其后续的焊接质量，在锻件采购技术条件中对焊接坡口加工部位又增加了无损检测的要求，且验收标准等同于焊缝。对于直探头检测，封头类厚壁锻件原要求径向扫查灵敏度为 ϕ6.4mm 而外圆为 ϕ13mm，新要求中扫查灵敏度统一为 ϕ6.4mm，验收灵敏度增加一倍。对于斜探头检测，接管锻件原规定使用 6mm 深 V 槽，现要求 V 槽深度为工件（精加工尺寸）最薄处厚度的 3%，分别为 2.5mm 和 3mm，验收灵敏度增加一倍。增加密集缺陷具体要求，直射波检测时，在边长为 50mm 或更小的立方体内存在 5 个或 5 个以上达到记录水平的缺陷时，锻件不予验收。直射波记录水平为基准波幅的 50%。将原标准近表面记录限提升为评估限，斜射波记录水平为基准波幅的 20%，验收灵敏度提高至原来的 5 倍。

直径为 3000mm 的核电常规岛汽轮机整锻低压转子锻件 UT 检测要求单个缺陷小于 1.6mm。

2.3　大型化及一体化

以第 16～19 届国际锻造师年会论文集[7～10]为代表的近 10 年来公开发表的相关文献表明，为了减少焊缝，提高锻件性能，缩短核电设备制造周期和在役检测时间，核电锻件的发展趋势是大型化和一体化（异形化）。核电锻件的大型化及一体化是绿色制造的重要标志，代表着超大型锻件制造的最高水平。

2.3.1 RPV 锻件

随着核电机组发电功率的增大及寿期的延长，RPV 锻件的设计结构日益向一体化方向发展（见图 1.2-5）。从图 1.2-5 可以看出 RPV 顶盖与下封头在设计结构与制造技术上的不断进步。二代加（M310）RPV 顶盖是分体结构，由上封头（见图 1.2-5a）和上封头法兰（见图 1.2-5b）组焊而成。由于在 RCC-M 标准中没有整体顶盖的相关规定，所以华龙一号 RPV 顶盖依然沿用二代加的分体结构。WEC 优化设计的三代 AP1000RPV 顶盖采用了整体结构，球形封头与厚壁法兰为一个锻件（见图 1.2-5c）。但在顶盖上分布的 8 个 Quick-loc 管却被设计成了堆焊结构（见图 1.2-5d），给设备制造和使用带来了麻烦。为了改进在整体顶盖上堆焊 Quick-loc 管的不足，中国一重与上海核工程研究设计院（以下简称上海核工院）等合作，对 CAP1400RPV 顶盖设计结构进行了创新，研制出了更加先进的 RPV 一体化顶盖，将上封头、上封头法兰及 Quick-loc 管锻造成一个整体锻件（见图 1.2-5e）。与顶盖一样，RPV 下封头也经历了从分体结构向一体化结构的演变过程。在 CAP1400 项目之前，所有核电 RPV 过渡段（见图 1.2-5f）与下封头（见图 1.2-5g）都是分别制造然后组焊在一起的，只有 CAP1400RPV 首创出了一体化底封头，将过渡段和下封头作为一个整体锻件（见图 1.2-5h）锻造出来。

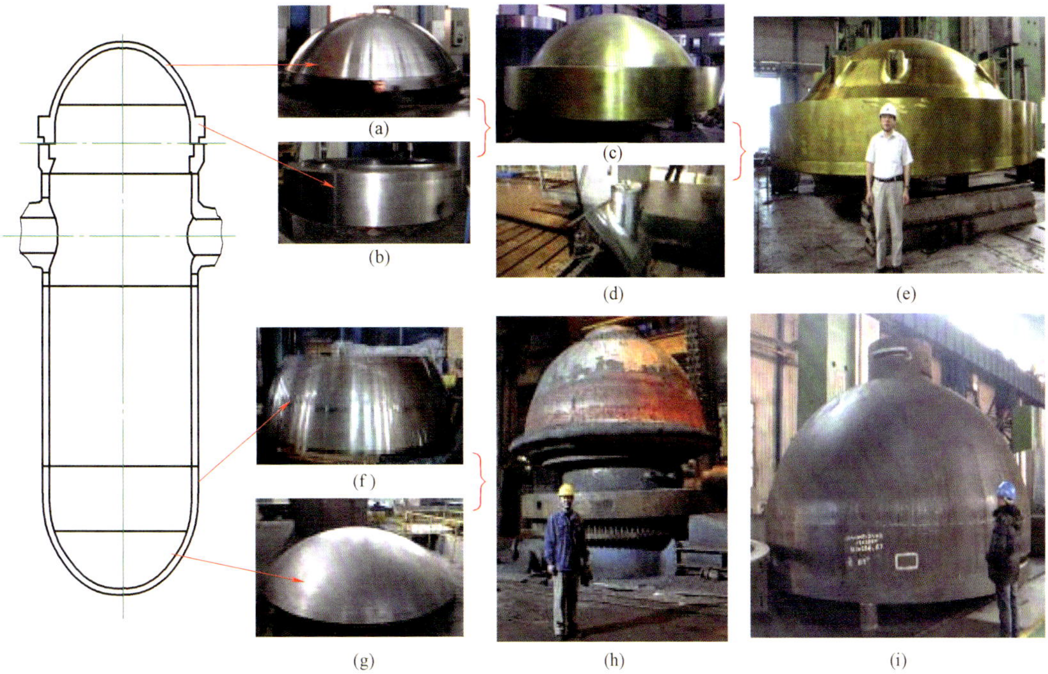

图 1.2-5　RPV 锻件的发展历程

(a) 上封头；(b) 上封头法兰；(c) AP1000 整体顶盖；(d) Quick-loc 管焊接评定件；(e) CAP1400 一体化顶盖；(f) 过渡段；(g) 下封头；(h) CAP1400 一体化底封头锻件毛坯；(i) 取样后的 CAP1400 一体化底封头

2.3.2 SG 锻件

与 RPV 锻件一样，SG 中的封头锻件也经历了由分体结构向一体化结构演变且尺寸规格不断大型化的发展历程（见图 1.2-6）。AP1000SG 椭球封头（又称为上封头）是分体设计和制造的，分别称为椭球封头上部（见图 1.2-6a）和椭球封头环（见图 1.2-6b）；AP1000SG 水室封头（又称为下封头）也是分体设计和制造的，分别称为水室封头环（见图 1.2-6d）和水室封头下部（见图 1.2-6e）。CAP1400SG 椭球封头与水室封头不仅采用了更加先进的一体化结构，而且尺寸规格更加大型化（分别见图 1.2-6c 和图 1.2-6g）。

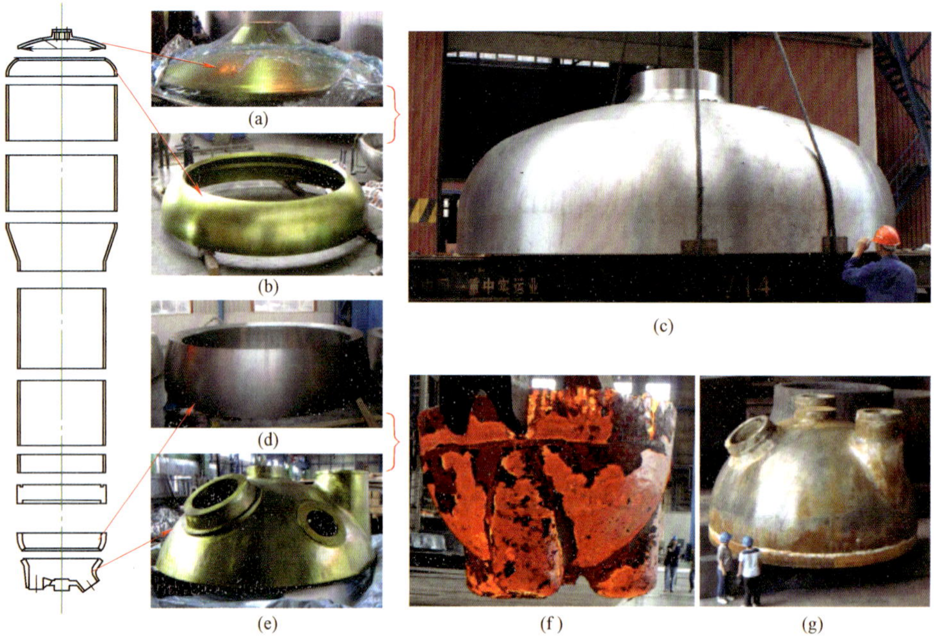

图 1.2-6　SG 锻件的发展历程

（a）椭球封头上部；（b）椭球封头环；（c）CAP1400 椭球封头；（d）水室封头环；（e）水室封头下部；（f）CAP1400 水室封头锻件毛坯；（g）调质前的 CAP1400 水室封头锻件

2.4　绿　色　制　造

广义的绿色制造（green manufacturing）又称环境意识制造（environmentally conscious manufacturing）、面向环境的制造（manufacturing for environment）等。它是一个综合考虑环境影响和资源效益的现代化制造模式，其目标是使产品从设计、制造、包装、运输、使用到报废处理的整个产品生命周期中，对环境的影响最小，资源利用率最高，并使企业经济效益和社会效益协调优化。绿色制造这种现代化制造模式，是人类可持续发展战略在现代制造业中的体现。超大型核电锻件的绿色制造具体体现为锻件的近净成形锻造与一体化锻造。

在国家《绿色制造科技发展“十二五”专项规划》的“发展需求”中提出，要改进制造工艺开发近净成形等新技术和新工艺，实现原材料损失减少 15% 以上的预期目标。实践证明，与传统的自由锻造相比，大型核电锻件绿色制造中的近净成形锻造可以提高锻件性能并节约材料25%以上。一体化锻造不仅可以通过节约材料大幅度降低制造成本、减少机加工切削所造成的污染以及减少或取消焊缝而达到节能25%以上的目标，而且还可以缩短设备在役检测时间并延长设备使用寿命。

2.4.1 胎模锻造及仿形锻造

1. 管板锻件胎模锻造

胎模锻造是在自由锻设备上采用模具生产出具有一定形状的锻件，它是介于自由锻与模锻之间的一种锻造工艺方法。与自由锻相比，胎模锻造可以获得形状较复杂、尺寸较精确的锻件，既节省了原材料，又提高了生产效率；与模锻相比，胎模锻造生产的锻件规格与尺寸更大，模具制造较简便。胎模锻造是高端超大型锻件发展的必然趋势，也是实现超大型核电锻件绿色制造的根本保证。

采用胎模锻造的核电锻件以SG管板锻件为代表。核电管板等超大型实心锻件不仅规格巨大，如采用万吨液压机自由锻造成形，虽然操作比较容易，但锻件加工余量过大，使得锻件质量优良的外部（即钢锭致密的部分）几乎全部被加工掉，而且加工后的锻件流线（封头的管嘴部位）也不连续。为解决上述问题需要采用先进制造方法，用万吨自由锻造液压机和相应的模具对超大型复杂实心锻件实施胎模锻造。只有经过胎模锻造的一体化超大型锻件才堪称超大型锻件的绿色制造。

采用自由锻造方法生产的超大型管板锻件外圆余量非常大，个别锻件坯料的单边余量甚至超过200mm，如图1.2-7所示。自由锻造的管板锻件不仅浪费大量的原材料，而且机加工时间过长。

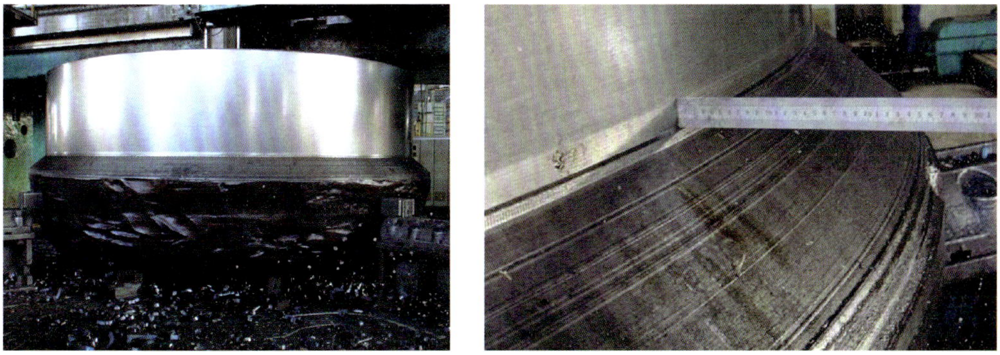

图1.2-7 自由锻造管板锻件粗加工

为了缩短自由锻造管板锻件坯料的粗加工时间，可在锻件端部加工出基准后通过气割和气刨减少余量，但气刨后仍需要留有较大余量以便能够有效去除气刨微裂纹及热影响区（见图1.2-8）。图1.2-8a是自由锻造的管板锻件表面状态；图1.2-8b是气刨后的管板锻件，锻件外圆仍有较大余量。

为了实现超大型核电管板锻件的绿色制造，中国一重根据自由锻造液压机的特点，在数值模拟的基础上，研究设计了专用附具对AP1000和CAP1400的SG管板锻件实施了三向压应力胎模锻造，胎模锻造的管板锻件余量非常小。图1.2-9是CAP1400SG管板锻件胎模锻造数值模拟与实际工况对比。

(a)　　　　　　　　　　　　　　　　　　(b)

图 1.2-8　自由锻造管板锻件气刨减少加工余量

（a）自由锻造的管板锻件表面状态（局部）；（b）气刨后的管板锻件

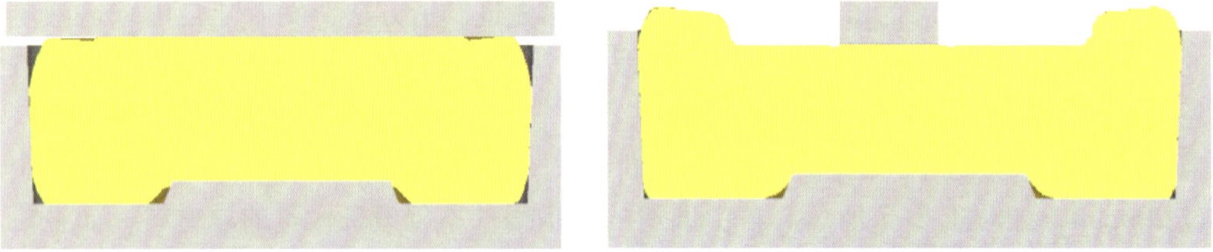

(a)

(b)

图 1.2-9　CAP1400SG 管板锻件胎模锻造数值模拟与实际工况对比

（a）数值模拟；（b）胎模锻造

2. SG 水室封头锻件仿形锻造

由于 AP1000SG 和 CAP1400SG 水室封头锻件规格巨大且形状异常复杂，国内外一些锻件制造商一般都采用半胎模锻的方法制造，即外圆为圆台形状而内腔为球形。由于管嘴部位是覆盖式锻造，所以用这种方法制造的水室封头锻件不仅加工余量非常大，而且加工成形的超长管嘴因锻造流线不连续而性能较差。图 1.2-10 为国外某锻件供应商生产的 AP1000SG 水室封头毛坯锻件及粗加工。

为了实现规格超大且带非向心超长管嘴水室封头锻件的绿色制造，中国一重发明了分步旋转锻造等技术，深入研究了模具结构及材料的流变特性，用万吨压机实现了超大型整体水室封头锻件仿形锻造（见图 1.2-11）。锻造、数值模拟及锻件如图 1.2-12 所示。图 1.2-12a

是 CAP1400SG 水室封头锻件在仿形锻造中；图 1.2-12b 是数值模拟的 CAP1400SG 水室封头锻件仿形锻造毛坯与粗加工尺寸数值模拟对比；图 1.2-12c 是 CAP1400SG 水室封头毛坯锻件，锻件表面光滑、形状饱满，体积非常庞大。

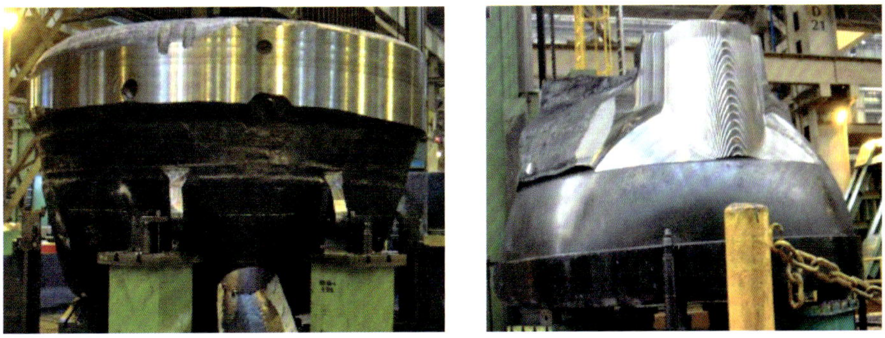

(a) (b)

图 1.2-10　半胎模锻造的水室封头锻件及粗加工

（a）AP1000SG 水室封头毛坯锻件；（b）AP1000SG 水室封头锻件粗加工

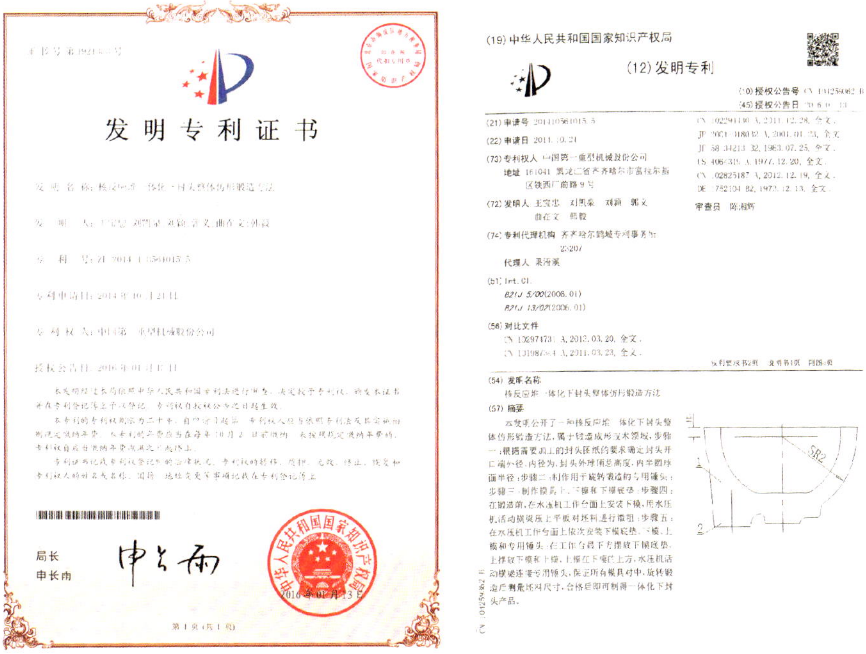
发明专利证书

局长
申长雨

(19) 中华人民共和国国家知识产权局

(12) 发明专利

图 1.2-11　水室封头锻件仿形锻造专利

2.4.2　近净成形锻造

近净成形技术是指零件成形后，仅需少量加工或不再加工就可用作机械构件的成形技术。它是建立在新材料、新能源、机电一体化、精密模具技术、计算机技术、自动化技术、数值分析和模拟技术等多学科高新技术成果的基础上，改造了传统的成形技术，使之由粗糙

(a)

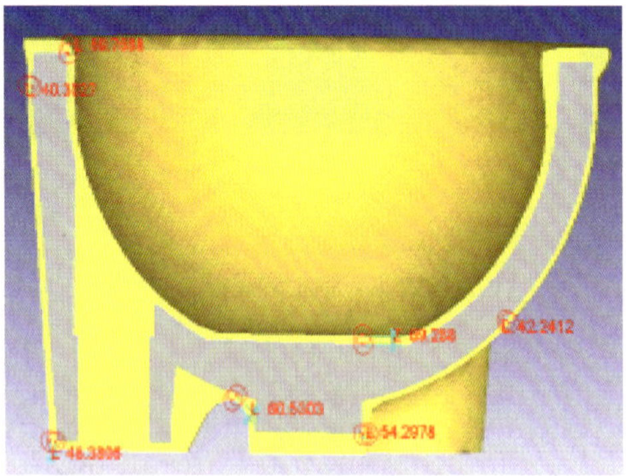

(b)

(c)

图 1.2-12　CAP1400SG 水室封头锻件仿形锻造

（a）仿形锻造；（b）数值模拟锻件与粗加工尺寸对比；（c）毛坯锻件

成形变为优质、高效、高精度、轻量化、低成本的成形技术。近净成形技术在超大型核电锻件制造上的应用是绿色制造的具体体现。

采用近净成形锻造技术实现绿色制造的核电锻件以 RPV 接管段、SG 锥形筒体和主管道热段 A 为代表。对于直径超大（一般内径大于或等于 4000mm）的核电 RPV 接管段、SG 锥形筒体等双端不对称的变截面空心锻件，传统的制造工艺是锻造成厚壁圆柱体（覆盖式锻造），然后机加工出零件形状，这种工艺方法简单但却非常落后，原材料浪费严重。对于带超长非对称管嘴的核电不锈钢主管道热段 A 锻件，因其变形抗力大，难以成形，一般锻件供应商采用锻造出实心锻件、管嘴简单成形的制造方法。为了追求技术进步，实现上述超大、异形锻件的绿色制造，中国一重发明了先进的锻造方法和组合附具，研制出了近净成形锻件。

1. 变截面筒体锻件的近净成形锻造

变截面筒体锻件近净成形锻造技术的关键是如何实现锻件的整体同步变形。为了解决这类锻件整体同步变形的难题，中国一重针对液压机的特点，发明了双端不对称同步压下变截面筒体类锻件的成形技术，研发出独特的组合附具以控制双端不对称变截面同步变形，实现了 RPV 接管段和 SG 锥形筒体锻件的近净成形锻造。图 1.2-13 所示为 CAP1400RPV 接管段锻件最后一火次锻造，锻件的内外法兰同步锻出。图 1.2-14 所示为 CAP1400SG 锥形筒体锻件最后一火次锻造，锻件的两端直段与中间锥段同步变形。

图 1.2-13　接管段锻件的近净成形锻造

图 1.2-14　锥形筒体锻件的近净成形锻造

2. 主管道锻件近净成形锻造

针对大型不锈钢主管道锻件变形抗力大、锻造温度区间窄以及锻造开裂严重等世界性难题，中国一重历时二十载，潜心研究、不断探索，发明了以保温锻造、差温锻造和局部挤压为代表的不锈钢主管道绿色制造技术，实现了带超长非对称管嘴的不锈钢主管道空心锻件整体近净成形。

图 1.2-15 是 CAP1400 主管道热段 A 坯料外圆包套及两端增加热缓冲垫的保温镦粗。图 1.2-15a 是在下镦粗盘上摆放下部热缓冲垫；图 1.2-15b 是在下部热缓冲垫上摆放坯料后再摆放上部热缓冲垫；图 1.2-15c 是坯料首次镦粗前状态。

(a)　(b)　(c)

图 1.2-15　主管道坯料保温镦粗（坯料外圆包套及两端增加热缓冲垫）

（a）摆放下部热缓冲垫；（b）摆放坯料及上部热缓冲垫；（c）镦粗前状态

图 1.2-16 是采用外圆压梅花工艺预成形主管道管嘴时内孔有冷却的差温锻造与内孔无冷却的普通锻造的数值模拟结果。图 1.2-16a 是内孔无冷却条件下（等温锻造）压梅花的变形及损伤数值模拟结果；图 1.2-16b 是内孔在冷却条件下（差温锻造）压梅花的变形及损伤数值模拟结果。比较图 1.2-16a 与图 1.2-16b 可以看出，差温锻造的内孔椭圆度很小，而等温锻造的内孔椭圆度较大。图 1.2-17 是内孔冷却附具试验情景。

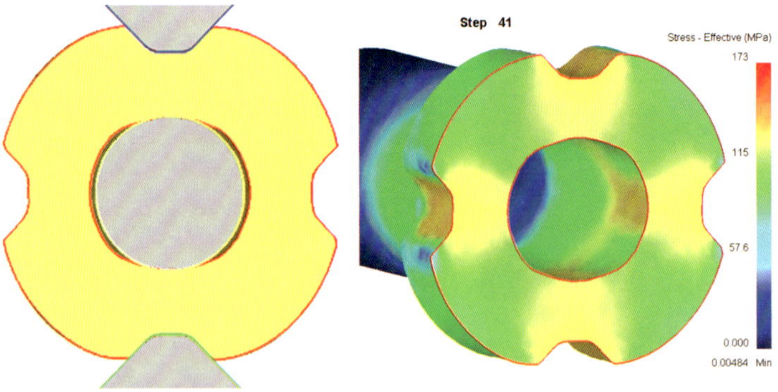

(a)

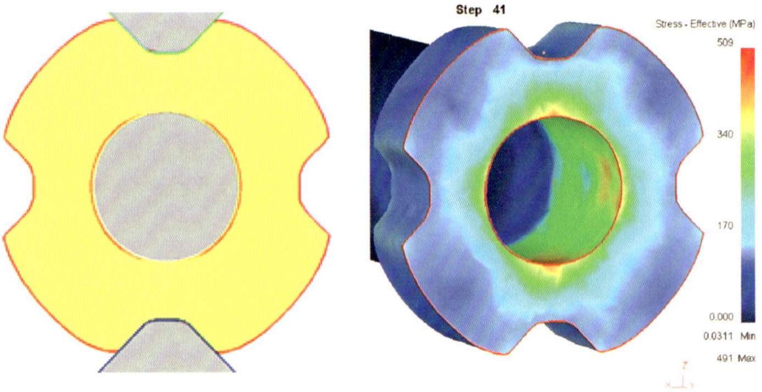

(b)

图 1.2-16 主管道外圆压梅花时内孔有无冷却的锻造模拟对比

（a）内孔无冷却（等温锻造）的数值模拟；（b）内孔有冷却（差温锻造）的数值模拟

图 1.2-18 是 AP1000 主管道热段 A 锻件管嘴局部挤压锻造，这种新颖的锻造方式不仅可以提高材料利用率，而且可以使管嘴根部也获得较细小且均匀的晶粒。中国一重发明的带超长非对称管嘴的不锈钢主管道空心锻件发明专利如图 1.2-19 所示。

图 1.2-17 主管道外圆压梅花时内孔冷却附具冷调试

图 1.2-18 带超长非对称管嘴的不锈钢主管道空心锻件管嘴局部挤压

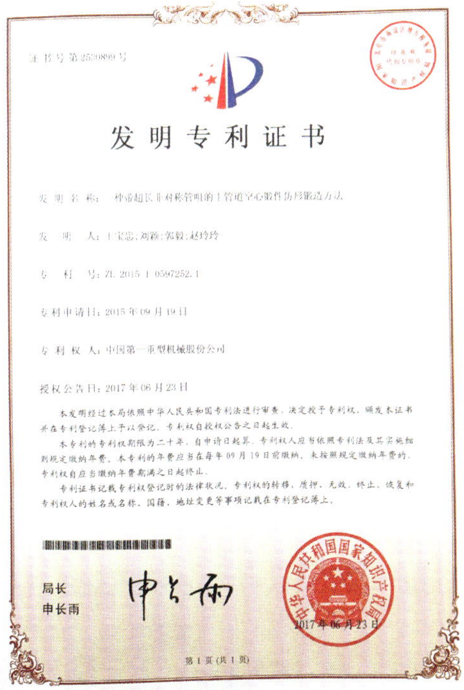

证书号第2530899号

发明专利证书

发 明 名 称：一种带超长非对称管咀的主管道空心锻件仿形锻造方法

发 明 人：王宝忠；刘颖；郭毅；赵玲玲

专 利 号：ZL 2015 1 0597252.1

专利申请日：2015年09月19日

专 利 权 人：中国第一重型机械股份公司

授权公告日：2017年06月23日

本发明经过本局依照中华人民共和国专利法进行审查，决定授予专利权，颁发本证书并在专利登记簿上予以登记。专利权自授权公告之日起生效。

本专利的专利权期限为二十年，自申请日起算。专利权人应当依照专利法及其实施细则规定缴纳年费。本专利的年费应当在每年09月19日前缴纳。未按照规定缴纳年费的，专利权自应当缴纳年费期满之日起终止。

专利证书记载专利权登记时的法律状况。专利权的转移、质押、无效、终止、恢复和专利权人的姓名或名称、国籍、地址变更等事项记载在专利登记簿上。

局长 申长雨

2017年06月23日

第1页（共1页）

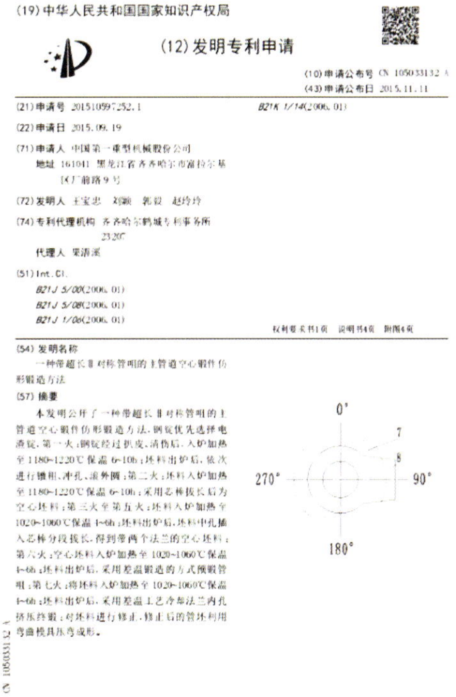

(19)中华人民共和国国家知识产权局

(12)发明专利申请

(10)申请公布号 CN 105033132 A

(43)申请公布日 2015.11.11

(21)申请号 201510597252.1

(22)申请日 2015.09.19

(71)申请人 中国第一重型机械股份公司
地址 161041 黑龙江省齐齐哈尔市富拉尔基区厂前路9号

(72)发明人 王宝忠 刘颖 郭毅 赵玲玲

(74)专利代理机构 齐齐哈尔鹤城专利事务所 23207
代理人 栗清溪

(51)Int.Cl.
B21K 1/14(2006.01)
B21J 5/00(2006.01)
B21J 5/08(2006.01)
B21J 1/06(2006.01)

权利要求书1页 说明书4页 附图4页

(54)发明名称
一种带超长非对称管咀的主管道空心锻件仿形锻造方法

(57)摘要
本发明公开了一种带超长非对称管咀的主管道空心锻件仿形锻造方法，钢锭优先选择电渣锭，第一火：钢锭经过扒皮、清伤后，入炉加热至1180~1220℃保温6~10h；坯料出炉后，依次进行镦粗、冲孔、滚外圆；第二火：坯料入炉加热至1180~1220℃保温6~10h；采用芯棒拔长后为空心坯料；第三火至第五火：坯料入炉加热至1020~1060℃保温4~6h；坯料出炉后，坯料中孔插入芯棒分段拔长，得到带两个法兰的空心坯料；第六火：空心坯料入炉加热至1020~1060℃保温4~6h；坯料出炉后，采用差温锻造的方式预锻管咀；第七火：将坯料入炉加热至1020~1060℃保温4~6h；坯料出炉后，采用差温工艺冷却法兰内孔挤压终锻；对坯料进行修正，修正后的管坯利用弯曲模具压弯成形。

CN 105033132 A

图 1.2-19　带超长非对称管嘴的不锈钢主管道空心锻件发明专利

直径大于或等于1000mm，长度大于或等于8500mm，壁厚大于或等于120mm的CAP1400主管道热段A及华龙一号联合评定主管道空心锻件采用上述绿色制造技术锻造后，锻件毛坯晶粒度大于或等于4级。CAP1400主管道热段A锻件如图1.2-20所示，不同部位表面晶粒度检测如图1.2-21所示。图1.2-21a是表面晶粒度检测部位示意图，其中第③点与第④点位于管嘴端面，第①点与第⑧点位于管嘴根部，第②点、第⑤点与第⑦点分别位于中部及两端直管段的外表面，第⑥点位于另一侧管嘴的端面，因其与第③点对称180°故图中没有显示；图1.2-21b是表面晶粒度检测现场；图1.1-21c是第⑧点位置表面晶粒度。

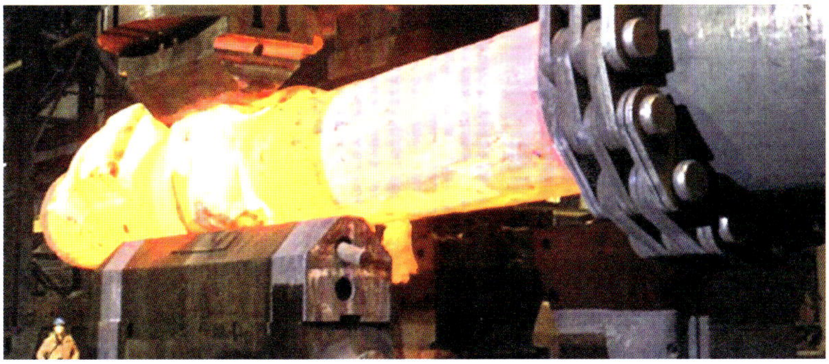

图 1.2-20　CAP1400 主管道热段 A 锻件

华龙一号主管道联合评定锻件如图1.2-22所示。不同部位表面晶粒度检测如图1.2-23

所示。图 1. 2-23a 是华龙一号主管道联合评定锻件初粗加工状态；图 1. 2-23b、图 1. 2-23c 和图 1. 2-23d 分别是直管段、小法兰及大法兰部位表面晶粒度。

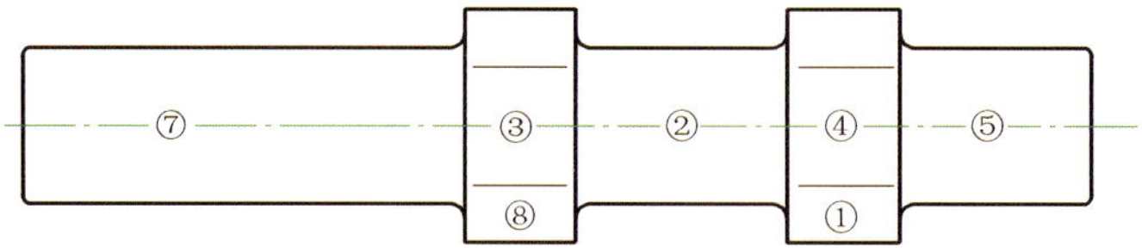

(a)

(b)

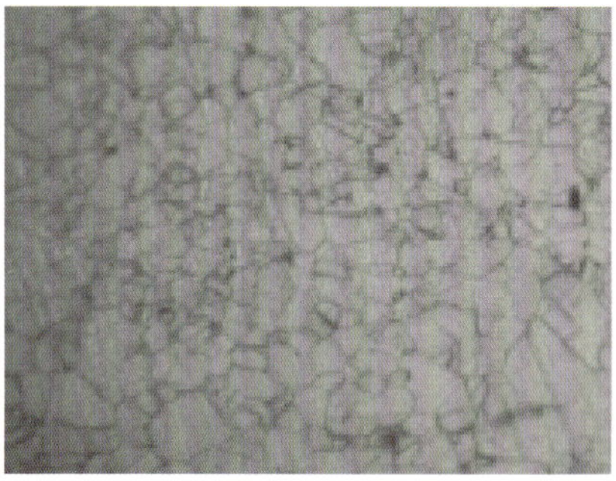

(c)

图 1. 2-21　CAP1400 主管道热段 A 锻件不同部位晶粒度检测

（a）检测部位示意图；（b）表面晶粒度检测现场；（c）第⑧点晶粒度

图 1. 2-22　华龙一号主管道联合评定锻件

(a)

图 1. 2-23　华龙一号主管道联合评定锻件不同部位表面晶粒度检测（一）

（a）主管道锻件初粗加工状态

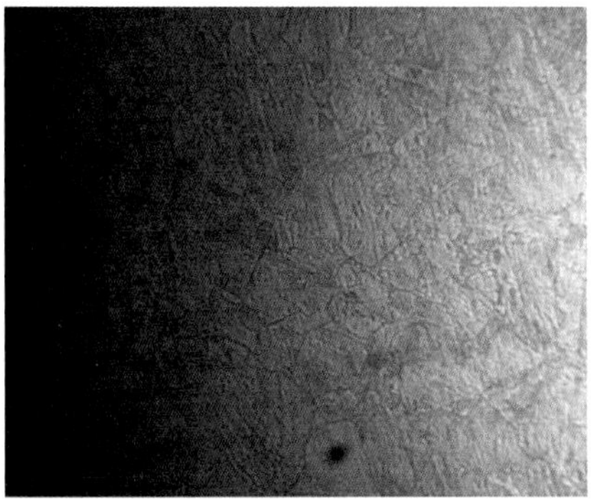

(b)

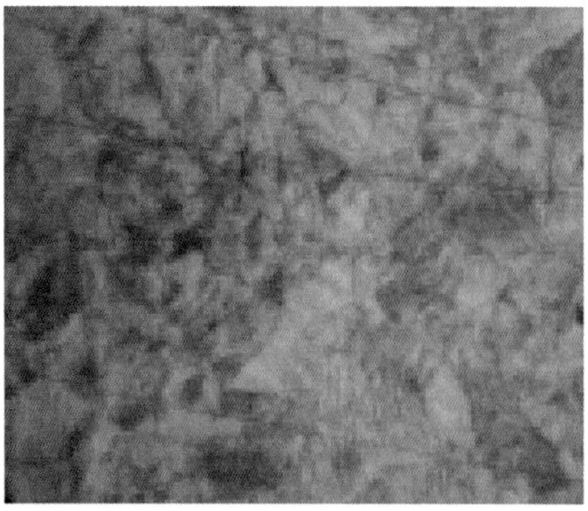

(c)

(d)

图 1.2-23　华龙一号主管道联合评定锻件不同部位晶粒度检测（二）

（b）直管段部位表面晶粒度；（c）小法兰部位表面晶粒度；（d）大法兰部位表面晶粒度

2.5　锻件制造资质

按照《民用核安全设备监督管理条例（500 号令）》及《民用核安全设备设计制造安装和无损检验监督管理规定（HAF601）》文件要求，民用核安全设备制造单位应当按照拟从事的活动种类、设备类别和核安全级别向国务院核安全监管部门提出申请并领取许可证，获得许可证后才可开展核电产品制造活动。

核电锻件的制造资格可分为软件资格和硬件资格。软件资格要求核电锻件制造企业应具有完善的、运行有效的质量保证体系，例如，应具有核电质保大纲、质量保证手册、相关程序文件、有关专业人员从业资格证书等；硬件资格要求核电锻件制造企业的设备、环境等应符合相关规定。

2.5.1　制造资格取证

根据不同的核电体系和规范的要求，核电锻件生产制造企业需要取得制造资格证书，简称“取证”。按照中国核安全法规（HAF）的要求，核电锻件制造企业需要取得中国核安全局核准下发的核电锻件制造资格许可证，持证单位按照 HAF 要求可以生产制造许可证界定范围内的锻件产品。

申请领取民用核安全设备制造许可证的单位应当具备下列条件：

（1）具有法人资格。

（2）具有与拟从事活动相关或者相近的工作业绩，并且满5年以上。

（3）具有与拟从事活动相适应的、经考核合格的专业技术人员，其中从事民用核安全设备焊接和无损检验活动的专业技术人员应当取得相应的资格证书。

（4）具有与拟从事活动相适应的工作场所、设施和装备。

（5）具有健全的管理制度和完善的质量保证体系，以及符合核安全监督管理规定的质量保证大纲。

按照《民用核安全设备设计制造安装和无损检验监督管理规定（HAF601）》要求，申请领取民用核安全设备制造许可证的单位，应当向国务院核安全监管部门提出书面申请，并提交符合规定条件的证明材料，国务院核安全监管部门对提交的申请文件进行形式审查，符合条件的予以受理审查。

国务院核安全监管部门在审查过程中，组织专家进行技术评审，并征求国务院核行业主管部门和其他有关部门的意见，技术评审方式包括文件审查、审评对话和现场检查等。对需要进行模拟件制作活动的，申请单位应根据其申请的设备类别、核安全级别、活动范围、制造和安装工艺、材料牌号、结构形式等制作具有代表性的模拟件，国务院核安全监管部门组织专家开展相应的技术评审活动，包括对模拟件制作活动方案、质量计划等材料进行审查，以及制作过程中的现场监督见证等。

国务院核安全监管部门自受理之日起45个工作日内（技术评审的时间不计算在本期限内）完成审查，对符合条件的，颁发许可证并予以公告；对不符合条件的，书面通知申请单位并说明理由。

按照ASME规范的相关规定，拟生产制造核电锻件的企业需要取得MO（Material Organization）或NPT（NUCLEAR PART）证书。

ASME规范对企业的质量管理和具体的设计、制造与检验均提出了明确的要求，持有ASME授权证书和钢印可以证明企业有能力制造符合ASME规范的产品。

法国RCC-M规范编制于1980年，仅限于PWR（压水堆）系统。该规范以ASME第Ⅲ卷为基础，是西屋公司标准在法国设计建造活动中的补充与完善。按照RCC-M规范生产制造核电锻件的企业无需取证，但需要对首件锻件进行评定。

ASME规范与RCC-M规范在技术要求方面非常相似，但在方法途径上却显著不同。ASME规范采用通用的预先限定，而RCC-M则采用原型限定。此外，ASME规范更多地关注业主、设计者和制作者的责任，而RCC-M关注更多的却是管理者的责任。

2.5.2 锻件评定

评定是为了验证核电锻件制造企业的核质保体系是否有效运行而采取的活动。核岛锻件评定是按RCC-M规范进行的。按M140的规定，压力容器、蒸汽发生器、稳压器等大多数核岛一回路主设备锻件均需要进行评定。目前国内根据RCC-M规范制造的锻件都需要对首个锻件进行评定工作。

1. RCC-M规范中的评定

按照RCC-M规范，列在M141中的共35种零件和产品都是制造压水堆核电站核岛机械设备所需要的重要材料和零件毛坯，必须根据 M142 的规定，在使用某车间按某种特定工艺制造这些产品之前先进行产品评定和车间评定，以保证所生产的产品满足预期的使用要求。

通过产品评定可以检验所采用的制造工艺是否适宜，产品性能是否达到了使用要求（M143）；而车间评定的目的是验证生产车间是否充分具备制造合格产品的能力。

与 RCC-M 规范不同，ASME 规范不要求进行产品评定，但要求必须通过车间评定，进行车间评定基本上不检查硬件设施，而只对照所采用的 ASME 规范，检查质量保证体系和它的实际运行情况。

2. RCC-M 规范中 M140 规定首次制造前需对以下零件及制品进行评定

（1）反应堆压力容器包括顶盖（上封头）、顶盖法兰、筒体法兰、管嘴座、筒体、过渡段、底封头、进口管嘴、出口管嘴。

（2）蒸汽发生器包括椭圆形顶盖（上封头）、圆柱形筒体、锥形筒体、管板、蒸汽发生器管、水室封头（下封头）、过渡段、支撑环、分配板。

（3）稳压器包括顶盖（上封头）、圆柱形筒体、底封头。

（4）反应堆冷却剂泵包括壳体、主法兰、电动机机座（该机座为承压设备的一个部件时）、泵轴、电动机连接套筒、环绕管、电机轴、飞轮。

（5）一次侧冷却剂管道包括管道、弯头、安注管斜接头。

（6）压力波动管路包括管路。

（7）阀门包括公称直径大于 80mm 的 1 级设备用阀门或锻造阀体、蒸汽闸阀阀体、蒸汽发生器供水管道调整阀阀体。

（8）反应堆堆内构件包括堆芯支承件、密封环、上部支撑板。

（9）主蒸汽供应系统包括无缝钢管。

2.5.3 核安全许可

依据 HAF001《中华人民共和国民用核设施安全监督管理条例》第三章“安全许可制度”第八条：国家实行核设施安全许可制度，由国家核安全局负责制定和批准颁发核设施安全许可证，许可证件包括：

（1）核设施建造许可证；

（2）核设施运行许可证；

（3）核设施操纵员执照；

（4）其他需要批准的文件。

《民用核安全设备监督管理条例（500 号令）》中规定，列入核安全许可的核安全机械设备包括执行核安全功能的压力容器、钢制安全壳（钢衬里）、储罐、热交换器、泵、风机和压缩机、阀门、闸门、管道（含热交换器传热管）和管配件、膨胀节、波纹管、法兰、堆内构件、控制棒驱动机构、支承件、机械贯穿件以及上述设备的铸锻件等。

2.6 制造过程控制

核电锻件的相关法律和法规中对过程控制的要求并未描述，ASME 规范中明确提出应编制过程控制表、跟踪卡等文件开展具体的过程控制。过程控制应是包含质量控制在内的全员参与，从设计、工艺到整个生产制造的控制过程，以达到质量、进度等均满足用户要求的目的。RCC-M 标准则是通过首件评定后固化工艺达到过程控制的目的。

1. 评定/制造大纲

评定/制造大纲是描述产品或零件冶炼及铸锭、锻造、热处理、检测、验收等的技术文件，包含锻件制造的关键环节。

锻件制造企业根据用户的采购技术条件和标准编制评定/制造大纲。评定/制造大纲需经过设计、用户等部门的批准。质量计划是针对某特定产品、服务、合同或项目，规定专门的质量措施、资源和活动顺序的文件，包含锻件制造关键工序。

2. 质量计划

按照《民用核安全设备设计制造安装和无损检验监督管理规定（HAF601)》在民用核安全设备设计、制造、安装和无损检验活动中，民用核设施营运单位应当采取驻厂监造或者见证等方式对过程进行监督并做好验收工作。该规定的第二十九条要求民用核安全设备制造、安装单位，应当在制造、安装活动开始 30 日前，将下列文件报国务院核安全监管部门备案：① 项目制造、安装质量保证分大纲和大纲程序清单；② 制造、安装技术规格书；③ 分包项目清单；④ 制造、安装质量计划的要求，采购技术条件一般会要求锻件供方编制质量计划，用于各方用户参与整个制造过程的监督。

质量计划参照制造大纲、评定大纲、工艺、图样等编制，主要包括工件的制造流程、制造过程中所需文件、各方见证点选取情况等信息。并通过项目管理人员与用户联系获得认可。

3. 无损检测规程

无损检测规程（NDE）是规定无损检测方法、实施方案、验收标准等内容的工艺文件。根据 HAF601 第二十四条，民用核安全设备无损检测单位应当对所承担的具体检测项目，结合检测对象的结构形式、材料特性等，编制无损检测规程并严格执行。无损检测规程应根据采购技术条件和标准要求进行编制，至少包括检测方法、仪器设备的选用、人员资质要求、试块信息、扫查图、验收标准、报告模板等信息。

4. 先决条件检查

先决条件检查是指在锻件投料前，用户对制造厂人员资质、设备、材料、程序文件和制造环境等进行检查，确定是否具备投料条件。先决条件检查是核电锻件制造活动可以开始进行的充分必要条件。

当前的核电锻件基本供给国内用户，一般会在质量计划的首个工序以选取停工待检点（即 H 点）的方式设置并进行先决条件检查。先决条件检查的主要内容包括：

质保大纲、质量计划、NCR 控制程序等质量文件的批复情况。

制造技术大纲、图样、热处理规程、清洗、包装规程等技术文件的批复情况。

无损检测规程、尺寸检查规程、理化试验规程的批复情况。

HAF601 和国务院 500 号令中规定的文件报备情况。

炼钢、锻造工艺、图样、各种规程的编制和按照文件控制流程的下发情况。

制造过程中所涉及的设备、仪器状态、人员资质情况。

2.7 产品质量的可追溯性

核电产品需要具备可追溯性，即整个制造过程公开、透明、可查，“四个凡事”中的“凡事有据可查”即是指核电产品的可追溯性，体现在核电锻件方面就是锻件的唯一身份标识以及每一个制造工序、环节所留下的记录、报告等资料具备可查性并且它们之间能够互相追溯。

2.7.1 母材见证件

母材见证件取自于理化试验与无损检测合格的锻件延长段，未来组焊过程中跟随所代表的母材同时热处理，最终热处理结束后按照相应图样进行解剖分解，开展理化试验工作，用于验证母材在后续组焊过程中所经历的热处理对其理化试验结果的影响。

2.7.2 焊接见证件

为了验证产品焊缝质量的一致性，并保证与焊接工艺评定所确定的操作工艺相一致，制造商应在焊接生产过程中制备一些产品焊接见证件。焊接见证件应能代表其所参照的实际产品焊缝。

焊接见证件既可取自于理化试验与无损检测合格的母材延长段，也可单独锻造而成，用于和其他邻近的母材的焊接见证件组焊，以验证组焊焊缝的理化试验等结果。单独锻造的焊接见证件原则上应保证焊接工艺在产品制造中的重现性。

第3章　锻件制造设备与工装特点

工欲善其事必先利其器，超大型核电锻件的制造需要有超大型化的设备做保障。进入21世纪以来，在能源装备大型化、批量化的发展形势驱动下，世界各主要锻件供应商纷纷进行大规模投资，使得万吨自由锻造液压机、巨型操作机、大型冶炼设备和热处理设备的数量、规格及能力均得到了大幅度提升。然而，仅凭万吨自由锻造液压机却难以实现超大型核电锻件的绿色制造（胎模锻造、仿形锻造及近净成形锻造），需要增加相应的辅助手段，故大量特殊工装附具应运而生。

3.1　制造设备的超大型化及自动化

中国一重自主研制的我国第一台125MN水压机（见图1.3-1）始建于20世纪60年代初期，经过长年的超负荷使用已造成设备严重老化，无法满足新形势下超大型锻件的制造要求。为了实现超大型核电锻件的研制目标，中国一重率先申报了新建150MN水压机的建设项目，国家经贸委于2002年批复中国一重建造万吨水压机，时任国务院主管工业的副总理吴邦国为此做出了重要批示。中国一重经过近两年的创新设计和研制，建成了四柱滑板导向的150MN水压机。2006年12月30日，中国一重自主研制的150MN水压机热负荷试车，时任国家发改委副主任、国家能源局局长张国宝出席了剪彩仪式并宣读了时任国务院副总理曾培炎的贺信（见图1.3-2）。获得了国家科技进步一等奖（见图1.3-3）的150MN水压机的

图1.3-1　我国第一台125MN水压机

图1.3-2　150MN水压机热负荷试车

投产与使用掀起了世界范围的万吨压机建设热潮，与万吨水压机配套的超大型操作机（见图 1.3-4）以及超大型的冶炼、铸锭、热处理设备和特殊工装附具也大量投入使用。

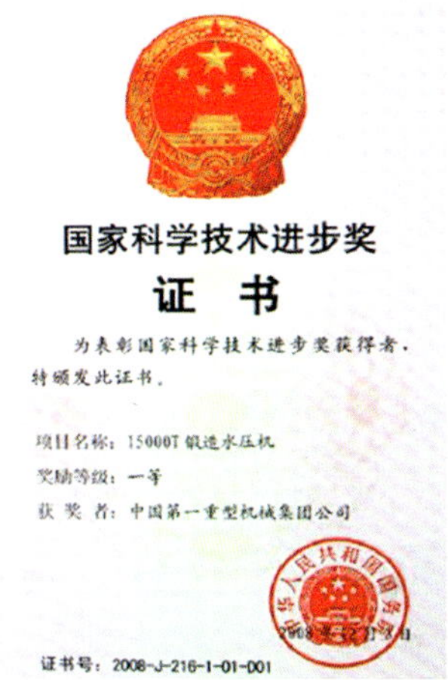

图 1.3-3　150MN 水压机获奖证书

图 1.3-4　630t·m 操作机

3.1.1　冶炼及铸锭设备

锻件制造行业的炼钢是去除废钢或铁水中所含 S、P 等杂质，加入 Cr、Ni、Si、Mn 等合金并调整其成分的过程。

超大型核电锻件用钢对 S、P、As、Sn、Sb、Cu 等杂质有严格的要求，需要特殊的冶炼方式加以控制。

铸锭是将熔化的金属浇入可以重复使用的铸模中，待金属凝固脱模后形成具有一定形状的锭子。

按照熔化金属的流动方向，钢锭的浇注方法主要分为上注和下注。此外，中国一重还研究了吸注方法。目前比较成熟的超大型钢锭浇注方式为真空上注，所使用的设备主要有真空室（含真空盖）、真空泵、中间包、钢锭模等。

1. 电弧炉（EAF）

电弧炉（Electric Arc Furnace，EAF）指的是利用电弧产生的热量熔炼矿石和金属的工业炉。气体放电形成电弧时能量很集中，弧区温度在 3000℃以上。对于熔炼金属而言，电弧炉比其他炼钢炉的工艺灵活性更大，能够有效地去除硫、磷等杂质，而且炉温容易控制，设备占地面积小，适于优质合金钢的熔炼。锻件制造行业广泛应用三相电弧炉炼钢（见图 1.3-5），这种电弧炉使用三相交流电作为电源。电弧炉一般使用碳素电极或石墨电极，电弧发生在电极与被熔炼的炉料之间，炉料受电弧直接加热。电弧长度依靠电极升降进行调节。为提高熔炼质量，大型电弧炉在炉底安装电磁搅拌器，驱使炉内熔融金属沿一定方向循环流动。50t 以上的电弧炉常安装炉体回转机构，炉体能够左右旋转一定角度，使炉料受热均匀，金属液出炉时炉体可以倾斜。

2. 精炼炉（LF）

钢包精炼炉（Ladle Furnace，LF）是用来对电弧炉初炼钢液进行精炼，并调节钢液温度实现工艺缓冲以满足钢锭浇注条件的重要冶金设备（见图 1.3-6）。钢包精炼炉是炉外精炼的主要设备之一。钢包精炼炉主要功能有：① 钢液升温和保温功能。钢液通过电弧加热获得新的热能，这不但能使钢包精炼时可以补加合金和调整成分，也可以补加渣料，便于钢液深脱硫和脱氧，而且铸锭要求的钢液开浇温度亦得到保证，有利于钢锭质量的提高。② 氩气搅拌功能。通过装在钢包底部的透气砖向钢液中吹氩气使钢液获得一定的搅拌功能。③ 真空脱气功能。将钢包吊入真空罐，采用蒸汽喷射泵进行真空脱气，同时通过包底吹入氩气搅动钢液，可以降低钢液中的氢含量和氮含量，并进一步降低氧和硫的含量，最终获得较高纯净度的钢液。

图 1.3-5　三相电弧炉

图 1.3-6　钢包精炼炉

3. 电渣重熔（ESR）

（1）电渣重熔原理。

电渣重熔（Electroslag Remelting，ESR）是利用电流通过熔渣时产生的电阻热作为热源进行金属熔炼的方法，其主要目的是提纯金属并获得洁净、均匀、致密的钢锭。经电渣重熔的钢锭，纯度高，含硫低，非金属夹杂物少，钢锭表面光滑，洁净均匀致密，金相组织和化学成分均匀。

（2）电渣重熔特点。

由于电渣重熔存在熔滴与熔渣的冶金反应，所以去除非金属夹杂物效果好，重熔后金属纯度高、热塑性好。电渣重熔一般使用交流电，不需要真空环境，设备简单、投资少，生产成本低，适宜于生产大直径铸锭和异型铸锭。电渣重熔不适宜于精炼易氧化的金属，对环境污染较大，须有除尘和去氟装置。

（3）电渣重熔的发展历史。

作为一种精练方法，电渣重熔的原理是由美国霍普金斯（R. K. Hopkins）于 20 世纪 40 年代首先提出的，其后苏联和美国相继建立工业生产用的电渣炉。1958 年，乌克兰德聂泊尔特钢厂建成了世界第一台 0.5t 工业电渣炉，使电渣冶金进入了工业化生产阶段。随着电渣冶金的发展及金属材料要求的不断提高，钢锭大型化已成为电渣冶金发展的必然趋势。最初各国工业电渣炉容量仅为 0.5t，大一些的一般也不超过 3t。20 世纪 80 年代中期，很多国家都有了 50t 以上的电渣炉。上海重型机器厂建成世界上最大的 200t 电渣炉后，德国萨尔钢厂的 165t 电渣炉屈居了第二。世界上最大的电渣钢生产厂家是乌克兰德聂泊尔特钢厂，该厂拥有 22 台电渣炉和年产 10 万 t 电渣钢的生产能力。最大的板坯电渣炉是俄罗斯双极串联 70t 板坯电渣炉。目前世界上最大的电渣炉是上海重型机器厂自主设计、自行制造和拥有完全自主知识产权的 450t 电渣重熔炉（见图 1.3-7），能生产最大直径为 3.6m、高度为 6m 的电渣锭。

图 1.3-7　450t 电渣重熔炉

4. 真空感应熔炼（VIM）

真空感应熔炼（Vacuum Induction Melting，VIM）是在真空条件下利用中频感应加热原理使金属熔化的冶炼成套设备，是生产镍基合金、钛合金、不锈钢、超高强度钢等特种合金材料的重要冶炼设备，其自动控制系统作为重要的组成部分，直接影响产品的质量和产量。

真空感应熔炼炉是在真空室里面放置一个表面带有电感线圈的坩埚，抽真空后用电感线圈加热坩埚使金属得以熔化。由于整个过程发生在真空环境下且感应电流具有一定的搅拌作用，所以有利于去除金属液里面的气体杂质，得到的金属合金材料更加纯净与均匀。此外，在冶炼过程中通过对真空程度以及感应加热的控制，可以调整熔炼温度并及时补充合金金属，从而达到精炼的目的。

图 1.3-8　600t 真空铸锭室

5. 上注

超大型钢锭的上注是将底盘、钢锭模、冒口放置在真空铸锭室内，将浇注用中间包坐在真空盖上，第 1 包精炼钢液部分或全部注入中间包内，待真空泵将真空室及管道内的空气抽出后，多个精炼包的钢液依次通过中间包注入真空室里的钢锭模内。钢锭规格不同，需要的真空室大小也不同。一般情况下，一种规格的真空室可以浇注钢锭重量的变化范围在 200～300t。图 1.3-8 为 600t 真空铸锭室，浇注钢锭范围为 500～800t，用此真空铸锭室已浇注出几十个495～715t 钢锭。

4 包钢液采用上注方式浇注过程示意图如图 1.3-9 所示。

6. 下注

下注法一般适用于中小型钢锭的大气浇注，超大型核电锻件所需钢锭为大型和超大型，故在此不对下注做详细介绍。

7. 吸注

真空吸注工艺是近年来兴起的一种液体模塑成形新工艺，已经在航空航天工业上得到了

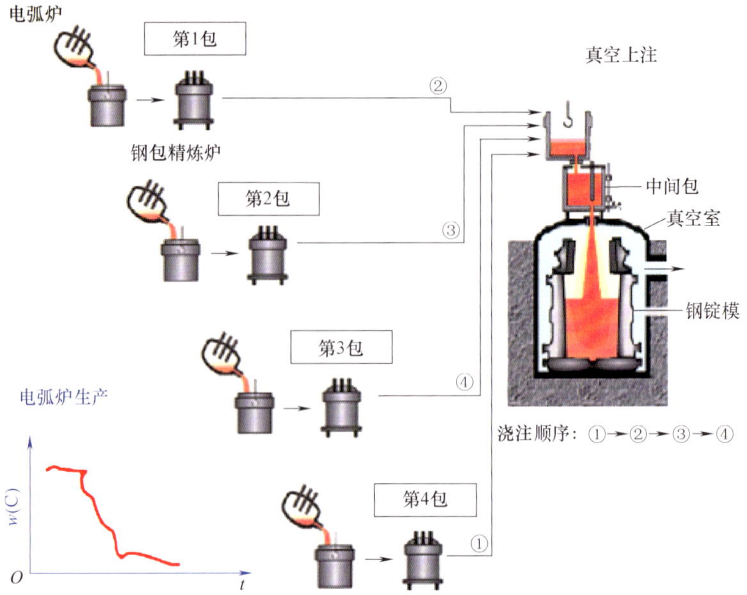

图 1.3-9　4 包钢液上注方式浇注过程示意图

一些应用[11]，此方法也曾被用于大型钢锭的制造，主要目的是取消真空浇注过程中的中间包，以便减少钢液倒包时的温降以及中间包耐火材料对钢液的污染。大型钢锭真空吸注示意图如图 1.3-10 所示，安装在真空盖（3）上的吸注管道（2）一端与真空室（4）相连，另一端用钢板封焊，当精炼包（1）中的钢液与封焊部位接触后使得钢板融化，钢液在真空的作用下从精炼包注入真空室的钢锭模（5）内。吸注过程中随着精炼包中钢液液面的不断下降，精炼包可以通过专用设备实现提升及旋转，以确保吸注管道的端部始终浸没在钢液中，达到利用钢液密封吸注管道的效果（见图 1.3-11）。吸注既可以实现单包（见图 1.3-12a）浇注，也可以实现双包（见图 1.3-12b）浇注。由于真空吸注管道形状、尺寸及内衬耐火材料性价比选择等诸多因素的影响，大型钢锭吸注的工程实践效果不够理想。

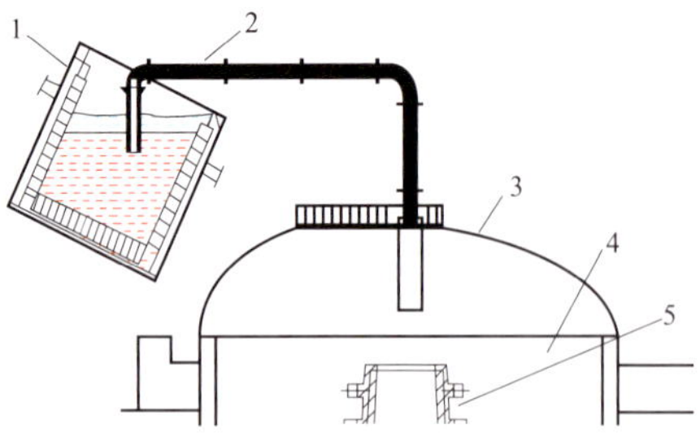

图 1.3-10　大型钢锭真空吸注示意图

1—精炼包；2—吸注管道；3—真空盖；4—真空室；5—钢锭模

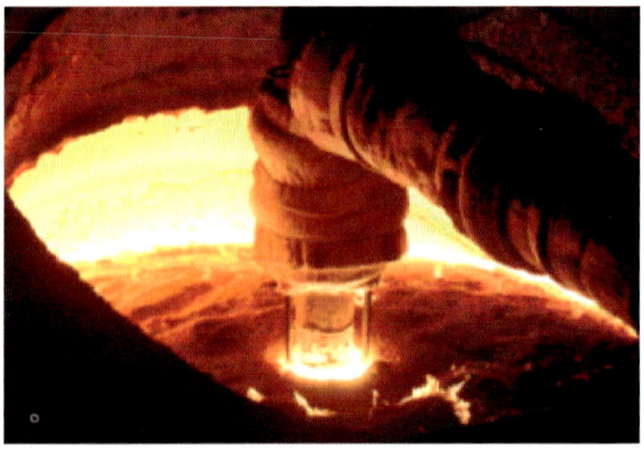

图 1.3-11　利用钢液密封吸浇管道

(a)　　　　(b)

图 1.3-12　钢锭真空吸注实践

（a）单包真空吸注；（b）双包真空吸注

3.1.2　锻造设备

液压机是一种以高压液体为工作介质，根据帕斯卡液体静压传动原理制成的用于传递能量以实现各种成形工艺的机器。液压机一般由压机本体（主机）、动力系统及液压控制系统三部分组成。液压机从原理及结构上易于得到较大的压力、工作空间和行程，并能够在行程范围内的任意位置发出最大的工作力，因此最适合大锻件、大变形量的锻造成形[12]。

按照用途的不同，锻造成形领域的液压机一般分为自由锻液压机与模锻液压机。自由锻液压机是指在工作缸压力作用下，通过上、下砧和一些简单的通用工具，使钢锭或钢坯产生塑性变形，以获得所需形状和尺寸的锻件。模锻液压机则是通过形状较复杂的专用模具使钢坯产生塑性变形，从而获得形状较复杂、尺寸精度较高的锻件。相对于模锻液压机而言，自由锻液压机的吨位更小，速度更快，工作空间更大，其工作台可前后移动，但压机导向精度较差。自由锻液压机一般用于自由锻造或胎模锻造成形，而模锻液压机则用于模锻成形。

全世界拥有大型模锻液压机 40 多台，其中有 42% 在美国。美国 Wyman-Gordon 公司、俄罗斯 BCMIIO 公司、法国 AD 公司是世界上拥有模锻液压机公称压力大、品种和数量最多的 3 个企业。

在大型机械设备和重要装备中，如轧制、电力（水电、火电、核电、风电）、石油、化工、造船、航空、航天、重型武器等，都要采用大型自由锻件和大型模锻件，这些大锻件都是需要用大型自由锻液压机和大型模锻液压机来锻造。因此，大锻件生产在先进工业化国家中都处于非常重要的地位。另一方面，从一个国家所拥有的大型自由锻液压机和大型模锻液压机的品种、数量和等级，就可衡量其工业化水平和国防实力。

进入 21 世纪以来国内大型自由锻行业处于一个高速发展时期，特别是 2006 年，全国各地掀起了一股大型自由锻设备投资建设热潮，许多地区纷纷上马大型自由锻液压机，据不完全统计，2007—2008 年两年中，建成投产的 60MN 及以上的自由锻液压机就有 5 台之多，计划投资建设的超过了 10 台。虽然目前我国的大型自由锻液压机数量已居世界首位，但仍然还有新的超大型液压机在建。

按照工作介质种类的不同，自由锻液压机可分为水压机与油压机两种。水压机以乳化液和水作为工作介质，而油压机则以矿物油作为工作介质。1990 年前国外进口或国内制造的锻造液压机大部分为水压机，1990 年以后国内制造的锻造液压机既有水压机也有油压机，但国外进口的自由锻液压机大部分为油压机。一般水压机采用泵-蓄势器传动，油压机采用泵直接传动。

1. 水压机

19 世纪中期欧洲出现了第一批用于金属压力加工的液压机。率先使用自由锻水压机锻造钢锭的是英国的曼彻斯特公司。由于自由锻水压机与锻锤相比，具有变形量更大、振动更小和噪声更低等显著优势，很快就得到了迅速推广和普遍应用。最初的水压机是以纯水为工作介质的蒸汽增压器传动，由于纯水的气蚀和锈蚀对阀体的损伤较大，使得阀体的使用寿命极低，所以水压机逐渐发展为以乳化液为工作介质的泵-蓄势器传动。泵-蓄势器传动的自由锻水压机持续发展应用了 100 多年，其操纵系统虽然几经变革，但仍以手动操作为主，锻造精度相对较低。

20 世纪中期，工业化进程的加快使得自由锻液压机向快速、高精度与自动化锻造方向发展，特别是计算机与先进的尺寸测量技术的广泛应用，使液压机与操作机实现了联动，不仅减轻了操作者的劳动强度，而且提高了生产效率。20 世纪后期，一些国家开始对旧的泵-蓄势器传动水压机进行改造，改造方法主要有两种：

（1）只留用压机本体，将水压机改为泵直接传动的油压机。

（2）保留原有的水泵蓄势站和工作缸的进排液分配阀，增加一套油压伺服系统，根据动梁位置，采用油压伺服阀或高性能比例阀，通过接力缸控制分配器摇杆轴的摆角和速度，或者通过单顶缸控制单个进排液分配阀的启闭动作，提高压机的自动化程度。但是，这种油控水系统由于是借助中间油缸间接控制进排液分配阀的启闭，所以响应速度、阀口开启量和锻件尺寸精度始终无法达到泵直接传动油压机的效果，而且工作介质与控制介质的不同更易造成交叉污染。

2. 油压机

由于泵直接传动系统具有恒速性，而且油压电气控制元件规格齐全，油压控制技术日趋成熟，所以油压机逐渐成为自由锻造实现高效率高精度自动化生产的较为理想的选择。由于缺乏大功率、大流量的高压油泵系统，初期的自由锻造油压机的吨位都较小，均不超过 30MN，自由锻液压机进入水压机与油压机共存时期。

按照控制系统的不同，油压机可分为阀控系统与泵控系统两种。阀控系统的精度和频响较高，因此使用更普遍；而泵控系统只用于德国 PAHNKE 公司使用的潘克改进型正弦驱动系统，效率和功率都比较大。

高压大流量油泵的问世，解决了制约大型油压机发展的技术问题，油压机开始全面替代水压机逐渐成为自由锻液压机的主流设备。目前世界上已投产的阀控系统自由锻油压机最大吨位为 165MN，泵控系统自由锻油压机最大吨位为 185MN，上述两台油压机分别安装在上海重型机器厂与中信重机厂。

3. 自由锻水压机与油压机的比较

（1）传动效率的比较。

泵直接传动的突出优势是传动效率很高，运行中能耗较低，而泵-蓄势器传动的效率 η 则较低，若锻件等级选择不当，会出现较多的“大马拉小车”现象。因此，对于同样的锻件，水压机能耗将明显高于油压机。

为提高传动效率，选用泵-蓄势器传动的水压机，可采取压力分级的方法。如将三缸压机的压力通过改变施压工作缸的数量分为三级，即 p_1、p_2、p_h，如图 1.3-13 所示。压下开始时，单缸施压，以 p_1压下，行程为 S_1；当变形抗力超过 p_1时，切换为两缸施压，以 p_2压下，行程为 S_2；变形抗力超过 p_2时，切换为三缸施压，以公称压力 p_h压下，行程为 S_3。压机的功耗

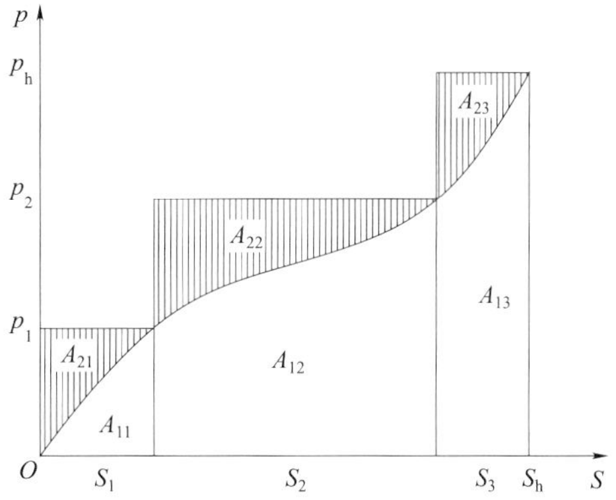

图 1.3-13　泵-蓄势器传动压力分级时的压力-行程曲线

$$
\begin{aligned}
W_b &= p_1 S_1 + p_2 S_2 + p_h S_3 \\
&= (A_{11} + A_{21}) + (A_{12} + A_{22}) + (A_{13} + A_{23})
\end{aligned}
\qquad (1.3\text{-}1)
$$

相当于图 1.3-15 中三个小矩形面积的和，但曲线下面积仍为

$$W_d = A_{11} + A_{12} + A_{13} = A_1 \qquad (1.3\text{-}2)$$

而

$$A_{21} + A_{22} + A_{23} < A_2$$

$$\eta_c = \frac{W_d}{W_b} = \frac{A_1}{A_1 + (A_{21} + A_{22} + A_{23})} \geqslant \frac{A_1}{A_1 + A_2} \qquad (1.3\text{-}3)$$

因此，与压力不分级相比，可有效减小能耗，提高传动效率。

（2）机械效率的比较。

虽然油泵的容积效率较水泵的低，但因水泵及其减速器的机械效率较油泵低，所以油泵的总机械效率还是较水泵的高得多。

（3）装机容量的比较。

对于锻造压机，如果选用泵直接传动，必须按最大压力且最大流量的工况配备液压泵，其泵站装机功率很高，但在其他工况下，实际所需功率并不高。如前所述，水泵-蓄势器传动因蓄势器的蓄能作用，可利用压机辅助时间向蓄势器充灌高压水，工作时由水泵和蓄势器共同供给高压水，从而大幅降低泵站的装机功率，在同样条件下，其装机功率仅相当于油泵直接传动的 55%～70%，无功损耗要低得多。

（4）控制技术的比较。

与水压机比较，油压机的控制技术较成熟，伺服阀、比例阀等关键控制元器件已系列化，其参数及特性资料完备，市场采购方便，价格也相对较便宜。而水压机的控制技术则较为复杂，成熟程度较油压机的低，相应的伺服阀、比例阀等关键控制元件的开发和生产难度较大，价格也较油系统的高得多。

（5）泵站造价的比较。

油泵站包括主泵、辅助泵、充液罐、油箱、空压机等。水泵站还包括水、气蓄势罐。过去认为水泵站造价明显高于油泵站，但近年来市场发生了较大变化，水泵站造价已略低于油泵站，对于特定的油泵（如PAHNKE泵）甚至远高于水泵的价格。

（6）介质费用的比较。

油的价格是水的千倍以上，一台万吨级液压机一次性充液量达几百立方米，需要几百万元费用。按常规，约每两年需更换液压油，否则油液特性将改变，可能伤及十分娇气的泵和阀；这显然又是一笔不小的费用，对液压机的运行成本也有不小的影响。而水介质的价格则极低。

（7）主泵寿命和可靠性的比较。

油泵转速很高，对油液的要求极为严格，稍有不慎就会损伤主泵。油泵制造商一般不在供货合同中对其寿命做出承诺，一旦出现故障，一般需送至专门的维护机构处理，且费用很高。而水泵的寿命很长，目前还有大量20世纪50～60年代的水泵在线服役。可见水泵的维修和折旧费用低于油泵。

（8）安全性的比较。

用油压机锻造大型钢锭，易燃的液压油与高温锻件近距离接触，时刻存在发生火灾的可能。油压机的安全性显然低于水压机。为防止火灾发生，油压机工作场地需要配备专用灭火装置。

4. 自由锻液压机未来发展方向

随着环保问题和减排压力的增大，一些知名液压机生产商，如德国的威普克-潘克（Wepuko Pahnke）、梯芬巴赫（Tiefenbach）、英国的芬乐（Fenner）和丹麦的丹夫斯（Danfoss）等公司已开始进行纯水液压机的研发。针对纯水介质的气蚀、锈蚀和冲击等技术难题，研制开发了高压水泵、马达、各种阀体等液压基础元器件，额定压力可达到32MPa甚至更高。这些基础元器件的开发应用，为研制由纯水系统控制的自由锻水压机奠定了基础。

与油压机相比，纯水压机具有以下优势：

（1）液压油在防锈蚀、密封和润滑方面都比纯水要好，但是液压油的缺点是价格较高、易燃、易变质、易污染。

（2）纯水较低的黏度可使控制系统中阀门和管道的设计流速更大，由此可减小阀门和管道的规格，从而降低液压系统投资。

（3）纯水的比热容更大，工作时温升小，冷却系统规模更小。

（4）纯水的体积压缩系数更小，在相同压力下，工作缸及管道内的高压液体体积也更小，因此压机卸载时间更短，可有效增加动作频次，这一点对大型液压机效果尤为明显。

（5）高压纯水的溶气量很小，使用增压器或蓄势器系统时，不需要考虑气水分离，设计简单、制造成本低。

综上所述，泵直接传动的自由锻纯水压机，能够满足锻压设备高效节能和环保的需求，是未来自由锻液压机的发展方向。

3.1.3 热处理设备

如果把冶炼及铸锭视为锻件的优生，锻造（含锻后热处理）比作中小学的培养，性能热处理则是高中的冲刺阶段。性能热处理在一定程度上决定着超大型核电锻件产品的等级（考入何类大学）。热处理是核电锻件制造的关键环节之一，分为锻后热处理和性能热处理。热处理所用设备对热处理工艺的执行有着决定性影响，一般包括热处理炉、淬火冷却设备、起吊吊具等。

核电锻件要求具有较高的性能指标，同时对性能均匀性也有严格的要求，因此，锻后热处理一般使用燃气炉，而性能热处理则采用电炉，淬火时使用特殊设计的起吊吊具和带有专用搅拌设备的冷却水槽或全覆盖喷水淬火系统。

1. 电炉

电炉使用电热体（铁铬铝电热体、镍铬电热体、碳化硅棒、二硅化钼等）作为加热元件，电脑自动控制，分区独立加热。开合式电炉具有炉温均匀性好、便于锻件入炉和出炉、方便维护等特点，典型的开合式热处理电炉及应用如图 1.3-14 所示。

图 1.3-14　典型的开合式热处理电炉及应用

典型的开合式热处理电炉主要由承载底座及开合炉墙组成，在承载底座设置 4 个加热区，开合式炉墙共设置 8 个加热区，每个加热区设置监控热电偶，实现独立控制，大大提高了炉体内部及锻件加热的均匀性，在高温保持阶段，锻件表面温差不大于 5℃。

2. 燃气炉

燃气炉是使用煤气或天然气等可燃气体作为加热介质的加热设备，主要用于核电锻件的锻后热处理。新型燃气炉多数采用天然气高速烧嘴，实现电脑自动控制，与传统燃气炉控制方式相比，具有更高的温度均匀性和稳定性，可操作性强。典型的燃气炉及其应用如图 1.3-15 所示。在炉墙两侧及炉顶设置监控热电偶，电脑自动控制的燃气炉高温保温精度可控制在 10℃以内。

3. 大型开合式热处理设备

为了使超大型核电锻件获得优异的综合性能，中国一重发明了大型开合式热处理设备（见图 1.3-16）用于核电常规岛整锻转子热处理，该装备获得了省部级科技进步一等奖（见图 1.3-17）。

图 1.3-15　典型的燃气炉及其应用

图 1.3-16　大型开合式热处理设备

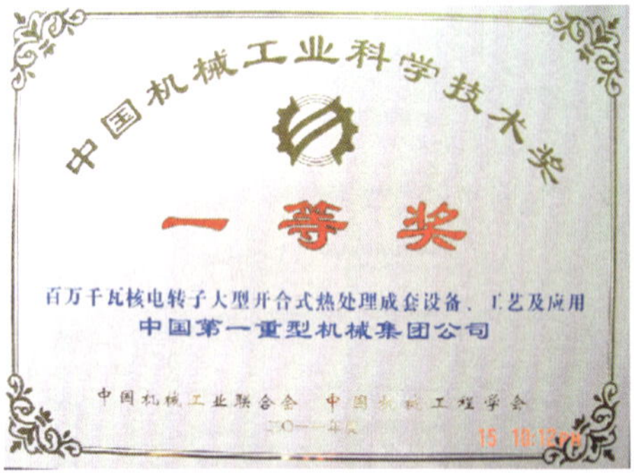

图 1.3-17　大型开合式热处理设备获奖证书

4. 移动式局部加热炉

中国一重与电炉制造商共同开发了移动式局部加热炉（见图 1.3-18），主要用于主管道热弯的局部加热，此外，还可用于不锈钢或高温合金坯料的锻前补温加热。

图 1.3-18　移动式局部加热炉

5. 淬火冷却设备

核电大锻件的淬火冷却设备主要分为浸入式冷却设备和全覆盖旋转喷淬式冷却设备两种。为了提高全覆盖旋转喷淬式冷却设备的适用性，根据锻件的不同形状，研制了相应的喷淬附具。

（1）浸入式。

浸入式淬火冷却设备是热处理淬火常规冷却设备，通过在水槽内部设置搅拌装置，搅动淬火冷却介质，达到对锻件表面进行冲刷和带走热水的目的。

浸入式淬火冷却设备结构简单，主要由槽体、介质入口、排出管、溢流槽以及搅拌装置组成。冷却介质由底部进入，顶部溢流。典型零件浸水冷却状态如图 1.3-19 所示。

图 1.3-19　典型零件浸水冷却状态

浸入式淬火冷却设备适应能力强，通用性好，但对水槽搅拌装置要求高，大型锻件淬火时水温升高较快，若搅拌能力不足，将直接影响特厚复杂锻件的冷却速率。

（2）喷淬式。

全覆盖旋转喷淬冷却设备是使用旋转随形的内、外环管作为冷却装置，通过调整转速和喷嘴布置，实现对锻件内外表面淬火冷却的全覆盖。典型筒体锻件立式喷淬设备如图 1.3-20 所示，典型封头类锻件立式喷淬设备如图 1.3-21 所示。典型筒体锻件立式喷淬冷却设备由平行于锻件内外表面的系列环管组成，在内外环管上设置系列定向喷嘴，实现锻件冷却全覆盖。

图 1.3-20　典型筒体锻件立式喷淬设备

与传统的浸入式淬火冷却设备相比，全覆盖旋转喷淬冷却设备通过水力推动内外环管转动，通过合理布置的特定喷嘴实现对锻件内外表面的全覆盖冷却，在锻件表面基本能获得恒温的冷却水。同时由于喷嘴具有足够压力，能迅速打碎锻件表面在高温冷却时形成的蒸汽膜，加快锻件的冷却。但是，由于内外环管需要根据锻件形状和尺寸随形设计，而且环管与锻件内外表面的距离不能过大，所以喷淬式冷却设备要求喷水芯子等专用冷却附具应满足种类多、规格全的使用要求，以保证理想的淬火冷却效果。此外，喷水冷却附具的更换较麻烦。经过几年的实践探索，目前两种规格的外环管实际在线调整范围为ϕ7600～ϕ5200mm 与ϕ4470～ϕ2070mm。

图 1.3-21　典型封头类锻件立式喷淬设备

工程实践中针对不同种类锻件自身的结构特点，研制了相应的随形喷淬芯子（见图 1.3-22）。

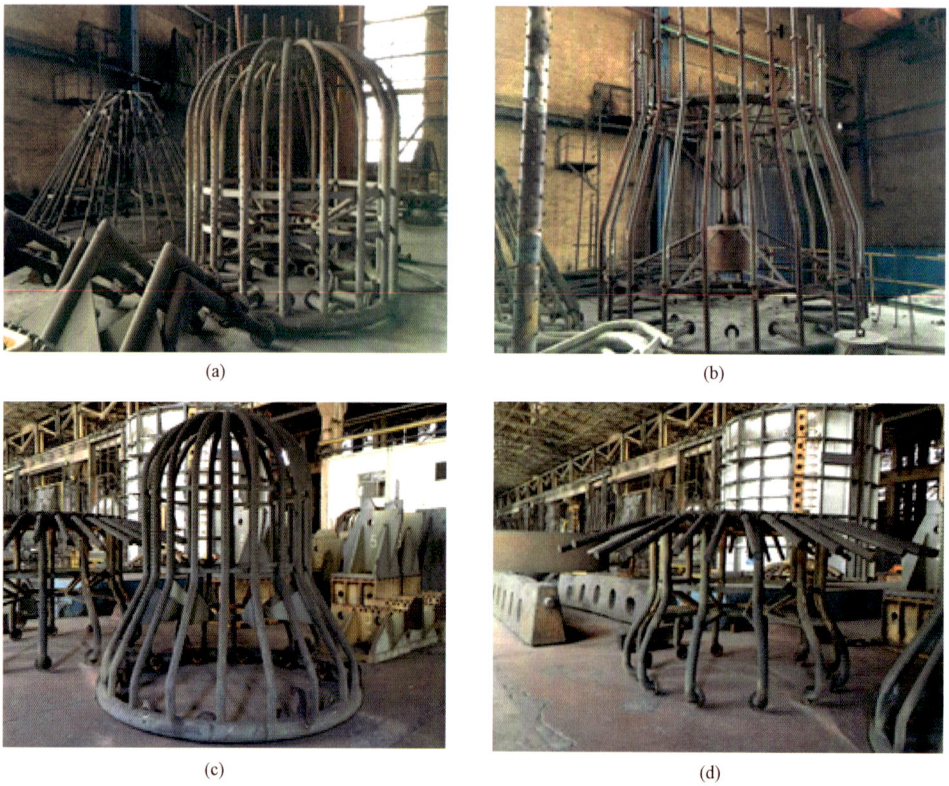

图 1.3-22　不同种类的随形喷淬芯子

（a）一体化底封头内腔冷却芯子；（b）锥形筒体内孔冷却芯子；

（c）稳压器封头内腔冷却芯子；（d）管板锻件下部冷却芯子

使用随形内喷淬芯子，能有效减少锻件内表面与喷嘴间距，增强水流对锻件内表面的冲刷作用，提高内表面冷却效果，同时也能避免无孔封头锻件浸入式冷却时，封头内腔顶部因水被汽化而产生高温气体堆积现象，并因此而影响冷却速率。

6. 热稳定试验机

热稳定试验机（见图 1.3-23）是用于核电常规岛整锻转子锻件性能热处理后稳定尺寸的装置。装卡在热稳定试验机中的转子锻件，在某一温度下旋转一定时间，以去除其内部残余应力。

图 1.3-23　热稳定试验机

3.1.4　试样制备设备

1. 拉伸试样加工中心

强度指标是核电锻件制造过程中重要的性能检测项目之一，为了更加准确地反应锻件的拉伸性能，拉伸试样尺寸精度、表面粗糙度显得尤为重要。拉伸试样加工中心是解决并稳定拉伸试样质量的最佳选择。

NEX-108 型超精密数控拉伸试样加工中心（见图 1.3-24），包含 64 组工具辅正，导 C 角/导R 角刚性攻牙（M29），记忆型螺距辅正，可存储 400 个程序，形状辅正，复合型固定循环，可变倒程螺纹切削等功能。可变最高转速达到 4000r/min，配合高精度、高速刀塔伺服器，最大加工半径 320mm，最大加工长度 481mm，为提高并稳定拉伸试样加工质量提供了强有力的保证。试样坯料准备及加工等如图 1.3-25～图 1.3-27 所示。

图 1.3-24　拉伸试样加工中心

图 1.3-25　试样坯料准备及激光标记区

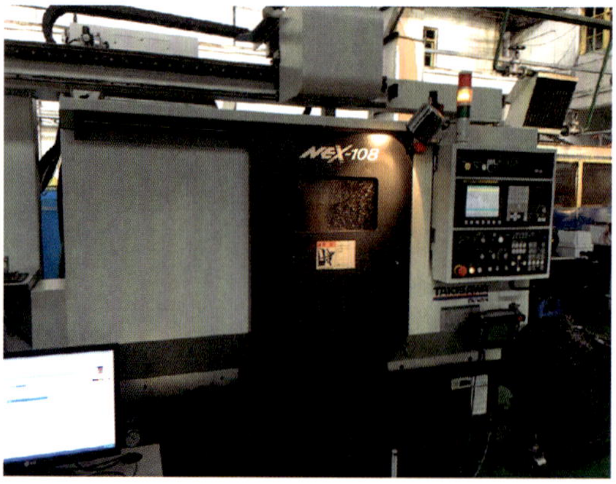

图 1.3-26　全自动加工区

图 1.3-27　全自动加工室

2. 冲击试样加工中心

冲击试验作为核电大型锻件制造过程中的重要检测项目之二，是衡量锻件韧性的重要指标。冲击试样缺口尺寸及质量决定了锻件冲击试验特别是低温冲击试验结果的准确性。

传统冲击试样缺口采用拉床加工，由两侧自浅入深的齿条将缺口拉出，如图 1.3-28 所示。固定于底座的试样承受垂直冲击载荷。由于拉齿精度及设备稳定性对试样加工质量影响较大，所以用此种设备加工的冲击试样缺口形状和精度不稳定，易于在缺口底部形成拉痕，使得低温冲击试验结果失真。

与传统拉床相比，冲击试样加工中心（见图 1.3-29）具有明显的优势。加工中心对冲击坯料的 6 个面均进行加工，每次 6 个试样同时加工，在同一设备上实现平铣、侧铣、底铣、切 V 口铣及标记，所有试样各项尺寸精度一致，可保证试验数据的准确性和稳定性。冲击开口采用铣刀加工，所有铣齿尺寸一致，垂直于表面加工，尺寸及形状精度高。加工中心实现全自动控制，可编程处理，效率极高。

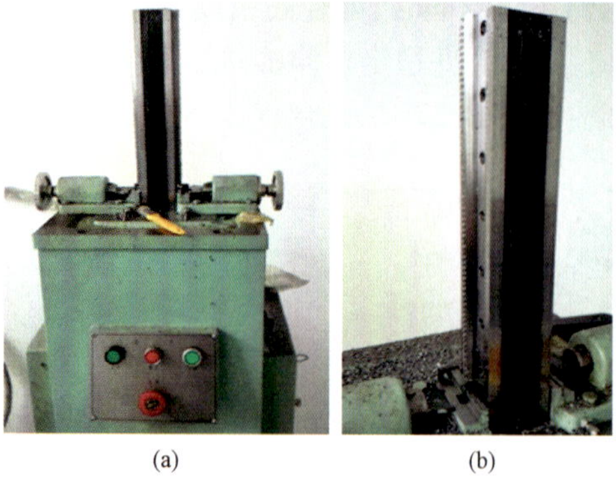

图 1.3-28　传统拉床及拉齿

（a）拉床；（b）拉齿

图 1.3-29　全自动冲击试样加工中心

全自动试样传输及印记标记区如图 1.3-30 所示，试样自动固定加工区如图 1.3-31 所示。

图 1.3-30　全自动试样传输及印记标记区

图 1.3-31　试样自动固定加工区

3. 落锤试样制备设备

核电锻件制造过程中重要检测项目之三是落锤试验。落锤试样的制备需要在试样上预设脆性开口焊道，传统制备方式为手工焊接，受焊工技能影响，电流、电压及焊速不稳定，从而造成焊后融合区和焊接热影响区的尺寸、组织等存在明显差异，直接影响落锤检测结果。落锤试样焊接后的冷却方式直接决定着再热裂纹的产生情况，因此恰当的落锤试样制备设备是获得准确落锤检测结果的保证。

为此，开发了全自动落锤试样焊接制样机（见图 1.3-32），图 1.3-32a 是焊接冷却设备；图 1.3-32b 是落锤批量传输设备；图 1.3-34c 是自动焊接设备。

通过落锤试样制备设备，使用经过试验获得的基本恒定的焊接参数对落锤试样实现自动焊接，焊接过程自动进行冷却，避免了人为因素对落锤试样质量的影响，实现了高质量落锤试样的稳定制备。

(a)　(b)　(c)

图 1.3-32　落锤制样冷却、传输及焊接设备

（a）焊接冷却设备；（b）落锤批量传输设备；（c）自动焊接设备

3.2 工装的超大型化及复杂化

为了能研制出高端超大型核电锻件，实现超大型核电锻件的一体化和近净成形（绿色制造），需要各类超大型的坯料旋转、定位、仿形锻造模具等工装。

3.2.1 SG 水室封头管嘴翻边装置

二代加核电 SG 水室封头带有两个向心管嘴，按 RCC-M 标准 M2143 的规定，管嘴需要经过翻边冲孔成形。为了实现带有两个向心管嘴的超大型 SG 水室封头锻件的绿色制造，中国一重在数值模拟和比例试验的基础上研制了管嘴翻边前局部加热及翻边过程中工件定位等装置（见图 1.3-33）。图 1.3-33a 是管嘴翻边定位装置，图 1.3-33b 是局部加热装置。翻边前后的锻件形状如图 1.3-34 所示。图 1.3-34a 是翻边前的状态；图 1.3-34b 是翻边后的状态；图 1.3-34c 是评定锻件取样加工。此类管嘴翻边技术已推广应用于华龙一号 SG 水室封头锻件的制造。

(a)　　(b)

图 1.3-33　二代加 SG 水室封头管嘴翻边定位及局部加热装置

（a）翻边定位装置；（b）局部加热装置

(a)　　(b)　　(c)

图 1.3-34　二代加 SG 水室封头管嘴翻边前后形状对比

（a）加工引导孔；（b）翻边后；（c）取样

3.2.2 小型堆一体化顶盖模锻工装

为了充分发挥万吨自由锻造水压机的潜力，对于规格较小的 RPV 一体化顶盖进行了模锻。研制出组合工装，实现了一体化顶盖的绿色制造。部分模锻过程如图 1.3-35 所示。图 1.3-35a 是吊装外模；图 1.3-35b 是冲压顶盖内腔；图 1.3-35c 是吊装平整顶盖下端面附具；图 1.3-35d 是吊装压制顶盖球面及法兰上端面附具。

(a)

(b)

(c)

(d)

图 1.3-35　小型堆 RPV 一体化顶盖模锻

（a）吊装外模；（b）冲压顶盖内腔；（c）吊装平整顶盖下端面附具；（d）吊装压制顶盖球面及法兰上端面附具

3.2.3 转子中心孔超声波探伤装置

由于日方不相信中国有能力制造核电常规岛汽轮机整锻低压转子锻件，除了要求首件进行认证（FAI）以外，还要求中方先制造一批带有中心孔的转子。为了检测转子中心孔的质量，指定中方从日本独家采购转子中心孔超声波探伤装置（见图 1.3-36）。由此可见核电超大型锻件制造的话语权多么重要。

图 1.3-36　转子中心孔超声波探伤装置

3.2.4 钢锭抬梁及吊钳

随着核电锻件向超大型化方向发展，钢锭也需要超大型化。由于锻件供应商炼钢环节起重设备能力的限制，单台起重机已无法吊起超大型钢锭。为了实现两台起重机联合吊起超大型钢锭，特殊的抬梁及吊钳应运而生。

1. 超大型钢锭抬梁

国内某锻件供应商炼钢车间最大起重设备 350t，为了研制 600t 级钢锭，与吊具供应商一起研制了 800t 抬梁。用两台 350t 起重机联合吊起 600t 级钢锭及 200t 钢锭模。用 800t 抬梁起吊超大型钢锭如图 1.3-37 所示；超大型钢锭抬梁及使用如图 1.3-38 所示，图 1.3-38a 是钢锭放倒过程；图 1.3-38b 是脱模前钢锭模下部吊耳挂钢丝绳；图 1.3-38c 是起吊；图 1.3-38d 是脱模后的钢锭模。

(a) (b)

图 1.3-37 用 800t 抬梁起吊超大型钢锭

(a) 挂钢丝绳；(b) 起吊

(a) (b) (c) (d)

图 1.3-38 超大型钢锭抬梁及使用

(a) 钢锭及钢锭模放倒；(b) 钢锭模下部吊耳挂钢丝绳；(c) 起吊；(d) 脱模后的钢锭模

超大型钢锭脱模前后状态如图 1.3-39 所示，图 1.3-39a 是超大型钢锭脱模前的水口端（温度已较低）；图 1.3-39b 是超大型钢锭脱模后的冒口端（心部温度依然较高）。

(a)

(b)

图 1.3-39　600t 级钢锭脱模前后照片

（a）钢锭脱模前的水口端；（b）钢锭脱模后冒口端

2. 超大型钢锭吊钳

为了能生产 CAP1400 核电常规岛汽轮机整锻低压转子，中国一重研制了世界最大的 715t 钢锭。如果仍然使用两台 350t 起重机采取抬梁吊起和脱模的方式，起重设备将严重超负荷。为了保证安全生产，与吊具供应商联合研制了特殊的超大型钢锭吊钳（见图 1.3-40）。采用超大型吊钳脱模既可以减轻起重设备的负荷，又可以避免损伤钢锭模内表面（参见图 1.3-38d）。超大型钢锭吊钳使用如图 1.3-41 所示。图 1.3-41a 是超大型钢锭从真空室起吊；图 1.3-41b 是超大型钢锭放倒；图 1.3-41c 是超大型钢锭运输。

图 1.3-40　超大型钢锭吊钳

(a)

(b)

(c)

图 1.3-41　超大型钢锭吊钳使用

（a）钢锭从真空室吊出；（b）钢锭放倒；（c）钢锭运输

3.2.5 锻造起重机及翻钢机

锻造起重机也叫锻造天车，是一种有着特殊用途的起重机。锻造起重机的主要功能不是运输，而是在钢锭或坯料锻造时，配合液压机上锤头的动作对其施行翻转，从而完成锻造任务。锻造起重机的控制一般分为高空司机室操控和地面远距离遥控。锻造过程中，为了及时准确地执行使用者的意图，顺利地完成锻造任务，目前大多采用地面遥控。

通常锻造起重机采用三主梁四轨道双小车的结构（见图 1.3-42）。这种结构的锻造起重机由桥架、主小车、副小车、起重机运行机构、主副吊具、翻钢机和操控装置等部件组成。为了防止锻件锻造时钢丝绳脱离卷筒绳槽，主副小车起升机构的卷筒均平行于主梁方向。翻钢机挂在主钩上，通过链条传动带动坯料或套在坯料上面的附具（套筒）转动，实现坯料的翻转。在副钩下挂链轮链条装置，配合翻钢机支承坯料及套筒重量，使坯料保持水平（见图 1.3-43）。

图 1.3-42　三主梁四轨道双小车锻造起重机

图 1.3-43　锻造起重机工作状态

锻造起重机工作时要承受较大的冲击载荷，需要采用弹簧来吸收冲击能量，所以在滑轮组、翻钢机和副钩上均设有变截面塔形缓冲弹簧。此外，锻造时坯料在高温状态下的变形程度很大，为了防止将液压机的部分压力通过坯料传到起重机上，在主起升机构中设有机械松闸和电气松闸装置，以免起重机遭到破坏。

锻造起重机作为特种起重设备，对机构的调试有许多特殊要求：

（1）静载试验：起重机按 1.4 倍额定载荷加载，主副小车起升试验分别进行。试验主小车起升时，副小车开到桥架端部；试验副小车起升时，主小车开到桥架端部。

（2）动载试验：按 1.2 倍额定载荷加载，保证 1.0 倍额定载荷时不松闸，主小车起升机构在起重量超过 1.2 倍额定载荷时松闸装置开始打滑。

翻钢机是锻造起重机实现坯料翻转的装置，主要由悬挂装置、翻转机构、传动装置和框架四部分组成。悬挂装置中设有减振和缓冲弹簧，翻转机构由电机、力矩限制器、制动器、减速机、齿轮和链条组成，通过链条带动锻件转动实现翻转。

翻钢机是锻造起重机特有的机构，设计计算时必须考虑锻件在锻造过程中出现的工艺载荷，例如，偏心锻造形成的附加载荷、部分工装的重量以及锻件形状误差引起的附加翻转力矩等因素，特别是坯料带钳口镦粗后进行拔长时，由于坯料镦粗后直径较大，与钳口直径相比会有很大的差值，尤其是坯料与钳口不同心时，产生的附加翻转力矩会很大。坯料带钳口镦粗后拔长时，钳口插入套筒中，翻钢机套在套筒上，因此翻转部位在套筒上，而不是坯料料身上，所以此时翻转产生的额外力矩非常大，而且具有很大的随机性，套筒直径的大小也会影响翻转机构产生的最大翻转力矩。因此，翻转机构电机与力矩限制器选型时一定要充分考虑锻造中可能出现的极限工况，所提供的力矩要充分考虑各种极限工况下产生的附加翻转力矩。

按照 JB/T 7688.3 标准规定，翻钢机试验按下述规定进行：

（1）将翻钢机挂在主钩上，随动翻转链条悬挂在副钩上，并将它们下降到工作位置，然后应抬起相当于 1.1 倍额定起重量的重物。

（2）开动回转机构，被试验重物翻转不少于 10min。

试验时应逐步拧紧摩擦式极限力矩装置的弹簧，当力矩值超过额定力矩的 1.1 倍时，极限力矩装置开始打滑。

大型自由锻车间一般配套 2～3 台锻造起重机，其中两台锻造起重机的规格一般是相同的，以方便在锻造大型环形锻件时采用两台锻造起重机通过马杠由两台翻钢机同时工作来实现坯料的翻转，由于是两台车同时工作，所以它们的起重能力一般比另一台锻造起重机要小。从目前装备看，锻造起重机、翻钢机与液压机的配置见表1.3-1。

表 1.3-1　液压机与锻造起重机及翻钢机的配置[13]

液压机/MN	锻造起重机/t	翻钢机/t
150～180	550/150	470
120	400/100	320
100	320/100	260
80	200/80	160
30	80	60

3.2.6　坯料翻转机

对于大型锻件而言，受取料吊钳钳口规格、加热炉尺寸与结构、钢锭或坯料尺寸与形状等条件限制，为了保证装出料安全快捷，无论是实心轴类锻件还是空心筒类锻件，在每一火次锻造加热时均采用卧式装炉，这样在轴类锻件（带钳口或不带钳口）镦粗时，坯料出炉后就需要进行 90°翻转，由卧式改变为立式，行业内将这种操作称为“立料”。立料一般在镦粗火次坯料出炉后进行，由于大型或超大型锻件的坯料重量与尺寸规格大，所以当使用吊钳立料时，操作难度非常大，要求操作者具有很高的操作技能与实践经验。实际生产中，有时候立料需要 20～30min 才能完成，这样会使得坯料温降很大，造成镦粗时不能镦到工艺要求的高度尺寸，还需要返炉加热再增加一次镦粗操作，这种情况既浪费能源又对锻件质量不利。为了实现立料操作的机械化、自动化，使立料操作安全快捷，中国一重在国内率先提出超大型坯料翻转机的设计构想，与国内专业吊具生产厂家进行联合设计并研制出 90°坯料翻转机（见图 1.3-44），最大翻转坯料重量可达 450t，翻转操作时间小于或等于 5min，使用效果非常好。

上述 90°坯料翻转机除了可以实现立料操作以外，还可以对封头类胎模锻件、管板类饼型锻件、空心类筒形锻件等实现 90°以内任意角度的翻转与停留，以满足清理端面、内腔（或内壁）氧化铁皮以及其他工艺性附加要求（见图 1.3-45）。

近几年随着环保意识的不断加强，绿色制造理念开始渗透到各个行业。为了实现少无车削降低原材料消耗，轧制成形工艺开始被引入超大型锻件成形领域，出现了“锻轧成形”新

图 1.3-44　90°坯料翻转机

图 1.3-45　水室封头坯料倾翻清理内腔氧化铁皮

工艺与新设备。这种锻轧结合理念的核心思想是：将锻件产品良好的内部质量与轧制产品优异的表面质量充分结合在一起，减少大型锻件余量，降低制造成本，提高生产效率，缩短制造流程，扩大锻件产品尺寸规格，使锻件外形尺寸不再受液压机空间尺寸的限制，实现锻件产品的转型升级。

根据这一理念，中国一重率先在空心筒形锻件上完成了锻轧联合制造的设备研制与工艺创新，实现了筒形锻件产品的转型升级，首次实现了外径 10m 筒形锻件的整体制造（见图 1.3-46）。

这种超大型筒类锻件锻轧成形新工艺与新设备，要求筒体坯料在轧制成形前具有良好的表面质量与形状精度，因此要求筒体坯料立式装炉加热，以减少因卧式加热而造成的形状误差（主要指椭圆度），而轧机是卧式的，所以立式装炉加热的筒体坯料出炉后需要进行 90°翻转，变成卧式后再移入轧机进行轧制。由于筒体坯料壁厚相对较薄，出炉后在空气中的降温速度很快，为了保证轧制操作在一个火次内完成，要求坯料在最短的时间内完成 90°翻转，这种要求只能由专用的翻转机来完成，如果由人工操作，依靠吊钳来完成外径近 7m 的筒体坯料的 90°翻转，既危险又耗时，而且根本无法满足轧制工艺要求。为此，在研发筒体类锻件锻轧成形新工艺与新设备时，中国一重将大型筒体类锻件 90°翻转机作为研发内容之一。经过几年的使用证明，研制的翻转机结构简单，质量可靠，功能合理（见图 1.3-47）。

图 1.3-46　10m 筒体锻件整体锻造后轧制成形

图 1.3-47　筒体锻件整体锻轧成形用 90°翻转机

3.2.7 回转装置

随着超大型锻件的问世，各种形状锻件的尺寸规模不断被刷新，极限制造能力日益攀升，但自由锻液压机等大型设备的改扩建成本太高，所以成形设备的规格与能力永远落后于已经问世的大型锻件的尺寸规模，这要归功于各种先进的成形工艺与工装附具，因为有了这些先进的工艺与装备，才会出现“小马拉大车”的奇迹，也才会有设备不变而极限制造成果却不断被刷新的令同行费解的“谜人之作”。

回转装置就是这样一种先进的装备。回转装置的功能很简单，就是带动物体在平面内实现360°回转，回转速度与角度可调，可在手工与自动操作之间进行切换，回转方向分为正转和反转。

按照回转装置相对于坯料的位置，目前使用的回转装置可分为两种，即上回转装置与下回转装置。回转装置在坯料上方时称为上回转装置（见图 1.3-48）；反之，当回转装置在坯料下面时就是下回转装置（见图 1.3-49）。

图 1.3-48　上回转装置

图 1.3-49　下回转装置

上回转装置与压机活动横梁连在一起，在其下连接上锤头，通过上回转装置的旋转带动上锤头进行转动，上锤头每压下一次后，锤头抬起，然后按设定角度进行转动，从而对坯料实现分步成形，这种工况下坯料是静止不动的。因为上回转装置是悬挂在压机活动横梁下面的，所以只能有一种控制方式，即自动旋转。由于电气控制元件与电缆线的布置比较烦琐，而且高温坯料的辐射热直接被回转装置吸收，所以上回转装置的设计比较复杂，使用中容易出现故障，因此只有当坯料很高而压机高度空间不够大时，才采用上回转装置。这种回转装置一般不是自由锻车间必备的工装，主要用于超大型封头类锻件胎模锻造时内腔成形工序。上回转装置工作状态如图 1.3-50 所示。

下回转装置一般放在压机工作台上，其上摆放坯料，带动坯料旋转。上锤头不旋转只是随着压机活动横梁上下直线运动，实现对坯料的分步成形。一般当坯料高度较小而压机高度空间足够大时，多采用下回转装置。使用下回转装置锻造时，由于坯料与回转装置不是直接接触，中间由垫板隔开，所以下回转装置使用方便且使用性能较好，不容易出故障，所以这种回转装置应该成为自由锻车间必备的工装，主要用于超大型饼形锻件的成形工序、各种形状锻件的端面平整工序以及封头类锻件胎模锻时的内腔成形工序。下回转装置工作状态如图 1.3-51 所示。

图 1.3-50　上回转装置工作状态

图 1.3-51　下回转装置工作状态

3.2.8　非对称锁紧式半球体夹紧装置

CPR1000SG 水室封头采用整体仿形锻造，两个较大的向心管嘴采用局部加热翻边成形技术，保证了管嘴与球形封头母体有着连续的纤维流线，制造技术为国内首创。由于管嘴翻边成形时，上下模具要垂直于压机工作台摆放，因此已完成先期预冲形且开口端均布四个凸台的球形封头需要旋转 40°，使封头开口端与水平面呈 40°，并保持该角度在坯料加热、运输以及成形时不发生改变（见图 1.3-52）。为实现这一要求，研究出一种适用于非对称球体的空间定位机构，解决了 CPR1000SG 水室封头管嘴翻边成形时，锻件处于非稳定状态下的定位问题，保证了管嘴翻边后的空间位置与几何尺寸，使锻件形状与尺寸满足了图样要求。名为“非对称锁紧式半球体夹紧装置”的定位机构已获得国家专利。该定位装置设计原理如图 1.3-53 所示。

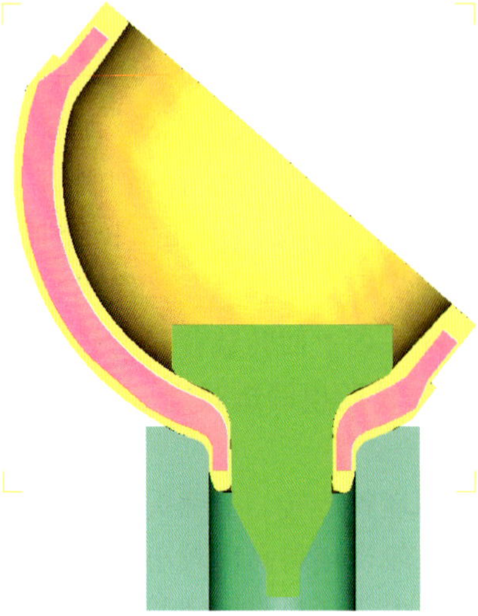

图 1.3-52　水室封头管嘴翻边示意图

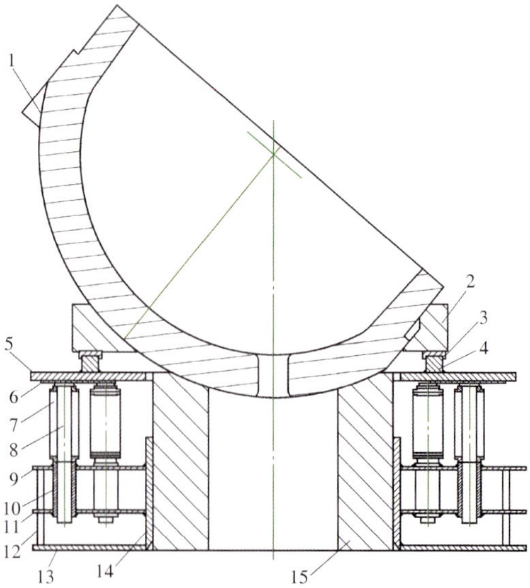

图 1.3-53　水室封头管嘴翻边定位装置原理图

1—水室封头；2—卡爪；3—导轨；4—底座；5—上托盘；6—垫板；7—碟簧；8—导柱；9—上支撑板；10—导套；11—下支撑板；12—立柱；13—下托盘；14—定位圈；15—下模

水室封头管嘴翻边定位装置各种使用工况如图 1.3-54 所示。图 1.3-54a 是锻件翻边前定位安装及锁紧；图 1.3-54b 是锻件翻边前局部加热；图 1.3-54c 是锻件局部加热后运输；图 1.3-54d 是锻件管嘴翻边。

(a)

(b)

(c)

(d)

图 1.3-54　水室封头翻边定位装置各种使用工况

（a）定位安装及锁紧；（b）局部加热；（c）运输；（d）翻边

3.2.9　双端不对称变截面筒体同步变形装置

双端不对称变截面筒体是指非圆柱形的空心筒形件，最典型的代表就是百万千瓦压水堆核电 SG 中的锥形筒体。无论是 CPR1000、AP1000 还是 CAP1400 核电机组，其 SG 锥形筒体全部是这种双端不对称变截面筒体，图 1.3-55 给出了目前规格最大的 CAP1400SG 锥形筒体零件图。这种筒体的主体形状为锥形，上下端面为圆柱形。

由于该类筒体上下端面直径落差很大，所以如果采用“覆盖式”常规锻造成形工艺，那么锻件毛坯就是一种简单的圆柱体，壁厚会非常大（见图 1.3-56），最终零件形状用机床加工出来，材料浪费较大，而且加工后的零件纤维不连续，存在断头纤维，影响锻件性能。

针对上述“覆盖式”传统成形工艺的不足，发明了以 SG 锥形筒体为代表的双端不对称变截面筒体整体仿形制造工艺。在新工艺的研创过程中，发现与传统工艺相比，其最关键最困难之处就是预制好锥形坯料后扩孔成形制造出成品锻件这一工序。通过计算可以发现，如果锥形坯料在扩孔过程中，坯料两端的压下量始终一致，那么当大端尺寸达到工艺要求时，小端尺寸却远远还没有达到工艺要求，即两端不能同步变形，也就是说在压下量相同时，压完一圈后坯料中间锥形角度（锥形母线与垂直中心线的夹角）将增大。为了解决这一问题，研究设计了特殊扩孔成形附具，主要包括不等宽不等高上锤头、高度可调活动马架以及保证锻件两端面平行且与轴心线垂直的定位装置，SG 锥形筒体整体仿形同步锻造如图 1.3-57 所示。

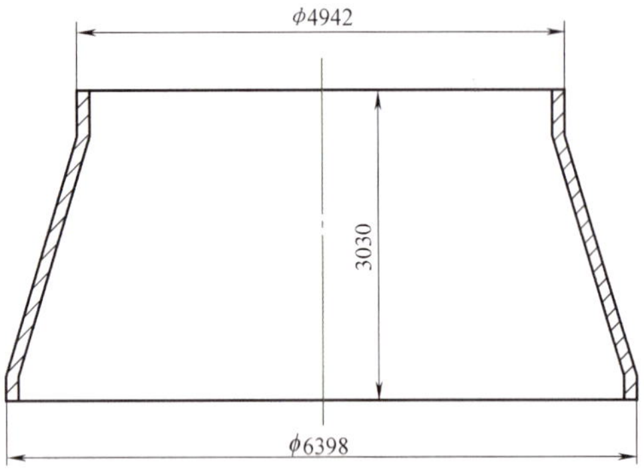

图 1.3-55　CAP1400SG 锥形筒体零件图

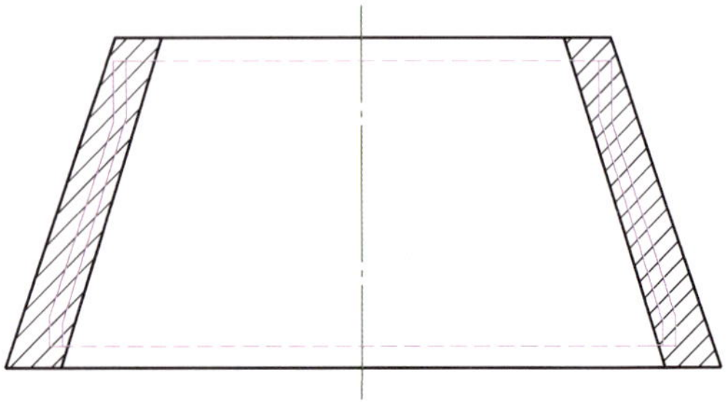

图 1.3-56　SG 锥形筒体“覆盖式”成形工艺锻件图

SG 锥形筒体整体同步变形新工艺与新装置研创设计原理，还可以用于另一种双端不对称变截面筒体——核电 RPV 接管段的整体同步扩孔成形（见图 1.3-58）。

图 1.3-57　SG 锥形筒体整体仿形同步锻造

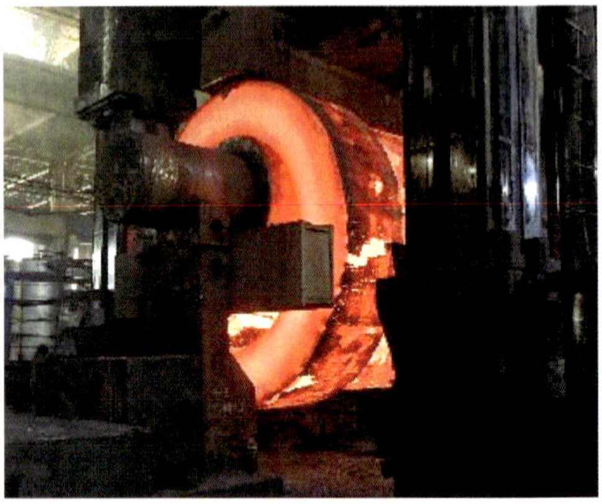

图 1.3-58　RPV 接管段整体仿形同步锻造

通过上述两种典型件成形新工艺与新装置的研发，对于双端不对称变截面筒体类锻件整体同步成形，在成形附具设计方面可以总结出以下几点普遍适用的设计原则：① 扩孔成形附具（指上锤头与马杠）的形状与锻件最终形状一致；② 两个扩孔用马架中，有一个采用组合式结构以便其高度可调，另一个为常规马架；③ 定位装置可根据锻件内孔直径进行设计，使用时安装在不可调马架上；④ 根据预先计算的不同步变形量，设计可调马架用垫片规格与数量，垫片结构形式与重量要考虑使用时的稳定性与安装时的便捷性；⑤ 为节约制造成本并减少附具数量，扩孔前预制坯料用的特殊芯棒可借用扩孔马杠；⑥ 由于截面尺寸变化较大，整体同步变形使用的扩孔马杠宜采用斜套与直马杠组合的分体结构，为防止斜套与直马杠在使用过程中产生相互窜动，斜套的小端由马杠上的台阶凸肩进行轴向定位，斜套大端则采用分体式法兰定位，该法兰采用分体结构，由两个半环依靠螺栓把合而成。

3.2.10 超大直径钢锭火焰切割机

超大型钢锭的平均直径 4m 左右，水冒口的切除难度较大。如果采用人工气割，不仅劳动强度太大，而且割口宽度过大会导致材料浪费较严重。为了实现绿色制造，研制了超大直径钢锭火焰切割设备（见图 1.3-59），设备使用状况如图 1.3-60 所示。

图 1.3-59 超大直径钢锭火焰切割机

图 1.3-60 超大型钢锭冒口自动切割

第 4 章　核电锻件的评定、解剖检测及验证

除了执行 RCC-M 标准的核岛锻件按 M140 进行评定外，对于超出已有核电标准取样规定的 CAP1400RPV 一体化顶盖及一体化底封头等创新型锻件，需要进行 1∶1 解剖验证，以便得到设计、用户及核安全监管部门等认可。对于规格超大、需要积累大数据的 CAP1400RPV 接管段和 SG 管板以及华龙一号泵壳等，也进行了 1∶1 解剖评定。对于规格超大、形状异常复杂的 CAP1400SG 水室封头，采取不同冷却方式的性能热处理结果也进行了 1∶1 解剖验证。对于由外方控制设计技术的 AP1000 常规岛汽轮机整锻低压转子锻件，需要按外方的苛刻条件并在其监督下进行首件 1∶1 解剖评定。因无制造经验，对自主创新研制的超大型锻件所需的 600t 级钢锭也进行了 1∶1 解剖验证。

4.1　评　　定

执行 ASME 标准的 CAP1400RPV 一体化顶盖锻件，是完全不同于 WEC 设计的在 AP1000RPV 整体顶盖封头上堆焊 8 个 400mm 高的 Quick-loc 管的锻焊结构，是一种将法兰、封头及接管联合锻造在一起的创新结构。CAP1400RPV 一体化底封头锻件突破了传统的制造方式，也是一种将过渡段及下封头联合锻造在一起的创新结构。因上述两种结构均为世界首创，如何选取代表性试样没有相关标准可以参考，故对 1∶1 锻件进行了全面解剖评定。

4.1.1　一体化顶盖

为了改变 AP1000RPV 整体顶盖的锻焊结构，研制出具有完全自主知识产权的一体化锻造顶盖，中国一重发明了法兰反向预成形（补偿旋压过程中法兰上翘）及局部与整体胎模组合旋转锻造技术，创造出厚壁法兰、接管与球形封头三件合一的一体化顶盖锻件（参见图 1.2-5e），发明专利如图 1.4-1 所示。CAP1400RPV 一体化顶盖锻件成形数值模拟如图 1.4-2所示，图 1.4-2a 是法兰反向预成形数值模拟；图 1.4-2b 是旋转锻造数值模拟。CAP1400RPV 一体化顶盖成品锻件如图 1.4-3 所示。

由于厚壁法兰、接管与球形封头三件合一的一体化结构为世界首创，无论是 ASME 标准还是 RCC-M 标准都没有相应的检测规定。为了使完全自主化的锻件具有认可度，又能编制出具有自主知识产权的锻件标准，中国一重与上海核工院、用户等共同制定了 CAP1400RPV 一体化顶盖锻件验证性评定技术条件。1∶1 评定锻件取样图如图 1.4-4 所示，分别在法兰、封头和接管等代表部位取性能试料，进行全截面（内外近表面、内外 1/4T 及 T/2）的各种性能检测，结果完全满足联合制定的技术条件。

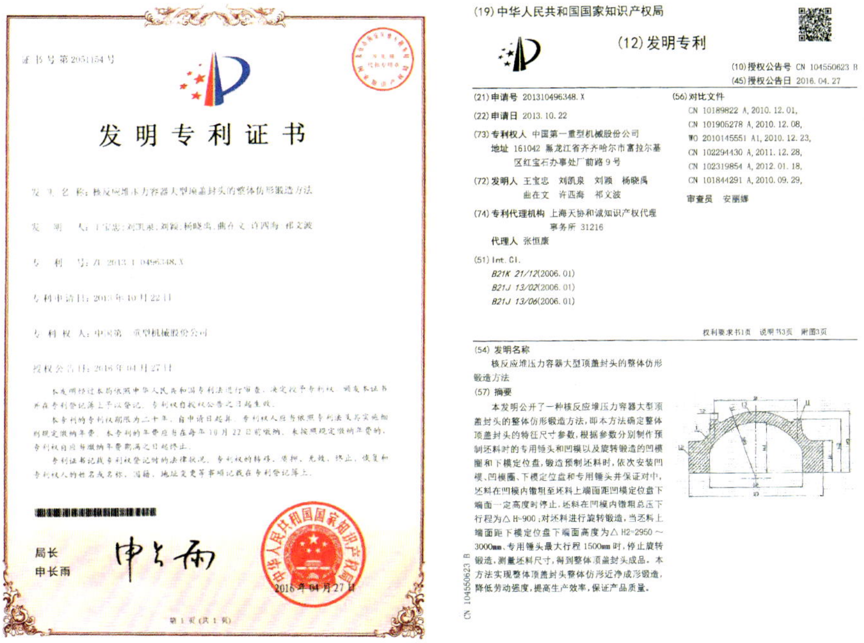
证书号第2051154号

发明专利证书

发明名称：核反应堆压力容器大型顶盖封头的整体仿形锻造方法

发明人：王宝忠；刘凯泉；刘颖；杨晓禹；曲在文；许四海；祁文波

专利号：ZL 2013 1 0496348.X

专利申请日：2013年10月22日

专利权人：中国第一重型机械股份公司

授权公告日：2016年04月27日

局长
申长雨

2016年04月27日

第1页（共1页）

(19) 中华人民共和国国家知识产权局

(12) 发明专利

(10) 授权公告号 CN 104550623 B
(45) 授权公告日 2016.04.27

(21) 申请号 201310496348.X
(22) 申请日 2013.10.22
(73) 专利权人 中国第一重型机械股份公司
地址 161042 黑龙江省齐齐哈尔市富拉尔基区红宝石办事处厂前路9号
(72) 发明人 王宝忠 刘凯泉 刘颖 杨晓禹 曲在文 许四海 祁文波
(74) 专利代理机构 上海天协和诚知识产权代理事务所 31216
代理人 张恒康
(51) Int. Cl.
B21K 21/12(2006.01)
B21J 13/02(2006.01)
B21J 13/06(2006.01)

(56) 对比文件
CN 10189822 A, 2010.12.01,
CN 101905278 A, 2010.12.08,
WO 2010145551 A1, 2010.12.23,
CN 102294430 A, 2011.12.28,
CN 102319854 A, 2012.01.18,
CN 101844291 A, 2010.09.29,
审查员 安丽娜

权利要求书1页 说明书3页 附图3页

(54) 发明名称
核反应堆压力容器大型顶盖封头的整体仿形锻造方法
(57) 摘要
本发明公开了一种核反应堆压力容器大型顶盖封头的整体仿形锻造方法，即本方法确定整体顶盖封头的特征尺寸参数，根据参数分别制作预制坯料时的专用锤头和凹模以及旋转锻造的凹模圈和下模定位盘，锻造预制坯料时，依次安装凹模、凹模圈、下模定位盘和专用锤头并保证对中，坯料在凹模内镦粗至坯料上端面距凹模定位盘下端面一定高度时停止，坯料在凹模内镦粗总压下行程为△H=900；对坯料进行旋转锻造，当坯料上端面距下模定位盘下端面高度为△H2=2950～3000mm、专用锤头最大行程1500mm时，停止旋转锻造，测量坯料尺寸，得到整体顶盖封头成品。本方法实现整体顶盖封头整体仿形近净成形锻造，降低劳动强度，提高生产效率，保证产品质量。

CN 104550623 B

图 1.4-1　一体化顶盖锻件仿形锻造发明专利

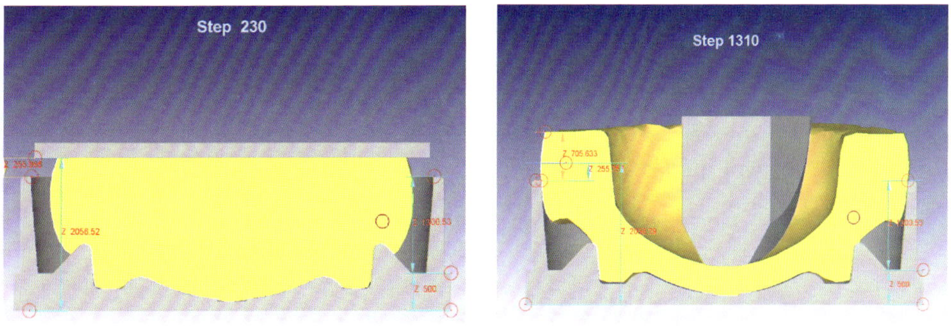

(a)　(b)

图 1.4-2　CAP1400RPV 一体化顶盖锻件成形数值模拟
（a）法兰反向预成形；（b）旋转锻造

1∶1 评定锻件取样如图 1.4-5 所示，图 1.4-5a 是评定锻件第一次取样后的状态；图 1.4-5b 是评定锻件经过不同冷却方式性能热处理并多次取样后的状态。图 1.4-6 是评定锻件不同部位、不同截面经过 Q&T（淬火加回火）和 SPWHT（模拟焊后热处理）的性能检测结果，图 1.4-6a 是抗拉强度检测结果；图 1.4-6b 是屈服强度检测结果；图 1.4-6c 是低温冲击吸收能量检测结果；图 1.4-6d 是落锤检测结果。

图 1.4-3　CAP1400RPV 一体化顶盖成品锻件

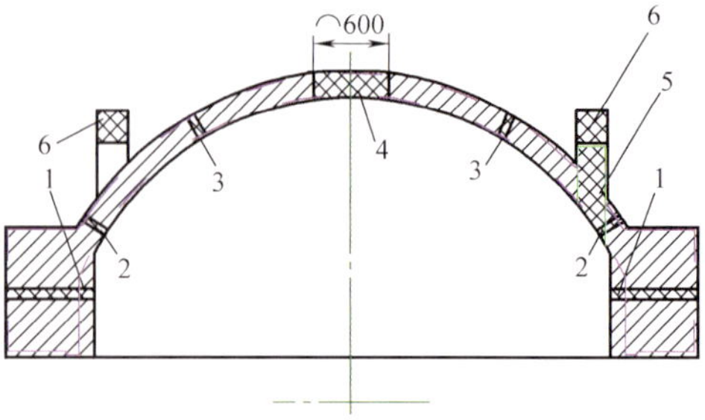

图 1.4-4　CAP1400RPV 一体化顶盖 1∶1 评定锻件取样图

1—法兰试料；2—高应力区试料；3—驱动管座区试料；4—球顶试料；5—Quick-loc 管试料；6—热缓冲环

(a)

(b)

图 1.4-5　CAP1400RPV 一体化顶盖 1∶1 评定锻件取样

（a）首次取样状态；（b）多次取样状态

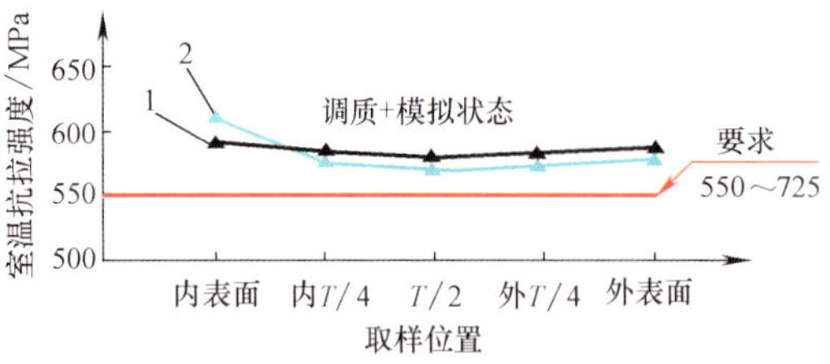

(a)

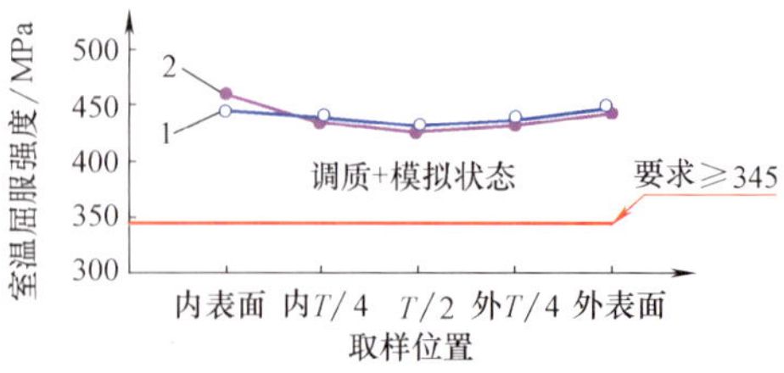

(b)

图 1.4-6　CAP1400RPV 一体化顶盖 1∶1 评定锻件检测结果（Q&T+SPWHT）（一）

（a）抗拉强度；（b）屈服强度

1—封头部位性能；2—法兰部位性能

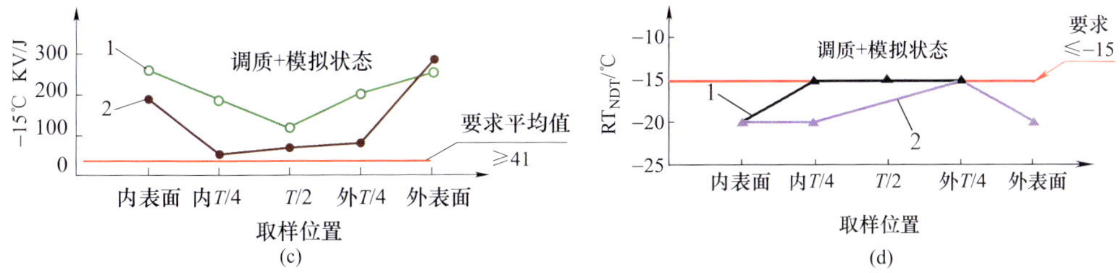

图 1.4-6　CAP1400RPV 一体化顶盖 1∶1 评定锻件检测结果（Q&T+SPWHT）（二）

（c）低温冲击吸收能量；（d）落锤

1—封头部位性能；2—法兰部位性能

4.1.2　一体化底封头

为了减少焊缝，提高产品质量、缩短设备的制造周期及在役检测时间，中国一重在 CAP1400RPV 研制中，突破了传统的过渡段与下封头分别制造然后焊接在一起的制造方式，发明了渐变拉深等锻造技术，研制出具有完全自主知识产权的“钟形”一体化底封头锻件（参见图 1.2-5h），发明专利如图 1.4-7 所示。CAP1400RPV 一体化底封头锻件成形数值模拟如图 1.4-8 所示，图 1.4-8a 是内腔旋转锻造数值模拟；图 1.4-8b 是外部渐变拉深成形锻造数值模拟。图 1.4-9 是锻件取样后状态。

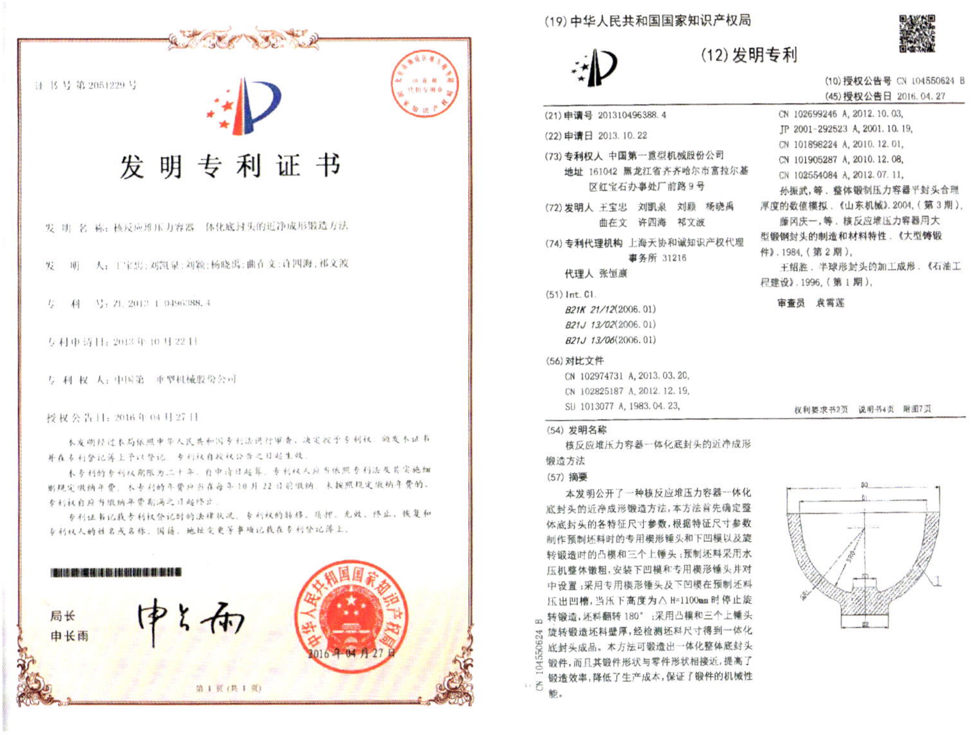
证书号第2051229号

发明专利证书

发明名称：核反应堆压力容器一体化底封头的近净成形锻造方法

发明人：王宝忠；刘凯泉；刘颖；杨晓禹；曲在文；许四海；祁文波

专利号：ZL 2013 1 0496388.4

专利申请日：2013年10月22日

专利权人：中国第一重型机械股份公司

授权公告日：2016年04月27日

本发明经过本局依照中华人民共和国专利法进行审查，决定授予专利权，颁发本证书并在专利登记簿上予以登记。专利权自授权公告之日起生效。

本专利的专利权期限为二十年，自申请日起算。专利权人应当依照专利法及其实施细则规定缴纳年费。本专利的年费应当在每年10月22日前缴纳。未按照规定缴纳年费的，专利权自应当缴纳年费期满之日起终止。

专利证书记载专利权登记时的法律状况。专利权的转移、质押、无效、终止、恢复和专利权人的姓名或名称、国籍、地址变更等事项记载在专利登记簿上。

局长 申长雨

2016年04月27日

第1页（共1页）

(19) 中华人民共和国国家知识产权局

(12) 发明专利

(10) 授权公告号 CN 104550624 B

(45) 授权公告日 2016.04.27

(21) 申请号 201310496388.4

(22) 申请日 2013.10.22

(73) 专利权人 中国第一重型机械股份公司
地址 161042 黑龙江省齐齐哈尔市富拉尔基区红宝石办事处厂前路9号

(72) 发明人 王宝忠　刘凯泉　刘颖　杨晓禹　曲在文　许四海　祁文波

(74) 专利代理机构 上海天协和诚知识产权代理事务所 31216
代理人 张恒康

(51) Int. Cl.
B21K 21/12(2006.01)
B21J 13/02(2006.01)
B21J 13/06(2006.01)

(56) 对比文件
CN 102974731 A, 2013.03.20,
CN 102825187 A, 2012.12.19,
SU 1013077 A, 1983.04.23,
CN 102699246 A, 2012.10.03,
JP 2001-292523 A, 2001.10.19,
CN 101898224 A, 2010.12.01,
CN 101905287 A, 2010.12.08,
CN 102554084 A, 2012.07.11,
孙振武，等．整体锻制压力容器平封头合理厚度的数值模拟．《山东机械》．2004,（第3期）．
廉冈庆一，等．核反应堆压力容器用大型锻钢封头的制造和材料特性．《大型铸锻件》．1984,（第2期）．
王绍胜．半球形封头的加工成形．《石油工程建设》．1996,（第1期）．

审查员 袁雪莲

权利要求书2页　说明书4页　附图7页

(54) 发明名称
核反应堆压力容器一体化底封头的近净成形锻造方法

(57) 摘要
本发明公开了一种核反应堆压力容器一体化底封头的近净成形锻造方法，本方法首先确定整体底封头的各特征尺寸参数，根据特征尺寸参数制作预制坯料时的专用楔形锤头和下凹模以及旋转锻造时的凸模和三个上锤头；预制坯料采用水压机整体镦粗，安装下凹模和专用楔形锤头并对中设置；采用专用楔形锤头及下凹模在预制坯料压出凹槽，当压下高度为△H=1100mm时停止旋转锻造，坯料翻转180°；采用凸模和三个上锤头旋转锻造坯料壁厚，经检测坯料尺寸得到一体化底封头成品。本方法可锻造出一体化整体底封头锻件，而且其锻件形状与零件形状相接近，提高了锻造效率，降低了生产成本，保证了锻件的机械性能。

CN 104550624 B

图 1.4-7　一体化底封头近净成形发明专利

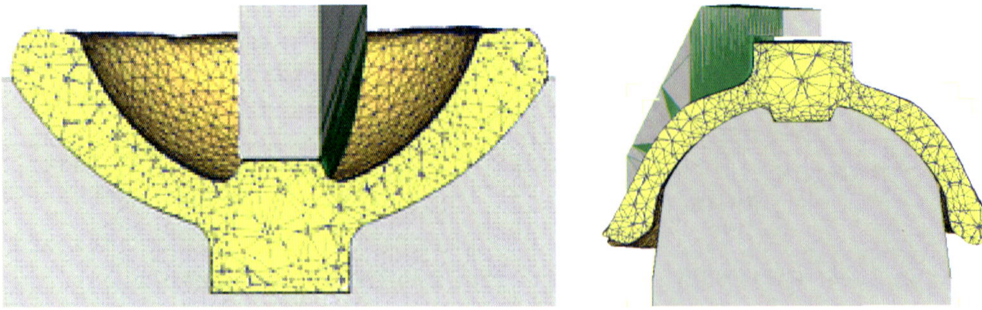

图 1.4-8　CAP1400RPV 一体化底封头锻件成形数值模拟

（a）内腔旋转锻造；（b）外部渐变拉深锻造

由于一体化的底封头结构也为世界首创，ASME 标准及 RCC-M 标准都没有相应的检测规定。为了使完全自主化的锻件具有认可度，又能编制出具有自主知识产权的锻件标准，中国一重与上海核工院、用户等共同制定了 CAP1400RPV 一体化底封头锻件验证性评定技术条件。1∶1 评定锻件取样图如图 1.4-10 所示。

图 1.4-9　CAP1400RPV 一体化底封头锻件取样后状态

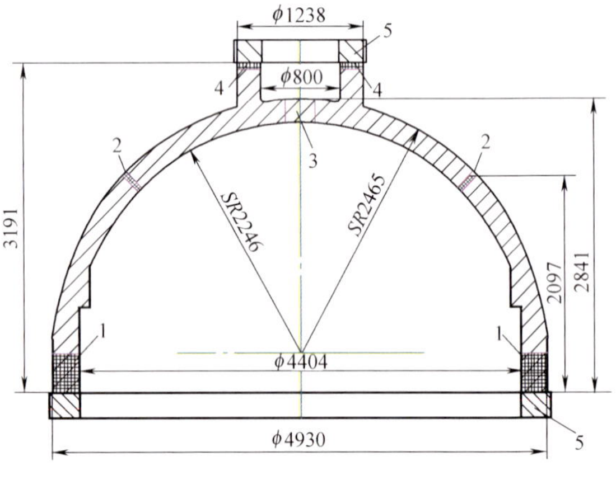

图 1.4-10　一体化底封头 1∶1 评定锻件取样图

1—水口端试料；2—过渡区试料；3—球顶试料；4—冒口端试料；5—热缓冲环

分别在球顶延长部位、原分体结构的焊接部位以及开口部位取性能试料，进行全截面（内外近表面、内外 1/4*T* 及 *T*/2）的各种性能检测，结果完全满足联合制定的技术条件，各部位的硬度均匀性也非常好。锻件取样如图 1.4-11 所示。性能检测结果如图 1.4-12 所示（图中水平线代表相关性能指标的验收值）。

4.1.3　泵壳

具有完全自主知识产权的华龙一号核电泵壳改变了 M310 采用不锈钢铸造成形的制造方法，优化为采用 Mn-Mo-Ni 钢锻造、内壁堆焊不锈钢的复合制造方法。按设计方要求，需要参照 RCC-M 标准的相关规定对泵壳锻件进行评定。为了积累大数据，中国一重对华龙一号泵壳进行了 1∶1 解剖评定。经国内外设计方批准的泵壳锻件 1∶1 解剖取样图如图 1.4-13 所示。

图 1.4-11　CAP1400RPV 一体化底封头 1∶1 评定锻件取样

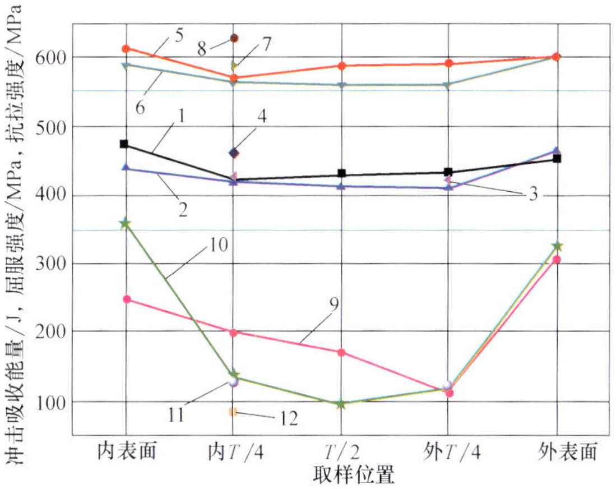

图 1.4-12　CAP1400RPV 一体化底封头 1∶1
评定锻件性能检测结果（Q&T+SPWHT）

1—球顶屈服强度；2—水口屈服强度；3—冒口屈服强度；4—过渡区屈服强度；5—球顶抗拉强度；6—水口抗拉强度；7—冒口抗拉强度；8—过渡区抗拉强度；9—球顶冲击吸收能量；10—水口冲击吸收能量；11—冒口冲击吸收能量；12—过渡区冲击吸收能量

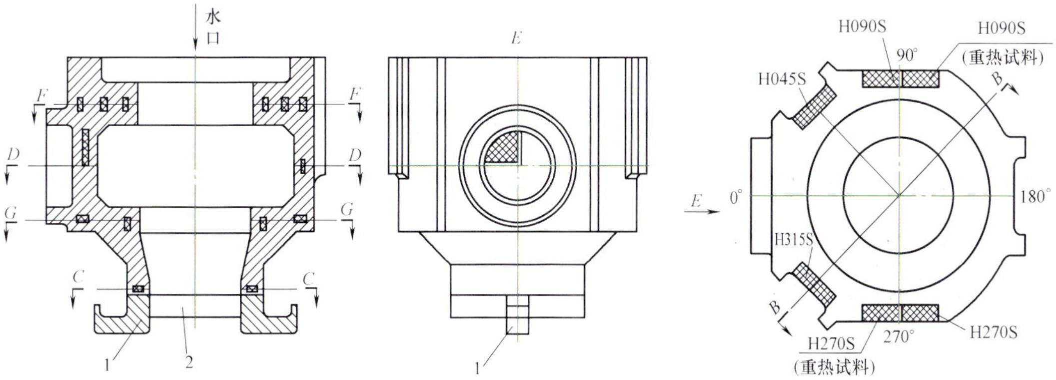

图 1.4-13　泵壳锻件 1∶1 解剖取样图（一）

1—焊接吊耳；2—热缓冲环

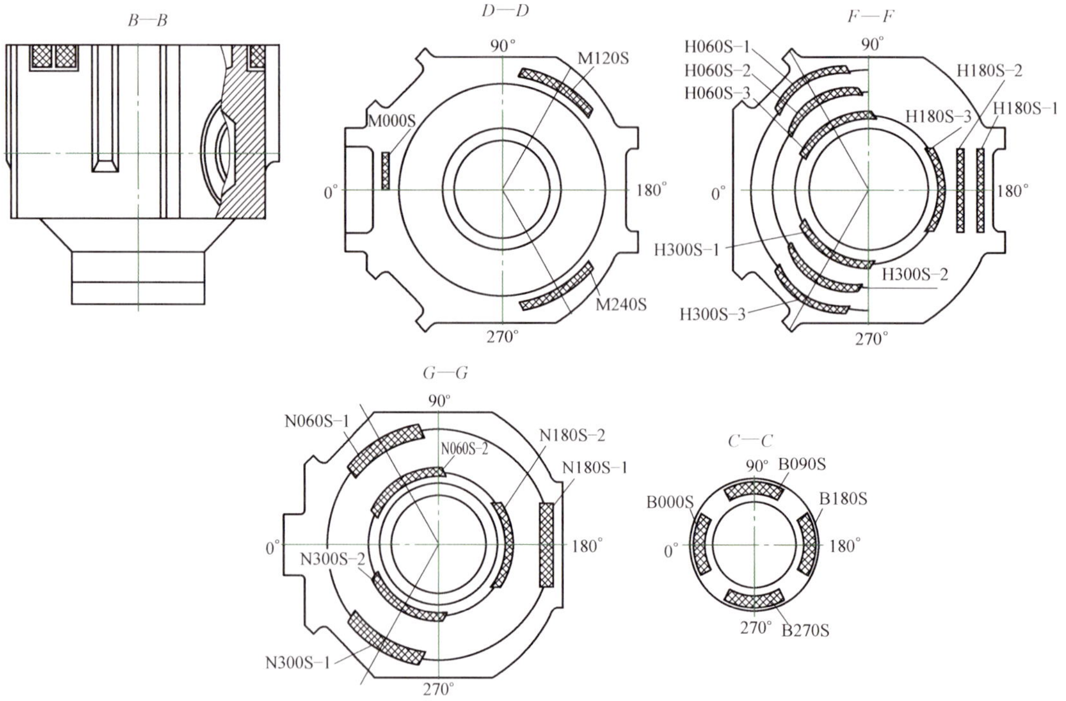

图 1.4-13　泵壳锻件 1∶1 解剖取样图（二）

图 1.4-14　华龙一号锻造泵壳锻件取样

华龙一号泵壳 1∶1 评定锻件性能热处理后先按产品锻件要求取样（见图 1.4-14）检测性能，待性能结果满足要求后解剖取样（见图 1.4-15）。图 1.4-15a 是解剖后的泵壳上部（锻件水口端）；图 1.4-15b 是解剖后的泵壳中部；图 1.4-15c 是解剖后的泵壳下部（锻件冒口端）。解剖泵壳评定件法兰中心全截面拉伸试验结果如图 1.4-16 所示，室温和高温的 SPWHT 及 Q&T 全截面性能均满足技术条件要求。解剖泵壳评定件不同部位冲击吸收能量检测结果如图 1.4-17 所示，所有冲击吸收能量均大于 100J。

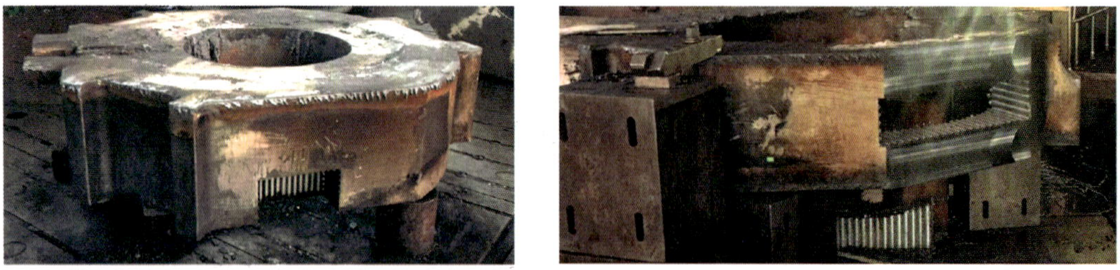

(a)　　　　　　　　　　(b)

图 1.4-15　华龙一号锻造泵壳 1∶1 评定锻件解剖取样（一）

（a）解剖后的泵壳上部（锻件水口端）；（b）解剖后的泵壳中部

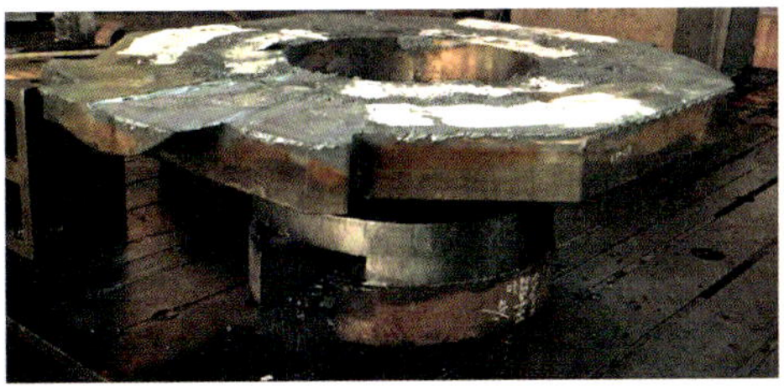

(c)

图 1.4-15　华龙一号锻造泵壳 1∶1 评定锻件解剖取样（二）

（c）解剖后的泵壳下部（锻件冒口端）

泵壳评定件不同位置处落锤试验结果见表 1.4-1，所有试验结果都很理想，就连冷却条件最差的法兰中心部位 RT_{NDT}（-31℃）也较技术要求有较大的余量。

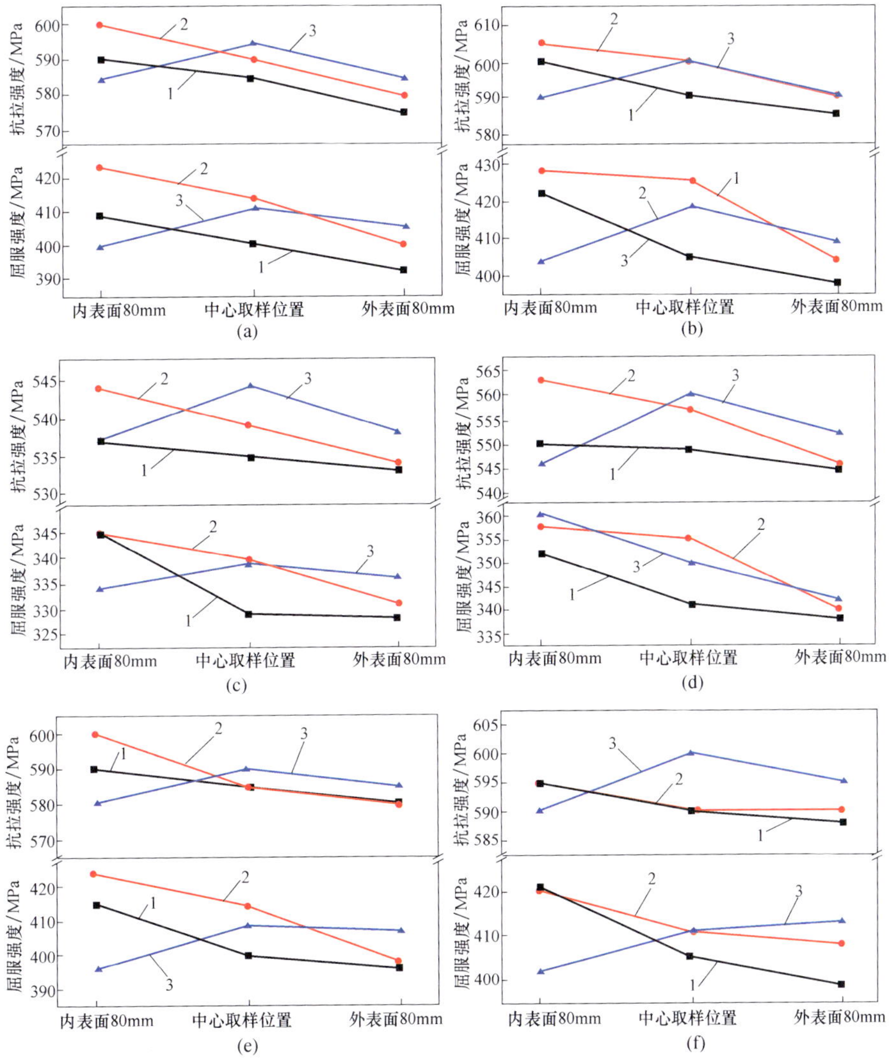

图 1.4-16　解剖泵壳评定件法兰中心全截面拉伸试验结果

（a）周向室温拉伸（SPWHT）；（b）周向室温拉伸（Q&T）；（c）周向 350℃拉伸（SPWHT）；
（d）周向 350℃拉伸（Q&T）；（e）轴向室温拉伸（SPWHT）；（f）轴向室温拉伸（Q&T）
1—60°位置；2—180°位置；3—300°位置

表 1.4-1　　泵壳评定件不同位置处落锤试验结果

热处理状态	方向	落锤（$RT_{NDT}\leqslant-21$）						备注
		取样位置	RT_{NDT}/℃	取样位置	RT_{NDT}/℃	取样位置	RT_{NDT}/℃	
HTMP+SSRHT	周向	H045S	-36	H090S	-41			法兰端面
HTMP+SSRHT	周向	H315S	-36	H270S	-41			法兰端面
HTMP+SSRHT	周向	H060S-1	-41	H060S-2	-36	HD60S-3	-36	法兰中心 60°
HTMP+SSRHT	周向	H180S-1	-36	H180S-2	-36	H180S-3	-31	法兰中心 180°
HTMP+SSRHT	周向	H300S-1	-36	H300S-2	-31	H300S-3	-31	法兰中心 300°
HTMP+SSRHT	周向	M000S	-41	M120S	-36	M240S	-36	出口接管中心
HTMP+SSRHT	周向	N060S-1	-36	N060S-2	-36			锥形管处 60°
HTMP+SSRHT	周向	N180S-1	-41	N180S-2	-36			锥形管处 180°
HTMP+SSRHT	周向	N300S-1	-36	N300S-2	-36			锥形管处 300°

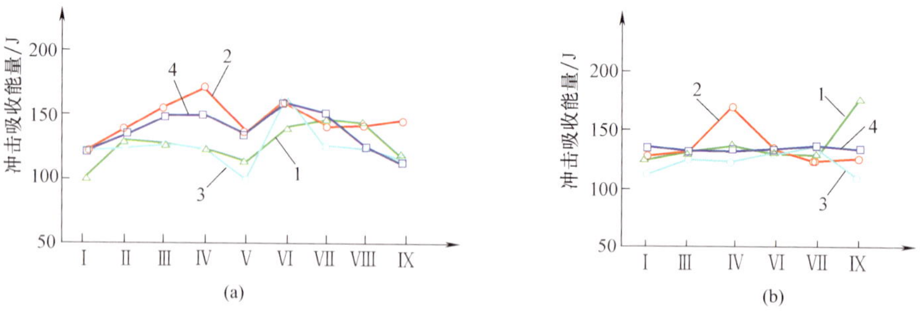

图 1.4-17　解剖泵壳评定件不同部位冲击吸收能量检测结果
（a）法兰高度中心；（b）锥管
Ⅰ—60°位置距外表面 80mm；Ⅱ—60°位置 1/2 壁厚；Ⅲ—60°位置距内表面 80mm；Ⅳ—180°位置距外表面 80mm；
Ⅴ—180°位置 1/2 壁厚；Ⅵ—180°位置距内表面 80mm；Ⅶ—300°位置距外表面 80mm；Ⅷ—300°位置 1/2 壁厚；
Ⅸ—300°位置距内表面 80mm
1—周向模拟态；2—周向调质态；3—径向模拟态；4—径向调质态

4.1.4　整锻低压转子

由日本三菱设计的 AP1000 核电常规岛汽轮机整锻低压转子锻件代表着轴类零件热加工制造技术的最高水平，引进三代核电技术时只有日本 JSW 具有制造能力。外方为了垄断常规岛汽轮机整锻低压转子市场，以中国无制造经验为由，提出了苛刻的 FAI 要求。为了实现整锻低压转子的自主化，中国一重在一穷二白的基础上进行了原始集成创新。在研制出 600t 级超大型钢锭后，开展了锻造及热处理等试验研究工作。经过一系列的中间试验，研制出了 AP1000 核电常规岛汽轮机整锻低压转子锻件。在外方和用户的联合监督下，进行了首件 AP1000 核电常规岛汽轮机整锻低压转子 1∶1 解剖评定。

1. 锻造

中国一重与清华大学等院所联合对 AP1000 核电常规岛汽轮机整锻低压转子锻造进行了大量的数值模拟及物理模拟。通过对 WHF、KD、FM 等不同的锻造方法的拔长数值模拟对比，并综合考虑锻造 600t 级钢所用的 150MN 水压机的载荷、心部变形效果、设备操作的难易性、可锻造时间等因素，最终将 FM 确定为钢锭压实的主要拔长方法（见图 1.4-18）。图 1.4-19 给出了转子坯料镦粗压实数值模拟效果。

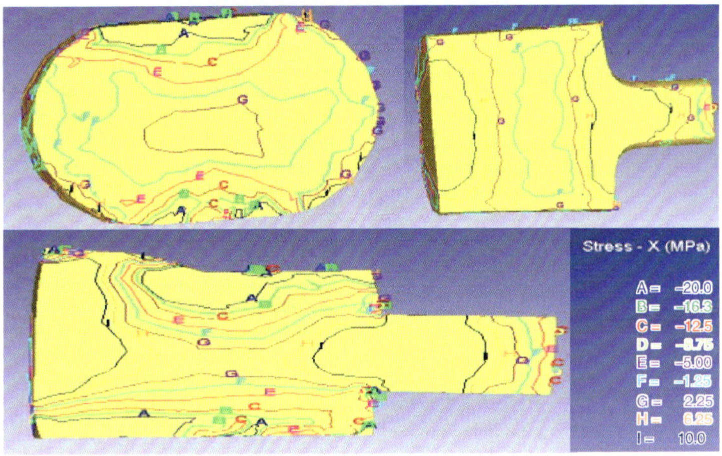

图 1.4-18　转子坯料采用 FM 锻造法的拔长数值模拟

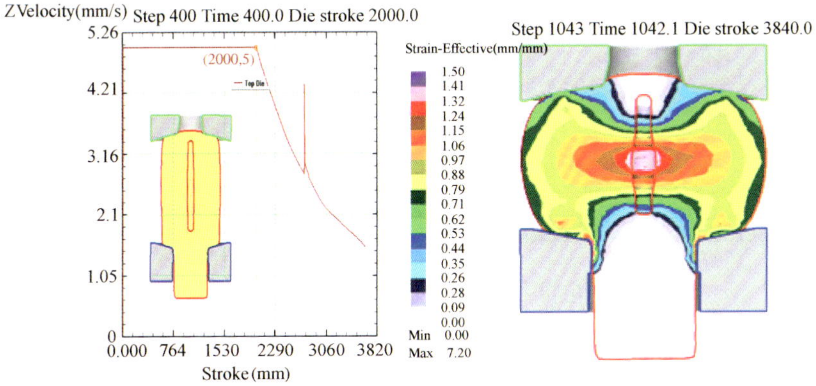

图 1.4-19　转子坯料镦粗压实数值模拟效果

图 1.4-20 给出了转子坯料镦粗实际效果，图 1.4-20a 是转子坯料镦粗开始状态；图 1.4-20b 是转子坯料镦粗结束状态。图 1.4-21 给出了转子坯料拔长实际效果，图 1.4-21a 是转子坯料拔长状态；图 1.4-21b 是转子坯料拔长过程中 180°翻转。图 1.4-22 给出了转子坯料 JTS 中心压实的实际效果。

(a)　(b)

图 1.4-20　转子坯料镦粗实际效果

（a）镦粗开始状态；（b）镦粗结束状态

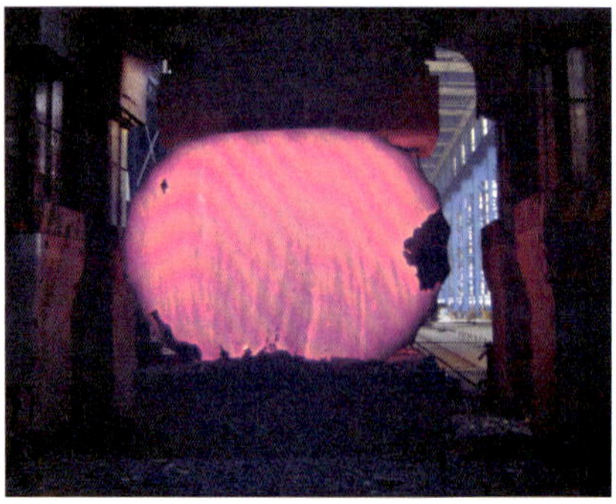

(a)

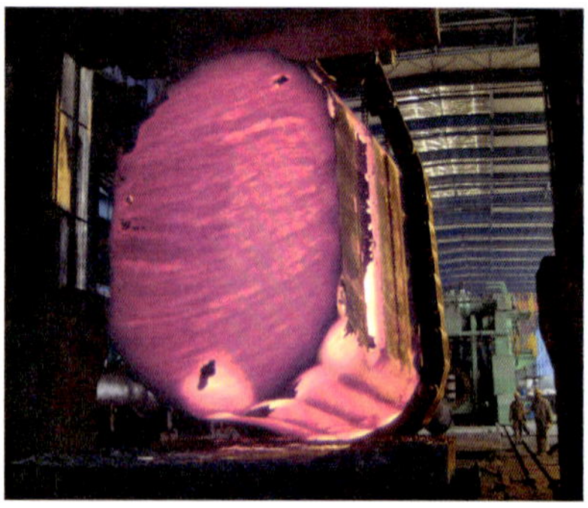

(b)

图 1.4-21　转子坯料拔长实际效果

（a）拔长；（b）翻转 180°拔长

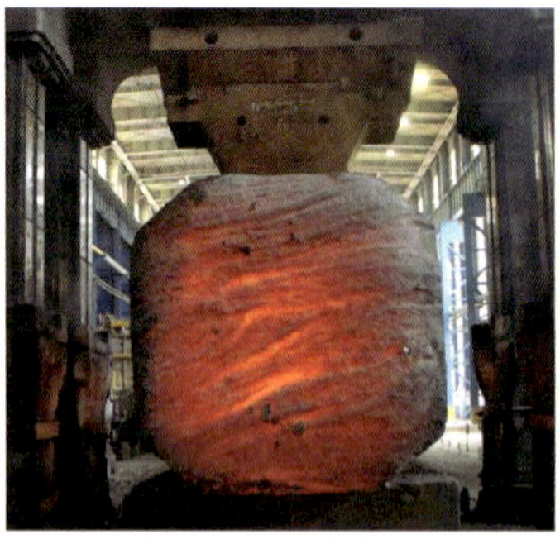

(a)

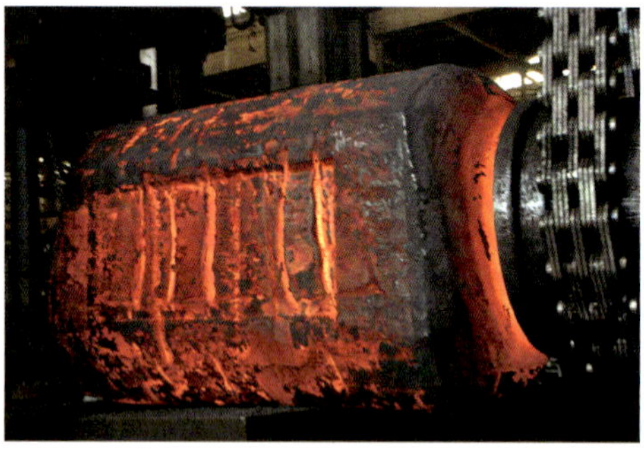

(b)

图 1.4-22　转子坯料 JTS 中心压实的实际效果

（a）JTS 开始；（b）JTS 结束

2. 热处理

发明了大型开合式淬火设备，开发出集喷风、喷雾、喷水于一体柔性淬火系统与变径结构。开发了旋转开合淬火结构、工件吊挂旋转淬火系统，冷却方式和能力可调，实现了自动化、智能化，首创了立式旋转开合式热处理炉及顶部扶持与立式底座支撑结构。核电常规岛整锻转子性能热处理如图 1.4-23 所示，图 1.4-23a 是汽轮机整锻低压转子锻件从半组合、坐底式电炉中吊起；图 1.4-23b 是发电机转子从开合、坐底式加热炉中吊出；图 1.4-23c 是转子喷淬。图 1.4-24 是喷淬试验效果，图 1.4-24a 是喷水状态；图 1.4-24b 是喷雾状态。

3. 解剖评定

首件 AP1000 核电常规岛汽轮机整锻低压转子锻件经锻造、热处理、UT 检测合格后，按日本三菱 FAI 的要求，在用户的见证下，进行了 1∶1 解剖评定。图 1.4-25 是评定转子解剖位置图。图 1.4-26 是转子 1∶1 评定锻件气割及吊运。

图 1.4-27 是 1∶1 评定转子解剖试验取样图。图 1.4-28 是 1∶1 评定转子横断面试片酸洗、硫印检测。

AP1000 核电常规岛汽轮机整锻低压转子锻件经全面解剖检测，轴向中心孔全长屈服强度波动值为 20MPa，横向沿直径方向屈服强度波动值为 16MPa，中心 FATT50 为-18℃。性能检测结果如图 1.4-29 所示。图 1.4-30 是 AP1000 核电常规岛汽轮机整锻低压转子锻件解剖复位图。图 1.4-31 是由国内行业知名领导、专家组成的鉴定委员会成员在现场观看横断面试片及转子中心孔。

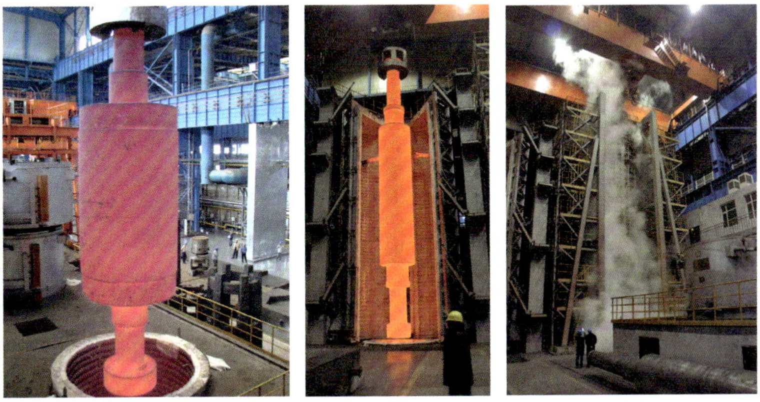

(a) (b) (c)

图 1.4-23 核电常规岛整锻转子性能热处理

（a）整锻低压转子起吊；（b）发电机转子吊出；（c）转子喷淬

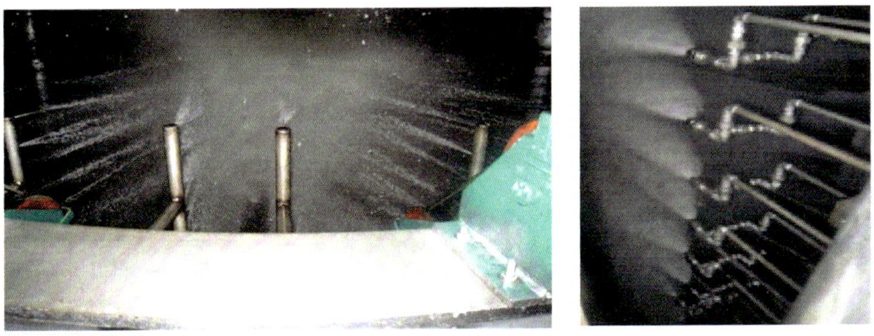

(a) (b)

图 1.4-24 喷淬试验效果

（a）喷水状态；（b）喷雾状态

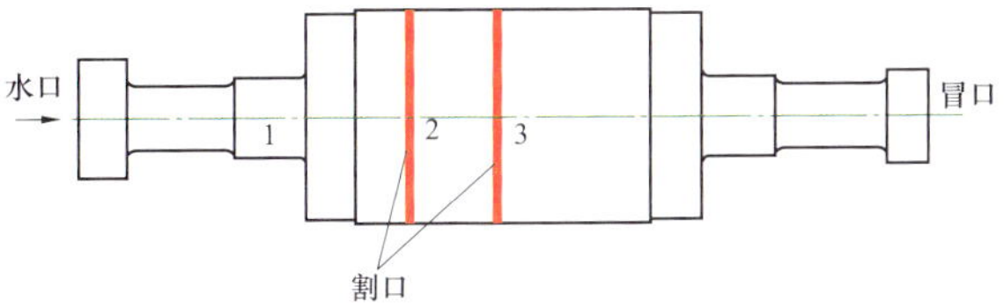

图 1.4-25 评定转子解剖位置图

1—水口端；2—中间部位；3—冒口端

(a) (b) (c)

图 1.4-26 AP1000 常规岛整锻低压转子 1∶1 评定锻件气割及吊运

（a）气割；（b）起吊中间段；（c）解剖件转运

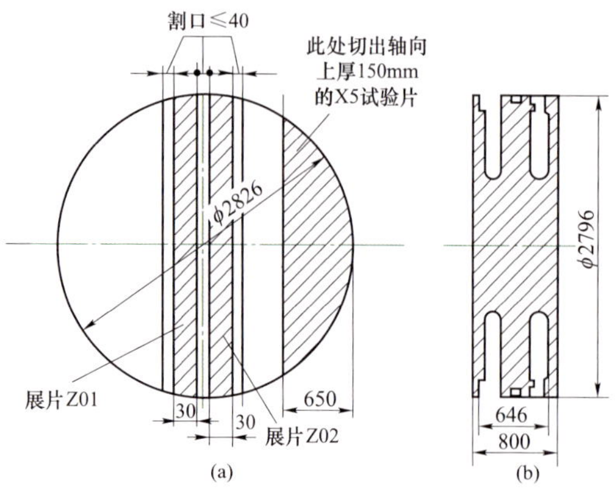

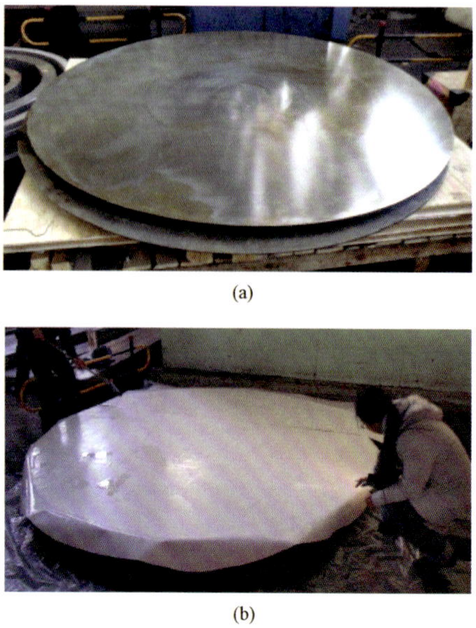

图 1.4-27　1∶1 评定转子解剖试验取样图

（a）展片 Z01、Z02 加工图；（b）Z01、Z02 轴向开槽图

图 1.4-28　1∶1 评定转子横断面试片酸洗、硫印检测

（a）酸洗；（b）硫印

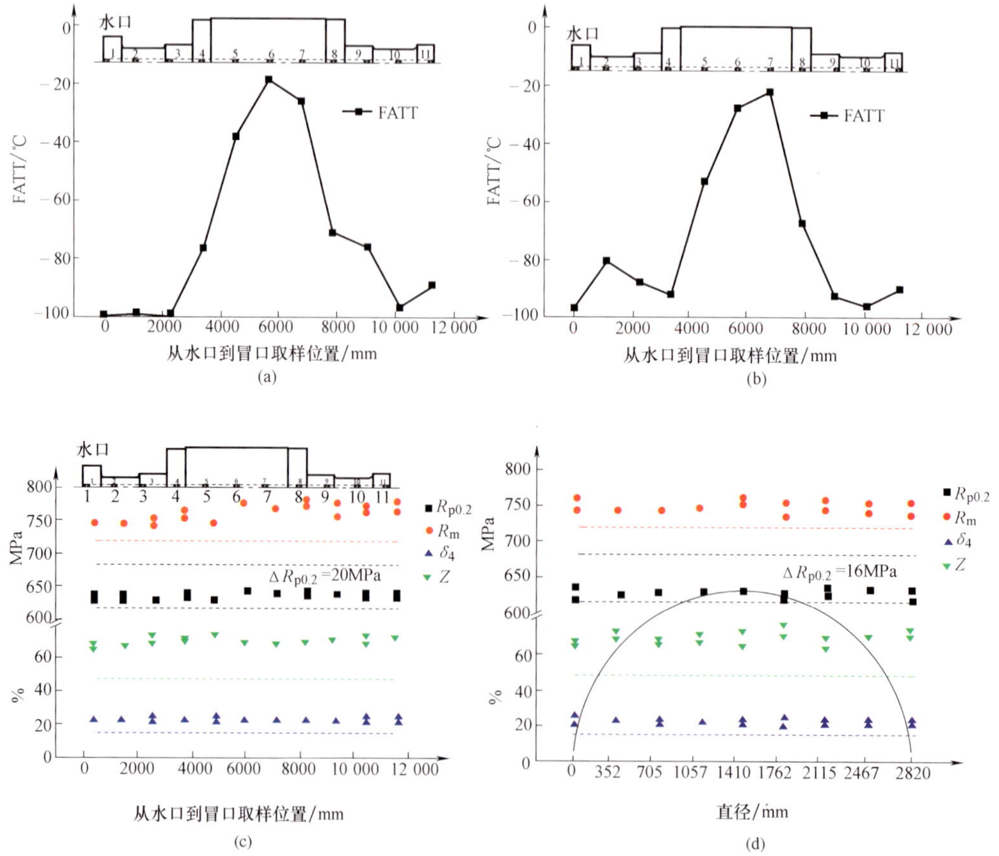

图 1.4-29　AP1000 核电常规岛整锻汽轮机低压转子 1∶1 解剖性能检测结果

（a）中心轴向 FATT；（b）中心径向 FATT；（c）中心力学性能（轴向、径向两组散点）；

（d）性能试片力学性能（轴向、径向两组散点）

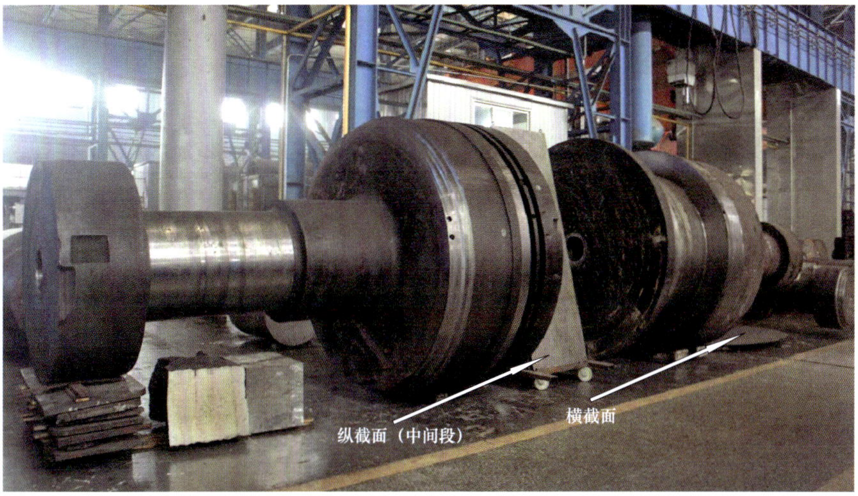

图 1.4-30　AP1000 核电常规岛汽轮机整锻低压转子锻件解剖复位图

(a)

(b)

图 1.4-31　鉴定委员会成员现场观看横断面试片及转子中心孔

（a）观看横断面试片；（b）观看转子中心孔

AP1000 核电常规岛汽轮机整锻低压转子评定锻件按 FAI 规定，进行了以前从来没有做过的长心棒试验（见图 1.4-32）。

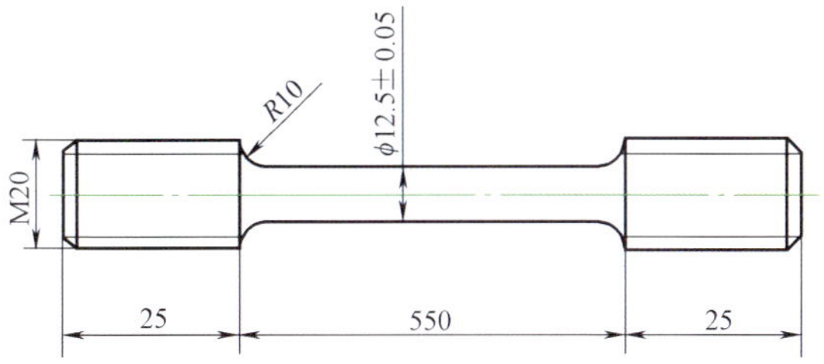

(a)

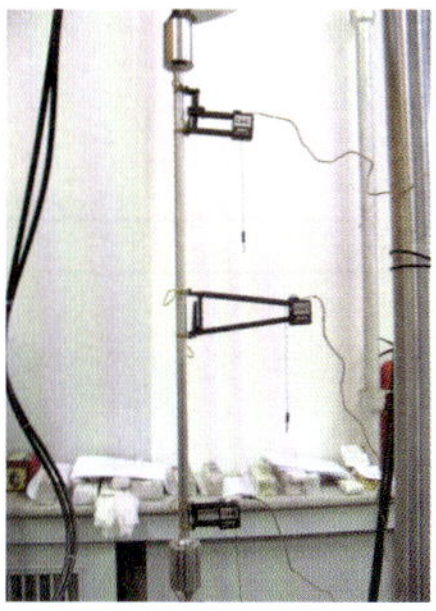

(b)

图 1.4-32　长心棒检验试样尺寸及试验机

（a）长心棒试样尺寸；（b）长心棒检验试验机

4.2 解 剖 检 测

为了积累大数据，结合重大专项研制及产品制造对CAP1400RPV接管段、SG管板、水室封头及华龙一号锻造泵壳等锻件也进行了1∶1解剖评定和各种性能热处理试验；对AP1000RPV接管段厚壁法兰等近表面取样部位进行了全截面冷却速率测温和性能检测。

4.2.1 RPV接管段

AP1000RPV接管段锻件按ASME标准及WEC设计要求检测法兰部位近表面及堆芯端1/4截面性能，缺少其他部位性能数据，尤其是无法得到法兰中心部位的性能数据，为了积累大数据，为核电装备走出去奠定坚实基础，中国一重在CAP1400RPV研制的重大专项课题中，自筹经费，投制了1∶1解剖评定试验件，对接管段锻件进行了各部位、全截面（内外近表面、内外 *T*/4 及 *T*/2）的解剖试验。检测结果完全满足采购技术条件。锻件1∶1解剖取样图如图1.4-33所示。锻件取样后的状态如图1.4-34所示，图1.4-35是评定锻件不同部位、不同截面的性能检测结果，图1.4-35a是抗拉强度检测结果；图1.4-35b是屈服强度检测结果；图1.4-35c是低温冲击吸收能量检测结果；图1.4-35d是落锤检测结果。

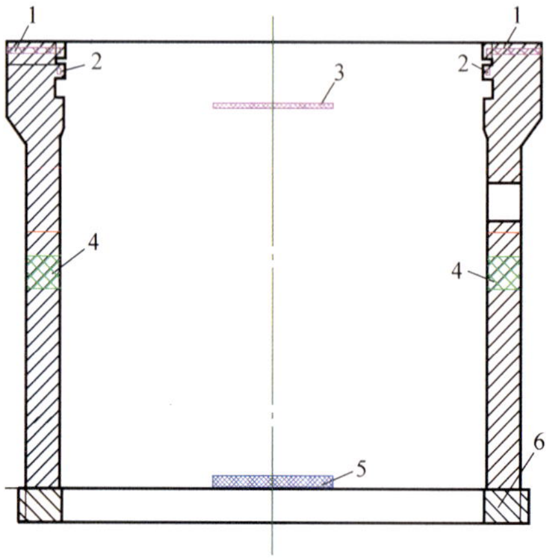

图1.4-33 CAP1400RPV接管段锻件1∶1解剖取样图
1—冒口端评定试料；2—冒口端产品试料；3—过渡区评定试料；4—接管孔产品试料；5—水口端产品试料；6—热缓冲环

图1.4-34 CAP1400RPV一体化接管段1∶1评定锻件取样后的状态

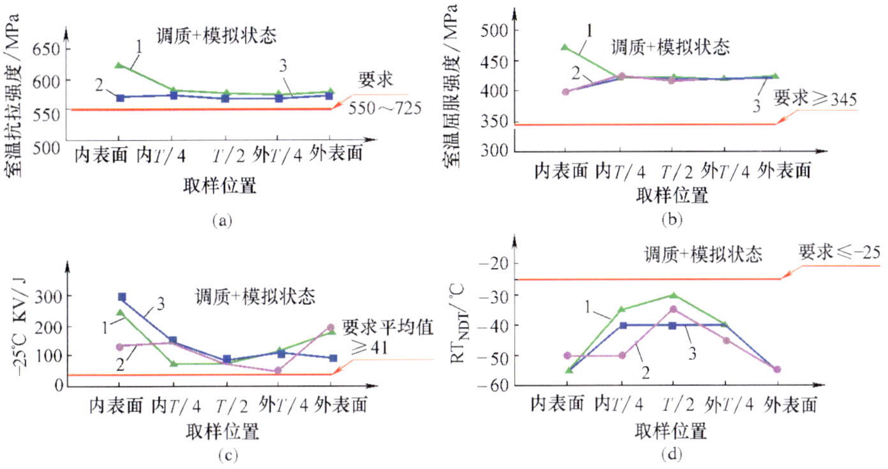

图 1.4-35　CAP1400RPV 一体化接管段 1∶1 评定锻件性能检测结果（Q&T+SPWHT）

（a）抗拉强度；（b）屈服强度；（c）低温冲击吸收能量；（d）落锤

1—K1（接管孔）试样；2—M1（冒口）试样；3—S1（水口）试样

4.2.2 SG 管板

AP1000SG 管板锻件按 ASME 标准要求检测近表面性能，无法代表高应力区的性能及心部性能。中国一重在 CAP1400SG 研制的重大专项课题中，开展了管板锻件的 1∶1 解剖检测工作。CAP1400SG 管板锻件1∶1 解剖取样如图 1.4-36 所示，CAP1400SG 管板 1∶1 评定锻件解剖及取样如图 1.4-37 所示。

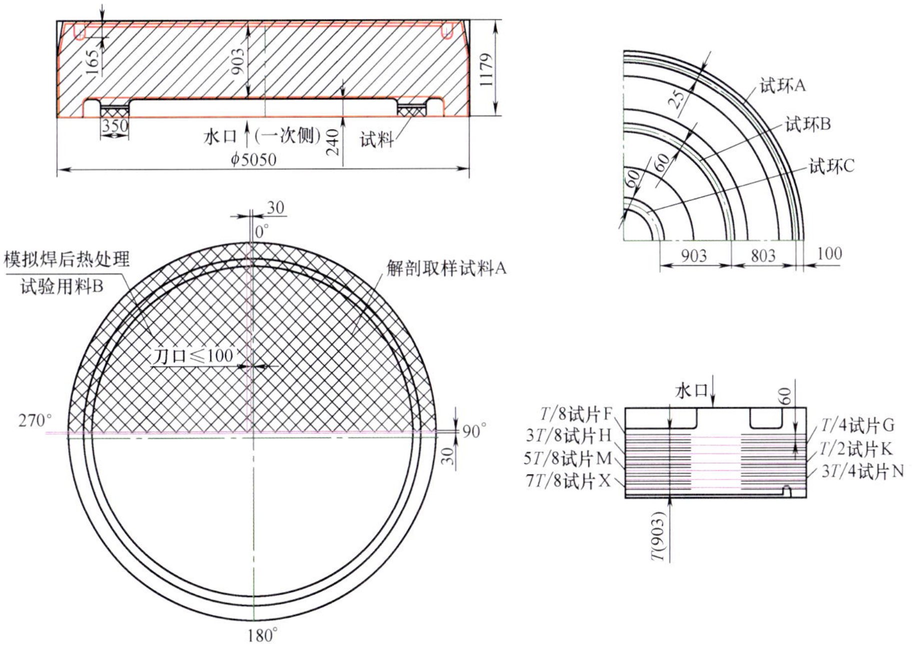

图 1.4-36　管板锻件 1∶1 解剖取样图

CAP1400SG 管板 1∶1 评定锻件部分解剖检测结果如图 1.4-38 和图 1.4-39 所示。图 1.4-38a 是圆周外侧不同厚度位置屈服强度；图 1.4-38b 是圆周外侧 903mm 处不同厚度位置屈服强度；图 1.4-38c 是圆周外侧 1806mm 处不同厚度位置屈服强度。图 1.4-39 是圆周外侧不同厚度位置冲击吸收能量。

4.2.3 SG 水室封头

带超长非向心管嘴 SG 水室封头锻件按 ASME 标准要求检测近表面性能。中国一重为了积累超大异形复杂截面的 SG 水室封头锻件经喷水淬火和浸水淬火后各部位热处理性能，对 AP1000SG 水室封头锻件各部位进行了多次 1∶1 冷却速率测温。图 1.4-40 是喷水淬火测温的锻件敷偶后状态。图 1.4-41 是 AP1000SG 水室封头锻件喷水淬火冷却速率测温过程，图 1.4-41a 是锻件加热后出炉吊运；图 1.4-41b 是喷水淬火开始状态；图 1.4-41c 是喷水淬火过程中；图 1.4-41d 是测温记录。图 1.4-42 是浸水淬火测温试验，图 1.4-42a 是测温锻件敷偶状态；图 1.4-42b 是浸水淬火测温开始状态。喷水淬火测温结果如图 1.4-43 所示。

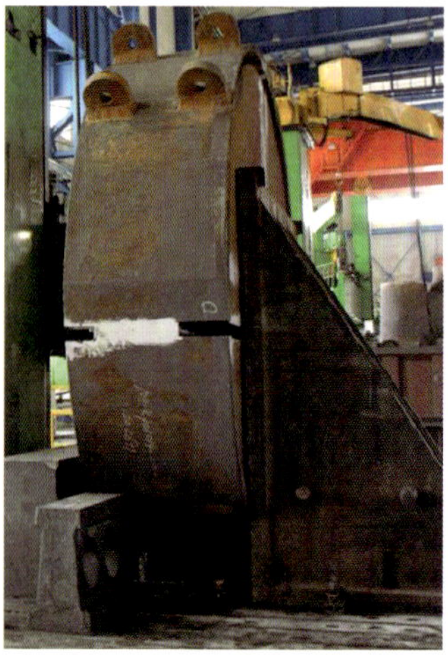

图 1.4-37 管板 1∶1 评定锻件解剖及取样

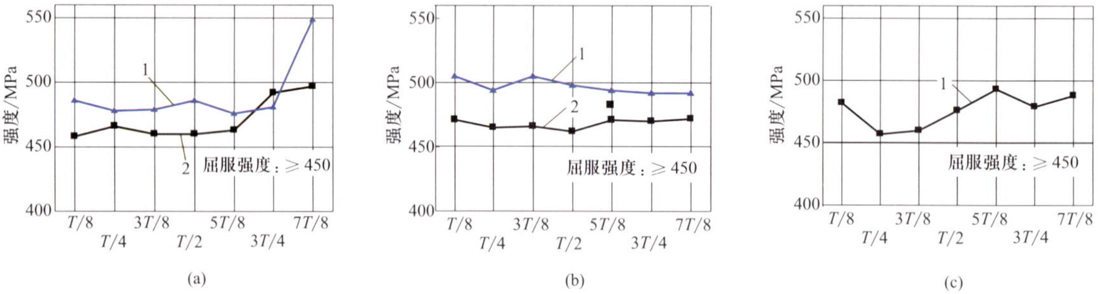

图 1.4-38 CAP1400SG 管板 1∶1 解剖屈服强度检测结果

（a）圆周外侧不同厚度位置；（b）圆周外侧 903mm 处不同厚度位置；（c）圆周外侧 1806mm 处不同厚度位置

1—20℃屈服强度（Q&T）；2—20℃屈服强度（SPWHT）

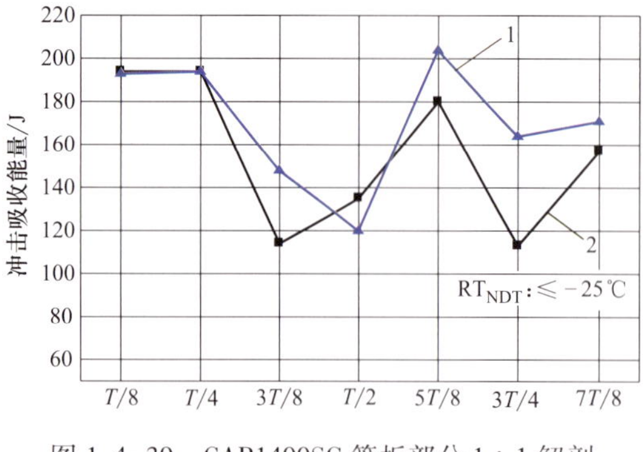

图 1.4-39 CAP1400SG 管板部分 1∶1 解剖 −20℃冲击吸收能量检测结果

1—−20℃冲击吸收能量（Q&T）；2—−20℃冲击吸收能量（SPWHT）

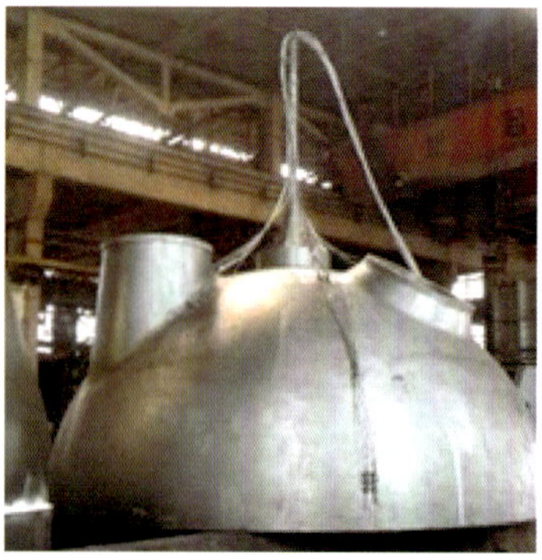

图 1.4-40 锻件敷偶后的状态

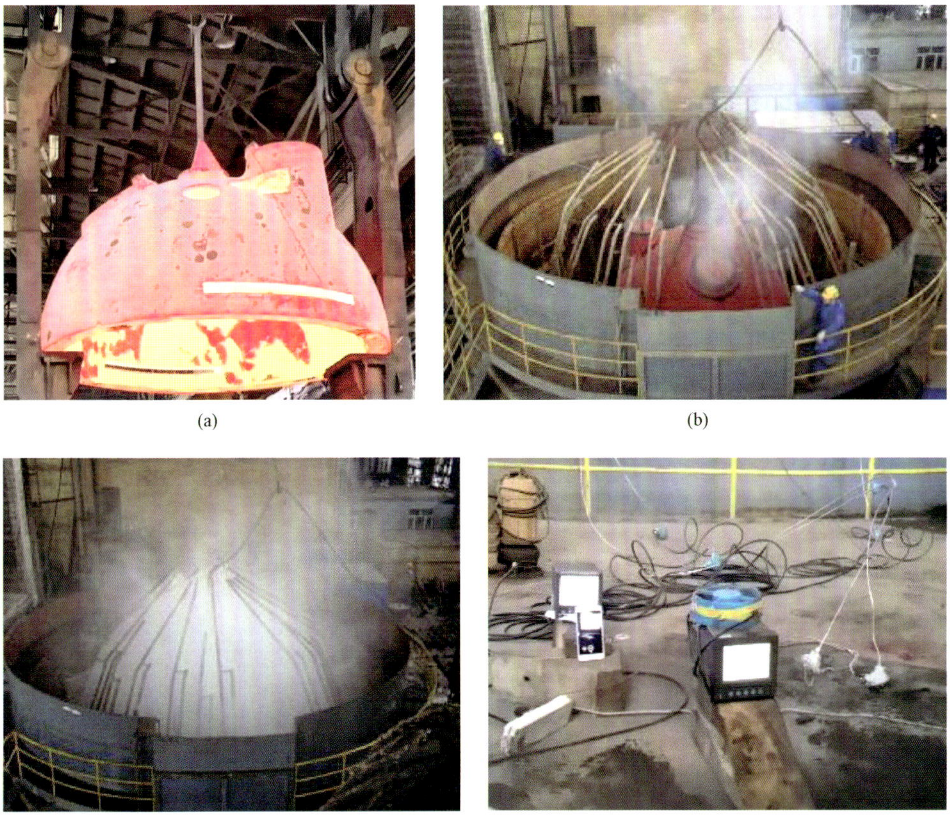

(a) (b) (c) (d)

图 1.4-41　AP1000SG 水室封头锻件喷水淬火冷却测温过程

（a）锻件加热出炉后吊运；（b）喷水淬火开始状态；

（c）喷水淬火过程中；（d）温度记录

(a) (b)

图 1.4-42　AP1000SG 水室封头 1∶1 锻件浸水淬火测温试验

（a）测温锻件敷偶；（b）浸水淬火测温

AP1000SG 水室封头 1∶1 解剖锻件取样后状态如图 1.4-44 所示。各部位、全截面的性能检测结果如图 1.4-45 所示，图 1.4-45a 是屈服强度检测结果；图 1.4-45b 是冲击吸收能量检测结果，全部满足采购技术条件要求。

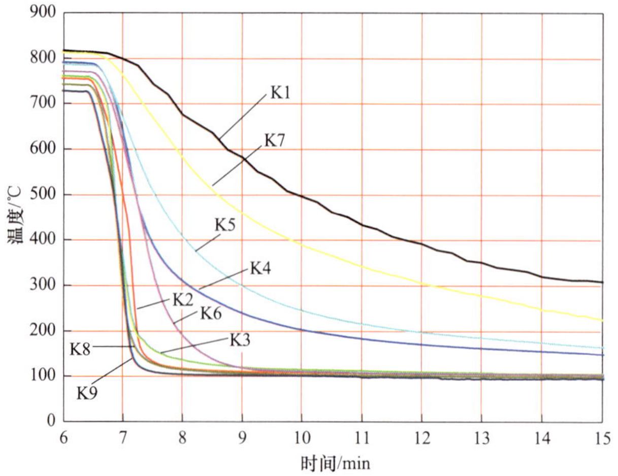

(a)

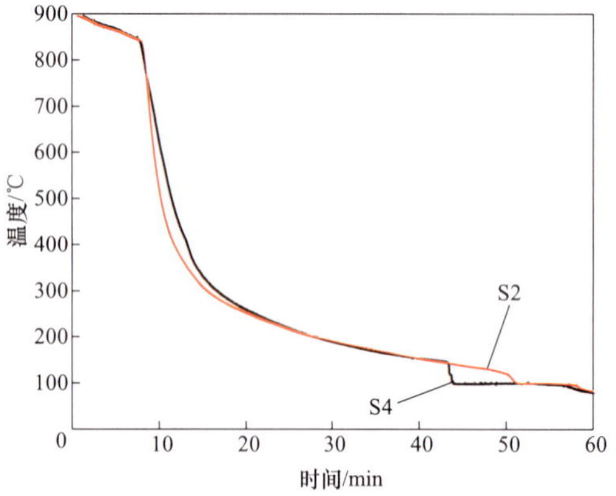

(b)

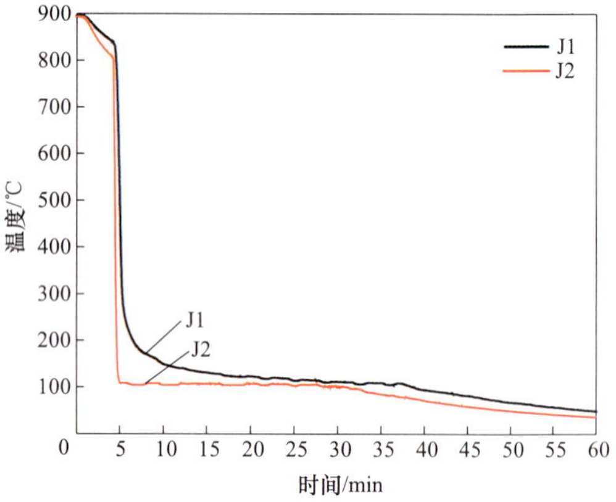

(c)

图 1.4-43　喷水淬火测温结果

（a）出口管嘴冷却速度；（b）水口端冷却速度；（c）进口管嘴冷却速度

(a)

(b)

图 1.4-44　喷淬冷却水室封头取样（一）

（a）大端取样；（b）管嘴取样

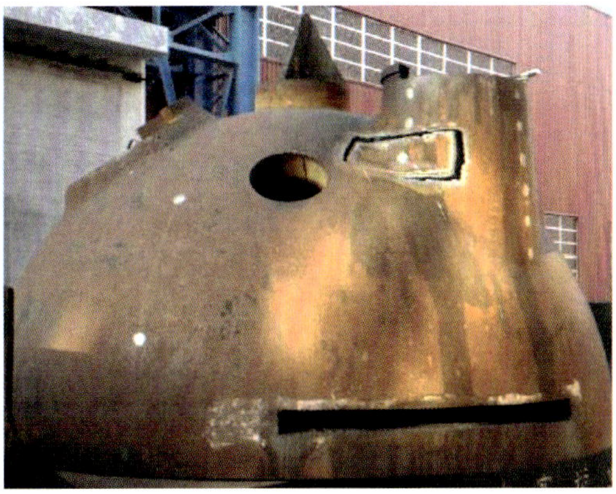

(c)

图 1.4-44　喷淬冷却水室封头取样（二）

（c）过渡区取样

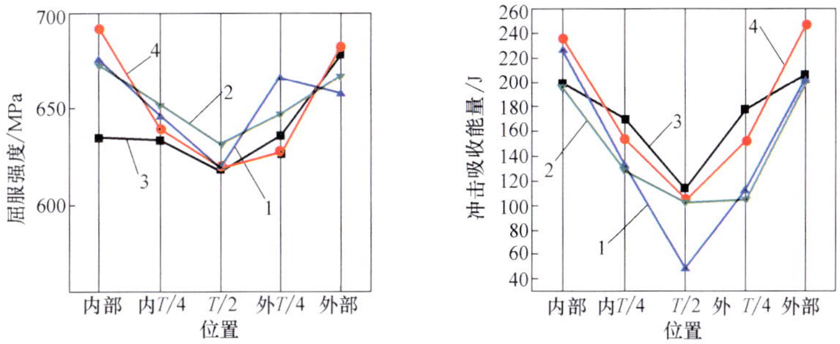

(a)　(b)

图 1.4-45　AP1000SG 水室封头 1∶1 解剖锻件各部位全截面的性能检测结果

（a）屈服强度；（b）冲击吸收能量

1—浸水淬火（S1）；2—浸水淬火（S2）；3—喷水淬火（S3）；4—喷水淬火（S4）

4.3　研制及验证

制造超大型锻件的基础之一是超大型钢锭。为了积累制造超纯净超大型钢锭的经验，对制造核电常规岛汽轮机整锻低压转子所需要的 600t 级钢锭进行了深入研究。为了验证超大型钢锭的研制效果，对 600t 级钢锭进行了 1∶1 解剖检测。

4.3.1　600t 级钢锭的研制

在钢锭浇注过程中如果不采取相应措施，钢液与空气、耐火材料、炉渣及保护渣等相互作用形成外来夹杂物以及机械卷入钢液中的各种氧化物将严重影响钢锭的质量。实践证明，防止钢渣进入钢锭模，以及避免钢液二次氧化是超大型钢锭成败的关键。为此，中国一重发明了一系列减少夹杂物和防止钢液二次氧化技术，研发出新型中间包和耐火材料等（专利证书见图 1.4-46）。通过使用优质耐火材料并在浇注过程中采取防止钢液二次氧化措施，研制出了超纯净的超大型钢锭。

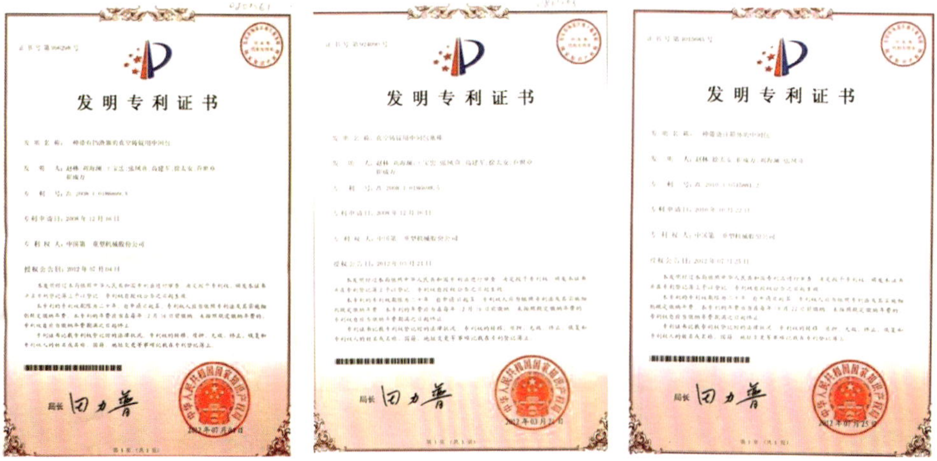

(a) (b) (c)

图 1.4-46 新型中间包和耐火材料等发明专利

（a）带挡渣堰的中间包；（b）钳把整体浇注模具装置；（c）带浇注箱体的中间包

1. 新型中间包

借鉴了冶金行业钢坯浇注过程中使用挡渣坝的经验，通过表 1.4-2 的模拟对比集成发明了带有挡墙、挡坝的 100t 椭圆形中间包及控流技术，有效地减少了钢锭中的夹杂物，新型中间包减少夹杂物的模拟对比如图 1.4-47 所示，图 1.4-47a 是带有挡墙、挡坝的 100t 椭圆形中间包减少夹杂物的数值模拟；图 1.4-47b 是没有挡墙、挡坝的 100t 椭圆形中间包减少夹杂物的数值模拟。图 1.4-48 是带有挡墙、挡坝的中间包使用效果，超大型钢锭浇注后钢渣全部留在中间包内。

表 1.4-2　　不同类型的中间包减少夹杂物的模拟对比

中间包类型	试验方案	夹杂物上浮率	t_{min}/s	$\bar{t}_m$/s	t_p/s	中间包内流动模式组成			
						V_m/V	V_d/V	V_p/V	V_p/V_d
圆形	加挡墙、挡坝 2500mm	78.5%	15.67	235.40	39.83	0.60	0.26	0.14	0.54
	空况 2500mm	73.0%	10.83	212.83	20.00	0.68	0.18	0.07	0.39
槽形	最优方案 1500mm	95.1%	48.17	272.13	62.83	0.62	0.19	0.19	1.00
	空况 1500mm	89.9%	21.50	227.97	29.00	0.59	0.32	0.09	0.28
椭圆形	最优方案 2000mm	96.0%	53.79	446.17	97.67	0.59	0.15	0.16	1.08
	空况 2000mm	91.5%	25.50	407.23	32.17	0.73	0.15	0.06	0.40

注：表中各符号定义参见表 2.3-3。

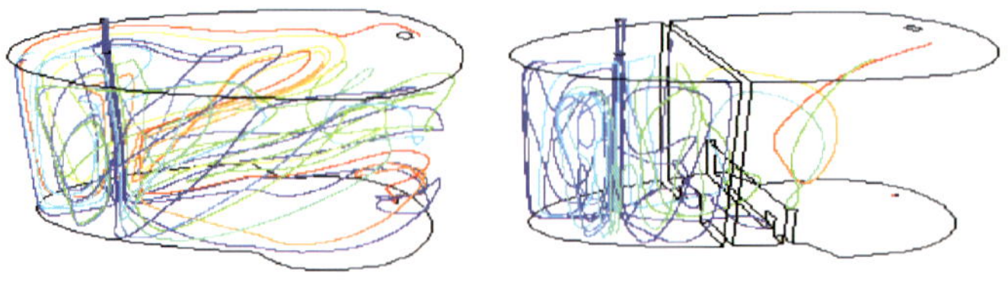

(a) (b)

图 1.4-47 新型中间包模拟对比

（a）带有挡墙、挡坝的数值模拟；（b）没有挡墙、挡坝的数值模拟

图 1.4-48 新型中间包使用效果

2. 长水口保护浇注

开发使用了优质长水口进行钢锭的保护浇注，与传统的敞开式浇注相比，完全避免了浇注过程中钢液的二次氧化，如图 1.4-49 所示。图 1.4-49a 是精炼包长水口插入中间包保护浇注，中间包钢液液面非常平稳，钢液无二次氧化；图 1.4-49b 是传统的敞开式浇注，精炼包钢液在注入中间包过程中受到了空气污染，钢液被二次氧化。图 1.4-50 给出了位于真空室里的钢锭模中钢液液面的录像情况。图 1.4-50a 是长水口保护浇注的效果，钢渣未进入钢锭模内部；图 1.4-50b 及图 1.4-50c 是敞开式浇注的效果，图中黑色的部分是钢渣，进入钢锭模内部的钢渣在钢锭凝固过程中如果不能上浮到冒口，则易导致钢锭的报废。

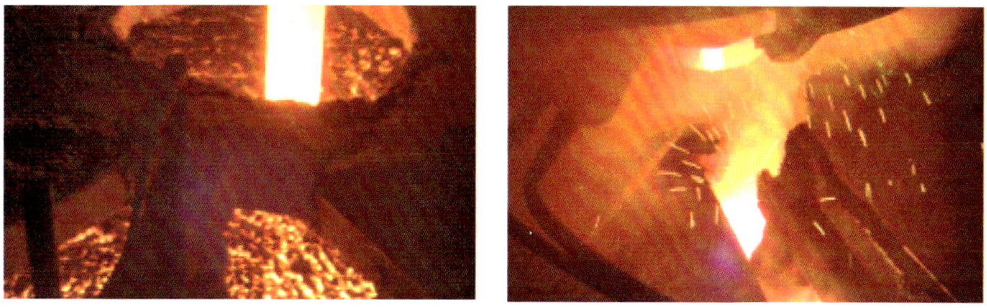

(a) (b)

图 1.4-49　有无长水口保护浇注的对比

（a）保护浇注；（b）敞开式浇注

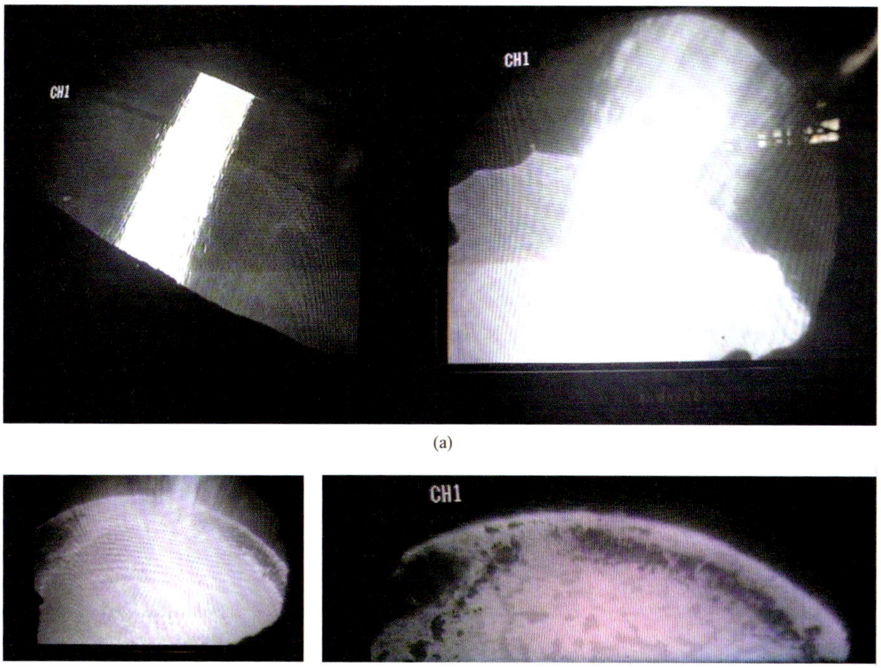

(a)

(b) (c)

图 1.4-50　钢渣是否进入钢锭模内部的对比

（a）长水口保护浇注过程中；（b）敞开式浇注过程中；（c）敞开式浇注结束

4.3.2 600t 级钢锭的验证

超大型钢锭研制成功后已批量用于能源及冶金装备超大型锻件的生产。为了验证用于核电常规岛整锻汽轮机低压转子的超大型钢锭（纯净性要求最严格）的研制效果，对600t 级钢锭（平均直径接近 4000mm）进行了 1：1 解剖检测。图 1.4-51 是 600t 级钢锭 1：1 解剖验证件气割前后的状态，图 1.4-51a 是钢锭气割过程中；图 1.4-51b 是钢锭气割后状态。

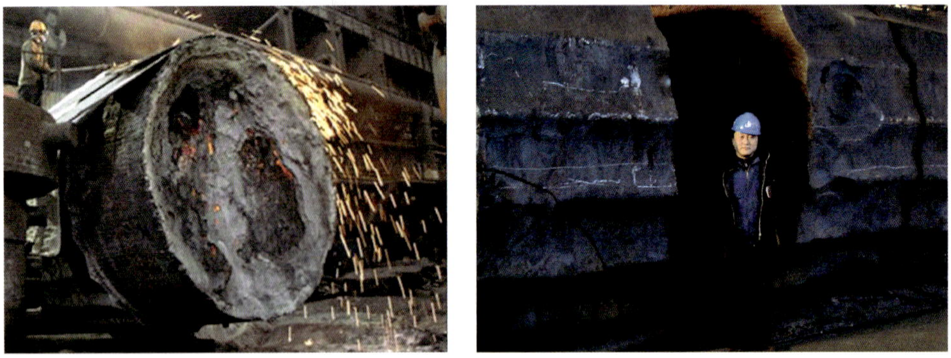

(a)　　(b)

图 1.4-51　600t 级钢锭 1：1 解剖验证件气割前后状态

（a）钢锭气割过程中；（b）钢锭气割后状态

图 1.4-52 是从 600t 级钢锭 1：1 解剖验证件纵向断面上取出的具有代表性的 7 个硫印试片及其在钢锭中的位置。

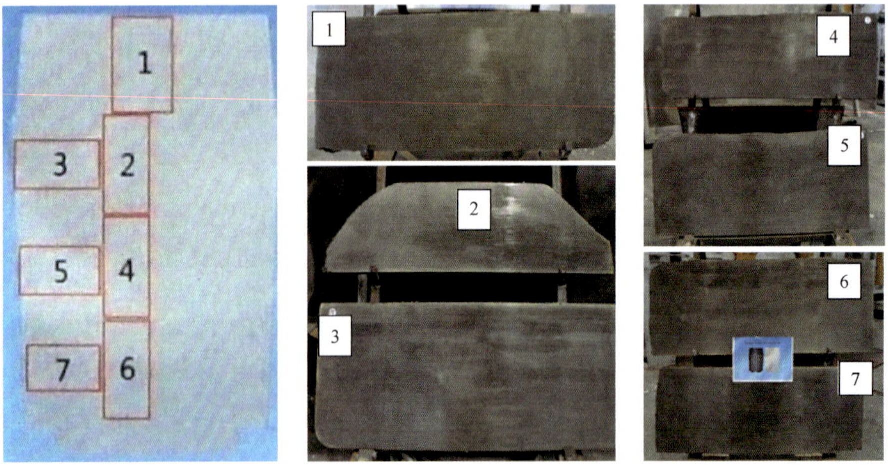

图 1.4-52　600t 级钢锭 1：1 解剖验证件低倍试片在钢锭中的位置

图 1.4-53 是 600t 级钢锭 1：1 解剖验证件 3 号低倍试片结晶形貌，从图中可以清晰看出钢锭内部的树枝状结晶。图 1.4-54 是 600t 级钢锭 1：1 解剖验证件内部二次缩孔（传统观念是钢锭只有一次缩孔和二次缩松），从图中可以看到比鸡蛋还大的二次缩孔及其周边的缩松。

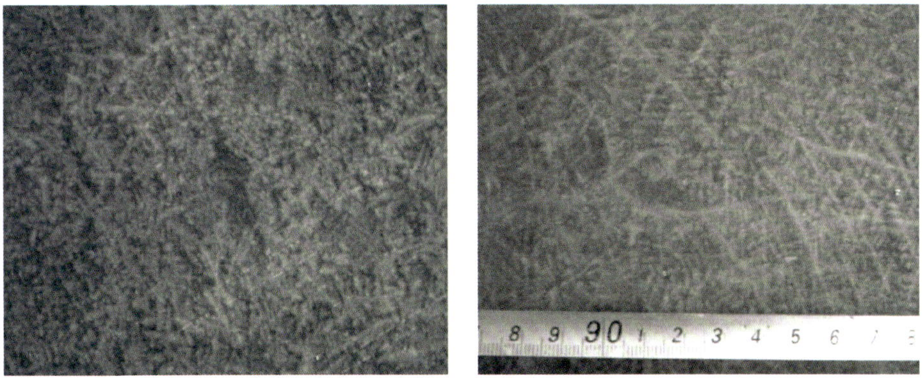

图 1.4-53　600t 级钢锭 1∶1 解剖验证件低倍试片结晶形貌

图 1.4-54　600t 级钢锭 1∶1 解剖验证件内部二次缩孔

4.3.3　RPV 接管段法兰全截面测温及性能检测

按照 WEC 的采购技术条件要求，AP1000RPV 接管段锻件法兰部位是近表面取样，取样部位的性能是否具有代表性是人们普遍关心的问题。为了积累大数据，为设计制定采购技术条件提供依据，中国一重对 AP1000RPV 接管段锻件法兰部位进行了全截面冷却速率测温和性能检测。

在接管段最大壁厚的法兰端（534mm）接近法兰1/2高度位置敷 5 支热电偶，分别为内外近表面、内外 $T/4$ 和心部 $T/2$ 位置，用于检测法兰最大壁厚不同位置在 840～400℃之间的淬火冷却时的实际冷却速率。热电偶敷设位置如图 1.4-55 所示，敷设热电偶的测温锻件如图 1.4-56 所示。

图 1.4-57 是水口端法兰处 S1～S5 的冷却曲线，其中 S2、S3、S4 分别为内 $T/4$、$T/2$、外 $T/4$ 位置，S1、S5 位于法兰处内、外近表面（壁厚深度 20mm）。S2 冷速为 16.3℃/min，S3 冷速为 7.5℃/min，S4 冷速为10.0℃/min。法兰部位的壁厚 534mm，中心部位冷速较慢。

淬火冷却后各位置的金相组织见表 1.4-3 和图 1.4-58 所示。图 1.4-58a 是内表面的组织；图 1.4-58b 是内 $T/4$ 的组织；图 1.4-58c 是 $T/2$ 的组织；图 1.4-58d 是外 $T/4$ 的组织；图 1.4-58e 是外表面的组织。这一解剖检测结果与国内某高校对同等截面的顶盖法兰性能热处理组织预测结果（见图 1.4-59）有所不同。

中国一重在对 AP1000RPV 接管段锻件法兰部位进行了全截面冷却速率测温后，又对截面更大的 CAP1400 接管段 1∶1 解剖锻件进行了所有代表部位的全截面测温，不同状态的敷偶如图 1.4-60 所示。

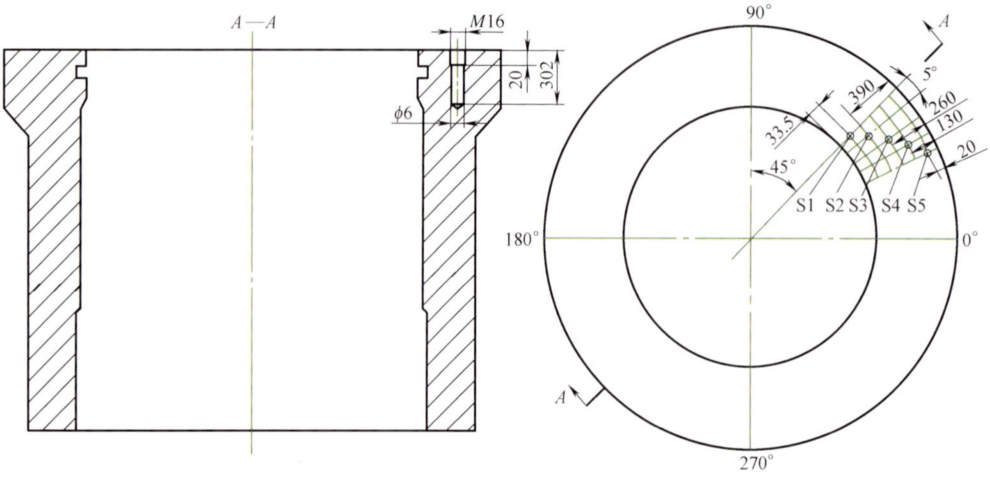

图 1.4-55　敷设热电偶位置图

图 1.4-56　敷设热电偶的测温锻件

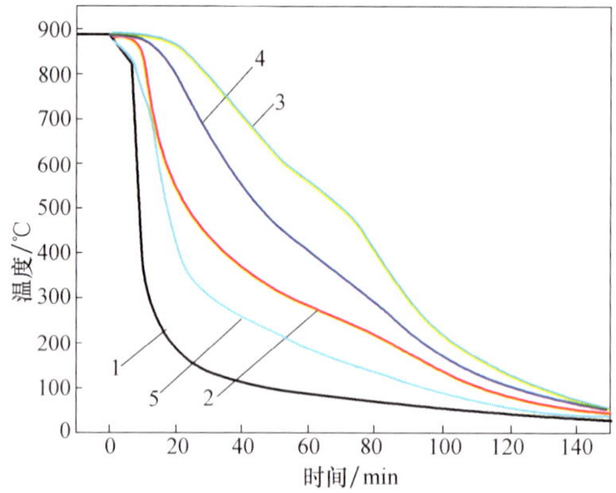

图 1.4-57　水口端法兰处 S1～S5 冷却曲线

1—内表面位置；2—内 *T*/4 位置；3—*T*/2 位置；4—外 *T*/4 位置；5—外表面

表 1.4-3　法兰截面不同位置的金相组织

位置	组　织	晶粒度	夹杂物			
			A	B	C	D
内表面	上贝氏体（90%～95%）+粒状贝氏体（5%～10%）	7.5	0.5	0.5	0.5	0.5
内 *T*/4	上贝氏体（40%～45%）+粒状贝氏体（55%～60%）	7.5	0.5	1	0.5	0.5
T/2	上贝氏体（55%～60%）+粒状贝氏体（40%～45%）	7.5	0.5	0.5	0.5	0.5
外 *T*/4	上贝氏体（65%～70%）+粒状贝氏体（30%～35%）	7.5	0.5	1	0.5	0.5
外表面	上贝氏体（90%～95%）+粒状贝氏体（5%～10%）	7.5	0.5	0.5	0.5	0.5

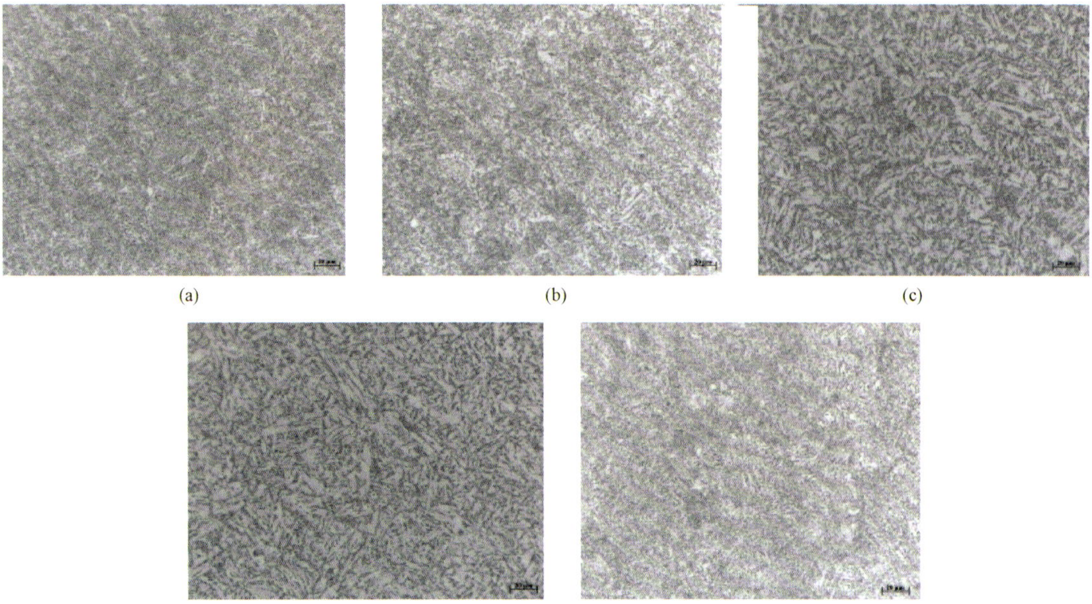

(a) (b) (c) (d) (e)

图 1.4-58　淬火冷却后各位置的金相组织

（a）内表面组织；（b）内 $T/4$ 组织；（c）$T/2$ 组织；（d）外 $T/4$ 组织；（e）外表面组织

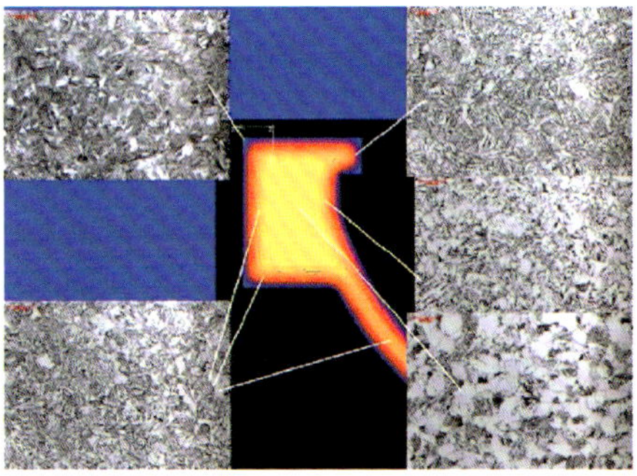

图 1.4-59　国内某高校关于顶盖法兰性能热处理组织预测

(a) (b) (c)

图 1.4-60　CAP1400 接管段 1∶1 解剖锻件测温

（a）装炉前；（b）淬火前；（c）淬火后

第5章　核电锻件制造技术对比

超大型核电锻件的绿色制造是前无古人的高起点创新，其制造技术代表了热加工的最高水平。通过十几年的原始创新及集成创新，在超纯净超大型钢锭的冶炼及铸锭、超大型核电锻件的大型化及一体化锻造成形等方面取得了一系列具有国际领先水平的技术成果，下面分述如下。

5.1　冶炼及铸锭

实现锻件超大型化的必要前提是钢锭的超大型化。本项目开发前，国外只有日本的JSW具备600t级钢锭制造能力。但因其技术封锁，无可借鉴的技术资料。600t钢锭浇注过程需要80～90min。钢液的浇注时间长，对中间包砖、水口砖、芯杆等材料的耐高温和耐冲刷性要求高。高品质超大型核电锻件对所需钢液的纯净度要求非常高，杂质含量要求非常低，硫（S）、磷（P）的含量需控制在双零级。钢锭越大，宏观及微观偏析越严重，钢锭成分均匀性控制难度越大。

针对超大型钢锭的凝固偏析规律，首先对400t级钢锭进行解剖分析，与数值模拟结果进行对比验证，在此基础上制定了相应的多包合浇（MP）工艺方案。

为了研制出600t级超纯净钢锭，首先开展了吹氩塞棒材质、耐火材料应用等技术研究。通过对塞棒材质和形式的变更，进一步提高耐火材料的应用效果。试验结果表明，浇注过程中中间包整体塞棒无爆裂、无弯曲和折断。由此证明实验室研究开发的中间包塞棒完全可以满足超大型钢锭浇注过程中开启和关闭水口的要求。其次，开展了中间包水口材料应用技术研究。中间包水口通过与中间包塞棒相配合，以达到控制钢液流速、稳定浇注过程的目的。因此，如何保证中间包水口在浇注过程中不堵塞、不扩径，对于有效控制中间包浇注过程，防止浇注中断现象发生，保证钢锭质量具有重要意义。为了满足超大型钢锭的浇注需要，中国一重与有关研究院所联合开发了以MgO和Y_2O_3为稳定剂的锆质水口，使用结果表明，在严格控制浇注工艺的条件下，研制的中间包水口没有发生堵塞和扩径现象，显示了良好的使用性能。第三，研制出了新型中间包。超大型真空钢锭浇注由多包钢液组合而成，为保证钢液浇注期间的连续性，国内外锻件供应商的通用做法是利用中间包来过渡完成。该项研究工作与国内某院校共同完成。通过水力学模型的模拟结果可以得出，大部分夹杂物随大包注流进入冲击区，夹杂物很快就到达中间包底部，然后迅速上浮，只有少数夹杂物能到达挡墙的另一边。开发了椭圆形中间包及控流技术，以减少夹杂物的卷入，提高钢锭内部冶金质量。在中间包内合理设置挡墙、挡坝使钢液流动上浮，去除夹渣物，提高纯净度。该技术在国内重机行业属于首次应用。模拟试验表明：正常浇注时，中间包内钢液的停留时间为446.17s，最大温差为7.68K，夹杂物上浮率为96%。

在冶炼及铸锭的基础研究工作完成后，重点对解决超大型钢锭的偏析及超纯净、超大型钢锭的解剖检验等开展了研究工作。下面对取得的具有国际领先水平的冶炼及铸锭方法及超大型钢锭的解剖结果进行介绍。

5.1.1 低硅控铝钢的冶炼

超大型钢锭浇注过程是多包精炼钢液依次通过中间包注入真空室里的钢锭模内。由于温度、浓度、凝固顺序等差异，钢锭都不同程度地产生缩孔、疏松、偏析等缺陷。实践证明，钢锭越大缺陷越严重。超大型钢锭组织形貌如图 1.5-1 所示。

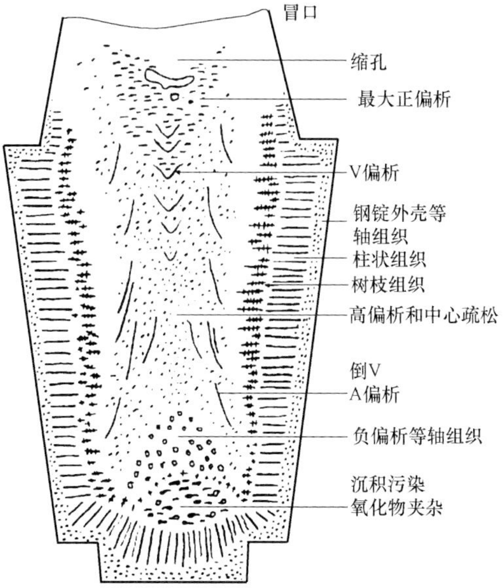

图 1.5-1　超大型钢锭组织形貌

A 偏析是钢锭中的主要缺陷之一。形成 A 偏析的临界条件为

$$\varepsilon R^{1.1} \leqslant A$$

式中，ε、R 分别代表冷却速度（℃/min）和凝固前沿的凝固速度（mm/min）。

A 值越小，A 偏析越小

$$A = 4.93 \times 10^{-5} \times (x + 18.8)^{3.1} \quad (1.5\text{-}1)$$

式中 $x = 28.9\mathrm{Si} + 235.2\mathrm{P} + 805.8\mathrm{S} - 9.2\mathrm{Mo} - 38.2\mathrm{V}$

从式（1.5-1）可以看出，低 Si 可以减少甚至接近消除 A 偏析，为此中国一重发明了低 Si 控 Al 钢的冶炼及铸锭技术（见图 1.5-2），C 和 Mo 的偏析为高 Si（常规冶炼方法）的 1/3，气体及夹杂物含量明显减少，使得核电实心锻件各部位成分均匀性非常好。与国外某锻件供应商用 150 多吨钢锭制造的 EPR 压力容器上封头化学成分（见表 1.5-1）相比，用 359t 钢锭制造的 CAP1400RPV 一体化顶盖的各部位成分均满足采购技术条件的要求（见表 1.5-2）。因此，中国一重发明的低 Si 控 Al 钢的冶炼及铸锭技术处于国际领先水平。

表 1.5-1　某 EPR 压力容器上封头化学成分　（质量分数,%）

试样	C	S	P	Si	Mn	Ni	Cr	Co
内侧	0.18	0.001	0.005	0.20	1.37	0.70	0.18	0.01
外侧	0.30	0.002	0.006	0.22	1.51	0.75	0.18	0.01
标准要求	0.22max	0.005max	0.008max	0.10～0.30	1.15～1.60	0.50～0.80	0.25max	0.03max

试样	Cu	Mo	V	Al	N	Sn	As
内侧	0.04	0.50	0.001	0.01	0.006 2	0.003	0.003
外侧	0.04	0.54	0.001	0.01	0.009 9	0.004	0.004
标准要求	0.10max	0.43～0.57	0.01max	0.04max	info	info	info

表 1.5-2　CAP1400RPV 一体化顶盖各部位化学成分

（质量分数,%）

取样位置	C	Si	Mn	P	S	Cr	Ni	Mo	Cu	V	Al	B	Co	As	Sn	Sb	H	O	N
	≤ 0.25	0.15～ 0.40	1.2～ 1.5	≤ 0.015	≤ 0.005	≤ 0.15	0.4～ 1.0	0.45～ 0.60	≤ 0.15	≤ 0.05	≤ 0.04	≤ 0.005	≤ 0.10	≤ 0.015	≤ 0.015	≤ 0.005	提供 数据	提供 数据	提供 数据
内表面	0.22	0.006	1.49	0.005	0.002	0.12	0.77	0.51	0.02	0.02	0.04	0.000 2	0.05		0.002	0.000 7	1	18	
内 $T/4$	0.21	0.005	1.46	0.005	0.002	0.11	0.76	0.50		0.02	0.07	0.000 2	0.02		0.002	0.000 7	1.1	22	
外 $T/4$	0.21	0.005	1.43	0.005	0.002	0.11	0.76	0.49	0.02	0.02	0.07	0.000 2	0.02		0.002	0.000 7	0.9	19	
外表面	0.21	0.006	1.44	0.005	0.002	0.11	0.74	0.50	0.02	0.02	0.06	0.000 2	0.02		0.002	0.000 7	1	29	
内表面	0.21	0.006	1.44	0.005	0.002	0.11	0.75	0.50	0.02		0.05	0.000 2	0.05		0.002	0.000 7	0.5	11	
内 $T/4$	0.21	0.006	1.45	0.005	0.002	0.11	0.76	0.50			0.04	0.000 2	0.05		0.002	0.000 7		12	
$T/2$	0.21	0.006	1.45	0.005	0.002	0.11	0.76	0.50	0.02		0.06	0.000 2	0.05		0.002	0.000 7	0.5	14	
外 $T/4$	0.21	0.006	1.45	0.005	0.002	0.11	0.77	0.51	0.02	0.02	0.04	0.000 2	0.05		0.002	0.000 7		16	
外表面	0.21	0.006	1.44	0.005	0.002	0.12	0.76	0.50	0.02	0.02	0.05	0.000 2	0.02		0.002	0.000 7	1	10	
内表面	0.21	0.005	1.45	0.005	0.002	0.11	0.76	0.50	0.02	0.02	0.06	0.000 2			0.002	0.000 7	0.9	22	
内 $T/4$	0.21	0.006	1.44	0.005	0.002	0.11	0.75	0.50	0.02	0.02	0.06				0.002	0.000 7	1	11	
$T/2$	0.21	0.005	1.45	0.005	0.002	0.12	0.76	0.50	0.02	0.02	0.07	0.000 2			0.002	0.000 7	0.5	15	
外 $T/4$	0.21	0.005	1.44	0.005	0.002	0.12	0.76	0.50	0.02	0.02	0.06	0.000 2			0.002	0.000 7	1	24	
外表面	0.18	0.005	1.45	0.005	0.002	0.12	0.75	0.50	0.02	0.02	0.05	0.000 2			0.002	0.000 7	0.9	12	
试环	0.21	0.006	1.47	0.005	0.002	0.12	0.76	0.51	0.02	0.02	0.04	0.000 2			0.002	0.000 7	0.5	14	

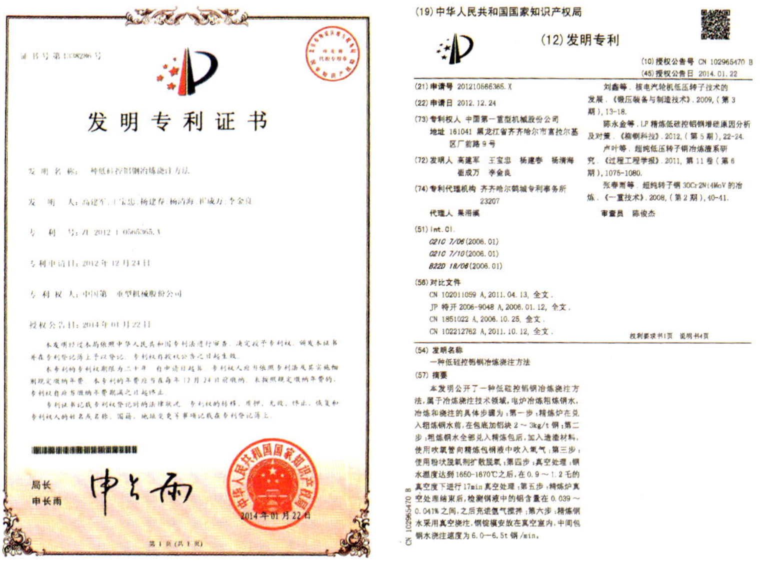
发明专利证书

发明名称：一种低硅控铝钢冶炼浇注方法

发明人：高建军；王宝忠；杨建春；杨清海；崔成万；李金良

专利号：ZL 2012 1 0565365.X

专利申请日：2012年12月24日

专利权人：中国第一重型机械股份公司

授权公告日：2014年01月22日

本发明经过本局依照中华人民共和国专利法进行审查，决定授予专利权，颁发本证书并在专利登记簿上予以登记。专利权自授权公告之日起生效。

本专利的专利权期限为二十年，自申请日起算。专利权人应当依照专利法及其实施细则规定缴纳年费。本专利的年费应当在每年12月24日前缴纳。未按照规定缴纳年费的，专利权自应当缴纳年费期满之日起终止。

专利证书记载专利权登记时的法律状况。专利权的转移、质押、无效、终止、恢复和专利权人的姓名或名称、国籍、地址变更等事项记载在专利登记簿上。

局长 申长雨

2014年01月22日

(19) 中华人民共和国国家知识产权局

(12) 发明专利

(10) 授权公告号 CN 102965470 B

(45) 授权公告日 2014.01.22

(21) 申请号 201210565365.X

(22) 申请日 2012.12.24

(73) 专利权人 中国第一重型机械股份公司
地址 161041 黑龙江省齐齐哈尔市富拉尔基区厂前路9号

(72) 发明人 高建军 王宝忠 杨建春 杨清海 崔成万 李金良

(74) 专利代理机构 齐齐哈尔鹤城专利事务所 23207
代理人 巢沼佩

(51) Int. Cl.
C21C 7/06(2006.01)
C21C 7/10(2006.01)
B22D 18/06(2006.01)

(56) 对比文件
CN 102011059 A, 2011.04.13, 全文.
JP 特开 2006-9048 A, 2006.01.12, 全文.
CN 1851022 A, 2006.10.25, 全文.
CN 102212762 A, 2011.10.12, 全文.

刘鑫等. 核电汽轮机低压转子技术的发展. 《锻压装备与制造技术》. 2009, (第3期), 13-18.
陈永金等. LF精炼低硅控铝钢增硅原因分析及对策. 《炼钢科技》. 2012, (第5期), 22-24.
卢叶等. 超纯低压转子钢冶炼渣系研究. 《过程工程学报》. 2011, 第11卷(第6期), 1075-1080.
张春雨等. 超纯转子钢30Cr2Ni4MoV的冶炼. 《一重技术》. 2008, (第2期), 40-41.

审查员 陈俊杰

权利要求书1页 说明书4页

(54) 发明名称
一种低硅控铝钢冶炼浇注方法

(57) 摘要
本发明公开了一种低硅控铝钢冶炼浇注方法，属于冶炼浇注技术领域，电炉冶炼粗炼钢水，冶炼和浇注的具体步骤为：第一步：精炼炉在兑入粗炼钢水前，在包底加铝块2～3kg/t钢；第二步：粗炼钢水全部兑入精炼包后，加入造渣材料，使用吹氧管向精炼包钢液中吹入氧气；第三步：使用粉状脱氧剂扩散脱氧；第四步：真空处理：钢水温度达到1650-1670℃之后，在0.9～1.2毛的真空度下进行17min真空处理；第五步：精炼炉真空处理结束后，检测钢液中的铝含量在0.039～0.041%之间，之后充进氩气搅拌；第六步：精炼钢水采用真空浇注，钢锭模安放在真空室内，中间包钢水浇注速度为6.0—6.5t钢/min。

CN 102965470 B

图 1.5-2　低 Si 控 Al 钢的冶炼浇注方法发明专利

5.1.2　超大型钢锭制造

如前述的表 1.2-1 所列出的对比可见，中国一重的超大型钢锭吨位等级处于国际领先水平。经过超大型钢锭的解剖检测（参见图 1.4-51～图 1.4-54），得出了 600t 级钢锭的成分偏析情况。图 1.5-3 是中国一重与国外两家具有 600t 级钢锭制造能力的锻件制造商同等级钢锭解剖结果对比，由图中的主要元素碳（C）含量的偏析程度可见，中国一重的超大型钢锭成分偏析控制处于国际领先水平。

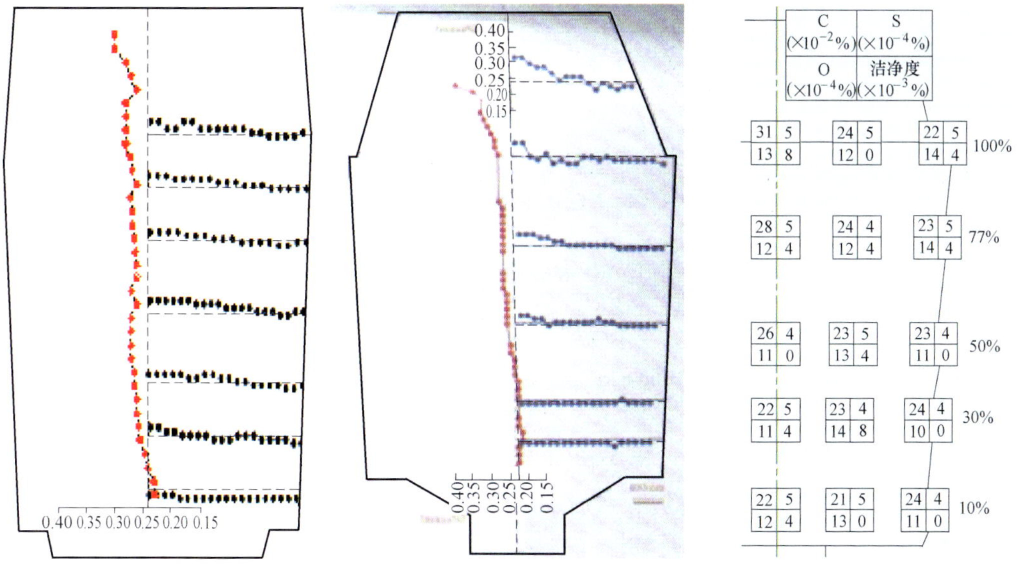

图 1.5-3　中外 600t 级钢锭的成分偏析对比

（a）中国一重；（b）日本企业Ⅰ；（c）日本企业Ⅱ

5.2 RPV 一体化锻件

如前所述，为了进一步提高核电设备的安全性，掌握具有完全自主知识产权的核电锻件及设备制造技术，中国一重与上海核工程院联合依托核电重大专项示范工程 CAP1400RPV 的研制项目（2013ZX06002-004），突破了 WEC 的结构设计，创新研制出一体化顶盖及一体化底封头锻件。

5.2.1 顶盖

RPV 的质量一直是全球关注的重点，美国西屋公司改变了二代加顶盖分体制造的方式，将三代核电 AP1000RPV 的顶盖优化设计成整体结构，并将二代加位于下封头的堆芯测量接管（见图 1.5-4）移到整体顶盖封头上，避免了 RPV 底部泄漏的风险，进一步提高了设备的安全性。

图 1.5-4　二代加压力容器堆芯测量接管位于下封头

WEC 为了避开堆芯测量接管与顶盖封头在高应力区附近焊接以及焊缝的在役检测，将 AP1000RPV 顶盖上的 8 个 Quick-loc 管设计成堆焊结构。管座高度为便于接管的焊接（见图 1.5-5）而设定成 400mm，图 1.5-5a 是焊接前装配；图 1.5-5b 是管座与接管焊接；图 1.5-5c 是堆芯测量接管焊接后状态。管座需要预先进行 1∶1 焊接工艺评定（见图 1.5-6）。图 1.5-6a 是堆焊成方形凸台后加工管座外圆；图 1.5-6b 是管座端面焊接镍基过渡层后的状态。在评定通过后进行堆焊（每层 3～4mm），首次堆焊周期为 50 天左右，工件在堆焊时需要全程预热。图 1.5-7 是带 Quick-loc 管的 AP1000RPV 顶盖管座堆焊现场及堆焊后状态。

(a) (b) (c)

图 1.5-5　堆芯测量接管焊接

（a）焊接前装配；（b）焊接；（c）焊接后状态

为了确保产品质量、缩短 RPV 的制造周期，中国一重自主创新发明了由封头、厚壁法兰及 Quick-loc 管集成的一体化顶盖锻件（见图 1.5-8）。图 1.5-8a 是一体化顶盖锻件毛坯；图 1.5-8b 是一体化顶盖锻件粗加工后的状态。

图 1.5-9～图 1.5-11 给出了三种三代核电 RPV 顶盖堆芯测量接管的制造方式。

图 1.5-9 是华龙一号的制造方式，堆芯测量接管的焊接与驱动管座（CRDM）相同，堆芯测量接管焊接前需要在封头母材上焊接镍基隔离层，且堆芯测量接管的焊接是大角度（47.16°）深坡口（60mm），故制造难度最大。

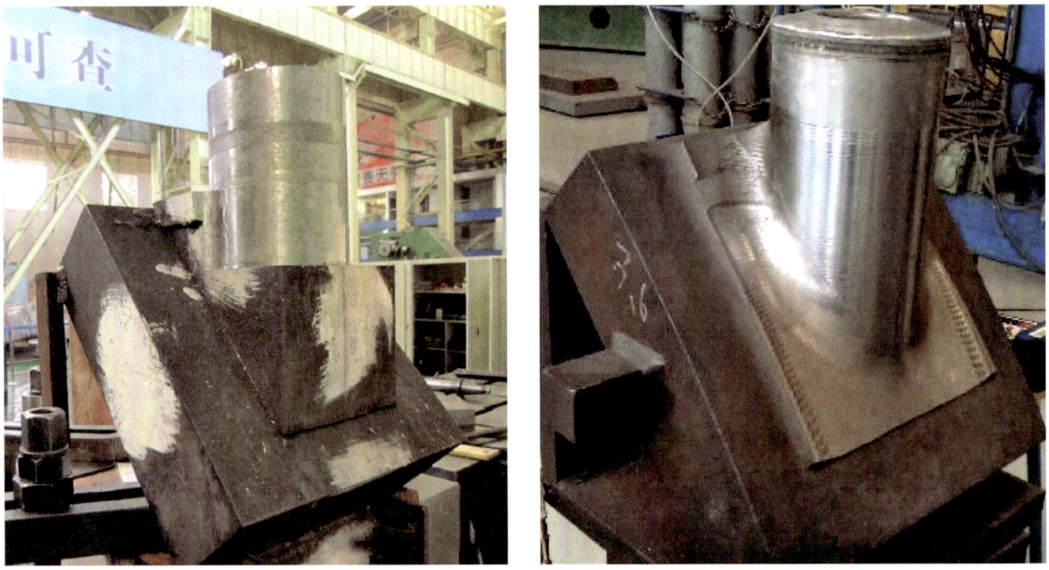

(a) (b)

图 1.5-6　Quick-loc 管焊接评定

（a）堆焊后加工；（b）端面焊接后状态

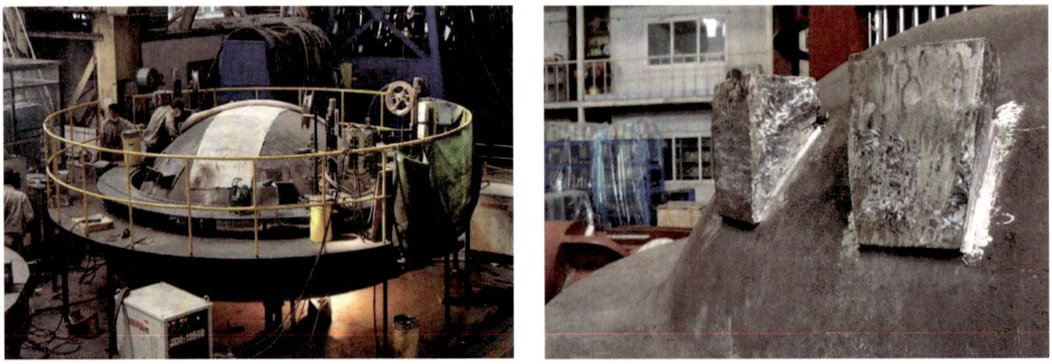

(a) (b)

图 1.5-7　AP1000RPV 顶盖 Quick-loc 管堆焊

（a）堆焊现场；（b）堆焊后状态

(a) (b)

图 1.5-8　CAP1400RPV 一体化顶盖锻件

（a）锻件毛坯；（b）锻件粗加工后状态

图 1.5-10 是 AP1000 的焊接方式，虽然取消了在封头母材上开孔并焊接镍基隔离层，但管座是堆焊而成的，需要在管座内壁堆焊镍基凸台，不仅设备制造周期长，而且管座性能相对较差。

图 1.5-11 是 CAP1400 的焊接方式，由于不需要在封头母材上堆焊 Quick-loc 管，不仅设备制造周期短，而且安全性最好。

从堆芯测量接管制造方式对比可以看出，中国一重自主创新研制的 RPV 一体化顶盖锻件制造技术处于国际领先水平。

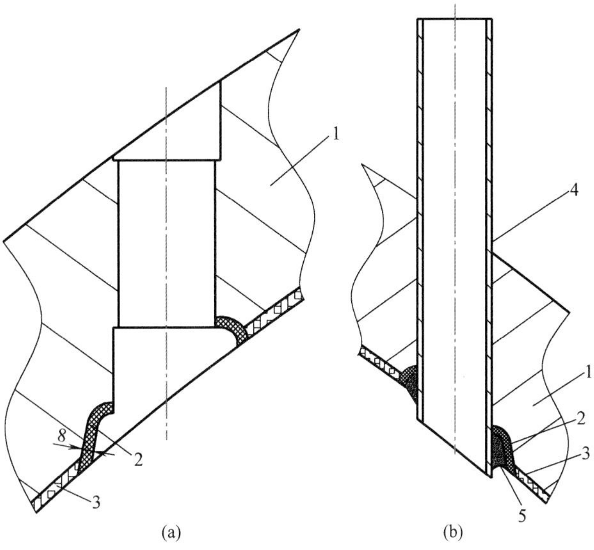

图 1.5-9 华龙一号 RPV 堆芯测量接管的焊接方式

（a）在封头母材上焊接镍基隔离层；（b）焊接整体堆芯测量接管

1—本体；2—镍基隔离层；3—不锈钢堆焊层；

4—堆芯测量接管；5—堆芯测量接管焊缝

5.2.2 底封头

传统的核电 RPV 过渡段及下封头是分别制造然后焊接在一起的。过渡段因需要与堆芯筒体焊接，性能要求按堆芯区考核。中国一重解决了超大“钟形”锻件锻造成形及热处理等难题，创新发明了一体化底封头（过渡段与下封头锻造成一体），如图 1.5-12 所示及参见图 1.2-5f、g、h。这一创新取消了环焊缝，提高了设备安全性（下封头性能也按堆芯区考核）及缩短了设备的在役检测时间。

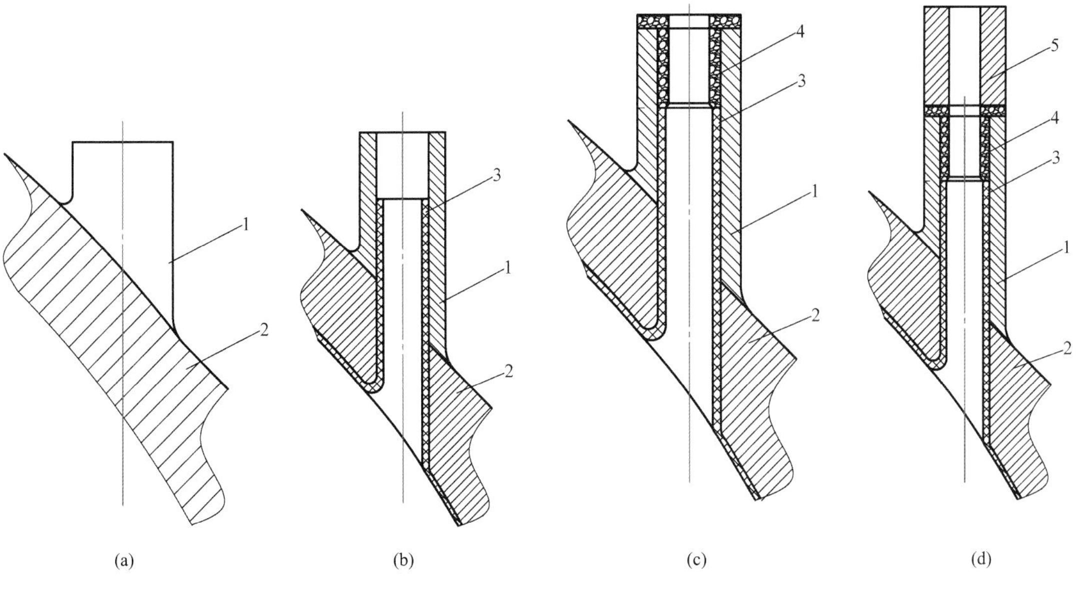

图 1.5-10 AP1000 压力容器堆芯测量接管的焊接方式

（a）管座堆焊成形；（b）管座加工及堆焊不锈钢；（c）管座堆焊镍基隔离层；（d）焊接分体堆芯测量接管

1—堆焊成形 Quick-loc 管；2—本体；3—不锈钢堆焊层；4—镍基隔离层；5—分体堆芯测量接管

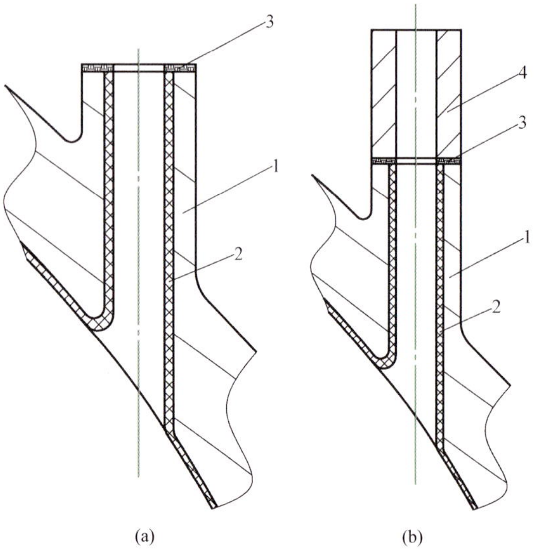

图 1.5-11　CAP1400 压力容器堆芯测量接管的焊接方式

（a）堆焊不锈钢及镍基隔离层；（b）焊接分体堆芯测量接管

1—基体；2—不锈钢堆焊层；3—镍基隔离层；4—分体堆芯测量接管

图 1.5-12　CAP1400RPV 一体化底封头锻件

一体化底封头的结构目前是独一无二的，故中国一重的一体化底封头锻件制造技术处于国际领先水平。

5.3　SG 锻件胎模锻造

大型先进压水堆核电 SG 锻件中的管板及水室封头是超大、异形锻件，传统的制造方式是用万吨级压力机进行自由锻造。为了提高锻件质量、减少原材料损失、缩短机加工周期，中国一重发明了特殊锻造技术，对管板和水室封头锻件实施了胎模锻造。

5.3.1　管板

到目前为止，只有中国一重采用胎模锻造方法生产超大型的管板锻件（见图 1.5-13），图 1.5-13a 是胎模锻造管板上表面内凹档；图 1.5-13b 是在底垫上成形的管板下部。采用胎模锻造方法生产的超大型管板锻件与国外某锻件供应商采用自由锻造方法生产的同一产品相比（见图 1.5-14），不仅锻件更加致密，还可以节约材料 30% 以上。图 1.5-14a 是胎模锻造成形的管板锻件；图 1.5-14b 是自由锻造成形的管板锻件。通过对比可以看出，中国一重采用胎模锻造方法生产的超大型管板锻件具有国际领先水平。

5.3.2　水室封头

如前所述，中国一重发明了一系列制造技术，实现了带超长非向心管嘴超大型水室封头锻件的绿色制造。与日韩锻件供应商采用的半胎模锻造相比，水室封头近净成形锻造不仅提高了管嘴部位（高应力区）的性能，还可以节约材料 40% 以上（参见图 1.2-6f 及

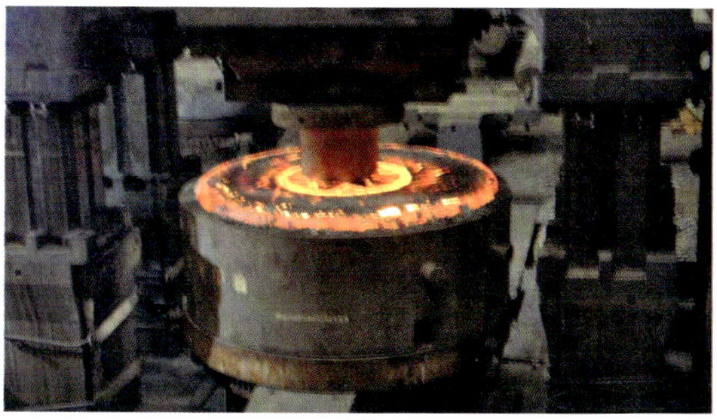

(a)

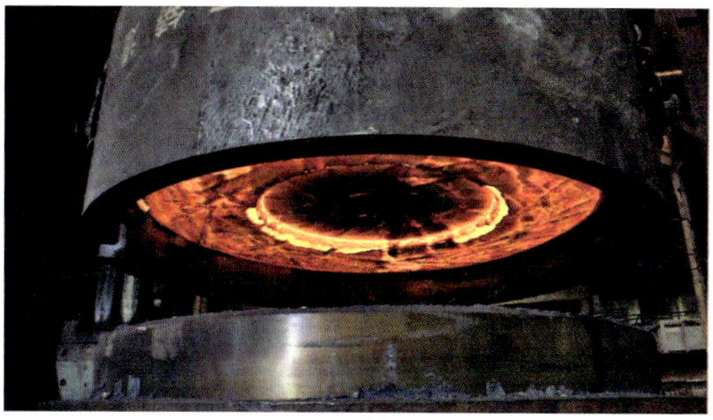

(b)

图 1.5-13　AP1000 SG 管板锻件胎模锻造

（a）胎模锻造管板上部；（b）胎模锻造管板下部

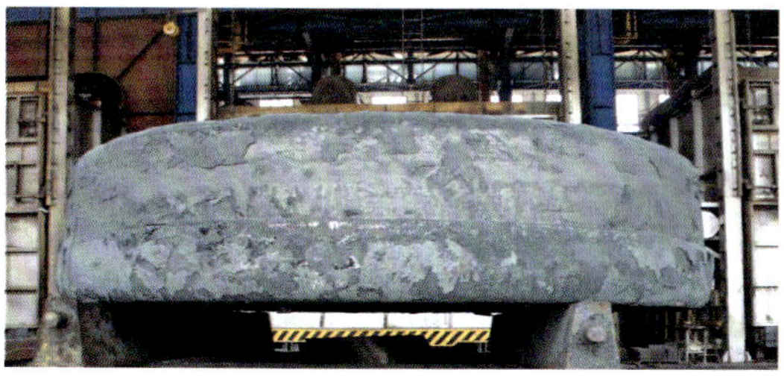

(a)

(b)

图 1.5-14　AP1000 SG 管板锻件对比

（a）中国一重胎模锻造管板锻件；（b）国外某供应商自由锻造管板锻件

图 1.2-10a)。图 1.5-15 是日本某锻件供应商 CAP1400SG 水室封头半胎模锻造的锻件示意图，图中阴影部分是锻造后气割区域，锻件坯料制造方式与韩国某锻件供应商 AP1000SG 水室封头半胎模锻造（参见图 1.2-10a）相同。不同之处是韩国某锻件供应商为了防止气割多余部位产生裂纹，管嘴依赖加工成形（参见图 1-2-10b）。通过对比可以看出，中国一重的带超长非向心管嘴超大型水室封头锻件的绿色制造技术具有国际领先水平。

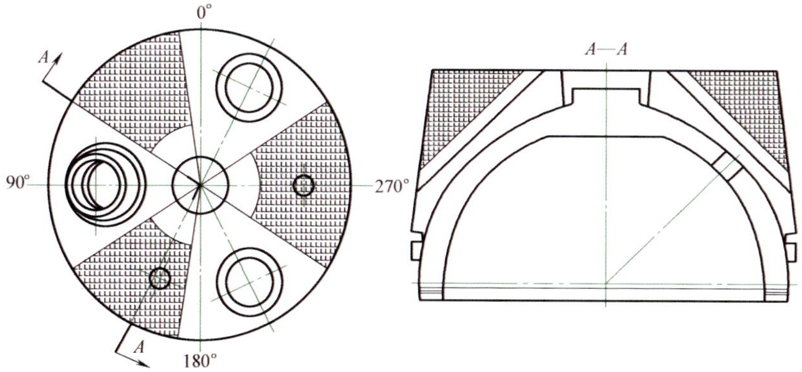

图 1.5-15　日本某锻件供应商 CAP1400SG 水室封头半胎模锻造的锻件示意图

5.4 近净成形锻造

核电锻件中有很多形状复杂的锻件，除了 SG 管板、带超长非向心管嘴超大型 SG 水室封头等实心锻件采用上述的胎模锻造以外，对于 RPV 接管段及 SG 锥形筒体等双端不对称变截面筒体类锻件采用近净成形锻造也是超大型锻件绿色制造的具体体现。

5.4.1 接管段

中国一重是最早对核电 RPV 接管段实施仿形锻造的锻件供应商。以秦山 600MW 核电 RPV 接管段为例，同一规格的接管段锻件有三种制造方式（见图 1.5-16）。图 1.5-16a 是中国一重用 312t 钢锭制造出的内外带法兰的锻件；图 1.5-16b 是日本某锻件供应商用 360t 钢锭制造出的只有外法兰的锻件；图 1.5-16c 是韩国某锻件供应商用 430t 钢锭制造出的无法兰的锻件。从图 1.5-16的秦山 600MW 核电 RPV 接管段中国、日本、韩国制造方式的对比可以看出，中国一重的仿形锻造技术处于国际领先水平。

尽管目前国内外一些锻件供应商也实现了核电 RPV 接管段的仿形锻造，但中国一重在不断优化核电 RPV 接管段仿形锻造工艺的基础上，使这种双端不对称变截面筒体从以往的仿形锻造发展到近净成形锻造，实现了超大型 RPV 接管段锻件的绿色制造。锻件对比如图 1.5-17 所示，图 1.5-17a 是仿形锻造；图 1.5-16b 是近净成形锻造。因此，中国一重超大型核电 RPV 接管段锻件制造技术仍然处于国际领先水平。

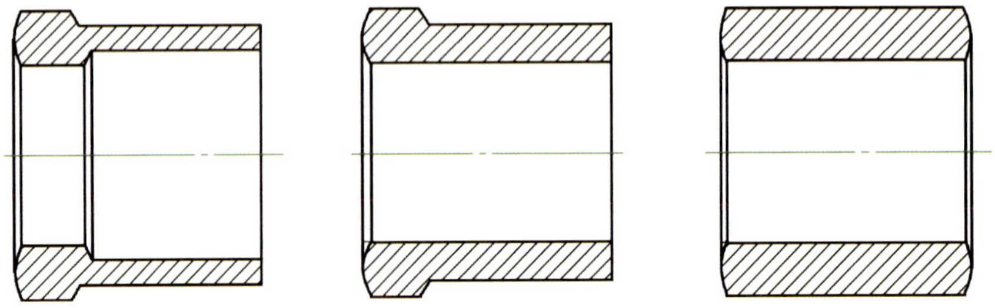

(a) (b) (c)

图 1.5-16　秦山 600MW 核电 RPV 接管段中国、日本、韩国制造方式的对比

（a）中国一重锻件；（b）日本某供应商锻件；（c）韩国某供应商锻件

5.4.2 锥形筒体

如前所述，中国一重发明了双端不对称同步压下变截面筒体类锻件的近净成形技术，研发出组合附具控制双端不对称变截面筒体锻件同步变形技术，实现了核电超大型 SG 锥形筒体锻件的近净成形锻造（见图 1.5-18）。图 1.5-19 是日本某锻件供应商 SG 锥形筒体锻件的锻造流程，先锻造出圆锥体，然后再锻造出两端直段，由于直段的锻造比较大，故在直段取样所得出的性能不能完全代表圆锥部位的性能。韩国某锻件供应商采用覆盖方式锻造核电 SG 锥形筒体，两端直段依赖机加工成形（见图 1.5-20），不仅锻造纤维不连续，而且浪费大量的原材料。从上述核电超大型 SG 锥形筒体锻件中国、日本、韩国制造方式的对比可以

看出，中国一重的近净成形锻造技术处于国际领先水平。

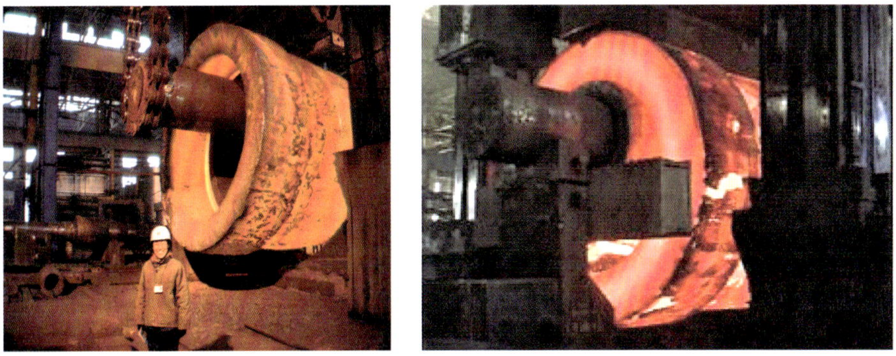

(a)　　(b)

图 1.5-17　超大型 RPV 接管段锻件仿形锻造与近净成形锻造对比

（a）接管段仿形锻造；（b）接管段近净成形锻造

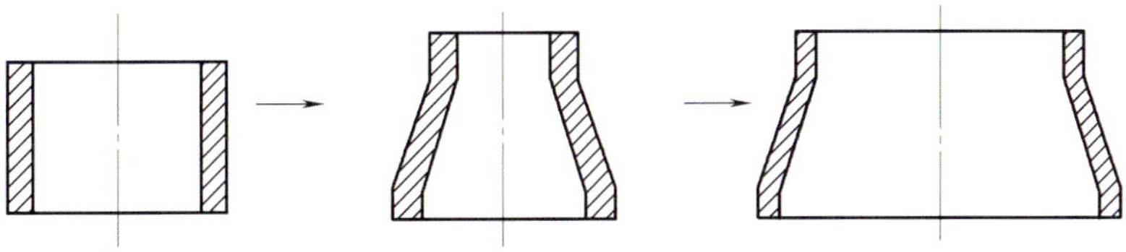

图 1.5-18　中国一重 SG 锥形筒体锻件近净成形锻造流程

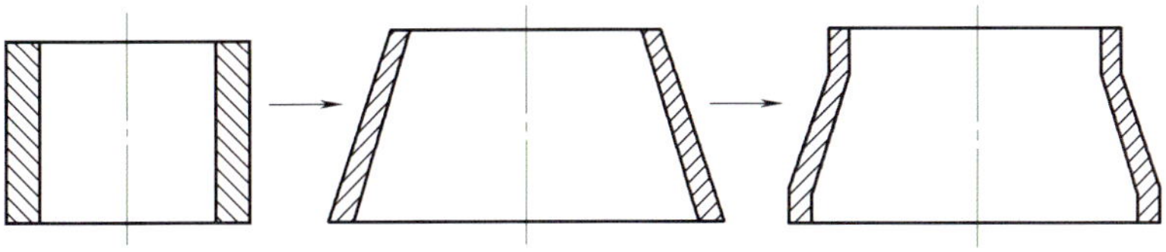

图 1.5-19　日本某锻件供应商 SG 锥形筒体锻件锻造流程

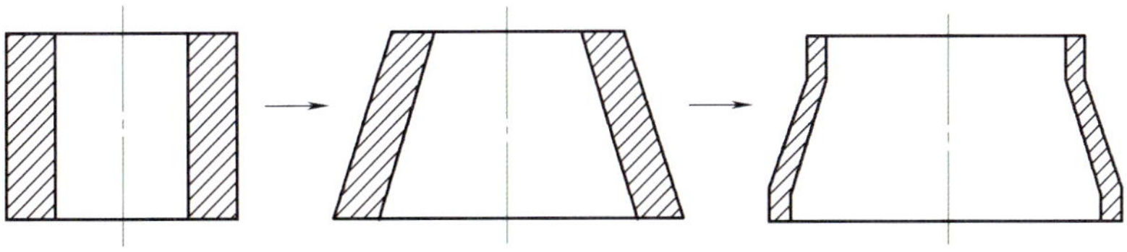

图 1.5-20　韩国某锻件供应商 SG 锥形筒体锻件覆盖式锻造及加工流程

5.4.3　主管道空心锻造

核电主管道因其与冷却剂接触一般都采用不锈钢材料（至少管道内壁为不锈钢材料）制造，具有自主知识产权的三代核电主管道采用含氮（N）不锈钢锻件制造。在主管道锻件中，热段的规格最大。无论是华龙一号还是 CAP1400 主管道热段 A，评定锻件直径都超过 1000mm，展开长度都大于 8800mm。

图 1.5-21 为华龙一号主管道热段联合评定锻件图，右端 4300mm 长直段用于弯制 90°

弯头。

图 1.5-22 为 CAP1400 主管道热段 A 的评定锻件图。为了在锻件评定后能直接用于产品，在评定锻件两端增加了大量的试验料。

十几年的工程经验表明，这种规格超大含 N 不锈钢锻件难以达到大于或等于 2 级的晶粒度。为了获得质量优良的含 N 不锈钢主管道锻件，中国一重发明了空心锻造方法。由于空心锻造减少了锻件的有效截面，因此可以获得更大的变形量（见图 1.5-23）。图 1.5-23a 是高温大变形量拔长；图 1.5-23b 是高温大变形拔六方；图 1.5-23c 是亚高温状态下六方归圆。高温大变形量可以实现完全动态再结晶，锻件可以获得 4 级及以上的晶粒度（参见图 1.2-21 及图 1.2-23）。因此，中国一重的不锈钢主管道空心锻造技术处于国际领先水平。

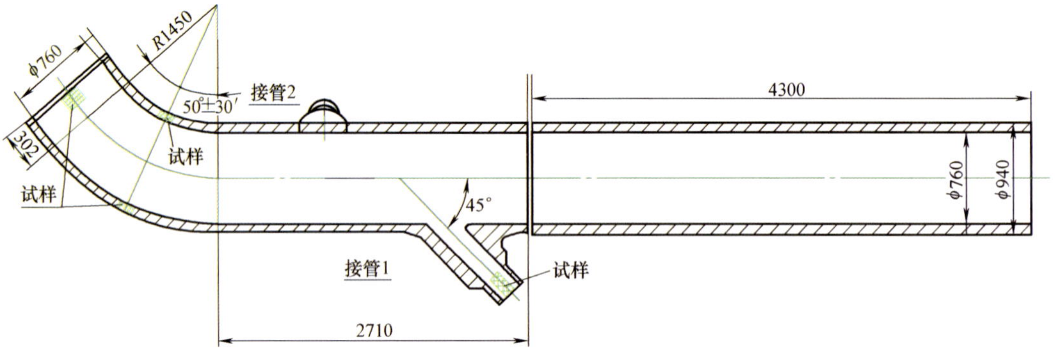

图 1.5-21　华龙一号主管道热段联合评定锻件图

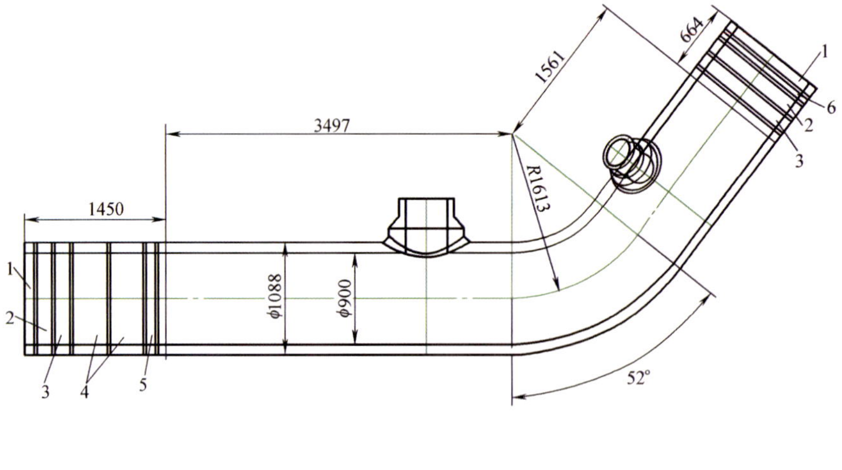

图 1.5-22　CAP1400 主管道热段 A 评定锻件图

1—本体隔热料兼低倍试环；2—性能试料；3—监管部门备查试料；4—焊接见证件试料；5—存档试料；6—压扁试环

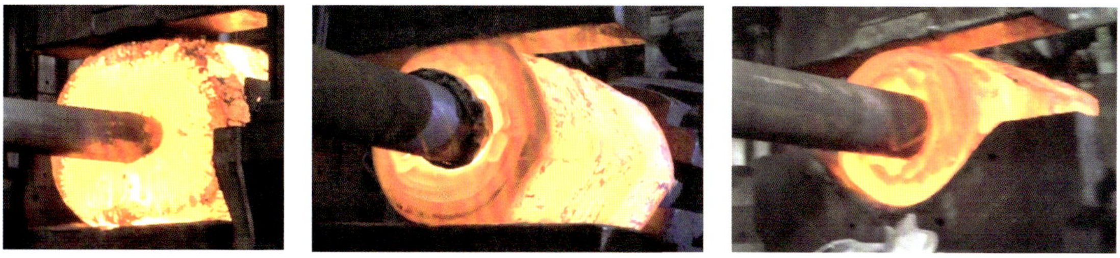

(a) (b) (c)

图 1.5-23　主管道热段空心锻件拔长

（a）第一道次拔长；（b）拔方；（c）直管段归圆

5.5　整锻低压转子的纯净性与均匀性

通过 600t 级钢锭和 AP1000 常规岛汽轮机整锻低压转子的研制及解剖评定，使中国一重在超大型核电锻件的冶炼、铸锭、锻造、热处理等方面的技术得到了极大的提升。核电常规岛汽轮机整锻低压转子的纯净性和均匀性均跃居国际领先水平。

5.5.1　纯净性

截至 2014 年，中国一重已制造出十几件核电常规岛整锻转子锻件（其中汽轮机整锻低压转子锻件 8 件），经超声波检测（UT），均未发现 1.6mm（日本三菱为中国锻件供应商设定的验收标准）的缺陷。实践结果表明，中国一重用 600t 级钢锭生产的整锻转子锻件具有非常好的纯净性。

国外某锻件供应商为陆丰 1 号机组、三门 3 号机组生产的 AP1000 常规岛汽轮机整锻低压转子锻件以及为田湾 4 号机组生产的发电机转子锻件却都因超声波检测超标报废。中外 AP1000 核电常规岛汽轮机整锻低压转子锻件在同一灵敏度下 UT 检测波形对比如图 1.5-24 所示，图 1.5-24a 为外方供货的锻件 UT 波形（杂波较多）；图 1.5-24b 为中国一重供货的锻件 UT 波形。

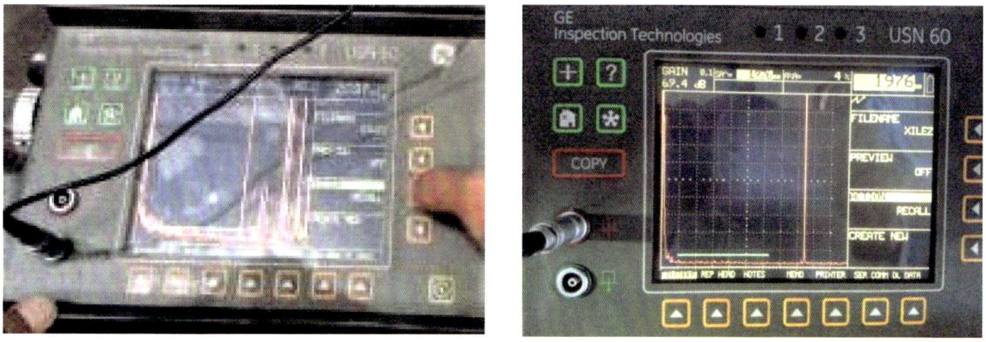

(a) (b)

图 1.5-24　核电常规岛汽轮机整锻低压转子锻件 UT 检测波形对比

（a）外方供货转子锻件 UT 波形；（b）中国一重供货转子锻件 UT 波形

5.5.2 均匀性

中国一重生产的核电常规岛汽轮机整锻转子锻件性能具有很好的均匀性。AP1000 核电常规岛汽轮机整锻低压转子评定锻件经过解剖检测，转子表面全轴身长 7 个部位（L1 部位是冒口端轴径试样；L2 部位是水口端轴径试样；X1～X5 部位是轴身试样）的强度均匀性在 20MPa 以内（见图 1.5-25）。国外某锻件供应商生产的转子均匀性较差，火电低压转子一半长 3 个部位强度均匀性大于 20MPa，核电低压转子表面全轴身长 5 个部位强度均匀性大于 30MPa（见表 1.5-3）。

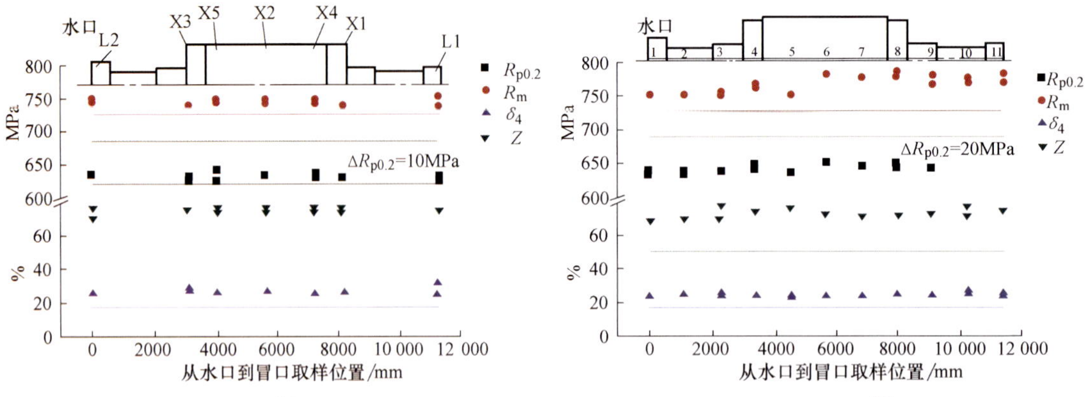

图 1.5-25 AP1000 核电常规岛汽轮机整锻低压转子评定锻件性能均匀性

（a）转子表面性能分布；（b）转子中心性能分布

表 1.5-3　　国外某锻件供应商生产的转子性能均匀性

转子取样位置	热处理参数	部位	编号	$R_{p0.2}$/MPa	R_m/MPa
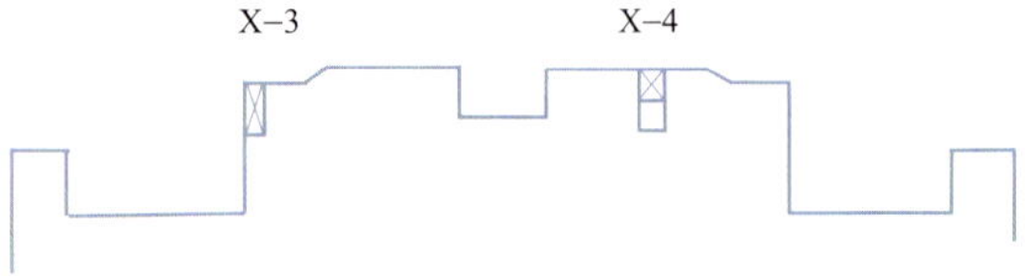	淬火：840℃×107h 水冷 回火：620℃×78.5h 炉冷	X-3	TT1	651	769
			TT2	656	773
			TT3	655	773
			TT4	649	768
		X-4	TT1	667	785
			TT2	680	797
			TT3	672	790
			TT4	667	785

第6章　典型核电锻件成形过程的数值模拟与比例试验

传统的大型锻件制造可以利用比较成熟的理论、标准、软件及经验公式，而超大型锻件因其规格的增大，基本没有可以参考的资料，研究内容已发生了“质”的变化，不再是简单的尺寸放大，而是需要在现有基础上对相关理论、标准、软件及经验公式进行修正、完善与补充，甚至是突破与变革。实践证明，超大型锻件的热加工工艺制定，如果只是对大型锻件积累的数据进行简单的“放大”，将无法取得满意的结果。必须先进行理论—实践—再理论—再实践的研究，在具有充分把握的情况下投制超大型锻件，才能收到“事半功倍”的效果。

6.1　成形工艺研究

6.1.1　自由锻成形工艺

利用简单和通用的工具，逐步改变坯料的形状和尺寸，从而获得所需形状和性能的锻件的加工过程称为自由锻。由于采用了逐步变形的方式，所以自由锻设备吨位比模锻要小得多，可以用较小设备锻造较大锻件，但是自由锻生产的锻件精度低，生产效率低，比较适合小批、单件、大型锻件的生产。在重型机械中，自由锻是大型锻件和特大型锻件的一种主要成形方法。自由锻成形工艺研究的主要内容是金属成形规律以及如何提高锻件质量。

1. 自由锻造时金属的成形规律

自由锻成形工艺中最典型的工序有镦粗和拔长，这两个典型工序的变形规律如下：

（1）镦粗时的变形规律。圆柱形坯料在平板上镦粗时，由于平板与坯料之间存在摩擦力，以及平板对坯料表面的冷却作用，使得与平板接触的坯料在流动时阻力增大，形成上下两处难变形区，这两个难变形区呈锥形（见图1.6-1）。

在外力 P 作用下，这两处难变形区以刚体形式将外力 P 转化为 P_0，P_0的纵向分力 P_1起压缩作用将坯料镦粗，而横向分力 P_2则将里面的坯料向外面推挤，使坯料发生横向流动产生鼓肚。

镦粗时由于变形程度的不同，坯料大致被分为三个变形区域（见图1.6-2）。由于摩擦的存在，Ⅰ区金属受三向压应力作用，变形最困难，称为“难变形区”，生产中应采用合适的工附具和变形工艺参数，尽量减小这个区域，以提高锻件质量与生产效率。例如，镦粗前上下平板的预热，镦粗时上下平板的润滑与隔热等。区域Ⅱ的变形最大，称为（易变形区），应力状态为三向受压。Ⅱ区变形较容易的原因主要有坯料温度较高，变形抗力较小；不受摩擦阻力；受45°剪切应力最大，流动最容易。区域Ⅲ的变形程度介于Ⅰ区和Ⅱ区之间，由于受Ⅱ区金属向外流动的影响，该区域金属沿切向方向受附加拉应力作用，所以当坯料外表面温度较低时，材料容易因塑性较低而开裂。

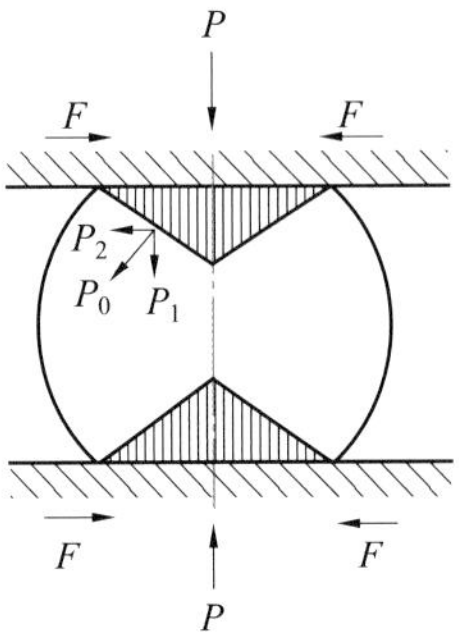

图 1.6-1　平板镦粗时坯料的两个锥形难变形区

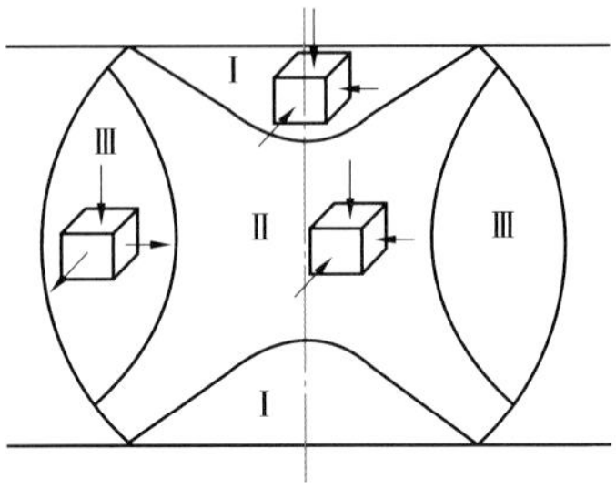

图 1.6-2　平板镦粗时坯料的三个变形区

影响镦粗变形的因素除了上述的摩擦与温度外，坯料的高度 H 与直径 D 之比（高径比 H/D）对变形的影响也比较大，高径比不同时镦粗后的形状会不同。当 $1<H/D<2$ 时，由于易变形区互相渗入，整个体积都会发生变形，对提高坯料中心致密度有利；当 $H/D\geqslant 2$ 时，主要变形集中在上下两部分，形成双鼓形，中间变形不充分，如果继续压下，中间才可变形，但这样会在中间产生周向折伤；当 $H/D\leqslant 1$，特别是当 $H/D<0.5$ 时，镦粗变形会比较困难，所需变形力较大，表面易产生裂纹。

为了既能有效地改善坯料内部质量，又能使变形比较容易，一般在生产中选择 $H/D=1.5\sim2.2$。

（2）拔长时的变形规律。拔长是将坯料截面变小的一种反复操作，其与镦粗的不同之处在于，每一次压下后变形的体积只是坯料的一部分而不是全部体积，所以拔长就是局部的镦粗，具有镦粗变形的基本规律，但是由于拔长时不变形区金属像刚端一样对变形区金属存在牵制作用，所以对鼓肚的形成和发展影响较大。在平砧拔长时由于坯料的反复翻转，难变形区Ⅰ与易变形区Ⅱ在不断地交替变化，所以变形相对比较均匀。影响拔长变形的主要因素有拔长相对送进量、压下量以及砧子的形状。

用平砧拔长圆形坯料时，在坯料内部易产生拉应力，应在高温下先拔成矩形，然后再规圆。拔长时的相对送进量应在 0.5～0.7 之间，为保证坯料中心压实，压下量要大，根据拔长工艺方法的不同，压下量一般在坯料高度的 10%～20%。

2. 如何提高自由锻造锻件质量

自由锻造成形特点注定了自由锻造成形工艺的非标准化与非程序化，而成形工艺的个性化与粗放化又注定了操作过程的自由性与随意性，再加上温度、设备与工附具状态的差异等诸多不可控因素的影响，使得大型自由锻造锻件质量良莠不一，即使是同一份工艺、同一台加热炉、同一台压机、同一个班组，锻造同一个锻件，其最终质量也会存在差异，这就是自由锻造的特点，也是自由锻造的“魅力”。正是因为这样，使得大型自由锻造锻件质量永远存在提升空间，成形工艺的优化永远都在路上！所以，成形工艺的日益完善与不断进步，成为所有自由锻造从业人员特别是那些热爱这一行业的有识之士的永不停歇的追求！

在前辈们诲人不倦的传承与带领下，当代的广大从业人员孜孜以求不断探索，在实践中完成了对大锻件质量的不断提升，对影响大锻件质量的各种因素，如温度、摩擦、工附具形状、吊钳结构、工艺参数、操作规程等不断细化与量化，向数值化与标准化生产迈进，在总结借鉴历史经验的基础上，应用现代化数值模拟技术，形成了以计算机数值模拟为主，物理模拟为辅，比例试验做验证的新型研发路线与研发手段，为稳定与提升大型自由锻锻件质量提供了保障，也为实现大数据标准化生产提供了理论指导。

6.1.2 数值模拟

数值模拟就是利用计算机强大的数值运算能力对现实情况进行演练或仿效并提出最终结果。锻造模拟就是对锻造工艺过程中的真实情况进行模拟或演练。其目的是直观地揭示锻造过程的真实情况。锻造模拟软件是在计算机上进行锻造过程模拟的软件。通过数值模拟，可以减少昂贵的工程化试验成本，提高研发效率，缩短研发周期，提高研制成功率，降低研制成本。

在用的锻造模拟软件大致有 QForm（俄罗斯）、Capes-finel（德国）、Dform（美国）、Marc Autoforge（美国）、MSC/Superforge（新西兰）、Forge（法国）。尽管不同的模拟软件有着不同的特点，其所包含的模块功能也各有侧重，但著者认为基本原理相同的模拟软件应该是大同小异的，只要边界条件相同，模拟结果应该是大致相同的。但每种模拟软件都有其最擅长的领域，所以实际应用时还需要根据所属领域特别是工艺变形特点来选择相对更合适的软件。

由于自由锻成形过程中许多影响成形后质量的因素都无法检测与量化，例如坯料与工具之间的接触摩擦、坯料温度场分布、坯料与环境之间的热交换、坯料变形抗力等，所以模拟中需要定义的边界条件就不能很好地与客观实际相吻合，这样由边界条件支撑的模拟结果的准确性就会大打折扣，但由于边界条件的给定值与实际值的偏离不会很大，所以模拟结果即使不准确也仍然可以提供变形趋势，为工艺方案的决策提供判断依据。在边界条件不好给定的情况下，可以根据现场实际情况并结合软件中限定的边界条件的极限值，给定两种极限边界条件，然后针对这两种情况分别进行模拟，对比分析两种模拟结果，如果两种结果都能满足锻件最终要求，那么就可以确定工艺方案是合理的。

总结近十年的大型锻件工艺研发工作，著者认为在体积成形模拟方面，Dform 软件对初学者来说，更容易掌握，只要边界条件给定的合理，成形后的形状一般与实际情况比较吻合，比较适合大锻件成形工艺研究。本书中涉及的各种核电大型锻件的工艺研发中，都使用了该模拟软件进行工艺方案的优化，效果令人满意。但是在软件使用中，研发人员发现该软件还有一些需要改进的地方。

关于各种模拟软件的使用，网上有很多教程，可供初学者自学，但是如果想真正把模拟软件用好，最好应该是学习原版的使用说明以及软件功能介绍，同时为了使模拟结果更精准，还需要积累并掌握丰富的现场实践经验与生产数据，并且能够分析金属变形规律，准确把握工艺优化方向，这样才能在最短的时间内确定出最优化的工艺方案。

6.1.3 物理模拟

物理模拟是相对数值模拟而言的，主要是指在现场对工艺方案进行实打实的演习，收集工艺执行过程中各种数据，整理分析后运用这些实际测得的数据对数值模拟中给定的边界条件进行修正，然后再次进行数值模拟，并对比分析前后两次数值模拟结果的差异，同时也要对比分析边界条件按物理模拟结果修正后得出的数值模拟结果与实际物理模拟结果的差异，分析差异产生的原因，对工艺方案进行优化直到满意为止。

什么情况下需要在数值模拟的基础上进行物理模拟呢？一般来说，只有当数值模拟中某些边界条件无法根据实践经验给定一个数值，甚至是一个范围都无法确定的时候，而这些边界条件对数值模拟结果的影响又非常大，只要它们稍有变化，数值模拟结果就不能满足需要，而且在模拟软件自带的数据库中，这些边界条件又没有上下限，这种情况下就应该考虑设计物理模拟方案，进行物理模拟。

设计物理模拟试验方案时，应根据锻件尺寸大小、成形模具总重量、现存余料与附具情况，本着试验成本最低和试验效果最佳的原则进行。尽管业内专业人员普遍认为，室温下铅的材料变形特性与高温下低碳低合金钢相似，为降低物理模拟试验成本，可以采用铅坯进行成形方案的试验。但著者认为这只是一种相对合理的选择，只有当物理模拟试验的唯一目的是验证锻件成形后的尺寸与形状能否满足要求的情况下，选择铅坯进行试验才显得更加合理，因为铅坯的室温变形特点与高温状态下的钢差异并不是想象中的那样小。在本书第 3 篇第 1 章中，介绍了在 CPR1000RPV 整体顶盖冲形法工艺方案研创中，为了验证数值模拟结果中显示的最大损伤部位在成形后能否导致锻件开裂，曾经采用铅坯对成形过程进行物理模拟试验，由于铅坯在成形结束后产生局部开裂，导致 CPR1000RPV 整体顶盖的研制工作一度受阻。

物理模拟的特点是可以改变坯料与模具的材质，比如在数值模拟软件问世之前的塑泥试验，就是一种典型的物理模拟。在塑泥试验中，金属材质的坯料用塑泥代替，同样为金属的成形模具则可以用木型代替，而试验用坯料与模具的尺寸则可以根据锻件大小采用等比例或缩小的比例进行设计。所以说，物理模拟就是试验所用的坯料与模具的材质和尺寸都可以与实际工艺方案相同或不相同的一种现场试验。

6.1.4 比例试验

比例试验与物理模拟一样，都是在数值模拟结论的准确性极度依赖于某个或某些边界条件的前提下，并基于数值模拟中的边界条件等各种假设而制定的一种现场试验。比例试验与物理模拟的最大不同就是坯料在选材上要与实际工艺方案一致或主要化学成分相近。比例试验最主要的目的是验证成形力，所以比例试验中的试验比例一般根据实际成形所用压机吨位与比例试验所用压机吨位的工程值之比的平方根来确定。比例试验另一个作用是通过实际成形力与数值模拟计算的成形力对比，修正摩擦条件或材料模型（主要是变形抗力），为同材质坯料相同成形工况下的新工艺研发提供更准确的模拟边界条件。在本书第 4 篇介绍的 AP1000SG 整体水室封头研制中，就运用了比例试验，对 SG 整体水室封头胎模锻成形力进行试验，参见第 4 篇第 3 章 3.3.1。在不锈钢主管道柔性内支撑成形方案研制中，也用到了比例试验，根据实际情况，比例试验选择在 1MN 油压机上进行，参见第 6 篇第 3 章 3.2。

6.2 数值模拟软件的选择及边界条件的优化

由于尺寸与规格的增大，超大型钢锭的凝固及超大型锻件的成形没有可以直接引用的模拟软件。只有借助类似的软件模拟出相应的趋势，再通过实践不断修正完善边界条件，最终开发出适用的模拟软件。图 1.6-3 给出了 600t 级钢锭在不同边界条件下模拟出的凝固效果，图 1.6-3a 是钢锭解剖前的模拟效果，不产生二次缩孔缩松；图 1.6-3b 是依据用 585t 钢锭解剖结果修正边界条件后的钢锭凝固模拟效果，按新山判据在 4.0 以下时的缺陷部位，若钢锭直径相同，则钢锭吨位增加会造成缩孔缩松趋势增大；图 1.6-3c 是依据用 715t 钢锭制造的转子锻件 UT 检测结果修正边界条件后的钢锭凝固模拟效果，该效果表明当钢锭直径相同时，钢锭吨位的增加对缩孔缩松趋势影响不大。由此可见理论—实践—再理论—再实践的重要性。

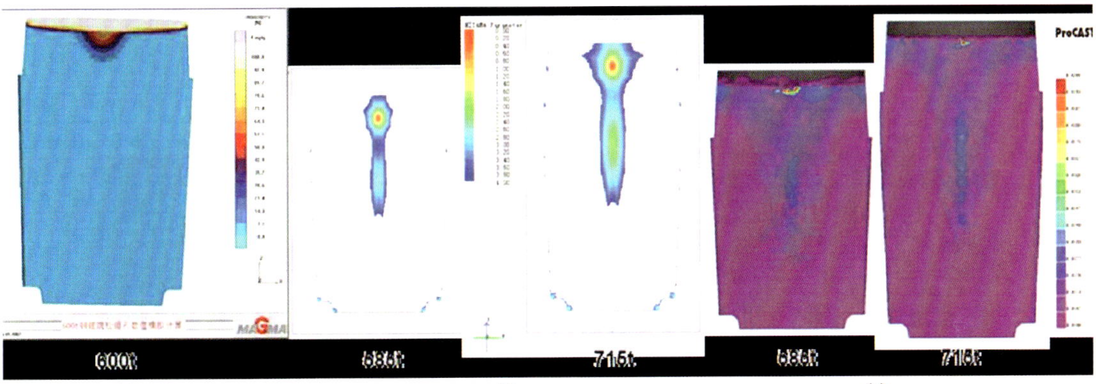

(a) (b) (c)

图 1.6-3　600t 级钢锭不同边界条件下凝固模拟效果

（a）解剖前的模拟效果；（b）解剖后的模拟效果；（c）修正边界条件后的模拟效果

6.3　物理模拟及比例试验

大量的工程实践表明，对于超大型锻件而言，数值模拟结果一般不能直接用于指导全尺寸锻件的工艺制定。需要经过反复的物理模拟及比例试验进行验证，并不断完善边界条件，研制出专用的工装、辅具，最终才能制定出用自由锻造液压机实现超大型核电锻件绿色制造的工艺方案。

6.3.1　整体顶盖物理模拟

整体顶盖有多种成形方法，中国一重在研制初期对冲压成形及拉伸成形进行了数值模拟和物理模拟研究。图 1.6-4 是冲压成形的 1∶4 物理模拟，图 1.6-4a 是合金钢坯料压制凹档试验，用以确认旋转锻造过程中附具尺寸及形状对坯料的损伤情况；图 1.6-4b 是铅制坯料冲形试验，以便验证坯料尺寸对冲形效果的影响。

6.3.2　水室封头管嘴翻边比例试验

二代加及华龙一号 SG 水室封头带有两个向心管嘴，为了实现绿色制造，在数值模拟的基础上进行了比例试验。图 1.6-5 是二代加水室封头管嘴翻边的比例试验，图 1.6-5a 是比例试验锻件翻边前状态，在锻件上加工出翻边用的引导孔；图 1.6-5b 是比例试验锻件在翻边过程中；图 1.6-5c 是比例试验锻件翻边后状态。

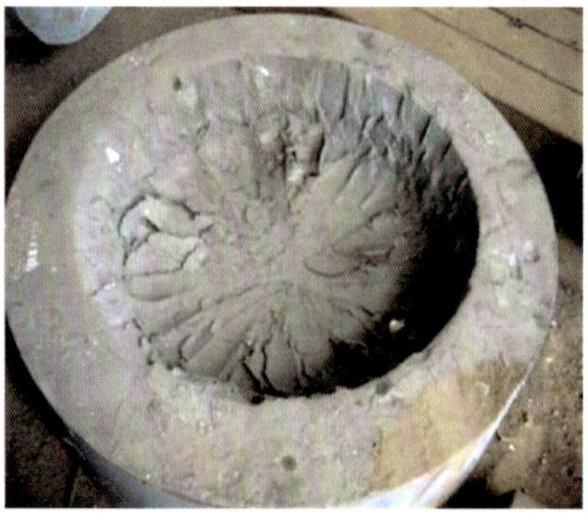

(a)

(b)

图 1.6-4　整体顶盖物理模拟

（a）钢坯料压制凹档试验；（b）铅制坯料冲形试验

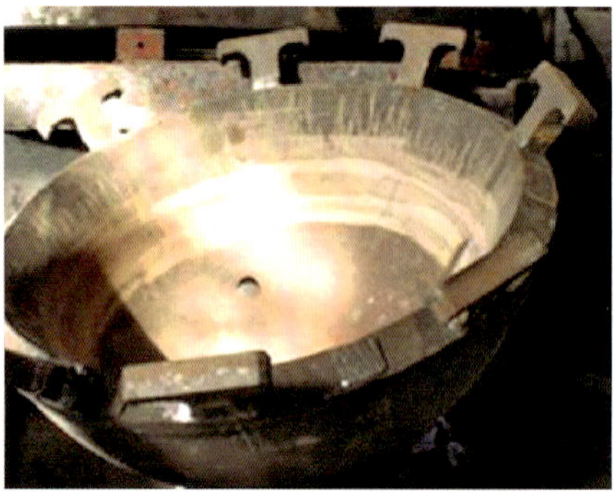

(a)

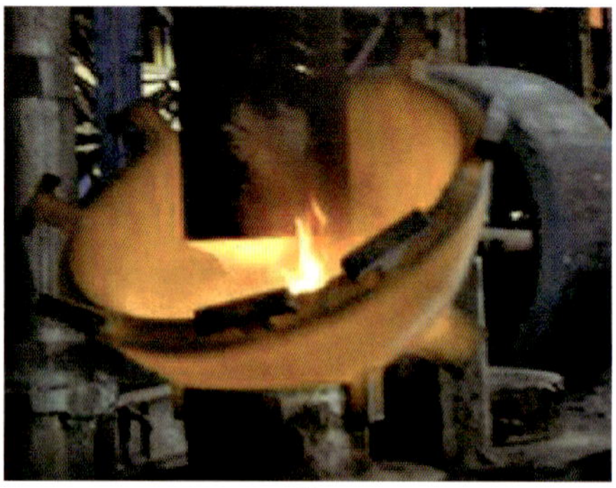

(b)

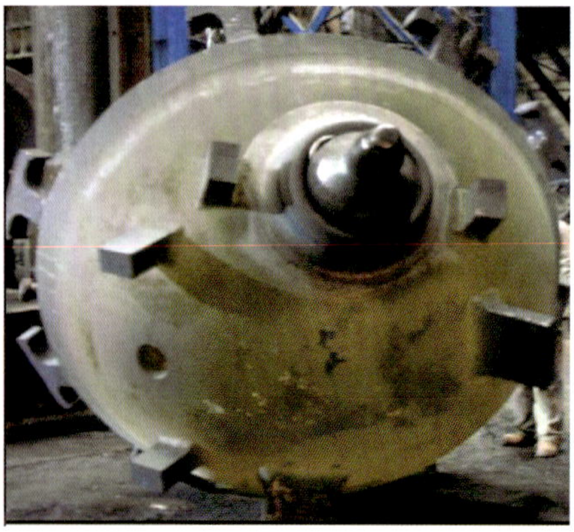

(c)

图 1.6-5　水室封头管嘴翻边比例试验

（a）翻边前状态；（b）翻边过程中；（c）翻边后状态

6.3.3　水室封头近净成形比例试验

AP1000 及 CAP1400SG 水室封头带有两个超长非向心管嘴。经数值模拟，如实现完全胎模锻造，需要十几万吨成形压力。为了验证数值模拟结果，试验此类水室封头锻件绿色制造的可行性，用 12.5MN 自由锻造水压机进行了比例试验，如图 1.6-6 所示。图 1.6-6a 是比例试验胎模锻造模具；图 1.6-6b 是比例试验胎模锻造后的锻件。

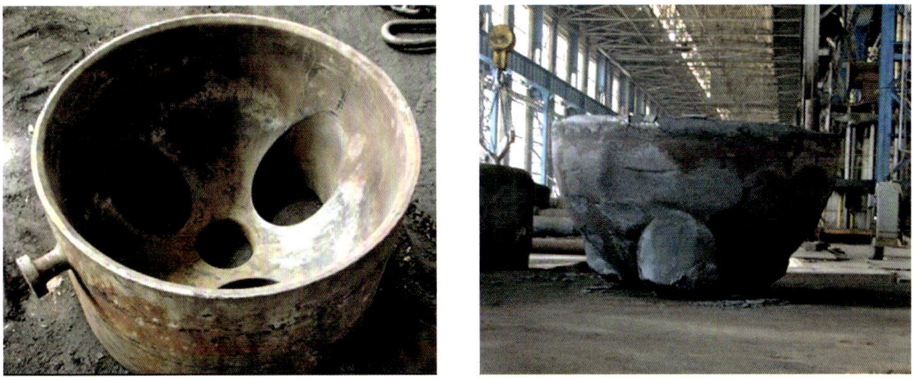

(a) (b)

图 1.6-6　水室封头近净成形比例试验

（a）模具；（b）锻件

6.3.4　主管道低熔点合金内支撑弯曲比例试验

大量工程实践表明，AP1000 不锈钢锻造主管道弯制后的尺寸及精度非常重要。为了能获得尺寸精度满足安装要求的主管道，中国一重通过数值模拟及比例试验发明了用低熔点合金做内部支撑技术，比例试验如图 1.6-7 所示，图 1.6-7a 是冷状态弯制试验；图 1.6-7b 是热状态弯制试验，坯料加热到温后先装入低熔点合金棒然后弯制；图 1.6-7c是冷状态弯制后的形状。其发明专利如图 1.6-8 所示。

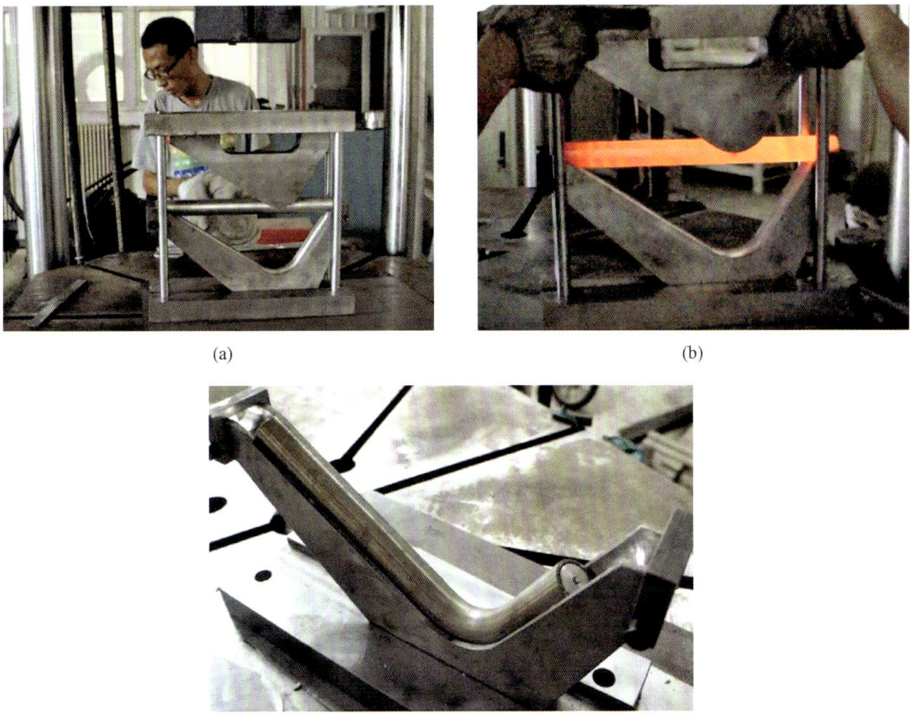

(c)

图 1.6-7　主管道低熔点合金内支撑弯曲比例试验

（a）冷弯；（b）热弯；（c）冷弯后形状

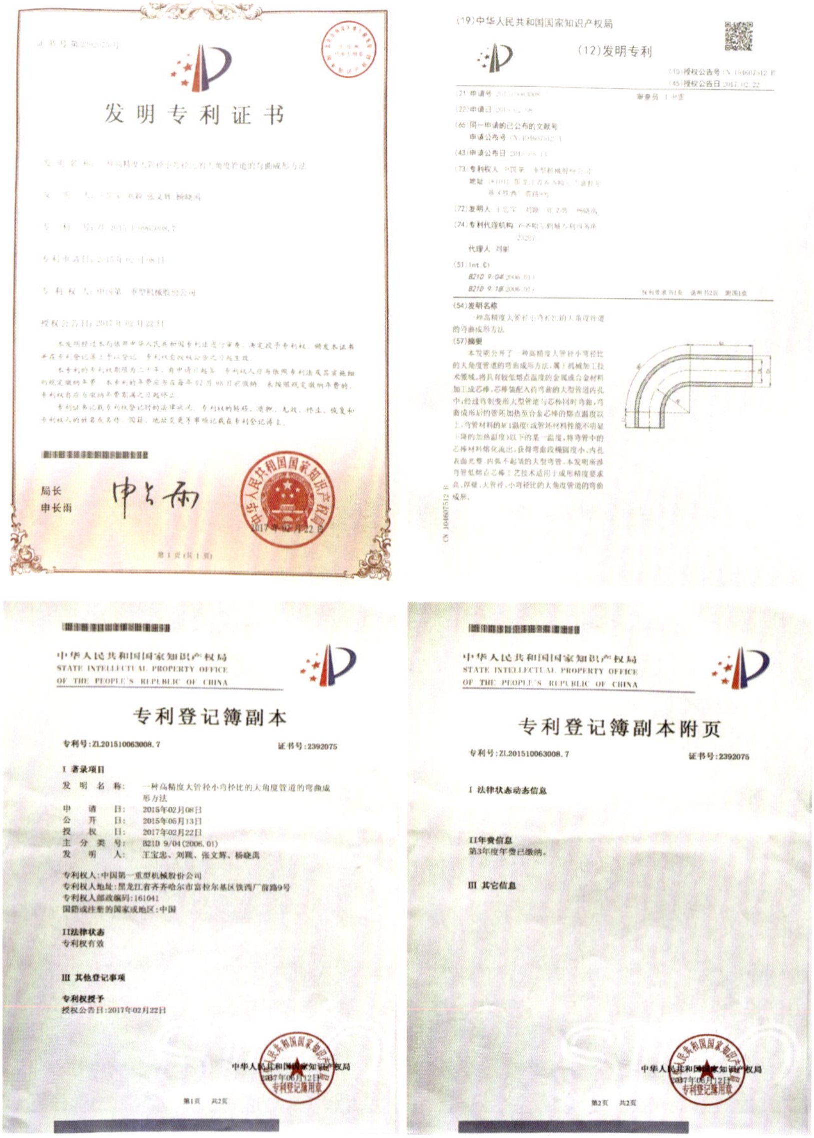

图 1.6-8　低熔点合金做内部支撑技术发明专利

第 7 章　核电锻件制造的发展前景

如前所述，超大型核电锻件绿色制造的理论研究与工程实践取得了可喜的成果，积累了丰富的经验。但仍有一些问题与不足需要加以解决和完善。此外，为了能实现从核电大国迈向核电强国的梦想，还有很多工作有待深入研究。

7.1　产品质量稳定与提高

国产锻件质量的稳定性一直是各方面普遍关心的问题。制造难度巨大且关乎核安全的超大型核电锻件的质量更加引人注目。中国一重在产能不断提高的同时，高度重视产品质量。核电锻件的合格率从研制初期的不足 60% 提高到了 98%，如图 1.7-1 所示。曾一度打破了国产锻件“一好、二坏、三推倒、四重来”的魔咒。最高年产量超过了 300 件，其产量情况统计如图 1.7-2 所示。

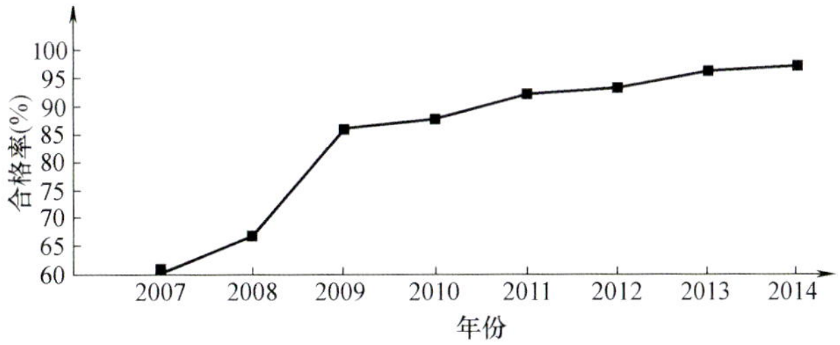

图 1.7-1　中国一重核电核岛主设备超大型锻件的质量情况统计

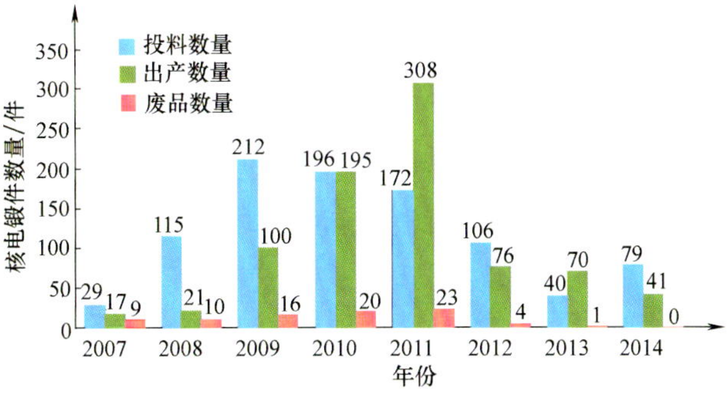

图 1.7-2　中国一重核电核岛主设备超大型锻件的产量情况统计

然而进入到锻件供大于求的阶段，受原材料质量、产品价格及核安全文化等影响，国内外超大型核电锻件的质量不仅有待提高，而且还有所波动。国内某知名锻件供应商出现了早已批量生产的接管、接管段锻件连续因探伤缺陷超标而报废。国外某著名锻件供应商也打破了锻件无废品的“神话”，曾独家供货且合格率100%的核电常规岛汽轮机整锻低压转子及发电机转子锻件也接连报废。

管理是企业的生存之基，质量是企业的立身之本。衷心期望全球的超大型核电锻件供应商都能通过加强管理夯实企业的基础，通过稳定和提高产品质量使企业在激烈的市场竞争中立于不败之地。

7.2 标准的自主化

超大型核电锻件的工程实践证明，核电锻件标准的自主化非常重要，没有标准就没有话语权。例如国内某设备制造厂从日本进口的M310SG水室封头锻件就没有按照采购技术条件执行RCC-M标准中M2143的相关规定，因为日本供应商的MP工艺可以做到钢锭水、冒口成分偏析不明显，且旋转锻造工艺也能满足锻件性能要求，故该SG水室封头锻件经评审让步接收。而国内某锻件供应商生产的福清1号SG管板锻件同样也是采用的MP工艺，钢锭水、冒口成分相差无几，甚至冒口的碳（C）含量还略低于水口，但还是因为没有按RCC-M标准中的M2115关于将钢锭的水口端作为一次侧（堆焊面）的规定执行，将钢锭的冒口端作为管板锻件的一次侧，虽经过多次论证以及征求法国专家的意见，但因为中外双方均对RCC-M标准的“盲目膜拜”而无法达成一致意见，最终放弃了该SG管板锻件的使用。

随着核电锻件向超大型化、一体化方向发展，传统的制造方法及相关标准已无法适应新产品的研发。CAP1400RPV一体化顶盖锻件及一体化底封头锻件因其结构创新，如何选取代表性试样无法从已有标准中寻找相关规定。法国某锻件供应商在用单包浇注的大型钢锭（成分偏析大）制造EPR压力容器上封头时，仍然采用RCC-M中的M2131标准，使得锻件顶部外侧（钢锭的冒口端）C含量严重超标，在焊接CRDM时发生开裂。这一案例同时也证明了压力容器上封头仅在开口端取样是不具有代表性的。此外，筒体类锻件每次性能热处理后内孔直径都要涨大，有的筒体经过性能热处理返修后内孔余量出现不够精加工的情况，表明锻件各部位均匀留热处理余量具有一定的不合理性。

标准是编制出来的，尤其是核电锻件标准更是工程实践的结晶。法国的RCC-M标准就是在美国ASME标准的基础上，根据法国核电设备及锻件供应商的装备能力及制造经验（操作习惯等）“量身定做”的。例如，法国锻件供应商克鲁索以生产空心钢锭为主，用空心钢锭制造的锻件在相关标准后加“Bis”以区别于实心钢锭；因克鲁索的钢锭吨位限制（大多生产200t以下的单包浇注钢锭），所以就在M2131标准中规定锻件的堆焊表面朝向钢锭下部（水口端），因为单包浇注的钢锭水口端碳、锰等元素含量低，便于焊接。

近几年来，我国虽在核电标准的编制方面做了大量工作，分别按RCC-M标准和ASME标准制定了一一对应的NB标准，但效果却不大理想。出现了编制数量多、应用少，翻译多、切合实际少等现象。尤其是出现了NB标准非但“NB”不起来，反而弃之不用的怪现象。究其原因不外乎以下几点：一是标准编制急于求成，采取抄译为主的拿来主义；二是在主编与参编单位的安排上重“编”轻“制”，所以出现了以抄译RCC-M标准和ASME标准为主的现象；三是国内仅有的核电标准编制资源（人员、相关数据）过于分散，难以形成合力。

几十年的实践经验教训告诫我们，没有标准就没有话语权，没有自主化的标准是无法真正实现核电装备“走出去”的战略。衷心期盼通过整合资源、“编”“制”结合、脚踏实地，编制出具有完全自主知识产权的核电标准，实现从核电大国到核电强国的梦想。

7.3 锻件的绿色制造与极端制造

随着核电装备的进一步超大型化及不断延长使用寿命，核电超大型锻件的一体化与近净成形是永无止境的。为了能实现CAP1700RPV一体化接管段、CAP1700常规岛汽轮机整锻低压转子、600MW快堆支撑环、沸水堆封头等超大型锻件的极端制造，需要进行相应的技术改造和科研攻关。

1. RPV一体化接管段

在《大型先进压水堆及高温气冷堆》重大专项中，大型先进压水堆部分除了正在实施的CAP1400示范工程外，还需要对CAP1700进行预研。在制定CAP1400RPV锻件研制方案时，受各方面条件限制没能实现一体化接管段的研制。一体化接管段是将整体接管段（接管法兰加接管筒体）与进出口接管、安注接管等锻造成一体，如图1.7-3所示。如果这一梦想得以实现，大型先进压水堆核电RPV仅有两道环焊缝（位于堆芯筒体两端），不仅可以大幅度提高设备制造的安全性，还可以有效缩短设备的在役检测时间。

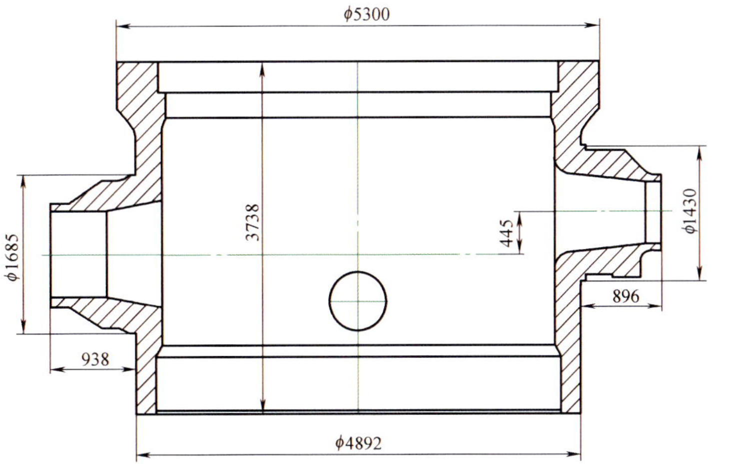

图1.7-3 CAP1400RPV一体化接管段

目前的设备能力及研制技术集成已经具备研制CAP1400RPV一体化接管段的条件，正在与相关设计院协商评定技术条件和选择合适的依托项目。CAP1700RPV的规格进一步加大。

一体化接管段的制造需要 800 多吨钢锭及接近 10m 的液压机空间，所以需要进行相应的技术改造。

2. CAP1700 常规岛汽轮机整锻低压转子

CAP1400 常规岛汽轮机低压转子因国外受设备能力等限制无法制造整锻转子而采取了焊接结构。中国一重为了证明有能力研制 CAP1400 常规岛汽轮机整锻低压转子锻件，研制了目前世界最大的 715t 钢锭。常规岛整锻转子锻件已批量生产（见图 1.7-4）。但制造 CAP1700 常规岛汽轮机整锻低压转子锻件也需要 800 多吨钢锭，所以也需要进行相应的技术改造。

图 1.7-4　常规岛整锻转子锻件

3. 600MW 快堆支撑环

即将开展研制的 600MW 快堆整体规格进一步加大，堆容器设备的支撑环锻件采用奥氏体不锈钢制造，直径已超过 15m，如图 1.7-5 所示。

4. 沸水堆封头

如前所述，在目前世界上应用比较普遍或具有良好发展前景的 5 种堆型中除了应用最多的压水堆外，还有沸水堆。沸水堆压力容器是现有堆型中规格最大的。受设备能力的限制，以往制造的沸水堆压力容器封头、筒体都是分瓣锻造，加工后焊接成形，见图 1.7-6 及表 1.7-1。目前的装备能力及技术水平已具备研制整体沸水堆压力容器封头锻件的条件。

表 1.7-1　　沸水堆压力容器锻件相关系数

锻件名称	面积/mm^2	半径/mm	重量/kg
顶盖法兰	808 345	3579	145 403
容器法兰	440 742	3543	75 451
筒体 6	423 784	3788	80 682
筒体 7	798 441	3649	146 429
过渡筒体	1 350 150	3579	242 858
底封头	1 044 470	1622	95 671

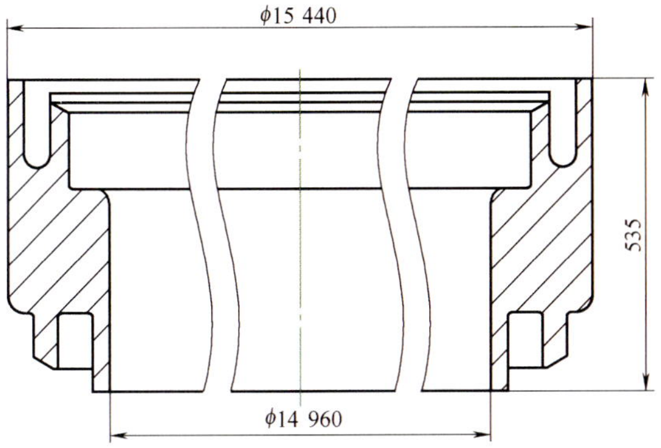

图 1.7-5　快堆支撑环精加工图

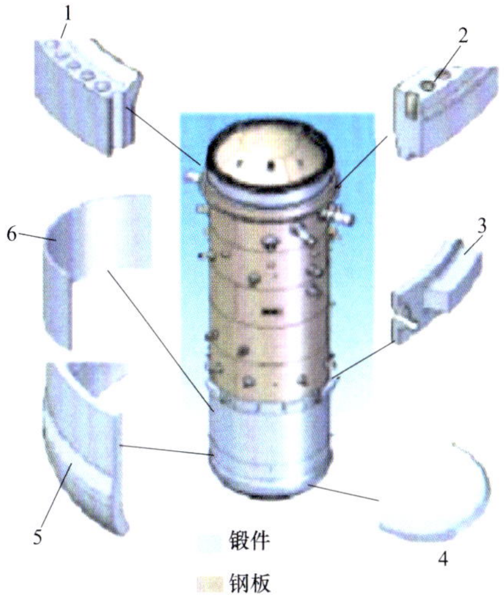

图 1.7-6　沸水堆压力容器

1—顶盖法兰；2—容器法兰；3、6—筒体；4—底封头；5—过渡筒体

第 2 篇　超大型钢锭研制及应用

大型化及一体化超大型锻件的研制基础是超大型钢锭。众所周知，钢锭越大，制造难度越大。对于技术要求“四高”的超大型核电锻件，不仅需要钢锭超大型化，而且还需要钢锭具有相当好的纯净性和均匀性。超大型纯净钢锭的研制既无成功经验可以借鉴，又无传统理论可以应用。

针对存在的问题，采取各个击破的办法分步进行研究。从原材料入手，与国内外耐火材料供应商联合研制出了优质水口砖、整体导流管、整体塞棒；与国内知名院所联合开展各种数值模拟工作，优化了冶炼和铸锭工艺，开发出了新型中间包；自主创新发明了低硅控铝等新的制造技术。经过近十年的探索和创新，研制出了具有世界领先水平的超大型钢锭。

本篇对三类核电锻件材料化学成分设计与优化进行了简介；对核电常规岛汽轮机整锻低压转子用钢的原材料、造渣材料控制以及冶炼及铸锭要点进行了论述；重点对超大型钢锭研制过程中的主要创新工作和应用成果进行了阐述。

第1章　核电用钢化学成分设计与优化

由于核电用钢通常在高温、高压、强腐蚀和强辐照的工况条件下工作，通常要满足严格的核性能、力学性能、化学性能、物理性能、辐照性能、工艺性能、经济性等各种性能的要求。在化学成分方面要求更为严格。如受压部件的硫（S）、磷（P）含量❶一般都要求0.015%以下，RPV某些部件要求0.008%以下，个别部件硫（S）含量要求0.005%以下。某些特定残余元素严格规定，如对奥氏体不锈钢硼含量要求不得超过0.001 8%。与堆内冷却剂接触的所有零件，一般采用不锈钢或合金制造，其钴（Co）、铌（Nb）和钽（Ta）含量严格限定为Co≤0.20%，Nb+Ta≤0.15%。某些接触辐照的承压容器，要求限制材料的铜（Cu）、磷（P）含量。核电常规岛锻件虽然采用传统的Cr-Ni-Mo-V钢，但超大截面和高韧性要求等对成分的优化提出了更高的要求。

1.1　Mn-Mo-Ni钢

Mn-Mo-Ni钢属于低碳、低合金、高强度、高韧性的合金结构钢，是伴随着RPV的大型化和一体化发展起来的，适用于制造RPV顶盖、筒体、法兰、封头等锻件，在压水堆核电站中还应用于SG压力壳、PRZ压力壳和主泵压力壳等部件。该钢种具有优越的可焊性[14]、较好的抗中子辐照脆化性能和良好的低温冲击韧性以及较低的无延性和转变温度韧性，因此被广泛应用于压水堆核电站核岛RPV制造。目前，世界各国核电站RPV制造也大都采用Mn-Mo-Ni钢，例如美国的SA-508M Gr.3 Cl.1钢、德国电站联盟的20MnMoNi55钢、日本工业标准的SFVV3钢、法国标准RCC-M的16MND5钢以及我国在20世纪70年代研制成功的20MnMoNiNb（S271）钢等，以上钢种的主要成分大致相同，性能相近[15,16]。

钢的成分设计及优化是指根据核电不同部件的力学性能、焊接性、淬透性和堆焊层裂纹敏感性的需求，结合合金元素对钢的力学性能、热力学平衡态析出相、碳当量、淬透指数和堆焊层裂纹敏感系数的影响，明确此系列钢中关键合金元素的优化控制，为产品用钢冶炼时实际调控化学成分提供了技术基础。

Mn-Mo-Ni钢中化学元素的主要作用及其控制范围：

（1）C：在标准钢中，C的含量是保证强度满足规范要求的主要元素。C含量低强度可能不满足要求，C含量高会降低钢的可焊性，同时会提高辐照脆化性，因此最好控制在0.18%～0.20%范围内。

（2）Mn：Mn是主要合金元素。Mn除了起强化基体作用外，还能有效地提高钢的淬透性。在RPV用钢的实际生产中大多将Mn控制在1.35%～1.45%范围内。

❶ 文中出现的含量未特殊注明的均指质量分数。

（3）Ni：Ni也是主要合金元素。Ni能明显改变钢的冷态韧性，但试验证明高Ni比低Ni辐照脆化性大[17]。由于Ni是扩大γ相的元素，降低钢的Ac_3点温度，在热峰作用下使晶格畸变增多，辐照效应较大，众所周知Ni又是保证厚截面钢淬透性所必需的。因此，Ni含量在保证冷态韧性达到要求的情况下尽量按规格下限控制。

（4）Mo：Mo也是主要合金元素。Mo的作用是提高耐热性和减少回火脆性，在实际生产中把Mo控制在0.5%左右。

（5）Si：Si是强化元素，但高Si增加辐照脆性，所以应把Si含量控制在下限。

（6）V、Nb：RPV用钢要求是细晶粒钢。细晶粒钢比粗晶粒钢辐照脆性小。加V、Nb有细化晶粒的作用，可提高强度。SA-508M Gr.3钢中以前规定加0.08%V，但实际使用中发现V元素使焊接开裂的敏感性增加，容易引起焊接热影响区脆化，增加了钢的"再热裂纹"的敏感性。因此后来规定V含量控制在0.05%以下。至于微量元素Nb（0.02%～0.06%）的作用，可以细化晶粒，提高钢的屈服强度；辐照试验表明，Nb能减少辐照脆化。

（7）Cu：大量试验证明，Cu是对辐照脆化最有害的元素[18～22]。为限制Cu的有害作用，RPV用钢的补充规范要求Cu含量应低于0.10%。

（8）P、S：P、S有加速辐照脆化的倾向，S能够降低冲击吸收能量，可能与形成低熔点FeS和MnS有关；P对辐照的敏感性与P在晶界偏析有关[23～26]。因此有的RPV用钢补充规范要求P含量低于0.012%，S限制在0.015%以下。

（9）Al：钢中添加少量Al可以细化晶粒，对改善低温韧性很有效果。

（10）残余元素As、Sn、Sb：残余元素一方面增加钢的回火脆性，另一方面也增加辐照脆性，所以对RPV用钢要求P+S+As+Sn+10Sb⩽0.04%。

（11）气体N、H、O：它们对钢的性能均有害，增加辐照脆化，其含量需降低到最低水平。

SA-508M Gr.3钢是在SA-508M Gr.2钢基础上优化而来的，即通过减少碳化物元素C、Cr、Mo、V的含量，以减少再热裂纹敏感性，使基体堆焊不锈钢衬里后，降低产生再热裂纹的倾向。为弥补因减少淬透性元素而降低的强度，特增加了Mn含量[27]。因Mn元素易增大钢中偏析，故又降低了P、S、Si含量。

考虑厚截面的Mn-Mo-Ni钢淬火后，基体组织是贝氏体，当冷却速度不足时，将出现铁素体和珠光体，这种组织较贝氏体粗大，对提高强度和韧性不利。所以在尽可能增大淬火冷速的同时，需要在Mn-Mo-Ni钢标准成分范围内，挖掘合金元素潜力，进行成分优化以期改善其低温韧性。胡本芙[28]等人亦表明：在Mn-Mo-Ni钢中，当N/Al比值达到0.54时，可明显降低钢的韧脆转变温度（FATT值可达-40℃），其NDTT值为-75 ℃，具有良好的低温韧性，对制造大型厚壁RPV锻件是十分有利的。

1.2 不 锈 钢

不锈钢由于其优良的耐腐蚀、耐辐照、耐高温和强度好而在核电站得到广泛应用。世界上已投入运行和正在建造的压水堆核电站，绝大多数都采用300系列的奥氏体不锈钢作为主管道和堆内构件材料，如321钢（0Cr18Ni11Ti）即稳定化型奥氏体不锈钢、标准304和316

型奥氏体不锈钢、304L 与 316L 钢即超低碳型奥氏体不锈钢以及 316LN 即超低碳控氮不锈钢。我国小型压水堆主管道采用 321 钢锻造，大型压水堆采用核电站引进国的牌号，如美国用 AISI304 及控氮不锈钢 304NG、316NG；法国热挤压锻造主管道用材料为 RCC-M 标准 Cr17.5Ni12Mo2.5（316）。由于 316LN 不锈钢的综合性能优于 304 系列不锈钢，可作为新一代核电站主管道材料。堆内构件主要采用 304、304L、321 等。由于 304 焊接后存在晶间腐蚀敏感性、304L 高温强度不满足要求等问题，法国大型压水堆堆内构件均大量选用控氮型 304 不锈钢，我国牌号为 304NG。

已有研究学者总结了核电站用高氮奥氏体不锈钢的材料成分（见表 2.1-1）。由表 2.1-1 可见，根据核电锻件的使用性能要求，在 304 不锈钢基础上实现超低碳控制即 304L；提高氮含量超过 0.1% 为 304N，在此基础上提高 Mn、Ni 并添加少量的 Mo 即 304NG，以期提高高温强度；既获得超低碳又提高氮含量至 0.08% 为 304LN。同样，在 316 不锈钢中，美国 ASME 标准 316LN 不锈钢的 N 含量高达 0.15%。

表 2.1-1　核电站用高氮钢的化学成分[29]　（质量分数,%）

材料牌号	C	Si	Mn	P	S	Cr	Ni	Mo	V	Nb	N
EM10	0.099	0.46	0.49	0.013	0.003	8.97	—	1.06	0.013	0.002	0.014
T91	0.009	0.32	0.43	0.02	0.004	8.8	—	0.96	0.24	0.06	0.03
22K	0.24	0.25	0.8	0.018	0.016	0.14	0.16	—	—	—	0.011
304L	0.019	0.51	0.91	0.025	0.001	18.0	10.0	9.0	—	—	0.04
SUS304N	0.048	0.049	0.87	—	—	18.74	11.07	—	—	—	0.34
304N	0.08	1.00	2.00	0.019	0.004 6	18.0	10.5	—	—	—	0.16
304NG	0.02	0.75	2.00	—	—	18.0	11.0	0.5	—	—	0.1
304LN	0.03	0.5	1.6	0.03	0.01	20.0	10.0	0.5	—	0.05	0.08
316LN	0.014	0.47	1.54	0.034	0.011	16.61	10.89	2.2	—	—	0.144
316SS	0.044	0.53	1.59	0.023	0.006	16.9	11.9	2.5	—	—	0.085
316NG	0.02	0.53	2.0	0.025	0.025	18.0	14.0	3.0	—	—	0.12
316LP1	0.015	0.48	0.85	0.008	0.002	16.7	12.15	2.19	—	—	0.035
HP316NG	0.015	0.05	0.87	0.003	0.003	17.39	12.46	2.19	—	—	0.096
HP316NG-Nb	0.016	0.07	0.86	0.004	0.004	17.31	12.4	2.17	—	0.29	0.098
347	0.08	1.00	2.00	0.025	0.001	19.0	13.0	—	—	0.57	0.036
347L-Mo	0.013	0.06	0.88	0.039	0.004	17.55	9.71	0.32	—	0.32	0.039
ICL473	0.05	0.75	2.0	0.035	0.02	20.00	10.5	0.6	—	—	0.1
X5CrNi18.9	0.007	1.0	2.0	0.003	0.003	19.0	11.5	0.53	—	—	0.48
12Ni5Cr3Mo	0.025	0.12	0.15	0.001	0.001	5.16	12.1	3.3	—	—	0.001
8Mn8Ni4Cr	0.55	0.29	7.9	0.018	0.01	4.0	8.0	—	—	—	0.21
18Mn4Cr	0.55	0.74	17.4	0.037	0.003	4.51	—	—	—	—	0.14
18Mn18Cr	0.08	0.55	21.0	0.009	0.025	17.11	0.1	—	0.1	—	0.64

另外，作为堆内构件的关键部件，压紧弹簧锻件用于堆内构件与反应堆压力容器之间的密封，补偿法兰加工误差，同时为堆内下部构件提供足够的压紧力。这就要求材料除了具有相应的强度和韧性外，还要有一定的弹性。目前法国 RCC-M 标准和美国 ASME 标准均采用马氏体不锈钢作为堆内构件压紧弹簧材料。

在未来的第四代新型反应堆中，奥氏体不锈钢是非常重要的结构材料[30]。伴随着第四代核电反应堆的发展和应用，核岛内设备的使用温度、压力的升高，腐蚀环境的加剧，急需开展奥氏体不锈钢材料成分优化设计，既要实现核电设备制造工艺需求，又要满足新反应堆内关键部件的使用性能。以下介绍合金元素在奥氏体不锈钢中的作用：

（1）Cr：Cr 是不锈钢中的抗氧化及抗腐蚀性主要元素，即是不锈钢的定性元素。当 Cr 含量大于 12% 时，材料表面会形成一层连续致密的富铬氧化膜（钝化膜），因此表现出良好的耐氧化及耐蚀性。Cr 与其他合金元素耦合作用，对材料的组织和其他性能产生影响。Cr 会稳定铁素体组织，减小奥氏体相区，因此奥氏体不锈钢中必须添加足够的 Ni、Mn、N、C 等奥氏体稳定元素以抵消 Cr 的作用。Cr 含量的增加，会促使金属间化合物 σ 相 $(Fe, Ni)_x(Cr, Mo)_y$的形成，如果 Mo 含量较高，还可促使 χ 相析出。在高氮奥氏体不锈钢中，易形成 CrN、Cr_2N 等氮化物。此外，Cr 与 C 易形成 $Cr_{23}C_6$等碳化物。上述硬脆性金属间化合物及碳氮化物的析出会影响材料的抗腐蚀性及塑韧性，因此需运用一定的工艺方法对其加以控制。从冶金角度讲，Cr 可有效地增大奥氏体不锈钢的 N 溶解度，平衡条件下钢液中 N 溶量与 Cr 含量之间存在类线性关系，因此增大 N 在钢液中溶解度的有效手段之一就是增加铬元素的含量。

（2）Ni：Ni 是优良的耐蚀材料，在不锈钢中其主要用于形成并稳定奥氏体组织，确保钢在使用过程中保持单相奥氏体状态，进而使其在强度、塑韧性方面表现良好，同时使材料具有优异的冷、热加工性能，并保持低导磁性。此外，Ni 还能增强奥氏体不锈钢的热稳定性，含 Ni 奥氏体不锈钢不仅比含等量铬、钼的铁素体不锈钢拥有更加优良的防锈性和耐氧化性介质腐蚀性，还因为表面膜的稳定性得到了提升，使材料抵御还原性介质的腐蚀能力也得到增强。Ni 与 N 之间的作用系数为正值，故在含 Ni 不锈钢中 N 的溶解度会随着镍含量的增加而减小。

（3）Mn：Mn 元素可以增强奥氏体结构稳定性，故在传统合金钢中都会为了增强钢的淬透性而添加适量的锰元素。尽管 Mn 元素也可以提高奥氏体形成能力，但其作用不及 Ni 元素。高氮奥氏体不锈钢中添加 Mn 元素主要是为了其和 Cr 共同作用以增大氮元素的溶解量。

（4）Mo：Mo 具有增大铁素体相区的特性，效能和铬相近。Mo 还会促进某些金属间化合物的形成，这将降低钢的塑性和韧性。因此为了使奥氏体不锈钢处在单一奥氏体状态下，当其含有 Mo 时，需要相应的增加奥氏体形成及稳定元素。常温下，Mo 对奥氏体不锈钢的固溶强化作用不明显，当 Mo 含量高到一定程度后，不锈钢在高温区的强度会有所提高，同时蠕变性能也会得到加强。但高温强度的提高，加之 δ 铁素体组织的出现，会使含 Mo 奥氏体不锈钢的热塑性加工性能降低，表面裂纹或断裂的出现概率增大。通常来讲，CrNi 和 CrMnN 奥氏体不锈钢具有耐腐蚀性，可在氧化性介质中使用，但对于还原性酸，如盐酸以及一些有机酸，耐蚀性则大大下降；向不锈钢中加入一定量的 Mo，则提高奥氏体不锈钢在还原性介质中的耐蚀性。

（5）Ti、Nb：Ti 与 Nb 为强亲碳元素，不锈钢中加入这两种元素的主要目的是捕捉稳定 C，抑制晶界碳化物 $M_{23}C_6$的析出，增强材料的焊接性能，防止热影响区晶间腐蚀。

（6）N：N 在稳定奥氏体结构方面能力较强，相当于 Ni 的 18 倍。早期为了降低 Ni 元素使用量，会通过提高 N 含量来获取单一奥氏体组织。随着对 N 元素作用认识的不断深化，其由配角变为主角，逐渐成为奥氏体不锈钢中的一个重要合金元素，加氮的目的也从先前的仅为了降低 Ni 含量而转变为增强材料力学性能。N 原子以固溶强化的方式增强材料的强度，还可以增强加工硬化性能、疲劳强度、抗磨损性能和蠕变性能。固溶态的 N 原子能增强奥氏体不锈钢的耐蚀性，不仅可以增强抗点蚀能力，还能增强抗缝隙腐蚀、应力腐蚀及空蚀等方面的能力。但是，若热加工或热处理温度选择或控制不当，会导致氮化物析出，对力学性能与耐蚀性有恶化作用。

（7）C：钢的性能与组织在很大程度上取决于 C 的含量及其分布形式，在不锈钢中 C 的影响尤为显著。C 在不锈钢中对组织的影响主要表现在两个方面：一方面 C 是奥氏体稳定元素，且作用程度很大，是镍的 30 倍；另一方面由于 C 和 Cr 的亲和力很大，易形成一系列复杂碳化物。所以，从强度和耐蚀性两方面来看，碳的作用是相互矛盾的，需权衡控制 C 的含量。

（8）Si：在不锈钢中 Si 主要作用是增加表面氧化膜的强度，提高材料抗应力腐蚀的能力，但 Si 会促使 Laves 相的形成，降低初熔温度，恶化材料热塑性。

（9）P、S：P、S 作为杂质元素会恶化材料的塑韧性，会催生低熔点共晶组织，大幅度降低初熔温度，恶化材料的热塑性。需采用对 S、P 杂质元素更严格控制的纯净化冶炼技术。

以 316LN 奥氏体不锈钢为例，日本 JSW 大西敬三等人[31]研究了碳、氮含量对敏化温度区间的影响，指出降低碳含量能够显著推迟敏化现象，并缩小敏化温度区间。当碳含量小于 0.015%时（超低碳），随着氮含量从 0.095%增加至 0.133%，其敏化温度区间增大（见图 2.1-1b）。另外，C+N 含量对钢的抗拉强度特别是 302℃的高温强度亦有显著影响（见图 2.1-2）。

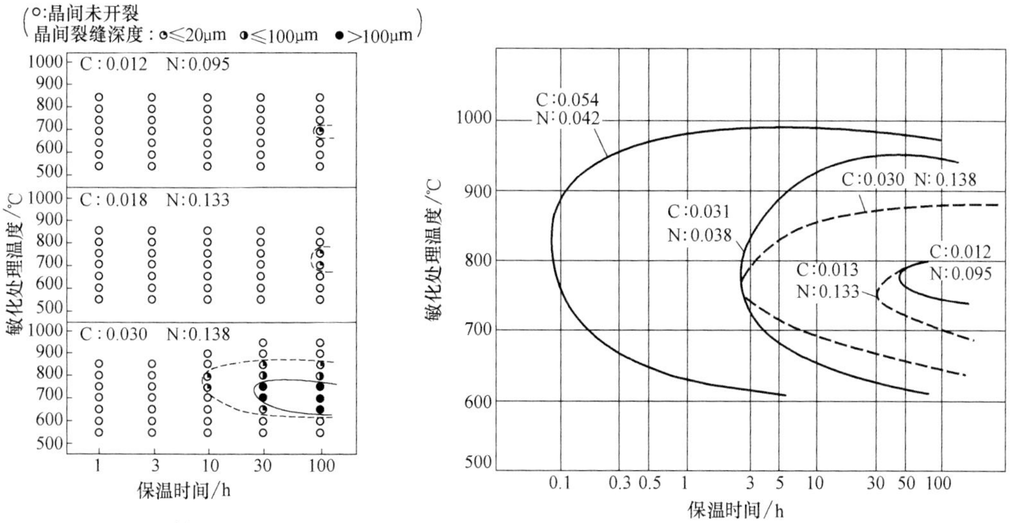

图 2.1-1 C 和 N 含量对 316 奥氏体不锈钢敏化处理温度区间的影响[31]

（a）硫酸和硫酸铜混合腐蚀液；（b）10%草酸腐蚀液

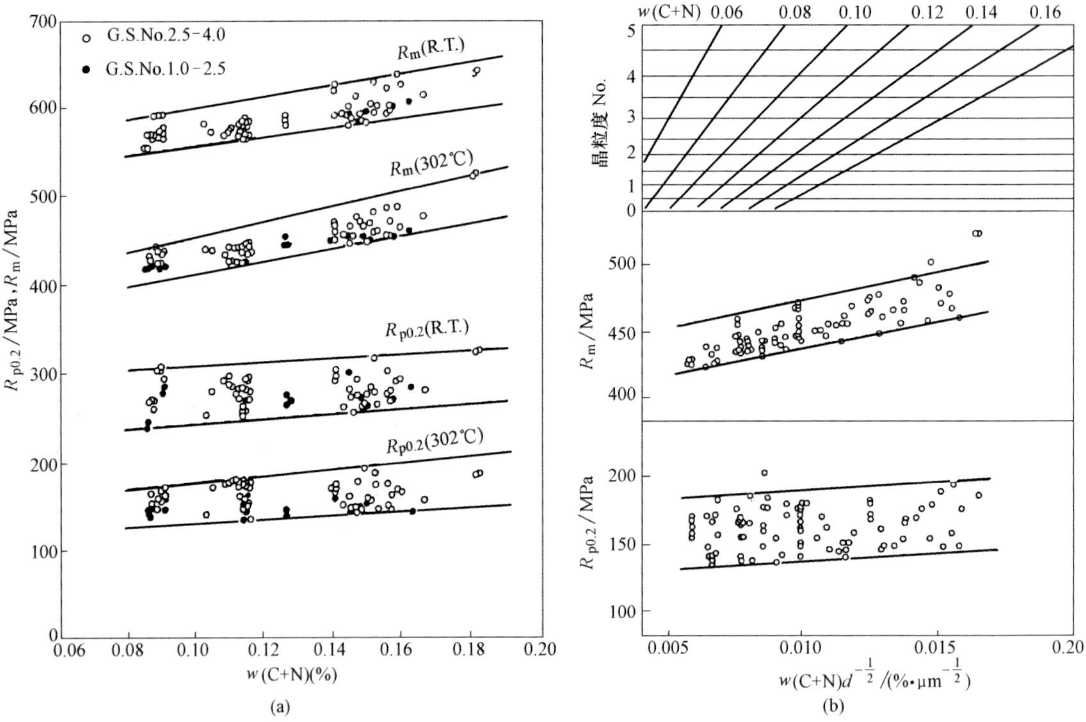

图 2.1-2　碳、氮含量及晶粒尺寸对强度的影响[31]

（a）碳、氮含量对强度的影响；（b）晶粒尺寸对强度的影响

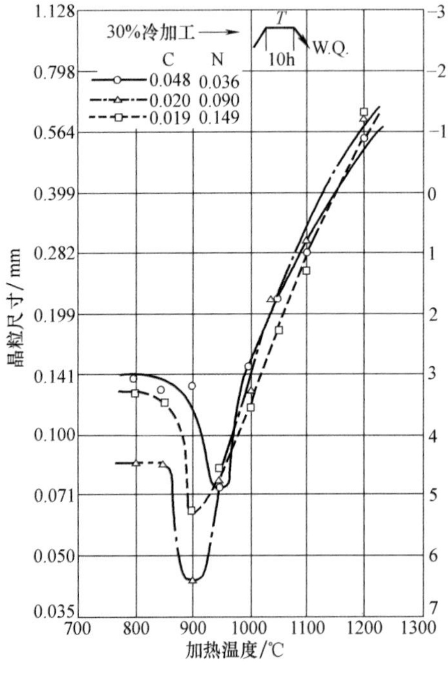

图 2.1-3　碳、氮含量对 316 奥氏体不锈钢静态再结晶行为的影响[31]

随着 C+N 含量的增加，其在室温和 302℃的抗拉强度均增大。考虑到晶粒尺寸对强度的作用，钢在 302℃的高温抗拉强度与（C+N）$d^{-\frac{1}{2}}$ 基本呈线性关系，即随(C+N) $d^{-\frac{1}{2}}$ 增加，高温强度增加。然而，研究亦表明，当钢中氮含量从 0.09% 提高至 0.15% 时，其静态再结晶温度提高 50℃（见图 2.1-3）。在大型厚壁锻件的锻造过程中，由于变形温度区间窄，增大了控制锻件再结晶的工艺难度。因此，在大型奥氏体不锈钢新产品的研制过程中，既要进行合理的成分优化以满足产品的使用性能需求，也要相应地调整制造工艺参数，才能获得高质量的核电锻件。

1.3 Cr-Ni-Mo-V 钢

由于 30Cr2Ni4MoV 钢淬透性好，具有较高的强度、良好的塑性和低温韧性，其韧脆转变温度 FATT 通常在室温以下，因而被各国广泛用于叶轮与主轴一体化的超大型汽轮机整锻低压转子锻件。核电常规岛汽轮机整锻低压转子锻件是百万千瓦级核电设备中的重要部件。锻件尺寸、重量超大（钢锭重量可达 600t 级），对设备能力要求高，热加工工艺极为复杂，制造难度极大。

常规纯度的 30Cr2Ni4MoV 钢在 350～575℃温度范围内长期时效后，其中的杂质元素 P、Sn、As、Sb 向晶界偏聚，从而引起此温度范围内韧性恶化，导致 FATT 显著上升，即回火脆性敏感性提高，而 Mn 和 Si 又加速此脆化现象[32～35]。因此，该钢的使用温度限制在 350℃以下。近 30 年来，日本、美国等国家通过先进的冶炼方法对低压转子铸锭的杂质元素含量进行了严格控制，在铸锭纯度大幅度提升的同时，转子的力学性能特别是 FATT 值降至约 -20℃。已有研究表明[36]，超纯净的 30Cr2Ni4MoV 钢具有良好的高温持久强度，克服了常规纯度钢在 350℃以上长期时效后的脆化倾向，并具有更好的应力腐蚀及腐蚀疲劳抗力及良好的低周疲劳性能。随着先进压水堆核电技术发展到第四代超临界水冷堆，汽轮机进口参数可达到压力约 25MPa，温度为 510～550℃，可使核电站的发电效率提高至 44%～45%。在此参数条件下，低压进汽温度可达到 370℃，对转子的 FATT、韧性、强度、耐腐蚀性能以及疲劳强度均有更高的要求，因此，需考虑选用超纯净 30Cr2Ni4MoV 钢，进一步提高钢的纯净度并进行成分优化设计。

1.3.1 电炉氧化及 LF 炉精炼原料成分控制

1. 氧化精炼配碳量

电炉氧化精炼可以实现脱磷、脱碳、降低钢中气体（氢、氮）、去除夹杂物的冶金功能。去除气体、夹杂，以及提高脱磷效率主要靠保证氧化精炼期的碳氧反应来实现。大量的 CO 气体的生成、是排除钢中有害气体（氢、氮）和夹杂物的载体，同时 CO 气体引起的熔池内的沸腾，也能使熔池获得足够的动力学条件，为钢渣界面高效脱磷反应提供条件。因此，氧化精炼须有足够的脱碳量来保证氧化精炼功能及效率的实现和提高。图 2.1-4 给出了钢中氢含量与脱碳量的关系，由图 2.1-4 可见，氧化精炼脱碳量 ΔC>0.40% 时，已为钢中［H］的排除创造了足够的热力学和动力学条件，继续增加脱碳量，钢中［H］变化微小。由此得出，为保证充分的脱气效果，氧化精炼脱碳量 ΔC>0.40%。由于核电用钢对钢液纯净度要求高，需要高效深脱磷、脱气，故粗炼钢液脱碳量宜控制为 ΔC≥0.50%。

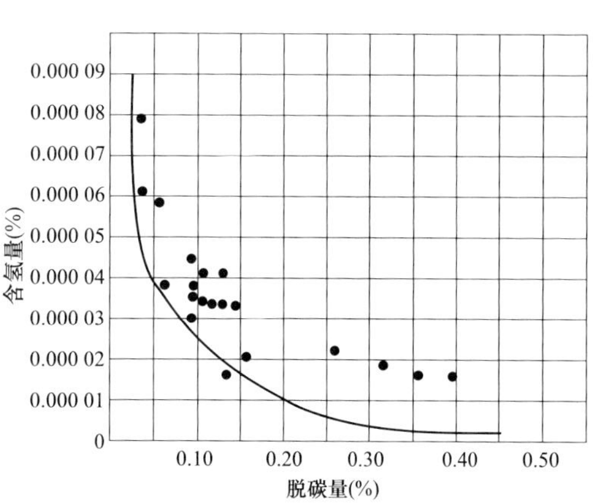

图 2.1-4 钢中含氢量与脱碳量的关系[37]

2. 原料中微量元素控制

超纯净 30Cr2Ni4MoV 转子钢的有害元素除常规钢种要求的［P］、［S］、［N］、［O］外，还包括 Mn、Si、Cu、Al、As、Sn、Sb 元素须控制在要求值以下。根据上述元素在氧化势图中与 Fe 基元素的关系，该类钢种涉及的各元素氧化去除能力见表 2.1-2。

表 2.1-2　钢液中残余元素按氧化势大小的分类

完全保留（氧化势小于铁［Fe］）	部分保留（氧化势与铁［Fe］接近）	完全去除（氧化势大于铁［Fe］）
Cu	S	Al
As	P	Si
Sn	Mn	V
Sb	Cr	
Ni	C	
Mo	H	
	N	

表 2.1-2 中的第一类元素的氧化势低于铁，即在炼钢时的氧化精炼过程中不能被氧化去除。按离子理论这些元素在熔渣中呈正价，因此也不能如钢中［S］在高碱性下生成（CaS）被还原去除。由此，上述元素在炼钢的氧化还原精炼中不能被去除。

表 2.1-3 为相关元素的挥发系数及根据中国一重钢包等条件计算得出的相对挥发率。由表 2.1-3 可见，本项目在真空处理中能得到挥发部分去除的元素为 Mn、Cu、Sn。但由于去除率最高为 40%，并且冶炼工艺采用的是真空下的大渣量钢渣界面反应深脱硫，对包内钢液中元素的挥发去除不利。因此，有害元素的去除须通过选择冶炼过程的原料成分加以控制。

表 2.1-3　铁基二元合金元素真空下的挥发系数及相对挥发率

合金元素	P_B/P（1600）	挥发系数 α	元素相对挥发率（%）
Al	223	1.58	
As	4.5×10^8	3	
Cr	23	4.03	
Cu	107.1	146.6	20～40
Fe	5.89	1	
Mn	5395	1200	23～41
Ni	3.5	0.38	
Pb	4.5×10^4	5.5×10^7	
Si	0.78	2.4×10^{-4}	
Sn	120	13.98	20～40

表 2.1-1 中的第二类残余元素的氧化势与铁接近，在炼钢的吹炼过程中，其中一部分将被氧化去除，在钢液中残存的部分将取决于它们在钢液中的含量及炉渣成分（氧化还原性及碱度），两者确定了残余元素在钢液和炉渣中的分配系数。因此为控制该类元素［S］、［P］、［Mn］、［H］、［N］在钢中的残存量，控制好炉渣的氧化还原性及碱度是关键。

表 2.1-1 中的第三类元素 Al、Si 的氧化势要高于铁，在钢液的氧化吹炼过程中，它们完全能被氧化进入渣相中去除。但钢中的有害元素不单是去除问题，还须防止其后的再污染问题。对于废钢等原料带入粗钢中的 Al、Si 元素，在电炉氧化精炼中很容易被去除，但在其后的还原精炼过程炉渣中的 SiO_2 会因强还原剂（Al、C 等）的还原反应导致钢液增［Si］，以及添加的合金也会带入该类元素进入钢中。因此，该类元素控制的关键是还原精炼处理过程脱氧合金、添加合金（合金化合金）对该类元素含量的控制，以及炉渣成分控制。

根据上述对钢中有害元素在炼钢过程中去除特征分析，提出超纯净低压转子钢 30Cr2Ni4MoV（代表钢种）冶炼原料选择及成分控制要求。

（1）废钢。炼钢过程不能去除的有害元素 Cu、Sn 主要来源于炼钢用金属原料废钢中的表面涂层或镀层，为防止其污染钢液须严格控制含量，所选废钢须用清洁废钢，废钢中有害元素的控制要求见表 2.1-4。

表 2.1-4　废钢中有害元素含量的控制要求　（质量分数,%）

Cu	As	Sn	Sb
≤0.10	≤0.01	≤0.0010	≤0.0010

（2）氧化剂。电炉炼钢过程是一个氧化精炼过程，其氧化剂有铁矿石、氧化铁皮、氧气。由此形成了矿石氧化法、吹氧氧化法、综合氧化法三种氧化方式。但有害元素 Sb、As 主要来源于矿石，同时为防止氧化铁皮带入有害元素，该类超纯低压转子钢的生产采用氧气作为电炉炼钢氧化精炼的氧化剂，氧化方法为吹氧氧化。

（3）合金。Cr、Ni、Mo、V 与氧亲合力的大小参见表 2.1-2。由表 2.1-2 可得出各合金在炼钢过程中的加入时间，并根据各有害元素在炼钢过程的去除特征、加入量，以及在实验室通过真空感应炉对钢中有害元素的去除及在钢中残存量试验结果，提出了表 2.1-5 所列的添加合金有害元素的控制要求。

表 2.1-5　添加合金有害元素的控制要求　（质量分数,%）

合金类型	加入时间	有害元素成分控制								
		P	S	Sb	Sn	As	Cu	Al	Mn	Si
Ni	熔化或氧化期	<0.04	<0.04	<0.01	≤0.001	<0.05	<0.1		<0.2	<0.1
Mo	氧化中期	<0.04	≤0.10	≤0.04	≤0.04	<0.05	≤0.5	≤0.5	<0.2	≤1.0
Cr	还原后期	≤0.03	<0.03	<0.01	≤0.001	<0.05	<0.1		<0.2	≤1.0
V	还原期结束	≤0.04	<0.04	<0.01	≤0.001	<0.05	<0.1	≤0.5	<0.2	≤1.0
合金总带入量		<0.001	<0.002	<0.0003	<0.0003	<0.004	<0.01	<0.001	<0.01	<0.03

（4）造渣材料。氧化还原精炼所用造渣材料为石灰、萤石等。这些造渣材料中会影响钢液质量的物质是 SiO_2、MnO、P、S、H_2O、N 等，必须研究对它们的限制要求。

1）还原精炼渣系中临界 SiO_2 含量的确定。SiO_2 对钢液质量的影响主要是还原精炼过程还原剂碳、铝对炉渣还原将发生反应引起钢液增［Si］。超纯转子钢中［Si］的含量要求小于0.05%，实际操作中可以通过防止脱氧剂在局部聚集方式，来控制局部还原性过强，防止反应的进行。但控制难度较大，增硅现象难免。对于目前［Si］<0.05%的低硅钢，由于钢中硅含量极低，要采用常规方式来控制钢中增硅是不行的。最有效的方法是采用一种不含或少含 SiO_2 的精炼渣——非反应性精炼渣，避免钢中活泼元素与渣中氧化物反应的发生。精炼渣的原料必然是自然界中的大宗原料，原料中不含 SiO_2 是不可能的。为此，在实验室根据 SiO_2 还原反应的动力学条件研究了还原精炼渣中的最低 SiO_2 含量要求。

从表2.1-6可以看出，各种方法计算采用不同的模型或试验方法、数据，结果差异较大，但总的趋势是随着（SiO_2）含量减少，SiO_2 活度降低，钢渣反应的吉布斯自由能呈增加趋势，表明钢渣界面反应驱动力减弱。

由表2.1-6得出，渣中 SiO_2 活度降低到一定程度，可望实现反应吉布斯自由能为正的反应条件。由于热力学计算值受原始数据试验条件的限制，计算结果与实际值存在偏差，为此进行了炉渣中 SiO_2 临界含量值确定的试验。

利用真空感应炉模拟了实际精炼条件下的钢渣反应过程，通过 X-Ray Fluoroscopy（XRF）分析了精炼渣中 SiO_2 含量的变化规律，确定了精炼渣中的 SiO_2 临界含量须低于6%。

2）还原精炼渣的磷（P）含量确定。电炉脱磷是在氧化性气氛下进行的，而LF脱硫是在还原性气氛下进行的，因此在LF脱硫过程中很容易发生回磷现象。

表2.1-6　钢渣体系热力学数据

序号	Factsage软件计算			Ohta模型计算			相图计算		
	$a_{Al_2O_3}$	a_{SiO_2}	ΔG /(kJ/mol)	$a_{Al_2O_3}$	a_{SiO_2}	ΔG /(kJ/mol)	$a_{Al_2O_3}$	a_{SiO_2}	ΔG /(kJ/mol)
1	7.67×10^{-4}	9.86×10^{-4}	-394	0.061	2.48×10^{-3}	-305	0.45	1.5×10^{-3}	-223
2	7.67×10^{-4}	7.75×10^{-4}	-383	0.064	1.23×10^{-3}	-272	0.60	1.5×10^{-4}	-111
3	7.67×10^{-4}	6.94×10^{-5}	-276	0.069	6.10×10^{-4}	-239	0.75	5×10^{-5}	-55
4	7.67×10^{-4}	5.26×10^{-5}	-263	0.073	2.96×10^{-4}	-205	0.90	1×10^{-5}	22

还原精炼的目的是脱氧、脱硫、去夹杂。还原精炼的热力学条件为高碱度、低氧化铁（FeO+MnO<1%）、大渣量，为保证高效脱硫，精炼渣渣量为20～30kg/t。分析表明在还原气氛下造渣材料中的（P）几乎将全部被还原进入钢液中，导致钢液回磷。一般情况下LF炉在卡渣操作的条件下，回磷0～0.002%[38]，电炉出钢后允许的最大回磷量在0.002%，考虑合金带入0.001%的［P］，造渣材料所允许的最大回磷量为0.001%，可计算出造渣材料中的（P）的限制量小于0.033%（渣量30kg/t，LF-VD钢包容量为160t）。

由此得出为防止还原精炼过程回磷超标，还原精炼造渣用材料中的（P）控制小于0.03%，VD结束后由精炼渣导致的最大回磷量为0.001%。

3）精炼渣中（MnO）的确定。由于Mn和Si一样会给钢的质量带来不良的影响，因此需严格控制终点钢液中Mn的含量。为了实现对增锰的控制，首先从热力学方面讨论在平衡状态下钢液中最大可溶解的［Mn］含量，然后分析增锰的原因，最后得到增锰的限制条件。

因此，如只考虑热力学条件，则配渣时需严格控制渣中（MnO）的量在尽可能低的范围之内。由于须控制钢中的［Mn］、［Al］、［Si］，所用还原剂主要是碳［C］，因此，在高的碳还原气氛下渣中（MnO）的还原是必然的，因此须严格控制造渣材料（MnO）的含量。

根据电炉氧化精炼结束后钢液中［Mn］可达到0.02%，同时考虑合金带入钢中0.01%的［Mn］，因此要求还原精炼渣导致的回［Mn］量不能超过0.02%，一般按0.01%控制。由此可算出造渣材料中（MnO）的量须控制小于0.24%（渣量30kg/t，LF-VD钢包容量为160t）。

4）精炼渣中（N）、（S）、（H_2O）的确定。电炉炼钢由于电弧对空气的电离作用致使冶炼钢液含氮，同时［N］在钢中的扩散速度小，真空处理过程的去除能力低，一般真空条件下对氮的去除能力最大也只能达到30%。因此为控制钢中氮［N］$<80\times10^{-6}$，除在还原精炼中尽量防止钢液裸露在大气中引起增氮外，控制原料中的氮含量也是很关键的。根据目前自然界中造渣材料氮含量的最低含量达到的要求，提出控制造渣材料氮含量小于或等于100×10^{-6}。

精炼渣中的硫越低，越有有利于脱硫反应的进行，根据目前炼钢石灰的质量特征，可将石灰中（S）控制在0.02%以下，萤石中（S）控制在0.03%以下。

原材料的水分是钢中［H］的重要来源，根据对冶金原料水分的要求标准，对入炉原料的水分须进行严格控制，所有入炉合金及辅助材料须严格烘烤，要求原料$H_2O<0.50\%$。

根据上述研究可得出造渣材料对有害元素的控制要求，见表2.1-7。

表2.1-7　造渣材料对有害元素的控制要求　（质量分数，%）

造渣材料	SiO_2	MnO	N	P	S	H_2O
石灰	<2	<0.2	<0.01	<0.03	<0.02	<0.5
萤石	<6	<0.2	<0.02	<0.03	<0.03	<0.5
镁质材料	<5	<0.2	<0.01	<0.03	<0.02	<0.5
铝矾土	<4	<0.2	<0.015	<0.03	<0.02	<0.5

1.3.2 超纯转子钢冶炼及铸锭要求

1. 原料有害元素控制规范

废钢中有害元素的控制要求见表2.1-8。

表2.1-8　废钢中有害元素含量的控制要求　（质量分数，%）

Cu	As	Sn	Sb
≤0.10	≤0.010	≤0.0010	≤0.0010

在添加Ni、Mo、Cr、V合金时，有害元素的控制要求参见表2.1-5。此外，对合金原料必须进行严格烘烤，将H_2O控制在0.50%以下。

2. 冶炼及铸锭工艺规范

依据上述基础研究及工程实践制定了Cr-Ni-Mo-V钢工艺规范。电炉（EAF）冶炼及钢包（LF）精炼的工艺规范见表2.1-9。

表 2.1-9　　Cr-Ni-Mo-V 钢 EAF 冶炼及 LF 精炼工艺规范

<table>
<tr><td rowspan="11">EAF 冶炼</td><td>原料</td><td colspan="6">选用优质废钢，确保 Cu、As、Sn、Sb 符合规范要求</td></tr>
<tr><td colspan="7">为控制钢中［H］，新炉前三炉、新砌钢包第一次不得生产此钢种</td></tr>
<tr><td>配碳量</td><td colspan="6">△［C］≥0.50%</td></tr>
<tr><td>氧化剂</td><td colspan="6">氧气</td></tr>
<tr><td rowspan="3">EAF 终点控制</td><td colspan="2">［C］0.02%～0.05%</td><td colspan="2">［Si］＜0.02%</td><td colspan="2">［P］＜0.002%</td></tr>
<tr><td colspan="2">［S］＜0.010%</td><td colspan="2">［Mn］＜0.04%</td><td colspan="2">T≥1660℃，可根据红热状况调整</td></tr>
<tr><td colspan="6">严禁下渣，采用留钢操作</td></tr>
<tr><td rowspan="3">电炉脱磷渣成分及用量质量分数</td><td>FeO</td><td>17%~20%</td><td>CaO</td><td>50%~59%</td><td>SiO_2</td><td>15%~20%</td></tr>
<tr><td>CaF_2</td><td>0.5%~10%</td><td>Al_2O_3</td><td>3%~7%</td><td>MgO</td><td>6%~8%</td></tr>
<tr><td>R（CaO/SiO_2）</td><td>2.5%~3.5%</td><td colspan="4">用量为 40~50kg/t</td></tr>
<tr><td colspan="7">1. 造渣材料以石灰为主，助熔剂为铝矾土、镁质材料、配入少量萤石 CaF_2 调整炉渣的流动性
2. 镍铁合金在熔化或氧化期加入，钼铁合金在氧化中期加入。合金中有害元素含量符合规范要求
3. 入炉合金及辅料进行严格烘烤，H_2O＜0.5%</td></tr>
<tr><td rowspan="13">LF 精炼</td><td>原料</td><td colspan="6">1. 对入炉合金及辅料进行严格烘烤使 H_2O＜0.5%
2. 入炉合金及辅料中有害元素含量符合规范要求</td></tr>
<tr><td>LF 终点控制</td><td colspan="6">S≤0.003%；［P］≤0.002%；［C］0.22%～0.25%；Si≤0.03%；Mn≤0.04%；Alt≤0.01%；［N］＜70×10^{-6}</td></tr>
<tr><td rowspan="3">LF 炉脱硫渣成分及用量质量分数</td><td>SiO_2</td><td>＜6%</td><td>CaO</td><td>60%~70%</td><td>Al_2O_3</td><td>2%~4%</td></tr>
<tr><td>FeO+MnO</td><td>＜1.0%</td><td>CaF_2</td><td>12%~20%</td><td>MgO</td><td>6%~10%</td></tr>
<tr><td colspan="6">用量为 20~30kg/t</td></tr>
<tr><td rowspan="2">复合脱氧剂配比及加入量</td><td colspan="6">复合脱氧剂配比：碳粉：金属 Al 钢屑：电石粉=8：1：1</td></tr>
<tr><td colspan="6">复合脱氧剂加入量为 3.0~3.5kg/t</td></tr>
<tr><td colspan="7">1. 为防止钢中［N］超标，底吹氩流量不能过大，按设定要求范围进行
2. 造渣过程根据渣况补加 CaO，采用复合脱氧剂扩散脱氧造白渣。白渣状态下精炼时间≥40min
3. 为提高钢液的纯度，减少外来夹杂，选择 LF 炉为中、前期冶炼钢包。钢包内无残渣、残钢且经充分烘烤</td></tr>
<tr><td rowspan="4">钢包底吹氩规定/（L/min）</td><td>130t 钢包</td><td>化渣加热</td><td>200</td><td colspan="2">脱氧、脱硫钢渣界面反应</td><td>200～300</td></tr>
<tr><td></td><td>合金化</td><td>200</td><td colspan="2"></td><td></td></tr>
<tr><td>160t 钢包</td><td>化渣加热</td><td>300</td><td colspan="2">脱氧、脱硫钢渣界面反应</td><td>300～400</td></tr>
<tr><td></td><td>合金化</td><td>300</td><td colspan="2"></td><td></td></tr>
</table>

第2章　制造方法的创新

针对超大型核电实心锻件化学成分及 UT 检测超标的世界性难题，开展了一系列探索和创新工作。发明了低 Si 控 Al 钢冶炼及铸锭技术，发明了带有挡渣堰的真空铸锭用中间包，开发了真空铸锭用中间包塞棒、水口等优质耐火材料及应用技术，发明了超大型钢锭二次补浇技术，成功地解决了实心锻件化学成分及 UT 检测超标的世界性难题。

2.1　低硅控铝钢的冶炼

核电锻件对力学性能和探伤要求极为苛刻，钢锭的冶金质量对锻件的合格率起着决定性的作用。因此，如何提高钢锭质量成为冶金工作者研究的一个重要课题。对于截面大且形状复杂的核电锻件，在钢锭制造前期采用了传统的硅和铝脱氧冶炼方法，工艺路线为电炉粗炼+LF 炉精炼（VD）+真空浇注（VT），精炼时采用硅脱氧和铝脱氧相结合的方式，锻件探伤不合格率偏高且偏析较为严重。二代加 RPV 整体顶盖评定锻件因探伤超标而未通过评定，导致华龙一号 RPV 顶盖至今仍采用分体结构；出口韩国 DOOSAN 的三门 1 号 RPV 整体顶盖锻件也因探伤不合格而报废，如图 2.2-1 所示。锻件探伤不合格主要原因是出现夹杂物密集缺陷。经检测分析，钢锭中的大多数夹杂物来源于内生夹杂。内生夹杂物的主要成分取决于脱氧方法，硅和铝脱氧时，产生的二氧化硅（SiO_2）、三氧化二铝（Al_2O_3）和铝硅酸盐等夹杂物在钢锭锻造过程中，容易与基体金属之间产生间隙，在应力作用下，将形成显微裂纹。这些显微裂纹经探伤检测为超标缺陷。

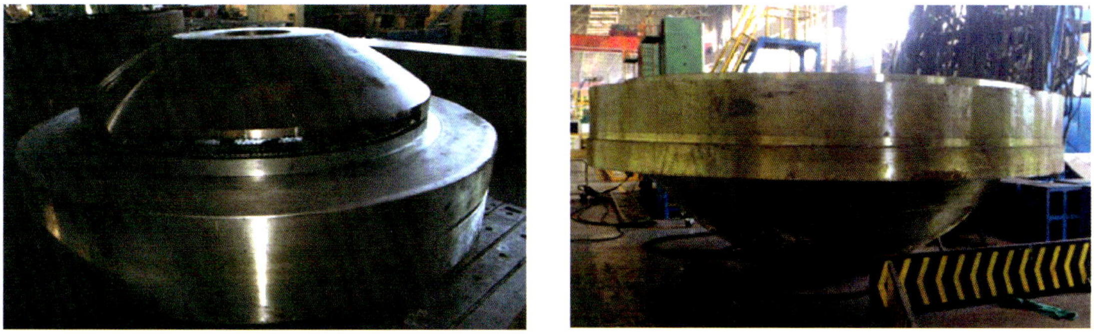

(a)　　　　　　(b)

图 2.2-1　Si-Al 脱氧的 RPV 整体顶盖探伤超标报废

（a）二代加整体顶盖评定锻件；（b）三门 1 号整体顶盖锻件

为了减少夹杂物并获得本质细晶粒钢，开发了低硅控铝钢制造技术。该技术结合了真空碳脱氧与铝脱氧的优点，在精炼包内实施真空碳脱氧技术，充分利用真空条件下［C］、［O］反应不污染钢液的优点，将［O］含量降低后，再将铝作为合金元素而不是脱氧剂加入，避免形成大量的 Al_2O_3 夹杂，既提高了钢液的纯净度又得到了本质细晶粒钢。所采用的技术方案是：电炉冶炼粗炼钢液，粗炼钢液兑入精炼炉前，在包内加入铝块，兑入后进行吹氧造渣，并在精炼炉进行真空碳脱氧处理，精炼炉钢液在出钢浇注前调整铝含量，之后精炼钢液在真空状态下浇注成质量良好的钢锭。工艺路线为电炉粗炼+LF 炉精炼（LVCD）+真空浇注（VCD）。通过降低硅含量，用铝脱氧和真空碳脱氧结合的方法，有效地控制了超大型钢锭的成分偏析，降低钢锭中的夹杂物和气体含量。采用低硅控铝钢冶炼浇注方法生产出了高质量的锻件，探伤合格率达 100%。

2.1.1 低硅的影响

1. 对化学成分的影响

（1）效果。实践证明，降低硅含量后，钢锭的宏观偏析显著减少，特别是 Cr-Ni-Mo-V 钢，硅含量降到 0.10% 以下，会明显减少钢锭的偏析[39]。低硅可以明显减少钢锭的偏析在核电用 Mn-Mo-Ni 钢上也得到了很好的验证，对从某核电锻件冒口端取下的横向试样做成分分析，高硅和低硅的冶炼方式对 C、Mn、Mo 偏差的影响见表 2.2-1。

表 2.2-1 高硅和低硅下冒口端成分变化 （质量分数,%）

项目	ΔC	ΔMn	ΔMo
高硅	0.03	0.06	0.03
低硅	0.01	0.03	0.01

从表 2.2-1 可以看出，高硅下 C、Mn 和 Mo 的成分变化值要高于低硅下的变化值，由此不难发现采用真空碳脱氧和铝脱氧结合的方式，钢锭偏析减弱，锻件的均质性大大提高。

由于整体顶盖等超大型核电锻件采用了低硅控铝钢的冶炼方法，所以 C、Mn 和 Mo 的偏析均在要求的成分范围内，故不会出现 EPR 压力容器上封头冒口端 C 严重偏析的情况。

（2）机理。采用真空碳脱氧和铝脱氧结合的方式使钢锭偏析明显减小的主要原因有二，其一是钢锭硅含量降低，缩小了凝固范围，从而减少了钢锭中的 A 偏析；其二，从微观上分析低硅时，枝晶结构较细，二次枝晶增加的适当，形成有序的结构，枝晶结构截面的任何部位均密实，而高硅形成的枝晶结构较疏松[40]。

低硅可以减少甚至消除 A 偏析的论述详见第 1 篇第 5 章 5.1.1。

2. 对气体含量的影响

由于在高真空度下，碳的脱氧能力强于铝和硅，降低硅含量后，在真空状态下钢液中［C］、［O］发生反应，生成的 CO 气泡的运动引起钢液的物理搅拌，增加了脱气面积，因此低硅钢液中的气体含量较高硅钢液更低。

（1）脱氢。残留于钢中的氢是锻件形成白点的主要原因，而且还使钢产生氢脆现象。有文献报道，当硅含量小于 0.11% 时，钢中的最终含氢量受硅的影响较小，而当硅含量大于 0.11% 时，随着硅含量的提高，最终氢含量迅速提高[41]。超大型核电锻件的研制实践也得到了相同的结论。通过对前期高硅和后期降低硅含量对比后，采用高硅工艺路线钢锭平均氢含量要高于低硅 16.7% 左右。

（2）脱氧。对 18 炉不同硅含量的钢液中含氧量的统计结果表明，低硅下采用真空碳脱氧和铝脱氧与高硅下硅脱氧和铝脱氧的效率相比，低硅下真空碳脱氧的效率要高，这主要是由于高真空度下，碳的脱氧能力强于铝和硅。通过统计数据得出，低硅钢锭平均氧含量要低于高硅钢锭 17.6% 左右。

（3）脱氮。对于氮含量不作为成分要求的钢种，有文献报道，真空碳脱氧的氮含量在（10～30）$\times10^{-6}$之间，而真空除气钢的氮含量则处于（40～70）$\times10^{-6}$之间[42]。核电用钢化学成分中含有一定量的氮保证强度，同时与铝结合形成氮化铝在奥氏体晶界析出，从而达到细化晶粒的目的。精炼时，用氮化合金来控制钢液中的氮含量，降低硅含量后，在真空浇注过程中，由于发生碳氧反应，氮被吸附在 CO 气泡中部分排出。经统计，比较高硅下的真空除气和低硅下的真空碳脱氧除气，后者的除氮效率要高出 15% 左右。

3. 对夹杂物含量的影响

降低硅含量后，采用铝脱氧和真空碳脱氧，可以有效避免硅的脱氧产物生成，减少钢液中的硅酸盐夹杂，且真空碳脱氧通过降低 CO 的分压，使钢液中的 C 和 O 不断反应，铝脱氧夹杂物在生成的 CO 气泡带动下上浮后，与石灰生成的 $12CaO \cdot 7Al_2O_3$ 为低熔点稳定相，在精炼温度下具有较好的流动性。$12CaO \cdot 7Al_2O_3$ 具有很高的碱度和 Al_2O_3 含量，因而具有较强的脱硫能力和吸附铝脱氧产物的能力，在精炼过程中还可配加大量石灰，进一步提高其脱硫能力[43]，最大程度上减少了钢液中的夹杂物含量。生成的夹杂物是否可以有效上浮可以通过斯托克斯公式判定。

$$v = 218r^2 \cdot \frac{D_m - D_s}{\eta} \tag{2.2-1}$$

式中：v 为夹杂物颗粒上浮速度（cm/s）；r 为夹杂物的颗粒半径（cm）；D_m 为钢液的密度（g/cm^3）；D_s 为夹杂物的密度（g/cm^3）。

从式（2.2-1）可以看出影响夹杂物上浮的主要因素是夹杂物的半径、钢液与夹杂物的密度差及钢液的黏度，但钢液中夹杂物的润湿性对夹杂物能否有效上浮具有很大的影响，钢液里熔融状态的硅、锰复合脱氧产物能被钢液充分润湿，尽管按定律它们能够上浮，但实际上浮困难，而不易被钢液润湿的固体 Al_2O_3 等夹杂，尽管尺寸小，但能够很快上浮[44]。

高硅和低硅下 SG 锻件金相夹杂物评级结果见表 2.2-2。

表 2.2-2　夹杂物评级结果

项目	夹杂物分析结果				总和
	A（硫化物）	B（氧化物）	C（硅酸盐）	D（球状氧化物）	
高硅	0.5 级	1.0 级	2.5 级	0.5 级	4.5 级
低硅	0.5 级	0.5 级	1 级	0.5 级	2.5 级

从表 2.2-2 可以看出，降低硅含量后，非金属夹杂物的评级总和降低了 2 级，Al_2O_3 夹杂降低了 0.5 级，硅酸盐夹杂从 2.5 级降低到 1 级。

4. 对辐照脆化的影响

经过相关院所研究表明，低硅钢可以减轻辐照脆化。国产反应堆压力容器材料辐照预测方程见式（2.2-2）。从式（2.2-2）可见，Si 与 RT_{NDT} 成反比。

$$\Delta RT_{NDT} = 0.68 \cdot \max\begin{Bmatrix} \min(Cu, 0.35) - 0.05 \\ 0 \end{Bmatrix}^{1.0421} \cdot$$

$$\max\langle \min\{[\ln\varphi - \ln(1.67\times10^{17})] \cdot 171.3, 733.5\}, 0\rangle \cdot \left(\frac{T}{550}\right)^{-3.84} \cdot \left[\frac{(Ni)^{1.155}}{0.63}\right]^{0.32} +$$

$$0.9959 \cdot \{9.78 \times 10^{-10} \cdot \varphi^{0.5598}\} \cdot \left(\frac{T}{550}\right)^{-1.74} \cdot \left(\frac{P}{0.012}\right)^{0.24} \cdot \left[\frac{(Ni)^{0.365}}{0.63}\right]^{0.48} \cdot \left(\frac{Mn}{1.36}\right)^{9.15} \cdot \left(\frac{Si}{0.25218}\right)^{0.15706} \quad (2.2\text{-}2)$$

5. 对强度的影响

钢中硅作为置换式溶质原子不仅能起到固溶强化的作用，还能起到晶界强化的作用。在硅含量低时，其塑性、韧性基本不降低，但强度却随着硅含量降低而等比例降低。对于强度要求相对较低的 RPV 锻件而言，降低硅含量对锻件性能影响不大，而对于强度要求较高的 SG 锻件，降低硅含量一度出现了强度不合格的情况。为此中国一重通过对采用低硅、$T \times T/4$ 取样的 AP1000SG 筒体锻件性能热处理后的结果进行分析，确定碳含量、碳当量、回火 Pt 指数与性能的基本规律。

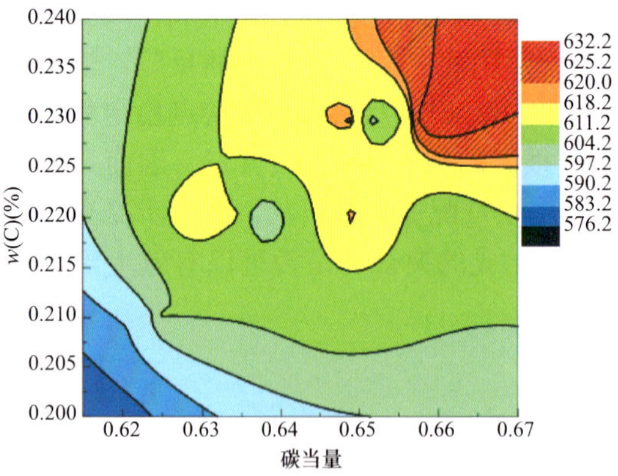

图 2.2-2 上筒体锻件成品分析碳含量和碳当量与抗拉强度的关系

图 2.2-2 是 AP1000SG 上筒体锻件成品分析碳含量及碳当量与抗拉强度的关系。从化学成分上看，能满足上筒体锻件抗拉强度（≥620MPa）的碳含量最低为 0.225%，碳当量最低为 0.655；随着碳含量的提高，强度合格所需要的碳当量可以适当降低。

降低硅含量将同比例降低锻件的强度，需要通过提高其他元素的含量维持碳当量（C_{eq}）不降低。

2.1.2 控制铝含量

炼钢生产工艺中为了降低钢中的含氧量，常用铝、钙等脱氧材料（或其复合合金）与氧发生反应生成氧化物炉渣上浮到钢液上层而降低钢液的氧含量，其中铝是优良的脱氧剂，铝易与氧反应生成 Al_2O_3（极少量氮化铝），同时有部分单质铝（金属铝、氮化铝、硫化铝）溶入钢中，这部分单质铝被酸溶解称为酸溶铝（acid-soluble aluminium，Als）；而极少量的 Al_2O_3 也会滞留在钢中形成夹杂物降低钢的性能，这部分 Al_2O_3 及尖晶石等一般不易被酸溶解，通常称为酸不溶铝（acid-insoluble aluminium，Alins）。钢中的酸溶铝和酸不溶铝之和叫全铝（total aluminium，Alt）。目前测量的铝一般都是酸溶铝。

在生产中可以通过调整钢中酸溶铝来控制钢中的夹杂物，但不同钢种对酸溶铝的控制要求并不相同。通过现场试验研究，对不同钢种、不同终点氧含量采取不同的调铝工艺，有效提高了酸溶铝的命中率。加入钢中的 Al 部分形成 Al_2O_3 或含有 Al_2O_3 的各种夹杂物，部分溶入固态铁中，以后随加热和冷却条件的不同，或者在固态下形成弥散的 AlN，或者继续保留在固溶体（铁素体、奥氏体）中。

钢中的 N 在铁素体中的溶解度在 590℃ 左右最大，约为 0.1%，而在室温下则小于 0.001%，故含 N 较高的钢从高温快速冷却后长期放置和稍微加热时就逐渐以氮化物的形式从铁素体中析出，使钢的强度升高而塑韧性降低。加 Al 可以形成对奥氏体晶界起钉扎作用的第二项质点 AlN 而固 N，减少 N 的时效脆化。Als 在浇注过程中如二次氧化，将产生过多

的高熔点 Al_2O_3夹杂，使钢液的流动性降低进而造成水口结瘤。

2.2 保护浇注

浇注过程中注流卷吸空气是钢液二次氧化的重要原因。钢液二次氧化不仅会形成有害的氧化物夹杂导致锻件的报废，而且还会使钢锭气体（H、O、N）含量增高，而气体含量高又是导致超大型锻件缺陷的主要原因之一。

为了避免钢液二次氧化，中国一重在国内外同行中率先开发了长水口保护浇注技术。保护浇注实际应用如图 2.2-3 所示，图中第一包在浇注，第二包在等待，第三包在安装长水口。以此类推，可以进行更多包的浇注，有效地避免了钢液二次氧化。

图 2.2-3　长水口保护浇注实例

采用新开发的 100t 中间包可以有效防止钢渣卷入钢锭模。在中间包中设置一挡渣堰，将中间包分成“受钢区”和“浇注区”。钢液湍动剧烈的部分集中在“受钢区”，在“浇注区”则形成流动较为平稳的熔池，减少卷渣概率；挡渣堰可阻挡钢液沿包底的流动，使流动的方向转向上方，延长钢液在中间包停留时间，有利于夹杂物上浮。传统的圆形敞开式中间包和带有挡渣堰的真空铸锭用中间包的模拟结果对比如图 2.2-4 所示。

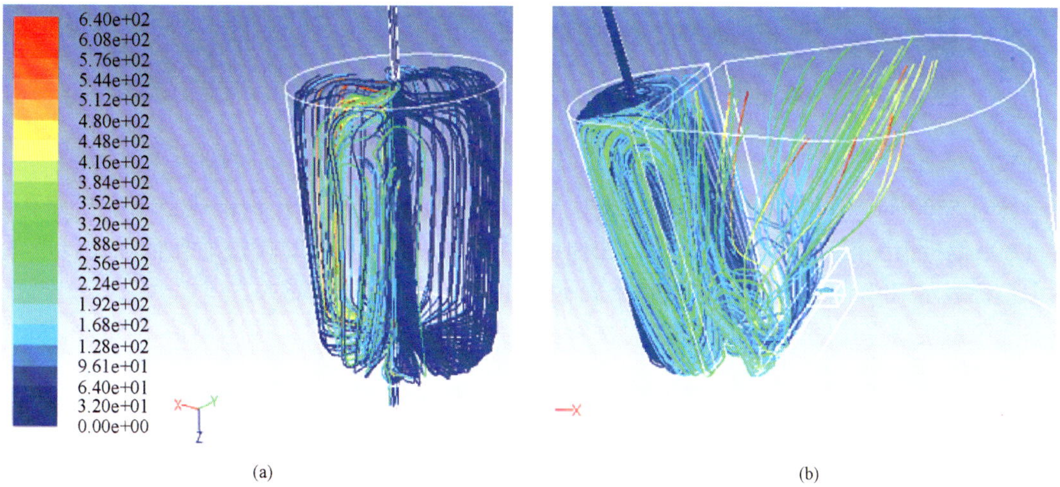

图 2.2-4　钢液在中间包中的流动模拟

（a）传统的圆形敞开式中间包；（b）带有挡渣堰的真空铸锭用中间包

模拟对比 100t 新型中间包与 60t 传统中间包夹杂物上浮去除能力，新型中间包的夹杂物上浮率达到 96%，而传统中间包的为 73%。两种中间包水模拟试验对比如图 2.2-5 所示。

100t 中间包的夹杂物大部分被拦截到了小头端（受钢区），大头端（浇注区）的钢液比

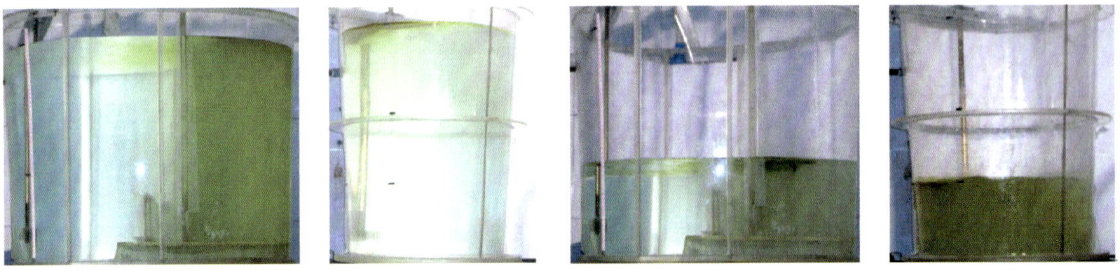

(a) (b) (c) (d)

图 2.2-5 两种中间包水模拟试验对比

（a）100t 中间包高液位；（b）60t 中间包高液位；（c）100t 中间包低液位；（d）60t 中间包低液位

较干净；60t 中间包的夹杂物除了一部分上浮到了液面，其余弥散到了钢液中。通过对比可以得出，100t 中间包的去除夹杂物能力强于 60t 中间包。

2.3 二 次 补 浇

偏析是钢液选分结晶和钢锭凝固过程的必然结果，钢锭越大，偏析、缩孔等缺陷越严重。某锻件供应商在生产 5500mm 支承辊时，发生了断辊现象，损失巨大。经过对断裂部位宏观形貌（见图 2.2-6）分析发现，材料牌号为 YW-50（平均含 C 量为 0.62%），二次缩孔严重，冒口下部的含 C 量竟高达 1.16%，是正常标准的 2 倍，由此造成钢锭在锻造期间发生心部开裂。

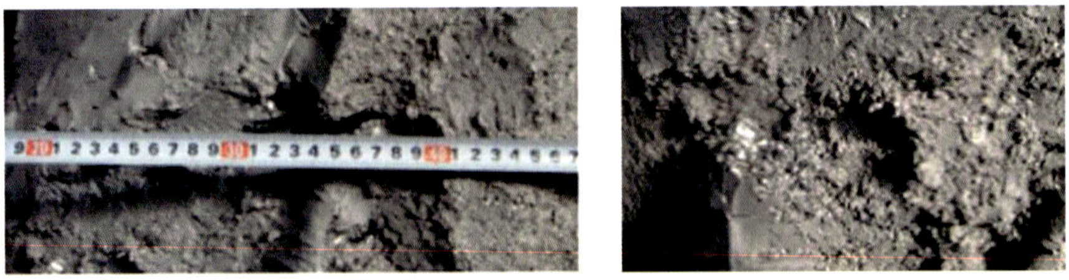

图 2.2-6 5500mm 支承辊断裂部位宏观形貌

针对 5500mm 支承辊发生的断辊情况，采用 Procast 软件对 459t 钢锭进行了疏松缩孔及碳（C）偏析情况模拟（见图 2.2-7）。模拟结果表明，钢锭心部的疏松缩孔情况比较严重。图中色标表示 Niyama 判据值，数值越小表示缩孔疏松产生的倾向越大。

为了解决这一难题，发明了钢锭二次补浇技术（见图 2.2-8），成功制造出 5m/5.5m 支承辊用超大型钢锭。

图 2.2-9 是采用二次补浇和不采用二次补浇钢锭的 C 偏析的模拟，可以看出，采用二次补浇可以有效改善钢锭心部偏析。

图 2.2-10 是二次补浇渣子流动情况模拟。从图 2.2-10 可以看出，随着补浇的时间增加，液面下的气相、渣相运动从深度上看，由浅到深再变浅；从宽度上看，逐步变宽。液流呈液滴下落，对液面下的钢液影响较小，保护渣不易被卷入并有利于其上浮。

在后续的超大型支承辊制造中采用了超大型钢锭二次补浇技术，锻件经一系列检测，均

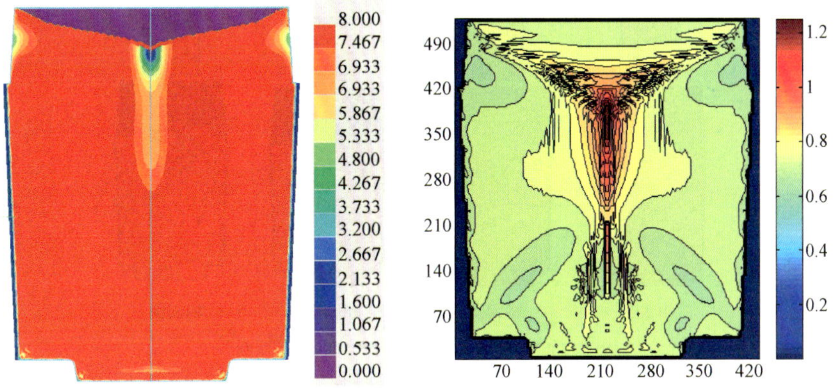

图 2.2-7　459t 轧辊钢锭疏松缩孔及 C 偏析情况模拟

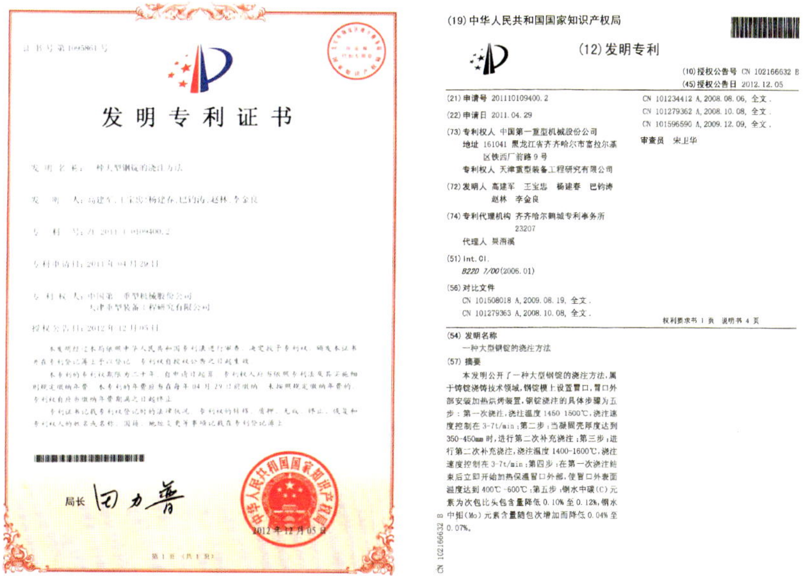
发明专利证书

局长

2012年12月05日

(19) 中华人民共和国国家知识产权局

(12) 发明专利

(10) 授权公告号 CN 102166632 B
(45) 授权公告日 2012.12.05

(21) 申请号 201110109400.2
(22) 申请日 2011.04.29
(73) 专利权人 中国第一重型机械股份公司
地址 161041 黑龙江省齐齐哈尔市富拉尔基区铁西厂前路9号
专利权人 天津重型装备工程研究有限公司
(72) 发明人 高建军　王宝忠　杨建春　巴钧涛　赵林　李金良
(74) 专利代理机构 齐齐哈尔鹤城专利事务所 23207
代理人 吴雨溪
(51) Int. Cl.
B22D 7/00(2006.01)
(56) 对比文件
CN 101508018 A, 2009.08.19, 全文.
CN 101279363 A, 2008.10.08, 全文.
CN 101234412 A, 2008.08.06, 全文.
CN 101279362 A, 2008.10.08, 全文.
CN 101596590 A, 2009.12.09, 全文.
审查员 宋卫华

权利要求书 1 页　说明书 4 页

(54) 发明名称
一种大型钢锭的浇注方法
(57) 摘要
本发明公开了一种大型钢锭的浇注方法，属于铸锭浇铸技术领域，钢锭模上设置冒口，冒口外部安装加热烘烤装置，钢锭浇注的具体步骤为五步：第一次浇注，浇注温度1450 1500℃，浇注速度控制在3-7t/min；第二步：当凝固壳厚度达到350-450mm时，进行第二次补充浇注；第三步：进行第二次补充浇注，浇注温度1400-1600℃，浇注速度控制在3-7t/min；第四步：在第一次浇注结束后立即开始加热保温冒口外部，使冒口外表面温度达到400℃-600℃；第五步：钢水中碳(C)元素为次包比头包含量降低0.10%至0.12%，钢水中钼(Mo)元素含量随包次增加而降低0.04%至0.07%。

CN 102166632 B

图 2.2-8　大型钢锭二次补浇技术专利

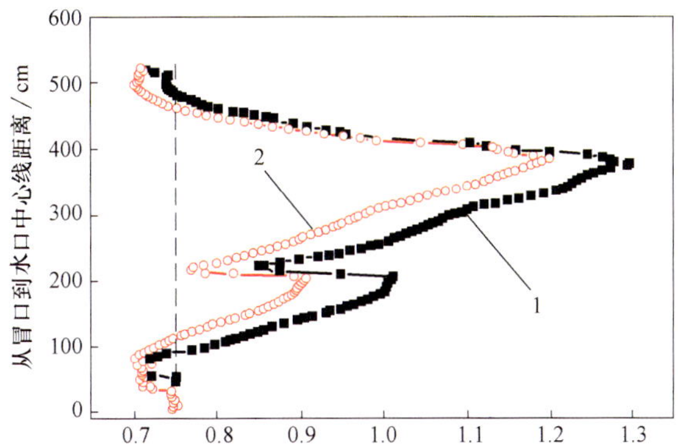

图 2.2-9　二次补浇与非二次补浇的 C 偏析情况对比模拟

1—无冒口补浇；2—冒口用 0.4%C 补浇

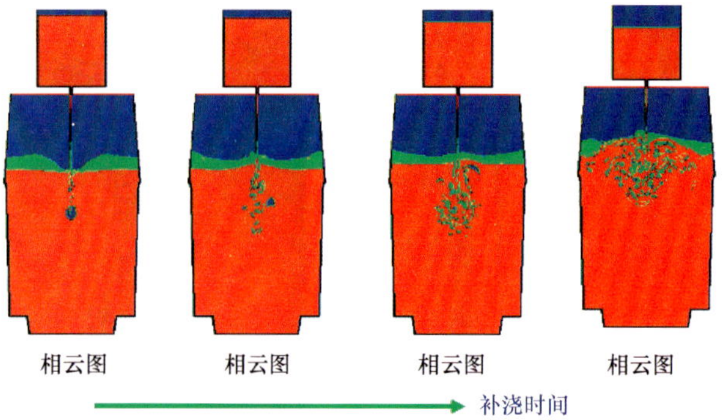

图 2.2-10　二次补浇渣子流动情况模拟

满足技术条件要求，锻件冒口 C 含量由过去的 1.16%减少到 0.85%，偏析程度降低明显，疏松、缩孔亦得到明显改善，应用该技术制造的 5m 支承辊合格率达到 100%，并成功制造出国内最大的 5.5m 支承辊。这种方法已经推广应用到核电用钢的铸锭中。

2.4 空心钢锭

超大型核电 RPV 筒体、SG 筒体、主管道等空心锻件，在通常情况下是采用普通的实心钢锭来生产的。一般的锻件制造流程是：压钳口→镦粗冲孔→芯棒拔长→扩孔。这种工艺流程工序多，需要多火次锻造，钢锭的利用率很低。为此，一些国家先后进行了空心钢锭的制造技术研究并取得成功。空心钢锭的制造具有以下几个优点：① 减少锻造火次；② 提高钢锭的锻造收得率；③ 减小钢锭重量，充分利用设备潜能。

但是空心钢锭的制造有很大的难度，其制造的关键技术是钢锭内孔冷却组合芯子的制造。要求中间芯子容易拔出，且内表面无裂纹，钢锭的凝固状态好。中心孔必须能充分的冷却，以确保最终凝固线接近于空心钢锭壁厚的中心部位。

2.4.1 大气浇注

图 2.2-11 是组合芯子采用双层套筒并填充耐火材料的制造方案。制造原理如下：① 在底盘上装配铸铁钢锭模，在钢锭模中心装配芯子。芯子的第 1、第 2 两层套筒之间填充耐火材料；② 在第 2 层套筒的内侧及第 3 层套筒与底盘之间留有空隙，第 3 层套筒上部通入气体，气体下降后从第 2 层、第 3 层套筒之间的空隙上升，用以冷却芯子；③ 为防止芯子浮起，在钢锭模的上方将芯子用卡具固定；④ 在底盘上，于钢锭模和芯子的第 1 层套筒所形成的环状空间开通汤道口，使钢液上升；⑤ 在第 2 层套筒和第 3 层套筒之间，焊若干个加强筋板以加强芯子的强度；⑥ 浇注既可以采用下注法，也可以采用上注法，但因下注法浇注钢液面上升平稳，使芯子损坏的危险性减少，故经常采用下注法生产。

大气浇注空心钢锭的关键技术有以下几点：

（1）型芯耐火材料厚度的确定。双层套筒空心钢锭引入了耐火层的设计，由于耐火层的作用缓冲了凝固收缩应力、避免了空心钢锭内表面的裂纹。这是空心钢锭在研制过程中取得的一个重大突破。为了得到尽可能好的冷却效果，对空心钢锭的凝固过程进行了数值模拟计算。

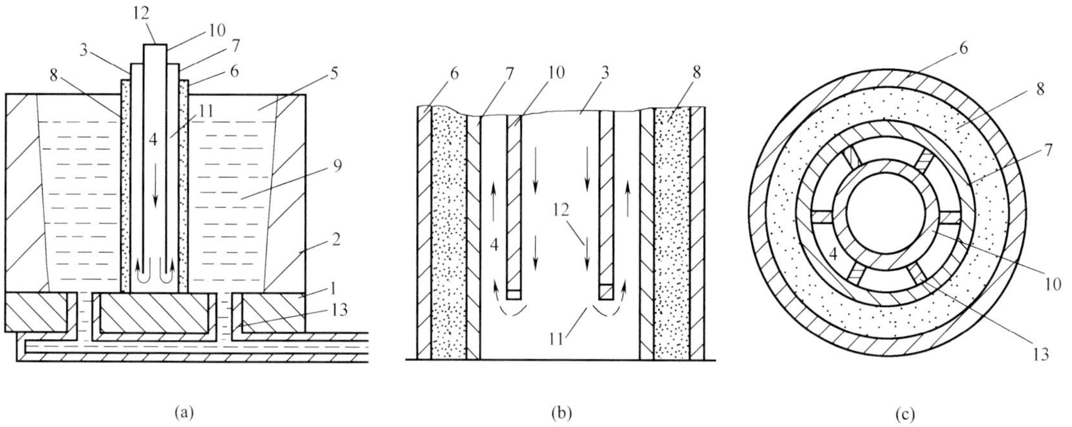

图 2.2-11 空心钢锭制造原理图

（a）空心钢锭结构示意图；（b）芯子结构示意图；（c）加强筋示意图

1—上底盘；2—钢锭模；3—芯子；4—冷却气体通道；5—冒口；6—第 1 层套筒；7—第 2 层套筒；8—耐火材料；9—空心钢锭；10—第 3 层套筒；11—间隙；12—芯子冷却气体；13—加强筋

对于 60t 级空心钢锭，选择不同的耐火层厚度及压缩空气传热系数，对其凝固过程进行数值模拟。模拟边界条件：耐火材料为铬矿砂加树脂，浇注温度为 1580℃，套筒材料为 25 号钢。从图 2.2-12 可以看出：在心部换热系数相同时，耐火层越薄，最终凝固位置越靠近心部。但这种变化不是很明显，在传热系数为 100 时，从 20mm 增加到 30mm，最终凝固位置的分数值（最终凝固位置至内侧的距离/钢锭厚度）仅从 34% 下降至 31%。因此，为了确保芯子的强度，采用耐火层厚度为 30mm。

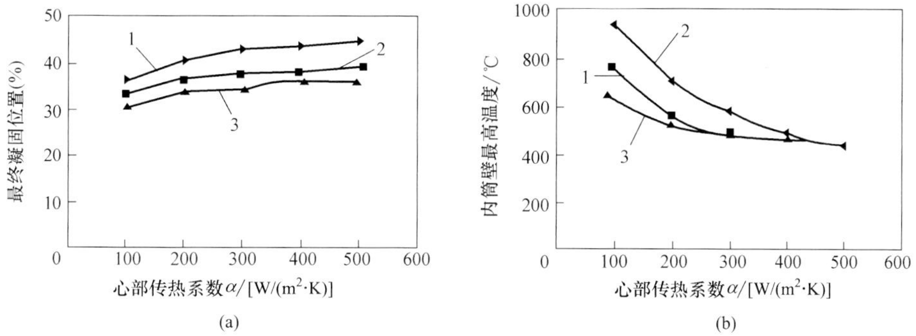

图 2.2-12 耐火层厚度、传热系数对最终凝固位置的影响

（a）最终凝固位置与心部传热系数与耐火层厚度之间的关系；

（b）内套筒最高温度随耐火层厚度及心部传热系数的变化

1—耐火层厚度 10mm；2—耐火层厚度 20mm；3—耐火层厚度 30mm

（2）空心钢锭心部气体流动环隙厚度的确定。在耐火材料厚度一定的情况下，随着传热系数的增加，最终凝固位置向中心移动。对于双层套筒的空心钢锭结构，在采用空气冷却的情况下，心部的传热系数由环形管道内的强迫对流情况来决定。根据国内某高校所进行的理论分析，当冷却介质的流量一定时，心部传热系数随环隙宽度的减小而增大。但是由于实际生产中采用的是压缩空气，压力是一定的，此时流过空隙的流量则与阻力有关，阻力大，流量小，而阻力又与环隙宽度有关。

(3) 套筒厚度的确定。从质量的角度考虑，要求空心钢锭浇注后的最终凝固位置尽可能地接近于钢锭壁厚的中心，所以气体的冷却效果要好。从这点出发，要求芯子套筒的壁厚尽可能地小，耐火材料的厚度也要尽可能地小。耐火材料厚度对最终凝固位置的影响前面已有叙述，对于套筒的壁厚来讲，过小会造成芯子的强度不足，经受不住熔钢的静压力，有可能将芯子烧穿，造成事故。第1层套筒与钢液接触，表面部分熔化，剩余部分与空心钢锭焊合在一起，壁厚增加一点也无大碍，但是第2层套筒则必须要肩负起抵抗钢液静压力的作用。

中国一重对于大气浇注空心钢锭进行了大量的工业试验，取得了良好的结果（见图2.2-13～图2.2-16），形成了一系列的空心钢锭生产能力。

图2.2-13是各种附具准备过程。图2.2-13a是底盘浇道布置；图2.2-13b是钢锭模、组合芯子及绝热板组装后状态；图2.2-13c是下注管道安装后状态；图2.2-13d是芯子冷却装置安装后状态。

(a) (b) (c) (d)

图2.2-13　附具准备

(a) 底盘浇道布置；(b) 钢锭模、组合芯子及绝热板组装；(c) 下注管道安装；(d) 芯子冷却装置安装

图2.2-14是空心钢锭浇注及脱模过程。图2.2-14a是浇注过程；图2.2-14b是浇注后测温；图2.2-14c是脱保温帽；图2.2-14d是将钢锭吊出浇注地坑去脱模。

图2.2-15是空心钢锭加热及锻造过程。图2.2-15a是空心钢锭工序之间转运；图2.2-15b是空心钢锭装入锻造加热炉；图2.2-15c是空心钢锭锻造开始状态；图2.2-15d是空心钢锭锻造结束状态。

中国一重目前已具备200t级空心钢锭生产能力。200t级空心钢锭生产的装配图如图2.2-16所示。

图 2.2-14　空心钢锭浇注及脱模

（a）浇注；（b）测温；（c）脱帽；（d）吊运

图 2.2-15　空心钢锭加热及锻造

（a）工序转运；（b）入炉加热；（c）锻造开始；（d）锻造结束

2.4.2　真空浇注

大气浇注空心钢锭不利于钢锭中气体（H、O、N）的去除，因此中国一重在大气浇注的基础上开发了真空浇注空心钢锭的工艺。试验附具如图 2.2-17 和图 2.2-18 所示。试验浇注钢种为 2.25Cr-1Mo-0.25V，浇注锭型 100t。

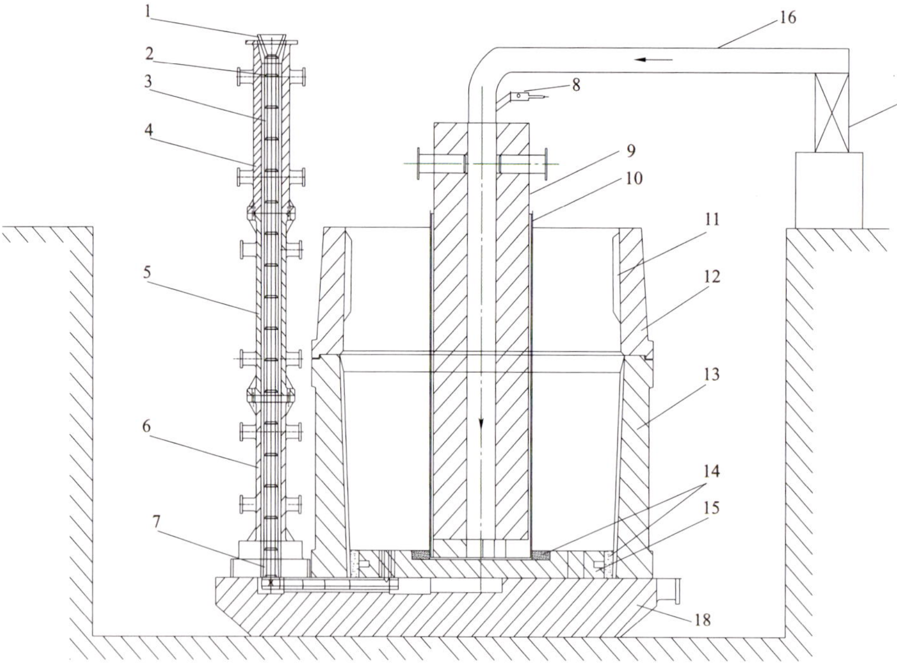

图 2.2-16　200t 空心钢锭装配示意图

1—漏斗砖；2—调整砖；3—中注管砖；4—中注管上部；5—中注管中部；6—中注管下部；7—底座砖；8—液氮引射器；9—芯子；10—套筒；11—绝热板；12—保温帽；13—钢锭模；14—填充料或用石棉绳塞紧；15—上底盘；16—风管；17—风机；18—下底盘

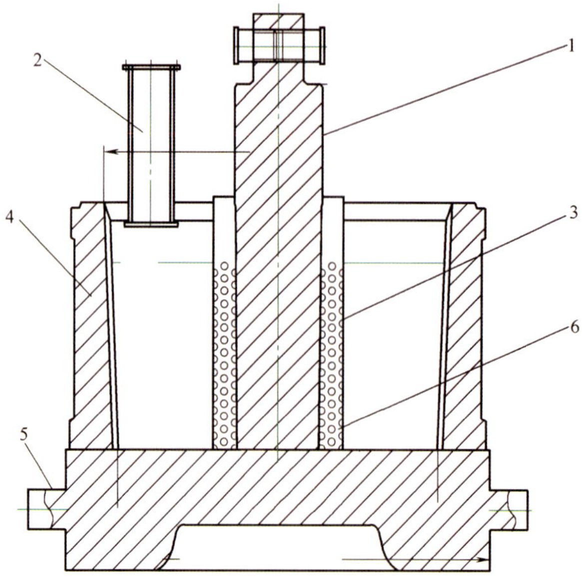

(a)

(b)

图 2.2-17　真空浇注空心钢锭中间试验辅具

（a）附具装配简图；（b）附具装配现场

1—芯子；2—浇注管道；3—钢套管；4—钢锭模；5—底盘；6—钢珠

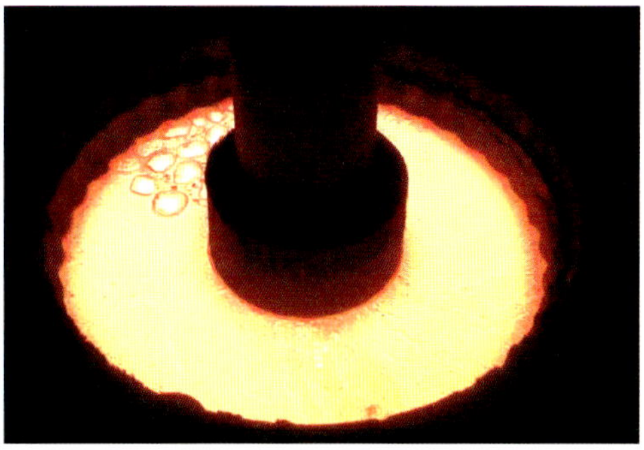

图 2.2-18　真空盖移走后钢锭状态

钢锭表面出现凹坑（见图 2.2-19），凹坑位置位于导流管下方，疑似导流管内残余钢液滴下冲击表面所形成。

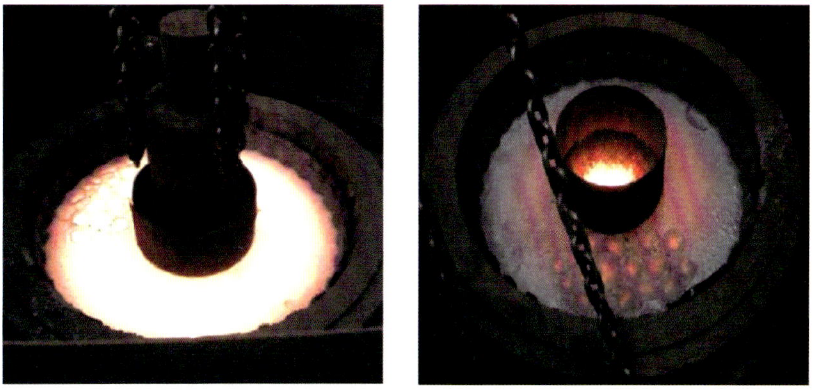

(a)　　(b)

图 2.2-19　芯子预拔及脱芯后的钢锭状态

（a）芯子预拔；（b）脱芯后

空心钢锭脱模过程及脱模后状态如图 2.2-20 所示。钢锭表面平整，钢锭外沿有飞边（图 2.3-20b 下部黑色的部分），为钢液浇注过程中喷溅到钢锭模表面所致。

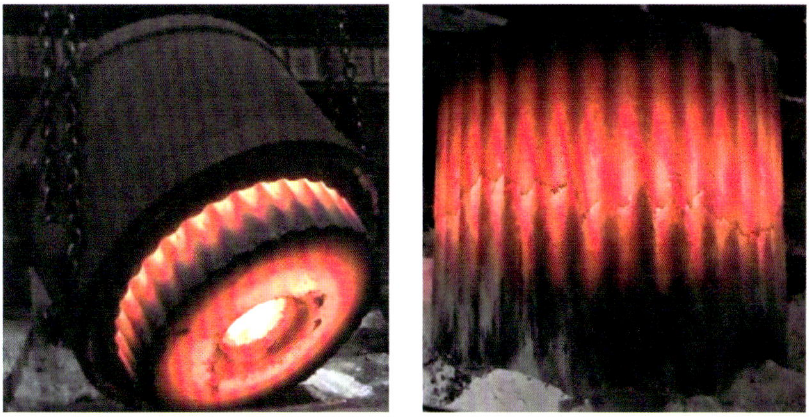

(a)　　(b)

图 2.2-20　空心钢锭脱模过程及脱模后状态

（a）钢锭脱模过程中；（b）钢锭脱模后状态

采用真空浇注空心钢锭的制造技术，成功浇注出一支100t空心钢锭。这种空心钢锭制造技术可以推广应用到316LN不锈钢主管道等产品的生产。

2.5 直桶型精炼钢包底吹氩新工艺

钢包底吹氩搅拌是LF钢包精炼炉的主要精炼功能之一。通过底吹氩，强化钢包熔池的搅拌，增大钢-渣之间的反应面积，造成钢渣乳化、夹杂物颗粒随气泡上浮、碰撞、聚合，从而有利于钢-渣之间的化学反应，加速钢-渣之间的物质传递，有利于钢液的脱氧、脱硫反应的进行，以及钢液中非金属夹杂物，特别是Al_2O_3类型夹杂物的上浮去除。此外，吹氩搅拌也可以加速钢液温度、成分的均匀，能精确地调整复杂的化学组成，而这对冶炼优质钢是必不可少的要求。

综合国内外研究结果可以看出，钢包吹气搅拌操作的关键是在最佳的气体流量条件下达到最短的混合时间和最大的外加合金利用率。当前解决这一问题的主要措施集中在合理的透气砖布置方式及最佳吹气量的确定两个方面。为此，中国一重与相关院所合作，开展了LF钢包吹氩搅拌新工艺的研究工作。

2.5.1 试验原理及方法

通过物理模拟不同工况条件下钢包内的流动特征，考察LF钢包底吹氩透气砖数量、位置及底吹氩气体流量对钢包熔池内钢液混匀效果及卷渣的影响，确定合理的LF钢包底吹氩工艺参数。

1. 试验原理

物理模拟是利用模型与原型的几何相似、描述流动的相似准数相等和过程机理相同，则模型结果与原型相同的相似原理建立起来的。它不仅克服了由于冶金过程的复杂性和高温以及测试手段限制而难以实现对反应器内流动过程进行直接研究的状况，而且消耗低，更重要的是可以验证和完善数学模型的结果，为反应过程的准确数值模拟和优化提供保证。国外从20世纪60年代开始就应用这一研究方法对高温冶金容器内流体的流动行为进行优化研究，以改善其流体流动状态、优化流场行为，提高冶金产品质量。

（1）几何相似。相似比是模型某一物理量与原型相应物理量的比值。几何相似考虑的是模型与原型主要尺寸的相似，几何相似比数学表达式如下式所示，即

$$\lambda = \frac{L_m}{L_p} \tag{2.2-3}$$

式中：λ为比例因子；L_m为模型几何尺寸；L_p为原型几何尺寸。

从理论上讲，模型与原型几何相似比可以取任意数值。但几何相似比过小的话，模型尺寸过小，试验结果可信度降低，不易得出正确结果；而相似比过大，则导致模型尺寸过大，试验条件将难以保证，并且会大大增加试验费用。因此，设计试验模型时应选取合适的相似比。根据中国一重130tLF精炼钢包原型尺寸以及试验室现有条件，选取钢包模型与原型的几何相似比λ为1∶4。钢包几何结构如图2.2-21所示，模型与原型的有关尺寸见表2.2-3。

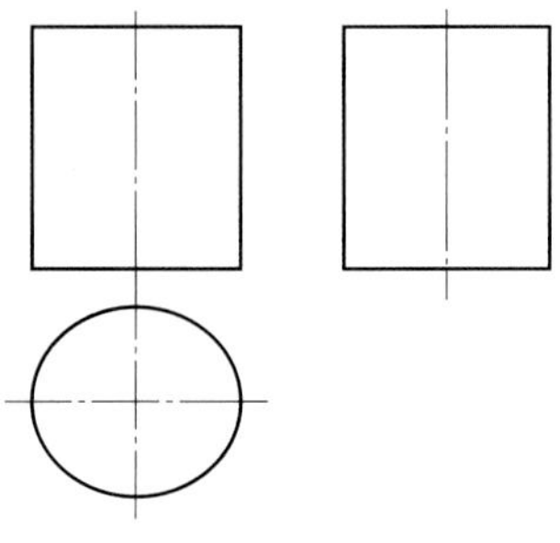

图2.2-21 钢包几何结构

表 2.2-3　　钢包原型与模型的尺寸参数　　(mm)

参　　数	原　　型	模　　型
钢包上口直径	3250	813
钢包底部直径	3250	813
钢包高度	4540	1135
熔池高度	2239	560

注：所有尺寸均为内尺寸，即不包括耐火材料和包壳的净尺寸。

(2) 动力学相似。根据相似原理，模型与原型除了保证几何相似外，还应满足动力学相似。对于 LF 精炼钢包体系来说，引起体系内流动的动力主要是气泡浮力而不是湍流的黏性力，大量研究表明，LF 精炼钢包体系气-液两相流间的动力学相似性可用修正弗劳德数来描述。保证模型与原型的修正弗劳德数相等，就能基本上保证它们之间的动力学相似，即

$$(Fr')_{m} = (Fr')_{p} \tag{2.2-4}$$

$$Fr' = \frac{\rho_{g}u^{2}}{(\rho_{l} - \rho_{g})gH} \approx \frac{\rho_{g}u^{2}}{\rho_{l}gH} \tag{2.2-5}$$

式中：p 为原型；m 为模型；u 为特征速度；H 为熔池深度；ρ_l，ρ_g 为液体和气体的密度。

特征速度 u 可表示为

$$u = \frac{4Q}{\pi d^{2}} \tag{2.2-6}$$

式中：Q 为气体体积流量；d 为透气砖直径。

将以上关系式进行计算整理，可得

$$Q_{m} = \sqrt{\frac{\rho_{g,p}}{\rho_{g,m}} \cdot \frac{\rho_{l,m}}{\rho_{l,p}}\left(\frac{d_{m}}{dp}\right)^{4} \cdot \frac{H_{m}}{H_{p}}}Q_{p} \tag{2.2-7}$$

以水来模拟钢液，以 N_2 模拟底吹的氩气。根据式 (2.2-7) 及几何相似比，可得

$$Q_{m} = 0.014\ 1Q_{p} \tag{2.2-8}$$

(3) 钢-渣界面相似条件的确定。以混合的真空泵油和液状石蜡来模拟钢包精炼渣。为了较为准确地模拟钢包卷渣，选用能满足无量纲等式的介质进行试验。

$$\frac{\nu_{slag}}{\nu_{steel}} = \frac{\nu_{oil}}{\nu_{water}} \tag{2.2-9}$$

式中：ν 为黏度，Pa·s。

将煤油和真空泵油以一定比例混合，使混合油的黏度与水的黏度比值同钢包精炼渣与钢液的黏度比值满足以上等式。研究所涉及相关介质的物理性能见表 2.2-4。

表 2.2-4　　模型与原型介质的物性参数

参数	钢液	渣	水	混合油	Ar	N_2
温度/℃	1600	1400～1500	20	20	20	20
表面张力×10^3/(N/m)	1520	490	72.2	20	—	—
密度/(kg/m^3)	7×10^3	3.5×10^3	1×10^3	0.86×10^3	1.784	1.25
黏度/(Pa·s)	5×10^{-3}	$(30\sim500)\times10^{-3}$	1.01×10^{-3}	70×10^{-3}	—	—

2. 试验装置

试验装置由钢包模型、喷吹气体系统，以及检测系统组成，其装置示意图如图 2.2-22 所示。钢包模型用有机玻璃制成，喷吹气体采用瓶装氮气，检测系统由电导电极、电导率仪、计算机、数据采集软件等组成。

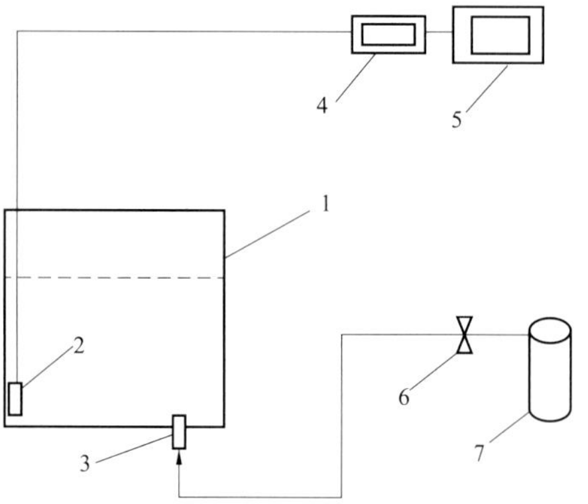

图 2.2-22 试验装置示意图

1—钢包模型；2—电导电极；3—透气砖；4—电导率仪；5—计算机；6—减压阀；7—瓶装氮气

3. 试验方法

通过优化底吹气量及透气砖位置，提高钢包搅拌效率。在试验中，直接测定搅拌能力较为困难，通常由混匀时间来表征钢液搅拌能力。钢液搅拌能力与混匀时间关系为

$$\varepsilon^{-\frac{2}{5}} = \frac{\tau}{800} \qquad (2.2-10)$$

式中：ε 为搅拌功率密度，W/t；τ 为混匀时间，s。

混匀时间越短，钢液搅拌能力越强。混匀时间通常采用“刺激-响应”技术，即向钢包熔池中输入一个刺激信号，信号一般使用示踪剂来实现，测量该输入信号的输出，即所谓响应，从响应曲线可得到混匀时间。其具体试验方法为：将一测定电导率的电导电极放置在离包底 20mm 处，以此来检测 100mm 浓度为 4mol/L 的 NaCl 溶液加到钢包后电导率的变化情况。电导率仪的输出信号经数据采集软件记录在计算机中。混匀时间的测定是根据电导率的波动不超过稳态值的 5% 来确定的，典型的曲线如图 2.2-23 所示。测定混匀时间前，以一定量的氮气搅拌熔池 5min，保证熔池中流动的稳定性。对每一种试验参数条件下的混匀时间的测定，需重复多次，取其平均值作为混匀时间的测定值。

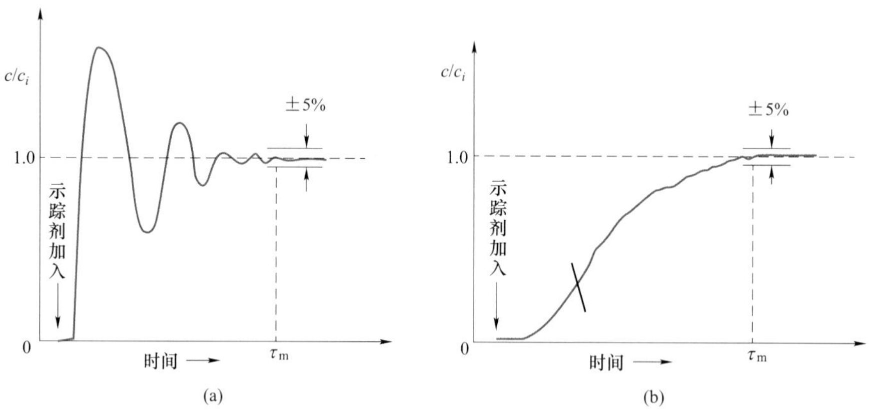

图 2.2-23 喷吹钢包中混匀时间测定的两种典型记录曲线

（a）显示探头置于循环主流股中；（b）显示探头置于主流股外或死区

卷渣模拟试验具体方法是：试验中将真空泵油和液状石蜡的混合溶液缓缓注入钢包模型中，使其浮于水面，达到试验要求厚度。在钢包底部透气砖处喷入氮气，观察油层和水层的卷混情况，并用相机进行拍照和摄像机进行录像。

4. 试验方案

根据相关文献资料以及现场生产实践，对于容量在 100t 以上，200t 以下的钢包，一般采

用单透气砖喷吹或双透气砖喷吹的模式。鉴于此，对于容量为130t的钢包，分别考察了单透气砖和双透气砖两种喷吹模式下钢包内钢液的混合情况以及卷渣情况。考虑到钢包底部透气砖喷吹流股对LF炉电极及包壁耐火材料冲刷侵蚀的影响，透气砖一般布置在电极极心圆之外，距包壁一定距离。考察了透气砖在距包底中心距离与钢包底部半径之比 r/R（偏心率）为0.3～0.7范围内，具体 r/R 分别为0.3、0.4、0.5、0.6、0.7等5个位置处钢包内钢液的混匀时间。对于单透气砖，考察了以上5个位置对钢包内流体流动特性的影响；而对于双透气砖，则考察了透气砖夹角分别为60°、90°、120°、150°和180°，r/R 分别为0.3、0.4、0.5、0.6、0.7，且为同心圆布置时的25种布置方式对钢包内流体的混匀时间及卷渣的影响。同时为了对比分析，参考了原工艺所采取的底吹方式，即双透气砖喷吹，透气砖夹角约62°，透气砖与包底偏心率 r/R 为0.57时，钢包内流体流动特性。试验所参考的透气砖序号及其在钢包底部所对应的位置见图2.2-24及表2.2-5。

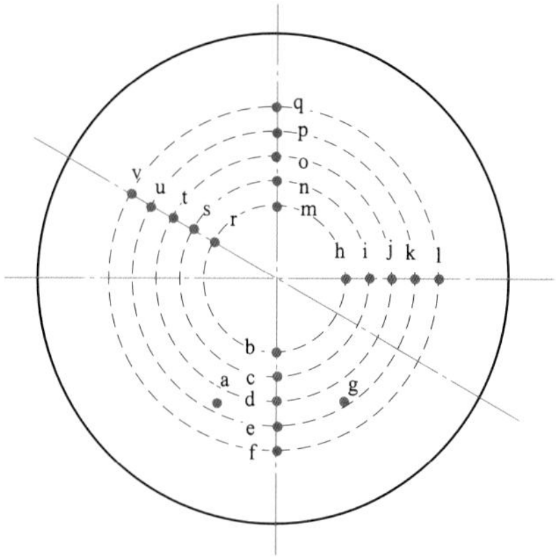

图2.2-24　试验透气砖在钢包包底位置

表2.2-5　试验透气砖序号及其在包内对应位置

序号	透气砖位置及组合说明	序号	透气砖位置及组合说明
1	单透气砖h（r/R=0.3）	17	双透气砖r、b（r/R=0.3，夹角120°）
2	单透气砖i（r/R=0.4）	18	双透气砖s、c（r/R=0.4，夹角120°）
3	单透气砖j（r/R=0.5）	19	双透气砖t、d（r/R=0.5，夹角120°）
4	单透气砖k（r/R=0.6）	20	双透气砖u、e（r/R=0.6，夹角120°）
5	单透气砖l（r/R=0.7）	21	双透气砖v、f（r/R=0.7，夹角120°）
6	双透气砖a、g（原位置，r/R=0.57，夹角62°）	22	双透气砖h、r（r/R=0.3，夹角150°）
7	双透气砖m、r（r/R=0.3，夹角60°）	23	双透气砖i、s（r/R=0.4，夹角150°）
8	双透气砖n、s（r/R=0.4，夹角60°）	24	双透气砖j、t（r/R=0.5，夹角150°）
9	双透气砖o、t（r/R=0.5，夹角60°）	25	双透气砖k、u（r/R=0.6，夹角150°）
10	双透气砖p、u（r/R=0.6，夹角60°）	26	双透气砖l、v（r/R=0.7，夹角150°）
11	双透气砖q、v（r/R=0.7，夹角60°）	27	双透气砖b、m（r/R=0.3，夹角180°）
12	双透气砖b、h（r/R=0.3，夹角90°）	28	双透气砖c、n（r/R=0.4，夹角180°）
13	双透气砖c、i（r/R=0.4，夹角90°）	29	双透气砖d、o（r/R=0.5，夹角180°）
14	双透气砖d、j（r/R=0.5，夹角90°）	30	双透气砖e、p（r/R=0.6，夹角180°）
15	双透气砖e、k（r/R=0.6，夹角90°）	31	双透气砖f、q（r/R=0.7，夹角180°）
16	双透气砖f、l（r/R=0.7，夹角90°）		

试验观察70L/min、140L/min、210L/min、280L/min、350L/min、420L/min、490L/min 7个气体流量对LF精炼钢包熔池混匀时间的影响，以确定适宜的底吹气体流量。试验中采用的喷吹介质物性以及由式（2.2-7）计算的模拟试验气体流量见表2.2-6。

通过卷渣模拟试验，定性分析其卷渣机理，并确定软吹气量以及临界卷渣气量。

表 2.2-6　　LF 原型与模型喷吹介质物性及底吹气体流量

类别	底吹气体密度/（kg/m^3）	底吹气体流量/(L/min)						
		1	2	3	4	5	6	7
原型	1.784（Ar）	70	140	210	280	350	420	490
模型	1.250（N_2）	0.99	1.97	2.96	3.95	4.94	5.92	6.91

注：双透气砖喷吹时，每个透气砖的底吹气体流量为以上总气体流量的一半。

2.5.2　试验结果分析与讨论

对搅拌方式为气体搅拌的 LF 钢包，其钢包内钢液的流动主要是由底部透气砖喷吹的氩气在钢液中形成氩气泡，气泡上浮而引起钢液的搅动，然后气泡从钢液面逸出。随着吹气量的增大，搅拌强度增强。气泡在上浮过程中带动夹杂上浮，搅拌越强上浮越充分，但当吹气量过大，顶渣层可能以液滴形式被卷入钢液内部来不及上浮而恶化钢液质量。透气砖在一定范围内偏离包底中心，可在包内形成较大循环流动，有利于钢液的混合均匀；但如果透气砖过于靠近包壁，则对包壁耐火材料冲刷侵蚀严重，将降低钢包使用寿命，并降低钢液质量。因此，有必要对底吹氩相关工艺参数，如透气砖数量、位置以及底吹气体流量进行优化调整，以强化底吹氩搅拌效果，充分发挥 LF 钢包精炼功能。

1. 单透气砖喷吹钢包熔池混匀效果

（1）单透气砖底吹气量对混匀时间的影响。试验模拟了 130t 钢包采用单透气砖喷吹方式时，不同底吹气体流量对钢包内钢液混匀时间的影响，试验结果如图 2.2-25 所示。

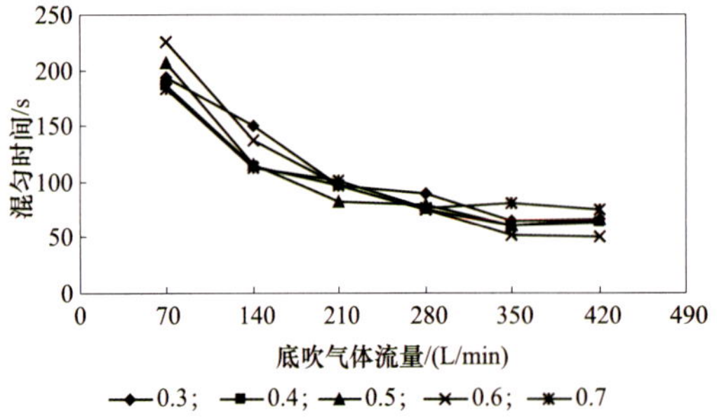

图 2.2-25　单透气砖底吹气量对钢包熔池混匀时间的影响

从图 2.2-25 可以看出，在试验所考察的底吹气体流量范围内，LF 精炼钢包内钢液的混匀时间均随着底吹气体流量的增大而缩短；在一定底吹气体流量范围内，随底吹气体流量的增大，钢包内钢液的混匀时间显著缩短；而当底吹气体超过一定流量时，则随着底吹气体流量的增大，钢包内钢液的混匀时间缩短幅度减小，即钢包底吹气体流量存在一个临界值，当小于临界值时，随底吹气体流量的增大，混匀时间迅速缩短，而超过临界值时，混匀时间变化不明显。具体来讲，当模型底吹气体流量由 0.99L/min 增大至 2.96～3.95L/min，即原型底吹气体流量由 70L/min 增大至 210～280L/min 时，钢包内钢液混匀时间大幅度缩短；当继续增大底吹气体流量，混匀时间变化不明显，减小幅度较小。分析认为，底吹气体流量对钢包内钢液混匀时间的影响，实质上与气泡的能量利用率有关。当供气量小时，底吹透气砖出口气泡为弥散形，气泡所做的功主要用于带动钢包内液体运动，在钢包内形成循环流动。因此，在一定气体流量范围内，增加供气量相应地增加了气泡的搅拌能，从而使混匀时间明显缩短；但当供气量超过某一临界值后，相当一部分能量消耗于钢包熔池液面的隆起和翻滚，即随气-液界面交换能量而损失。同时，随着气泡从液面溢出，也带走相当一部分能量。因此，尽管总能量增大，但用于液体环流的能量增加不多，致使供气量增大，混匀时间减少不明显。而且，在试验过程中还观察到，当底吹气体流量过大时，从底吹透气砖喷吹出来的气体不是呈气泡的形式，而是形成连泡气柱。连泡气柱的形成，减小了气泡与钢包熔池内钢液的接触面积，必将降低搅拌混匀效果，导致底吹氩精炼效果下降。其他研究结果也表明，钢包底吹气量超过某一临界值，吹入的气体将会在钢包熔池内形成自钢包底部至钢包表面的贯穿流，减小了搅拌强度，而且在冲出熔池表面时引起钢液喷溅，导致钢液二次氧化；但当吹氩量过低时，搅拌能力较弱，同样限制了底吹氩的精炼作用。

130t LF 精炼钢包单透气砖喷吹时，模型底吹气体流量控制在 2.96～3.95L/min 左右，对应原型为 210～280L/min 时可获得较好的搅拌效果，此时，底吹气体搅拌效率较高，混匀时间较短。因此，在实际生产过程中，对于 130t LF 精炼钢包，当采用单透气砖喷吹时，从均匀钢液成分和温度的角度出发，底吹气体流量控制在 210～280L/min 左右比较适宜。

（2）单透气砖位置对混匀时间的影响。透气砖在钢包底部偏心布置，其偏心率 r/R 分别为 0.3、0.4、0.5、0.6、0.7 底吹位置时的混匀效果如图 2.2-26 所示。

由以上分析可知，从均匀钢液成分以及温度的角度，底吹气体流量控制在 210～280L/min 左右比较适宜。因而，适宜的单透气砖底吹位置其确定依据主要是该气量范围内钢包熔池混匀时间的长短。由图 2.2-26 所示的试验结果可以看出，在所考察的 5 个底吹位置中，底吹透气砖距钢包底部中心其偏心率 r/R 为 0.5 时，钢包内钢液的混匀时间最短。分析认为，一定的偏心喷吹，可在钢包内形成非对称的循环流动，钢包除局部存在较小范围的循环流外，整个熔池发展为许多股侧向回流，横向传递最为充分。但随着底吹透气砖位置进一步向包壁靠近，一方面将导致远离透气砖侧的钢液局部流动不畅，弱流区增大，整体混合效果变差；另一方面，由于气体流股自透气砖喷出后形成具有一定扩张角的气-液流股，由于流股的靠壁性，将导致上升气-液流股对包壁耐火材料的冲刷侵蚀，降低钢包使用寿命，进而影响钢液质量。

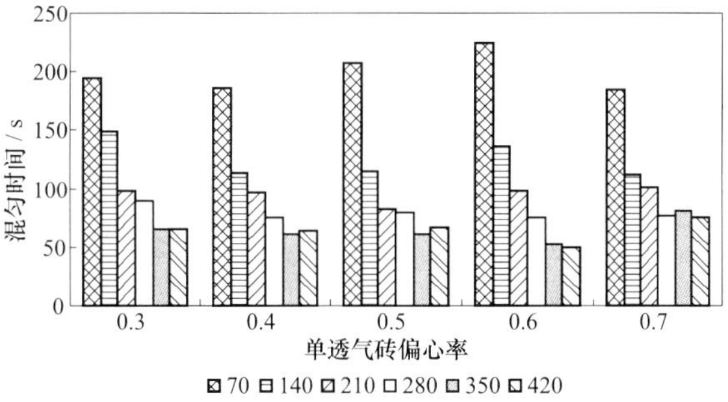

图 2.2-26　单透气砖底吹位置对钢液混匀时间的影响

结合 130t 钢包结构尺寸，从生产经验及相关理论上探讨适宜的底吹氩位置。

为了防止大气量条件下渣面吹开后钢液裸露导致电弧不稳定，以及底吹气流对电极的冲刷，导致其损耗增大、钢液增碳、热损失增加，一般要求将底吹透气砖布置在电极极心圆以外。在本试验条件下，130t 钢包直径为ϕ3250mm，极心圆直径为ϕ850mm，不考虑氩气流的扩张角以及底吹透气砖的结构尺寸，底吹透气砖应布置在 $r/R>0.27$ 范围以外。

但为了减少或避免底吹气流对包壁的冲刷，底吹透气砖不能过于靠近包壁。

为了从理论上分析底吹透气砖距钢包侧壁的适宜距离，借用 CAS-OB 隔离罩内形尺寸确定公式来加以阐述。其经验公式如式（2.2-11）所示

$$D = 2H \times \tan\frac{\theta}{2} + d \quad (2.2\text{-}11)$$

式中：D 为浸渍罩内径；H 为钢液熔池深度；θ 为氩气泡扩张角，取 22°；d 为吹氩透气砖直径。

为了将其应用于计算氩气泡上升流股是否能冲刷到钢包侧壁，对该经验公式进行简单变形处理

$$L = R_{半径} \times \left(1 - \frac{r}{R}\right) - \left(H \times \tan\frac{\theta}{2} + \frac{d}{2}\right) \quad (2.2\text{-}12)$$

式中：L 为氩气泡上升流股距钢包侧壁距离；$R_{半径}$ 为钢包半径；$\frac{r}{R}$ 为底吹透气砖偏离钢包中心偏心率。

根据式（2.2-12），可计算出底吹透气砖距钢包中心偏心率为 0.6～0.7，钢包熔池深度为 130t 时所对应的气-液两相流股与钢包内壁的间距 L，其结果见表 2.2-7。

表 2.2-7　气泡上升流股距钢包侧壁距离　（mm）

偏心率	气-液流股距包壁距离
r/R=0.6	161
r/R=0.7	-2

由表 2.2-7 所示计算结果可以看出，钢包盛钢量为 130t，偏心率为 0.6 时，上升气-液两相流股不能直接冲刷到钢包包壁，而在偏心率 r/R 为 0.7 时，自底吹透气砖喷吹的氩气所形成的气-液上升流股将直接冲刷到钢包包壁，考虑到气体流股的靠壁性以及扰动，在偏心率较大时，气-液流股对包壁的冲刷将较为严重。

根据图 2.2-26 所示试验结果，以及以上理论分析计算，底吹透气砖布置在偏心率 r/R 为 0.5 时比较理想。采用单透气砖喷吹模式时，为了减小上升气-液流股对电极的影响，建议透气砖布置在两电极中心连线的垂直平分线上。

2. 双透气砖喷吹钢包熔池混匀效果

（1）双透气砖底吹气量对混匀时间的影响。试验首先考察了在原工艺所采用的底吹喷吹方式下钢包内钢液的混匀时间，其不同底吹气量条件下的试验结果如图 2.2-27 所示。为了对比分析单、双透气砖对钢包熔池混匀时间的影响，采用双透气砖喷吹时，其每个透气砖的喷吹气体流量为单透气砖喷吹气体流量的一半。

从图 2.2-27 可以看出，采用双透气砖喷吹时，底吹气体流量对钢液混匀时间的影响与单透气砖所反映的趋势基本一致，即在一定底吹气量范围内，随着底吹气量的增大，钢包内钢液的混匀时间随之缩短，且其变化趋势较为显著；当底吹气量达到一定的临界值后，再继续增大底吹气量，钢包内钢液的混匀时间减小幅度下降，甚至有稍微增大的趋势。由图 2.2-27 可见，采用双透气砖喷吹模式时，底吹气量控制在 280L/min 左右比较适宜。

（2）双透气砖布置对混匀时间的影响。采用不同透气砖夹角、偏心率布置的双透气砖，钢包内钢液的混匀时间如图 2.2-28 所示。从图 2.2-28 可以看出，不同夹角的双透气砖的偏

心率基本上在 0.4～0.5 范围内，其钢包内钢液的混匀时间较短。

透气砖偏心率在 0.4、0.5 时，透气砖夹角对钢包内钢液的混匀时间的影响如图 2.2-29 所示。

从图 2.2-29 可以看出，双透气砖夹角为 60°或 90°时，钢包内钢液的混匀时间较短；而当夹角为 120°或 150°时，混匀时间相对较长。分析认为，当双透气砖夹角

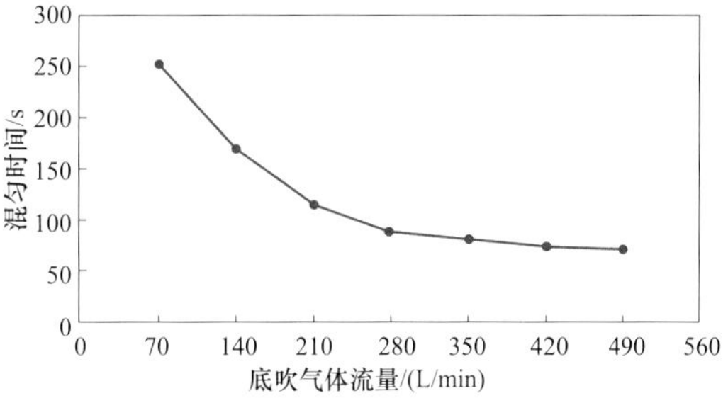

图 2.2-27　原工艺底吹方式下底吹气量对钢包内钢液混匀时间的影响

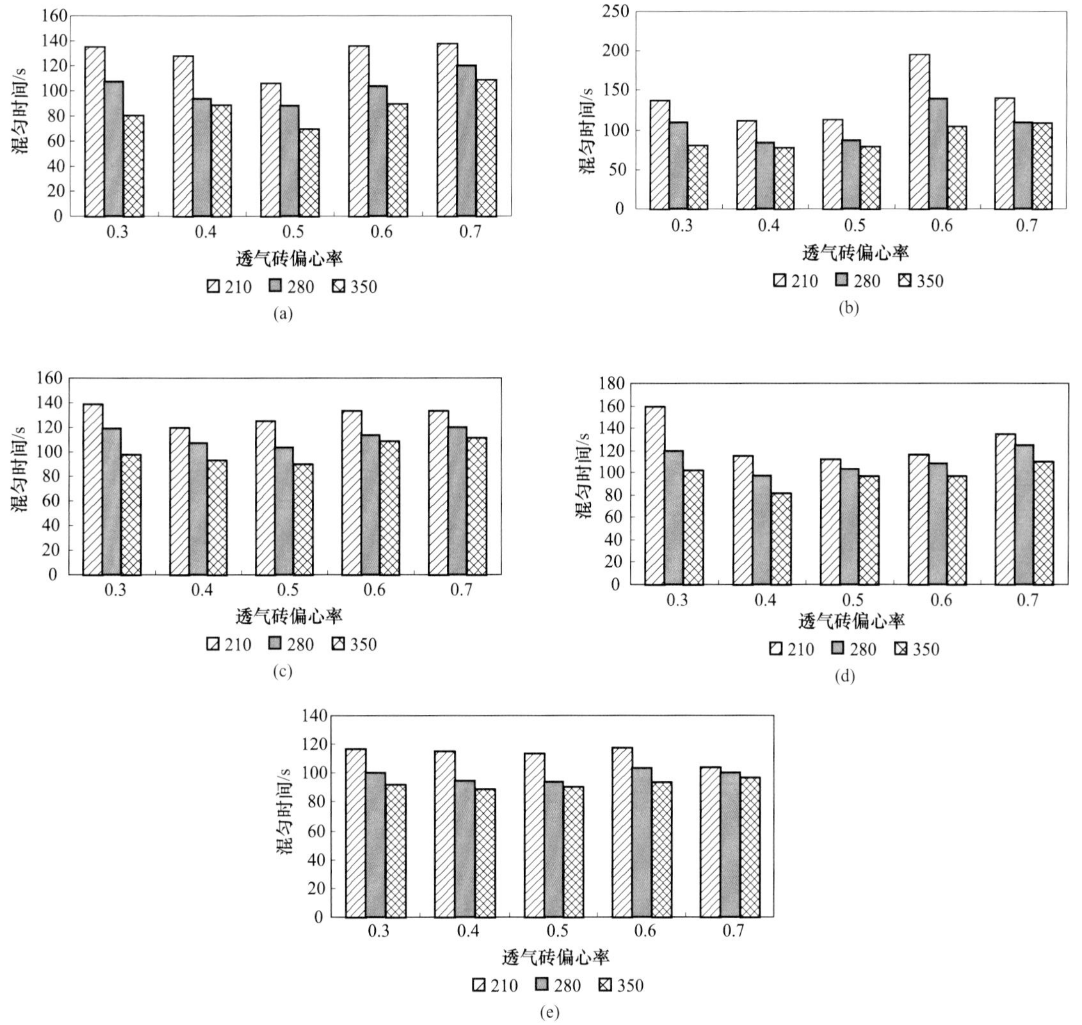

图 2.2-28　双透气砖布置对混匀时间的影响

（a）60°；（b）90°；（c）120°；（d）150°；（e）180°

较大时，由于两个透气砖喷吹的气-液流股所形成的回流区在对称面上“对撞”，将使部分搅拌动能相互抵消，削弱了运动速度，从而在中心对称面附近形成一个明显的弱流区，导致整

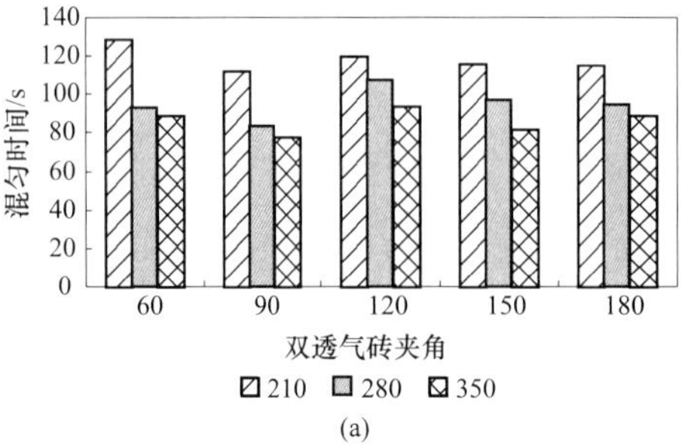

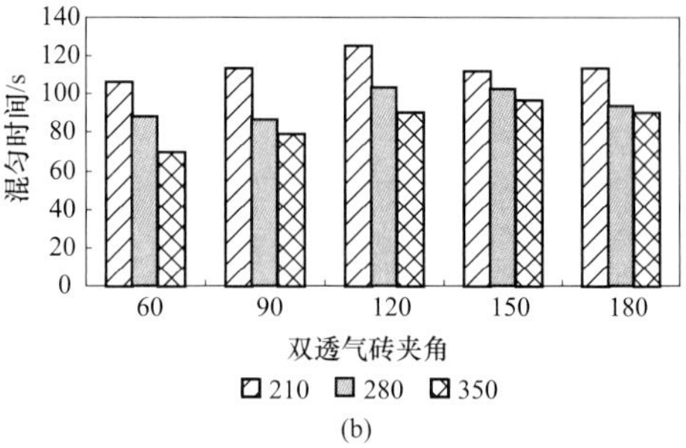

图 2.2-29　双透气砖夹角对钢包内钢液的混匀时间的影响

（a）$r/R=0.4$；（b）$r/R=0.5$

个钢包内钢液的混匀时间延长。而且，透气砖夹角较大时，双透气砖相对距离较远，容易形成两个相对独立的搅拌区域，从而也不利于钢液的搅拌均匀。此外，随着夹角缩小和距离的靠近，因“对撞”而导致搅拌能力减弱的程度减小。但由于透气砖相对靠近，流股之间的干扰将会加大，能量同样也会减弱。当透气砖过于靠近包壁，其混匀时间较长，同样是由于上升流股与包壁之间的阻力加大，能量损失大，从而导致混匀时间增大。

3. 单透气砖和双透气砖钢包混匀效果对比

由以上试验结果可知，单透气砖布置在偏心率 r/R 为 0.4、0.5 处，双透气砖夹角 90°且偏心率 r/R 为 0.4、0.5 时混匀效果较好，因此本研究将以上布置的透气砖，以及原工艺用透气砖的喷吹效果进行对比，其对钢包内钢液混匀时间的影响如图 2.2-30 所示。

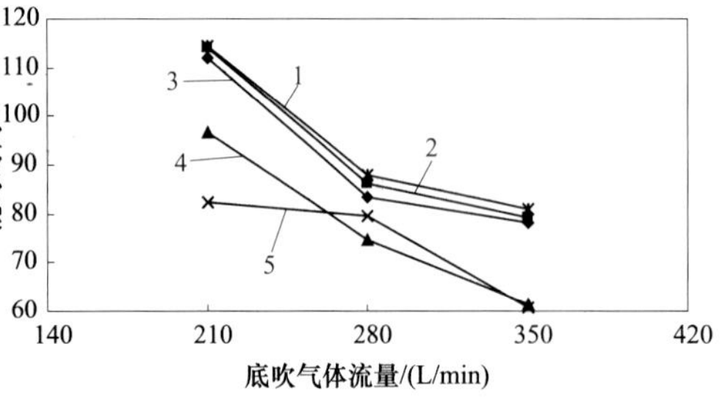

图 2.2-30　单双透气砖对钢包混匀时间的影响

1—原始；2—双 0.5；3—双 0.4；4—单 0.4；5—单 0.5

从图 2.2-30 可以看出，单透气砖喷吹钢包内钢液的混匀时间小于双透气砖喷吹，优化后的双透气砖混匀效果优于原工艺用双透气砖。分析认为，在试验所考察的气量范围内，对于双透气砖喷吹，其每个透气砖的气量为单透气砖喷吹气量的一半，因而较之单透气砖其气量较小，对整个钢包熔池的搅拌能也相对要小一些，因而混匀时间要长于单透气砖喷吹；而对于单透气砖喷吹，由于集中供气，在透气砖上方形成较强的气-液流股，与双透气砖相比，可在包内形成较强的循环流动，因而混匀时间相对较短。

4. 钢包渣卷的模拟

对于普通底吹氩精炼钢包，其主要功能是均匀钢液温度和成分以及去除夹杂。因此在精炼操作过程中，应尽量避免因钢液面的裸露而造成的钢液二次氧化，以及因顶渣卷入钢液内部来不及上浮而造成的钢液二次污染。而对于 LF 精炼钢包，其主要功能的体现需要通过钢-渣界面反应和传输条件的改善来发挥其精炼功能。在 LF 钢包精炼炉的操作过程中，应该根据各阶段不同的特点相应调整底吹氩气体流量，以充分发挥 LF 的功能。在加热阶段，不应使用大的搅拌功率，以免引起电弧的不稳定以及造成大的温降；在脱硫阶段，则可以适当增大底吹氩气体流量，提高搅拌强度，将炉渣液滴卷入钢液中以形成大的钢-渣接触面积，以改善脱硫反应动力学条件，加速脱硫反应的进行；在均匀钢液成分和温度阶段不需要很大的搅拌功和吹气流量；而在处理后期，去除钢中非金属夹杂物阶段，应该减小底吹气量，以利于颗粒细小的夹杂上浮去除，并防止卷渣所造成对钢液新的污染，以提高钢液纯净度。因此，确定合理的底吹氩工艺参数除了考虑钢液混匀效果外，还必须考虑底吹气对顶渣的影响。

（1）钢包卷渣现象描述及机理。试验过程中观察到，气体自 LF 钢包模型的底部透气砖喷出，形成气泡。气泡在浮力的作用下上浮，并带动气泡群附近的液体也随之向上运动，在透气砖上方形成一上升流股。当气-液两相区形成的上升流股达到钢包熔池液面后，气体溢出熔池，而到达熔池液面的液体形成沿熔池液面的水平流动，在钢-渣界面作用力下，沿熔池表面的水平流动带动表面渣层向包壁方向的流动，使得气-液流股处表面渣层变薄，甚至裸露。在黏性力和界面张力的进一步作用下，渣层聚集，形成向下的鼓包。一些鼓包在液面紊流的作用下，逐渐脱离渣层，形成渣滴。一部分渣滴可上浮至钢-渣界面被渣层重新吸收，而另一部分渣滴则随着向下的循环流动带进钢包熔池深处。

LF 钢包卷渣具体可以描述为以下六个不同的阶段：当底吹气体流量为 0 时，即没有气体搅拌的情况下，熔池液面平静，钢-渣界面明显分离；当吹气量较小时，透气砖上方的钢包熔池表面在上升流股的作用下产生一定程度的波动，钢-渣界面随之震荡、波动，气泡通过渣层溢出进入大气；随着底吹气体流量的增加，在透气砖上方的钢包熔池出现隆起，渣层厚度发生变化，在隆起中心渣层较薄，隆起根部渣层较厚，但没有吹开渣层，熔池表面还完全被渣层所覆盖，没有形成所谓的“亮面”或“渣眼”；随着吹气量增大到一定流量，气流将渣层吹开一定尺寸的裸露区，钢-渣界面明显波动，渣层聚集形成鼓包；当气量进一步增大后，鼓包脱落，破碎成渣滴进入钢液，但由于渣滴量较少，且卷入熔池深度较浅，可很快上浮至钢-渣界面，被渣层重新所捕获；进一步再增大底吹气体流量，渣层在上升流股作用下形成大量渣滴卷入熔池深处，在熔池内，渣滴被破碎成更细小的渣滴，毫无规律地运动，不易上浮。因此，整个卷渣过程可概括为：钢-渣界面平静—界面波动—界面出现隆起—渣面被吹开，液面裸露—渣滴破碎—卷入熔池深处这六个步骤。

综上所述，LF 钢包其卷渣本质应该是与渣滴的大量出现，渣滴的形成与钢-渣界面处渣液所受的惯性力、界面力以及浮力有关。底吹搅拌强度较小时，相应地传递给渣层的动能较小，惯性力不足以摆脱界面力和浮力的束缚，就不会形成渣的液滴进入钢中；如果逐渐增大底吹搅拌的强度，惯性力增大到强于界面力和浮力时候，渣滴就会大量出现，从而形成卷渣。

（2）单透气砖喷吹底吹气量对卷渣的影响。模拟顶渣厚度为 200mm，采用单透气砖喷吹，透气砖位置在 $r/R=0.5$ 处，随着底吹气量的增加，渣层被吹开，裸露液面的面积逐渐增大，但当底吹气量增大到一定程度后，裸露液面的面积变化不明显；同时，随着底吹气量的增大，渣层的卷混现象加剧。试验过程中观察到，在底吹气量较小的时候，渣层的上表面基本处于平静状态，钢-渣界面有一定的隆起，但隆起不大，未产生进入钢液的渣滴；随着吹气量的增加，渣层上表面有一定隆起，钢-渣界面隆起加剧，渣滴破裂，产生与渣层相分离的较大渣滴，但分离时间很短，之后迅速又与渣层聚合在一起；吹气量进一步增加时，渣-金界面的隆起较大，渣层破裂产生较大的渣滴，渣滴能进入到溶池一定深度，但在较短的时间内能上浮进入渣层；吹气量继续加大时，钢-渣界面的渣层破碎产生大渣滴的同时，产生了许多小的渣滴，这时小渣滴能跟随钢液流动进入溶池较深部位而不易上浮。分析认为，随着吹气量的增加，液体表面水平流速增加，产生的惯性力也变大，因此随着吹气量的增加，卷渣现象加剧。

采用单透气砖喷吹时，其临界卷渣气量为 280L/min，而软吹气量控制在 70L/min 以下为宜。

（3）双透气砖喷吹底吹气量对卷渣的影响。模拟顶渣厚度 200mm，采用双透气砖喷吹，透气砖夹角 60°，位置在 $r/R=0.5$ 处，采用双透气砖喷吹，与单透气砖喷吹一样，同样随着底吹气量的增加，渣层被吹开导致液面裸露的面积增大，卷混现象加剧。在底吹气量较小时，相同底吹气量下，双透气砖液面裸露面积小于单透气砖喷吹；而在底吹气量较大时，液面裸露面积相差不大。对比单透气砖喷吹与双透气砖喷吹两种模式下的卷渣情况，不难发现，其卷渣方式也存在一定的差异。采用单透气砖喷吹时，其卷渣主要是由于当底吹气体流量达到一定气量时，液面扰动剧烈，钢-渣界面流速增大，在液面处形成驻波，在驻波波谷处，液态渣层受从波峰处下降的钢液的剪切作用卷入钢液内，即剪切卷渣。而采用双透气砖喷吹时，除存在以上的剪切卷渣形式外，还存在另外一种卷渣形式：两透气砖之间因漩涡所引起的卷渣，即漩涡卷渣。采用双透气砖喷吹，两透气砖连线中心两侧的流场从理论上讲应该对称，但在紊流的作用下，会在两透气砖之间的上方出现一个或一对漩涡。该漩涡的产生与钢-渣界面的稳定程度有关，界面不稳定会造成某一侧的钢液表面流动强于另一侧，从而使一侧的表面流与另一侧的表面流汇合而形成漩涡，形成鼓包并带入钢液，产生卷渣。

采用双透气砖喷吹时，其临界卷渣气量为 350L/min，软吹气量控制在 100L/min 以下为宜。

2.5.3 结论

（1）采用单透气砖喷吹时，从均匀钢液成分和温度的角度出发，底吹气体流量控制在 210～280L/min 左右比较适宜。底吹透气砖布置在偏心率 r/R 为 0.5 时混匀时间较短。为减小上升气-液流股对电极的影响，透气砖布置在两电极中心连线的垂直平分线上。

（2）采用双透气砖喷吹时，底吹气体流量控制在 280L/min 左右比较适宜，此时搅拌效率较高。透气砖位于偏心率 r/R 为 0.4、0.5，夹角 60°、90°处，其混匀时间较短。

（3）在试验所考察的气量范围内，单透气砖喷吹混匀效果优于双透气砖。

（4）采用单透气砖喷吹时，钢包临界卷渣气量为 280L/min，软吹气量控制在 70L/min 以下为宜。

（5）采用双透气砖喷吹时，钢包临界卷渣气量为 350L/min，软吹气量控制在 100L/min 以下为宜。

2.6 MP 工艺研究

大型钢锭的钢液量大、凝固时间长，容易产生宏观偏析和缩孔疏松等缺陷。大型钢锭的宏观偏析主要是指钢锭内部的化学成分不均匀，并由此导致的钢锭内部在组织结构和性能方面的不均匀性。而这种不均匀性又不能被后续锻造、热处理等工序消除，因此大型钢锭宏观偏析的存在不仅大大降低了锻件的质量，还严重影响钢锭的利用率。抑制大型钢锭宏观偏析行为的常规研究方法是先制成能够形成宏观偏析的钢锭，然后将钢锭剖开进行元素偏析的分析。然而这种试验的钢锭吨位一般都需要10t以上，试验耗资巨大，周期过长，不易实施。中国一重与相关院所合作，采用计算机模拟开展了大型钢锭宏观偏析研究和钢锭工艺模拟优化研究。

2.6.1 研究目标及研究内容

研究目标：以大型和超大型钢锭为研究对象，采取计算机数值模拟进行超大型钢锭低偏析合金成分设计和MP工艺设计研究，重点解决300～600t超大型钢锭偏析问题。

研究内容：

（1）超大型钢锭宏观偏析计算机模拟。基于商业软件，进行判据的二次开发，使判据精确化。通过解剖检验，验证计算模型和边界条件。

（2）系列大钢锭工艺模拟与优化。结合钢锭实际浇注过程，测量金属液/钢锭模、金属液/冒口、金属液/覆盖剂、冒口/砂型之间的界面换热系数。通过界面两侧多点热电偶实际测温，跟踪钢锭凝固过程。在测温基础上，逆推界面换热系数，建立模型。准确模拟并优化钢锭铸造工艺。

2.6.2 研究方案及研究过程

1. 研究方案

研究工作以计算机模拟与中试试验相结合的方式进行。设计MP工艺方案；建立数值模拟计算模型，模拟钢锭偏析的产生过程。

2. 研究过程

超大型钢锭重量大，受电弧炉和精炼炉容量限制，需要分多次进行熔炼钢液，分别装入不同的钢包中，所有钢液熔炼完毕后再进行浇注。为了控制超大型钢锭的宏观偏析，实际生产中通过控制不同钢包中钢液的重量和碳元素成分（随着浇注的进行，碳元素逐渐降低）进行浇注，这种工艺就是大型钢锭常用的MP工艺。日本生产的600t级超大型钢锭采用这种工艺进行浇注，钢锭中碳元素偏析程度很轻。有些研究者对于钢锭MP工艺能否有效控制钢锭的宏观偏析还存在着质疑。大型钢锭MP工艺中需要确定的工艺参数很多，例如每包钢液的重量、碳元素成分和浇注时间等，这些参数不能采用“试错”方式进行，而采用计算机技术可以有效缩短研制周期。目前的商品化铸造模拟软件还不能进行钢锭MP工艺凝固过程宏观偏析预报，采用中国科学院金属研究所自主开发的大型钢锭宏观偏析预报软件对核电压力容器用360t钢锭MP工艺宏观偏析进行了预报，研究了不同钢包碳成分和浇注时间对碳元素偏析的影响。

（1）360t钢锭MP工艺模拟。首先对采用单一成分的360t钢锭宏观偏析进行了预报，钢锭材料为SA-508M Gr.3 Cl.1，初始碳含量为0.18%，模拟结果如图2.2-31所示。从图2.2-31可以看出，钢锭两侧和底部存在负偏析区（碳含量小于0.18%），最低碳含量为0.146%；钢锭中心部位和冒口为正偏析，冒口碳含量最高为0.659%。为了解决底部成分过低（负偏析）的问题，提高第一包中的碳含量，促使先析出的固相成分提高，从而可以减轻负偏析。为了解决顶部成分过高的问题，可以浇入成分较低的金属液，稀释已经存在的溶质富集的液体，从而可以减轻正偏析。图2.2-32是采用4包变成分连续浇注360t钢锭碳元素预报结果，其中第一包至第四包钢液重量和成分分别为（159t，0.21%）、（135t，0.19%）、（33t，0.16%）、（33t，0.14%）。从图2.2-32可以看出，钢锭底部负偏析程度减轻，最低碳含量为0.15%，底部负偏析区面积减少了28.6%，但钢锭中心部位和顶部仍然存在较为严重的正偏析。

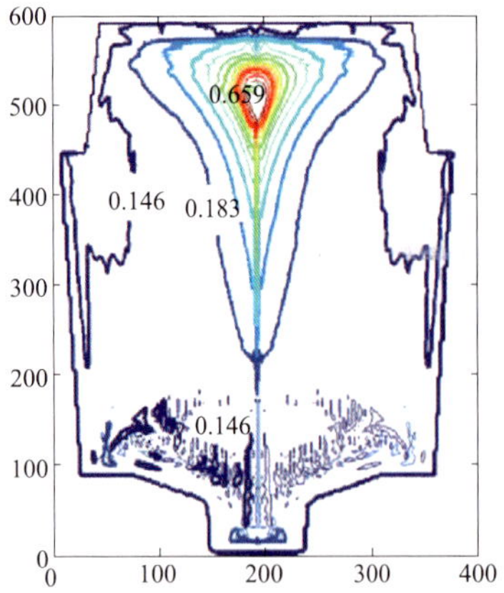

图2.2-31 360t钢锭单包浇注碳成分等值线分布图

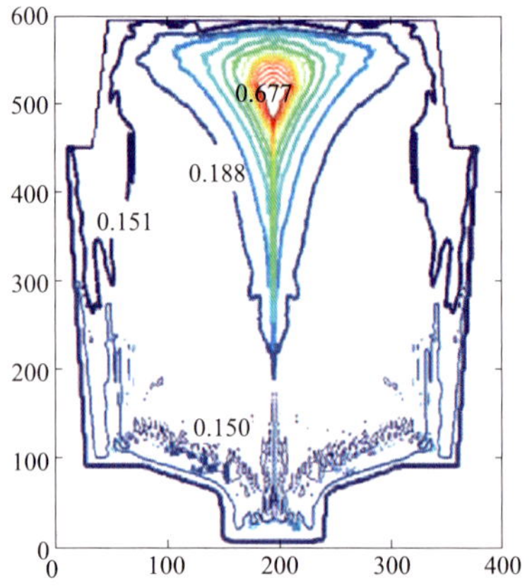

图2.2-32 360t钢锭多包合浇连续浇注碳成分等值线分布图

由以上模拟结果可知，采用变成分多包合浇连续浇注工艺可以改善钢锭底部的负偏析，但不能有效降低钢锭中上部的正偏析。主要原因是不同钢包之间浇注没有时间间隔，在整个浇注过程中，金属液几乎都处于液态，不同成分的金属液之间很容易快速混合，因此需要控制不同钢包之间的浇注时间。为此，设计了三种工艺方案，研究不同钢包的浇注时间对钢锭凝固宏观偏析的影响规律。每种方案中第一包到第四包钢液的重量和碳含量与连续浇注工艺方案相同，不同之处在于每包之间的浇注时间间隔（见表2.2-8）。

表2.2-8　　不同浇注时间间隔

浇注顺序	工艺方案一	工艺方案二	工艺方案三
	时间/s	时间/s	时间/s
第一包	0	0	0
第二包	600	1200	1500
第三包	1200	1800	2100
第四包	1800	2100	2600

360t钢锭不同浇注时间间隔MP工艺碳元素预报结果如图2.2-33所示。负偏析和正偏析区所占面积见表2.2-9，其中%+代表超标的正偏析区域（碳含量大于0.22%）所占面积的百分比；%-代表超标的负偏析区域（碳含量小于0.16%）所占面积的百分比。通过对比可以看到当浇注时间间隔延长后，正、负偏析区域面积均减小，同时正偏析区基本移至冒口内，该部位在后续加工过程中将被切除。

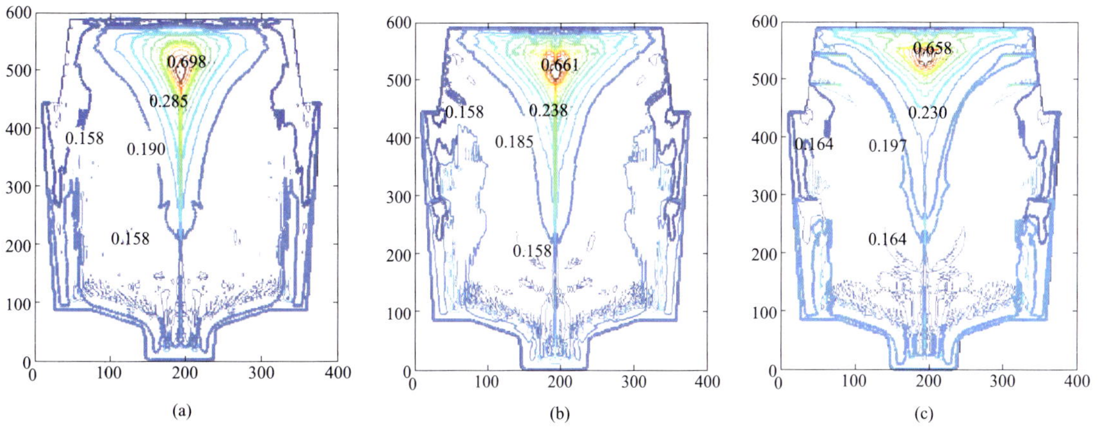

图 2.2-33　360t 钢锭不同浇注时间间隔 MP 工艺碳成分等值线分布图

（a）工艺方案一；（b）工艺方案二；（c）工艺方案三

表 2.2-9　不同浇注时间间隔情况下偏析区域面积

工艺方案一		工艺方案二		工艺方案三	
%+	%-	%+	%-	%+	%-
12.7	12.8	12.0	10.6	10.1	8.2

（2）600t 钢锭多包合浇工艺模拟。针对 600t 钢锭设计了三种 MP 工艺方案，研究 600t 钢锭 MP 工艺对宏观偏析的影响规律。

工艺方案一：第一包浇注含 C 量为 0.21% 的钢液，第二包浇注含 C 量为 0.19% 的钢液，第三包浇注含 C 量为 0.16% 的钢液，第四包浇注含 C 量为 0.14% 的钢液；第一包浇注的钢液占总钢液的 50%，第二包浇注的钢液占总钢液的 32%，第三包浇注的钢液占总钢液的 9%，第四包浇注的钢液占总钢液的 9%；第一包开始浇注的时间用 0s 表示，第一包浇注后间隔 1200s 开始浇注第二包，第二包浇注后间隔 600s 开始浇注第三包，第三包浇注后间隔 600s 开始浇注第四包。

工艺方案二：第一包浇注含 C 量为 0.21% 的钢液，第二包浇注含 C 量为 0.19% 的钢液，第三包浇注含 C 量为 0.16% 的钢液，第四包浇注含 C 量为 0.14% 的钢液；第一包浇注的钢液占总钢液的 50%，第二包浇注的钢液占总钢液的 32%，第三包浇注的钢液占总钢液的 9%，第四包浇注的钢液占总钢液的 9%；第一包开始浇注的时间用 0s 表示，第一包浇注后间隔 600s 开始浇注第二包，第二包浇注后间隔 120s 开始浇注第三包，第三包浇注后间隔 120s 开始浇注第四包。

工艺方案三：第一包浇注含 C 量为 0.18% 的钢液，第二包浇注含 C 量为 0.18% 的钢液，第三包浇注含 C 量为 0.18% 的钢液，第四包浇注含 C 量为 0.18% 的钢液；第一包浇注的钢液占总钢液的 50%，第二包浇注的钢液占总钢液的 32%，第三包浇注的钢液占总钢液的 9%，第四包浇注的钢液占总钢液的 9%；第一包开始浇注的时间用 0s 表示，第一包浇注后间隔 1200s 开始浇注第二包，第二包浇注后间隔 600s 开始浇注第三包，第三包浇注后间隔 600s 开始浇注第四包。

图 2.3-34 是采用工艺方案一得到的宏观偏析模拟结果，从图 2.3-34 中可以看出，钢锭两侧、底部有少量的负偏析（占总体积的 11.9%），顶部正偏析大部分集中在冒口中（占总体积的 12.4%）。图 2.3-35 是采用工艺方案二得到的宏观偏析模拟结果，从图 2.3-35 可以看到尽管为多包变成分浇注，但由于浇注时间间隔短，钢锭两侧负偏析程度明显增大（占总体积的 15.6%），且顶部正偏析区向钢锭下方延长（占总体积的 18.0%）；图 2.3-36 是采用工艺方案三得到的宏观偏析模拟结果，从图 2.3-36 可以看到尽管浇注时间延长，但由于浇注成分没有变化，钢锭两侧以及底部偏析均严重（占总体积的 52.5%），且顶部正偏析区相对于工艺方案一而言变化不大（占总体积 12.7%）。

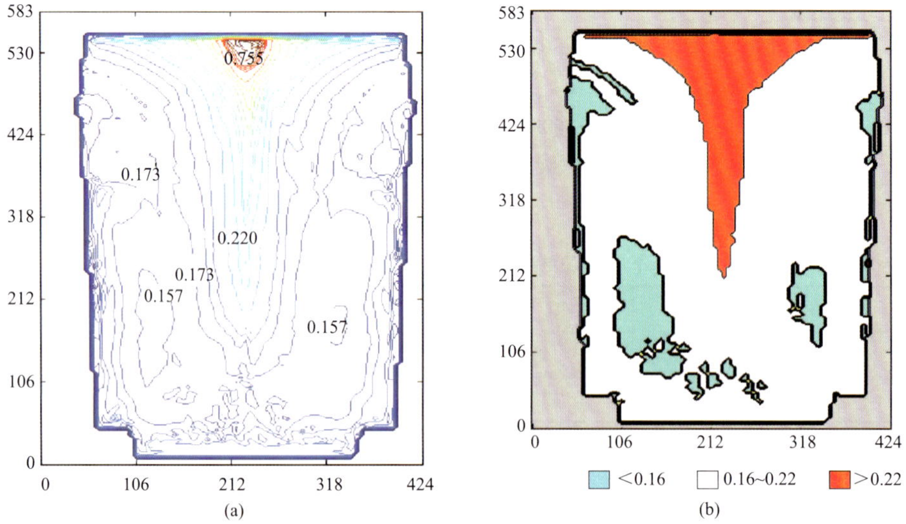

图 2.2-34　工艺方案一　600t 钢锭碳元素偏析预报结果

（a）碳等值线图；（b）碳成分区域分布图

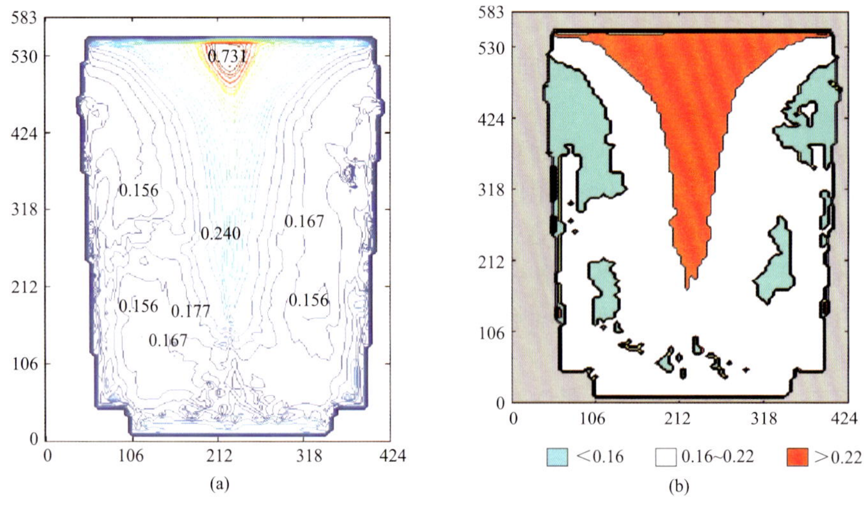

图 2.2-35　工艺方案二　600t 钢锭碳元素偏析预报结果

（a）碳等值线图；（b）碳成分区域分布图

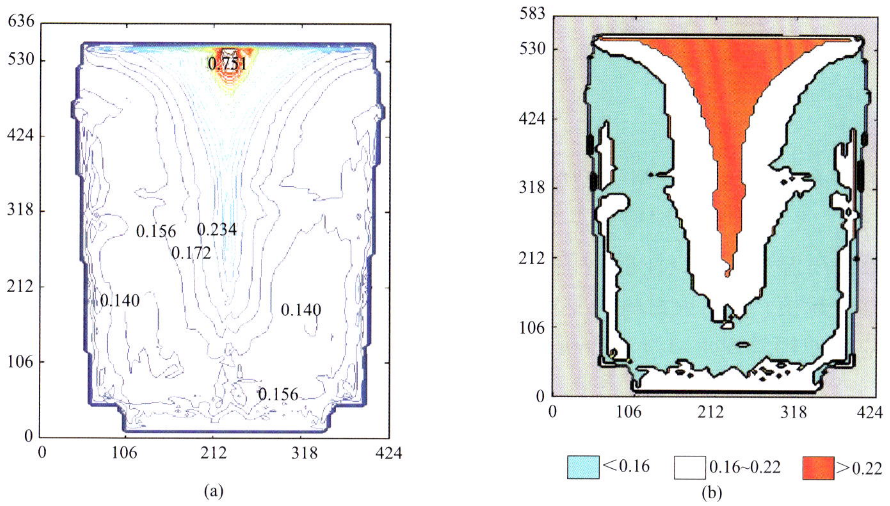

图 2.2-36　工艺方案三　600t 钢锭碳元素偏析预报结果

（a）碳等值线图；（b）碳成分区域分布图

2.6.3　结论

研究结果表明，采用多包变成分连续浇注工艺与采用相同成分的多包浇注工艺相比，只能改善钢锭底部的宏观偏析，不能有效降低钢锭中心和冒口中的宏观偏析，通过控制不同钢包之间浇注时间间隔，采用多包变成分浇注可以有效改善钢锭中心的宏观偏析。

第3章　优质耐火材料

耐火材料的质量决定着超大型钢锭的质量。中间包塞棒、水口、挡渣坝等，需要经受超过1500℃钢液的高温冲刷，浇注的钢锭越大，高温冲刷的时间就越长，对耐火材料的要求也就越高。某锻件供应商使用常规水口浇注360t钢锭，浇注后发现水口全部被冲刷掉入钢淀模内，锻件经UT检验不合格而报废。有时还存在中间包经多包浇注后挡墙被冲刷损坏现象（见图2.3-1）。为了解决这一难题，发明了真空浇注用中间包塞棒（见图2.3-2）、中间包水口及导流管等优质耐火材料（见图2.3-3），有效地保证了超大型钢锭的极端制造及质量。在世界最大的715t钢锭浇注后，中间包塞棒、中间包水口、挡墙等完好无损（参见图1.4-48）。从而使超大型钢锭制造技术处于国际领先水平。

图2.3-1　中间包经多包浇注后挡墙被冲刷损坏

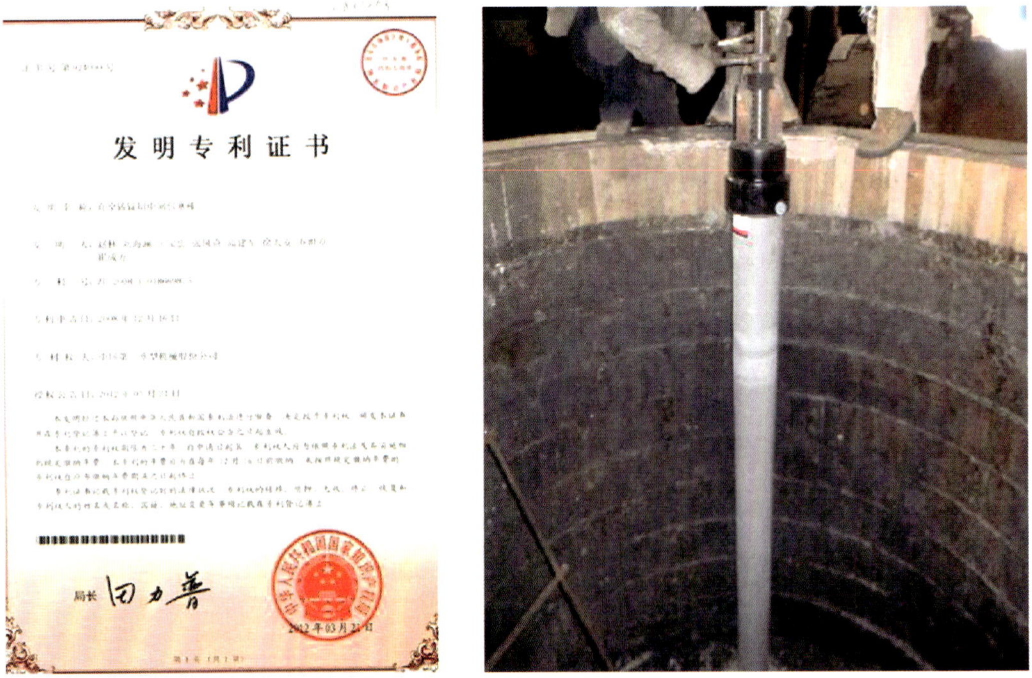

图2.3-2　优质中间包塞棒发明专利

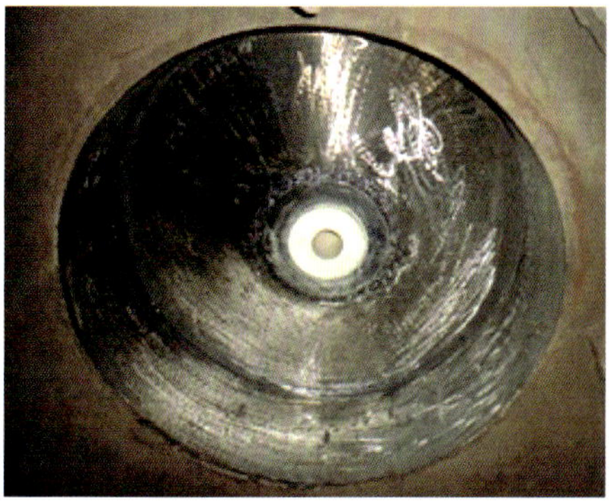

(a)

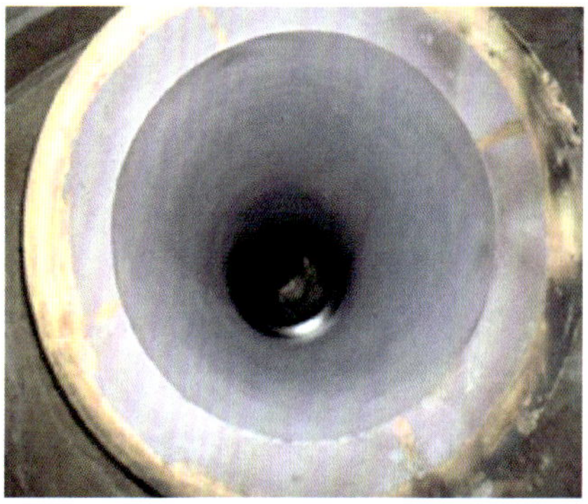

(b)

图 2.3-3　优质中间包水口及导流管

（a）水口；（b）导流管

3.1　水　口　砖

铸锭用中间包水口的主要作用是通过与中间包塞棒相配合，以达到控制钢液流速、稳定浇注过程的目的。因此，如何保证中间包水口在浇注过程中不堵塞、不扩径，对于有效控制中间包浇注过程，防止浇注中断现象发生，保证钢锭质量具有重要意义。

图 2.3-4　高温钢液及熔渣对水口的侵蚀和冲刷

研究表明，水口堵塞的主要原因是由于高熔点化合物 Al_2O_3（熔点 2050℃）、CaS（熔点 2450℃）或 $Al_2O_3 \cdot MgO$ 等在水口内壁上黏附造成的。而水口扩径则主要是因为水口在使用过程中由于高温钢液及熔渣的侵蚀和冲刷造成的（见图 2.3-4）。因此，为了提高中间包水口的使用寿命，除了对水口的结构和材质进行优化外，还必须同时研究浇注工艺。

在浇注工艺条件一定的情况下，改进水口结构和材质是防止和减少中间包水口扩径的有效措施之一。

3.1.1　镁碳砖

镁碳砖是以高熔点碱性氧化物 MgO（熔点 2800℃）和难以被炉渣浸润的高熔点碳素材料作为原料，添加各种非氧化物添加剂，用炭质结合剂结合而成的不烧炭复合耐火材料。镁碳砖主要用于转炉、交流电弧炉、直流电弧炉的内衬、钢包的渣线等部位。镁碳砖有效地利用了镁砂的抗渣侵蚀能力强和碳的高导热性及低膨胀性，补偿了镁砂耐剥落性差的最大缺点。

3.1.2 复合砖

对于一般的连铸中间包水口砖来说，其主要材质为 Al_2O_3-SiC-C。而对于钢锭浇注，尤其是特大型钢锭浇注来说，由于中间包容量大、熔池深，水口砖所承受的钢液静压力大、钢液流速高，对水口砖的冲刷严重。

为了提高中间包水口砖的使用性能，目前，对于浇注要求较为严格的钢种多采用复合式水口砖，即水口砖外套采用 Al_2O_3-SiC-C 系材料，内套采用锆质材料，并配以多种高效结合剂和防氧化剂制备而成。生产实践表明，使用上述水口砖基本上可以满足一般中间包浇注过程要求。表 2.3-1 给出了复合式水口砖的理化性能指标。

表 2.3-1 Al_2O_3-SiC-C/ZrO_2 系复合式水口砖的理化性能指标

项目	Al_2O_3	C+SiC	ZrO_2	物理性能			
	化学组成（质量分数,%）			气孔率（体积分数,%）	体积密度/（g/cm^3）	耐压强度/MPa	热震稳定性（1100℃水冷）
水口砖外套	≥78	≥13		≤13	≥2.5	≥50	≥5
水口砖内套			≥95	≤18	≥4.6	≥135	≥12

3.1.3 锆质砖

对于特大型钢锭而言，由于影响浇注过程因素的多样性、复杂性以及特大型钢锭对浇注成功率的苛刻要求，需要在浇注过程中使用性能更加优良的水口砖。因此，在综合考虑水口砖的抗钢液冲刷性能和抗热震性能后，选用以 MgO 为稳定剂的锆质材料作为水口砖内套。

研究表明，锆质水口砖在浇注过程中的扩径主要是由于固溶于 ZrO_2 晶格中的 CaO 组分的脱溶所引起的。由于钢液中 Al_2O_3 夹杂在水口砖表面的吸附，使水口砖中的 CaO 与 Al_2O_3 发生下列反应

$$Al_2O_3(s)+CaO(s) \rightarrow xCaO \cdot yAl_2O_3 \qquad (2.3-1)$$

由于生成的 $xCaO \cdot yAl_2O_3$ 为低熔点化合物，在浇注过程中被钢液冲刷流失，因此，造成锆质水口砖微观结构的损坏。

为了满足特大型钢锭的浇注需要，开发了以 MgO 和 Y_2O_3 为稳定剂的锆质水口砖，并与一般的锆质水口砖进行了比较。通过对比，采用 MgO 和 Y_2O_3 作稳定剂，可以有效地提高锆质水口砖的抗钢液冲刷能力，其中以 Y_2O_3 作稳定剂时最佳。以 Y_2O_3 作稳定剂时，除了可以有效抑制稳定剂从 ZrO_2 晶格中的脱溶外，固溶进 ZrO_2 晶格中的 Y_2O_3 还具有促进锆质材料烧结，使之致密化的作用。

在综合考虑水口砖的抗钢液冲刷性能和抗热震性能后，选用以 MgO 为稳定剂的锆质材料作为水口砖内套。

将研制的中间包水口砖在 600t 特大型钢锭浇注过程中进行了应用。应用结果表明，在严格控制浇注工艺的条件下，研制的中间包水口砖没有发生堵塞和扩径现象，显示了良好的使用性能。

3.2 导 流 管

真空浇注期间，在常压条件下溶解于钢液中的气体［H］、［O］、［N］的溶解度随着系统压力的降低而下降，使得气体纷纷逸出；特别重要的是在此过程当中，原本平衡的［C］、［O］反应又重新开始，在上述条件的作用下，使得进入真空室内的钢流不再以“束流”状态存在，而是呈现出“雾化”状态，这正是真空浇注优势所在。为了限制钢流顺利浇入锭模内，在真空室内的中间包水口下端，安装了导流管。在真空浇注过程中，钢液的雾化作用使得钢液对导流管冲刷严重，因此要求导流管要耐冲刷，同时还要尽可能避免钢液脱离导流管时结瘤。

3.2.1 分体式

导流管长度达 1m 以上，通常采用分体结构形式，由若干个导流环装配而成，受耐火材料质量及组装水平的影响，分体导流管内表面质量波动较大（见图 2.3-5）。图 2.3-5a 是分体导流管组装；图 2.3-5b 是组装后不光滑的内表面；图 2.3-5c 是组装后较光滑的内表面。

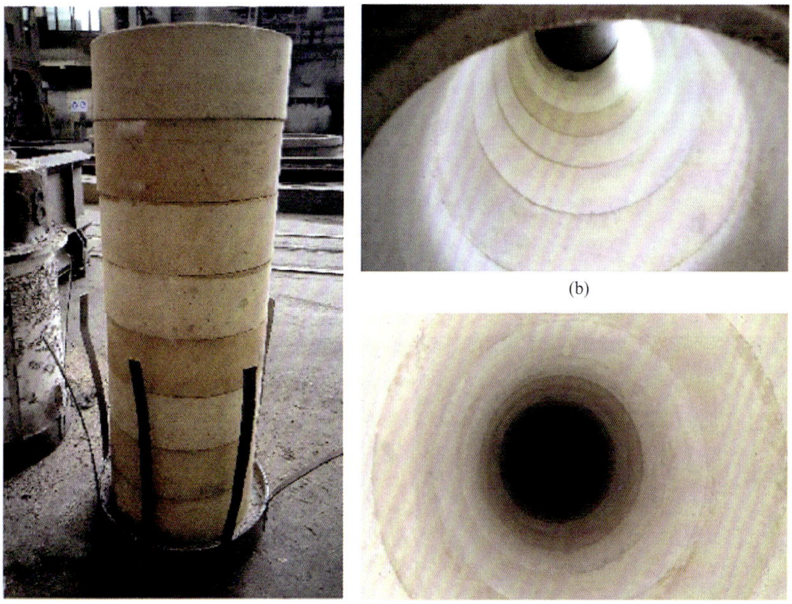

(a) (b) (c)

图 2.3-5 分体导流管

（a）组装后的外表面；（b）内表面质量较差；（c）内表面质量较好

分体式的缺点主要体现在两个方面：① 两节导流管之间装配时出现的缝隙，使得导流管与钢套之间的填充物易进入钢液造成污染；② 导流管底部的石墨套不抗冲刷，石墨套冲刷严重时，使得上部的导流管连同填充物全部掉下，造成整支钢锭报废。在制造中小型钢锭时，上述两种情况均出现过。

3.2.2 整体式

由于超大型钢锭的钢液吨位大，浇注时间长，分体导流管设计的缺点必须在超大型钢锭的制造中得以克服。为此，设计了整体导流管（见图 2.3-6）。

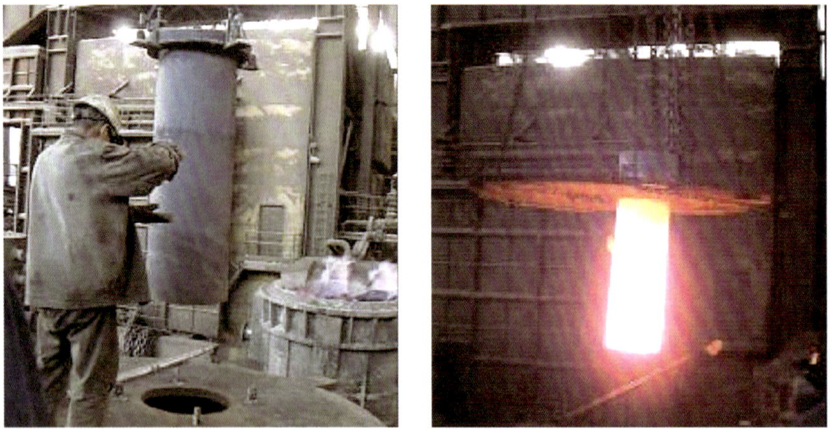

(a) (b)

图 2.3-6 整体导流管使用前后状态

（a）整体导流管使用前安装状态；（b）整体导流管使用后状态

对整体导流管的要求首先是长达 1m 以上的薄壁耐材的成形，其次是材质的设计，由于导流管工作特点的需要，要求材质不仅要抗冲刷，也要求其与钢液的润湿性较差，不易结瘤。

为了保证进入真空室内的钢流保持“雾化”状态，避免导流管在浇注过程中出现图 2.3-7 所示的“结瘤”现象，需要对导流管的材质、烘烤温度等进行深入研究。

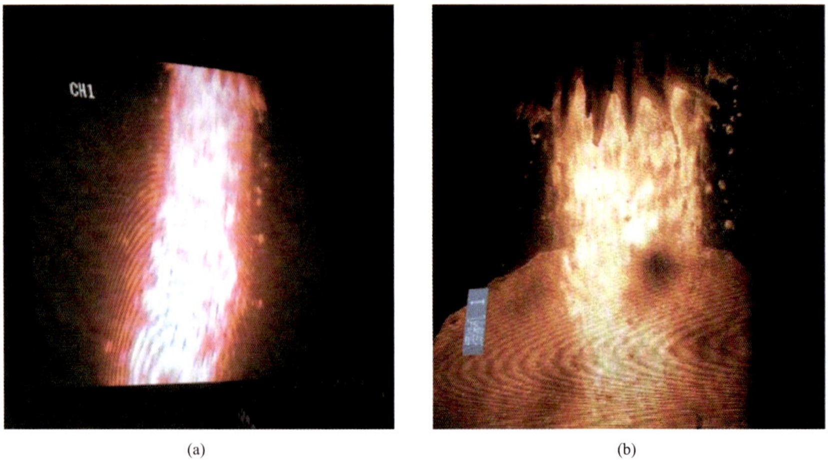

(a) (b)

图 2.3-7 导流管在浇注过程中“结瘤”

（a）浇注中间阶段；（b）浇注即将结束

导流管因使用前烘烤不当导致的“结瘤”在使用后的状态如图 2. 3-8 所示。

图 2. 3-8 “结瘤”导流管使用后状态

3.3 塞 棒

钢锭的浇注过程一般是通过中间包塞棒进行控制，即通过中间包塞棒开闭水口，控制钢液流出中间包速度（见图 2. 3-9）。因此，中间包塞棒对于特大型钢锭质量及浇注成功与否具有重要影响。

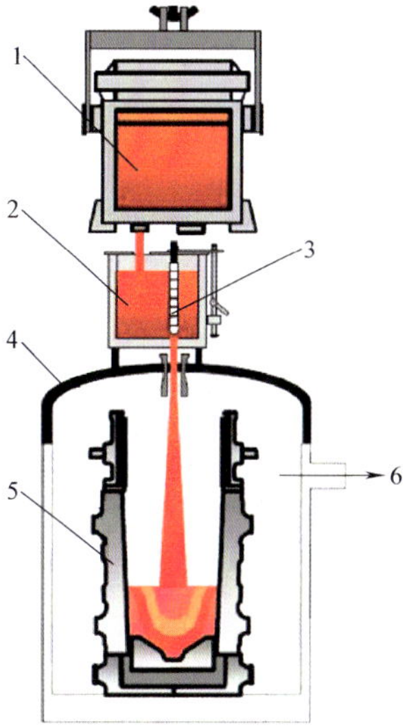

图 2. 3-9 中间包塞棒控制钢液流速示意图

1—精炼包；2—中间包；3—塞棒；4—真空罐；5—钢锭模；6—气体排出

3.3.1 分体式

分体塞棒又称组合式塞棒，是由多块袖砖套在钢管上组合装配而成。这种形式的缺点是在每块砖的接合面处有侵蚀，另外，砖与钢管之间要填充砂子，如果塞棒断裂，填充料会污染钢液。

3.3.2 整体式

为了提高吹氩塞棒在高温状态下的耐久度，对吹氩塞棒采用了整体预制结构来解决侵蚀及污染钢液问题。基于对特大型钢锭浇注过程以及特大型钢锭浇注用中间包塞棒性能的分析，结合生产实际，以提高中间包塞棒抗氧化性能、抗热震性能、抗渣侵性能以及高温强度为目的，通过向中间包塞棒中加入特殊添加剂的方法，研制了特大型钢锭浇注用中间包整体塞棒，并在实际浇注过程中进行了试用。

现场试验结果表明，浇注过程中中间包整体塞棒无爆裂、无弯曲和折断，完全可以满足特大型钢锭浇注。

中间包分体与整体塞棒示意图及实物如图 2. 3-10 所示。

为了防止整体塞棒在使用中变形，可以对传动机构相连部分采取保温措施（见

图 2.3-11a)，从而保证塞棒头部（见图 2.3-11b）在浇注即将结束时准确关闭。

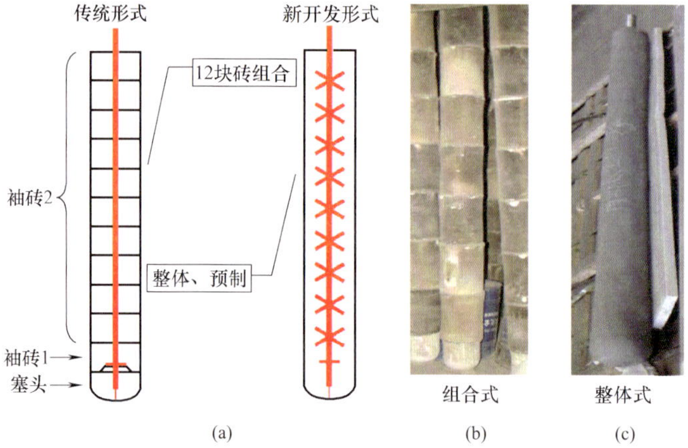

图 2.3-10　中间包分体与整体塞棒示意图及实物

（a）分体与整体塞棒示意图；（b）分体塞棒；（c）整体塞棒

图 2.3-11　整体塞棒防变形措施

（a）整体塞棒与传动机构相连部分保温；（b）塞棒头部；（c）组装后的整体塞棒

3.4 长 水 口

3.4.1 试验研究

试验采用水力学物理模拟的研究方法，中间包模型与原型的几何相似比为1∶2。在模拟试验中，考虑到中间包内流体流动处于第二自模化区，因此，只要满足模型和原型的 *Fr* 准数相等，即可保证动力相似，长水口只考虑内径和长度相似，几何相似比也是1∶2，而相应的流量相似比 $\lambda_p=0.177$。中间包和长水口的材质选用有机玻璃，用水作为模拟钢液介质进行试验研究，原型和模型的主要参数见表2.3-2，具体试验方法如下：

（1）模拟试验所用的单流中间包的控流装置采用湍流器与挡墙挡坝组合，试验装置如图2.3-12所示，图中RTD（示踪剂随时间的变化）系统由数据采集卡812pg和电导仪组成。

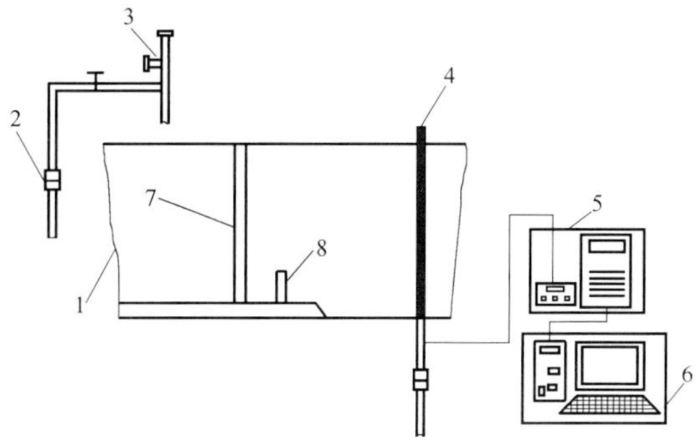

图2.3-12 试验装置图

1—中间包；2—流量计；3—示踪剂加入器；4—塞棒；5—RTD系统；6—数据采集系统；7—挡墙；8—挡坝

改变长水口的形状（喇叭形长水口、直通形长水口原型尺寸图分别如图2.3-13和图2.3-14所示）和改变中间包液位，使长水口浸入中间包液面下的深度（原型尺寸）为0mm、110mm、220mm，分析不同的长水口形状对中间包流动特性的影响。

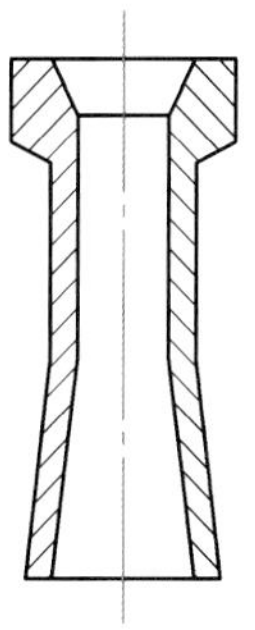

图2.3-13 喇叭形长水口示意图

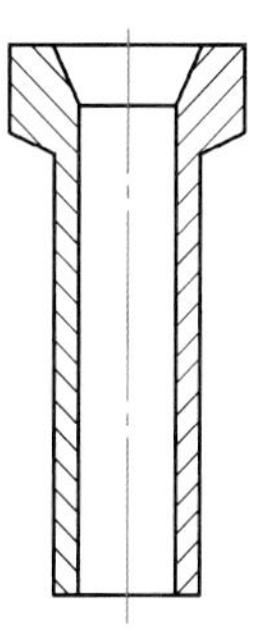

图2.3-14 直通形长水口示意图

表2.3-2 原型与模型的主要参数

类别	中间包顶部尺寸/mm	中间包底部尺寸/mm	中间包高度/mm	入口流量/（m^3/h）	出口流量/（m^3/h）
原型	4400 2120	4000 1752	2300	43.0	43.0
模型	2200 1060	2000 876	1150	7.6	7.6

（2）试验采用“刺激-响应”技术，将清水充满中间包，使其液位、流量稳定，将饱和

食盐水作为示踪剂从中间包入口处加入，该时刻记为0时刻。同时在中间包出口处开始采集数据，试验采集时间总长度为理论停留时间的2倍。通过数据处理得到RTD曲线，得到示踪剂从加入流至中间包出口的开始响应时间及平均停留时间和浓度最大时的峰值时间值，根据Sahai提出的修正混合流动模型，分析中间包内的活塞流体积、死区体积及混合流体积，从而定量描述中间包内流体的流动状况。为了确保试验结果的准确性，各试验方案重复3次，结果取3次的平均值。

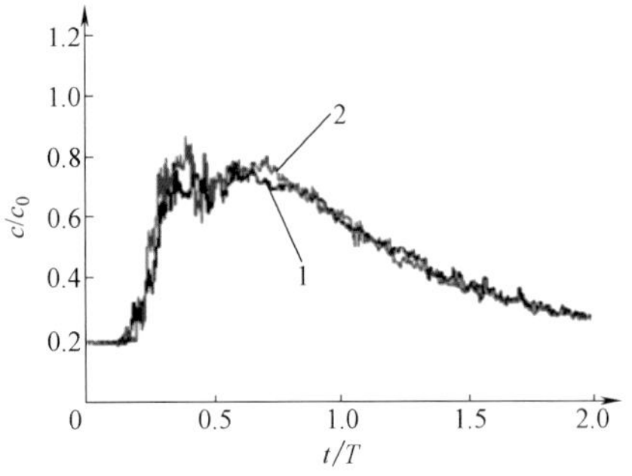

图 2. 3-15　长口浸入深度为0mm时RTD曲线

1—喇叭形；2—直通形

（3）试验结果及分析。试验模拟了在更换大包或更换长水口后，中间包液位上升时长水口形状对其包内流体的停留时间及流动模式组成的影响。图2. 3-15～图2. 3-17分别是在中间包液位上升，长水口浸入深度（原型尺寸）为0mm、110mm、220mm时的RTD曲线。图中c_0表示在中间包各液位下示踪剂的平均浓度，T表示在中间包各液位下的理论平均停留时间，c/c_0和t/T均为量纲的特征数。

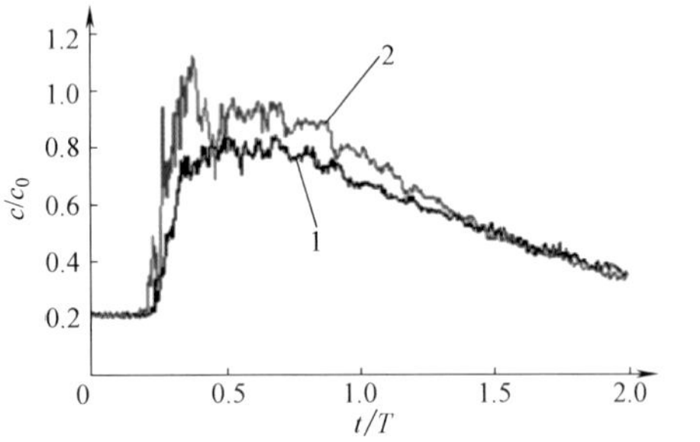

图 2. 3-16　长水口浸入深度为110mm时RTD曲线

1—喇叭形；2—直通形

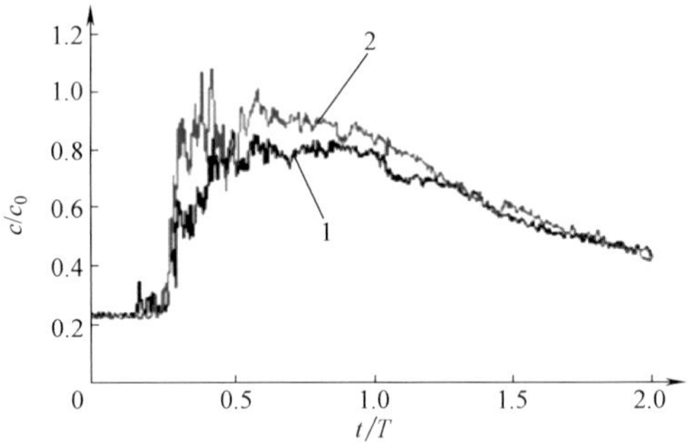

图 2. 3-17　长水口浸入深度为220mm时的RTD曲线

1—喇叭形；2—直通形

在浸入深度为0mm、110mm、220mm时，使用直通形长水口后的RTD峰值明显较高，曲线存在双峰，尤其是在浸入深度为110mm和220mm时曲线出现的双峰很明显，而且曲线波动也很大。当中间包液位上升，长水口浸入深度由0mm上升到220mm时，使用直通形长水口后的RTD曲线变化很大，峰值越高，双峰现象越明显。这表明了使用直通形长水口时中间包内有一定的短路流，而且流体在中间包内的流场很不稳定，这不利于钢中夹杂物的上浮去除。

此外，在浸入深度为0mm、110mm、220mm的情况下，使用喇叭形长水口时的RTD曲线峰值较低，没有明显的尖峰而且曲线波动很小。这表明了使用喇叭形长水口后流体在中间包内不存在短路流，流场较稳定。当中间包液位上升，长水口浸入深度由0mm上升到220mm时，使用喇叭形长水口后的RTD曲线基本一致。这表明了使用喇叭形长水口后，中间包液位上升对流场的改变很小。

从RTD曲线来看，无论是在相同的中间包液位下降还是在中间包液位上升时，使用喇叭形长水口后，中间包内不存在短路流，流场也较稳定，这有利于保证中间包钢液的质量。

表2.3-3和表2.3-4分别给出了使用喇叭形长水口和直通形长水口在3个不同浸入深度下流体在中间包内的停留时间及流动模式组成试验结果（每组试验重复3次）。

从表2.3-3和表2.3-4中3次试验结果的极差 E 可以看出，极差 E 值均较小。由此可见，3次试验的重复性较好。

根据表2.3-3和表2.3-4试验结果的平均值分别作图，分析两种形状的长水口在不同浸入深度下的停留时间及其流动模式组成。

表2.3-3　喇叭形长水口的停留时间及流动模式组成试验结果

浸入深度/mm	试验方案	$T_{理}$/s	T_{min}/s	T_m/s	T_s/s	T_p/s	中间包内流动模式组成				
							V_m/V	V_d/V	V_s/V	V_p/V	V_p/V_d
0	1	298	56	277	—	146	0.44	0.070	—	0.49	7.00
	2	298	58	280	—	139	0.47	0.060	—	0.47	7.83
	3	298	63	277	—	147	0.44	0.070	—	0.49	7.00
	极差E	0	7	3	—	8	0.03	0.010	—	0.02	0.83
	平均值	298	59	278	—	144	0.45	0.067	—	0.48	7.28
110	1	336	70	314	—	139	0.52	0.080	—	0.41	5.38
	2	336	64	313	—	142	0.51	0.065	—	0.42	6.31
	3	336	73	309	—	145	0.49	0.068	—	0.43	6.18
	极差E	0	9	5	—	6	0.03	0.015	—	0.02	0.93
	平均值	336	69	312	—	142	0.51	0.071	—	0.42	5.96
220	1	375	85	352	—	165	0.50	0.056	—	0.44	7.68
	2	375	78	354	—	163	0.51	0.061	—	0.43	7.21
	3	375	80	353	—	173	0.48	0.059	—	0.46	7.80
	极差E	0	7	2	—	10	0.03	0.005	—	0.03	0.59
	平均值	375	81	353	—	167	0.50	0.057	—	0.44	7.56

注：$T_{理}$为理论平均停留时间，T_{min}为示踪剂开始响应时间，T_m为实测模型平均停留时间，T_s为短路流平均停留时间，T_p为活塞流平均停留时间，V_d/V为死区体积分数，V_m/V为全混流体积分数，V_s/V为短路流体积分数，V_p/V为活塞流体积分数，V_p/V_d为活塞流与死区体积之比。

表2.3-4　直通形长水口的停留时间及流动模式组成试验结果

浸入深度/mm	试验方案	$T_{理}$/s	T_{min}/s	T_m/s	T_s/s	T_p/s	中间包内流动模式组成				
							V_m/V	V_d/V	V_s/V	V_p/V	V_p/V_d
0	1	298	59	272	59	119	0.32	0.087	0.20	0.40	4.60
	2	298	55	267	55	126	0.29	0.104	0.19	0.42	4.04
	3	298	56	271	56	121	0.32	0.091	0.19	0.41	4.51
	极差E	0	3	5	4	7	0.03	0.017	0.01	0.02	0.56
	平均值	298	57	270	57	122	0.31	0.094	0.19	0.41	4.38

续表

浸入深度/mm	试验方案	$T_{理}$/s	T_{min}/s	T_m/s	T_s/s	T_p/s	中间包内流动模式组成				
							V_m/V	V_d/V	V_s/V	V_p/V	V_p/V_d
110	1	336	67	307	67	118	0.36	0.080	0.20	0.35	4.38
	2	336	62	302	62	123	0.35	0.101	0.18	0.37	3.66
	3	336	66	309	66	116	0.38	0.086	0.20	0.35	4.07
	极差 E	0	5	7	5	7	0.03	0.021	0.02	0.02	0.72
	平均值	336	65	306	65	119	0.37	0.089	0.19	0.35	4.04
220	1	375	81	345	81	122	0.38	0.080	0.21	0.33	4.13
	2	375	75	346	75	132	0.37	0.077	0.20	0.35	4.55
	3	375	78	341	78	130	0.35	0.091	0.21	0.34	3.74
	极差 E	0	6	5	6	10	0.03	0.014	0.01	0.02	0.81
	平均值	375	78	344	78	128	0.37	0.083	0.21	0.34	4.14

注：表中各符号定义与表 2.3-3 相同。

图 2.3-18 和图 2.3-19 表明了使用喇叭形和直通形长水口时，随着中间包液位上升而长水口浸入深度增加，流体在中间包内的开始响应时间和平均停留时间都延长。表 2.3-3 和表 2.3-4 分别给出了使用喇叭形长水口和直通形长水口在 3 个不同浸入深度下流体开始响应时间。当其浸入深度由 0mm 增加到 220mm 时，使用喇叭形长水口后其开始响应时间由 59s 延长到 81s，平均停留时间由 278s 延长到 353s；而使用直通形长水口后其开始响应时间由 57s 延长到 78s，平均停留时间由 274s 延长到 344s。这表明了由于中间包液位上升，中间包内的有效体积增大，有助于延长流体在中间包内的停留时间。因此，在中间包液位相同时，使用喇叭形长水口的开始响应时间均比使用直通形的长 2～4s，其平均停留时间均比使用直通形长水口的长 4～9s。由此可见，无论是在中间包液位上升时，还是在中间包液位保持不变时，使用喇叭形长水口后流体在中间包内的停留时间更长。

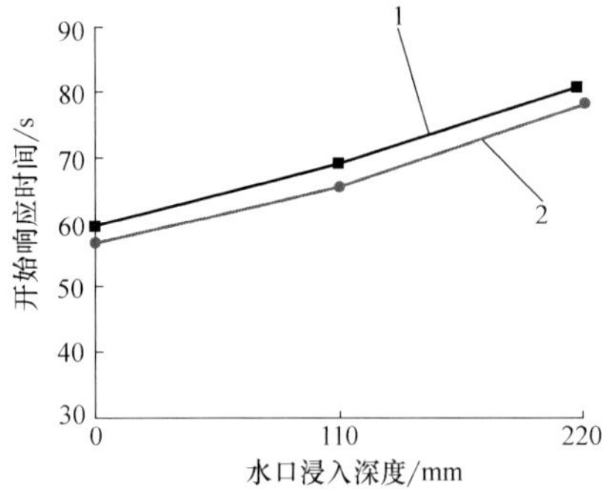

图 2.3-18　不同浸入深度下的开始响应时间
1—喇叭形；2—直通形

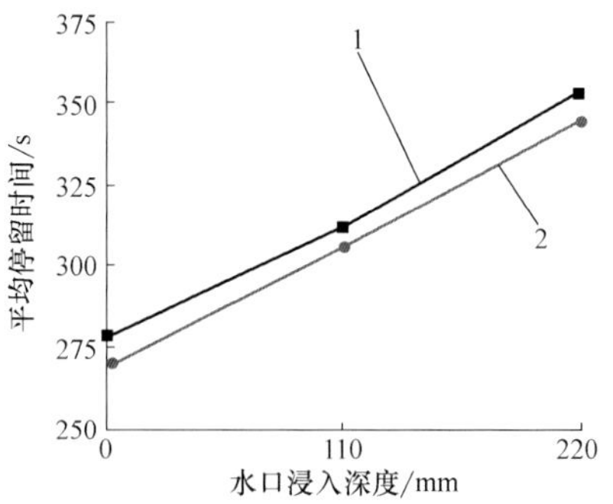

图 2.3-19　不同浸入深度下的平均停留时间
1—喇叭形；2—直通形

图 2.3-20 给出了不同浸入深度下的混合流体积分数。图 2.3-21 给出了不同浸入深度下的死区体积分数。从图 2.3-20 可以看出，中间包内的混合流体积随长水口浸入深度增加而有增大的趋势。当长水口浸入深度从 0mm 增加到 110mm 时，使用喇叭形和直通形长水口后的混合流体积都增大了 6.0%，当长水口浸入深度从 110mm 增大到 220mm 时，使用喇叭形和

直通形长水口后的混合流体积变化不明显。在相同的中间包液位下，使用喇叭形长水口后的混合流体积均比使用直通形大 13.0%～14.0%。这表明了使用喇叭形长水口更有利于钢液在中间包内的成分均匀和温度均匀。

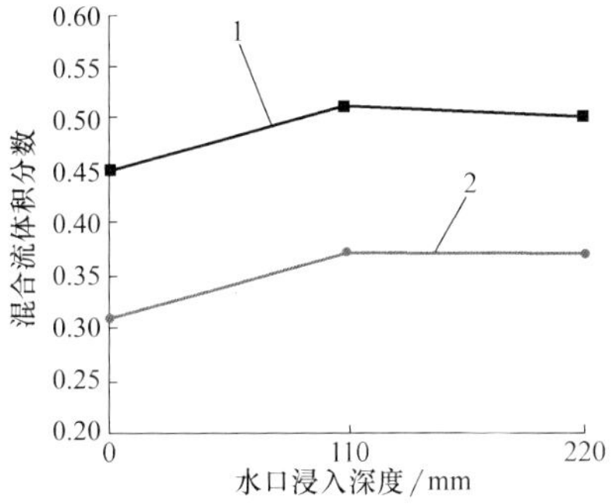

图 2.3-20　不同浸入深度下的混合流体积分数

1—喇叭形；2—直通形

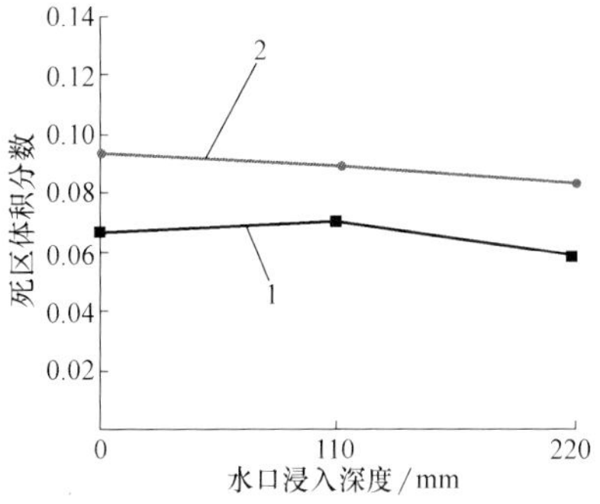

图 2.3-21　不同浸入深度下的死区体积分数

1—喇叭形；2—直通形

从图 2.3-22 可以看出，中间包内的活塞流体积随长水口浸入深度的增加而有减少的趋势。在长水口浸入深度由 0mm 增加到 110mm 时，活塞流体积减少较明显，平均减少了 6.0%。浸入深度由 110mm 上升到 220mm 时，使用喇叭形长水口的活塞流体积增大了 2.0%，而使用直通形长水口的活塞流体积却减少了 1.0%。在相同的长水口浸入深度时，使用喇叭形长水口的活塞流体积均比使用直通形长水口的大了 6.0%～7.0%。这表明了在中间包液位上升时，使用喇叭形长水口比使用直通形长水口更有利于保持较高的活塞流体积。

图 2.3-23 表明了在中间包液位上升时，使用喇叭形长水口时活塞流与死区体积分数的比值都先减小再增大，而且活塞流与死区体积之比为 5.96～7.56。使用直通形长水口后的活塞流与死区体积之比为 4.04～4.14。在喇叭形长水口浸入深度为 110mm 时，中间包内的活塞流与死区体积之比相对较小，原因是在此浸入深度时的活塞流较小而死区体积相对较大。在中间包液位相同时，使用喇叭形长水口后中间包的活塞流体积与死区体积的比值比使用直通形长水口大 47.5%～82.6%。因此，使用喇叭形长水口后中间包内的流动模式更合理。

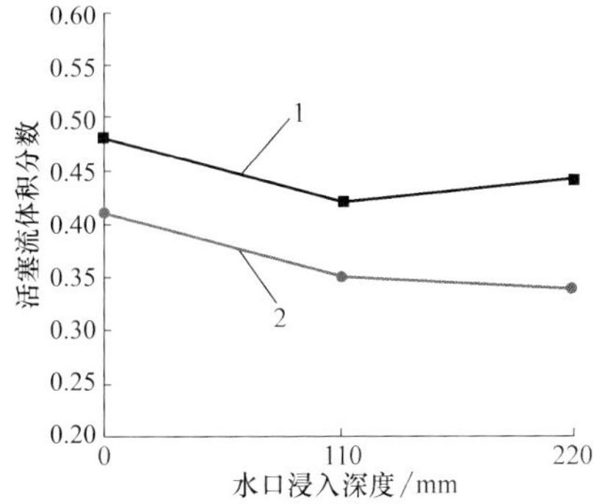

图 2.3-22　不同浸入深度下的活塞流体积分数

1—喇叭形；2—直通形

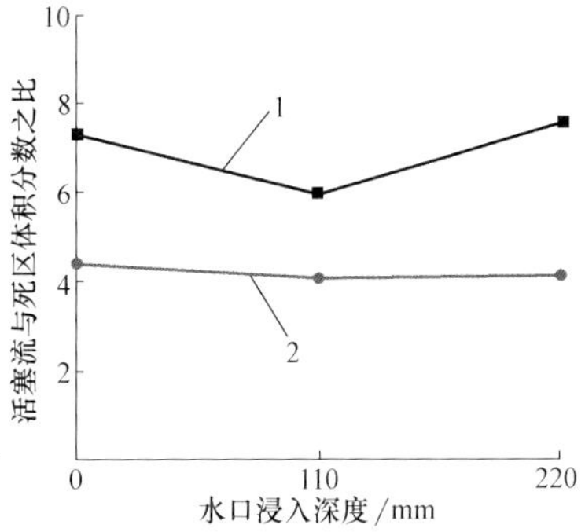

图 2.3-23　不同浸入深度下活塞流与死区体积分数之比

1—喇叭形；2—直通形

综上所述，使用喇叭形长水口更有利于延长流体在中间包内的开始响应时间、平均停留时间和活塞流平均停留时间，保证钢液中的夹杂物有更长的时间上浮，从而提高钢液的纯净度。同时，使用喇叭形长水口后，混合流体积较大，死区体积较小，活塞流体积也较大，即流体在中间包内的流动模式组成更合理。

钢包到中间包敞开浇注时，由于钢包注流具有一定的速度，在钢包注流周围形成一个负压区，将四周的空气吸入钢包注流，并带入中间包熔池，造成二次氧化。

敞开式浇注时，钢包注流冲击中间包液面，使熔池表面不断被更新，此时钢液的吸氧量比静止状态严重得多。注流引起液面裸露更新造成的二次氧化非常严重。此外，由于钢包注流的冲击，将中间包液面上的渣子卷入钢中，容易造成卷渣（见图 2. 3-24）。因此，钢包注流和中间包钢液面必须加以保护。

为此，设计了在钢包水口与中间包液面之间加装长水口隔绝空气，保护钢包注流（见图 2. 3-25）。长水口插入中间包液面下，既避免了钢包注流吸气造成钢液的二次氧化，又减少了钢包注流对中间包液面的冲击，从而改善了中间包内钢液的流动状态，有利于夹杂物的上浮，也大大减轻了卷渣现象，在中间包液面加覆盖剂，可以使液面与空气完全隔绝，既能保温，又能吸附夹杂，更重要的是防止二次氧化。

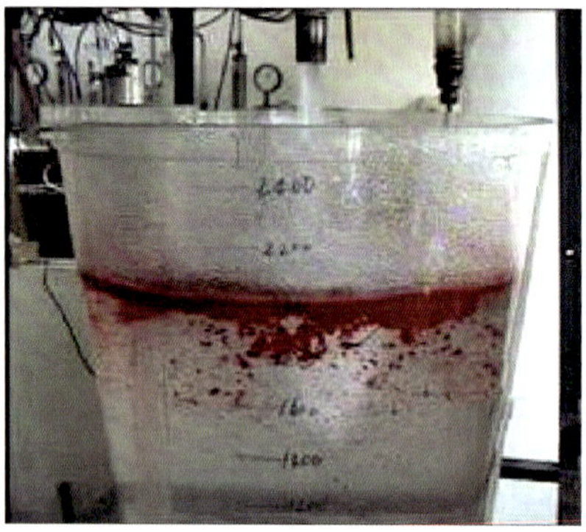

图 2. 3-24　敞开浇注水模试验

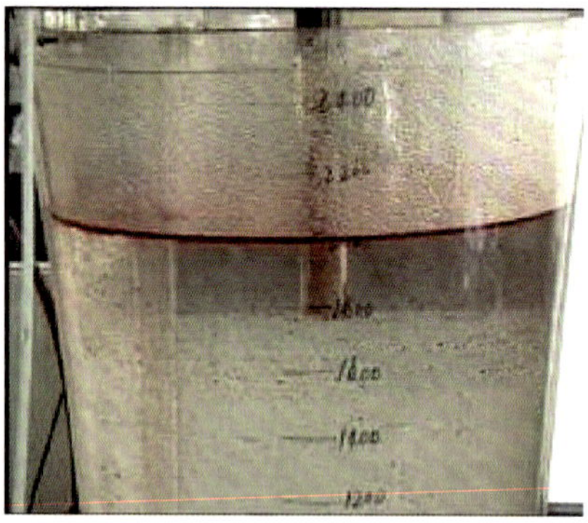

图 2. 3-25　长水口保护浇注水模试验

3. 4. 2　工程应用

（1）长水口安装如图 2. 3-26 所示。图 2. 3-26a 是长水口与精炼包滑动水口对中；图 2. 3-26b 是长水口与精炼包滑动水口对接；图 2. 3-26c 是长水口人工旋入精炼包滑动水口；图 2. 3-26d 是长水口安装完毕。

长水口装配过程中的安全是非常重要的，为了提高安全性，对装配附具进行了改进（见图 2. 3-27）。图 2. 3-27a 是研制初期使用的长水口移动附具，其应用实例如图 2. 3-26a 所示；图 2. 3-27b 是固定在浇注台上的摆动式长水口移动附具，不仅减少了操作者的劳动强度、提高了操作的安全性，而且为长水口连用创造了条件。

（2）长水口浇注前准备如图 2. 3-28 所示。图 2. 3-28a 是长水口装配后引流（将精炼包水口堵塞物引出、预热水口）；图 2. 3-28b 是浇注前的对中。

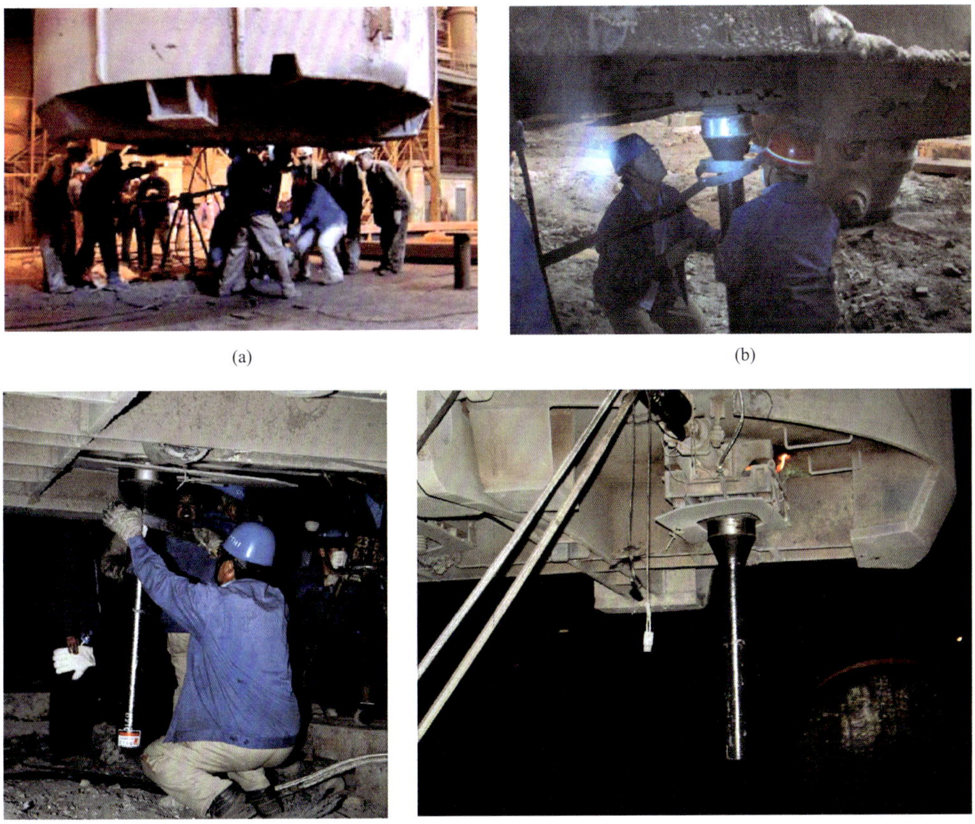

(a) (b) (c) (d)

图 2.3-26　长水口安装

（a）对中；（b）对接；（c）旋入；（d）安装完毕

(a) (b)

图 2.3-27　长水口装配附具改进

（a）改进前；（b）改进后

（3）长水口浇注如图 2.3-29 所示。从图 2.3-29 可以看出，浇注效果非常好，钢液无二次氧化现象。

在使用长水口浇注前，为了防止钢包水口堵塞，浇注前需要“烧氧”引流（见图 2.3-30）。长水口浇注取消了浇注前的二次“烧氧”（见图 2.3-30b），有效地防止了钢液的二次氧化。

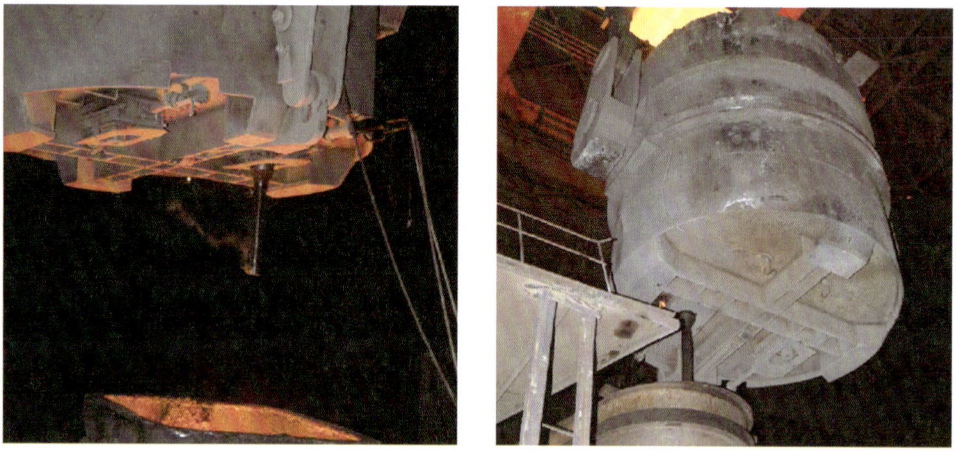

(a) (b)

图 2.3-28　长水口浇注前准备

（a）引流；（b）对中

图 2.3-29　长水口浇注

(a) (b)

图 2.3-30　精炼包浇注前“烧氧”引流

（a）出钢后一次引流；（b）浇注前二次引流

（4）长水口连用如图 2. 3-31 所示。图 2. 3-31a 是上一精炼包浇注结束；图 2. 3-31b 是从上一精炼包卸下长水口后将精炼包移走；图 2. 3-31c 是将从上一精炼包卸下的长水口与下一精炼包装配；图 2. 3-31d 是下一精炼包浇注。图 2. 3-32 是连续使用 6 次（浇注 715t 钢锭）后的长水口尺寸检测，与浇注前的尺寸相比基本无变化，表明新型长水口的质量非常好。

(a) (b) (c) (d)

图 2. 3-31　长水口连用

（a）上一精炼包浇注结束；（b）从上一精炼包卸下长水口；
（c）卸下的长水口与下一精炼包装配；（d）下一精炼包浇注

实践证明：钢液注流采用长水口进行保护浇注，有效地隔绝了钢液与大气的接触，减少了高温钢液的吸氧，减少了钢中氧、氮的含量及非金属夹杂物的含量，提高了钢锭的内部质量。中间包钢液液面加覆盖剂，减少了钢液裸露，防止钢液与空气接触，减少热辐射，吸收上浮的夹杂物，提高了钢液的纯净度。

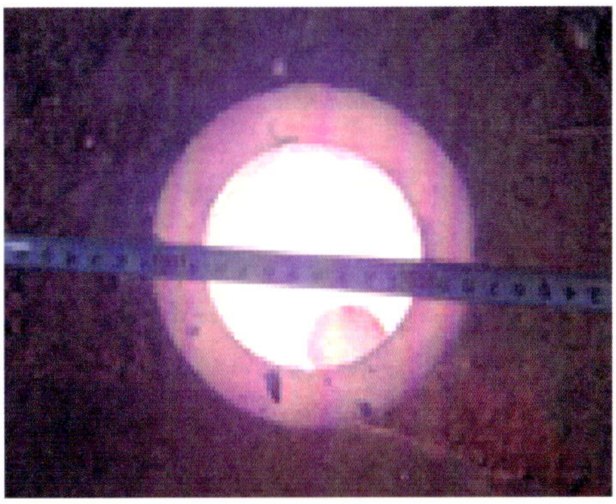

图 2. 3-32　连续使用 6 次后的长水口

第4章　中　间　包

大型真空钢锭浇注由多包钢液连续浇注而成，为保证钢液浇注期间的连续性，需要有中间包来过渡完成。随着冶金工艺技术的发展，中间包已经不再是简单的过渡容器，而是一个连续的冶金反应器。将钢液精炼的有关措施移到中间包内，以进一步净化钢液，达到生产高纯净度钢锭的目的。要使中间包冶金取得良好的精炼效果，满足高纯净度钢锭的要求，做好中间包的设计是基础，合理设置中间包内挡渣墙是保证，采用保护浇注为主线的工艺操作是核心。

1. 中间包的优化设计

中间包容量决定着钢液在中间包中停留的时间。钢液在中间包中的停留时间越长，夹杂物就会有充足的时间上浮，排渣率就越高，钢液就越干净。因此，为增加钢液在中间包的停留时间，应采用大容量、深熔池的中间包。

中间包液面高度是设计中间包的重要工艺参数之一，对铸锭质量有很大的影响。中间包内的钢液排渣率随中间包液面高度的增加而显著提高。其主要原因在于：① 因钢液高度的增加而增加了中间包内钢液的有效容积，从而延长了从中间包液面到中间包水口之间的距离，增加了钢液在中间包内的停留时间；② 因钢液高度的增加，使钢包注流影响区带有保护渣的钢液难以通过挡渣墙的导流孔直接进入中间包水口区，从而减少了大块夹杂进入钢锭的机会。

为确保钢液在中间包内流体力学的最优化，设计中间包时应考虑以下问题：① 让包型有利于钢液流动，无死角区；② 包内各点温度场分布均匀，有利于顺利开浇；③ 便于合理设置挡渣墙，有利于夹杂上浮和排除。

2. 中间包挡渣墙的设置

在中间包内设置挡渣墙，主要作用在于：① 减弱钢包注流对中间包水口的不利影响；② 获得合理的流股运行轨迹，延长钢液在中间包内的停留时间。当中间包无挡渣墙时，由于钢包流股及其回流股冲击着中间包的钢液面，将钢液上的保护渣推到靠近中间包水口一侧。部分保护渣因来不及上浮随流股一道通过中间包水口进入钢锭。设置了挡渣墙之后，钢液流股冲击到挡渣墙之后，其功能减弱，流股通过挡渣墙的导流孔进入中间包水口区一侧时，因断面突然扩大，流股的流速降低，促进夹杂物上浮。挡渣墙对提高钢液纯净度的作用是很大的。

3. 优化操作工艺

（1）保证浇注速度。确保注流和中间包液面稳定才能有效减少铸锭内在夹杂。鉴于钢包注流对中间包内钢液搅动有很大的影响，应充分注意到一旦操作不当将会造成铸锭内存在大量夹杂。因此要特别注意：① 钢包注流在中间包内的落点位置必须选择适当；② 钢包注流的控制为促进夹杂物的上浮，必须使中间包液面相对平静。

（2）采用保护浇注的工艺操作。为避免合金元素在钢液从钢包到钢锭模过程中产生氧化而导致成分不合格或氧化物夹杂增多，需要采用保护浇注的工艺技术。目前常用的有惰性气体保护和长水口保护浇注等工艺。

4.1 传统中间包

4.1.1 数值模拟

采用 FLUENT 商业软件，对传统圆形中间包进行数值模拟，入口速度为 2.835m/s（根据某锻件供应商提供的浇注速度 6t/min 换算得到）。由于塞棒对流场有一定影响，在计算区域设置时，对此也进行了考虑，中间包计算区域如图 2.4-1 所示。

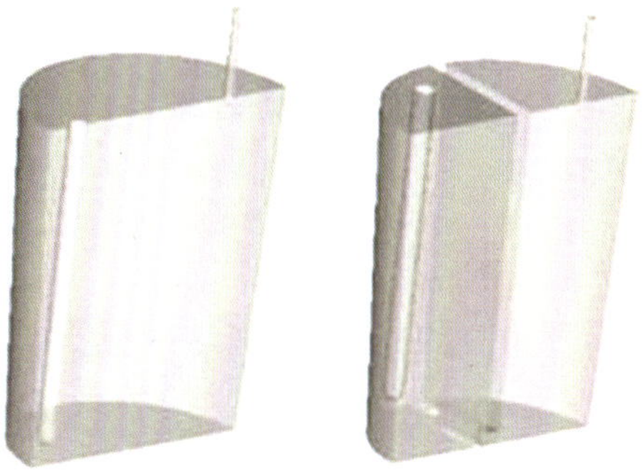

(a)　　(b)

图 2.4-1　圆形中间包计算区域

（a）无控流装置；（b）安装控流装置

采用 GAMBIT 对凝固装置计算区域进行网格划分，考虑到中间包的左右对称性，仅对单侧进行模拟。三维计算区域中，采用六面体网格进行划分，且注意到了对局部区域的加密，以及塞棒网格的设计，近壁面处采用壁面函数法。网格总数量为 30 万个，经验算，既能保证计算机的正常运行速度，又能满足数值计算的独立解。

图 2.4-2～图 2.4-4 分别是圆形中间包液位为 2500mm 时，加挡墙挡坝、真空、非真空和使用长水口保护浇注条件下的三维流场、对称面截面流场和液面流场图。

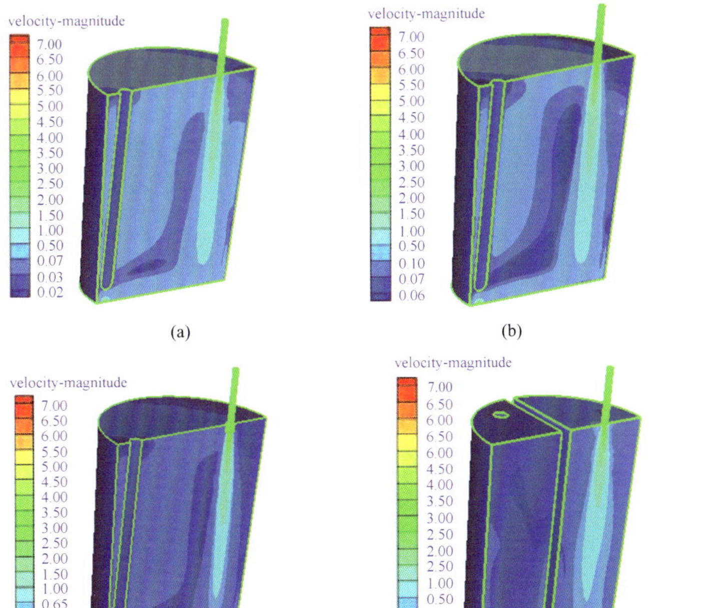

图 2.4-2　不同条件下中间包内的三维流场

（a）空况真空；（b）空况非真空；（c）空况水口插入深度 100mm；（d）加挡墙挡坝

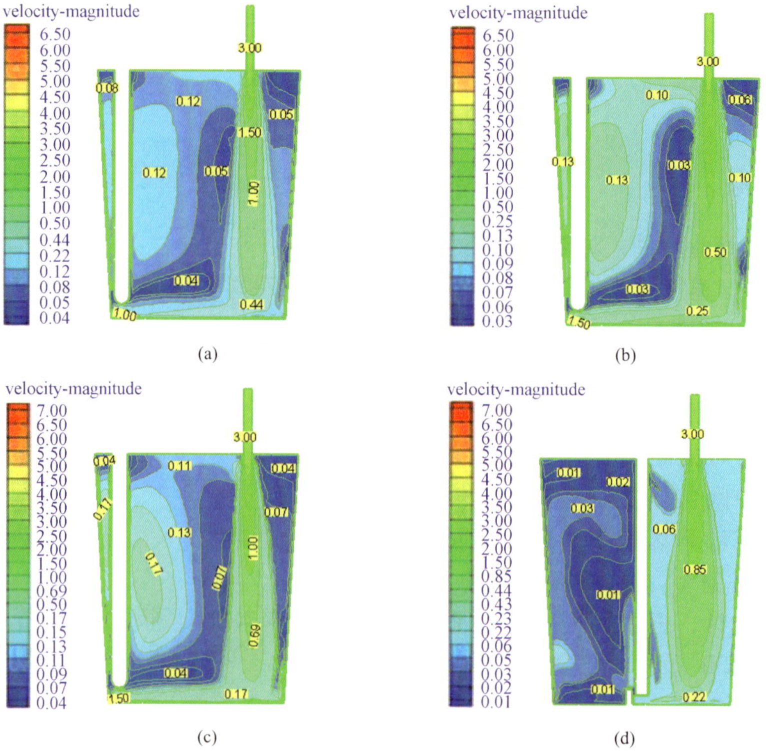

图 2.4-3 不同条件下中间包内的对称面截面流场

（a）空况真空；（b）空况非真空；（c）空况水口插入深度 100mm；（d）加挡墙挡坝

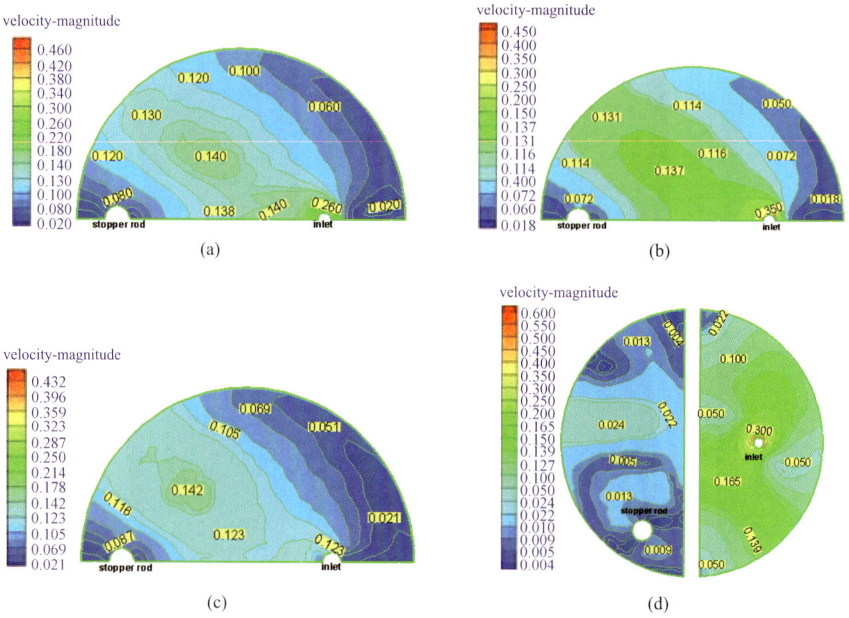

图 2.4-4 不同条件下中间包内的液面流场

（a）空况真空；（b）空况非真空；（c）空况水口插入深度 100mm；

（d）加挡墙挡坝液位 800mm

4.1.2 温度场计算结果分析

图 2.4-5 所示圆形中间包液位分别为 2500mm、1500mm、800mm 时加挡墙、真空条件下的三维温度场。不同液位条件圆形中间包温度差见表 2.4-1。

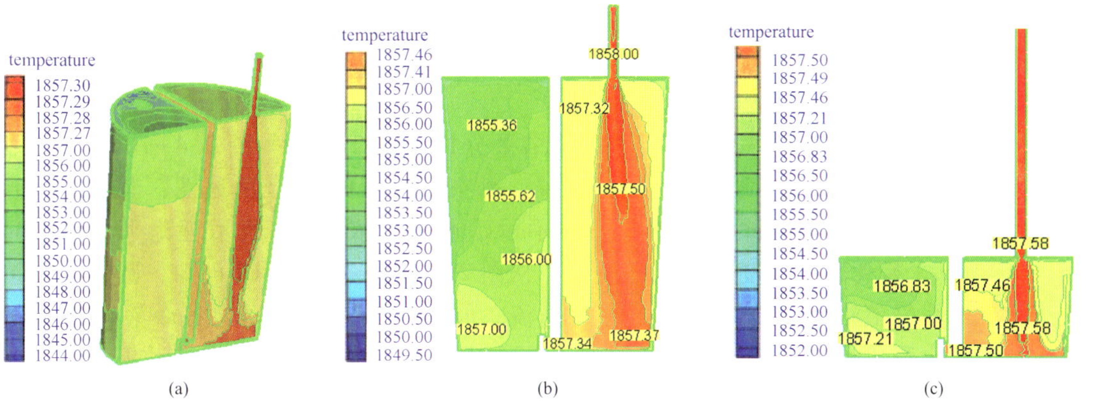

图 2.4-5　不同液位条件下中间包内的三维温度场

(a) 2500mm；(b) 1500mm；(c) 800mm

表 2.4-1　　不同液位条件下圆形中间包温度差

液位/mm	2500	1500	800
温差/K	12.316	8.633	3.39

1. 圆形中间包夹杂物轨迹分析

加挡墙、真空条件不同液位下的夹杂物运动轨迹如图 2.4-6 所示。圆形中间包不同液位下夹杂物上浮率见表 2.4-2。

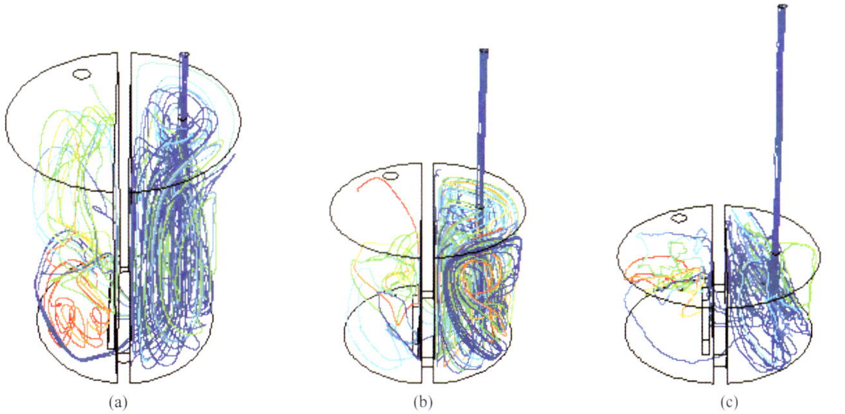

图 2.4-6　加挡墙、真空条件不同液位下的夹杂物运动轨迹

(a) 2500mm；(b) 1500mm；(c) 800mm

表 2.4-2　　圆形中间包不同液位下夹杂物上浮率

液位/mm	2500	1500	800
夹杂物上浮率（%）	70.2	62.6	54.3

2. 中间包内钢液流动物理模拟验证试验方案

依据单流圆形中间包工艺参数及相似原理建立模拟试验装置，模型与实际中间包的比例是 1∶4，材质选用的是有机玻璃，用水作为模拟钢液介质，进行水力学模拟试验研究。试验装置图如图 2.4-7 所示，其中 RTD 系统由数据采集卡 812pg 和电导仪组成。

3. 中间包物理模拟试验结果分析

（1）停留时间和流动模式及夹杂物去除结果分析。图 2.4-8～图 2.4-10 分别是液位为 800mm、1500mm、2500mm 时，加挡墙、真空条件下的 RTD 曲线图，其中，试验的入口和出口流量为 1.60m^3/h。图中 c_0 表示示踪剂平均浓度，τ 表示理论平均停留时间。c/c_0 和 t/τ 是无因次浓度和无因次时间。从图 2.4-8～图 2.4-10 可知，圆形中间包各工况的曲线峰值很靠前，而且都存在短路流；同时，空况下中间包各个液位的 RTD 曲线均明显出现尖峰或双峰。表 2.4-3 给出了中间包各工况停留时间和流动模式及夹杂物去除结果。

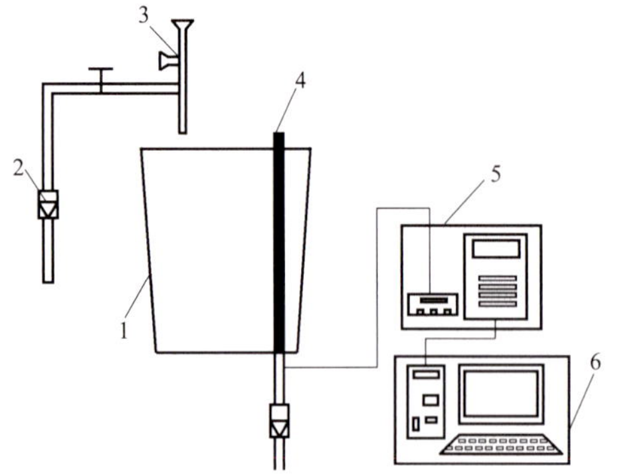

图 2.4-7　试验装置示意图

1—中间包；2—流量计；3—示踪剂加入器；4—塞棒；5—RTD 系统；6—数据采集系统

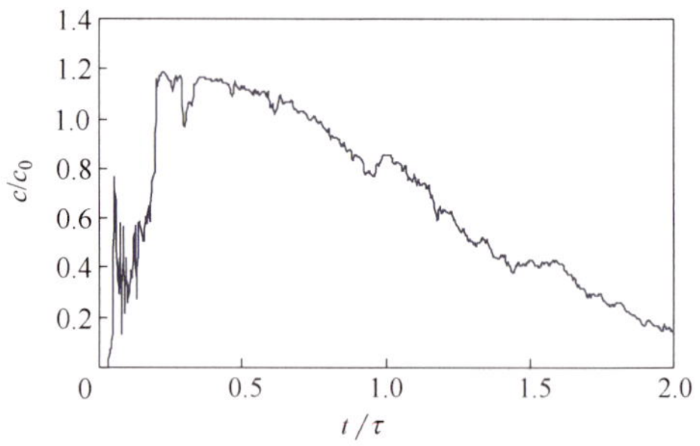

图 2.4-8　液位 800mm 的 RTD 曲线图

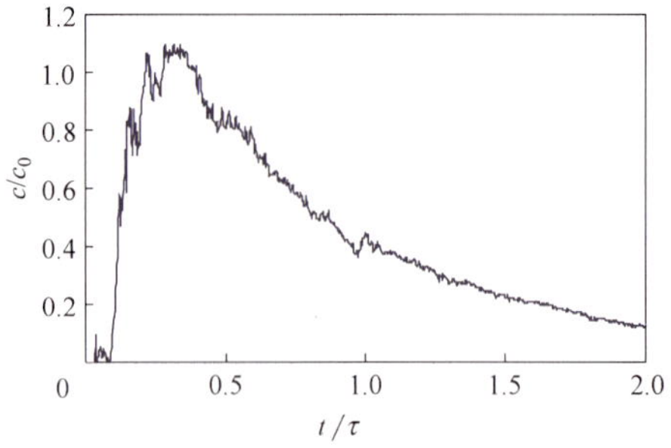

图 2.4-9　液位 1500mm 的 RTD 曲线图

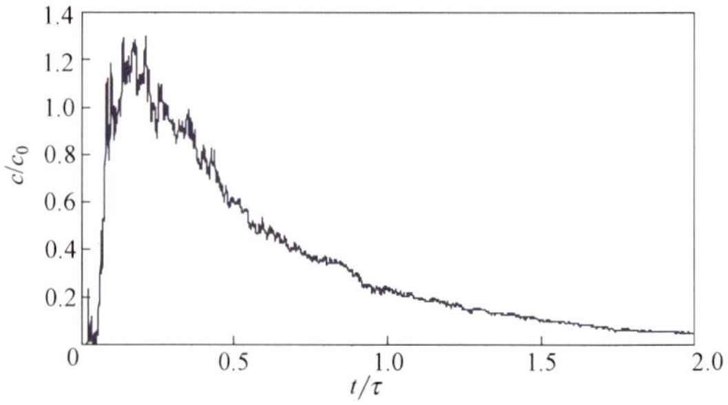

图 2.4-10　液位 2500mm 的 RTD 曲线图

表 2.4-3　　中间包各工况停留时间和流动模式及夹杂物去除结果

液位/mm	t_{min}/s	$\bar{t}_m$/s	t_p/s	中间包内流动模式组成					夹杂物捕获情况	
				全混流体积分数 V_m/V	死区体积分数 V_d/V	活塞流体积分数 V_p/V	短路流体积分数 V_s/V	活塞流与死区之比 V_p/V_d	夹杂捕获总量	夹杂去除率（%）
800	2.67	70.37	27.50	0.51	0.15	0.33	0.09	2.20	597	40.30%
1500	7.67	132.30	47.50	0.53	0.17	0.30	0.09	1.76	386	61.40%
2500	15.67	235.40	39.83	0.60	0.26	0.14	0.09	0.54	215	78.50%

注：各符号定义，t_{min}为示踪剂响应时间，$\bar{t}_m$ 为实测模型平均停留时间，t_p为活塞流平均停留时间。

（2）钢液流动物理模拟流场显示结果分析。图 2.4-11 分别给出了液位为 800mm 时，3s 和 6s 的流场显示。从图 2.4-11 可见，在液位为 800mm 的情况下，染色剂先在冲击区内混合，然后较缓慢的穿越挡墙底部，扩散到挡坝的一边，整个停留时间不长。

(a)　　　　(b)

图 2.4-11　液位为 800mm 加挡墙挡坝的流场显示

（a）3s；（b）6s

图 2.4-12 分别给出了液位为 1500mm 加挡墙挡坝下 5s 和 10s 的流场，显示染色剂在中间包内的扩散速度明显减慢，停留时间增加较明显。

(a)　　　　(b)

图 2.4-12　液位为 1500mm 加挡墙挡坝的流场显示

（a）5s；（b）10s

图 2.4-13 分别给出了液位为 2500mm 加挡墙、真空条件下 10s、20s 和 30s 的流场，显示染色剂在挡墙的一边要停留近 10s 才开始有少量穿越挡墙底部，然后翻越挡坝，进入挡墙的另一边，之后较缓慢地向上扩散；而在 30s 左右，染色剂才可以到达整个流体区域。由此可知，液位为 2500mm 加挡墙挡坝后可以延长钢液在中间包内的平均停留时间，有利于夹杂物的上浮，可以在一定程度上改善钢液的质量。

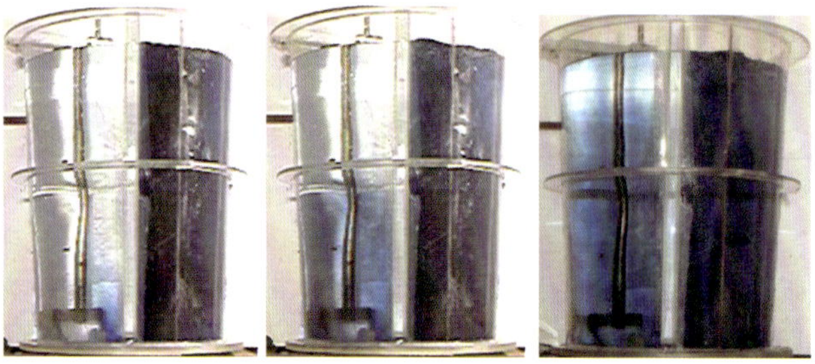

(a) (b) (c)

图 2.4-13 液位为 2500mm 加挡墙挡坝的流场显示

(a) 10s；(b) 20s；(c) 30s

(3) 夹杂物流场显示结果分析。为了观察夹杂物在中间包内的运动流场，在中间包内定量的加入油，以便定性地描述夹杂物的运动轨迹。

图 2.4-14 给出的是在流量为 $1.6m^3/h$，液位为 800mm 的 1s 和 3s 加挡墙、真空条件下夹杂物的流场，显示夹杂物在中间包的停留时间增加，而且夹杂物在穿越挡墙底部后翻越挡坝时有较明显向上浮的趋势。因此，加挡墙挡坝后有利于夹杂物的上浮。

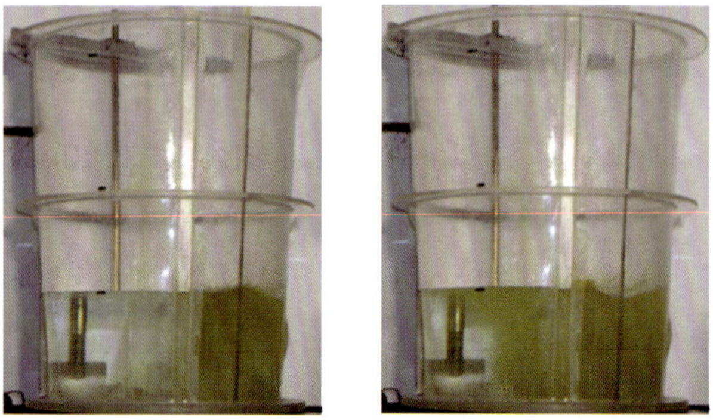

(a) (b)

图 2.4-14 液位为 800mm 加挡墙、真空下的夹杂物流场

(a) 1s；(b) 3s

图 2.4-15 是在流量为 $1.6m^3/h$，液位为 1500mm 加挡墙、真空下 3s 和 6s 的夹杂物流场模拟结果，显示夹杂物的扩散运动受挡墙挡坝的影响，夹杂物开始只在挡墙的一边扩散，在短时间内不容易穿越挡墙底部。

从图 2.4-16 可以看出，夹杂物的扩散运动受挡墙挡坝的影响，夹杂物开始只在挡墙的一边扩散，而且夹杂物扩散到中间包底部需要的时间较长，同时，大多数的夹杂物都在挡墙的一边上浮。

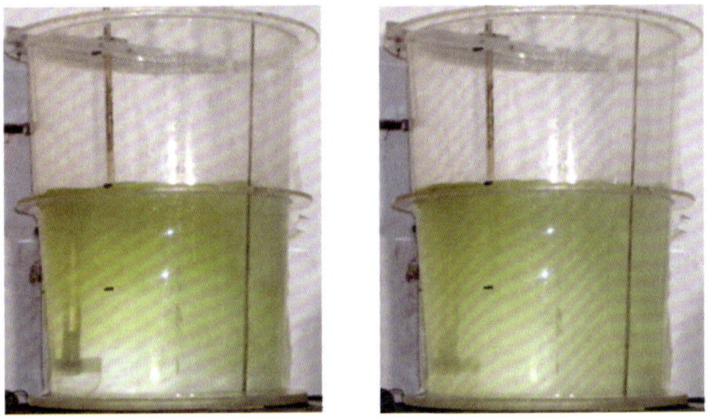

图 2.4-15　液位为 1500mm 加挡墙、真空下的夹杂物流场
（a）3s；（b）6s

图 2.4-16　液位为 2500mm 加挡墙、真空下的夹杂物流场
（a）5s；（b）15s；（c）25s

4.2　新型中间包

4.2.1　包内钢液流动数值模拟研究结果分析

根据单流中间包工艺参数，同时考虑了中间包吊运、砌砖、安放和冶金效果等因素，中间包的形状设计为椭圆形，并在包内设计了相应的控流装置。

1. 椭圆形中间包内钢液流场和温度场的数值计算及分析

结合生产的实际情况，设计的椭圆形中间包共有 7 种不同挡墙出口位置（参数见表 2.4-4 和图 2.4-17），采用 FLUENT 软件对椭圆形中间包内钢液的流场、温度场、夹杂物的运动轨迹进行分析，与水模试验进行相互验证。

图 2.4-17　挡墙和挡坝开口位置

表 2.4-4　挡墙出口位置参数表

方案号	1	2	3	4	5	6	7
开口位置	挡墙中心	右偏 80mm	右偏 160mm	右偏 240mm	左偏 80mm	左偏 160mm	左偏 240mm

（1）椭圆形中间包内三维流场如图 2.4-18 所示，中间包截面流场如图 2.4-19 所示。从图 2.4-18和图 2.4-19 可以看出，在空况情况下，钢液进入中间包后沿包底流动，并有逆回流产

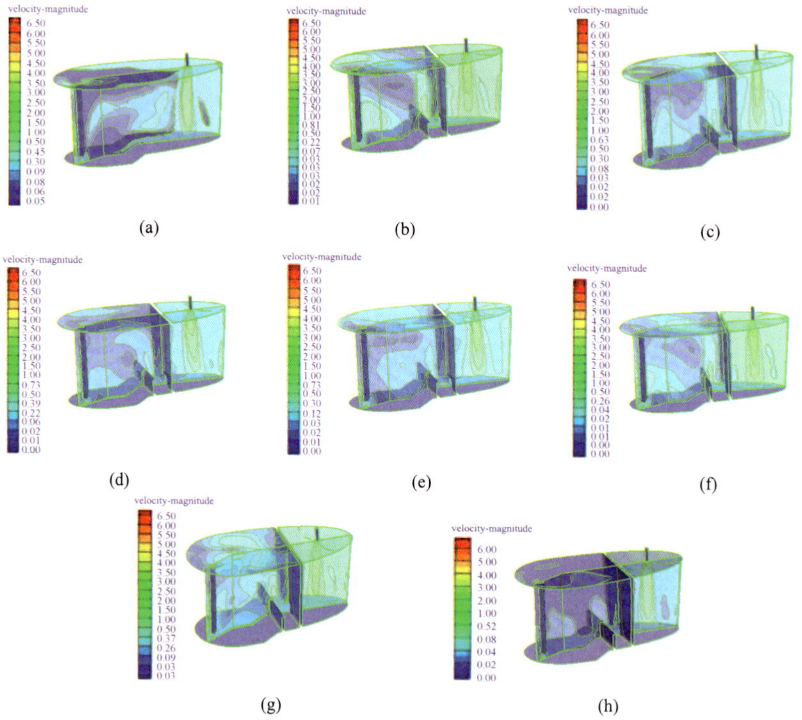

图 2.4-18　椭圆形中间包内的三维流场

（a）空况；（b）方案一；（c）方案二；（d）方案三；（e）方案四；（f）方案五；（g）方案六；（h）方案七

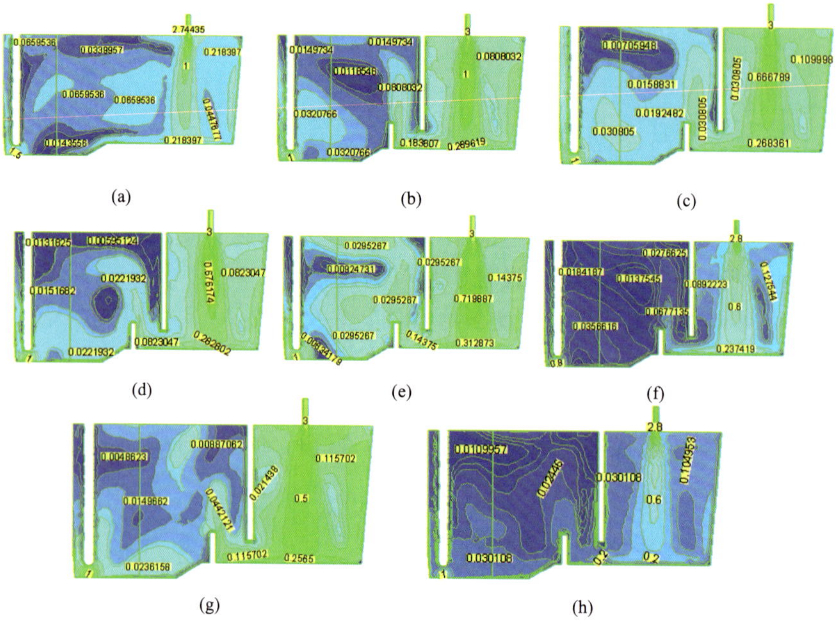

图 2.4-19　椭圆形中间包截面流场

（a）空况；（b）方案一；（c）方案二；（d）方案三；（e）方案四；（f）方案五；（g）方案六；（h）方案七

生，不利于钢液中夹杂物碰撞、长大和上浮；加入控流装置后，底部击穿流消失，注流所产生的强烈紊流被控制在注流区内，这样有利于夹杂物的上浮。

从图 2.4-20 和图 2.4-21 液面流场和液面最大速度可以发现，加入了控流装置的

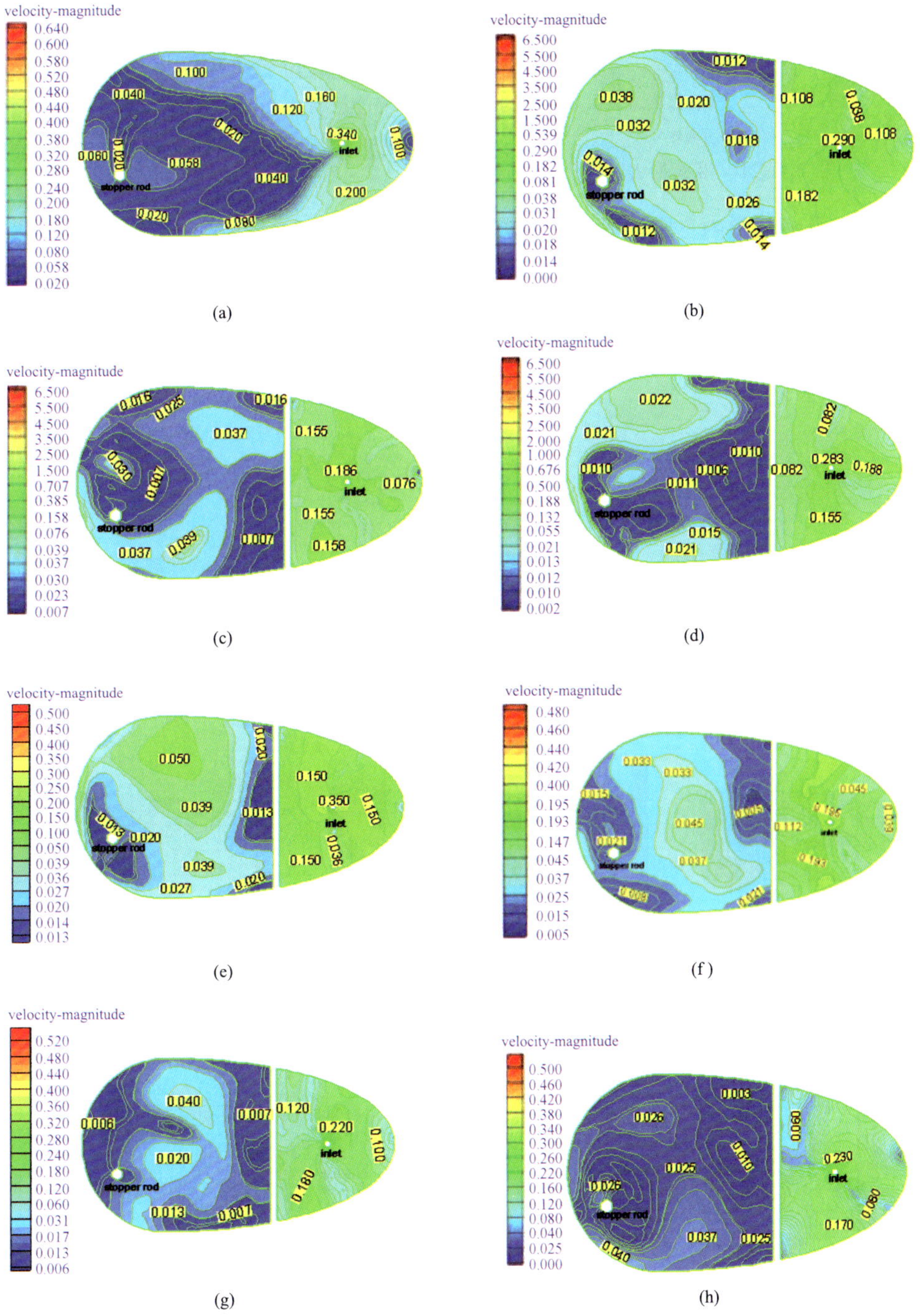

图 2.4-20　椭圆形中间包内液面流场

(a) 空况；(b) 方案一；(c) 方案二；(d) 方案三；(e) 方案四；(f) 方案五；(g) 方案六；(h) 方案七

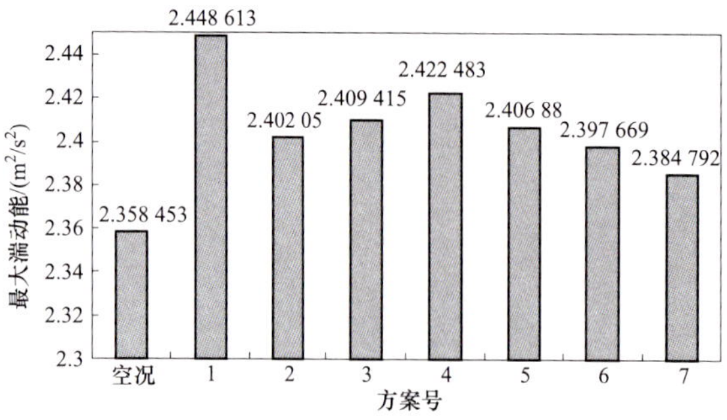

图 2.4-21　液面最大速度

中间包液面最大速度都高于空况情况下的中间包。挡墙出口在右侧的中间包内流场随着挡墙出口位置与挡坝出口位置距离的增加，液面最大速度逐渐减小；而挡墙出口在左侧的中间包内流场随着挡墙出口位置与挡坝出口位置距离的减小而减小。由于方案一在注流区的液面速度较大，更有利于夹杂物的快速上浮。

（2）椭圆形中间包内三维温度场。从图 2.4-22～图 2.4-24 可知，空况时椭圆形中间包内最大温度差为 5.325K，与加入控流装置的椭圆形中间包相比温度差最小；而加控流装置后的七种方案中，一、四、五和七号方案的中间包内最大温度差比较接近，分别为 7.681K、7.302K、7.642K 和 7.466K，是加控流装置的七种情况中温度差较小的四种，这种控流装置对生产过程有利。

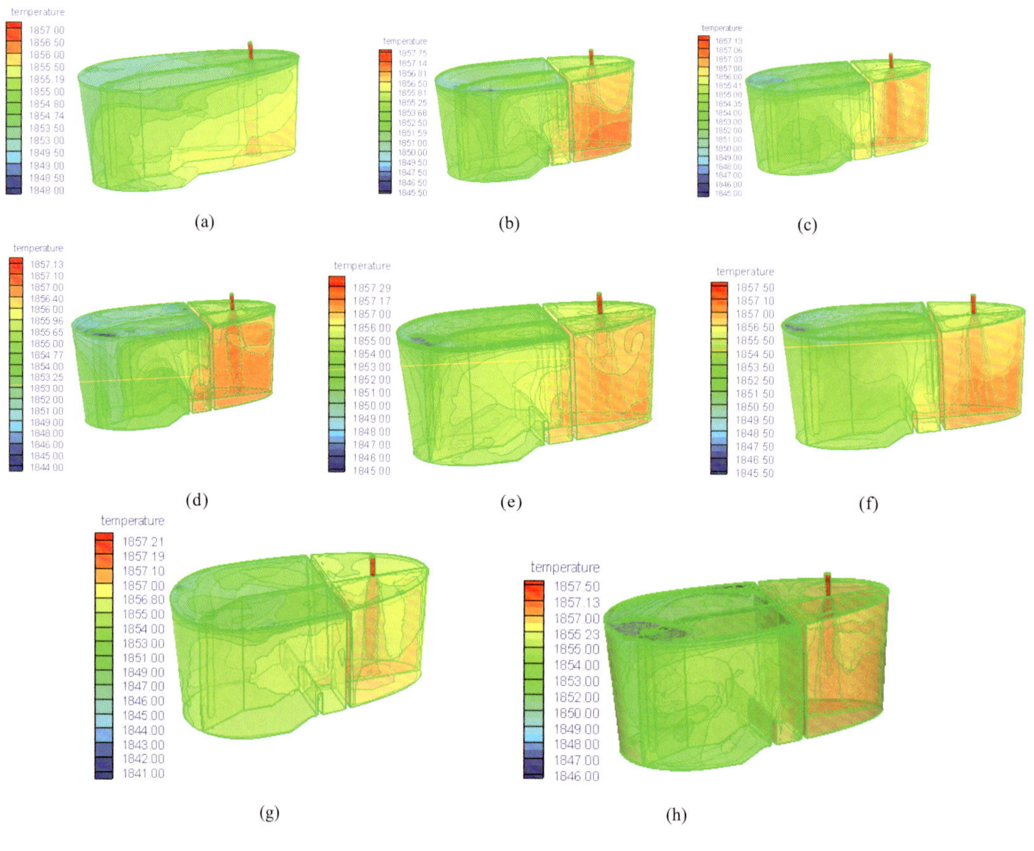

图 2.4-22　椭圆形中间包三维温度场

（a）空况；（b）方案一；（c）方案二；（d）方案三；
（e）方案四；（f）方案五；（g）方案六；（h）方案七

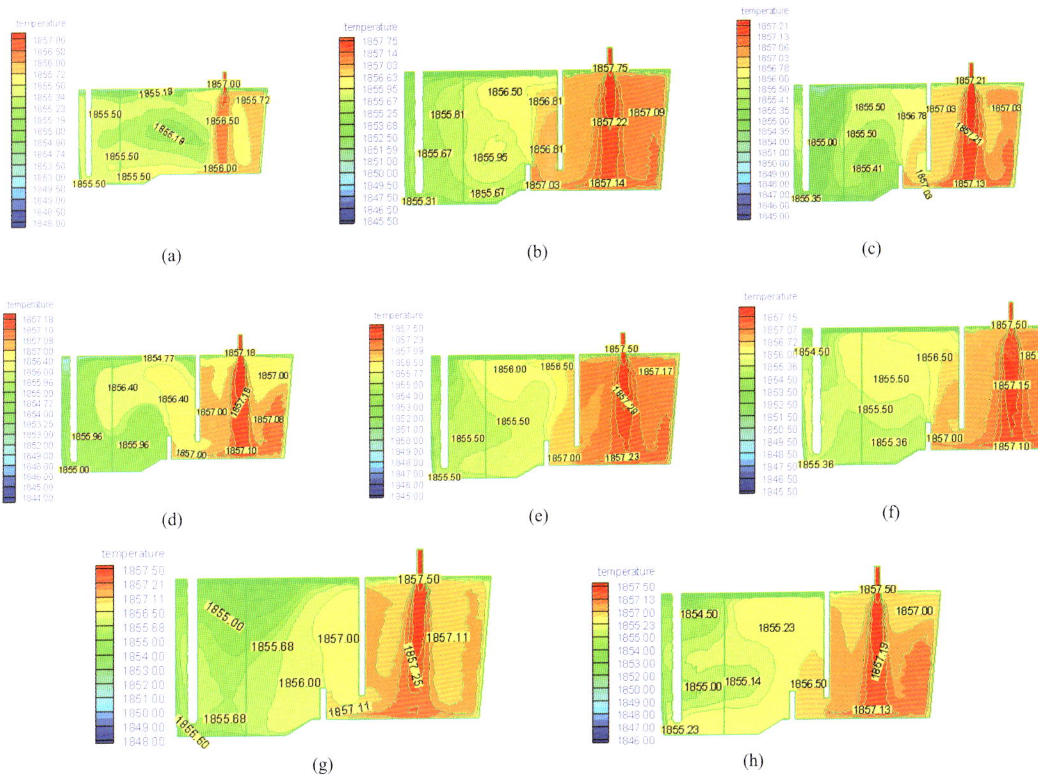

图 2.4-23　椭圆形中间包截面温度场

（a）空况；（b）方案一；（c）方案二；（d）方案三；（e）方案四；

（f）方案五；（g）方案六；（h）方案七

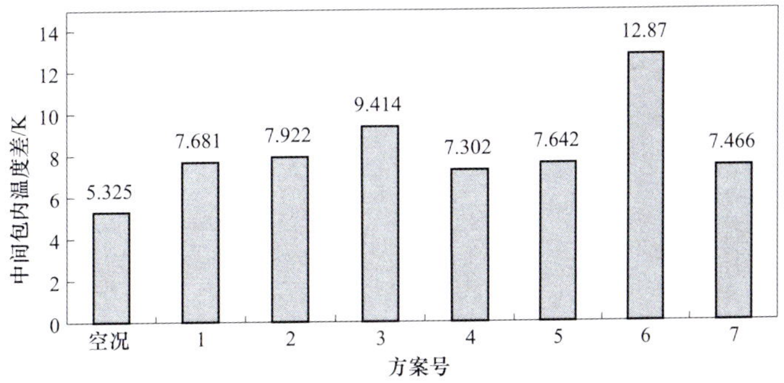

图 2.4-24　椭圆形中间包内最大温度差

（3）椭圆形中间包夹杂物轨迹分析。图 2.4-25 是夹杂物运动轨迹显示，加入控流装置后大多数夹杂物都在注流区上浮；从图 2.4-26 的夹杂物上浮率可以看出，空况时夹杂物的上浮率只有 60%，加入挡墙后，夹杂物的上浮率分别提高了 45.95%、33.33%、36.75%、40.77%、31.67%、27.79% 和 25%，其中一号方案的夹杂物上浮率最高。夹杂物轨迹分析结果与流场分析结果比较吻合。

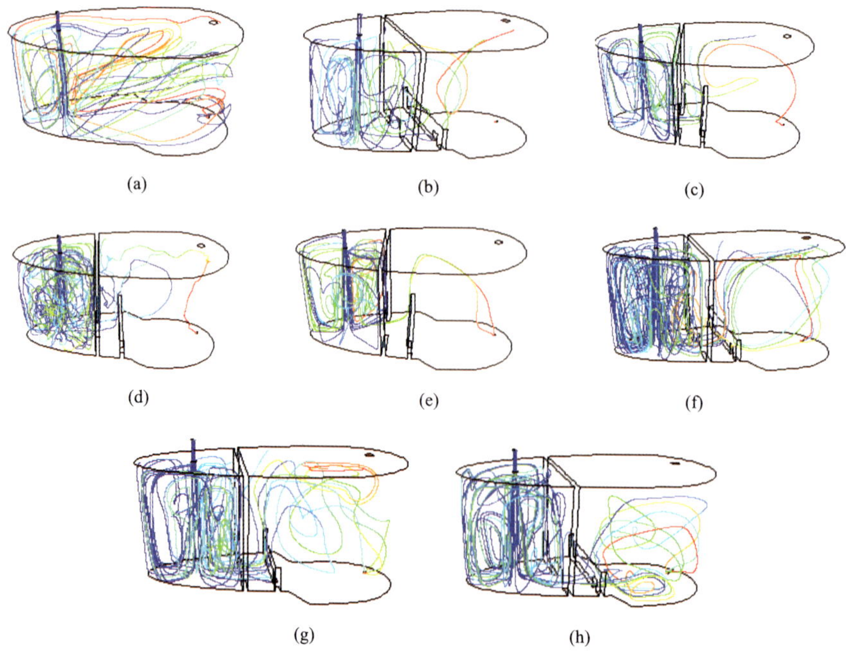

图 2.4-25　夹杂物运动轨迹

（a）空况；（b）方案一；（c）方案二；（d）方案三；
（e）方案四；（f）方案五；（g）方案六；（h）方案七

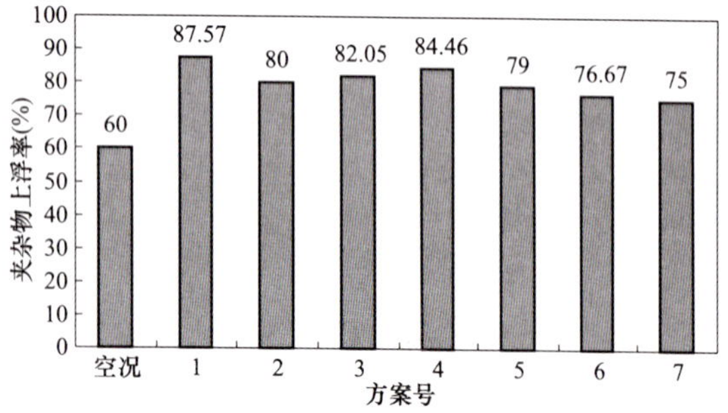

图 2.4-26　夹杂物上浮率

2. 中间包内钢液流动物理模拟试验方案

（1）试验装置。根据单流中间包工艺参数进行设计，中间包的形状由原来的圆形中间包改为椭圆形中间包，椭圆形中间包的外形尺寸如图 2.4-27 所示。依据相似原理建立模拟试验装置，模型与实际中间包的比例是 1∶4，材质选用有机玻璃，利用水作为模拟钢液介质，进行水力学模拟试验研究。试验装置参见图 2.3-12。

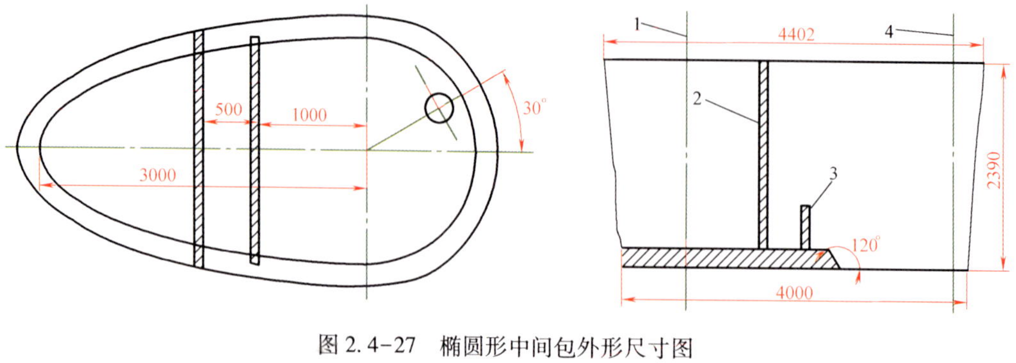

图 2.4-27　椭圆形中间包外形尺寸图

1—大包注流；2—挡墙；3—挡坝；4—塞棒

（2）试验条件。根据几何相似比 1∶4，可以计算出模型试验中需要的各种参数，原型与模型的参数对照见表 2.4-5。

表 2.4-5　原型与模型的参数对照表

参　　数	相似比	模型	原型
中间包水口直径/mm	1∶4	13.8	55
中间包高度/mm	1∶4	575	2300
钢包水口直径/mm	1∶4	20	80
钢包水口至中间包包盖距离/mm	1∶4	100	400
入口流量 $Q/(m^3/h)$	0.031 25	1.602 5	51.28
出口流量 $q/(m^3/h)$	0.031 25	1.602 5	51.28
时间/s	1∶2	—	—

中间包内饱和食盐水的加入量为 445mL，RTD 试验的数据采集时间为流体在中间包内理论平均停留时间的 2 倍，浇注时测得流体在中间包内理论平均停留时间和数据采集时间见表 2.4-6。

表 2.4-6　中间包液位高度与理论停留时间和数据采集时间的关系

试验流量/(m^3/h)	液位高度/mm	理论停留时间/s	数据采集时间/s
1.60	2000	525	1050
	800	180	360

（3）试验内容。由于圆形的中间包已改进为椭圆形，故本试验主要针对椭圆形中间包的控流装置进行优化。

椭圆形中间包的挡墙开孔高度、挡坝高度和挡墙与挡坝的间距均参考了槽形中间包控流装置优化结果，即取挡墙开孔高度为 300mm，挡坝高度为 400mm，挡墙与挡坝的间距为 500mm。

为了保证挡墙下部有一定的通钢量，试验中挡墙的开孔大小和形状保持不变，只是对开孔位置进行改变，根据挡墙的开孔位置（见图 2.4-28），设置了 7 组试验，从中选出最优的一组，试验方案具体如下：

图 2.4-28 中 Ⅰ 为方案 1，即挡墙开孔位于正中间；图 2.3-61 中 Ⅱ、Ⅲ、Ⅳ 分别为方案 2、3、4，即开孔位置向中间包出口方向依次移动 80mm；Ⅴ、Ⅵ、Ⅶ 分别为方案 5、6、7，即开孔位置向中间包出口相反方向依次移动 80mm。

试验采用刺激-响应方法，每组试验重复三次，结果取平均值，从中选出最优的一组方案。

中间包物理模拟试验主要包括以下内容：① 通过刺激-响应方法，用饱和食盐水作示踪剂，测得示踪剂的停留时间，进而分析流体在中间包内的平均停留时间和流动模式组成；

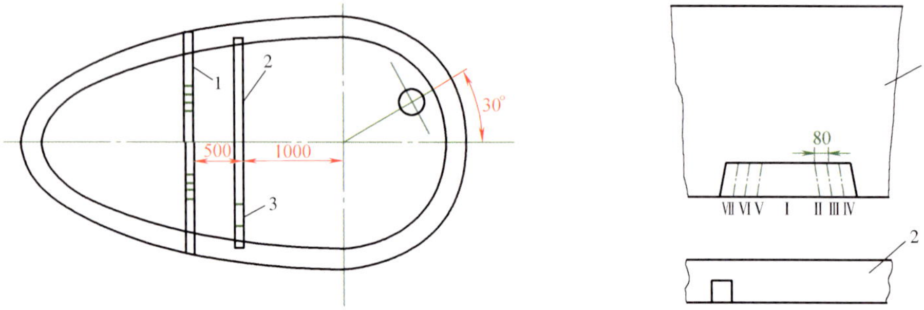

图 2.4-28　椭圆形中间包及挡墙和挡坝示意图

1—挡墙；2—挡坝；3—挡坝开孔

② 采用模拟夹杂物衡量中间包去除夹杂物的能力，试验过程每次加入聚苯乙烯粒子的数目是 1000 粒；③ 用蓝墨水作示踪剂来显示中间包内的流场；④ 用油模拟夹杂物在中间包内的流场显示。

（4）停留时间和流动模式及夹杂物去除结果分析。表 2.4-7 给出的是各方案的椭圆形中间包内夹杂物平均去除情况。表 2.4-8 是试验条件下的停留时间和流动模式及夹杂物上浮率的平均值，从表 2.4-7 和表 2.4-8 可以看出，7 组方案的夹杂物上浮率均达到了 90% 以上。由此可见，椭圆形中间包对于促进夹杂物上浮非常有效，能起到净化钢液的作用。在这 7 组方案中最优的是方案 1，夹杂物的上浮率高达 96%。

表 2.4-7　　中间包内夹杂物平均去除效果

试验编号	捕集的平均粒子数/粒	夹杂物捕集率（%）	夹杂物上浮率（%）
空况 2000	85	8.5	91.5
空况 800	111	11.1	88.9
方案 1	40	4.0	96.0
方案 2	44	4.4	95.6
方案 3	52	5.2	94.8
方案 4	56	5.6	94.4
方案 5	61	6.1	93.9
方案 6	67	6.7	93.3
方案 7	76	7.6	92.4
方案 1_ 800	95	9.5	90.5

注：表中“空况 2000”表示在空况下液位为 2000mm；“方案 1_ 800”表示是方案 1 液位为 800mm。

由表 2.4-8 可知，方案 1～方案 4 的示踪剂响应时间和平均停留时间都比方案 5～方案 7 的要长。在这 7 组方案中，示踪剂响应时间和平均停留时间最长的是方案 1，其开始响应时间为 53.79s，平均停留时间为 446.17s。停留时间越长越有利于钢液成分和温度的均匀，也更有利于夹杂物上浮。所以，从停留时间来看，方案 1 为最优方案。

表 2. 4-8 还表明了各方案下中间包内流动模式。从表 2. 4-8 可以看出，方案 5～7 的死区体积分数比方案 1～4 要小，但是方案 1～4 的活塞流体积分数却比方案 5～7 的大；从 V_p/V_d 比值来看，在这 7 组方案中，方案 1 的比值最大。同时，方案 1 的夹杂物上浮率最高，高达 96%。

表 2. 4-8　椭圆形中间包停留时间和流动模式及夹杂物上浮率（平均值）

试验编号	t_{min}/s	$\bar{t}_m$/s	t_p/s	t_s/s	中间包内流动模式组成					夹杂物上浮率（%）
					V_m/V	V_d/V	V_p/V	V_s/V	V_p/V_d	
空况 2000	25. 50	407. 23	32. 17	32. 17	0. 73	0. 15	0. 06	0. 06	0. 40	91. 5
空况 800	19. 67	153. 73	33. 17	33. 17	0. 49	0. 15	0. 18	0. 18	1. 26	88. 9
方案 1	53. 79	446. 17	97. 67		0. 59	0. 15	0. 16		1. 08	96. 0
方案 2	50. 17	436. 20	90. 00		0. 60	0. 17	0. 17		1. 00	95. 6
方案 3	47. 67	426. 67	78. 83		0. 67	0. 18	0. 15		0. 83	94. 8
方案 4	47. 00	426. 40	79. 83		0. 70	0. 21	0. 19		0. 90	94. 4
方案 5	42. 50	400. 70	65. 25	65. 25	0. 64	0. 12	0. 12	0. 12	1. 00	93. 9
方案 6	38. 25	398. 85	61. 00	61. 00	0. 64	0. 12	0. 12	0. 12	1. 00	93. 3
方案 7	33. 25	388. 55	46. 50	46. 50	0. 65	0. 13	0. 11	0. 11	0. 85	92. 4
方案 1_ 800	32. 00	164. 33	54. 00		0. 61	0. 14	0. 25		1. 79	90. 5

注：表中各符号定义参见表 2. 3-3 和表 2. 4-3。

综合上述试验结果，方案 1 更有利于钢液成分和温度的均匀以及促进夹杂物上浮，从而提高钢液纯净度。所以，方案 1 为最优方案。

（5）钢液流动物理模拟流场显示结果分析。利用蓝黑墨水作为流体流动的染色剂，每次加入量为 15mL。通过照相机进行了拍摄，分析不同时间下中间包内流体流动情况。图 2. 4-29 显示了在液位为 2000mm 下 5s、10s、15s、20s 和 25s 时无控流装置的流体流动状态。

图 2. 4-30 是在无控流装置下液位为 800mm 时 5s 和 10s 的流体流动情况。

图 2. 4-31 显示了液位为 2000mm 优化控流装置的 10s、20s、30s、40s、50s 和 60s 流体流动状况。从图 2. 4-31 可以看出，染色剂在中间包挡墙一侧的停留时间大大延长，这有利于钢液成分和温度的均匀。同时还可以看出，流体在穿过挡墙下部后由于受到挡坝的阻挡，流体向上流动的趋势很明显，这有利于夹杂物上浮，从而提高钢液纯净度。

图 2. 4-32 给出的是优化后加控流装置且液位为 800mm 时 5s、15s 和 25s 的流场显示图。从图 2. 4-32 可以看出，加控流装置后液位为 800mm 时染色剂扩散到中间包出口的时间比液位为 800mm 空况下的稍长些。这表明在低液位时加控流装置后可以延长钢液在中间包内的停留时间，有利于保证钢液质量。

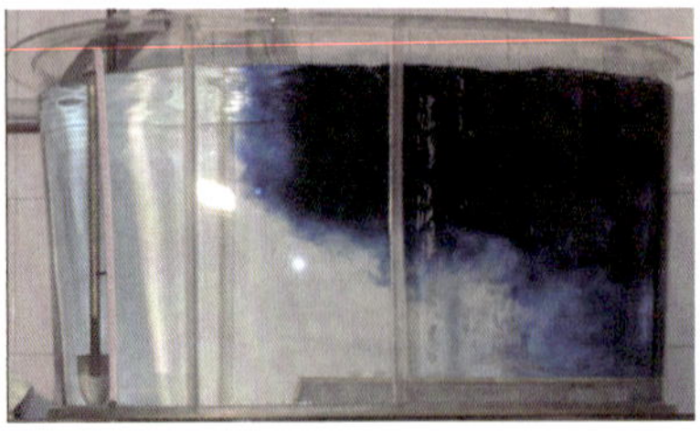

(a)

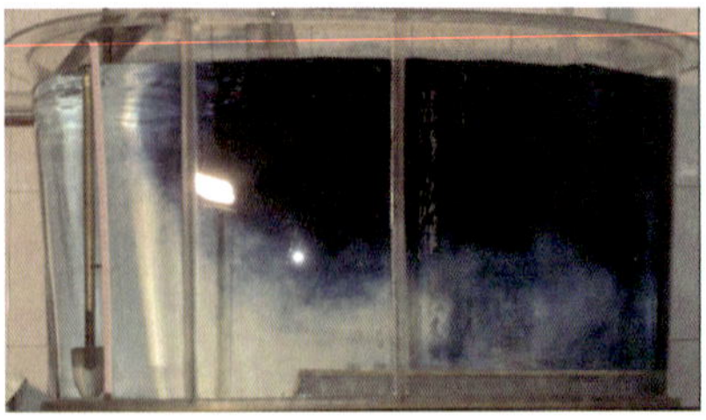

(b)

(c)

(d)

(e)

图 2.4-29　空况液位 2000mm 的流场显示图

（a）5s；（b）10s；（c）15s；（d）20s；（e）25s

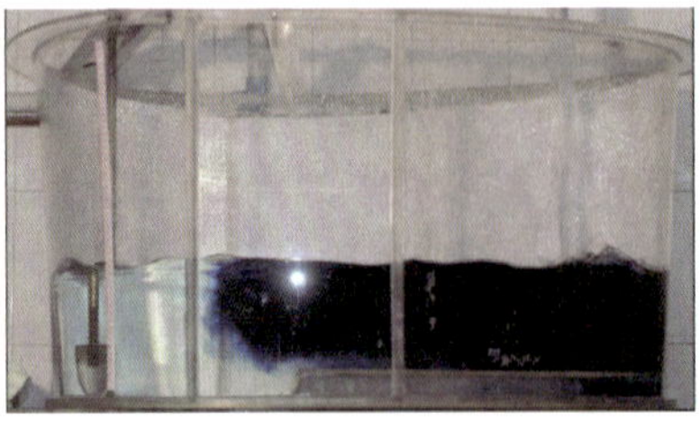

(a)

(b)

图 2.4-30　空况液位 800mm 时的流场显示图

（a）5s；（b）10s

（6）夹杂物流场显示结果分析。为了观察优化控流装置后的夹杂物流动物理模拟流场效果，通过照相机拍摄分析夹杂物在中间包内的运动轨迹，用以定性的描述夹杂物在中间包内的运动情况。本试验采用油作为示踪剂，每次加入量为 200mL。中间包入口和出口流量是 1.6m^3/h，分别对 200mm 和 800mm 液位加挡墙挡坝后和空况的夹杂物流场情况进行分析。从图 2.4-33 可以看到液位为 2000mm 空况下的 5s、10s 和 15s 模拟夹杂物流动情况，大部分夹杂物随大包注流进入冲击区后迅速上浮。图 2.4-34 是空况液位 2000mm 夹杂物流场完全稳定后夹杂物在液面上的分布情况。由图 2.4-34 可见，大部分夹杂物都分布在中间包液面上，而且多数都靠近中间包出水口一方。

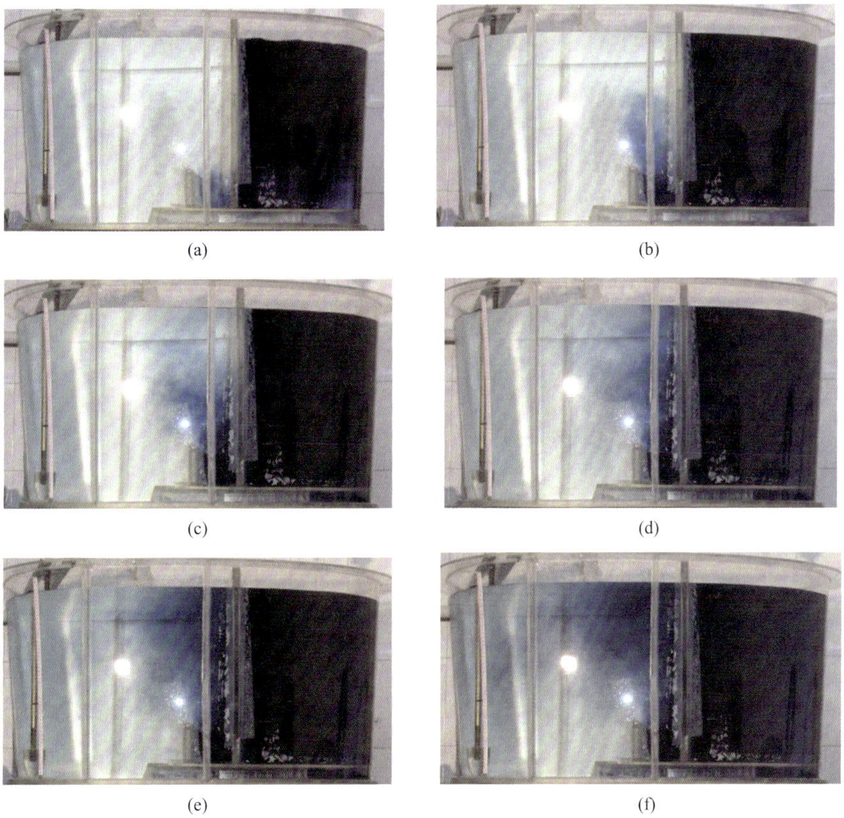

图 2.4-31　优化后加挡墙和挡坝液位 2000mm 的流场显示图

（a）10s；（b）20s；（c）30s；（d）40s；（e）50s；（f）60s

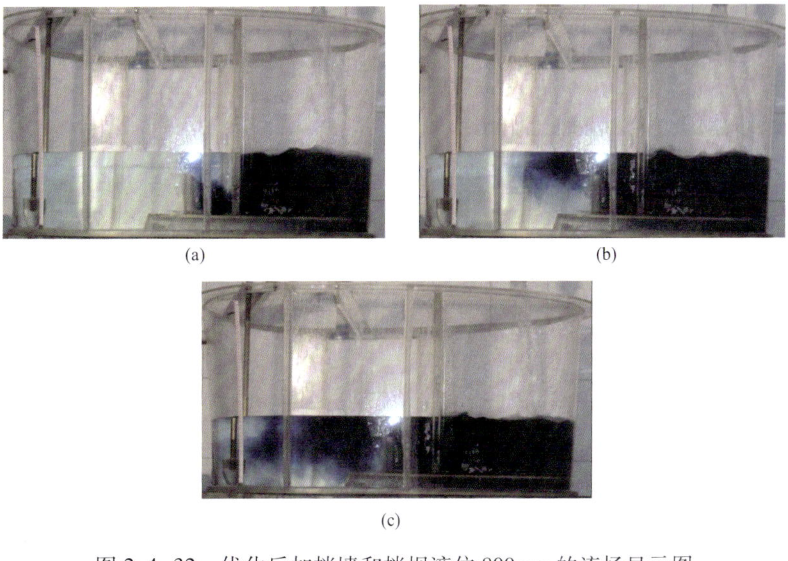

图 2.4-32　优化后加挡墙和挡坝液位 800mm 的流场显示图

（a）5s；（b）15s；（c）25s

(a)

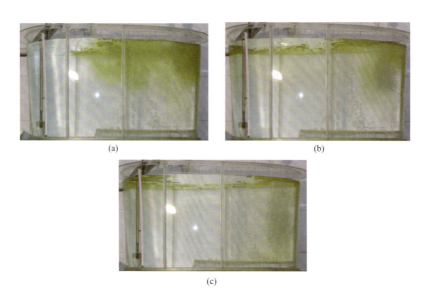

(b)

(c)

图 2.4-33　空况液位 2000mm 夹杂物流场显示图
（a）5s；（b）10s；（c）15s

图 2.4-34　空况液位为 2000mm 夹杂物分布俯视图

图 2.4-35 给出的是空况 800mm 模拟夹杂物流场显示图。从图 2.4-35 可以看出，低液位时夹杂物容易到达中间包底部且其向中间包出水口移动的速度很快。

从图 2.4-36 可以清楚地看到夹杂物在液位为 200mm 下的运动流场。优化控流装置后的夹杂物移动的速度很慢，而且绝大部分被挡墙分开，很少能穿过中间包挡墙底部进入挡墙的另一边。即使有少数模拟夹杂物穿过挡墙底部，因受到挡坝的阻挡而向上移动，从而迫使夹杂物上浮。图 2.4-37 是其流场完全稳定后的夹杂物在中间包液面上的分布图，不难看出加控流装置后对于促进夹杂上浮的效果非常明显。

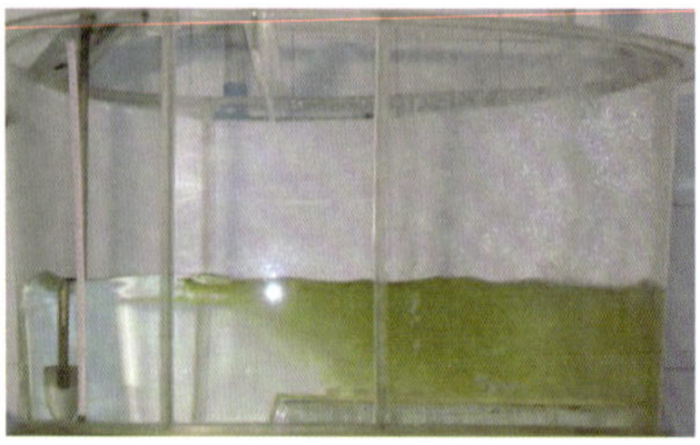

(a)

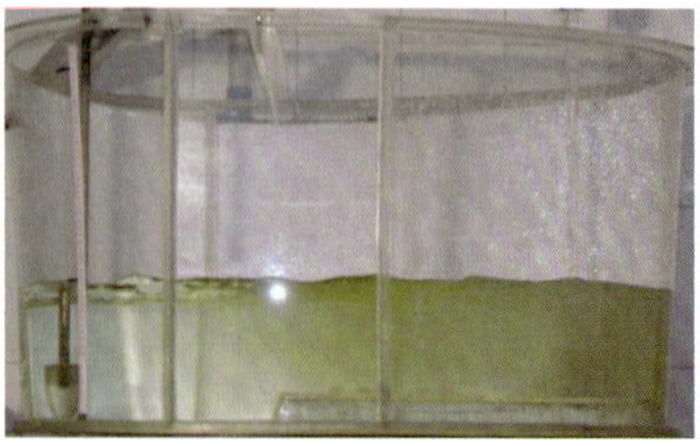

(b)

图 2.4-35　空况液位 800mm 夹杂物流场显示图
（a）5s；（b）10s

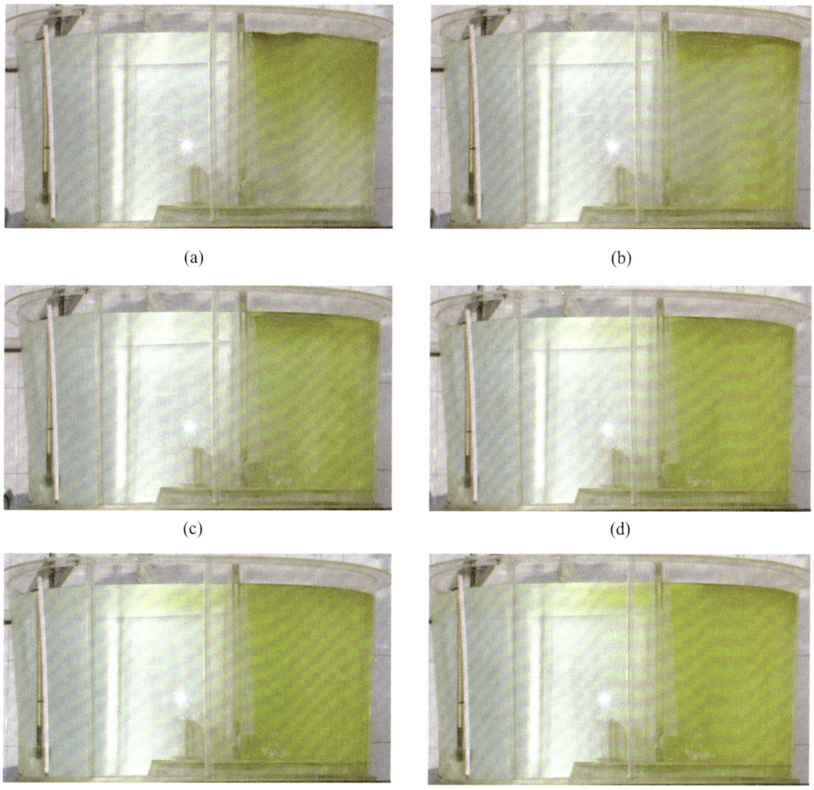

(a) (b)

(c) (d)

(e) (f)

图 2. 4-36　优化后液位 2000mm 时加挡墙和挡坝的夹杂物流场显示图

（a）10s；（b）20s；（c）30s；（d）40s；（e）50s；（f）60s

从图 2. 4-37 可见，加优化挡墙挡坝后，在液位为 2000mm 情况下，夹杂物在中间包内流场分布很好，可以有效地去除钢液中的夹杂物，从而提高钢液纯净度。

图 2. 4-38 是加优化挡墙液位 800mm 时的夹杂物流场情况。从图 2. 4-38 可以看出，大部分夹杂物随大包注流进入冲击区，由于液位比较低，夹杂物很快就到达中间包底部，然后迅速上浮，只有少数夹杂物能到达挡墙的另一边。

图 2. 4-37　优化后液位 2000mm 时加挡墙和挡坝的夹杂物分布俯视图

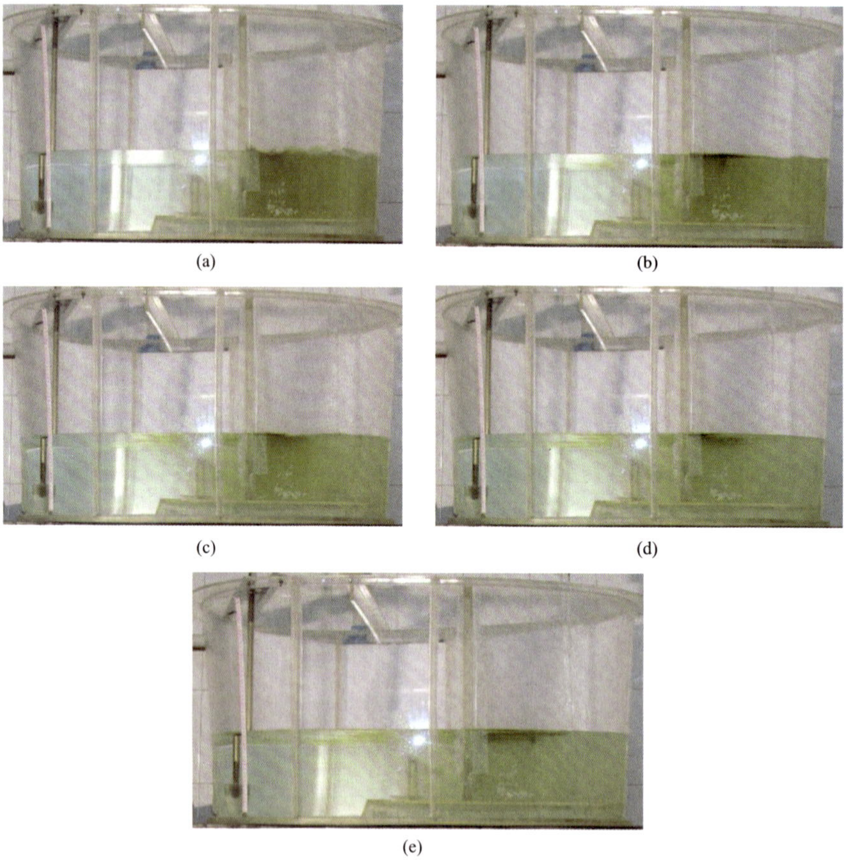

图 2.4-38 优化后液位 800mm 时加挡墙和挡坝的夹杂物流场显示图

（a）5s；（b）15s；（c）25s；（d）35s；（e）45s

3. 中间包内控流装置的确定

由上述试验结果可知，在设计的 7 组方案中，方案 1 在增加中间包内的停留时间、改善流动模式、去除夹杂物方面效果均最好，是 7 组方案中最优的方案。依据方案 1 确定了挡墙和挡坝详细尺寸以及中间包尺寸和挡墙挡坝的安装位置。

4. 圆形、椭圆形中间包数值模拟结果比较

两种形状的中间包的分析结果比较见表 2.4-9。

表 2.4-9 两种形状的中间包物理模拟分析结果比较

中间包类型	试验方案	夹杂物上浮率（%）	t_{min}/s	$\bar{t}_m$/s	t_p/s	中间包内流动模式组成			
						V_m/V	V_d/V	V_p/V	V_p/V_d
圆形	加挡墙挡坝 2500	78.5	15.67	235.40	39.83	0.60	0.26	0.14	0.54
椭圆形	最优方案 2000	96.0	53.79	446.17	97.67	0.59	0.15	0.16	1.08

注：表中各符号定义参见表 2.4-8。

4.2.2　工程应用

椭圆形中间包因增加了挡墙、挡坝和整体塞棒等而结构较复杂，掌握正确的使用方法非常重要。使用前需要对中间包沿、中间包盖进行认真清理。对中间包的烘烤也要严格控制，如果烘烤不均匀（见图 2.4-39），将会影响浇注质量。中间包盖可以采用图 2.4-40 所示的方法防止钢液二次污染。

图 2.4-39　椭圆形中间包烘烤不当

图 2.4-40　椭圆形中间包盖防护

第 5 章　超大型钢锭的解剖

超大型钢锭由于钢液量大，凝固时间长，普遍存在偏析问题。凝固过程中的溶质再分配是产生宏观偏析的根本原因。当钢锭凝固前沿往钢锭内部推进时，柱状晶区的溶质对流通道也跟着向钢锭内部生长，形成“A”偏析。在钢锭凝固后期，钢锭心部在热对流的作用下，温度会趋于一致，同时会形成大量的松散等轴晶，这些等轴晶在静水压力作用下，会发生滑移和进一步长大，凝固收缩使得钢锭顶部的富含溶质金属液向下流动进行补缩，由此形成“V”偏析。

5.1　解　剖　方　案

大型钢锭的偏析（C 的偏析），主要集中在钢锭的心部，为了研究其偏析特点，采用数值模拟技术进行模拟分析。结合 EPR 接管段所用 600t 级 Mn-Mo-Ni 钢锭的研制，对其“冲脱”及所生产的空心锻件进行了解剖分析工作，同时对该支钢锭 MP 工艺方案进行了模拟预测研究。

600t 钢锭 C 偏析模拟结果：① 最大 C 偏析为 0.51%，位于冒口底部；② 最小 C 偏析为 0.15%位于钢锭尾锥；③ 在位于冒口以下 200mm 与尾锥以上 100mm 之间 C 的化学成分在 0.16%～0.33%之间（见图 2.5-1）。

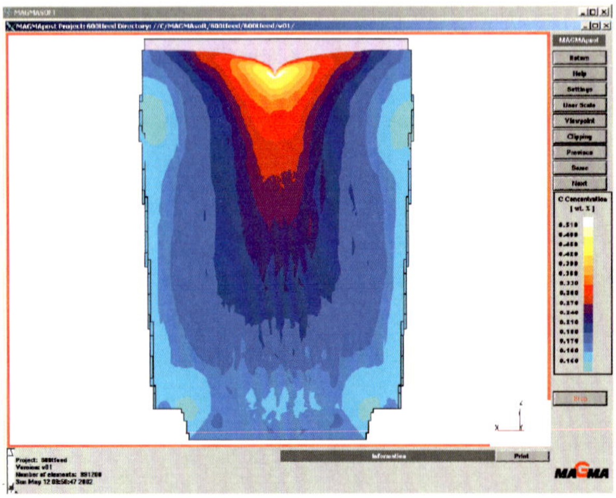

图 2.5-1　600t 钢锭 C 偏析模拟结果

2007 年国内首支 600t 级钢锭在中国一重制造成功，而后又分别生产了第二、第三支 600t 级钢锭，为研究钢锭内部冶金质量及偏析规律，对第二支钢锭（Cr-Ni-Mo-V 钢）沿最大直径进行了纵剖，径向和轴向每 400mm 取一个样，钢锭各部位 C 含量分布规律如图 2.5-2 所示。从钢锭锭身解剖分析结果来看，最小 C 含量为 0.22%，最大 C 含量为 0.30%，二者之差为 0.08%，显示出较好的均匀度，完全满足产品技术要求。

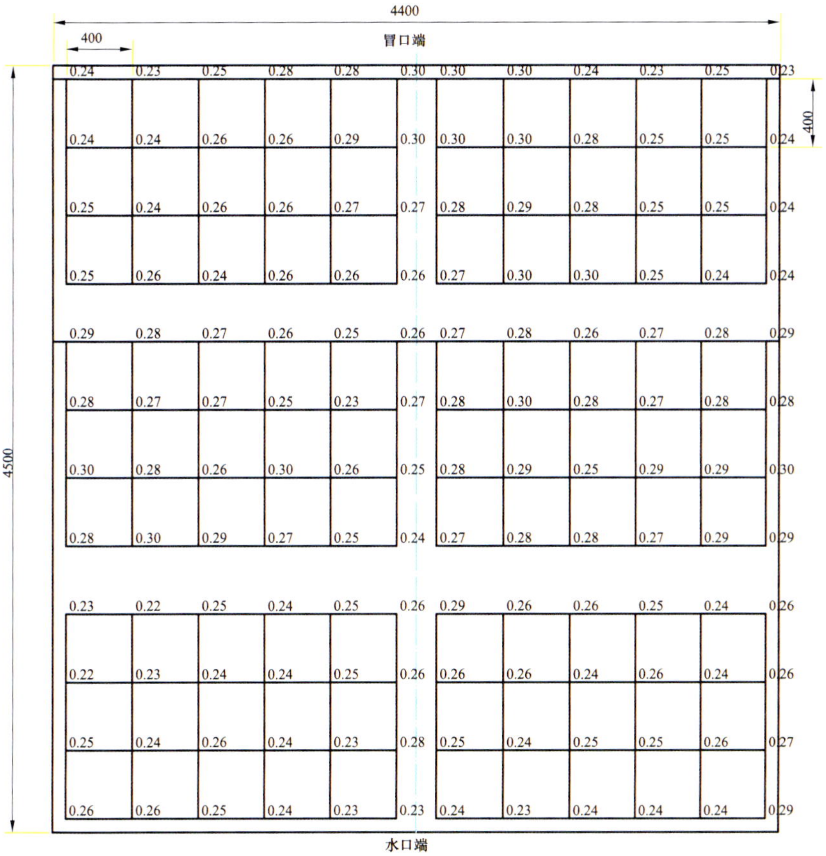

图 2.5-2　600t 级钢锭 C 元素分布图

5.2　纯　净　性

超纯低压转子代表钢种为 30Cr2Ni4MoV，该钢种属于亚共析钢类的中合金结构钢，是优质的调质高强度结构钢。

该钢种从成分考虑须控制［P］<0.005%、［S］<0.002%、［H］≤1.5×10^{-6}、［O］≤30×10^{-6}、［N］≤80×10^{-6}，冶炼难度很大。表 2.5-1 是该材料成分要求。

表 2.5-1　**超纯 30Cr2Ni4MoV 转子钢成分**　（质量分数,%）

C	Mn	Si	P	S	Cr	Ni
≤0.35	<0.35	<0.05	<0.005	<0.002	1.50～2.20	3.25～3.75
Mo	V	Cu	Al	As	Sn	Sb
0.30～0.60	0.07～0.15	≤0.15	≤0.01	≤0.02	≤0.001 5	≤0.001 5
［H］	［O］	［N］				
≤1.5×10^{-6}	≤30×10^{-6}	≤80×10^{-6}				

针对超纯材料对冶炼要求的复杂性，中国一重开发了超纯材料的冶炼工艺技术，生产了多支超纯低压转子用钢 30Cr2Ni4MoV 钢锭。表 2. 5-2 是冶炼过程的部分情况。

表 2. 5-2　冶炼情况　（质量分数,%）

元素		C	Si	Mn	P	S
EAF	熔炼，脱 P，脱 Mn，脱 Si	0. 02	—	0. 01	0. 001	0. 012
出钢	出钢和出渣	0. 02	—	0. 01	0. 001	0. 012
兑钢	卡渣、增碳，加石灰、合金	0. 10	0. 01	0. 02	0. 002	0. 012
LF 加热、Ar 搅拌	造还原渣	0. 20	0. 02	0. 02	0. 003	0. 008
LVCD	脱气、脱 S	0. 25	0. 03	0. 02	0. 004	0. 003
LF 加热	微调成分	0. 27	0. 03	0. 02	0. 004	0. 002
VCD	真空浇注					

中间包化学成分见表 2. 5-3。

表 2. 5-3　中间包化学成分　（质量分数,%）

C	Si	Mn	P	S	Cr	Ni	Mo	V	Cu	As	Sn	Sb	Al
0. 24	0. 02	0. 29	0. 003	0. 002	1. 68	3. 54	0. 39	0. 10	0. 04	0. 002	0. 003	0. 002	0. 005

生产实践结果表明，钢锭的纯净度非常好，达到了超纯材料的冶炼要求，P、S 及残余元素的控制达到世界先进水平。

5.3 致　密　性

对于超大型钢锭而言，纯净性是至关重要的。而超大型钢锭的致密性是无法保证的。中国一重通过 600t 级钢锭解剖发现，钢锭一次缩松区的孔洞尺寸非常大。但只要钢锭纯净，通过万吨压力机的合理锻造，完全可以获得致密的超大型锻件。中国一重生产出的十几只 535～715t 超大型钢锭，经锻件 UT 联合检验均无大于或等于ϕ1. 6mm 缺陷。

5.4 制造技术对比

中国一重钢锭制造能力提升至 600t 级水平，大型钢锭宏观偏析得到有效控制，C 元素最大偏析控制在 0. 08% 以内；钢锭内部冶金质量好，未发现ϕ1. 6mm 以上缺陷；P、S 及残余元素控制技术达到世界先进水平。

5.5 对传统观念的突破

钢锭的质量体现在纯净性、均匀性及致密性三个方面。为了获得高质量的钢锭，以往的研究大多都集中在钢锭形状和尺寸方面。然而，随着钢锭向超大型化发展，钢锭的凝固发生了质的变化，传统的观念受到了挑战。

1. 钢锭的横截面形状

钢锭横截面形状及钢锭模壁厚是影响钢锭凝固过程横向散热的主要工艺参数，决定了钢锭凝固激冷层的厚度及抗热应力的能力。随着钢锭尺寸增大，钢锭横截面设计时应选择较多的棱数，这样在钢锭凝固散热时不会造成较严重的应力集中，可有效防止钢锭的锻造裂纹。

大型钢锭选择的断面形状为多边形，随着吨位的加大，边数越多越好，对于600t级钢锭，研究结果应选32棱的钢锭模，特大钢锭工程实践都是32棱钢锭。但在钢锭模使用后期，棱已不明显了，却仍然可以生产出高质量的钢锭。所以，对于超大型钢锭而言，由于表面积已足够大，断面形状的影响已明显弱化。

从图2.5-3的模拟情况也可以看出钢锭模棱数的变化对钢锭凝固过程中以传热为基础的各种特征影响较小。

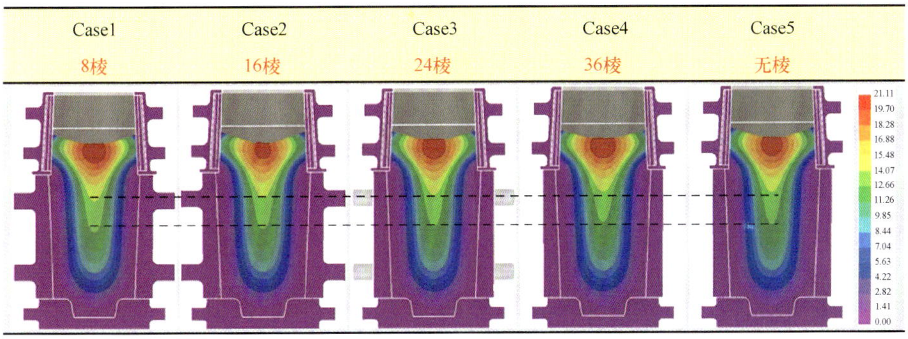

图2.5-3 钢锭模棱数对钢锭凝固影响模拟情况

2. 钢锭模锥度及高径比

锥度大小对钢锭脱模及质量都有影响，钢锭模锥度越大，脱模越有利，并有利于夹杂物的充分上浮，但较大的锥度将需要较大的冒口进行补缩，会大大降低钢锭的利用率，增加炼钢成本。而过大的钢锭模锥度一方面会引起挂裂，另一方面会影响钢锭横向的传热效果，增大二次缩孔的深度，对钢锭的锻实不利，易造成缩孔报废。

对于超大型钢锭，只要保证浇注过程中钢渣不进入钢锭模，锥度的大小已不重要。此外，由于直径非常大，径向凝固已起主导作用，在直径相同的情况下，高径比的大小对钢锭质量的影响可以不考虑。中国一重用同一直径的钢锭模，生产出535～715t钢锭，锻件经UT联合检验均无大于或等于ϕ1.6mm缺陷。这一工程实践进一步修正了超大型钢锭凝固模拟的边界条件，使模拟结果更加可信。

钢锭模的高径比是影响钢锭定向凝固速度的主要工艺参数，对钢锭的内部偏析起着关键性作用。大型钢锭凝固时都期望加强垂直定向凝固效果，加大钢锭垂直方向的温度梯度，减小水平方向的温度梯度，可以明显降低钢锭顶部的缩松、夹杂和偏析等缺陷，太高的钢锭，到凝固后期，凝固速度减慢，而不可避免的侧壁散热作用就会使凝固方式发生变化，从而降低冒口的补缩，增加钢锭的缩松、夹杂和偏析等缺陷程度。

因此，对大型钢锭而言，小的钢锭模高径比对提高钢锭内部质量有利。同样，钢锭模高径比越小，钢锭就会越粗，所需冒口重量就越大，炼钢成本就会增加。中国一重采用600t钢锭模生产715t钢锭时，使用了两层无锥度加高圈（加高圈安装见图2.5-4），虽然锥度及高径比均有较大变化，但钢锭质量依然很好。实践表明，大型钢锭模高径比小于或等于1.8就可以保证钢锭的内部质量。

图2.5-4　无锥度加高圈安装

3. 钢锭的纯净性及致密性

从对600t级钢锭解剖结果及大量的工程实践可以得出如下结论：对于超大型钢锭而言，纯净性是至关重要的。而超大型钢锭的致密性是无法保证的。钢锭一次缩松区的孔洞尺寸非常大。但只要钢锭纯净，通过万吨压力机的合理锻造，完全可以获得致密的超大型锻件。

第 3 篇　压力容器锻件研制及应用

压水反应堆压力容器（Pressurized Water Reactor Pressure Vessel，PWRPV）是位于反应堆厂房中心，放置核反应堆堆芯并承受巨大运行压力的密闭容器，也称反应堆压力壳。RPV设计时主要考虑一回路冷却剂的高温高压、主管道断裂事故和地震等影响。由于核电RPV所容纳的反应堆本体放射性极强，故RPV在材质的要求、制作、检验以及在役检查等方面，都比常规压力容器要严格得多。钢制RPV是20世纪50年代初随着第一批核动力反应堆的问世而出现的，多为圆筒形结构。百万千瓦级压水堆RPV的内径多在4m以上，总高一般在14m以上，壁厚约20cm，需要承受15MPa以上的高压（见图3.0-1），通常用含锰、钼、镍（Mn-Mo-Ni）的低碳低合金钢制成。为了提高抗腐蚀性能，RPV内壁需堆焊不锈钢。为方便反应堆换料，压水堆RPV的上封头与筒体之间用法兰连接，其顶部设有反应堆控制棒驱动机构。此外，在筒形容器上还焊有进口与出口接管。沸水堆RPV的外形和材质与压水堆类似，但所承受的压力较低，约在7MPa左右。由于要容纳汽水分离器等装置，所以沸水堆的外形尺寸比压水堆要大得多，百万千瓦级沸水堆RPV的直径可达6.4m，高度为22m以上，壁厚约17cm。沸水堆的控制棒贯通RPV的底部。

图3.0-1　压水堆RPV

组成RPV的锻件主要有上封头（也称为顶盖）、筒体法兰接管段（也称为接管段）、堆芯筒体、过渡段、下封头、进口接管与出口接管等。RPV锻件技术要求一般随堆型、执行标准以及设计方的不同而有所变化。以压水堆为例，近十几年来我国所涉及的堆型主要有CPR1000（类似M310）、EPR、华龙一号（又分为中核华龙一号和中广核华龙一号）、AP1000（WEC）、CAP1000（上海核工院）以及CAP1400。上述各堆型RPV锻件技术要求对比如下：

（1）化学成分对比：各堆型RPV锻件的化学成分对比见表3.0-1，由表3.0-1可见，AP1000、CAP1000及CAP1400堆型的C和Ni含量均高于其他堆型。

（2）强度对比：各堆型RPV锻件的强度对比见表3.0-2。由表3.0-2可见：CPR1000堆型的室温和高温屈服强度均高于AP1000及CAP1400堆型相应的屈服强度。所有堆型室温抗拉强度的下限均为550MPa，AP1000和CAP1400堆型室温抗拉强度的上限较高（725MPa）。CPR1000堆型的高温抗拉强度比AP1000和CAP1400堆型要高。AP1000堆芯不进行高温强度检测。

中核华龙一号的室温和高温强度均同CPR1000堆型一致，中广核华龙一号和EPR堆型的室温强度和高温屈服强度同CPR1000一致，而高温抗拉强度则比CPR1000略低。

（3）冲击吸收能量及落锤要求对比：各堆型锻件的冲击吸收能量及落锤要求对比见表3.0-3。由表3.0-3可见：CPR1000堆型的纵向验收指标高于横向验收指标，其余堆型两个方向的验收指标一致；CPR1000 堆型的冲击吸收能量需要检测三个温度，AP1000 检测一个温度，CAP1000 和 CAP1400 检测两个温度；CPR1000 堆型的上平台要求比其余堆型高。中核华龙一号、中广核华龙一号、EPR 堆型的冲击吸收能量要求基本一致，中核与中广核华龙一号堆芯筒体对 20℃ 冲击吸收能量有特殊要求。中核华龙一号、中广核华龙一号、EPR 堆型冲击吸收能量检测温度同 CPR1000 基本一致（EPR 堆型检测温度多一项 RT_{NDT}），0℃ 横向冲击吸收能量要求高于 CPR1000。中核与中广核华龙一号堆芯筒体的 20℃ 冲击吸收能量要求同 CPR1000 一致，其他位置要求比 CPR1000 低。CPR1000 堆型的堆芯区与非堆芯区落锤指标要求一致；其余堆型堆芯区落锤指标要求高于非堆芯区；AP1000 堆型的落锤要求比 CAP1000 高 5℃；CAP1400 堆型的落锤要求介于 AP1000 和 CAP1000 之间。中广核华龙一号、EPR 堆型的落锤要求同 CPR1000 一致，堆芯区及非堆芯区均要求不大于-20℃。中核华龙一号堆芯筒体要求不大于-23.3℃，其他锻件同 CPR1000、中广核华龙一号、EPR 堆型保持一致。

（4）夹杂物对比：各堆型锻件的夹杂物对比见表 3.0-4。由表 3.0-4 可见：AP1000 堆型对夹杂物及晶粒度无要求，其余堆型的晶粒度等级要求一致；CPR1000 堆型堆芯区和非堆芯区的夹杂物要求一致；CAP1000 堆型堆芯区和非堆芯区的夹杂物要求一致；CAP1400 堆型堆芯区夹杂物等级要求比非堆芯区要严格。中核与中广核华龙一号、EPR 堆型的要求同 CPR1000 一致。

（5）锻件取样位置对比：各堆型 RPV 锻件的取样位置对比见表 3.0-5。由表 3.0-5 可见：所有堆型在顶盖法兰端的取样位置均一致，仅 CAP1400 在顶盖堆芯测量接管管座位置增加了取样要求；所有堆型在接管段相同位置处的取样要求一致，AP1000 堆型接管段在接管孔处不取样；所有堆型的筒身段、过渡段、底封头取样要求一致，CAP1400 底封头因与过渡段采用一体化结构而增加了封头顶部取样；CPR1000 堆型的进口与出口接管在三个取样位置的要求各不相同，均比其他堆型要求严格；AP1000 和 CAP1400 堆型的进口与出口接管以及安注接管取样要求一致。中核与中广核华龙一号堆型的顶盖采用分体结构，由上封头和上封头法兰组焊而成，筒身不焊接安注接管。中核与中广核华龙一号堆型其他锻件的取样位置同 CPR1000 堆型一致。

表 3.0-1　各堆型 RPV 锻件的化学成分对比　（质量分数,%）

项目	位置	要求	C	Si	Mn	P	S	Cr	Ni	Mo	Cu	V
CPR1000	堆芯区	熔炼分析	0.16～0.20	0.10～0.30	1.15～1.55	≤0.008	≤0.005	≤0.25	0.50～0.80	0.45～0.55	≤0.05	≤0.01
		成品分析	0.16～0.22	0.10～0.30	1.15～1.60	≤0.008	≤0.005	≤0.25	0.50～0.80	0.43～0.57	≤0.05	≤0.01
	非堆芯区	熔炼分析	≤0.20	0.10～0.30	1.15～1.55	≤0.008	≤0.005	≤0.25	0.50～0.80	0.45～0.55	≤0.10	≤0.01
		成品分析	≤0.22	0.10～0.30	1.15～1.60	≤0.008	≤0.005	≤0.25	0.50～0.80	0.43～0.57	≤0.10	≤0.01

续表

项目	位置	要求	C	Si	Mn	P	S	Cr	Ni	Mo	Cu	V
AP1000	堆芯区	熔炼分析	≤0.25	0.15～0.40	1.20～1.50	≤0.010	≤0.010	≤0.15	0.40～0.85	0.45～0.60	≤0.06	≤0.05
		成品分析	≤0.25	0.15～0.40	1.20～1.50	≤0.010	≤0.010	≤0.15	0.40～0.85	0.45～0.60	≤0.06	≤0.05
	非堆芯区	熔炼分析	≤0.25	0.15～0.40	1.20～1.50	≤0.025	≤0.015	≤0.15	0.40～1.00	0.45～0.60	≤0.06	≤0.05
		成品分析	≤0.25	0.15～0.40	1.20～1.50	≤0.025	≤0.015	≤0.15	0.40～1.00	0.45～0.60	≤0.06	≤0.05
CAP1000	堆芯区	熔炼分析	≤0.25	0.15～0.40	1.20～1.50	≤0.010	≤0.010	≤0.15	0.40～0.85	0.45～0.60	≤0.06	≤0.05
		成品分析	≤0.25	0.15～0.40	1.12～1.58	≤0.010	≤0.010	≤0.15	0.40～0.85	0.40～0.60	≤0.06	≤0.05
	非堆芯区	熔炼分析	≤0.25	0.15～0.40	1.20～1.50	≤0.012	≤0.012	≤0.15	0.40～1.00	0.45～0.60	≤0.08	≤0.05
		成品分析	≤0.25	0.15～0.40	1.12～1.58	≤0.012	≤0.012	≤0.15	0.40～1.03	0.40～0.60	≤0.08	≤0.05
CAP1400	堆芯区	熔炼分析	0.16～0.22	0.15～0.30	1.20～1.50	≤0.010	≤0.010	≤0.15	0.40～0.85	0.45～0.60	≤0.05	≤0.01
		成品分析	0.15～0.23	0.15～0.30	1.12～1.58	≤0.010	≤0.010	≤0.15	0.40～0.85	0.40～0.60	≤0.05	≤0.01
	非堆芯区	熔炼分析	0.16～0.22	0.15～0.40	1.20～1.50	≤0.012	≤0.015	≤0.15	0.40～1.00	0.45～0.60	≤0.08	≤0.01
		成品分析	0.15～0.23	0.15～0.40	1.12～1.58	≤0.012	≤0.015	≤0.15	0.40～1.03	0.40～0.60	≤0.08	≤0.01
中核华龙一号	堆芯区	熔炼分析	0.16～0.20	0.10～0.30	1.20～1.55	①	≤0.005	≤0.15	0.50～0.80	0.45～0.55	②	≤0.01
		成品分析	0.16～0.22	0.10～0.30	1.20～1.60	①	≤0.005	≤0.15	0.50～0.80	0.43～0.57	②	≤0.01
	非堆芯区	熔炼分析	0.16～0.20	0.10～0.30	1.20～1.55	①	≤0.005	≤0.15	0.50～0.80	0.45～0.55	②	≤0.01
		成品分析	0.16～0.22	0.10～0.30	1.20～1.60	①	≤0.005	≤0.15	0.50～0.80	0.43～0.57	②	≤0.01

续表

项目	位置	要求	C	Si	Mn	P	S	Cr	Ni	Mo	Cu	V
中广核华龙一号	堆芯区	熔炼分析	≤0.20	0.10～0.30(1)	1.15～1.55(2)	≤0.008(3)	≤0.005	≤0.25	0.50～0.80	0.45～0.55	≤0.10(4)	≤0.01
		成品分析	≤0.22	0.10～0.30(1)	1.15～1.60(2)	≤0.008(3)	≤0.005	≤0.25	0.50～0.80	0.43～0.57	≤0.10(4)	≤0.01
	非堆芯区	熔炼分析	≤0.20	0.10～0.30(1)	1.15～1.55(2)	≤0.008(3)	≤0.005	≤0.25	0.50～0.80	0.45～0.55	≤0.10(4)	≤0.01
		成品分析	≤0.22	0.10～0.30(1)	1.15～1.60(2)	≤0.008(3)	≤0.005	≤0.25	0.50～0.80	0.43～0.57	≤0.10(4)	≤0.01
EPR	堆芯区	熔炼分析	≤0.20	0.15～0.30	1.20～1.50	≤0.008	≤0.005	≤0.25	0.50～0.80	0.45～0.55	≤0.08	≤0.01
		成品分析	≤0.22	0.15～0.30	1.15～1.59	≤0.008	≤0.005	≤0.25	0.50～0.80	0.43～0.57	≤0.08	≤0.01

注：中核华龙一号：① 堆芯筒体、下封头、过渡段≤0.006，其他锻件≤0.008；② 容器法兰、接管段筒体、堆芯筒体、下封头过渡段≤0.05，其他锻件≤0.08。

中广核华龙一号：(1) 接管段要求0.15～0.30；(2) 接管段、进口与出口接管要求熔炼分析1.20～1.50，成品分析1.15～1.59；(3) 堆芯筒体要求≤0.006；(4) 接管段、下封头、过渡段要求≤0.08，堆芯筒体要求≤0.05。

表3.0-2　各堆型RPV锻件的强度对比

项目	位置	试验温度	屈服强度/MPa	抗拉强度/MPa	伸长率（%）	断面收缩率（%）
CPR1000	堆芯区	室温	≥400	550～670	≥20	≥45
		350℃	≥300	≥510	提供数据	提供数据
	非堆芯区	室温	≥400	550～670	≥20	≥45
		350℃	≥300	≥510	提供数据	提供数据
AP1000	堆芯区	室温	≥345	550～725	≥18	≥38
		350℃	无要求	无要求	无要求	无要求
	非堆芯区	室温	≥345	550～725	≥18	≥38
		350℃	无要求	无要求	无要求	无要求
CAP1000	堆芯区	室温	≥345	550～725	≥18	≥38
		350℃	≥285	≥505	提供数据	提供数据
	非堆芯区	室温	≥345	550～725	≥18	≥38
		350℃	≥285	≥505	提供数据	提供数据
CAP1400	堆芯区	室温	≥345	550～725	≥18	≥38
		350℃	≥285	≥505	提供数据	提供数据
	非堆芯区	室温	≥345	550～725	≥18	≥38
		350℃	≥285	≥505	提供数据	提供数据

续表

项目	位置	试验温度	屈服强度/MPa	抗拉强度/MPa	伸长率（%）	断面收缩率（%）
中核华龙一号	堆芯区	室温	≥400	552～670	≥20	≥45
		350℃	≥300	≥510	提供数据	提供数据
	非堆芯区	室温	≥400	552～670	≥20	≥45
		350℃	≥300	≥510	提供数据	提供数据
中广核华龙一号	堆芯区	室温	≥400	550～670	≥20	提供数据
		350℃	≥300	≥497	提供数据	提供数据
	非堆芯区	室温	≥400	550～670	≥20	提供数据
		350℃	≥300	≥497	提供数据	提供数据
EPR	堆芯区	室温	≥400	550～670	≥20	无要求
		350℃	≥300	≥497	无要求	无要求

表 3.0-3　各堆型 RPV 锻件的冲击吸收能量及落锤对比

项目	位置	试验温度/℃	纵向/J		横向/J		上平台能量/J	RT_{NDT}/℃
			单个最小值	最小平均值	单个最小值	最小平均值		
CPR1000	堆芯区	20	120	无要求	104	无要求	≥130	≤-20
		0	60	80	40	56		
		-20	40	56	28	40		
	非堆芯区	20	88	无要求	72	无要求	≥130	≤-20
		0	56	72	40	56		
		-20	40	56	28	40		
AP1000	堆芯区	$T_{NDT}+33$	68	68	68	68	≥102	≤-23.3
	非堆芯区	$T_{NDT}+33$	68	68	68	68	≥81	≤-12.2
CAP1000	堆芯区	10	68	68	68	68	≥102	-23.3 两块不裂
		-23.3	34	41	34	41		
	非堆芯区	21	68	68	68	68	≥82	-12.2 两块不裂
		-12.2	34	41	34	41		
CAP1400	堆芯区	8	68	68	68	68	≥102	≤-25
		-25	34	41	34	41		
	非堆芯区	18	68	68	68	68	≥82	≤-15
		-15	34	41	34	41		
中核华龙一号	堆芯区	20①	88	无要求	72	无要求	≥130	≤-20②
		0	60	80	60	80		
		-20	40	56	28	40		
	非堆芯区	20	88	无要求	72	无要求	≥130	≤-20
		0	60	80	60	80		
		-20	40	56	28	40		

项目	位置	试验温度/℃	纵向/J		横向/J		上平台能量/J	RT_{NDT}/℃
			单个最小值	最小平均值	单个最小值	最小平均值		
中广核华龙一号	堆芯区	20③	88	无要求	72	无要求	≥130	≤-20
		0	60	80	60	80		
		-20	40	56	28	40		
	非堆芯区	20	88	无要求	72	无要求	≥130	≤-20
		0	60	80	60	80		
		-20	40	56	28	40		
EPR	堆芯区	20	88	无要求	72	无要求	≥130	≤-20
		0	60	80	60	80		
		-20	40	56	28	40		

① 堆芯筒体纵向单个最小值为 120，横向单个最小值为 104。

② 堆芯筒体为≤-23.3，其他锻件为≤-20。

③ 堆芯筒体纵向单个最小值为 120，横向单个最小值为 104。

表 3.0-4　　各堆型 RPV 锻件的夹杂物与晶粒度对比

项目	位置	A（硫化物）	B（氧化物）	C（硅酸盐）	D（球状氧化物）	晶粒度
CPR1000	堆芯区	≤1.5	≤1.5	≤1.5	≤1.5	≥5
	非堆芯区	≤1.5	≤1.5	≤1.5	≤1.5	≥5
AP1000	堆芯区	无要求	无要求	无要求	无要求	无要求
	非堆芯区	无要求	无要求	无要求	无要求	无要求
CAP1000	堆芯区	≤1.5	≤2.0	≤1.5	≤1.5	≥5
	非堆芯区	≤1.5	≤2.0	≤1.5	≤1.5	≥5
CAP1400	堆芯区	≤1.5	≤1.5	≤1.0	≤1.0	≥5
	非堆芯区	≤1.5	≤2.0	≤1.5	≤1.5	≥5
中核华龙一号	堆芯区	≤1.5	≤1.5	≤1.5	≤1.5	≥5
	非堆芯区	≤1.5	≤1.5	≤1.5	≤1.5	≥5
中广核华龙一号	堆芯区	≤1.5	≤1.5	≤1.5	≤1.5	≥5
	非堆芯区	≤1.5	≤1.5	≤1.5	≤1.5	≥5
EPR	堆芯区	≤1.5	≤1.5	≤1.5	≤1.5	≥5

表 3.0-5　　各堆型 RPV 锻件的取样位置对比　　（mm）

项目	整体顶盖	接管段	筒身段	过渡段	底封头	进口接管	出口接管	安注管
CPR1000	t×2t	法兰端：t×2t 堆芯段/接管孔：T×内 T/4	T×内 T/4	T×内 T/4	T×内 T/4	20×40；40×80；80×160	20×40；40×80；80×160	无
AP1000	t×2t	法兰端：t×2t 堆芯段：T×内 T/4	T×内 T/4	T×内 T/4	T×内 T/4	t×2t	t×2t	t×2t
CAP1000	t×2t	法兰端：t×2t 堆芯段/接管孔：T×内 T/4	T×内 T/4	T×内 T/4	T×内 T/4	t×2t	t×2t	t×2t

续表

项目	整体顶盖		接管段	筒身段	过渡段	底封头	进口接管	出口接管	安注管
CAP1400	法兰端：t×2t 堆测接管： T×内 T/4		法兰端：t×2t 堆芯段/接管孔： T×内 T/4	T×内 T/4	T×内 T/4	T×内 T/4	t×2t	t×2t	t×2t
中核 华龙一号	T×内 T/4 （上封头）	t×2t （上封头 法兰）	法兰端：t×2t 堆芯段/接管孔： T×内 T/4	T×内 T/4	T×内 T/4	T×内 T/4	20×40； 40×80； 80×160	20×40； 40×80； 80×160	无
中广核 华龙一号	T×内 T/4 （上封头）	t×2t （上封头 法兰）	法兰端：t×2t 堆芯段/接管孔： T×内 T/4	T×内 T/4	T×内 T/4	T×内 T/4	20×40； 40×80； 80×160	20×40； 40×80； 80×160	无
EPR			法兰端：t×2t 堆芯段：T×内 T/4						

注：t—高应力区到最近热处理表面的最大距离；T—锻件热处理壁厚；20×40—落锤试料距外圆 20mm，距端面 40mm；40×80—拉伸和周向冲击试料距外圆 40mm，距端面 80mm；80×160—轴向冲击试料距外圆 80mm，距端面 160mm。

不同堆型的压力容器锻件所遵循的设计与制造及检验标准各不相同，迄今为止主要有 RCC-M 与 ASME 两种标准。随着反应堆向大型化与长寿期方向发展，RPV 锻件在尺寸规格及重量方面均已超出现行标准的适用范围，因此不同的设计者根据其各自不同的设计理念，在现行标准的基础上又增加了附加技术要求，而锻件的设计结构更是不尽相同，在最初均采用分体结构的基础上，逐渐出现了整体结构乃至于一体化结构的锻件。RPV 锻件设计要求与结构的改变，引发了锻件制造技术的变革，本篇各章节将对上述变革及其预期发展分别加以论述。

第1章 压水堆顶盖

RPV顶盖也称为上封头，其主要作用是为控制棒驱动机构、堆内测量（三代核电）提供安全孔和支撑，为RPV放气管和一体化堆顶机构（AP1000）提供支撑。顶盖按形状分为平顶盖（见图3.1-1）和球顶盖（见图3.1-2）。目前压水堆核电RPV顶盖通常采用球形顶盖。随着核电设备设计安全性及制造水平的不断提高，顶盖经历了分体结构（上封头及上封头法兰分别制造然后焊接而成）、整体结构（上封头与上封头法兰合锻在一起）及一体化结构（上封头、上封头法兰及Quick-loc管合锻在一起）的发展阶段（参见图1.2-5中a、b、c、d、e）。

图3.1-1　平顶盖

图3.1-2　球顶盖

1.1 分体式

在二代及二代改进型核电RPV的设计中，顶盖大都采用分体制造，尤其是RCC-M标准规定上封头和上封头法兰分别按RCC-M M2131及RCC-M M2113制造。由于分体顶盖需要将分别制造的上封头和上封头法兰锻件各自堆焊后焊接在一起（见图3.1-3），不仅制造周期长，而且由于多了一道环焊缝，增加了设备在役检测时间。

此外，为了防止上封头内腔堆焊时产生变形，需要将锻件取样后的延长部分保留（见图3.1-4）至堆焊后去除，这种防变形措施需要锻件供应商与设备制造商密切配合。

图3.1-3　RPV上封头与上封头法兰焊接

图3.1-4　上封头锻件延长部分保留防止堆焊变形

第3篇 压力容器锻件研制及应用

1. 上封头

目前核电 RPV 顶盖采用分体结构的堆型有 M310 及华龙一号，其上封头要求按 RCC-M 标准 M2131 评定及制造。分体顶盖中的上封头锻件如图 3.1-5 所示。

2. 上封头法兰

与上述分体顶盖中的上封头锻件组焊的上封头法兰锻件，要求按 RCC-M 标准 M2113 评定及制造。华龙一号 RPV 分体顶盖的上封头法兰锻件如图 3.1-6 所示。

图 3.1-5　华龙一号 RPV 分体顶盖的上封头锻件

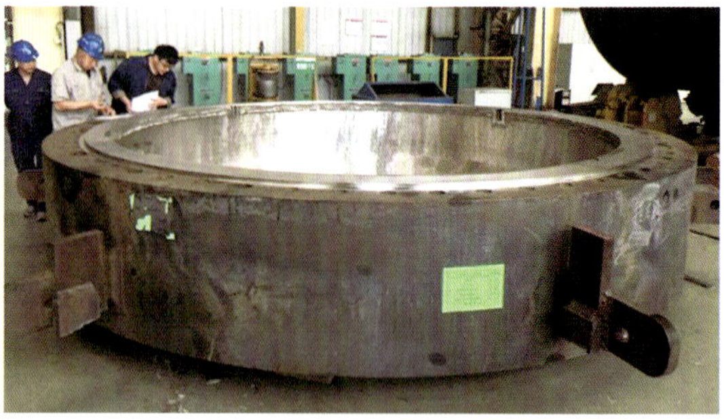

图 3.1-6　华龙一号 RPV 分体顶盖的上封头法兰锻件

1.2 整 体 式

为了减少 RPV 环焊缝数量，提高顶盖的安全性及减少设备在役检测时间，WEC 将 AP1000 堆型的 RPV 顶盖优化设计成了整体结构（见图 3.1-7）。

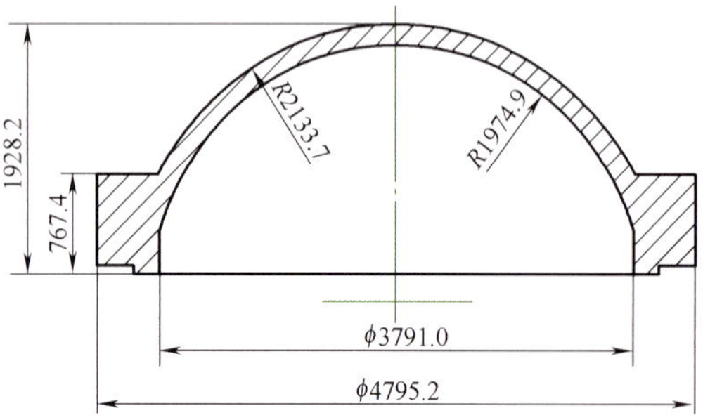

图 3.1-7　AP1000 整体顶盖精加工图

这种带有厚壁法兰的碗形件，突出的制造技术难点在于锻件各部位壁厚差过大，使之无法采用传统等壁厚封头的成形工艺进行制造。若采用传统等壁厚工艺成形，为包络法兰部分，板坯厚度要加大到封头壁厚的两倍左右，由此产生的后果：一是冲形力增加，现有压力机无法满足要求；二是加工余量加大，材料利用率降低，生产周期加长。为了实现近净成形，国内外锻件供应商开展了各种试验研究工作。

1.2.1 产品研制

到目前为止，整体顶盖有三种锻造方法：

（1）旋压法：模具内的坯料在条形锤头的反复旋转碾压下锻造出顶盖内腔（见图 3.1-8）。这种方法率先由日本 JSW 采用[45]。

（2）冲形法：将预制的带法兰的顶盖毛坯放在下模上，通过冲头冲压球顶部位成形锻件。整体顶盖冲形法制造流程如图 3.1-9 所示。

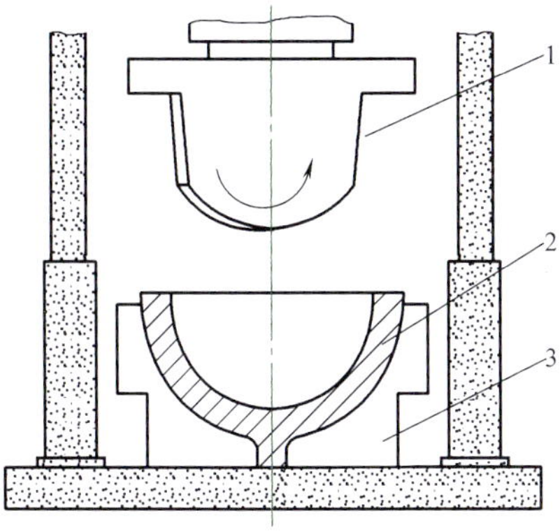

图 3. 1-8　旋压法

1—上模；2—封头锻件；3—下模

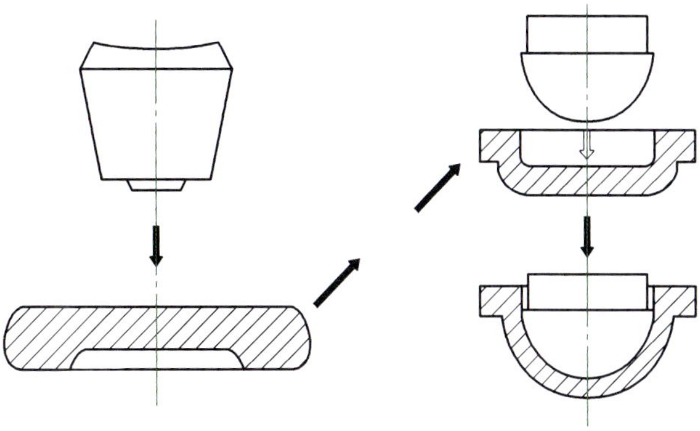

图 3. 1-9　整体顶盖冲形法制造流程

（3）拉深成形法：将预先制出带法兰的顶盖毛坯放在下模上，通过环形上模下压法兰拉深成形锻件。整体顶盖拉深成形过程如图 3. 1-10 所示。图 3. 1-10a 是安装上、下模具及调整间隙；图 3. 1-10b 是拉深成形结束后锻件内腔的状态，内腔非常光滑，形状非常好；图 3. 1-10c 是拉深成形结束后锻件外表面的状态。

(a)　(b)　(c)

图 3. 1-10　拉深成形法

（a）安装、调试模具；（b）拉深成形后锻件内腔状态；（c）拉深成形后锻件外表面状态

采用冲形法成形整体顶盖时，需要注意在成形后期，坯料法兰与球形封头过渡区附近会出现局部减薄，法兰内壁高度会减小，球顶处会有外凸现象，因此需要合理设计坯料尺寸、模具尺寸、冲形行程与成形温度。采用拉深法成形时，需要注意坯料与下模的对中定位，与冲形法相似，拉深成形后的整体顶盖也会出现法兰与球形封头过渡区局部减薄以及法兰内壁高度减小现象，因此设计坯料时尤其需要注意法兰高度与内腔直径尺寸要合理。旋压法需要注意整体顶盖成形后法兰外壁高度不足，以及球顶附近内壁折伤较严重的问题，与此同时还

要在自由锻制坯阶段解决坯料压实问题。无论采用上述何种方法成形整体顶盖，都需要借助现代先进的计算机数值模拟技术，对坯料与模具尺寸以及压下行程等进行优化设计，为此中国一重针对上述三种成形方法，分别进行了大量的计算机数值模拟和有限元分析工作，并在此基础上进行了工程实践。

1. 数值模拟

锻造成形过程是一个非常复杂的弹塑性大变形过程，大多属于三维非稳态塑性成形，一般不能简化为平面或轴对称等简单问题来近似处理。在成形过程中，既存在材料非线性，又有几何非线性，同时还存在边界条件非线性，变形机制十分复杂，并且接触边界和摩擦边界也难以描述。应用刚（黏）塑性有限元法进行三维单元数值模拟，是目前国际公认的解决锻造成形过程模拟问题的最好方法之一。为了能在尽可能短的时间内设计出可行的工艺方案和模具结构，采用了目前应用较为广泛、功能较强的 DEFORM（Design Environment for Forming）模拟软件进行数值模拟。

（1）坯料冲形数值模拟。使用四面体单元对坯料冲形过程进行模拟。整体顶盖工件共划分 14 727 个单元，3553 个节点；凸模划分 4814 个单元、1262 个节点；凹模划分 4712 个单元、1236 个节点。由于整体顶盖及其模具均是回转体，位移约束、外载荷的分布均是轴对称的，因此可按轴对称建立三维实体模型。因 DEFORM-3D 没有轴对称模型，因此采用模拟其 1/8 模型的方法，工件和模具对称面均设置对称约束，工件的内外表面分别与凸模和凹模按接触处理设置，摩擦系数选用 0.5～0.7，材料模型运用 SA-508M Gr.3 Cl.1。冲形法模拟结果与锻件形状的对比如图 3.1-11 所示。

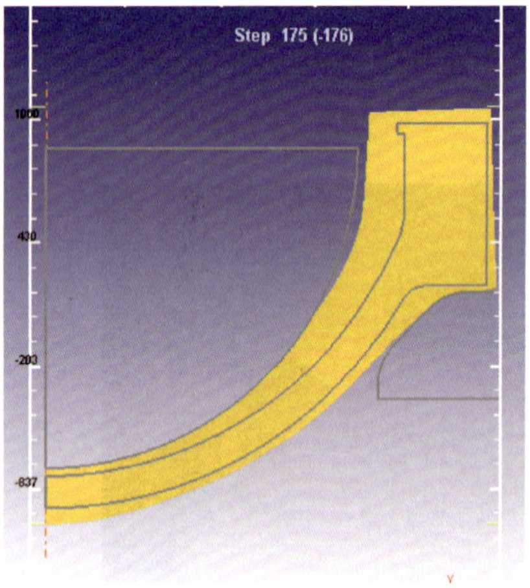

图 3.1-11　模拟结果与锻件形状的对比

（2）坯料拉深数值模拟。坯料拉深数值模拟的网格划分及建模与上述冲形法类似，模拟过程中的成形效果如图 3.1-12 所示；成形力如图 3.1-13 所示；成形后各部位余量如图 3.1-14 所示。

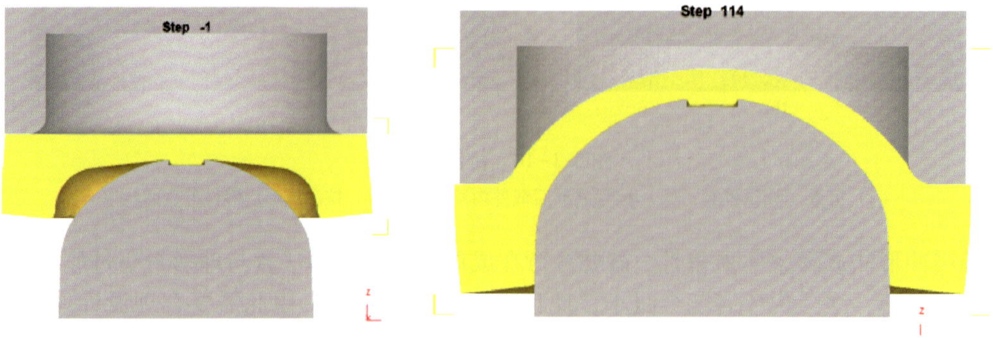

（a）　（b）

图 3.1-12　坯料拉深成形前后效果

（a）成形前；（b）成形后

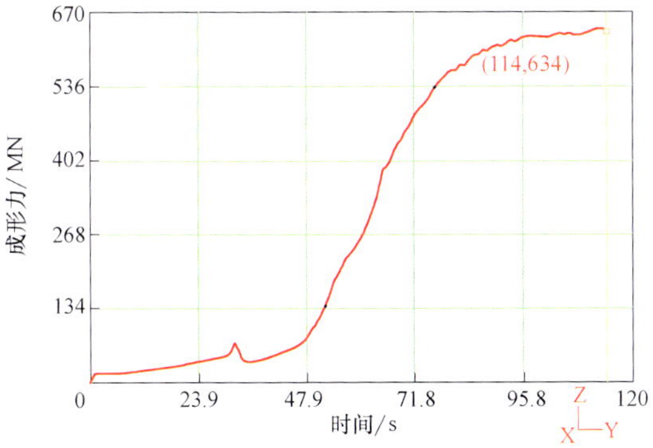

图 3.1-13　坯料拉深成形力

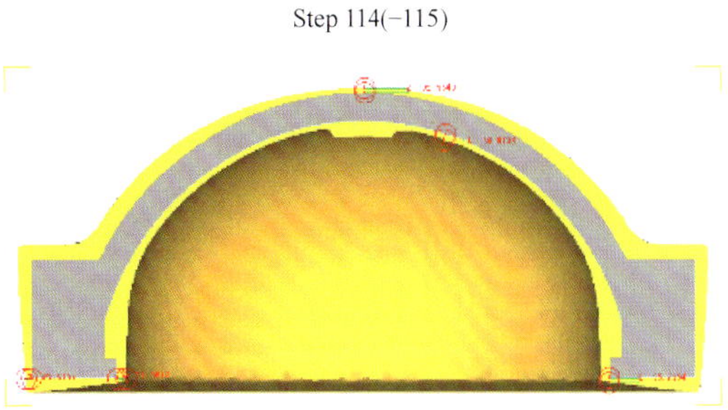

图 3.1-14　成形后各部位余量

（3）旋转锻造数值模拟。数值模拟从自由锻制坯结束后的胎膜锻成形工序开始。材料模型选择SA-508M Gr.3 Cl.1，接触摩擦类型采取热态无润滑方式 $m=0.4\sim0.5$，因为成形时坯料始终放置在下模中，温度下降幅度不是很大，所以模拟时坯料温度选定为 1150℃，上锤头运动速度设为 5～10mm/s。模具作为刚体不划分网格，只对坯料划分网格，共形成 4484 个节点 19 250 个单元。

模内镦粗模拟如图 3.1-15 所示。旋转锻造模拟如图 3.1-16 所示。模拟过程成形力曲线如图 3.1-17 所示。半模与全模旋转锻造工艺优缺点模拟分析如图 3.1-18 所示。由图 3.1-18 可

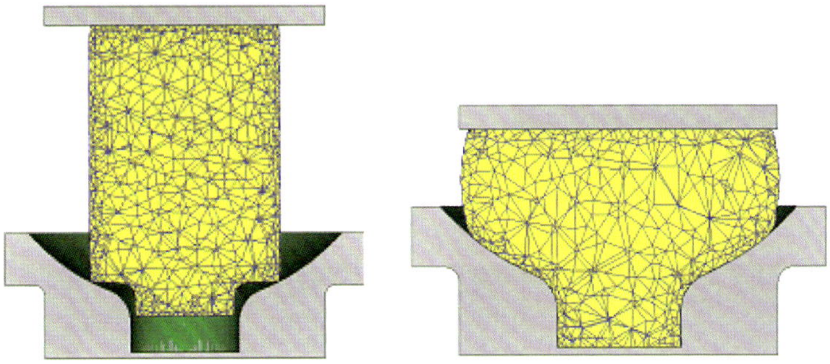

(a)　(b)

图 3.1-15　模内镦粗模拟

（a）镦粗前；（b）镦粗后

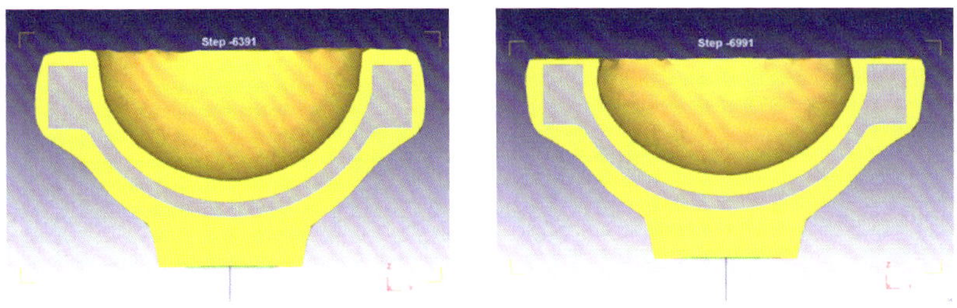

(a)　(b)

图 3.1-16　旋转锻造模拟

（a）行程 1440mm 时锻件法兰高度为 1365mm；

（b）行程 1440mm 后平整端面 150mm

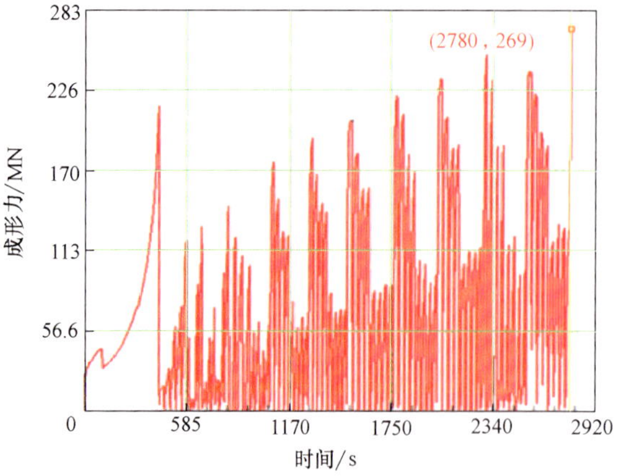

图 3.1-17　模拟过程成形力曲线

见，半模旋转锻造比较切合实际。半模成形力大约 200～300MN，全模成形力需要 500～600MN，全模成形辅具质量达到 180t。

（4）冲压与拉深成形模拟对比。冲压与拉深成形的损伤模拟对比如图 3.1-19 所示，应力模拟对比如图 3.1-20 所示。从图 3.1-19 与图 3.1-20 中可见，整体顶盖拉深成形的损伤及应力远小于冲压成形。

2. 物理模拟

在计算机模拟和有限元分析的基础上，进行了物理模拟，详见第 1 篇第 6 章 6.3.1。

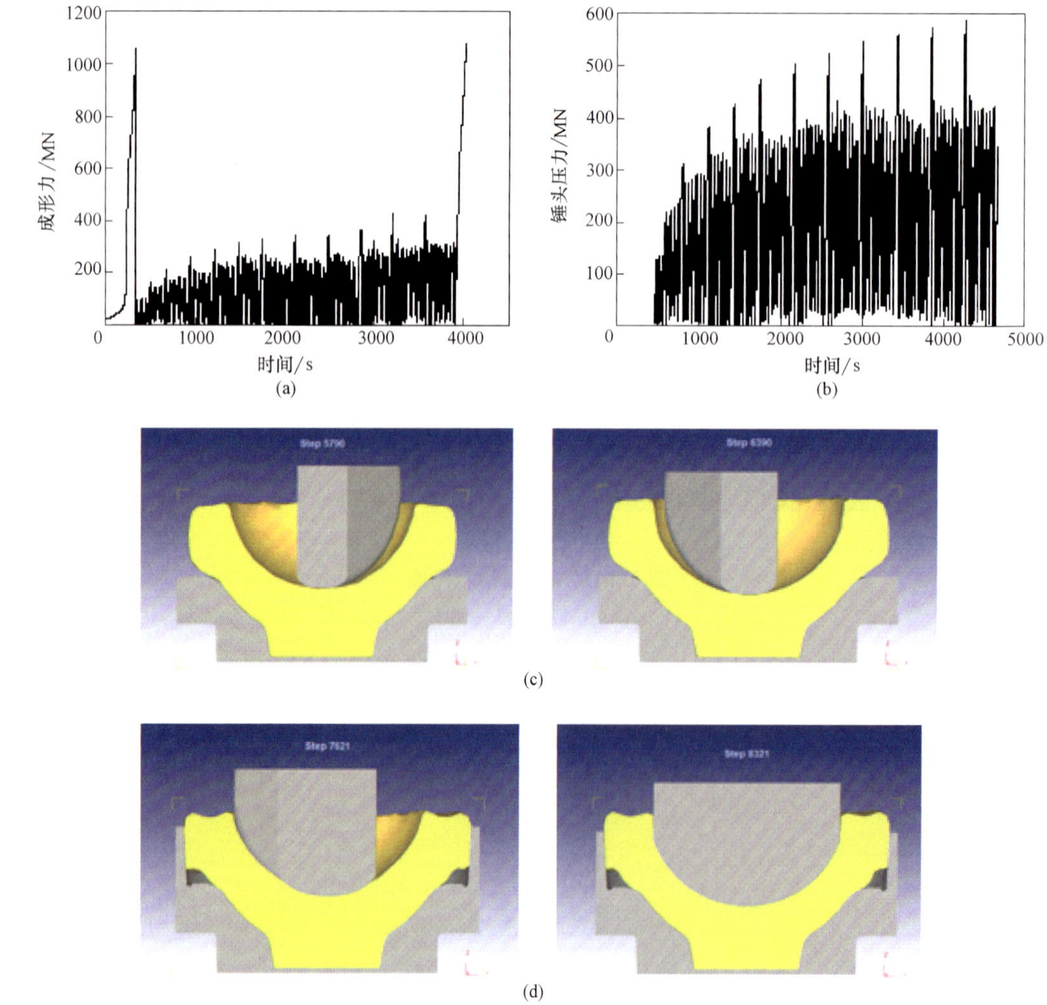

图 3.1-18　半模与全模旋转锻造工艺优缺点模拟分析

（a）半模成形力；（b）全模成形力；（c）半模成形充满情况；（d）全模成形充满情况

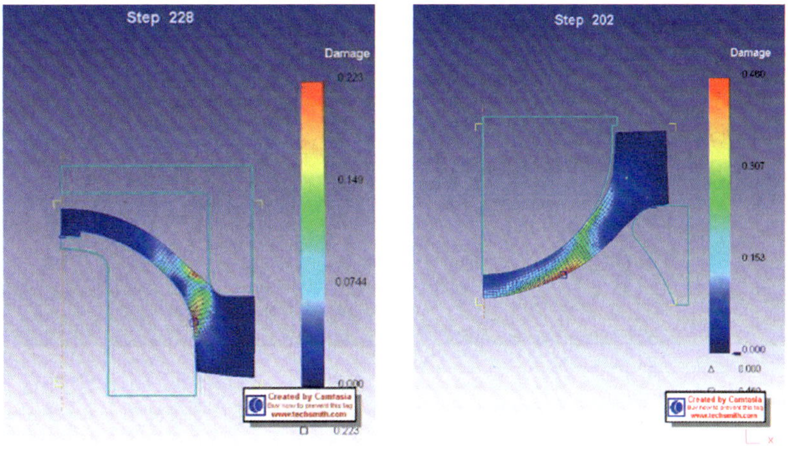

(a) (b)

图 3.1-19　不同成形方式损伤模拟对比

（a）拉深成形；（b）冲压成形

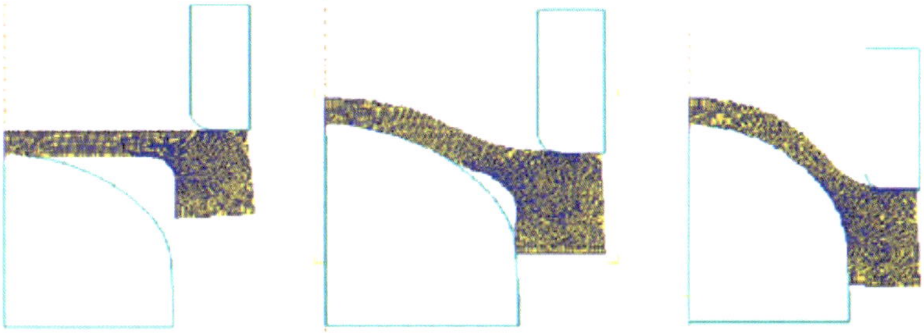

(a)

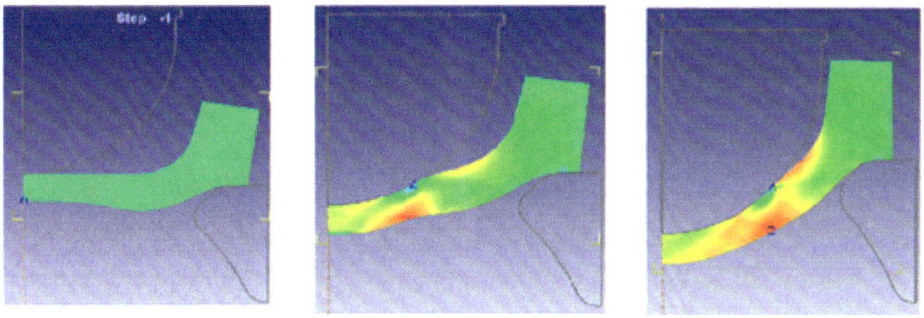

(b)

图 3.1-20　不同成形方式应力模拟对比

（a）拉深成形；（b）冲压成形

3. 锻件评定

RPV 整体顶盖是核电设备上的关键部件，它不是采用上封头与上封头法兰组焊，而是整体锻造制成，其技术参数和性能指标均有很高的要求。CPR1000 整体顶盖采用法国 RCC-M 标准，材质为 16MND5，对于首件产品，除进行产品试料区性能检测外，还需进行解剖分析，对其均质性进行评价。根据 RCC-M（2000 版+2002 补遗）中 M140 和其他相关章节的要求，对百万千瓦核反应堆 RPV 整体顶盖锻件进行了解剖（见图 3.1-21）、检测和分析评价。

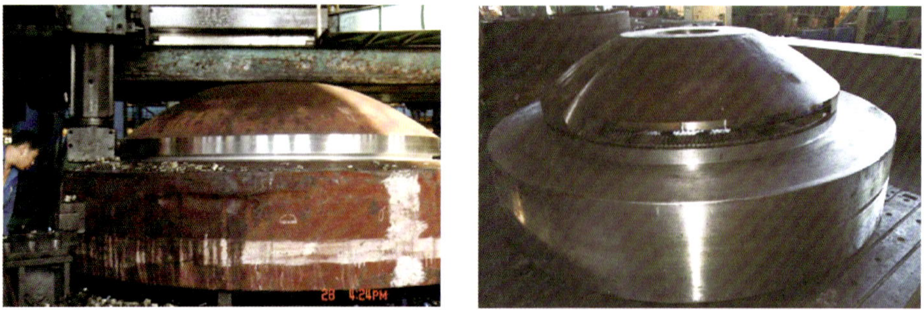

(a)　　(b)

图 3.1-21　RPV 整体顶盖 1∶1 评定件加工及取样

（a）评定锻件加工；（b）评定锻件取样后状态

（1）试验材料及取样方式。试验材料是法国 RCC-M 标准中的 16MND5 钢，其化学成分见表 3.1-1。

试验取样部位分为两部分，即产品性能试料区（C1、C2）取样和解剖分析试料区（F1～F4、Q1～Q6）取样，取样位置如图 3.1-22 所示。

表 3.1-1　　16MND5 化学成分　　（质量分数,%）

元素	C	Si	Mn	P	S	Cr	Ni	Mo
含量	0.16～0.22	0.10～0.30	1.20～1.60	≤0.008	≤0.005	≤0.15	0.50～0.80	0.43～0.57
元素	V	Cu	Al	Co	As	Sn	Sb	B
含量	≤0.01	≤0.08	≤0.04	≤0.03	≤0.010	≤0.010	≤0.002	≤0.000 3

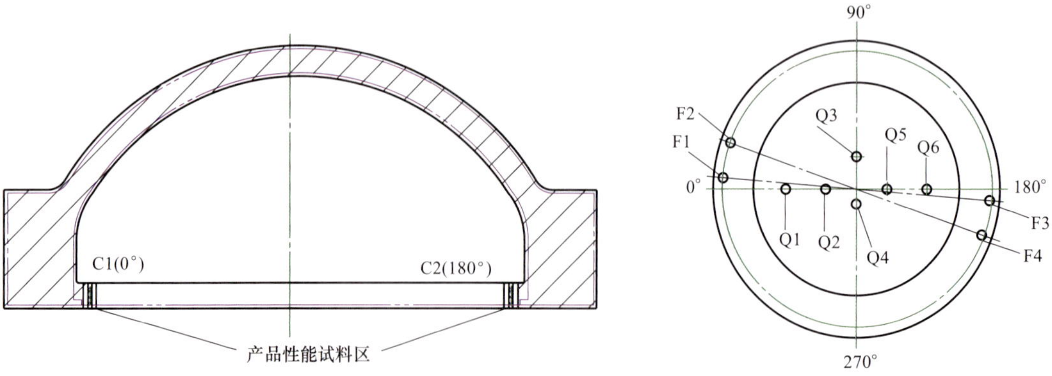

图 3.1-22　整体顶盖试料取样位置图

检测项目包括化学成分、拉伸（室温和 350℃）、冲击（20℃、0℃、-20℃）、落锤（RT_{NDT}）以及系列冲击试验上平台冲击吸收能量，各项性能指标要求值见表 3.1-2 和表 3.1-3。图 3.1-22 中的 C1 与 C2 是相对 180°的两个位置，各取 30mm（径向）×60mm（轴向）的性能试料环段，且距热处理表面≥40mm。图 3.1-22 中的 F1～F4 及 Q1～Q6 位置分别套取ϕ30mm 和ϕ60mm 棒料，检测相应位置的拉伸和冲击等性能。

表 3.1-2 拉伸性能指标要求值

试验温度/℃	$R_{p0.2}$/MPa	R_m/MPa	A（%）（5d）	Z（%）
室温	≥400	552～670	≥20	≥45
350	≥300	≥510	提供数据	

表 3.1-3 冲击、落锤、上平台能量等性能指标要求值

检验项目	试验温度/℃	轴向		周向	
冲击吸收能量/J	+20	单个最小值	72	单个最小值	88
		最小平均值	56	最小平均值	72
	0	单个最小值	40	单个最小值	56
		最小平均值	40	最小平均值	56
	-20	单个最小值	28	单个最小值	40
K_V-T/℃曲线	-60～+80	上平台能量/J	≥130	上平台能量/J	≥130
RT_{NDT}/℃				产品性能试料	≤-20

（2）试验结果分析。

1）化学成分。表 3.1-4 是 RPV 整体顶盖产品性能试料区（对应于图 3.1-22 中 C1 与 C2 位置）的化学成分对比。

表 3.1-4 RPV 整体顶盖不同位置化学成分 （质量分数，%）

位置	化学成分								
C1	元素	C	Si	Mn	P	S	Cr	Ni	Mo
	含量	0.18	0.22	1.46	<0.005	0.002 0	0.10	0.77	0.51
	元素	V	Cu	Al	Co	As	Sn	Sb	B
	含量	<0.01	0.02	0.01	<0.02	0.003	0.002	<0.000 7	<0.000 2
C2	元素	C	Si	Mn	P	S	Cr	Ni	Mo
	含量	0.19	0.22	1.46	<0.005	0.002 0	0.10	0.77	0.51
	元素	V	Cu	Al	Co	As	Sn	Sb	B
	含量	<0.01	0.02	0.01	<0.02	0.003	0.002	<0.000 7	<0.000 2

从表 3.1-4 中可以看出，上述两个位置的化学成分完全符合表 3.1-1 的要求，而且这两个位置的化学成分除了碳含量仅相差 0.01% 外，其余成分完全相同，表明此 RPV 整体顶盖的化学成分具有很好的均匀性，这也是保证其各项力学性能指标稳定的前提。

2）拉伸性能指标。RPV 整体顶盖不同部位取样的室温拉伸性能检测结果如图 3.1-23 所示，图中 a、b、c、d 分别是抗拉强度、屈服强度、伸长率、断面收缩率随取样位置的变化曲线。图中横线表示各项性能指标的要求值。

从图 3.1-23 中可以看出，RPV 整体顶盖不同位置的抗拉强度和屈服强度表现出相同的规律，C1、C2 位置的强度最稳定，F1 位置的强度最差，Q1、Q2 位置的强度波动较大；断面收缩率则是 C1、C2 位置的数值最高，其他位置的数值略低；伸长率变化规律较为复杂。另外，从图 3.1-22 中还可以看出，抗拉强度波动的最大值为 78MPa、相对量为 12%，屈服

强度波动的最大值为 55MPa、相对量为 12%，伸长率波动的最大值为 3.5%、相对量为 12%，断面收缩率波动的最大值为 7.5%、相对量为 10%。

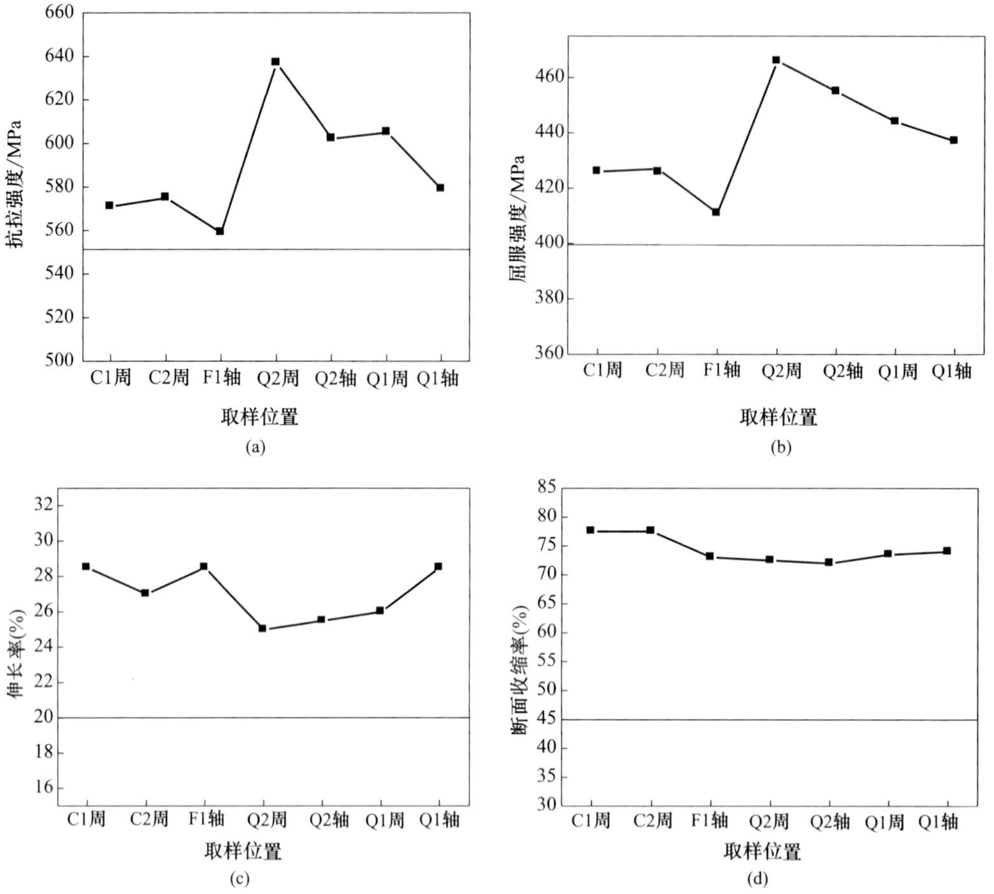

图 3.1-23　RPV 整体顶盖不同部位的室温拉伸性能

（a）抗拉强度；（b）屈服强度；（c）伸长率；（d）断面收缩率

RPV 整体顶盖不同部位取样的 350℃拉伸性能指标如图 3.1-24 所示，图 a、b、c、d 分别是抗拉强度、屈服强度、伸长率、断面收缩率随取样位置的变化曲线。图中横线表示各项性能指标的要求值。

从图 3.1-24 中可以看出，整体顶盖不同位置 350℃时的抗拉强度和屈服强度表现出相同的规律，C1、C2 位置性能最稳定，F3 位置最差，Q1、Q2 位置波动较大。C1、C2 位置的断面收缩率和伸长率最好，而其余位置则出现较大波动。对于 Q1 和 Q2 位置，周向伸长率和断面收缩率则与轴向相差较大。另外，从图 3.1-23 中还可以看出，350℃时抗拉强度波动的最大值为 50MPa、相对量为 9%，屈服强度波动的最大值为 65MPa、相对量为 16%，伸长率波动的最大值为 11%、相对量 37%，断面收缩率波动的最大值为 8.5%、相对量为 11%。

通过对图 3.1-23 和图 3.1-24 数据的分析可知，虽然室温和 350℃时的拉伸性能指标存在一些波动，但是全部符合表 3.1-2 的要求；室温拉伸性能指标（抗拉强度、屈服强度、伸长率和断面收缩率）的相对量在 10%～12%，说明材料室温拉伸性能均匀；350℃拉伸性能指标中的抗拉强度、屈服强度和断面收缩率的相对量在 9%～16%，说明材料 350℃拉伸性能比较均匀。

350℃拉伸性能指标中的伸长率波动较大的原因，可能是个别试样的试验误差所致。

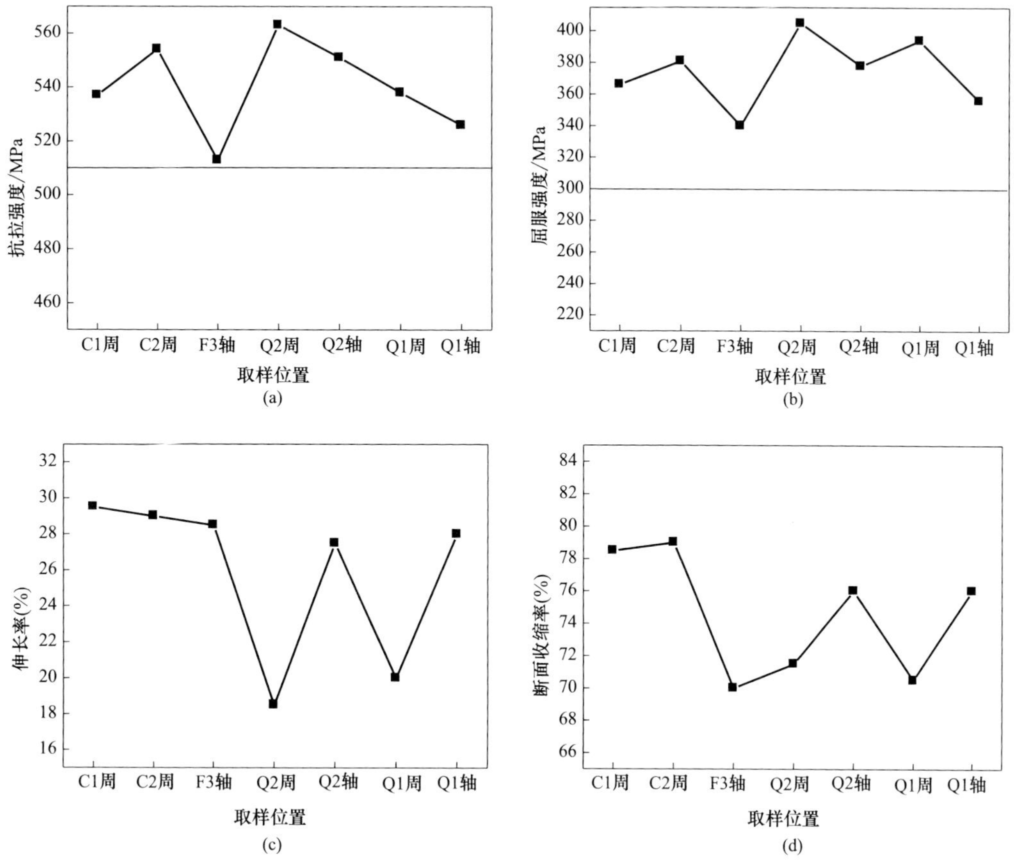

图 3. 1-24　整体顶盖不同部位的 350℃拉伸性能

（a）抗拉强度；（b）屈服强度；（c）伸长率；（d）断面收缩率

3）冲击性能。RPV 整体顶盖不同部位取样的冲击性能指标如图 3. 1-25 所示。图 a 和图 b 分别是+20℃和-20℃时周向和轴向冲击吸收能量平均值随取样位置的变化关系。

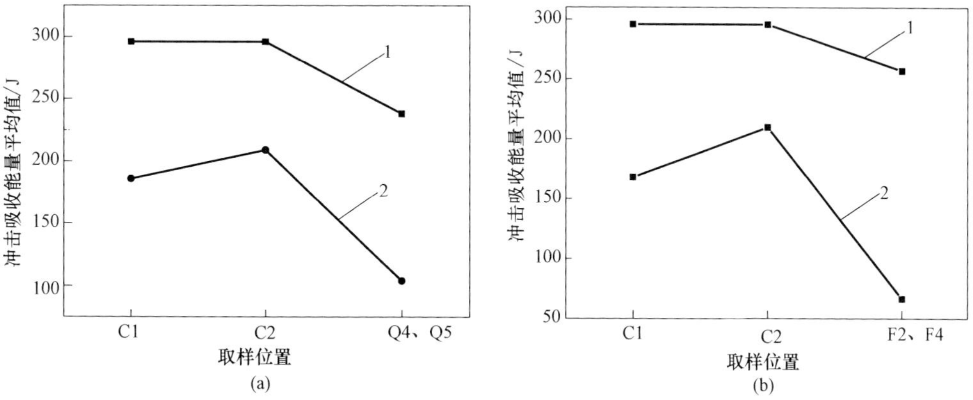

图 3. 1-25　整体顶盖不同部位的冲击性能指标

（a）周向取样；（b）轴向取样

1— +20℃；2— -20℃

从图 3. 1-25 中可以看出，在+20℃和-20℃时，对于 C1 和 C2 位置，其周向和轴向冲击吸收能量相差不大，而且都比 Q4、Q5 和 F2、F4 位置要好，所有取样位置的冲击性能指标全部符合表 3. 1-3 的要求。

4）落锤和系列冲击试验。整体顶盖法兰部位取样的落锤（RT_{NDT}）及补充冲击性能见表 3. 1-5。

从表 3. 1-5 中的数据可以看出，C1、C2 位置的落锤性能相同，并且都达到了-42℃，远高于-20℃的要求值。

表 3. 1-5　　整体顶盖法兰部位的落锤及补充冲击性能

试样位置	试验结果	补充冲击			
		试验温度/℃	冲击吸收能量/J	断口处纤维面积占比（%）	侧膨胀量/mm
C1	RT_{NDT}=-42℃	-9	296	100	2. 41
			296	100	2. 37
			296	100	2. 35
C2	RT_{NDT}=-42℃	-9	170	70	1. 90
			296	100	2. 41
			175	70	1. 95

整体顶盖不同部位取样的冲击吸收能量平均值随试验温度的变化关系曲线如图 3. 1-26 所示。

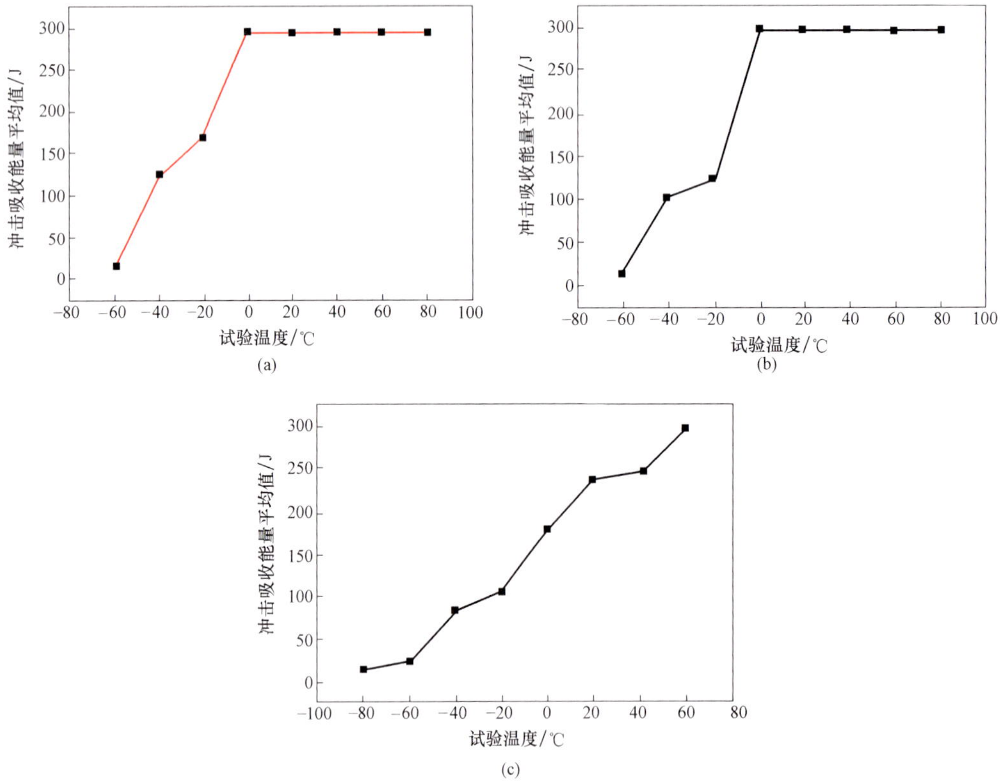

图 3. 1-26　整体顶盖不同部位的冲击吸收能量平均值随试验温度的变化关系

（a）C1 位置；（b）C2 位置；（c）Q4、Q5 位置

从图 3.1-26 中的数据可以看出，通过系列冲击试验测出的 C1 与 C2 位置的上平台冲击吸收能量都是 296J，Q4 与 Q5 处较低，为 228J，均远远大于 130J 的要求值。

综上所述，整体顶盖的某些性能指标存在一定的波动，究其原因，是由于整体顶盖为截面尺寸不等的异形大锻件，其性能的均匀性与材料的偏析和热处理方式（或组织状态）关系密切。一方面大钢锭在凝固时，合金元素、夹杂和气体在树枝状骨架上形成偏析，从而引起力学性能的不均匀性。另一方面，在冷却转变过程中，法兰下端内侧（C1 与 C2 位置）具有优越的冷却条件，所以各项性能指标较其他位置要好；球顶处（Q1～Q6 位置）虽然有效截面小，但是在冷却过程中由于受冷却条件的影响较大，所以很难获得均匀的冷却速度，故而性能出现一定的波动；法兰位置由于厚度较大，冷却速度最慢，所以力学性能指标也最低。

由此可以认为，整体顶盖材料的偏析和尺寸差异引起的冷却速度不均匀性造成了其性能的差异。但是通过对各项性能指标的进一步分析看出其波动值不大，均达到或远高于检测要求值，表明整体顶盖的力学性能不仅满足了验收要求，而且具有很好的均匀性。

1.2.2 产品制造

在模拟、比例试验及评定的基础上调整了冶炼及铸锭方法，开展了整体顶盖产品制造。

1. 冶炼及铸锭

整体顶盖研制初期采用 281t 锭型，冶炼工艺路线为电炉粗炼钢液+LF 炉精炼（VD）+中间包芯杆吹氩（LB3），精炼时采用硅和铝脱氧的传统制造方法。采用这一方法研制的二代加整体顶盖评定件及为韩国 DOOSAN 生产的三门 1 号 RPV 整体顶盖，均因 UT 检验超标而报废（参见图 2.2-1）。之后改用 292t 锭型，并在冶炼过程中降低了硅含量，工艺路线改为电炉粗炼钢液+LF 炉精炼（LVCD）+真空浇注（VCD），精练时采用铝脱氧和真空碳脱氧结合的方式。两种不同冶炼方式生产的整体顶盖锻件的化学成分对比见表 3.1-6。

表 3.1-6　两种冶炼方式生产的整体顶盖化学成分对比　（质量分数,%）

项目	C	Si	Mn	P	S	Cr	Ni	Mo	V	Cu
VD+LB3	0.18	0.22	1.48	≤0.005	≤0.002	0.13	0.79	0.52	≤0.01	≤0.05
LVCD+VCD	0.21	0.06	1.44	≤0.005	≤0.002	0.19	0.89	0.51	≤0.01	≤0.05

（1）锭型参数对冶金质量的影响。钢锭中孔洞型缺陷通常位于柱状晶以内的钢锭的中心区域，尤其在偏析集中处存在大量的缩孔和疏松[46]，如果钢锭截面过大，在锻造过程中即使采用大压下量也很难将其锻合，到后期探伤时出现缺陷。锭型参数主要有高径比、锥度、冒口径缩比、凹面圆心角及锭模厚度等，计算机模拟及生产实践表明，锭模的高径比和锥度对钢锭的缩孔与疏松影响较明显[47]。实际生产中使用的 281t 锭型高径比为 1.61，锥度是 4.6%；292t 锭型高径比为 0.94，锥度是 7.6%，采用模拟软件分别对这两种锭型进行了模拟计算，结果如图 3.1-27 和图 3.1-28 所示。

从图 3.1-27a 与图 3.1-28a 可以看出，281t 锭型冒口最终凝固形态相比 292t 锭型要窄且深，可以想象，它生成的树枝状晶体互相搭桥，必然会妨碍上部钢液向钢锭本身继续供应，关于这一点，在图 3.1-27b 和图 3.1-28b 中可以明显看出，281t 锭型产生二次缩孔且深入锭身，二次缩孔长度达 2350mm，宽度 165mm，而 292t 锭型无二次缩孔产生，一次缩孔集中在帽口，完全可以切除。由此不难发现，采用小高径比大锥度的锭型对减少钢锭心部孔洞类缺陷相当有利。

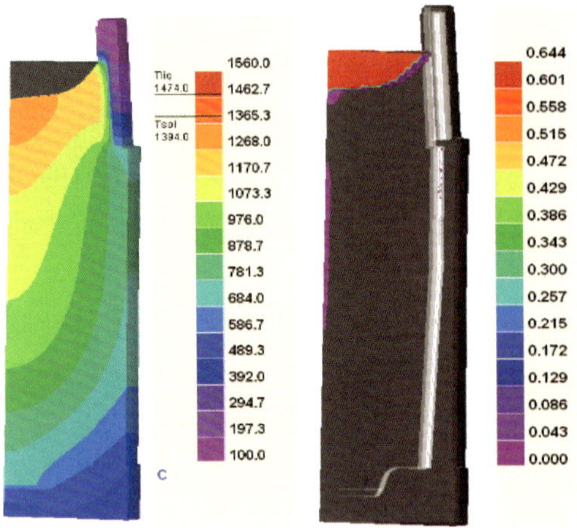

(a) (b)

图 3.1-27 281t 钢锭完全凝固时温度及缩孔与疏松分布

（a）温度场；（b）缩孔与疏松

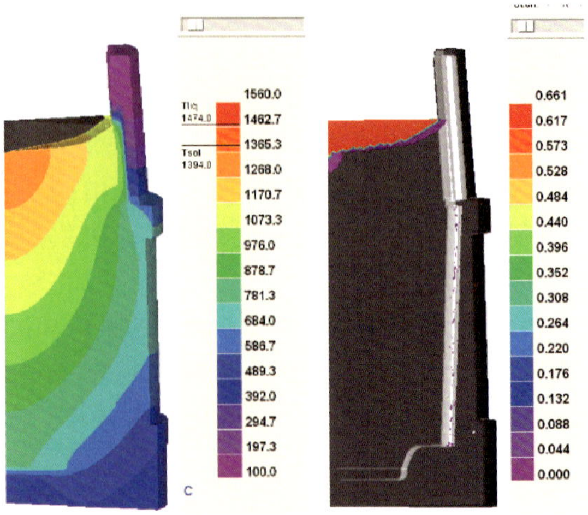

(a) (b)

图 3.1-28 292t 钢锭完全凝固时温度及缩孔与疏松分布

（a）温度场；（b）缩孔与疏松

（2）钢液纯净度。炼钢过程中，钢液的纯净度主要由非金属夹杂物和残余元素反映，不同的冶炼方式对非金属夹杂物有明显的影响，但对残余元素 As、Sn、Sb、Co 及 Cu 的影响不大。LF 炉精炼中，非金属夹杂物通过斯托克斯定律[48]和氩气泡的浮选作用与钢液分离[49]。脱氧方法决定了夹杂物生成的种类、形状及大小。整体顶盖前期采用硅和铝脱氧，其主要脱氧产物为 SiO_2、Al_2O_3 和硅酸盐。其中，硅酸盐夹杂由于与钢液的润湿性较好，很难上浮[44]。后期改为真空碳脱氧与铝脱氧后，锻件夹杂物评级中硅酸盐夹杂从 2.0 级降低到 0.5 级，评级结果见表 3.1-7。

表 3.1-7　两种冶炼方式生产的整体顶盖夹杂物评级对比

项目	夹杂物评级结果				总和
	A（硫化物）	B（氧化物）	C（硅酸盐）	D（球状氧化物）	
VD+LB3	0.5 级	0.5 级	2.0 级	0.5 级	3.5 级
LVCD+VCD	0.5 级	0.5 级	0.5 级	0.5 级	2.0 级

（3）气体含量。钢锭中的气体对锻件质量影响颇大，氢是钢中产生白点的主要原因，而且还会使钢产生氢脆，严重降低了钢的横向力学性能。氧和氮在钢中主要以氧化物和氮化物的形式存在，它们对锻件的影响主要决定于这些非金属夹杂物的形状、尺寸和分布。整体顶盖前期采用硅和铝脱氧，在真空浇注时，由于钢液中氧含量低，产生气泡少，浇注时扩散角度小，滴流效果欠佳，而后期采用真空碳脱氧生成的 CO 气泡在真空下膨胀爆炸，带动钢液

的滴流化，滴流气体扩散路径缩短，从而更容易被去除[50]。另外，碳氧反应产生的CO气泡在钢液中的运动对非金属夹杂物的排除也是至关重要的。表3.1-8为VD+LB3和LVCD+VCD两种不同冶炼方式下整体顶盖用钢锭中气体的平均含量。

表3.1-8　不同冶炼方式下整体顶盖用钢锭中气体含量对比（$\times10^{-6}$）

项　目	[H]	[O]	[N]
VD+LB3	1.1	22	102
LVCD+VCD	0.9	17	100

从表3.1-8可以看出，采用真空碳脱氧与真空脱气相比，氢、氧含量分别降低了18.2%和22.7%。氮是整体顶盖中的有益元素，炼钢过程中用含氮合金来控制氮含量，因此钢锭中的氮含量没有明显差别。

（4）力学性能。表3.1-9为采用VD+LB3和LVCD+VCD两种不同冶炼方式得到的整体顶盖锻件的力学性能。可以看出，两种冶炼方式的锻件屈服强度、抗拉强度、伸长率、断面收缩率、冲击韧性、落锤性能基本一样，所有指标均满足表3.1-2的要求。

表3.1-9　不同冶炼方式整体顶盖锻件的力学性能

项目	$R_{p0.2}$/MPa	R_m/MPa	A（%）	Z（%）	K_V/J	RT_{NDT}/℃
VD+LB3	455	605	30	76.5	296（试样未断）	-33
LVCD+VCD	455	600	29	76.0	296（试样未断）	-32.2

2. 锻造

整体顶盖锻造及成形具有很多难点，首先是法兰部分较高较厚，而球冠较薄，终成形时法兰变形困难，需预先达到或接近锻件图尺寸，因此无法采用较为简单的拉深工艺成形球冠；其次是球冠成形大体属于胀形，靠坯料厚度的均匀减薄完成球冠面积的扩大，对于终成形前的毛坯尺寸和形状、凸凹模关键尺寸以及成形工艺的要求较为严格。此外，因球冠较薄，温降快，需要优化并合理匹配各种参数，才能使变形区稳定扩大，实现球冠的均匀减薄，各种参数对成形质量的影响规律各不相同，只有研究并掌握了这一规律后，才能保证工程实践的有的放矢并一举成功；最后是球冠在胀形中处于双向拉应力状态，易使原有缺陷扩展，需根据成形工艺确定终成形前坯料内部的缺陷形态是否满足临界条件，以保证成形后的整体顶盖达到探伤要求。

（1）冲形成形。冲形法成形整体顶盖的锻造过程如图3.1-29所示。图3.1-29a是坯料压凹档旋转锻造；图3.1-29b是坯料冲形前粗加工状态；图3.1-29c是坯料冲形后状态。

（2）拉深成形。拉深成形整体顶盖的锻造过程分为坯料压凹档和成形两部分（见图3.1-30）。图3.1-30a是坯料拉深前粗加工状态；图3.1-30b是坯料拉深成形后从下模上吊起；图3.1-30c是坯料拉深成形后状态。

（3）旋转锻造。

1）成形工艺设计。根据粗加工图设计锻件毛坯图（见图3.1-31），锻件重量137t。

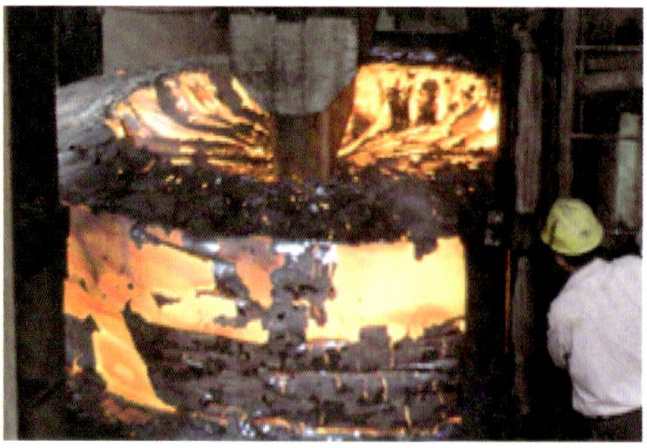

(a)

(b)

(c)

图 3.1-29　冲压法成形整体顶盖

（a）坯料压凹档旋转锻造；（b）冲形坯料粗加工后状态；

（c）坯料冲形后状态

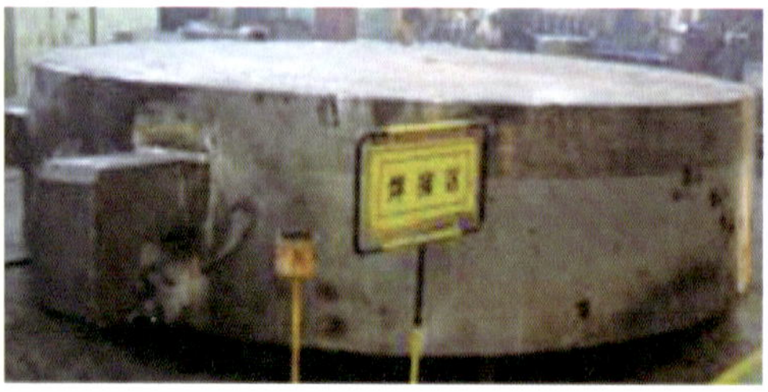

(a)

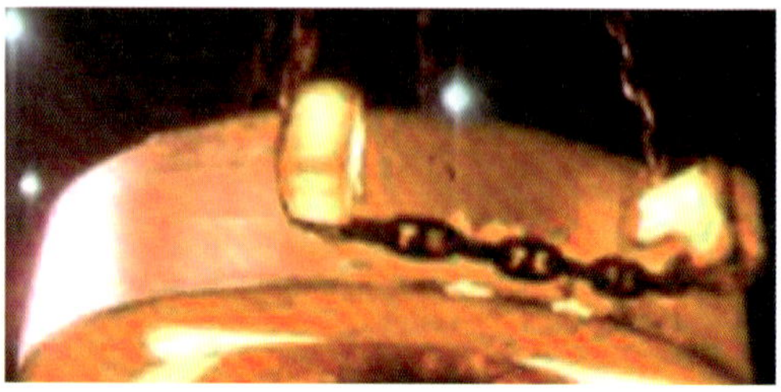

(b)

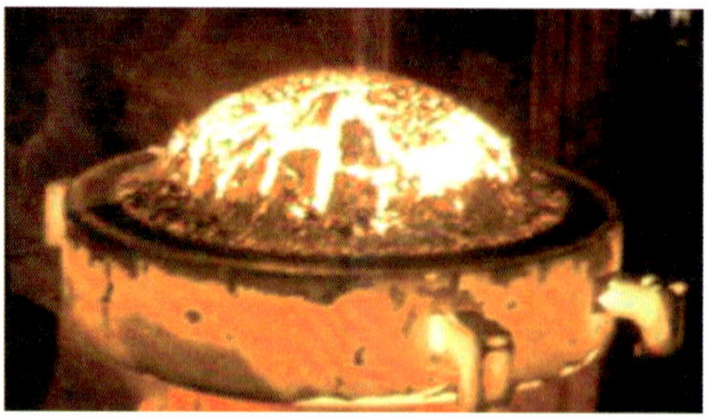

(c)

图 3.1-30　拉深法成形整体顶盖

（a）坯料；（b）起吊；（c）锻件

整体顶盖旋转锻造成形工艺如下：模内整体镦粗至坯料最大外径ϕ3800mm（见图3.1-32），然后用条形锤头在下模中旋转锻造（见图3.1-33），旋转锻造时上锤头总行程为1440mm。

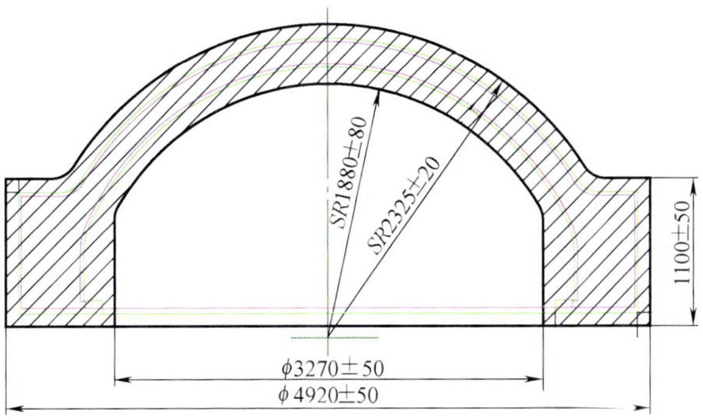

图3.1-31　整体顶盖旋转锻造毛坯图

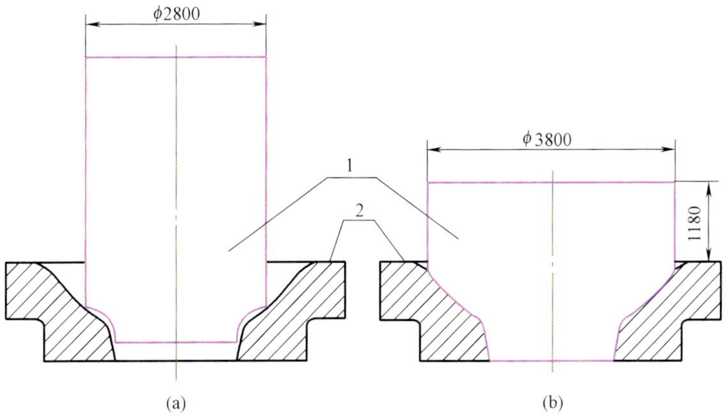

图3.1-32　模内整体镦粗

（a）镦粗前尺寸；（b）镦粗后尺寸

1—坯料；2—模具

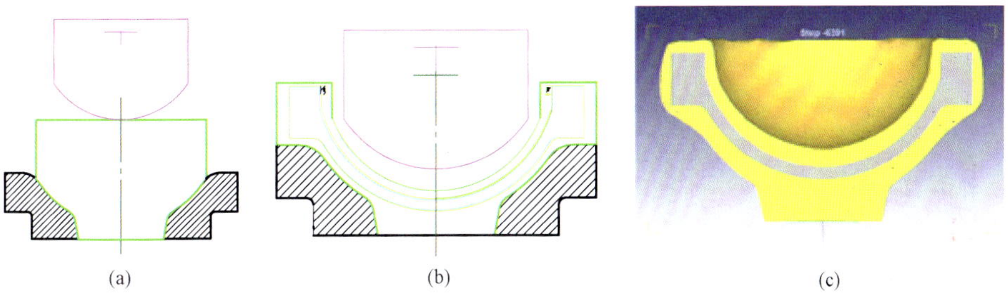

图3.1-33　条形锤头旋转锻造

（a）旋转锻造开始状态；（b）旋转锻造结束状态；

（c）旋转锻造数值模拟

2）附具设计。下模材料为ZG230-450，重量为130t（见图3.1-34）。条形上锤头材料为ZG230-450，重量30t（见图3.1-35）。

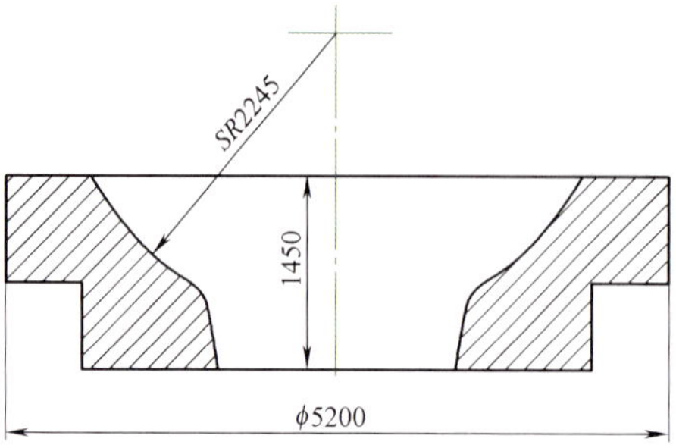

图3.1-34　整体顶盖旋转锻造下模

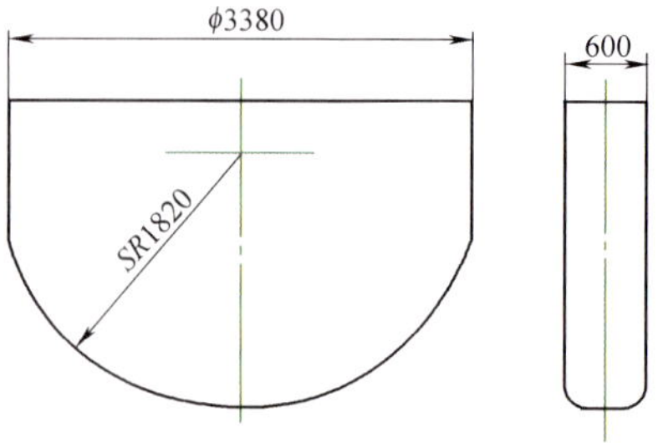

图3.1-35　整体顶盖旋转锻造条形上锤头

3）锻造过程。第一火：压钳口→气割水口锭身400mm；第二火：镦粗→WHF拔长；第三火：镦粗→拔长精整→气割下料；第四火：下模预镦粗；第五火：专用锤头旋转锻造出成品（参数见表3.1-10）。

表3.1-10　　专用锤头旋转锻造参数

圈数	压下量/mm	旋转角度/（°）	备注/步	圈数	压下量/mm	旋转角度/（°）	备注/步
01	120	35	2～6	07	120	15	49～60
02	120	30	7～12	08	120	15	61～72
03	120	20	13～21	09	120	15	73～84
04	120	20	22～30	10	120	15	85～96
05	120	20	31～39	11	120	15	97～108
06	120	20	40～48	12	120	15	109～120

整体顶盖模内整体镦粗过程如图3.1-36所示。图3.1-36a是坯料卧式加热出炉后用坯料翻转装置立料；图3.1-36b是将坯料吊入下模；图3.1-36c是镦粗开始状态；图3.1-36d是用条形锤头旋转镦粗。

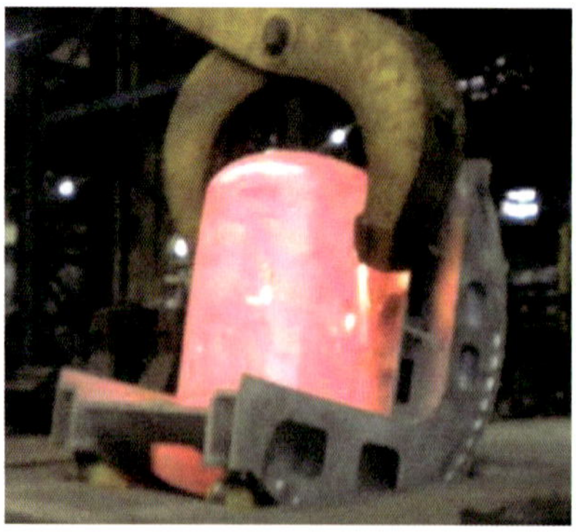

(a)

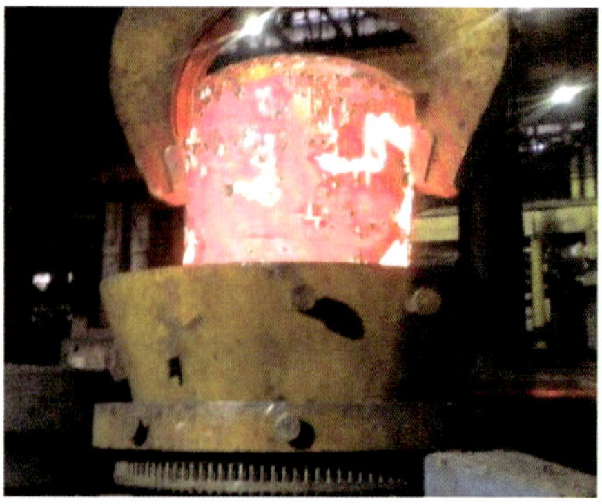

(b)

图3.1-36　模内整体镦粗过程（一）

（a）立料；（b）吊入下模

(c)　　　　(d)

图 3. 1-36　模内整体镦粗过程（二）

（c）镦粗开始状态；（d）条形锤头旋转镦粗

整体顶盖旋转锻造过程如图 3. 1-37 所示。图 3. 1-37a 是将镦粗后坯料吊出下模，清理模内氧化皮；图 3. 1-37b 是用条形锤头旋转锻造内腔；图 3. 1-37c 是平整顶盖锻件端面；图 3. 1-37d 是锻件从下模中取出。

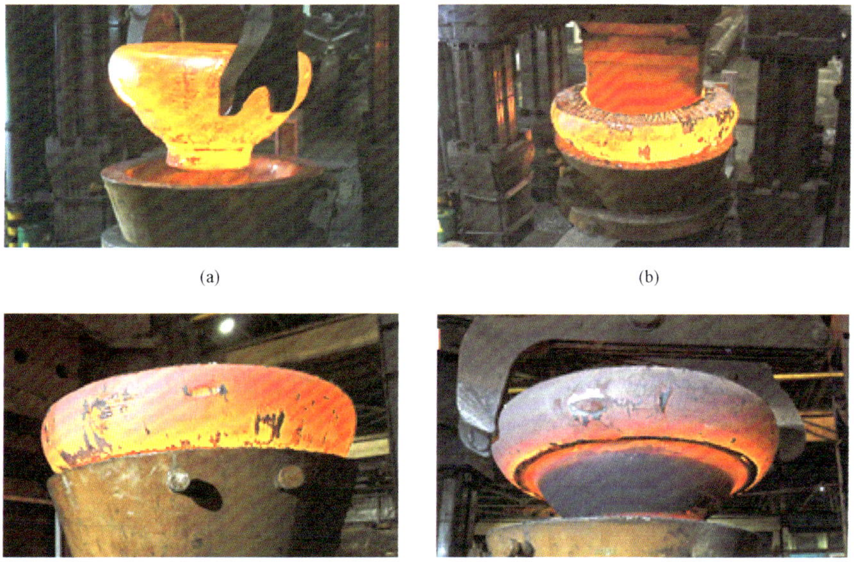

(a)　　　　(b)

(c)　　　　(d)

图 3. 1-37　整体顶盖旋转锻造过程

（a）坯料入模；（b）旋转锻造；（c）锻造终了；（d）锻件出模

旋转锻造成形的整体顶盖锻件如图 3. 1-38 所示。封头上部多出的部分保留到性能热处理后取样检测性能，积累的数据为研制一体化顶盖奠定了基础。

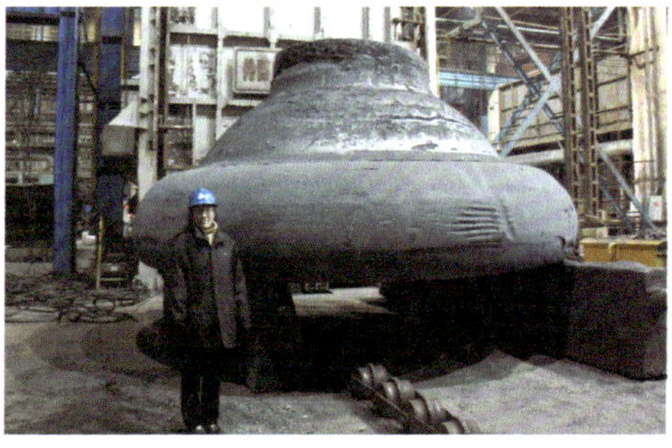

图 3. 1-38　旋转锻造成形的整体顶盖锻件

（4）旋转锻造与坯料冲形锻造工艺对比分析。对上述整体顶盖几种锻造工艺实践进行总结，得出旋转锻造与坯料冲形锻造工艺对比结果（见表 3. 1-11）。从表 3. 1-11 中可见，旋转锻造一次成形方法具有明显优势。

表 3.1-11　　整体顶盖旋转锻造与坯料冲形锻造工艺对比

成形方法	旋转锻造一次成形法	板坯冲形法
总火次	4～5	12～15
锻件重/t	131	180
钢锭重/t	259	281～292
成形专用模具重/t	160	203
制造工序	炼钢—锻造—清理—粗加工	炼钢—板坯锻造—板坯加工—焊接吊耳—冲形—粗加工

3. 热处理

整体顶盖锻造成形后进行锻后热处理，采用920～950℃正火、600～700℃回火的工艺方案，消除应力、细化晶粒，为性能热处理和机加工做好组织准备。

在整体顶盖锻件进行性能热处理（调质）时，使用专用附具强化淬火冷却能力，以便获得良好的组织和性能。调质后按图 3.1-39 所示位置（法兰内表面、螺栓孔、驱动管座孔）取样进行性能检测。图 3.1-40 是取料后的锻件。图 3.1-41 是螺栓孔取样后状态和从驱动管座孔取出的试料。

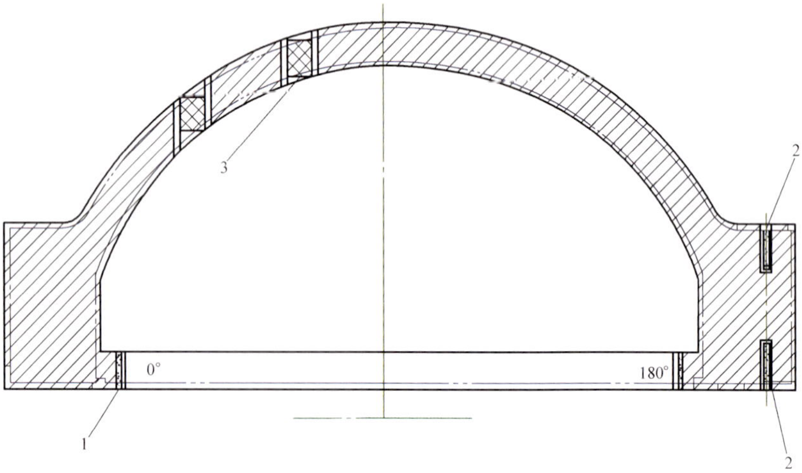

图 3.1-39　整体顶盖取样图

1—法兰内表面试料；2—螺栓孔试料；3—驱动管座孔试料

各位置所取性能试样分为两部分，一部分在热处理状态下（以下简称调质态）直接进行性能检测，另一部分又经过模拟焊后热处理（以下简称模拟态）后进行性能检测。

性能检测项目包括室温和350℃拉伸，+20℃、0℃、-20℃ K_V 冲击，落锤，金相（组织及晶粒度）。

检测结果表明，各部位金相组织均为贝氏体回火组织，晶粒度均为7级。

不同取样部位以及不同热处理状态下试样的抗拉强度实测值对比结果如图 3.1-42 所示。

室温条件下，驱动管座开孔位置的调质态和模拟态抗拉强度均高于相同热处理状态下的产品检测试料区的抗拉强度；法兰部位螺栓孔处的抗拉强度值最低；产品检测试料区的调质态和模拟态抗拉强度和法兰部位螺栓孔处的抗拉强度基本一致。

在350℃时，产品检测试料区与驱动管座开孔处的抗拉强度差别不大，法兰部位螺栓孔位置的抗拉强度最低。

无论是室温还是350℃，在调质态和模拟态下，驱动管座开孔处周向的抗拉强度存在较大差别，而轴向的抗拉强度基本一致，造成此现象的主要原因可能是存在试验系统误差。

不同取样部位、不同热处理状态的试样，冲击吸收能量实测值的对比结果如图3.1-43所示。

图3.1-40　取样后的整体顶盖锻件

(a)　(b)

图3.1-41　螺栓孔取样后状态和从驱动管座孔取出的试料

(a) 螺栓孔取样部位；(b) 从驱动管座孔取出的试料

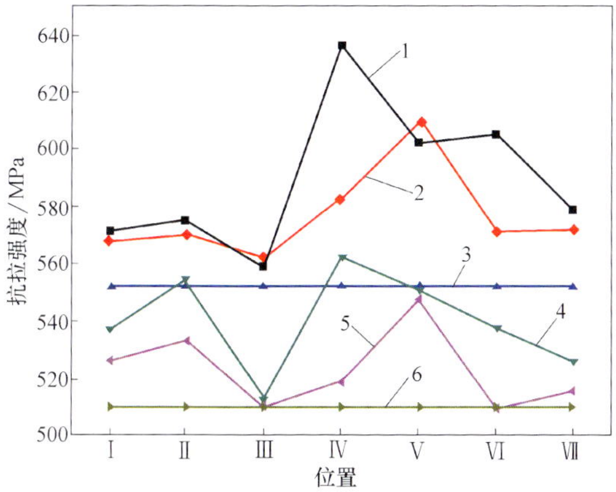

图3.1-42　不同位置不同状态的抗拉强度对比

Ⅰ—试料区0°周向；Ⅱ—试料区180°周向；Ⅲ—法兰轴向；Ⅳ—驱动管座周向（靠近球顶）；Ⅴ—驱动管座轴向（靠近球顶）；Ⅵ—驱动管座周向（远离球顶）；Ⅶ—驱动管座轴向（远离球顶）

1—室温调质态；2—室温模拟态；3—室温验收值；4—350℃调质态；5—350℃模拟态；6—350℃验收值

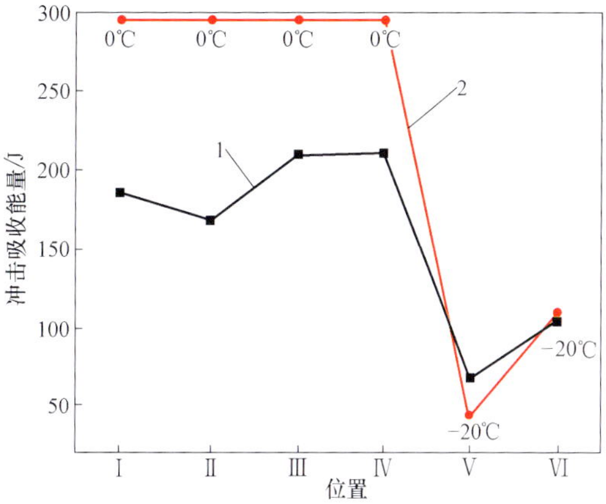

图3.1-43　不同位置不同状态的冲击吸收能量对比

Ⅰ—试料区0°周向；Ⅱ—试料区0°轴向；Ⅲ—试料区180°周向；Ⅳ—试料区180°轴向；Ⅴ—法兰轴向；Ⅵ—驱动管座周向（靠近球顶）

1—-20℃调质态；2—模拟态

产品检测试料区轴向与周向试样的冲击吸收能量基本一致，驱动管座开孔位置的周向试样冲击吸收能量略低，法兰部位螺栓孔处的冲击吸收能量最低，但均满足性能要求。

RPV 中带法兰的封头锻件属于特厚异形锻件，法兰位置热处理壁厚达到了 500mm，要达到均匀良好的综合力学性能，对热加工工艺及制造过程需要严格控制。

考虑到核电 RPV 使用条件的特殊性和截面尺寸的明显加大，对主要元素的变化范围必须做出更为苛刻的规定。在可能的情况下，Mn 含量应尽量接近上限，以增加淬透性；S、P 等杂质元素的含量尽可能降低，以减少夹杂物，提高钢液纯净度和降低宏观偏析；C、Ni、Mo 范围的确定应综合考虑其对锻件的强度、韧性等性能的影响。

法兰部位产品厚度达到了 900mm，而封头部位的厚度仅为 225mm，两者厚度之比高达 4 倍，为了达到一致的性能，在锻造成形时需要采用特殊的工艺方法，使法兰与封头部位都能获得所需要的锻造比，实际生产中法兰部位的总锻造比为 8，球顶位置的总锻造比为 18。对于强度指标而言，当钢锭拔长锻造比达到 2～3 时，其强度就已接近最大值，继续增加锻造比，强度变化不大，方向性也不明显；但对于塑性和韧性指标，锻造比的影响就非常大，方向性也很明显，一般当锻造比达到 3～5 后，纵向的塑性与韧性达到最大值，继续增加锻造比显示不出明显的变化。从性能指标看，法兰部位的锻造效果已经满足要求。

制订热处理方案时，强化了细化晶粒这一热处理过程，淬火时使用专用附具，在锻件不同深度处敷设热电偶，测得淬火冷却阶段的冷速曲线（见图 3.1-44）。从整体顶盖所使用的 16MND5 钢的 CCT 曲线（见图 3.1-45）可见，在 600℃以上，冷速达到 50℃/min 以上时，将完全避开 F+P（铁素体+珠光体）相区，生成 B（贝氏体）或 B+M（贝氏体+

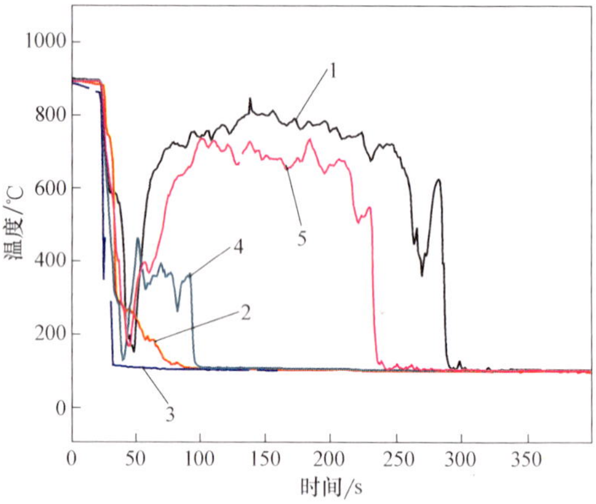

图 3.1-44　整体顶盖不同部位不同深度处淬火冷却速率

1—法兰 180℃，20mm；2—法兰 0℃，40mm；3—外球顶，55mm；4—外球顶，20mm；5—内球顶，50mm

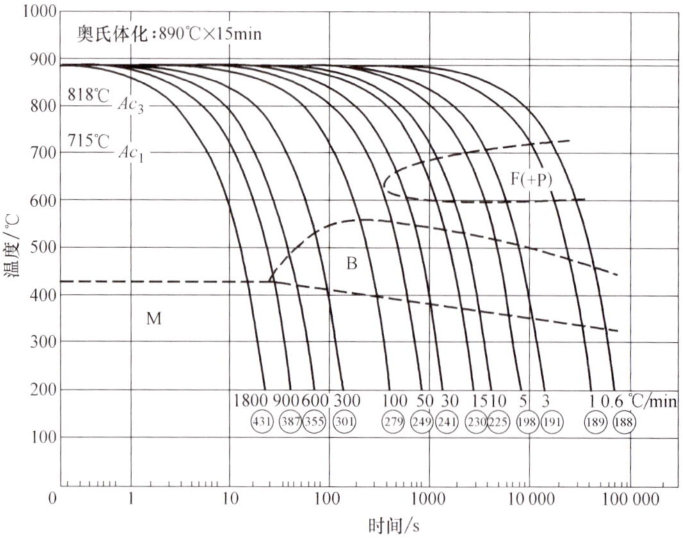

图 3.1-45　16MND5 钢 CCT 曲线

马氏体）组织。从图 3.1-44 整体顶盖实测淬火冷速曲线可见，在 600℃以上不同位置的冷速均超过了 50℃/min。球顶部位冷速较快，法兰部位冷速稍慢。法兰处的金相组织如图 3.1-46 所示，基本为回火贝氏体组织，含有少量铁素体。

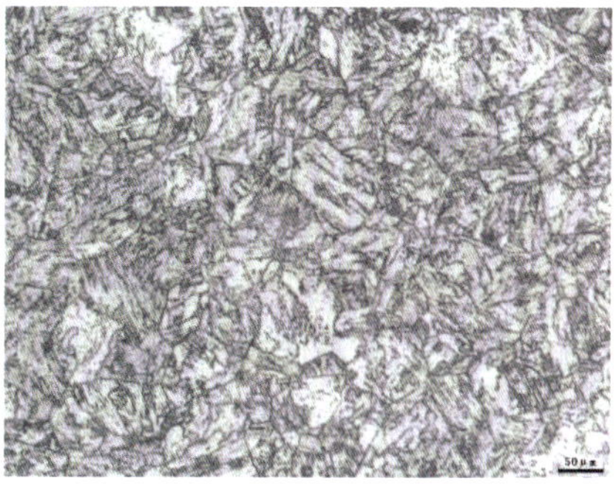

图 3.1-46　整体顶盖法兰部位的金相组织

综上所述，使用专用附具淬火时，特厚带法兰的封头锻件在不同位置的冷速均满足临界冷速要求，其调质后的性能与组织亦能满足技术条件要求。

优化的成分设计和热加工制造工艺，能够保证最大热处理壁厚达到 500mm 的带法兰封头锻件满足采购技术条件要求，获得比较优良的综合性能。整体顶盖浸水淬火冷却方式可以采用碗口朝上在内腔加搅拌附具（见图 3.1-47）；也可以采用碗口朝下在内腔装焊排气管（见图 3.1-48）。

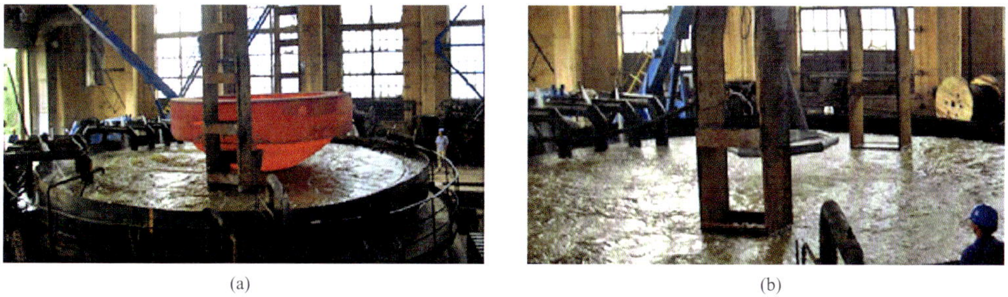

图 3.1-47　碗口朝上在内腔加搅拌附具淬火

（a）顶盖淬火入水前；（b）顶盖淬火入水后

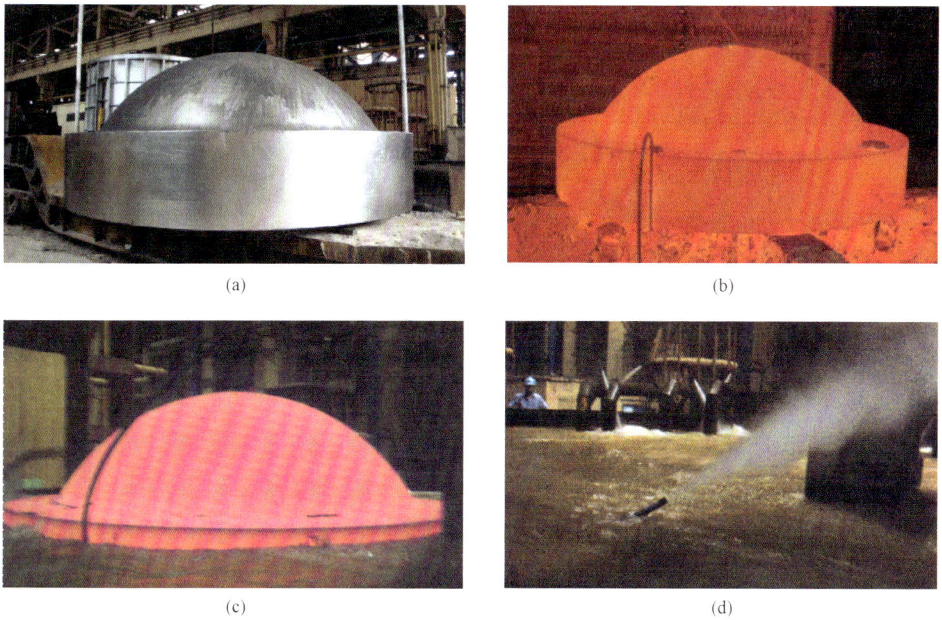

图 3.1-48　碗口朝下在内腔装焊排气管淬火

（a）装焊排气管；（b）排气管在长期高温下变形；（c）带弯曲排气管顶盖淬火；（d）排气

在采用装焊排气管方式时需要重点关注两个问题，一是应充分考虑排气管材料的耐高温性能，避免出现图 3.1-48 中 b 和 c 所示的因排气管弯曲影响排气效果的现象；二是排气管尽可能不直接焊在整体顶盖锻件上，可以按图 3.1-49 的办法将附具焊接后装配在锻件上。

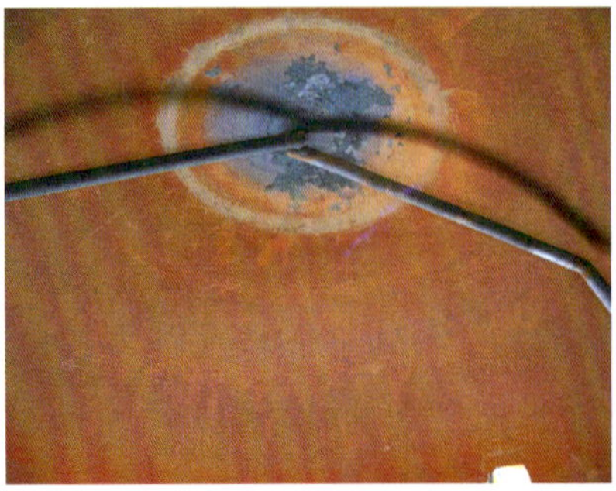

(a)

(b)

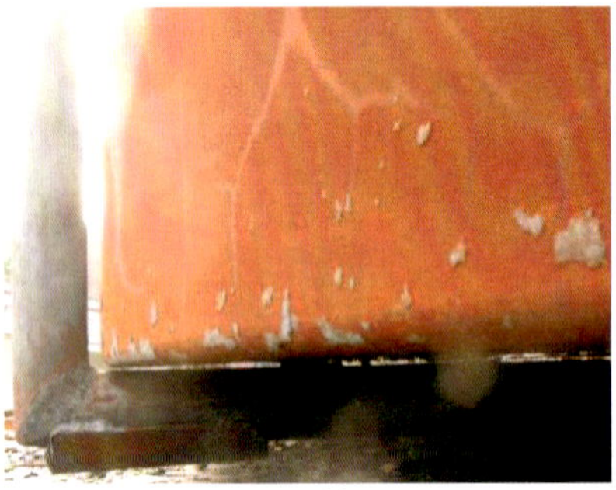

(c)

(d)

图 3.1-49　整体顶盖排气管装配

（a）内球顶部位；（b）内法兰部位；（c）外法兰下部；（d）外法兰上部

1.3　一　体　化

如前所述，为了改变 AP1000RPV 整体顶盖与 Quick-loc 管的焊接结构，研制出具有完全自主知识产权的一体化锻造顶盖，中国一重发明了法兰反向预成形（补偿旋压过程中法兰上翘）及局部与整体胎模组合旋转仿形锻造技术，创新研制出了厚壁法兰、Quick-loc 管与球形封头三件合一的一体化顶盖锻件（参见图 1.4-3）。

1.3.1　产品研制

1. 数值模拟

法兰部位反向预成形镦粗数值模拟如图 3.1-50 所示。用专用锤头旋转锻造凹档深度至成品尺寸数值模拟如图 3.1-51 所示。成形后锻件最大主应力、最大主应变与损伤因子分布情况如图 3.1-52 所示。

从最大主应力的分布情况看，锤头与坯料接触处局部受压应力较大，此压应力反作用给锤头，使得锻造中极易出现夹锤头现象。

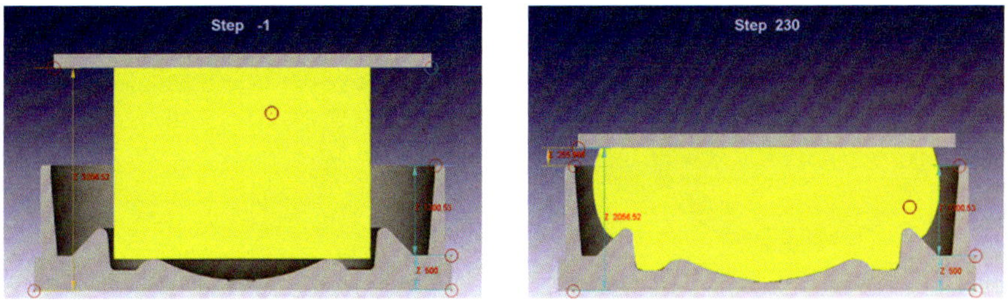

(a) (b)

图 3.1-50　法兰部位反向预成形镦粗数值模拟

（a）镦粗前坯料形状；（b）镦粗后坯料形状

在采用锤头进行旋转锻造时，凹档内的坯料应变量较大，锻件整体变形是由凹档内坯料局部变形带动的。

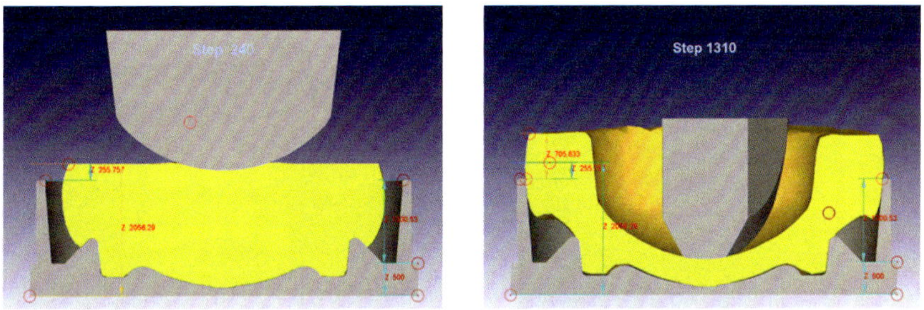

(a) (b)

图 3.1-51　专用锤头旋转锻造数值模拟

（a）旋转锻造前坯料形状；（b）旋转锻造后坯料形状

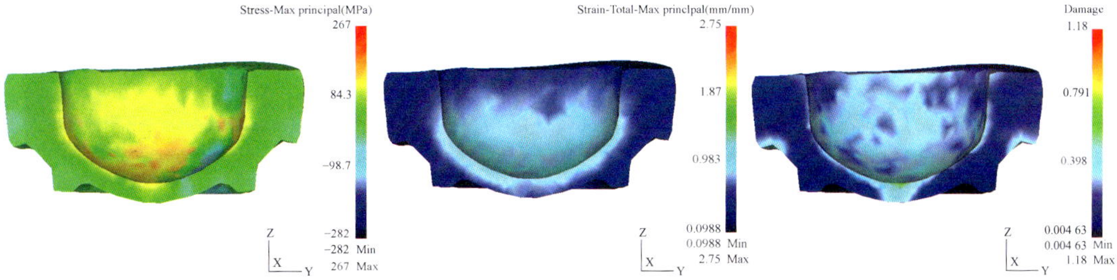

(a) (b) (c)

图 3.1-52　成形后锻件最大主应力最大主应变及损伤因子分布情况

（a）应力；（b）应变；（c）损伤因子

成形过程中坯料内表面由于反复受到局部压应力作用，局部变形过程复杂，极易产生折伤，在法兰根部由于坯料在锻造过程中不断向上运动，导致该区域由于凹模的摩擦受到较大的拉应力，因此该处损伤因子数值也较高。

成品锻件与粗加工图对比效果如图 3.1-53 所示，由图 3.1-53 可见，仿形锻造效果较理想。

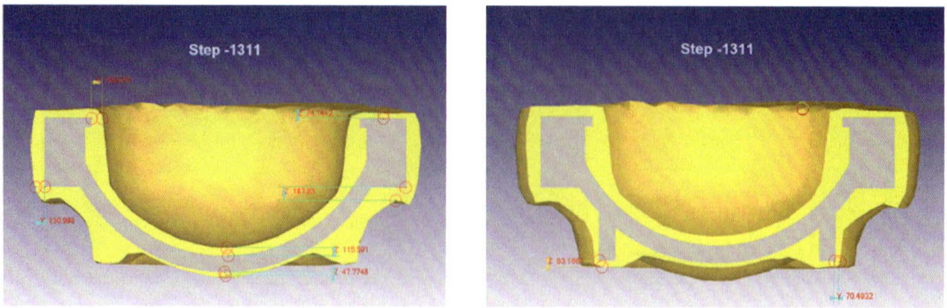

图 3.1-53　成品锻件与粗加工图对比效果

2. 附具研制

为了实现 CAP1400RPV 一体化顶盖锻件的绿色制造，在数值模拟的基础上研发了大量专用附具，其中锤头、凹模、凹模圈、定位盘分别如图 3.1-54～图 3.1-57 所示。

图 3.1-54　锤头（3960mm×850mm×3080mm）

图 3.1-55　凹模（ϕ6300mm×850mm）

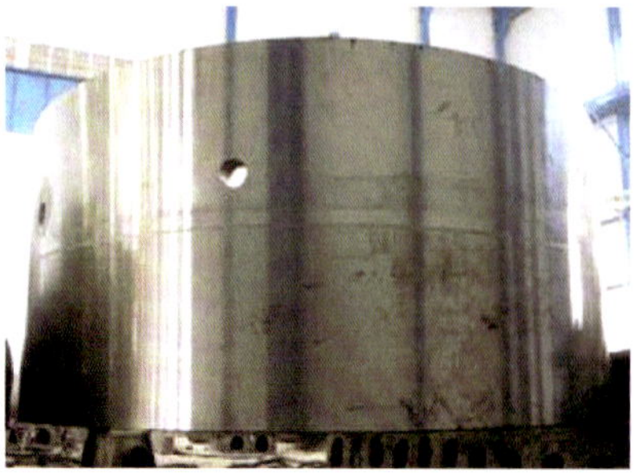

图 3.1-56　凹模圈（ϕ6150mm×1550mm）

图 3.1-57　定位盘（ϕ6150mm×200mm）

3. 锻件评定

（1）评定方案。CAP1400RPV 一体化顶盖锻件比 AP1000RPV 整体顶盖（参见图 3.1-7）尺寸更大、壁更厚、形状更复杂（见图 3.1-58）。

由于在整体顶盖上增加 quick-loc 管的结构为世界首创，没有相关取样检验标准。为了开发出具有自主知识产权的 CAP1400RPV 一体化锻件，中国一重与上海核工院等单位联合制定了首件 1∶1 解剖评定方案，依托重大专项对锻件开展了全面解剖评定工作。锻件 1∶1 解剖方案参见图 1.4-5b。

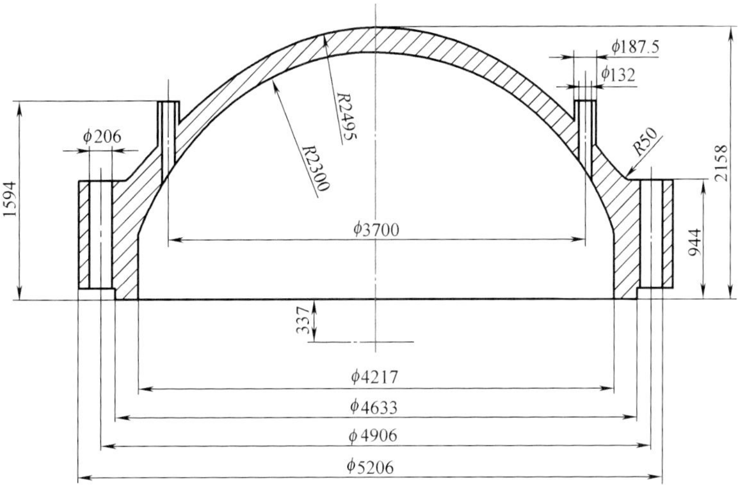

图 3.1-58　CAP1400RPV 一体化顶盖精加工图

（2）炼钢。CAP1400RPV 顶盖锻件选用 350t 钢锭，采用低硅控铝的冶炼方式和保护浇注方法，锻件法兰和球顶部位化学成分非常均匀（见表 3.1-12），其他部位参见表 1.5-2。

表 3.1-12　　CAP1400RPV 顶盖锻件化学成分　　（质量分数,%）

取样位置		C	Si	Mn	P	S	Cr	Ni	Mo	Cu	Al
		≤0.25	≤0.1	1.2～1.5	≤0.015	≤0.005	0.1～0.25	0.4～1.0	0.45～0.60	≤0.15	≤0.04
法兰	内表面	0.19	0.07	1.47	0.005	0.002	0.12	0.76	0.51	0.02	0.006
	内 *T*/4	0.21	0.07	1.45	0.005	0.002	0.12	0.75	0.50	0.02	0.005
	T/2	0.21	0.06	1.44	0.005	0.002	0.12	0.76	0.50	0.02	0.005
	外 *T*/4	0.21	0.06	1.44	0.005	0.002	0.12	0.72	0.50	0.02	0.007
	外表面	0.21	0.06	1.44	0.005	0.002	0.12	0.76	0.50	0.02	0.005
球顶	内表面	0.21	0.05	1.45	0.005	0.002	0.11	0.76	0.50	0.02	0.006
	内 *T*/4	0.21	0.06	1.44	0.005	0.002	0.11	0.75	0.50	0.02	0.006
	T/2	0.21	0.05	1.45	0.005	0.002	0.12	0.76	0.50	0.02	0.007
	外 *T*/4	0.21	0.05	1.44	0.005	0.002	0.12	0.76	0.50	0.02	0.006
	外表面	0.19	0.05	1.45	0.005	0.002	0.12	0.75	0.50	0.02	0.005

（3）锻造。在数值模拟和成形方案优化的基础上，进行了 CAP1400RPV 一体化顶盖锻件的锻造。

1）自由锻预制坯料。钢锭按图 3.1-59 所示进行压钳口、镦粗、拔长后气割下料，完成自由锻制坯工作。

2）凹模内镦粗（反向预成形）。首先将坯料（ϕ3800mm×2750mm）水口朝上，在平台上平整端面至ϕ4000mm×2500mm，以便去除氧化皮，然后在专用凹模内镦粗至外径ϕ4980mm 高度 1540mm（见图 3.1-60）。坯料放入凹模内用上镦粗板镦粗（见图 3.1-61）；如用上镦粗

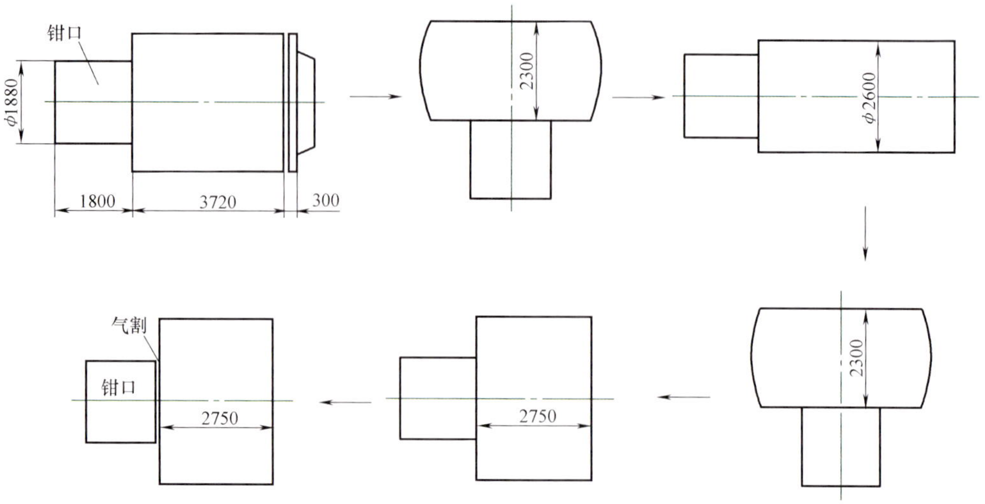

图 3.1-59　CAP1400 整体顶盖自由锻制坯流程

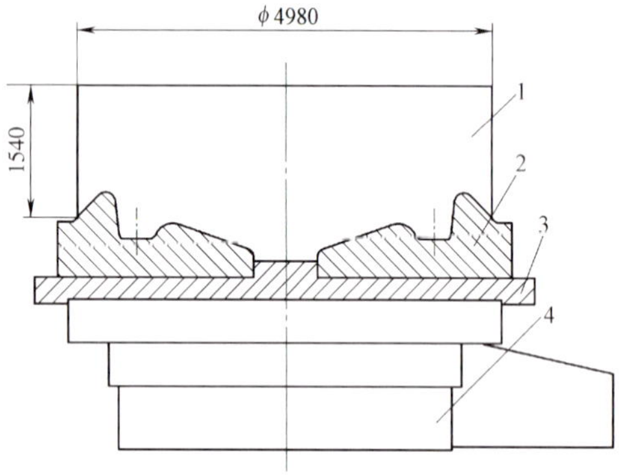

图 3.1-60　凹模内镦粗

1—坯料；2—凹模；3—底垫；4—回转台

板无法完成全部镦粗行程，可换用条形锤头继续旋转镦粗至高度 1540mm（见图 3.1-62），旋转锻造时控制每锤压下量不大于 100mm，以防止坯料产生折伤，相邻两锤间应保证 100～150mm 搭接量。

3）压凹槽出成品。将反向预成形后的坯料放于组合凹模中进行内腔凹槽的旋转锻造（见图 3.1-63）。

锻件实际锻造过程如图 3.1-64 所示。图 3.1-64a 是模具准备；图 3.1-64b 是坯料在凹模圈内旋转锻造过程中；图 3.1-64c 是旋转锻造结束；图 3.1-64d 是锻件连同凹模圈一起从凹模上吊出。

(a)

(b)

图 3.1-61　坯料在凹模内用上镦粗板镦粗

（a）镦粗开始；（b）镦粗结束

(a)　　　　　　　　(b)

图 3. 1-62　坯料在凹模内用条形锤头继续旋转镦粗

（a）镦粗开始；（b）镦粗结束

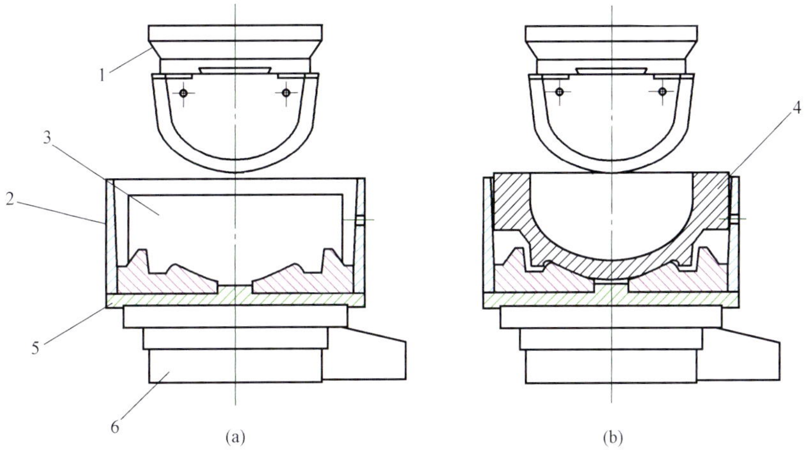

(a)　　　　　　　　(b)

图 3. 1-63　内腔凹槽旋转锻造

（a）旋转锻造装配图；（b）成品坯料形状

1—锤头；2—模具；3—坯料；4—锻件；5—底垫；6—回转台

图 3. 1-65 是锻件与凹模圈分离过程。图 3. 1-65a 是锻件连同凹模圈一起放在内腔旋转锻造上料时用过的附具（参见图 3. 1-64a）上，待锻件冷却一段时间后凹模圈自行脱落。图 3. 1-66 是一体化顶盖锻件吊运及尺寸检测状态。

（4）性能热处理。CAP1400RPV 一体化顶盖经锻造、粗加工和 UT 检测合格后，分别采用喷水淬火和浸水淬火两种方式进行了性能热处理，以便比较不同热处理冷却方式对综合性能的影响。两种方式的冷却装置完全相同（见图 3. 1-67）。为了加强法兰冷却效果，法兰外侧增加 6 件强化冷却附具（耙子）。内芯子与法兰内壁距离 351. 5mm，而外芯子与外壁距离 1206mm。

一体化顶盖锻件首次喷水淬火如图 3. 1-68 所示。从图 3. 1-68a 可以看出，喷淬方式顶盖内部设有芯子。为了防止喷淬过程中球顶试料区内积水，在图 3. 1-68b 所示的试料环上开有排水槽。图 3. 1-68c 是喷水淬火的开始状态；图 3. 1-68d 是喷水淬火过程中。

(a) (b) (c) (d)

图 3.1-64　锻件实际锻造过程

（a）附具准备；（b）凹模圈内旋转锻造凹槽；（c）旋转锻造结束；（d）锻件连同凹模圈吊出

(a) (b)

图 3.1-65　锻件与凹模圈分离过程

（a）安放；（b）脱模

(a) (b)

图 3.1-66　一体化顶盖锻件吊运及尺寸检测

（a）吊运；（b）尺寸检测

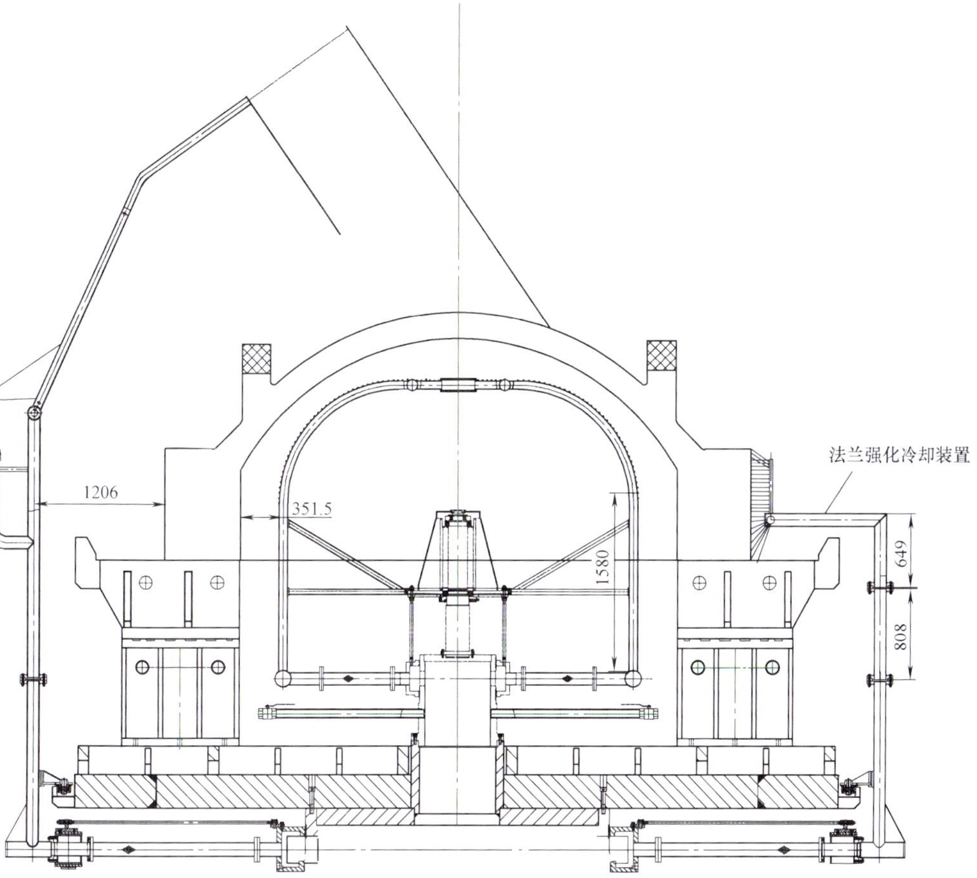

图 3.1-67　一体化顶盖喷水淬火冷却装置

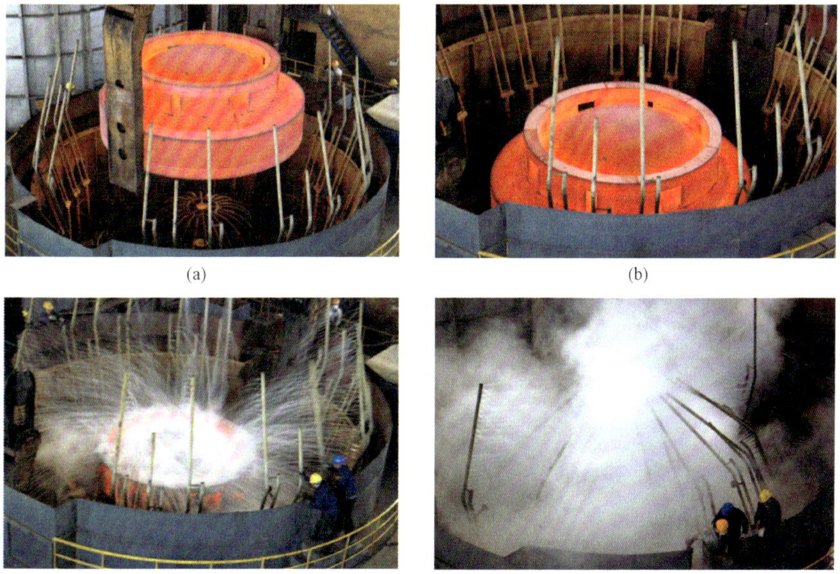

(a)　(b)　(c)　(d)

图 3.1-68　一体化顶盖喷水淬火

（a）锻件移动；（b）锻件装入淬火装置；（c）淬火开始状态；（d）淬火过程中

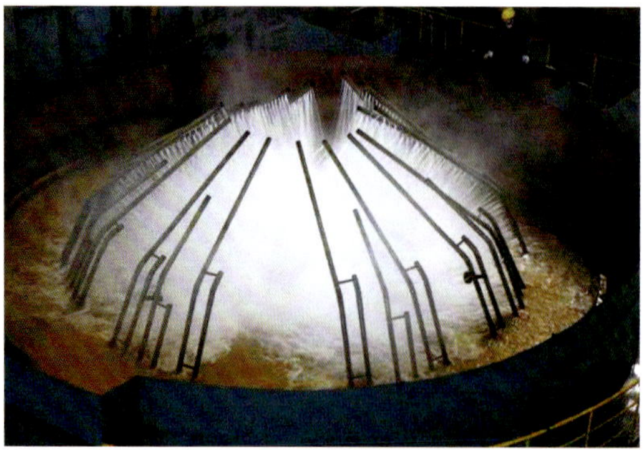

图 3.1-69　一体化顶盖浸水淬火

喷淬过程中外芯子与顶盖外壁的距离过远（1206mm），不利于锻件快速均匀冷却，为了验证这种状态对性能的影响程度，进行了一体化顶盖的浸水淬火试验（见图 3.1-69）。

（5）评定锻件取样。为了积累大数据，在厚壁法兰、封头及接管的代表部位分别按照不同的冷却方式钻取试验料，每块试验料又分为内外近表面、内外 $T/4$ 及 $T/2$ 五组试样，进行了调质态和模拟态的性能检测。取样位置如图 1.4-4 所示，取样位置包括：水口端产品试料（S1/S2）、1/2 法兰高度全壁厚试料（A1～A5）、封头与法兰过渡位置全壁厚试料（C1/C2）、冒口试环全壁厚试料（M1/M2）、1/2 封头弧长全壁厚试料（B1/B2）、封头顶部全壁厚试料（D/H）。其中 A3、A4、A5 与 H 四块全壁厚试料为浸水淬火试料，进行模拟态和调质态的拉伸（室温、350℃）、-15℃ 冲击、落锤以及化学和金相检测。其余试料均为喷水淬火状态，除 M1/M2 仅做模拟态性能检测外，其他试料均进行模拟态和调质态两种状态性能检测（按产品取样要求进行）。

锻件不同阶段的取样状态如图 3.1-70 所示。图 3.1-70a 是法兰及接管位置取样；图 3.1-70b 是球顶及接管以下所覆盖的球顶位置取样；图 3.1-70c 是将已取样部位封焊并重新热处理后再次取样。

图 3.1-70　评定锻件多次取样状态

（a）法兰及接管位置取样；（b）球顶及接管覆盖位置取样；（c）重新热处理后取样

（6）性能检测结果。

1）室温强度。各部位室温强度检测结果如图 3.1-71 所示。从图 3.1-71 可以看出，CAP1400RPV 一体化顶盖 1/2 法兰高度位置全壁厚室温强度均满足性能要求。$T/2$ 至内壁强度好于 $T/2$ 至外壁强度，$T/2$ 壁厚处的强度最低。这种现象应该与淬火冷却装置有关，内芯子距法兰内壁距离 351.5mm，而外芯子距外壁距离 1206mm，虽然外壁增加了额外强化冷却附具，但由于其不连续、尺寸小、距离远而未达到理想冷却效果。A3 为强化冷却位置（装有耙子），A4 为正常冷却位置（无耙子），A5 为强化冷却过渡区，H 为球顶位置。

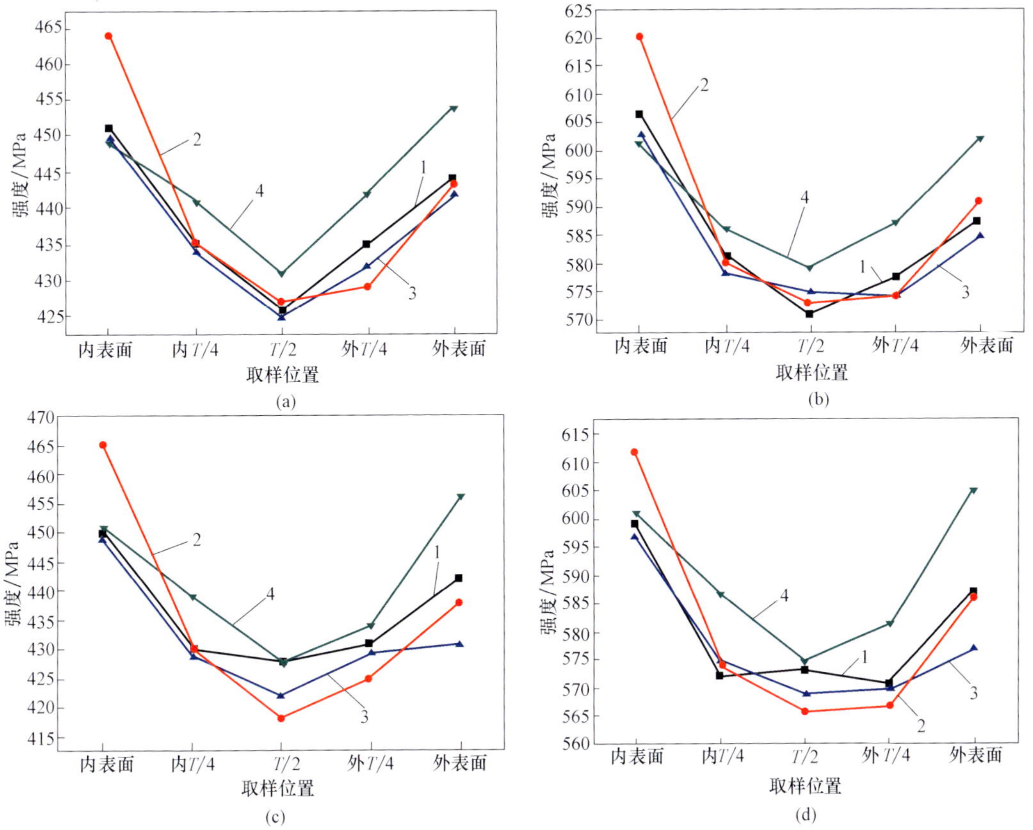

图 3.1-71　一体化顶盖室温强度

（a）调质态屈服强度对比；（b）调质态抗拉强度对比；（c）模拟态屈服强度对比；（d）模拟态抗拉强度对比

1—A3（有耙子部位）；2—A4（无耙子部位）；3—A5（过渡区部位）；4—H（球顶部位）

强化冷却附具对一体化顶盖室温强度的影响见表 3.1-13。由于强化冷却附具安装在法兰外侧，因此其对强度的影响主要体现在 *T*/2 位置至外表面位置。强化冷却位置的强度基本好于正常冷却位置，尤其是屈服强度更为明显。球顶位置壁厚最薄，性能基本好于法兰位置。

表 3.1-13　强化冷却附具对一体化顶盖室温强度的影响　（MPa）

取样位置	调质态				模拟态			
	屈服强度		抗拉强度		屈服强度		抗拉强度	
	A3 强化冷却	A4 正常冷却	A3 强化冷却	A4 正常冷却	A3 强化冷却	A4 正常冷却	A3 强化冷却	A4 正常冷却
内表面	451	464	606	620	450	465	599	612
内 *T*/4	435	435	581	580	430	430	572	574
T/2	426	427	571	573	428	418	573	566
外 *T*/4	435	429	577	574	431	425	571	567
外表面	444	443	587	591	442	438	587	586

2）高温强度。有无强化冷却附具部位高温强度检测结果见表 3.1-14 及图 3.1-72。从图 3.1-72 可以看出，一体化顶盖 1/2 法兰高度位置全壁厚 350℃强度均满足性能要求。*T*/2 至内壁强度好于 *T*/2 至外壁强度，*T*/2 强度最低。性能偏差原因与室温强度相同。

表 3.1-14　　强化冷却附具对一体化顶盖高温强度的影响　　（MPa）

取样位置	调质态				模拟态			
	屈服强度		抗拉强度		屈服强度		抗拉强度	
	A3 强化冷却	A4 正常冷却	A3 强化冷却	A4 正常冷却	A3 强化冷却	A4 正常冷却	A3 强化冷却	A4 正常冷却
内表面	428	423	581	577	392	413	538	546
内 *T*/4	385	388	543	543	379	384	530	537
T/2	392	371	542	539	370	368	527	526
外 *T*/4	390	373	544	530	382	374	536	525
外表面	405	394	557	551	391	387	543	537

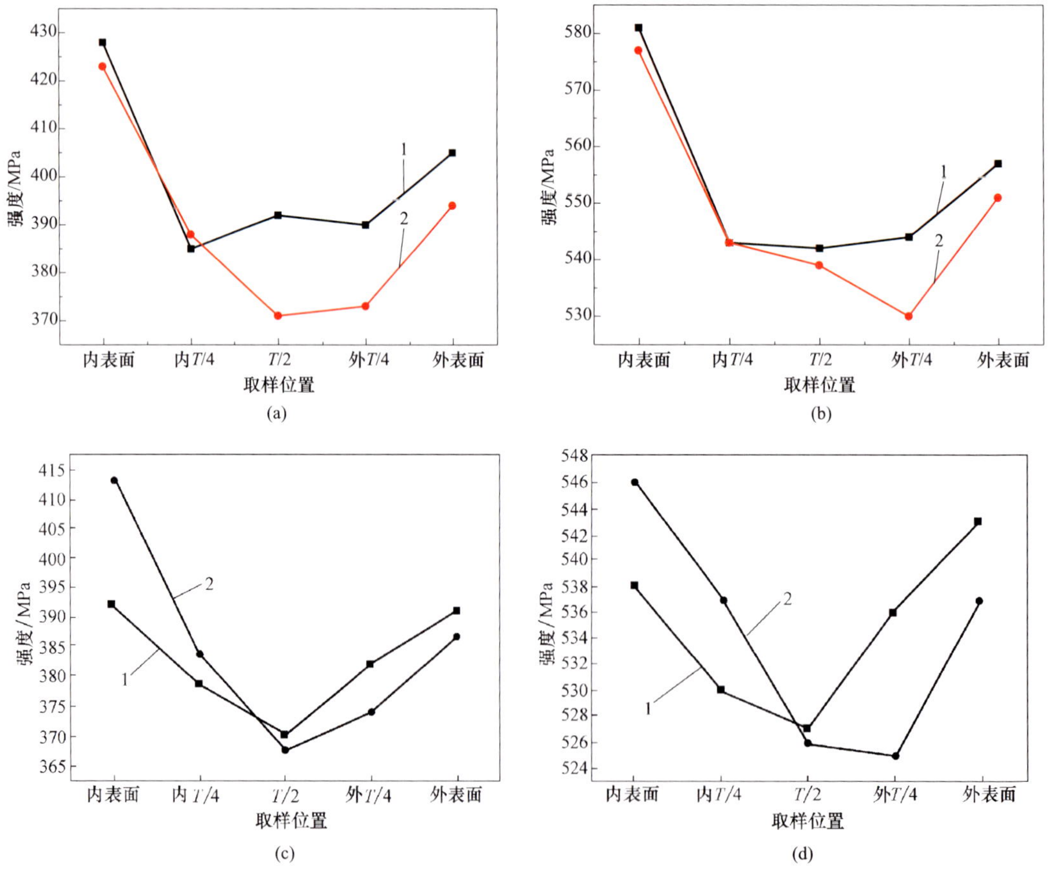

图 3.1-72　一体化顶盖高温强度

（a）调质态 350℃屈服强度对比；（b）调质态 350℃抗拉强度对比；

（c）模拟态 350℃屈服强度对比；（d）模拟态 350℃抗拉强度对比

1—A3（有耙子部位）；2—A4（无耙子部位）

3）低温冲击。各部位-15℃冲击吸收能量平均值检测结果见表3.1-15及图3.1-73。由表3.1-15可见，采用浸水方式冷却时，CAP1400RPV顶盖1/2法兰高度全壁厚冲击吸收能量平均值均满足要求，但A3试料 $T/2$ 位置的模拟态冲击吸收能量单个值（92J/26J/114J）和A4试料内 $T/4$ 位置的模拟态冲击吸收能量单个值（83J/55J/27J）不满足要求，其余位置单个值和平均值均满足要求。

表3.1-15　强化冷却装置对冲击吸收能量的影响　（J）

取样位置	调质态		模拟态	
	A3强化冷却	A4正常冷却	A3强化冷却	A4正常冷却
内表面	158	209	155	183
内 $T/4$	88	102	102	55
$T/2$	107	114	77	73
外 $T/4$	107	101	97	96
外表面	203	277	177	282

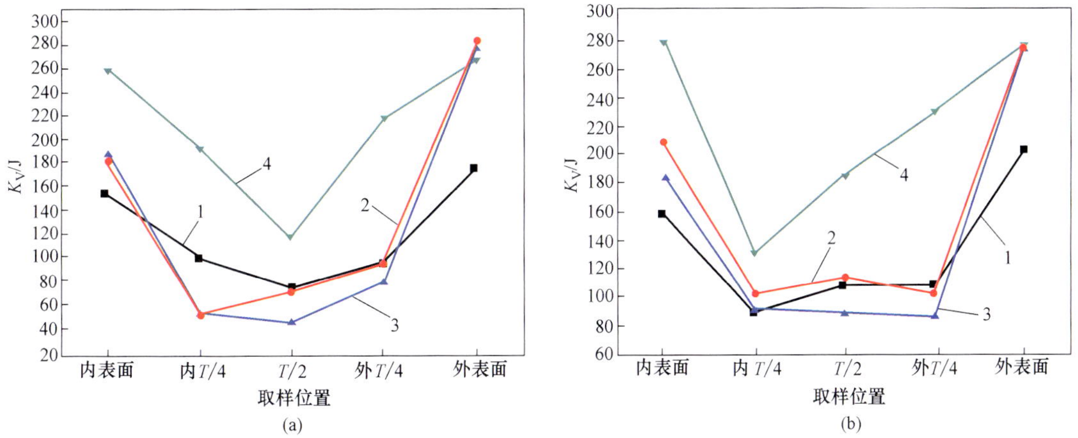

图3.1-73　一体化顶盖冲击吸收能量

（a）调质态冲击吸收能量对比；（b）模拟态冲击吸收能量对比

1—A3（有耙子部位）；2—A4（无耙子部位）；3—A5（过渡区部位）；4—H（球顶部位）

从冲击吸收能量结果无法明显看出强化冷却附具对-15℃冲击吸收能量的影响。

4）落锤。各部位落锤检测结果见表3.1-16及图3.1-74。从图3.1-74可以看出，模拟态时，A3试料的 $T/2$ 和内 $T/4$ 位置不满足要求（≤-15℃），A4试料的内 $T/4$ 位置不满足要求。调质态时，A3试料内表面和内 $T/4$ 不满足要求，A4试料的内外 $T/4$ 及 $T/2$ 位置均不满足要求。总体来说，附加强化冷却附具对落锤有好处。

表3.1-16　强化冷却附具对 RT_{NDT} 的影响

取样位置	调质态		模拟态	
	A3强化冷却	A4正常冷却	A3强化冷却	A4正常冷却
内表面	-10℃	-15℃	-20℃	-15℃
内 $T/4$	-10℃	-10℃	-10℃	-10℃

续表

取样位置	调　质　态		模　拟　态	
	A3 强化冷却	A4 正常冷却	A3 强化冷却	A4 正常冷却
$T/2$	−15℃	−10℃	−10℃	−15℃
外 $T/4$	−15℃	−10℃	−15℃	−20℃
外表面	−20℃	−15℃	−20℃	−15℃

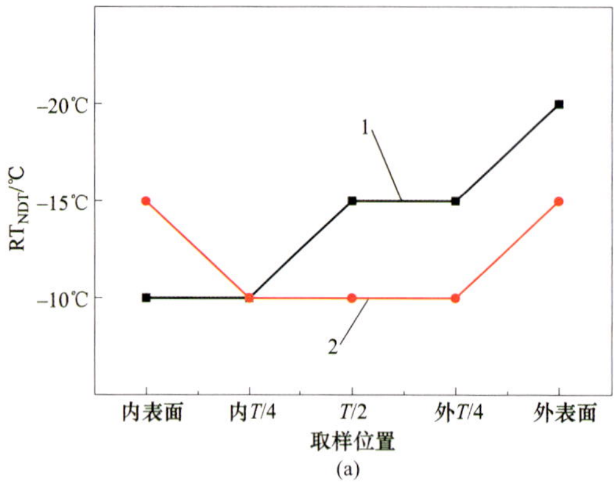

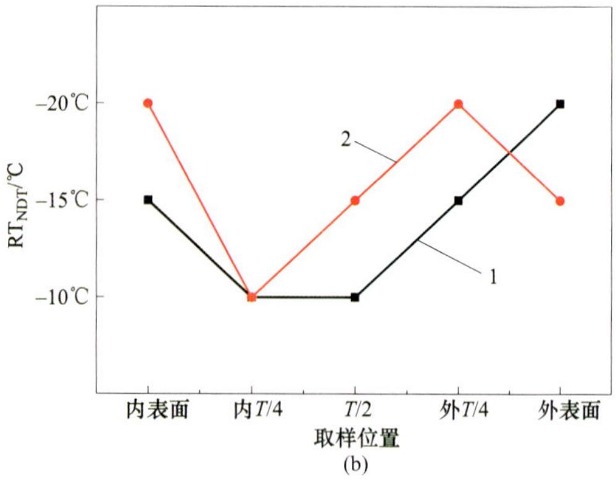

图 3.1−74　一体化顶盖落锤检测结果（RT_{NDT}）

（a）调质态落锤对比；（b）模拟态落锤对比

1—A3（有耙子部位）；2—A4（无耙子部位）

5）金相。不同部位及不同冷却方式的金相检测结果数据较多，在此只将法兰部位（最大壁厚）模拟态全截面浸水与喷水淬火的金相检测结果列于表 3.1−17。从表 3.1−17 中可以看出，浸水淬火的法兰中心存在铁素体，冷却效果较喷水淬火差。因此，CAP1400RPV 一体化顶盖产品锻件选择了喷水冷却方式。

表 3.1−17　　法兰部位浸水与喷水淬火金相检测结果

冷却方式	位置	组　　织	晶粒度	夹　杂　物			
				A（硫化物）	B（氧化物）	C（硅酸盐）	D（球氧）
				≤1.5	≤2	≤1.5	≤1.5
浸水	内表面	贝氏体回火组织	7	0.5	1.0	0.5	0.5
	内 $T/4$	贝氏体回火组织	6.5	0.5	0.5	0.5	0.5
	$T/2$	贝氏体回火组织+少量铁素体	7	0.5	0.5	0.5	0.5
	外 $T/4$	贝氏体回火组织	6.5	0.5	0.5	0.5	0.5
	外表面	贝氏体回火组织	7	0.5	0.5	0.5	0.5
喷水	内表面	贝氏体回火组织	7	0.5	0.5	0.5	0.5
	内 $T/4$	贝氏体回火组织	7	0.5	0.5	0.5	0.5
	$T/2$	贝氏体回火组织	7	0.5	0.5	0.5	0.5
	外 $T/4$	贝氏体回火组织	7	0.5	0.5	0.5	0.5
	外表面	贝氏体回火组织	7	0.5	0.5	0.5	0.5

1.3.2 产品制造

在 1∶1 锻件评定的基础上，制造了两件 CAP1400RPV 一体化顶盖。锻件制造过程如图 3.1-75 所示。产品性能检测完全满足采购技术条件要求。强度检测结果如图 3.1-76 所示（图中水平线为相关指标验收值）；冲击吸收能量及落锤检测结果如图 3.1-77 所示。该项技术已在新咸宁和白龙等项目上得到了推广应用。

(a) (b) (c) (d) (e) (f)

图 3.1-75 CAP1400RPV 一体化顶盖锻件制造过程

（a）附具准备；（b）坯料旋转锻造；（c）粗加工；

（d）焊接热缓冲环；（e）喷水淬火；（f）精加工

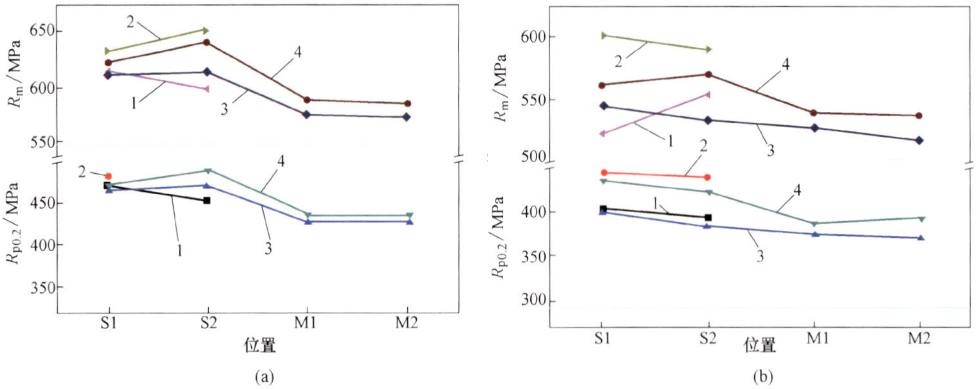

图 3.1-76　CAP1400RPV 一体化顶盖产品锻件强度检测结果

（a）室温强度对比；（b）350℃强度对比

1—Q&T-1 号；2—Q&T-2 号；3—Q&T+SPWHT-1 号；4—Q&T+SPWHT-2 号

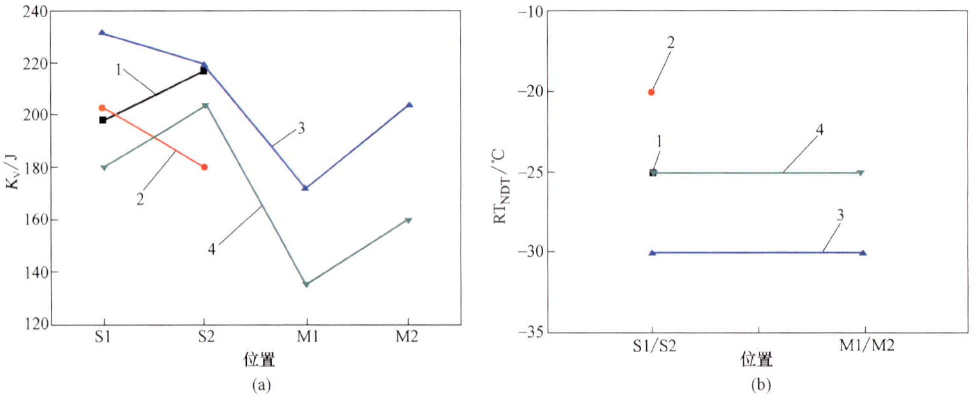

图 3.1-77　CAP1400RPV 一体化顶盖产品锻件韧性检测结果

（a）-15℃冲击吸收能量对比；（b）RT_{NDT}对比

1—Q&T-1 号；2—Q&T-2 号；3—Q&T+SPWHT-1 号；4—Q&T+SPWHT-2 号

1.4　制造方式对比

核电 RPV 顶盖虽然是可更换设备，但其质量依然决定着设备运行的安全性。众所周知的美国戴维斯-贝斯（Davis Besse）核电站 RPV 封头降级事件（见图 3.1-78 和图 3.1-79），根本原因是 CRDM 由于一回路冷却剂引起的应力腐蚀开裂（PWSCC）效应产生裂纹，经过时间累积，裂纹贯穿管座壁。硼酸从反应堆冷却系统泄漏至 RPV 封头，泄漏路线示意图如图 3.1-80 所示。从这一经验教训可以看出，顶盖的结构及制造方法非常重要。下面对几种三代核电 RPV 顶盖设计及制造方式加以对比。

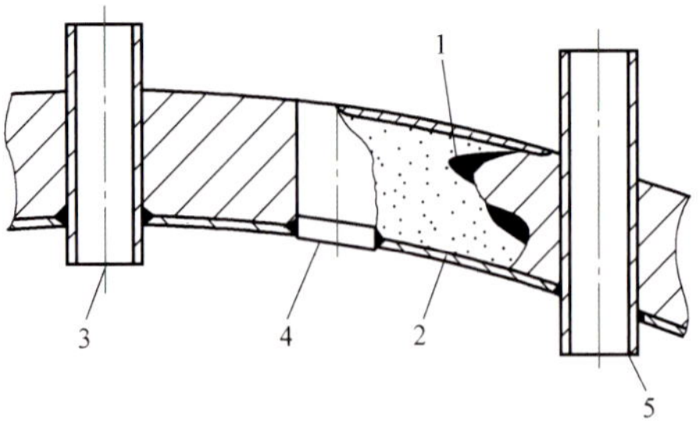

图 3.1-78　RPV 封头降级图解

1—腐蚀前端；2—不锈钢堆焊层；3—1 号管座；4—3 号管座；5—11 号管座

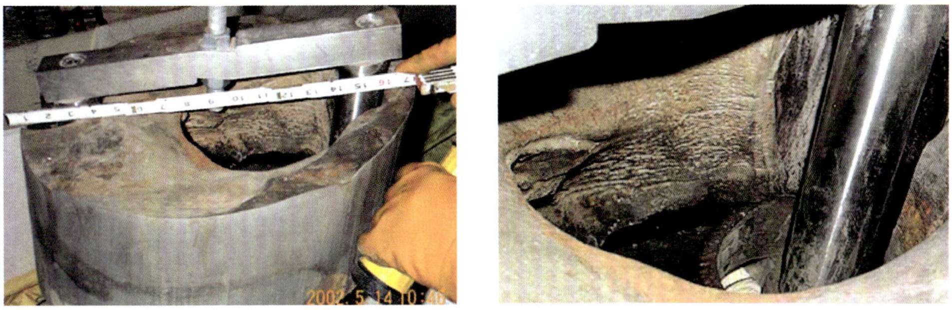

(a)　　　　　　　　(b)

图 3.1-79　RPV 封头降级照片

（a）缺陷尺寸测量；（b）俯视图

1. 华龙一号顶盖

具有完全自主知识产权的三代核电华龙一号 RPV 与二代加（M310）相比具有很多安全性改进，其中之一是将堆芯测量接管从下封头移至上封头以防止冷却剂泄漏。12 根堆芯测量接管在 RPV 顶盖中的位置见图 3.1-81 及表 3.1-18。

堆芯测量接管的焊接方法与 CRDM 相同，都需要进行 J 坡口镍基隔离层堆焊（参见图 1.5-9a），然后进行接管的密封焊（参见图 1.5-9b）。

由于堆芯测量接管位于顶盖的高应力区（参见图 3.1-81），焊接后需要按表 3.1-19 进行无损检测，所以此种制造方式不仅制造周期长，而且焊接质量将决定着设备的安全性。表 3.1-19 中的 N/A 代表不做检测。

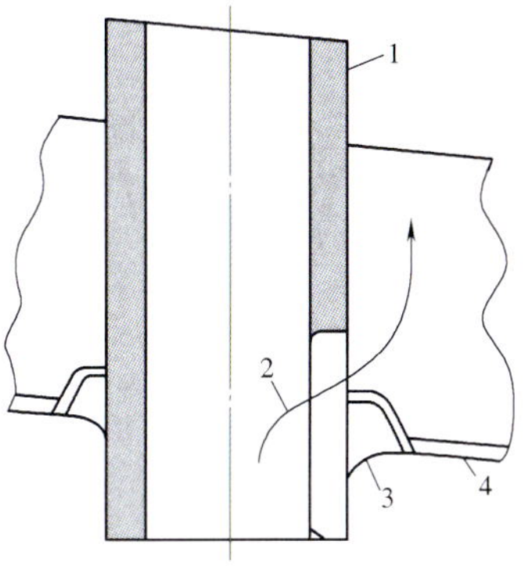

图 3.1-80　泄漏路线示意图

1—驱动管座；2—泄漏路线；3—J 型坡口；4—堆焊层

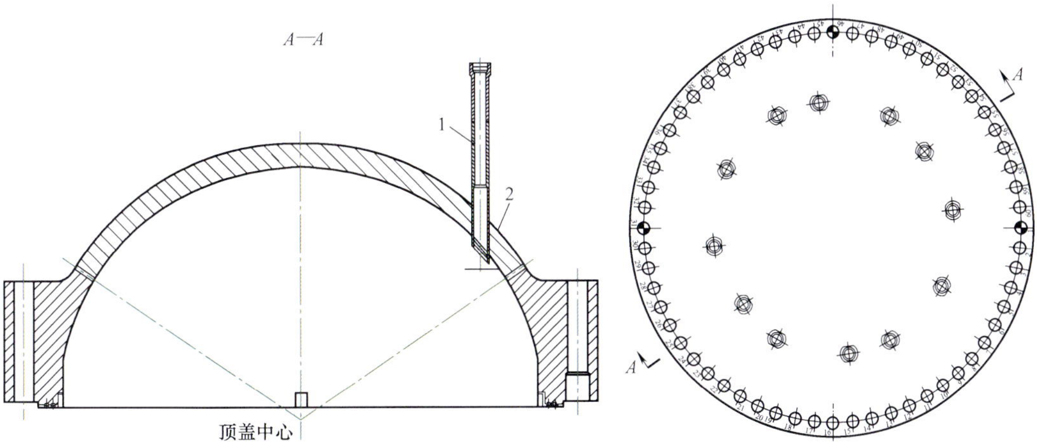

图 3.1-81　华龙一号堆芯测量接管在压力容器顶盖中的位置

1—堆芯测量接管；2—顶盖

表 3.1-18　　华龙一号顶盖堆芯测量接管位置尺寸表　　(mm)

编号	X	Y	编号	X	Y
A1	1364	-720	A7	-1364	720
A2	720	-1364	A8	-720	1364
A3	190	-1530	A9	-190	1530
A4	-720	-1364	A10	720	1364
A5	-1150	-934	A11	1150	934
A6	-1526	-224	A12	1526	224

表 3.1-19　　华龙一号顶盖堆芯测量接管 J 型坡口无损检测时机及检测项目

焊缝名称	检测时机及检测项目				
	VT	PT	UT	RT	ET
堆芯测量接管 J 坡口镍基隔离层	焊缝最终表面	最终表面	堆焊完成后	N/A	N/A
堆芯测量接管 J 坡口密封焊	焊缝最终表面	首层及每 3 层堆焊完成后、焊缝最终表面	焊接完成后	N/A	焊接完成后

2. AP1000 顶盖

由 WEC 设计的 AP1000RPV 顶盖为避开在高应力区附近焊接接管及在役检测，封头上的 8 个 400mm 高的 Quick-loc 管采用堆焊的结构。8 根堆芯测量接管在压力容器顶盖上的位置见图 3.1-82 及表 3.1-20。

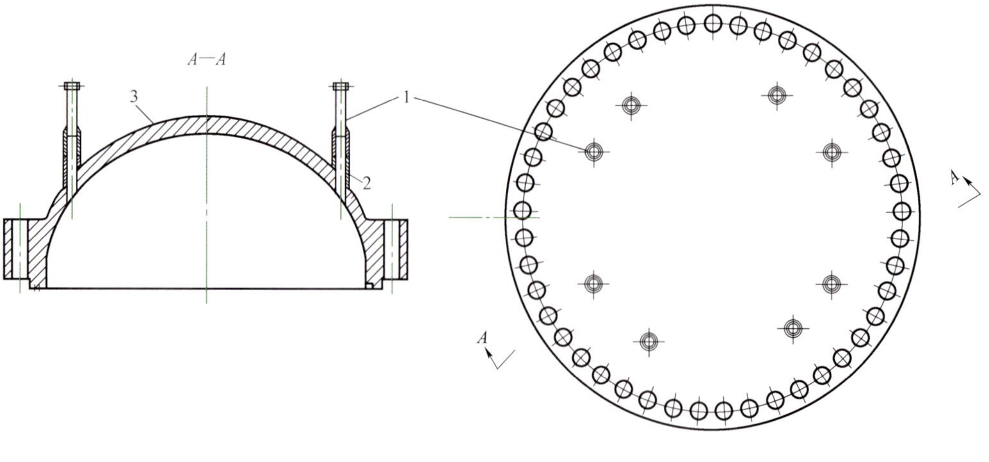

图 3.1-82　AP1000 堆芯测量接管在压力容器顶盖上的位置

1—堆芯测量接管；2—Quick-loc 管；3—顶盖

表 3.1-20　　AP1000 顶盖堆芯测量接管位置尺寸表　　(mm)

编号	X+/-0.13	Y+/-0.13	编号	X+/-0.13	Y+/-0.13
A1	752.63	1397.75	A5	-752.63	-1397.75
A2	1397.75	752.63	A6	-1397.75	-752.63
A3	1397.75	-752.63	A7	-1397.75	752.63
A4	959.71	-1264.56	A8	-959.71	1264.56

堆芯测量接管的焊接过程分为 Quick-loc 管堆焊和接管焊接。由于 Quick-loc 管是堆焊而成的，为保证接管焊接质量，管座焊接分为三步：第一步是堆焊 Quick-loc 管（参见图 1.5-10a）；第二步是管座加工及内壁堆焊不锈钢（参见图 1.5-10b）；第三步是管座堆焊镍基并加工（参见图 1.5-10c）。堆测接管焊接参见图 1.5-10d。

Quick-loc 管及堆芯测量接管焊接后需要按表 3.1-21 进行无损检测。

表 3.1-21　　AP1000 顶盖 Quick-loc 管及堆芯测量接管无损检测时机及检测项目

焊缝名称	检测时机及检测项目					
	VT	PT	MT	UT	RT	ET
Quick-loc 管堆焊	N/A	N/A	堆焊完成后	堆焊完成后	N/A	N/A
Quick-loc 管堆焊镍基堆焊层	N/A	每 6 层堆焊完成后及最终表面	N/A	每 6 层堆焊完成后及最终表面	堆焊完成后	N/A
Quick-loc 管与堆芯测量接管焊接	焊缝最终表面	最终表面	N/A	焊接完成后	焊接完成后	焊接完成后

3. CAP1400 顶盖

为了解决华龙一号顶盖堆芯测量接管制造方式带来的安全隐患和避免 AP1000 顶盖堆芯测量接管制造的复杂性，CAP1400 顶盖 Quick-loc 管采取与顶盖锻件整体锻造的一体化结构。8 根堆芯测量接管在 RPV 顶盖上的位置见图 3.1-83 及表 3.1-22。

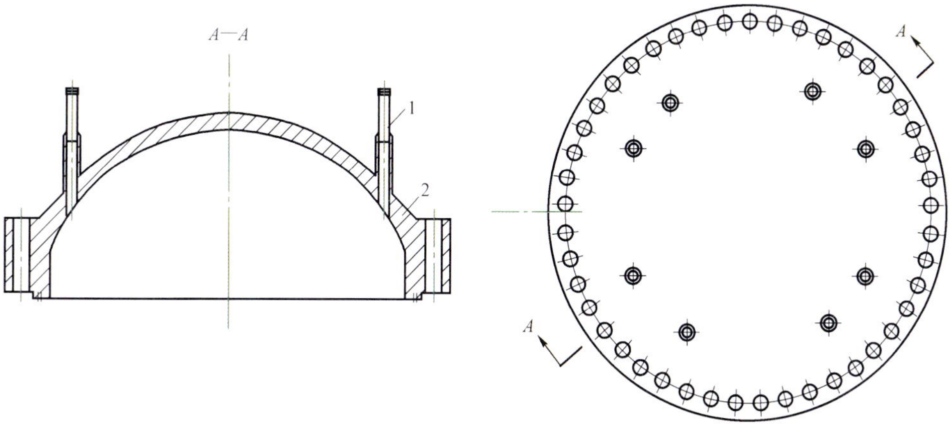

图 3.1-83　CAP1400 堆芯测量接管在压力容器顶盖上的位置

1—堆芯测量接管；2——体化顶盖

表 3.1-22　　CAP1400 顶盖堆芯测量接管位置尺寸表　　(mm)

编号	X+/-0.13	Y+/-0.13	编号	X+/-0.13	Y+/-0.13
A1	925.00	1602.15	A5	-925.00	-1602.15
A2	1618.05	896.90	A6	-1618.05	-896.90
A3	1602.15	-925.00	A7	-1602.15	925.00
A4	925.00	-1602.15	A8	-925.00	1602.15

由于CAP1400RPV 顶盖 Quick-loc 管与整体顶盖一体锻造成形（参见图 1.5-8），故只剩下管座与接管一道焊缝（焊接方法同 AP1000）。不仅堆芯测量接管制造简单，而且无损检测项目也减少很多。

4. AP1000 及 CAP1400 顶盖封头焊接制造流程对比分析

（1）顶盖封头尺寸对比。AP1000 与 CAP1400 顶盖代表性尺寸对比见图 3.1-84 及表 3.1-23。CAP1400 顶盖封头整体尺寸超过 AP1000 顶盖封头尺寸平均 15%。CAP1400 顶盖封头锻件质量超过 AP1000 顶盖封头 48.8%，约 28.5t。

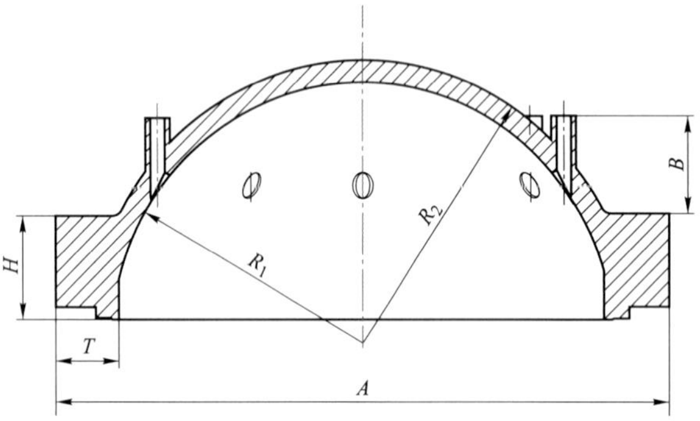

图 3.1-84　顶盖代表性尺寸

表 3.1-23　CAP1000/CAP1400 顶盖尺寸对比

关键尺寸	AP1000	CAP1400
法兰外径 A/mm	4775	5300
封头外径 R_2/mm	2134	2495
封头内径 R_1/mm	1975	2300
法兰高度 H/mm	786	949
法兰厚度 T/mm	492	541.5
Quick-loc 管高度 B/mm	726	658
单件质量/kg	58 432	86 955

（2）顶盖制造流程对比。CAP1400 顶盖制造流程：一体化顶盖锻件→导向支承架组焊→顶盖组件不锈钢堆焊→Quick-loc 管内壁不锈钢堆焊→Quick-loc 管端面镍基隔离层堆焊→支承凸台组焊→CRDM 接管孔镍基隔离层堆焊→最终热处理→堆芯测量接管与 Quick-loc 管组焊→CRDM 接管组焊→水压试验→canopy 焊缝组焊→包装发运。

AP1000 顶盖封头制造流程：整体顶盖锻件→导向支承架组焊→顶盖组件不锈钢堆焊→Quick-loc 管堆焊→Quick-loc 管加工→Quick-loc 管内壁不锈钢堆焊→Quick-loc 管端面镍基隔离层堆焊→支承凸台组焊→CRDM 接管孔镍基隔离层堆焊→最终热处理→堆芯测量接管与 Quick-loc 管组焊→CRDM 接管组焊→水压试验→canopy 焊缝组焊→包装发运。

CAP1400 顶盖制造流程上减少了 Quick-loc 管堆焊及加工工序。

（3）顶盖制造差异对比。AP1000 压力容器采用整体顶盖（见图 3.1-85），但 Quick-loc 管采用低合金钢埋弧堆焊制造。CAP1400 反应堆压力容器发明了一体化顶盖（见图 3.1-86），提高了 Quick-loc 管的质量。

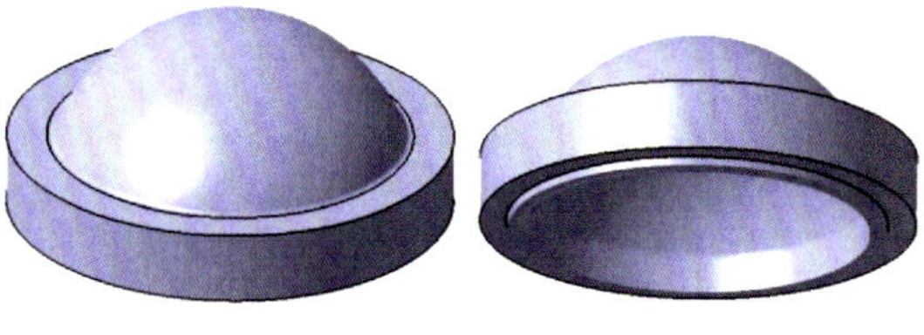

图 3.1-85 AP1000 压力容器整体顶盖立体图

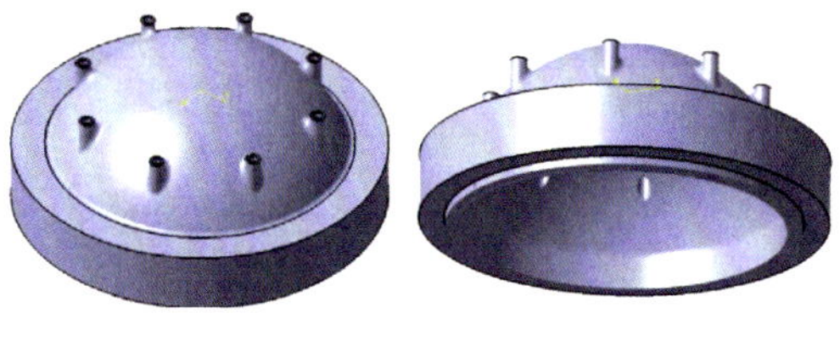

图 3.1-86 CAP1400 压力容器一体化顶盖立体图

（4）Quick-loc 管制造过程对比。AP1000 整体顶盖 Quick-loc 管采用低合金钢埋弧堆焊成形，管座尺寸示意图如图 3.1-87 所示，管座最大高度 390.8mm，外径 192.5mm，考虑制造过程中的风险系数及制造周期，采用埋弧焊堆焊，堆焊外形尺寸为 350mm×350mm，高度 420mm，后续加工成形。详细焊接数据见表 3.1-24。

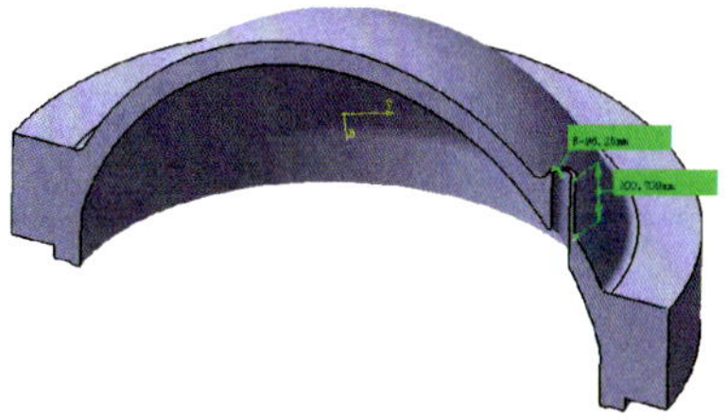

图 3.1-87 AP1000 压力容器堆芯测量接管管座尺寸示意图

表 3.1-24　　CAP1400 及 A1000 Quick-loc 管制造对比

堆型	CAP1400 一体化顶盖封头	AP1000 整体顶盖封头
燃气预热	不需要	全程预热
埋弧焊丝	不需要	1800kg
低合金钢焊条	不需要	50kg
堆焊周期	不需要	36～50 天
结构差异	Quick-loc 管锻造成形	Quick-loc 管堆焊成形

CAP1400 整体顶盖采用一体化锻件，既缩短了制造周期，同时也降低了焊接制造过程中的风险系数。

（5）Quick-loc 管内壁不锈钢堆焊对比。AP1000 Quick-loc 管由于采用埋弧焊堆焊方式制造成形，成形后通过加工完成低合金钢管座制造，在后续内壁采用机械 GTAW 方法堆焊不锈钢过程中焊道表面成形质量较差、风险系数较高，而 CAP1400 采用一体化的顶盖锻件，组织致密，后续堆焊焊道表面成形良好、风险系数较低。同时 Quick-loc 管内径尺寸仅为 ϕ187.5mm，不锈钢堆焊过程中不便于熔池观察，若堆焊层出现质量问题，面临的返修难度较大。

综上所述，CAP1400RPV 一体化顶盖设计及制造具有国际领先水平。

1.5　经验教训及预防措施

1. EPR 上封头成分超标

国外某核电锻件供应商制造的 EPR 反应堆压力容器分体上封头，在焊接 CRDM 时发生开裂现象。为了查找根本原因，对该上封头进行了全面检测，取样位置如图 3.1-88 所示，检测项目见表 3.1-25，取样方案如图 3.1-89 所示。化学成分检测结果参见表 1.5-1；拉伸试验结果见表 3.1-26；冲击试验结果见表 3.1-27。

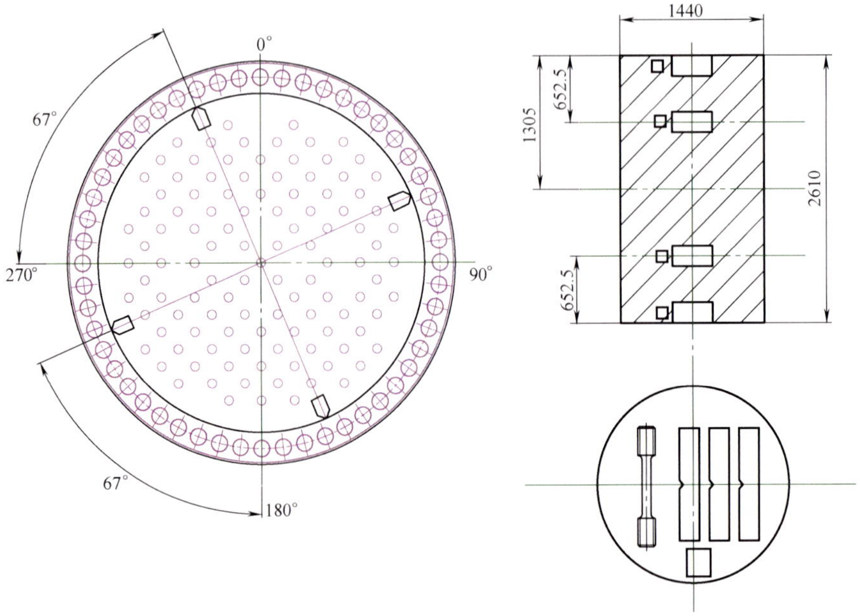

图 3.1-88　取样位置

表 3.1-25　　　　检　测　项　目

检测项目	温度	取样方向	试样编号			
			T9	T10	T11	T12
拉伸	室温	轴向	K31	K34	K37	K40
			K32	K35	K38	K41
冲击	0℃		K33	K36	K39	K42

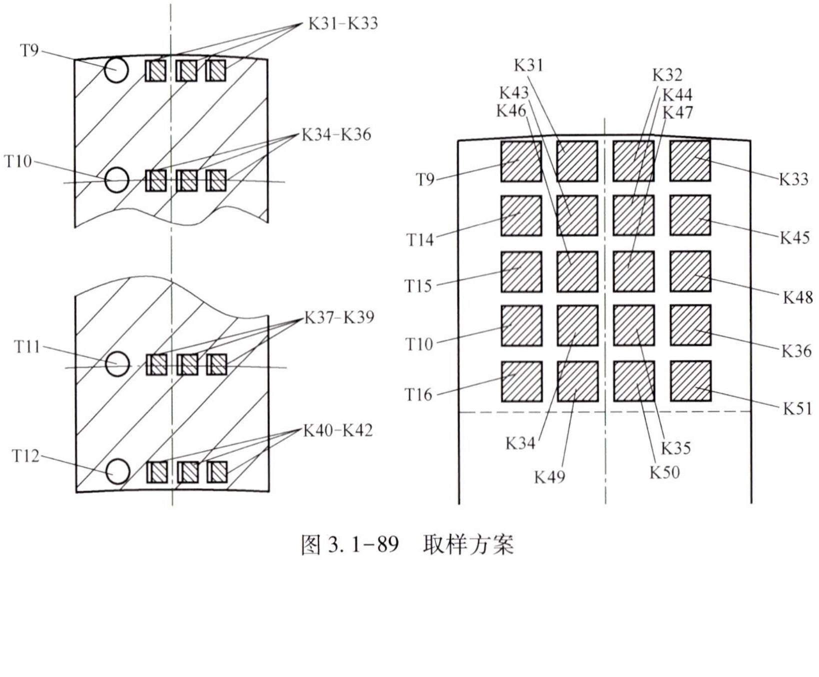

图 3.1-89　取样方案

表 3.1-26　　拉伸试验结果

试样编号	位　　置	拉伸强度/MPa	屈服强度/MPa	伸长率（%）
T12	内侧	626	484	26
T11	$T/4$	654	504	22
T9	外侧	792	628	15
T14	新增试验外侧	769	590	20
T10	$3T/4$	762	582	17
T16	新增试验 $3T/4$	741	564	20

注：标准要求：拉伸强度 550～670MPa；屈服强度≥400MPa；伸长率≥20%。

表 3.1-27　　冲击试验结果

试样编号	位　　置	单个测量值	平　均　值
K31-32-33	外侧	70-76-73J	73J
K34-35-36	$3T/4$	36-52-48J	46J
K37-38-39	$T/4$	114-154-140J	136J
K40-41-42	内侧	161-171-202J	178J
K49-50-51	补充试验 $3T/4$	47-62-64J	58J

注：标准要求：单个测量值≥60J；平均值≥80J。

从图 3.1-88、图 3.1-89 和表 3.1-25～表 3.1-27 以及表 1.5-1 可以看出，顶盖封头外侧碳含量严重超标，致使强度过高、冲击不合格，是导致 EPR 压力容器顶盖驱动管座出现焊接裂纹的主要原因。如何保证化学成分满足标准要求（碳含量上限为 0.22），从而避免锻件性能不合格，需要在钢液冶炼与铸锭方面进行研究，详见第 2 篇第 2 章。

2. 整体顶盖冲形过程中吊耳开裂

（1）事件描述。在三门 2 号 RPV 整体顶盖锻件制造过程中，出现了冲形阶段吊耳开裂现象（见图 3.1-90）。

1）吊耳焊接过程。

① 采用天然气将工件局部加热至 150～200℃。

② 采用 AWS E7015（GB E5015）焊条进行立焊。

③ 焊接完成后工件入炉在 350℃ 下保温 4h 进行消氢处理。

④ 出炉后打磨焊道表面，进行磁粉检测。

2）冲形吊运过程。按工艺要求加热至 1250℃后出炉冲形，由于顶盖坯料重达 110t 且温度很高，故采用合金链条吊运坯料。虽工件焊有四只吊耳，但因链条很重，人力无法搬移，且工件直径较大，所以起吊时只得吊挂同一直径方向上的两只吊耳。由于焊缝内在质量存在缺陷及高温状态下焊缝热强性不足（吊耳采用 AWS E7015 焊条焊接），致使其中一只吊耳在吊运过程中脱落。为继续完成顶盖成形，只能使用另一直径方向上的两只吊耳（其中一只是引起顶盖表面产生裂纹的吊耳）完成后续所有吊运工作。

图 3.1-90　吊耳开裂

（a）吊耳断裂；（b）断裂表面；（c）机加工清除裂纹；（d）加工部位放大图

顶盖吊耳处裂纹是在冲形完成并进炉热处理后被发现的。裂纹长度约为 200mm，深度达 20mm，并伤及锻件本体的余量部分。

（2）原因分析。

1）吊耳结构尺寸不尽合理。与顶盖接触处的吊耳截面为 300mm×300mm 的矩形，而吊耳总长达 700mm。此结构尺寸易使吊耳在起吊顶盖时产生较大弯矩，增大开裂倾向。

2）焊缝结构不尽合理。吊耳与顶盖采用了如图 3.1-91 所示的焊缝结构进行焊接，这种结构使得吊耳与顶盖接触的焊缝截面变突（不圆滑），易在焊趾处产生较大的应力集中。

3）焊后处理不当。为满足磁粉探伤要求，对焊道表面进行焊后打磨时伤及锻件，致使其局部产生凹陷。上述原因导致热状态下吊起顶盖时焊缝处首先产生了裂纹进而伤及锻件本体的余量部分。

（3）改进措施。根据以上分析结论，改进吊耳结构及其与顶盖的焊接方式，并制定了焊后打磨规程，避免了上述事件的再次发生。

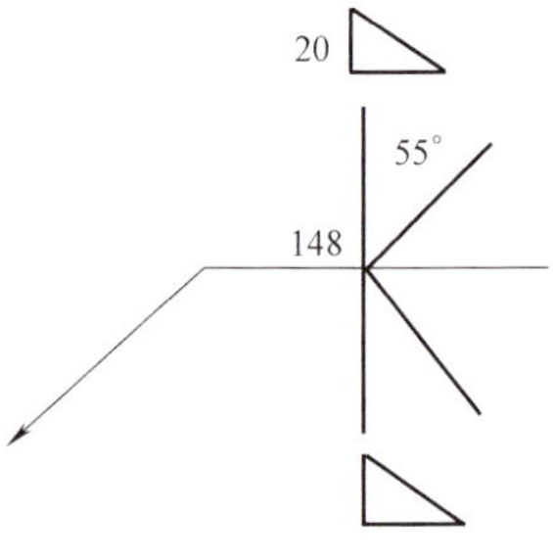

图 3.1-91　顶盖与吊耳焊接方式

第2章 压水堆接管段

在压水堆 RPV 锻件中，接管段是截面最大、形状最复杂的筒体锻件。传统的接管段由接管筒体、接管法兰、进出口接管组焊而成（见图 3.2-1）；AP/CAP 核电 RPV 接管段筒身外表面除了需要焊接进出口接管外，还要焊接安注接管和密封围板，而且进出口接管不在同一水平线上，因此其形状更加复杂（见图 3.2-2）。随着装备能力的大型化及制造水平的不断提高，接管段锻件已经从分体制造发展为整体制造和半一体化制造，下一步的发展趋势必将是接管段的一体化制造，从而取消接管段全部同材质焊缝。

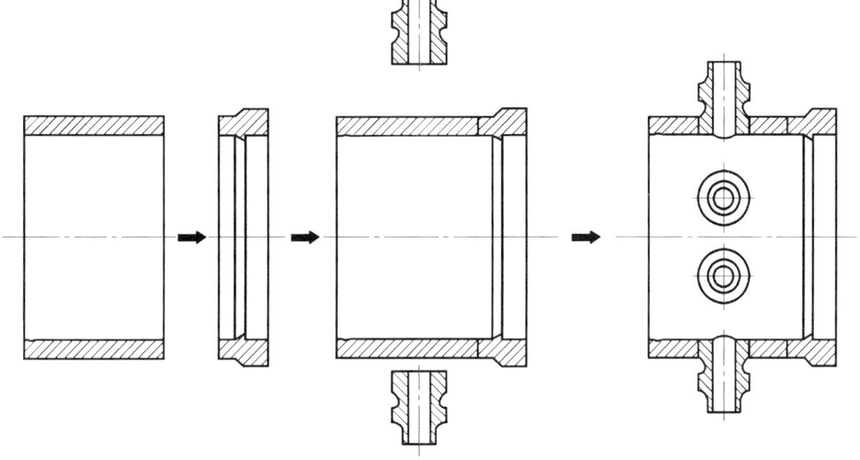

图 3.2-1 传统的接管段组焊顺序

图 3.2-2 CAP1400RPV 接管段

2.1 分 体 式

受设备制造能力等限制，20 世纪建成的二代及二代加核电 RPV 接管段大部分采用分体方法制造，接管段由接管筒体及接管法兰分别制造然后组焊为一体（见图 3.2-3）。

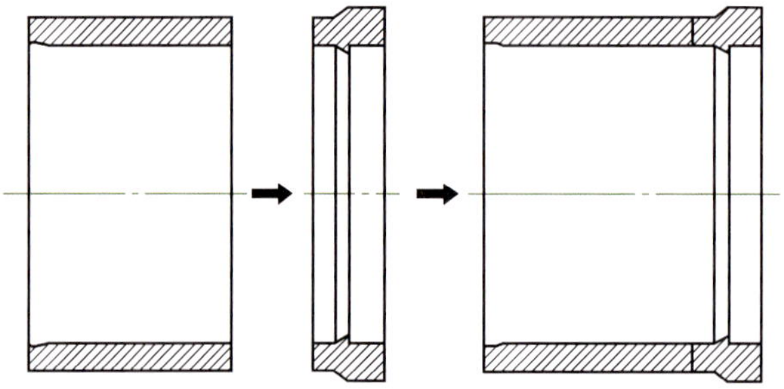

图 3.2-3　分体接管段的制造方式

1. 接管筒体

虽然接管筒体的形状非常简单，但取得核电锻件的制造资质却不容易。中国一重为了积累核电锻件制造经验，从形状简单的接管筒体锻件开始评定。为了具备较高起点，聘请法国 ARAVA 公司对接管筒体锻件进行了首件评定。评定锻件实物及评定证书如图 3.2-4 所示。

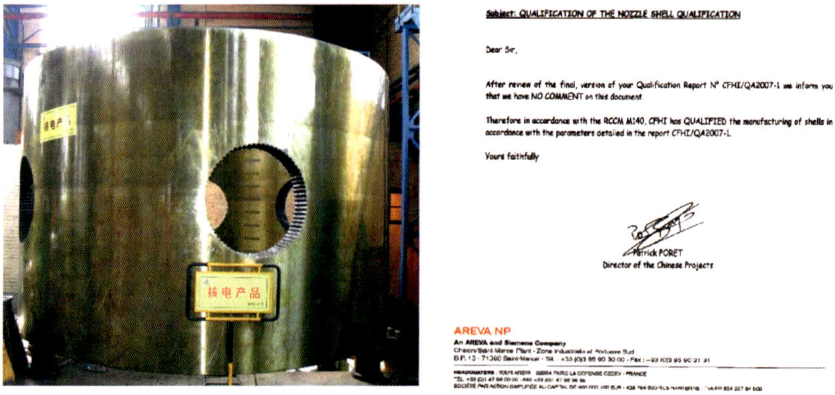

Subject: QUALIFICATION OF THE NOZZLE SHELL QUALIFICATION

Dear Sir,

After review of the final, version of your Qualification Report N° CFHI/QA2007-1 we inform you that we have NO COMMENT on this document.

Therefore in accordance with the RCCM M140, CFHI has QUALIFIED the manufacturing of shells in accordance with the parameters detailed in the report CFHI/QA2007-1.

Yours faithfully

Patrick PORET
Director of the Chinese Projects

AREVA NP
An AREVA and Siemens Company

(a)　　(b)

图 3.2-4　评定接管筒体锻件及证书

（a）评定锻件；（b）评定证书

（1）技术要求。评定锻件材料为 16MND5，采用法国 RCC-M 标准制造，化学成分熔炼分析结果应满足表 3.2-1 的要求，锻件的力学性能应满足表 3.2-2 要求。

表 3.2-1　　评定接管筒体化学成分熔炼分析要求　　（质量分数,%）

元素	16MND5		元素	16MND5	
	标准规定	工艺内控		标准规定	工艺内控
C	≤0.20	0.18/0.20	V	≤0.01	≤0.01
Mn	1.15/1.55	1.45/1.55	Cu	≤0.08	≤0.08
P	≤0.008	≤0.005	Al	≤0.04	≤0.04
S	≤0.005	≤0.002	B	—	≤0.003
Si	0.10/0.30	0.17/0.25	Co	≤0.03	≤0.02
Ni	0.50/0.80	0.70/0.80	As	—	≤0.005
Cr	≤0.25	≤0.25	Sn	—	≤0.005
Mo	0.45/0.55	0.45/0.55	N2	—	$\leqslant 200\times10^{-6}$
H	$\leqslant 1.5\times10^{-6}$	$\leqslant 1.5\times10^{-6}$			

注：1. 熔炼分析报告应是两个精炼包钢液化学成分的加权平均值。

2. 采用 RH2 氢分析仪进行钢液的氢含量分析，采用 RH/402 氢分析仪进行产品的氢含量分析。

3. 采用双真空（真空精炼及真空浇注）进行除氢处理，并在预备热处理中延长消氢处理的时间。

表 3.2-2　　评定接管筒体力学性能要求

试验项目	试验温度/℃	力学性能	轴向	周向
拉伸试验	常温	$R_{p0.2}$/MPa	—	≥400
		R_m/MPa	—	552～670
		A（%）5d	—	≥20
		Z（%）	—	≥45
	350	$R_{p0.2}$/MPa	—	≥300
		R_m/MPa	—	≥510
		A（%）（5d）	—	提供数据
		Z（%）	—	提供数据
夏比冲击试验	0	最小平均值/J	56	72
		单个最小值/J	40	56
	-20	最小平均值/J	40	56
		单个最小值/J	28	40
	+20	单个最小值/J	72	88
落锤试验+K_V冲击试验		RT_{NDT}/℃	≤-12℃	
K_V-T/℃曲线试验	-60～+80	上平台能量/J	≥104	
		K_V-T/℃曲线	提供曲线	

（2）选取钢锭。采用经过优化设计的 186t 钢锭（见图 3.2-5）锻造接管筒体，该锭型锭身锥度较大，冒口的结构和尺寸合理，有利于夹杂上浮和补缩，经计算机模拟在正常浇注情况下缩孔和疏松均在冒口部位。

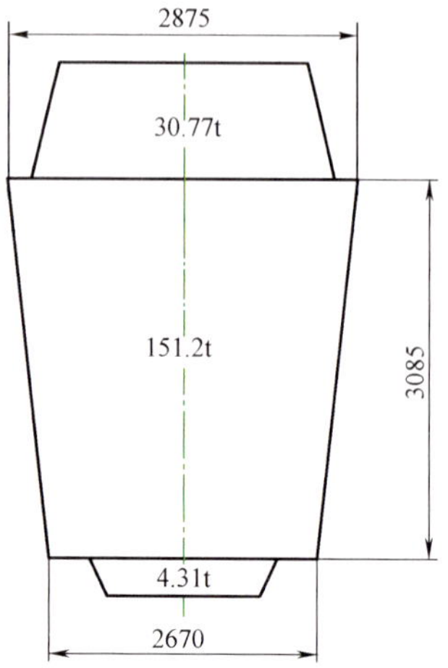

图 3.2-5 评定接管筒体钢锭尺寸

（3）炼钢。

1）技术难点。炼钢是影响产品质量的关键工序。为了确保产品质量，需要解决的炼钢技术难点主要有化学成分的精准控制，特别是 P、S 等有害元素的控制，以及钢锭内部冶金质量的控制。

2）工艺方案。根据接管筒体锻件评定技术要求以及所采用的标准，炼钢采用了电炉粗炼钢液、LF 炉精炼与底部吹氩的工艺方案。

在钢液粗炼阶段主要完成脱 P 任务，并且选用优质炉料控制有害元素。通过 LF 炉精炼过程去除 S，同时采用双真空工艺措施，以降低钢锭［H］含量，满足产品质量需要。由于采用双包合浇方案，为减少成分偏析而采用了 MP 工艺，规定了各包钢液的内控成分，以实现钢锭内部成分的均匀化。评定接管筒体锻件实际熔炼分析结果见表 3.2-3。

表 3.2-3　　评定接管筒体锻件熔炼分析结果　　（质量分数,%）

炉次	锭型	C	Si	Mn	P	S	Cr	Ni	Mo	V
605 746	116	0.17	0.16	1.39	0.003	0.002	0.13	0.74	0.46	0.005
605 747	70	0.18	0.17	1.49	0.003	0.002	0.13	0.74	0.52	0.005
权重	186	0.175	0.17	1.43	0.003	0.002	0.13	0.74	0.48	0.005
炉次	锭型	Cu	As	Sn	Sb	Co	Al	B	H（$\times10^{-6}$）	
605 746	116	0.02	0.003	0.002	0.001 5	0.005	0.02	0.000 2	1.44	
605 747	70	0.02	0.003	0.002	0.001 5	0.005	0.02	0.000 2	1.35	
权重	186	0.02	0.003	0.002	0.001 5	0.005	0.02	0.000 2	1.41	

（4）锻造。

1）技术难点及工艺措施。因为钢锭在结晶和冷却时，在晶界上会出现析出物，降低了钢的高温塑性，导致锻造时产生晶间裂纹，因此钢锭不宜直接入高温加热炉，需经低温空冷处理（见图 3.2-6），通过降温相变生成铁素体和珠光体，使原先在晶界上析出的氮化铝被弥散分布在更多的细小晶粒的晶界上，当再次升高温（见图 3.2-7）相变时，分布在晶界上的氮化铝将成为重结晶核心进入晶内，避免氮化铝导致的晶间裂纹，同时达到细化晶粒的目

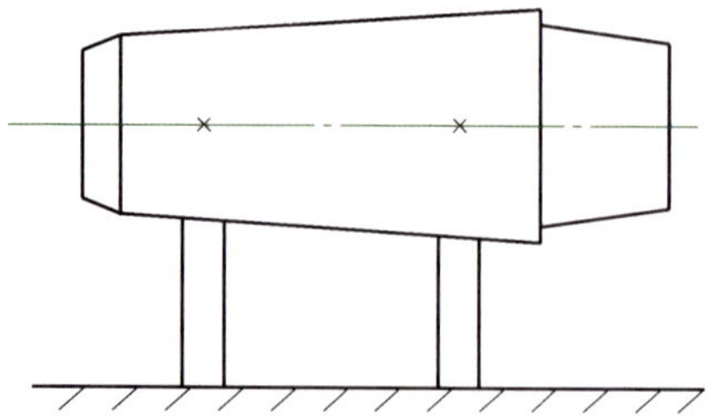
图 3.2-6 钢锭空冷放置图

注：×处为锭身测温点，温度降低至 400～500℃时入炉加热。

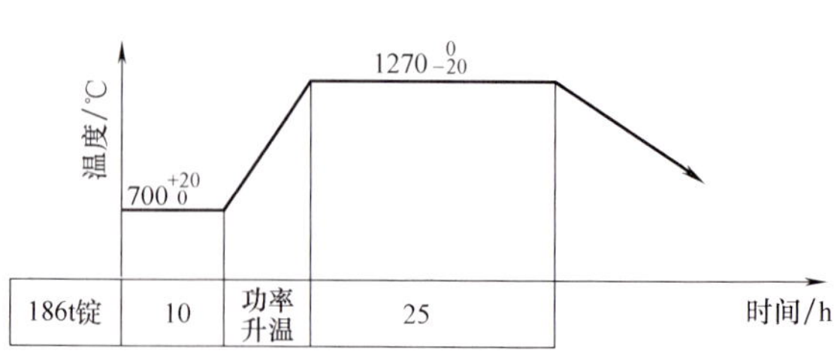

图 3.2-7 钢锭第一火次加热曲线

的。钢锭空冷时应注意距离地面200mm以上，且需放置在静止空气中。

2）锻造操作过程。

① 气割水冒口（见图3.2-8），水口端切除17.5t，冒口端切除30.77t。

② 镦粗、冲孔（见图3.2-9）。

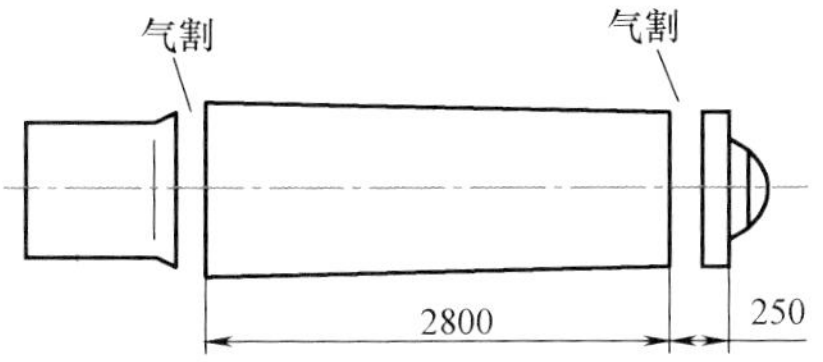

图3.2-8　钢锭气割水冒口示意图

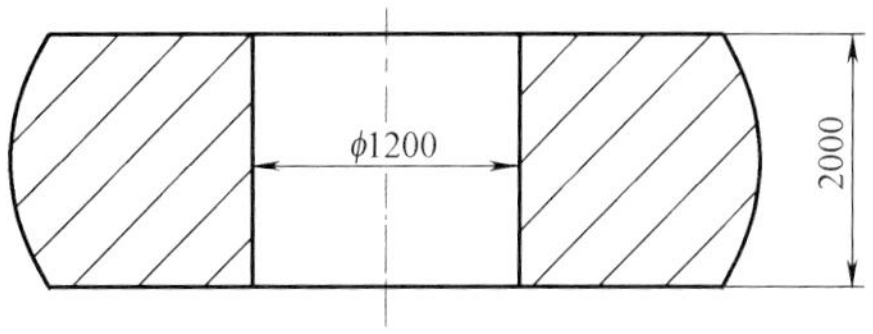

图3.2-9　坯料镦粗、冲孔尺寸

③ 芯棒拔长（见图3.2-10）。

④ 马杠预扩孔，平整端面（见图3.2-11）。

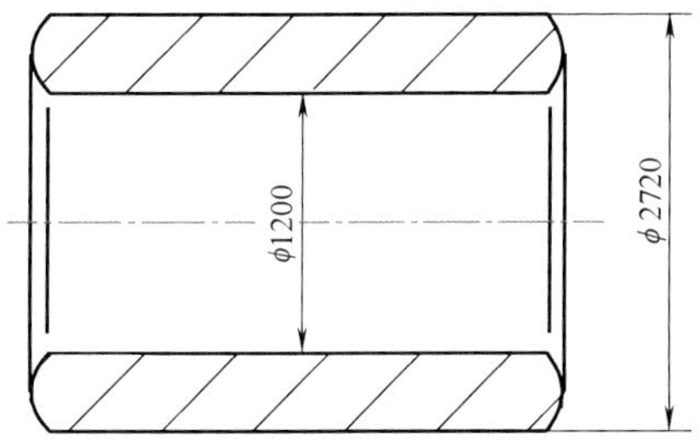

图3.2-10　芯棒拔长尺寸

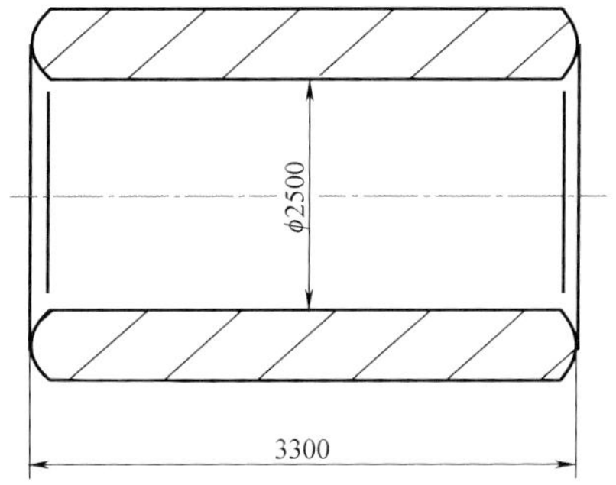

图3.2-11　马杠预扩孔，平整端面尺寸

⑤ 扩孔出成品，保证最后一火锻比大于1.5，锻件毛坯尺寸如图3.2-12所示。

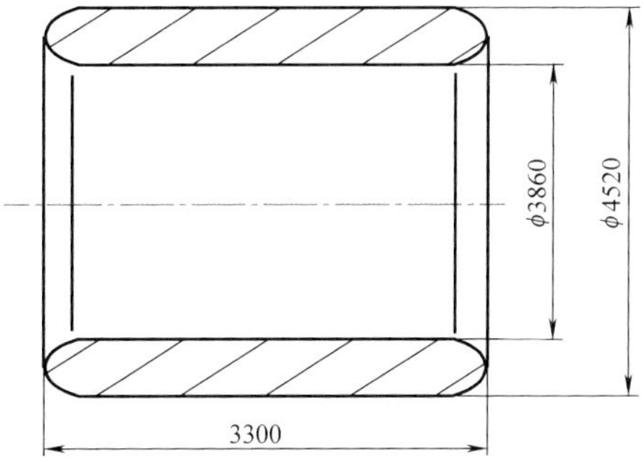

图3.2-12　接管筒体锻件毛坯尺寸

（5）热处理。

1）锻后热处理。接管筒体锻件锻造结束后，立即按图3.2-13所示的工艺曲线进行锻后热处理，消除锻造应力，细化晶粒，调整组织，为超声波检测做准备。

2）性能热处理。接管筒体毛坯锻件按图3.2-14进行粗加工并按法国标准进行超声波检测，结果未发现超标缺陷，证明锻件的冶金质量良好。随后按图3.2-15所示的工艺曲线进行性能热处理。

3）模拟焊后热处理。性能热处理后，按粗加工取样图和试样分布图切取试料，其中一部分试料被加工成试样坯料后按技术要求进行模拟焊后热处理，工艺曲线如图3.2-16所示。

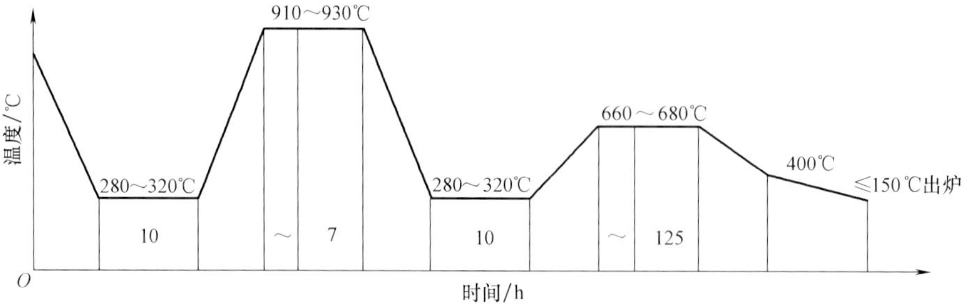

图 3.2-13　接管筒体锻后热处理工艺曲线

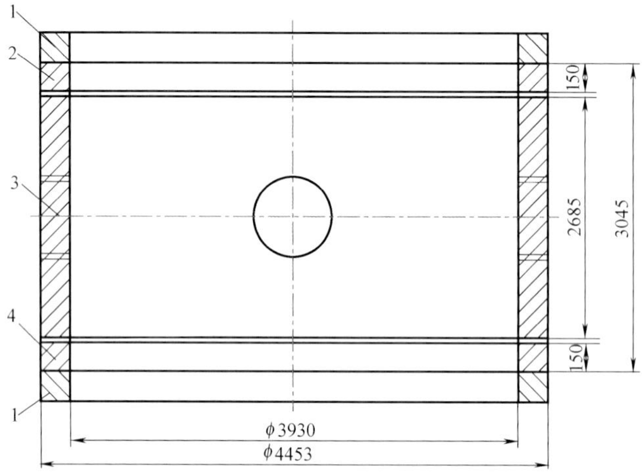

图 3.2-14　接管筒体粗加工图

1—热缓冲环；2—冒口性能试料；3—接管孔性能试料；4—水口性能试料

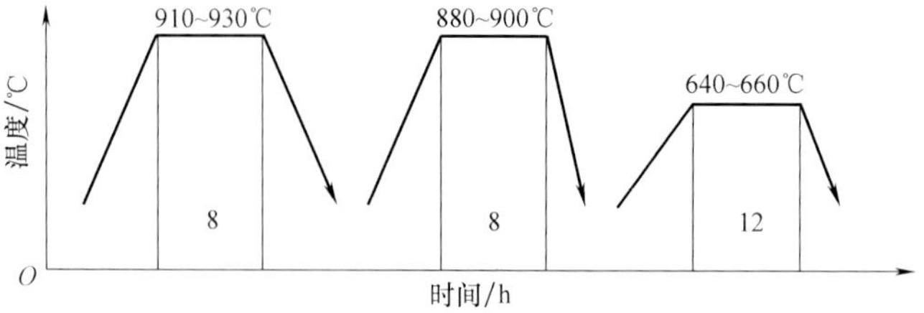

图 3.2-15　接管筒体性能热处理工艺曲线

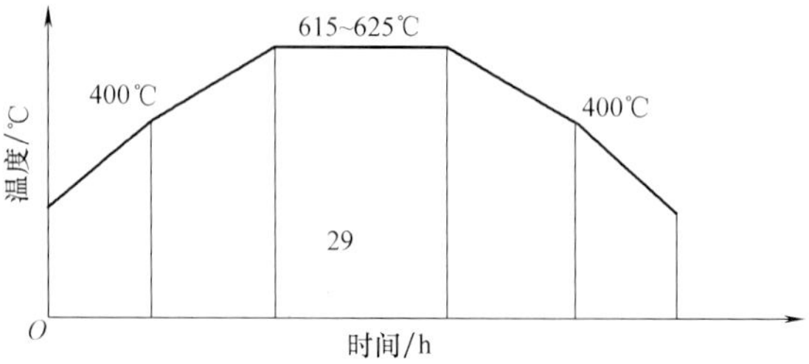

图 3.2-16　接管筒体模拟焊后热处理工艺曲线

（6）取样。性能热处理后，按粗加工取样图切取试料，然后按试样分布图切取试样，进行化学成分分析、力学性能检测和金相检测。取样要求见表 3. 2-4 和表 3. 2-5。

表 3. 2-4　　各接管开口处的试样

项目	温度/℃	位置	Q&T								Q&T+SPWHT			
			0°		90°		180°		270°		0°	90°	180°	270°
			NCO1	NCO2	NCO4	NCO5	NCO7	NCO8	NCO10	NCO11	NCO3	NCO6	NCO9	NCO12
拉伸	室温及 350	内 $T/4$	1L+1T	0	1L+1T	0	1L+1T	0	1L+1T	0	1L+1T	1L+1T	1L+1T	1L+1T
		$T/2$	1T	0	1T	0	1T	0	1T	0	1T	1T	1T	1T
		外 $T/4$	1L+1T	0	1L+1T	0	1L+1T	0	1L+1T	0	1L+1T	1L+1T	1L+1T	1L+1T
冲击	20 0 −20	内 $T/4$	0	1L+1T	0	1L+1T	0	1L+1T	0	1L+1T	1L+1T	1L+1T	1L+1T	1L+1T
		$T/2$	0	1T	0	1T	0	1T	0	1T	1T	1T	1T	1T
		外 $T/4$	0	1L+1T	0	1L+1T	0	1L+1T	0	1L+1T	1L+1T	1L+1T	1L+1T	1L+1T
K_V 转变曲线	40 −40 −60	内 $T/4$	0	1L+1T	0	1L+1T	0	1L+1T	0	1L+1T	1L+1T	1L+1T	1L+1T	1L+1T
		$T/2$	0	1T	0	1T	0	1T	0	1T	1T	1T	1T	1T
		外 $T/4$	0	1L+1T	0	1L+1T	0	1L+1T	0	1L+1T	1L+1T	1L+1T	1L+1T	1L+1T
落锤	−20	内 $T/4$									1L+1T	1L+1T	1L+1T	1L+1T
		$T/2$									1T	1T	1T	1T
		外 $T/4$									1L+1T	1L+1T	1L+1T	1L+1T

注：L—纵向（轴向）；T—横向（周向）；内 $T/4$—内侧四分之一壁厚；$T/2$—壁厚中部；外 $T/4$—外侧四分之一壁厚；NCOX—试样编号。

表 3. 2-5　　水冒口取样

项目	温度/℃	位置	冒口端试环中的试样			水口端试环中的试样		
			Q&T		Q&T+SPWHT	Q&T		Q&T+SPWHT
			0°	180°	0°	0°	180°	0°
			TETR1	TETR2	TETR3	BETR1	BETR2	BETR3
拉伸	室温及 350	内 $T/4$	1L+1T	1L+1T	1L+1T	1L+1T	1L+1T	1L+1T
		$T/2$	1T	1T	1T	1T	1T	1T
		外 $T/4$	1L+1T	1L+1T	1L+1T	1L+1T	1L+1T	1L+1T
冲击	20	内 $T/4$	1L+1T	1L+1T	1L+1T	1L+1T	1L+1T	1L+1T
	0	$T/2$	1T	1T	1T	1T	1T	1T
	−20	外 $T/4$	1L+1T	1L+1T	1L+1T	1L+1T	1L+1T	1L+1T
K 转变曲线	40	内 $T/4$	1L+1T	1L+1T	1L+1T	1L+1T	1L+1T	1L+1T
	−40	$T/2$	1T	1T	1T	1T	1T	1T
		外 $T/4$	1L+1T	1L+1T	1L+1T	1L+1T	1L+1T	1L+1T
	−60	$T/2$	0	0	1T	0	0	1T
		外 $T/4$	0	0	1L+1T	0	0	1L+1T

注：L—纵向（轴向）；T—横向（周向）；内 $T/4$—内侧四分之一壁厚；$T/2$—壁厚中部；外 $T/4$—外侧四分之一壁厚；TETRX 及 BETRX—试样编号。

（7）检测结果。

1）化学分析。熔炼分析和产品分析的结果均满足技术条件的要求（见表3.2-6）。

表3.2-6　　熔炼分析和产品分析的化学成分　　（质量分数,%）

部位 成分			化学成分									
			C	Si	Mn	P	S	Cr	Ni	Mo	Cu	V
规定值			≤0.20	0.10～0.30	1.15～1.55	≤0.008	≤0.005	≤0.25	0.50～0.80	0.45～0.55	≤0.08	≤0.01
钢包成分			0.175	0.17	1.43	0.003	0.002	0.13	0.74	0.48	0.02	0.05
成品	顶部0°	内 *T*/4	0.17	0.19	1.46	0.005	0.002	0.14	0.75	0.49	0.02	0.005
		T/2	0.18	0.18	1.44	0.005	0.002	0.14	0.74	0.50	0.02	0.005
		外 *T*/4										
	底部90°	内 *T*/4	0.17	0.19	1.43	0.005	0.002	0.14	0.72	0.49	0.02	0.005
		T/2	0.17	0.18	1.42	0.005	0.002	0.14	0.73	0.49	0.02	0.005
		外 *T*/4	0.17	0.18	1.43	0.005	0.002	0.14	0.72	0.49	0.02	0.005
	底部270°	内 *T*/4	0.17	0.19	1.44	0.005	0.002	0.13	0.72	0.49	0.02	0.005
		T/2	0.19	0.19	1.45	0.005	0.002	0.13	0.73	0.50	0.02	0.005
		外 *T*/4	0.18	0.19	1.45	0.005	0.002	0.13	0.72	0.50	0.02	0.005

部位 成分			化学成分								
			Al	B	Co	As	Sn	Sb	H ($\times10^{-6}$)	O ($\times10^{-6}$)	N ($\times10^{-6}$)
规定值			≤0.04	≤0.003	≤0.03	—	—	—	≤1.5	—	—
钢包成分			0.02	0.000 2	0.005	0.003	0.002	0.001 5	1.41	—	—
成品	顶部0°	内 *T*/4	0.02	0.000 2	0.02	0.002	0.002	0.000 7	0.5	19	83
		T/2	0.02	0.000 2	0.02	0.002	0.002	0.000 7	0.5	19	83
		外 *T*/4									
	底部90°	内 *T*/4	0.02	0.000 2	0.02	0.002	0.002	0.000 7	0.5	20	82
		T/2	0.02	0.000 2	0.02	0.002	0.002	0.000 7	0.5	16	86
		外 *T*/4	0.02	0.000 2	0.02	0.002	0.002	0.000 7	0.5	15	85
	底部270°	内 *T*/4	0.02	0.000 2	0.02	0.002	0.002	0.000 7	0.5	15	82
		T/2	0.02	0.000 2	0.02	0.002	0.002	0.000 7	0.5	15	86
		外 *T*/4	0.02	0.000 2	0.02	0.002	0.002	0.000 7	0.5	21	82

注：内 *T*/4—内侧四分之一壁厚；*T*/2—壁厚中部；外 *T*/4—外侧四分之一壁厚。

2）金相检验。

① 晶粒度。经检测晶粒度在 $7^1/_2$ 级～$6^1/_2$ 级之间，满足技术条件不小于5级的要求。

② 非金属夹杂物。经检测非金属夹杂物A类、B类、C类和D类均小于或等于1.5级，完全满足技术要求。

③ 硫印。在试块上进行硫印检验，结果未发现白点、气泡、夹杂等缺陷，同时无点状偏析和宏观偏析。

④ 显微组织。经检验锻件的显微组织为贝氏体回火组织或贝氏体回火组织与少量铁素体。

3）力学性能。

① 室温拉伸。屈服强度 428～463MPa；抗拉强度 565～595MPa。

② 高温拉伸（350℃）。屈服强度 365～395MPa；抗拉强度 525～560MPa。

③ 冲击试验。从试验结果来看，低温冲击吸收能量的数值很高，表明材料的低温韧性很好。

④ 落锤试验。RT_{NDT}的温度≤-27℃，最低是-42℃，远低于技术要求的 0～-12℃。

（8）结论。中国一重完全按 RCC-M 标准评定的 RPV 接管筒体锻件，各项检测指标完全满足技术条件的要求（见表 3.2-7～表 3.2-9），经法国 ARAVA 审核通过并颁发证书，证明中国一重完全有能力按 RCC-M 标准生产核电锻件。

表 3.2-7　　25°接管孔处性能检测结果

试样编号	方向	位置	冲击吸收能量/J						RT_{NDT}/℃
			20℃	0℃	-20℃	40℃	-40℃	-60℃	
NCO1	周向	内 T/4	274 286 265	214 234 220	219 217 217	276 265 286	66 66 138	124 41 127	
		T/2							
		外 T/4		280 258 232	162 182 165	293 266 263	158 124 117	125 044	
	轴向	内 T/4	246 293 284	288 226 217	227 219 193	272 268 264	98 112 121	312 219	
		T/2	273 278 272	248 227 224	206 166 183	281 270 276	12 670 118	678 080	
		外 T/4		212 282 276	167 210 211	280 268 268	100 130 147	82 87 118	
NCO2	周向	内 T/4	260 286 288	293 248 288	207 211 236	284 286 278	199 199 182	661 499	
		T/2							
		外 T/4		234 229 241	25 320 286	292 264 270	170 98 262	1 082 212	
	轴向	内 T/4	270 262 261	223 227 202	132 210 210	286 256 262	41 116 173	206 621	
		T/2	293 293 293	256 293 264	239 236 240	286 273 291	174 172 200	10 610 058	
		外 T/4		236 245 288	206 246 218	284 282 288	142 132 168	152 57 150	
NCO3	周向	内 T/4	238 271 288	250 273 272	192 227 237	275 273 272	11 410 973	16 30 111	-27
		T/2							
		外 T/4		242 216 226	116 147 201	274 286 280	13 012 118	161 322	-32
	轴向	内 T/4	293 264 284	228 217 207	210 182 188	277 270 269	119 110 130	748 117	-37
		T/2	236 224 288	283 236 225	202 158 154	274 271 280	10 814 654	311 422	-32
		外 T/4	192 227 237	247 208 233	136 159 183	280 284 273	136 81 122	181 228	-37

注：内 T/4—内侧四分之一壁厚；T/2—壁厚中部；外 T/4—外侧四分之一壁厚；NCOX—试样编号（下同）。

表 3.2-8　　95°接管孔处性能检测结果

试样编号	方向	位置	冲击吸收能量/J						RT_{NDT}/℃
			20℃	0℃	-20℃	40℃	-40℃	-60℃	
NCO4	周向	内 *T*/4	263 240 272	264 232 228	140 198 193	264 269 266	154 106 160	10 610 425	
		T/2							
		外 *T*/4	222 272 278	242 248 267	185 205 172	266 261 268	191 130 123	194 272	
	轴向	内 *T*/4	270 293 288	237 284 236	212 234 222	273 261 279	169 113 114	704 254	
		T/2	281 274 283	242 290 220	161 202 158	266 279 264	4 815 429	112 216	
		外 *T*/4	265 270 264	228 216 221	186 188 189	270 258 263	1 509 244	881 969	
NCO5	周向	内 *T*/4	293 276 288	238 225 276	219 230 200	263 260 266	140 96 153	918 672	
		T/2							
		外 *T*/4	269 262 291	281 282 284	192 205 214	276 267 265	142 172 186	68 106 131	
	轴向	内 *T*/4	289 281 287	222 235 268	216 164 130	268 262 269	176 172 150	424 234	
		T/2	293 293 293	235 252 280	228 222 184	280 270 273	182 222 191	14 612 446	
		外 *T*/4	293 293 287	230 206 242	202 237 286	273 268 254	189 88 160	252 070	
NCO6	周向	内 *T*/4	291 293 293	293 241 287	212 235 189	284 268 271	20 614 273	118 84 66	-27
		T/2							
		外 *T*/4	293 286 288	240 254 236	215 228 263	286 290 293	161 173 126	236 260	-27
	轴向	内 *T*/4	274 237 274	245 258 222	199 169 138	240 275 266	132 139 124	7 612 190	-32
		T/2	242 252 271	247 248 246	202 148 214	270 278 272	15 112 672	7 810 682	-32
		外 *T*/4	270 274 266	218 194 211	204 215 186	242 264 253	1 064 298	931 292	-27

表 3.2-9　　265°接管孔处性能检测结果

试样编号	方向	位置	冲击吸收能量/J						RT_{NDT}/℃
			20℃	0℃	-20℃	40℃	-40℃	-60℃	
NCO11	周向	内 *T*/4	275 272 272	286 255 278	200 206 202	286 280 282	111 188 186	11 011 035	
		T/2							
		外 *T*/4	292 280 290	258 233 230	191 228 243	293 283 288	105 144 174	53 127 138	
	轴向	内 *T*/4	281 281 277	263 238 286	159 224 214	287 270 280	156 150 146	122 73 131	
		T/2	246 277 254	288 290 278	173 197 210	280 286 283	124 230 175	9 011 072	
		外 *T*/4	290 277 284	223 223 228	233 202 190	264 271 255	154 135 172	665 752	
NCO12	周向	内 *T*/4	278 282 256	243 222 242	206 240 215	290 286 280	70 148 128	1 003 035	-37
		T/2							
		外 *T*/4	286 276 268	223 252 234	174 214 183	282 275 264	178 135 172	86 30 38	-37
	轴向	内 *T*/4	228 245 260	260 197 243	242 186 221	280 280 275	97 123 147	526 672	-37
		T/2	292 293 285	243 244 206	202 237 204	283 289 287	702 530	203 332	-32
		外 *T*/4	140 256 270	216 252 210	190 175 194	256 277 280	1 144 040	251 248	-37

2. 接管法兰

执行 RCC-M 标准的接管法兰按 M2113 规定制造，规格与尺寸类似顶盖法兰（见图 3.2-17）。因其形状简单，在此不做详细介绍。

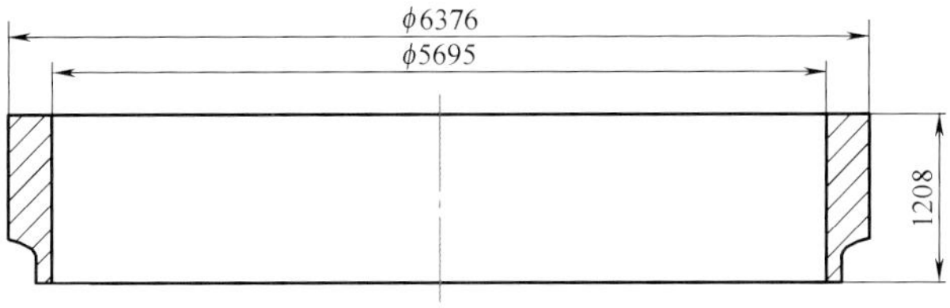

图 3.2-17　接管法兰锻件

2.2 整　体　式

为了减少焊缝，提高设备的安全性和缩短设备在役检测时间，具有超大型钢锭制造能力的锻件供应商已将接管筒体和接管法兰合锻在一起，制造出整体接管段。以秦山 600MW RPV 接管段（见图 3.2-18）为例，整体接管段的制造经历了覆盖式锻造、半仿形锻造、仿形锻造和近净成形锻造的发展阶段。

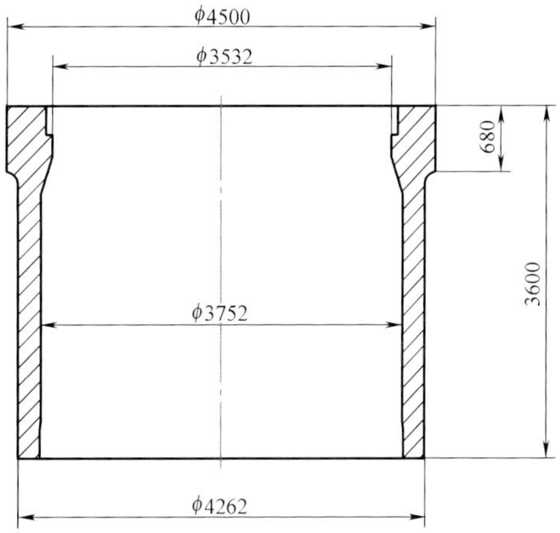

图 3.2-18　秦山 600MW 压力容器接管段

2.2.1　锻造

1. 覆盖式

韩国某核电锻件供应商在制造图 3.2-18 所示的接管段时，采用了覆盖式锻造方法，用 430t 钢锭锻造出图 3.2-19 所示的接管段锻件，然后加工出内外法兰。

2. 半仿形锻造

日本某核电锻件供应商在制造图 3.2-18 所示的接管段时，采用了半仿形锻造方法，用 360t 钢锭锻造出图 3.2-20 所示的接管段锻件，然后加工出内法兰。

3. 仿形锻造

中国一重在制造图 3.2-18 所示的接管段时，采用了仿形锻造方法，用 312t 钢锭按照图 3.2-21 所示流程锻造出内外带法兰的整体接管段锻件。

4. 近净成形锻造

为了实现反应堆 RPV 接管段的绿色制造，中国一重在总结接管段锻件仿形锻造经验的基础上，发明了双端不对称变截面筒体同步变形技术，研制出近净成形锻造的超大型整体接管段。

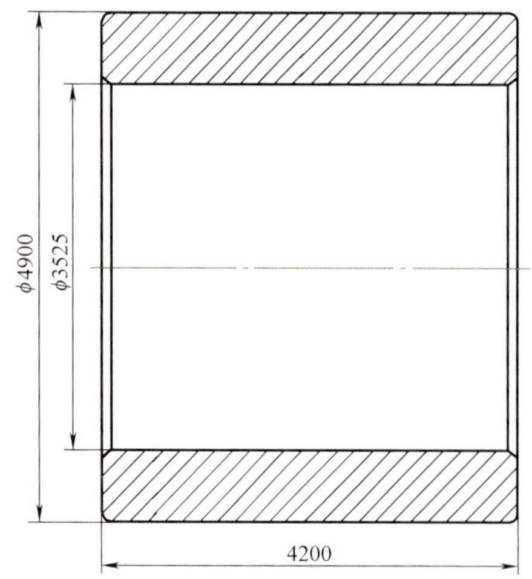

图 3. 2-19 覆盖式锻造接管段锻件

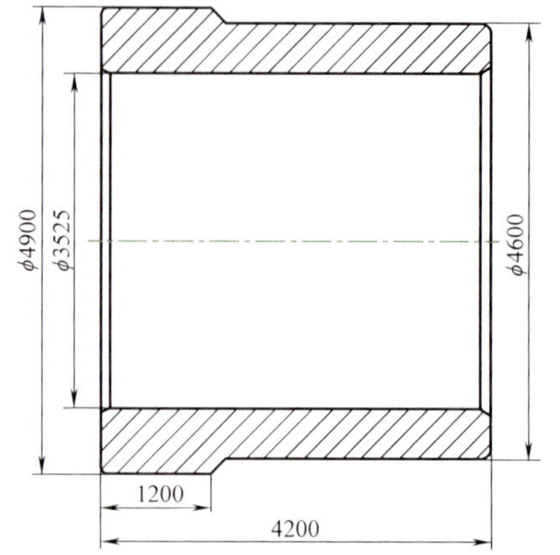

图 3. 2-20 半仿形锻造接管段锻件

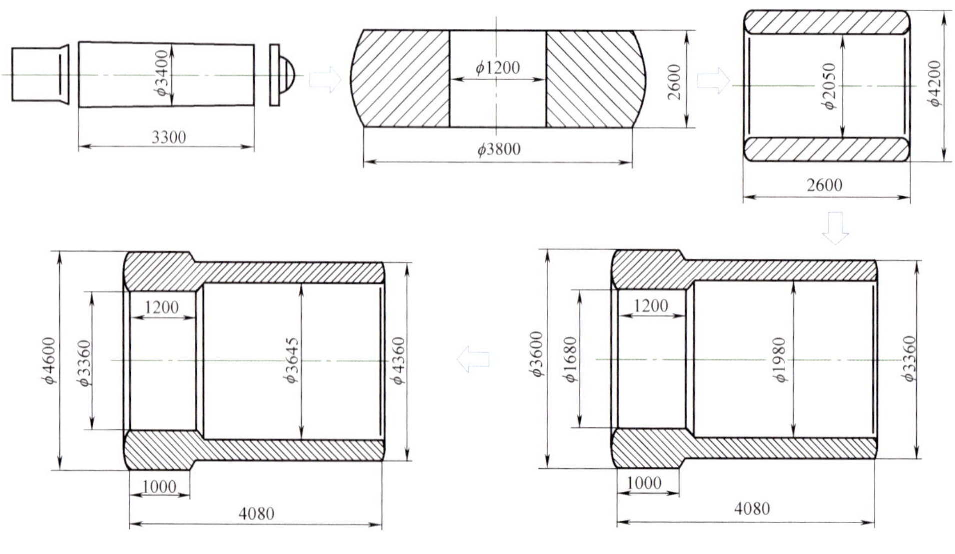

图 3. 2-21 仿形锻造接管段锻件锻造流程

图 3. 2-22 接管段近净成形锻造外圆成形砧子

（1）附具研制。反应堆 RPV 接管段的近净成形锻造附具较多，其中较重要的有不等径外圆成形砧子（见图 3. 2-22）及接管段锻件内部的不等径内套筒（见图 3. 2-23）。

（2）产品制造。RPV 接管段锻件的锻造流程类似于图 3. 2-21，锻件同步变形如图 3. 2-24 所示。

CAP1400RPV 接管段锻件的精心锻造如图 3. 2-25 所示。图 3. 2-25a 是法兰端限制轴向窜动；图 3. 2-25b 是调整马杠角度；图 3. 2-25c 是法兰与筒体过渡区（台阶非常齐）；图 3. 2-25d 是监控尺寸限位。

图 3. 2-23　接管段近净成形锻造不等径内套筒

图 3. 2-24　接管段锻件坯料外圆同步变形

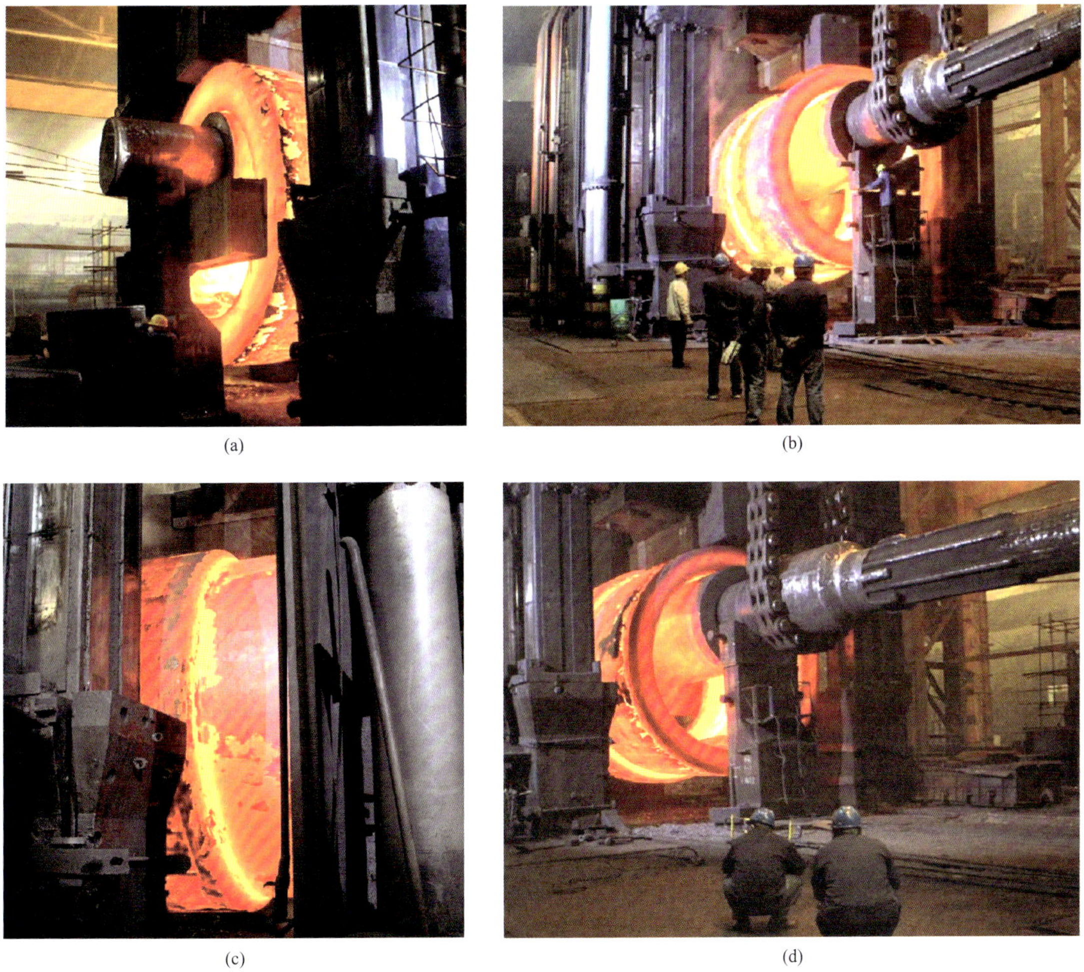

图 3. 2-25　CAP1400RPV 接管段锻件的精心锻造

（a）法兰端轴向限位；（b）调整马杠角度；（c）过渡区平齐；（d）监控尺寸限位

CAP1400RPV 接管段锻件锻造过程中尺寸的精心测量如图 3.2-26 所示。图 3.2-26a 是某一道次扩孔前壁厚尺寸测量；图 3.2-26b 是某一道次扩孔后壁厚尺寸测量；图 3.2-26c 是法兰直径尺寸测量；图 3.2-26d 是堆芯端筒体直径尺寸测量。

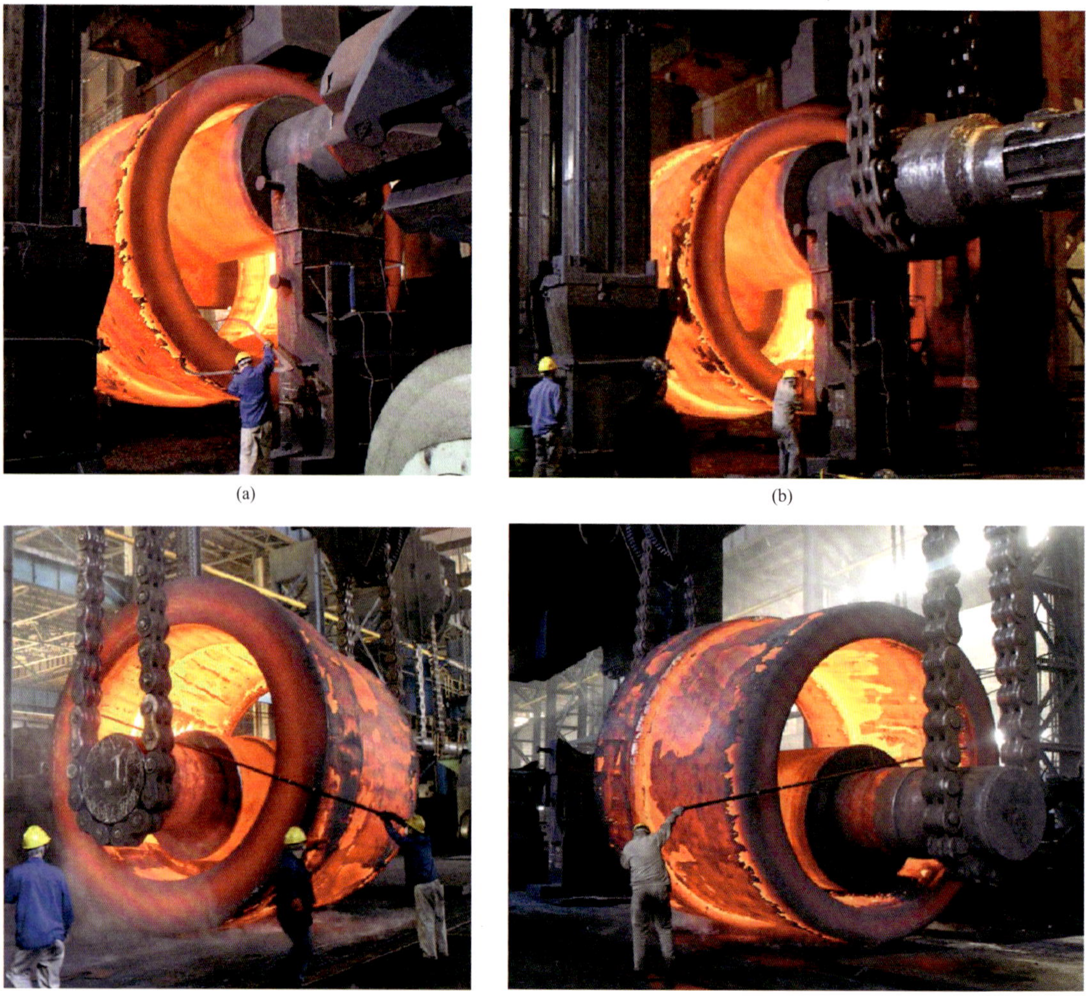

(a) (b) (c) (d)

图 3.2-26 CAP1400RPV 接管段锻件尺寸的精心测量

（a）扩孔前壁厚测量；（b）扩孔后壁厚测量；（c）法兰端直径测量；（d）筒体直径测量

2.2.2 热处理

热处理是保证锻件获得良好的综合性能的重要过程。目前，在核电反应堆压力容器锻件中接管段是截面最大的超大型锻件，此外在超大型核电锻件中也是唯一在筒身中部（接管孔）取样的锻件。因此超大型接管段锻件的热处理非常重要，需要进行深入研究。

1. 锻后热处理

实践证明对于超大型核电接管段锻件，锻后热处理是保证锻件心部获得高韧性的重要手段。核电锻件锻后热处理一般采用正、回火（Normalizing Quenching and Tempering）处理。

对于超大型截面的接管段锻件而言，正、回火参数的选择非常重要。为此，选择了CAP1400RPV接管段评定锻件水口与冒口端延长部位的内 $T/4$ 试料，进行了16种不同工艺的锻后热处理试验。

（1）试验涉及问题。锻后热处理工艺参数优化，正火保温温度选择，退火保温温度选择；每组试验方案由3个冲击、2个拉力、1个金相试样组成。

（2）试验方案。第一次正火温度为940℃、960℃；第二次正火温度为830℃、850℃、870℃、890℃、910℃、930℃；退火温度为930℃、910℃；锻后热处理试验采用正火+正火+回火、正火+退火+回火两种方式；锻后热处理试验完成后，所有试样在经过调质（冷速20℃/min）和模拟焊后热处理（610℃×48h）后进行性能检测。共进行16组试验。

（3）试验结果分析。

1）室温抗拉强度。16种试验方案下的室温抗拉强度变化趋势如图3.2-27所示。

从图3.2-27可以看出，16种试验方案下单个抗拉强度最低值为592MPa（16号工艺），单个抗拉强度最高值为605MPa（8号工艺）。平均值中的最低值为592.5MPa（16号工艺），平均值中的最高值为605MPa（8号工艺）。

2）-23.3℃冲击吸收能量。16种试验方案下的-23.3℃冲击吸收能量平均值变化趋势如图3.2-28所示。

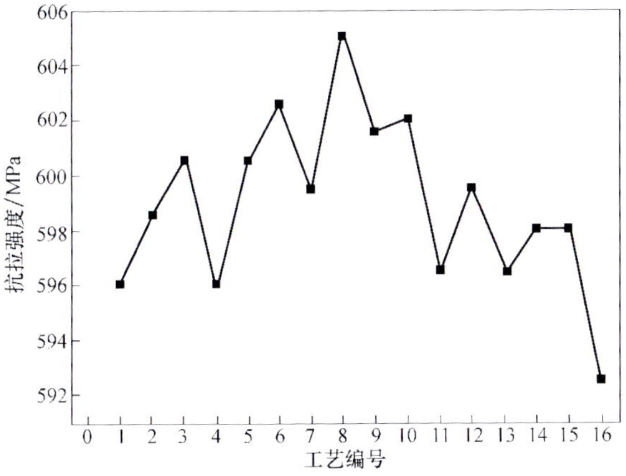

图3.2-27　室温抗拉强度变化

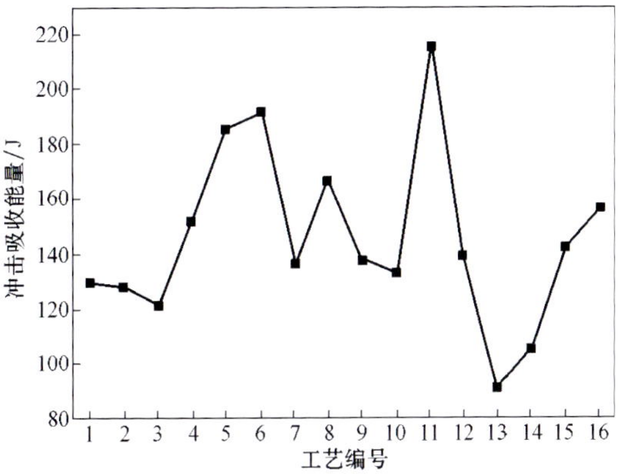

图3.2-28　-23.3℃冲击吸收能量平均值变化

从图3.2-28可以看出，16种试验方案下-23.3℃冲击吸收能量平均值中的最高值为215J（11号工艺），-23.3℃冲击吸收能量平均值中的最低值为91J（13号工艺）。16组试验中，单个冲击吸收能量最低值的波动范围为63J（13号工艺）至170J（11号工艺）。16组试验中，16号试验方案下的冲击吸收能量均匀性最好（150J/158J/160J）。

3）金相。16种试验方案下的金相组织和晶粒度见表3.2-10。

表3.2-10　16种试验方案下的金相组织和晶粒度

编号	试样编号	晶粒度	金相组织
1	S1	8	上贝氏体+粒状贝氏体+少量铁素体
2	S2	8	上贝氏体+粒状贝氏体+少量铁素体
3	S3	8	上贝氏体+粒状贝氏体+少量铁素体

续表

编号	试样编号	晶粒度	金 相 组 织
4	S4	7.5	上贝氏体+粒状贝氏体+少量铁素体
5	S5	7.5	上贝氏体+粒状贝氏体+少量铁素体
6	S6	7.5	上贝氏体+粒状贝氏体+少量铁素体
7	S7	7	上贝氏体+粒状贝氏体+少量铁素体
8	S8	7	上贝氏体+粒状贝氏体+少量铁素体
9	S9	7	上贝氏体+粒状贝氏体+少量铁素体
10	S10	7.5	上贝氏体+粒状贝氏体+少量铁素体
11	S11	7.5	上贝氏体+粒状贝氏体+少量铁素体
12	S12	7.5	上贝氏体+粒状贝氏体+少量铁素体
13	S13	7.5	上贝氏体+粒状贝氏体+少量铁素体
14	S14	7.5	上贝氏体+粒状贝氏体+少量铁素体
15	S15	7.5	上贝氏体+粒状贝氏体+少量铁素体
16	S16	7.5	上贝氏体+粒状贝氏体+少量铁素体

从以上结果可见，16组试验方案下的晶粒度都可以达到7级以上，组织均为上贝氏体+粒状贝氏体+少量铁素体。

（4）总结。通过16组试验方案对比，在-23.3℃试验温度下11号工艺冲击吸收能量最高，且强度值为596MPa；16号工艺获得了最均匀的冲击吸引能量（150J/158J/160J），强度平均值为592.5MPa。

根据16种锻后热处理试验结果，确定接管段锻件采用两次正火的方式进行锻后热处理（工艺曲线见图3.2-29），第一段正火采用940℃保温，第二段采用890℃保温。锻件正火空冷至150～100℃入炉。锻后热处理时采用锻件法兰端朝下的装炉方式。

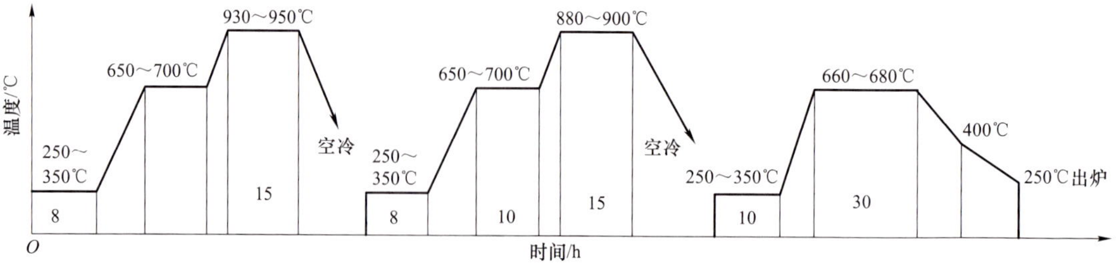

图3.2-29 接管段锻件锻后热处理工艺曲线

2. 性能热处理

实践证明，超大截面接管段锻件性能热处理的关键是淬火冷却速度及其均匀性。目前提高接管段锻件淬火冷却速度及均匀性有两种方式，一是旋转喷淬，二是在淬火水池内增加搅拌装置。

（1）旋转喷淬。中国一重发明了筒体锻件立式旋转喷淬装置，有效地解决了RPV接管段锻件内外壁冷却不均匀的问题。该装置是锻件静置于直径可调的内外环管中间，环管上开有与锻件表面呈一定角度的斜孔，喷水时靠喷射到锻件表面水的反作用力驱动环管旋转。此类装置需要考虑在冷却时避免出现“水—空—水”现象。CAP1400RPV 接管段锻件性能热处理旋转喷淬如图 3. 2-30 所示。

(a)

(b)

(c)

(d)

图 3. 2-30　CAP1400RPV 接管段锻件旋转喷淬

（a）加热后出炉；（b）吊入喷淬装置；（c）旋转喷淬前期；（d）旋转喷淬后期

（2）浸水淬火。上海重型机器厂与上海交通大学联合开发了异形复杂锻件和特厚锻件激冷淬火热处理技术，通过改进水槽结构及设计淬火工装，来保证锻件各部位同时受到水流冲刷，提高锻件性能。采用该技术对筒体锻件淬火时的流场模拟如图 3. 2-31 所示。

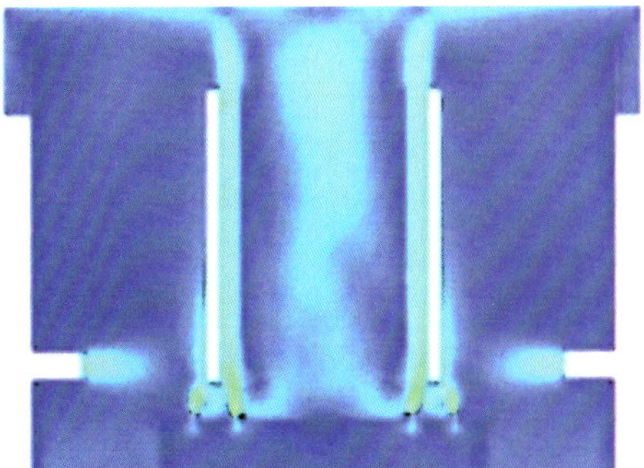

图 3. 2-31　筒体锻件在具有搅拌装置的水槽内淬火流场模拟

2. 2. 3　解剖检测

中国一重虽然在超大型 RPV 整体接管段锻件近净成形方面处于国际领先水平，但接管段锻件的取样位置、取样数量以及检验项目仍沿用 WEC 的相关规定，缺少全截面大数据。

此外，根据 AP1000 RPV 接管段锻件制造经验，要想在接管段锻件的六个取样位置均获得良好均匀的性能比较困难，特别是在接管孔位置，其冷速条件较差，不易获得良好的综合机械性能；而 CAP1400RPV 接管段锻件壁厚更大，制造难度随之加大，因此需要对接管段锻件的成分配比、淬火冷却方式等进行深入研究。

为了验证研究效果，依托 CAP1400 反应堆压力容器重大专项（2013ZX06002-004），与上海核工院一起制订了 CAP1400RPV 接管段锻件解剖评定方案，开展了 1∶1 锻件的全面解剖检验工作。

CAP1400RPV 接管段锻件内外径、壁厚以及法兰以下高度与产品件完全一致，由于在法兰端面增加全壁厚性能检验试料，因此科研件法兰比产品件高 200mm，整体高度尺寸也比产品件高 200mm。

1. 试样数量

CAP1400RPV 接管段锻件比 AP1000 RPV 接管段锻件增加了调质态性能检测，因此整个取样数量翻倍。

2. 淬火冷却研究

为最大限度增强材料的淬透性，对淬火时水循环和喷水系统进行研究，以强化淬火时的冷却速率。

3. 解剖检测

解剖检测参见图 1.4-33 所标注的位置进行。

4. 性能结果

（1）化学成分。CAP1400RPV 接管段锻件化学成分见表 3.2-11。从表 3.2-11 可以看出成分非常均匀，碳（C）偏析的质量分数仅为 0.05%。

表 3.2-11　　CAP1400RPV 接管段锻件化学成分　　（质量分数,%）

取样位置		C	Si	Mn	P	S	Cr	Ni	Mo	Cu	Al
		≤0.25	0.15～0.4	1.2～1.5	≤0.015	≤0.005	0.1～0.25	0.4～1.0	0.45～0.6	≤0.15	≤0.04
M	内表面	0.20	0.19	1.45	0.005	0.002	0.12	0.74	0.46	0.04	0.019
	内 T/4	0.20	0.17	1.44	0.005	0.002	0.12	0.80	0.48	0.06	0.014
	T/2	0.21	0.17	1.47	0.005	0.002	0.12	0.82	0.48	0.04	0.016
	外 T/4	0.21	0.17	1.48	0.005	0.002	0.12	0.83	0.49	0.04	0.017
	外表面	0.21	0.17	1.48	0.005	0.002	0.12	0.81	0.48	0.05	0.015
K	内表面	0.24	0.19	1.52	0.005	0.002	0.12	0.84	0.5	0.05	0.018
	内 T/4	0.23	0.18	1.50	0.005	0.002	0.12	0.83	0.5	0.04	0.014
	T/2	0.21	0.18	1.47	0.005	0.002	0.12	0.81	0.48	0.04	0.017
	外 T/4	0.21	0.19	1.46	0.005	0.002	0.12	0.81	0.48	0.04	0.014
	外表面	0.20	0.18	1.48	0.005	0.002	0.12	0.82	0.49	0.04	0.015
S	内表面	0.19	0.17	1.43	0.005	0.002	0.12	0.78	0.48	0.02	0.015
	内 T/4	0.21	0.16	1.42	0.005	0.002	0.12	0.79	0.47	0.02	0.015
	T/2	0.20	0.18	1.43	0.005	0.002	0.12	0.8	0.48	0.02	0.015
	外 T/4	0.20	0.17	1.44	0.005	0.003	0.12	0.79	0.48	0.02	0.014
	外表面	0.21	0.17	1.45	0.005	0.002	0.12	0.79	0.48	0.03	0.015

注：M—冒口端；K—接管孔部位；S—水口端。

（2）性能。

1）水口端强度与冲击吸收能量检测结果如图 3.2-32 所示（图中水平线为相应的验收值）。S1 与 S2 分别为水口端 1 号与 2 号试料。图 3.2-32a 为 S1 与 S2 试料全截面模拟态强度和冲击吸收能量；图 3.2-32b 为 S1 与 S2 试料全截面调质态强度和冲击吸收能量。

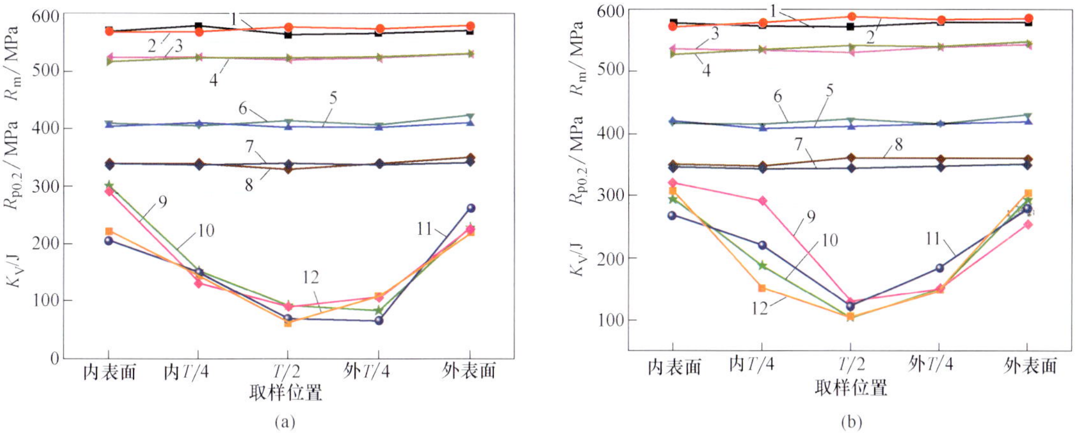

图 3.2-32　水口端强度与冲击吸收能量

（a）全截面模拟态；（b）全截面调质态

1—20℃抗拉强度（S1）；2—20℃抗拉强度（S2）；3—350℃抗拉强度（S1）；4—350℃抗拉强度（S2）；
5—20℃屈服强度（S1）；6—20℃屈服强度（S2）；7—350℃屈服强度（S1）；8—350℃屈服强度（S2）；
9—25℃轴向冲击（S1）；10—25℃周向冲击（S1）；11—25℃轴向冲击（S2）；12—25℃周向冲击（S2）

2）接管孔部位强度与冲击吸收能量检测结果如图 3.2-33 所示（图中水平线为相应的验收值）。K1 与 K2 分别为接管孔部位 1 号与 2 号试料。图 3.2-33a 为 K1 与 K2 试料全截面模拟态强度和冲击吸收能量；图 3.2-33b 为 K1 与 K2 试料全截面调质态强度和冲击吸收能量。

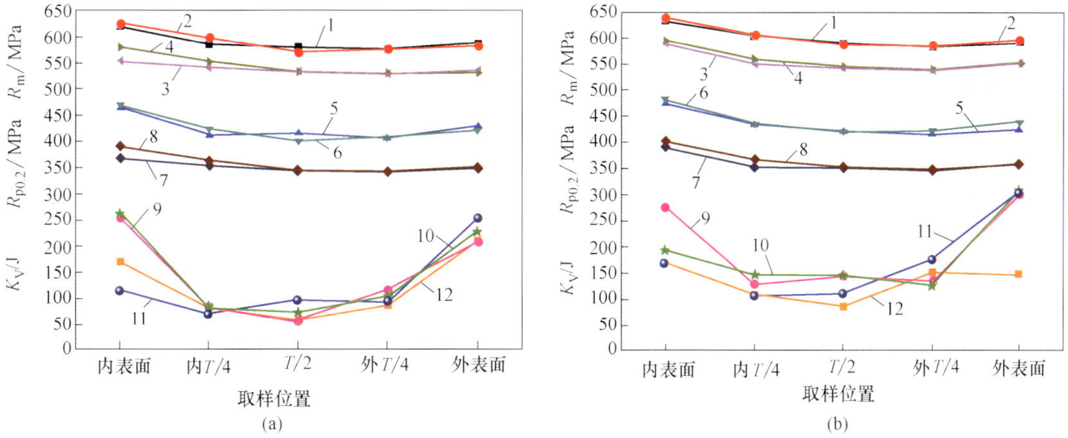

图 3.2-33　接管孔部位强度与冲击吸收能量

（a）全截面模拟态；（b）全截面调质态

1—20℃抗拉强度（K1）；2—20℃抗拉强度（K2）；3—350℃抗拉强度（K1）；4—350℃抗拉强度（K2）；
5—20℃屈服强度（K1）；6—20℃屈服强度（K2）；7—350℃屈服强度（K1）；8—350℃屈服强度（K2）；
9—25℃轴向冲击（K1）；10—25℃周向冲击（K1）；11—25℃轴向冲击（K2）；12—25℃周向冲击（K2）

3）冒口端（距法兰端面40mm处）的性能检测结果如图3.2-34所示（图中水平线为相应的验收值）。M1与M2分别为冒口端1号与2号试料。图3.2-34a为M1与M2试料全截面模拟态强度和冲击吸收能量；图3.2-34b为M1与M2试料全截面调质态强度和冲击吸收能量。

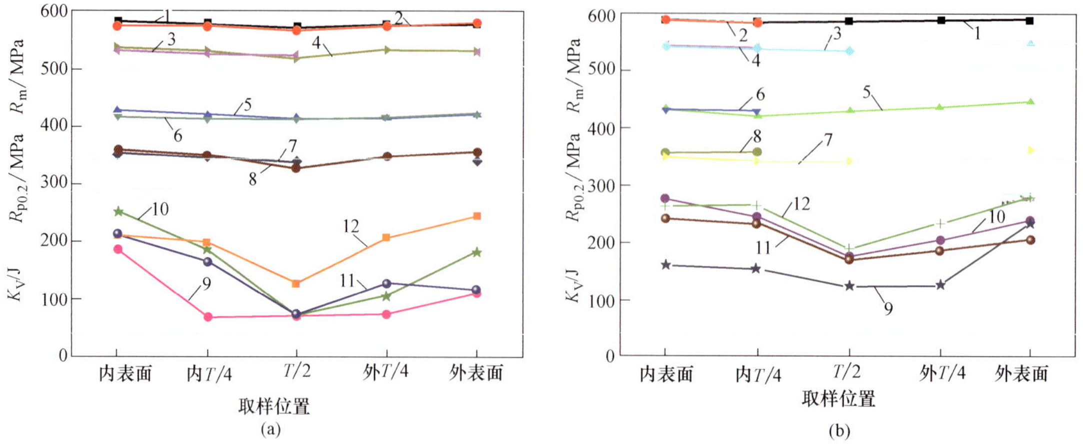

图3.2-34 冒口端强度与冲击吸收能量

（a）全截面模拟态；（b）全截面调质态

1—20℃抗拉强度（M1）；2—20℃抗拉强度（M2）；3—350℃抗拉强度（M1）；4—350℃抗拉强度（M2）；
5—20℃屈服强度（M1）；6—20℃屈服强度（M2）；7—350℃屈服强度（M1）；8—350℃屈服强度（M2）；
9—-25℃轴向冲击（M1）；10—-25℃周向冲击（M1）；11—-25℃轴向冲击（M2）；12—-25℃周向冲击（M2）

4）距法兰端面577mm处的性能检测结果如图3.2-35所示（图中水平线为相应的验收值）。M3与M4分别为冒口端3号与4号试料。图3.2-35a为M3与M4试料全截面模拟态强度和冲击吸收能量；图3.2-35b为M3与M4试料全截面调质态强度和冲击吸收能量。

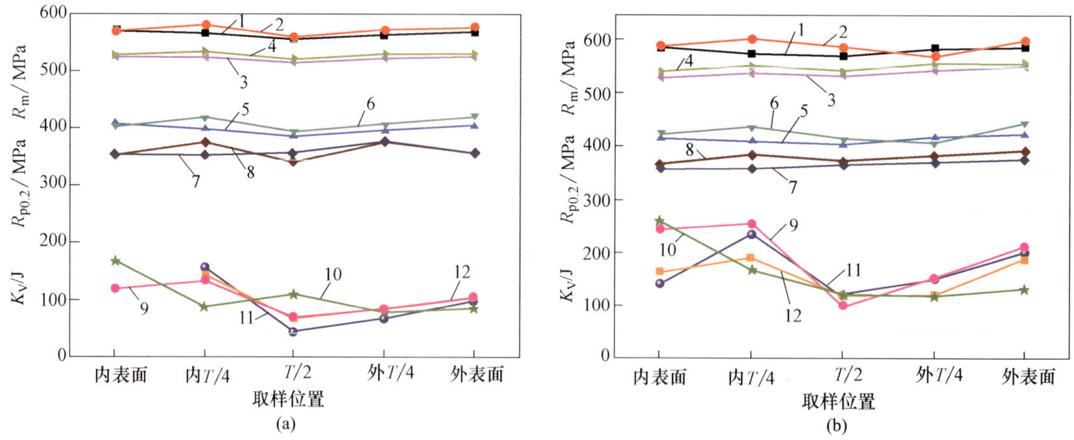

图3.2-35 距法兰端面577mm处的性能检测结果

（a）全截面模拟态；（b）全截面调质态

1—20℃抗拉强度（M3）；2—20℃抗拉强度（M4）；3—350℃抗拉强度（M3）；4—350℃抗拉强度（M4）；
5—20℃屈服强度（M3）；6—20℃屈服强度（M4）；7—350℃屈服强度（M3）；8—350℃屈服强度（M4）；
9—-25℃轴向冲击（M3）；10—-25℃周向冲击（M3）；11—-25℃轴向冲击（M4）；12—-25℃周向冲击（M4）

5）各部位落锤。水口端与接管孔部位落锤检测结果如图 3.2-36 所示（图中水平线为验收值）。图 3.2-36a 为 S1 与 S2 试料全截面 RT_{NDT}；图 3.2-36b 为 K1 与 K2 试料全截面 RT_{NDT}。

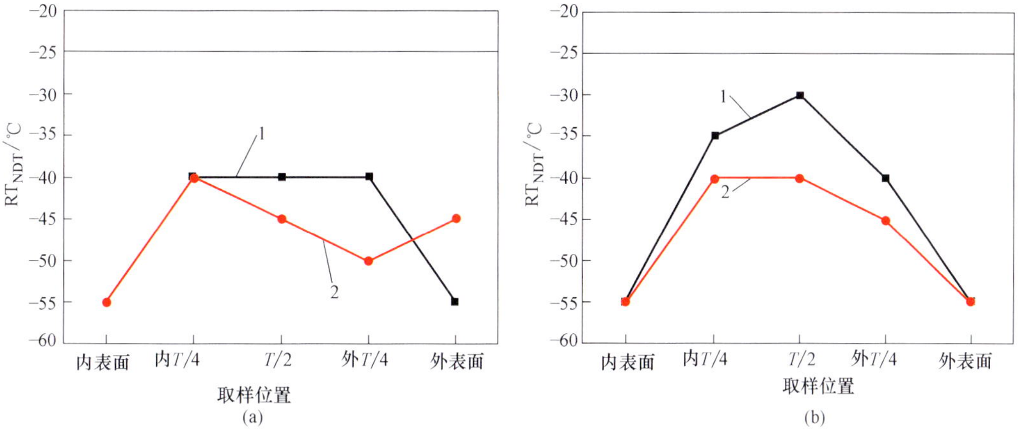

图 3.2-36　水口端与接管孔部位落锤检测结果

（a）S1/S2 试料全截面；（b）K1/K2 试料全截面

1—模拟态；2—调质态

冒口端落锤检测结果如图 3.2-37 所示（图中水平线为验收值）。图 3.2-37a 为法兰 M1 与 M2 试料全截面 RT_{NDT}；图 3.2-37b 为法兰 M3 与 M4 试料全截面 RT_{NDT}。

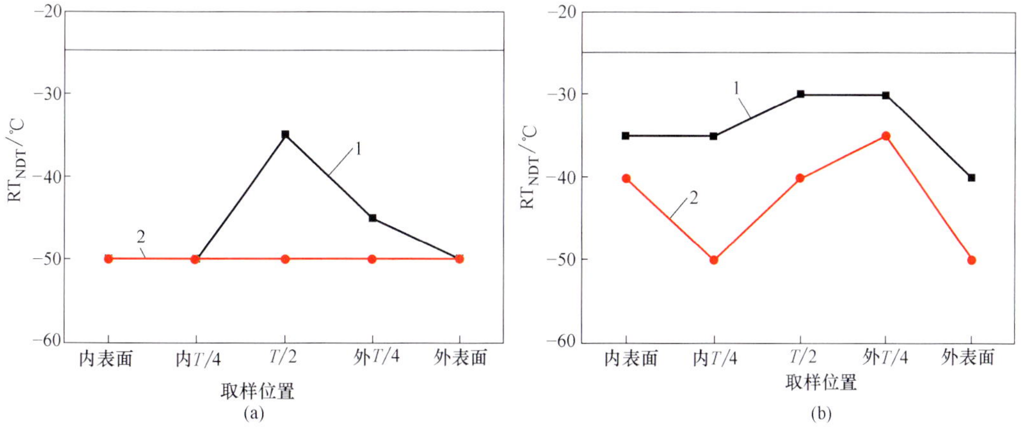

图 3.2-37　冒口端落锤检测结果

（a）MT1/MT2 试料全截面；（b）MT3/MT4 试料全截面

1—模拟态；2—调质态

2.2.4　国内外制造方式对比

1. 锻件近净成形对比

从第 1 篇第 5 章 5.4.1 的叙述及图 1.5-16 和图 1.5-17 可以看出，中国一重超大型 RPV 接管段锻件的近净成形锻造技术处于国际领先水平。

2. 性能对比

国外某锻件供应商承制的 EPR 接管段最大壁厚为 600mm（法兰端），最大壁厚处全截面室温强度（周向）570～620MPa，全壁厚 RT_{NDT} 为-20℃～-35℃（见图 3.2-38）。

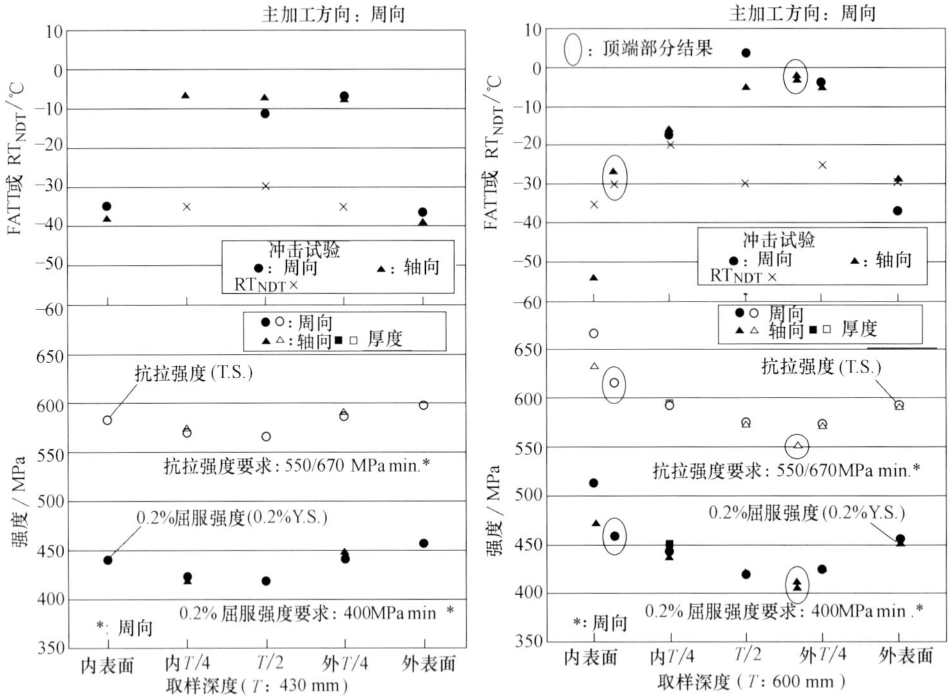

图 3.2-38　EPR 接管段两种壁厚的性能[51]

中国一重承制的 CAP1400RPV 接管段最大壁厚 577mm，距法兰端面一个壁厚（577mm）以下的全截面室温强度为 559～600MPa，全壁厚 RT_{NDT} 为-35℃～-50℃（M3/4）。从图 3.2-32～图 3.2-37 与图 3.2-38 的对比可见，中国一重采用新型热处理工艺制造的 CAP1400RPV 接管段极大地提高了锻件的韧性指标，锻件的强韧性均较高，达到了国际领先水平。

2.2.5　经验教训

1. 锻件 UT 检测超标

（1）事件描述。某项目 RPV 两件接管段锻件在粗加工状态进行 UT 检测时均发现超标及记录性缺陷，其中接管段锻件 I 于接管孔位置存在两处单个超标缺陷（分别为 ϕ6.2mm 和 ϕ5.2mm）；接管段锻件 Ⅱ 于冒口端（法兰部位）存在两处超标缺陷（分别为 ϕ3.8mm 密集和 ϕ5.1mm 单个缺陷）。两锻件探伤时的尺寸及分区如图 3.2-39 所示。从节选的探伤报告（见表 3.2-12）中可以看出，除一处密集性缺陷超标外，还存在较多单个记录性缺陷。

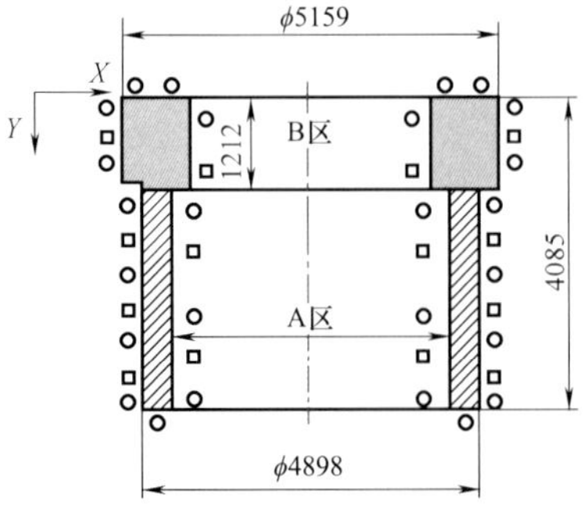

图 3.2-39　接管段锻件探伤时尺寸及分区

上述事件发生后，相关各方高度重视并积极应对，组织专家进行研讨，对缺陷性质及其成因进行了详细分析并据此给出预防纠正措施。

表 3.2-12　　接管段锻件探伤报告节选

缺陷编号	探头型号	探伤记录面	缺陷距 O 点位置			记录线	缺陷当量	缺陷类型			缺陷性质估计	底波降低量/dB	结论
			X/mm	Y/mm	Z/mm			孤立点状	伸展	点状密集			
25	B4SE	外圆 B 区	13 025	570	368	$\phi3$	$\phi3.3$	√			夹杂	0	合格
26	B4SE	外圆 B 区	13 550	725	383	$\phi3$	$\phi3.8$	√			夹杂	0	合格
27	B4SE	外圆 B 区	13 610	600	399	$\phi3$	$\phi3.2$	√			夹杂	0	合格
29	B4SE	外圆 B 区	13 980	325	348	$\phi3$	$\phi3$	√			夹杂	0	合格
30	B4SE	外圆 B 区	14 280	535	305	$\phi3$	$\phi3$	√			夹杂	0	合格
31	B4SE	外圆 B 区	14 400	728	371	$\phi3$	$\phi3.7$	√			夹杂	0	合格
32	B4SE	外圆 B 区	15 650	590	316	$\phi3$	$\phi3$	√			夹杂	0	合格
33	B4SE	外圆 B 区	15 745 15 750	765 785	381 374	$\phi3$	$\phi3.8$			√	夹杂	0	不合格
34	B4SE	内圆 A 区	3275	1880	130	$\phi3$	$\phi4$	√			夹杂	0	合格
35	B4SE	内圆 A 区	3545	1365	123	$\phi3$	$\phi3$	√			夹杂	0	合格
36	B4SE	内圆 B 区	2990	920	221	$\phi3$	$\phi3.8$	√			夹杂	0	合格
37	B4SE	内圆 B 区	3520	850	182	$\phi3$	$\phi3$	√			夹杂	0	合格
38	B4SE	内圆 B 区	3580	805	224	$\phi3$	$\phi3.2$	√			夹杂	0	合格

（2）缺陷性质分析。

1）缺陷样品制备。UT 检测结果表明，接管段锻件Ⅰ中的超标与记录性缺陷均分布在锻件中部及靠近水口侧（非法兰侧），具体状态如图 3.2-40 所示，图中绿色为记录性缺陷，红色为超标缺陷。

以单个超标缺陷中的 2 号缺陷（缺陷等级$\phi5.2$mm）为圆心，排钻取出直径为 100mm 的全壁厚圆柱形试料作为缺陷分析试料。取料后的接管段锻件Ⅰ如图 3.2-41 所示。

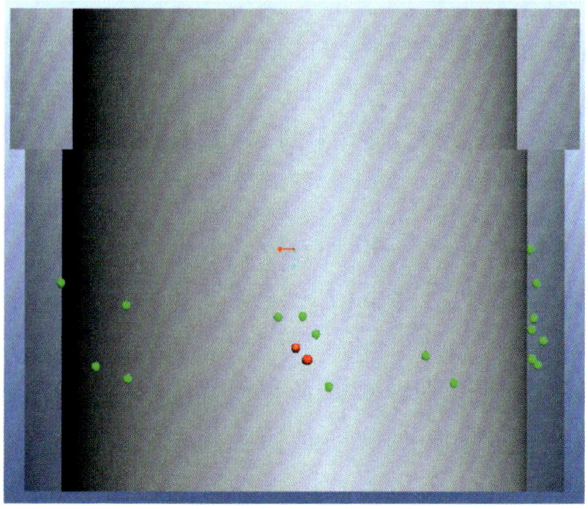

图 3.2-40　接管段锻件Ⅰ缺陷分布

图 3.2-41　取出缺陷分析试料后的接管段锻件Ⅰ

保留 2 号缺陷分析试料最大高度（即接管段全壁厚）不变，将其圆柱面（即排钻面）加工出平面，用 UT 检测出 2 号缺陷的准确位置并标记定位，然后继续加工至缺陷暴露于表面（见图 3.2-42），使缺陷断裂面平行于锻件内外表面，至此完成超标缺陷样品制备。

图 3.2-42　缺陷暴露于表面状态

2）缺陷形貌观察与分析。

① 肉眼及体式显微镜观察。缺陷宏观状态如图 3.2-43 所示。由图 3.2-43 可见，缺陷在宏观断口上呈条状离散分布。

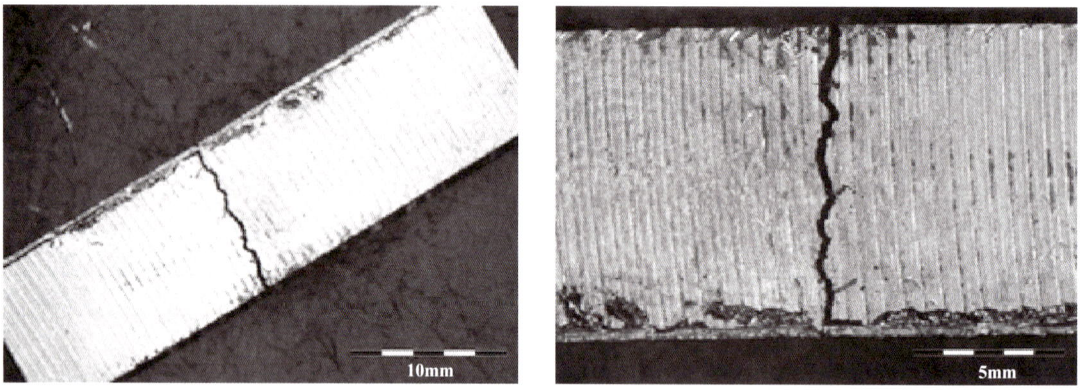

图 3.2-43　缺陷宏观状态

② 缺陷扫描及能谱分析。为全方位反映缺陷的微观形貌，对缺陷断裂面及其垂直面均进行了扫描电镜观察。缺陷断裂面在扫描电镜下的典型形貌如图3.2-44 所示，在 10mm×8mm 的截面上，缺陷以条带形貌零星分布，呈现脆性特征，根据基体和缺陷断裂形貌判断，该缺陷断裂时期为铣床加工阶段。

通过扫描电镜对缺陷断裂面的垂直面进行观察，发现在接近断口位置存在颗粒状缺陷，其形貌如图 3.2-45 所示。

缺陷断裂面的能谱分析结果表明，其断口缺陷主要为 MnS 以及 Al 和 Mg 的化合物，代表性的能谱如图 3.2-46 及图 3.2-47 所示。

缺陷断裂面之垂直面的代表性能谱如图 3.2-48 及图 3.2-49 所示。

由图 3.2-48 及图 3.2-49 可以看出，在缺陷断裂面的垂直面上存在着 MnS、TiN、Al_2O_3 等缺陷。

（3）缺陷产生原因分析。通过扫描电镜和能谱分析可知，在缺陷断裂面及其垂直面上存在的主要缺陷有 MnS、TiN、Al_2O_3和 Al、Mg 的化合物。根据这一结论，结合原材料与耐火材料的使用情况推断，在钢锭的冶炼与浇注阶段有大量的耐火材料混入钢液中。从图 3.2-50 可以看到，精炼包包壁在使用前及浇注过程中存在大面积剥落现象，图 3.2-50a 是精炼包包壁使用前的表面状态，图中白色的部分是原有的工作层已经剥落；图 3.2-50b 是浇注过程中

(a)

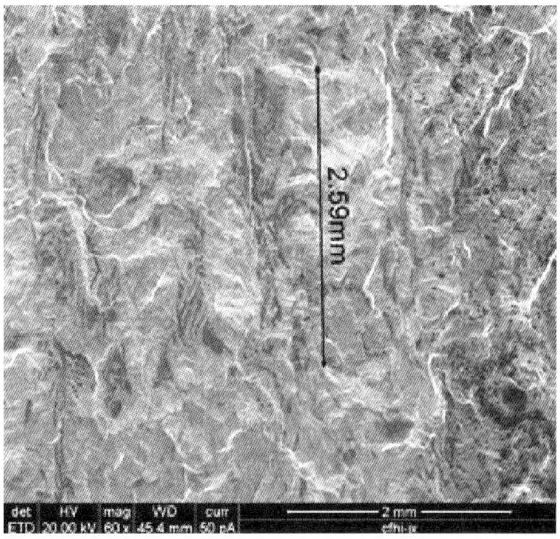

(b)

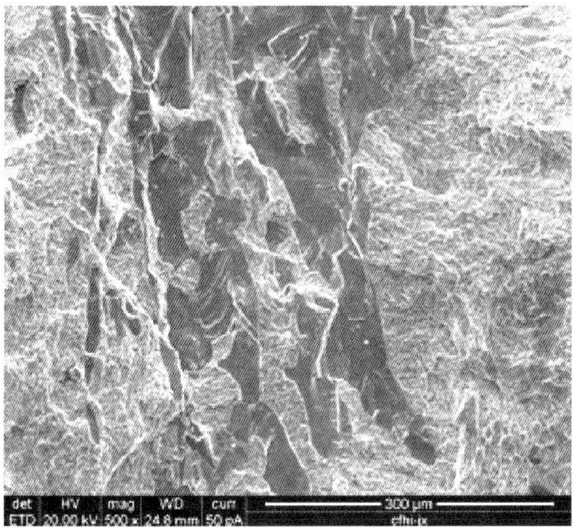

(c)

(d)

图 3.2-44　缺陷断裂面典型形貌

（a）夹杂物形貌Ⅰ；（b）夹杂物形貌Ⅱ；（c）夹杂物形貌Ⅲ；（d）断口形貌

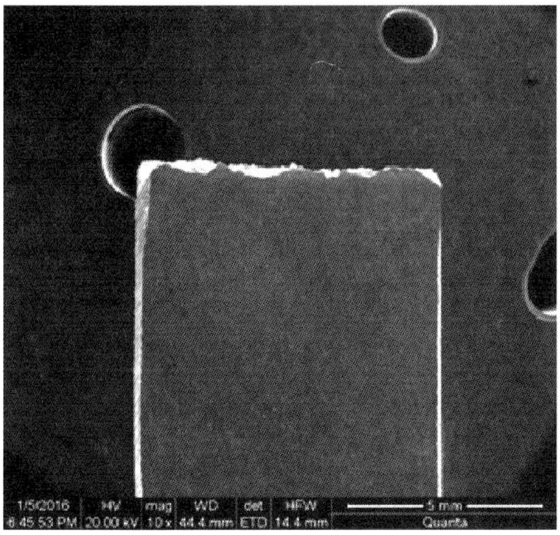

(a)

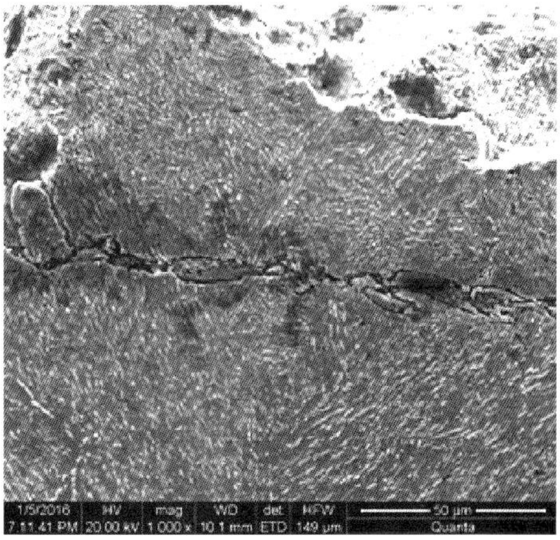

(b)

图 3.2-45　垂直于缺陷断裂面的典型形貌（一）

（a）断口形貌；（b）夹杂物形貌Ⅳ

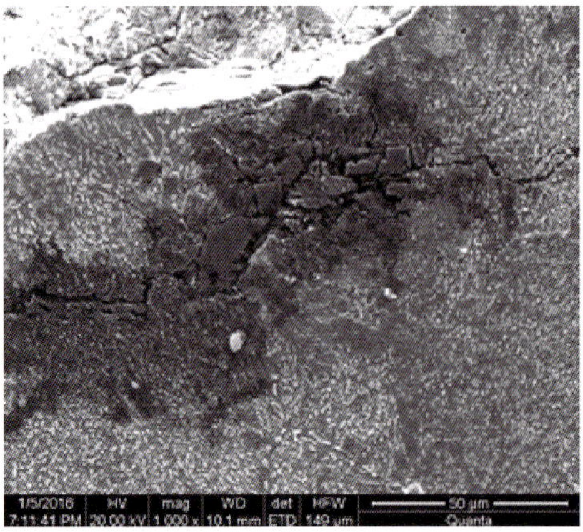

(c)

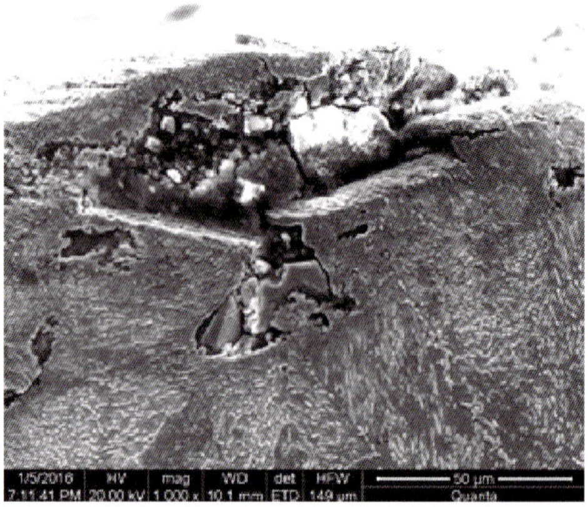

(d)

图 3.2-45　垂直于缺陷断裂面的典型形貌（二）

（c）夹杂物形貌Ⅴ；（d）夹杂物形貌Ⅵ

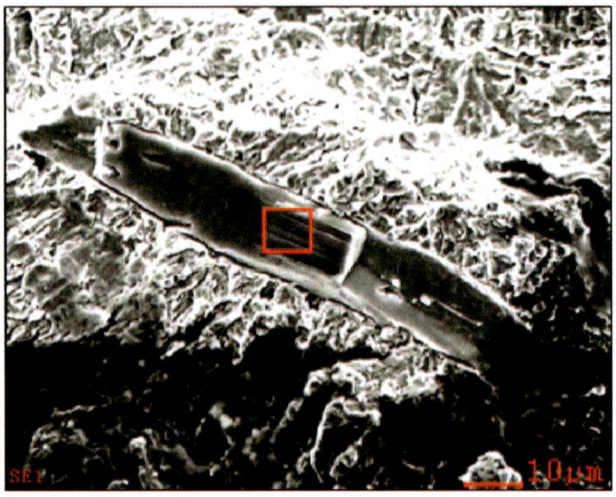

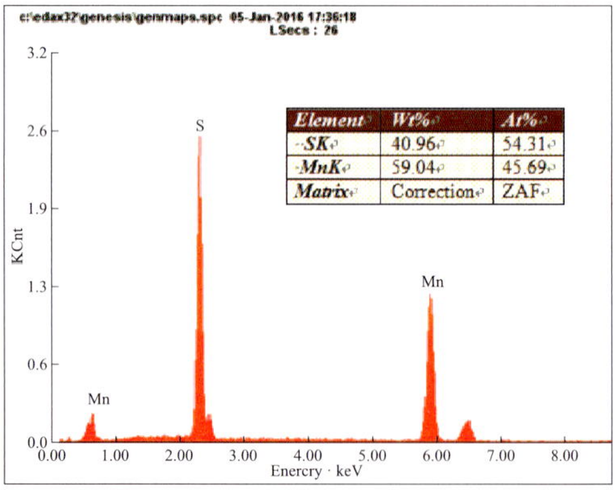

图 3.2-46　断裂面典型缺陷能谱Ⅰ

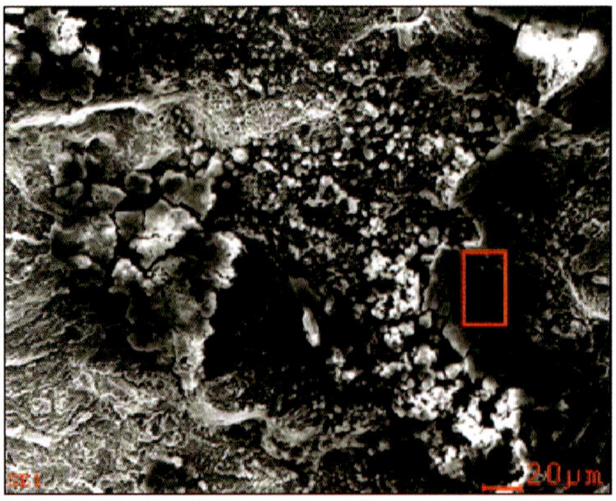

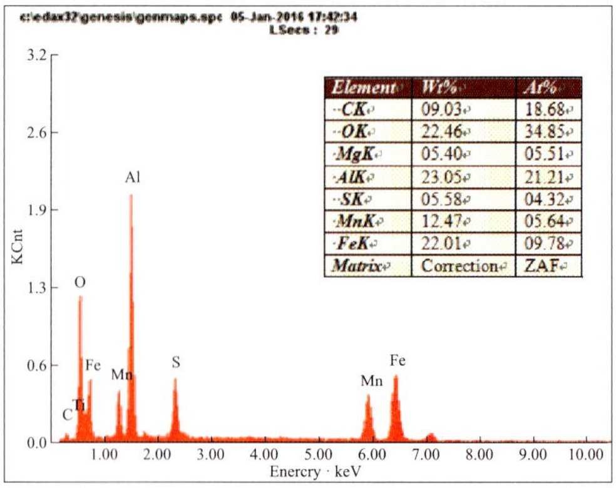

图 3.2-47　断裂面典型缺陷能谱Ⅳ

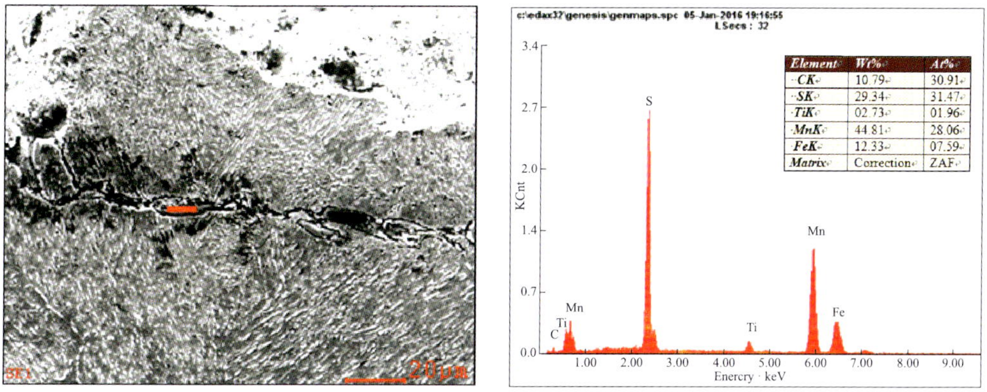

图 3.2-48　垂直于断裂面典型缺陷能谱Ⅰ

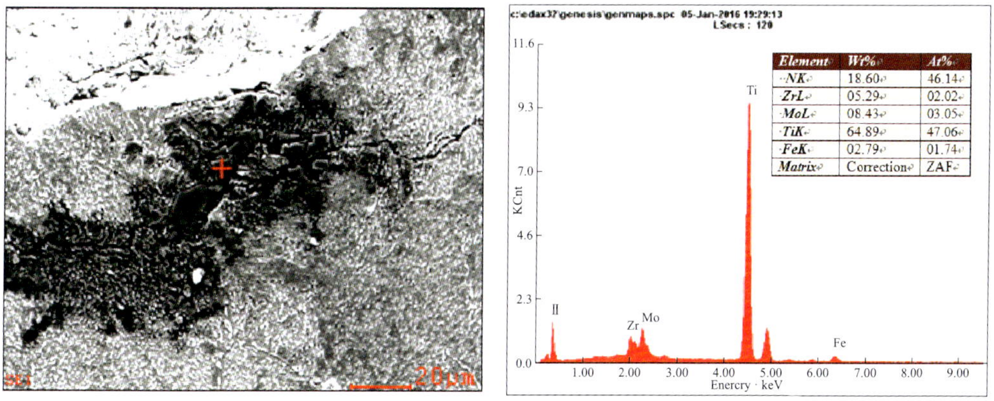

图 3.2-49　垂直于断裂面典型缺陷能谱Ⅴ

(a)　　　　(b)

图 3.2-50　精炼包内衬状态

（a）使用前；（b）浇注过程中

漂浮在钢液表面的剥落的精炼包包壁工作层。精炼包液面以下的包壁工作层一旦在使用中剥落就会直接进入钢液中，如其无法在浇注过程中充分上浮，将随钢液一起进入钢锭模而形成夹杂缺陷。

剥落物如在精炼过程中进入炉渣，将会导致炉渣中 MgO 含量增加，造成渣系熔点提高且流动性变差，从而降低了对钢液中夹杂物的吸附及溶解能力，使钢液纯净度变差。由于钢液凝固时选分结晶的原因，使得钢锭中不可避免地存在 A 偏析，杂质元素 MnS、TiN 等富集在 A 偏析处，是引起探伤缺陷超标的主要原因。

由此可知夹杂物 MnS、TiN 是凝固偏析所致；Al_2O_3 是脱氧产物在精炼过程中没有及时被炉渣吸附而产生的；Mg 的来源为耐火材料（镁碳砖）在冶炼期间剥落后进入钢液中；Ti 主要由合金带入。

此外中间包内衬所用耐火砖（见图 3.2-51）、活性石灰、萤石（见图 3.2-52）、氧化铁皮以及重废钢等炼钢用材料的质量也将影响钢锭的纯净性。

图 3.2-51　中间包使用后内衬状态（内表面剥落层厚度约 10mm）

图 3.2-52　萤石质量对比

（4）纠正预防措施。上述分析结论表明，两件接管段锻件探伤缺陷超标的根本原因在于耐火材料及冶炼原材料质量较差导致钢液纯净度下降，故应从以下几方面制定纠正预防措施：

1）提高冶炼用原材料质量。

2）在严格执行标准要求的基础上，优选活性石灰和萤石。

3）提高精炼包及中间包内衬用耐火砖质量，在精炼包及中间包使用前后均严格检查其表面质量，尤其在使用后如发现其表面有砖体“剥皮”现象时，所生产的钢锭应及时报废。

4）优选 P、S、Cu 等有害元素含量低的连铸坯制造核电钢锭。

5）电炉炉衬挖补后不能直接冶炼核电用钢液。

6）精炼炉和执行 LB3（芯杆吹氩）操作时所使用的氩气纯度必须大于 99.99%。

（5）改进效果。

1）优选原材料及耐火材料。萤石和活性石灰的质量得以提高（见图 3.2-53）；中间包浇注 80min 后的表面状态良好（见图 3.2-54）。

(a)

(b)

图 3.2-53 萤石和活性石灰

（a）萤石；（b）活性石灰

图 3.2-54 中间包浇注 80min 后的表面状态

2）冶炼及铸锭精心操作。浇注前的中间包准备情况如图 3.2-55 所示，浇注过程中的现场情况如图 3.2-56 所示。

3）锻件毛坯探伤。按照上述纠正与改进措施生产的两件接管段锻件，采用双端变截面筒体同步变形锻造技术进行了精锻，并按图 3.2-29 工艺进行锻后热处理，之后在轴向互成 180℃ 打磨两条母线进行探伤，未发现 1mm 以上缺陷，改进效果很好。

2. 接管孔0℃冲击吸收能量不合格

(1) 事件描述。某项目接管段锻件在性能检测时出现接管孔K1和水口S1位置的0℃冲击吸收能量不合格的异常现象。

图3.2-55 浇注前的中间包准备情况

图3.2-56 多包浇注现场

(2) 取样检验。通过对冲击吸收能量不同的试样进行金相组织对比，发现0℃冲击吸收能量不合格试样的断口组织中有网状碳化物存在（见图3.2-57）。

(3) 原因分析。针对0℃冲击吸收能量不合格试样的断口组织中出现网状碳化物的问题，对以往生产的同等规格接管段的炼钢、锻造和热处理过程进行了详细对比分析，发现炼钢和热处理环节无差异。只是出现异常组织的接管段锻件在锻造阶段的总累计高温保持时间明显少于其他接管段锻件。因高温扩散不充分，导致偏析区域存在网状碳化物。

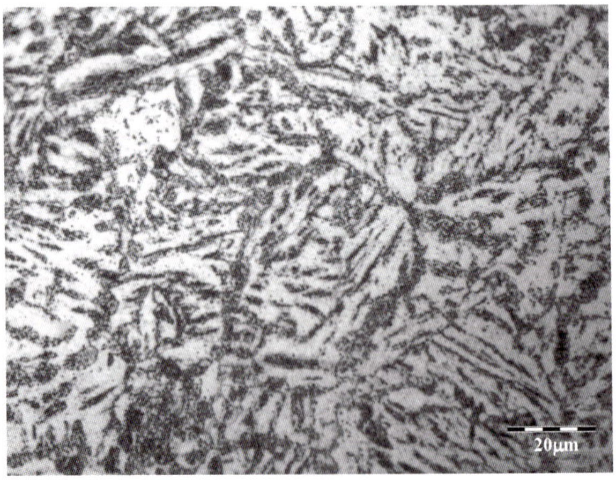

图3.2-57 0℃冲击吸收能量不合格的试样断口组织

(4) 纠正改进措施。

1）使用该接管段K1位置性能余料进行高温退火试验，改善偏析。

选用K1位置余料加工36个金相试样，分4组按970℃/50h、1000℃/50h、1030℃/50h、1060℃/50h工艺进行高温退火试验。退火后进行900℃淬火+765℃亚温淬火+640℃回火处理。最后再进行组织观察，并对比热处理试验前后的组织状态，以确定最佳退火工艺。4组试验的高温退火前后金相组织对比分别如图3.2-58～图3.2-61所示。

从图3.2-58和图3.2-59可以看出，网状碳化物消失，组织均得到了细化。从图3.2-60和图3.2-61可以看出，网状碳化物虽得到了改善，但组织粗大，铁素体量多，且存在组织遗传。

2）采用低硅控铝钢冶炼及MP工艺浇注，从根本上解决超大型钢锭偏析问题。

3）适当增加锻造阶段的高温总保持时间。

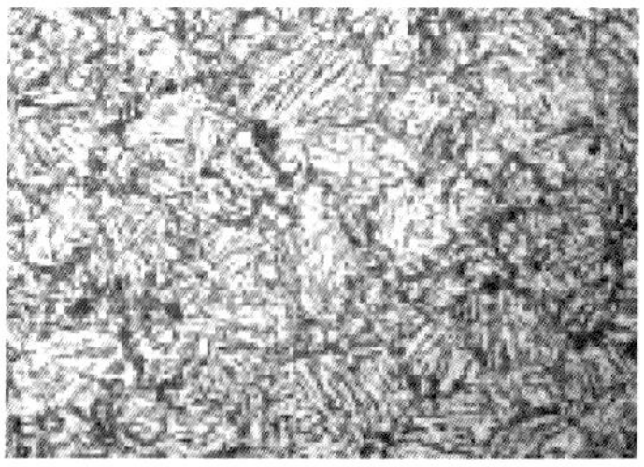
E008-1
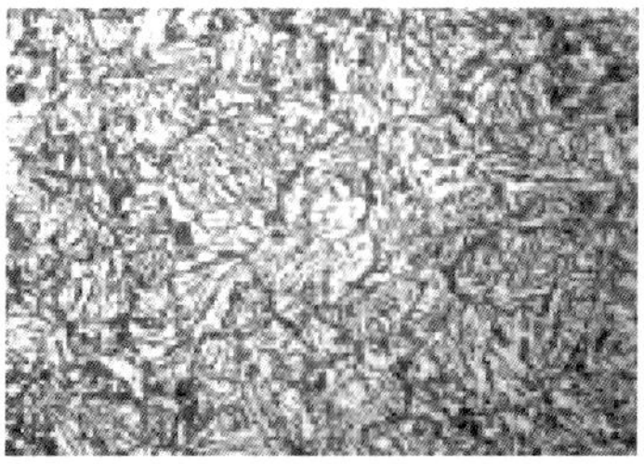
E008-2
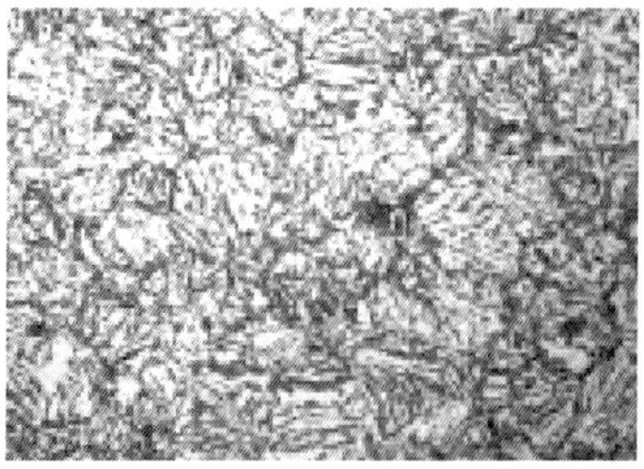
E008-3
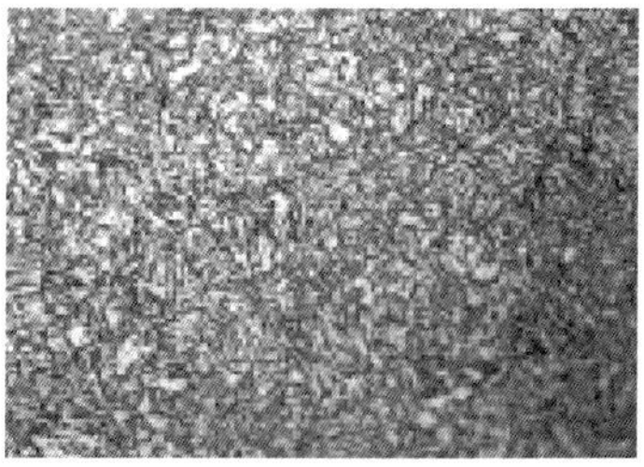
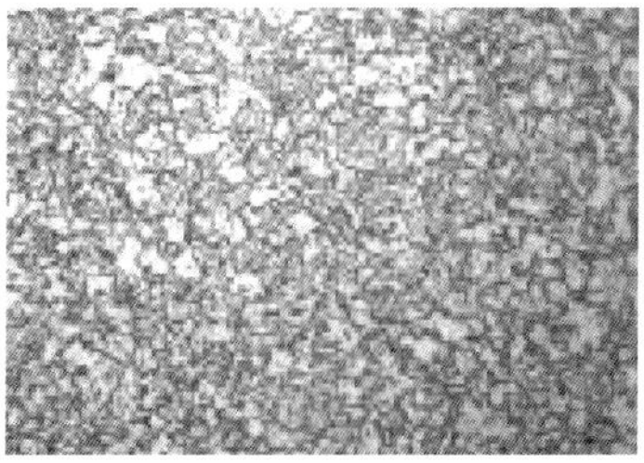
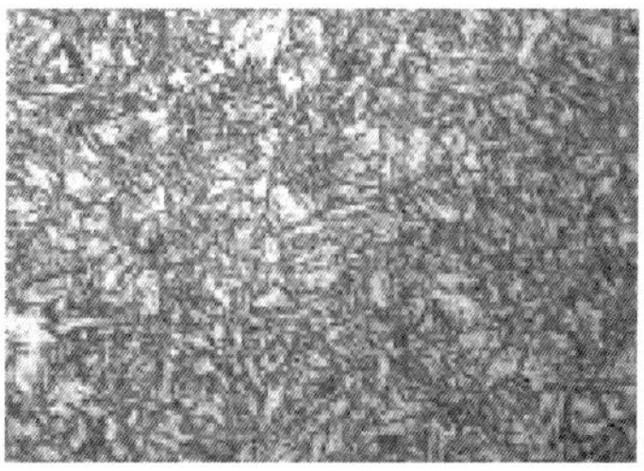

图 3.2-58　970℃/50h 退火前（上图）后（下图）金相组织对比

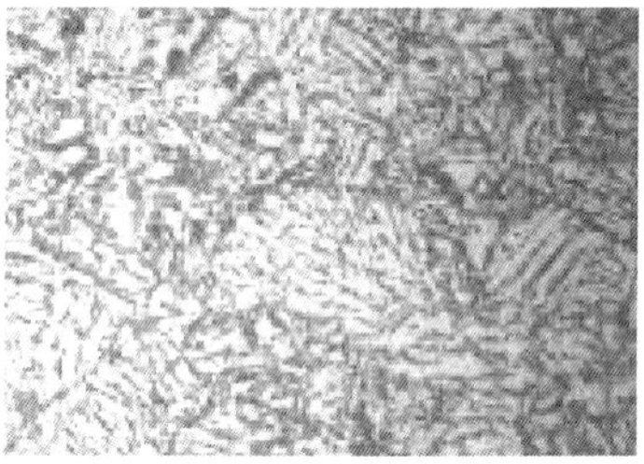
E008-4
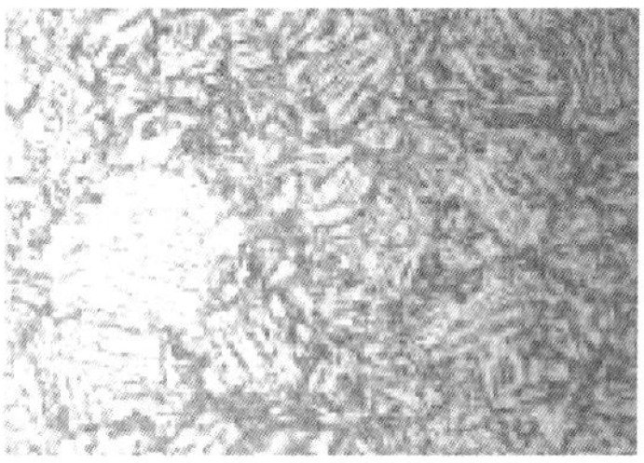
E008-5
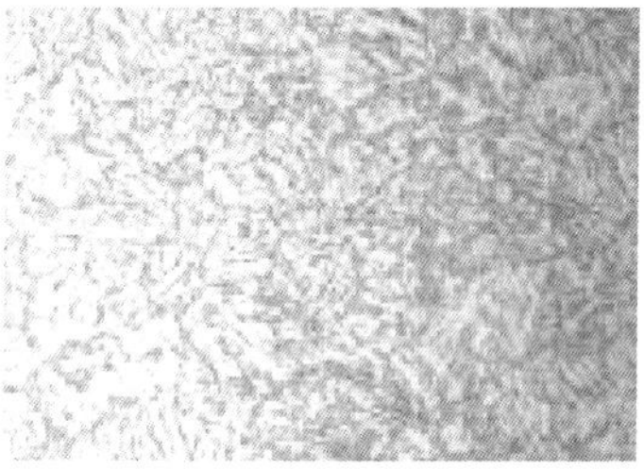
E008-6
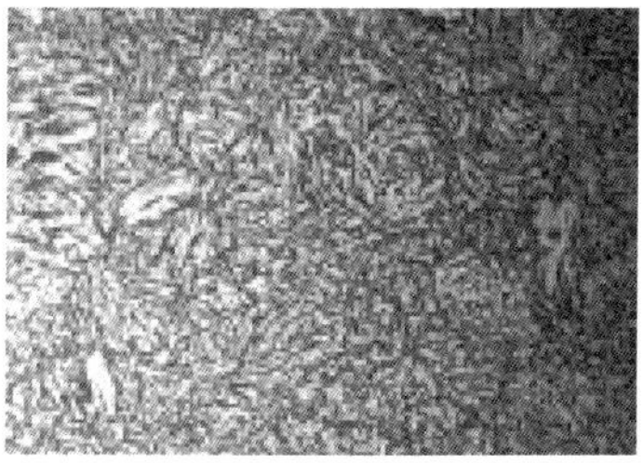
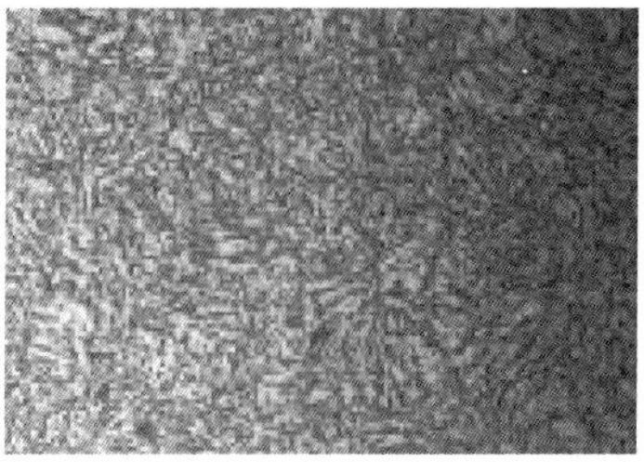
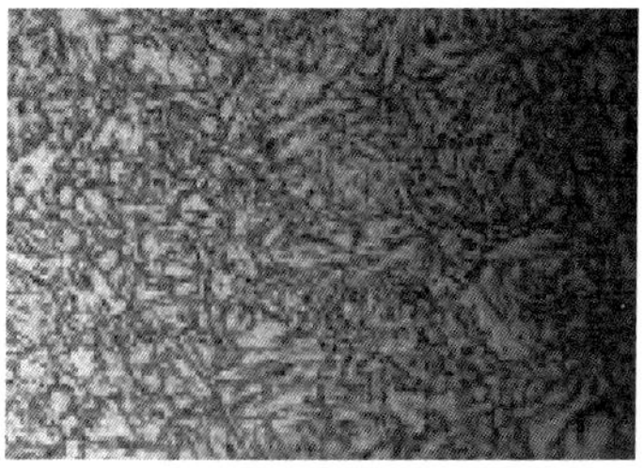

图 3.2-59　1000℃/50h 退火前（上图）后（下图）金相组织对比

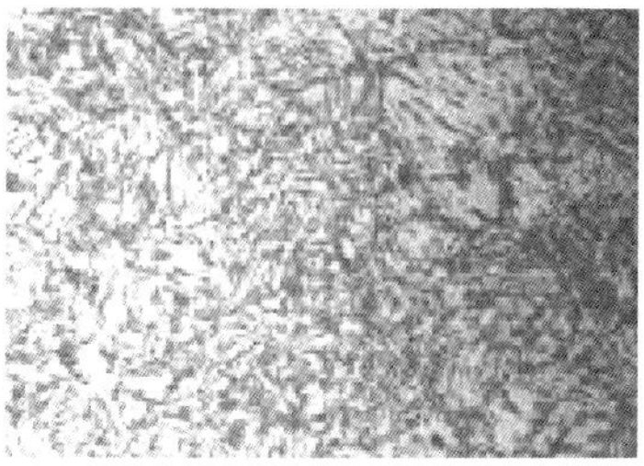
E008-7
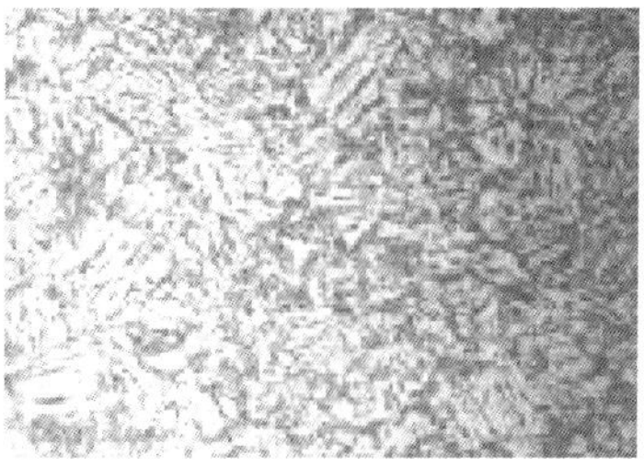
E008-8
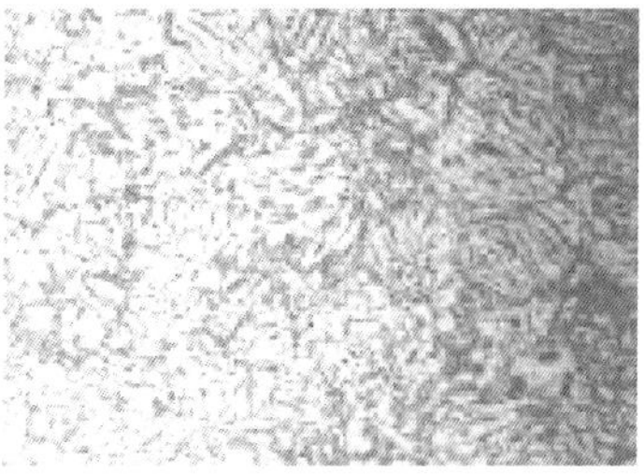
E008-9

图 3.2-60　1030℃/50h 退火前（上图）后（下图）金相组织对比（一）

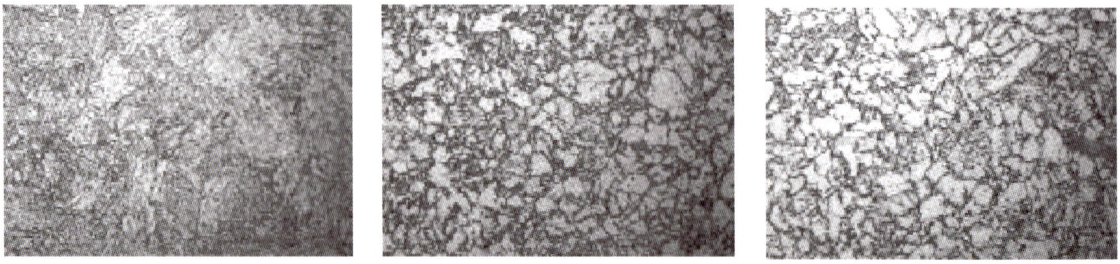

图 3.2-60　1030℃/50h 退火前（上图）后（下图）金相组织对比（二）

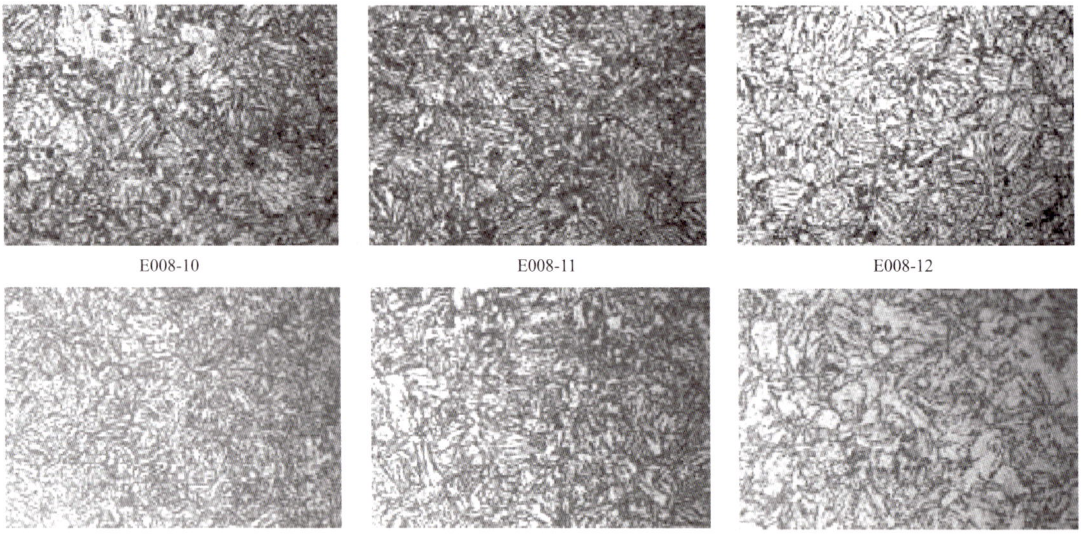

图 3.2-61　1060℃/50h 退火前（上图）后（下图）金相组织对比

2.3 半　一　体　化

目前核反应堆压力容器筒体组件的制造大都采取接管段与接管组焊，组焊焊缝的风险系数较高，一次性合格率较低，返修工作复杂烦琐，将大大增加制造周期，同时由于接管组焊焊缝较多，AP/CAP 系列组焊焊缝 8 道，受组焊焊缝应力影响，接管段变形较大。接管段组焊防变形如图 3.2-62 所示。图 3.2-62a 是接管段增加内部支撑；图 3.2-62b 是接管和接管段对称组焊。工程经验表明。即使采取防变形组焊，变形量仍然超过 5mm，需要增加校形工序。此外水压试验使得接管筒体局部应力不均匀。为了避开马鞍形焊接，国外已有一些锻件供应商制造出带有局部接管的半一体化接管段。

1. 局部接管覆盖式接管段

局部接管覆盖式半一体化接管段的代表产品是由法国 ARAVA 和日本 JSW 联合开发的 EPR 接管段[51]，锻件是在整体接管段的筒身上增加一条环带，在环带上加工出局部接管。

中国一重与中广核一起开展了 EPR 压力容器接管段的评定工作，但由于后续依托项目等原因，评定锻件仅进展到粗加工及 UT 阶段（见图 3.2-63）。

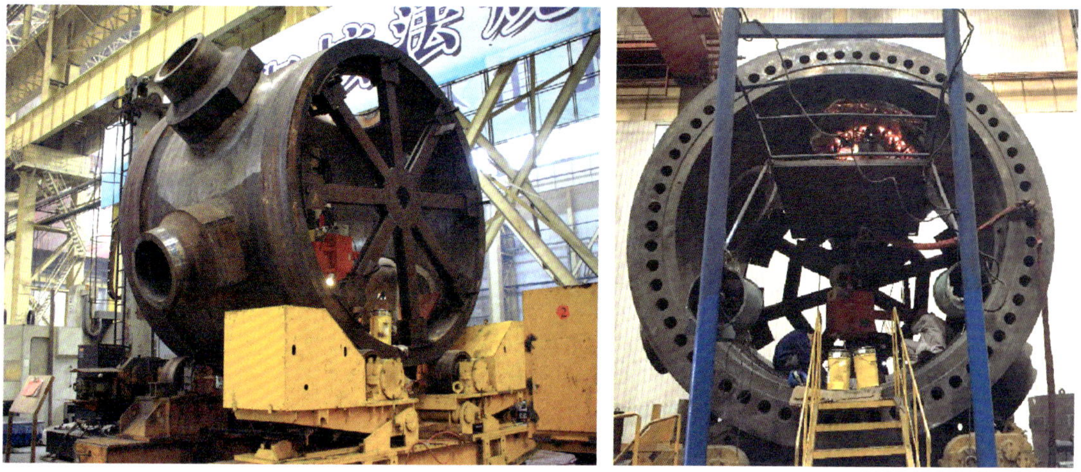

(a) (b)

图 3.2-62　接管段防变形组焊

（a）安装内部支撑；（b）对称组焊接管

(a) (b)

图 3.2-63　中国一重 EPR 压力容器接管段评定锻件

（a）锻件出成品锻造；（b）锻件粗加工

2. *局部接管翻边式接管筒体*

局部接管翻边式接管筒体是在分体接管段的筒身上翻边成形局部接管管嘴，是目前比较先进的接管段制造方式。俄罗斯核电系统从设计、制造、检验、安装、运行、维护等方面自成体系，所以他们生产制造的百万千瓦核电设备与美国和法国有很大区别，其百万千瓦核电站的使用寿命为 40 年。俄罗斯没有生产制造整体顶盖、锥形筒体、水室封头等异形锻件的业绩，但他们在压力容器接管筒体上采用了管嘴翻边技术，而且已生产了 100 多个带接管嘴的接管筒体。代表性的产品是由俄罗斯生产的田湾 1 号机组 RPV 接管筒体锻件。这种带有 4 个接管嘴的接管筒体零件重量为 91t，钢锭重量为 290t。翻边时的料温是 1050～1100℃，操作时间 30min，每火次只翻边成形一个接管嘴，目前做的接管筒体最多带 4 个接管嘴，如接管嘴数量大于 4 个，则需要到莫斯科国家试验研究院进行计算，以确定是否可行。

接管筒体管嘴翻边时与下模采用焊接凸台的定位方式，在接管筒体上面有 4 个焊接凸台，分别与4个接管嘴对应，翻边时卡入下模中。接管筒体管嘴翻边前后的尺寸如图3.2-64所示；接管嘴翻边原理简图如图3.2-65所示；锻件实际翻边过程及效果如图3.2-66所示。

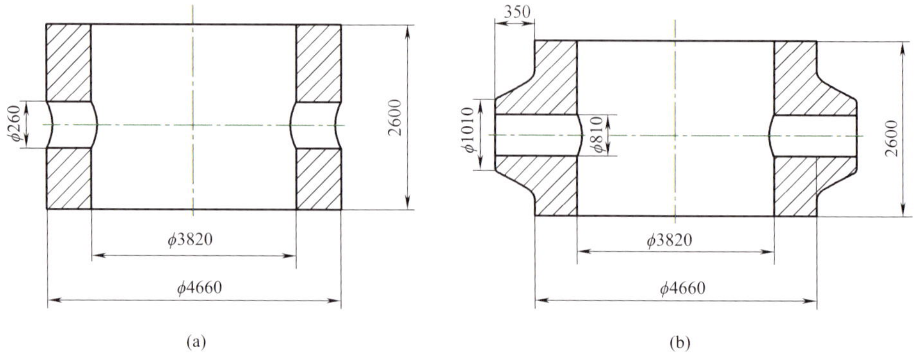

图3.2-64 接管筒体管嘴翻边前后的尺寸

（a）管嘴翻边前尺寸；（b）管嘴翻边后尺寸

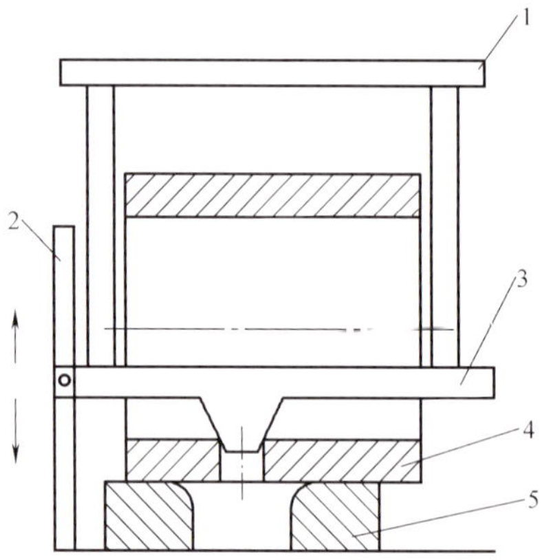

图3.2-65 接管嘴翻边原理简图

1—锤头连接架；2—导向柱；3—冲头；4—接管段坯料；5—下模

图3.2-66 接管筒体管嘴翻边

2.4 一 体 化

为了实现将接管法兰、接管筒体及进出口接管等联合锻造成一体化锻件的梦想，中国一重等开展了数值模拟、比例试验等研发工作。

1. 数值模拟

（1）带梅花状凸台的锻件成形。

1）镦粗、冲孔。将一体化接管段坯料局部镦粗以成形中间管嘴环带，镦粗数值模拟如图3.2-67所示。镦粗后撤掉上下模，冲孔成空心坯料。

2）马杠扩孔。使用专用门字形锤头及带台阶马杠预扩孔（见图3.2-68），在整个扩孔过程中接管段轴线保持水平。

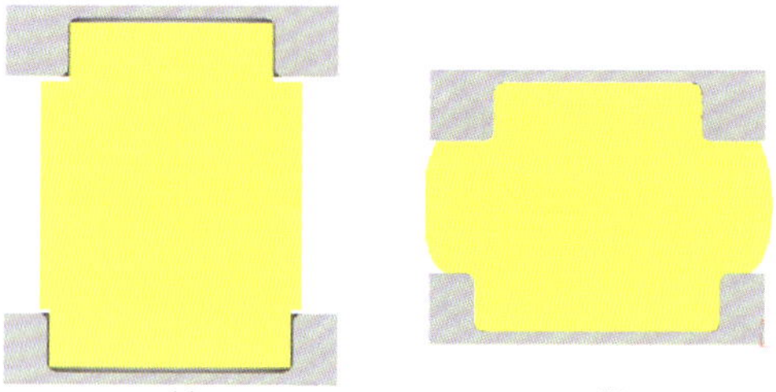

(a)　(b)

图 3.2-67　局部镦粗数值模拟

（a）镦粗开始；（b）镦粗结束

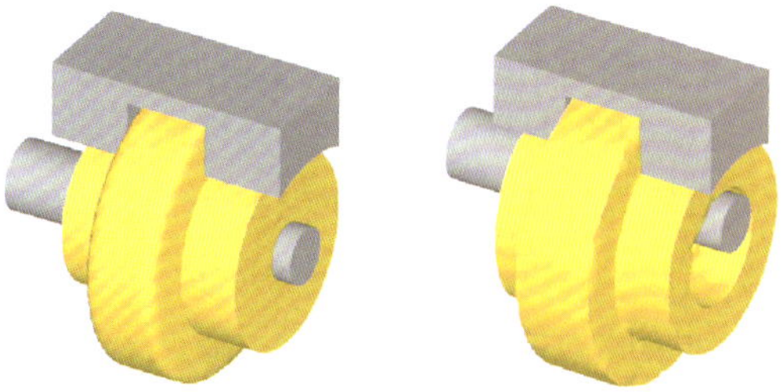

(a)　(b)

图 3.2-68　扩孔数值模拟

（a）扩孔开始；（b）扩孔结束

3）锻造梅花状环带。使用专用三角砧及专用支撑套压出梅花状环带。首先将专用支撑套插入接管段坯料内孔，以确保在压凹档过程中支撑坯料内孔不变形，然后用两个三角砧上下对称压坯料环带，成形接管之间凹档；随后用支撑套带动坯料旋转一定角度，用相同方法成形剩余凹档，完成接管梅花状凸台的成形。锻造梅花状环带的数值模拟如图 3.2-69 所示。

4）支撑套扩孔。使用专用门字形锤头及专用支撑套扩孔完成一体化整体接管段坯料成品锻造（见图 3.2-70）。

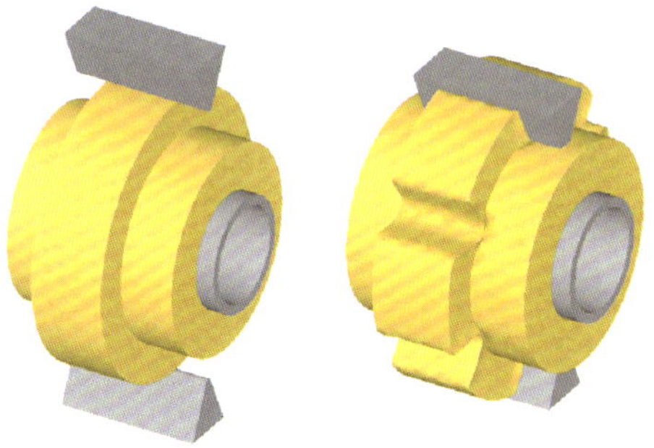

(a)　(b)

图 3.2-69　锻造梅花状环带数值模拟

（a）压梅花开始；（b）压梅花结束

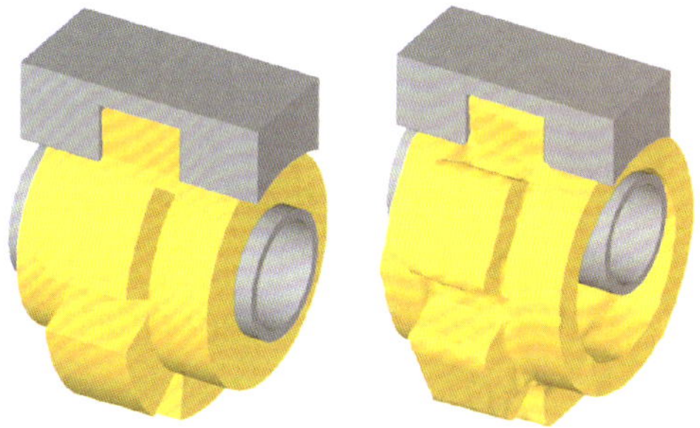

(a)　(b)

图 3.2-70　专用支撑套扩孔数值模拟

（a）扩孔开始；（b）扩孔结束

成品锻件与粗加工图的对比情况如图 3.2-71 所示，锻件外形尺寸非常好。

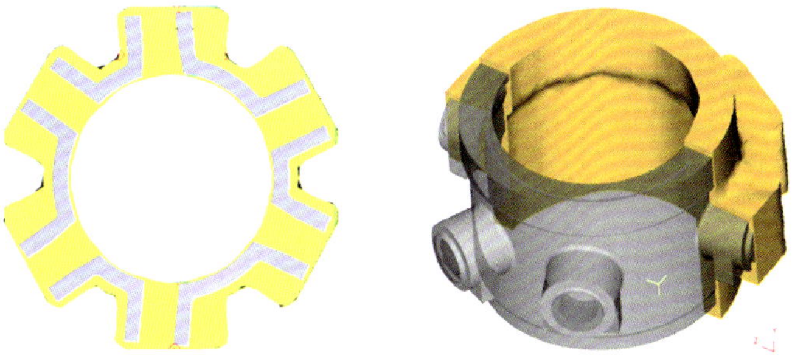

图 3.2-71　成品锻件与粗加工图的对比情况

（2）管嘴翻边。模拟过程中优化并确定了坯料及下模过渡圆角尺寸，通过改变翻边冲头外轮廓来研究冲头尺寸对翻边效果的影响，同时在模拟中采用局部加热方式代替整体加热。计算最大翻边力时采用了整体模型建模。

1）翻边冲头轮廓优化。建模时选择 1/8 模型，径向两端面对称约束，模拟时对翻边位置进行局部加热，加热温度 1200℃，变形过程中不考虑坯料与外界传热。坯料与模具之间摩擦系数 0.5，冲头压下速度 10mm/s。局部加热及变形后坯料的温度分布如图 3.2-72 所示，所优化角度为如图 3.2-73 所示 α 角，其余轮廓尺寸不变。

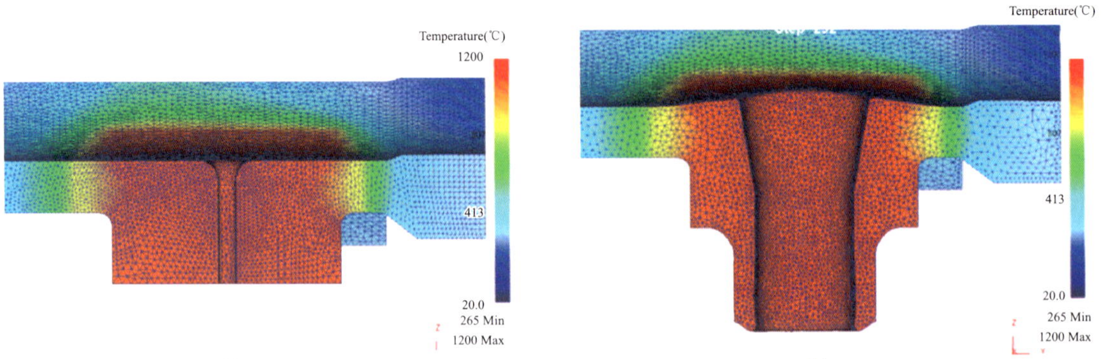

图 3.2-72　坯料温度分布情况

（a）翻边前；（b）翻边后

图 3.2-74 为不同 α 角的冲头局部翻边后管嘴形状与粗加工图对比情况，从图中可以看出，α 角越小，翻边后的管嘴长度越长，但外径缺肉越严重（如 45°、50°），同时在最后阶段由于下端堆料产生 Z 方向的拉应力造成壁厚减薄，表现为管嘴内壁位置余量减小。综合考虑管嘴直径与长度尺寸以及翻边行程等因素，选择 55° 冲头比较合理。

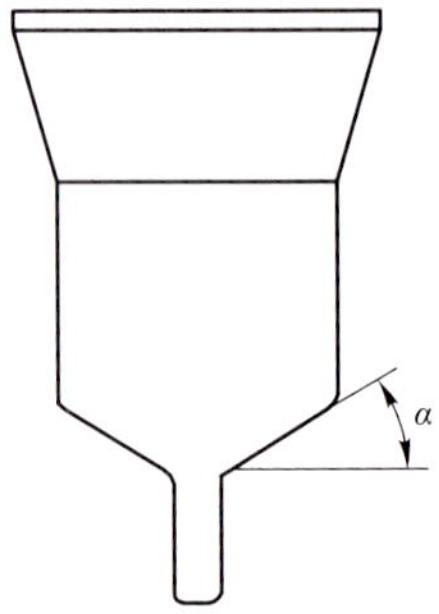

图 3.2-73　翻边冲头结构图

2）翻边后各部位锻造余量。图 3.2-75 为 55° 冲头翻边后管嘴直径及长度方向的锻造余量，外壁完全贴模（20mm 余量），内壁余量 18mm，长度余量 137mm。

3）成形力。图 3.2-76 为翻边过程中成形力变化情况，共分为三个阶段，第一阶段由于冲头工作区投影面积增大，成形力逐渐增大；第二阶段成形力稳定并逐渐减小，第三阶段冲头上部工作锥面投影面积增大，成形力逐渐增大，最大成形力产生在变形的终点约为 8900t。

2. 比例试验

为了验证数值模拟结果的准确性和试验方案的可行性，以 CAP1400RPV 接管段为研制目标，制订 1∶2 比例试验方案。

（1）锻件。1∶2 比例试验锻件如图 3.2-77 所示。

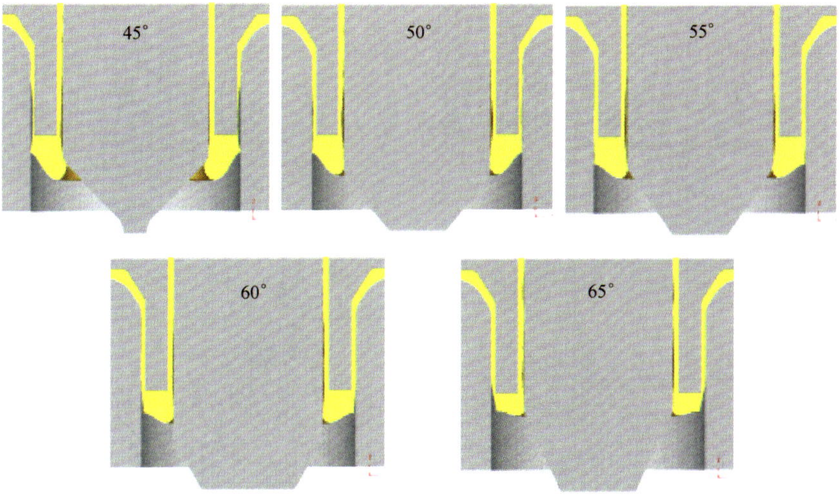

图 3.2-74　不同角度冲头翻边后结果比较

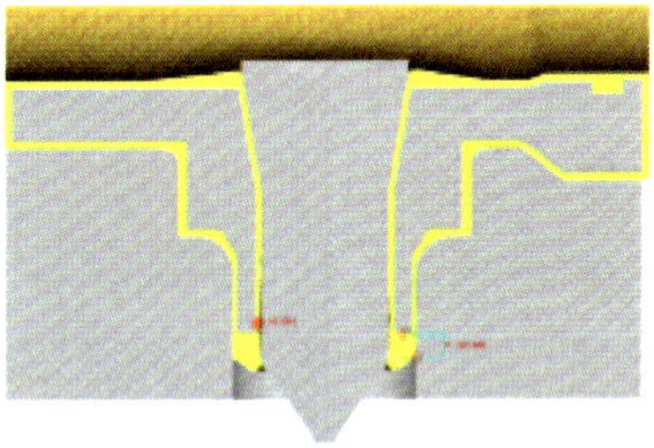

图 3.2-75　55°冲头翻边后各部位锻造余量

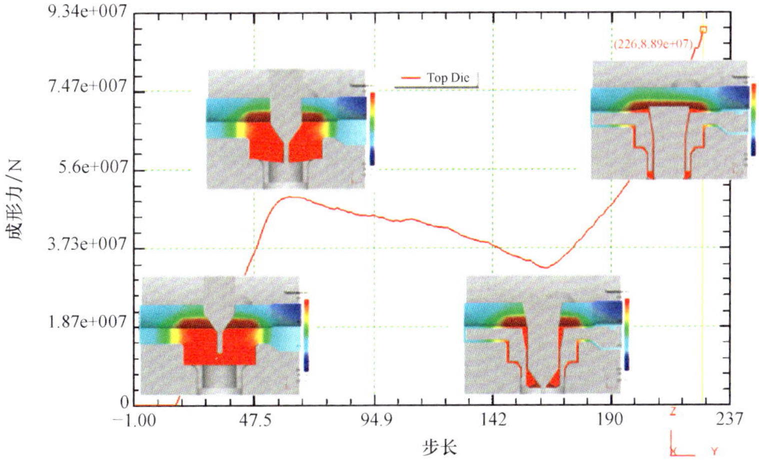

图 3.2-76　翻边成形力

（2）数值模拟。比例为 1∶2，按八分之一模型对称边界条件模拟，坯料温度 1200℃，摩擦系数 0.4，冲头压下速度 10mm/s。翻边后管嘴内孔单边余量 15mm，外径单边余量 10mm，长度余量 68mm（见图 3.2-78），最大成形力 1300t（见图 3.2-79）。

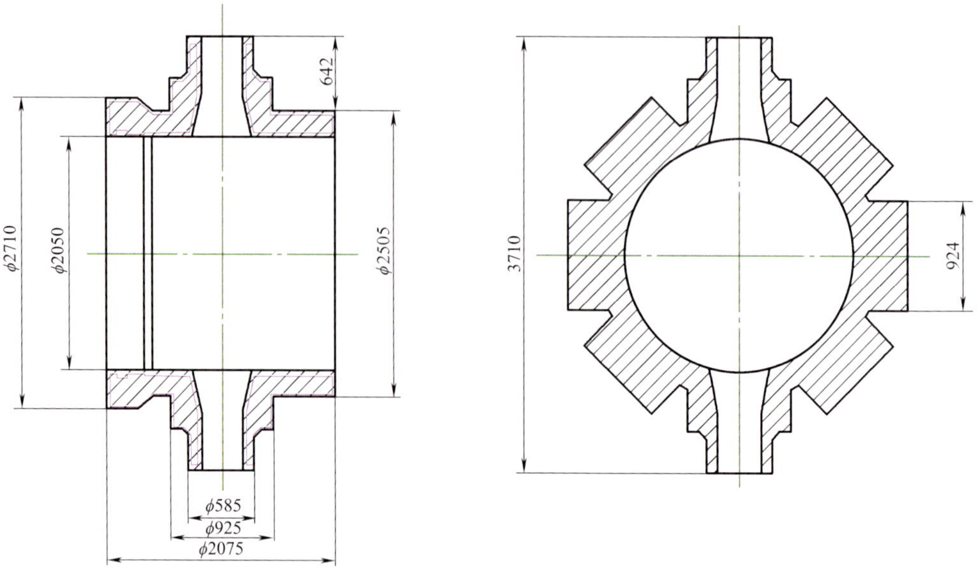

图 3.2-77　1：2 比例试验锻件图

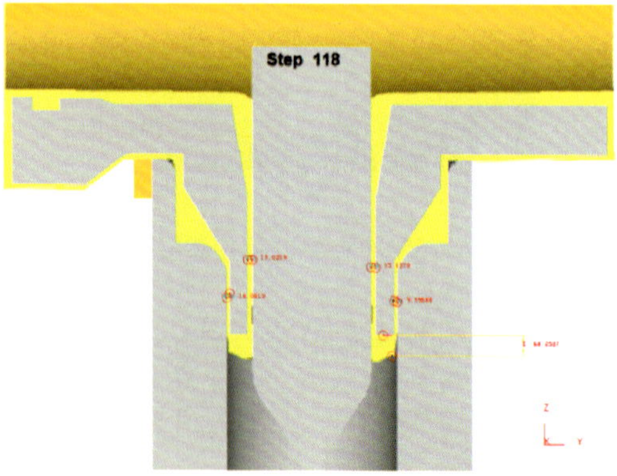

图 3.2-78　比例试验管嘴翻边后各部位余量

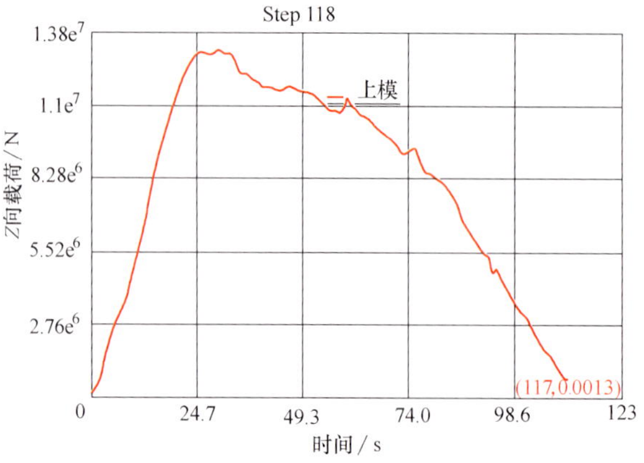

图 3.2-79　比例试验翻边成形力

使用计算机模拟软件对翻边比例试验模具进行强度校核（见图 3.2-80），上横梁上表面中部施加 1300t 垂直向下压力，冲头下端施加固定位移约束。忽略接触位置产生的应力集中，模拟结果表明最危险位置为下横梁受拉侧，其最大等效应力为 172MPa。

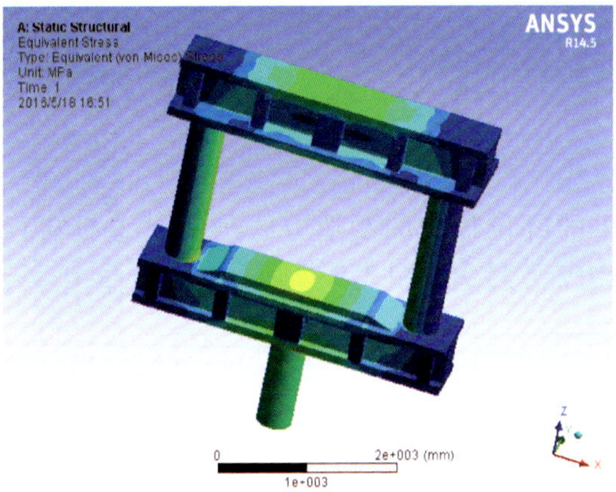

图 3.2-80 比例试验翻边模具强度校核模拟

（3）管嘴翻边附具装配。管嘴翻边附具装配如图 3.2-81 所示。

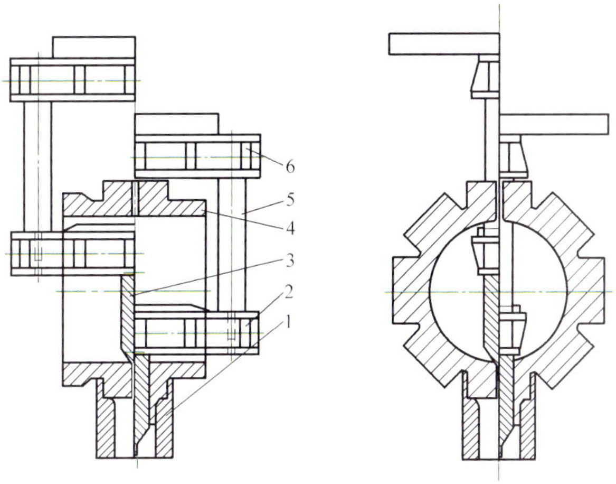

图 3.2-81 管嘴翻边装配图

1—下模；2—下横梁；3—冲头；4—坯料；

5—导向柱；6—上横梁

第3章 压水堆下封头

3.1 分体式

核电 RPV 接管段以下的部位传统的制造方式是下封头与堆芯筒体之间用过渡段连接（见图 3.3-1）。AP1000 RPV 下封头如图 3.3-2 所示。

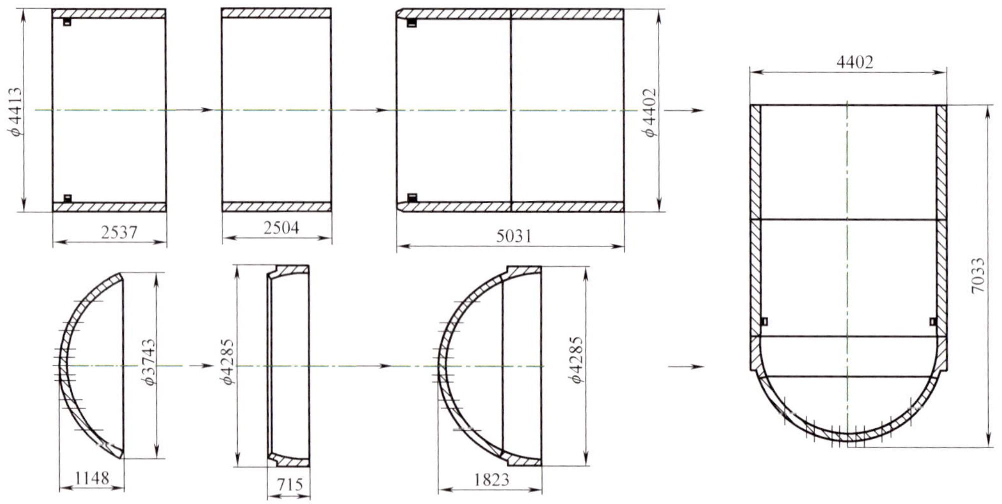

图 3.3-1 核电 RPV 下部传统的制造方式

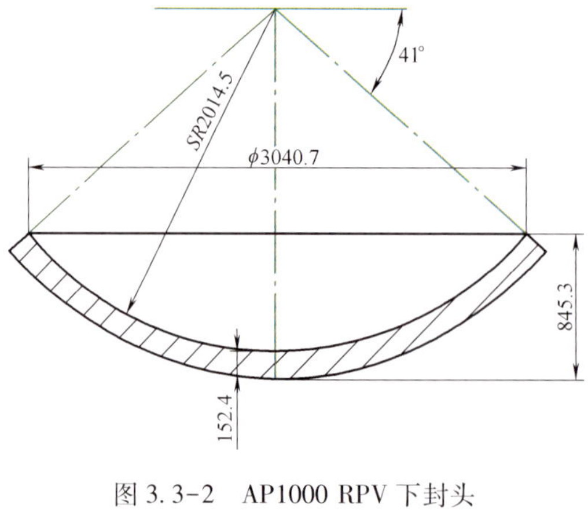

图 3.3-2 AP1000 RPV 下封头

AP1000 RPV 下封头采用板坯冲形的传统方法制造，因形状及制造过程简单，在此不做详细介绍。

3.2 一 体 化

为了实现堆芯筒体以下部位既没有贯穿孔又没有焊缝，排除 RPV 泄露导致失水事故的可能性，开拓创新，将具有完全自主知识产权的 CAP1400RPV 过渡段及下封头合锻在一起，研制了一体化底封头。CAP1400RPV 一体化底封头（见图 3.3-3）不仅锻件尺寸与重量比图 3.3-2 所示的 AP1000 RPV 下封头大，而且深径比更大（类似大钟）。这种超大的“钟形”零件因其锻造毛坯及热处理前锻件的内腔高度已超过 2500mm（远大于内腔半径），因此给锻造成形和性能热处理等带来了极大的挑战。

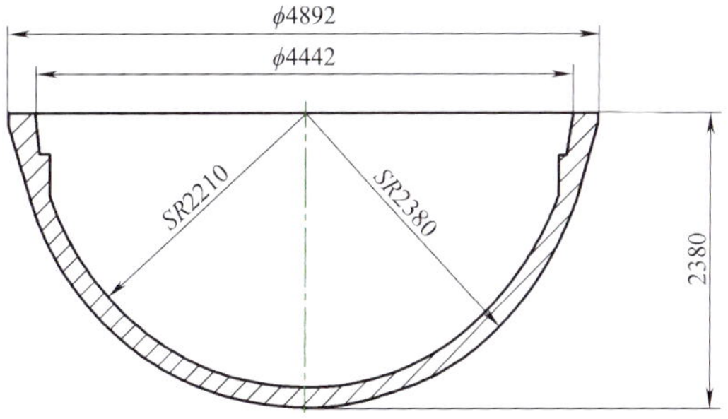

图 3.3-3　CAP1400RPV 一体化底封头

3.2.1 产品研制

1. 数值模拟

为了实现 CAP1400RPV 一体化底封头锻件的锻造成形，中国一重开展了模内旋转锻造和坯料外部渐变拉深成形锻造等数值模拟研究。

（1）模内旋转锻造。通过模内旋转锻造预制出碗形坯料，数值模拟如图 3.3-4 所示。

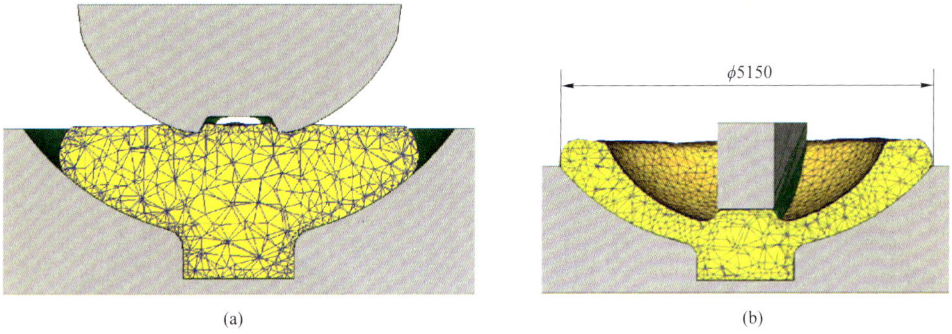

图 3.3-4　模内旋转锻造数值模拟

（a）开始状态；（b）结束状态

（2）渐变拉深成形锻造。由于 CAP1400RPV 一体化底封头锻件坯料的内腔深度远大于内腔半径，而且锻件壁厚相对较薄，采用传统的模内旋转锻造难以成形，为此研究发明了坯料外部渐变拉深成形锻造方法，数值模拟及结果如图 3.3-5 所示。

1）应力分析。图 3.3-6 为成形时在锤头压下过程中某一时刻坯料受到的最大和最小主应力。坯料受到的压应力达到了 160MPa，其提供给模具的反作用力也相当大，所以在渐变拉深过程中应采用小压下量逐步成形的方式进行锻造。

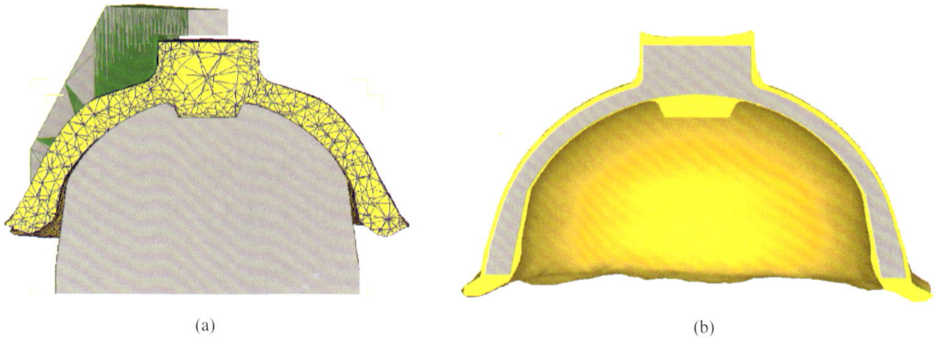

图 3.3-5　渐变拉深成形锻造数值模拟及结果

（a）锻造；（b）模拟结果与锻件图对比

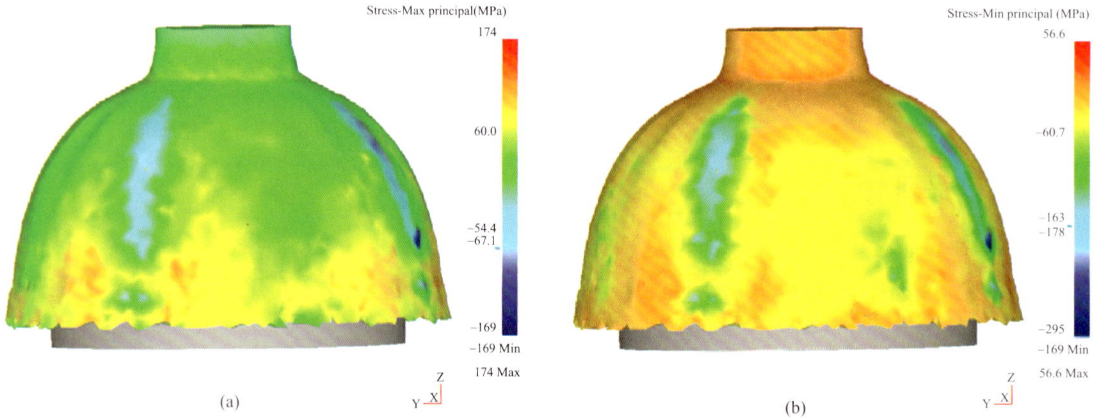

图 3.3-6　最大最小主应力分布情况

（a）最大主应力；（b）最小主应力

2）应变分析。图 3.3-7 为渐变拉深成形过程中的最大主应变和最小主应变，裙边处的应变量最大，该区域在渐变拉深成形锻造各火次中的锻比最大，最容易出现折伤。

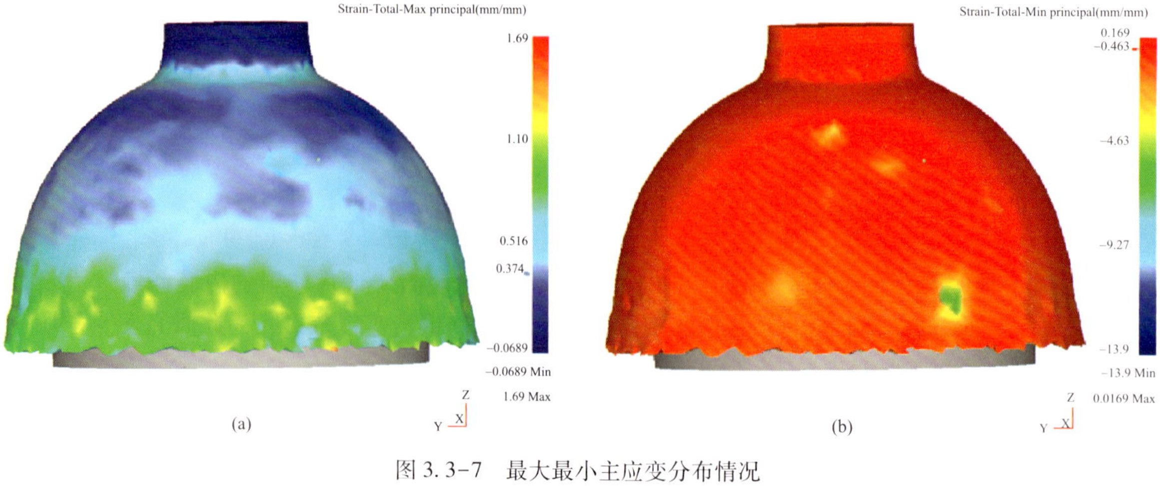

图 3.3-7　最大最小主应变分布情况

（a）最大主应变；（b）最小主应变

3）损伤因子。图 3.3-8 为损伤因子分布情况。由图 3.3-8 可见，损伤因子在裙边部位数值最大，表明在成形过程中随着应力和变形的累积，此区域容易出现褶皱和裂纹等缺陷。

2. 附具研制

在数值模拟的基础上，研制了专用锻造成形附具。此外，为了实现超大“钟形”锻件的性能热处理，设计制造了内部专用芯子等喷水淬火附具。

（1）内旋转锻造制坯附具。下凹模如图 3.3-9 所示；楔形上锤头如图 3.3-10 所示。

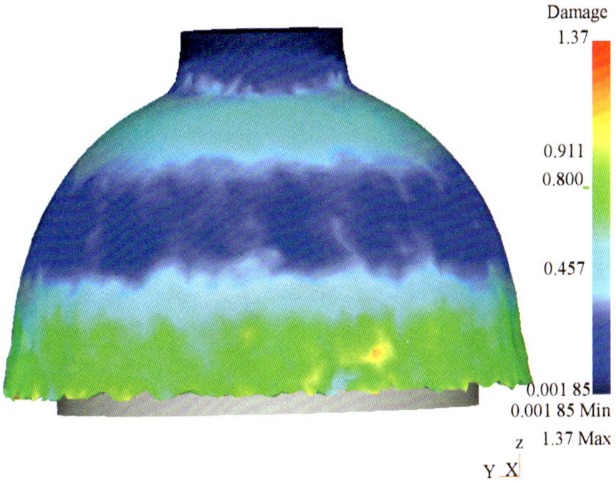

图 3.3-8 损伤因子分布情况

图 3.3-9 内旋转制坯用下凹模

图 3.3-10 内旋转制坯用楔形上锤头

（2）专用外拉深成形锻造锤头。研制了三种专用锤头实施分步外拉深成形锻造，成形锤头如图 3.3-11～图 3.3-13 所示。外拉深成形锻造下凸模如图 3.3-14 所示。

图 3.3-11 外拉深成形锻造锤头 Ⅰ

图 3.3-12 外拉深成形锻造锤头 Ⅱ

（3）立式喷水淬火内芯。立式喷水淬火内芯参见图 1.3-22a。一体化底封头喷水淬火内芯与内表面的间隙调整如图 3.3-15 所示。

图 3.3-13 外拉深成形锻造锤头Ⅲ

图 3.3-14 外拉深成形锻造下凸模

图 3.3-15 立式喷水淬火内芯与内表面的间隙调整

3. 锻件评定

（1）检测项目。在锻件的水口端（S）、1/2 弧长位置（A）、冒口端（M）以及球顶（C）四个位置取样进行性能检测。从冒口端性能试环上取两块试料，1 块取自未开排水槽位置，1 块取自开排水槽位置。取样位置参见图 1.4-10。

对水口试料和 1/2 弧长位置试料分别进行内表面、内 $T/4$、$T/2$、外 $T/4$、外表面的五层解剖检测，球顶和冒口试环仅进行内 $T/4$ 位置检测。

检测项目包括化学成分、室温拉伸、350℃拉伸、冲击、落锤（RT_{NDT}）、金相（组织、晶粒度、夹杂物）；热处理状态包括 Q&T 和 Q&T+SPWHT。

（2）性能结果。

1）化学成分。化学成分见表 3.3-1。

表 3.3-1 **一体化底封头化学成分** （质量分数,%）

取样位置		C	Si	Mn	P	S	Cr	Ni	Mo	Cu	V	Al	B	Co	As	Sn	Sb
		≤ 0.25	0.15 ~0.40	1.2 ~1.5	≤ 0.015	≤ 0.005	≤ 0.15	0.4 ~1.0	0.45 ~0.60	≤ 0.15	≤ 0.05	≤ 0.04	≤ 0.003	≤ 0.10	≤ 0.015	≤ 0.015	≤ 0.005
A1	内表面	0.18	0.18	1.38	0.005	0.002	0.13	0.70	0.48	0.02	0.002	0.013	0.000 2	0.005	0.002	0.002	0.000 7
	内 $T/4$	0.18	0.16	1.39	0.005	0.002	0.13	0.76	0.50	0.03	0.002	0.009	0.000 2	0.005	0.002	0.002	0.000 7
	$T/2$	0.21	0.16	1.44	0.005	0.002	0.13	0.80	0.51	0.03	0.002	0.008	0.000 2	0.005	0.002	0.002	0.000 7
	外 $T/4$	0.21	0.16	1.41	0.005	0.002	0.13	0.79	0.50	0.03	0.002	0.008	0.000 2	0.005	0.002	0.002	0.000 7
	外表面	0.20	0.16	1.39	0.005	0.002	0.13	0.76	0.49	0.02	0.002	0.008	0.000 2	0.005	0.002	0.002	0.000 7
M1	内 $T/4$	0.23	0.25	1.44	0.013	0.002	0.13	0.79	0.52	0.03	0.002	0.011	0.000 2	0.005	0.011	0.002	0.000 7

续表

取样位置		C	Si	Mn	P	S	Cr	Ni	Mo	Cu	V	Al	B	Co	As	Sn	Sb
		≤0.25	0.15～0.40	1.2～1.5	≤0.015	≤0.005	≤0.15	0.4～1.0	0.45～0.60	≤0.15	≤0.05	≤0.04	≤0.003	≤0.10	≤0.015	≤0.015	≤0.005
S1	内表面	0.19	0.18	1.39	0.005	0.002	0.13	0.77	0.49	0.03	0.002	0.015	0.000 2	0.005	0.002	0.002	0.000 7
	内 *T*/4	0.20	0.17	1.40	0.005	0.002	0.13	0.78	0.50	0.03	0.002	0.008	0.000 2	0.005	0.002	0.002	0.000 7
	T/2	0.19	0.16	1.38	0.005	0.002	0.13	0.75	0.49	0.03	0.002	0.013	0.000 2	0.005	0.002	0.002	0.000 7
	外 *T*/4	0.19	0.15	1.38	0.005	0.002	0.13	0.77	0.49	0.03	0.002	0.008	0.000 2	0.005	0.002	0.002	0.000 7
	外表面	0.19	0.16	1.38	0.005	0.002	0.13	0.78	0.49	0.03	0.002	0.007	0.000 2	0.005	0.002	0.002	0.000 7
C	内 *T*/4	0.24	0.17	1.46	0.005	0.002	0.13	0.81	0.52	0.03	0.002	0.013	0.000 2	0.005	0.002	0.002	0.000 7

2）性能。

① 各部位强度。各部位室温强度如图 3.3-16 所示，高温（350℃）强度如图 3.3-17 所示。各部位强度均满足要求，从表面到 *T*/2 位置，屈服强度和抗拉强度基本呈下降趋势。

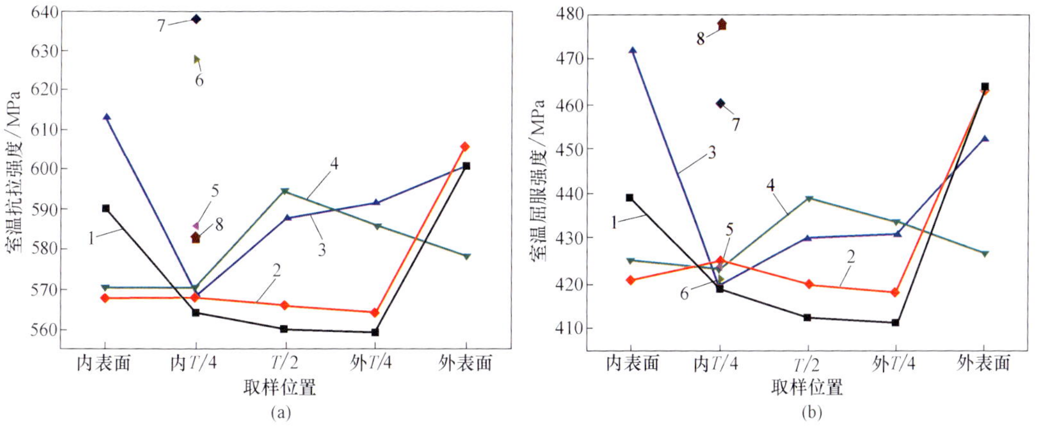

图 3.3-16　CAP1400RPV 底封头室温强度

（a）抗拉强度；（b）屈服强度

1—水口端 Q&T+SPWHT；2—水口端 Q&T；3—过渡区 1/2 弧长 Q&T+SPWHT；4—过渡区 1/2 弧长 Q&T；5—冒口端未开槽 Q&T+SPWHT；6—球顶部位 Q&T+SPWHT；7—球顶部位 Q&T；8—冒口端开槽 Q&T+SPWHT

② 各部位低温冲击吸收能量。各部位低温（-25℃）冲击吸收能量如图 3.3-18 所示。-25℃ 冲击吸收能量均满足要求，且富余量较大。从表面到 *T*/2 位置，冲击吸收能量逐渐降低。水口端和 1/2 弧长位置的外表面以及外 *T*/4 处不同方向的冲击吸收能量基本一致。

③ 各部位落锤。各部位落锤（RT_{NDT}）如图 3.3-19 所示。各部位 RT_{NDT} 均满足要求，模拟态好于调质态。

3）金相。各部位组织均为贝氏体回火组织，晶粒度 7～7.5 级，夹杂物满足要求（见表 3.3-2）。

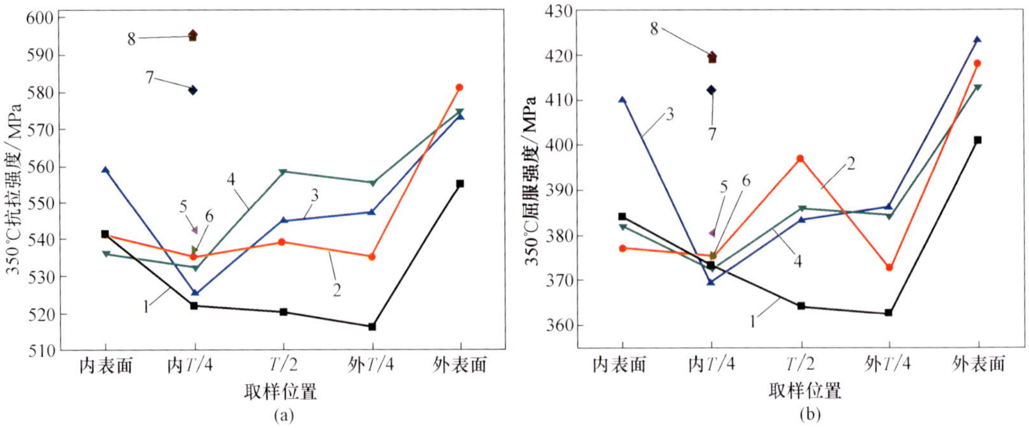

图 3.3-17 CAP1400RPV 底封头高温强度

（a）抗拉强度；（b）屈服强度

1—水口端 Q&T+SPWHT；2—水口端 Q&T；3—过渡区 1/2 弧长 Q&T+SPWHT；4—过渡区 1/2 弧长 Q&T；5—冒口端未开槽 Q&T+SPWHT；6—冒口端开槽 Q&T+SPWHT；7—球顶部位 Q&T+SPWHT；8—球顶部位 Q&T

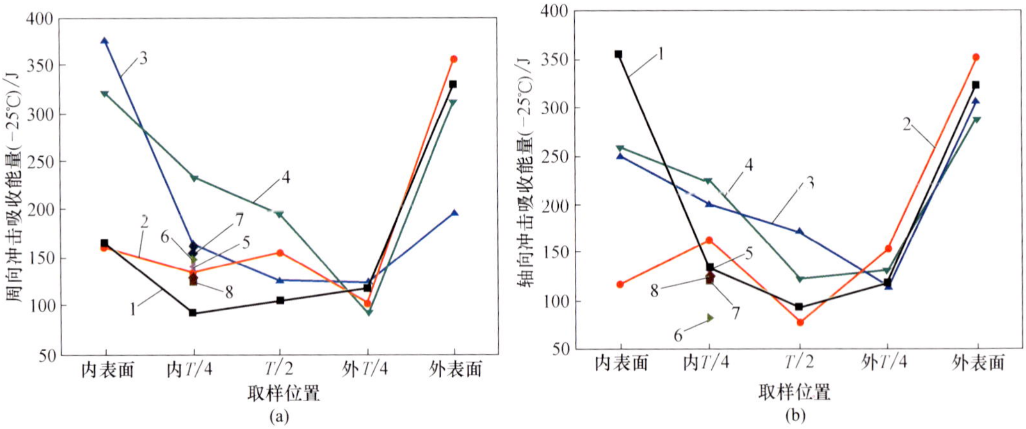

图 3.3-18 CAP1400RPV 底封头低温冲击吸收能量

（a）周向冲击；（b）轴向冲击

1—水口端 Q&T+SPWHT；2—水口端 Q&T；3—过渡区 1/2 弧长 Q&T+SPWHT；4—过渡区 1/2 弧长 Q&T；5—冒口端未开槽 Q&T+SPWHT；6—冒口端开槽 Q&T+SPWHT；7—球顶部位 Q&T+SPWHT；8—球顶部位 Q&T

表 3.3-2 CAP1400RPV 底封头金相检验结果

位置		热处理状态	组织	晶粒度	夹杂物			
					A（硫化物）≤1.5	B（氧化物）≤2	C（硅酸盐）≤1.5	D（球状氧化物）≤1.5
A1 1/2 弧长	内表面	Q&T+SPWHT	贝氏体回火组织	7	0.5	1	0.5	0.5
	内 $T/4$		贝氏体回火组织	7	0.5	0.5	0.5	0.5
	$T/2$		贝氏体回火组织	7	0.5	0.5	1	0.5
	外 $T/4$		贝氏体回火组织	7	0.5	0.5	0.5	0.5
	外表面		贝氏体回火组织	7	0.5	1	0.5	0.5

位置		热处理状态	组织	晶粒度	夹杂物			
					A（硫化物）≤1.5	B（氧化物）≤2	C（硅酸盐）≤1.5	D（球状氧化物）≤1.5
M1 未开槽	内 $T/4$	Q&T+SPWHT	贝氏体回火组织	7.5	0.5	0.5	0.5	0.5
M2 未开槽	内 $T/4$		贝氏体回火组织	7.5	0.5	1	0.5	0.5
S1 水口	内表面		贝氏体回火组织	7	0.5	0.5	0.5	0.5
	内 $T/4$		贝氏体回火组织	7.5	0.5	0.5	0.5	0.5
	$T/2$		贝氏体回火组织	7	0.5	0.5	0.5	0.5
	外 $T/4$		贝氏体回火组织	7	0.5	0.5	0.5	0.5
	外表面		贝氏体回火组织	7.5	0.5	0.5	0.5	0.5
C 球顶	内 $T/4$		贝氏体回火组织	7	0.5	0.5	0.5	0.5

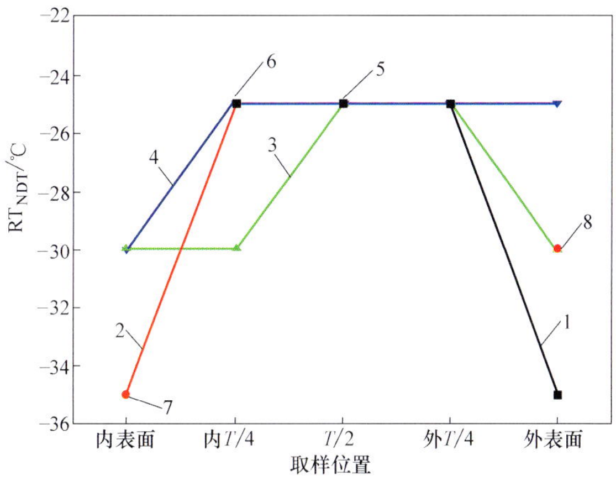

图 3.3-19　CAP1400RPV 底封头落锤

1—水口端 Q&T+SPWHT；2—水口端 Q&T；3—过渡区 1/2 弧长 Q&T+SPWHT；4—过渡区 1/2 弧长 Q&T；5—冒口端未开槽 Q&T+SPWHT；6—冒口端开槽 Q&T+SPWHT；7—球顶部位 Q&T+SPWHT；8—球顶部位 Q&T

（3）底封头球顶本体补充取样。球顶试环以下的封头本体各取样位置强度和-25℃冲击如图 3.3-20 所示（图中水平线为相应的验收值）。图中 D、E、F 试料位于球顶本体靠近球顶试环开排水槽区域，其中 E 位于球顶试环排水槽正下方，D 靠近开口端，F 靠近球顶。G、H、K 试料位于球顶本体靠近球顶试环试料区域，其中 H 试料位于试环产品检验试料正下方，G 靠近开口端，K 靠近球顶。

球顶试环以下的封头本体各取样位置 RT_{NDT} 如图 3.3-21 所示（图中水平线为验收值）。

4. 补充评定

由于 CAP1400RPV 一体化底封头锻件高度超出 ASME 标准单端取样规定，而球顶部位又无法取性能试样，故锻件评定文件中在球顶部位增加了环状试验料，壁厚与球顶相同。虽然评定锻件各项检测指标均满足采购技术条件要求，但球顶上被增加试验环所覆盖部分在试验料去除后的性能是否与其他部位有明显差别需要经过验证，因此用评定锻件进一步做了补充评定。

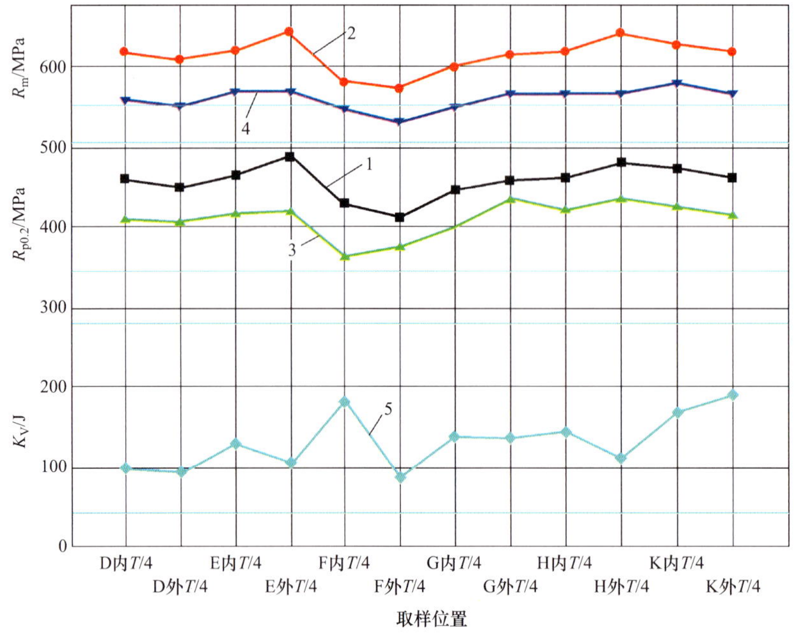

图 3.3-20　球顶试环以下的封头本体各取样位置强度和-25℃冲击

1—20℃屈服强度；2—20℃抗拉强度；3—350℃屈服强度；4—350℃抗拉强度；5— -25℃冲击

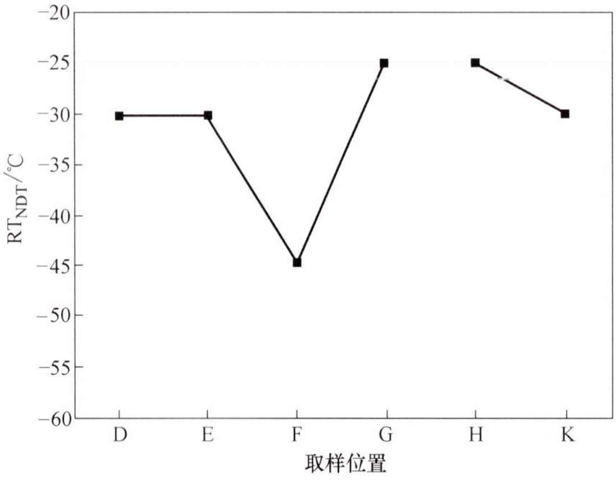

图 3.3-21　球顶试环以下的封头本体各取样位置 RT_{NDT}

（1）取样。CAP1400RPV 底封头球顶试环下方本体取样位置如图 3.3-22 所示。球顶试环下方性能对比取样包括 D/E/F/G/H/K 六个取样位置，试料 D、E、F 位于球顶试环开排水槽下方本体，试料 G、H、K 位于球顶试环试料区下方本体。检测项目包括化学成分、室温拉伸、350℃拉伸、冲击、落锤（RT_{NDT}）、金相（组织、晶粒度、夹杂物）、硬度，仅进行 Q&T. +SPWHT 状态性能检测。取样位置为内、外 T/4。硬度检验位置如图 3.3-23 所示。

将评定底封头球顶试环加工掉，使试环下方覆盖的封头本体与封头球面外径相同，然后进行硬度检验。分别通过位于排水槽长度中心的母线 L1 及与其相邻的母线 L3、L4 和通过试料区的母线 L2 及与其相邻的母线 L5、L6 进行硬度检测（见图 3.3-24）。覆盖试环厚度 219mm，

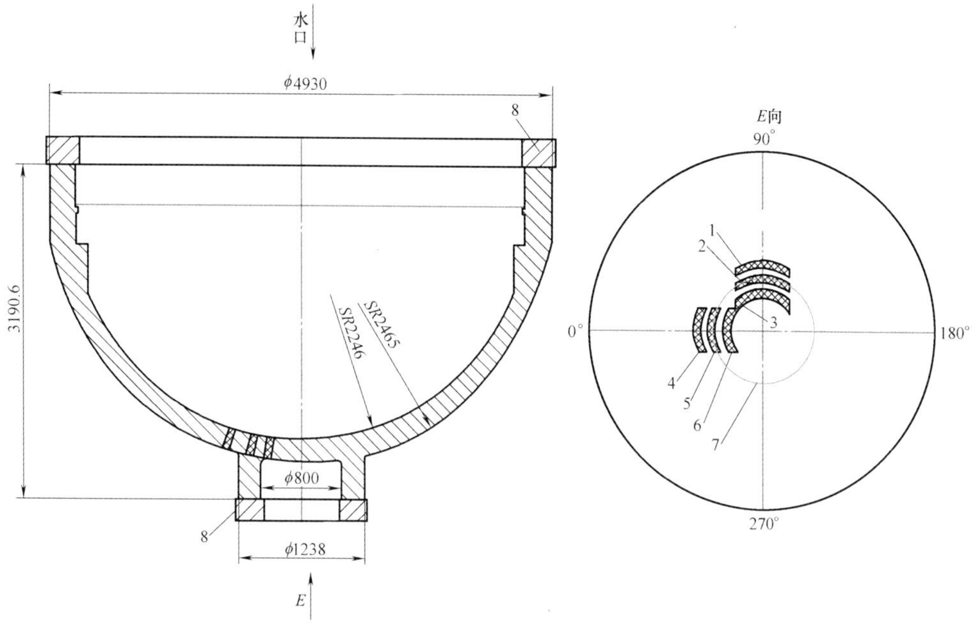

图 3.3-22　CAP1400RPV 底封头球顶试环下方本体取样图

1—试料 D；2—试料 E；3—试料 F；4—试料 G；5—试料 H；6—试料 K；7—试料中心线；8—隔热环

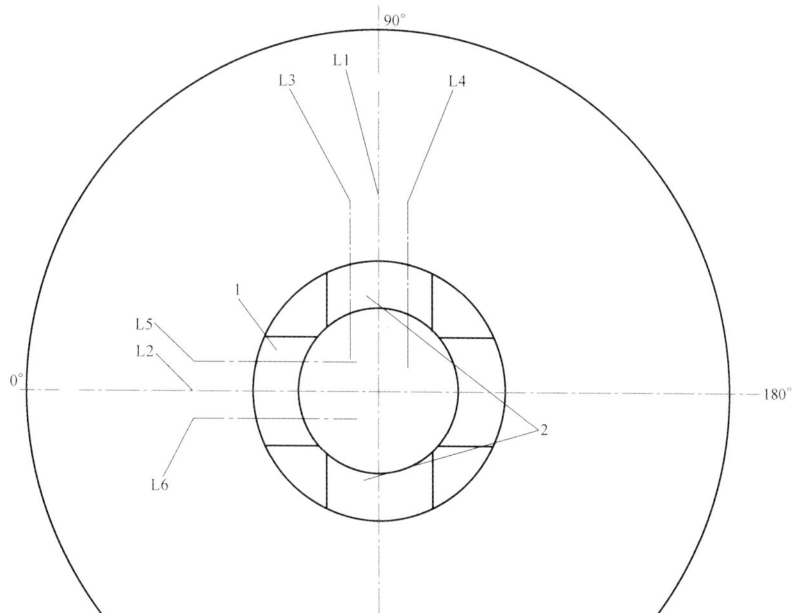

图 3.3-23　CAP1400RPV 底封头球顶硬度检测位置

1—第一次性能试料区；2—排水槽

并同时向球顶和封头大端的球面分别延伸300mm，每隔10mm进行一点硬度（HBW）检测。

（2）性能结果。

1）硬度。硬度检测结果见图3.3-24及表3.3-3。所有硬度检测位置硬度偏差值最大为28HBW，检测结果表明锻件具有良好的硬度均匀性。

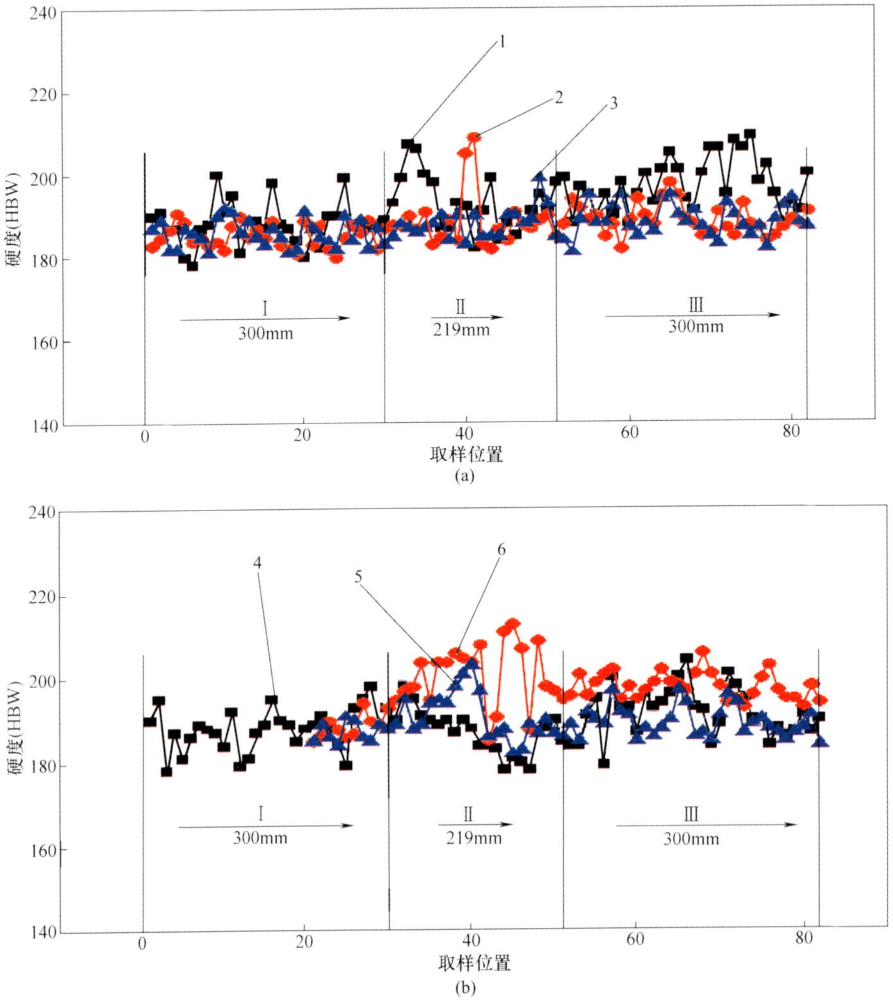

图3.3-24　CAP1400RPV底封头球顶硬度检测结果

（a）开排水槽位置母线L1、L3、L4硬度；（b）未开排水槽位置母线L2、L5、L6硬度

1—母线L1；2—母线L3；3—母线L4；4—母线L2；5—母线L5；6—母线L6

表3.3-3　CAP1400RPV底封头球顶硬度均匀性　（HBW）

母线	试环至球顶		试环		试环至封头端面	
	最大值	最小值	最大值	最小值	最大值	最小值
母线L1	200	178	207	182	209	188
母线L2	198	178	198	178	204	179
母线L3	191	180	209	182	198	182
母线L4	192	181	199	183	195	181

母线	试环至球顶		试环		试环至封头端面	
	最大值	最小值	最大值	最小值	最大值	最小值
母线 L5	193	185	213	185	206	193
母线 L6	191	184	203	182	197	184

2）强度。评定件球顶试环下方封头本体强度对比如图 3.3-25 所示。在底封头球顶设置性能试环后，性能试环下方的封头本体区域（试料 E 和试料 H）强度值不低于无试环位置封头本体（试料 D/试料 F/试料 G/试料 K）的强度，即底封头球顶设置试环后，并未造成试环下方封头本体强度损失。球顶本体补充取样位置所有强度指标均满足要求。

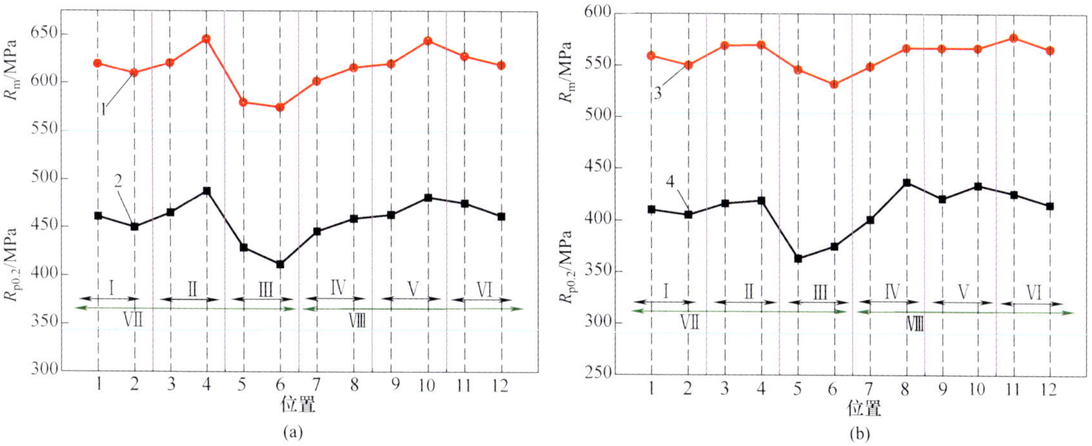

图 3.3-25　评定件球顶试环下方封头本体强度对比

（a）室温强度；（b）高温强度

1—室温抗拉强度；2—室温屈服强度；3—350℃抗拉强度；4—350℃屈服强度

Ⅰ—试料 D；Ⅱ—试料 E；Ⅲ—试料 F；Ⅳ—试料 G；Ⅴ—试料 H；Ⅵ—试料 K；Ⅶ—排水槽区域下方；Ⅷ—试料区下方

注：横坐标（位置）1、3、5、7、9、11—内 $T/4$；位置 2、4、6、8、10/12—外 $T/4$

3）低温冲击。评定件球顶试环下方封头本体低温（-25℃）冲击吸收能量对比如图 3.3-26 所示。底封头球顶设置试环后，试环正下方的封头本体部位（试料 E 和试料 H）-25℃冲击吸收能量与无试环位置本体-25℃冲击吸收能量无异常增高或降低，即底封头球顶设置试环后，并未造成试环下方封头本体-25℃冲击吸收能量损失。球顶本体补充取样的所有位置-25℃冲击吸收能量均满足要求。

4）落锤。评定件球顶试环下方封头本体落锤（RT_{NDT}）对比如图 3.3-27 所示。底封头球顶设置试环后，试环正下方的封头本体部位（试料 E 和试料 H）RT_{NDT} 与无试环位置本体 RT_{NDT} 无异常增高或降低，即底封头球顶设置试环后，并未造成试环下方封头本体 RT_{NDT} 损失。球顶本体补充取样的所有位置 RT_{NDT} 均满足要求。

5）金相。评定件球顶试环下方封头本体金相对比见表 3.3-4。各位置组织均为贝氏体回火组织，晶粒度 7～7.5 级，夹杂物满足要求。

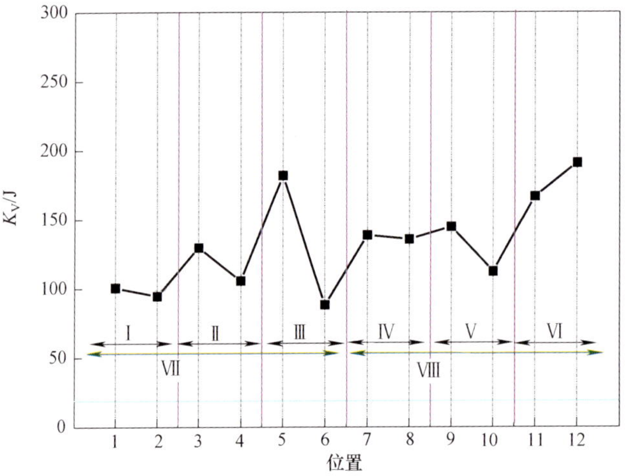

图 3.3-26　评定件球顶试环下方封头本体低温冲击对比

Ⅰ—试料 D；Ⅱ—试料 E；Ⅲ—试料 F；Ⅳ—试料 G；Ⅴ—试料 H；Ⅵ—试料 K；Ⅶ—排水槽区域下方；Ⅷ—试料区下方

注：横坐标（位置）1、3、5、7、9、11—内 $T/4$；位置 2、4、6、8、10/12—外 $T/4$

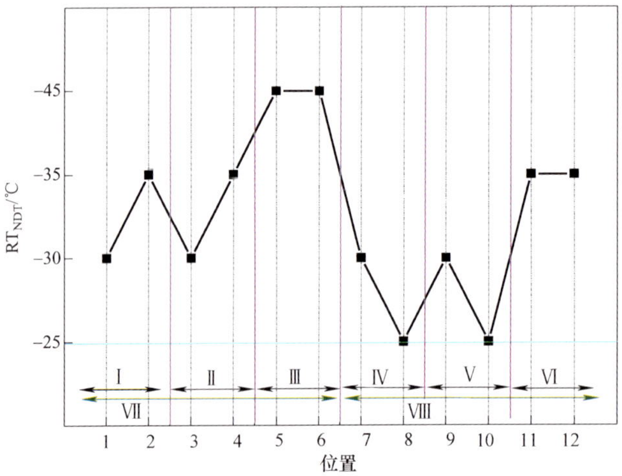

图 3.3-27　评定件球顶试环下方封头本体落锤（RT_{NDT}）对比

Ⅰ—试料 D；Ⅱ—试料 E；Ⅲ—试料 F；Ⅳ—试料 G；Ⅴ—试料 H；Ⅵ—试料 K；Ⅶ—排水槽区域下方；Ⅷ—试料区下方

注：横坐标（位置）1、3、5、7、9、11—内 $T/4$；位置 2、4、6、8、10/12—外 $T/4$

表 3.3-4　　评定件球顶试环下方封头本体金相对比

位置		组织	晶粒度	夹杂物			
				A（硫化物）≤1.5	B（氧化物）≤2	C（硅酸盐）≤1.5	D（球状氧化物）≤1.5
D	内 $T/4$	贝氏体回火组织	7.5	0.5	0.5	0.5	0.5
	外 $T/4$	贝氏体回火组织	7	0.5	0.5	0.5	0.5
E	内 $T/4$	贝氏体回火组织	7	0.5	0.5	0.5	0.5
	外 $T/4$	贝氏体回火组织	7	0.5	0.5	0.5	0.5

位置		组织	晶粒度	夹杂物			
				A（硫化物）≤1.5	B（氧化物）≤2	C（硅酸盐）≤1.5	D（球状氧化物）≤1.5
F	内 $T/4$	贝氏体回火组织	7.5	0.5	0.5	0.5	0.5
	外 $T/4$	贝氏体回火组织	7.5	0.5	0.5	0.5	0.5
G	内 $T/4$	贝氏体回火组织	7	0.5	0.5	1	0.5
	外 $T/4$	贝氏体回火组织	7.5	0.5	0.5	0.5	0.5
H	内 $T/4$	贝氏体回火组织	7	0.5	0.5	0.5	0.5
	外 $T/4$	贝氏体回火组织	7.5	0.5	0.5	0.5	0.5
K	内 $T/4$	贝氏体回火组织	7.5	0.5	0.5	0.5	0.5
	外 $T/4$	贝氏体回火组织	7	0.5	0.5	0.5	0.5

（3）结论。CAP1400RPV 评定件底封头球顶试环下方本体取样位置性能均满足技术指标要求。底封头球顶设置试环后，球顶试环正下方覆盖区域本体的性能与无试环覆盖区域的性能相比无损失，整体性能比较均匀，球顶设置试环后，并未给球顶本体性能造成偏差。

3.2.2 产品制造

1. 产品取样

在全面总结评定锻件解剖检测结果的基础上生产了两件 CAP1400RPV 底封头产品。产品取样图如图 3.3-28 所示，取样位置为水口端对称 180°（S1/S2）、冒口试环对称 180°（M1/M2）。CAP1400RPV 底封头科研件在相应的水口、冒口位置均进行了相应的取样检测。产品件仅进行内 $T/4$ 检验。

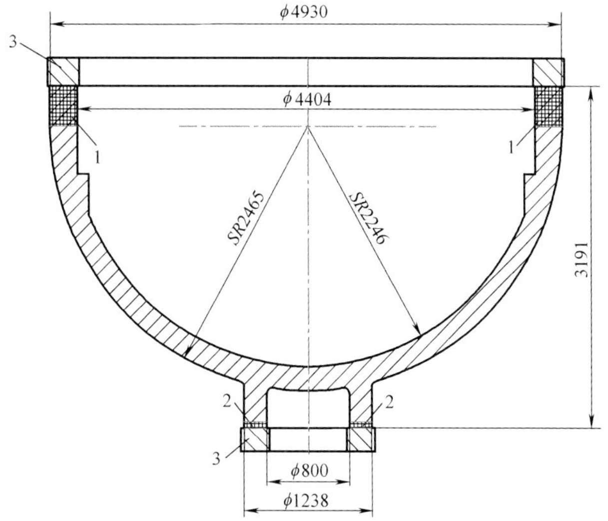

图 3.3-28 CAP1400RPV 底封头产品取样图

1—水口端试料；2—冒口端试料；3—热缓冲环

2. 产品制造过程

CAP1400RPV 一体化底封头锻件为拉深锻造预制的内旋转锻造坯料如图 3.3-29 所示。图 3.3-29a 是坯料内表面，图 3.3-29b 是坯料外表面。

(a)

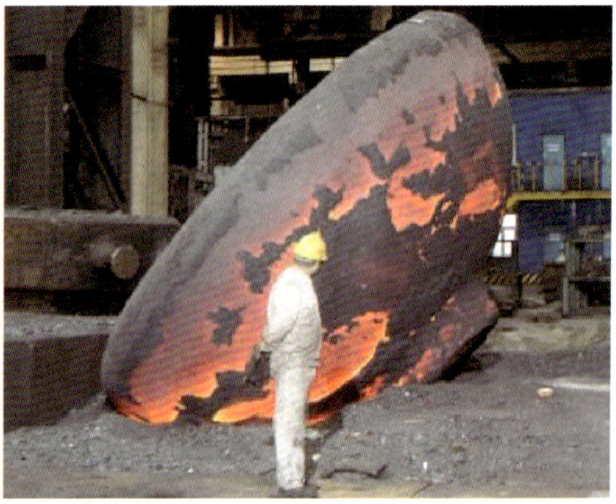

(b)

图 3.3-29 内旋转锻造坯料

（a）坯料内表面；（b）坯料外表面

图 3.3-30 为 CAP1400RPV 一体化底封头锻件拉深锻造准备情况。图 3.3-30a 是坯料准备安放在内凸模上；图 3.2-29b 是外拉深锤头安放在坯料上。

(a)

(b)

图 3.3-30 外拉深成形锻造准备

（a）坯料准备安放在内凸模上；（b）外拉深锤头安放在坯料上

图 3.3-31 为 CAP1400RPV 一体化底封头锻件拉深成形锻造成形过程。图 3.3-31a 是用外拉深锻造锤头Ⅰ进行旋转锻造；图 3.3-31b 是用外拉深成形锻造锤头Ⅱ进行旋转锻造；图 3.3-31c 是用外拉深成形锻造锤头Ⅲ进行旋转锻造；图 3.3-31d 是旋转锻造中间在锤头涂覆润滑涂料。拉深锻造过程中如出现锤头抱住坯料情况，可以用操作机等配合脱开（见图 3.3-32）。

(a) (b) (c) (d)

图 3.3-31　CAP1400RPV 一体化底封头锻造成形

（a）锤头Ⅰ锻造；（b）锤头Ⅱ锻造；（c）锤头Ⅲ锻造；（d）涂覆润滑涂料

图 3.3-32　脱开锤头与坯料

图 3.3-33 为 CAP1400RPV 一体化底封头性能热处理过程。图 3.3-33a 是锻件吊入喷水淬火装置进行冷调试；图 3.3-33b 是间隙测量；图 3.3-33c 是锻件喷水淬火前吊运过程；图 3.3-31d 是锻件喷水淬火过程。

图 3.3-33　CAP1400RPV 一体化底封头锻件喷水淬火

（a）冷态锻件吊入喷水淬火装置；（b）间隙测量；（c）热态锻件吊入喷水淬火装置；（d）喷水淬火

图 3.3-34 为 CAP1400RPV 一体化底封头锻件加工及 UT 检测等代表工序。图 3.3-33a 是锻件毛坯，图 3.3-33b 是粗加工，图 3.3-33c 是 UT 检测，图 3.3-31d 是锻件取性能试料后状态。

图 3.3-34　CAP1400RPV 一体化底封头锻件机加工及 UT 检测（一）

（a）锻件毛坯；（b）粗加工

(c) (d)

图 3.3-34 CAP1400RPV 一体化底封头锻件机加工及 UT 检测（二）

（c）UT 检测；（d）取样后状态

3. 产品性能

两件 CAP1400RPV 一体化底封头产品性能检测结果全部满足堆芯区的性能要求。图 3.3-35 为强度检测结果（图中水平线为相应的验收值），图 3.3-36 为冲击吸收能量检测结果（验收值>41J），图 3.3-37 为落锤检测结果（图中水平线为验收值）。

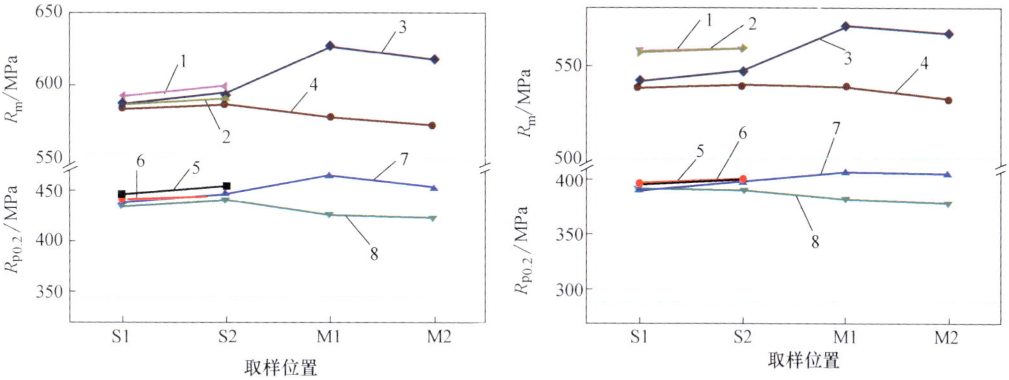

(a) (b)

图 3.3-35 产品强度检测结果

（a）室温强度；（b）高温强度

1—1 号调质态抗拉强度；2—2 号调质态抗拉强度；3—1 号模拟态抗拉强度；4—2 号模拟态抗拉强度；5—1 号调质态屈服强度；6—2 号调质态屈服强度；7—1 号模拟态屈服强度；8—2 号模拟态屈服强度

3.2.3 国内外制造方式对比

到目前为止，除了 CAP1400RPV 采用一体化底封头外，国内外其他的压水堆 RPV 均是过渡段与下封头分别制造（参见图 1.2-5f、g）然后焊接在一起的结构。一体化底封头不仅取消了环焊缝，而且下封头部分的锻件技术条件由以往的非堆芯区要求随同过渡段部分提高到了堆芯区要求。因此，一体化底封头既因取消了环焊缝而缩短了设备的制造及在役检测周期，又因锻件整体技术要求的提高而增加了设备的安全性。

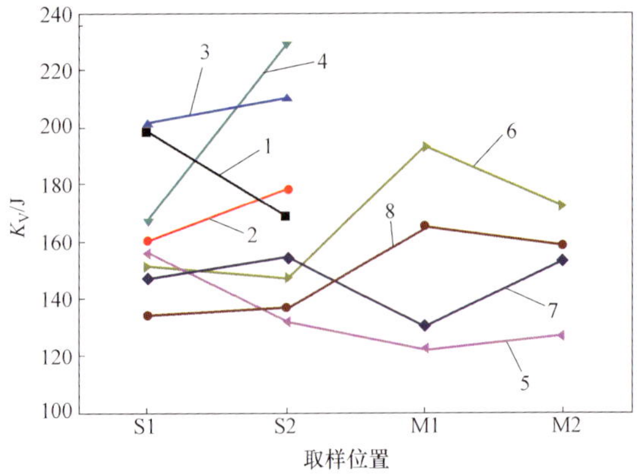

图 3.3-36　产品冲击吸收能量检测结果

1—1 号调质态轴向；2—2 号调质态轴向；3—1 号调质态周向；
4—2 号调质态周向；5—1 号模拟态轴向；6—2 号模拟态轴向；
7—1 号模拟态周向；8—2 号模拟态周向

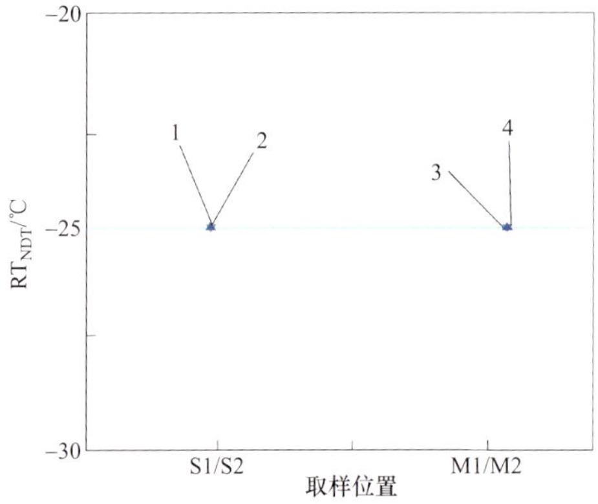

图 3.3-37　产品落锤检测结果

1—1 号调质态；2—2 号调质态；3—1 号模拟态；
4—2 号模拟态

AP1000 堆型反应堆压力容器底封头焊接件采用下封头+过渡段两部分通过环缝焊接完成制造，CAP1400 反应堆压力容器首次采用了一体化底封头近净成形锻造方式完成制造。

1. 制造流程对比

图 3.3-38　一体化底封头内壁不锈钢堆焊

CAP1400 底封头组件制造流程：一体化底封头锻件→底封头不锈钢堆焊（见图 3.3-38）→底封头镍基隔离层堆焊→底封头径向支承块组焊→单件制造完成。

AP1000 等分体底封头组件制造流程：

下封头锻件→下封头不锈钢堆焊→环焊缝坡口加工。

过渡段锻件→过渡段不锈钢堆焊→镍基隔离层堆焊→环焊缝坡口加工。

组焊底封头→环焊缝中间热处理→环焊缝无损探伤（PT/UT/RT）→单件制造完成。

CAP1400 一体化底封头将下封头和过渡段两部分合二为一，减少了封头环焊缝的焊接、中间热处理及无损探伤等工作内容，同时规避了焊接制造带来的质量风险，进一步提高了核电产品安全性。

2. 底封头组件制造差异对比

CAP1400 压力容器底封头采用一体化近净成形制造，将常规的底封头及过渡段合为一体，而 CAP1000 等下封头及过渡段通过完成单件的焊接制造，最后通过埋弧焊组焊完成底封头组件制造，制造过程中增加一道低合金钢环缝焊接。CAP1400 一体化底封头与 AP1000 底封头焊接数据对比见表 3.3-5。

综上所述，CAP1400 一体化底封头锻件制造技术具有国际领先水平。

表 3.3-5　CAP1400 一体化底封头与 AP1000 底封头焊接数据对比

项　　目	CAP1400 一体化底封头	AP1000 底封头焊接件
燃气预热	不需要	全程预热
埋弧焊丝	不需要	600kg
低合金钢焊条	不需要	40kg
组焊周期	不需要	约 3 天
结构差异	一体化锻件	焊接结构

第4章 其 他 锻 件

大型先进压水堆 RPV 锻件除了顶盖、接管段和下封头外，还有堆芯筒体、过渡段及进出口接管等（AP/CAP 机型还含有安注接管）。除了压水堆压力容器锻件以外，本章还将简要介绍沸水堆、高温气冷堆及小型堆压力容器锻件。

4.1 压水堆其他锻件

4.1.1 筒体

堆芯筒体是 RPV 锻件中形状最简单、高度尺寸最大的锻件（见图 3.4-1）。因锻件成形难度较小，在此不做详细介绍。

(a) (b)

图 3.4-1 堆芯筒体锻件

（a）锻件毛坯；（b）精加工后状态

4.1.2 过渡段

过渡段是连接堆芯筒体和下封头的锻件（见图 3.4-2），锻造方法一般分为覆盖式及仿形式。随着一体化底封头锻件的推广应用，过渡段锻件将不复存在，故在此不做详细介绍。

4.1.3 接管

1. 进出口接管

进出口接管锻件虽然形状较复杂（见图 3.4-3），但体积较小，其成形方法分为覆盖式

图 3.4-2　过渡段锻件

的自由锻造和仿形式的胎模锻造，下面分别加以介绍：

(a)　　(b)

图 3.4-3　进出口接管

（a）进口接管；（b）出口接管

（1）自由锻造。由于进出口接管锻件较小，一般采取同一机组的 2～3 个接管合锻在一起制坯、分料（见图 3.4-4），然后镦粗、冲孔、芯棒拔长出成品（见图 3.4-5）的锻造方法。

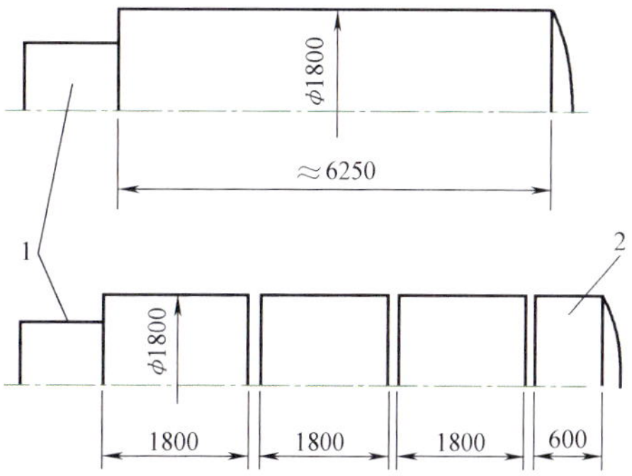

图 3.4-4　进出口接管合锻锻件图

1—钳把；2—水口弃料

（2）胎膜锻造。由于进出口接管锻件形状较复杂，采用自由锻造方法制造的覆盖式锻件加工余量大，锻造流线不连续，为了实现进出口接管的绿色制造，发明了胎模锻造技术。因进出口接管规格差别不大，故选取出口接管进行胎模锻造试验。出口接管零件与胎模锻造锻件轮廓图如图 3.4-6 所示。

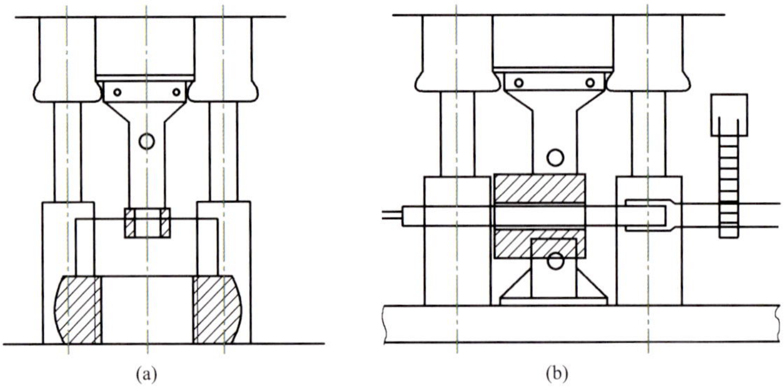

图 3.4-5　进出口接管镦粗、冲孔、芯棒拔长出成品

（a）镦粗、冲孔；（b）芯棒拔长

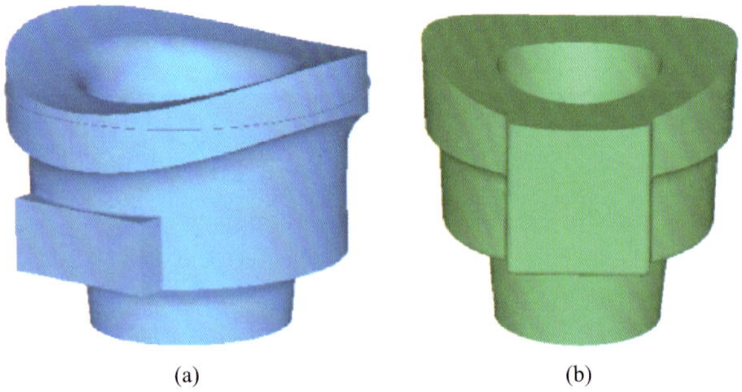

图 3.4-6　出口接管零件与胎模锻造锻件轮廓图

（a）接管零件；（b）胎模锻造锻件

1）数值模拟。

① 镦粗。模具内的坯料在实心底垫上镦粗开始及结束时的数值模拟如图 3.4-7 所示。

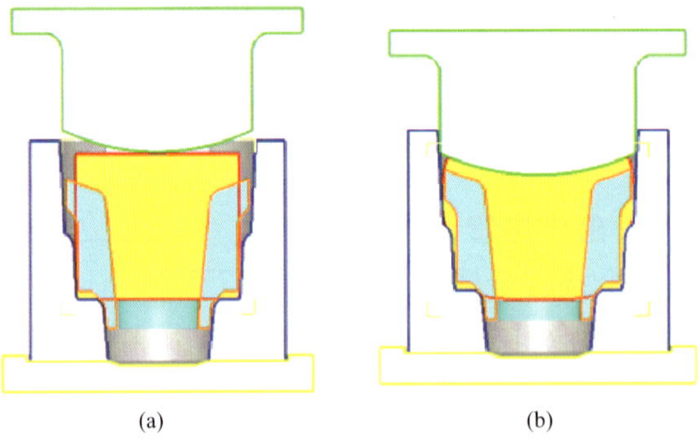

图 3.4-7　坯料在实心底垫上镦粗数值模拟

（a）镦粗开始；（b）镦粗结束

② 实心底垫冲孔。模具内的坯料在实心底垫上冲孔开始及结束时的数值模拟如图 3.4-8 所示。

③ 空心底垫冲孔。模具内的坯料在空心底垫上冲孔过程中及结束时的数值模拟如图 3.4-9 所示。

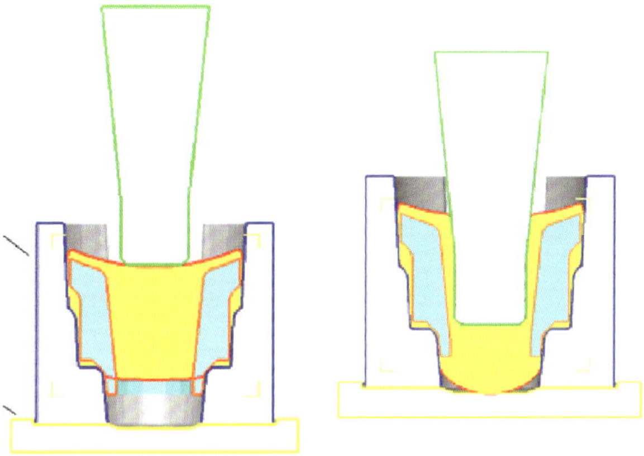

(a)　　(b)

图 3. 4-8　坯料在实心底垫上冲孔数值模拟

（a）冲孔开始；（b）冲孔结束

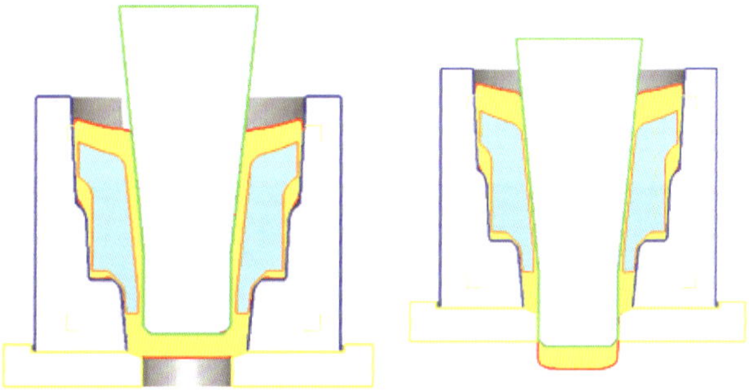

(a)　　(b)

图 3. 4-9　坯料在空心底垫上冲孔数值模拟

（a）冲孔过程中；（b）冲孔结束

2）附具研制。

① 马鞍面上锤头。马鞍面上锤头与锤头连接架装配图如图 3. 4-10 所示，图中下部白色的零件是马鞍面上锤头，上部黑色的零件是锤头连接架。

② 外模。外模如图 3. 4-11 所示。

图 3. 4-10　马鞍面上锤头与锤头连接架装配图

图 3. 4-11　外模

③ 冲头。冲头与冲头连接架如图 3. 4-12 所示，图中下部白色的零件是冲头，上部黑色的零件是冲头连接架。

④ 底垫。底垫如图 3. 4-13 所示。

图 3. 4-12　冲头与冲头连接架

图 3. 4-13　底垫

3）锻造。图 3. 4-14 为进口接管 1∶1 胎模锻造过程。图 3. 4-14a 是锻造马鞍形端面的过程；图 3. 4-14b 是锻造出的马鞍形端面形状；图 3. 4-14c 是冲内孔的开始状态；图 3. 4-14d 是冲内孔的结束状态。1∶1 胎模锻造的出口接管如图 3. 4-15 所示。

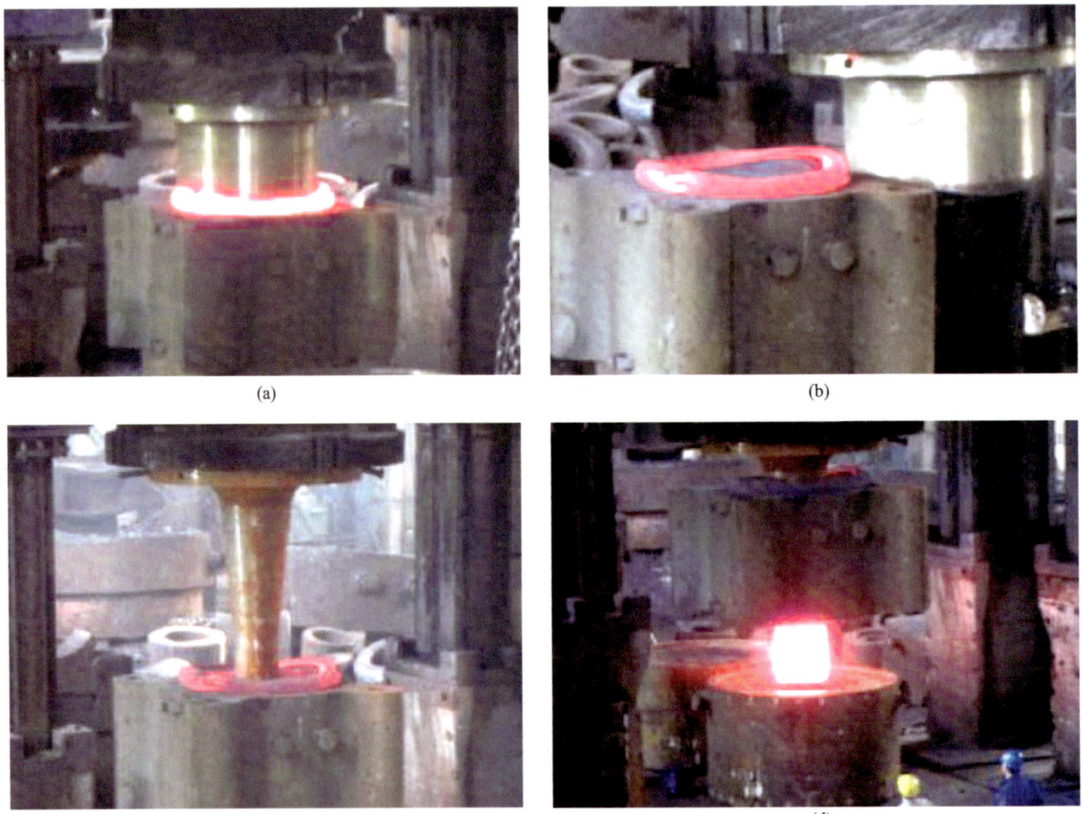

(a) (b) (c) (d)

图 3. 4-14　出口接管 1∶1 胎模锻造

（a）锻造马鞍形端面；（b）马鞍形端面形状；（c）冲孔开始；（d）冲孔结束

2. 安注接管

AP/CAP 机型的安注接管（见图 3.4-16）因尺寸比进出口接管小，制造较简单，在此不做详细介绍。

图 3.4-15　1∶1 胎模锻造的出口接管

图 3.4-16　AP/CAP 机型的安注接管

4.2 沸水堆锻件

与压水堆同属轻水反应堆系列的沸水堆（ABWR），本质上是压力堆的一种改良，它把压力容器与蒸汽发生器合二为一，直接在主回路内产生蒸汽去冲转汽轮机发电，省去了二回路。而在其他方面，如沸水堆与压水堆的设计安全理念、基础技术、电厂总体构想等，基本上都是一致的。几十年运行经验表明，沸水堆的安全业绩并不亚于压水堆，因此可以说，它与压水堆一样，也是一种成熟的核电机组设计。

ABWR 的 RPV 是由低合金钢锻件与卷板拼焊组成的。RPV 的结构自上而下分成 11 个部分，其中 4 个部分为钢板卷制，其余部分为锻件。RPV 的焊缝大致位置与数量是自上而下共有 9 条环焊缝，4 条纵焊缝，以及上封头上的 4 条弧面对接焊缝和一个法兰结合面焊缝。上封头顶部及其瓜瓣部分均为钢板拼焊结构，上下法兰为锻件，另有两个布置开孔的筒节为钢板卷焊，其余的堆芯区域筒节、裙座及下封头均为锻件。筒身上大的开孔共有 17 个，其中的 4 个蒸汽出口孔在一个筒节上，另外的 13 个开孔集中在第二个筒节上，高压注水及备用硼酸溶液控制系统进口位置最低，中心高度为 10 921mm ± 40mm，参见图 1.7-6 及表 1.7-1。

4.2.1 下封头

下封头锻件精加工尺寸如图 3.4-17 所示，由于下封头锻件展开尺寸超大，一般采用分瓣锻造，机加工后拼焊成形。

4.2.2 法兰

顶盖法兰锻件精加工尺寸如图 3.4-18 所示，筒体法兰锻件精加工尺寸如图 3.4-19 所示，由于法兰锻件直径超大，一般采用分瓣锻造，机加工后拼焊成形。随着锻造设备向着大型化方向发展，目前已具备了整体锻轧成形的条件。

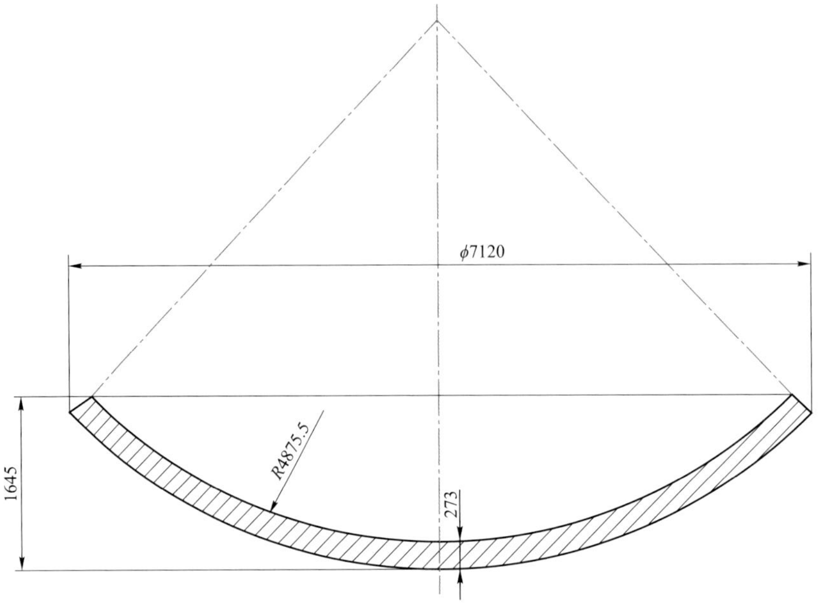

图 3.4-17　下封头锻件精加工图

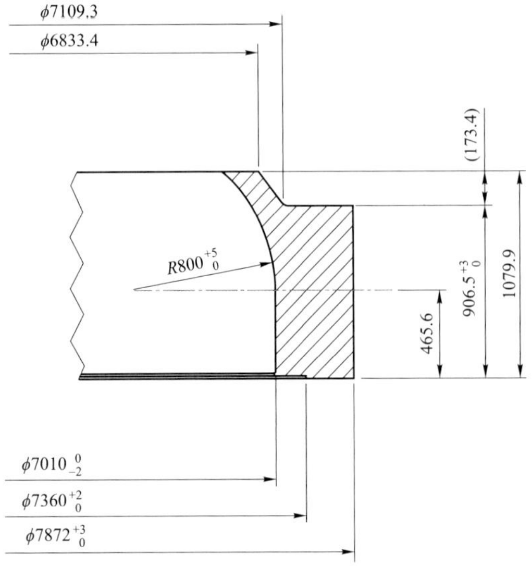

图 3.4-18　顶盖法兰

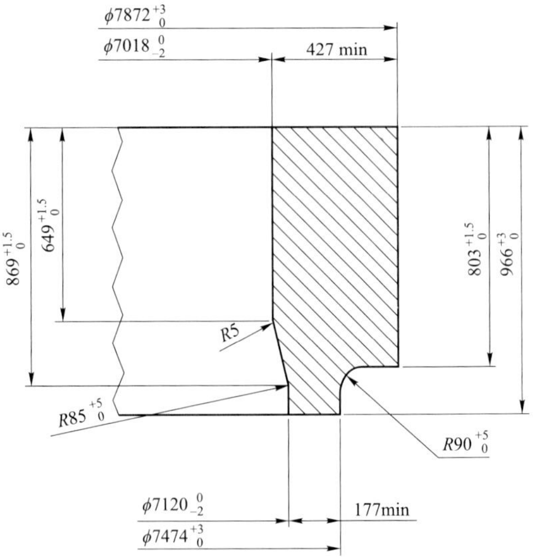

图 3.4-19　筒体法兰

4.2.3　筒体

沸水堆压力容器设备中最大的筒体锻件精加工尺寸如图 3.4-20 所示，由于筒体锻件直径也超大，一般采用分瓣锻造，机加工后拼焊成形。目前也已具备了整体锻轧成形的条件。

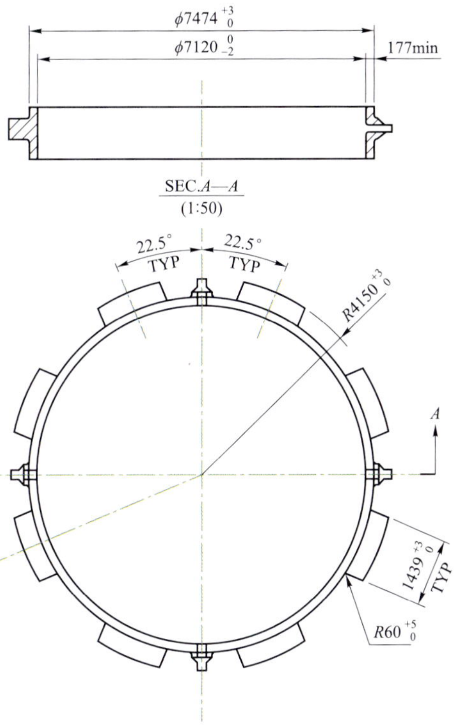

图 3.4-20　筒体

对于以上的沸水堆压力容器封头、法兰、筒体等尺寸超大锻件，除了通过设备改造，使液压机设备具备超大的工作空间，还可以研制专用工装，以实现液压机体外锻造，从而实现整体锻造成形。

4.3　小型堆一体化顶盖

某型号小型堆 RPV 一体化顶盖主要特点是将球冠形封头、大直径厚壁法兰一体化设计，顶盖截面形状复杂，结构多变，锻件综合性能要求高，此外，还要求锻件金属流线完整。小型堆一体化顶盖精加工图如图 3.4-21 所示。

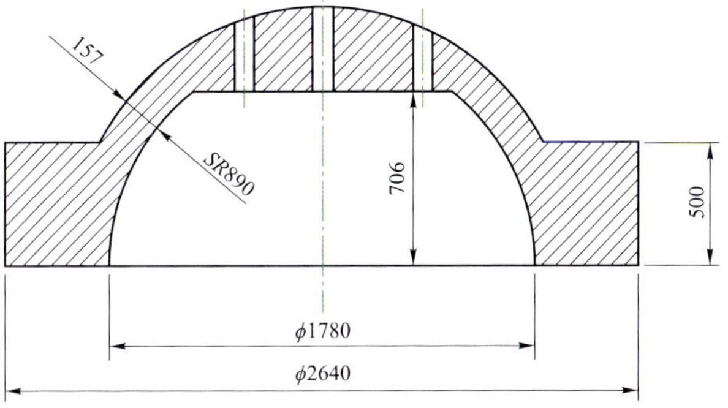

图 3.4-21　小型堆一体化顶盖精加工图

常规的自由锻造工艺无法满足制造要求，必须采取胎模锻造或模锻工艺方案。本项目采用局部渐次模锻成形顶盖的工艺方案。按采购技术条件规定，要求在锻件法兰孔和驱动管座孔取样进行性能检测。

4.3.1 工艺性分析

小型堆一体化顶盖要求具有完整的锻造流线，取样位置复杂，螺栓孔取样位置壁厚达到了540mm，管座孔取样位置壁厚达到了410mm，基本接近了SA-508M Gr.3 Cl.1钢的淬透性极限，制造难度大。

4.3.2 主要研究内容

（1）小型堆一体化顶盖锻件的化学成分、力学性能、均匀性和纯净性研究。

（2）整体性和近净成形锻造技术研究。

（3）近净成形锻造辅具和锻坯形状、尺寸研究。

（4）材料特性试验研究。

（5）锻件淬火冷却技术研究。

4.3.3 满足设计要求及保证质量的分析

小型堆一体化顶盖制造难度大，为了满足设计要求，必须对制造工艺和过程控制进行优化，主要包括：

（1）成分设计：综合分析锻件性能指标要求，制造难度在于大壁厚位置强度、韧性指标的满足。为此，在成分设计上参照相应锻件制造经验（如CAP1400RPV接管段等），对本锻件的成分进行合理优化。

（2）锻造成形：采用胎膜锻造成形，使锻件坯料接近于成品锻件形状，优化成形辅具和成形参数，保证锻件具有足够的锻造比。胎模锻造近净成形的一体化顶盖锻件各部位均处于压应力状态，有利于锻件内部质量的提高。

（3）热处理：优化热处理方案及冷却方案，优化粗加工轮廓尺寸，尽可能提高锻件性能热处理冷却速率。

（4）强化过程控制：强化热加工制造过程控制，保证工艺执行到位。

4.3.4 制造工艺

制造流程：冶炼、铸锭→锻造（模锻）→锻后热处理（正火、回火）→初粗加工（UT）→粗加工→淬火、回火→标识、取样→性能检验→精加工→UT、MT、PT、DT、VT→标识→报告审查→包装出厂。

1. 冶炼铸锭

小型堆一体化顶盖选用上注8棱69t钢锭，电炉冶炼和钢包精炼。在浇注前和浇注过程中进行真空处理。冶炼及浇注流程如图3.4-22所示。锻件在钢锭中的位置如图3.4-23所示。

2. 模锻成形及数值模拟

小型堆一体化顶盖锻件如图3.4-24所示，锻件成形过程模拟如图3.4-25所示。

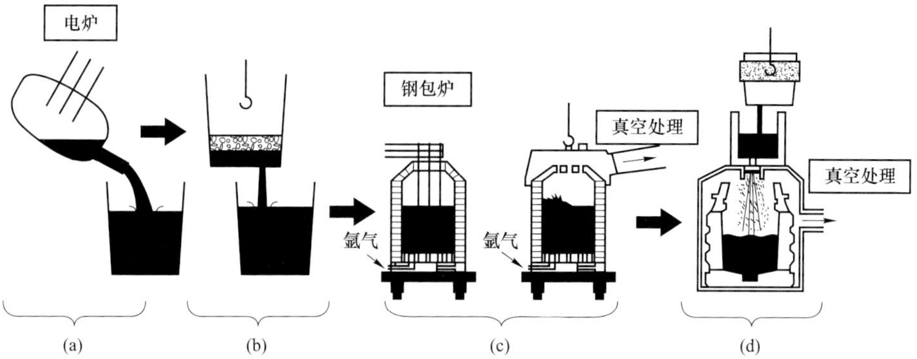

图 3.4-22　冶炼及铸锭工艺流程

（a）熔炼；（b）倒包；（c）钢包精炼；（d）铸锭

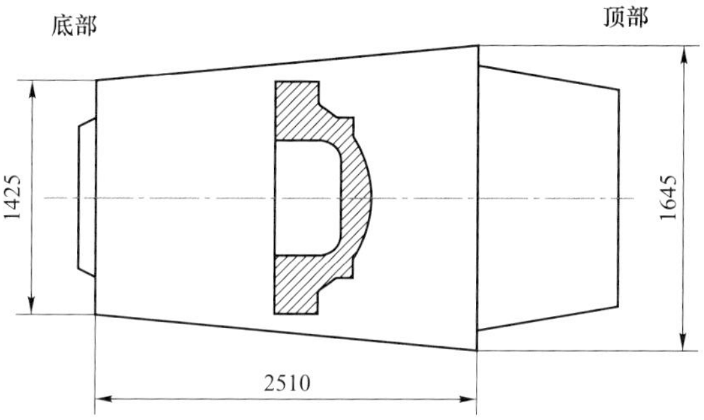

图 3.4-23　锻件在钢锭中的位置

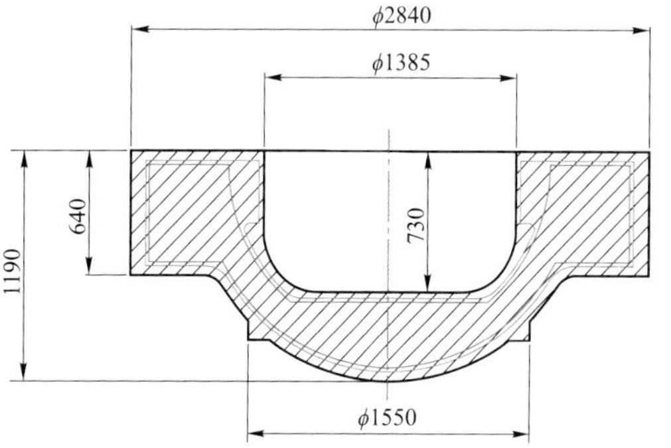

图 3.4-24　一体化顶盖锻件图

边界条件：

（1）材料：SA-508M Gr.3 Cl.1。

（2）温度：1200℃。

（3）摩擦系数：0.5。

（4）冲头/环体压下速度：5mm/s。

通过优化成形辅具及成形板坯，实现满足性能指标要求的胎膜成形锻造。

冲形时，通过先镦平的方式，使坯料下部具有平整的端面，以便于在冲ϕ1300mm 盲孔时，具有更加准确的位置精度。

通过采用端面平整环体对法兰实施填充成形，还可以使用条形锤头旋转锻造使法兰填充成形。

3. 热处理

小型堆一体化顶盖锻件粗加工取样图如图 3.4-26 所示。最大外径为ϕ2680mm，最大高度为 1143mm，顶盖内部高度为 706mm。法兰端最大热处理厚度为 540mm，封头端最大热处理壁厚为 437mm。锻件粗加工形状如图 3.4-27 所示，热处理状态如图 3.4-28 所示。

（1）取样要求：从锻件法兰内侧周向相对的两个位置取两块试料，从锻件封头部分距离中心管座孔最近的 4 个管座孔取试料，从均匀分布的 4 个螺栓孔取试料。

（2）试样热处理状态：进行调质态和模拟态性能检测。

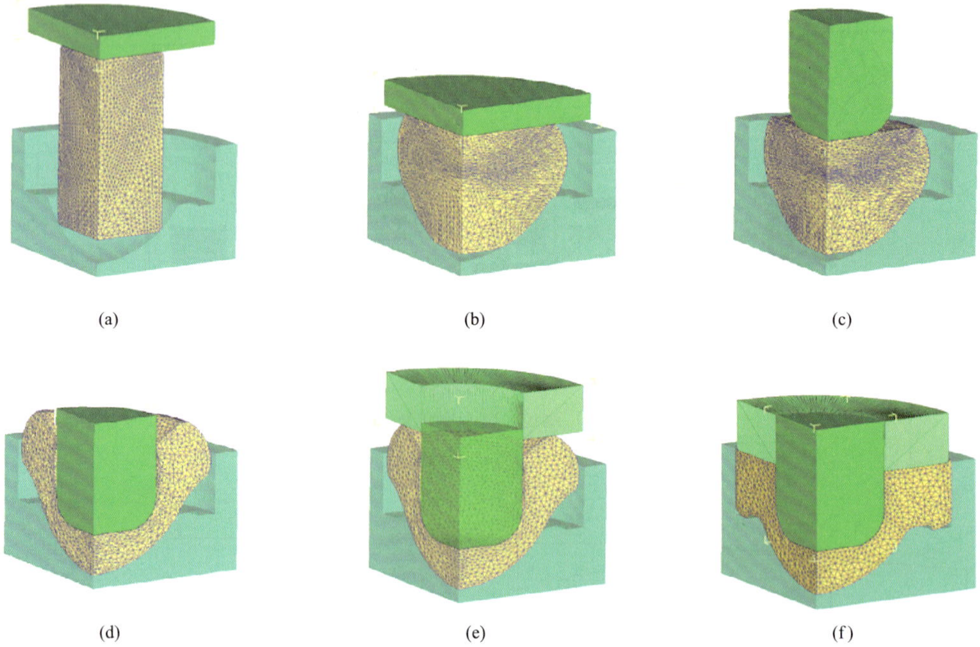

图 3.4-25　一体化顶盖锻件成形过程模拟

（a）模内镦粗；（b）模内镦粗完成；（c）冲头冲形内腔；（d）内腔冲形完成；（e）环体成形法兰；（f）法兰成形完成

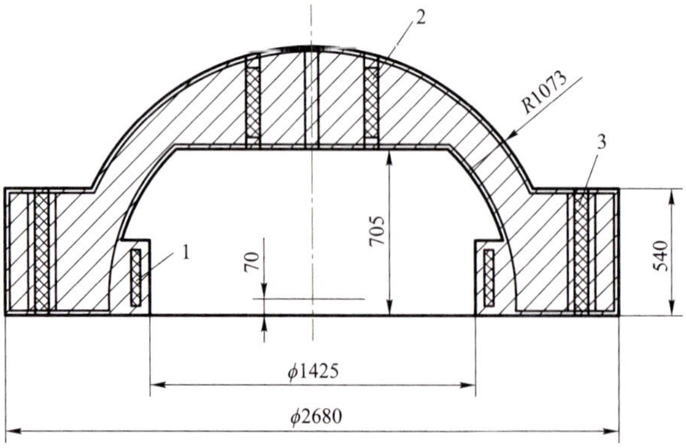

图 3.4-26　小型堆一体化顶盖粗加工取样图

1—法兰内侧周向性能试料；2—驱动管座孔性能试料；3—螺栓孔性能试料

图 3.4-27　小型堆一体化顶盖粗加工状态

（3）难点：螺栓孔取样位置壁厚与管座孔取样位置壁厚基本达到了 SA-508M Gr.3 Cl.1 钢的淬透性极限。

（4）措施：

1）封头上加工 9 个ϕ60mm 通孔（包括球顶中心通孔），在法兰上加工 20 个ϕ80mm 通孔，用于性能热处理时排气，加速冷却。

2）采用浸水冷却，使用强力搅拌喷水芯子。

（5）性能检测：小型堆一体化顶盖锻件试料分为调质态和模拟态，模拟态试样经图 3.4-29 所示的工艺曲线处理后进行性能检测。

(a)　　(b)

图 3.4-28　小型堆一体化顶盖性能热处理

（a）加热；（b）冷却

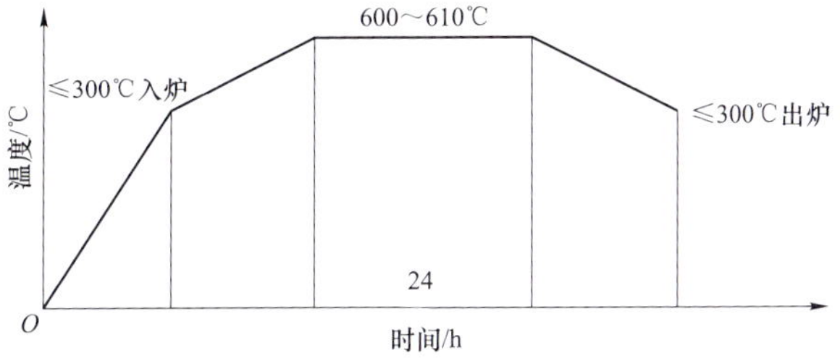

图 3.4-29　小型堆一体化顶盖模拟焊后热处理工艺曲线

1）试料化学成分。试料化学成分检测结果见表 3.4-1，所有位置化学成分均满足要求。各位置成分均匀，碳当量基本一致。

表 3.4-1　　**各位置化学成分检测结果**　　（质量分数，%）

取样位置	C	Si	Mn	P	S	Cr	Ni	Mo	Cu	V
	0.16～0.22	0.10～0.30	1.20～1.60	≤0.006	≤0.005	≤0.15	0.50～0.80	0.43～0.57	≤0.05	≤0.01
A	0.20	0.19	1.50	0.005	0.002	0.11	0.76	0.51	0.02	0.002
B	0.20	0.19	1.52	0.005	0.002	0.11	0.77	0.52	0.02	0.002
C	0.20	0.18	1.48	0.005	0.002	0.11	0.75	0.52	0.02	0.002
D	0.20	0.17	1.49	0.005	0.002	0.11	0.75	0.51	0.02	0.002
取样位置	Al	B	Co	As	Sn	Sb	H	O	N	C_{eq}
	≤0.04	≤0.000 3	≤0.02	≤0.01	≤0.01	≤0.002	≤0.000 08	提供	提供	
A	0.012	0.002	0.008	0.002	0.002	0.000 7	0.000 05	0.001 3	0.009 1	0.626 6
B	0.012	0.002	0.009	0.002	0.002	0.000 7	0.000 05	0.001 3	0.009 5	0.632 6
C	0.018	0.000 2	0.008	0.002	0.002	0.000 7	0.000 05	0.000 7	0.009 3	0.625 1
D	0.018	0.000 2	0.008	0.002	0.002	0.000 7	0.000 05	0.000 9	0.009 1	0.623 8

2）试料强度。各位置强度（室温和 350℃）检测结果见表 3.4-2，均满足技术条件要求。

表 3.4-2　　各位置强度检测结果

取样位置	方向	热处理状态	试验温度/℃	屈服强度/MPa	抗拉强度/MPa	伸长率(%)	断面收缩率(%)	试验温度/℃	屈服强度/MPa	抗拉强度/MPa	伸长率(%)	断面收缩率(%)
				≥400	552～670	≥20	≥45		≥300	≥510	提供	提供
A	周向	HTMP	20	455	609	25.5	75.0	350	389	557	25.0	78.0
				449	602	25.0	75.0		391	557	24.5	76.0
		HTMP+SSRHT		440	588	25.5	74.0		378	538	28.0	76.0
				434	583	25.0	74.0		390	544	22.5	74.5
B	周向	HTMP		443	591	26.0	75.0		380	542	24.0	78.5
				440	586	26.0	74.0		383	549	24.0	75.0
		HTMP+SSRHT		440	588	27.0	74.0		383	543	25.5	76.5
				437	584	25.5	74.0		387	547	22.0	75.0
C1	周向	HTMP		410	562	29.0	75.0		350	528	26.5	71.4
C2		HTMP+SSRHT		401	557	26.5	74.0		348	518	24.0	73.0
D1	周向	HTMP		411	561	26.0	74.0		345	522	25.5	71.5
D2		HTMP+SSRHT		403	561	26.5	73.0		355	523	22.0	70.5
E1	周向	HTMP		432	581	25.5	73.0		375	539	27.5	76.0
E2		HTMP+SSRHT		430	577	26.5	75.0		373	532	28.0	76.0
F1	周向	HTMP		434	580	27.0	75.0		377	544	27.0	75.5
F2		HTMP+SSRHT		429	572	26.0	74.0		375	536	24.0	73.0

3）试料各位置落锤。试料各位置落锤检测结果详见表 3.4-3，锻件 RT_{NDT}数值均匀，且高于技术条件要求。

表 3.4-3　　各位置落锤检测结果

取样位置	方向	热处理状态	RT_{NDT}≤-20℃	断裂情况
A	周向	HTMP+SSRHT	-32℃	-27℃两块未断裂
B	周向	HTMP+SSRHT	-32℃	-27℃两块未断裂

4）试料各位置-20℃冲击。试料各位置-20℃冲击吸收能量均满足技术文件要求，见表 3.4-4。

表 3.4-4　　各位置-20℃冲击吸收能量检测结果

取样位置	试验温度	方向	热处理状态	冲击吸收能量/J			平均值/J
A	-20℃	周向	HTMP	216	206	218	213.3
		轴向	HTMP	171	114	237	174.0
			HTMP+SSRHT	181	173	153	169.0
B	-20℃	周向	HTMP	184	223	179	195.3
		轴向	HTMP	159	169	171	166.3
			HTMP+SSRHT	163	166	149	159.3

续表

取样位置	试验温度	方向	热处理状态	冲击吸收能量/J			平均值/J
C1	-20℃	周向	HTMP	67	117	129	104.3
C2			HTMP+SSRHT	120	147	52	106.3
D1	-20℃	周向	HTMP	114	191	88	131.0
D2			HTMP+SSRHT	122	58	112	97.3
E1	-20℃	周向	HTMP	163	181	186	176.7
E1（$T/2$）			HTMP+SSRHT	137	126	171	144.7
E2	-20℃	周向	HTMP	186	140	176	167.3
E2（$T/2$）			HTMP+SSRHT	119	157	167	147.7
F1	-20℃	周向	HTMP	185	213	158	185.3
F1（$T/2$）			HTMP+SSRHT	120	121	122	121.0
F2	-20℃	周向	HTMP	202	193	150	181.7
F2（$T/2$）			HTMP+SSRHT	164	97	137	132.7

5）试料各位置金相组织及夹杂物。各位置金相组织及夹杂物检测结果见表3.4-5，均满足技术条件要求。

表3.4-5　各位置组织及夹杂物检验结果

取样位置	组　织	晶粒度≥5	夹杂物			
			A（硫化物）	B（氧化物）	C（硅酸盐）	D（球状氧化物）
			≤1.5	≤1.5	≤1.5	≤1.5
A	贝氏体回火组织	7.5	0.5	1	0.5	0.5
B	贝氏体回火组织	7.5	0	1	1	0.5
C	贝氏体回火组织+少量铁素体	7	0.5	1.5	0.5	0.5
D	贝氏体回火组织+少量铁素体	7	0.5	1.5	0.5	0.52
E	贝氏体回火组织+少量铁素体	7	0	0.5	0.5	0.5
F	贝氏体回火组织+少量铁素体	7.5	0.5	0.5	0.5	0.5

4.4　高温气冷堆锻件

高温气冷堆以石墨为慢化剂，大多数气冷堆建设于1935年以前。其优点是可用天然铀为燃料，压力容器等重要设备基本没有辐照脆化。缺点是体积大，造价高。压力容器尺寸约ϕ10m×20m。

600MW高温气冷堆压力容器主锻件包括顶封头、顶盖主法兰、筒体主法兰、下封头、下筒体1及下筒体2，各种锻件精加工图如图3.4-30所示。

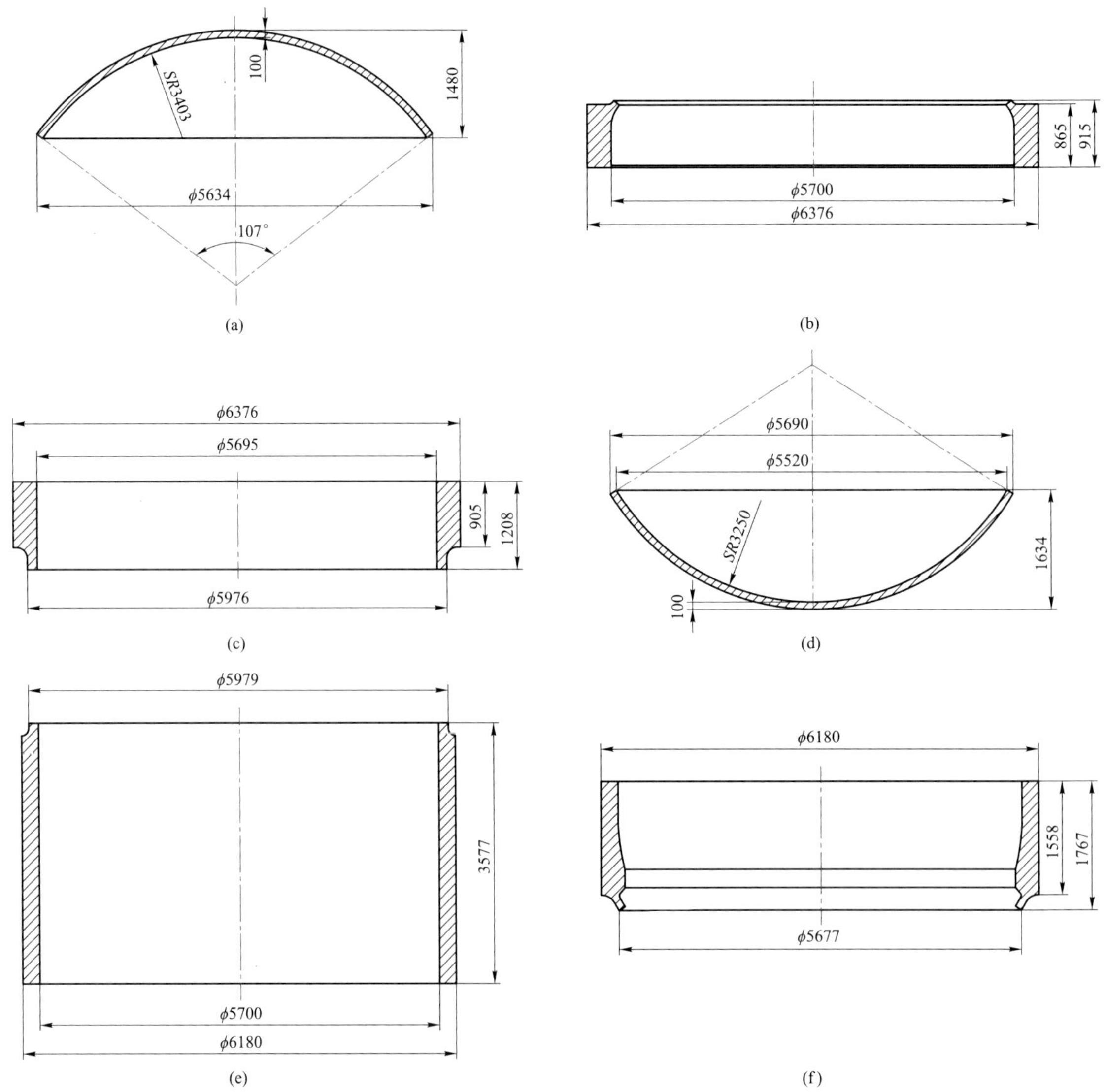

图 3.4-30　600MW 高温气冷堆压力容器主锻件精加工图

（a）上封头；（b）上封头主法兰；（c）筒体主法兰；（d）下封头；（e）下筒体 1；（f）下筒体 2

目前，压力容器顶盖组件和接管段组件采用分体组焊的结构设计。中国一重在核电大型封头类锻件方面具有非常丰富的胎模锻造经验，对于压力容器顶盖组件拟采用一体化胎模锻成形方案。压力容器一体化顶盖锻件的粗加工取样图如图 3.4-31 所示，锻件图如图 3.4-32 所示。

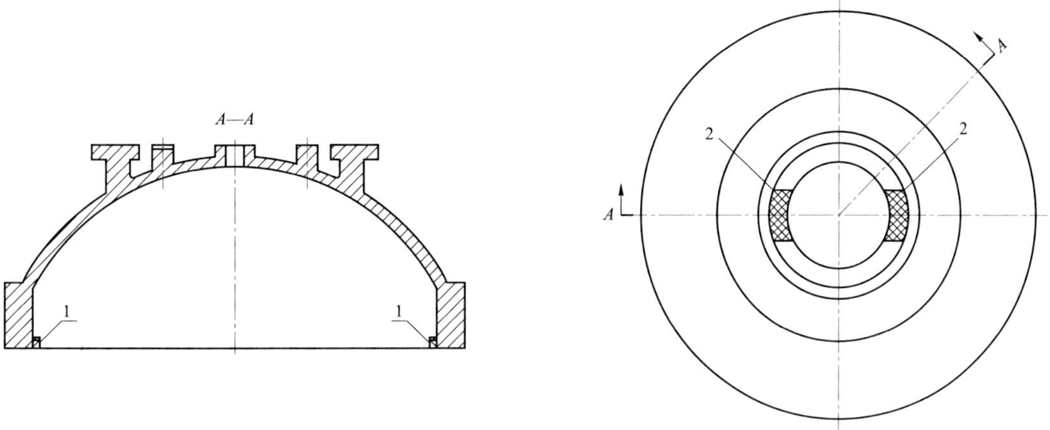

图 3.4-31　压力容器一体化顶盖锻件粗加工取样图

1—法兰部位性能试料；2—接管性能试料

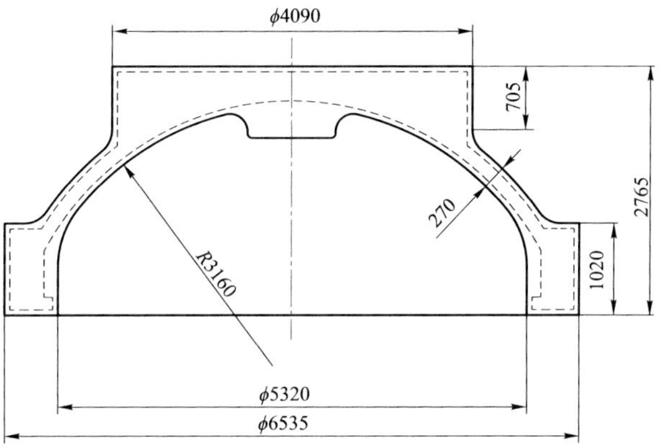

图 3.4-32　压力容器一体化顶盖锻件图

第 4 篇　蒸汽发生器锻件研制及应用

本篇重点论述压水堆蒸汽发生器锻件的研制及应用，对高温气冷堆蒸汽发生器锻件做以简单介绍。

压水堆核电蒸汽发生器（Steam Generator，SG）是将反应堆产生的热能传递给二回路介质以产生蒸汽的热交换设备。核电 SG 是核岛内的三大设备之一，也是核电站最为关键的主要设备之一，它是压水堆核电站一回路与二回路的边界，它将反应堆产生的热量传递给 SG 的二次侧，产生的蒸汽经过一级与二级汽水分离器干燥后推动汽轮发电机发电。SG 与 RPV 相连，不仅直接影响电站的功率与效率，而且在进行热量交换时，还起着阻隔放射性载热剂的作用，对核电站安全至关重要。

压水堆机组功率不同，所含的 SG 数量也不同，常见的有 1～4 个 SG。一个 SG 代表一个环路，例如，AP1000 核电机组是 2 个 SG，称为两环路机组。在部件组成上，SG 由上部筒体组件、汽水分离组件、下部筒体组件、管束组件、管板和水室封头组件构成。SG 壳体由上封头（又称为椭球封头）、上筒体、锥形筒体、下筒体与下封头（又称为水室封头）等锻件组焊而成。华龙一号及 M310 机组的 SG 零件及制造工序如图 4.0-1 所示。

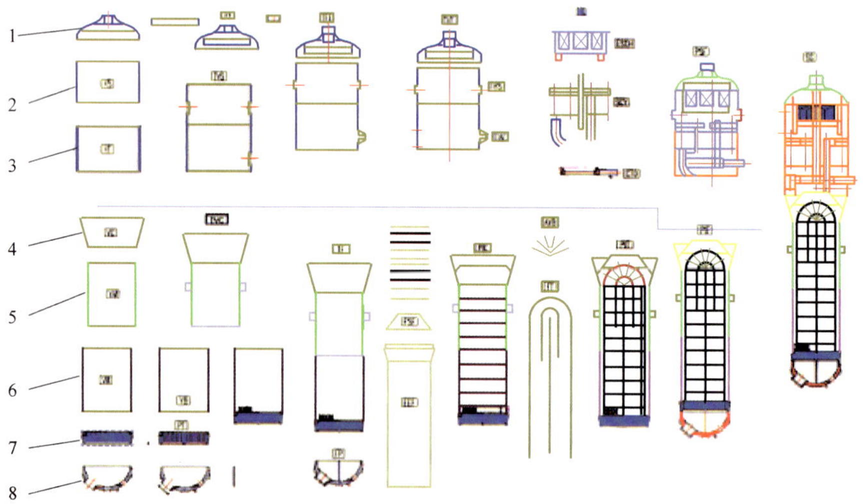

图 4.0-1　华龙一号核电蒸汽发生器零件及制造工序

1—上封头（椭球封头）；2—上筒体 1；3—上筒体 2；4—锥形筒体；5—下筒体 1；
6—下筒体 2；7—管板；8—下封头（水室封头）

核电机组型号不同，对 SG 锻件的要求也不同，甚至同一型号的机组，对 SG 锻件的要求也因设计者不同而有所差别。

（1）化学成分对比：各堆型 SG 锻件的化学成分对比见表 4.0-1。

（2）强度对比：各堆型 SG 锻件的强度对比见表 4.0-2。

由表 4.0-2 中可见，WEC 设计的 AP1000 锻件不进行高温强度检测。上海核工院设计的 CAP1000、CAP1400 以及中广核华龙一号堆型的强度要求完全一致。CPR1000、中核华龙一号堆型的管板、下封头与各自堆型其他锻件性能要求不同，强度较其他锻件偏低。EPR 堆型中管板与下封头的屈服强度比其他锻件要求低，抗拉强度要求一样。高温屈服强度 CPR1000、中核华龙一号、EPR 堆型为 380MPa，CAP1000、CAP1400、中广核华龙一号堆型为 370MPa。CPR1000、中核华龙一号堆型强度要求略低。

表 4.0-1　　各堆型 SG 锻件的化学成分对比　　（质量分数，%）

项目	要求	C	Si	Mn	P	S	Cr	Ni	Mo	Cu	V	Al	B
CPR1000	熔炼分析	≤0.20	0.10~0.30	1.15~1.60	≤0.012	≤0.012	≤0.25	0.50~0.80	0.45~0.55	≤0.20	≤0.01	≤0.04	无要求
	成品分析	≤0.22	0.10~0.30	1.15~1.60	≤0.012	≤0.012	≤0.25	0.50~0.80	0.43~0.57	≤0.20	≤0.01	≤0.04	无要求
AP1000	熔炼分析	≤0.25	0.15~0.40	1.20~1.50	≤0.015	≤0.005	0.10~0.25	0.40~1.00	0.45~0.60	≤0.15	≤0.05	≤0.04	无要求
	成品分析	≤0.25	0.15~0.40	1.20~1.50	≤0.018	≤0.005	0.10~0.25	0.40~1.00	0.40~0.60	≤0.15	≤0.05	≤0.04	无要求
CAP1000	熔炼分析	≤0.25	0.15~0.37	1.20~1.50	≤0.015	≤0.005	0.10~0.25	0.60~1.00	0.45~0.60	≤0.15	≤0.02	≤0.040	≤0.000 3
	成品分析	≤0.25	0.15~0.37	1.12~1.58	≤0.018	≤0.005	0.10~0.25	0.57~1.03	0.40~0.60	≤0.15	≤0.02	≤0.040	≤0.000 3
CAP1400	熔炼分析	0.16~0.25	0.15~0.37	1.20~1.50	≤0.012	≤0.005	0.10~0.25	0.60~1.00	0.45~0.60	≤0.10	≤0.01	≤0.040	≤0.003
	成品分析	0.16~0.25	0.15~0.37	1.20~1.50	≤0.015	≤0.005	0.10~0.25	0.57~1.03	0.40~0.60	≤0.10	≤0.01	≤0.025	≤0.003
中核华龙一号	熔炼分析	≤0.20	0.10~0.30	1.15~1.60	≤0.008	≤0.005	≤0.25（1）	0.50~0.80	0.45~0.55	≤0.12	≤0.01（2）	≤0.04	≤0.001 8
	成品分析	≤0.22	0.10~0.30	1.15~1.60	≤0.008	≤0.005	≤0.25	0.50~0.80	0.43~0.57	≤0.12	≤0.01	≤0.04	≤0.001 8
中广核华龙一号	熔炼分析	≤0.24	≤0.10	1.20~1.50	≤0.008	≤0.005	0.10~0.25	0.40~1.00	0.45~0.60	≤0.10	≤0.010	≤0.025	≤0.003
	成品分析	≤0.24	≤0.10	1.20~1.50	≤0.008	≤0.005	0.10~0.25	0.37~1.03	0.45~0.60	≤0.10	≤0.010	≤0.025	≤0.003
EPR	熔炼分析	≤0.22	0.15~0.30	1.20~1.50	≤0.008	≤0.005	≤0.25	0.40~1.00	0.45~0.60	≤0.10	≤0.01	≤0.04	无要求
	成品分析	≤0.23	0.15~0.30	1.11~1.59	≤0.008	≤0.005	≤0.25	0.37~1.03	0.43~0.62	≤0.10	≤0.01	≤0.04	无要求

表 4.0-2　　各堆型 SG 锻件的强度对比

项目	锻件	试验温度	屈服强度/MPa	抗拉强度/MPa	伸长率（%）	断面收缩率（%）
CPR1000	其他	室温	≥450	600~700	≥18	提供数据
		350℃	≥380	≥540	提供数据	提供数据
	管板、下封头	室温	≥420	580~700	≥18	提供数据
		350℃	≥350	≥522	提供数据	提供数据
AP1000	全部	室温	≥450	620~795	≥16	≥35
		350℃	无要求	无要求	无要求	无要求
CAP1000	全部	室温	≥450	620~795	≥16	≥35
		350℃	≥370	≥558	提供数据	提供数据

续表

项目	锻件	试验温度	屈服强度/MPa	抗拉强度/MPa	伸长率（%）	断面收缩率（%）
CAP1400	全部	室温	≥450	620～795	≥16	≥35
		350℃	≥370	≥560	提供数据	提供数据
中核华龙一号	其他	室温	≥450	600～720	≥20	提供数据
		350℃	≥380	≥540	提供数据	提供数据
	管板、下封头	室温	≥420	580～700	≥20	提供数据
		350℃	≥350	≥522	提供数据	提供数据
中广核华龙一号	全部	室温	≥450	620～795	≥16	≥35
		350℃	≥370	≥560	提供数据	提供数据
EPR	其他	室温	≥450	620～795	≥20	不要求
		350℃	≥380	≥560	不要求	不要求
	管板、下封头	室温	≥420	620～795	≥20	不要求
		350℃	≥350	≥560	不要求	不要求

（3）冲击吸收能量对比：各堆型SG锻件的冲击吸收能量对比见表4.0-3。

表4.0-3　　各堆型SG锻件的冲击吸收能量对比

项目	锻件	试验温度/℃	纵向		横向		上平台能量/J
			单个最小值/J	最小平均值/J	单个最小值/J	最小平均值/J	
CPR1000	筒体、上封头	20	88	无要求	72	无要求	无要求
		0	60	80	40	56	
		-20	40	56	28	40	
	管板、下封头	20	72	无要求	72	无要求	无要求
		0	40	56	40	56	
		-20	28	40	28	40	
AP1000	全部	$T_{NDT}+33$	68	68	68	68	无要求
CAP1000	全部	12	68	无要求			无要求
		-21	41	48	无要求		
CAP1400	其他	13	68	无要求			无要求
		-20	41	48	无要求		
	管板	8	68	无要求			无要求
		-25	41	48	34	41	
中核华龙一号	其他	20	88	无要求	72	无要求	≥130
		0	60	80	60	80	
		-20	40	56	28	40	
	管板	20	72	无要求	72	无要求	
		0	60	80	60	80	
		-20	28	40	28	40	

续表

项目	锻件	试验温度/℃	纵向		横向		上平台能量/J
			单个最小值/J	最小平均值/J	单个最小值/J	最小平均值/J	
中广核华龙一号	全部	0	提供数据	提供数据	提供数据	提供数据	≥100
		T_{NDT}+33	68	68	68	68	
		RT_{NDT}	41	48	41	48	
EPR	其他	20	88	无要求	72	无要求	≥130
		0	60	80	60	80	
		-20	40	56	28	40	
		T_{NDT}+33	无要求	无要求	68	无要求	
	管板	20	72	无要求	72	无要求	≥130
		0	60	80	60	80	
		-20	28	40	28	40	
		T_{NDT}+33	无要求	无要求	68	无要求	

由表 4.0-3 可见，CPR1000 堆型的管板、下封头，CAP1400、中核华龙一号、EPR 堆型的管板，冲击吸收能量要求均低于各堆型的其他锻件。AP1000 堆型只有一个试验温度，CAP1000、CAP1400 堆型有两个试验温度，CPR1000、中核华龙一号、中广核华龙一号堆型有三个试验温度，EPR 堆型有四个试验温度。

（4）落锤对比：各堆型 SG 锻件的落锤性能对比见表 4.0-4。

表 4.0-4　　各堆型 SG 锻件的落锤性能对比

项目	锻件	RT_{NDT}/℃
CPR1000	全部	≤0，目标值≤-12，当 RT_{NDT} 在 0～-12 实测数据
AP1000	其他	≤-21
	水室封头	≤-12
CAP1000	全部	-16 两块不裂
CAP1400	其他	≤-15
	管板	≤-20
中核华龙一号	上封头	≤-12
	筒体	上部筒体（上、下）≤-12，其他筒体≤-20
	管板、下封头	≤-20
中广核华龙一号	全部	≤-21
EPR	全部	≤-20

由表 4.0-4 可见，AP1000、CAP1400、中核华龙一号堆型各位置落锤要求不一致。AP1000 中水室封头以外的锻件与中广核华龙一号堆型落锤要求最高，CPR1000 堆型落锤要求最低。

（5）夹杂物及晶粒度要求对比：各堆型 SG 锻件的夹杂物及晶粒度等级对比见表 4.0-5。

表 4.0-5　　各堆型 SG 锻件的夹杂物及晶粒度等级对比

项目	锻件	A（硫化物）	B（氧化物）	C（硅酸盐）	D（球状氧化物）	晶粒度
CPR1000	全部	≤1.5	≤2.0	≤1.5	≤1.5	≥4.5
AP1000	管板、下封头	≤2.0	≤2.0	≤1.5	≤1.5	≥4
	其他	≤2.0	≤2.0	≤1.5	≤1.5	≥5
CAP1000	全部	≤2.0	≤2.0	≤1.5	≤1.5	≥4
CAP1400	全部	≤2.0	≤2.0	≤1.5	≤1.5	≥5
中核华龙一号	全部	≤1.5	≤1.5	≤1.5	≤1.5	≥5
中广核华龙一号	全部	≤1.5	≤1.5	≤1.5	≤1.5	≥5
EPR	全部	≤1.5	≤1.5	≤1.5	≤1.5	≥5

由表 4.0-5 可见，AP1000 堆型管板和下封头以及 CAP1000 全部锻件的晶粒度要求为≥4级，其他锻件为≥5 级。CAP1400、中核华龙一号、中广核华龙一号、EPR 堆型要求晶粒度均为≥5 级，CPR1000 堆型晶粒度≥4.5 级。AP1000、CAP1000、CAP1400 堆型夹杂物要求一致，中核华龙一号、中广核华龙一号及 EPR 堆型夹杂物要求一致。

（6）取样位置对比：各堆型 SG 锻件的取样位置对比见表 4.0-6。

表 4.0-6　　各堆型 SG 锻件的取样位置对比

项目	上封头	筒体、锥形筒体	管板	下封头	给水接管、人孔座
CPR1000	40mm×60mm	T×内 $T/4$	50mm×100mm	T×内 $T/4$	40mm×60mm
AP1000	（顶、环）t×2t	筒体：T×内 $T/4$ 锥体：t×2t	t×2t	t×2t	
CAP1000	t×2t	T×内 $T/4$	t×2t	t×2t	
CAP1400	水口：T×内 $T/4$ （T×$T/2$ 提供数据） 冒口：t×2t	T×内 $T/4$ （T×$T/2$ 提供数据）	t×2t	水口：T×内 $T/4$① （T×$T/2$ 提供数据） 进口、出口：t×2t	
中核华龙一号	40mm×60mm	T×内 $T/4$	50mm×100mm	T×内 $T/4$	
中广核华龙一号	t×2t	筒体：T×内 $T/4$ 锥体：t×2t	t×2t	t×2t	
EPR		T×内 $T/4$，T×$T/2$			

① 从日本 JSW 进口的 CAP1400SG 下封头（水室封头）水口端取样位置为 T×外 $T/4$。

由表 4.0-6 可见，对于上封头，AP1000 堆型分为环体和顶部，均只在水口端取样。CAP1000 堆型也只在水口端取样，其余堆型均在水口与冒口两端取样。对于筒体与锥形筒体，CPR1000、中核华龙一号堆型只在水口端取样，其余堆型均在水口与冒口两端取样。对于下封头，CPR1000 堆型只在水口端取样，其余堆型均在水口与进出口管嘴端部取样。

第 1 章　压水堆上封头（椭球封头）

SG 上封头又称为椭球封头，目前其设计结构有两种类型——分体式与整体式。对应于不同的设计结构，SG 上封头锻件的制造方法有分体制造和整体制造两种方式，而整体制造又分为两步锻造法和胎模锻造法。关于 SG 上封头锻造方法的选择，主要从以下几方面综合考虑：设计图样与采购规范；钢锭制造能力与技术水平；锻造压机能力与空间尺寸；锻造吊钳起吊能力；锻造回转装置承载能力。

1.1　分　体　式

分体上封头（椭球封头）是将椭球封头分解为椭球封头上部和椭球封头环，分别锻造，精加工后再组焊到一起，制造出 SG 椭球封头。

1. 椭球封头上部

AP1000SG 椭球封头上部锻件（见图 4.1-1）因其尺寸较小，成形所用板坯直径不大，板坯厚度也不大，成形力也比较小，所以在压机空间尺寸允许的情况下，一般采取用板坯冲压成形的锻造方法。首先锻造出冲形所需板坯（见图 4.1-2a），然后对板坯进行粗加工（见图 4.1-2b）及 UT 检测，最后将探伤合格并已焊好吊耳的板坯放置在下模上，用冲头冲压成形。

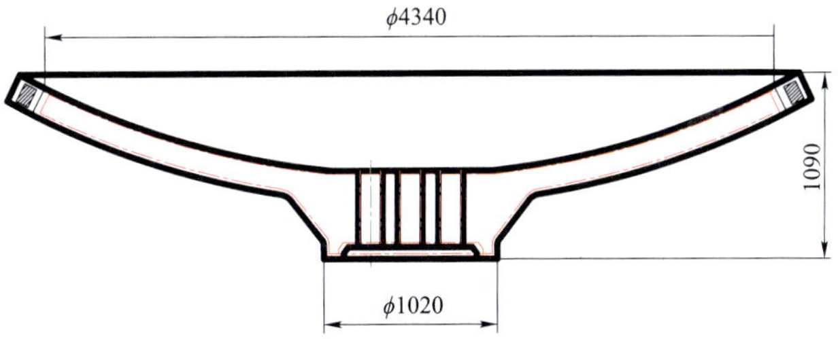

图 4.1-1　AP1000SG 椭球封头上部锻件图

关于板坯冲形法，在模具与坯料设计以及冲形工艺制定时应重点关注以下几方面：

（1）板坯直径的确定：初步设计板坯直径时，可根据椭球封头锻件图中性层展开长度的 0.98～1.0 倍计算，最终直径则根据数值模拟结果确定。

（2）板坯厚度的确定：主要根据冲形温度与最大减薄率设计。

（3）下模与冲头间隙的确定：一般根据冲形温度和板坯增厚率计算得出初步数值，然后通过数值模拟确定最佳间隙，最佳间隙的判断依据是在其他所有冲形条件相同的前提下，成形力最小且封头尺寸满足后续加工要求时所对应的模具间隙最优。模具间隙优化确定后，在设计工艺方案时有两种方式可供技术人员选择：一是增大下模内径；二是将板坯端部对应于成形后的封头外表面一侧进行局部减薄。

（4）下模过渡圆角的设计：为了减小冲形时的变形阻力，进而减小板坯所受拉应力，下模端面与内壁的过渡圆角不宜过小，可根据板坯及下模尺寸借助数值模拟结果优化确定。一般将下模过渡圆角设计为 $R250$mm 左右。

（5）当椭球封头锻件直边高度较大时，设计冲头时应考虑拔模斜度。实际生产时，如出现冲形后锻件与冲头抱住不能顺利脱模时，可将锻件与冲头一同翻转 180°，然后让冲头悬空装入高温炉短时间保温，冲头悬空高度要尽量小，防止自行脱落时砸坏炉床。

（6）下模外径与板坯直径相比不宜过小，以免增大冲形阻力，使成形后的封头局部减薄严重。

（7）在压机吨位允许的情况下，板坯加热温度应偏低，以保证锻件最终产品质量。

（8）冲形时板坯与下模的找正对中很重要，其准确程度直接影响冲形后封头尺寸能否满足后续加工需要。实际生产中一般采用在靠近下模上端部焊接两个定位块的办法来保证，设计定位块尺寸时应注意考虑板坯在摆放温度下的热膨胀量。

（9）设计冲头高度时要注意，封头成形后其外圆表面焊接的吊耳会由冲形前的水平方向转变为竖直朝上，所以在冲形结束时，冲头端面到下模上端面的距离应能容得下吊耳全部高度，否则会造成因冲头压下行程不够而导致封头返修（再次冲形）。

（10）为保证封头冲形后的质量，冲形时应逐级加压。

AP1000SG 椭球封头上部锻件制造过程如图 4.1-2 所示，成品锻件如图 4.1-3 所示。

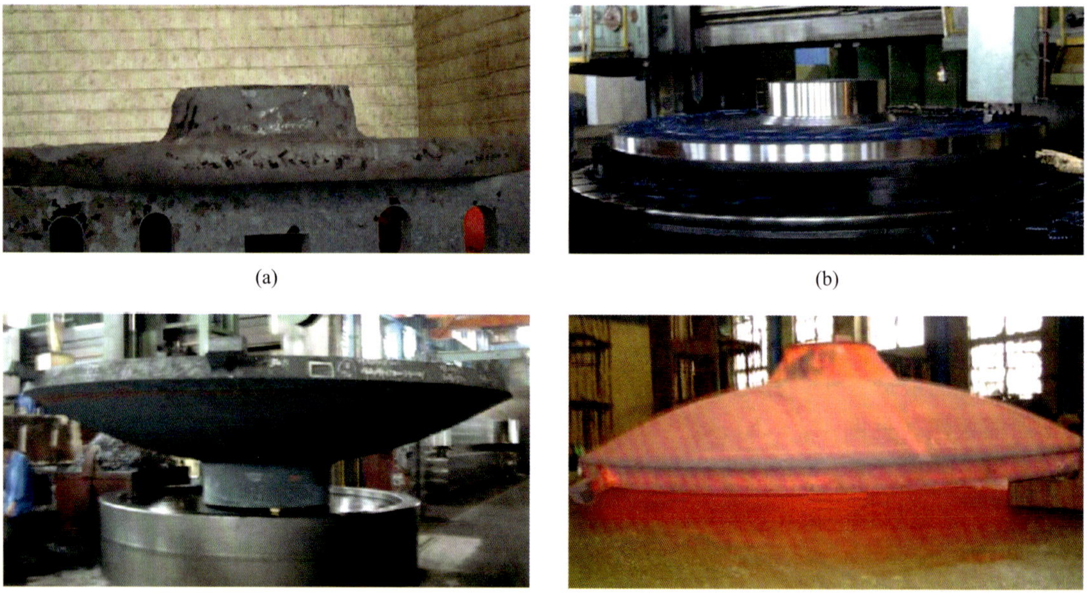

(a) (b) (c) (d)

图 4.1-2　AP1000SG 椭球封头上部锻件制造过程

（a）锻造板坯；（b）板坯粗加工；（c）板坯冲形后；（d）锻件淬火

图 4.1-3　AP1000SG 椭球封头上部锻件

2. 椭球封头环

AP1000SG 椭球封头环锻件（见图 4.1-4）的形状类似于 RPV 过渡段，锻造成形方式分为覆盖式和仿形式两种。采用仿形式锻造的 AP1000SG 椭球封头环成品锻件如图 4.1-5 所示。

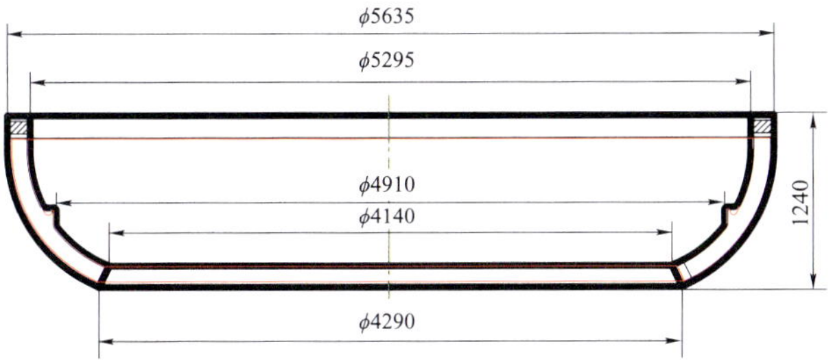

图 4.1-4　AP1000SG 椭球封头环锻件图

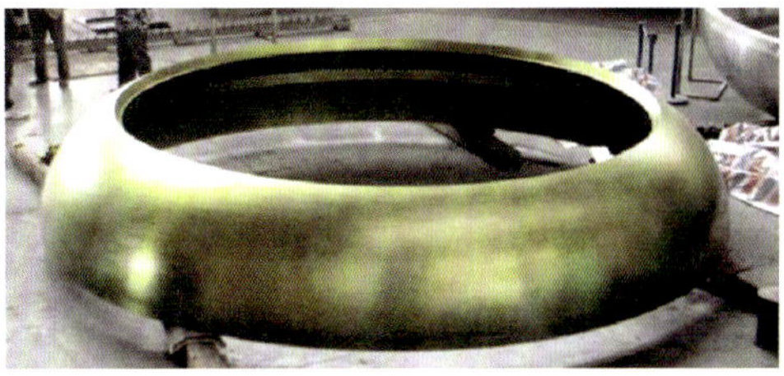

图 4.1-5　AP1000SG 椭球封头环

1.2　整　体　式

为了减少环焊缝以提高产品质量，大型先进压水堆 SG 上封头的发展趋势是整体制造（参见图 1.2-6a、b、c）。根据装备能力及技术水平的不同，SG 整体上封头的成形方式分为两步锻造法和胎模锻造法。采用胎模锻造法生产的 CAP1400SG 整体上封头如图 4.1-6 所示。

图 4.1-6　CAP1400SG 整体上封头

1. 两步锻造法

根据 AP1000SG 椭球封头的结构特点，其锻造工艺过程分两步进行：第一步预制板坯，即从大型钢锭开始，经过压实成形等工序锻造出满足要求的板坯，其目的是保证板坯锻件的探伤结果（尤其是凸台下方区域）满足要求并获得合理尺寸的毛坯；第二步拉伸成形封头，将加工后的板坯利用椭球形上模和圆环状下模拉伸成形为封头锻件。两步锻造法成形封头的关键技术是冲形模具与板坯尺寸的设计以及制坯与冲形工艺方案的制定。

（1）冲形模具的设计。

为了使板坯在变形过程中金属流动更合理，成形后的封头壁厚更均匀，同时减小成形力，使拉伸过程中坯料所受拉应力更小，应在冲形模具设计时选择合理的模具间隙 G 与下模过渡圆角 R。与以往根据实际冲形经验来确定模具间隙 G 和下模过渡圆角 R 不同，现在可利用计算机数值模拟技术对其进行优化，椭球封头板坯冲形有限元分析模型如图 4.1-7所示。Mn-Mo-Ni 钢材料应力-应变曲线如图 4.1-8 所示。

椭球封头热成形时 G 值与板坯原始厚度 t_0 一般有如下关系：$G=(1.1\sim1.2)t_0$，选择 9 种方案进行参数优化，成形参数及结果见表 4.1-1。

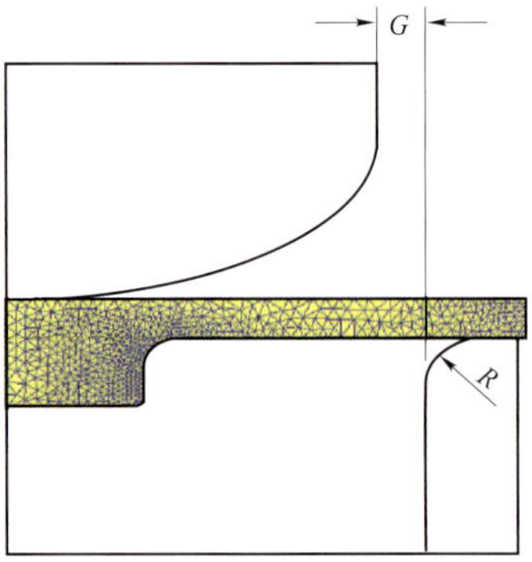

图 4.1-7　椭球封头板坯冲形有限元模型

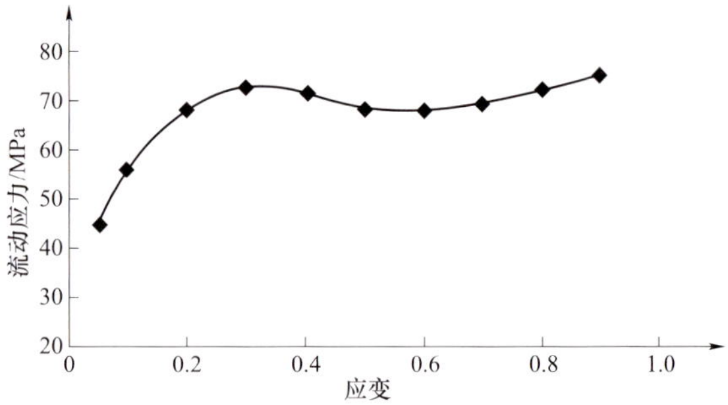

图 4.1-8　Mn-Mo-Ni 钢材料应力-应变曲线

表 4.1-1　椭球封头成形参数优化表

G/mm	R/mm	封头最小壁厚/mm	封头最大壁厚/mm	最小加工余量（单边）/mm	最大成形力/MN
280	300	210.1	274.5	9	62.65
	280	208.5	268.6	10	61.81
	260	200.7	256.3	13	40.70
300	300	213.4	275.5	20	54.16
	280	212.7	279.6	8	61.13
	260	203.8	271.4	5	65.11
320	300	214.3	265.9	-3	50.88
	280	210.1	265.1	-10	52.10
	260	208.4	269.8	-19	63.06

通过对 9 种成形方案的模拟，对封头最小壁厚、最大壁厚、最小加工余量和最大成形力进行比较分析，可以看出，选取 $G=300$mm，$R=300$mm 时成形效果最好。

（2）冲形板坯的设计。

应用计算机数值模拟技术对冲形板坯尺寸及结构进行了优化设计，最终选出合理的冲形板坯尺寸。在模拟拉伸成形结束后，将椭球封头粗加工图的三维模型导入模拟空间，与冲形后的封头锻件图形进行对比，检查拉伸成形后的椭球封头尺寸是否满足后续加工要求。从图 4.1-9 中可以看出在封头接近上边缘处有增厚，在内表面底部区域有减薄现象，但从整体对比情况看，冲形后的封头尺寸可以满足粗加工的要求。

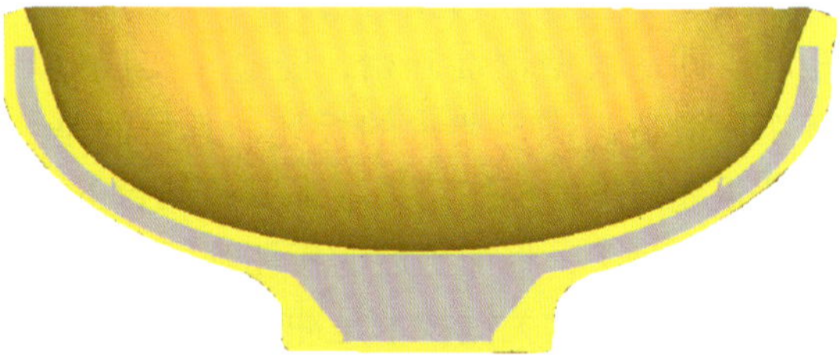

图 4.1-9　成形结束后锻件图形与粗加工图形的对比情况

（3）制坯与冲形工艺方案的设计。

为了保证坯料质量，需要对锻造的板坯进行机加工并探伤合格。板坯加工后主要变形区的厚度为 270mm，相对厚度较大，拉伸变形缓慢进行时不会出现起皱现象，所以整个拉伸成形过程采用无压边拉伸。预制板坯的锻造工艺流程如图 4.1-10 所示，板坯机加工尺寸及封头拉伸成形工艺方案如图 4.1-11 所示。

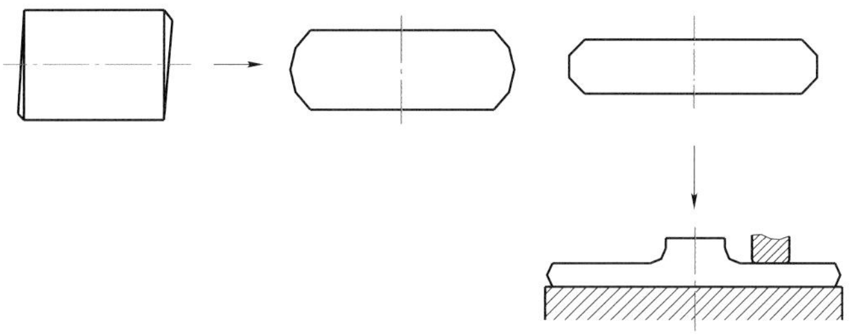

图 4.1-10　预制板坯锻造工艺流程

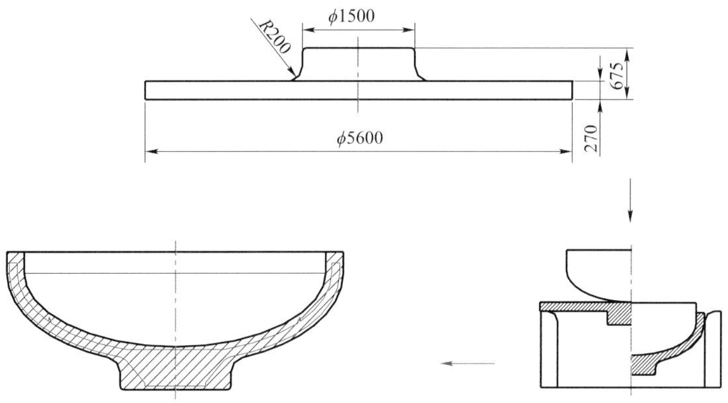

图 4.1-11　板坯机加工尺寸及封头拉伸成形工艺方案

2. 胎模锻造

（1）AP1000 整体椭球封头。

AP1000SG 整体上封头（椭球封头）锻件尺寸超大（见图 4.1-12），如果采用两步法冲压成形，板坯直径将超过 8m，受现有液压机空间尺寸的限制，难以用两步锻造法成形，故采取了胎模锻造方法成形。

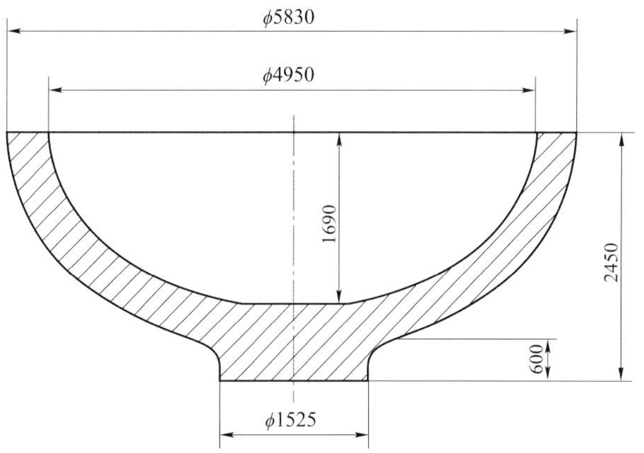

图 4.1-12　AP1000SG 整体上封头

与两步成形法不同的是，胎模锻造法成形“一气呵成”，中间没有机加工过程，自由锻完成带凸台的圆柱形实心坯料的锻造成形后，将坯料立在下模中间进行镦粗，然后使用上模成形内腔，在内腔成形的同时封头高度不断增加，最后达到成品尺寸。由于采用胎模锻造法成形的封头尺寸规格一般都超大，所以受压机能力限制，封头内腔是不能使用整体冲头一次成形到所需尺寸，需要根据压机能力设计分步旋转成形上模。

与两步成形法相比，胎模锻造法成形制造周期更短些，而且由于封头在胎模锻造过程中受压应力，锻件内部质量会更好。胎模锻成形的关键技术是制坯与分步旋转锻造工艺方案的确定。设计模具时，需要考虑锤头拔模斜度、工作面宽度与圆角以及总体高度，而下模则需要解决封头开口端面因圆角过大而导致外圆尺寸不能满足后续加工需要的问题。此外，在后期旋转成形内腔时，封头端部壁厚越来越薄，变形阻力越来越大，为了减少后期旋压内腔的火次，提高成形效率，降低封头内表面底部减薄量，在生产中可采用条形锤头与双扇形锤头组合旋压成形内腔的工艺方案，这种方案经过了国内某锻件供应商生产实践验证，效果良好。

与两步成形法一样，为了保证封头成形质量，胎模锻造法成形也需要使用数值模拟技术对模具以及工艺方案进行优化设计。

1）数值模拟。坯料在下模内镦粗的数值模拟如图 4. 1-13 所示。

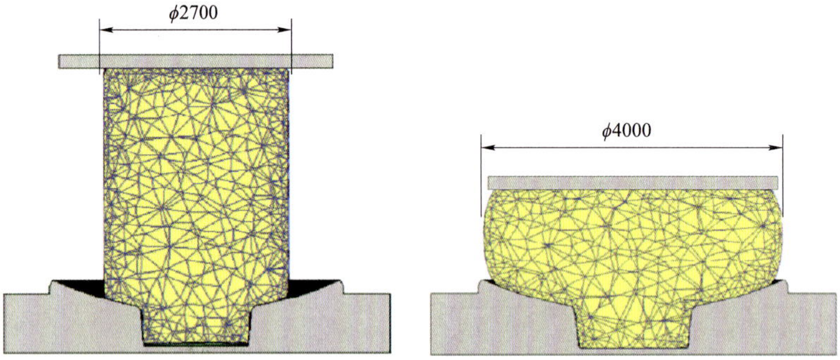

(a) (b)

图 4. 1-13　凹模内镦粗数值模拟

（a）镦粗开始；（b）镦粗结束

条形上锤头凹模内旋转压凹槽制坯的数值模拟如图 4. 1-14 所示。

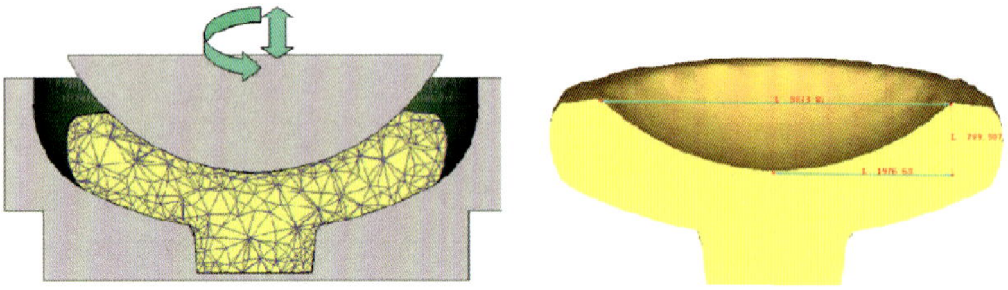

(a) (b)

图 4. 1-14　条形上锤头凹模内旋转压凹槽制坯的数值模拟

（a）旋转压凹槽；（b）坯料形状

双扇形上锤头凹模内旋转压凹槽出成品的数值模拟如图 4. 1-15 所示。

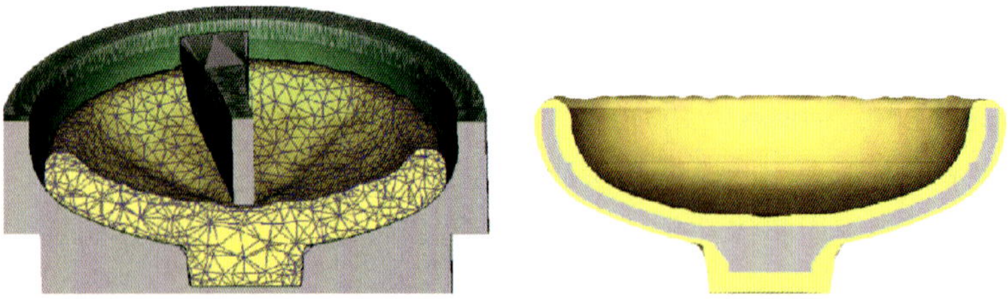

(a) (b)

图 4. 1-15　双扇形上锤头凹模内旋转压凹槽出成品的数值模拟

（a）旋转压凹槽；（b）坯料形状

2）附具研制。AP1000 整体椭球封头胎模锻成形所用附具主要有条形锤头、双扇形锤头、组合下模三种，上述附具的结构示意图分别如图 4. 1-16～图 4. 1-18 所示。

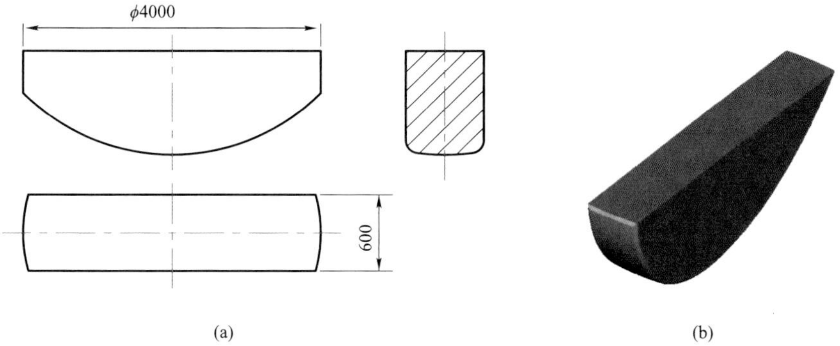

图 4. 1-16　条形上锤头结构示意图

（a）零件图；（b）立体图

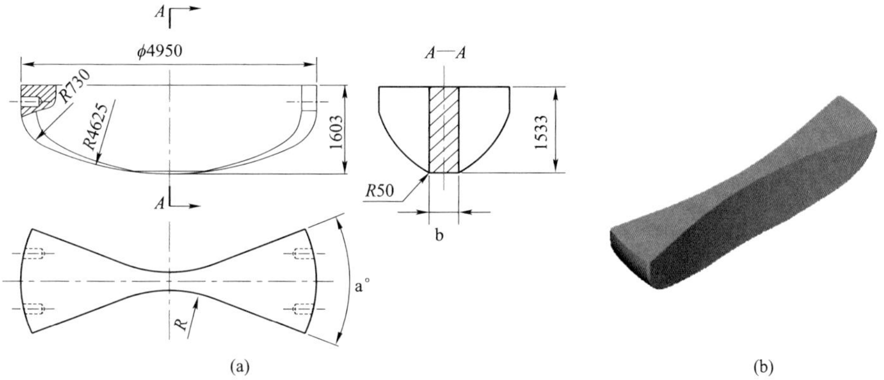

图 4. 1-17　双扇形上锤头结构示意图

（a）零件图；（b）立体图

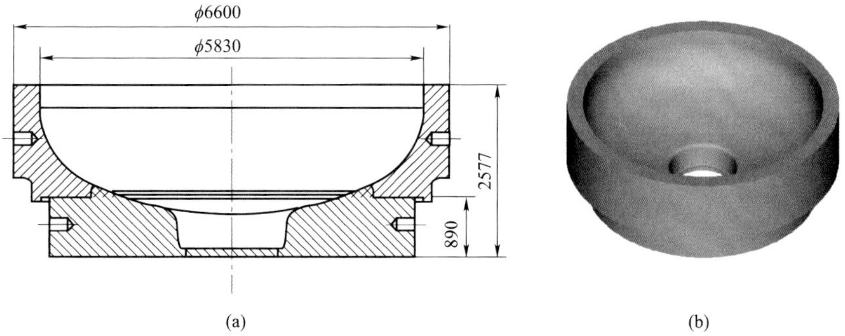

图 4. 1-18　组合下模结构示意图

（a）零件图；（b）立体图

3）产品制造。

AP1000 整体椭球封头锻件尺寸如图 4. 1-19 所示。

AP1000 整体椭球封头锻件实际锻造过程如图 4.1-20～图 4.1-24 所示。图 4.1-20 是模内镦粗；图 4.1-21 是在下模内旋转压凹槽制坯；图 4.1-22 是组装模具；图 4.1-23 是在组合下模内旋转压凹槽出成品；图 4.1-24 是锻件脱模。

（2）CAP1400 整体椭球封头。

CAP1400SG 整体椭球封头（上封头）尺寸比 AP1000SG 整体椭球封头还要大（见图 4.1-25），所以很难采用两步锻造法成形，只能采取胎模锻造方法成形。由于 CAP1400SG 整体椭球封头最大外径接近 6500mm，已超出一般锻件供应商压机空间尺寸，所以上述 AP1000SG 整体椭球封头胎模锻造成形法已不能用来制造 CAP1400SG 整体椭球封头，必须另

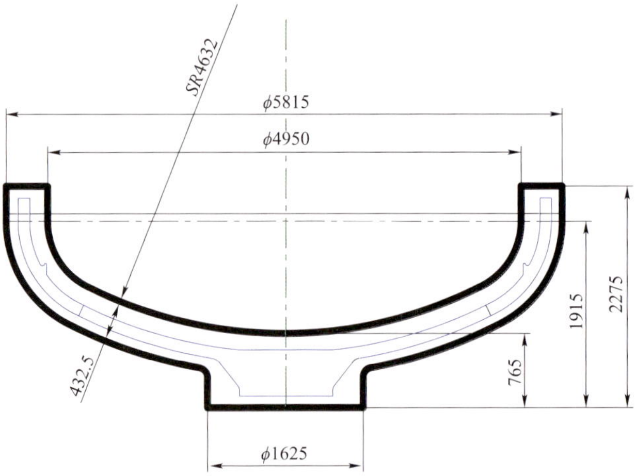

图 4.1-19　AP1000 整体椭球封头锻件图

(a)

(b)

图 4.1-20　模内镦粗

（a）模内镦粗开始；（b）模内镦粗结束

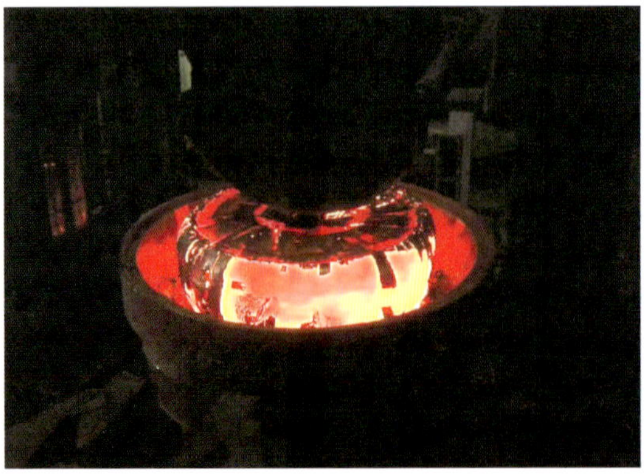
(a)

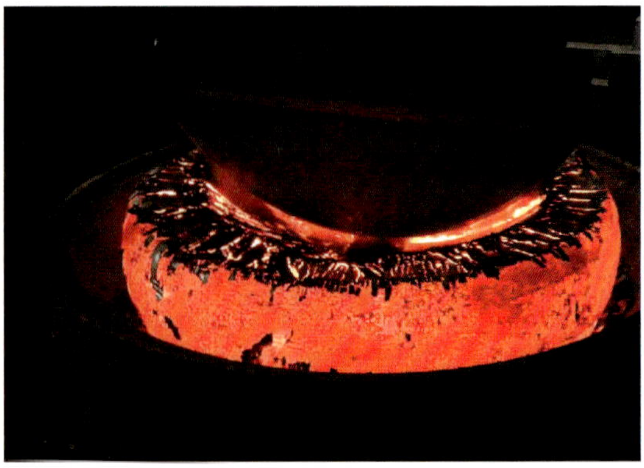
(b)

图 4.1-21　旋转压凹槽制坯

（a）压凹槽开始；（b）压凹槽结束

辟蹊径。根据压机实际工况，研发新的胎模锻成形工艺。通过突破传统思维，创新出了外旋压成形工艺，在 CAP1400SG 整体椭球封头锻件胎模锻试制中得到了成功应用。实践证明，这种外旋压胎模锻成形工艺与内旋压法相比，成形效率高，锻件表面质量好，材料利用率高，使用范围更广。

(a) (b)

图 4.1-22　模具组装

（a）坯料吊入外模下部；（b）组装外模上部

(a) (b)

图 4.1-23　旋转压凹槽出成品

（a）压凹槽开始；（b）压凹槽结束

(a) (b) (c)

图 4.1-24　锻件脱模

（a）脱外模前；（b）脱去外模下部；（c）脱去外模上部

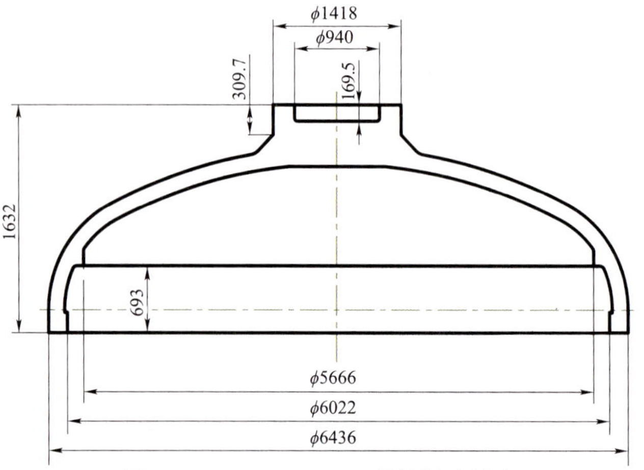

图 4.1-25　CAP1400SG 整体椭球封头

1）数值模拟。下模内镦粗及旋转压凹槽制坯数值模拟如图 4.1-26 及图 4.1-27 所示。外表面旋压预成形、直边成形及外表面旋压出成品的数值模拟结果分别如图 4.1-28～图 4.1-30 所示。

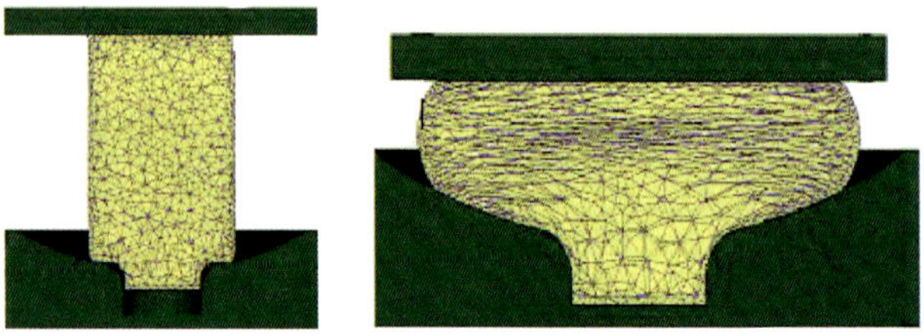
(a)　(b)

图 4.1-26　下模内镦粗数值模拟
（a）镦粗开始；（b）镦粗结束

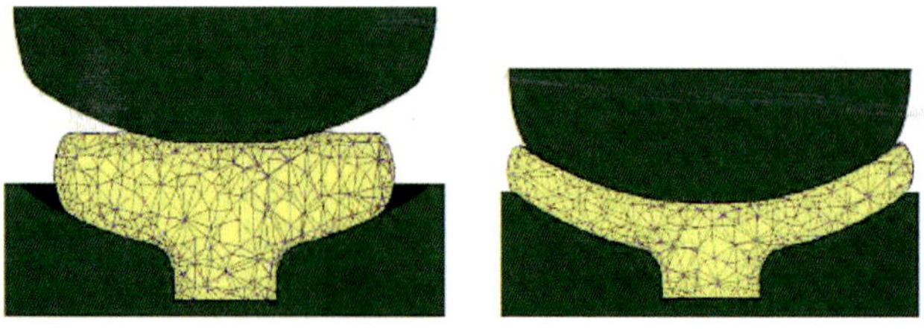
(a)　(b)

图 4.1-27　下模内旋转压凹槽制坯数值模拟
（a）内旋压开始；（b）内旋压结束

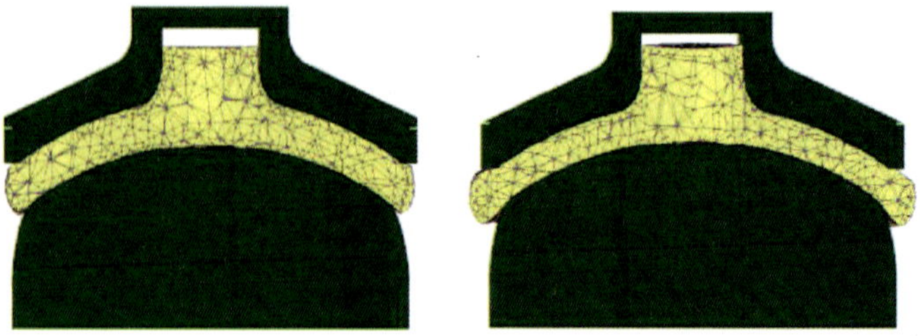
(a)　(b)

图 4.1-28　外表面旋压预成形
（a）旋压开始；（b）旋压结束

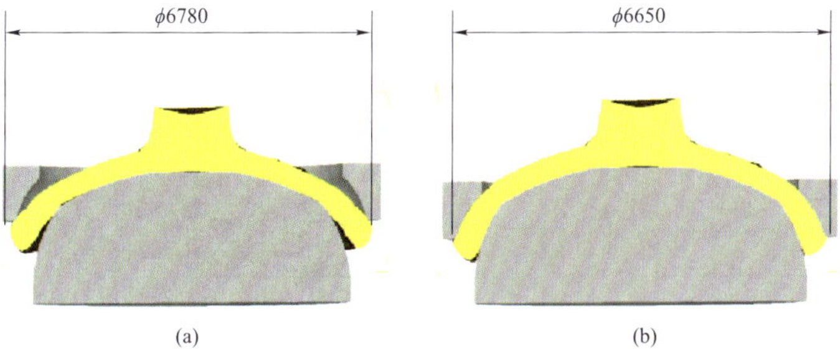

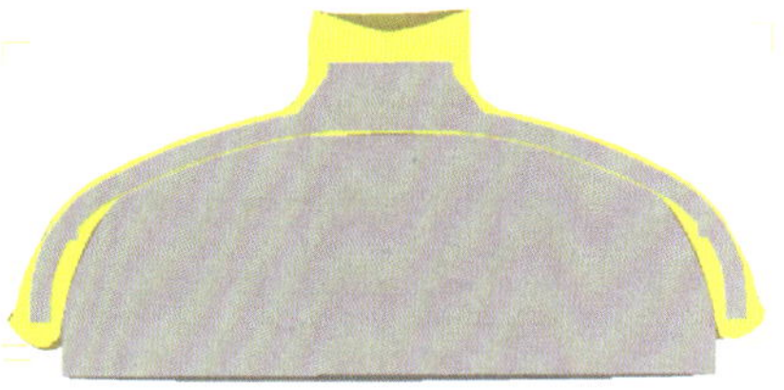

图 4.1-29　直边成形

（a）压直边开始；（b）压直边结束

图 4.1-30　外表面旋压出成品后状态

2）附具研制。CAP1400SG 整体椭球封头外旋压胎模锻成形所用附具较多，主要有条形锤头、双扇形锤头、环体、下模等，各种附具的尺寸规格都非常大，环体（见图 4.1-31）外径达 6900mm。

图 4.1-31　环体

（a）外观；（b）内腔

3）产品制造。CAP1400SG 整体椭球封头锻件如图 4.1-32 所示。锻造流程如图 4.1-33 所示。

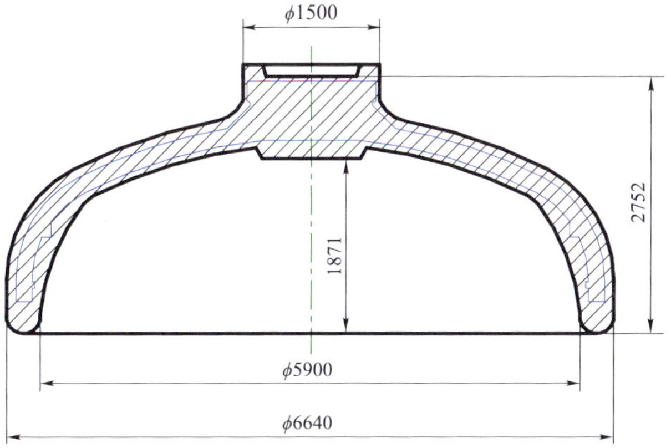

图 4.1-32　CAP1400 整体椭球封头锻件

CAP1400 整体椭球封头锻件使用环体附具实际锻造过程如图 4.1-34 所示。

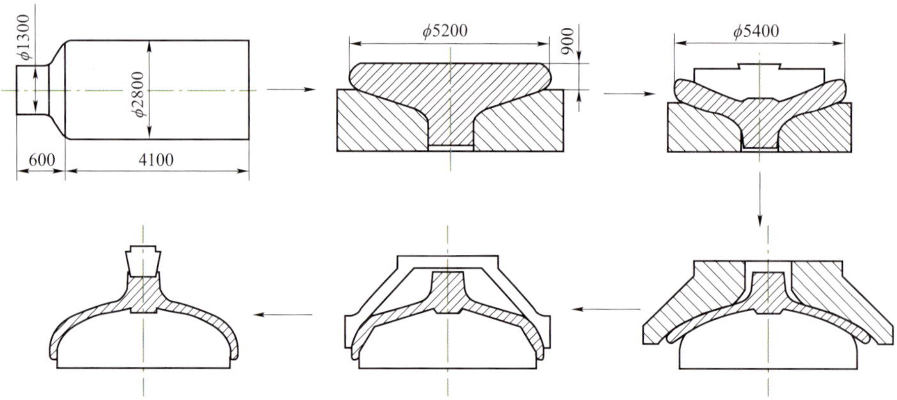

图 4.1-33　CAP1400SG 椭球封头锻件锻造流程

CAP1400 整体椭球封头热处理分为浸水淬火和喷水淬火。图 4.1-35 是浸水淬火过程。图 4.1-35a 是加热后出炉吊运；图 4.1-35b 是锻件入水过程中椭球封头上部排气。图 4.1-36 是喷水淬火冷调试过程。图 4.1-36a 是调整内腔顶部间隙；图 4.1-36b 是调整内腔侧面间隙；图 4.1-36c 是喷水后状态。图 4.1-37 是喷水淬火过程。图 4.1-37a 是附具准备；图 4.1-37b是加热后状态；图 4.1-37c 是喷水淬火过程中。

图 4.1-34　用环体锻造椭球封头

(a)

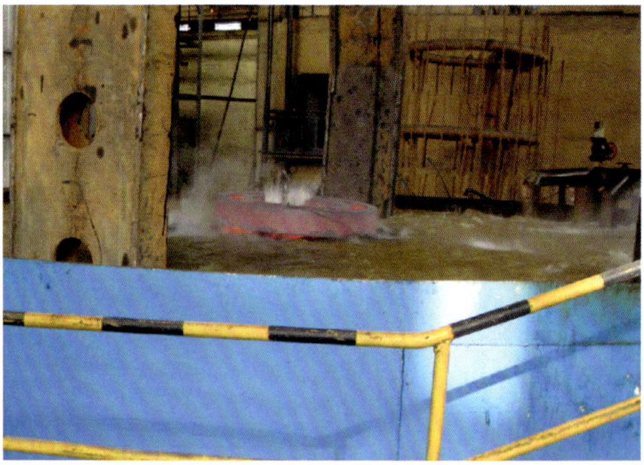

(b)

图 4.1-35　椭球封头浸水淬火

（a）吊运过程；（b）入水过程

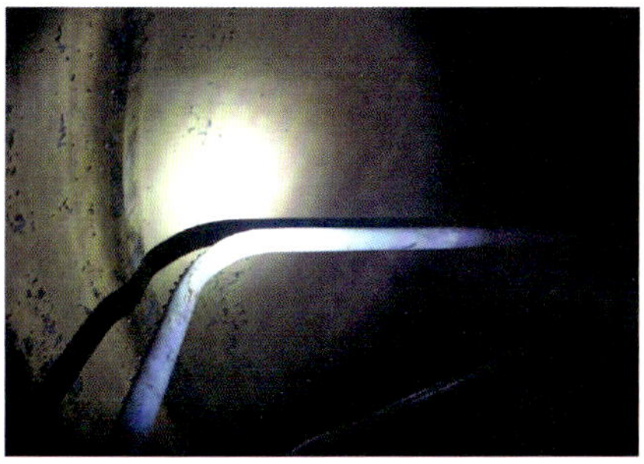

(a)

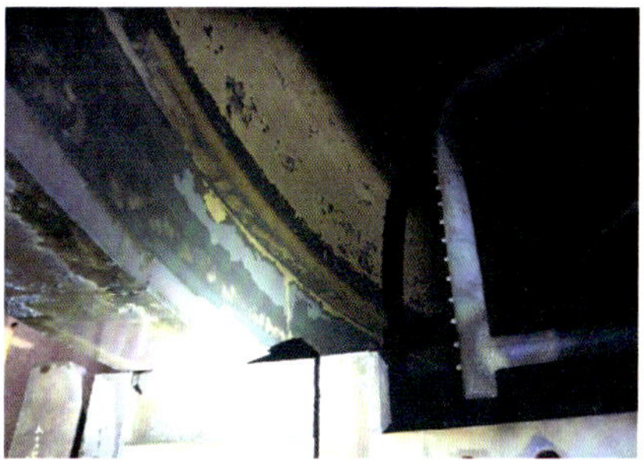

(b)

(c)

图 4.1-36　喷水淬火冷调试

（a）调整内腔顶部间隙；（b）调整内腔侧面间隙；（c）喷水后状态

(a)

(b)

(c)

图 4.1-37　喷水淬火过程

（a）附具准备；（b）加热后状态；（c）喷水淬火

第 2 章　压水堆锥形筒体与管板

2.1　锥　形　筒　体

核电 SG 锥形筒体是连接上、下筒体的过渡段，由圆锥段和上、下两个直段组成（见图 4.2-1）。锥形筒体锻件锻造方法因制造水平的不同而分为覆盖式锻造、仿形锻造和近净成形锻造三种。

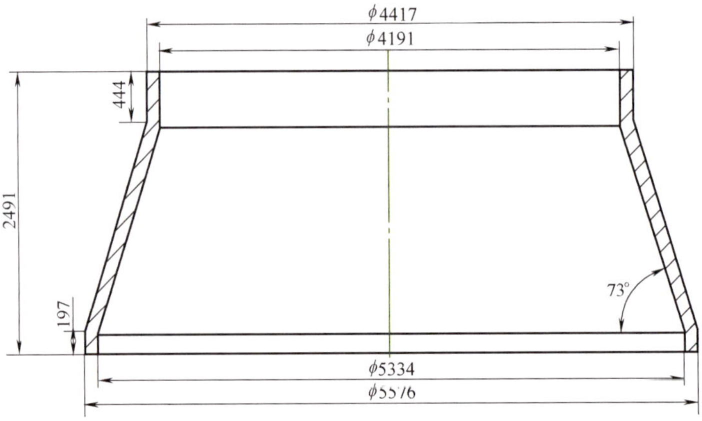

图 4.2-1　AP1000SG 锥形筒体

2.1.1　覆盖式锻造

核电 SG 锥形筒体锻件覆盖式锻造如图 4.2-2 所示。这种方法是先锻造出厚壁圆锥筒体，然后加工出两个直段，国外某锻件供应商制造 AP1000SG 锥形筒体是先按图 4.2-3 采用覆盖式锻造出锥体锻件，然后加工出两个直段。AP1000SG 锥形筒体覆盖式锻造生产的锻件及加工实例如图 4.2-4 所示。图 4.2-4a 是锻件毛坯加工前划线；图 4.2-4b 是毛坯上半段加工后

图 4.2-2　锥形筒体覆盖式锻造

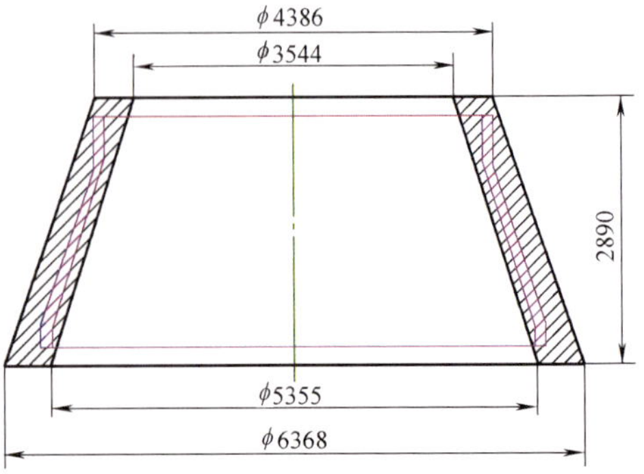

图 4.2-3　AP1000SG 锥形筒体覆盖式锻造锻件图

待 180°翻转。覆盖式锻造成形方法虽然简单（参见图 4.2-2），但锻件余量大，而且直段尺寸越长锻件余量越大。如用覆盖式锻造方法制造图 4.2-5 所示的带有超长直段的锥形筒体，锻件余量将难以想象。

(a) (b)

图 4.2-4　AP1000SG 锥形筒体锻件覆盖式锻造的锻件及加工实例

（a）毛坯加工前划线；（b）毛坯上半段加工后待 180°翻转

图 4.2-5　带有超长直段的锥形筒体锻件

2.1.2　仿形锻造

核电 SG 锥形筒体锻件仿形锻造是先锻造出圆锥筒体，然后再分别锻造出两端直段的成形方法，AP1000SG 锥形筒体仿形锻造的锻件如图 4.2-6 所示。

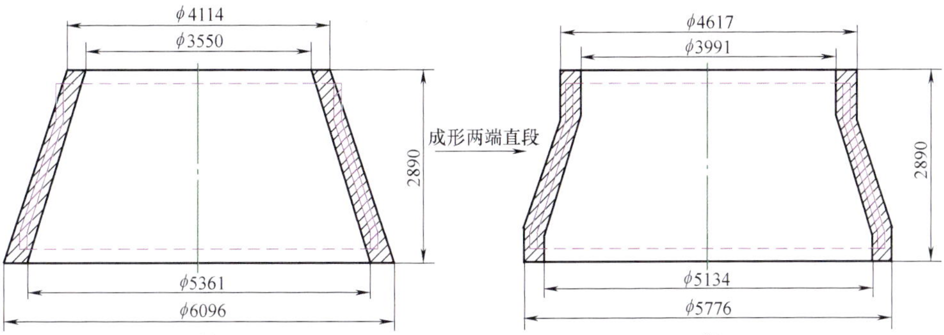

(a) (b)

图 4.2-6　AP1000SG 锥形筒体锻件仿形锻造成形方法示意图

（a）锻件最终成形前尺寸；（b）锻件最终成形后尺寸

仿形锻造方法虽然较覆盖式锻造方法先进，但两个含有性能试验用料的直段是最后成形的，锻造比相对锥段要大，最后成形的直段部分的性能从严格意义上是不能代表圆锥部分性能的。因为锻件的强度主要取决于所选材料的化学成分与热处理方式，与锻造比关系不大，而锻件的塑韧性与锻造比的关系较大（见图 4.2-7）。

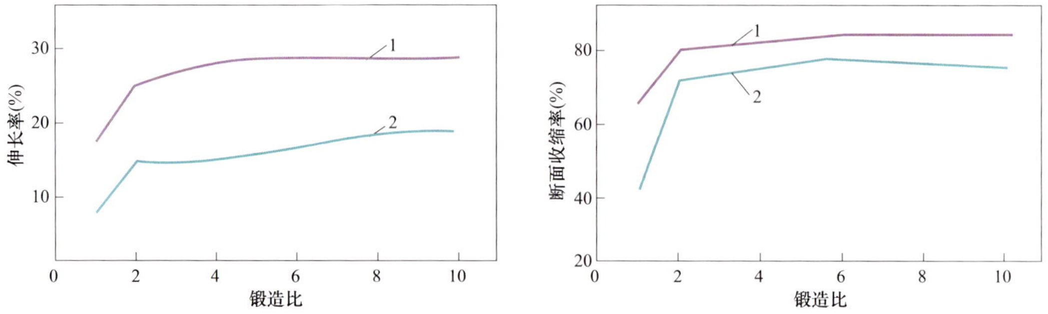

图 4.2-7　核电锻件锻造比与塑韧性的关系

1—主锻造方向；2—垂直主锻造方向

2.1.3　近净成形锻造

为了体现核电 SG 锥形筒体锻件的绿色制造，又能保证两个直段部位取样具有代表性，中国一重发明了双端不对称变截面筒体锻件的同步变形技术，实现了 SG 锥形筒体锻件的近净成形锻造。

1. 成形工艺研究

AP1000SG 锥形筒体锻件近净成形锻造工艺流程为：气割钢锭水口与冒口→镦粗、冲孔→芯棒拔长→扩孔→专用芯棒预制锥形坯料→专用锤头与马杠整体同步扩孔出成品。在此成形步骤中，只有最后两步是创新型工艺，前面的四步都是常规工艺，这里不再赘述。上述最后两步创新型工艺是 AP1000SG 锥形筒体锻件近净成形锻造工艺的核心技术，其研究内容主要包括制订锻件坯料尺寸、变形工艺过程与变形工艺参数等。

（1）专用芯棒预制锥形坯料。

预拔长成形是 SG 锥形筒体锻件近净成形过程中最重要的一个环节，其成形质量关系到锻件最终形状与尺寸能否满足图样要求。为了减少成形附具数量，降低研制与生产成本，预拔长成形利用最终扩孔成形附具与通用的上平下 V 砧分段进行，为此需要研究设计预拔长成形工艺步骤，保证在一个火次内，利用较简单的附具将普通空心筒形坯料逐步成形为两端带直段的锥形坯料。预拔长成形工艺过程设计如图 4.2-8 所示。此工序如果不能严格控制将会导致“歪瓜裂枣”的锻件产生，不仅影响锻件质量，而且给加工带来不便（见图 4.2-9）。图 4.2-9a 是不同操作方式带来的相同产品质量差异，可谓天壤之别；图 4.2-9b 是“歪瓜裂枣”锻件给后续加工带来的不便。

（2）专用锤头与马杠整体同步扩孔出成品。

在最终整体同步扩孔成形过程中，由于坯料大小端直径不同，因而不能保持同步增长。所以在正常情况下，如果每道次压下量均为 10mm，那么坯料小端变形将会滞后大端 8 个道次，即坯料大端尺寸到线后，小端还需要再压 8 个道次才能使尺寸满足要求，具体计算结果

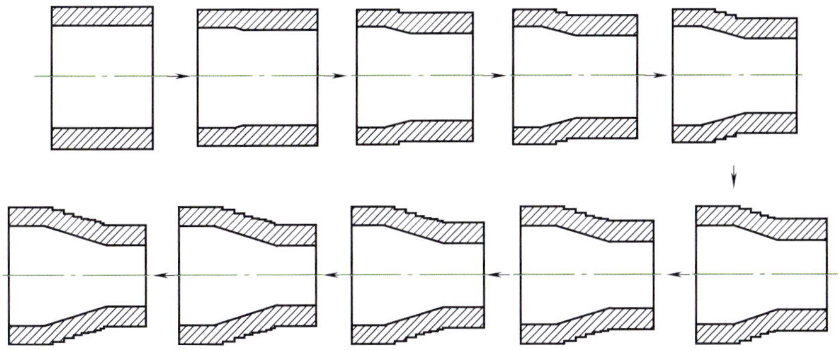

图 4.2-8　锥形筒体预拔长成形工艺过程设计图

(a)　(b)

图 4.2-9　锥形筒体锻件质量对比及对加工的影响

（a）锻件质量对比；（b）“歪瓜裂枣”对后续加工的影响

见表 4.2-1。如果按照常规工艺扩孔，根本无法实现锥形筒体锻件的近净成形锻造。为了解决这个难题，在锻件整体同步扩孔成形过程中，需要研究设计成形步骤，将坯料小端多出来的 8 个道次变形分解并融合到其他变形道次中去，以保证坯料大小端直径上的变化能够同时开始并同时结束。为此，将坯料大端变形设计成 8 个道次，小端变形也为 8 个道次，具体方案见表 4.2-2。虽然经过研究将大小端的变形道次设计成相同的 8 个道次，但是除第 1、6、8 道次外，在其他道次的变形中，坯料小端的实际压下量都比大端大，而水压机矩形上锤头的压下量是唯一的，这就需要解决一个难题：在同一个矩形锤头施压的情况下，怎样保证大小端坯料壁厚的实际减少量不同。为了实现这一目的，需要设计特殊的成形附具。

表 4.2-1　　每压下 10mm 后坯料大、小端的内外直径与壁厚理论数值

大端外径/mm	大端内径/mm	壁厚/mm	大端转角	小端外径/mm	小端内径/mm	壁厚/mm	道次	压下量/mm
3660	2630	515		2670	1500	585		0
3712	2702	505		2696	1546	575		10
3767	2777	495		2724	1594	565		10
3825	2855	485	$\alpha=15°$①	2753	1643	555	①	10

续表

大端外径/mm	大端内径/mm	壁厚/mm	大端转角	小端外径/mm	小端内径/mm	壁厚/mm	道次	压下量/mm
3885	2935	475		2783	1693	545		10
3948	3018	465	$\alpha=14°$②	2815	1745	535		10
4015	3105	455		2848	1798	525		10
4085	3195	445		2883	1853	515	②	10
4158	3288	435	$\alpha=14°$③	2920	1910	505		10
4236	3386	425		2959	1969	495		10
4318	3488	415		3000	2030	485		10
4404	3594	405	$\alpha=13°$④	3043	2093	475	③	10
4495	3705	395		3088	2158	465		10
4592	3822	385		3136	2226	455		10
4694	3944	375	$\alpha=12°$⑤	3175	2296	445		10
4802	4072	365		3239	2369	435	④	10
4917	4207	355		3295	2445	425		10
5040	4350	345	$\alpha=11°$⑥	3354	2524	415		10
5170	4500	335		3417	2607	405		10
5309	4659	325	$\alpha=10°$⑦	3483	2693	395	⑤	10
5457	4827	315		3553	2783	385		10
5615	5005	305		3628	2878	375		10
5785	5195	295	$\alpha=10°$⑧	3707	2977	365		10
5875	5295	290		3791	3081	355	⑥	10
				3880	3190	345		10
锻件大端外径	锻件大端内径			3976	3306	335		10
5720	5190			4078	3428	325		10
				4187	3557	315	⑦	10
				4304	3694	305		10
				4430	3840	295		10
				4565	3995	285	⑧	
				4636	4076	280		
				锻件小端外径	锻件小端内径			
				4570	4035			

①～⑧为不同道次。

表 4.2-2 **整体扩孔成形操作方案**

道次	大端						小端			
	外径/mm	内径/mm	壁厚/mm	压下量/mm	压前外径与锤头间隙/mm	活动马架垫片厚度/mm	外径/mm	内径/mm	壁厚/mm	压下量/mm
0	3660	2630	515				2670	1500	585	
1	3825	2855	485	30	85	140	2753	1643	555	30
2	3948	3018	465	20	44	80	2883	1853	515	40
3	4158	3288	435	30	48	100	3043	2093	475	40
4	4404	3594	405	30	23	70	3239	2369	435	40
5	4694	3944	375	30	-3	50	3483	2693	395	40
6	5040	4350	345	30	-26	20	3791	3081	355	40
7	5309	4659	325	20	-45	0（-10）①	4187	3557	315	40
8	5785	5195	295	30	19	80	4565	3995	285	30

① 含义为：7 道次扩孔前，如果小端直径小于 3791mm，则小端马架高度增加 7～10mm。

在锻件最后整体扩孔出成品时，由于大小端直径变化不同步，使得锻件斜段角度始终处于变化之中，而上下成形附具的角度是一定的，所以为了保证锻件最终形状与尺寸精度，必须在整体扩孔过程中不断地调整斜段角度，使其与附具角度相吻合，从而保证大小端直径同时满足锻件尺寸要求。

此外，在制订成形工艺方案时，还应结合现场实际条件，如液压机工作空间，液压机工作台面情况等，合理确定锻件工艺余量，既要提高材料利用率，又要保证锻件几何形状与尺寸偏差能够满足下道工序机加工的要求，给定每一火次的锻造比以及锻造温度，合理确定各火次的高温保持时间，合理控制压下量，既要保证锻件表面质量，又要保证其内部质量，同时还要提高生产效率。

2. 附具研制

由于 AP1000SG 锥形筒体锻件形状的特殊性，常规的锻造方法是无法完成整体近净成形锻造的，需要设计专用的特殊成形附具。特殊成形附具设计的原则是既要保证锻件形状与尺寸满足要求，又要保证附具使用满足生产现场实际情况的要求，即要具有可操作性，只有这样才能将工艺方案转变为现实，否则无论工艺方案如何先进，都只能是“纸上谈兵”。

在锥形筒体锻件近净成形锻造方法研究中，研制的特殊成形附具如下：

（1）高度在线可调的活动马架。

高度在线可调的活动马架在工作中能够根据需要随时实现高度可调，以满足成形工艺方案中坯料大小端直径同时开始变形并同时结束变形的条件，从而实现坯料大小端直径同时达到锻件尺寸的目标。

（2）拔长预制锥形坯料的成形附具。

拔长预制锥形坯料的成形附具可以使扩孔前的坯料具备一定的形状，经过专用成形附具扩孔后，能够扩大成形为所需要的形状与尺寸，同时还要注意保证锻件内部质量，使其在调质后各项性能指标满足技术条件要求，最后还要考虑不同类型产品所需附具的通用性。

（3）组合附具之间的定位与固定。

为降低单件附具重量、提高附具的通用性，有些附具应设计成组合式，这样就必须研究这些组合附具之间的定位与固定方式，既要方便安装，又要保证装配精度，使其在使用过程中不发生窜动。由于成形附具在锻造成形过程中始终与高温坯料接触，所以要保证在长时间高温环境下，附具组合结构耐用、牢固不变形。根据工程实践经验，成形附具组合方式不宜采用焊接形式，而适宜采用螺栓把合方式。

（4）整体扩孔专用不等宽上锤头。

整体扩孔专用不等宽上锤头（见图 4.2-10）可使坯料大小端变形同步，而且变形更均匀。

（5）成形附具稳定性定位装置。

锻造过程中由于锥形筒体斜段产生水平分力，使成形附具位置发生移动或歪斜，不利于锻件成形，严重时会导致锻件报废，所以应该研究控制成形附具在工作中的稳定性。AP1000SG 锥形筒体锻件的锻造采用了定位装置来保证锻件锥度。

3. 产品制造

（1）设计锻件图。

AP1000SG 锥形筒体锻件尺寸如图 4.2-11 所示。

图 4.2-10　锥形筒体近净成形专用不等宽锤头

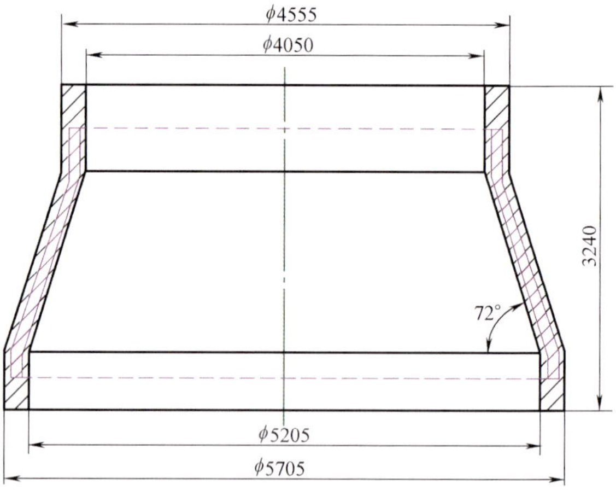

图 4.2-11　AP1000SG 锥形筒体近净成形锻件图

（2）锻造成形。

锻造成形工艺过程：气割钢锭水冒口→镦粗、冲孔→芯棒拔长→马杠扩孔→专用芯棒预制锥形坯料→专用锤头与马杠整体同步扩孔出成品。

专用芯棒预制锥形坯料实际锻造过程如图 4.2-12 所示。图 4.2-12a 是从小头端开始锻造；图 4.2-12b 是锻造大头端；图 4.2-12c 是最后一道次锻造；图 4.2-11d 是制坯结束后吊运。

专用锤头与马杠整体同步扩孔出成品实际锻造过程如图 4.2-13 所示。图 4.2-13a 是锻造开始位置；图 4.2-13b 是锻造结束位置；图 4.2-13c 是锻造过程的全貌。

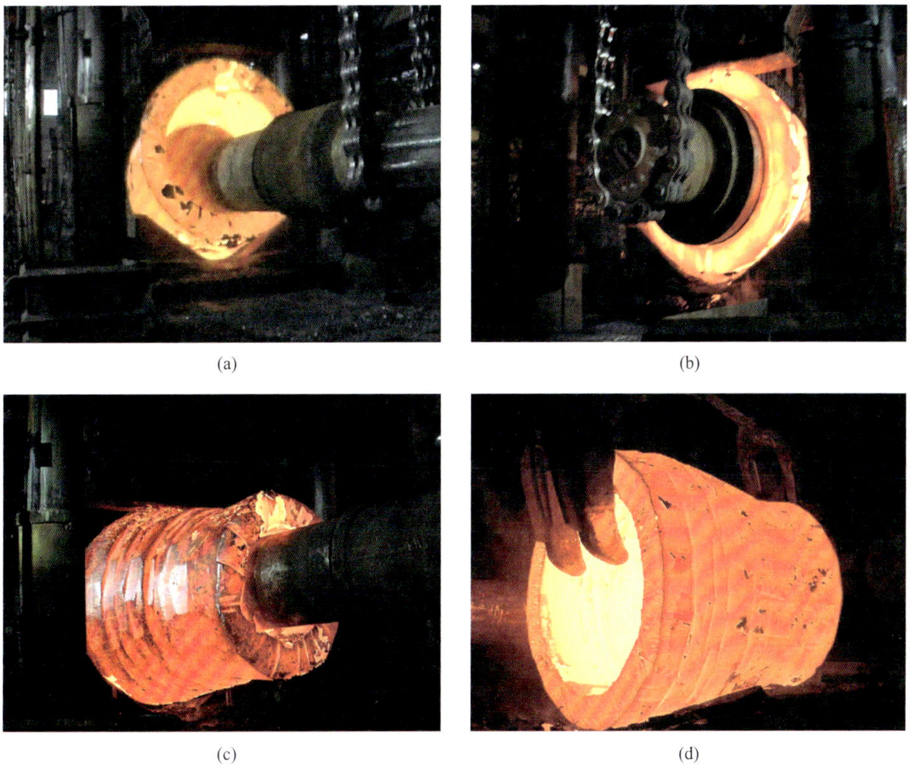

图 4.2-12　专用芯棒预制锥形坯料

（a）锻造小头端；（b）锻造大头端；（c）最后道次锻造；（d）锥形坯料吊运

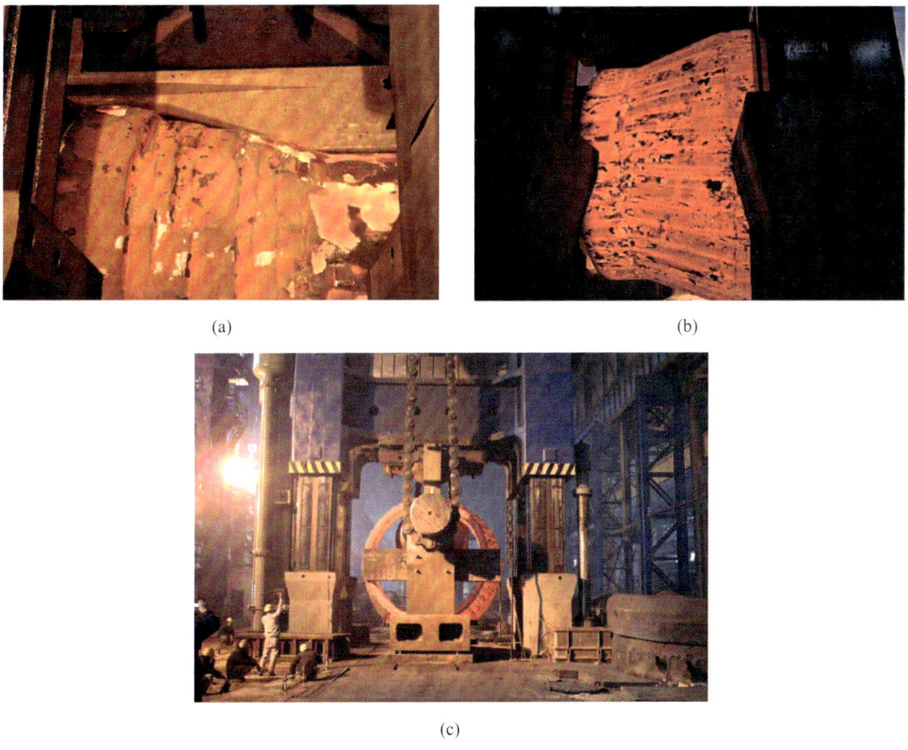

图 4.2-13　专用锤头与马杠整体同步扩孔出成品

（a）锻造开始位置；（b）锻造结束位置；（c）锻造过程全貌

（3）热处理。

将 AP1000SG 锥形筒体锻件粗加工成图 4.2-14 所示的状态，经 UT 检测合格后焊接缓冲环（见图 4.2-15）。性能热处理一般采用浸水淬火方式，但如果吊具不当将会导致锻件在浸水淬火中变形，经热处理后如不能满足加工尺寸还需要校形（见图 4.2-16）。中国一重为了使锻件各部位均匀冷却，发明了专用的设备及辅具，对 AP1000SG 锥形筒体锻件实施了喷水淬火。喷水淬火冷调试如图 4.2-17 所示，喷水淬火过程如图 4.2-18 所示。

图 4.2-14　锻件 UT 检测后状态

图 4.2-15　焊接缓冲环后状态

图 4.2-16　浸水淬火的锥形筒体校形

(a)

(b)

图 4.2-17　喷水淬火冷调试

（a）调整间隙；（b）调试水压

(a)

(b)

图 4.2-18　喷水淬火过程

（a）锻件吊入淬火装置；（b）淬火过程中

2.2 管　　板

2.2.1 锻造

SG管板锻件是超大型核电锻件中截面最大的实心锻件，CAP1400SG管板锻件直径5012mm，壁厚1150mm（见图4.2-19）。管板的成形方法分为自由锻造和胎模锻造两种，下面分别进行论述。

1. 自由锻造

SG管板锻件的自由锻造比较容易成形，在此不做详细介绍。如前所述，自由锻造的管板锻造余量较大（见图4.2-20），导致原材料浪费、加工周期过长。个别自由锻造的管板锻造余量更大。

图4.2-19　CAP1400SG管板锻件

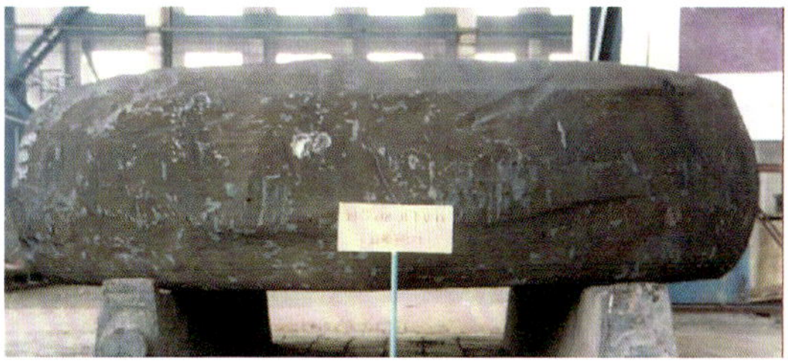

图4.2-20　自由锻造方法锻造的SG管板锻件

为了减少自由锻方法生产的管板锻件的锻造余量，条件具备也可采取图4.2-21的滚外圆的锻造方法。但如果管板自由锻造出现图4.2-22所示的缺陷，则难以采用滚外圆的锻造方法减少锻造余量。

图4.2-21　SG管板锻件滚外圆[8]

图4.2-22　自由锻造的管板外圆表面缺陷

2. 胎模锻造

为了能实现核电SG管板锻件的绿色制造，对直径及壁厚较大的AP1000及CAP1400SG管板锻件实施了胎模锻造。

（1）数值模拟。

SG 管板锻件胎模锻造预镦粗、模内镦粗及心部压实与边缘压实的数值模拟如图 4.2-23～图 4.2-25 所示。

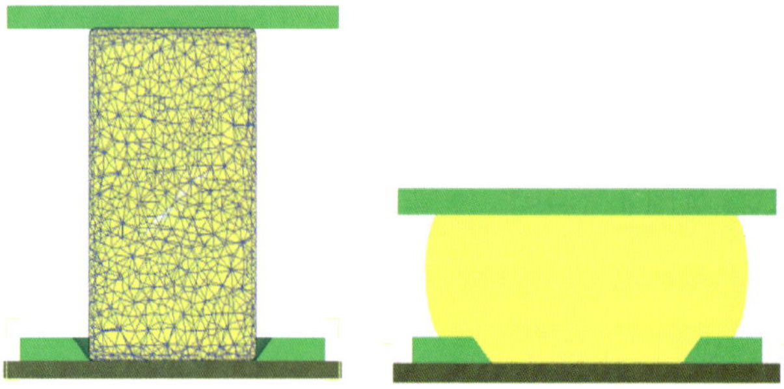

(a)　　(b)

图 4.3-23　SG 管板锻件胎模锻造预镦粗数值模拟

（a）预镦粗开始；（b）预镦粗结束

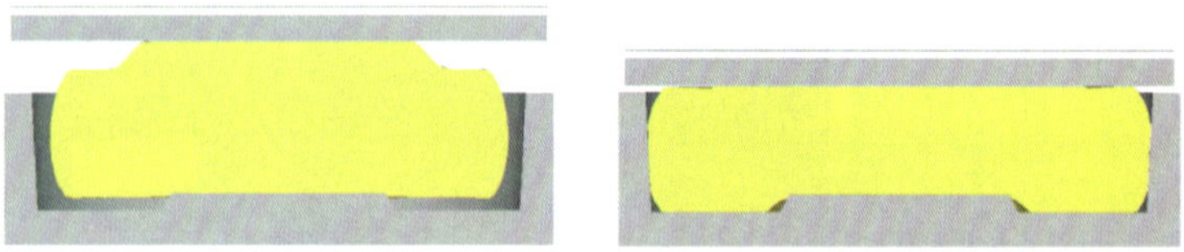

(a)　　(b)

图 4.2-24　SG 管板锻件胎模锻造模内镦粗数值模拟

（a）模内镦粗开始；（b）模内镦粗结束

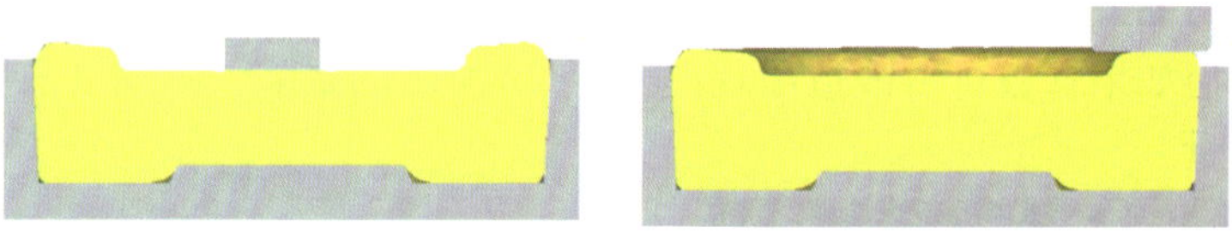

(a)　　(b)

图 4.2-25　SG 管板锻件胎模锻造心部压实与边缘压实数值模拟

（a）心部压实；（b）边缘压实

（2）附具研制。

1）成形模。SG 管板锻件胎模锻造成形模结构示意图如图 4.2-26 所示。

2）下凸台。SG 管板锻件胎模锻造下凸台结构示意图如图 4.2-27 所示。

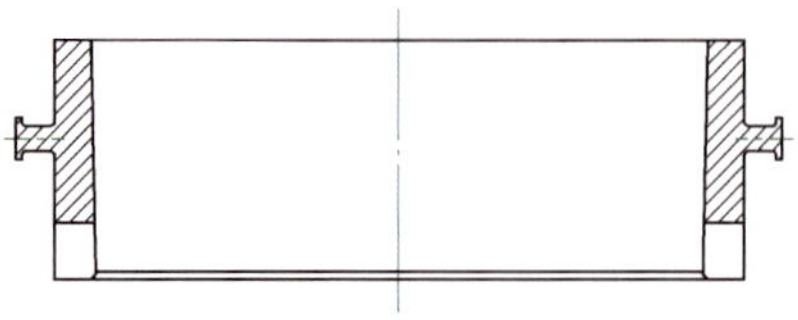

图 4.2-26　成形模结构示意图

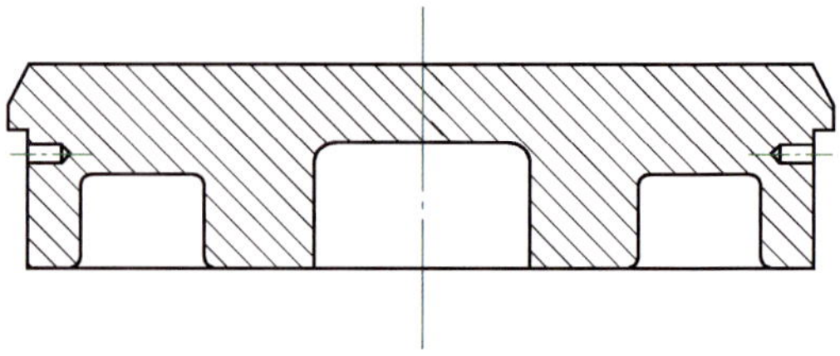

图 4.2-27　下凸台结构示意图

3）底盘。底盘结构示意图如图 4.2-28 所示。

SG 管板锻件胎模锻造成形模具装配示意图如图 4.2-29 所示。

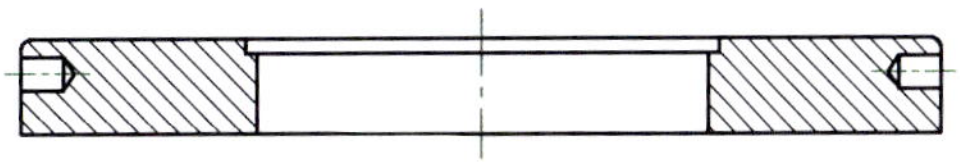

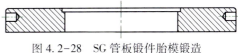

图 4.2-28　SG 管板锻件胎模锻造底盘结构示意图

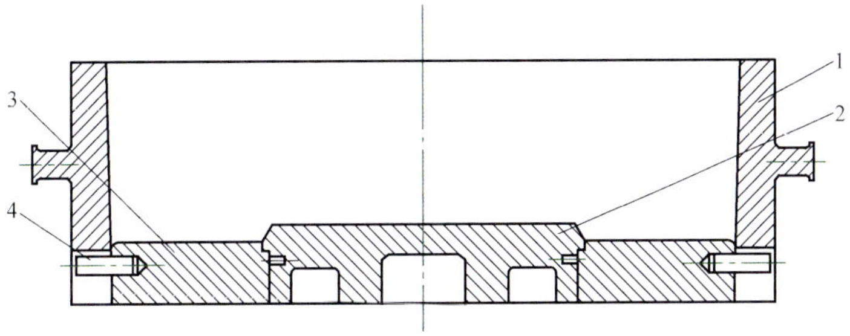

图 4.2-29　SG 管板锻件胎模锻造成形模具装配示意图

1—成形模；2—下凸台；3—底盘；4—定位销

（3）锻造。

SG 管板锻件胎模锻造成形流程如图 4.2-30 所示。预镦粗及中间过程的坯料带底垫圈镦粗示意图如图 4.2-31 所示；如用镦粗板整体镦粗达不到要求尺寸时，在回转台配合下，可用条形锤头局部镦粗。在局部镦粗过程中，控制平锤头每锤压下量不大于 100mm，镦粗后锻件上表面不能有折叠。专用下模内镦锻示意图如图 4.2-32 所示；专用下模内压凹档示意图如图 4.2-33 所示；带底垫心部压实示意图如图 4.2-34 所示。

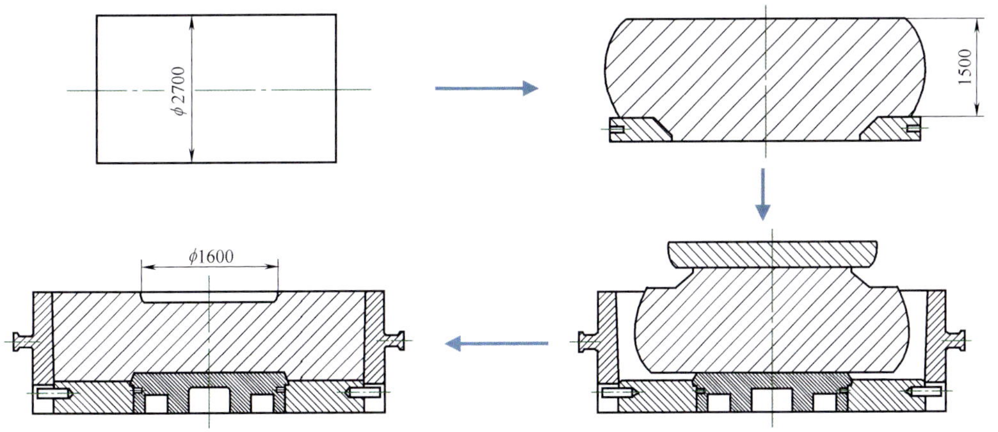

图 4.2-30　管板锻件胎模锻造成形流程

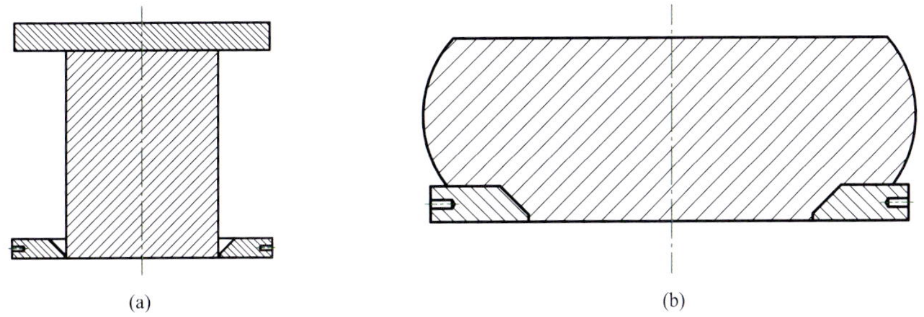

(a)　(b)

图 4.2-31　带底垫圈预镦粗

（a）预镦粗开始；（b）预镦粗结束

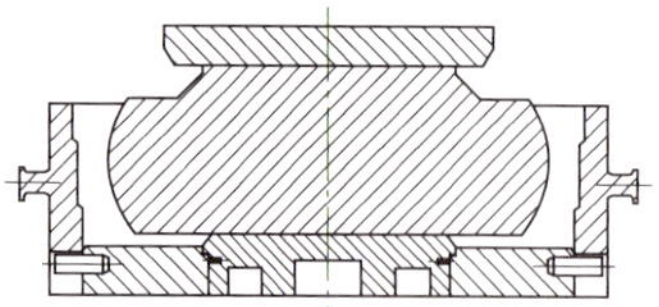

图 4.2-32　专用下模内镦锻

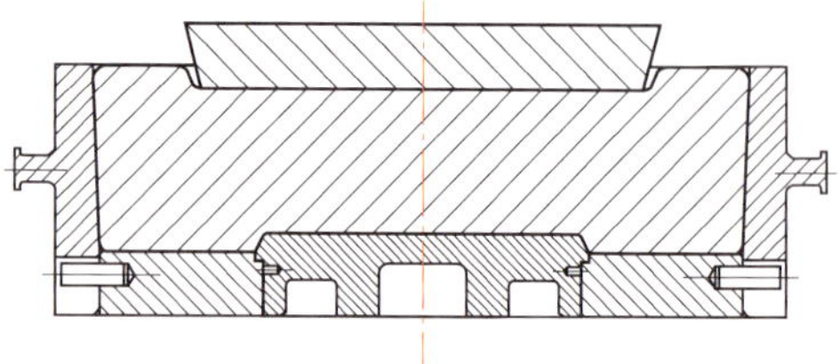

图 4.2-33　专用下模内压凹档

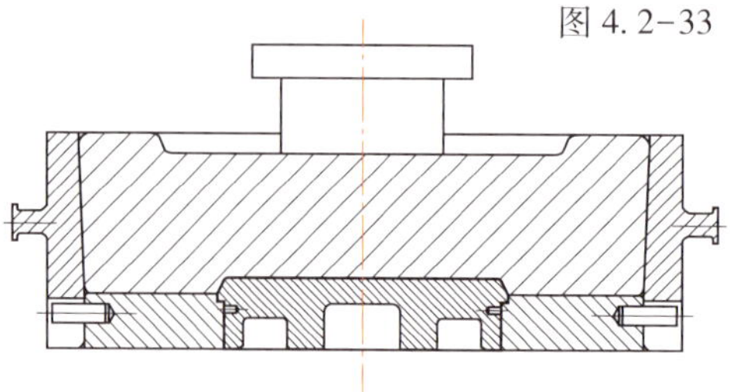

图 4.2-34　带底垫心部压实

CAP1400SG 管板锻件实际胎模锻造过程如图 4.2-35～图 4.2-37 所示。

(a)　　(b)

图 4.2-35　带底垫圈镦粗

（a）镦粗开始；（b）镦粗结束

(a)　　(b)

图 4.2-36　专用下模内镦锻（一）

（a）坯料摆放在底垫上；（b）装配成形模

(a) (b)

图 4.2-36　专用下模内镦锻（二）

（c）镦粗板整体镦粗；（d）条形锤头局部镦粗

(a) (b)

图 4.2-37　带底垫心部压实

（a）心部压实开始；（b）心部压实结束后锻件底部状态

2.2.2　热处理

1. 预备热处理

CAP1400SG 管板锻件为特大特厚锻件，锻件壁厚达到了 1395mm（见图 4.2-38），为了获得均匀细小的晶粒并消除应力，为性能热处理提供组织准备。

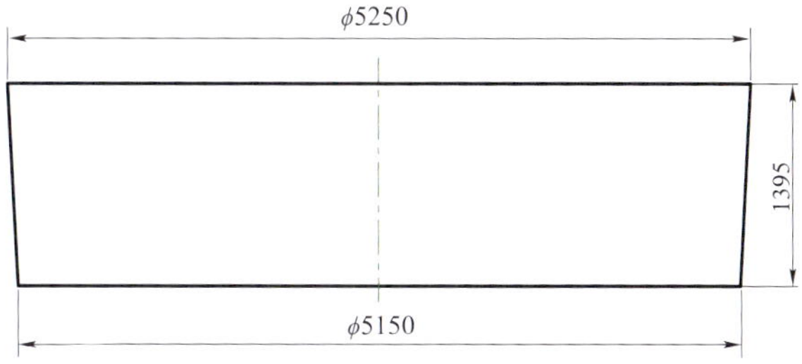

图 4.2-38　CAP1400SG 管板锻件轮廓尺寸图

预备热处理空冷时，在端面进行定向鼓风，加速冷却。使1395mm壁厚的管板锻件能整体获得均匀细小的晶粒。定向风冷示意图如图4.2-39所示。

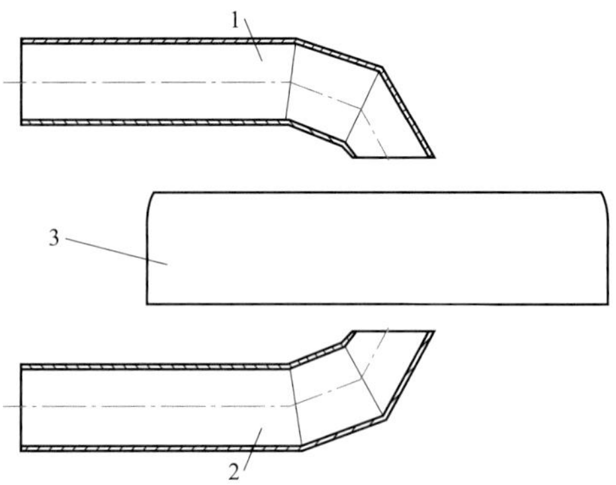

图4.2-39 SG管板锻件定向鼓风示意图

1—上导风筒；2—下导风筒；3—管板锻件

2. 浸入式淬火

CAP1400SG管板粗加工图的上下表面均有凹槽，在淬火入水后，下表面凹槽中的气体必须排出，否则将严重影响锻件淬火冷却速度。因为在淬火过程中，锻件表面会产生蒸汽膜，这种蒸汽膜相当于在冷却水和锻件之间形成薄膜空气层；同时产生的蒸汽会在下表面的凹槽中聚集，严重影响锻件冷却效果。因此必须设计专用排气和喷水装置（见图4.2-40）将蒸汽膜打碎并将气体排出。

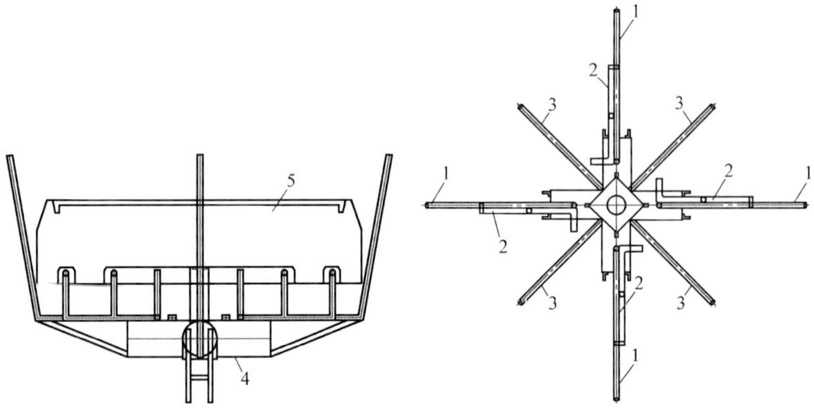

图4.2-40 SG管板排气与喷水装置图

1—排气管；2—注水管1；3—注水管2；4—浮筒；5—管板锻件

排气与喷水装置由钢管焊接而成，底部由8根软管与槽底入水口连接，起到喷水的作用。喷水和排气由两套独立的钢管承担。排气和喷水装置安装在浮筒上，靠浮力漂浮在水面，与管板接触后，靠管板自身重力将其压入水中。排气和喷水装置自带定位功能。SG管板锻件排气和喷水装置组合图如图4.2-41所示。

管板锻件采用排气与喷水装置浸水淬火的实例如图4.2-42所示。图4.2-42a是管板锻件吊入排气与喷水装置；图4.2-42b是浸水淬火过程中排气。

3. 喷水淬火

管板锻件也有采用喷水淬火的方式进行性能热处理的，取样部位性能也能满足采购技术条件的要求。为了检验喷水淬火效果，对管板锻件进行了敷偶测温，锻件敷偶如图4.2-43所示。喷水淬火测温的实例如图4.2-44所示。喷水淬火需要控制不同阶段的冷却速度并及时回火，避免出现图4.2-45所示的热处理裂纹。

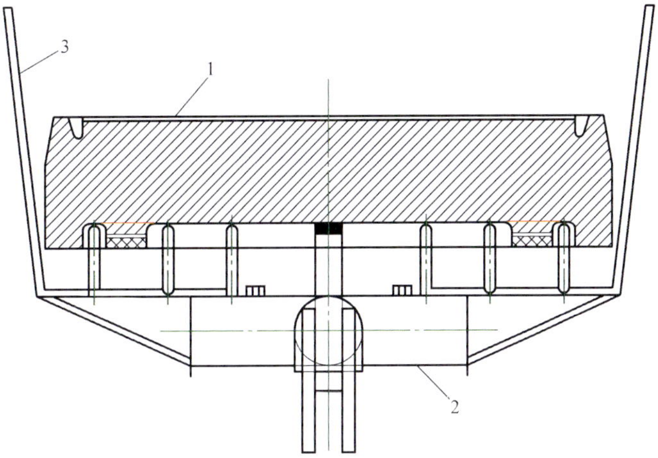

图 4.2-41　SG 管板锻件排气与喷水装置配合图

1—管板锻件；2—浮筒；3—排气管

(a)　(b)

图 4.2-42　管板锻件采用排气与喷水装置浸水淬火的实例

（a）管板锻件吊入专用装置；（b）浸水淬火过程中排气

图 4.2-43　管板锻件敷偶

图 4.2-44　管板锻件喷水淬火测温过程

(a) (b)

图 4.2-45 管板锻件热处理裂纹

(a) 管板锻件裂纹全貌；(b) 图 (a) 的局部放大图

2.2.3 评定与解剖

因 SG 管板锻件是在近表面取样检测各项性能，不能代表其他部位尤其是高应力部位的性能，为此采用 RCC-M 标准制造的二代加管板按要求进行了锻件评定。采用 ASME 标准制造的 CAP1400 SG 管板虽然不要求评定，但为了全面积累数据，也参照 RCC-M 标准开展了 1∶1 锻件的解剖评定工作。

1. 二代加 SG 管板锻件评定

（1）评定目的。

二代加 CPR1000SG 管板锻件评定是以红沿河项目为依托，在该项目 SG 管板锻件采购技术规范的基础上，根据 RCC-M（2000 版+2002 补遗）中 M140 及其他有关章节的要求，制造厂与设计方、用户以及锻件评定机构共同制定了评定要求与解剖方案，以验证锻件的纯净性与均质性、制造工艺的合理性以及质保程序的有效性。

（2）评定与解剖方案。

CPR1000SG 管板锻件外径 3485mm，厚度 718mm，具体形状尺寸如图 4.2-46 所示。按照采购技术规范，要求在水口端对称 180°取样，其中拉伸和常规冲击取样位置为距热处理表面 50mm×100mm，落锤与补充冲击取样位置为距热处理表面 20mm×40mm（见图 4.2-47）。

由于该管板锻件热处理壁厚较厚，受材料本身的淬透性与锻件供应商淬火冷却能力以及热加工制造技术水平的制约，管板心部的综合性能可能会比端面差，而产品取样位置又只能设置在端面，因此不具有代表性，不能表征管板心部性能。为了验证厚壁管板心部性能与表面性能的差异，在首件管板完成产品采购技术规范所要求的全部检测项目（见表 4.2-3）后，从整个管板上取下全壁厚 1/4 弧段，对弧段在 $T/2$ 厚度方向进行四等分的同时，在半径方向进行三等分，然后对所有试样（12 块）的化学成分、硬度、金相（高倍与低倍）及力学性能等进行了检测，具体评定解剖方案如图 4.2-48 所示。首先将 A 与 B 面加工到 R_a1.6 后对其进行硫印检测，之后进行硬度与化学成分检测，最后按表 4.2-4 所示解剖检测项目进行性能检测。

（3）评定解剖结果。

1）化学成分：解剖检测结果表明，管板锻件化学成分比较均匀，主要元素 C 的实测值为 0.17%～0.22%，Si 为 0.21%～0.23%，Mn 为 1.49%～1.59%，Cr 为 0.16%～0.17%，Ni 为 0.76%～0.79%，Mo 为 0.47%～0.51%，S 为 0.002%，P<0.005%。

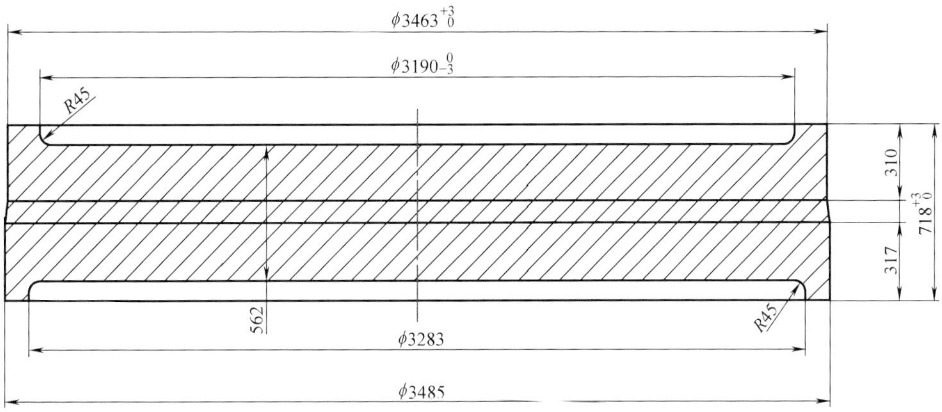

图 4.2-46　CPR1000SG 管板锻件交货尺寸

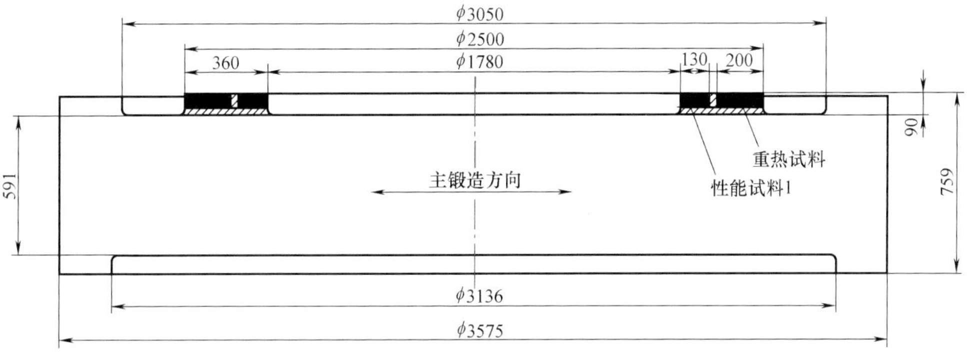

图 4.2-47　CPR1000SG 管板产品锻件取样位置

表 4.2-3　　CPR1000SG 管板产品检测项目

试验项目	温度/℃	方向	试样编号及数量				试样尺寸/mm
			A1	A2	B1	B2	
			HTMP		HTMP+SPWHT		
拉伸试验	室温	周向	1	1	1		ϕ10×50
	350		1	1	1		
冲击试验	0	周向	3	3	3		RCC-M MC1000
	-20		3	3			
	20		3	3			
	0	径向	3		3		
	-20		3				
	20		3				
落锤	0～-12	径向			8	8	P3
补充冲击		周向			12	12	MC1000
金相			1				□30×30
化学			1				□30×30

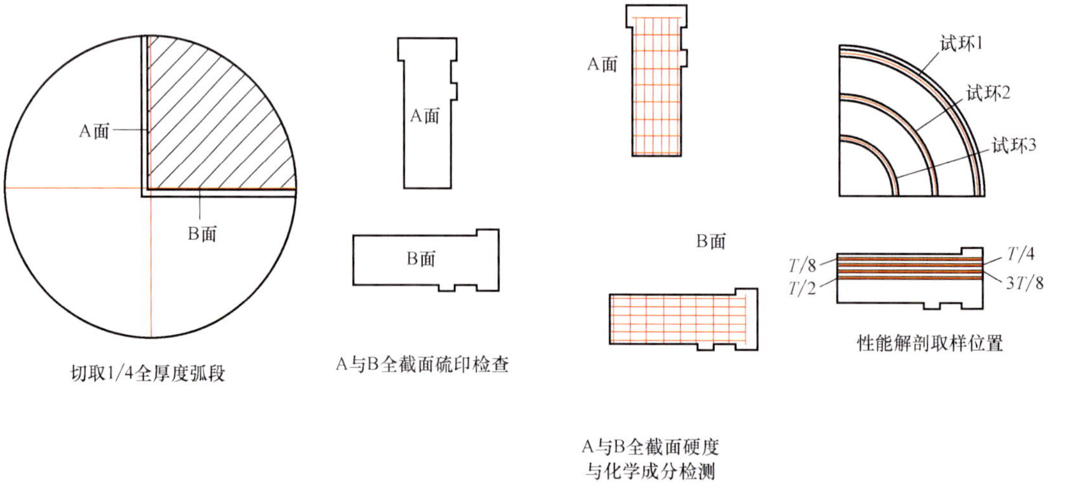

图 4.2-48　CPR1000SG 管板评定解剖方案

表 4.2-4　　CPR1000SG 管板解剖检测项目

试验项目	试验状态	取样方向	试验温度/℃	试环 1	试环 2	试环 3	试样尺寸与试验方法
拉伸试验	HTMP+SPWHT	周向	室温	1	1	1	ϕ10mm×50mm RCC-M MC1211 MC1212
			350	1	1	1	
夏比 V 型冲击试验		周向	-20	3	3	3	10mm×10mm×55mm RCC-M MC1221
			0	3	3	3	
			20	3	3	3	
		径向	-20	3	3	3	
			0	3	3	3	
			20	3	3	3	
KV-T 曲线		周向	-40	3			10mm×10mm×55mm RCC-M MC1222 曲线中的其他 3 个温度值借用已测值
			40	3			
			60	3			
		径向	-40	3			
			40	3			
			60	3			
金相				1	1	1	25mm×30mm×30mm

注：表中个位数字表示试样数量。

2）晶粒度与夹杂物：晶粒度的解剖检测结果为 7～7.5 级，A 类与 D 类夹杂物评级均为 0.5，B 类夹杂物为 0.5～1.5，C 类夹杂物为 0.5～1.0。

3）高温拉伸试验：350℃高温拉伸要求屈服极限 $R_{p0.2}$最低值为 350MPa，实测数据中最小值为 370MPa，最大值为 417MPa，平均值为 393.3MPa，其分布规律如图 4.2-49 所示。350℃高温拉伸要求强度极限 R_m最低值为 522MPa，实测数据中最小值为 545MPa，最大值为 575MPa，平均值为 555.8MPa，其分布规律如图 4.2-50 所示。

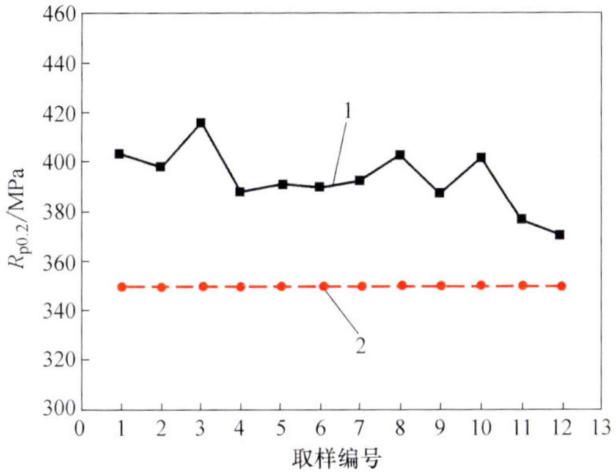

图 4.2-49　管板 350℃高温屈服强度评定解剖结果

1—350℃拉伸 $R_{p0.2}$ 实测值；2—350℃拉伸 $R_{p0.2}$ 要求最小值

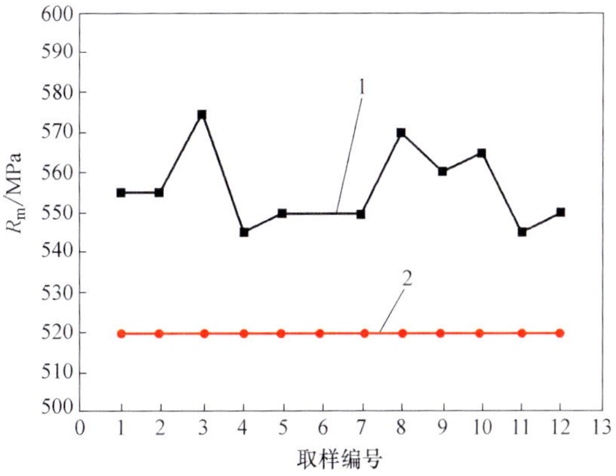

图 4.2-50　管板 350℃高温抗拉强度评定解剖结果

1—350℃拉伸 R_m 实测值；2—350℃拉伸 R_m 要求最小值

4）室温拉伸试验：室温拉伸要求屈服极限 $R_{p0.2}$ 最低值为 420MPa，实测数据中最小值为 448MPa，最大值为 480MPa，平均值为 459.3MPa，其分布规律如图 4.2-51 所示。室温拉伸要求强度极限 R_m 值为 580～700MPa，实测数据中最小为 594MPa，最大为 625MPa，平均为 605.3MPa，其分布规律如图 4.2-52 所示。

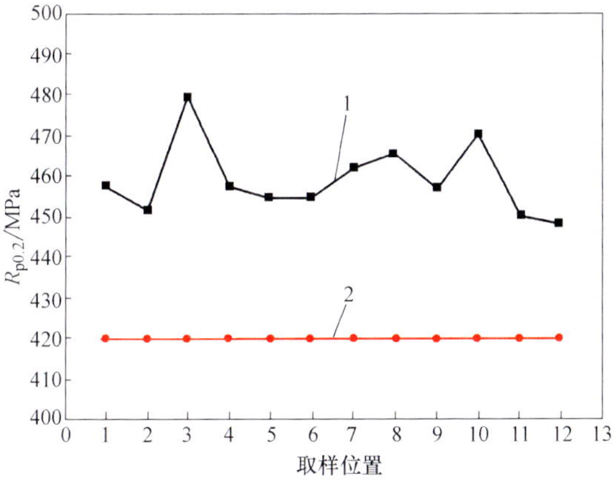

图 4.2-51　管板室温屈服强度评定解剖结果

1—室温拉伸 $R_{p0.2}$ 实测值；2—室温拉伸 $R_{p0.2}$ 要求最小值

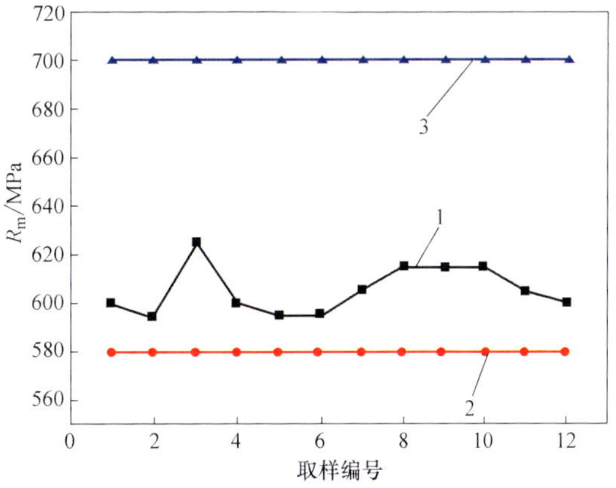

图 4.2-52　管板室温抗拉强度评定解剖结果

1—室温拉伸 R_m 实测值；2—室温拉伸 R_m 要求最小值；3—室温拉伸 R_m 要求最大值

5）室温冲击试验：室温冲击吸收能量要求最低值为 72J，实测数据中最小值为 174.6J，最大值为 256J，平均值为 207J，室温冲击吸收能量分布规律如图 4.2-53 所示。

6）0℃冲击试验：0℃冲击吸收能量要求平均最低值为 56J，单个最小值为 40J，实测数据中最小值为 130J，最大值为 205J，平均值为 167.3J，0℃冲击吸收能量分布规律如图 4.2-54 所示。

7）-20℃冲击试验：-20℃冲击吸收能量要求平均最低值为 40J，单个最小值为 28J，实测数据中最小值为 50J，最大值为 175J，平均值为 104.7J，-20℃冲击吸收能量分布规律如图 4.2-55 所示。

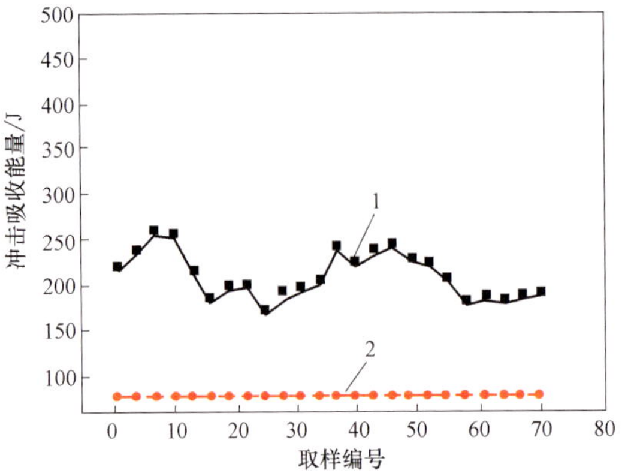

图 4.2-53　管板室温冲击试验评定解剖结果

1—实测平均值；2—要求最小平均值

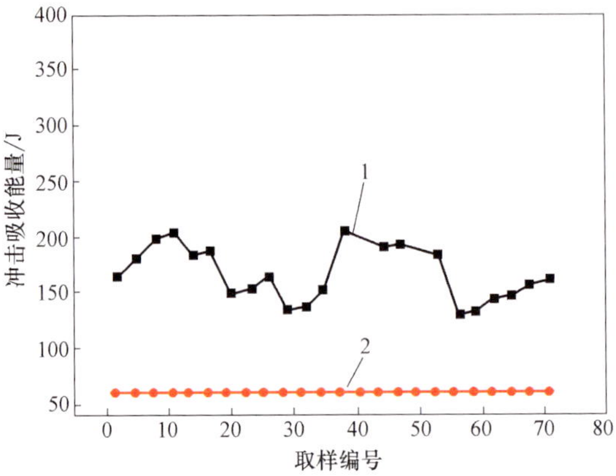

图 4.2-54　管板 0℃冲击试验评定解剖结果

1—实测平均值；2—要求最小平均值

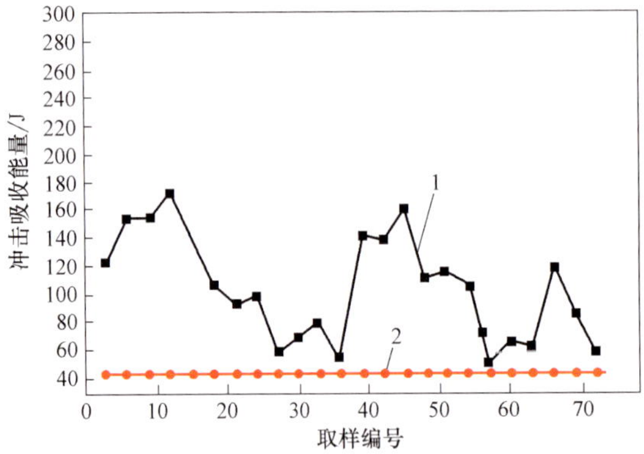

图 4.2-55　管板-20℃冲击试验评定解剖结果

1—实测平均值；2—要求最小平均值

CPR1000 管板解剖评定结果表明：对于采用 RCC-M 标准要求的 18MND5 材质的管板锻件而言，现有热加工制造能力与技术水平，可以保证热处理有效壁厚在 591mm 以下的淬透性，生产的管板锻件具有良好的综合机械性能与均质性，水口端部取样具有代表性，可以表征心部性能。

2. CAP1400SG 管板解剖

（1）解剖目的。按照 ASME 标准制造的 CAP1400SG 管板锻件不需要进行评定工作。但该管板粗加工最大壁厚达到了 903mm，远超出了 SA-508M Gr.3 Cl.2 材质的淬透性极限，且性能试料区位于锻件表面，无法准确代表锻件内部性能，锻件内部实际性能无法考证，为此开展该特大壁厚管板性能数据解剖检测工作，掌握此类特大壁厚锻件不同位置的性能，为制造工艺优化提供依据，并为设计提供参考数据。

（2）解剖方案。CAP1400SG 管板交货尺寸如图 4.2-56 所示，最大外径 5012mm，最大

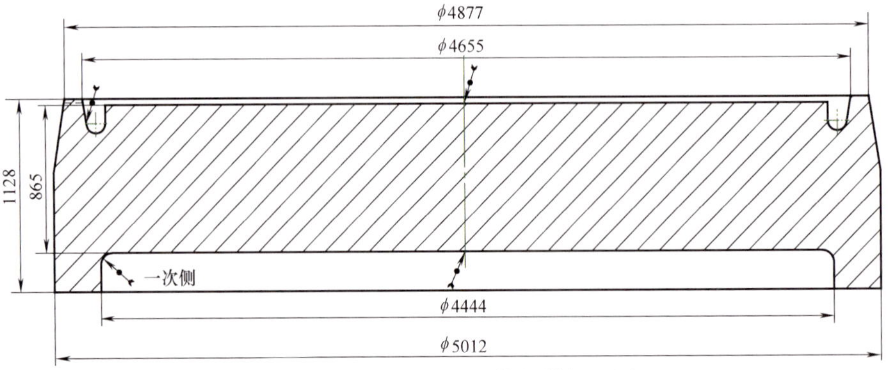

图 4.2-56　CAP1400SG 管板精加工图

壁厚 865mm。按照技术条件要求，在一次侧取样进行性能检测，取样根据 ASME 标准按照 $t\times 2t$ 执行，如图 4.2-57 所示。

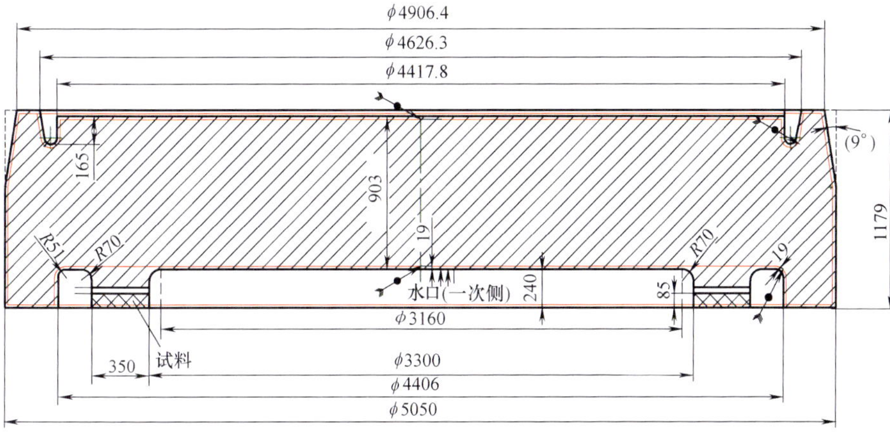

图 4.2-57　CAP1400SG 管板粗加工取样图

取下全壁厚的 1/4 相限，对全截面进行硫印检验。随后进行全截面硬度和化学成分检测，检测全截面成分偏析和硬度均匀性。最后将其在壁厚方向分为 7 层，每层在直径方向分 3 部分，总共 21 个位置进行性能检测，检测项目包括拉伸、冲击、落锤、化学和金相，如图 4.2-58 和图 4.2-59 所示。

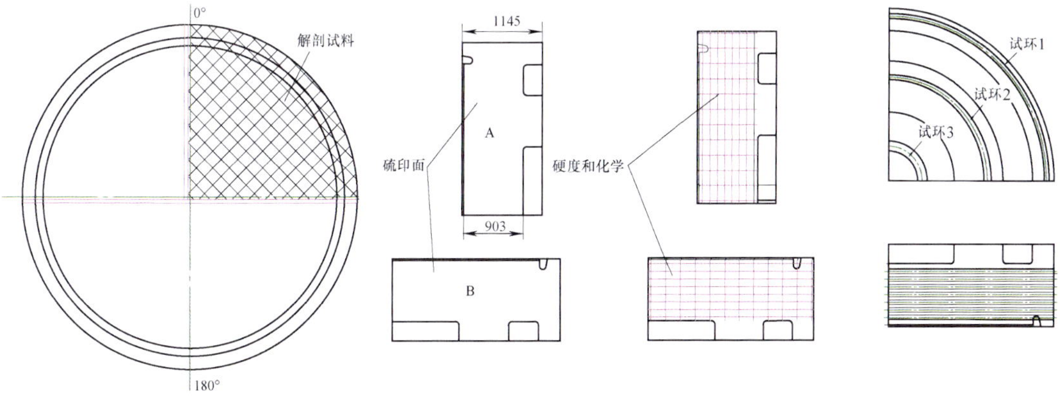

图 4.2-58　CAP1400SG 管板解剖方案

（3）解剖结果。管板距外圆表面 100mm、903mm 以及 1806mm 三个位置在厚度方向分 7 层解剖后的强度值参见图 1.4-38，模拟焊后热处理状态和调质状态的屈服强度均满足要求。

管板距外圆表面 100mm 位置在厚度方向分 7 层解剖后的-20℃冲击吸收能量参见图 1.4-39，随着取样位置到淬火表面的距离变远，低温冲击吸收能量降低。

解剖检测结果表明，由于 CAP1400SG 管板粗加工壁厚达到了 903mm，远远超出了 SA-508M Gr.3 Cl.2 材质的淬透性极限，所以其心部性能结果较差。

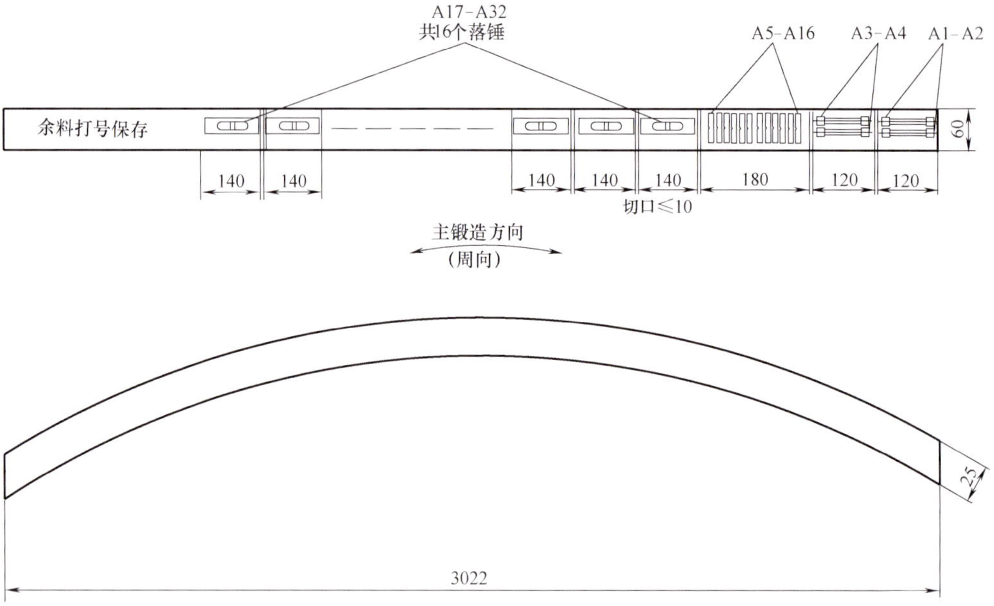

图 4.2-59　管板解剖典型检测项目及试样分布

2.3　国内外制造方式对比

2.3.1　锥形筒体

工业发达国家都十分重视发展大型锻件的制造能力与工艺技术水平，代表世界先进制造水平和制造能力的大型锻件供应商约有十几家。国外只有日本和韩国的两个锻件供应商具有AP1000SG 锥形筒体锻件制造业绩。但其中之一采用的是“覆盖式”成形方法，这种成形方法最大的缺点是锻件形状与零件精加工后的形状存在较大差异，由于零件形状是通过机加工成形的，所以锻件流线不连续，存在断头纤维，影响锻件质量与使用寿命（参见图 4.2-4）。另一个锻件供应商采用近似的仿形锻造方法生产锥形筒体，这种成形方法虽然也能满足近净成形锻造的要求，但两端直段的变形量即锻造比与中间的锥段不一致，直段的质量与性能检测结果不能很好地代表中间锥段。中国一重发明了“双端不对称变截面筒体锻件的同步变形技术”，采用了组合附具使两端直段与中间锥段同步整体变形，实现了真正意义的近净成形锻造，采用这一技术生产的 AP1000SG 锥形筒体（见图 4.2-60），为世界首创。中国、日本和韩国大型先进压水堆 SG 锥形筒体锻件制造水平对比参见图 1.5-18～图 1.5-20。

图 4.2-60　AP1000SG 锥形筒体近净成形锻件

2.3.2 管板

管板锻件在后续的设备制造中需要经历表面堆焊（见图 4.2-61）及与下筒体 1 组焊后钻数以万计的孔（见图 4.2-62），所以要求管板锻件组织均匀致密。由于管板坯料尺寸大导致锻透性差、自由锻造后加工余量大，在采用局部旋转锻造过程中，近心部区域由于反复局部镦粗变形，导致局部区域非金属夹杂物由体积形状变成为层片状，超声波检测显示缺陷的当量成倍增加而较容易超标。

图 4.2-61　表面堆焊后的管板锻件

图 4.2-62　钻孔过程中的管板锻件

为解决上述问题，开发了特厚大型管板胎模锻造技术。通过预制凸台锻坯，在最终成形火次，将坯料预制在模内，采用两端面同时向心部压实的工艺技术，在成形过程中上下端面及心部同时大变形压实，大幅度减少局部镦粗成形。模内三向高压应力大变形无微裂纹成形，高温终锻消除混晶；锻件经过心部大压下量变形后，心部金属仍处于高温，这对于再结晶和高温扩散是十分有利的。在焊合内部微裂纹的同时，可实现片状夹杂物被打碎和弥散分布，使锻件中心部位的偏析得到极大改善，同时消除了空洞性缺陷。

综上所述，中国一重的管板胎模锻造具有国际领先水平。

第3章　压水堆下封头（水室封头）

SG下封头又称为水室封头。水室封头锻件位于SG最下端，是SG中承担压差最大的部件，起到密封和隔离一二回路冷却剂的作用，同时也是SG一回路侧冷却剂流过管束前或后的汇集腔室，包含了冷却剂入口管孔（将主回路热管段的冷却剂疏导至SG入口腔室）、冷却剂出口管孔（将SG出口腔室内冷却剂疏导至主回路的冷管段）、两个人孔（用于监视运行状况及维修堵管等）。

迄今为止，压水堆百万千瓦核电SG水室封头主要有两种类型：一种是以CPR1000为代表的带有向心管嘴和支撑凸台的SG水室封头，另一种是以AP1000/CAP1400为代表的既带有向心管嘴又带有超长非向心管嘴的SG水室封头。CPR1000和CAP1400SG水室封头的零件设计图如图4.3-1所示，立体图如图4.3-2所示。

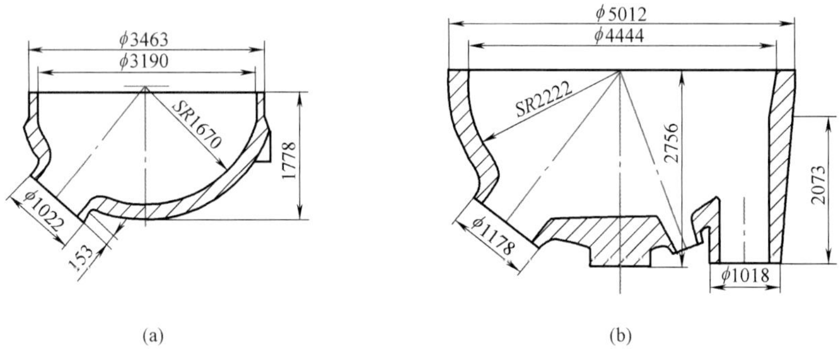

图4.3-1　压水堆百万千瓦核电两种堆型
SG水室封头零件设计图
（a）CPR1000SG水室封头；（b）CAP1400SG水室封头

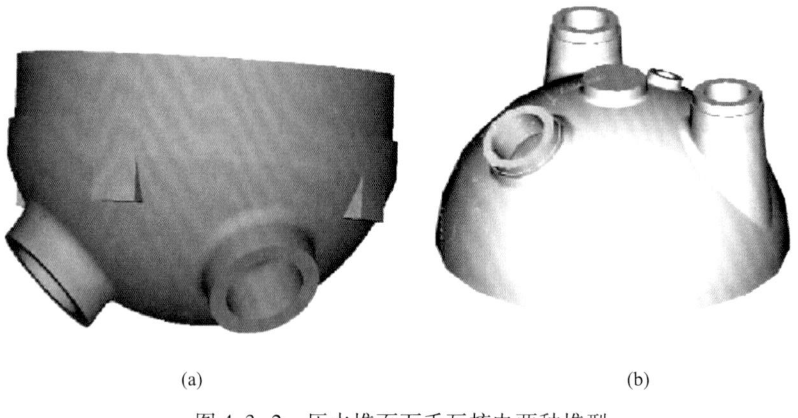

图4.3-2　压水堆百万千瓦核电两种堆型
SG水室封头零件立体图
（a）CPR1000SG水室封头；（b）CAP1400SG水室封头

3.1 分 体 式

受工艺技术水平、制造能力与研制周期的制约，为保证核岛大型锻件按时交付使用，AP1000 核电三门 1 号机组 SG 水室封头采用了分体结构设计（见图 4.3-3），总高 2470.2mm 的水室封头被分为上下两部分，914.8mm 高的上部被称为“水室封头环”，零件设计净重 22.895t，1555.4mm 高的下部被称为“分体水室封头”，零件设计净重 36.47t。材质为 SA-508M Gr.3 Cl.2。

上述分体结构的 SG 水室封头环与 SG 水室封头下部的制造成形方法基本上采用了“覆盖式”常规工艺，材料利用率较低，制造周期较长，而且水室封头锻件内部质量一般。

1. 分体水室封头

SG 水室封头（分体）锻件主要尺寸如图 4.3-4 所示。

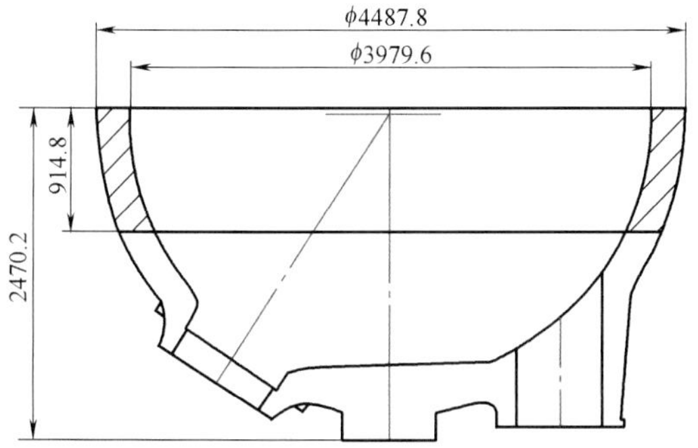

图 4.3-3 AP1000SG 水室封头分体结构示意图

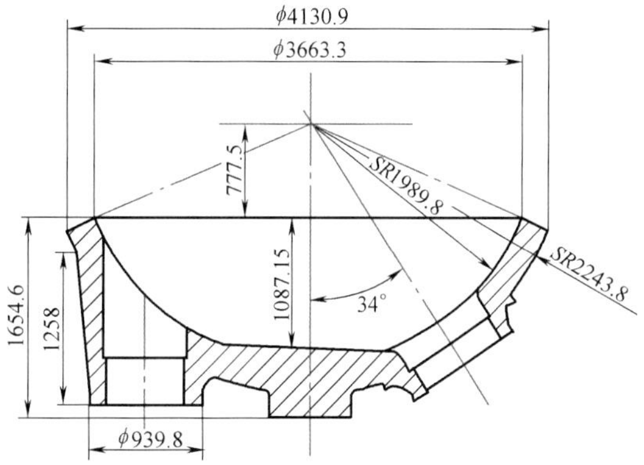

图 4.3-4 AP1000SG 水室封头（分体）锻件

韩国 DOOSAN 从中国一重采购的上述水室封头（用于三门 1 号和海阳 1 号项目）执行 ASME 标准，按照锻件采购技术规范的要求，调质前的粗加工余量为单边 19mm，取样位置分别放在大端开口处、进口管嘴端部以及出口管嘴端部的延长段上，机械性能检测项目主要有拉伸、冲击以及落锤试验，根据这一规定，水室封头（分体）的粗加工及取样图主要尺寸如图 4.3-5 所示。

水室封头（分体）锻件的主要尺寸如下：总高度 2050mm，大端开口外径ϕ4400mm，内径ϕ3345mm，内腔中心深度 1060mm。

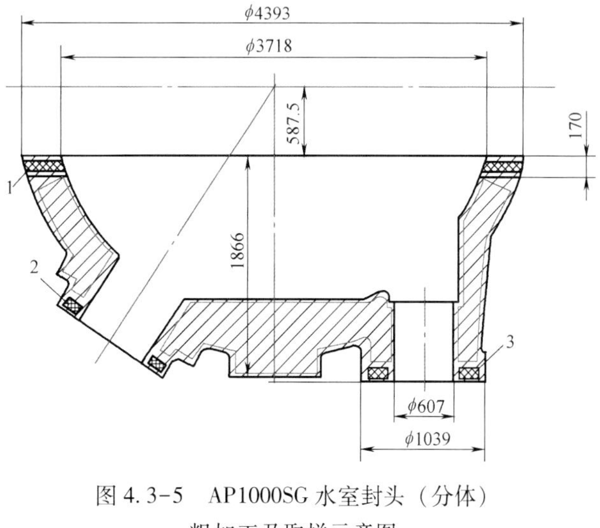

图 4.3-5 AP1000SG 水室封头（分体）粗加工及取样示意图

1—水口端试料；2—进口管嘴试料；3—出口管嘴试料

SG 水室封头（分体）的主要制造流程：冶炼、铸锭→锻造→锻后热处理→半粗加工→UT 探伤→粗加工→性能热处理→取样→机械性能检测→精加工→无损检测→完工报告审查→包装发运。

由于受当时研究手段与研究方法的制约，分体水室封头锻件采用“覆盖式”工艺方法生产，锻件外形比较简单，呈圆台形，内腔为球缺形状（见图 4.3-6）。

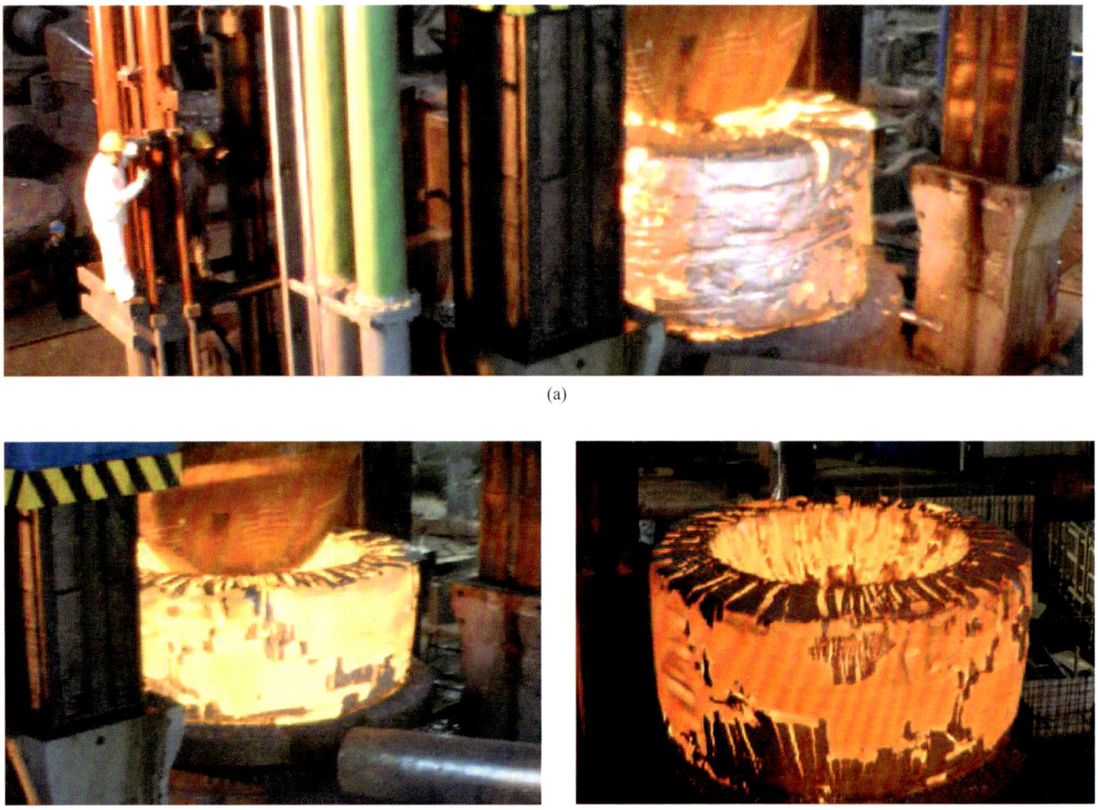

(a)

(b) (c)

图 4.3-6　AP1000SG 水室封头（分体）锻件制造过程

（a）开始锻造；（b）锻造过程中；（c）锻件毛坯

采用“覆盖式”方法生产的分体水室封头锻件加工余量非常大（见图 4.3-7），不仅锻件利用率过低（锻件净重与钢锭重之比还不足 15%），而且加工成形的超长管嘴性能较差。若采用气割减少加工余量（见图 4.3-8），需要避免出现裂纹及合理留有加工余量。

2. 水室封头环

AP1000SG 水室封头环锻件形状及主要尺寸如图 4.3-9 所示，设计净重 22.895t。SG 水室封头环粗加工与取样图形状及主要尺寸如图 4.3-10 所示，粗加工重量为 35t。

AP1000SG 水室封头环锻件采用“覆盖式”常规成形工艺，锻件形状为等壁厚圆筒，锻件重 71.8t（见图 4.3-11）。

AP1000SG 水室封头环的主要制造流程与 SG 水室封头（分体）的相同。

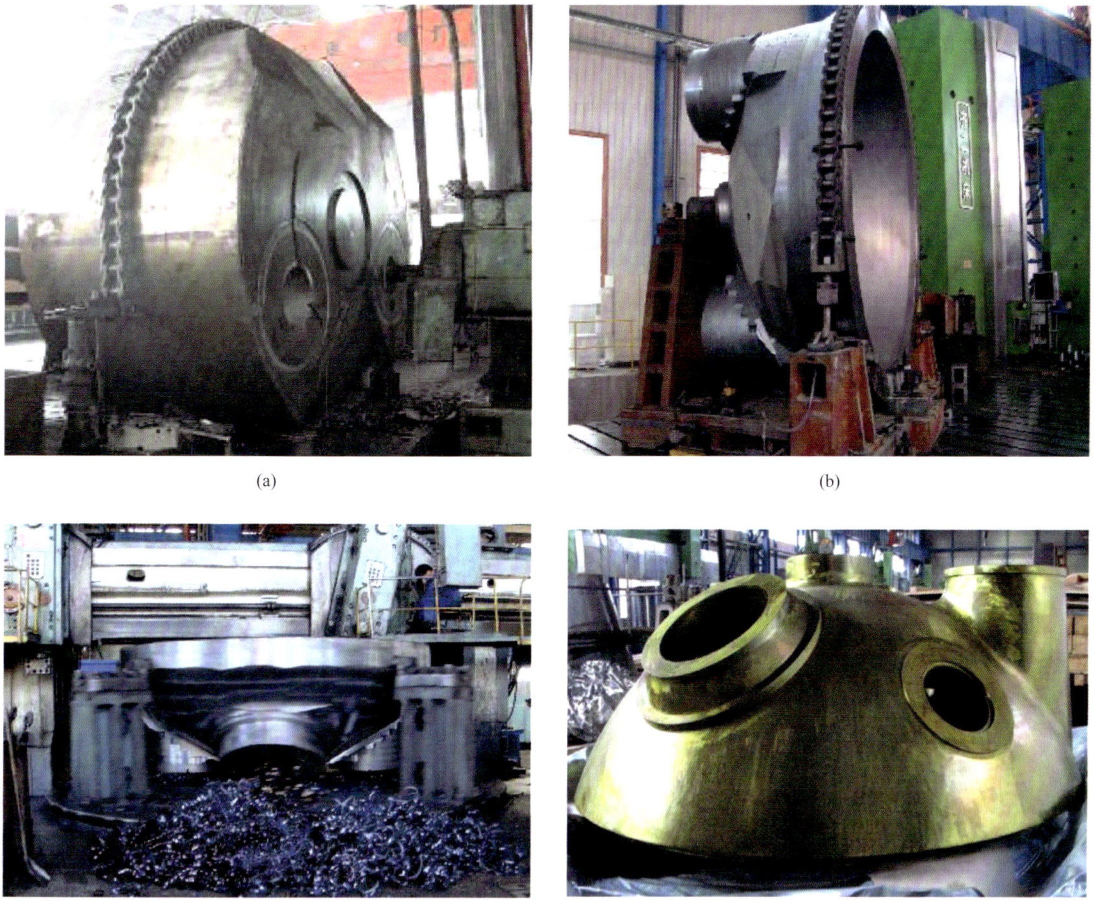

(a) (b) (c) (d)

图 4.3-7　采用“覆盖式”方法生产的分体水室封头锻件加工

（a）镗管嘴孔；（b）加工外表面；（c）加工内表面；（d）成品锻件

(a) (b)

图 4.3-8　采用“覆盖式”方法生产的分体水室封头锻件加工

（a）气割后状态；（b）气割后加工

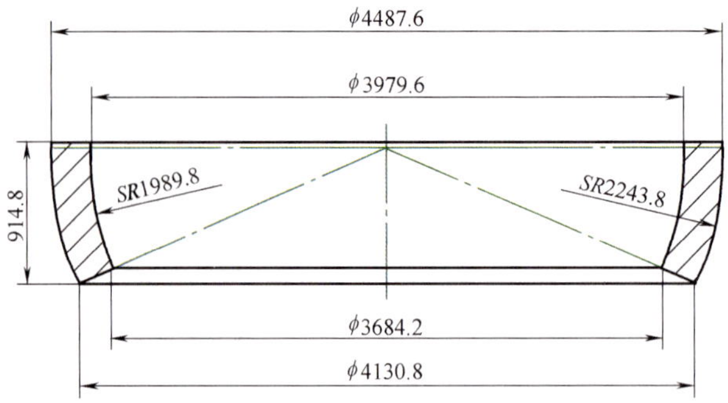

图 4.3-9　AP1000SG 水室封头环

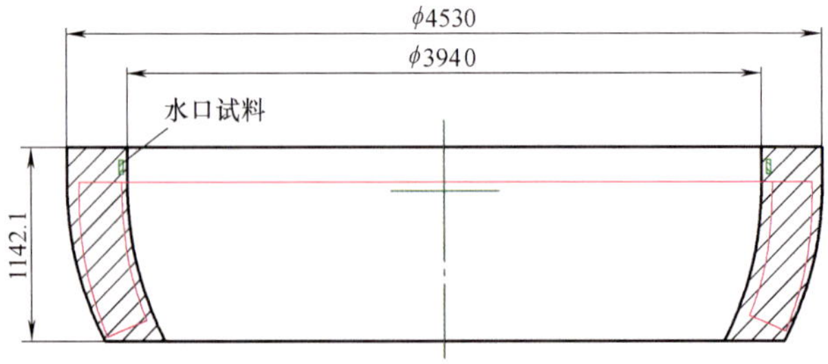

图 4.3-10　AP1000SG 水室封头环粗加工与取样图

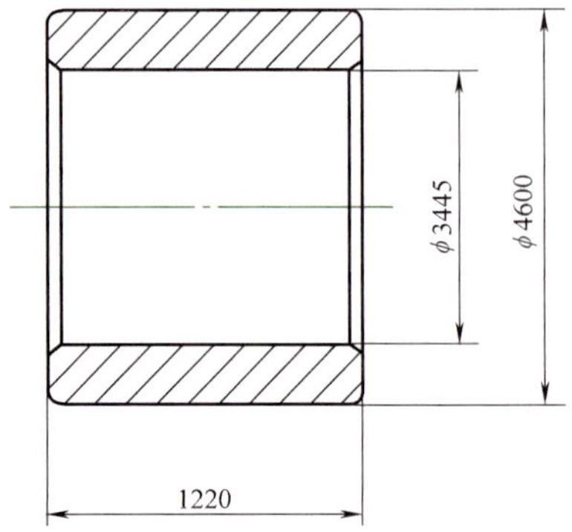

图 4.3-11　AP1000SG 水室封头环锻件图

3.2 整　体　式

在制造 AP1000SG 分体水室封头的同时，世界各国就已经开始进行整体水室封头（见图 4.4-1）成形方案的研究。通过分析 SG 整体水室封头零件设计图样，可以看出整体水室封头锻件主体形状为半球形封头，外表面附带 3 个直径较大的整体管嘴，其中 2 个偏心垂直管嘴是反应堆冷却剂出口管嘴（Outlet Nozzle），分别与核电站主泵泵壳相连，另外一个向心斜管嘴是反应堆冷却剂进口管嘴（Inlet Nozzle），与核电站主管道热段相连，此外，还有 2 个人孔（Man-Way）与 1 个非能动余热排出（Passive Residual Heat Removal，PRHR）管嘴；内表面为圆滑的球腔，底部是一个 2°的斜面，斜面直径约 1250mm，厚度 640mm。从整体 SG 水室封头设计图形特点，可知其锻造成形的主要难点有：

（1）形状复杂、尺寸规格大、重量大、底部较厚，不易锻透压实。

（2）垂直管嘴高度超长，与球体的相贯面落差大，成形时金属流动阻力大，不易充满。

（3）外表面各个管嘴非对称分布，成形时所需要的坯料体积不匀称，制坯困难。

（4）内腔深度大，成形时金属反向挤压，变形阻力大且容易将上锤头抱住。

（5）如果采用自由锻成形，则锻件形状简单，但锻件各处变形不均匀，管嘴处的变形很小，对其内部质量不利。

（6）如果采用胎模锻成形，则锻件变形比较均匀且充分，特别是管嘴处的变形比较好，对其内部质量有利，但是由于锻件属于超大型级别，胎模锻成形所需设备吨位很大，万吨压机根本不能满足一次成形要求，需要采用创新的工艺与模具，才能在现有设备上实现“小马拉大车”的目标。

3.3 胎 模 锻 造

正是由于存在上述困难，所以在 AP1000SG 整体水室封头成形工艺研究之初，首先被采用的是半胎模锻造工艺，这是一个相对容易实现的工艺，该工艺成形方法与分体水室封头类似，外表面是上大下小的圆台形状，将外表面所有管嘴包罗其中，内腔为光滑球台（参见图 4.3-6）。目前，国内外绝大部分锻件供应商仍然采用这种工艺方法制造 AP1000SG 与 CAP1400SG 整体水室封头锻件（见图 4.3-12）。

图 4.3-12　采用半胎模锻制造的 AP1000SG 整体水室封头锻件

半胎模锻造工艺基本上还是属于自由锻造，在最终成形时锻件受力状态不理想，而且由于锻件尺寸规格与重量都超大，设备能力不足，所以有些时候只能采用局部变形，这就造成锻件各部位变形不均匀，局部变形不充分，尤其是管嘴部位，不仅变形量很小，而且其主变形方向为周向，管嘴加工后纤维流线不连续，存在断头纤维，对内部质量十分不利。管嘴加工如图 4.3-13 所示。

图 4.3-13　半胎模锻造水室封头锻件管嘴加工流程

某锻件供应商为了缩短加工时间，对半胎模锻造的水室封头锻件管嘴周边多余部位进行气割，由于气割过程中出现裂纹，只好采用机加工的办法去除余量（见图 4.3-14）。

SG 整体水室封头半胎模锻造工艺是在设备能力不足的情况下采用的一种相对进步的工艺，变形条件并不理想，锻件内部质量与材料利用率及制造周期都还存在许多不尽如人意之处，工艺技术水平也有很大的提升空间，为此，中国一重研究开发了胎模锻成形工艺。AP1000SG 整体水室封头胎模锻成形工艺锻件形状及尺寸如图 4.3-15 所示，锻件重量 200t。

图 4.3-14　半胎模锻造的水室封头锻件加工

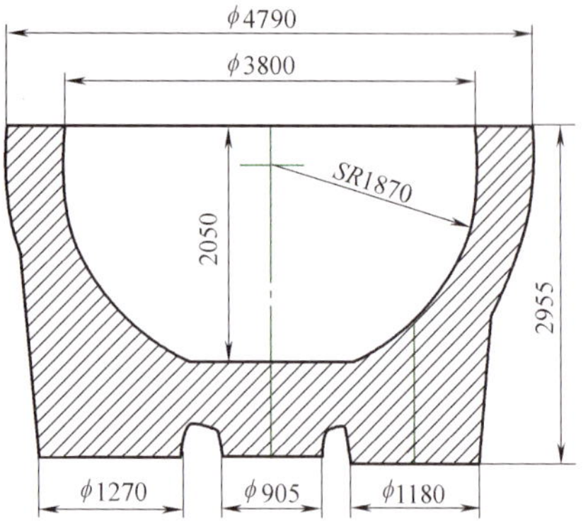

图 4.3-15　整体水室封头胎模锻锻件图

胎模锻成形工艺与半胎模锻成形工艺的最明显区别有两点：一是外圆上的三个较大管嘴以及中心处凸台是与外表面整体相贯的，无论是毛坯状态还是精加工状态，外表面管嘴与凸台都具有连续的纤维，锻件内部质量好；二是最终成形时锻件受力状态好，近似于整体变形，锻件各部位变形更均匀也更充分，均质性更好。然而正如本章 3.2 节中所述，整体水室封头胎模锻成形的主要难点就是设备能力不足，所以要想实现整体水室封头的胎模锻造，就必须在工艺与模具上进行研究。为了减少研发成本，加快研发进度，对市场需求与设计创新作出快速响应，在 AP1000SG 整体水室封头胎模锻成形工艺研发上，确定了以下研究路线：计算机数值模拟—比例试验—优化工艺与模具设计—产品制造—研制经验总结。

3.3.1　产品研制

1. 数值模拟

（1）坯料形状对成形质量的模拟分析。

在成形设备能力一定的情况下，坯料形状对锻件成形质量的影响非常重要，因为 AP1000SG 整体水室封头锻件重量达 200t，外径近 4800mm，对于如此巨大的锻件，如果采用常规工艺进行胎模锻成形，则所需成形力巨大。曾有国内知名学者对该锻件胎模锻工艺进行过数值模拟研究，结果表明，当采用胎模锻技术成形整体水室封头时，所需成形力高达 12 万 t。全世界都没有如此巨大的压机，目前最大的压机是 8 万 t 模锻压力机，但一般模锻压力机立柱间距较小，难以满足超大直径锻件成形的要求。如果不考虑设备能力的限制，只要坯料重量足够，那么不管哪种形状的坯料，最终都能形成所需的锻件形状。但是成形设备能力有限，只能在万吨级的液压机上成形整体水室封头，所以必须研究坯料形状对锻件成形质量的影响，找出坯料最优设计方案，否则难以成功。

坯料形状设计的第一步是：研究确定坯料重量。根据整体水室封头锻件重量，结合以往封头类锻件特别是分体水室封头锻件制造经验，研究确定坯料重量为 227t。

坯料形状设计的第二步是：研究确定坯料的截面积。确定坯料截面积的原则有三个：① 坯料截面积应不小于四个管嘴上端面最大面积之和；② 便于起吊、运输、装出炉以及上料操作并满足设备空间要求；③ 为有利于管嘴填充，尽量使坯料由小截面镦粗变成大截面，而不是由大截面挤压成小截面。

坯料形状设计的第三步是：研究确定在长度方向上是否采用变截面坯料。由于锥形坯料起吊运输风险很大，所以假如坯料采用变截面，那就是台阶轴形状，因坯料截面积较大，所以长度相对较小，这样只能有一个台阶，此外由于锻件上三个较大垂直管嘴之间的间距较小（880～1160mm），所以台阶轴的最大直径应该是三个垂直管嘴的包络直径，计算得出是ϕ4300mm，而锻件大端外径只有ϕ4800mm，两者相差不大，坯料镦粗行程很小，变形量小对管嘴填充不利。此外，如果坯料设计成变截面形状，会存在以下弊端：① 增大坯料成形难度；② 模具内镦粗成形时，在截面积变化处会出现折伤，不仅影响锻件表面质量，而且会造成尺寸不能满足后续加工需要。为此，确定坯料为等截面形状。

坯料形状设计的第四步是：研究确定坯料横截面形状。坯料截面积确定后，不同的截面形状会对成形质量与成形力产生较大影响。确定坯料截面形状时，应遵循以下原则：① 有利于锻件充满，保证锻件形状与尺寸；② 所需成形力与现有设备能力匹配；③ 自由锻制坯的操作难度要小。因为坯料制备采用自由锻工艺，如果坯料形状复杂，操作难度大，则坯料质量不易得到保证，而不合格的坯料是无法保证最终锻件质量的。

综合以上几点，设计了两种坯料形状，即等边三角形与圆柱形，并采用计算机数值模拟技术，分析了不同形状的坯料对锻件形状质量及成形力的影响。

1）方案一：等边三角形坯料。

由于锻件外表面三个垂直管嘴近似对称分布，所以设计了等边三角形坯料。根据上述原则，最终确定等边三角形坯料边长 $a=4712$mm，坯料高度 $L=3000$mm，坯料重约 230t。通过立体建模，将坯料作为分析计算对象并对其划分网格，根据以往生产实践经验，设置成形温度、摩擦系数等边界条件，通过数值模拟研究分析变形过程中的金属流动规律，特别是将预镦粗后的坯料整体形状与成形力大小作为重点研究对象。等边三角形坯料预镦粗时金属流动规律与成形力的模拟结果如图 4.3-16 所示，预镦粗后的形状如图 4.3-17 所示。

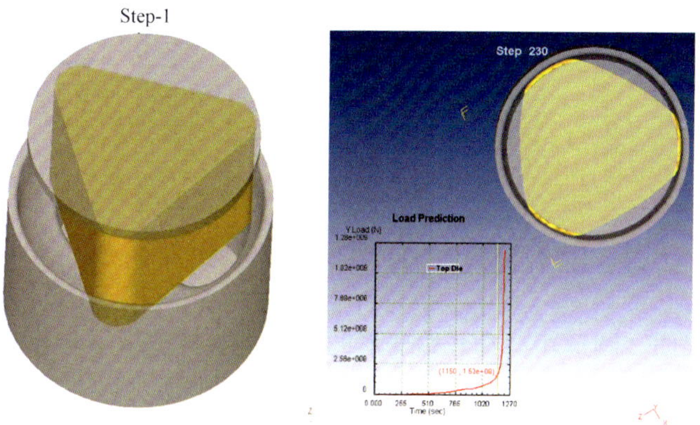

图 4.3-16　等边三角形坯料预镦粗时金属流动规律与成形力

数值模拟结果表明，等边三角形坯料在开始变形的初期，坯料边缘不与模具内表面接触，处于自由镦粗状态，此时镦粗力较小，坯料截面形状基本保持三角形不变。随着镦粗的进行，三个顶角处的坯料率先与模具内表面接触，此时成形力开始增加，三角形三个直边仍然保持近似直线状态，不与模具内表面接触。随着坯料高度的不断降低，三个顶角处的坯料与模具内壁接触面积不断加大，成形力迅速增加。当坯料管嘴与大端开口处外径尺寸同时满足粗加工要求时，成形力已增大到 1000MN 以上。如果在万吨级液压机上生产，由于设备能力有限，坯料不能充分成形，必将出现锻件外径与管嘴尺寸不能满足下序加工要求的现象。

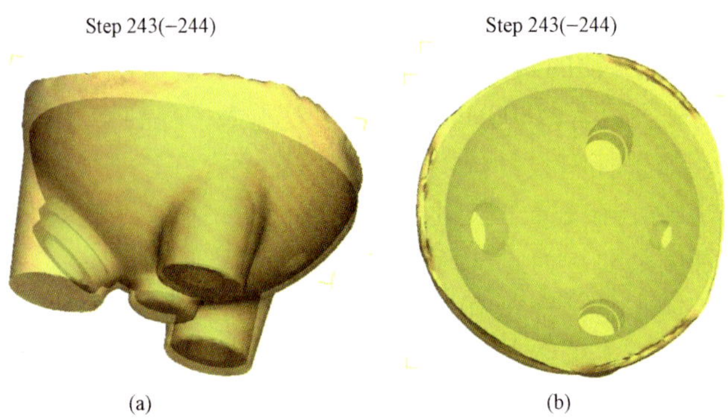

图 4.3-17　等边三角形坯料预镦粗后形状

（a）外表面；（b）内腔

2）方案二：圆形坯料。

圆形坯料截面积确定原则与三角形坯料一致，因此圆形坯料直径ϕ3500mm，长度 L = 3000mm，坯料重约 230t。通过立体建模，将坯料作为分析计算对象并对其划分网格，根据以往生产实践经验，设置成形温度、摩擦系数等边界条件，通过数值模拟，研究分析金属流动规律，特别是将预镦粗后的坯料整体形状与成形力大小作为重点研究对象。圆形坯料预镦粗后的形状与成形力的模拟结果如图 4.3-18 所示。

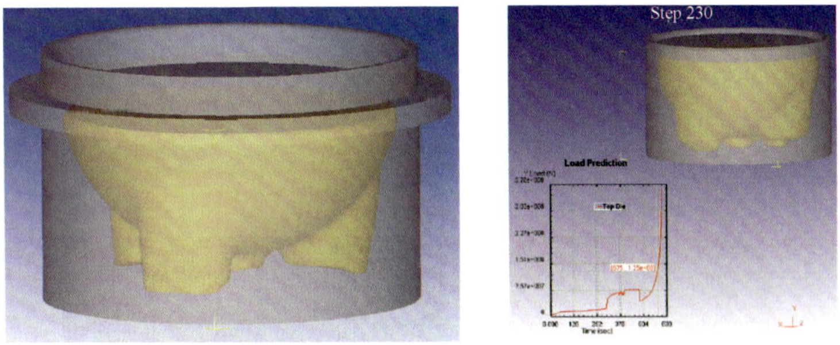

图 4.3-18　圆形坯料预镦粗时金属流动规律与成形力

数值模拟结果表明，圆形坯料在开始变形的初期，坯料边缘不与模具内表面接触，处于自由镦粗状态，此时镦粗力较小，坯料截面形状基本保持圆形不变。随着镦粗的进行，坯料开始与模具球形内表面接触，成形力开始增加。随着镦粗的继续进行，三个较大管嘴处的坯料开始与模具内表面接触，此时成形力开始陡增，坯料上部仍然保持球形状态，与模具内表面接触。随着坯料高度的不断降低，三个较大管嘴处的坯料与模具内壁接触面积不断加大，成形力不断增加。当坯料管嘴与外径尺寸同时满足粗加工要求时，成形力增大到 350MN。圆形坯料预镦粗后的形状如图 4.3-19 所示。

对比两种坯料方案预镦粗结果与成形力大小，可知等边三角形所需成形力更大，所以在设备能力一定的情况下，圆形坯料比等边三角形坯料更易成形。

（2）各种锻造压实方法的研究。

AP1000SG 整体水室封头锻件属于大壁厚碗形锻件，在坯料胎模锻成形之前，如果不采取有效的压实工艺方法，坯料心部质量将得不到保证，那么成形后的锻件内部质量也就得不

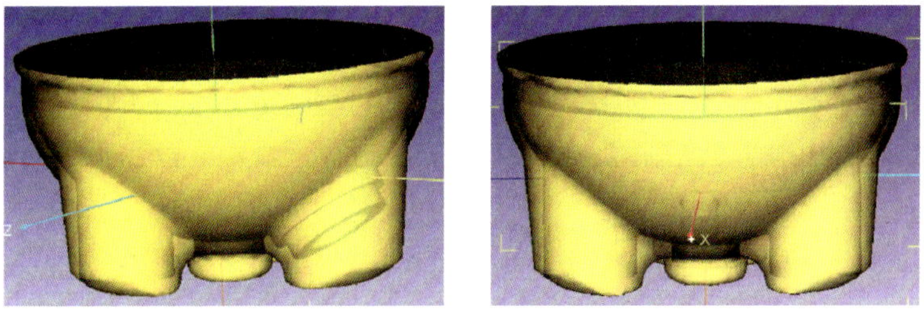

(a) (b)

图 4.3-19　圆形坯料预镦粗后形状

（a）进口管嘴覆盖效果；（b）出口管嘴覆盖效果

到保证。如欲减少锻造火次，就必须减少镦粗压实的次数，为此，需要对各种锻造压实工艺方法进行研究，目的是采取一次镦粗压实就完全保证坯料内部质量。

1）镦粗压实研究。进行了小试样镦粗物理试验、镦粗模型的建立、疏松材料和致密材料镦粗模拟等研究。从整体看来，致密材料静水应力比疏松材料高；随着变形程度即锻比的增加，静水应力增大；此外还发现，疏松材料致密部位的静水压应力大于疏松部位，静水压应力最大值出现在疏松区域和鼓形之间，而对于致密材料则主要出现在心部。

2）工程应用的镦粗数值模拟研究。模拟钢锭尺寸 ϕ3300mm×3500mm，钳口 ϕ1900mm×1700mm，缺陷设置：连续长柱孔 ϕ300mm×2450mm。钢锭初始温度 1250℃，压下量 Δh = 3500mm−2000mm = 1500mm（42.9%），压机速度 v = 5mm/s。

模拟结果表明，当镦粗达到 30% 时载荷已超出 150MN，此后只能保持 150MN 压力不变，此时上砧压下速度逐渐减慢到 1.5mm/s。如果载荷不受限制，上砧压下速度保持 5mm/s 恒定不变，则最大载荷要达到 200MN。镦粗会使中心处缺陷孔直径加大。如果设置一串 6 个、中心间距 450m、直径 ϕ300mm 的球孔为空洞缺陷，则钢锭中部空洞闭合效果较好，上下两端靠近附具的空洞闭合效果较差。

3）拔长方法研究。

① 拔长工序表面裂纹产生趋势研究。试验发现，采用砧宽比较大的 FM 法、WHF 法等拔长工艺时，如锻件表面已存在缺陷或材料塑性较差，则锻件表面易产生裂纹。针对 FM 法梯形砧合理角度范围（砧型角度 2°、4°、6°、8°）进行了大变形拉延造成的锻造裂纹效果研究。研究发现当梯形砧角度为 6°～8°时，坯料表面产生裂纹的趋势明显降低，变形分布和应力状态等综合效果较好。

② 几种拔长方法的对比研究。根据材料流变曲线，利用计算机数值模拟软件，对整体水室封头坯料镦粗后的拔长压实工艺，分别进行了 WHF 法、KD 法与 FM 法三种压实方法的数值模拟，每种方法的单道次压下量均设为 20%。由于该模拟的目的是对比分析不同拔长压实方法对坯料心部质量的影响效果，所以除上下砧子不同外，其他边界条件均取相同的参数。三种拔长压实方法的模拟结果与对比分析见表 4.3-1。

根据以上研究结论可以看出，应力主导型的 KD 法与 FM 法，轴向变形非常小，坯料变形不均匀，所需设备压力较大；应变主导型的 WHF 法轴向变形最大也最均匀，所需设备压力最小，而整体水室封头模具内仿形锻造时，锻件各部承受较大的压应力，轴向变形非常小，所以，为减少锻件各向异性的产生，最终将 WHF 法作为坯料压实的拔长方法。

表 4.3-1　　　　**WHF、KD、FM 三种拔长方法的对比分析**

拔长方法 \ 特点	起始砧宽比	等效应变	心部静水压力 σ_m/MPa	心部三向应力状态	压机最大载荷/t
WHF（20%）	0.5	从 X、Y、Z 三个方向的等效应变分布来看，心部等效应变为 0.2，最大等效应变在 0.25 H_1（变形后的坯料高度）附近，整个截面的变形区域较小，分布较均匀	心部呈压应力状态，静水压值为 -11.3，分布区域最小	一向受压，两向受拉	20 100
KD（20%）	0.5	从 X、Y、Z 三个方向的等效应变分布来看，最大等效应变在心部，为 0.3，整个截面的变形区域最大，分布较不均匀	心部呈压应力状态，静水压值为 -15，分布区域最大	两向受压或三向受压	26 600
FM（20%）	0.5	非对称性变形，从 X、Y、Z 三个方向的等效应变分布来看，最大等效应变在心部，为 0.3，窄砧下方的等效应变数值要大于平台上方的等效应变，区域性分布近似于 WHF 的等效应变分布	心部呈压应力状态，静水压值为 -15，分布区域较小	两向受压或三向受压	23 500

4）WHF 锻造法的优化研究。建立了 WHF 法有限元模型，根据实际工况与现场记录的大量工艺数据统计分析，给定模拟时的边界条件，研究分析了不同工艺参数及边界条件对疏松压实的影响趋势，如温度、压下量、砧宽比、摩擦条件等对疏松压实的影响规律，对 WHF 法拔长过程中相邻两锤之间的搭接量以及锻造操作程序与布砧方法也进行了模拟分析，并由此给出优化后的工艺方案。

5）坯料连砧拔长效果研究。在不同道次拔长过程中，由于每锤压下时坯料各部位变形不尽相同，因此，为保证坯料各部位变形均匀没有漏锤现象产生，不仅要采用合理的布砧方式，使相邻道次布砧时错砧 1/3～1/2，而且必须经过六道次以上的拔长。此外，相邻两锤之间还应该保证 20% 砧宽的搭接量。关于拔长压实的六个道次，吴晗光在《JSW 的中心压实工艺概述》中描述到："二趟从冒口端锭身边向水口端拔；二趟从水口端齐各边向冒口端拔；二趟从冒口端边进半砧向水口端拔。亦从未出过问题，其规律的俗语是：从第二趟开始'压谷避峰'（见图 4.3-20）。这是非常重要的作业要领，第一道压下后，接砧区的侧膨胀量必然小于砧心区，坯料翻转 90°后接着要施压时砧心应对准膨胀区小的凹面，这对许多操作者来说都不大习惯，但一定要这么做！"

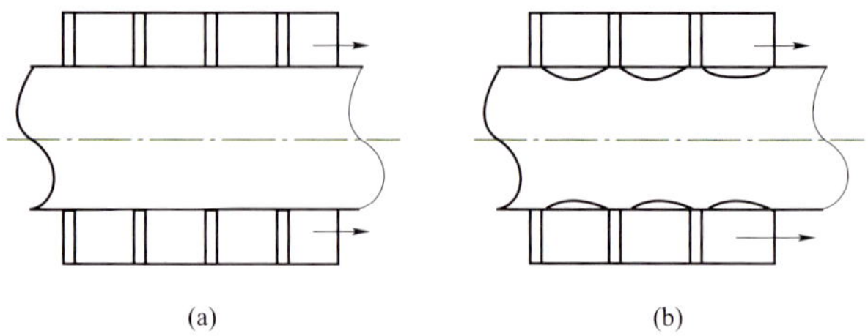

(a)　　　　(b)

图 4.3-20　压谷避峰示意图

（a）第一趟；（b）第二趟

2. 比例试验

由于 AP1000SG 整体水室封头形状复杂，管嘴尺寸超长，所用钢锭超大，直接进行生产试验存在投入多且风险大的弊端。从整体水室封头胎模锻工艺成形方案的数值模拟结果来看，最终成形时所需压力很大，已远远超出 150MN 压力。当成形力达到 150MN 时，坯料变形还没有结束，此时的锻件总高度与各个管嘴的尺寸都不能满足粗加工图样要求。由此可知，整体水室封头胎模锻工艺是否可行的关键是设备所提供的成形力是否足够大。成形力与许多因素有关，工艺参数、材料模型、摩擦条件、成形方法、模具结构等都会影响成形力，上述影响因素中，除摩擦条件外，其他因素都可以通过材料研究或数值模拟给定并优选出较为准确的最佳方案，只有摩擦条件难以给出与实际工况较为符合的准确数据，为了找出实际成形时的摩擦系数，研究设计了比例试验。

根据 SG 整体水室封头优化后的胎模锻成形工艺，结合液压机设备情况，并考虑比例试验费用最小，最终选定采用 12.5MN 水压机进行比例试验，验证分步旋转胎模锻成形工艺方案，收集分析试验数据并积累经验，对边界条件及成形工艺方案进行修正与优化，然后在 150MN 水压机上进行 1∶1 生产试验。

上述比例试验的目的之一是找出数值模拟得出的成形力与比例试验中实际记录的成形力之间的差异，通过修正摩擦条件，将两种成形力统一，并将修正后的摩擦条件作为实际工艺数值模拟的边界条件，优化模具与工艺设计，制定最佳成形方案；比例试验的另一个目的是对比分析数值模拟给出的锻件尺寸与实际尺寸的差异，以便为工艺优化提供依据。

（1）比例试验所采用的比例大小的确定。

如上所述，将比例试验所采用的比例数值 λ 定义为 150MN 水压机与 12.5MN 水压机力量之比的平方根，根据两台压机的实际使用压力计算，$\lambda=(13\,000/1000)^{0.5}=3.6$。

（2）比例试验用附具。

附具包括 ϕ1000mm×150mm 球面上镦粗板、回转台、专用锤头（见图 4.3-21）、专用下模（见图 4.3-22）。

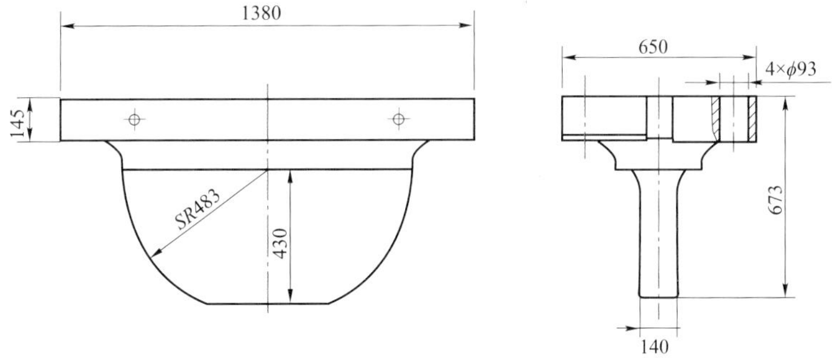

图 4.3-21　比例试验专用锤头

（3）比例试验用坯料。

试验用坯料尺寸：ϕ900mm×970mm，一端倒角 100mm×100mm，材质为 SA-508M Gr.3 Cl.2。

（4）试验过程及结果。

比例试验分两次在 12.5MN 水压机上完成。第一次试验参见图 1.6-6。图 4.3-23 为第二次物理比例试验后锻件的实际形状。两次比例试验后的锻件尺寸测量结果见表 4.3-2。

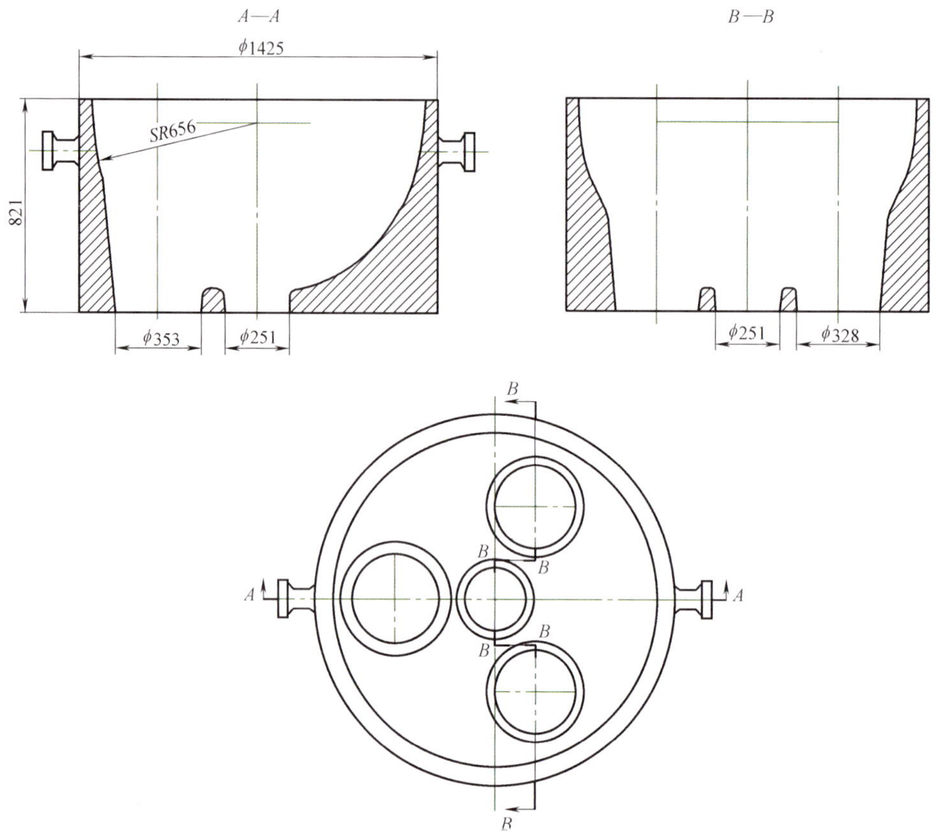

图 4.3-22　比例试验专用下模

(a)　　(b)

图 4.3-23　第二次比例试验锻件形状

（a）内腔；（b）外表面

表 4.3-2　AP1000 整体水室封头比例试验后锻件尺寸测量结果

位　　置	锻造工艺尺寸/mm	首次比例试验/mm	第二次比例试验/mm
1 号管嘴最小端部	ϕ353/高 483	350×240/高 230～180	350×270/高 410
2 号管嘴最小端部	ϕ328/高 360	330×240/高 210～180	330×250/高 370

续表

位　　置	锻造工艺尺寸/mm	首次比例试验/mm	第二次比例试验/mm
3 号管嘴最小端部	ϕ328/高 360	330×240/高 200～110	330×250/高 300
锻件总高	821	760～710	740
锻件开口最大外径	ϕ1330	ϕ1240～ϕ1280	ϕ1300
凹槽尺寸	ϕ1055/深 570	ϕ730/深 125	ϕ670/深 70
3 号管嘴与球面相惯处外径 A3	ϕ1114	ϕ970	ϕ1160
2 号管嘴与球面相惯处外径 A2	ϕ1114	ϕ1030	ϕ1088
1 号管嘴与球面相惯处外径 B	ϕ1244	ϕ1030	ϕ1200

两次比例试验后锻件实际形状与锻件工艺图及粗加工图的对比结果分别如图 4.3-24 与图 4.3-25 所示。图中黑色线为实际锻件轮廓线，粉色线为锻件工艺名义尺寸线，绿色线为粗加工尺寸线。

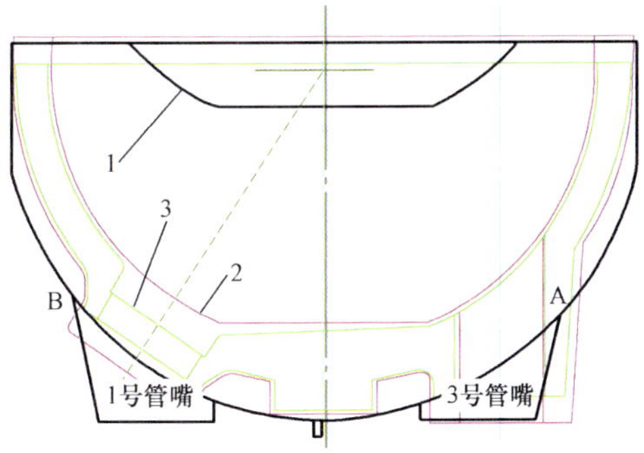

图 4.3-24　首次比例试验后的锻件形状对比结果
1—实际锻件轮廓线；2—锻件工艺尺寸线；
3—粗加工尺寸线

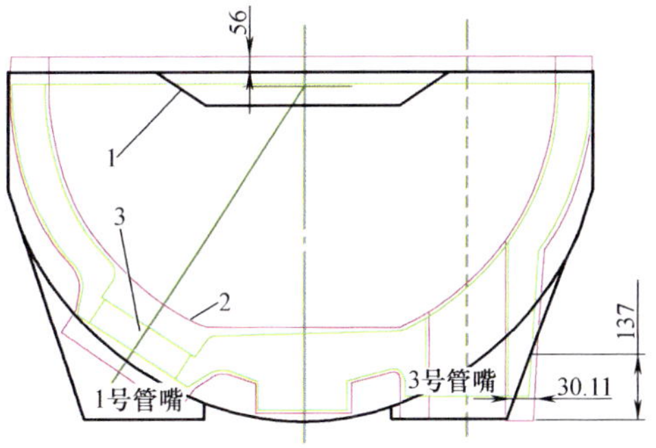

图 4.3-25　第二次比例试验后的锻件形状对比结果
1—实际锻件轮廓线；2—锻件工艺尺寸线；
3—粗加工尺寸线

（5）比例试验的计算机模拟结果及修正。

两次比例试验后，根据现场实际情况对比例试验进行了数值模拟，模拟结果如图 4.3-26 所示。对比数值模拟结果与实际试验情况可知，两者有着比较好的吻合程度。

比例试验的计算机数值模拟结果表明：整体镦粗结束时所需压力是 47.6MN，说明整体镦粗在 12.5MN 水压机上无法实现；当整体镦粗行程达到 80mm 时，压机力量已达 10MN。实际的比例试验证明，整体镦粗所需力量超过 12.5MN，在 12.5MN 水压机上整体镦粗行程只有 50mm，由于当时压机漏水严重，加之管道压力损失，估计当时最大压力在 7MN 左右。由此看，两种模拟方法得出的力的结论比较接近。

通过上述成形力与管嘴尺寸的对比结果可知，比例试验数值模拟中采用的摩擦系数、材料模型、网格划分、锤头运动速度、温度等边界条件的设定及其匹配关系是合理的，与实际工况的符合程度较好，所以上述边界条件的设定及其匹配关系可以在 1∶1 整体水室封头胎模锻成形工艺及模具设计的数值模拟中采用。

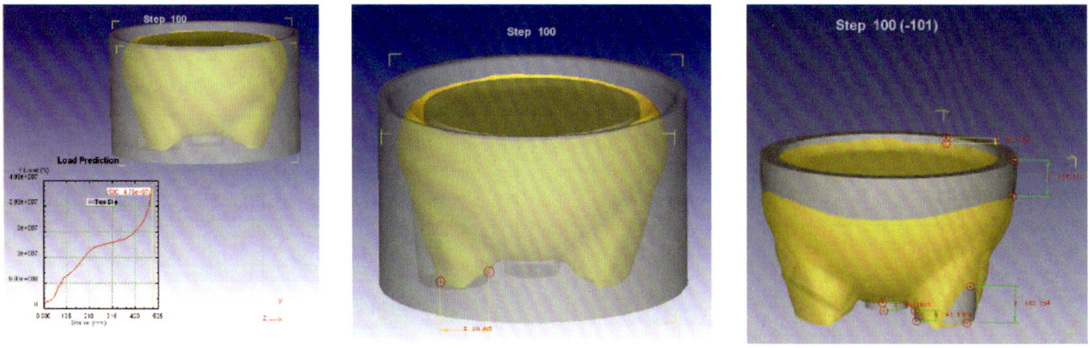

(a)　　　　(b)　　　　(c)

图 4.3-26　比例试验的计算机模拟结果

（a）成形力；（b）贴模效果；（c）各部位锻造余量

利用数值模拟技术对 AP1000SG 整体水室封头胎模锻成形工艺及模具设计进行优化时，采用的具体边界条件与材料模型如下：

（1）温度：成形过程中由于坯料体积足够大，且胎模锻成形时坯料放在模具中，内部温度一直较高，表面散热对模拟结果影响不大，所以不考虑热传递，按等温过程进行模拟。考虑坯料在出炉后运输及上料过程中的温降，将模拟温度设为 1200℃。

（2）接触摩擦系数：摩擦系数按热态无润滑状态并结合实际工况，设为 $m=0.3\sim0.5$。

（3）上锤头运动速度：2～5mm/s，应变速率约 0.0011/s。

（4）材料模型：由于胎模锻时坯料经历了镦粗压实的锻造制坯过程，所以其内部组织致密，可以考虑按 1200℃时调质态的材料物性参数来给定流变曲线（见图 4.3-27）。

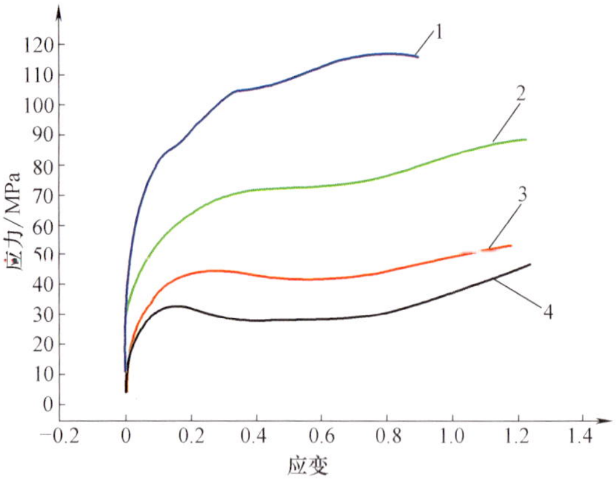

图 4.3-27　计算机数值模拟比例试验时所采用的材料流变曲线

1—应变速率 10/s；2—应变速率 1/s；3—应变速率 0.1/s；4—应变速率 0.01/s

计算机数值模拟与比例试验的结果比较吻合，三个管嘴的尺寸数据对比见表 4.3-3。

表 4.3-3　AP1000 整体水室封头比例试验与数值模拟管嘴尺寸对比

项　目	管嘴高度/mm		管嘴最小端面尺寸/mm	
	比例试验	计算机模拟	比例试验	计算机模拟
1 号向心管嘴	410	420	350×270	350×270
2 号垂直管嘴	370	360	330×250	340×220
3 号垂直管嘴	300	340	330×250	340×220

比例试验现场数据记录汇总见表 4. 3-4。

表 4. 3-4　　**AP1000 整体水室封头比例试验现场记录汇总**

序号	记录项目	记 录 数 据
1	坯料尺寸	ϕ900mm，高 H=970mm，下端倒角 100mm×100mm
2	坯料加热温度	1250℃
3	坯料保温时间	13h
4	坯料出炉温度	1200℃
5	坯料出炉时间	21：00
6	镦粗开始时间	21：05
7	镦粗结束时间	21：30
8	镦粗压下行程	300mm
9	镦粗力	700～800t
10	镦粗后坯料上端部外径	ϕ1000mm～ϕ1200mm
11	镦粗后坯料与下模的高度差	0
12	旋压开始时锻件温度	约 900～950℃（坯料在模具内无法测量）
13	旋压开始时间 t_3	21：40
14	旋压结束时间 t_4	21：50
15	旋压时间 $T_2=t_4-t_3$	10min
16	旋压总行程	120～130mm
17	旋压每道次压下量	30～50mm
18	旋压力	700～800t
19	旋压结束后锻件尺寸	见试验尺寸测量结果
20	旋压结束后锻件温度	约 800～850℃（坯料在模具内无法测量）

3. 附具研制

（1）成形附具研制。

AP1000SG 整体水室封头在胎模锻之前的制坯过程属于自由锻造，所用附具均为通用自由锻附具，因此需要研制的只是胎模锻成形专用附具，主要有上锤头与下模。上锤头用于成形整体水室封头的内表面，而下模则用于成形外表面。

从图 4. 3-15 可以看出，AP1000 整体水室封头锻件规格尺寸超大，内表面球半径为 1870mm，深度为 2050mm，由于压机能力限制，内表面整体成形是行不通的，通过数值模拟可知，即使是采用组合上锤头（见图 4. 3-28）对内表面进行局部整体成形，所需成形力也很大（见表 4. 3-5）。所以内表面只能采用分步旋转锻造成形，这样上锤头应该设计成“条形”（见图 4. 3-29）。

图 4.3-28　局部整体成形的组合上锤头

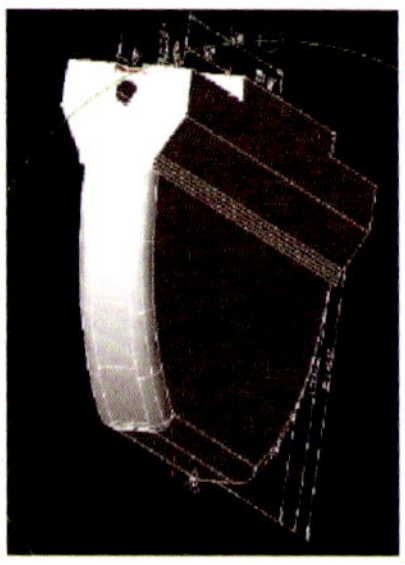

图 4.3-29　整体水室封头条形上锤头

表 4.3-5　　AP1000SG 整体水室封头内表面局部整体成形时模拟成形力

项目	压下量/mm	球面高 300mm 的组合锤头成形力（最大值）/N	球面高 200mm 的组合锤头成形力（最大值）/N
第 1 道次	60	1.93×10^9	1.66×10^9
第 2 道次	50	2.47×10^9	1.91×10^9
第 3 道次	60	3.03×10^9	2.35×10^9

在研制整体水室封头条形上锤头时，应该注意以下几点：

1）条形锤头宽度。因为成形内表面时坯料被约束在下模内，金属反向挤压，流动阻力大，如果锤头较宽，会出现压不动的情况。但锤头宽度也不能太窄，以免内表面折伤严重。锤头宽度设计可参考以往压机使用过的最大的封头板坯展宽锤头的截面尺寸，并在此基础上适当减少尺寸。对于 AP1000SG 整体水室封头来说，在万吨压机上成形时，上锤头宽度选择在 500mm 左右比较合适。

2）条形锤头形状。由于 AP1000SG 整体水室封头内腔很深，已超出内球半径形成 338mm 高的直边，所以在成形后期，特别是坯料深度接近直边高度时，上锤头压下后常常被坯料抱住，不能顺利拔出，为避免此种现象出现，上锤头适宜采用非对称形状。在 AP1000SG 整体水室封头研制过程中，上锤头就采用了从对称到非对称的优化设计路线。上锤头优化后示意图如图 4.3-30 所示。

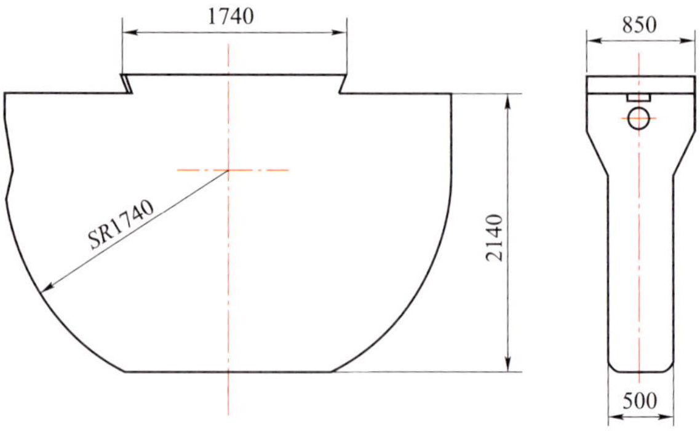

图 4.3-30　优化后的条形上锤头

3）条形锤头工作面圆角。为了防止锤头被坯料抱住，其工作面应有较大的圆（倒）角，选择 $R=125$mm 比较合适。

（2）整体水室封头胎模锻专用下模。

整体水室封头胎模锻专用下模结构按锻件图确定。下模设计时主要考虑以下几个因素：

1）下模型腔结构与尺寸。由于整体水室封头属于用自由锻压机实施胎模锻成形，锻造余量相对模锻要大很多，所以下模型腔尺寸可按锻件名义尺寸进行设计，不考虑热胀冷缩等因素导致的尺寸增减。下模型腔结构与锻件外形保持一致并尽量为对称结构，以利于各管嘴填充。

2）下模总体结构。整体水室封头属于超大型胎模锻件，坯料制好后，不可能一个火次就能完成胎模锻成形，所以为了保证各胎模锻火次上料对中的快速便捷，下模在总体结构上要设计成分体形式。分体式下模的分模高度可根据工艺变形过程选择，一般以模内镦粗后条形锤头成形内腔之前的坯料高度为依据，即下模的下部高度小于此时坯料高度（见图 4.3-31）。

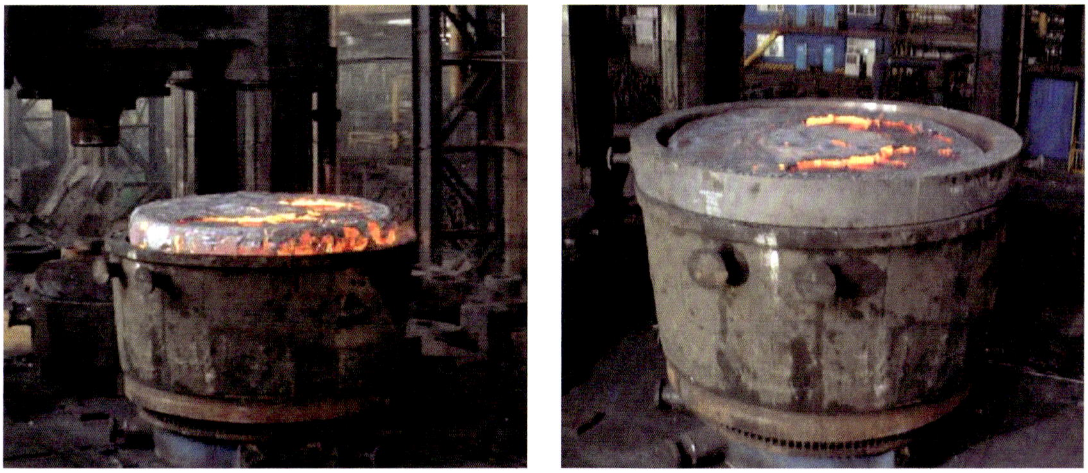

(a)　　(b)

图 4.3-31　分体式下模

（a）坯料在下模下部内镦粗结束状态；（b）下模上部组装后状态

3）下模内腔拔模斜度。按照小型模锻件模具设计原则，在整体水室封头研制时，下模型腔设计了较大的拔模斜度（见图 4.3-32），但在实践中发现，超大型胎模锻件是不需要拔模斜度的，至少不需要经验中给定的那么大的拔模斜度，这是因为胎模锻不是闭式模锻，不产生飞边，而且由于成形力不足，锻件充满程度不是很紧，最主要的是大的拔模不利于各个管嘴的填充，所以在下模设计时不考虑或仅考虑很小的拔模斜度，这样既减少锻件重量又利于型腔填充，优化后的下模示意图如图 4.3-33 所示，零件如图 4.3-34 所示。

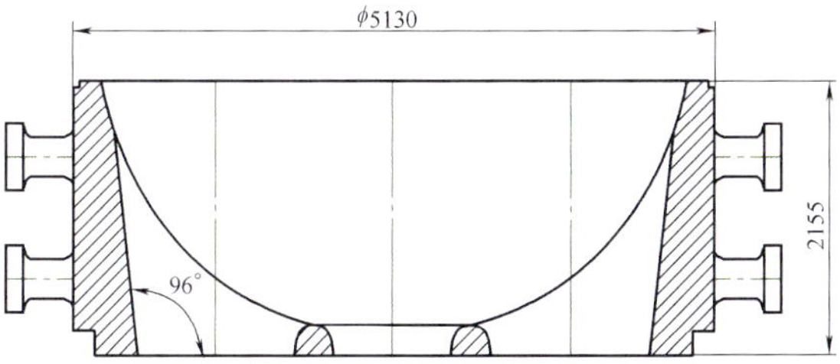

图 4.3-32　整体水室封头优化前的下模示意图

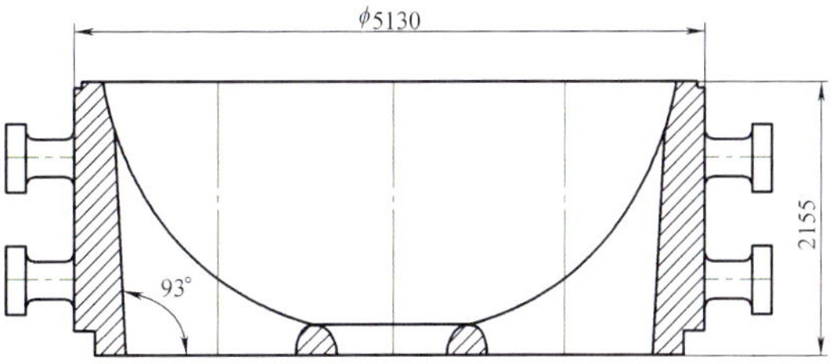

图 4.3-33　整体水室封头优化后的下模示意图

4）下模强度校核。AP1000SG 整体水室封头胎模锻成形时，下模承受较大内压力，由于下模型腔孔尺寸大且数量多，且下模外径尺寸又受到回转台与压机立柱空间回转尺寸的制约，所以设计下模时必须考虑其强度问题，对强度进行设计校核。分析成形时的受力状态与

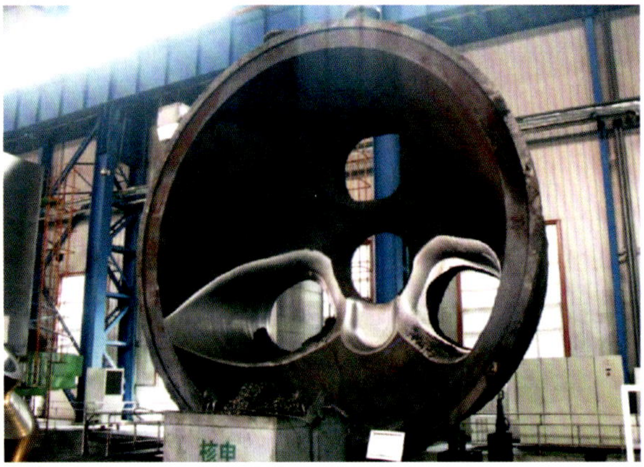

图 4.3-34　整体水室封头优化后的下模零件图

结构特点，可知下模最薄弱之处为管孔，所以这里只对管孔强度进行校核。

在 AP1000SG 整体水室封头下模设计时，采用了受内压力的厚壁圆筒的近似力学模型对其进行强度校核，下模材质选择是 ZG230-450，具体校核方法如下：强度校核公式为 $b \geqslant \{a^2 \times [\sigma]/([\sigma]-2p_0)\}^{0.5}$，式中，$b$ 为外半径，a 为内半径，$[\sigma]$ 为材料许用应力，p_0 为所受内应力。许用应力 $[\sigma]$ =材料极限应力 σ_u/安全系数 n，对于下模 ZG230-450 这种脆性材料，$\sigma_u = \sigma_b = 450\text{MPa}$，$n=2\sim3.5$。压机实际可提供压力为 13 000～15 000t，四个管孔壁厚校核结果见表 4.3-6。

表 4.3-6　管孔壁厚校核结果　(mm)

项目	垂直管孔-2 个	向心管孔	底部管孔
a	620	636	450
b-实际设计值	1157	1151	782
b-计算最小值	837	859	608

(3) 热处理专用附具研制。

AP1000SG 整体水室封头采用 SA-508M Gr.3 Cl.2 材质，为了使锻件具有均匀的性能，必须保证锻件在加热过程中能均匀受热，在淬火过程中各部位冷速均匀。合理的装炉方式、装炉时采用的工装附具以及淬火附具是获得均质锻件的保证。

1) 整体水室封头性能热处理装炉方式及装炉附具研究设计。AP1000SG 整体水室封头外形复杂，在热处理炉内可采用正装炉和倒装炉两种方式（见图 4.3-35）。

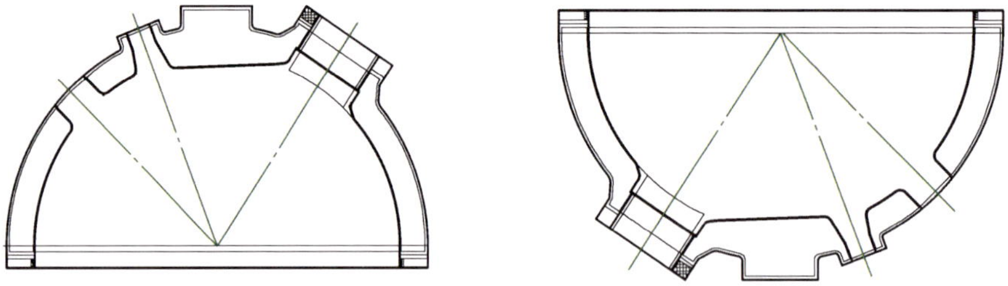

(a)　　(b)

图 4.3-35　整体水室封头热处理两种装炉方式示意图

(a) 正装炉热处理方式（开口朝下）；(b) 倒装炉热处理方式（开口朝上）

正装炉时，SG 水室封头大端开口朝下并直接置于垫铁上，这种装炉方式操作比较简单，无需增添额外工装附具，锻件放置在垫铁上也比较平稳，但锻件敷偶测温试验结果表明，该种热处理装炉方式下的均温时间较长。这是因为水室封头大端开口壁厚较大

（303mm），热处理加热时，锻件直接置于垫铁上，垫铁尺寸大，蓄热量较大，炉膛上部比下部更易到温，且正装炉时接管嘴等壁厚较薄的位置在上，易于先到温，所以导致均温时间较长（见图 4.3-36）。

图 4.3-36　SG 水室封头正装炉照片

与正装炉相比，SG 整体水室封头倒装炉时，大端开口朝上。这种装炉方式的优点是：加热均温时间短，淬火时各部位冷却速度相差不大，锻件均质性好。但倒装炉的缺点是锻件平稳性差，由于锻件外球顶处的特殊结构，倒装炉时锻件本身不能自行保持直立，需要研究设计专用的装炉附具，以支撑锻件直立并平稳加热，如图 4.3-37所示。

2）整体水室封头锻件淬火芯子研究设计。

正装炉淬火时，锻件大端开口朝下，内腔热水与大部分热气都从三个管嘴处溢出，严重影响管嘴处的冷却效果。为此，根据锻件内腔为球形封头的特点，设计了伞形喷水芯子以提高锻件内部淬火冷却速率（见图 4.3-38）。

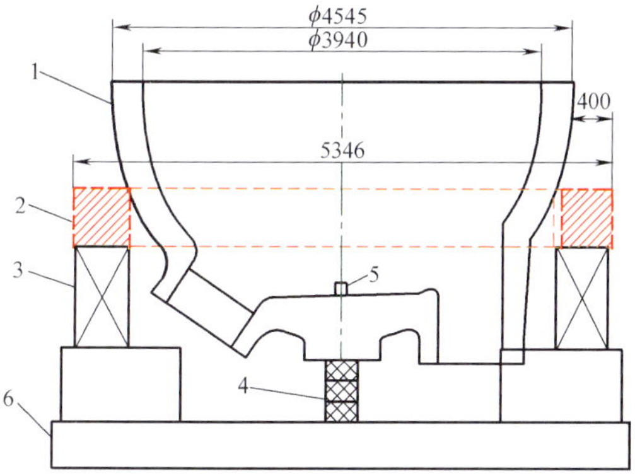

图 4.3-37　倒装炉示意图

1—水室封头锻件；2—支撑圈；3—垫铁；4—垫块；5—水温测试位置；6—台车

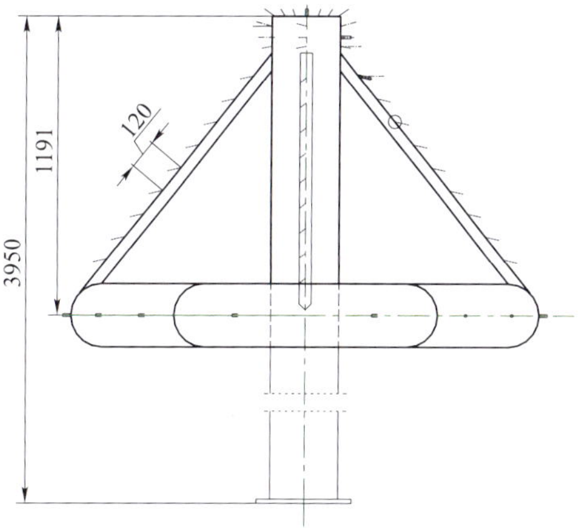

图 4.3-38　整体水室封头锻件淬火专用伞形喷水芯子

3.3.2　产品制造

1. 锻造

AP1000SG 整体水室封头采用镦拔压实与胎模锻组合的锻造成形工艺方案。在实际锻造过程中，既要克服胎模锻造锻件尺寸重量偏大、压机能力不足问题，又要解决锻件心部压实问题，同时还要改善胎模锻润滑问题与模具定位对中。

锻件实际锻造过程如图 4.3-39～图 4.3-41 所示。图 4.3-39 是坯料在下模 1 内镦粗，当用镦粗板整体镦粗达不到要求高度时，用条形锤头继续局部镦粗，局部镦粗顺序是先锻外圆、后锻心部。图 4.3-40 是坯料在下模 1 内采用圆戳锤头旋转锻造压凹槽。图 4.3-41 是分步旋转锻造出成品。

(a) (b) (c) (d)

图 4.3-39　坯料在下模 1 内镦粗

（a）坯料吊入下模 1 内；（b）镦粗板整体镦粗；（c）条形锤头旋转镦粗外圆；（d）条形锤头旋转镦粗内圆

(a) (b)

图 4.3-40　坯料在下模 1 内旋转锻造压凹槽

（a）旋压内圆；（b）旋压外圆

组合模内分步旋转锻造出成品时需要控制锤头旋转角度及压下量，避免在锻件内腔底部出现锻造缺陷（见图 4.3-42）。每一火次结束后需要及时清理内腔氧化皮（参见图 1.3-45）及折伤，才能锻造出较光滑的锻件内腔（见图 4.3-43）。

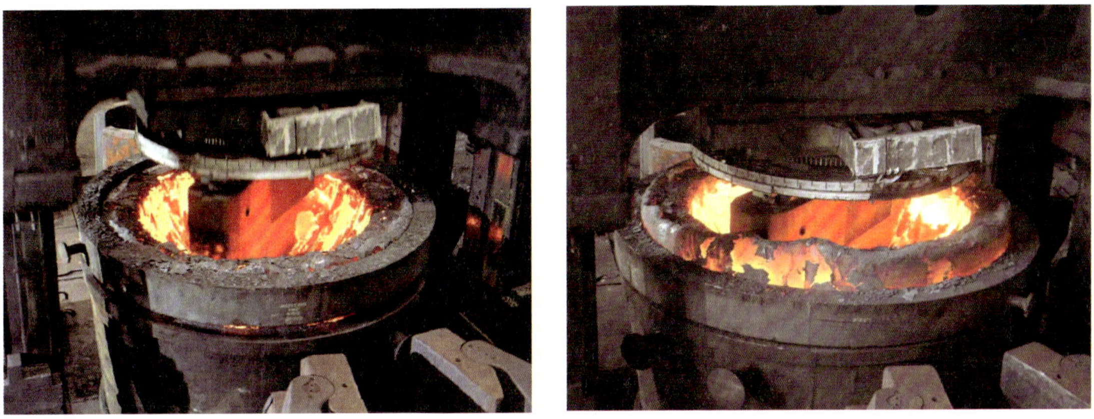

(a) (b)

图 4.3-41　组合模内分步旋转锻造出成品

（a）中间火次；（b）最后火次

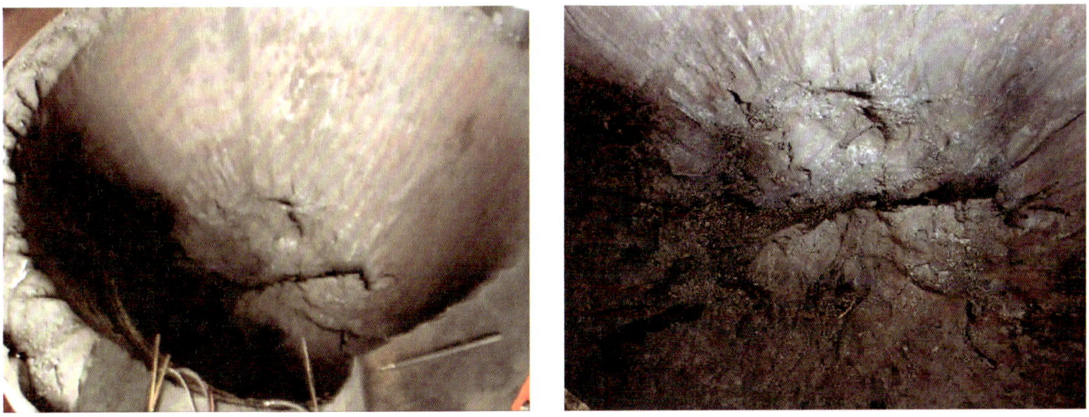

(a) (b)

图 4.3-42　水室封头锻件内腔底部锻造缺陷

（a）锻件毛坯内腔底部全貌；（b）内腔底部缺陷

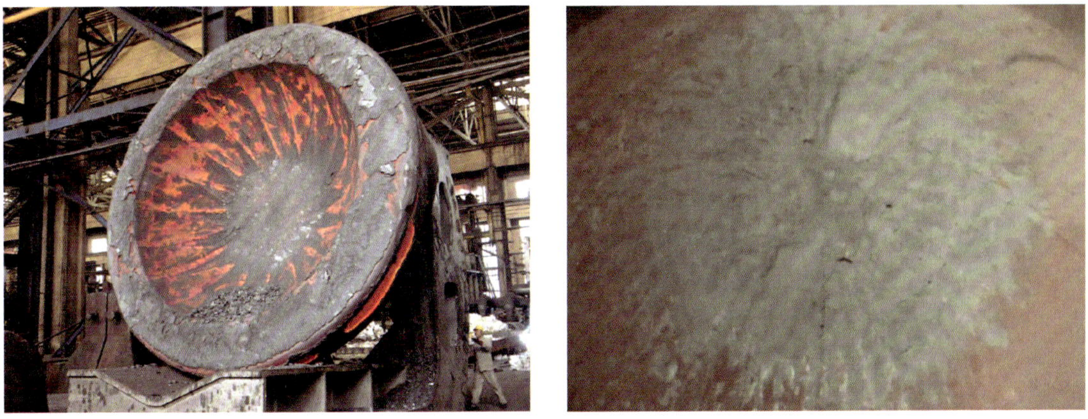

(a) (b)

图 4.3-43　水室封头锻件内腔底部较好状态

（a）中间火次结束后状态；（b）锻件毛坯内腔底部状态

水室封头锻件外形如图 4.3-44 所示。锻件尺寸满足下序加工要求。

2. 热处理

（1）AP1000SG 整体水室封头。

1）锻后热处理。AP1000SG 整体水室封头锻后毛坯最大厚度将近 1000mm，心部晶粒细化非常关键。因此，整体水室封头锻后热处理采用两次高温正火与一次回火的热处理工艺形式，通过重结晶来细化晶粒并为性能热处理做好组织准备。整体水室封头锻件粗加工后按咸宁核电项目 SG 锻件采购技术规范进行超声波探伤，探伤结果表明锻件内部质量良好，没有发现可记录缺陷。

图 4.3-44　整体水室封头锻件实际形状

2）性能热处理。AP1000SG 整体水室封头热处理的关键是性能热处理。因为性能热处理需要保证锻件达到订货要求的性能指标，并尽量保证锻件均质性良好。

SG 整体水室封头性能热处理是在电炉中加热和回火，在水槽中淬火。从锻件淬火出炉时的表面温度看，锻件加热均匀性很好。淬火后锻件表面温度与水温基本一致，冷却效果较好。

SG 整体水室封头锻件热处理后，按照咸宁项目蒸汽发生器锻件采购技术规范进行了各项检测，检测结果满足采购技术条件要求，锻件均质性较好。

生产试制结果表明，AP1000SG 整体水室封头锻件制造工艺方案可行，各种工艺参数合理，现有设备能够满足工艺要求，可以生产出合格的 AP1000SG 整体水室封头锻件。

（2）CAP1400SG 整体水室封头。

1）锻后热处理。CAP1400SG 整体水室封头锻后热处理与 AP1000SG 整体水室封头类似。

2）性能热处理。CAP1400SG 整体水室封头性能热处理采用了喷水淬火方式（见图 4.3-45），从图 4.3-45 可以看出，锻件在喷水冷却过程中存在“盲区”（图 4.3-45 中的红色阴影部分），导致产品质量出现了问题。

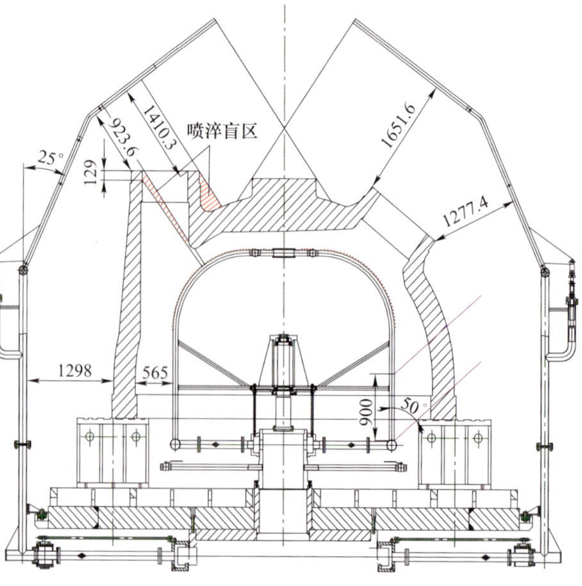

图 4.3-45　CAP1400SG 整体水室封头锻件首次采用喷水淬火示意图

为了解决水室封头锻件冷却不均匀的问题，根据 CAP1400SG 整体水室封头锻件的结构（参见图 1.2-4）特点，对喷水淬火装置进行了优化改进（见图 4.3-46）。在两直管嘴（出口管嘴）内部增加了旋转喷淬的直管（见图 4.3-46 中的 I），用于直管嘴

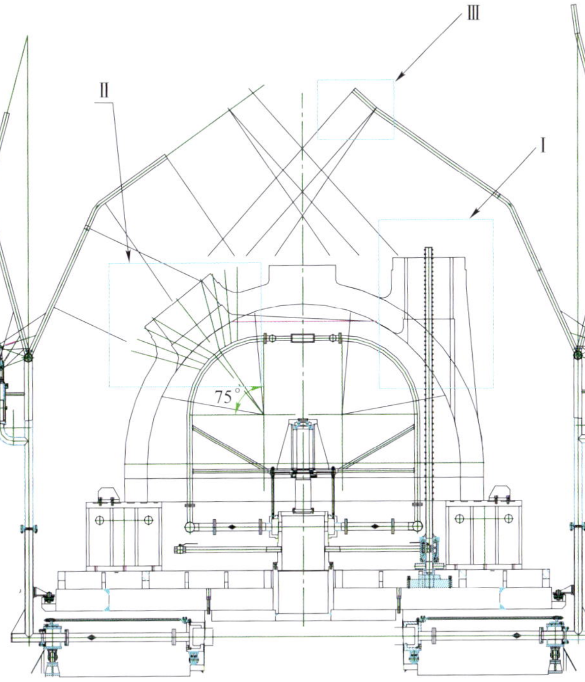

图 4.3-46　改进后的 SG 整体水室封头锻件喷水淬火示意图

内壁喷淬冷却；根据斜管嘴（进口管嘴）方位结构特点，在原内喷管上增加定向喷嘴（见图 4.3-46 中的Ⅱ），用于斜管嘴内壁喷淬冷却；对于两直管嘴、斜管嘴与球面相贯位置喷淬盲区以及球顶凸台位置喷淬盲区，将外环管按一定角度加长，并在加长部分增加定向喷嘴（见图 4.3-46 中的Ⅲ）。新增的旋转喷淬直管实际应用如图 4.3-47 所示。

图 4.3-47　新增的旋转喷淬直管实际应用

针对 AP1000SG 和 CAP1400SG 整体水室封头不同尺寸，分别设计两套冷却装置。为了验证改进后的喷水淬火装置的效果，采用咸宁 AP1000SG 整体水室封头进行了喷淬冷却测温。敷偶位置：下封头开口端端面 335mm 球面处内、外表面 20mm，距下封头开口端端面 1150mm 球面处外表面 20mm，距下封头开口端端面 2000mm 球面处内、外表面 20mm，下封头进口管嘴和出口管嘴附近球面处外表面 20mm。所有位置共敷偶 30 支。锻件敷偶后的状态参见图 1.4-40。AP1000SG 水室封头喷淬冷却测温过程参见图 1.4-41。

AP1000SG 水室封头喷淬冷却试验不仅对锻件不同部位的温度变化进行了测量，而且对淬火冷却中有管嘴位置大端以及无管嘴位置大端内、外壁水温也进行了测量。图 4.3-48 是测量水温位置示意图；图 4.3-49 是在垫铁侧面安放从水室封头锻件内外表面流下的冷却水收集槽，槽内的温度计从旋转轨道下部引出。

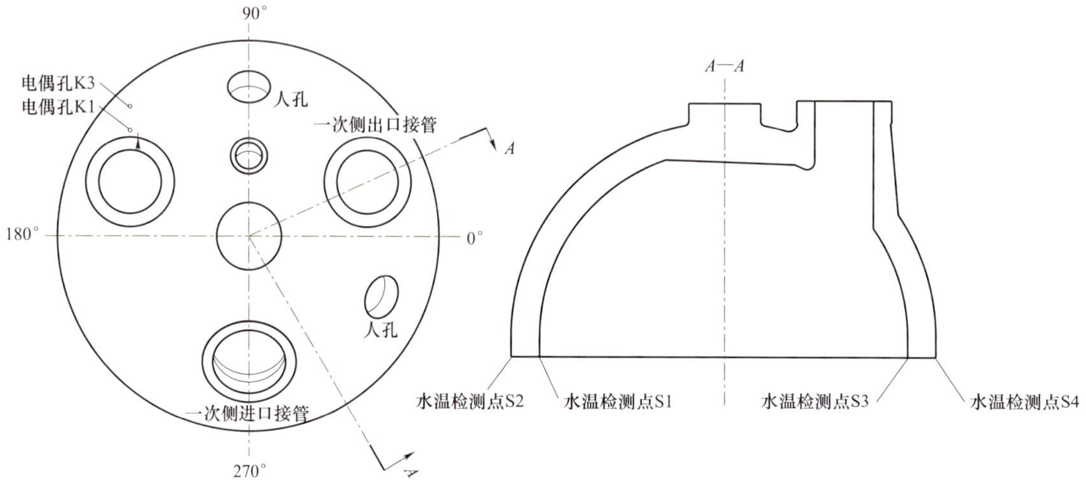

图 4.3-48　水室封头喷水淬火内、外壁水温的测量

图 4.3-49　冷却水收集位置

咸宁 AP1000SG 水室封头的 30 个测温点均位于表面下 20mm，各位置冷速均较快，不同测温点的冷速略有差异。整个喷淬过程测得锻件表面流下的最高水温均低于 30℃。锻件测温后从各测温点的代表位置取样（参见图 1.4-44）进行各项性能检测。

AP1000SG 水室封头试验件各位置全截面强度及冲击吸收能量均满足技术条件要求（参见图 1.4-45）。RT_{NDT}检测结果见表 4.3-7，也都满足技术条件要求。

表 4.3-7　　AP1000 SG 水室封头试验件各位置全截面 RT_{NDT} 检测结果

位　置		方向	热处理状态	RT_{NDT}	
S3/S4	内表面，SN3/SN4	周向	QT+SPWHT	≤-46℃	-46℃一断裂
	内 *T*/4，S3/S4		QT+SPWHT	≤-21℃	-21℃一断裂
	T/2，SM3/SM4		QT+SPWHT	≤-26℃	-26℃一断裂
	外 *T*/4，ST3/ST4		QT+SPWHT	≤-26℃	-26℃一断裂
	外表面，SW3/SW4		QT+SPWHT	≤-26℃	-26℃一断裂
C3/C4	内侧，C3/C4	周向	QT+SPWHT	≤-56℃	-56℃一断裂
	T/2，CM3/CM4		QT+SPWHT	≤-46℃	-46℃一断裂
	外侧，CW3/CW4		QT+SPWHT	≤-56℃	-56℃一断裂
J2	内侧，J2	周向	QT+SPWHT	≤-51℃	-51℃一断裂
	T/2，JM2		QT+SPWHT	≤-46℃	-46℃一断裂
	外侧，JW2		QT+SPWHT	≤-51℃	-51℃一断裂
A（迎水面）	内侧，A1	周向	QT+SPWHT	≤-51℃	-46℃未断裂
	T/2，AM1		QT+SPWHT	≤-41℃	-36℃未断裂
	外侧，AW1		QT+SPWHT	≤-51℃	-46℃未断裂
B（背水面）	内侧，B1	周向	QT+SPWHT	≤-51℃	-46℃未断裂
	T/2，BM1		QT+SPWHT	≤-36℃	-31℃未断裂
	外侧，BW1		QT+SPWHT	≤-51℃	-46℃未断裂
D（管嘴与球面相贯）	内侧，D1	周向	QT+SPWHT	≤-65℃	-60℃未断裂
	T/2，DM1		QT+SPWHT	≤-25℃	-20℃未断裂
	外侧，DW1		QT+SPWHT	≤-25℃	-20℃未断裂

3.3.3　经验教训

在 AP1000 整体水室封头研制过程中，取得的经验教训如下：

1. 水室封头锻件开裂问题

在 AP1000SG 水室封头研制过程中，出现了锻件在粗加工时发现开裂的问题，针对这一问题，锻件供应商进行了详细的根本原因分析并制订了改进措施。

（1）事件描述。

某项目水室封头锻件在调质前粗加工过程中发现开口端出现贯穿性裂纹，从锻件外部观察裂纹沿轴向延展，长度约 700mm，锻件裂纹位置示意图及实物图片如图 4.3-50 所示。

事件发生后，立即在裂纹区及其附近进行取样，寻找并确定裂纹源，分析裂纹性质，推断裂纹形成时机，找出裂纹成因。

（2）取样检验。

在裂纹区气割（见图 4.3-51）取下三块试料，其中两块为裂纹附近的试验料，另一块为包含裂纹的试料。裂纹附近两块试料的分解如图 4.3-52 所示，排钻加工及气割宽度均≤50mm。

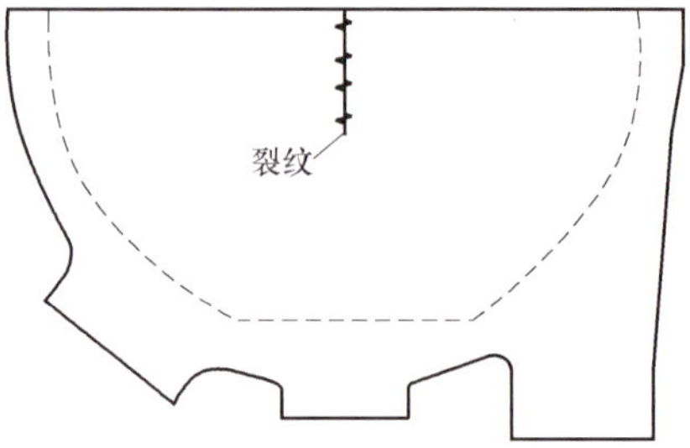

(a)

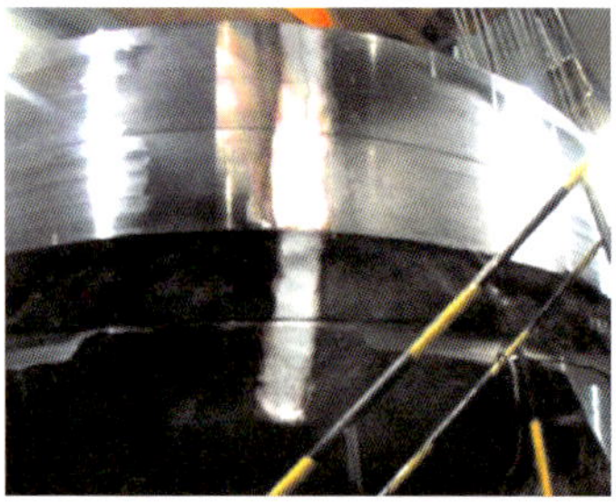

(b)

图 4.3-50　水室封头锻件裂纹位置示意图及实物图片

（a）裂纹位置示意图；（b）实物图片

图 4.3-51　水室封头锻件裂纹气割后实物图片

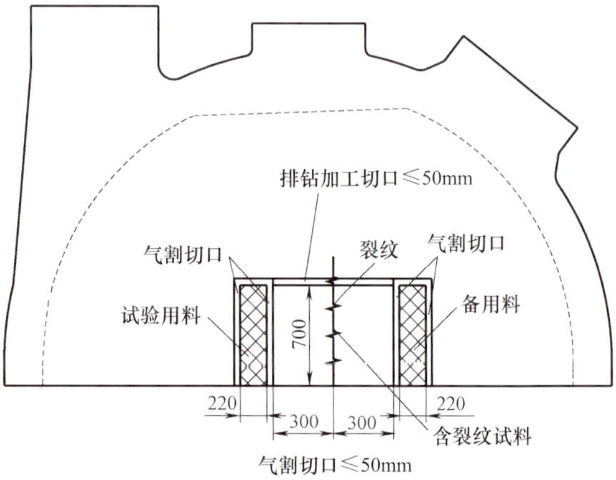

图 4.3-52　裂纹附近两块试料的分解

裂纹被打开后的状态如图 4.3-53 所示。通过观察可见裂纹自内表面往外扩展，外圆表面呈明显的撕裂状（见图 4.3-54）；裂纹面可见明显的裂纹扩展痕迹，在整个 800mm 高的试块上，未发现裂纹源，同时未见明显的冶金或锻造缺陷导致开裂的痕迹（见图 4.3-55

图 4.3-53　包含裂纹的试料被分离

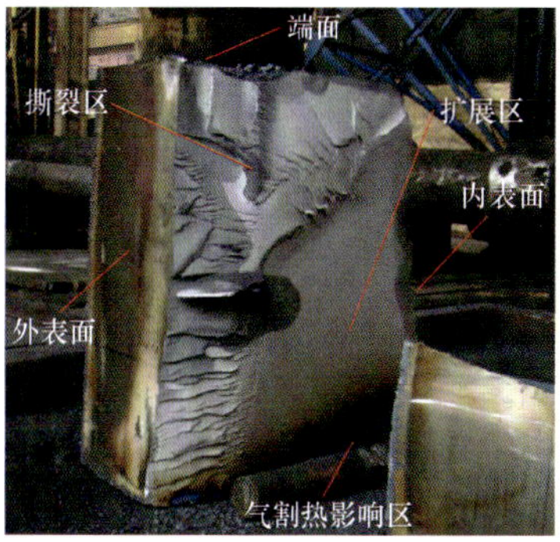

图 4.3-54　裂纹打开后情况

及图 4.3-56）。从图 4.3-56 可见，整个裂纹扩展区域，除了气割热影响区存在氧化外，其余区域均呈现明显的金属光泽。因此可以确定，水室封头裂纹是执行完锻后热处理后的冷态裂纹，裂纹源未包含在该区域内。

为了找出裂纹源的位置，将气割后的水室封头锻件沿裂纹方向打磨，通过 UT 探伤确定裂纹源的位置。补充探伤区域如图 4.3-57 所示。探伤结果表明，在图 4.3-57 所示的区域，即应力最大且结构复杂的管嘴与球顶交汇区域存在裂纹。

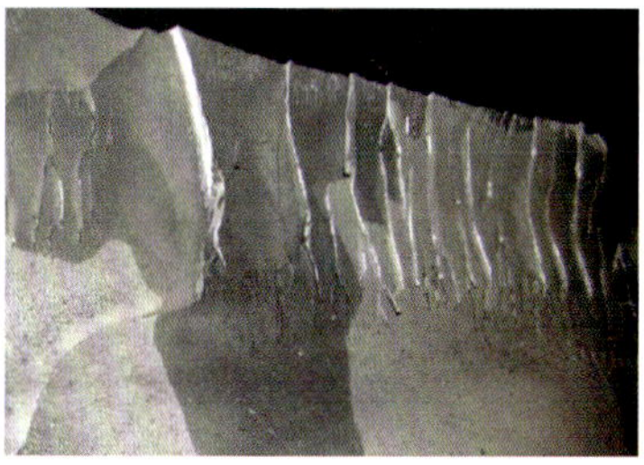

图 4.3-55　裂纹扩展区和撕裂区形貌

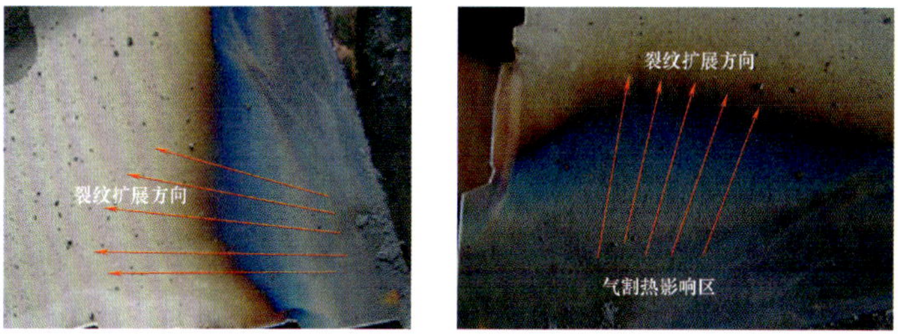

图 4.3-56　裂纹扩展方向

运用计算机数值模拟技术，对水室封头锻造成形过程及冷却过程的应力及其分布状态进行分析，模拟结果表明：管嘴与球顶交汇区域为应力最大的区域，该区域壁厚最大，形状复杂。UT 检测结果表明该区域存在裂纹，且裂纹的扩展是在完成锻后热处理的冷态下发生的。

通过对水室封头锻造后正回火状态的性能及断裂面扫描分析结果可知，水室封头全截面强度比较均匀但低于性能热处理状态；冲击吸收能量比较均匀但整体偏低，韧性差；上、下平台冲击吸收能量偏高；组织和晶粒度均匀；未发现明显的冶金质量问题和其他缺陷，断面成分未发现偏析现象。

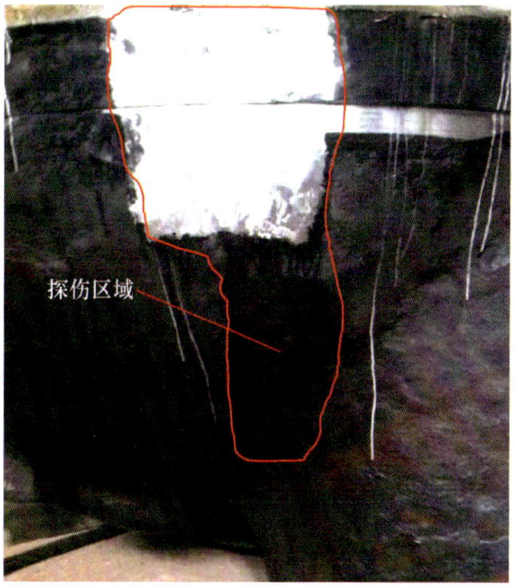

图 4.3-57　裂纹区气割取料后确定补充探伤区域

（3）原因分析。

通过锻造过程数值模拟以及对裂纹的实际观察和 UT 探伤结果，可确定在应力最大且结构复杂的管嘴与球顶的交汇位置存在裂纹，且裂纹的扩展是在完成锻后热处理的冷状态下发生的。

水室封头锻造后正回火状态下的韧性很差，下平台温度达到 20℃。锻件毛坯正回火后处于较冷的环境温度下（-20～0℃）且停放时间较长，锻件残余应力释放在内部缺陷处形成应力集中产生内部微裂纹，内部裂纹缓慢扩展导致锻件开裂。

（4）纠正改进措施。

通过改变 SG 水室封头的应力状态和严格执行锻后热处理工艺，解决了锻件开裂的问题。

2. 压凹档后期夹锤头问题

由于 AP1000SG 整体水室封头内腔深度较大，锻件大端开口端面已超出内腔球半径中心线，直边高度 338mm，在用条形上锤头成形内腔时，常常出现不能顺利抬锤问题，特别是内腔成形后期，每道次的第一锤几乎都出现锤头被锻件抱住的现象，使得后期有效锻造时间缩短，成形火次增加。因此在上锤头设计时不仅要考虑拔模斜度，必要时还可以采用不对称结构，具体设计方法详见本章 3.3.1 “产品研制” 中有关上锤头的设计注意事项。

3. 管嘴填充不饱满问题

由于 AP1000SG 整体水室封头属于超大型锻件，所以即使是采用非闭式的胎模锻造工艺，如果在模具结构以及成形工艺设计方面不采用特殊的方法，在 150MN 级的压机上也不能成形出满足粗加工尺寸要求的锻件，国内一些高校的数值模拟结果以及某锻件供应商的工程实践均表明，采用常规胎模锻模具和成形工艺时，若想管嘴填充饱满，则所需的成形力大致 1200MN 左右。为保证管嘴成形后形状饱满、尺寸满足粗加工要求，模具设计时的注意事项可参见本章 3.3.1 “产品研制” 中有关下模的设计说明。

4. 锻造吊钳夹痕过深问题

AP1000SG 整体水室封头锻造火次多，尺寸规格大，特别是后面几火次成形内腔时，锻件大端外径尺寸已到量，壁厚越来越薄，每次出炉取料时吊钳对外表面的伤害不可避免，如果使用常规的四爪吊钳取料，会对锻件外表面造成很深的 “抓坑”，严重时有 130mm 之多，如图 4.3-58 所示。为避免此类事件发生，可采用无痕吊钳取料，吊痕可减小到 50mm 左右（见图 4.3-59）。

(a)

(b)

图 4.3-58 四爪吊钳取料夹痕

(a) 热状态；(b) 冷状态

5. 成形模内壁润滑问题

模锻成形过程中，锻件外表面与成形模具接触，既存在阻碍金属流动的摩擦力，又使得坯料表面温度陡降，对成形力和成形质量的影响都非常显著，所以超大型锻件胎模锻成形时应该像闭式模锻一样，对成形模内表面进行润滑，这种润滑的目的主要是减少摩擦和隔热。AP1000SG 整体水室封头首件研制时没有使用任何润滑剂，而在以后的锻件生产中对下模内腔使用了润滑剂，两者对比效果比较明显，使用润滑剂生产的 SG 水室封头外表面质量较好，而且管嘴也更饱满。但在润滑剂使用中，发现存在一些需要改进的地方，例如润滑剂样品存放的时效性、溶质与溶剂的融合性、涂刷的便捷性、与模具的黏附性、锻造中的防脱落性等。

图 4.3-59　无痕吊钳取料夹痕

6. 淬火开裂问题

（1）事件描述。

某项目水室封头锻件按喷淬方式进行性能热处理（参见图 4.3-45），淬火冷却时间为 180～200min，在淬火冷却即将结束时出现疑似金属开裂的声音。锻件回火出炉后，发现其中一个出口管嘴（直管嘴）内孔表面接近端面处存在一条“人”字形裂纹，在管嘴中部凸台下方存在一条周向裂纹（见图 4.3-60）。另外一个出口管嘴（直管嘴）上存在 3 条较为明显的裂纹，并且其中一条裂纹已与接近封头球顶部位的裂纹贯通（见图 4.3-61）。球顶处裂纹为全截面贯穿性裂纹（见图 4.3-62）。

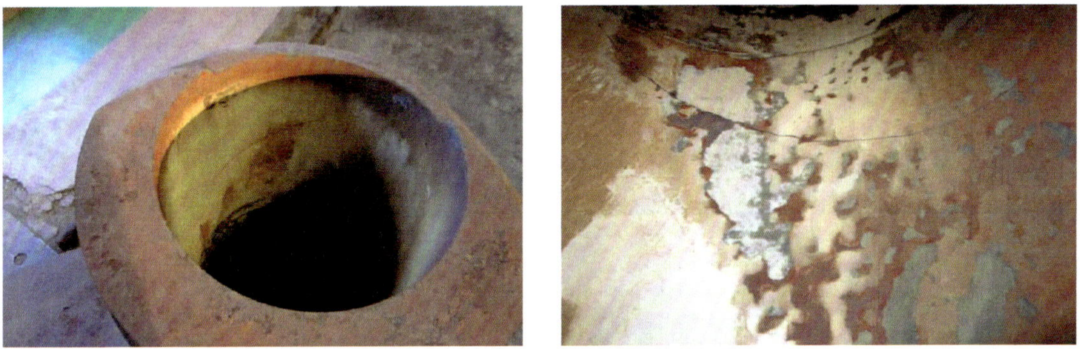

(a)　　(b)

图 4.3-60　第一个出口管嘴裂纹

（a）管嘴内部近端部裂纹；（b）管嘴内中部凸台下方裂纹

(a)　　(b)　　(c)

图 4.3-61　第二个出口管嘴裂纹

（a）管嘴内部凸台下方裂纹；（b）管嘴内部凸台上方裂纹；（c）管嘴内部与球面相交处裂纹

发现裂纹后，为了确定裂纹的走向和形态，对锻件内外表面进行打磨探伤（UT 和 PT）。并在裂纹位置进行了走向和形态的标注。裂纹在锻件上呈放射状分布，互相汇集，管嘴位置和大端均存在不同程度的裂纹，基本遍布整个锻件（见图 4.3-63）。

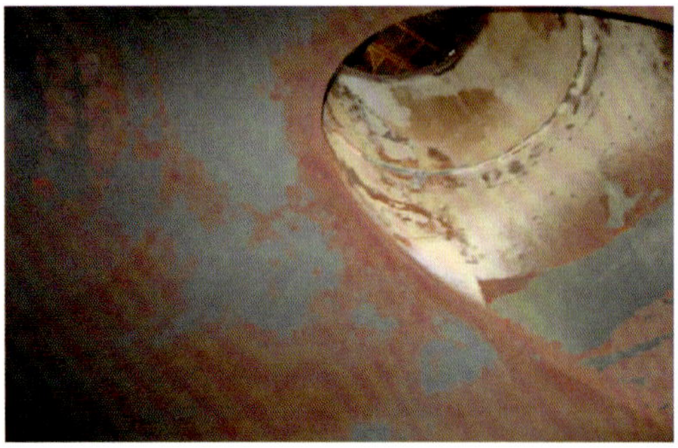

(a)

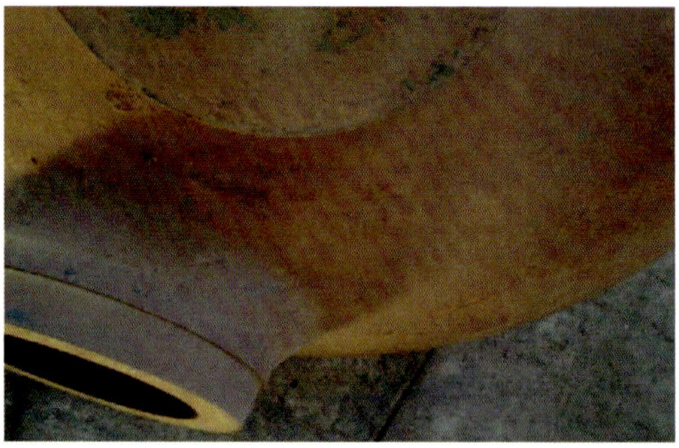

(b)

图 4.3-62　接近球顶裂纹

（a）内部；（b）外部

(a)

(b)

图 4.3-63　锻件裂纹形态

（a）管嘴及其周边；（b）管嘴之间

（2）取样检验。

针对探伤后确定的裂纹走向及位置，在锻件上包含一个出口管嘴和一个进口管嘴的一半位置处，采用气割方式将锻件整体剖开（见图 4.3-64），使用 100MN 水压机将气割部分压

(a)

(b)

图 4.3-64　水室封头气割后

（a）外表面；（b）横断面

开（见图 4.3-65），用于裂纹源的观察及组织和析出物的分析。同时在锻件大端（水口端标记为 S）全截面性能检测，并在出口管嘴、进口管嘴取样进行性能检测，包括调质态、模拟态的室温拉伸、-20℃冲击、RT_{NDT}以及金相组织和化学成分检测。

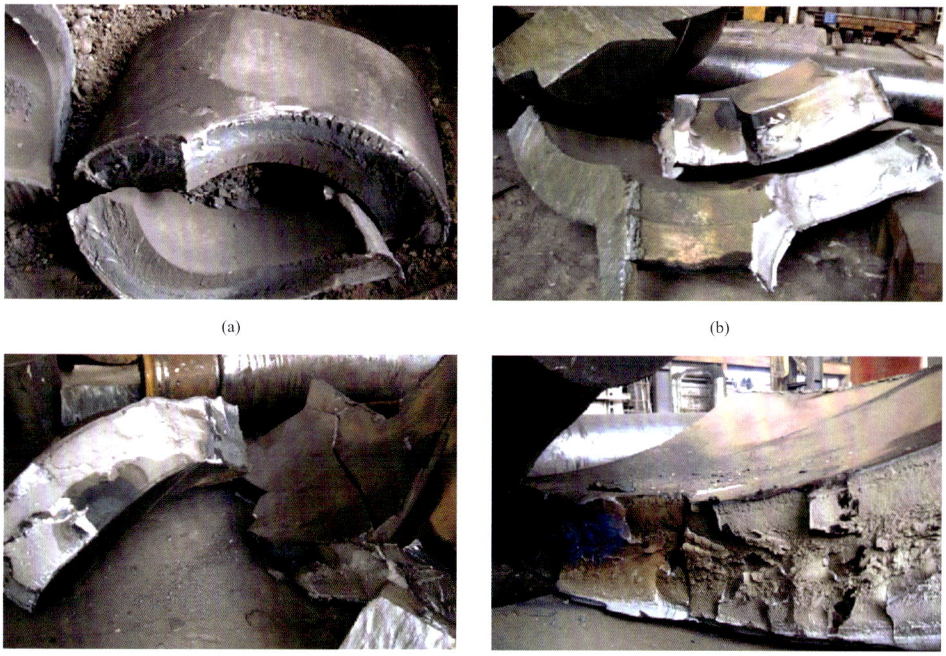

(a) (b) (c) (d)

图 4.3-65 压开后裂纹

（a）管嘴位置；（b）球顶位置；（c）球面位置；（d）端面位置

1）水室封头开裂位置性能分析。水室封头开裂处性能检测结果见表 4.3-8～表 4.3-10 及图 4.3-66 与图 4.3-67。

表 4.3-8　　各位置强度

取样位置	方向	热处理状态	试验温度/℃	屈服强度/MPa	抗拉强度/MPa	伸长率（%）	断面收缩率（%）	试验温度/℃	屈服强度/MPa	抗拉强度/MPa	伸长率（%）	断面收缩率（%）
				≥450	620～795	≥16	≥35		≥370	≥558	提供	提供
SA1（内表面）	周向	Q&T		550	686	24.0	74.5	350	494	639	27.5	74.0
	周向	Q&T+SPWHT		525	666	28.0	75.0	350	487	619	28.5	77.5
S1（内 T/4）	周向	Q&T		482	624	30.5	70.5	350	423	582	30.5	73.0
	周向	Q&T+SPWHT		465	607	29.0	71.5	350	415	558	30.5	77.0

续表

取样位置	方向	热处理状态	试验温度/℃	屈服强度/MPa	抗拉强度/MPa	伸长率（%）	断面收缩率（%）	试验温度/℃	屈服强度/MPa	抗拉强度/MPa	伸长率（%）	断面收缩率（%）
				≥450	620～795	≥16	≥35		≥370	≥558	提供	提供
SB1（*T*/2）	周向	Q&T	20	479	623	29.0	69.5	350	424	559	29.0	75.5
	周向	Q&T+SPWHT		465	608	28.0	71.0	350	415	558	30.5	77.0
SC1（外 *T*/4）	周向	Q&T		468	614	29.0	71.5	350	425	585	30.5	74.0
	周向	Q&T+SPWHT		460	605	29.5	71.5	350	418	562	30.5	76.5
SD1（外表面）	周向	Q&T		573	693	28.0	77.0	350	501	641	31.0	78.5
	周向	Q&T+SPWHT		549	671	27.0	75.0	350	493	622	29.0	76.5
C1	周向	Q&T		570	687	29.0	73.0	—	—	—	—	—
	周向	Q&T+SPWHT		555	678	27.0	72.5	—	—	—	—	—
J1	周向	Q&T		517	661	29.0	75.5	—	—	—	—	—
	周向	Q&T+SPWHT		504	645	27.5	74.5	—	—	—	—	—

表 4.3-9　　各位置 RT_{NDT}

取样位置	方向	热处理状态	RT_{NDT}	要求值
S1（内 *T*/4）	周向	Q&T	-15℃两块断裂	-15℃两块不断裂
		Q&T+SPWHT	-15℃两块未断裂	
SB1（*T*/2）		Q&T	-15℃两块断裂	
		Q&T+SPWHT	-15℃两块断裂	
SC1（外 *T*/4）		Q&T	-10℃未断裂	
		Q&T+SPWHT	-20℃未断裂	
SD1（外表面）		Q&T	-20℃未断裂	
		Q&T+SPWHT	-15℃未断裂	
SA1（内表面）		Q&T	-20℃未断裂	
		Q&T+SPWHT	-20℃未断裂	
C1		Q&T	-15℃两块未断裂	
		Q&T+SPWHT	-15℃两块未断裂	
J1		Q&T	-15℃两块未断裂	
		Q&T+SPWHT	-15℃两块未断裂	

表 4.3-10　　　　各位置-20℃冲击吸收能量

取样位置	试验温度	方向	热处理状态	冲击吸收能量/J 平均值 41，最小值 34			平均值/J
S1（内 T/4）	-20℃	轴向	Q&T	115	119	150	128.0
			Q&T+SPWHT	97	142	107	115.3
SB1（T/2）			Q&T	170	174	238	194.0
			Q&T+SPWHT	69	115	160	114.7
SC1（外 T/4）			Q&T	92	114	129	111.7
			Q&T+SPWHT	107	148	140	131.7
SD1（外表面）			Q&T	279	268	272	273.0
			Q&T+SPWHT	261	271	271	267.7
SA1（内表面）			Q&T	194	168	308	223.3
			Q&T+SPWHT	157	187	151	165.0
C1			Q&T	299	315	274	296.0
			Q&T+SPWHT	229	282	272	261.0
J1			Q&T	277	287	295	286.3
			Q&T+SPWHT	277	267	235	259.7

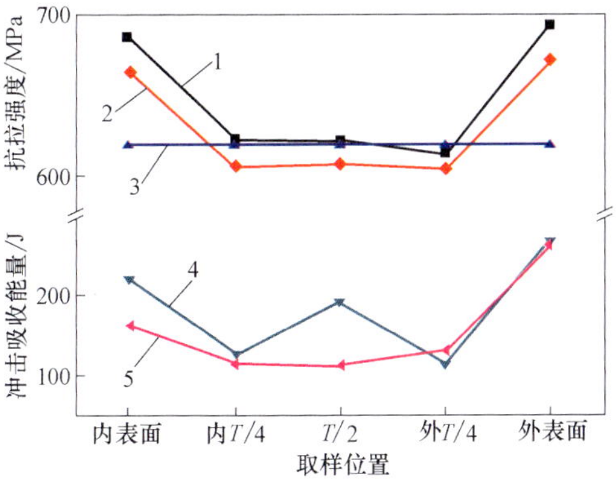

图 4.3-66　水口端各位置强度和冲击结果

1—强度（Q&T）；2—强度（SPWHT）；3—强度验收值；4—冲击（Q&T）；5—冲击（SPWHT）

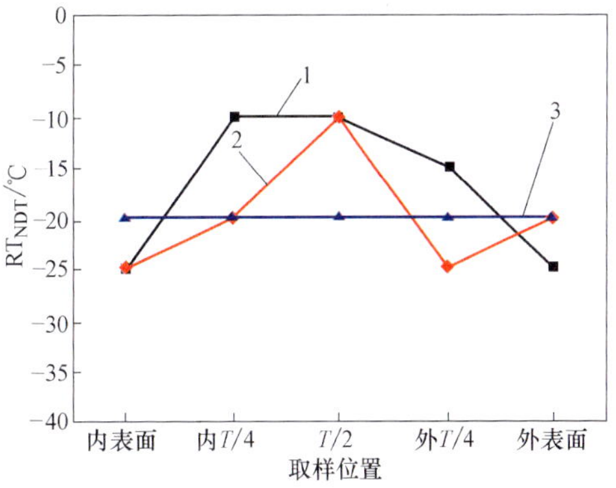

图 4.3-67　水口端各位置落锤结果

1—落锤（Q&T）；2—落锤（SPWHT）；3—落锤验收值

从上述图表可以看出，进口管嘴和出口管嘴位置的性能均满足要求；水口端（S）全截面解剖后，-20℃ 冲击均满足要求，内、外 *T*/4 及 *T*/2 位置的强度和 RT_{NDT} 均不满足要求。

2）裂纹形貌观察及裂纹源位置判断。使用 100MN 水压机将包含裂纹的已气割剖开的锻件压开（沿裂纹分割），对这些碎块的断口进行了宏观断口观察，如图 4.3-68～图 4.3-73 所示。新鲜断口区域（水压机压开时扩展断口）形态均呈结晶状，发现有近十处已被氧化着色的原始裂纹面，其中有 2 处显示有裂纹源。对比观察发现，断口中已被氧化着色的区域除没有金属光泽以外，其形态与新鲜断口区域形态相同。为进一步分析裂纹的形成原因，从碎块断口中 2 处包含原始裂纹源的区域（以及远处的对比区域）和 1 处管嘴原始裂纹部位取样。其中 1 处裂纹源的原始裂纹部位靠近封头底端（开口端），编号为 4-1，其裂纹源距封头底端550mm，距封头内壁表面120mm；匹配断口编号为3-2。另一处裂纹源的原始裂纹部位靠近封头顶部，断口编号为1-2，其裂纹源距封头顶端管嘴部位1150mm，距封头内壁表面110mm。

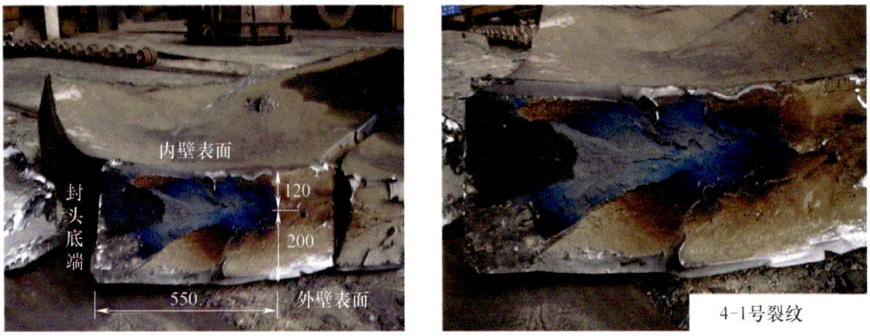

图4.3-68　靠近封头底端的原始裂纹断口形貌

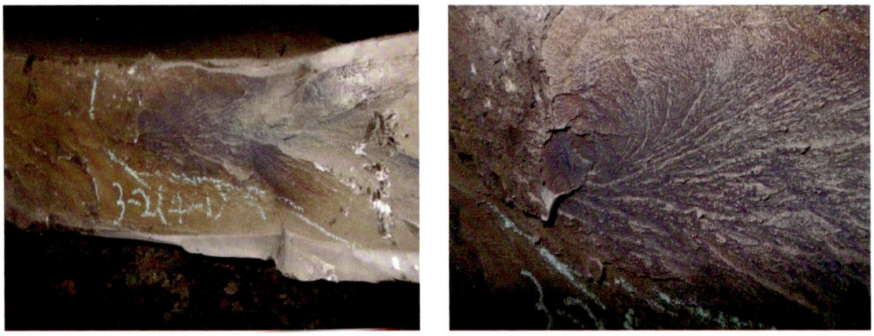
图4.3-69　靠近封头底端的原始裂纹匹配断口形貌

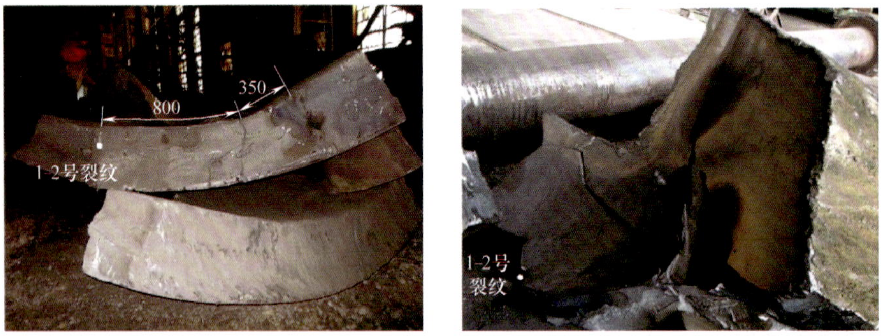

图4.3-70　靠近封头顶端的原始裂纹部位示意图

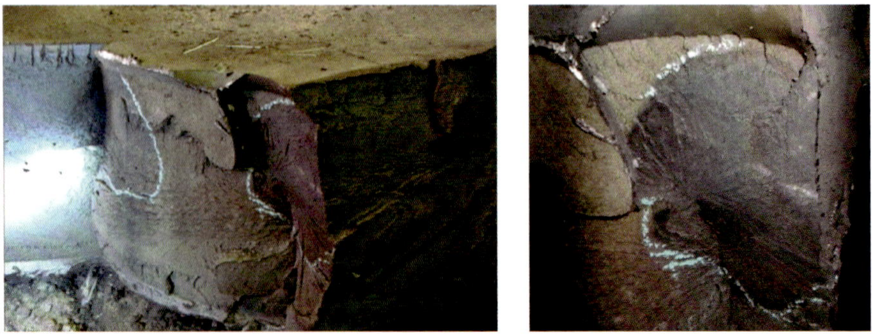
图4.3-71　靠近封头顶端的原始裂纹断口形貌

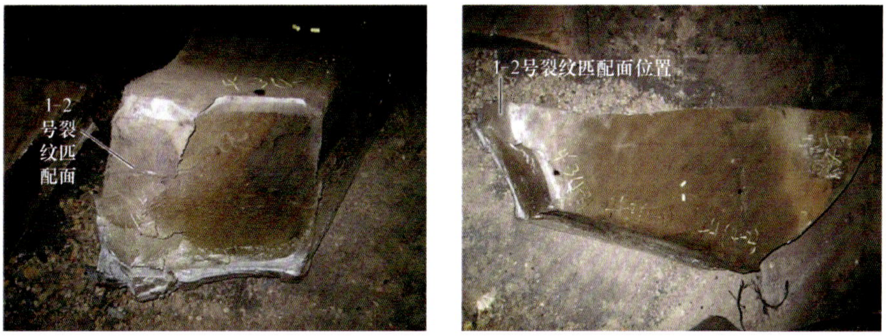

图 4.3-72　靠近封头顶端的原始裂纹匹配断口形貌

图 4.3-73　管嘴部位原始裂纹面断口形貌

3）宏观断口观察。通过切取上述 2 处裂纹源微观断口及管嘴部位微观断口样品，肉眼观察和体视显微镜放大观察，均未在裂纹源及裂纹扩展区域发现有肉眼可见的冶金缺陷，如图 4.3-74～图 4.3-78 所示。

图 4.3-74　靠近封头底端（开口端）的编号 4-1 试样的裂纹源断口形貌

4）断口扫描电镜观察。使用扫描电镜对取样断口进行分析，如图 4.3-79～图 4.3-81 所示。

编号为 4-1 及编号为 1-2 两处断口裂纹源区域微观形态均呈解理+准解理状，均未发现有微观冶金缺陷。管嘴部位断口微观形态也呈解理+准解理状。虽然上述取样断口面都已被氧化着色，但在扫描电镜下高倍观察均未发现有氧化及氧化层的形态痕迹特征，说明在水室封头原始裂纹形成后，锻件本体只经历过较低温度的热处理过程，仅使贯通到锻件表面的原始裂纹面氧化着色，或形成极薄的氧化层，既不影响裂纹面上的形态细节观察，也未显示出其氧化的痕迹，说明原始裂纹形成于淬火冷却过程中。

图 4.3-75　靠近封头底端（开口端）的编号 4-1 试样的裂纹源断口体视显微镜形貌

图 4.3-76　靠近封头顶端的编号 1-2 试样的裂纹源断口形貌

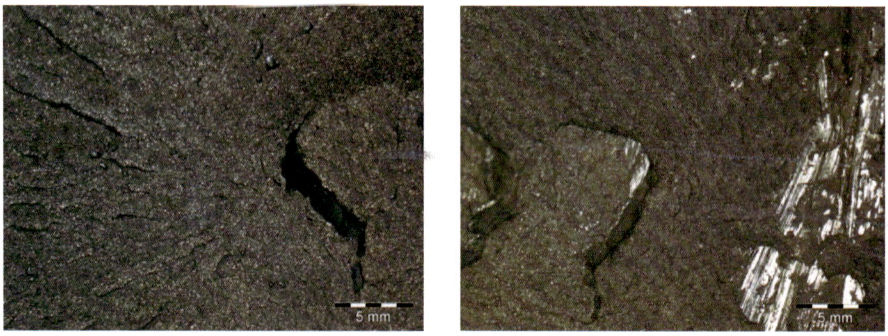

图 4.3-77　靠近封头顶端的编号 1-2 试样的裂纹源断口体视显微镜形貌

图 4.3-78　管嘴部位取样断口形貌

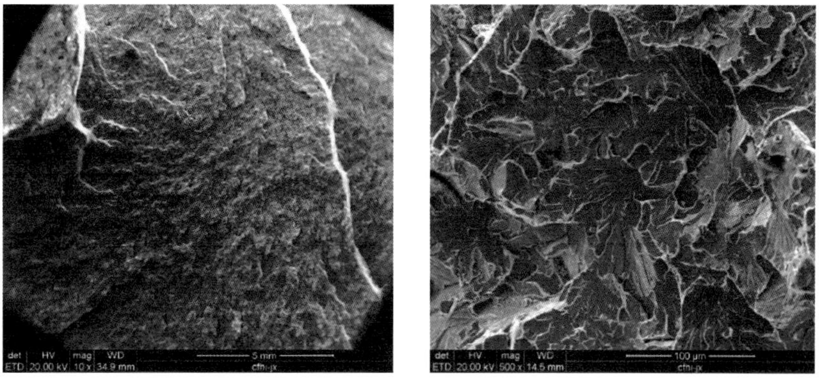

(a) (b)

图 4.3-79 编号 4-1 试样的裂纹源断口形貌

（a）低倍形貌；（b）微观形貌

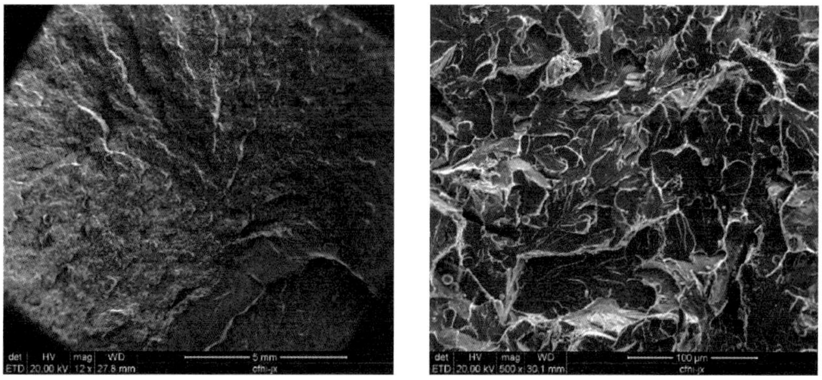

(a) (b)

图 4.3-80 编号 1-2 试样的裂纹源断口形貌

（a）低倍形貌；（b）微观形貌

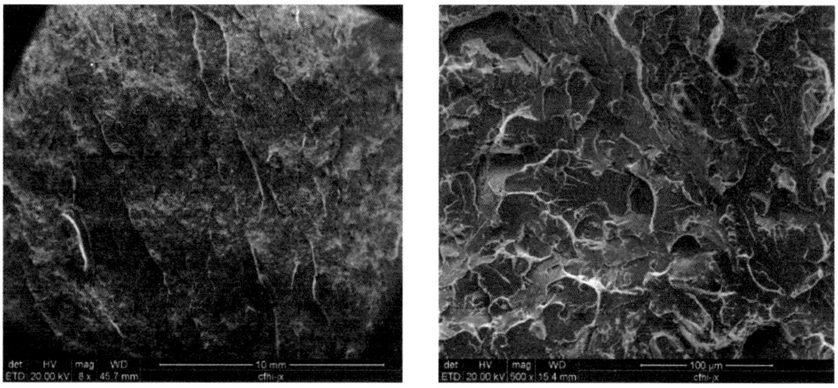

(a) (b)

图 4.3-81 管嘴部位取样断口形貌

（a）低倍形貌；（b）微观形貌

5）低倍检验。为评估水室封头材料内部冶金缺陷及低倍组织对裂纹形成的影响，分别在上述 2 处裂纹源断口试料和管嘴部位断口试料上切取全截面低倍试片进行低倍酸洗检验。

经低倍酸洗检验，在上述8片试片检验面上均未发现有任何肉眼可见的冶金缺陷，其低倍组织相对均匀，偏析程度较轻。

6）高倍金相检验。为评估水室封头各处沿壁厚方向金相组织变化对裂纹形成的影响，分别在上述2处裂纹源断口试料靠近裂纹源所取的壁厚方向低倍试片和管嘴部位断口试料所取的壁厚方向低倍试片上，从外壁表面到内壁表面依次连续切取高倍金相试样进行夹杂物、晶粒度和金相组织检验。所有位置试样的夹杂物等级均满足采购技术文件要求；除了1块试样的晶粒度为6.5级以外，其余试样晶粒度等级均在7.5～7级之间，均满足采购技术文件的要求。

（3）原因分析。

通过对压开的水室封头裂纹碎块的宏观断口观察，发现有近十处已被氧化着色的原始裂纹面区域，根据断口中的放射状形态，分别在靠近水室封头底端和顶端部位找到2处原始裂纹源。上述近十处已被氧化着色的原始裂纹面均与水室封头内、外表面垂直，其中2处裂纹源距内表面110～120mm，表明该处瞬时拉应力最大。

在水室封头碎块断口试料中2处氧化着色的原始裂纹面区域取样，肉眼和借助体视显微镜进行宏观断口观察，均未在最原始裂纹面区域及周围发现有低倍冶金缺陷及其他异常形态，其断口虽然已被氧化着色，但其宏观断口形态清晰可见，也无肉眼可见的氧化层痕迹特征，表明封头裂纹形成后，又经历了较低加热温度的热处理过程，原始裂纹形成于淬火冷却过程中。

在扫描电镜下对取样断口分析观察，在最原始裂纹面区域及附近未发现微观冶金缺陷，在断口面上也未发现有氧化及氧化层形态痕迹，进一步确认水室封头裂纹形成后，封头仅经历了较低加热温度的热处理过程，且未发现冶金缺陷导致开裂的可能。上述断口的微观形态均呈解理+准解理状形态。

对上述2处原始裂纹源区域以及管嘴裂纹区域取样进行了低倍检验，均未发现有任何肉眼可见的冶金缺陷，其低倍组织均相对均匀，偏析程度较轻。

对上述2处原始裂纹源区域及管嘴部位沿壁厚连续取样进行金相高倍检验，其非金属夹杂物及晶粒度级别均在合格界限内。

水室封头各处金相组织均为贝氏体回火组织，为SA-508M Gr.3 Cl.2材质正常性能热处理组织。由于各处在热处理时冷速不同，致使在沿壁厚方向不同位置的组织中上贝氏体回火组织和粒状贝氏体回火组织的占比不同，其中外、内壁表层组织中以上贝氏体回火组织为主。从表层到中心，上贝氏体回火组织的占比逐渐降低，粒状贝氏体回火组织的占比逐渐上升，这些组织变化规律符合冷速变化的特点。

综上所述，水室封头裂纹性质为应力裂纹，结合封头的调质热处理工艺（890℃喷水冷却+640℃回火），判断这些应力裂纹主要是在封头淬火冷却时，因封头各部位冷却速度差异较大，导致组织应力和残余应力差异较大所形成，进一步断定该裂纹性质为淬火裂纹，原始裂纹形成于淬火冷却过程中，其形成与水室封头锻件的冶金质量无关。

（4）纠正改进措施。

改进了喷水淬火装置，解决了水室封头锻件冷却不均匀的问题（参见图4.3-45及图4.3-46）。批量生产出了合格产品。

3.4 管 嘴 翻 边

以红沿河项目为代表的 CPR1000 核电 SG 水室封头，与 AP1000SG 水室封头相比，无论是结构形状还是尺寸大小都有较大的差异（参见图 4.3-1）。CPR1000SG 水室封头尺寸相对较小，开口端部均布 4 个矩形凸台，2 个较大的管嘴为向心结构，管嘴中心线与封头中心线成 40°夹角，这种结构的管嘴比较适宜翻边成形，而不适宜胎模锻造，原因是成形模具尺寸重量超大，而且为了适应自由锻压机对中精度较差这一特点，下部成形模结构不宜太复杂，应尽量设计为整体结构，为了锻后顺利脱模，管嘴就不能锻成近净成形的斜管嘴形状，只能锻成余量较大的直管嘴，然后加工出最终的向心形状，这样做既浪费材料，又对锻件内部质量不利。

CPR1000SG 水室封头成形工艺主要流程为：锻造板坯→板坯粗加工探伤→带法兰的球封头冲形→平端面并粗加工四个凸台→加工管嘴翻边用预制孔→分别翻边成形两个斜管嘴→整体粗加工探伤→性能热处理。

由于锻造板坯及板坯冲压成形带法兰的球封头属于常规工艺，故这里不再详述，下面主要对向心管嘴翻边成形工艺进行阐述。

3.4.1 产品研制

1. 数值模拟

数值模拟表明，在冲形之后的接管嘴翻边过程中，管嘴与球封头过渡部位以及管嘴端部内壁均存在较大的应力，特别是管嘴端部内壁处的应力最大，如图 4.3-82 所示。

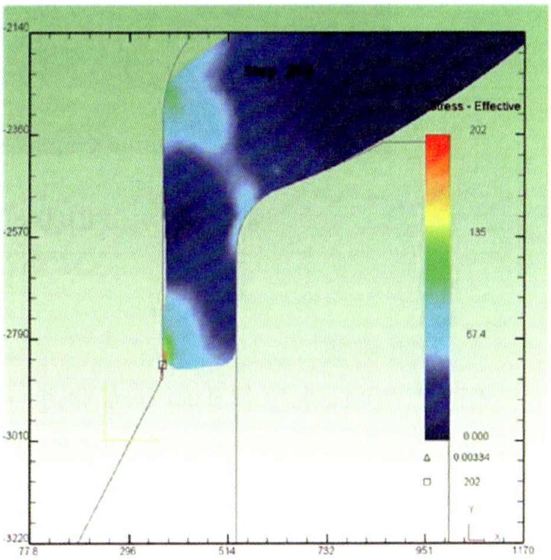

图 4.3-82 水室封头管嘴翻边后应力分布

数值模拟结果表明，由于翻边成形模具与坯料尺寸设计较合理，所以翻边后整个管嘴变形较均匀，应变最大处为管嘴内表面且分布均匀，没有出现最大应变部位，具体结果如图 4.3-83 所示。

翻边后最大损伤部位出现在管嘴端部的内表面如图 4.3-84 所示。从图 4.3-84 可见，CPR1000SG 水室封头翻边后，管嘴端部内表面损伤系数高达 2.0，因此在翻边模具与坯料设计以及翻边工艺过程特别是工艺参数制定时，应重点考虑如何保证管嘴尺寸与表面质量问题。

2. 比例试验

为了验证数值模拟结果的可靠性，根据数值模拟结果设计了比例试验方案，对 CPR1000SG 水室封头翻边成形进行验证。比例试验情况如图 4.3-85 所示。

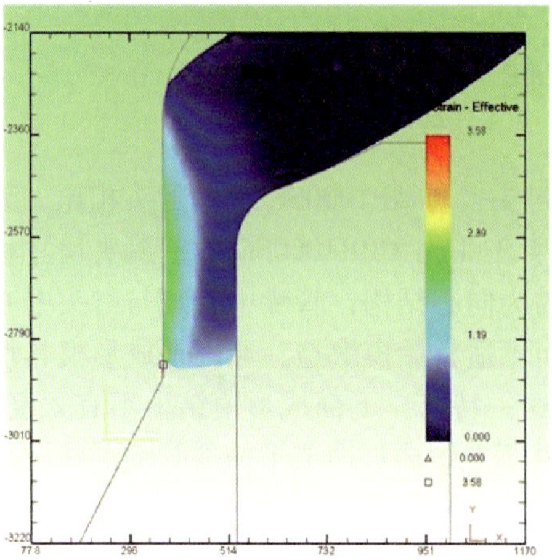

图 4.3-83　水室封头管嘴翻边后应变分布

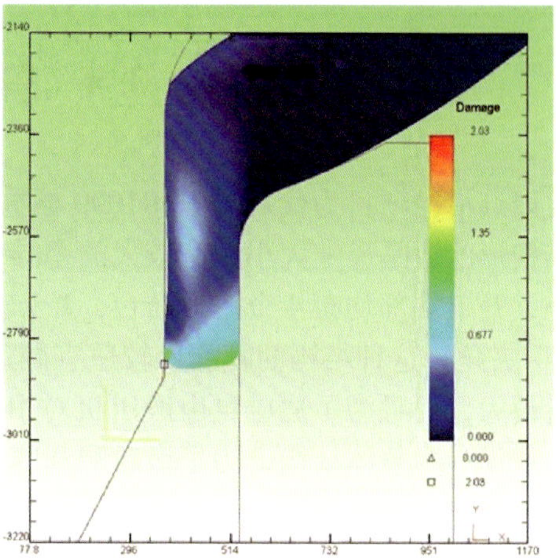

图 4.3-84　水室封头管嘴翻边后损伤情况

(a)　(b)

图 4.3-85　CPR1000SG 水室封头翻边成形 1∶1.85 比例试验

(a) 翻边过程中；(b) 翻边后状态

3. 附具研制

CPR1000SG 水室封头斜管嘴翻边所用的主要附具，除了冲头与下模外，还有定位机构与局部加热装置。冲头、下模及局部加热装置分别如图 4.3-86～图 4.3-88 所示。定位机构原理图参见图 1.3-53。

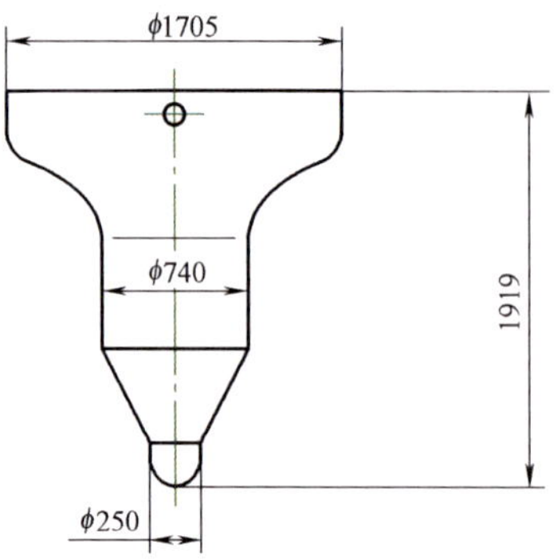

图 4.3-86　CPR1000SG 水室封头翻边冲头

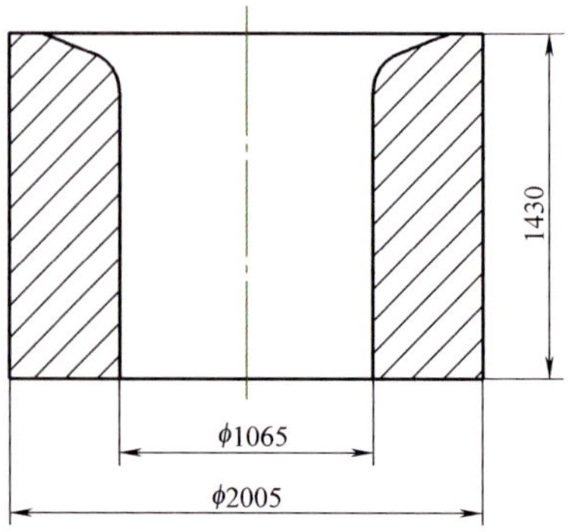

图 4.3-87　CPR1000SG 水室封头翻边下模

3.4.2 产品制造

CPR1000SG 水室封头锻件图如图 4.3-89 所示。按 RCC-M 标准中的 M2143 规定采用三步法锻造成形。

1. 板坯制备

根据 CPR1000SG 水室封头粗加工图的展开尺寸确定板坯的规格，锻造出封头板坯。板坯冲形前粗加工图如图 4.3-90 所示。

2. 管嘴翻边前封头的制备

将尺寸及 UT 检测合格的板坯冲压出带直段的封头（见图 4.3-91），然后再按图 1.3-36a 所示加工出管嘴翻边用的引导孔。

3. 管嘴翻边

CPR1000SG 水室封头管嘴翻边过程示意图如图 4.3-92 所示。CPR1000SG 水室封头管嘴实际翻边过程如图 4.3-93 所示。图 4.3-93a 是管嘴局部加热；图 4.3-93b 是附具调试；图 4.3-93c 是翻边前涂覆润滑剂；图 4.3-93d 是翻边结束位置。管嘴翻边效果如图 4.3-94 所示。

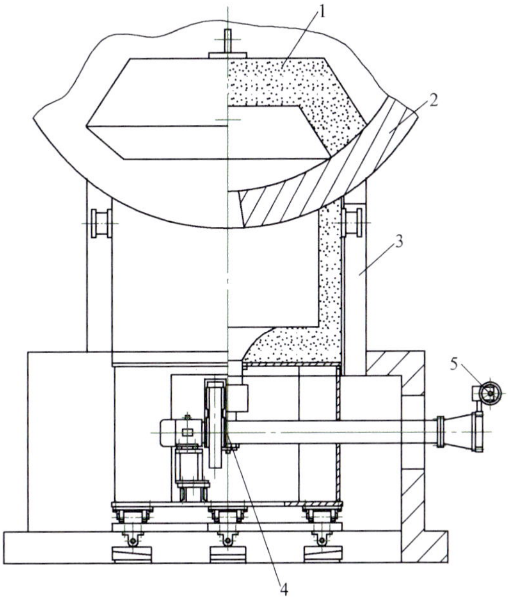

图 4.3-88 CPR1000SG 水室封头翻边局部加热装置示意图

1—炉罩；2—坯料；3—炉体；4—风机入口；5—手动调节蝶阀

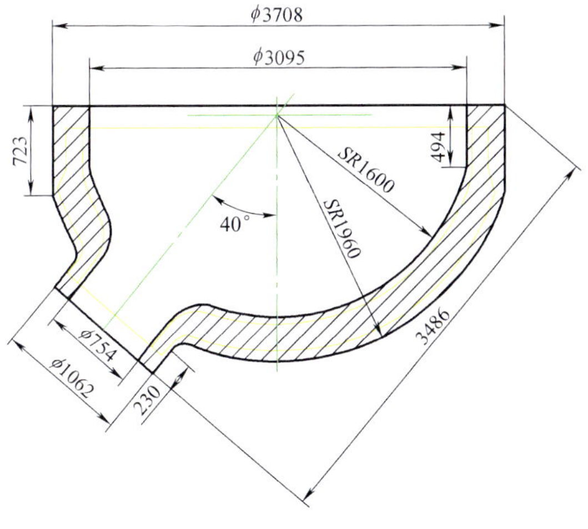

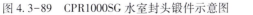

图 4.3-89 CPR1000SG 水室封头锻件示意图

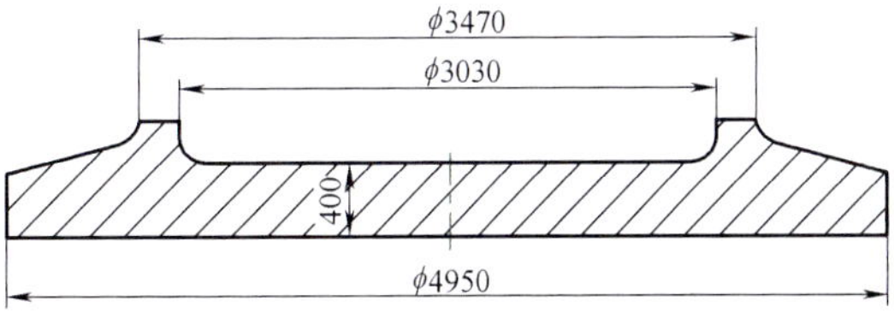

图 4.3-90 CPR1000SG 水室封头冲形用板坯粗加工图

CPR1000SG 水室封头管嘴翻边的注意事项：

（1）由于管嘴翻边时锻件局部损伤较大（参见图 4.3-84），需要严格控制锤头的压下速度，平衡好晶粒细化与裂纹扩展的关系，否则将会出现图 4.3-95 所示的表面严重拉伤的情况。

（2）翻边前的各项准备工作需要充分、严谨，否则会出现如图 4.3-96 所示的管嘴形状异常等质量问题。

图 4.3-91　冲压封头

（a）封头板坯放到下模上；（b）冲形；（c）冲形后封头锻件与下模抱住；（d）脱模后的封头锻件

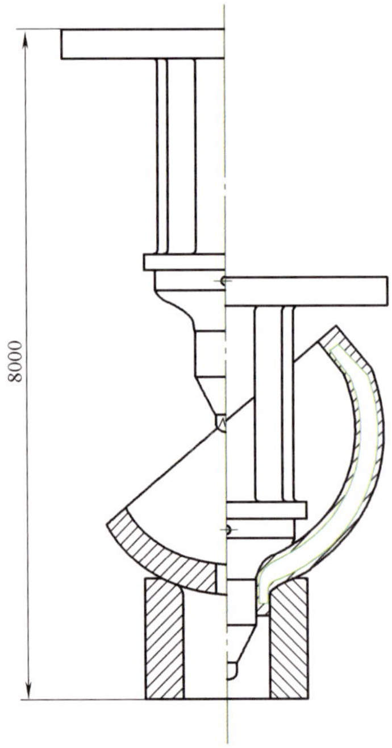

图 4.3-92　CPR1000SG 水室封头管嘴翻边过程示意图

(a) (b) (c) (d)

图 4.3-93　管嘴翻边过程

(a) 局部加热；(b) 附具调试；(c) 涂覆润滑剂；(d) 翻边结束

图 4.3-94　管嘴翻边效果

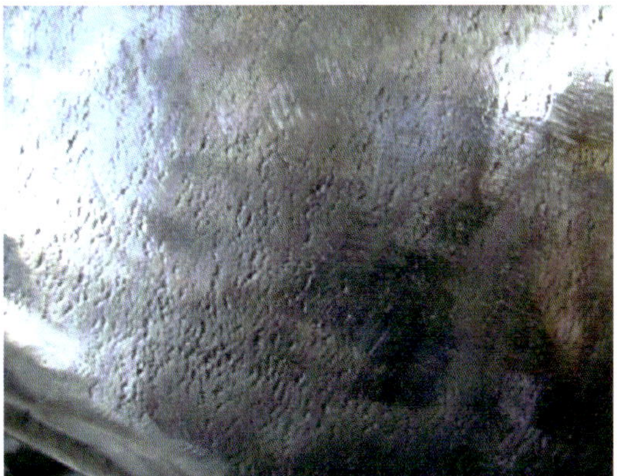

图 4.3-95　管嘴翻边表面严重拉伤

图 4.3-96　翻边不当导致的管嘴形状异常

3.5　国内外制造方式对比

3.5.1　带非向心管嘴整体水室封头

中国一重研制的 AP1000SG 整体水室封头锻件的化学成分、力学性能、超声波探伤结果都满足了咸宁项目相应采购技术规范与 ASME 有关标准，具备批量提供合格的 AP1000SG 整体水室封头锻件的技术能力。

在 AP1000SG 整体水室封头锻件研制过程中，通过原始创新，取得了均匀性及纯净性满足大型锻件要求的 459t 钢锭的冶炼铸锭技术、大钢锭钢液纯净性控制技术、整体水室封头胎模锻锻造及热处理技术、大截面碗形锻件超声波探伤技术等一批研究成果，形成了相关的专利和技术标准。

（1）研究并制造出 AP1000SG 整体水室封头锻件，实现了热加工工艺的创新。

（2）研究出大型钢锭的多炉冶炼和 MP 工艺方法，解决了大型钢锭的成分偏析问题、保证了钢液纯净性，满足了探伤要求。

（3）在大型核电 SG 整体水室封头锻造中，采用自由锻镦拔压实工艺与胎模锻旋转锻造工艺相结合的成形方式，在保证锻件心部充分压实及晶粒细化的同时，实现锻件整体仿形制造，提高材料利用率，缩短制造周期，保证锻件纤维流线连续，提高锻件质量与使用寿命。

（4）热处理专用淬火附具和工艺的应用，保证了锻件加热和淬火的均匀性。

（5）AP1000SG 整体水室封头锻件的成功研制，为 CAP1400SG 整体水室封头锻件的国产化设计与研制奠定了坚实的基础。

中国一重研制了世界上最大的 CAP1400SG 整体水室封头锻件。各项检测结果表明，该整体水室封头锻件在钢锭的冶炼、锻造、热处理制造技术方面已经解决了钢锭宏观偏析、钢锭内部冶金质量的纯净度、锻造心部压实、复杂形状锻件胎模锻、晶粒度控制和性能控制等诸多技术难题，处于世界领先水平。

3.5.2 带向心管嘴整体水室封头

中国一重研制的 CPR1000SG 整体水室封头锻件的化学成分、机械性能、超声波探伤结果都满足了红沿河等项目相应采购技术规范与 RCC-M 有关标准，具备批量提供合格的 CPR1000SG 整体水室封头锻件的技术能力。

在 CPR1000SG 整体水室封头锻件研制过程中，通过原始创新，取得了均匀性及纯净性满足大型锻件要求的 205t 钢锭的冶炼铸锭技术、大钢锭钢液纯净性控制技术、整体水室封头全流线锻造及热处理技术、定位机构与局部加热炉等一批研究成果，形成了相关的专利和技术标准。

（1）研究并制造出 CPR1000SG 整体水室封头锻件，发明了超大异形锻件全流线制造技术，实现了热加工工艺的创新。

（2）研究出大型钢锭的多炉冶炼和 MP 工艺方法，解决了大型钢锭的成分偏析问题、保证了钢液纯净性，满足了探伤要求。

（3）在大型核电整体水室封头锻造中，采用板坯冲形工艺与局部翻边工艺相结合的成形方案，实现锻件整体仿形制造，提高材料利用率，缩短制造周期，保证了锻件纤维流线连续，提高了锻件质量与使用寿命。

（4）CPR1000SG 整体水室封头锻件的成功研制，打破国外技术封锁，为核电锻件的国产化设计与研制奠定了坚实的基础。

批量化生产后的各项检测结果表明，中国一重研制的 CPR1000SG 整体水室封头锻件在钢锭的冶炼、锻造、热处理制造技术方面已经解决了钢锭宏观偏析、钢锭内部冶金质量的纯净度、锻造心部压实、复杂形状锻件全流线整体成形、晶粒度控制和性能控制等诸多技术难题，达到了世界先进水平。

第4章 其 他 锻 件

4.1 压水堆其他锻件

大型先进压水堆SG锻件除了上封头（椭球封头）、锥形筒体、管板和下封头（水室封头）外，还有上部和下部筒体。本节以目前规格最大的CAP1400SG为例，分别介绍上部筒体和下部筒体。

4.1.1 上部筒体

CAP1400SG上筒体分为上筒体D和上筒体E，锻件尺寸完全一致，采用SA-508M Gr.3 Cl.2材质，要求具有高的强韧性匹配，为压水堆核电最大直径的筒体锻件。上筒体的锻件精加工和粗加工尺寸分别如图4.4-1和图4.4-2所示。

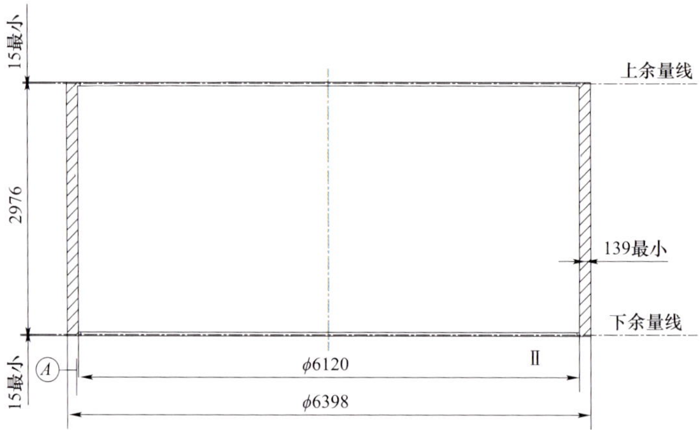

图4.4-1 CAP1400SG上筒体锻件精加工图

1. 炼钢

CAP1400SG上筒体锻件采用360t钢锭，采用MP工艺技术控制钢中C、Mo等元素成分的偏析，从而控制合浇后大型钢锭的成分偏析。

采用真空浇注、钢液注流保护和新型中间包技术，降低钢渣的卷入和钢液二次氧化，从而提高了钢液的纯净度，提高了钢锭质量。

2. 锻造

CAP1400SG上筒体锻件毛坯尺寸如图4.4-3所示。锻造流程：气割水、冒口→镦粗、冲孔→拔长→扩孔出成品。

3. 热处理

（1）锻后正、回火（N&T）。

锻件在锻后正火和回火期间，时间和温度须在时间-温度图中进行记录，该记录为至少

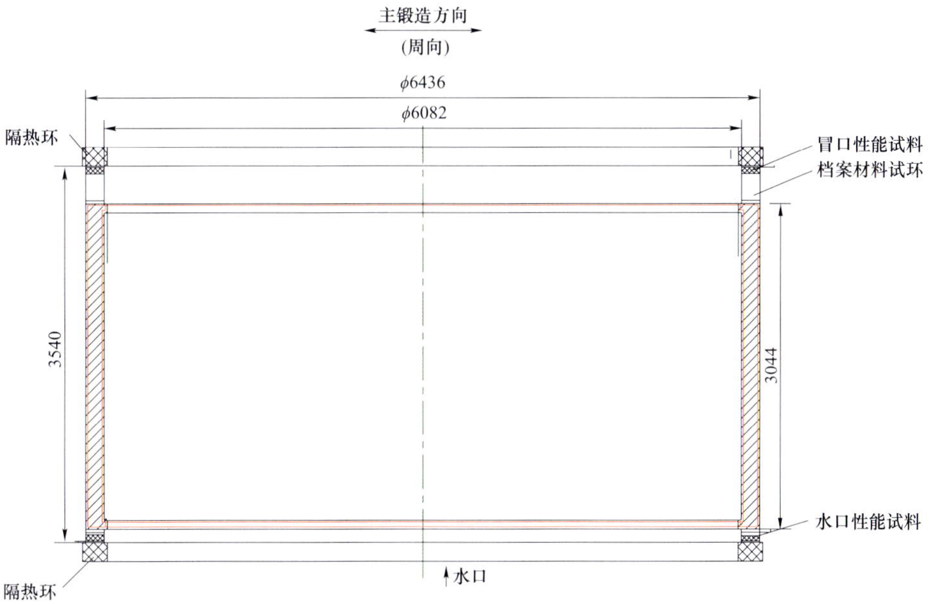

图 4.4-2　CAP1400SG 上筒体锻件粗加工图

两个敷于产品最高和最低温度部位的热电偶所显示的时间-温度图。为保证晶粒度和组织均匀性，严格控制锻件锻造完成和正火空冷两个阶段入炉的温度，保证锻件心部完成转变。

（2）性能热处理（Q&T）。

CAP1400SG 上筒体锻件尺寸大，壁厚薄，从热处理工艺留量和热处理装炉方式控制等进行防变形处理。

筒体锻件的锻后热处理和性能热处理以及从筒体锻件取下的性能试料的模拟焊后热处理如图 4.4-4 所示。

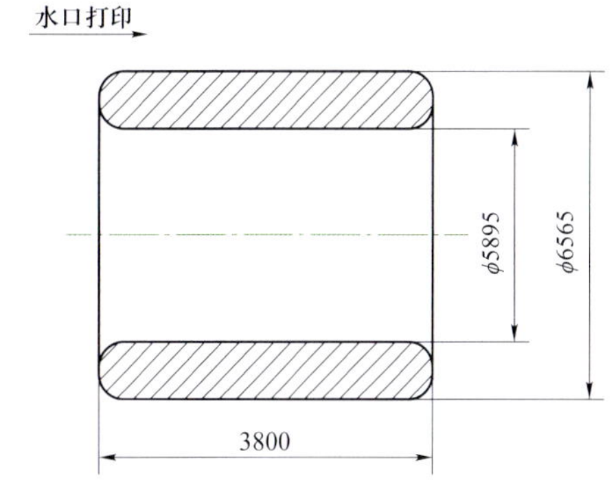

图 4.4-3　CAP1400SG 上筒体锻件毛坯图

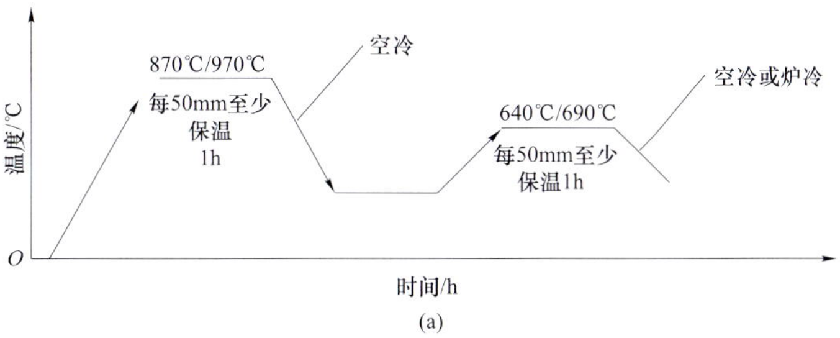

图 4.4-4　上筒体热处理工艺曲线（一）

（a）正火、回火

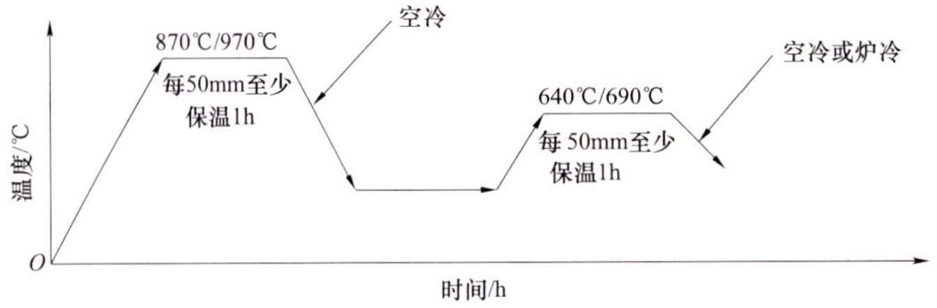

(b)

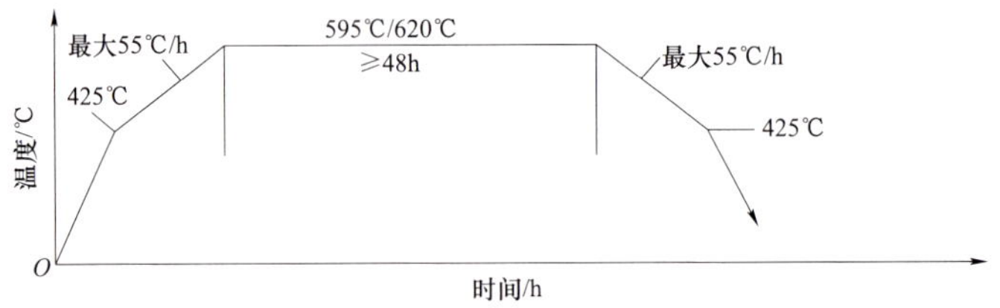

(c)

图 4.4-4　上筒体热处理工艺曲线（二）

（b）淬火、回火；（c）模拟焊后热处理（SPWHT）

4.1.2　下部筒体

CAP1400SG 下部筒体分为下筒体 A、下筒体 B 和下筒体 C，下筒体 A 为复杂筒体锻件（见图 4.4-5），其他两种锻件为简单结构筒体锻件。由图 4.4-5 可见，下筒体 A 在圆周的四个凸台增加了锻件整体制造难度。

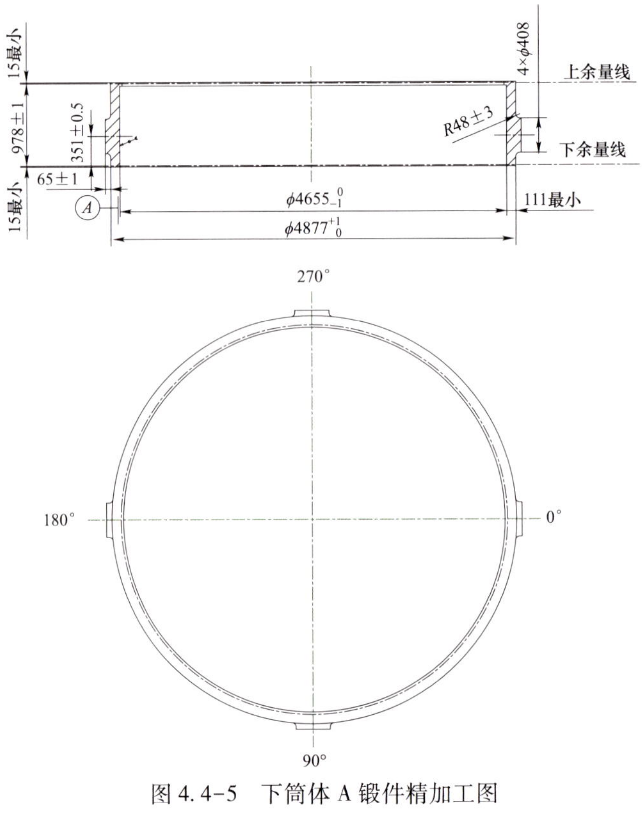

图 4.4-5　下筒体 A 锻件精加工图

采用传统筒节加工方式进行性能热处理时的粗加工壁厚达到了214mm（见图4.4-6），已超过对SA-508M Gr.3 Cl.2钢按照 $T\times T/4$ 取样的壁厚应≤150mm的要求，而采用仿形加工时，锻件的壁厚为149mm（见图4.4-7），可以大大提高锻件整体性能。

（1）炼钢。

CAP1400SG下筒体A锻件采用单包浇注137t钢锭，采用新型中间包真空浇注、钢液注流保护，降低钢渣的卷入和钢液二次氧化，从而提高了钢液的纯净度，提高了钢锭质量。

（2）锻造。

CAP1400SG下筒体A锻件毛坯尺寸如图4.4-8所示。锻造流程与上部筒体相同。

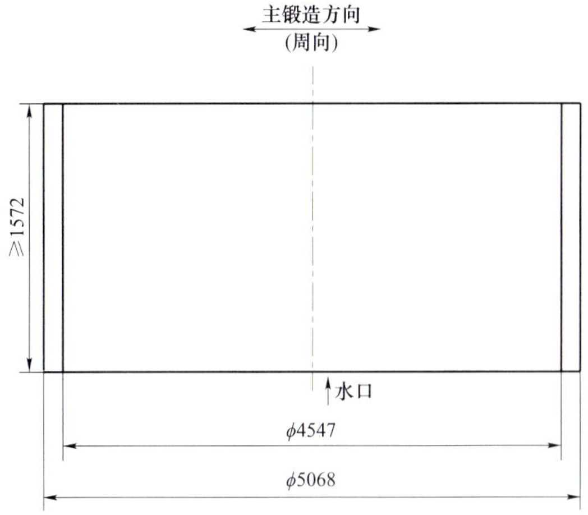

图4.4-6 传统取样方式

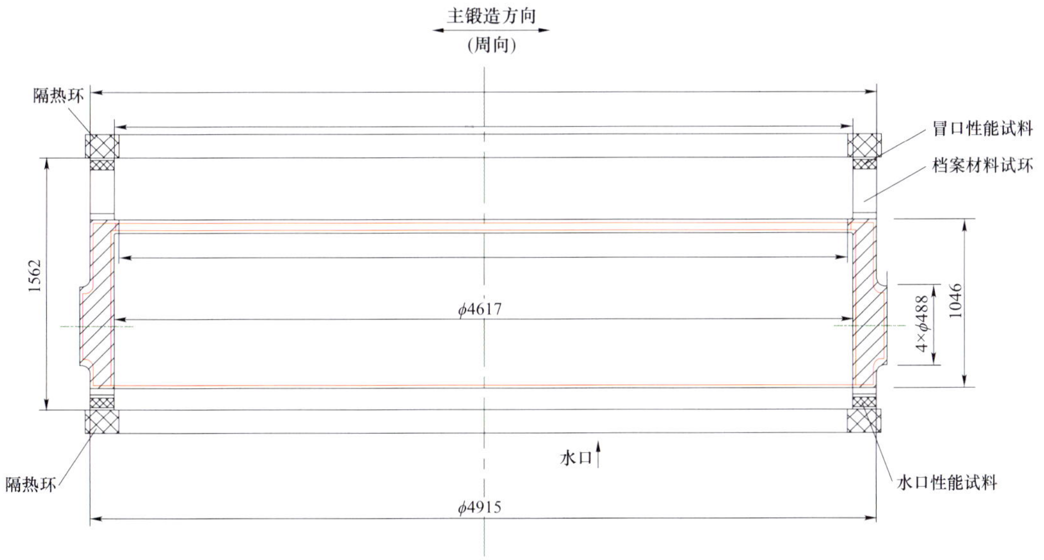

图4.4-7 仿形加工取样方式

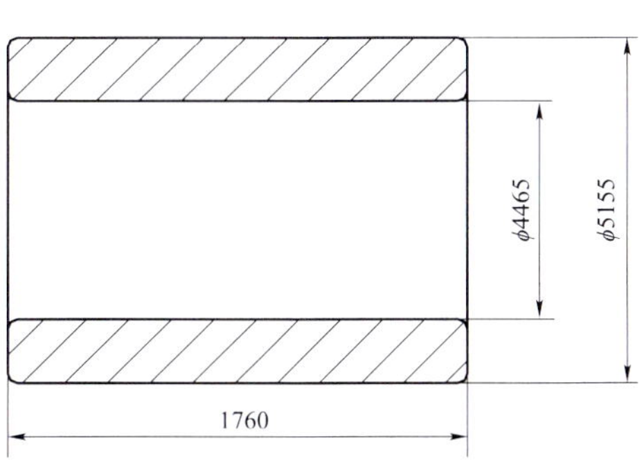

图4.4-8 下筒体A锻件毛坯图

（3）热处理。

1）锻后正、回火（N&T）。为保证晶粒度和组织均匀性，严格控制锻件锻造完成和正火空冷两个阶段入炉的温度，保证锻件心部完成转变。

2）性能热处理（Q&T）。下筒体A锻件采用淬火+回火的调质工艺作为性能热处理工艺。

锻件的锻后热处理和性能热处理以及从筒体锻件取下的性能试料的模拟焊后热处理参见图4.4-4。

4.2 高温气冷堆锻件

600MW 高温气冷堆 SG 主锻件包括顶封头、风机壳支承筒体上法兰、风机壳支承下法兰、筒体法兰、上筒体、下封头及蒸汽导管管嘴法兰等，各种锻件精加工图如图 4.4-9 所示。

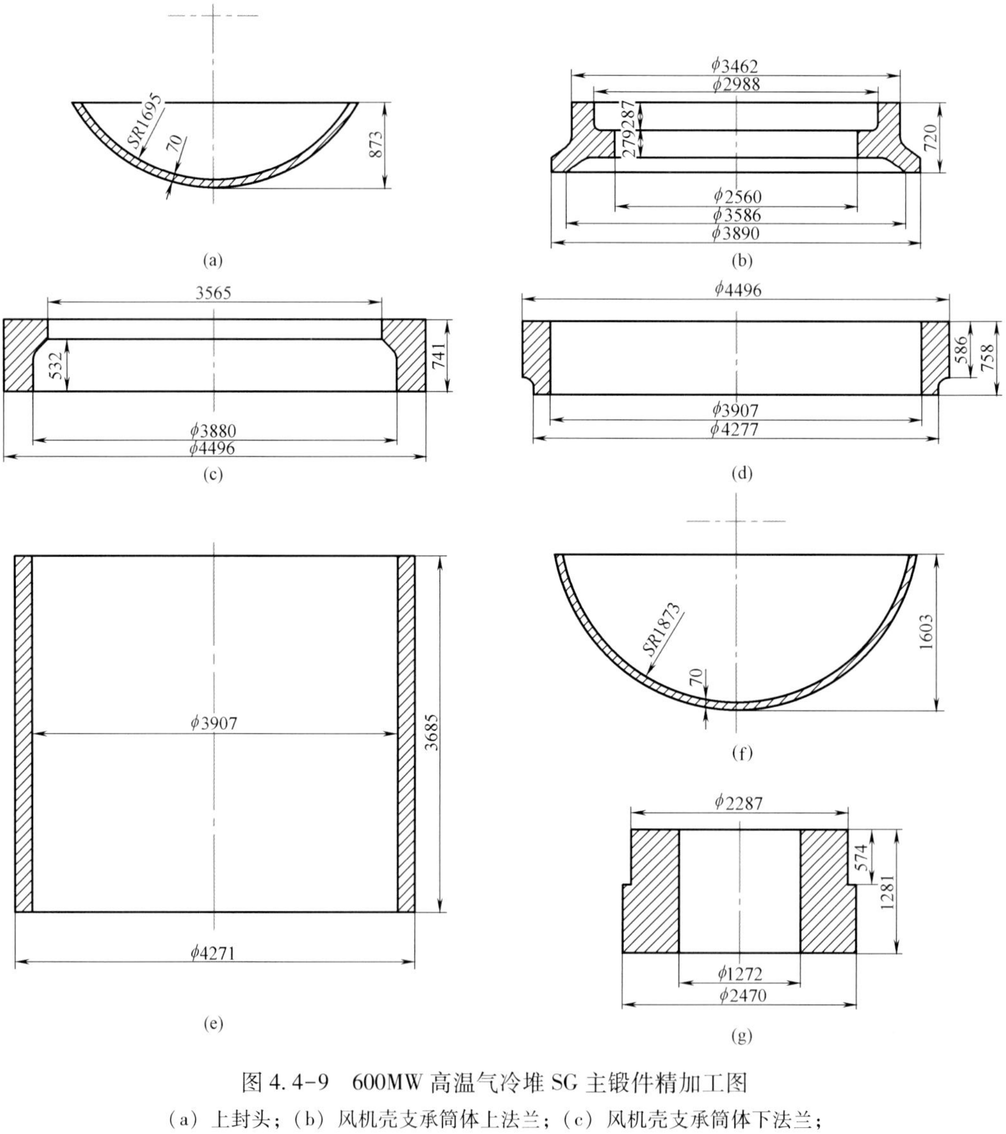

图 4.4-9 600MW 高温气冷堆 SG 主锻件精加工图

(a) 上封头；(b) 风机壳支承筒体上法兰；(c) 风机壳支承筒体下法兰；
(d) 筒体法兰；(e) 上筒体；(f) 下封头；(g) 蒸汽导管管嘴法兰

在设计文件中 SG 的风机顶盖组件由顶封头和主法兰组焊而成，中国一重在锻件制造方案设计中根据自身制造能力，拟将顶盖组件一体化锻造，一体化风机顶盖锻件的粗加工取样图如图 4.4-10 所示，一体化风机顶盖锻件图如图 4.4-11 所示。

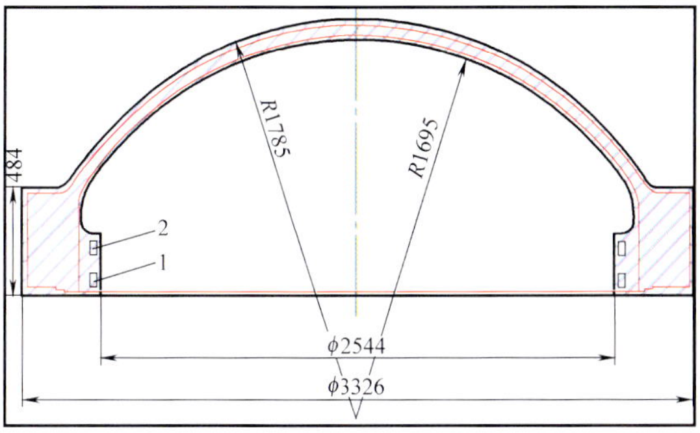

图 4.4-10　一体化风机顶盖锻件粗加工取样图

1—性能试料；2—重热试料

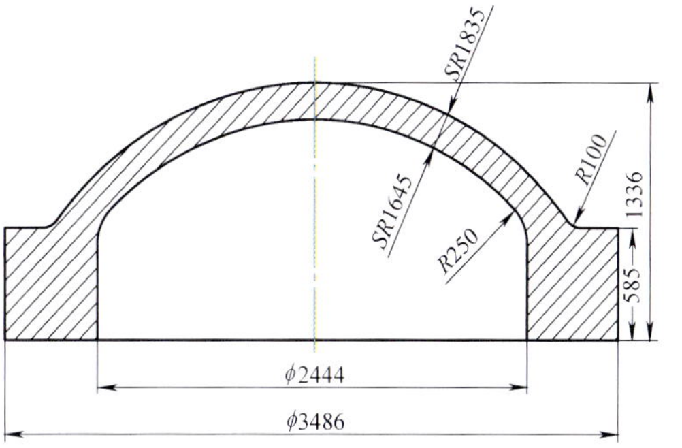

图 4.4-11　一体化风机顶盖锻件图

另外，拟将风机壳筒体上法兰与风机壳筒体直段合为一体化锻件，一体化锻造的风机壳上法兰筒体粗加工取样图如图 4.4-12 所示，一体化风机壳上法兰筒体锻件图如图 4.4-13 所示。

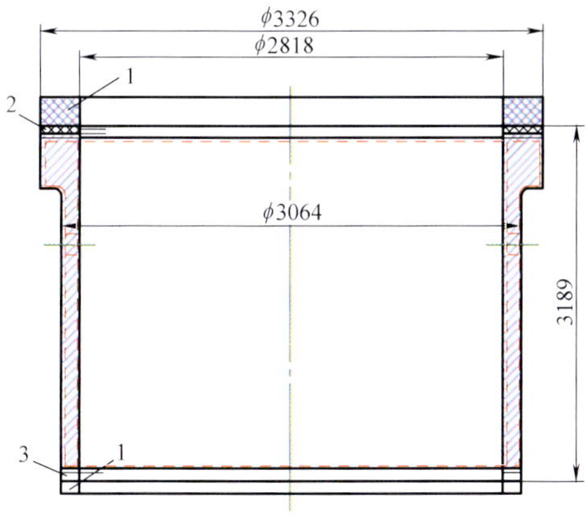

图 4.4-12　一体化风机壳上法兰筒体粗加工取样图

1—热缓冲环；2—冒口端试料；3—水口端试料

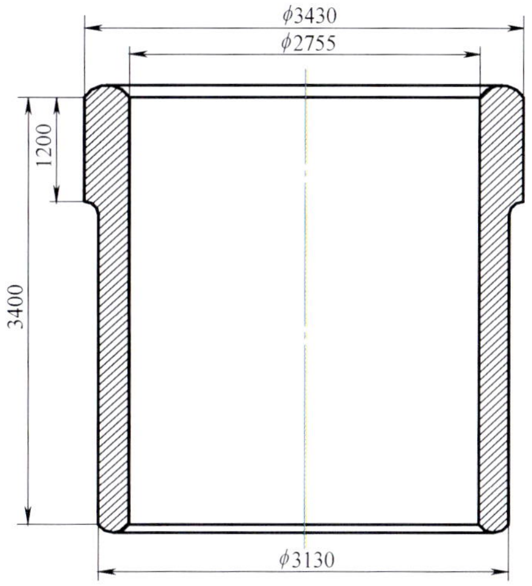

图 4.4-13　一体化风机壳上法兰筒体锻件图

SG 上筒体和筒体法兰也拟合为一体化锻件，一体化上法兰筒体粗加工取样图如图 4.4-14 所示，一体化上法兰筒体锻件图如图 4.4-15 所示。

对于开孔的上筒体锻件与蒸汽导管管嘴法兰的焊接，由于高度落差大，马鞍形焊机无能为力，一般采用手工焊接，示范工程上筒体锻件与蒸汽导管管嘴法兰的手工焊接如图 4.4-16 所示。实践证明，手工焊接不仅周期长，而且又不易保证产品质量。可以按照大三通管的成形方式或管嘴翻边的方法实施一体化制造。

三通管预制坯料为与三通直管锻造尺寸等长直圆筒，采用压椭圆—压包—气割端面—加工内孔—翻边—气割支管下端面的成形技术路线。

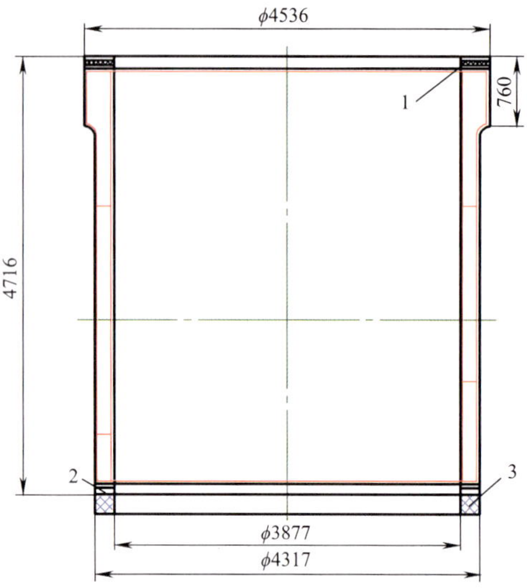

图 4.4-14　一体化上法兰筒体粗加工取样图

1—冒口端试料；2—水口端试料；3—热缓冲环

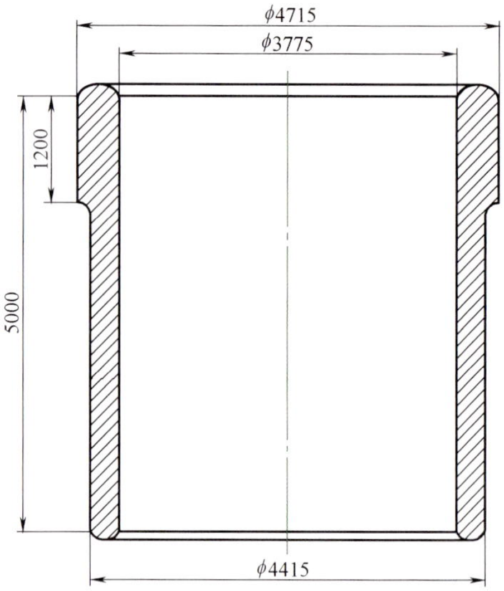

图 4.4-15　一体化上法兰筒体锻件图

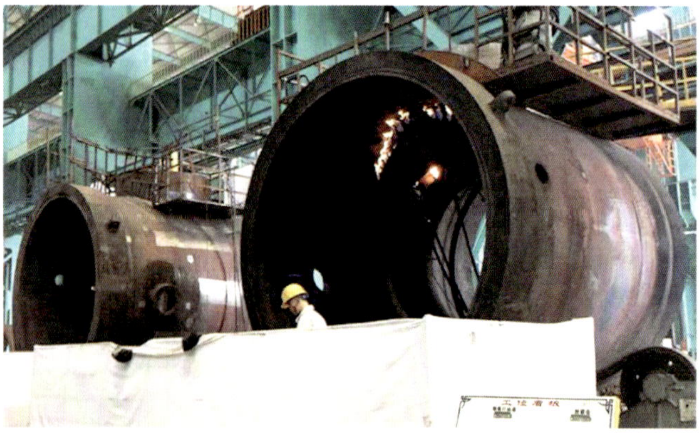

图 4.4-16　示范工程上筒体锻件与蒸汽导管管嘴法兰的手工焊接

（1）压椭圆。用方盖板将直筒坯料压成椭圆形，如图 4.4-17 所示。

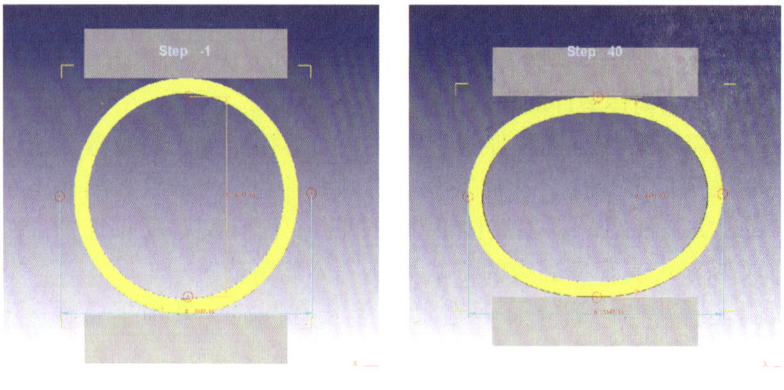

图 4.4-17　压椭圆模拟

（2）压包。将压扁坯料长轴竖直置于上下模之间，压包成形支管，在下压过程中随着直径减小，多余的金属流入下模支管处从而形成鼓包。此过程类似于正挤压，如图 4.4-18 所示。

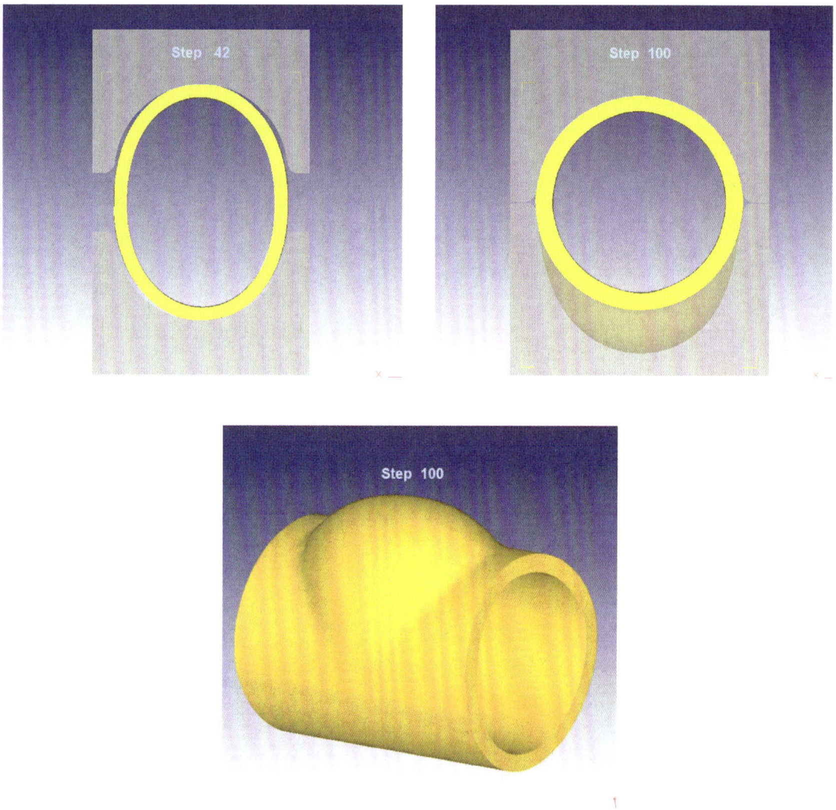

图 4.4-18　压包模拟

（3）气割端面，加工内孔。按图 4.4-19a 气割筒体端面，按图 4.4-19b 划线（红线）加工内孔。

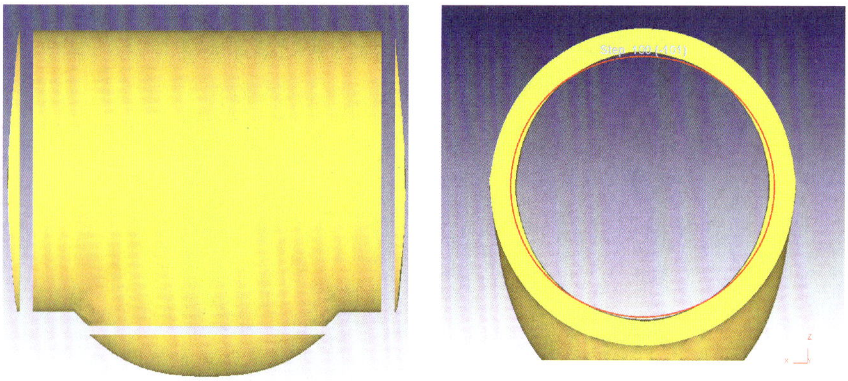

(a)　(b)

图 4.4-19　气割端面及内孔加工划线

（a）气割筒体端面；（b）内孔加工划线

（4）翻边。用圆盘形冲头及翻边下模翻边支管，如图 4.4-20 所示。

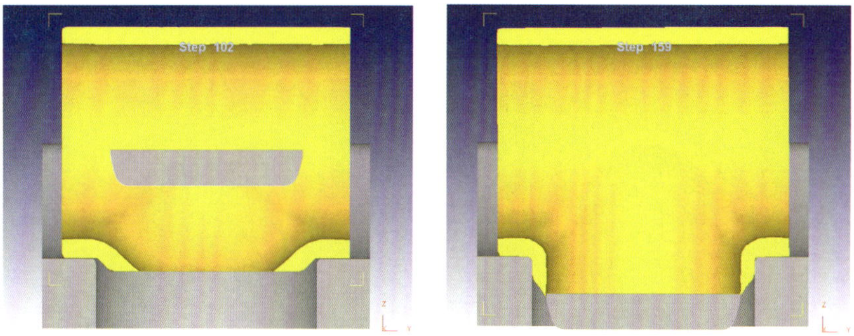

图 4.4-20　翻边模拟

（5）气割出成品。按图 4.4-21 所示气割支管端面出成品。

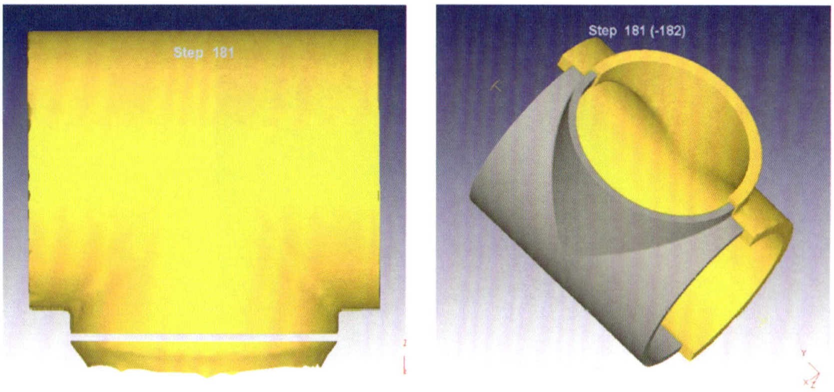

图 4.4-21　气割支管端面

如上筒体壁厚和管嘴高度适当，也可以采用图 4.4-22 的管嘴翻边方式制造一体化锻件。

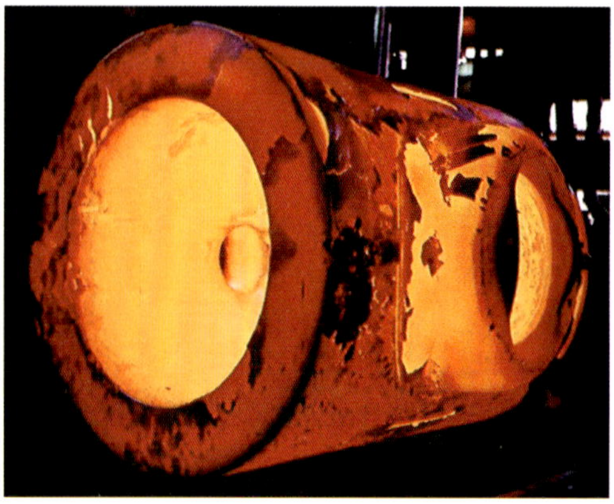

图 4.4-22　一体化三通锻件管嘴翻边[9]

第5篇 其他 Mn-Mo-Ni钢锻件研制及应用

在 Mn-Mo-Ni 钢中，除了第 3 篇 RPV 锻件所涉及的 SA-508M Gr.3 Cl.1 和 16MND5 及第 4 篇 SG 锻件所涉及 SA-508M Gr.3 Cl.2 和 18MND5 以外，还有主泵电机壳体、法兰所采用的 SA-508M Gr1 以及目前正在开发的 SA-508M Gr4 等。

本篇将对采用 SA-508M Gr.3 Cl.1 材料研制的主泵泵壳锻件、采用 SA-508M Gr.3 Cl.2 材料研制的稳压器锻件、采用 SA-508M Gr.1 材料研制的法兰锻件以及采用 SA-508M Gr.4 材料研制的核废料罐等分别进行论述与介绍。

第1章　稳压器及堆芯补给水箱锻件

1.1　稳压器锻件

PRZ的主要功能可归纳为压力调控、水位调节、超压保护、参与反应堆启动和停堆调节以及除气功能。

系统设计时已充分考虑发挥PRZ的调节功能，减少其他设备动作，对较小或较慢的压力变化，由可调功率电加热器调节，只有在超出可调范围时，或水位大幅升高的情况下，才启动备用加热器。当系统压力升高过快时，才可能触发喷淋动作。当核电站负荷调整导致水容积变化，一般由PRZ参与平衡，只有在超出平衡范围时，才启动上充或下卸系统，使其达到规定范围。

由于PRZ的筒体壁厚较小，一般采用钢板卷焊成形或锻件制造；但PRZ上、下封头只采用锻件制造。

1.1.1　上封头

PRZ上封头锻件的制造方案分为板坯冲形和胎模锻两种。

1. 板坯冲形

上封头是PRZ中的重要受力部件，在设计上对封头的最小壁厚有较严格的要求。厚壁封头在冲压成形过程中会出现明显的局部减薄或增厚现象，严重的会导致封头撕裂、起皱、模具胀裂等问题。为保证成形后的封头满足壁厚要求，通常采用增加坯料厚度的办法。但这样做经常会导致封头外形尺寸偏大、重量增大、机加工量增加、材料利用率降低等问题，因此在制定冲形工艺时，需要利用计算机数值模拟技术，对板坯与模具尺寸进行优化设计，以期获得合理经济的工艺方案。

（1）球形封头冲压成形的有限元模型[52]。

在半球形封头冲压成形工艺中，上模采用半球形冲头，下模采用圆环形漏模，坯料是边缘削薄或不削薄的圆饼形。因此在有限元数值模拟时，封头成形过程可以简化为轴对称问题来处理。由于封头热冲压的加热温度一般在800~1000℃，为简化运算采用有限变形弹塑性有限单元法，用等温模型来模拟封头成形过程，锻造温度定为900℃。模具和坯料都采用4节点单元来划分，模具选用ANSYS软件42号单元，模具的材料参数如下：$E=2.1\times10^5$MPa，$C=0.3$。坯料选用ANSYS软件的104号单元，采用钢热锻的本构关系：

$$R=R_0E0.3 \qquad (5.1-1)$$

其中$R_0=451.19$MPa。坯料与模具之间的接触条件，采用ANSYS软件48号二维接触单元定义，摩擦系数取$L=0.1\sim0.3$。

（2）球形封头冲压成形的变形特点及影响因素。

1）变形特点。厚壁半球形封头的热冲压成形过程实际是一个拉延过程，与薄壁封头的冷冲压成形相比具有更大的局部减薄与增厚变形。资料与实践表明，封头靠近中心的地方减薄最大，边缘的直段部分增厚最明显，其中最大的减薄量和增厚量均达到坯料厚度的14%左右。

封头成形的整个变形过程明显可分为三个阶段：

① 变形初期。冲头顶部与坯料中心部分开始接触，坯料心部因为冲头压入首先出现减薄，而坯料其余部分的厚度基本不发生变化。这一阶段，减薄最严重的部位在坯料心部。

② 变形中期。冲头与坯料的接触面积增大，坯料心部的减薄开始变缓，坯料靠近中心处减薄加剧，此处减薄最大。同时坯料的边缘部分开始出现增厚，在靠近中心处出现另一处减薄区。

③ 变形后期。此时冲头与坯料已经充分接触，进入了拉延阶段。由于坯料与漏模之间的摩擦，坯料不能很快地进入下模腔，在冲头下压的作用下，坯料的中部被逐渐拉薄，坯料的心部在前两阶段变形的基础上继续变薄，但速度明显减慢。坯料的边缘部分则继续增厚，直至被上下模挤压。

从封头的最终变形情况来看，封头变形区域可大致分为三大部分：中心部分、中间部分、封头的边缘部分。

封头的中心部分在整个变形过程中始终处于减薄过程中，在这一局部将出现壁厚最薄的区域。封头的中间部分在变形初期没有明显的厚度变化，从变形中期以后开始减薄，但减薄量较小，一般可以满足最小壁厚的设计要求。封头的边缘部分，虽然在变形后期也有减薄，但总体上是增厚，而且封头的直边段越长，边缘的增厚越严重。

2）影响因素分析。影响封头冲压成形质量的因素有很多，包括坯料材料性能和形状、模具设计、成形温度、模具与坯料的摩擦、冲压速度等，其中坯料与下模之间的摩擦系数、漏模形状、模具间隙三方面因素对封头热冲压成形的影响最明显。

3）球形封头冲压成形的优化。厚壁半球形封头成形的优化目标是：成形后的封头锻件壁厚分布均匀，满足最小壁厚及后续加工要求，同时材料利用率比较高，成形力比较小，通常可以从以下几方面入手：

① 优化坯料的形状与尺寸。

② 优化下模形状。

③ 优化冲头与下模间隙。

④ 减少坯料与下模之间的摩擦。

通过采用上述优化设计手段，已成功制造出多件PRZ上封头锻件，锻件各部尺寸均满足图样要求。图5.1-1是某项目PRZ上封头锻件性能热处理后图片。

2. 胎模锻

在成熟压水堆制造经验基础上，AP1000 PRZ采用电加热立式圆筒形结构设计，上封头为半球形，壁厚与筒体一致，靠近顶部设有一个安装检修用人孔、一个喷雾接管和两个安全阀接管。

针对此结构特点，通过采用胎模锻成形技术锻造出与精加工形状相近的AP1000 PRZ上封头锻件（近净成形锻造技术），锻件加工前后图片如图5.1-2及图5.1-3所示。

图 5.1-1　PRZ 上封头锻件

图 5.1-2　AP1000 PRZ 上封头锻件

1.1.2　下封头

1. 板坯冲形

某出口核电站 2 号与 3 号机组采用我国首个具备完全自主知识产权的三代核电堆型华龙一号（ACP1000）技术，反应堆一回路中的关键设备 PRZ 由上、下封头及筒体组成，其下封头为一下部带有裙座，上部带有一定长度直边的整体封头（见图 5.1-4）。技术条件要求将焊接见证件及性能试料设置在锻件延长段上并与锻件本体整体锻出，这就使得封头上部直段长达 1000mm，如此形状复杂的锻件给下封头的冲形及板坯设计带来了很大的困难。

图 5.1-3　AP1000 PRZ 上封头精加工

通过大量的计算，对下封头板坯进行了优化设计，同时研究了冲形过程中壁厚的减薄规律，通过设定不同边界条件对冲形过程进行数值模拟，确定了冲形后裙座位置的影响因素，最终制定了合理的冲形方案。

（1）PRZ 下封头锻件图设计。

图 5.1-5 是 PRZ 下封头冲形锻件图，由于所需焊接见证件与本体整体锻出，连同性能试料，直段高度大于 1000mm，封头整体高度大于 1500mm。

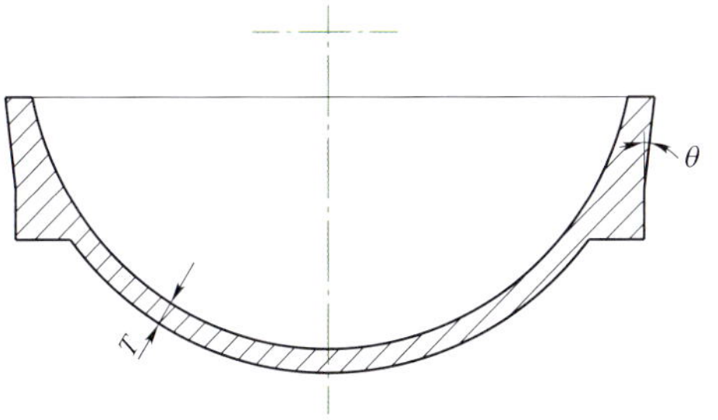

图 5.1-4　PRZ 下封头交货图

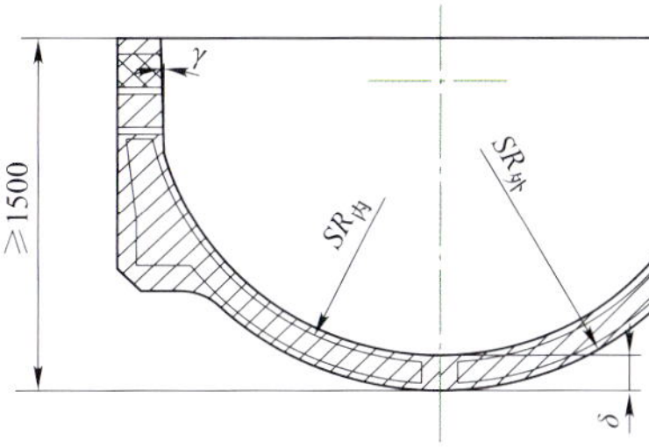

图 5.1-5　PRZ 下封头冲形图

由于下封头曲率半径较小，直段较高，冲压行程较长，所以为防止减薄量超差而造成壁厚不能满足精加工要求，锻件壁厚留量相比其他类封头单边要增加 10mm。此外，裙座位置是此封头冲形的难点，为保证裙座高度方向满足加工要求，此处留量也较大。为防止封头在冲形后与冲头抱模，锻件内腔直段设置拔模斜度 γ。

（2）PRZ 下封头冲形板坯设计。

由下封头冲形图推算出板坯外径及厚度，根据裙座高度方向留量计算出板坯下端凸台长度，由于此类封头冲形过程中裙座根部容易出现环伤，因此在板坯下端凸台与板坯相交位置设计较大圆角。固定以上尺寸后，对板坯外延倾斜角度 α 及裙座与直段过渡区厚度 H 进行优化，分别设计三种不同尺寸的板坯（形状见图 5.1-6），通过数值模拟，确定最优方案。

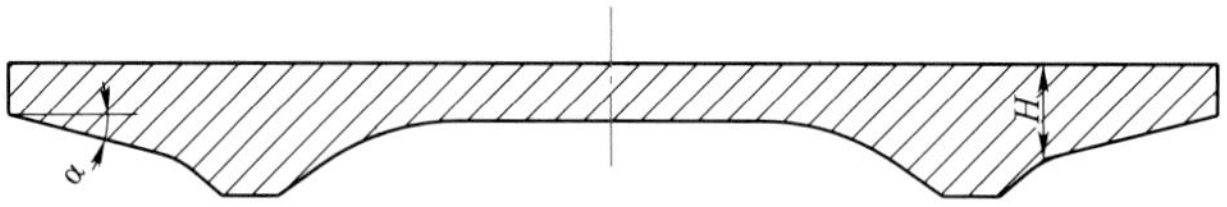

图 5.1-6　稳压器下封头板坯图

表 5.1-1 是三种板坯的特征尺寸及冲形过程中的最大成形力，从模拟结果来看，板坯 1 的成形力最小，因此锻件与冲头的最大间隙也最大，达到了 19.3mm，而板坯 3 的成形力最大，达到了 157MN，超出了 150MN 水压机的最大能力，因此在实际生产中选用板坯 2。

表 5.1-1　　不同板坯尺寸及对应最大成形力

项目	α/（°）	H	F/MN（最大力）	与冲头最大间隙/mm
板坯 1	12	H_1	96	19.3
板坯 2	14	H_2	123	12.3
板坯 3	16	H_3	157	8.7

（3）PRZ 下封头成形数值模拟。

1）冲形过程数值模拟。图 5.1-7 是封头板坯在冲形过程中不同阶段的应变分布图，从图 5.1-7 中的模拟结果可以看出，冲形的 4 个重要节点可将封头冲形全过程分成 3 个阶段：冲形开始阶段、裙座成形阶段和直段成形阶段。

① 冲形开始阶段：冲压行程为 0~800mm，此阶段裙座及上端直边几乎不发生变形，下端球顶开始被拉薄，其中最大拉薄位置位于球顶沿轴线向外 15°~20°范围内。

② 裙座成形阶段：冲压行程从 800mm 增至 1400mm，此阶段球顶位置金属由于受切向拉应力继续发生减薄，同时板坯中最厚的位置即裙座开始发生拉深变形，此阶段的成形力迅速增至最大并保持不变，在实际生产中表现为冲头压下速度减慢，同时封头板坯持续降温导致成形力不断增大。

③ 直段成形阶段：冲压行程从 1400mm 至结束。由图 5.1-7 可以看出，此阶段球顶范围内应变量基本不变，成形力也逐渐减小，直至整个冲形过程完成。

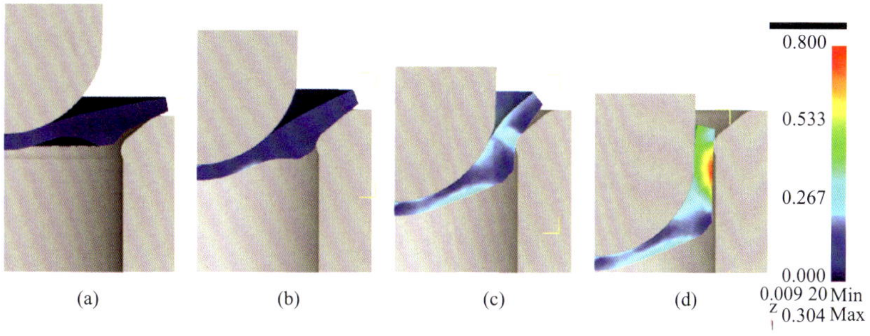

图 5.1-7　冲形不同过程的应变分布

（a）冲形开始；（b）冲形开始阶段结束；（c）裙座成形阶段结束；（d）直段成形阶段结束

图 5.1-8 是封头成形力及球顶沿轴线向外 15°~20°位置减薄随冲压行程增大的变化情况，从图中可以看出在第一阶段成形力缓慢升高，在行程到达 400mm 时壁厚开始减薄；到达第二阶段，板坯冲压成形力迅速上升至 120MN 以上，板坯继续减薄；当行程到达 1200mm 后，减薄速度变慢，当冲压行程达到 1400mm，成形进入第三阶段，板坯减薄几乎不再继续，成形力迅速降低。

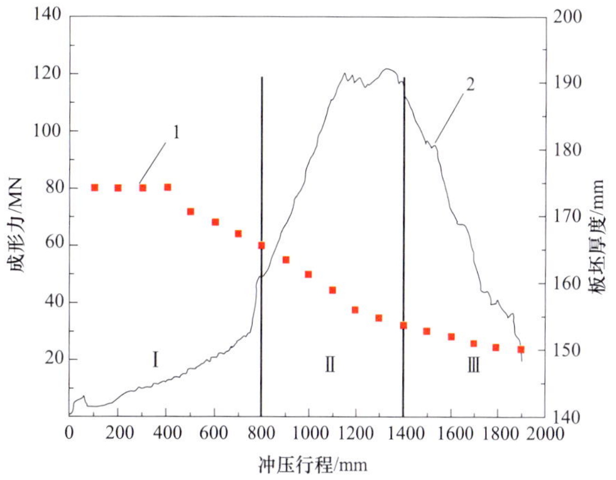

图 5.1-8　不同冲形阶段成形力及减薄量变化趋势

Ⅰ—第一阶段；Ⅱ—第二阶段；Ⅲ—第三阶段

1—最大薄弱点厚度；2—成形力

2）冲形尺寸的影响因素。图 5.1-9 是冲形温度对裙座高度（裙座底部距球顶垂直高度）的影响，从图 5.1-9 可以看出，当冲形温度在 1000℃ 以下时，冲形后封头的裙座高度一致，当冲形温度大于 1000℃后，冲形温度越高，裙座高度越高，说明球顶范围内金属被明显拉薄，因此稳压器下封头冲形温度应控制在 1000℃以下，考虑封头板坯从加热炉中运至液压机过程中存在温降，可将坯料加热温度提高 30~50℃。

图 5.1-10 是坯料冲形温度 950℃，模具间隙（下模内弧半径与板坯厚度及冲头外圆半径之和的差值，以下同）为 30mm 时，选择不同摩擦系数冲形后的裙座高度，从图 5.1-10 可以看出，裙座高度随摩擦系数增大呈现直线上升的趋势，因此为保证封头裙座高度位置，同时尽量减小球顶范围内壁厚的减薄量，在冲形过程中要尽量减小封头板坯与下模之间的摩擦系数，首先应在冲形前打磨下模内弧工作面，尽量避免存在硬质颗粒或明显刀痕，同时在其表面涂抹二硫化钼或石墨粉等进行润滑。

在确定冲形的温度范围后，为全面研究其他条件对冲形过程的影响，分别在 800℃、900℃、1000℃调整摩擦系数（0.2、0.4、0.6）及间隙（20mm、30mm、40mm）进行冲形数值模拟，模拟过程中考虑温降，冲形结束后测量锻件的特征尺寸，包括裙座高度及封头冲形后总高度。模拟结果表明在 1000℃以下，封头板坯的冲形温度对最终冲形尺寸影响不大，采用三种不同温度冲形后的封头尺寸几乎相同。间隙大小影响最终冲形后封头的总高度，间

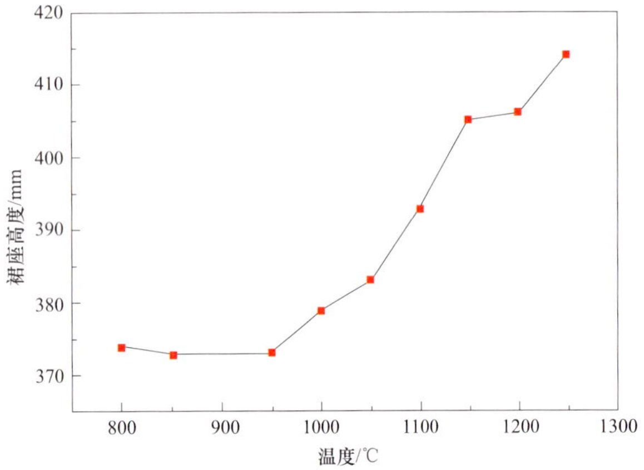

图 5.1-9　温度对裙座高度的影响
($\mu=0.2$，间隙 30mm)

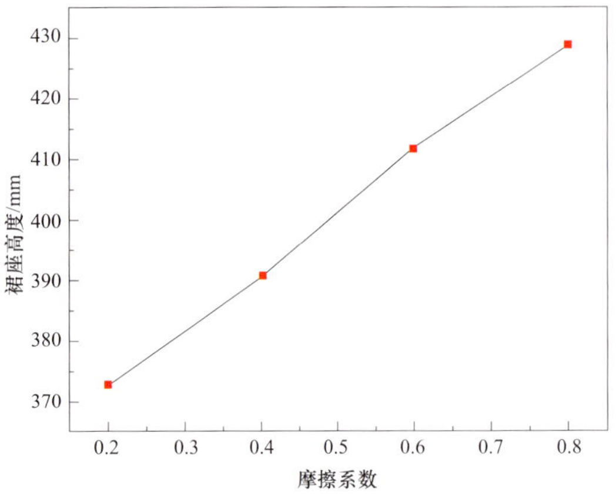

图 5.1-10　摩擦系数对裙座高度的影响
(950℃，间隙 30mm)

隙越大，封头总高度越矮，对于裙座的高度，间隙大小并无太大影响。摩擦系数对最终尺寸的影响较大，在相同温度、相同模具间隙条件下，摩擦力越大最终裙座高度越高，封头的整体高度也越高。因此，在不考虑温度与摩擦系数之间相互关系的条件下，通过数值模拟得到：在 1000℃以下，温度对封头冲形尺寸无影响；间隙对封头总高度产生影响；摩擦系数既对裙座高度产生影响，也对最终总高度产生影响，具体表现为摩擦系数越大，裙座高度及总高度越高。当摩擦力较大时，封头球顶区域的减薄量增大。冲形温度及模具间隙的选择应保证冲形力适中，既不因过小而造成冲形后板坯不贴模，也不能超出液压机的最大能力，综合考虑选择冲形温度 1000℃，模具间隙选择 30mm。

图 5.1-11　PRZ 下封头锻件

图 5.1-11 是采用以上冲形方案冲形后的某出口项目 PRZ 下封头成品锻件，各处尺寸均满足图样要求。

2. 胎模锻造

AP1000PRZ 下封头设置了 5 组（一个控制、四个后备）电加热器。通常电加热器与其套管之间采用机械密封，便于拆装。此外，还可以实现电加热器元件的单件更换。

针对此结构特点，通过采用胎模锻技术锻造出与精加工形状相近的锻件（采用近净成形锻造技术），这样不仅降低了钢锭的重量和减少了机加工工时，同时对保证锻件的纤维流向和高强韧性要求（$R_{p0.2}\geqslant$450MPa，$R_m=620\sim795$MPa，$RT_{NDT}\leqslant-21$℃）具有十分重要的意义。

（1）坯料在下模内镦粗如图 5.1-12 所示。图 5.1-12a 是附具准备；图 5.1-12b 是坯料装入下模；图 5.1-12c 是镦粗过程中。

（2）坯料在下模内旋转锻造压凹档如图 5.1-13 所示。图 5.1-13a 是附具准备；图 5.1-13b 是旋转锻造。

(a)

(b)

(c)

图 5.1-12　坯料在下模内镦粗

（a）附具准备；（b）坯料装入下模；（c）镦粗过程中

(a)

(b)

图 5.1-13　坯料在下模内旋转锻造

（a）附具准备；（b）旋转锻造

（3）锻件冲盲孔如图 5.1-14 所示。图 5.1-14a 是附具准备；图 5.1-14b 是冲孔过程中；图 5.1-14c 是冲孔结束位置。胎模锻造锻件毛坯如图 5.1-15 所示。

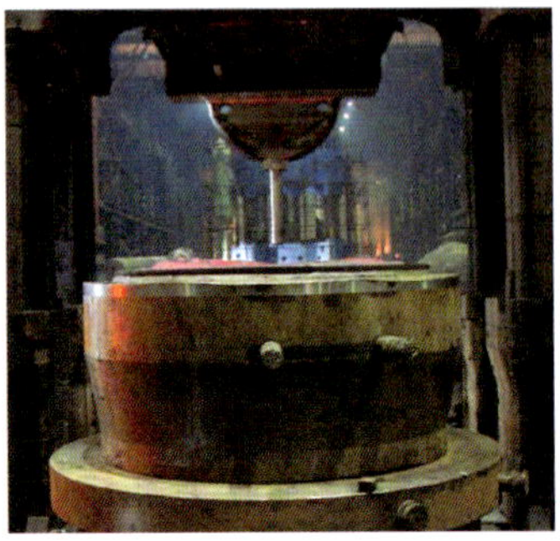

(a)

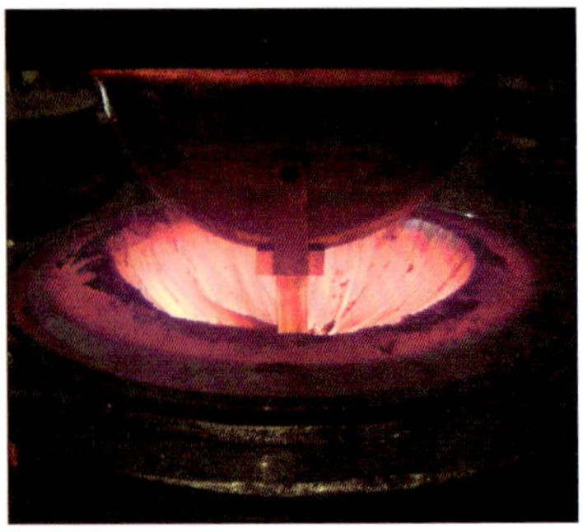

(b)

(c)

图 5.1-14　锻件冲盲孔

（a）附具准备；（b）冲孔过程中；（c）冲孔结束位置

图 5.1-15　AP1000PRZ 下封头锻件毛坯

3. 加工

为了加快 AP1000PRZ 下封头锻件的制造进度，采取了气割、气刨和打磨减少余量的制造方式（见图 5.1-16）。图 5.1-16a 是锻件初粗加工后状态；图 5.1-16b 是气割锻件外形；图 5.1-16c 是气刨后的锻件内腔；图 5.1-16d 是打磨后的锻件外形。

AP1000PRZ 下封头锻件的取样如图 5.1-17 所示。精加工如图 5.1-18 所示。图 5.1-18a 是精加工和打磨联合作业；图 5.1-18b 是精加工管嘴。

(a)

(b)

图 5.1-16　气割、气刨和打磨减少余量（一）

（a）锻件初粗加工后状态；（b）气割锻件外形

(c)

(d)

图 5.1-16　气割、气刨和打磨减少余量（二）

（c）气刨后的锻件内腔；（d）打磨后的锻件外形

图 5.1-17　AP1000PRZ 下封头锻件取样

(a)

(b)

图 5.1-18　AP1000PRZ 下封头锻件精加工

（a）联合作业；（b）管嘴精加工

4. 热处理

（1）敷偶。为了准确控制 AP1000PRZ 下封头锻件不同部位在加热和冷却过程中的温度，在锻件大端、管嘴及内腔敷偶（见图 5.1-19）测温。

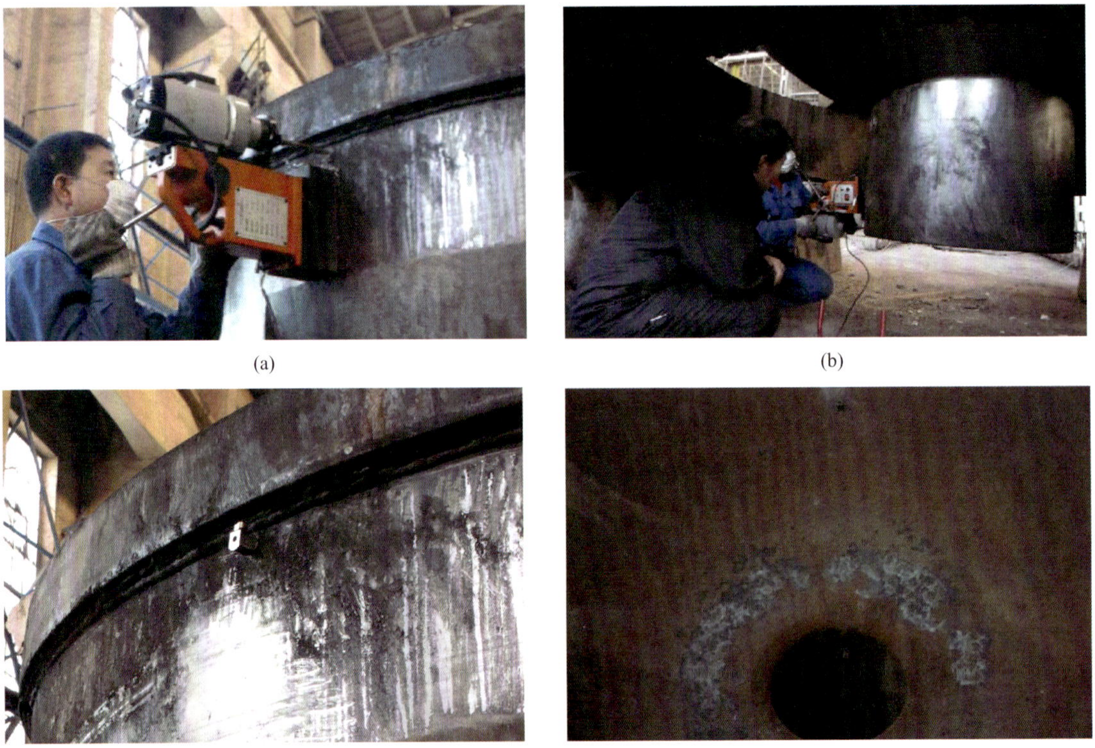

(a)　(b)　(c)　(d)

图 5.1-19　AP1000PRZ 下封头锻件敷偶

（a）大端钻孔；（b）管嘴部位钻孔；（c）装入卡偶附件；（d）内腔敷偶

（2）冷调试。为了确保 AP1000PRZ 下封头锻件一次热处理成功，对锻件吊装及在水中移动方式等进行了冷状态调试（见图 5.1-20）。

（3）热处理。AP1000 稳压器下封头性能热处理采用淬火+回火的方式，热处理工艺曲线如图 5.1-21 所示。

1）性能热处理工艺制定依据：

① 400～450℃温度保温：缩短工件内、外温差，减小内应力。

② 670～700℃保温以及不大于 60℃/h 的限速升温：700℃左右为该材质的弹塑性转变区，此时，工件表面及近表面位置温度较高，进入塑性变形区，而心部温度低，处于弹性变形区，过高的温差易造成过大的热应力，从而可能导致工件开裂或显微裂纹扩大。此阶段保温温度一般选择在相变点（A_{C1}）以下。因此在 670～700℃范围设置保温阶段，以缩短工件内外温差。同样，不大于 60℃/h 的升温速度也是为了减少工件内外温差。

(a)

(b)

图 5.1-20　AP1000PRZ 下封头锻件热处理前冷调试

（a）吊装方式试验；（b）在水中移动

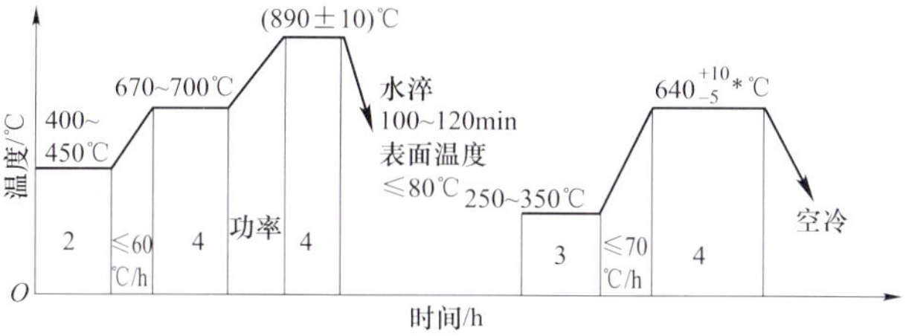

图 5.1-21　AP1000 PRZ 下封头性能热处理工艺曲线

③ (890±10)℃保温及之前的功率升温：中间保温结束后，工件表面和心部温差基本消除，心部处于塑性区，因此可以采取较高的升温速度，同时可以获得较细的奥氏体晶粒。奥氏体化温度（890±10)℃一般比 A_{C3} 温度高 30~50℃。奥氏体化保温时间 4h 是按热处理有效截面每 50mm 至少保温 1h 计算得出的。

④ 回火装炉 250~350℃保温 3h：工件淬火出水后，心部与表面仍存在较大温差，因此入炉后保温一段时间，让表面温度升高，心部温度降低，使心部可能残余的奥氏体继续分解。同时由 CCT 曲线（见图 5.1-22）可见，SA-508M Gr.3 Cl.2 钢纯 B（贝氏体）相区的 B_f 点在 350℃以上，因此选择低于此温度的 250~350℃进行保温。另一个目的是减少工件内外温差，减小内应力。

⑤ 不大于 70℃/h 的升温速度：工件淬火后存在残余应力，一般为热应力，表面受压，心部受拉，回火加热过程产生的瞬时热应力也是表面受压，心部受拉，因此过快的加热速度会增大工件开裂的危险。

⑥ 回火温度及时间：回火温度的升高一般会使强度和内应力下降而塑性和韧性升高。按照 ASME SA-508M Gr.3 Cl.2 标准及采购规范，将最低回火温度定为 635℃。回火参数（P_t）对强韧性有很大影响。由图 5.1-23 可见，SA-508M Gr.3 Cl.2 钢最佳回火参数应低

于 19.4。回火参数应包括淬火后性能检测前的所有热处理过程，即回火和模拟热处理过程。对于模拟热处理 $P_t' = T\times(\lg t+20)\times10^{-3} = 18.9277$，将 P_t'转换为回火温度下的保温时间 t 是 4.15h，应严格控制均温时间，本工艺中均温时间给定 5h，$P_{t总} = (645+273)\times[\lg(4+4.15+5)+20]\times10^{-3} = 19.387$，因此回火保温时间设定为 4h。

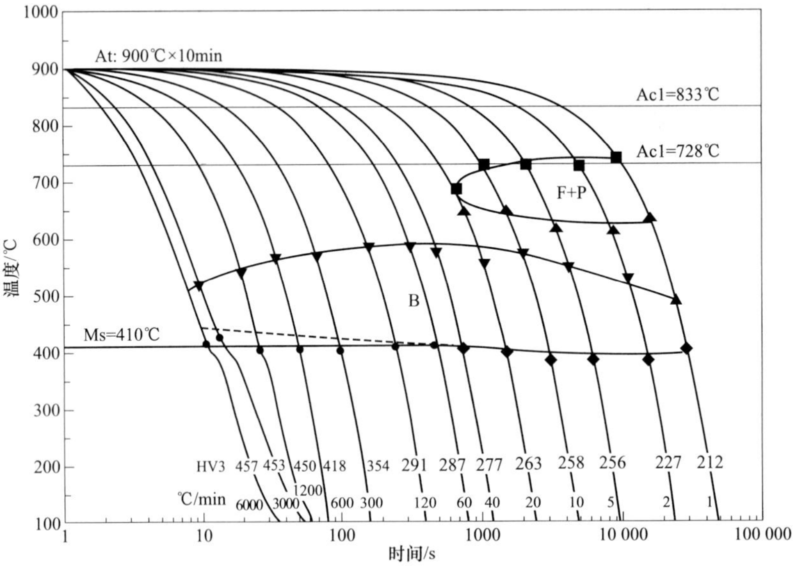

图 5.1-22　SA-508M Gr.3 Cl.2 钢 CCT 曲线

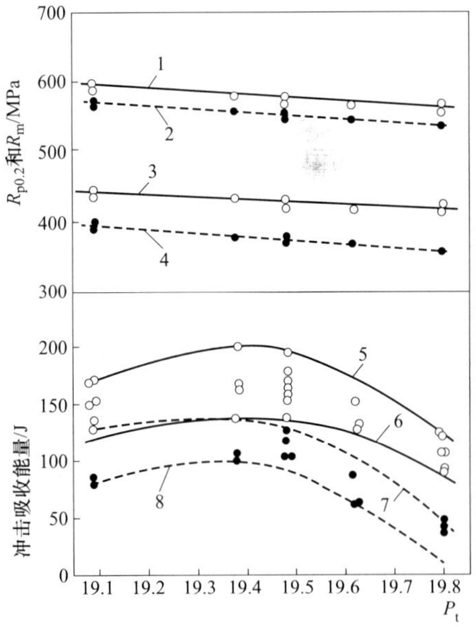

图 5.1-23　回火参数与强度及韧性的关系

1—室温抗拉强度；2—350℃抗拉强度；3—室温屈服强度；4—350℃屈服强度；5/6—-12℃冲击吸收能量；7/8—-40℃冲击吸收能量

2）性能热处理工艺执行要求：

① 装炉前检查工件表面质量，在状况良好的电炉中执行工艺，各温区加热要求均匀。

② 装炉前控温系统、炉子、吊具和淬火水槽等设施应完备良好，装炉时试吊工件为淬火做好准备，对入水时的工件位置进行定位。工件在垫铁上应垫平垫实，防止变形。装炉时，起吊工件应避开工件外圆的四个凸台。

③ 淬火水槽增加搅拌装置，加大冷却水循环。

④ 回火均温时间尽量缩短，当各温区温度差别大时，应手动调节各温区加热输出。

⑤ 淬火出炉前应做好准备工作，尽量缩短出炉到入水时间。在吊具上从起吊点往上 2.5m、4m 及 4.5m 处分别做好标识线。

⑥ 淬火入水前水温不大于 10℃。淬火时水循环，要求工件入水后的前 30min 在水槽内上下窜动。窜动时工件入水深度不大于 4m，同时不小于 2.5m。窜动结束后，工件入水深度为 4.5m。实测淬火前、

后水温并记录于工艺卡中。工件出水后 8~10min 内现场测表面温度，如果工件表面温度大于 80℃，则继续冷却，直到满足工艺要求为止。

AP1000PRZ 下封头锻件性能热处理如图 5.1-24 所示。

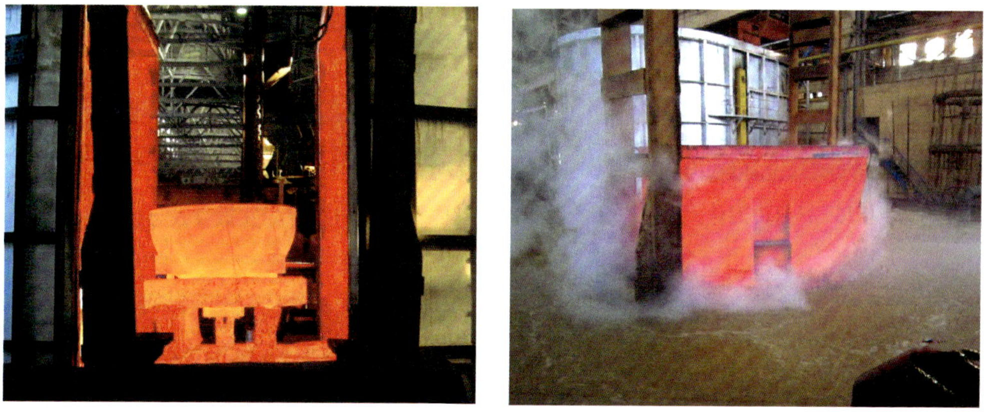

(a) (b)

图 5.1-24 AP1000PRZ 下封头锻件性能热处理

（a）加热后出炉；（b）锻件入水

AP1000PRZ 在三代核电设备引进谈判中因制造技术相对简单而被确定为 B 类设备（首台自主化）。但在 AP1000 三门 1 号 PRZ 下封头的研制过程中却出现了两家国内锻件供应商提供的锻件均未满足采购技术条件要求的情况。设备采购方一方面要求中国一重抓紧研制，另一方面又联系从国外进口 PRZ 下封头锻件，并确定从意大利空运回国。

为了能使自主化设备全部采用国产锻件，中国一重在核电锻件制造技术尚不完全成熟的情况下，采取了用已有锻件改制胎模锻造模具、局部挤压管嘴、气割支撑台周边余量、精加工与打磨联合作业等特殊措施，仅用 137 天就成功研制出了三门 1 号 PRZ 下封头锻件（见图 5.1-25）。

由于中国一重一次性成功研制出三门 1 号 PRZ 下封头锻件，替代了进口锻件，确保了自主化设备锻件全部国产化，国家能源管理和核安全监管部门领导及用户代表等在福岛核事故的第二天亲临中国一重锻件制造基地为三门 1 号 PRZ 下封头锻件简短的发运仪式剪彩，表示祝贺（见图 5.1-26）。

中国一重一次性成功研制出的三门 1 号 PRZ 下封头锻件及时运到了上海核电装备制造基地，确保了全球首台 AP1000PRZ 的顺利出厂（见图 5.1-27）。

图 5.1-25　PRZ 下封头锻件

图 5.1-26　PRZ 下封头锻件发运仪式

(a)

(b)

图 5.1-27　AP1000PRZ 下封头锻件发运及应用

（a）锻件发运；（b）锻件应用

1.2 堆芯补给水箱锻件

AP1000 项目中的堆芯补给水箱（Core Makeup Tanks，CMT）是带有半球形上、下封头并内衬不锈钢的立式圆柱形合金钢容器（见图 5.1-28）。按 A 级设备设计，并且满足抗震 I 类要求。它们被放置于安全壳内 32.6m 标高的层面上。CMT 高于压力容器直接注入（Direct Vessel Injection，DVI）管线，而 DVI 管线布置在靠近热管段底部的标高处。

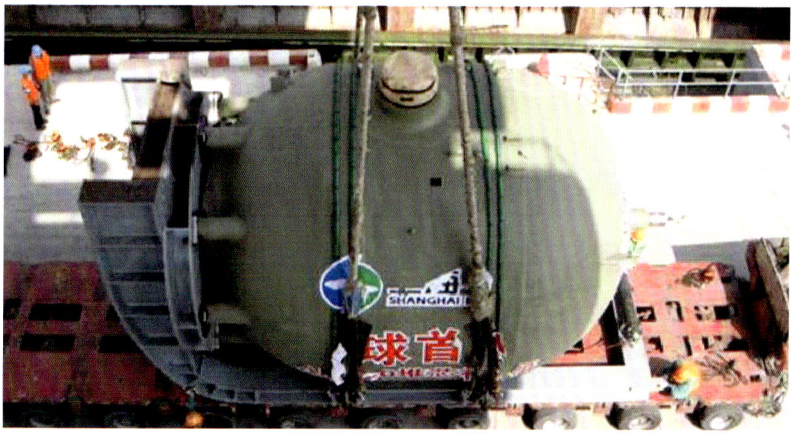

图 5.1-28　三门 1 号 AP1000CMT

在正常运行期间，CMT 完全充满硼水，其压力通过冷管段压力平衡管线维持与反应堆冷却剂系统（Reactor Coolant System，RCS）相同的压力。因为箱子没有保温或者加热功能，因此其硼水的温度和安全壳温度相同。CMT 与冷管段相连接的入口管线尺寸的确定要满足失水事故时的补水要求，发生事故时冷管段变空，此时要求 CMT 有高的安注流量。每个 CMT 的出口管线设有一个流量调节孔板，它是一个用于现场调节出口管线阻力的机械装置。孔板用来实现在 CMT 设计中所要求的流量。CMT 启动后为 RCS 提供一段时间的注入，水循环模式下堆芯补给水箱的安注时间将比蒸汽替代（补偿）模式长得多。

CMT 大型锻件材料为 SA-508M Gr.3 Cl.1 钢，采用电炉粗炼钢液、LF 炉真空精炼、真空铸锭、水压机锻造、调质处理和机加工等工艺手段进行制造。

1.2.1 筒体

筒体锻件冶炼及铸锭的工艺流程如图 5.1-29 所示。

CMT 筒体锻件所需的钢锭尺寸、粗加工取样图及锻件毛坯图分别见图 5.1-30～图 5.1-32。

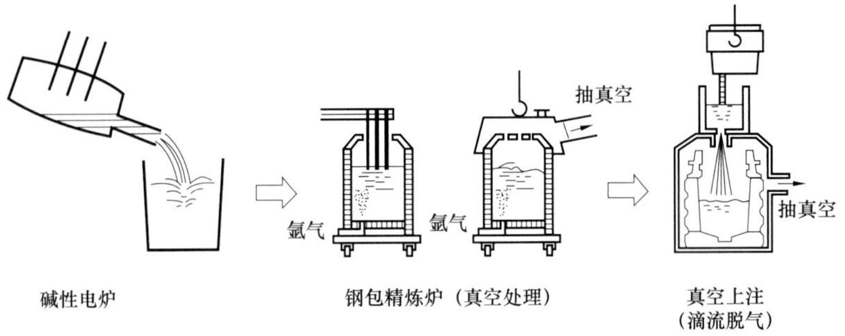

图 5.1-29　冶炼及铸锭工艺流程

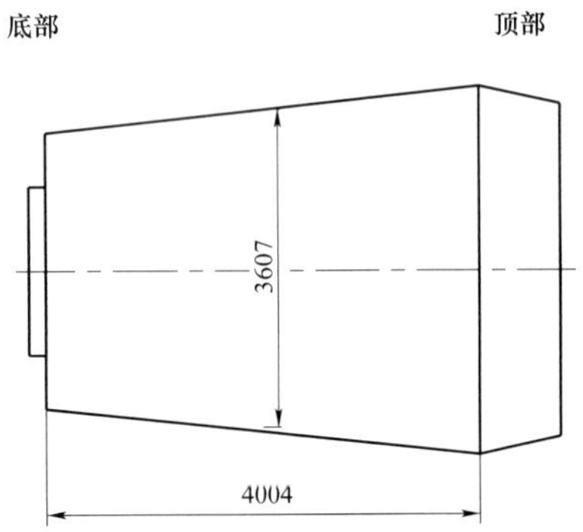

图 5.1-30　钢锭尺寸

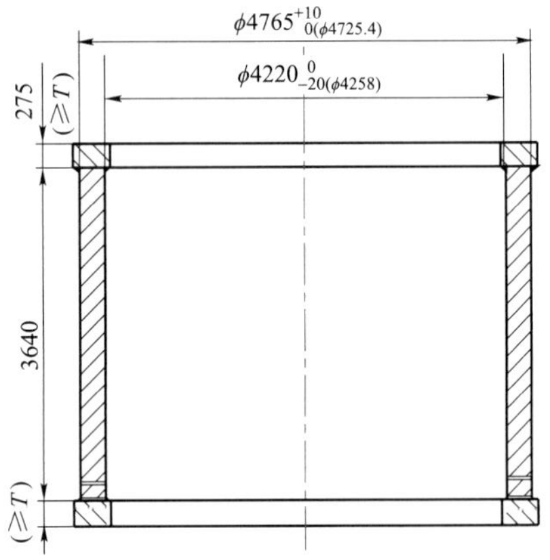

图 5.1-31　筒体粗加工取样图

1. 锻造流程

CMT 筒体锻件的锻造工艺流程如图 5.1-33 所示。

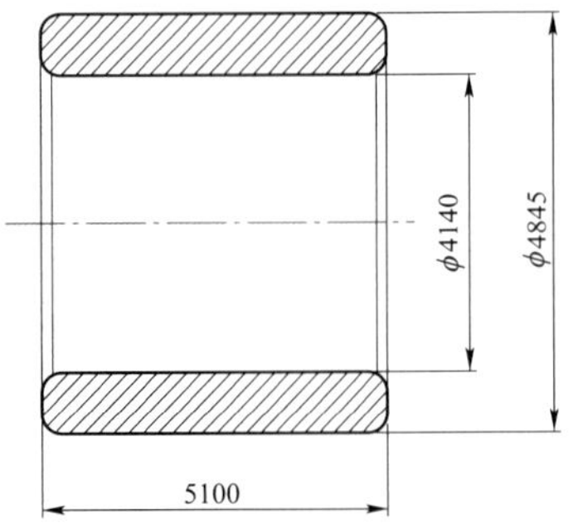

图 5.1-32　筒体锻件毛坯图

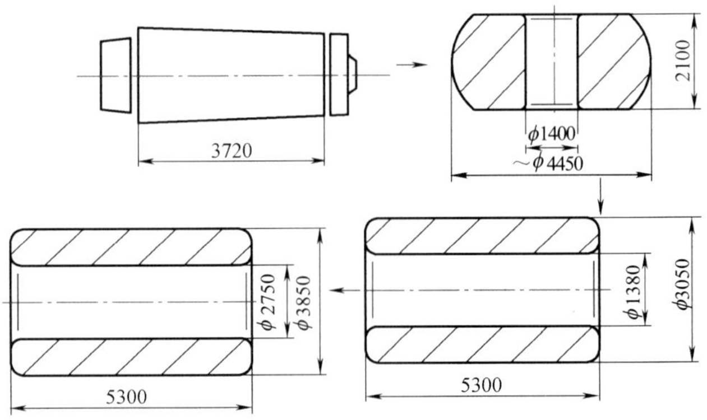

图 5.1-33　CMT 筒体锻造工艺流程

2. 热处理

（1）锻后正、回火（N&T）。

锻件在锻后正火和回火期间，时间和温度须在时间—温度图中进行记录，该记录为至少两个敷于产品最高和最低温度部位的热电偶所显示的时间—温度图。

（2）性能热处理（Q&T）。

锻件在性能热处理的淬火和回火期间，时间和温度须在时间—温度图中进行记录，该记录为两个附于产品最高和最低温度部位的热电偶所显示的时间—温度图。

筒体锻件的锻后热处理和性能热处理以及从筒体锻件取下的性能试料的模拟焊后热处理如图 5. 1-34 所示。

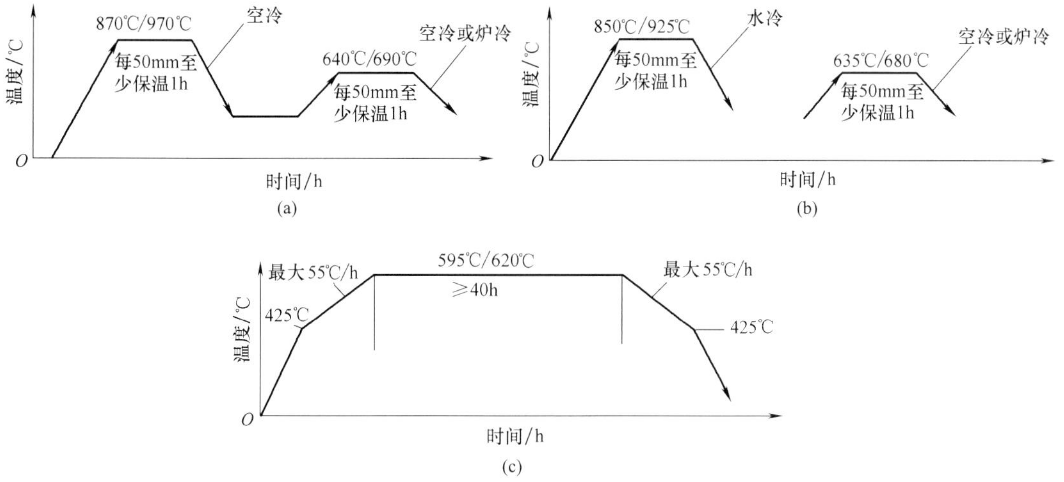

图 5. 1-34　筒体热处理工艺曲线

（a）N&T 工艺曲线；（b）Q&T 工艺曲线；（c）SPWHT 工艺曲线

1. 2. 2　上封头

CMT 上封头锻件冶炼及铸锭的工艺流程参见图 5. 1-29。锻件在钢锭中的位置如图 5. 1-35 所示，粗加工取样图和锻件毛坯图分别如图 5. 1-36 及图 5. 1-37 所示。

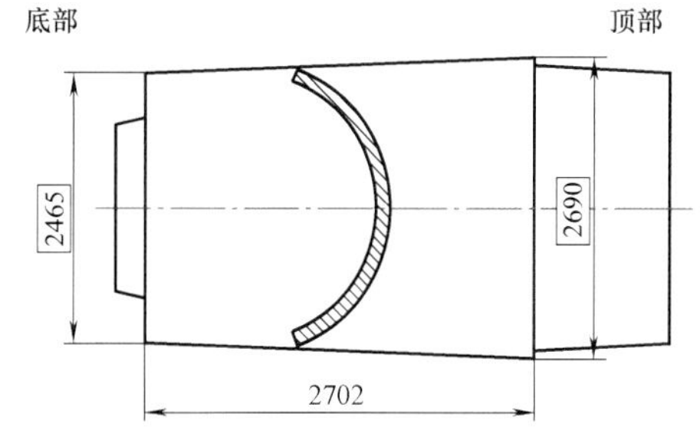

图 5. 1-35　锻件在钢锭中的位置

1. 锻造流程

上封头锻件的锻造工艺流程如图 5. 1 - 38 所示。

2. 热处理

上封头锻件的锻后热处理和性能热处理以及从封头锻件取下的性能试料的模拟焊后热处理参数参见图 5. 1-34。

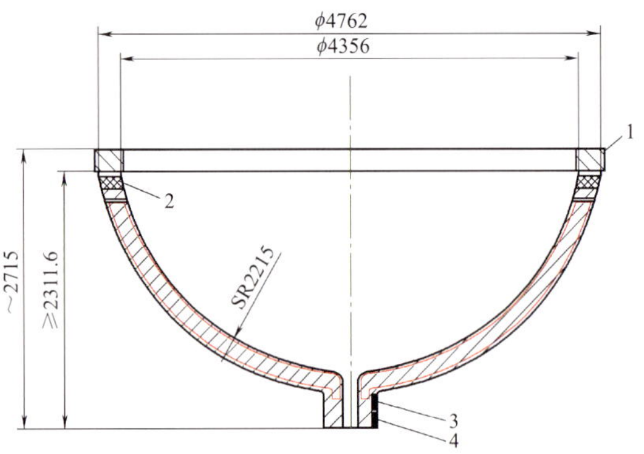

图 5.1-36　上封头锻件粗加工取样图

1—热缓冲环；2—冒口端性能试料；
3—重新热处理试料；4—水口端性能试料

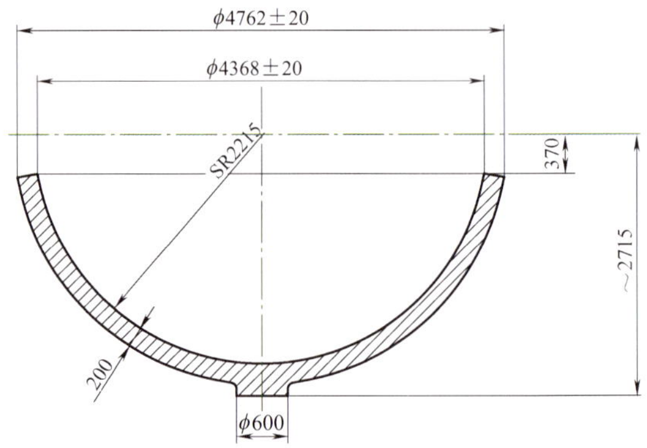

图 5.1-37　上封头锻件毛坯图

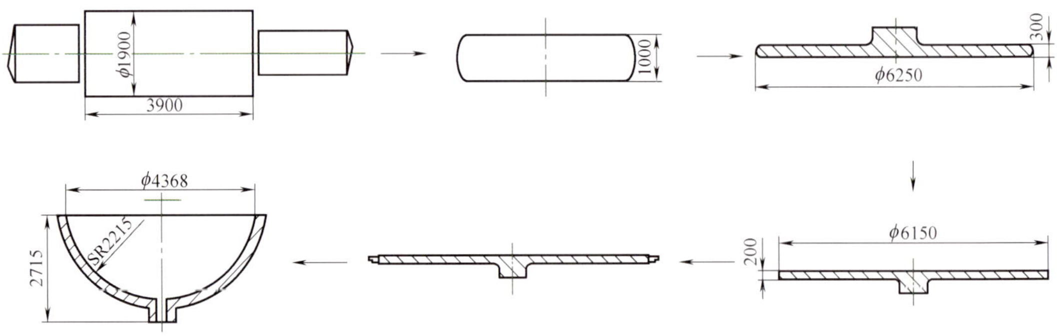

图 5.1-38　上封头锻造工艺流程

1.2.3　下封头

CMT 下封头锻件冶炼及铸锭的工艺流程参见图 5.1-29，锻件在钢锭中的位置参见图 5.1-35。粗加工取样图及锻件毛坯图分别如图 5.1-39 及图 5.1-40 所示。

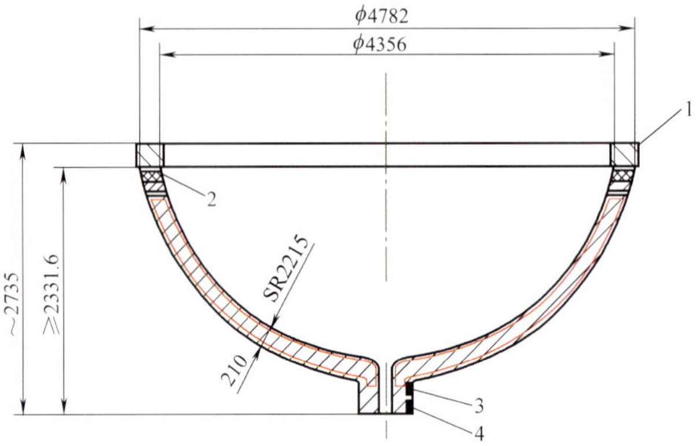

图 5.1-39　下封头粗加工取样图

1—热缓冲环；2—冒口端性能试料；3—重新热处理试料；4—水口端性能试料

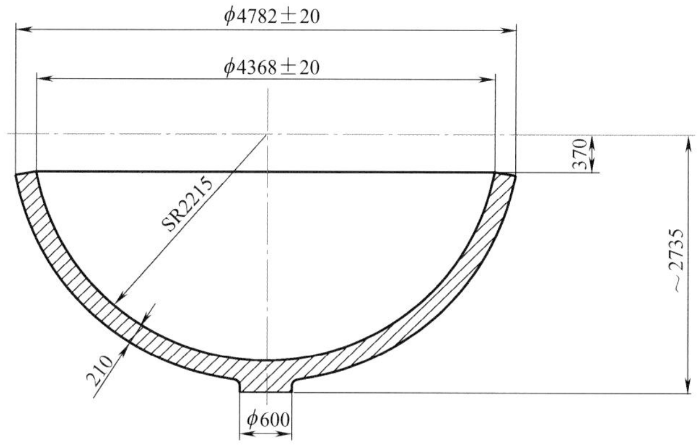

图 5.1-40　下封头锻件毛坯图

1. 锻造流程

下封头锻件的锻造工艺流程参见图 5.1-38。

2. 热处理

下封头锻件的锻后热处理和性能热处理以及从筒体锻件取下的性能试料的模拟焊后热处理与上封头类似。

第2章　主　泵　锻　件

2.1　泵　　壳

反应堆冷却剂循环主泵是核电站的重要动力设备，是冷却剂循环系统的动力源，推动冷却剂在核岛一回路的容器与管道中循环，将堆芯核裂变产生的热量带出，通过主管道流入SG，将热能传递给二回路产生高温饱和蒸汽，再将冷却后的冷却剂打回RPV，周而复始、连续不断地实现核反应热能向二回路的传递，同时冷却堆芯防止燃料元件的烧毁。主泵是一回路中唯一动载设备，也是工况最为苛刻、综合性能要求最高的设备。

泵壳是主泵的机体，为长时间输送高温高压的冷却剂的核电主泵提供有力支撑与安全边界，泵壳作为承压容器承受高频交变动载荷、温度载荷，同时又要承受冷却剂流体冲刷、汽蚀载荷等。

2.1.1　自由锻造

目前，我国已建成或在建核电站的主要堆型为CPR1000、AP1000、ACP1000与CAP1400等堆型，其泵壳也是根据主泵设计压力、设计温度、设计流量、压头、转速的不同而存在差异，上述四种代表堆型的泵壳锻件交货简图如图5.2-1所示。

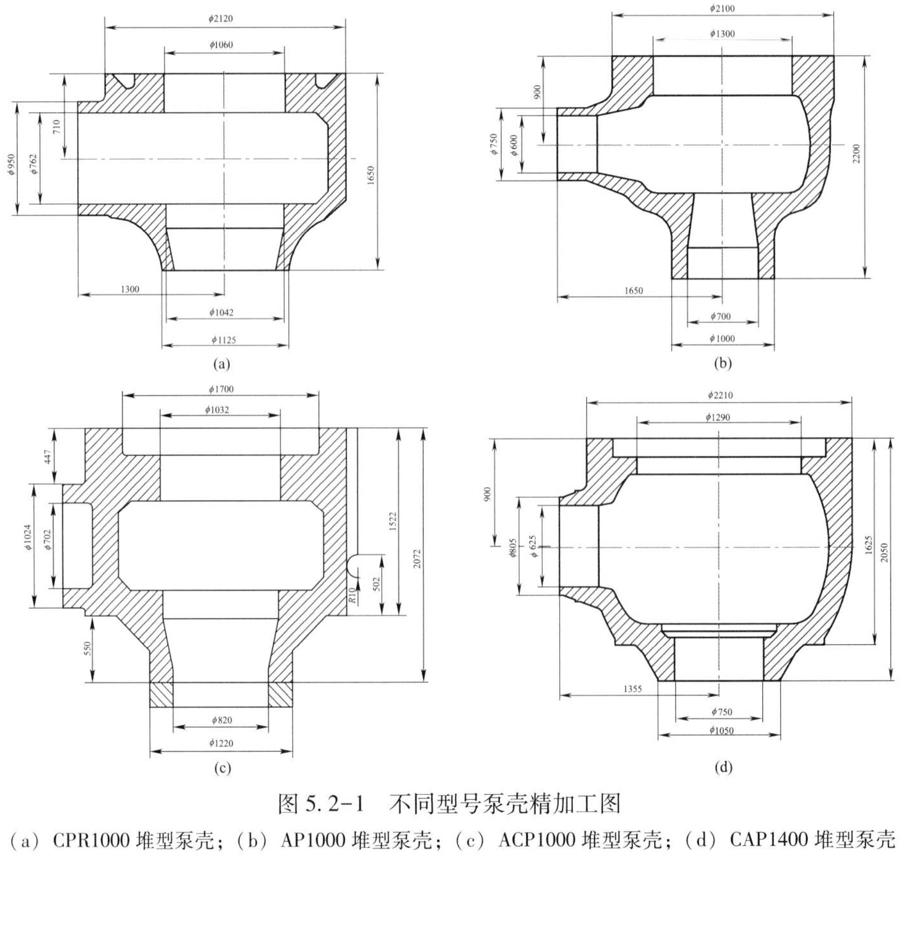

图5.2-1　不同型号泵壳精加工图

（a）CPR1000堆型泵壳；（b）AP1000堆型泵壳；（c）ACP1000堆型泵壳；（d）CAP1400堆型泵壳

某核电项目的 CPR1000 泵壳锻件如图 5.2-2 所示。

泵壳锻件制造流程：冶炼、铸锭→锻造→锻后热处理→粗加工（探伤）→性能热处理→标识、取样→精加工→UT、MT、PT、DT、VT→标识→报告审查→包装出厂。

1. 炼钢

根据锻件重量、钢锭利用率，确定选用钢锭类型为上注 24 棱 172t 钢锭，材质 SA-508M Gr.3 Cl.1。炼钢精选原材料和铁合金，采用电炉和钢包精炼炉冶炼钢液，钢液真空冶炼并真空浇注，以去除气体得到高纯净度的钢液，钢包精炼后出钢前加铝进行脱氧。

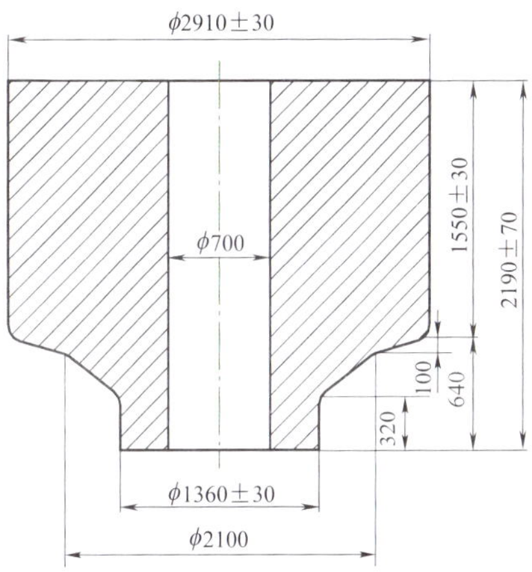

图 5.2-2　CPR1000 泵壳锻件图

2. 锻造

按图 5.2-3 所示的工艺流程进行锻造，锻造后的毛坯锻件如图 5.2-4 所示，经过粗加工管嘴与内腔后的泵壳锻件如图 5.2-5 所示。

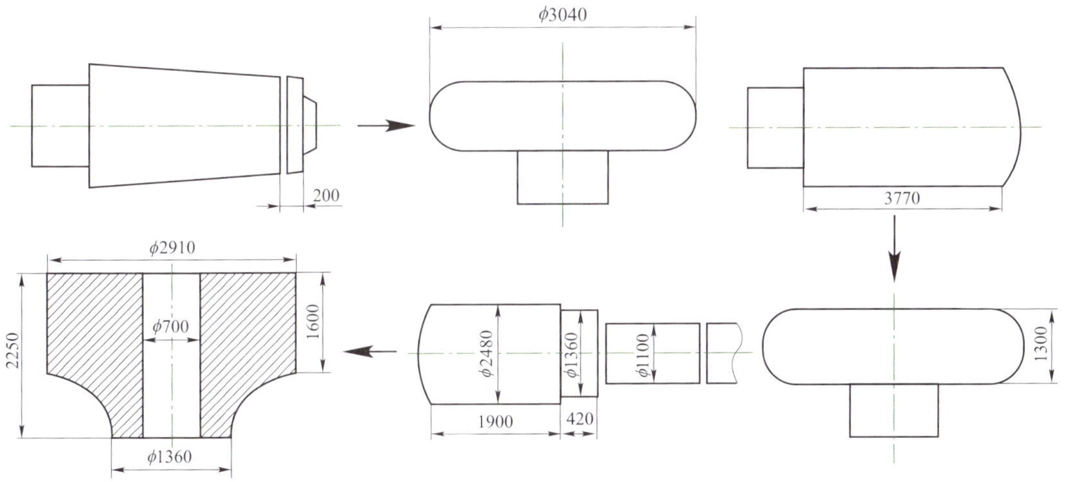

图 5.2-3　泵壳锻造工艺流程

3. 热处理

（1）锻后热处理工艺。

泵壳锻造完成后，锻件表面空冷到 150~100℃入热处理炉，按图 5.2-6 工艺曲线执行锻后热处理工艺。通过锻后热处理对锻件硬度进行调整，以利于锻件粗加工；消除锻件内应力，以免机加工出现变形；改善内部组织、细化晶粒、为最终热处理作组织准备。

（2）性能热处理工艺。

锻件粗加工、探伤合格后进行性能热处理，按图 5.2-7 工艺曲线执行。图 5.2-8 为泵壳锻件浸水淬火。

图 5.2-4　CPR1000 泵壳锻件

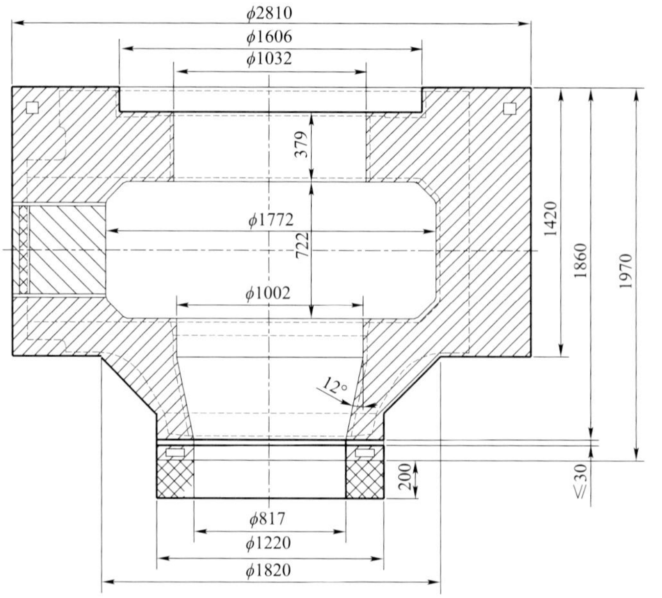

图 5.2-5　CPR1000 泵壳锻件粗加工

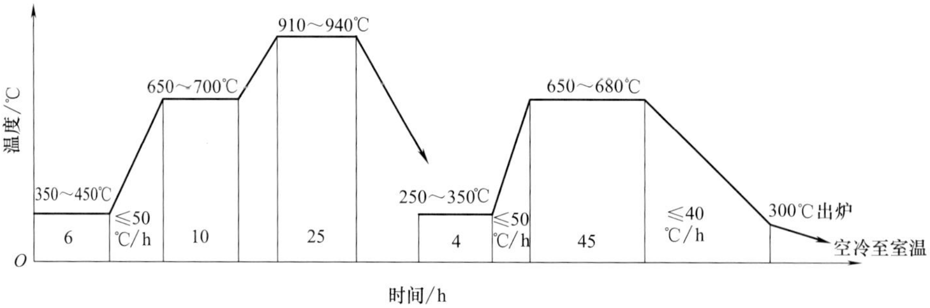

图 5.2-6　泵壳锻后热处理工艺曲线

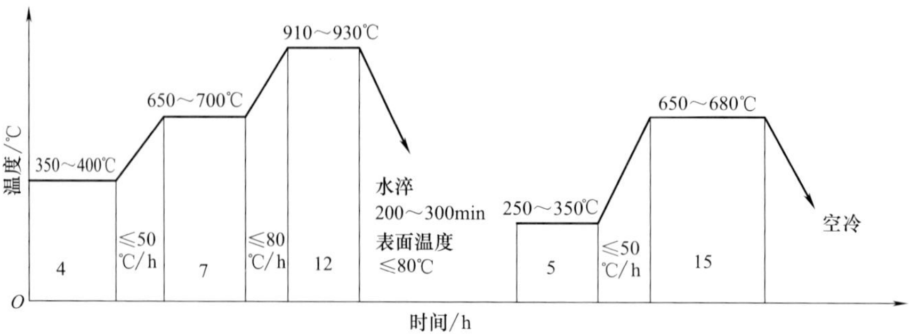

图 5.2-7　泵壳性能热处理工艺曲线

图 5.2-8　CPR1000 泵壳锻件浸水淬火

4. 性能检测结果

泵壳锻件性能检测结果见表 5.2-1。

表 5.2-1　　CPR1000 泵壳性能检测结果

性能指标	晶粒度	夹杂物				屈服强度/MPa		抗拉强度/MPa		伸长率（%）		断面收缩率（%）	
		A 类	B 类	C 类	D 类	室温 23℃	高温 350℃	室温 23℃	高温 350℃	室温 23℃	高温 350℃	室温 23℃	高温 350℃
技术要求	5 级或更细	≤2	≤1.5	≤1.5	≤2	≥345	≥285	550~725	≥505	≥18	≥14	≥38	≥45
产品实测	6.5~7	0.5	1	0.5	0.5	408~431	362~381	570~582	532~540	28.5~33	21~32.5	72.5~77	74~78

2.1.2　仿形锻造

ACP1000（中核华龙一号）核岛主泵泵壳是在 CPR1000 主泵泵壳基础上发展而来的，为满足 60 年设计寿命要求，较 CPR1000 主泵泵壳性能要求有很大的提高，主要是在其他指标不变的前提下，RT_{NDT} 温度由-10℃降低到-21℃。另外，ACP1000 主泵泵壳锻件较 CPR1000 主泵泵壳锻件尺寸有所增大，根据 RCC-M 要求，凡涉及关键参数变化（本项目涉及性能、尺寸两项参数），均需要按照 M140 相关要求进行评定。为此，中国一重与中国核动力研究设计院等共同协商，采用出口项目中 1 件泵壳锻件进行评定，并对锻件各部位进行解剖，要求全部检测位置的性能结果均作为验收指标要求；不仅要求各项性能指标一次性合格，而且还都要有一定的富余量；因此锻件的制造难度极大。

采用仿形锻造技术制造的泵壳锻件具有以下创新点：

（1）高强韧性匹配泵壳锻件成分优化设计。

对于强韧性要求高的厚截面锻件，目前比较成熟的制造技术是采用亚温淬火进行热处理，但此技术会带来强度的损失，通常的 SA-508M Gr.3 Cl.1 材质由于强度富余量较小，采用亚温淬火后容易造成韧性指标合格而强度略有不足的情况。为此，结合以往厚截面接管段锻件制造的成功经验，并优化其不足之处，创新性地通过对 C、Mn、Ni、Cr、Mo 等主要合金元素含量的控制，达到最终亚温淬火热处理后强韧性最佳匹配的目的。

（2）异形泵壳锻件仿形锻造新工艺。

由于泵壳形状复杂，传统的自由锻是按锻件外部尺寸最大点以中心线为轴线旋转进行锻造，锻件外部为圆柱面，锻件最终各部位余量差异较大，造成材料浪费。本项目针对 ACP1000 泵壳锻件的外形特点，创新性地将锻件外形锻造成正八方形，同时冲偏心孔，这样不但节约了材料（钢锭重量从 172t 减少至 123t），而且有利于锻件各部位达到更好的锻造效果，为锻件的机械性能提供保障。

（3）厚截面带内腔异形锻件新型热处理技术。

ACP1000 泵壳不仅形状复杂、截面厚，而且锻件带有内腔，为了使锻件取得快速均匀淬火冷却效果，要求锻件内部不能集聚热蒸汽，厚壁处冷却水量大、流速快，达到快速换热的目的。为此，设计了专用冷却水搅拌装置，并在锻件内腔装焊排气管用以导出内部热蒸汽，使锻件获得了良好的冷却效果。

1. 高强韧性匹配泵壳锻件成分优化设计

ACP1000 泵壳锻件材质为 SA-508M Gr.3 Cl.1，根据对以往厚截面锻件（如 AP1000 接管段）的测温结果来看，无论采用喷水淬火或浸水淬火，锻件取样位置处所能达到的最快冷速范围为 15~20℃/min，调质后难以满足高强韧性的要求。

ASME 标准 SA-508 中 4.3 节有如下描述："1、1A、2、2A、3 或 3A 级钢可采用多级奥氏体化工艺，为此，锻件先充分奥氏体化并液淬，随后重新加热到临界区温度范围内，以达到部分奥氏体化，并再次液淬。完成奥氏体化/淬火周期后，锻件应在亚临界温度下回火"。

第 3 篇第 2 章介绍的 AP1000 接管段锻件采用多级奥氏体化工艺进行性能热处理获得了良好的效果，同时此工艺也体现出一些不足之处，主要表现为热处理后锻件韧性指标有了大幅提升，但强度指标出现约 30MPa 左右的下降（见图 5.2-9）。因此，为了使锻件采用多级奥氏体化工艺后获得较佳的强韧性匹配，必须在要求的范围内对成分进行重新设计。

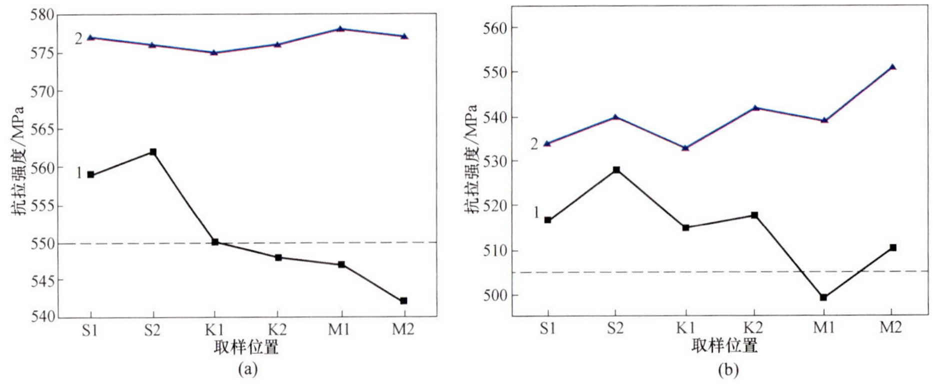

图 5.2-9　咸宁 1 号接管段首次调质性能结果与亚温淬火返修后性能结果对比（一）

（a）常温拉伸；（b）350℃拉伸

1—亚温淬火；2—首次淬火

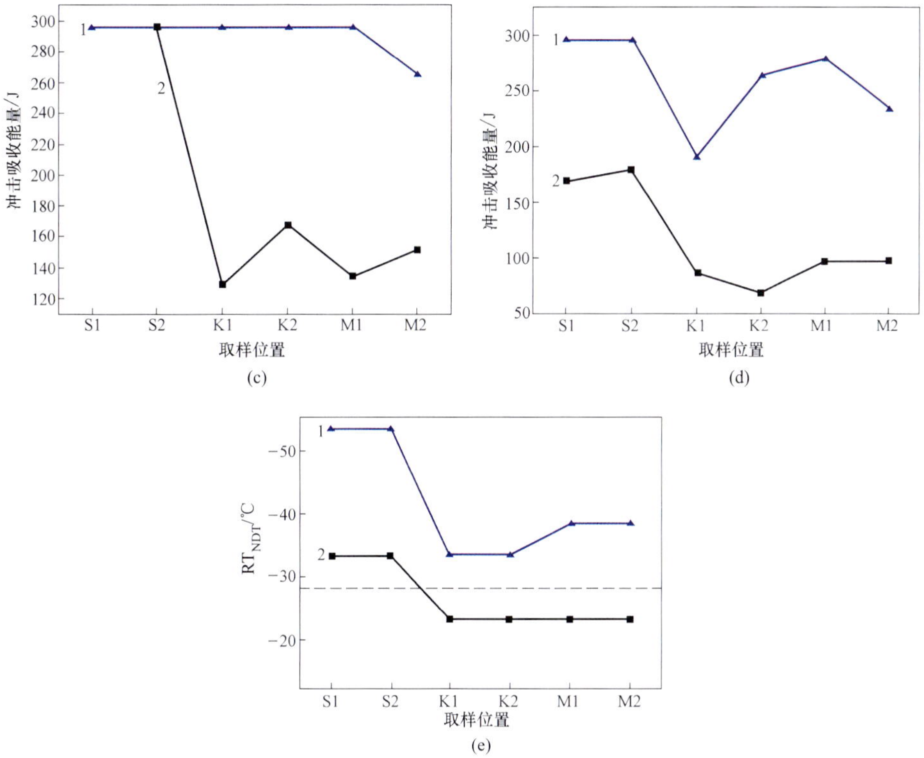

图 5.2-9　咸宁 1 号接管段首次调质性能结果与亚温淬火返修后性能结果对比（二）

（c）-23.3℃周向冲击；（d）-23.3℃轴向冲击；（e）RT_{NDT}（落锤）

1—亚温淬火；2—首次淬火

通过对使用多级奥氏体化工艺进行热处理的接管段锻件成分、性能、热处理工艺参数等统计分析，认为在一定的热处理工艺参数下，适当提高 C 含量及碳当量（C_{eq}）可以有效弥补多级奥氏体化热处理后的强度损失，且不会影响到锻件的韧性。为此，制定了 ACP1000 泵壳锻件的目标成分（见表 5.2-2）。

表 5.2-2　化学成分设计要求（质量分数，%）

元素	熔炼分析	熔炼分析目标范围	产品分析
C	0.18~0.22	0.21~0.22	0.16~0.24
Si	0.15~0.40	0.18~0.20	0.09~0.46
Mn	1.20~1.50	1.44~1.47	1.11~1.59
P	≤0.008	≤0.005	≤0.008
S	≤0.008	≤0.005	≤0.008
Cr	≤0.20	0.11~0.13	≤0.26
Ni	0.40~0.80	0.74~0.76	0.37~0.83
Mo	0.45~0.55	0.51~0.52	0.37~0.63
V	≤0.010	≤0.010	≤0.01
Cu	≤0.08	≤0.08	≤0.08
Al	≤0.025	0.015~0.025	≤0.035

续表

元素	熔炼分析	熔炼分析目标范围	产品分析
Nb	≤0.010	≤0.010	≤0.010
Co	≤0.08	≤0.08	≤0.09
As	≤0.010	≤0.010	≤0.010
Sn	≤0.010	≤0.010	≤0.010
Sb	≤0.002	≤0.002	≤0.002
Ta	≤0.030	≤0.030	≤0.03
Ca	≤0.015	≤0.015	≤0.015
B	≤0.003	≤0.003	≤0.003
Ti	≤0.015	≤0.015	≤0.015
N	≤0.013	≤0.013	≤0.018

2. 异形泵壳锻件仿形锻造工艺研究

ACP1000 泵壳要求进行轴向、周向及径向三个方向的力学性能检测，对锻件的各向均质性要求较高。这就要求锻件不仅需要有完整的锻造流线，而且需要三个方向具有比较均匀的变形。同时，主泵泵壳具有很复杂的结构，壁厚差异较大，对锻造成形也提出了更高的要求。为此，通过数值模拟逐步优化成形附具和成形工艺，确定最优化的仿形锻造方案，获得完整的锻造流线，并实现锻造成型过程中金属受多向应力作用，实现多向变形。同时，锻件外形锻造成正八方形，可以减少余量，节约材料，降低成本。

ACP1000 泵壳正八方形锻造过程数值模拟如图 5.2-10 所示。

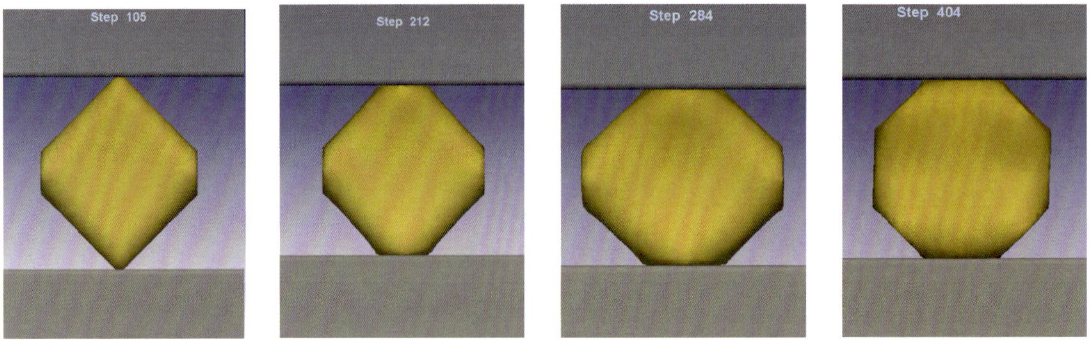

图 5.2-10　ACP1000 泵壳正八方形锻造过程数值模拟

3. 厚截面带内腔异形锻件热处理工艺研究

按照 SA-508M Gr.3 Cl.1 材料冷却速率与性能对应关系，性能热处理采用多级奥氏体化工艺，要满足 $RT_{NDT}\leqslant -21$℃的要求，锻件心部在温度为 840～400℃之间的冷却速率应超过 14.4℃/min。

为了预先确定锻件冷却方案，掌握喷水淬火状态下锻件可以达到的最快冷却速率，根据泵壳形状特点结合评定件性能取样位置，对 ACP1000 泵壳锻件进行了如下 17 个位置的冷却速率模拟，如图 5.2-11 所示。

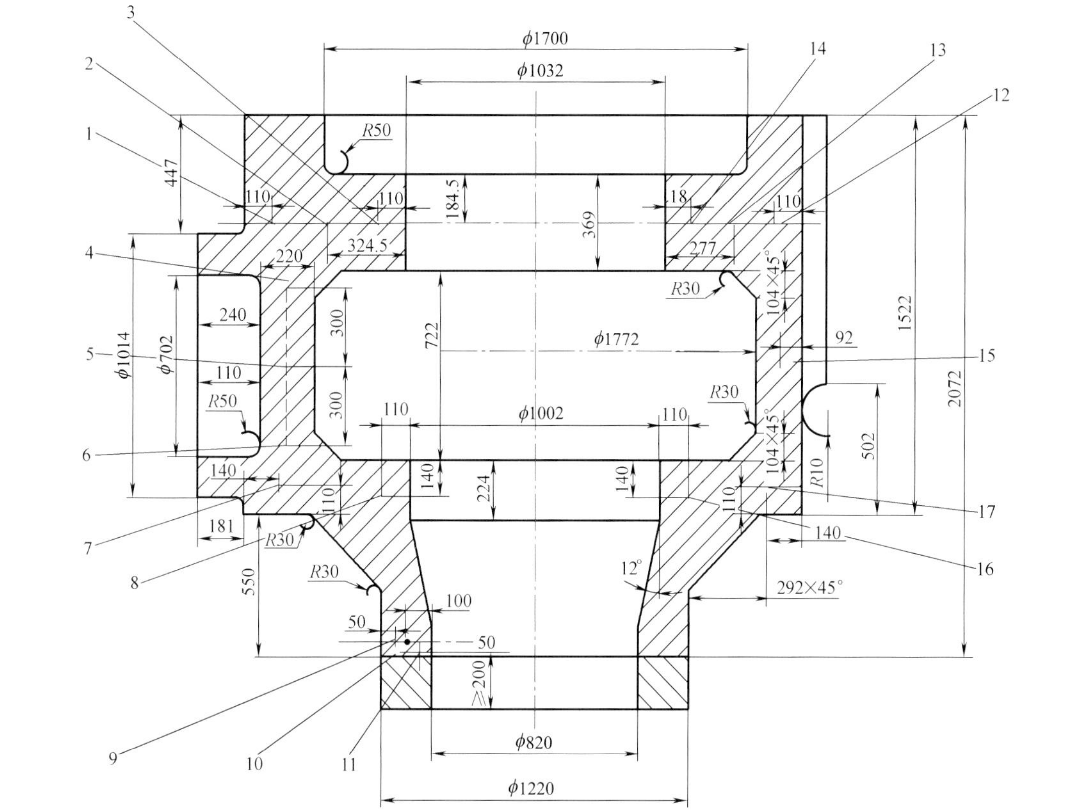

图 5.2-11　ACP1000 泵壳锻件模拟计算冷却位置

1—法兰端近外表面位置；2—法兰端中心位置；3—法兰端近内表面位置；4—出口管嘴近法兰位置；5—出口管嘴中心位置；6—出口管嘴远法兰位置；7—出口管嘴与锥形管过渡区外侧位置；8—出口管嘴与锥形管过渡区内侧位置；9—进口接管近外表面位置；10—进口接管中心位置；11—进口接管近内表面位置；12—法兰端近外表面位置；13—法兰端中心位置；14—法兰端近内表面位置；15—出口接管对称端壁厚中心位置；16—出口接管嘴与锥形管过渡区内侧位置；17—出口接管嘴与锥形管过渡区外侧位置

（1）模型及假设。

建立主泵泵壳的三维模型，划分网格采用 10 节点四面体单元，单元尺寸为 35mm。假设泵壳锻件淬火前温度为均匀分布的 900℃，并且在淬火过程中锻件整体均匀换热，即内外表面换热系数相同。

（2）计算工况。

由于喷淬装置水压未知，所以假设三种工况进行计算。

工况 1：水压 $p=0.16$MPa，水流密度 $W=0.07$L/(cm^2 · min)；

工况 2：水压 $p=0.4$MPa，水流密度 $W=0.15$L/(cm^2 · min)；

工况 3：水压 $p=0.6$MPa，水流密度 $W=0.2$L/(cm^2 · min)。

上述三种工况对应的传热系数如图 5.2-12 所示。

（3）计算结果。

工况一：

ACP1000 主泵泵壳的温度场如图 5.2-13 所示。

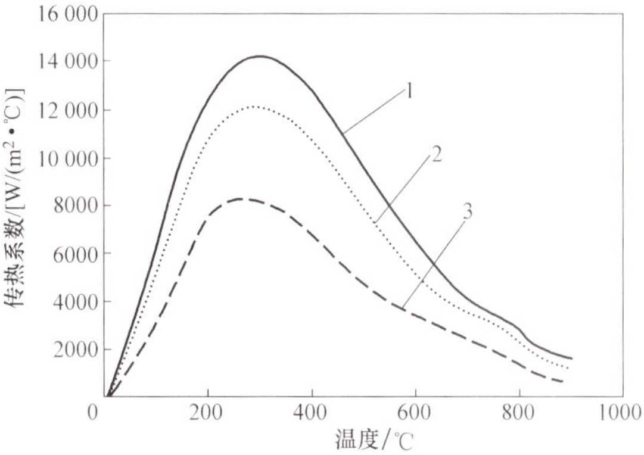

图 5.2-12　不同工况对应的传热系数

1—$W=0.2\mathrm{L/(cm^2\cdot min)}$；2—$W=0.07\mathrm{L/(cm^2\cdot min)}$；3—$W=0.15\mathrm{L/(cm^2\cdot min)}$

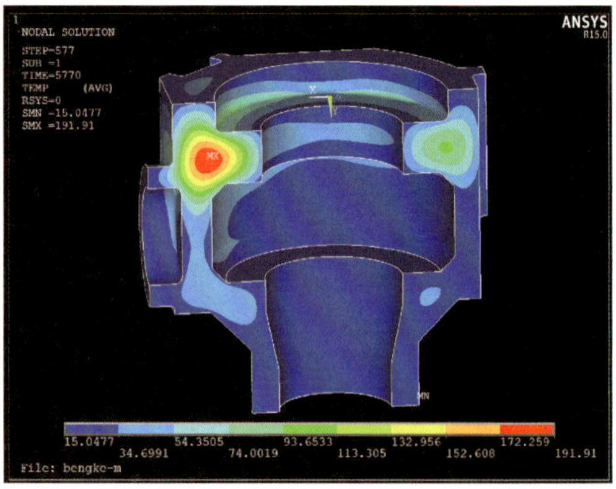

图 5.2-13　主泵泵壳的温度场（工况一）

在此工况下，图 5.2-11 所示各个位置点的冷速曲线如图 5.2-14 所示。

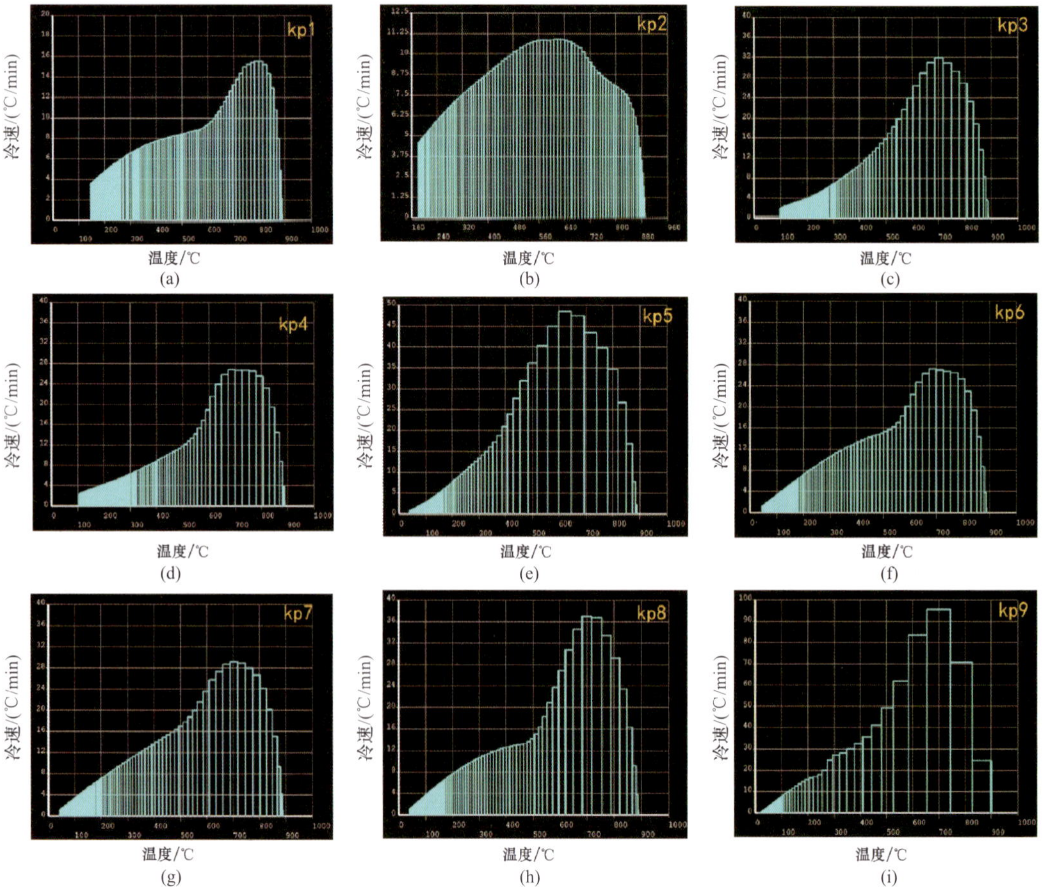

图 5.2-14　锻件所标示各个位置点的冷速曲线（一）

（a）位置 1；（b）位置 2；（c）位置 3；（d）位置 4；（e）位置 5；（f）位置 6；（g）位置 7；（h）位置 8；（i）位置 9

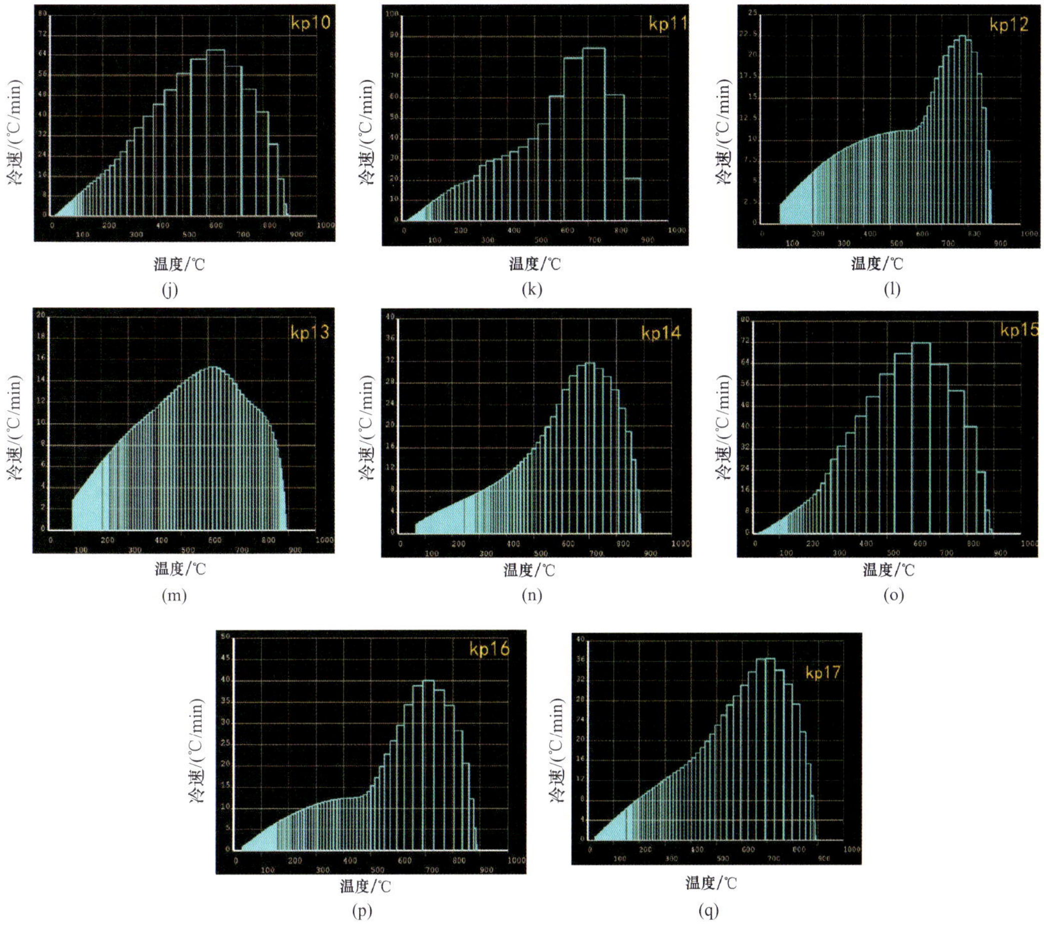

图 5.2-14　锻件所标示各个位置点的冷速曲线（二）

（j）位置 10；（k）位置 11；（l）位置 12；（m）位置 13；（n）位置 14；（o）位置 15；（p）位置 16；（q）位置 17

由上述结果可知，840~400℃范围内不满足冷速要求（超过 14.4℃/min）的位置点有 1、2、13，其中冷速最慢的位置为 2 点，其温度达到 80℃所需的时间为 7900s。

工况二：

通过计算发现，在此工况下不满足冷速要求的位置点与工况一相同，为 1、2、13，其中冷速最慢的位置为 2 点，其温度达到 80℃所需的时间为 7400s。

工况三：

通过计算发现，在此工况下不满足冷速要求的位置点为 1、2，其中冷速最慢的位置为 2 点，其温度达到 80℃所需的时间为 7000s。

喷水淬火冷却时的实际水压一般不超过 0.4MPa，所以通过上述计算结果可知，喷水淬火不能满足计算要求。为此，从改变淬火介质和降低水温两个方面着手考察淬火效果，观察锻件冷却最慢的位置 2 点是否可以满足冷速要求。

（4）其他条件下的淬火冷却计算。

1）盐水。根据试验测得的 15% 盐水传热系数如图 5.2-15 所示。利用此传热系数计算 ACP1000 主泵泵壳的淬火冷却，得到位置点 2 的冷速曲线如图 5.2-16 所示。

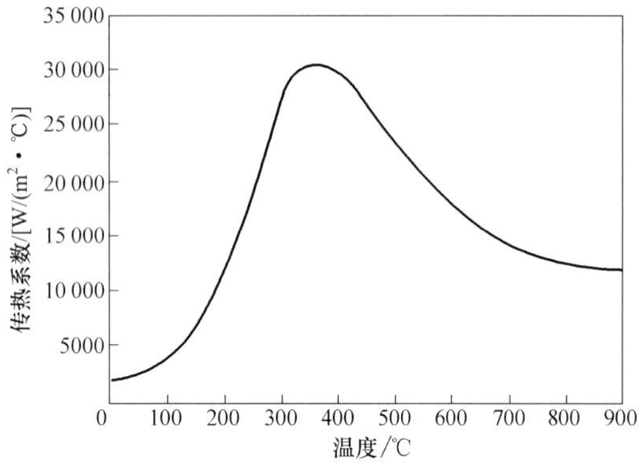

图 5.2-15　15%盐水的传热系数曲线

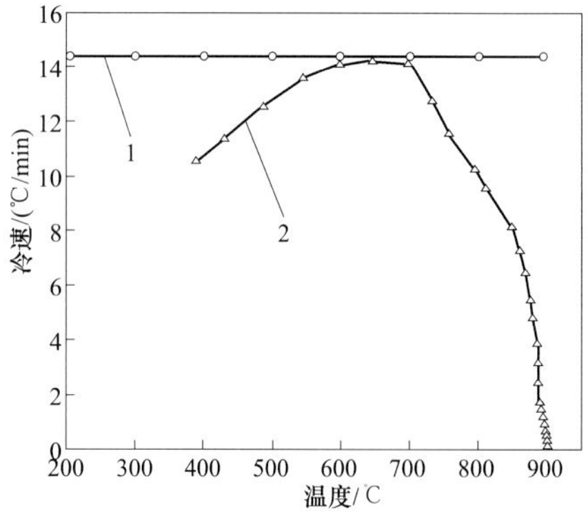

图 5.2-16　冷速最慢位置 2 点的冷速曲线（15%盐水）

1—要求冷速；2—2 点冷速

通过上述计算发现，当淬火介质为 15%盐水时，仍然不能满足计算要求。

2）$CaCl_2$溶液。由已知的经验公式求得 $CaCl_2$溶液的传热系数如图 5.2-17 所示。利用此传热系数计算 ACP1000 主泵泵壳的淬火冷却，得到位置点 2 的冷速曲线如图 5.2-18 所示。

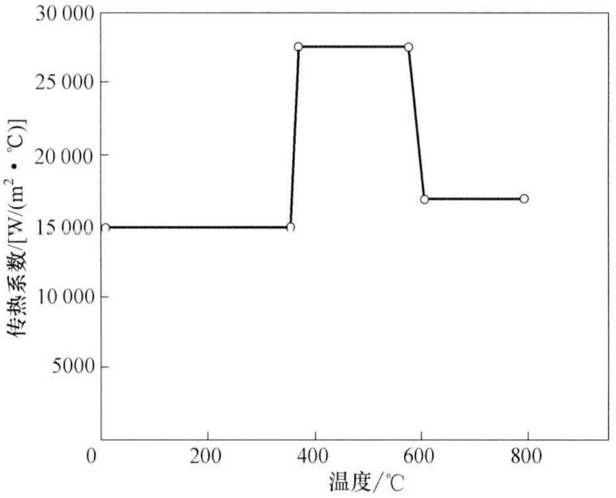

图 5.2-17　$CaCl_2$溶液的传热系数

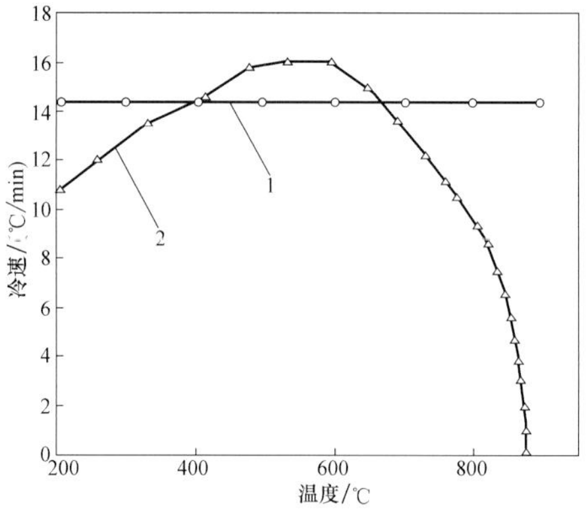

图 5.2-18　冷速最慢位置 2 点的冷速曲线（$CaCl_2$溶液）

1—要求冷速；2—2 点冷速

通过上述计算发现，当淬火介质为 $CaCl_2$溶液时，也不能完全满足计算要求。

4. 降低水温的喷水淬火冷却计算

通过查阅《热处理手册》估算可得水温分别为 20℃和 10℃时的传热系数曲线如图 5.2-19 所示。利用两组传热系数计算 ACP1000 主泵泵壳的淬火冷却，得到位置点 2 的冷速曲线如图 5.2-20 所示。

2 点位于锻件心部，锻件表面的冷速曲线如图 5.2-21 所示，比较可知，降低水温对锻件表面冷速的影响十分显著，但是对于 2 点的冷速变化几乎没有影响，这是由于 2 点位于锻件心部较深的位置的原因。

通过以上计算可知，对于 ACP1000 泵壳锻件其心部很难达到预期要求的冷速，且喷水淬火或其他形式的淬火均会带来锻件冷却的不均匀性或其他负面影响，为此决定采用传统浸水淬火热处理方案。

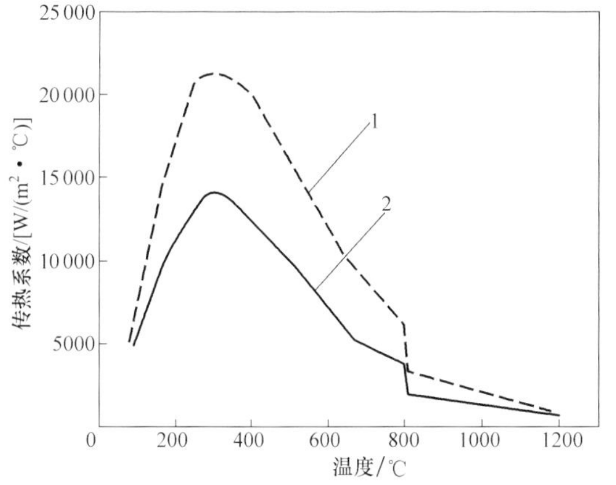

图 5.2-19　水温分别为 20℃和 10℃时的传热系数
1—水温 10℃；2—水温 20℃

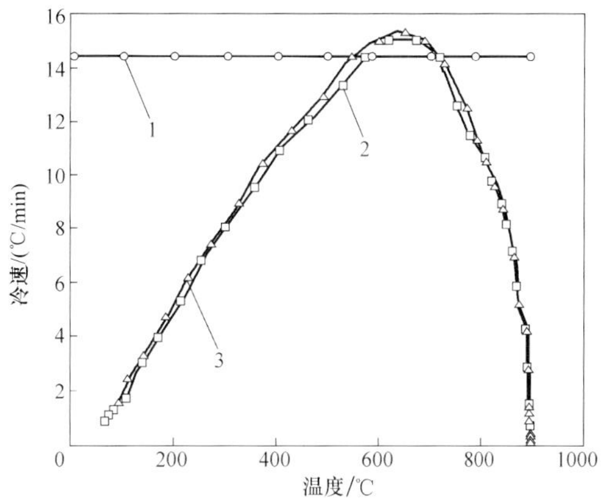

图 5.2-20　冷速最慢位置 2 点的冷速曲线（水冷）
1—要求冷速；2—水温 20℃；3—水温 10℃

浸水淬火热处理方案的最大特点是操作方便、冷却均匀。

5. ACP1000 泵壳锻件实际热处理方案

浸水淬火热处理时增大水的搅拌与流动才能尽可能快的带走锻件热量，提高冷却速率。因此，为了避免在锻件内部集聚热蒸汽，增加厚壁处冷却水量、加快流速，设计了专用冷却水搅拌装置，并在锻件内腔装焊排气管用以导出内部热蒸汽，改善锻件冷却效果。

浸水淬火底部搅拌装置如图 5.2-22 所示，泵壳安装排气管如图 5.2-23 所示。

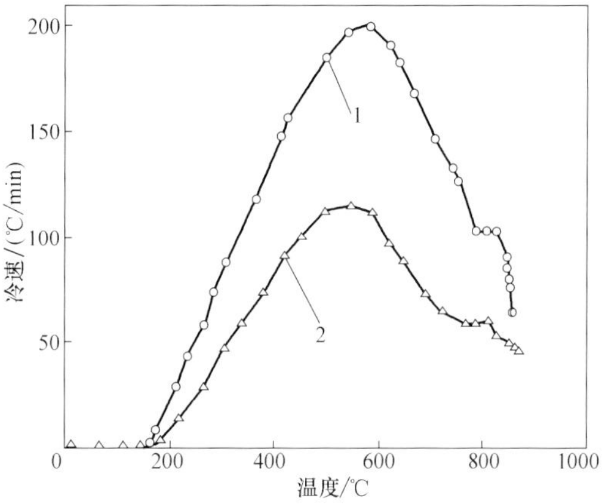

图 5.2-21　锻件表面的冷速曲线
1—水温 10℃；2—水温 20℃

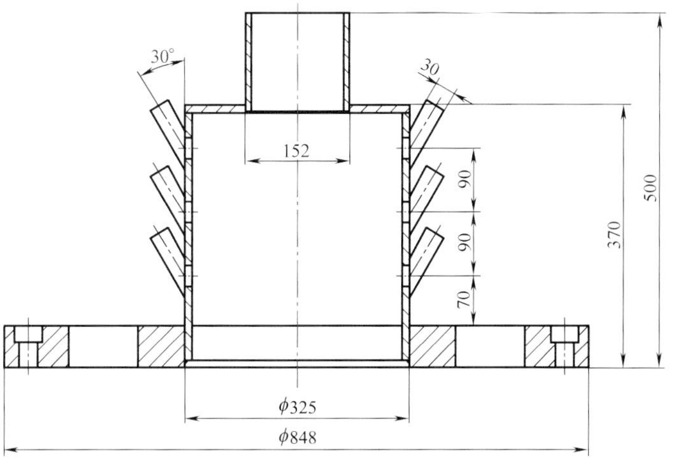

图 5.2-22　浸水淬火底部搅拌装置

2.1.3 近净成形锻造

虽然百万千瓦核电泵壳锻件已经研制成功并实现批量供货，但自由锻造和仿形锻造的泵壳内腔加工量大、加工难度大、制造周期长，同时，在日本福岛核事故之后，我国对核电站的安全性提出了更高要求，对高性能、高可靠性、高耐久性的泵壳锻件需求更为紧迫。

CAP1400 泵壳是一种形状复杂大型空腔锻件，在泵壳锻造成形工艺研究过程中提出了近净成形锻造、以满足全纤维、高锻透性、高致密性、低成本的制造要求。图 5.2-24 是 CAP1400 泵壳立体图，图 5.2-25 是 CAP1400 粗加工取样图，图 5.2-26 是 CAP1400 泵壳锻件图。

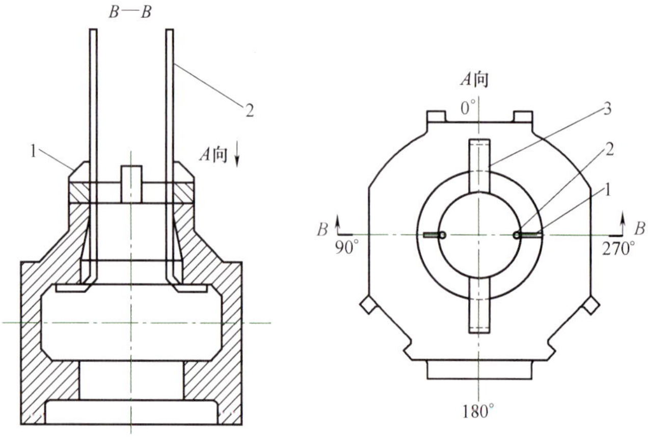

图 5.2-23 泵壳安装排气管

1—筋板；2—排气管；3—吊耳

图 5.2-24 CAP1400 泵壳立体图

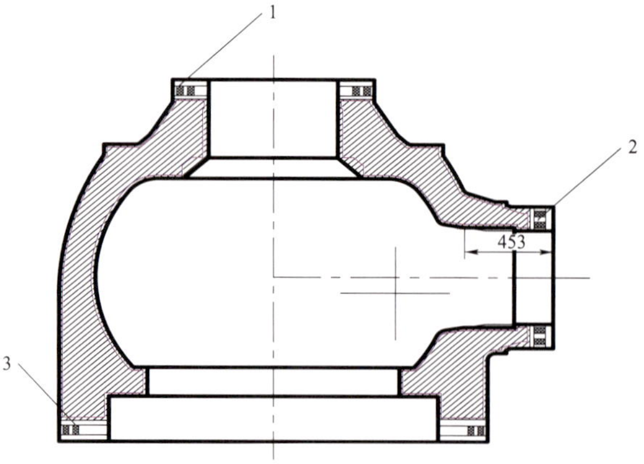

图 5.2-25 CAP1400 泵壳粗加工取样图

1—冷却剂入口端性能试料；2—冷却剂出口端性能试料；3—泵壳法兰端性能试料

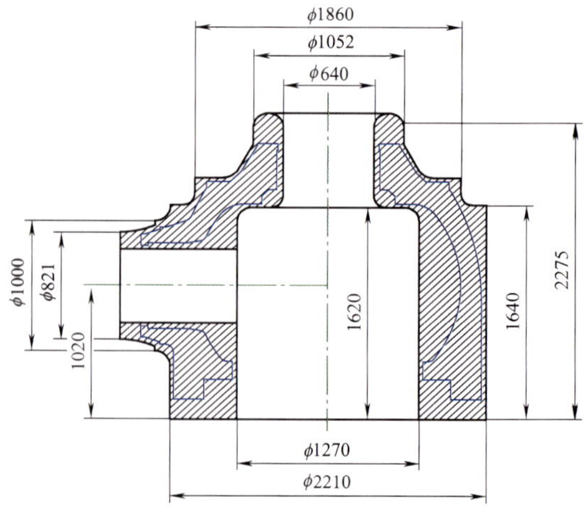

图 5.2-26 CAP1400 泵壳锻件图

制造流程：

炼钢、铸锭→预制筒形锻坯锻造→粗加工（翻边孔）、UT 探伤→翻边出口端管嘴→二次粗加工（泵壳入口端成形锥面）→胎模锻局部收口成形入口端管嘴→三次粗加工（去除锻造飞边等）→性能热处理→取样、性能检验→精加工→包装、发运。

1. CAP1400 泵壳预制锻坯设计

锻坯粗加工及 UT 探伤图如图 5.2-27 所示。

（1）钢锭选择。

泵壳预制锻坯重量：58.5t。

钢锭选用：上注 24 棱 97t 钢锭。

（2）预制锻坯锻造工艺过程。

1）锭身倒棱、拔长，气割下料。

2）镦粗、冲孔。

3）芯棒拔长至 $L=2700\text{mm}$，平端面至 $H=2500\text{mm}$。

预制坯料锻件如图 5.2-28 所示。

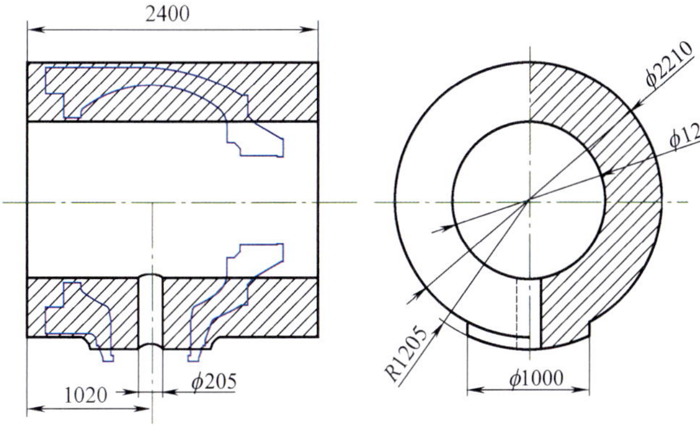

图 5.2-27　锻坯粗加工及 UT 探伤图

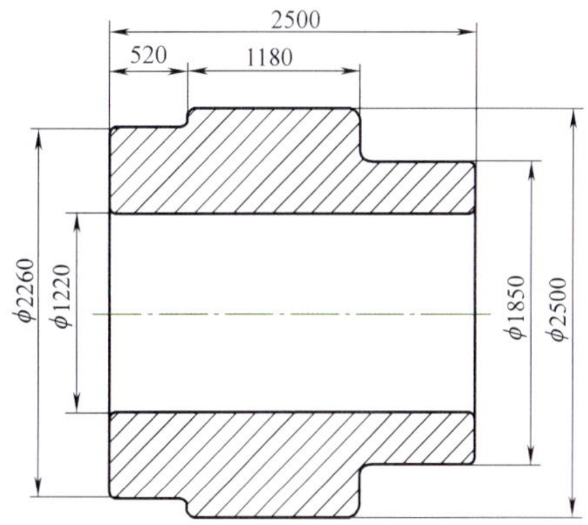

图 5.2-28　预制坯料锻件图

2. CAP1400 泵壳出口端翻边工艺及数值模拟

（1）翻边出口端管嘴机构设计。

泵壳锻件翻边出口端模具结构简图如图 5.2-29 所示。冲头支承架与液压机活动横梁连接，冲形力自上而下传递，使冲头进入预制钢坯，翻边出口端管嘴。

（2）翻边出口端管嘴数值模拟。

泵壳局部翻边出口端管嘴有限元模型如图 5.2-30 所示。

泵壳局部加热（1000℃）翻边出口端管嘴变形过程数值模拟如图 5.2-31 所示。泵壳不同范围局部加热（1000℃）翻边出口端管嘴的数值模拟如图 5.2-32 及图 5.2-33 所示。

泵壳整体加热（1000℃）翻边出口端管嘴数值模拟如图 5.2-34 所示。冲孔翻边最大成形力为 20 500kN（见图 5.2-35）。

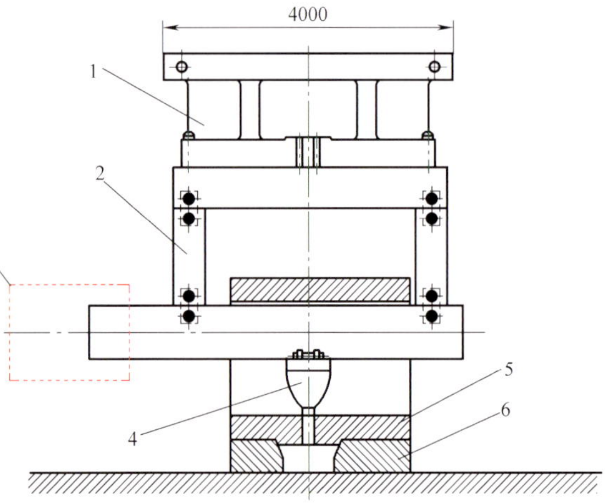

图 5.2-29　泵壳锻件翻边出口端管嘴模具结构简图

1—冲头支撑架；2—筒体翻边梁；3—操作机夹持端；4—翻边冲头；5—预制锻坯；6—翻边下模

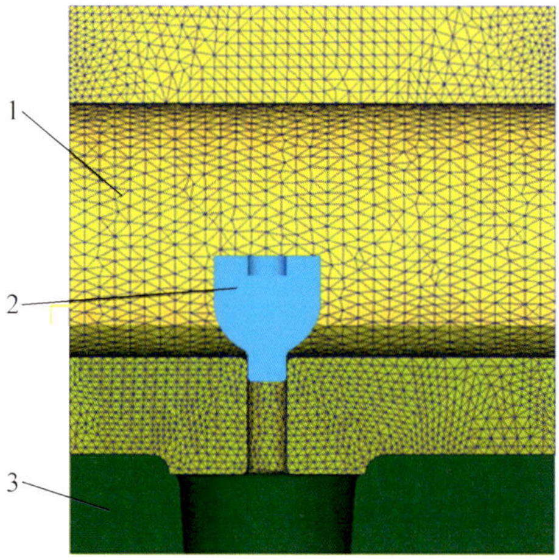

图 5.2-30　泵壳局部翻边出口端管嘴有限元模型

1—预制锻坯；2—冲头；3—翻边下模

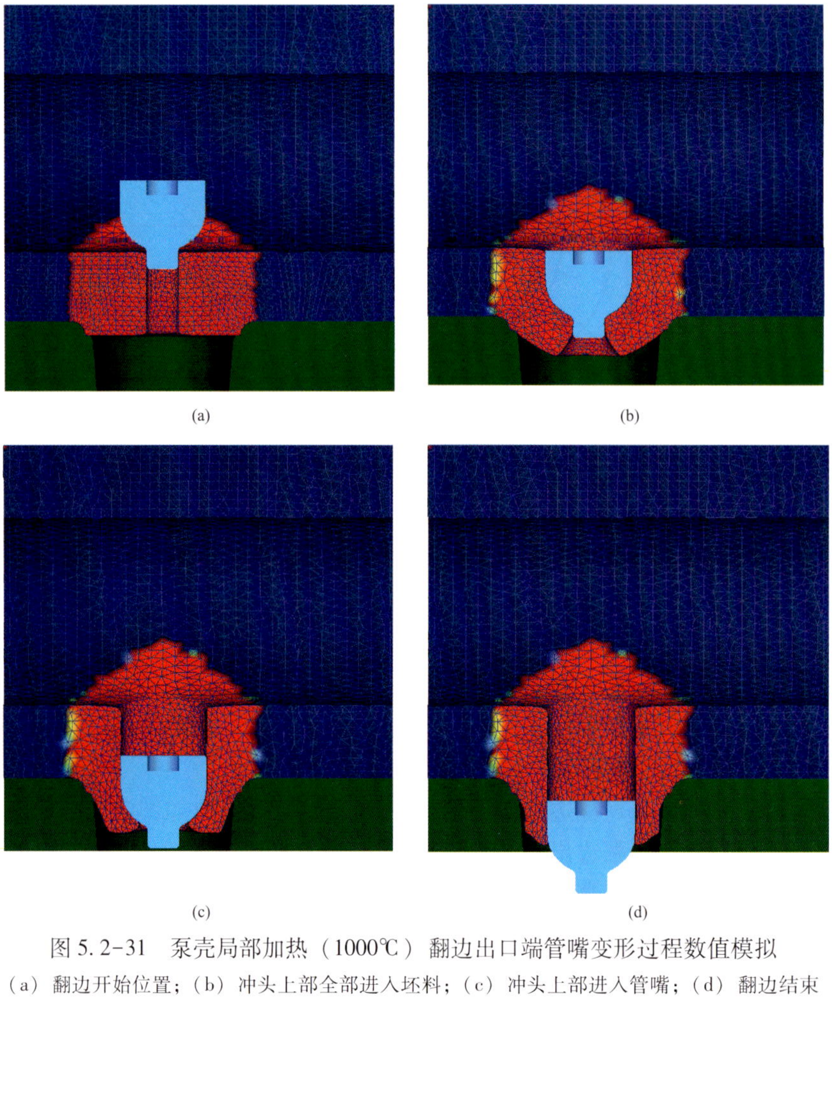

图 5.2-31　泵壳局部加热（1000℃）翻边出口端管嘴变形过程数值模拟

（a）翻边开始位置；（b）冲头上部全部进入坯料；（c）冲头上部进入管嘴；（d）翻边结束

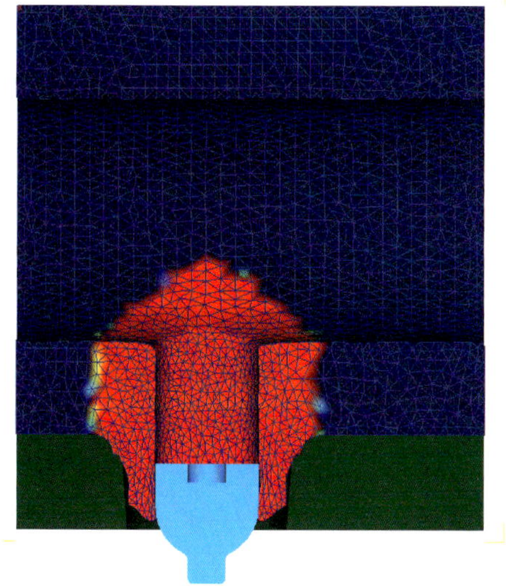

图 5.2-32　局部加热（ϕ1200mm）翻边出口端管嘴

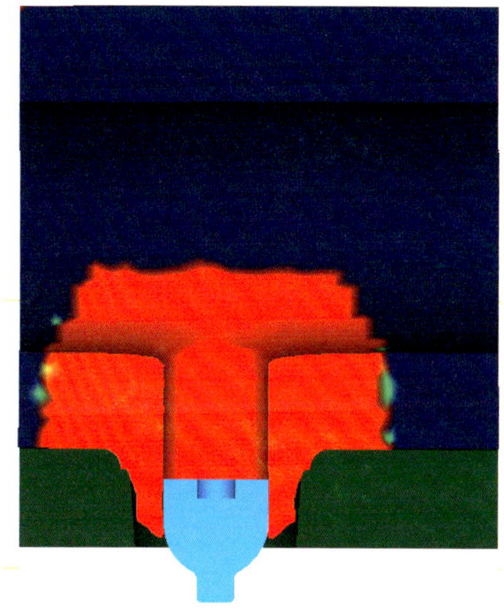

图 5.2-33　局部加热（ϕ1800mm）翻边出口端管嘴

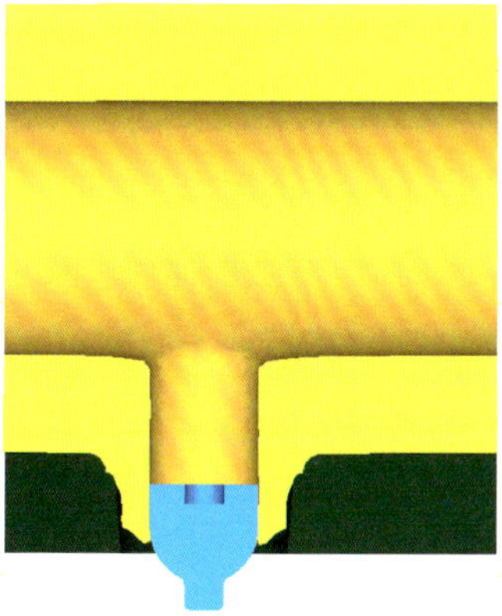

图 5.2-34　整体加热（1000℃）翻边出口端管嘴

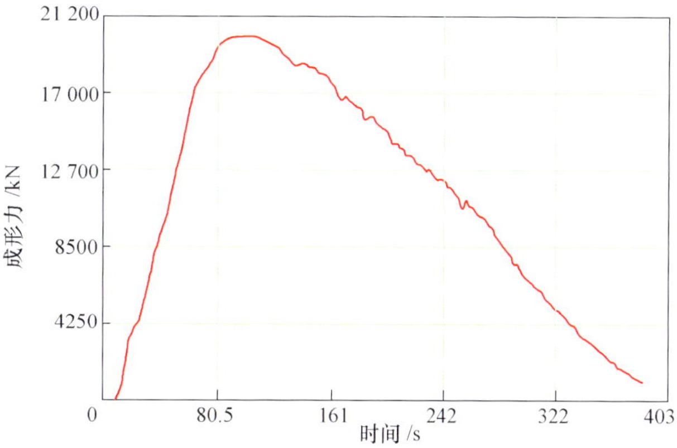

图 5.2-35　冲孔翻边最大成形力 20 500kN

泵壳锻件加热（1000℃）翻边出口端管嘴后的坯料与粗加工图的包络情况如图 5.2-36 所示。余量足够满足管嘴及试料的需要。

（3）预制锻坯翻边出口端管嘴后粗加工。

泵壳锻件翻边出口端管嘴后二次粗加工图如图 5.2-37 所示。

（4）入口端管嘴成形工艺设计。

泵壳锻件入口端管嘴成形工艺设计路线如图 5.2-38 所示。

泵壳锻件入口端管嘴成形数值模拟如图 5.2-39～图 5.2-41 所示。

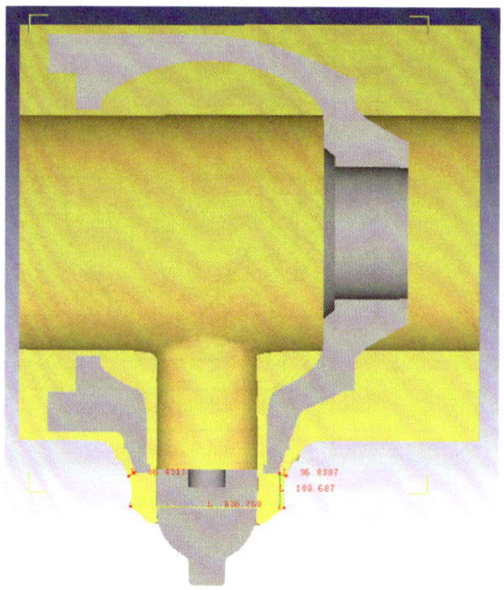

图 5.2-36　锻件翻边出口端管嘴后与粗加工图包络情况

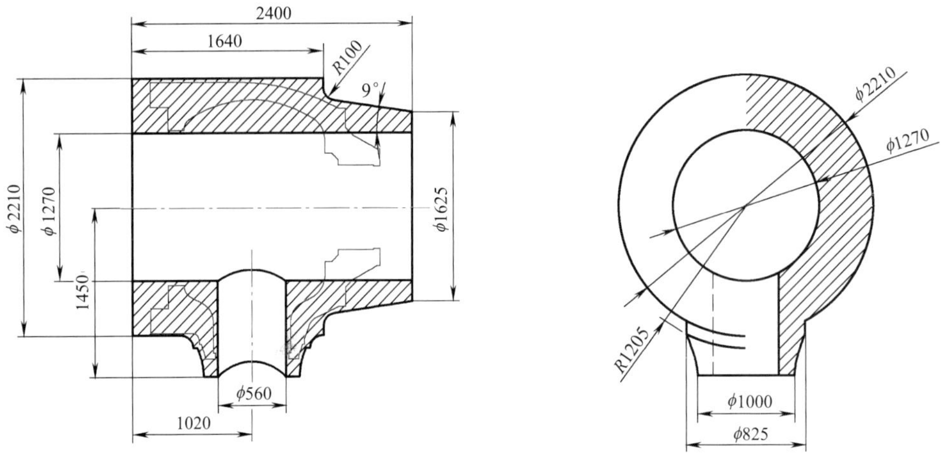

图 5.2-37　泵壳锻件翻边出口端管嘴后二次粗加工图

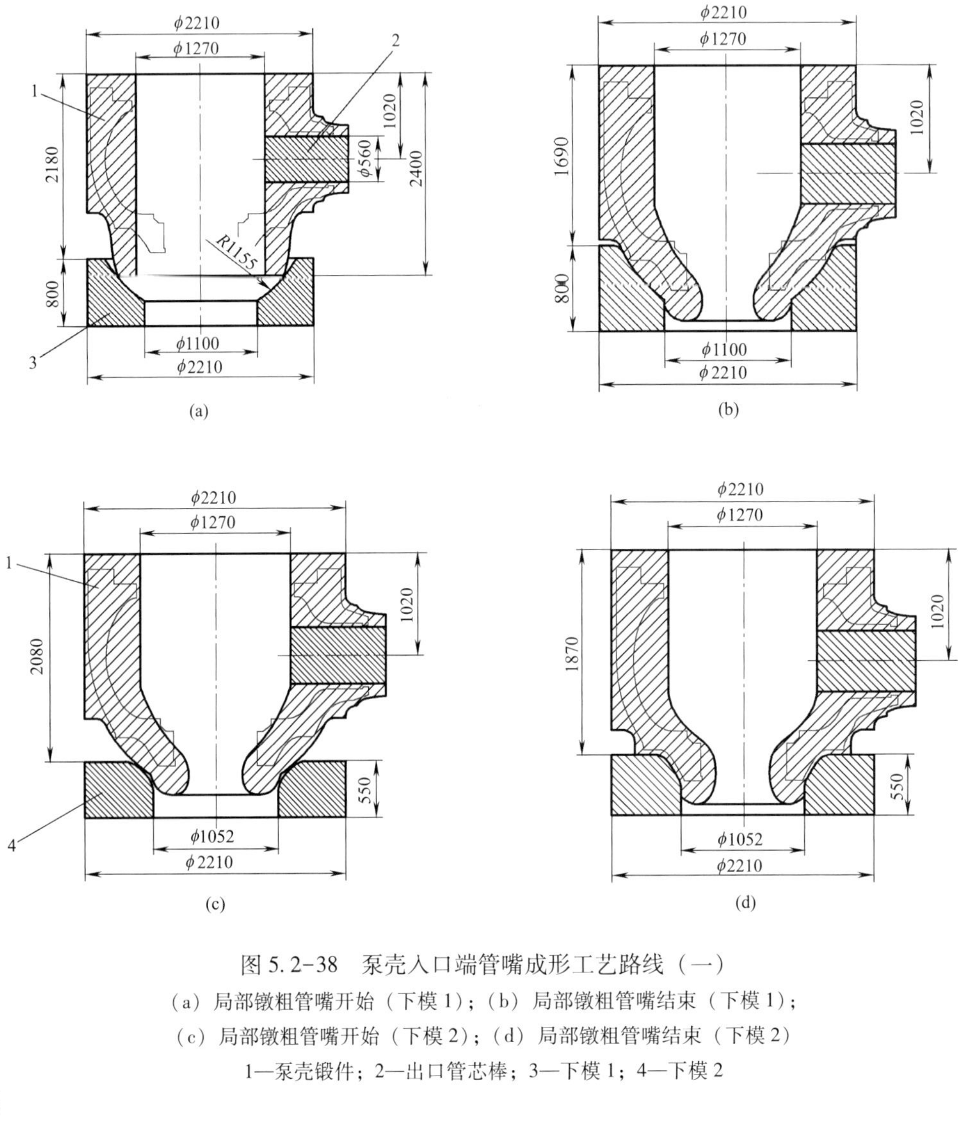

图 5.2-38　泵壳入口端管嘴成形工艺路线（一）

（a）局部镦粗管嘴开始（下模 1）；（b）局部镦粗管嘴结束（下模 1）；

（c）局部镦粗管嘴开始（下模 2）；（d）局部镦粗管嘴结束（下模 2）

1—泵壳锻件；2—出口管芯棒；3—下模 1；4—下模 2

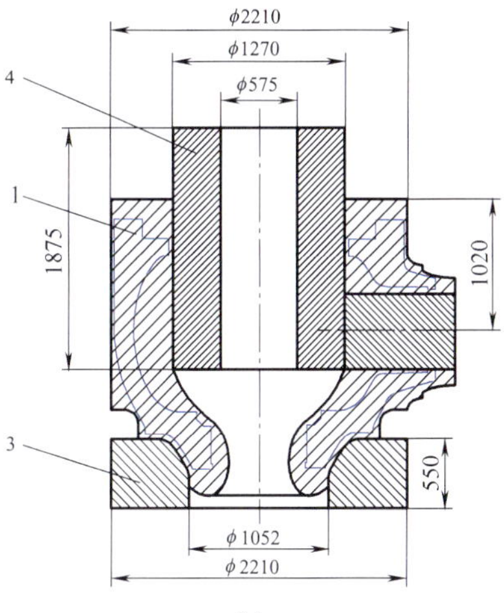

(e)

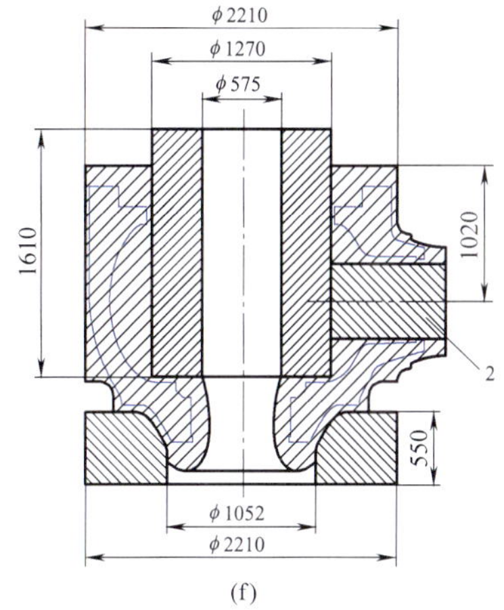

(f)

图 5.2-38　泵壳入口端管嘴成形工艺路线（二）

（e）成形内腔开始；（f）成形内腔结束

1—泵壳锻件；2—出口管芯棒；3—下模 2；4—芯模

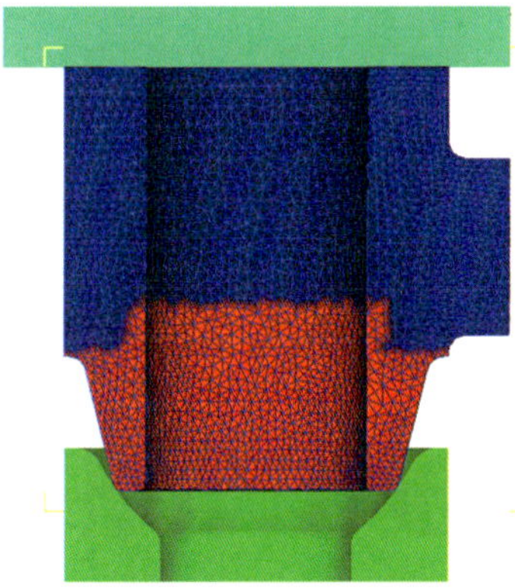

(a)

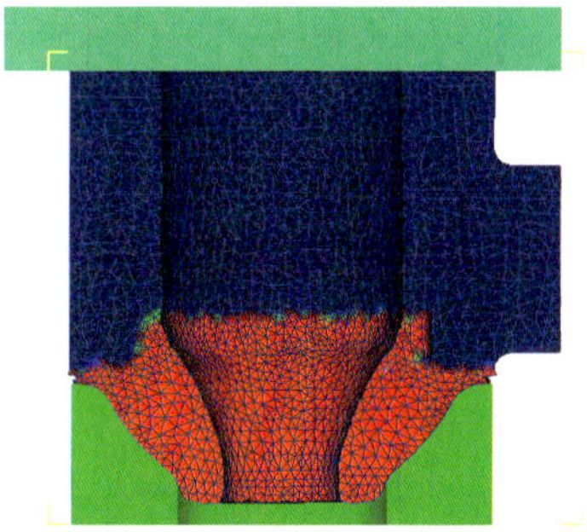

(b)

图 5.2-39　泵壳预制锻坯在下模 1 上收口

（a）收口开始；（b）收口结束

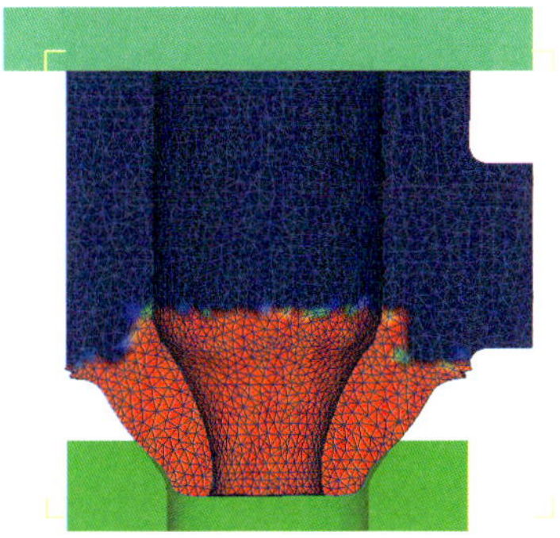

(a)

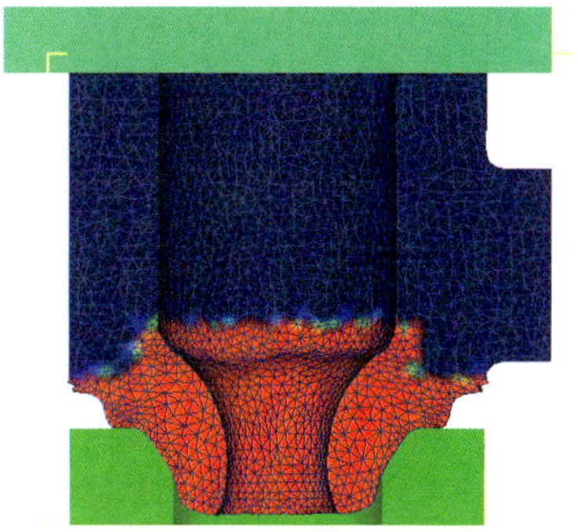

(b)

图 5.2-40　泵壳预制锻坯在下模 2 上收口

（a）收口开始；（b）收口结束

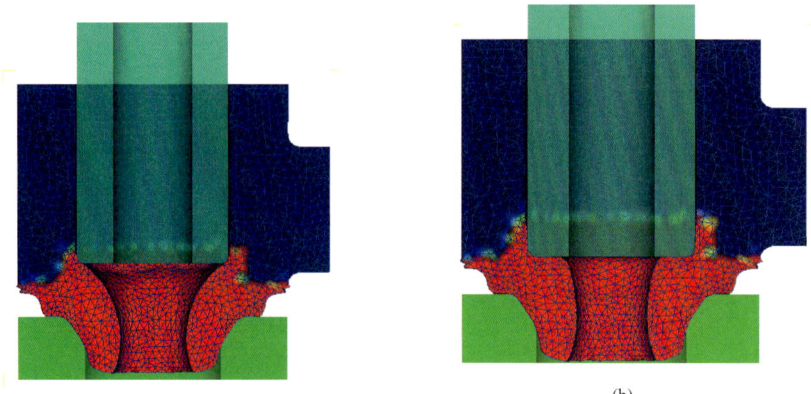

(a) (b)

图 5.2-41　用芯模压泵壳预制锻坯内台阶

（a）压台阶开始；（b）压台阶结束

入口端管嘴最大成形力为 100MN（见图 5.2-42）。入口端管嘴成形后的数值模拟泵壳锻件对 CAP1400 泵壳精加工件的包络情况如图 5.2-43 所示，包络情况比较理想，实现了泵壳锻件的近净成形。

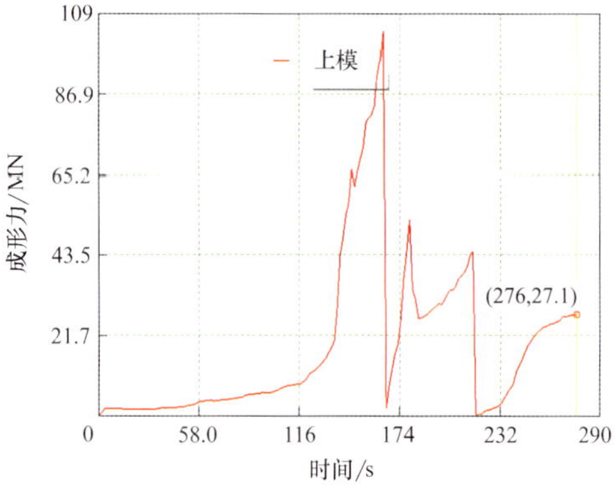

图 5.2-42　入口端管嘴最大成形力 100MN

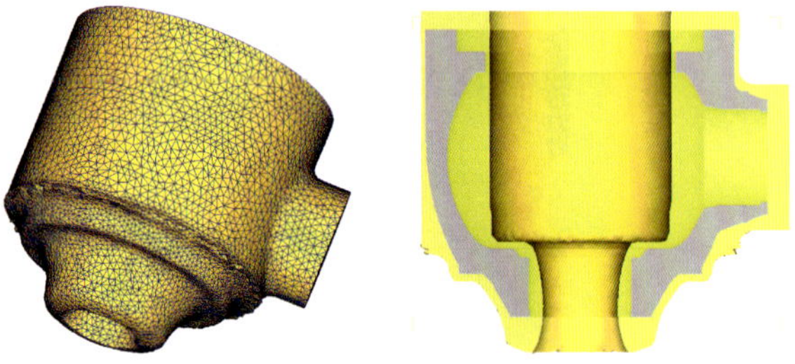

(a) (b)

图 5.2-43　数值模拟泵壳锻件对 CAP1400 泵壳精加工件的包络情况

（a）立体图；（b）剖面图

2.2 壳法兰锻件

CAP1400 核岛主泵壳法兰锻件由于韧性要求高，长期以来全部依赖进口。锻件材质为 SA-508M Gr.1，分为主法兰和机壳两种锻件，锻件要求 RT_{NDT}温度分别达到不大于 -29℃和不大于-21℃。由于 SA-508M Gr.1 合金元素含量少、淬透性较差，常规热处理只能通过提高锻件淬火冷速来获得高的韧性，但对于大锻件淬火冷速不能无限制的提高，给锻件的制造带来极大的难度。ASME SA-508M Gr.1 化学成分见表 5.2-3。CAP1400 核岛主泵主法兰锻件的力学性能要求见表 5.2-4。

表 5.2-3　　SA-508M Gr.1 化学成分　　（质量分数，%）

元素	熔炼分析	产品分析	元素	熔炼分析	产品分析
C	≤0.35	≤0.35	V	≤0.05	≤0.06
Si	≤0.40	≤0.40	Cu	≤0.20	≤0.20
Mn	0.40~1.05	0.32~1.13	Al	≤0.025	≤0.025
P	≤0.025	≤0.025	Nb	≤0.01	≤0.01
S	≤0.025	≤0.025	Co	≤0.05	≤0.05
Cr	≤0.25	≤0.31	Ca	≤0.015	≤0.015
Ni	≤0.40	≤0.43	B	≤0.003	≤0.003
Mo	≤0.10	≤0.13	Ti	≤0.015	≤0.015

表 5.2-4　　壳法兰力学性能指标

试验项目	温度/℃	力学性能	要求值
拉伸	室温	$R_{p0.2}$/MPa	≥250
		R_m/MPa	485~655
		A（%）（4d）	≥20
		Z（%）	≥38
冲击	-12.2	最小平均值/J	68
		最小单个值/J	68
		最小横向膨胀/mm	0.89
落锤及补充冲击		RT_{NDT}/℃	≤-29
	T_{NDT}+33	最小单个值/J	68
		最小横向膨胀/mm	0.89

突破 SA-508M Gr.1 材料的制造技术瓶颈，实现国内此类核电锻件的自主化研制和生产，填补国内核电大锻件制造领域的空白尤为重要。

2.2.1　强韧性提升方案

为解决 SA-508M Gr.1 材料韧性难以达到要求的难题，使锻件获得最佳的强韧性匹配，通过对 C、Mn、Ni、Cr、Mo 等合金元素含量的优化，保证有足够的强度储备，为材料性能提供基础保证；通过采用仿形锻造成形技术，不但有利于锻件各部位获得更佳的锻造流线、为锻件性能提高提供必要保障，而且提高了材料利用率；由于锻件截面厚（机壳锻件壁厚达到 220mm，主法兰锻件壁厚达到 500mm），为了有效提高材料韧性，采用亚温淬火热处理技术，通过增加一次临界区淬火，有效提高材料韧性，并可使锻件全截面获得均匀一致的性能。

（1）化学成分优化。

主要是调整 C 含量及合金元素含量，加入微合金元素，目的是提高淬透性、形成微合金碳化物提高韧性。

（2）锻造工艺优化。

通过采用仿形锻造成形技术，有利于锻件各部位获得更佳的锻件流线和应力分布，提高锻件性能、节省原材料。

（3）调整组织。

SA-508M Gr.1 材料常规调质后组织为铁素体+珠光体，该类组织很难获得高的韧性水平，必须结合热处理工艺研究调整组织比例及组织形态。

（4）细化晶粒。

结合 SA-508M 系列材料制造经验，主要致力于通过控制 N/Al 和锻造温度来细化奥氏体晶粒，进一步提高强韧性。

（5）热处理工艺参数优化。

采用亚温淬火热处理技术提高材料韧性。

2.2.2 优化效果

1. SA-508M Gr.1 材料成分优化效果

针对主法兰和机壳锻件高强度和高韧性的特点，对 SA-508M Gr.1 材料的成分进行了优化。① 控制 P、S 含量；② 在成分要求范围内，调整了 C、Cr、Si、Mn、Ni、Mo 的成分配比；③ 加入微合金元素 V，确定最佳内控成分。

通过 JMatpro 模拟软件对材料 CCT 曲线（见图 5.2-44）及强度（见图 5.2-45）进行预测，确定是否满足性能要求。

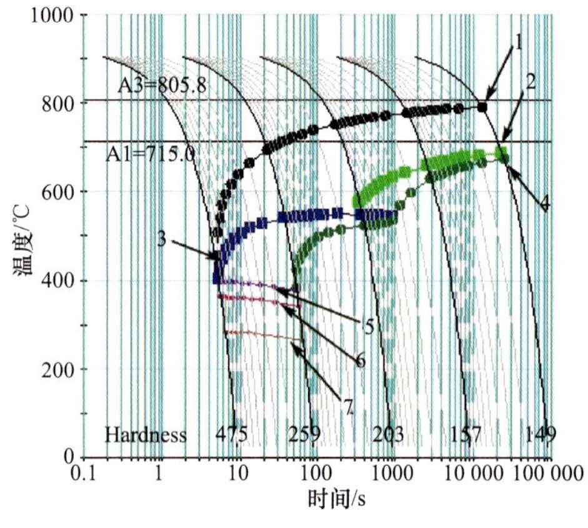

图 5.2-44 SA-508M Gr.1 材料 CCT 曲线计算结果

1—铁素体（1%）；2—珠光体（1%）；

3—贝氏体（1%）；4—奥氏体（1%）；5—马氏体开始线；

6—50%马氏体；7—90%马氏体

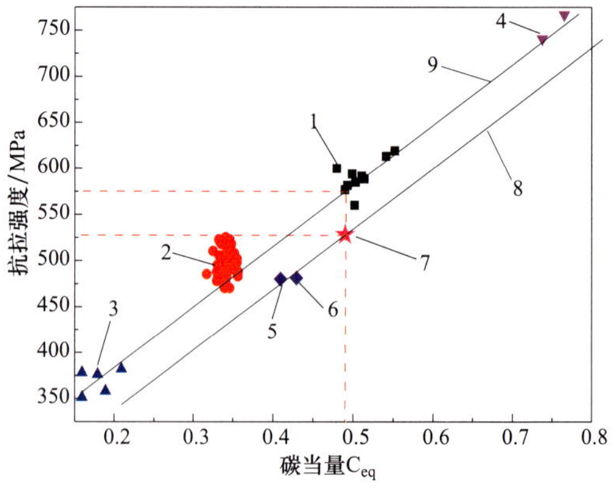

图 5.2-45 SA-508M Gr.1 等材料强度计算结果

1—35K1；2—22A；3—195；4—SCr440；

5—SA-508M Gr.3 Cl.1；6—原成分；

7—优化成分；8—晶粒度 7 级；9—晶粒度 10 级

通过 CCT 曲线计算，确定出控制组织的最佳淬火冷却速率应大于 60℃/min。预测成分优化后在晶粒度 7 级的情况下抗拉强度可达到约 528MPa；由于加入微合金 V 及控制较多的 N，将增加强度约 50MPa，预测最终强度将达到约 578MPa。

2. 壳法兰锻件仿形锻造工艺优化效果

通过 Deform 3D 软件成形数值模拟，确定最佳锻造工艺，确保主法兰和机壳锻件具有良好的均匀性。

主法兰锻件在钢锭中的位置如图 5.2-46 所示。CAP1400 主泵主法兰锻件锻造工艺流程如图 5.2-47 所示。

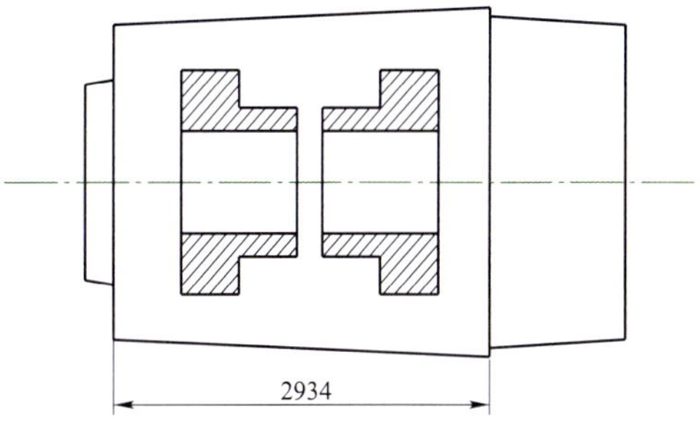

图 5.2-46　主法兰锻件在钢锭中位置

主法兰锻件粗加工图如图 5.2-48 所示。为了提高材料利用率，将两件主法兰锻件合锻在一起，仿形锻造成形效果如图 5.2-49 所示。通过仿形锻造成形技术，使得锻件各部位均获得了满意的效果。

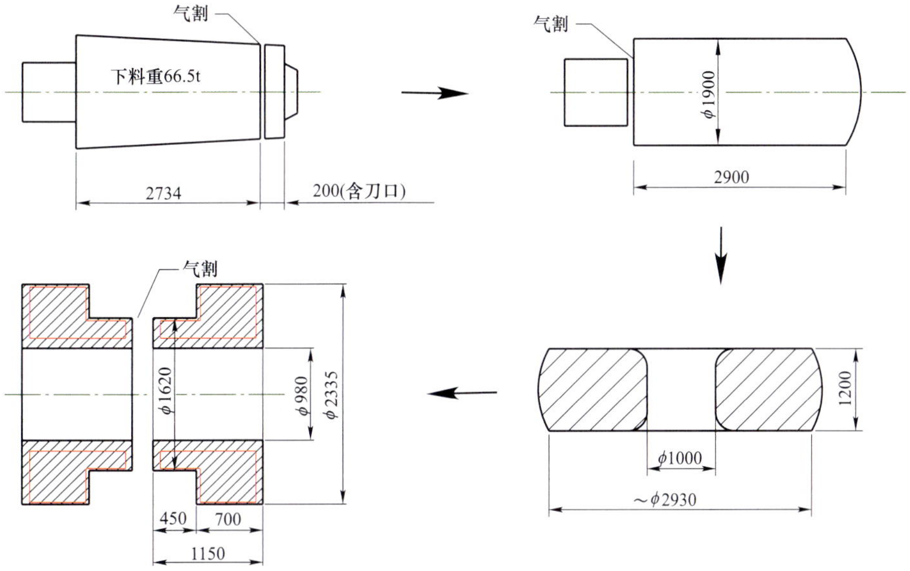

图 5.2-47　CAP1400 主法兰锻件锻造工艺流程

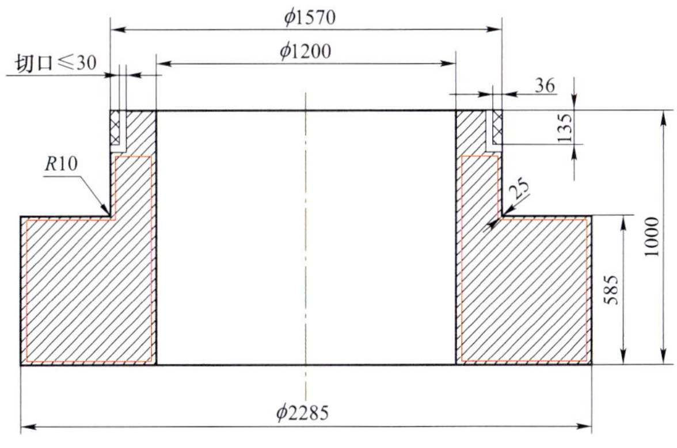

图 5.2-48　主法兰锻件粗加工图

图 5.2-49　主法兰锻件仿形锻造成形效果

3. 优化热处理工艺效果

由于 SA-508M Gr.1 材料合金元素含量少、淬透性低，常规淬火后韧性无法满足，为了有效提高材料韧性，必须采用亚温淬火热处理技术，通过在 Ac1～Ac3 温度区间增加一次临界区淬火，有效提高材料韧性。SA-508M Gr.1 材料优化热处理工艺曲线如图 5.2-50 所示。CAP1400 主泵主法兰锻件淬火如图 5.2-51 所示。

图 5.2-52 及图 5.2-53 分别给出了 SA-508M Gr.1 材料常规淬火与亚温淬火强度及低温冲击对比。

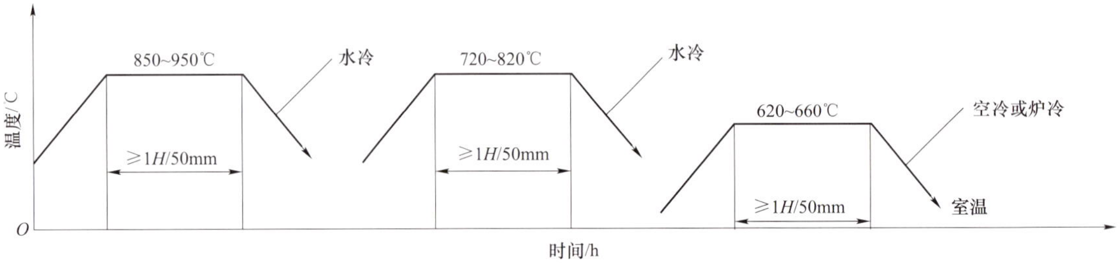

图 5.2-50　SA-508M Gr.1 材料优化热处理工艺曲线

从图 5.2-52 及图 5.2-53 中可以看出，采用亚温淬火热处理后，SA-508M Gr.1 材料锻件强度仅降低约 30MPa，而韧性（低温冲击）提高则超过 50%。

4. 晶粒度及组织

SA-508M 系列钢锻件通常晶粒度为 6～7 级，通过成分优化，SA-508M Gr.1 材料锻件性能热处理后晶粒度达到 8 级。SA-508M Gr.1 材料常规淬火与亚温淬火热处理后组织对比如图 5.2-54 及图 5.2-55 所示。

图 5.2-51　CAP1400 主泵主法兰锻件淬火

从图 5.2-54 及图 5.2-55 的对比可以看出，采用亚温淬火热处理后 SA-508M Gr.1 材料组织明显细化，铁素体、珠光体形态由团块状转变为条状。由于组织形态的变化，增大了相界面面积，增加了裂纹扩展阻力，有利于获得更高的韧性。

技术创新点：

（1）将 JMatpro 和 Deform 3D 等商用软件与大锻件全流程制造相结合，实现了模拟、试验室研究向工程化转变的创新。

（2）亚温淬火热处理技术（即两相区高强韧性热处理技术）应用于锻件制造，将常规低韧性材料改性为高韧性材料，实现了在不增加制造成本的基础上大幅提高材料性能的目标。

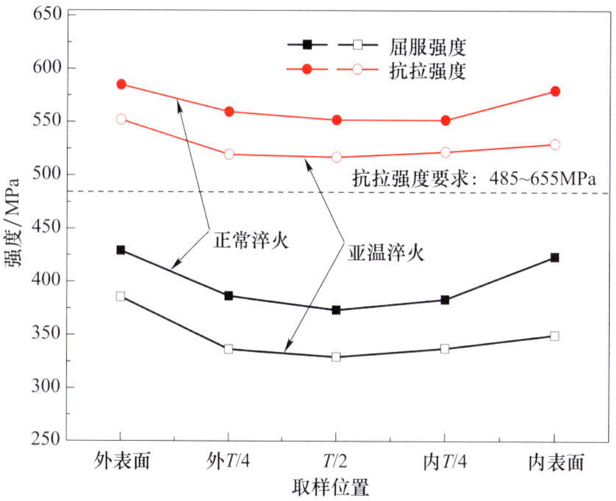

图 5.2-52　SA-508M Gr.1 材料常规淬火与亚温淬火强度对比

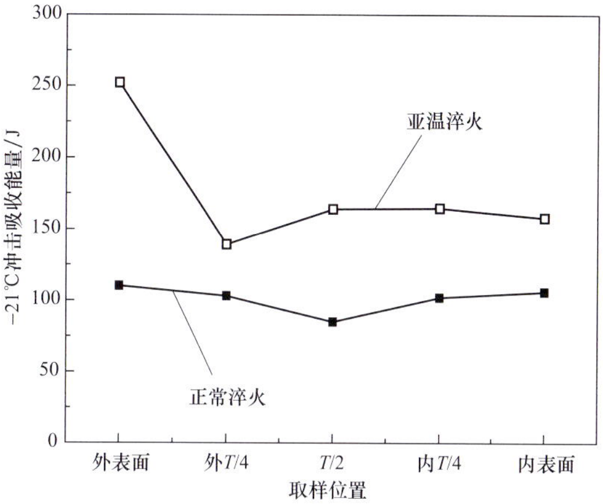

图 5.2-53　SA-508M Gr.1 材料常规淬火与亚温淬火低温冲击对比

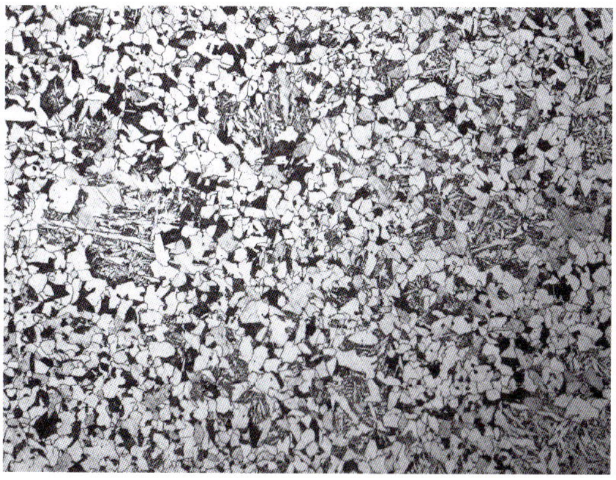

图 5.2-54　SA-508M Gr.1 材料常规淬火后组织

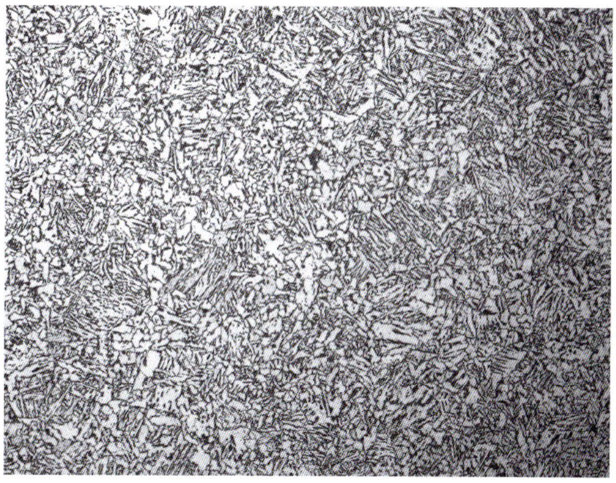

图 5.2-55　SA-508M Gr.1 材料亚温淬火后组织

经性能检测，主法兰锻件 $RT_{NDT}=-34℃$，机壳锻件 $RT_{NDT}=-21℃$，且锻件强度富余量超过 30~50MPa。锻件研制成功标志着中国一重已突破了 SA-508M Gr.1 材料的制造技术瓶颈，在国内首次实现了此类材质核电大锻件的自主化研制和生产，填补了国内核电大锻件制造领域的空白。

CAP1400 壳法兰锻件的研制成功表明中国一重在 SA-508M Gr.1 材料大锻件方面的制造水平已达到国际先进水平，为我国核岛关键大锻件的国产化进程提供了坚强的技术保障。

第 3 章　核 废 料 罐 锻 件

核废料泛指在核燃料生产、加工及核反应堆用过的不再需要的并具有放射性的废料，也专指核反应堆用过的乏燃料，经后处理回收完钚-239 等可利用的核材料后，余下的铀-238 等不再需要的并具有放射性的废料。对于高放射性核废料，必须与生物圈有效隔离。安全、永久地处理核废料的两个必须条件是：首先要安全、永久地将核废料封闭在一个容器里，其次是要寻找一个安全、永久存放核废料的地点。因此，研发安全可靠的存储和运输设备至关重要。

新型核废料罐采用 SA-508M Gr.4 材质，采用通孔或盲孔的设计。锻件图分别如图 5. 3-1 及图 5. 3-2 所示。

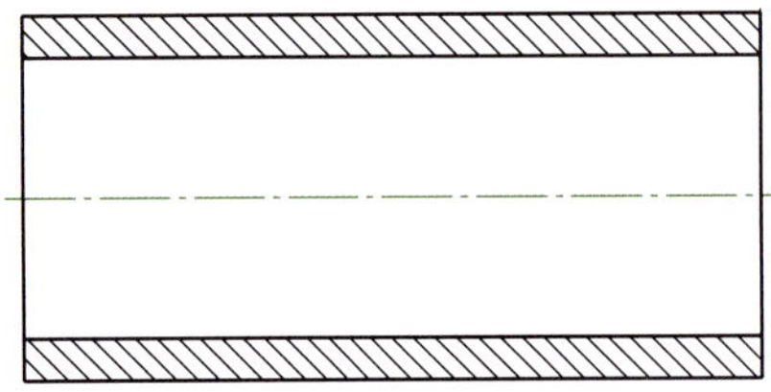

图 5. 3-1　通孔型核废料罐

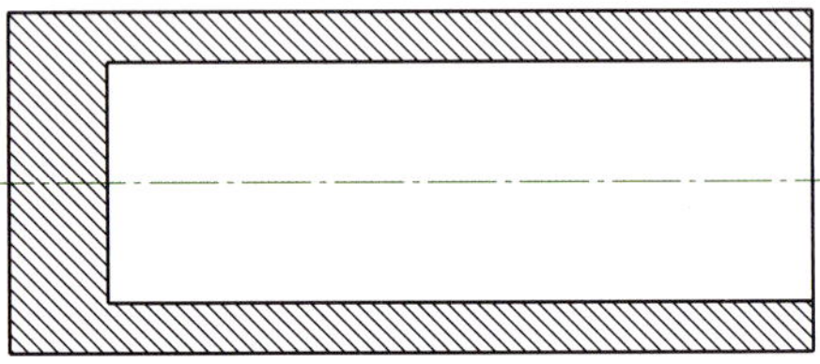

图 5. 3-2　盲孔型核废料罐

3.1　工 艺 性 分 析

通孔型核废料罐结构简单，易于制造，但安全性较盲孔型差。

盲孔型结构复杂，要求具有完整的锻造流线，底部壁厚大，制造难度大。常规的自由锻造工艺无法满足制造要求，必须采取胎模锻造或挤压成形工艺方案。

3. 2　满足设计要求和保证质量的分析

SA-508M Gr.4 材质核废料罐性能要求极高，主要指标如下：

1. 化学成分

新型核废料罐采用的 SA-508M Gr.4 材质化学成分见表 5. 3-1。

表 5. 3-1　核废料罐化学成分　（质量分数，%）

C	Si	Mn	P	S	Cr	Ni	Mo	V	Co
≤0. 23	≤0. 10	0. 20~0. 40	≤0. 015	≤0. 015	1. 50~2. 00	2. 80~3. 90	0. 40~0. 60	≤0. 03	≤0. 2

2. 模拟焊后热处理的机械性能检测

SA-508M Gr.4 材质核废料罐性能要求见表 5.3-2，要求具有极高的韧性和强度。

表 5.3-2　　核废料罐主要性能

试验项目	温度/℃	性能	轴向	周向
拉伸	室温	$R_{p0.2}$/MPa	—	≥485
		R_m/MPa	—	620~795
		A（%）（4d）	—	≥20
		Z（%）	—	≥48
	150	$R_{p0.2}$/MPa		≥440
		R_m/MPa		≥620
		A（%）（4d）		提供数据
		Z（%）		提供数据
Cv 冲击试验	-29	最小平均值/J	48	—
		单个最小值/J	41	—
	-105	最小平均值/J	27	—
落锤		T_{NDT}/℃	≤-107	
RT_{NDT}	≤-107℃			
晶粒度			5 级或更细	

新型核废料罐特别是盲孔核废料罐制造难度大，为了达到设计要求，必须对制造工艺和过程控制进行优化。主要包括：

（1）成分设计：综合锻件性能指标要求，制造难度在于如何同时满足极高的韧性和强度指标，为此，在成分设计上参照相应锻件制造经验，对本锻件的成分进行合理优化。

（2）锻造成形：进行胎膜成形，使锻件锻造完成后接近于产品形状，优化成形附具和成形参数，保证锻件具有足够的锻造比。

（3）热处理：优化热处理方案，优化粗加工轮廓尺寸，最大程度提高锻件性能热处理冷却效果。

3.3　制　造　工　艺

制造流程：冶炼、铸锭→锻造（模锻）→锻后热处理→初粗加工（UT）→粗加工→性能热处理→标识、取样→性能检测→精加工→UT、MT、PT、DT、VT→标识→报告审查→包装出厂。

1. 成分优化

SA-508M Gr.4 材质核废料罐要求具有极高的韧性和强度，因此成分优化是关键环节。通过系列试验发现，主要元素对其强韧性有极大影响。

核废料罐优化后成分设计见表 5.3-3。

表 5.3-3　核废料罐优化后成分设计　（质量分数，%）

元素	熔炼分析	产品分析	目标值
C	≤0.23	≤0.23	0.18
Si	≤0.10	≤0.10	0.08
Mn	0.20~0.40	0.20~0.40	0.30
P	≤0.015	≤0.015	≤0.005
S	≤0.005	≤0.005	≤0.003
Cr	1.5~2.00	1.5~2.00	1.85
Ni	2.80~3.90	2.80~3.90	3.50
Mo	0.40~0.60	0.40~0.60	0.50
V	≤0.03	≤0.03	≤0.03
Co	≤0.2	≤0.2	≤0.2

2. 模锻成形

模锻成形盲孔锻件如图 5.3-3 所示。预制坯料后，使用专用冲头冲压成形。

3. 热处理

通孔锻件粗加工图和盲孔锻件粗加工图分别如图 5.3-4 及图 5.3-5 所示。

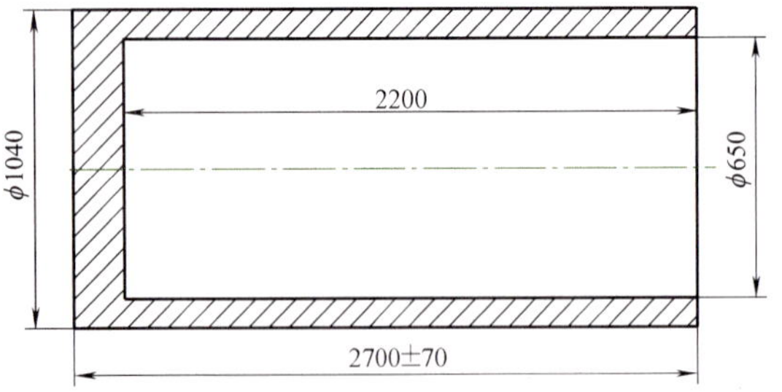

图 5.3-3　盲孔锻件图

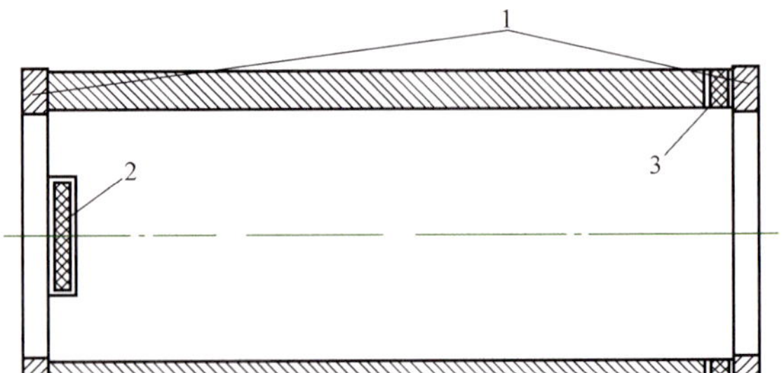

图 5.3-4　通孔核废料罐粗加工图

1—热缓冲环；2—冒口端试料；3—水口端试料

核废料罐典型试样分布如图 5.3-6 所示。盲孔核废料罐粗加工状态如图 5.3-7 所示。

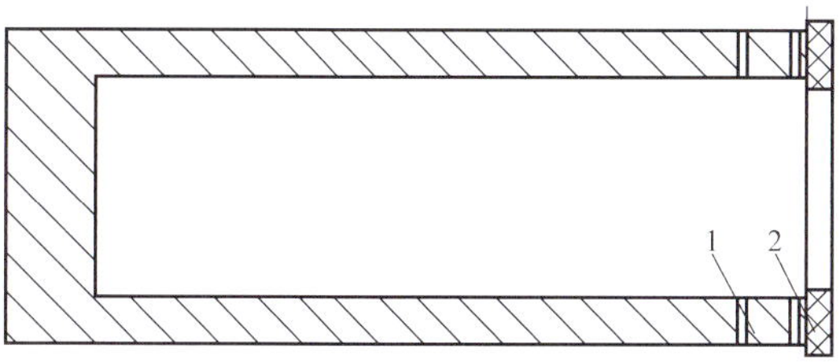

图 5.3-5 盲孔核废料罐粗加工图

1—性能试料；2—热缓冲环

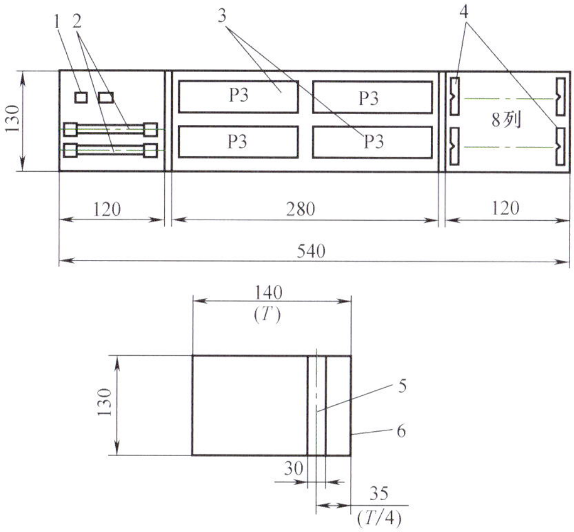

图 5.3-6 核废料罐典型试样分布图

1—化学成分、金相试块；2—拉伸试样；3—落锤试样；4—冲击试样；5—试料中线；6—内表面

图 5.3-7 盲孔核废料罐粗加工状态

性能热处理采用浸水冷却方式，工艺曲线如图 5.3-8 所示。

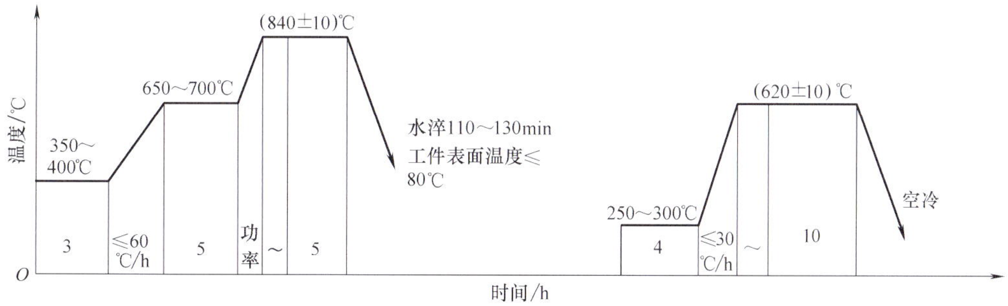

图 5.3-8 核废料罐性能热处理工艺曲线

3.4 性 能 结 果

SA-508M Gr.4 钢核废料罐经性能检测，各项指标均满足技术条件要求。其化学成分见表 5.3-4，RT_{NDT}见表 5.3-5，不同位置的强度对比如图 5.3-9 所示，不同位置的冲击吸收能量对比如图 5.3-10 所示。

表 5.3-4　核废料罐锻件产品化学成分　（质量分数，%）

取样位置	C	Si	Mn	P	S	Cr	Ni	Mo	Co
	≤0.23	≤0.10	0.2~0.4	≤0.015	≤0.005	1.5~2.0	2.8~3.9	0.4~0.6	≤0.20
A	0.16	0.05	0.28	0.005	0.002 0	1.78	3.42	0.48	0.02
B	0.16	0.05	0.28	0.007	0.002 0	1.74	3.27	0.48	0.02
C	0.17	0.05	0.29	0.005	0.002 0	1.82	3.46	0.50	0.02
D	0.17	0.05	0.29	0.005	0.002 0	1.82	3.47	0.50	0.02

表 5.3-5　核废料罐锻件 RT_{NDT}

位置	方向	热处理状态	RT_{NDT}/℃	断裂情况
A/B	周向	模拟态	-107	-102℃未断裂
C/D	周向	调质态	-107	-102℃未断裂

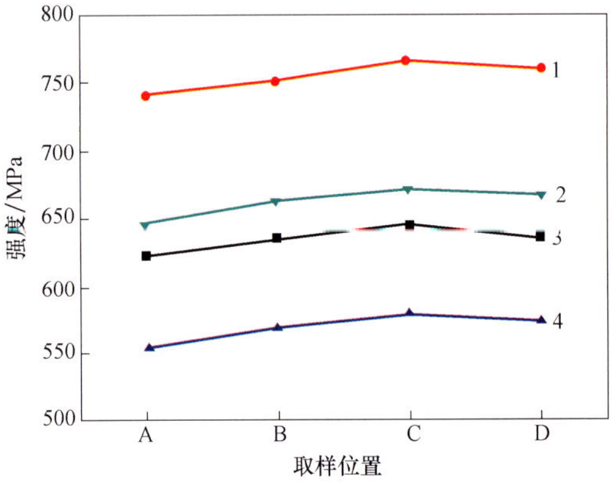

图 5.3-9　核废料罐强度值对比

1—室温抗拉强度；2—150℃抗拉强度；

3—室温屈服强度；4—150℃屈服强度

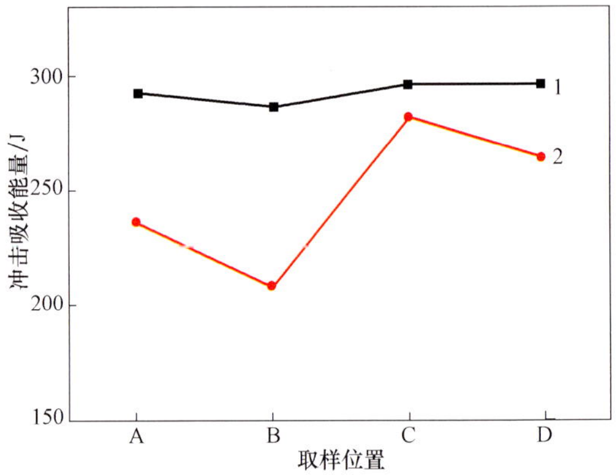

图 5.3-10　核废料罐冲击吸收能量对比

1—-29℃冲击；2—-105℃冲击

通过上述性能数据可见 SA-508M Gr.4 钢核废料罐具有极高的强度和韧性储备，为安全存储核废料提供了保障。

第 6 篇　不锈钢锻件研制及应用

核电不锈钢锻件包括主管道锻件、堆内构件锻件和CENTER锻件等。本篇从基础研究入手，针对制造难度最大的AP1000/CAP1400主管道热段A进行了深入细致地研究。通过数值模拟、比例试验、1∶1解剖等大量试验，突破了不锈钢主管道只能采用实心锻件的传统制造方式，发明了超大型空心主管道锻件近净成形锻造技术，攻克了超大异形不锈钢锻件无法达到4级晶粒度的世界性难题。

主管道作为连接RPV、SG、PRZ和主循环泵的核一级安全设备，对于反应堆堆芯热能的导出、核燃料的冷却和放射性压力边界的安全控制起着至关重要的作用。第三代核电主管道在结构、制造方式和材料选择上都与二代及二代加核电大不相同，不仅将直管、弯头及管嘴单独制造后组焊的分体结构改进为“三位一体”的整体结构，制造方式从铸造改为锻造，而且对材料也进行了优化设计。这种改变不但使得主管道尺寸变大及结构变得复杂，而且也使得制造难度陡增。

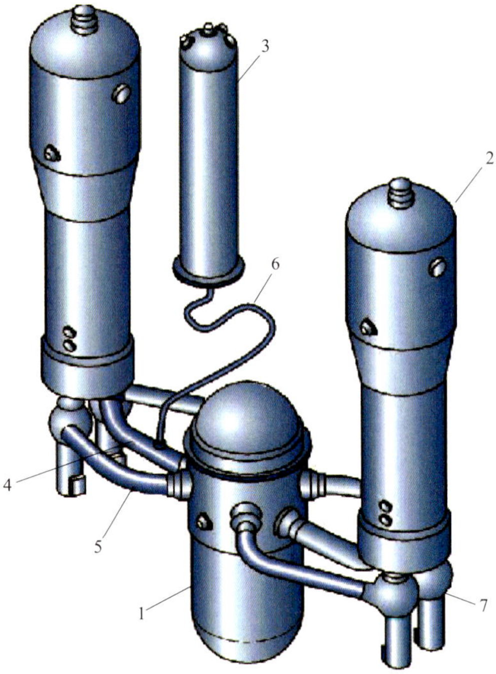

图6.0-1　CAP1400主管道分布图

1—RPV；2—SG；3—PRZ；
4—主管道热段；5—主管道冷段；
6—主管道波动管；7—主泵

AP1000主管道整锻的设计结构体现出第三代核电锻件整体化、大型化及高强度高韧性的设计理念。通过减少锻件焊缝，不仅可以减少在役检测工作量，而且还可以提高核电站的安全性和可靠性。作为核岛中的重要部件，AP1000主管道由热段、冷段及波动管组成，其在核岛中的分布示意图如图6.0-1所示。

由于尺寸及结构不尽相同，AP1000主管道热段又分为热段A与热段B，其中热段A不仅尺寸最大、结构也最复杂，其弯曲段两侧的直管段长度不一致，两个较大较高的接管既不在同一个横截面上，又不在同一条母线上，而是呈一定空间角度，不仅直线距离较近，而且又均紧靠弯曲弧段，整体制造难度非常大。AP1000主管道热段A如图6.0-2所示。

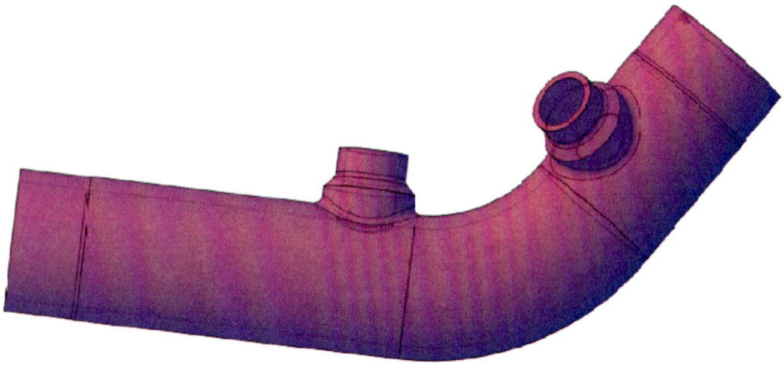
图6.0-2　AP1000主管道热段A立体图

（1）AP1000 主管道热段 A 的主要设计尺寸如图 6.0-3 所示。

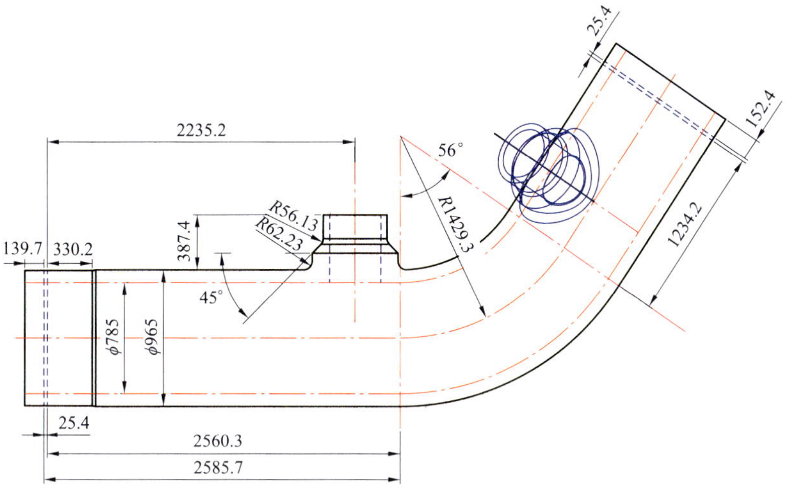

图 6.0-3　AP1000 主管道热段 A 主要尺寸

（2）AP1000 主管道热段 A 材料及化学成分。主管道热段 A 材料应满足 ASME-Ⅱ中 SA-376 TP316LN 奥氏体不锈钢的要求。主管道热段 A 的化学成分见表 6.0-1，其残余元素 Sn、As、Sb 及 Pb 的含量应分析并记录。

表 6.0-1　　AP1000 主管道热段 A 化学成分　　（质量分数，%）

化学元素	C	Mn	Si	P	S	Cr	Ni	Mo	Cu	Co	N
含量	≤0.020	≤2.00	≤0.75	≤0.025	≤0.005	16.00～18.00	11.00～14.00	2.00～3.00	≤0.10	≤0.050	0.10～0.16

（3）AP1000 主管道热段 A 的力学性能指标见表 6.0-2，晶粒度按照 ASTM E112 的规定进行评定，应大于或等于 2 级。

表 6.0-2　　AP1000 主管道热段 A 力学性能指标

室　温					350℃			
$R_{p0.2}$/MPa	R_m/MPa	A（%）	Z（%）	A_{KV}/J	$R_{p0.2}$/MPa	R_m/MPa	A（%）	Z（%）
≥205	≥515	纵向≥35 横向≥25	≥45	平均值≥60 最小值≥42	≥122	≥432	记录	记录

第1章　基　础　研　究

1.1　主管道用不锈钢材料介绍

第2篇第1章中介绍了主管道用材料为321、304以及316系列奥氏体不锈钢，其中我国小型压水堆主管道采用321钢（0Cr18Ni11Ti）锻造，大型压水堆的主管道则采用核电站引进国如美国、法国的设计技术要求。表6.1-1是国外主要压水堆主管道用材料。重水堆、钠冷快堆一回路管道也采用奥氏体不锈钢304、316等。

表6.1-1　　国外主要压水堆主管道用材[53]

国别	材料牌号	化学成分标号	备注
美国	316	00Cr18Ni2Mo2	热变形管
俄罗斯	321	00Cr18Ni10Ti	热变形管
日本	316、316LN	0Cr18Ni2Mo2 0Cr18Ni4Mo2N	热变形管
德国	347	0Cr18Ni11Nb	热变形管
法国	Z2cnd18-12控氮	Cr17.5Ni12Mo2.5	热挤压锻造管

由于奥氏体不锈钢的锻造温度区间较窄，材料成分、冶炼工艺、锻前加热制度及锻造工艺的不合理，锻件在锻造过程中易发生开裂以及锻后晶粒粗大或存在严重的混晶组织，使大型不锈钢锻件制造难度激增。因此，从事大型不锈钢锻件制造的技术人员需掌握不同系列的不锈钢材料特性，结合锻件产品的制造工艺开展相应的成分设计与工艺优化，这是获得高品质核电不锈钢锻件、提高锻件合格率的必要的技术基础。本章分别介绍321和316不锈钢材料特性，并阐述了成分优化对321不锈钢和316不锈钢组织与性能的影响。

1.2　材料特性及成分优化

1.2.1　321不锈钢

1. 铸态组织分析

许多学者对奥氏体不锈钢的铸态组织及析出相进行了大量的研究工作。秦紫瑞[54]等对0.02C-25.16Cr-25.21Ni-4.25Mo-3.08Cu奥氏体不锈钢进行了研究，发现其铸态组织中有碳化物和σ金属间相析出。曾莉[55]等研究了超级奥氏体不锈钢Cr20Ni24Mo6N钢凝固过程中的偏析行为，发现铸锭存在严重的Mo元素偏析，主要析出相为σ相，元素偏析基本消除的均匀化参数为1250℃/24h。

321不锈钢为钛稳定化奥氏体不锈钢，加入稳定元素Ti能够降低原子间隙的C、N含量，提高不锈钢的耐晶间腐蚀性能[56]，也是321不锈钢能够与低碳奥氏体不锈钢相抗衡的重要保证[57]。由于具有优异的高温应力破断性能、较好的耐腐蚀性及高温抗蠕变性能，在能源、航天及重化工等应用领域，321奥氏体不锈钢是使用量较大的材料之一，并且多用在高温载荷环境下服役[58]。

已有学者对321奥氏体不锈钢冶炼过程中大型夹杂物进行了研究分析，但对于铸锭的析出相分析，特别是近百吨级大型321奥氏体不锈钢铸锭的铸态组织及析出相的研究成果却鲜有报道，主要是因为大型铸锭的解剖难度大、成本高。中国一重在开展40kg铸锭的铸态组织分析基础上，进一步对核电大锻件用93t铸锭进行了解剖，分析了铸锭不同部位铸态组织析出相的类型及成分，研究了不同均匀化处理参数对减少有害析出相的影响[59]。通过铸态组织析出相的优化，为降低后续锻造过程中的开裂倾向及提高锻件质量与力学性能提供了理论依据。

图6.1-1是采用真空感应熔炼的40kg铸锭。按照图中红线部分解剖铸锭，进行低倍组织分析（见图6.1-2）。由图6.1-2可见，321不锈钢的横截面低倍组织呈典型放射状的柱状晶组织。图6.1-2b为纵截面低倍组织，可观察到心部存在少量的等轴晶组织。此凝固模式中柱状晶生长受材料成分过冷度、冷却速度、材料的形核率及长大率等因素的影响。

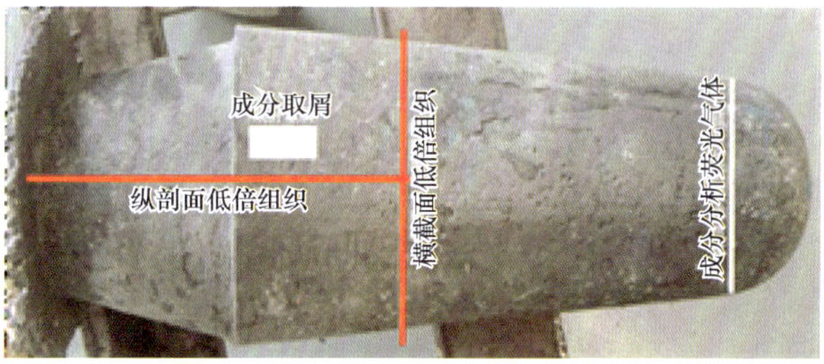

图6.1-1　40kg真空感应熔炼321铸锭

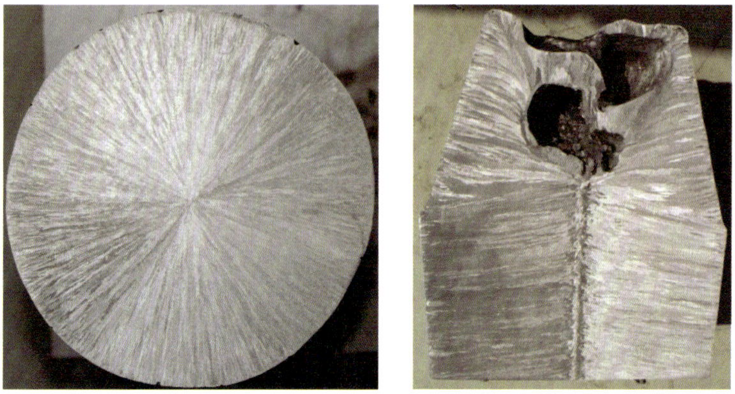
(a)　　(b)

图6.1-2　321不锈钢冒口侧低倍形貌

（a）横截面；（b）纵截面

采用扫描电镜观察可见，在321不锈钢铸锭中除了存在一定量的铁素体外，铁素体周围还析出有富含Cr的碳化物的共晶相，以及少量层片状或胞状的Ti_2（C，S），即Y相（见图6.1-3）。Y相普遍存在于低合金钢、不锈钢、铁基或镍基高温合金中。由于Y相的热稳定性很高，1200℃以下很难回溶。已有报道指出[60]，Y相在热加工过程中几乎不发生塑性变形、易碎裂，沿着加工方向排列，呈板条状或片层状，降低材料的冲击韧性、抗疲劳性能，容易引起晶间脆性断裂现象。

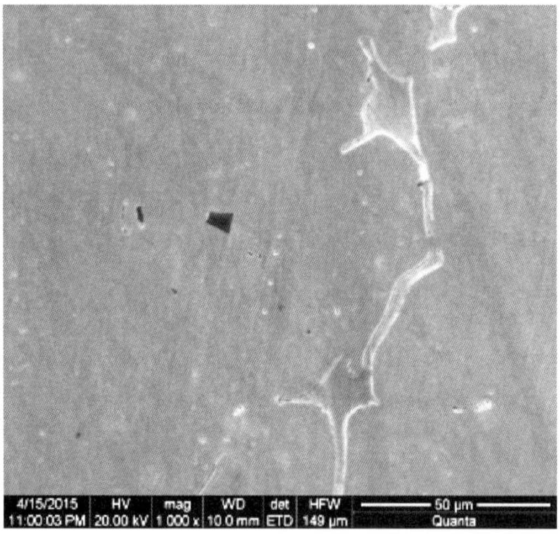

(a)

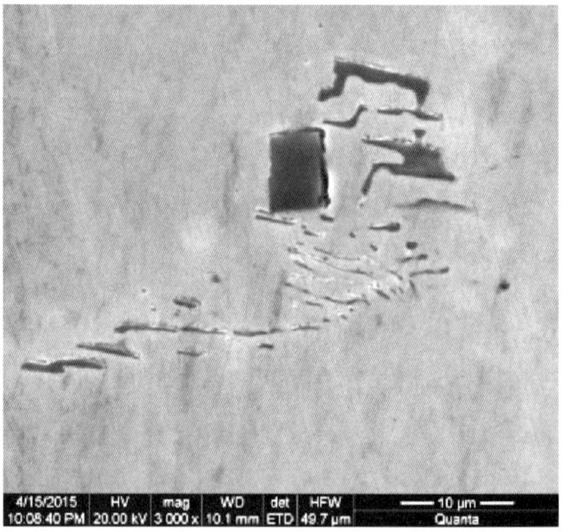

(b)

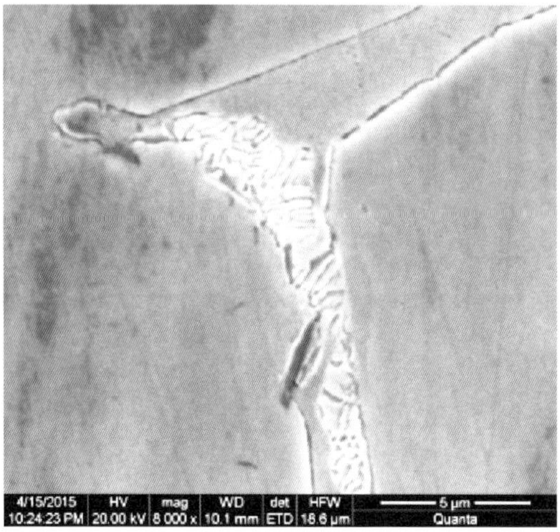

(c)

图 6.1-3　321 不锈钢中主要析出相形貌

（a）铁素体；（b）Y 相和 TiN；（c）共晶相

考虑到 321 不锈钢大型钢锭在锻造过程中易发生开裂现象，需研究核电锻件用近百吨大钢锭中析出相的析出行为。采用 VOD+VD 双真空熔炼方法制造了 93t 钢锭，钢锭模为 24 棱，浇注得到的铸锭直径约为 2m（见图 6.1-4a）。在距冒口 300mm 处切取厚度为 105mm 的盘片（见图 6.1-4b），在盘片径向不同部位即心部、*R*/2、边缘处取样（见图 6.1-4c）；之后对不同位置的试样进行了均匀化处理，均匀化处理温度分别为 1100℃、1180℃、1200℃、1270℃，时间分别为 2h、8h、32h；然后对均匀化处理前后的试样进行磨抛及腐蚀，利用光学显微镜和扫描电子显微镜（SEM）观察合金组织，用 EDS 能谱分析析出相的成分。

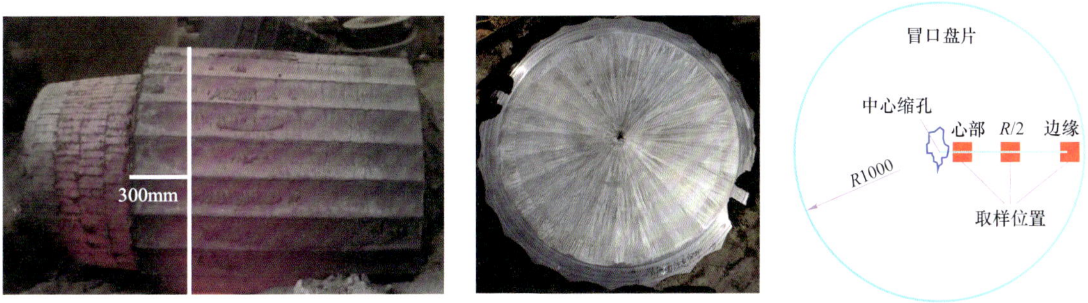

(a) (b) (c)

图 6.1-4　321 不锈钢铸锭取料位置示意图

（a）钢锭；（b）试片；（c）取样位置

（1）铁素体。在正常冷速下按镍铬当量理论计算时，321 不锈钢为单一奥氏体组织，但由于 93t 钢锭直径较大，铸锭中心的凝固速率小，偏析严重，致使心部二次枝晶的间距较大。如图 6.1-5 所示，铸锭内部存在一定量的铁素体。利用 Image-Pro Plus 软件统计得知心部、*R*/2、边缘处铁素体的含量分别为 1.50%、2.14%、2.63%，可见由心部到边缘铁素体含量依次增加。

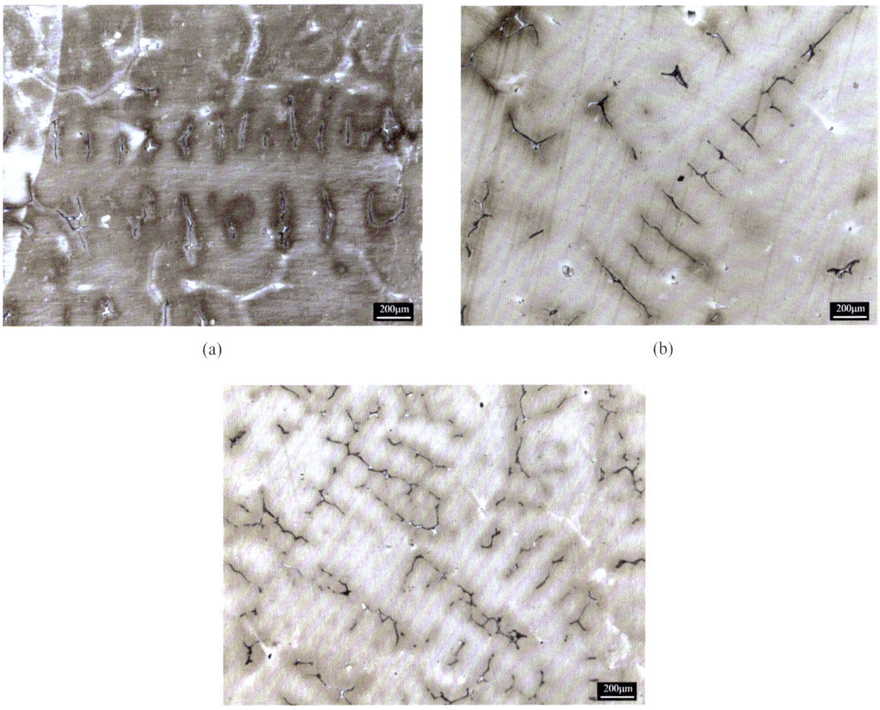

(a) (b) (c)

图 6.1-5　铸锭不同部位二次枝晶间距

（a）心部，二次枝晶间距 178 μm；（b）*R*/2，二次枝晶间距 172 μm；（c）边缘，二次枝晶间距 142 μm

对比图 6.1-6 铸锭心部、$R/2$ 及边缘处的扫描照片，可知铁素体呈条形且具有一定的方向性，同样可以看出从心部到边缘铁素体的含量依次增加，但尺寸却依次减小。

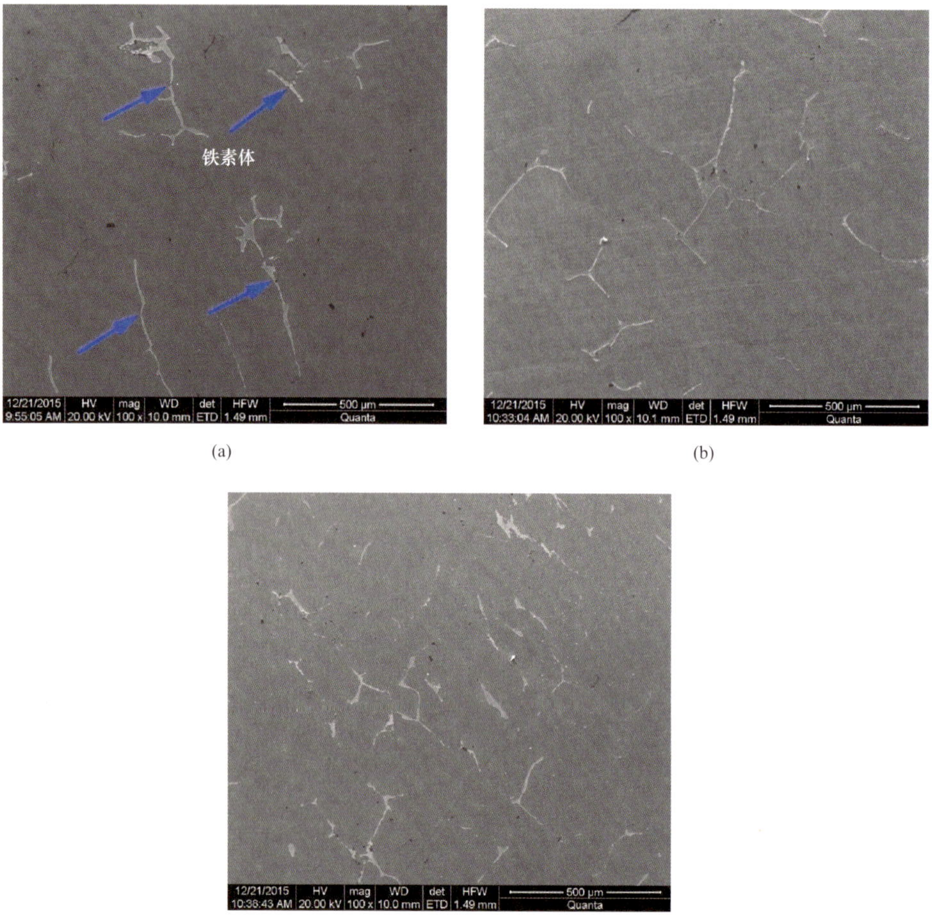

(a) (b) (c)

图 6.1-6　铸锭不同部位铁素体含量及分布

（a）心部；（b）$R/2$；（c）边缘

（2）Y 相。通过分析铸锭不同位置的 Y 相分布（见图 6.1-7），可知存在大量平行排列的层片状 Y 相 Ti_2（C，S），但也有少量呈颗粒状或胞状。观察到心部最大尺寸的 Y 相长度为 52μm，$R/2$ 处 Y 相的最大长度可达 78μm，边缘处 Y 相的最大长度约 62μm。在 SEM 组织观察中，$R/2$ 处及边缘处找到少量 Y 相区域，但心部区域中的 Y 相 Ti_2（C，S）含量显著高于 $R/2$ 及边缘处。

（3）共晶相。分析铸锭不同部位共晶相的分布图与心部共晶相的能谱（见图 6.1-8、图 6.1-9），可知铁素体与基体相界处存在大量由相界向基体侧生长的富 Cr 碳化物，其主要呈棒状或羽毛状。且心部、$R/2$ 及边缘处的初生相类型基本相同。

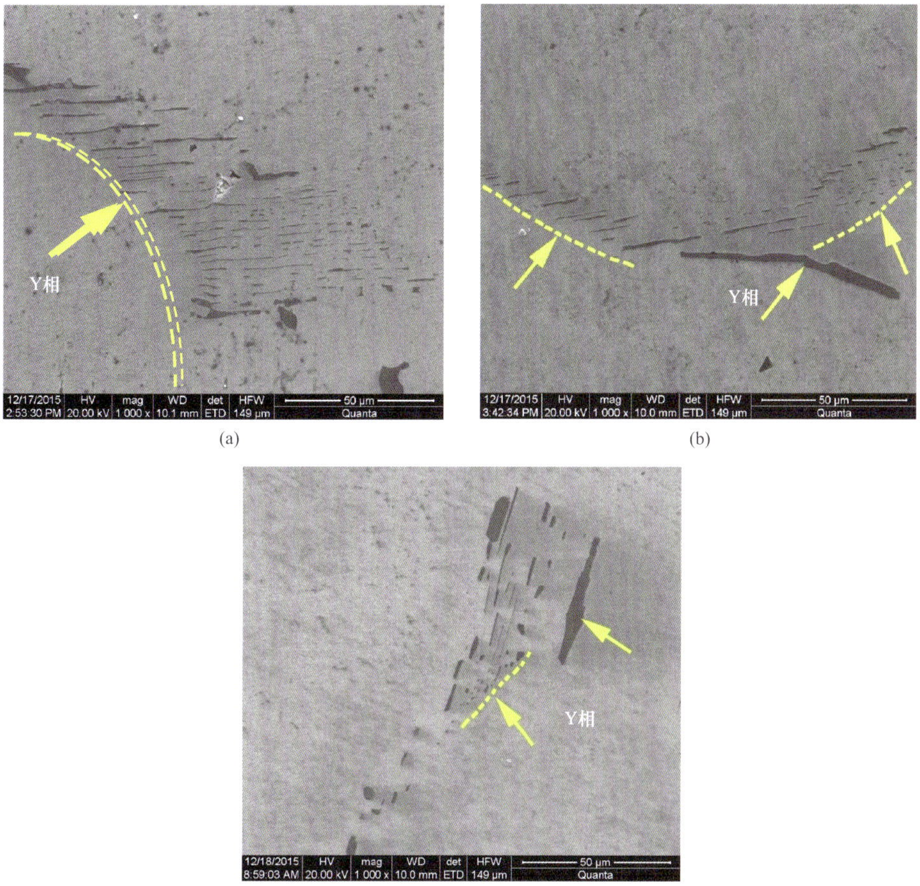

(a)　　(b)

(c)

图 6.1-7　不同部位 Y 相分布

（a）心部；（b）$R/2$；（c）边缘

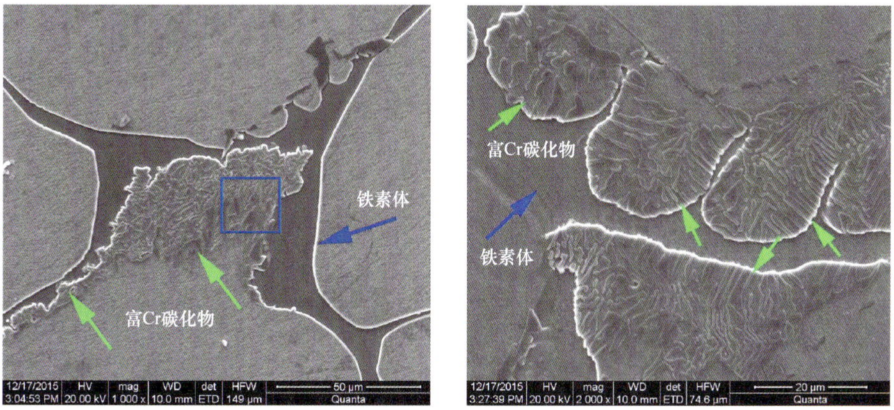

(a)　　(b)

图 6.1-8　不同部位共晶相分布（一）

（a）心部；（b）$R/2$

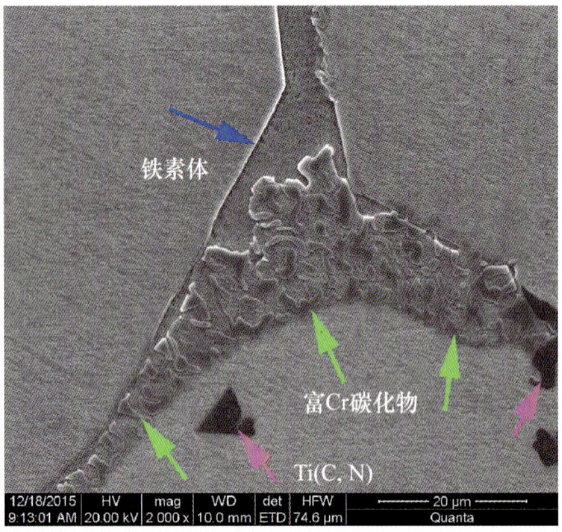

(c)

图 6.1-8 不同部位共晶相分布（二）

（c）边缘

2. 锻前均匀化处理工艺对析出相的影响

本节系统地阐述了均匀化处理工艺对上述三类析出相的影响。由于铁素体周围析出的富铬碳化物共晶相回溶温度较低，在加热条件下均发生回溶，未观察到热处理后存在共晶相。

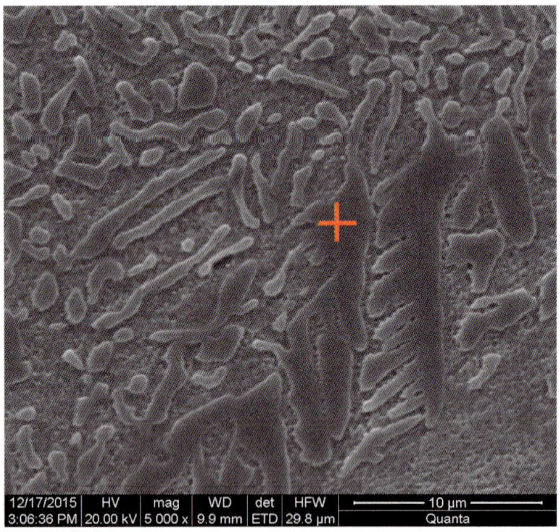

Element	*Wt%*	*At%*
CK	11.83	37.24
SK	00.92	01.08
CrK	53.39	38.83
FeK	31.33	21.22
NiK	02.53	01.63

图 6.1-9 共晶相成分

图 6.1-10 是不同均匀化处理参数对铁素体的影响。当加热温度从 1100℃ 升高到 1270℃，随着均匀化温度和时间的增加，铁素体发生了局部回溶，由条形转变为短棒状或球状。因此可知，经过均匀化处理后，321 奥氏体不锈钢铸锭中的铁素体含量明显减少，形状由长条状变为短棒状，逐渐球化。

图 6.1-11 是 Y 相随均匀化处理温度及时间的变化情况。从图 6.1-11 可以看出增加均匀化处理的温度和时间，Y 相的数量和体积没有明显减少，即使在 1270℃ 下保温 32h，组织中仍存在大量层片状的 Y 相。因此，需要系统研究层片状的脆性 Y 相在热变形过程中的行为。

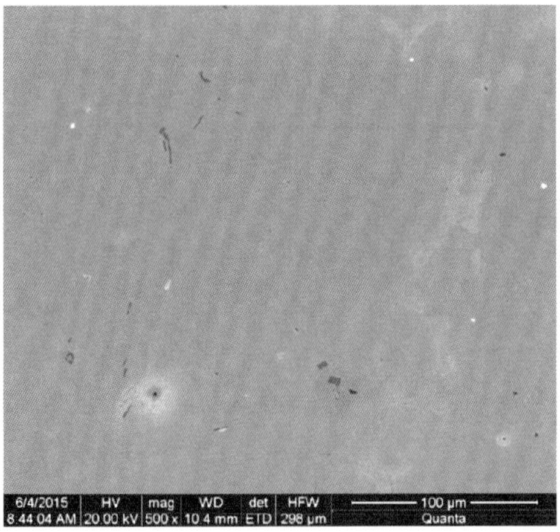

(a)

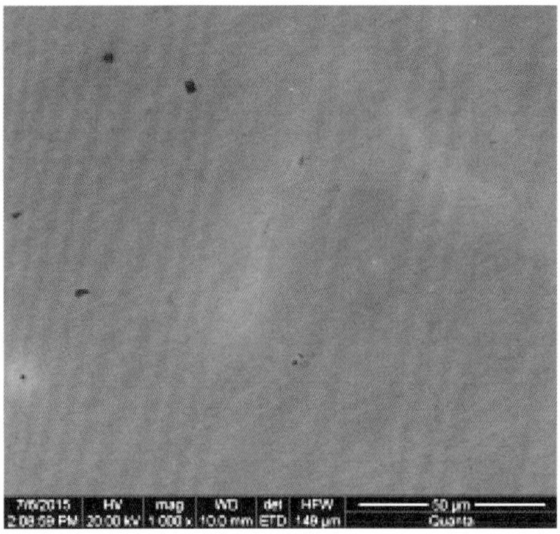

(b)

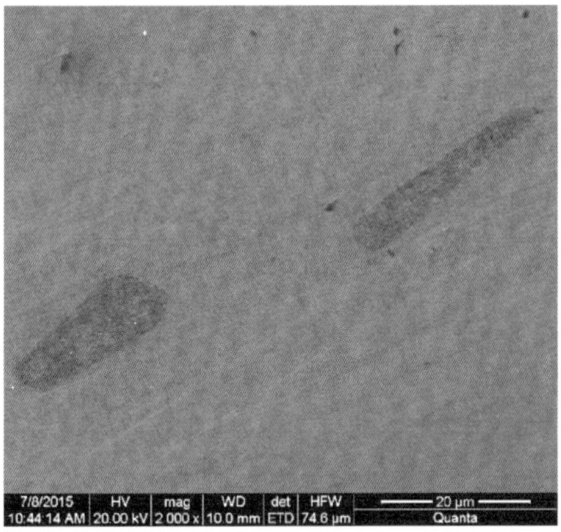

(c)

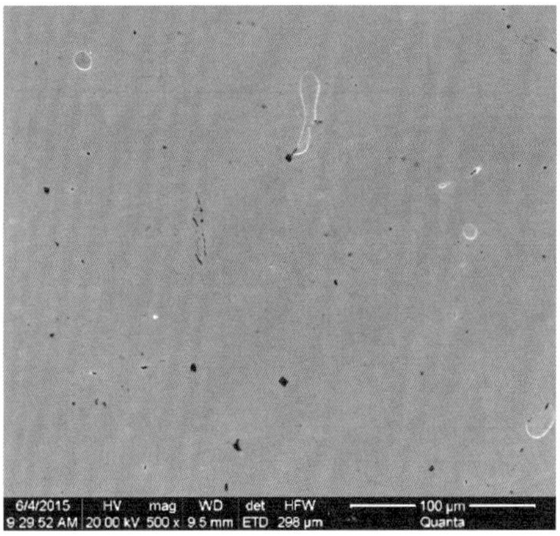

(d)

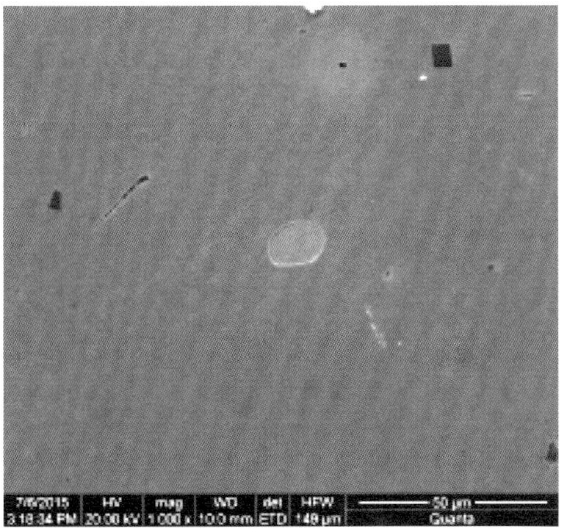

(e)

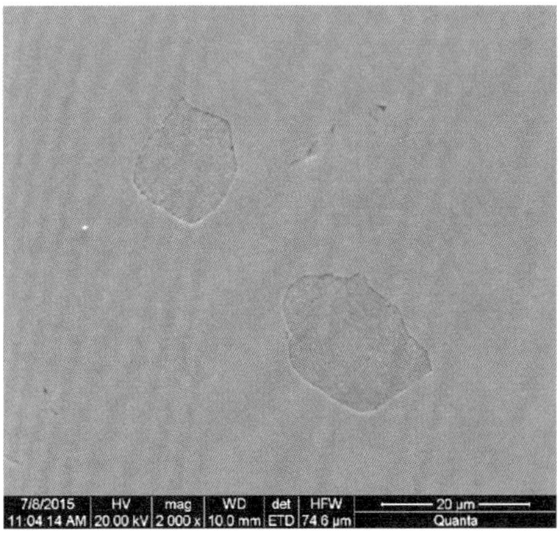

(f)

图 6.1-10　不同均匀化处理参数对铁素体的影响

（a）1100℃×2h；（b）1180℃×2h；（c）1270℃×2h；（d）1100℃×32h；（e）1180℃×8h；（f）1270℃×8h

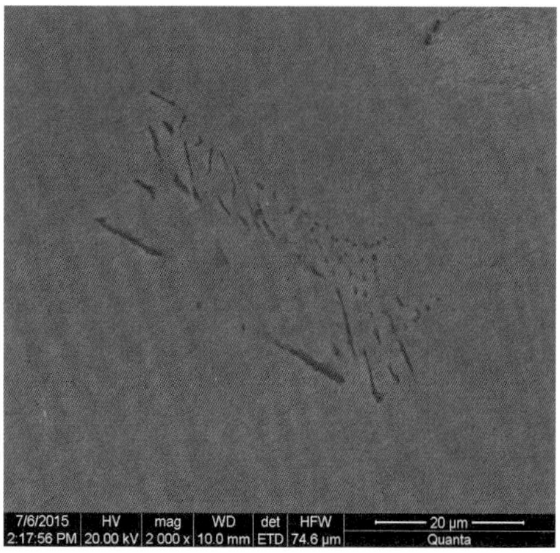

(a)

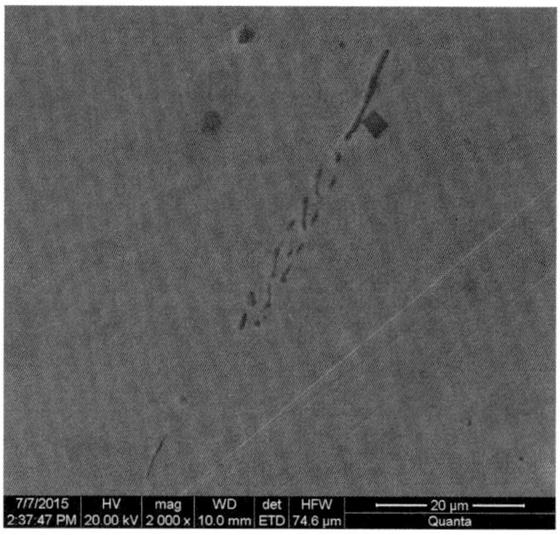

(b)

(c)

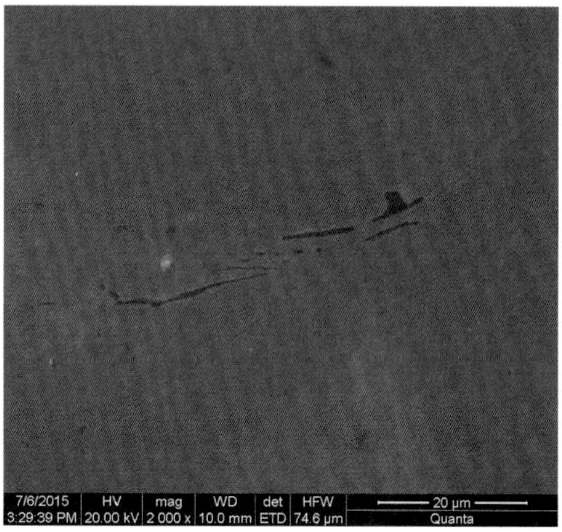

(d)

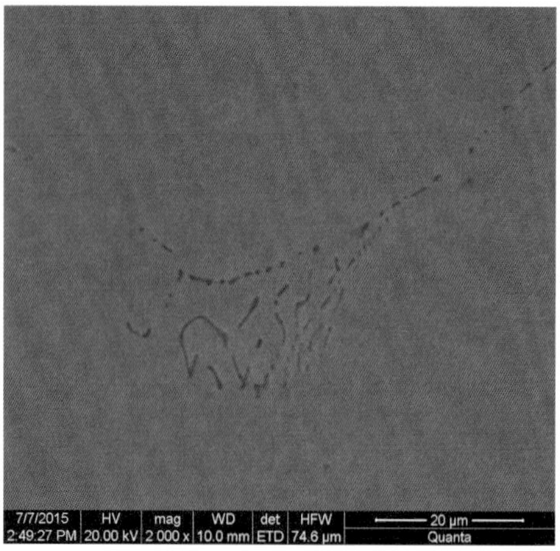

(e)

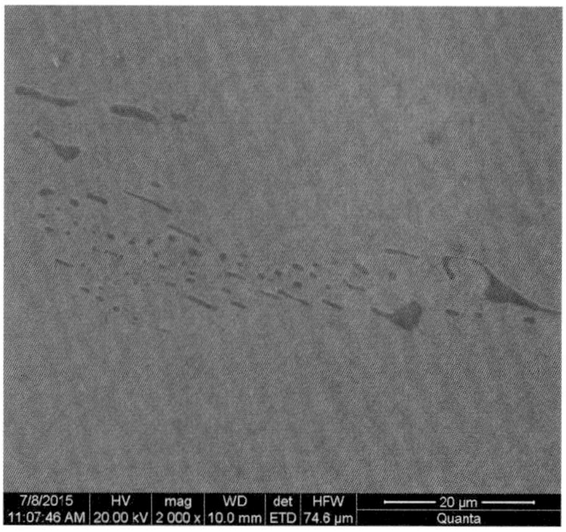

(f)

图 6.1-11　Y 相随均匀化处理温度及时间的变化（一）

（a）1180℃×2h；（b）1200℃×2h；（c）1270℃×2h；（d）1180℃×8h；（e）1200℃×8h；（f）1270℃×8h

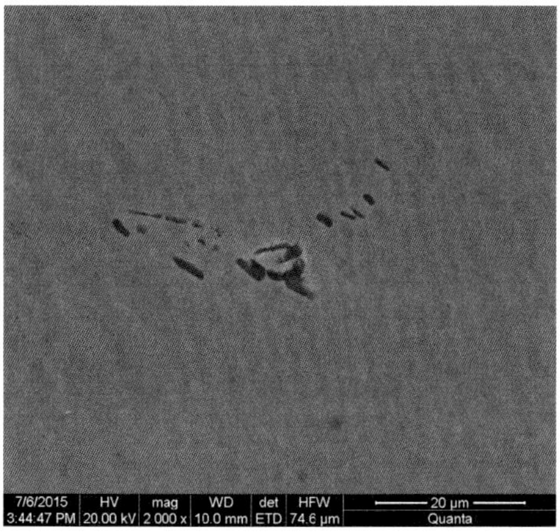

(g)

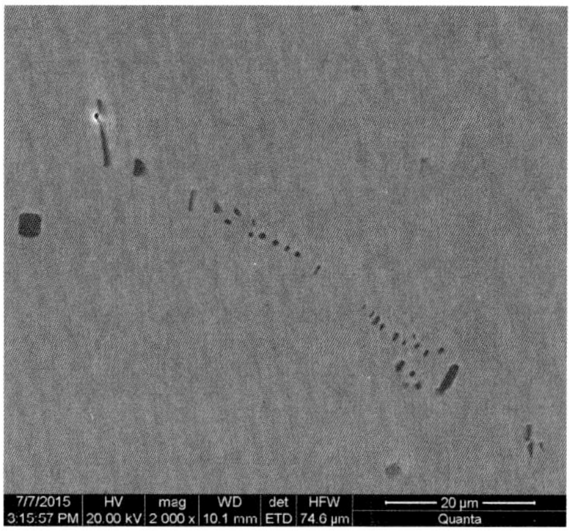

(h)

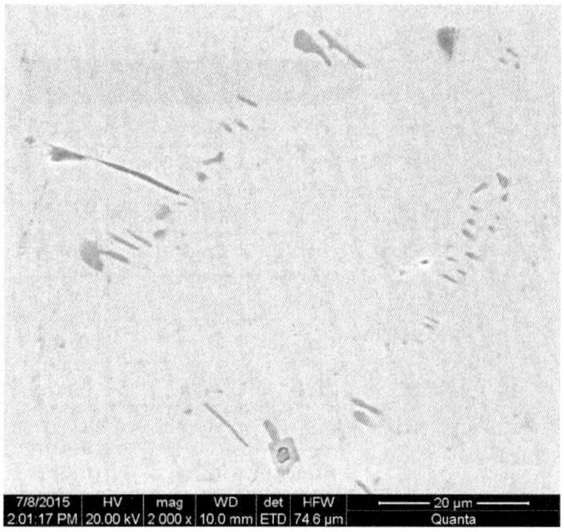

(i)

图 6.1-11　Y 相随均匀化处理温度及时间的变化（二）

（g）1180℃×32h；（h）1200℃×32h；（i）1270℃×32h

3. 成分优化的影响

为了研究奥氏体不锈钢中钛含量对组织与性能的影响，通过调整材料成分，将钛含量从 0.4%降至 0.3%，同时为了保证力学性能的要求，添加了少量的铌元素以补偿强度损失。在此研究过程中发现，降低 321 不锈钢中的钛含量，铸锭中析出的 Y 相数量明显减少且尺寸变小（见图 6.1-12）。加 Nb 后，Nb 进入到 Ti_2（C，S）及 TiC 或 Ti（C，N）中，形成（Ti，$Nb)_2$（C，S）及（Ti，Nb）（C，N）（见图 6.1-13）。与未添加 Nb 的 Y 相相比，添加 Nb 使 Y 相周围的块状碳化物析出量增加。此成分的 Y 相高温稳定性仍然很强，在试验温度范围内，未观察到 Y 相的回溶。

4. 热变形过程中析出相行为分析

有人对 00Cr14Ni14Si4 钢[61]的锻造裂纹进行了研究，发现其与钢中 Al、S 以及由之形成的氧化物和硫化物含量过高有关。即钢在模铸凝固和冷却过程中形成夹杂物偏析，呈点链状的氧化物和晶界析出的薄片 Y 相在热加工时弱化了晶界，降低了钢的导热性和高温塑性，从而在夹杂物偏析区显示出宏观的热加工裂纹。虽然对 Y 相研究的报道很多，但很少有报道对

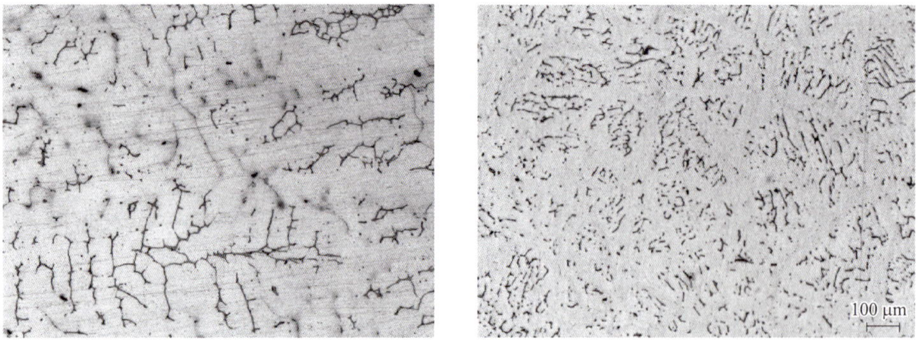

(a)　　　　　　　　　　(b)

图 6.1-12　钛和铌对 321 奥氏体不锈钢中 Y 相组织含量与形貌的影响

(a) 0.4% 钛；(b) 0.3% 钛及少量铌

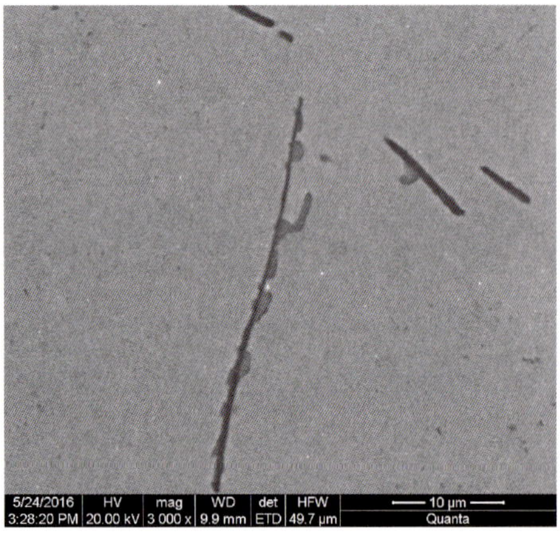

(a)

Element	Wt%	At%
CK	07.22	25.43
SiK	00.79	01.19
NbL	06.56	02.99
SK	05.35	07.06
TiK	17.49	15.45
CrK	12.79	10.41
MnK	01.28	00.98
FeK	41.01	31.08
NiK	07.51	05.41

(b)

Element	Wt%	At%
CK	13.19	42.73
SiK	00.28	00.39
NbL	19.58	08.20
TiK	14.51	11.78
CrK	11.04	08.26
MnK	01.09	00.77
FeK	34.22	23.83
NiK	06.08	04.03

(c)

图 6.1-13　加 Nb 对 321 不锈钢 Y 相成分的影响

(a) Y 相形貌；(b) 深灰色长条状或棒状 Y 相成分 TiNb (C, S)；(c) Y 相周围的块状浅灰色的 (Ti, Nb) C

321 不锈钢热加工过程中 Y 相的变形溶解行为的研究。著者等人在开展 93t 不锈钢钢锭铸态组织分析过程中，发现钢锭中存在一定量、大尺寸的 Y 相析出，其可能会引起锻造开裂及性能指标不合格，因此对 321 不锈钢中热变形前后的 Y 相演变行为进行了系统分析，并将变形后的试样加热至不同温度，研究 Y 相在变形前后加热过程中的溶解行为[62]，以确定锻造过程对 Y 相演变的影响，并反过来为优化锻造工艺参数提供技术支持。

从 93t 钢锭冒口侧锭身上切取高度为 105mm 的盘片作为试验料，从盘片上取一定量的试棒，尺寸规格为ϕ60mm×105mm。为了研究铁素体、Y 相在热变形过程中的行为，此试料没有进行锻前均匀化处理。仅将试棒加热至 1200℃，保温 2h 后，在 1MN 压力机上进行锻造，锻造工艺为一镦两拔（工艺参数见表 6.1-2）。二次拔长采用局部拔长，锻造后的试料如图 6.1-14 所示。分别从锻件两端切取试样，并对小截面一端的试样作不同时间的保温处理。

图 6.1-14　321 不锈钢试棒锻后形貌

表 6.1-2　　321 不锈钢锻造工艺参数

工艺过程	始锻温度	变形量	回炉加热温度	保温时间
镦粗	1200℃	48%	1200℃	120min
一次拔长	1200℃	24%	1200℃	20min
二次拔长	1200℃	32%	1200℃	20min

对 321 不锈钢热变形后沿试棒纵轴方向的显微组织进行了分析，扫描结果如图 6.1-15 所示。从图 6.1-15 中可以看出，321 不锈钢经过不同程度的热变形后，Y 相均发生了明显的断裂现象，原有的团簇状结构被不同程度的打乱，Y 相的平均尺寸也发生了明显的改变。

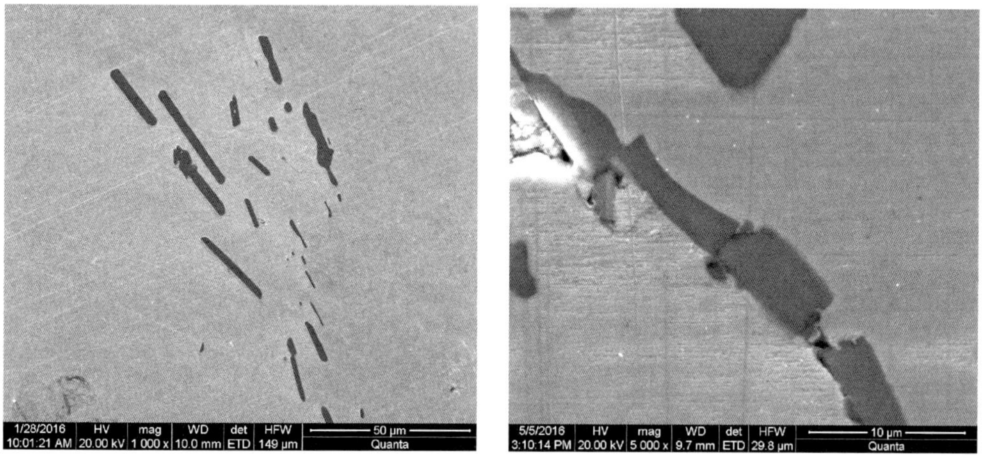

(a)　　　　(b)

图 6.1-15　321 不锈钢试棒 Y 相形貌

（a）均匀化处理后；（b）变形后

为了更直观地表达这种变化，对不同变形程度的 Y 相尺寸进行了大量测量，统计结果如图 6.1-16 所示。321 不锈钢经过不同程度的变形后，锻棒尺寸较大的一端，即变形程度较小的部分中，Y 相的尺寸分布范围较宽，为 1.5～13.5μm；在锻棒变形程度较大的部分中，Y

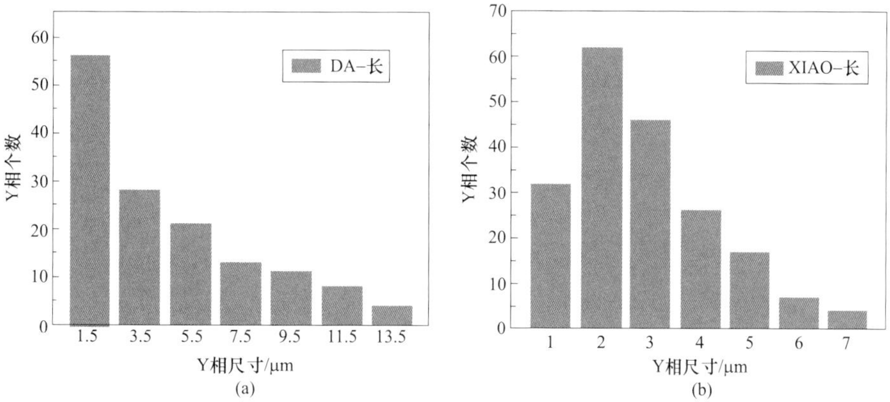

(a)　　　　(b)

图 6.1-16　321 不锈钢试棒不同变形程度的 Y 相尺寸分布

（a）拔长变形量为 24%；（b）二次拔长变形量为 32%

相的尺寸分布范围较窄，为 1～7μm。从图 6.1-16 可以看出，随着变形程度的增大，321 不锈钢中 Y 相的尺寸分布范围越窄，Y 相的平均尺寸越小。这说明在热加工过程中，Y 相虽然几乎不发生塑性变形，但很容易产生碎裂，长的片状或板条状 Y 相破碎成几个小的块状，随着变形过程的进行，Y 相的碎裂程度也在不断增大。

为了进一步研究 321 不锈钢热变形后的 Y 相在后续热处理过程中的变化行为，对变形程度较大一端的 321 不锈钢进行了 1000℃ 和 1100℃ 的保温处理，保温 24h 后的 SEM 照片如图 6.1-17所示。从图 6.1-17a 和 6.1-17b 可以看出，321 不锈钢经过热变形并在 1000℃ 保温 24h 后，Y 相仍然呈现出变形后的破碎状态，Y 相断裂面清晰，边角分明，部分破碎程度较大处呈棉絮状。这说明在此温度下保温 24h 后，Y 相并不会发生回溶，或发生溶解的程度很低，以至于在 SEM 分析中观察不到。从图 6.1-17c 和图 6.1-17d 可以看出，当加热温度提高到 1100℃时，Y 相开始发生了明显的溶解，Y 相边角处最先发生了溶解，变得比较圆滑，断裂面处的溶解也同样明显。可以看出随着加热温度的升高，Y 相的溶解程度也在加大。由此说明，Y 相经过热变形后其热稳定性有所下降，原本在 1290℃时也不发生回溶的 Y 相经过热变形后在 1100℃时即开始发生溶解。为了更加直观地观察到 Y 相的溶解情况，对 321 不锈钢锻后再加热后的 Y 相透射电镜（TEM）明场像进行了分析，如图 6.1-18 所示，从透射照片中可以清楚地看到 Y 相发生溶解后的圆滑的形态特征。

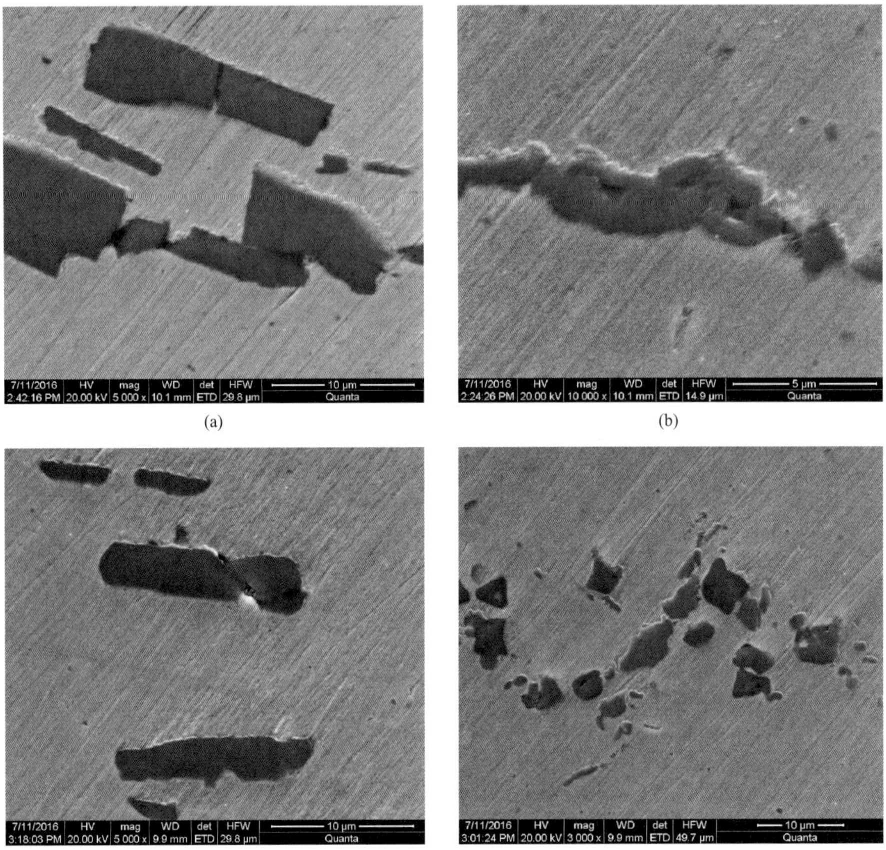

(a) (b) (c) (d)

图 6.1-17　321 不锈钢变形试棒在不同温度保温 24h 后的扫描照片

(a)、(b) 1000℃；(c)、(d) 1100℃

热变形后Y相自由能增加而导致其不稳定发生溶解，锻造过程中与后续的再加热过程中在界面能降低的驱动力下由片状逐渐转变为短针状乃至球状。变形过程中产生的大量高密度位错及空位为溶质原子提供了众多高速率扩散通道，加上曲率作用，共同加速了Y相的溶解。

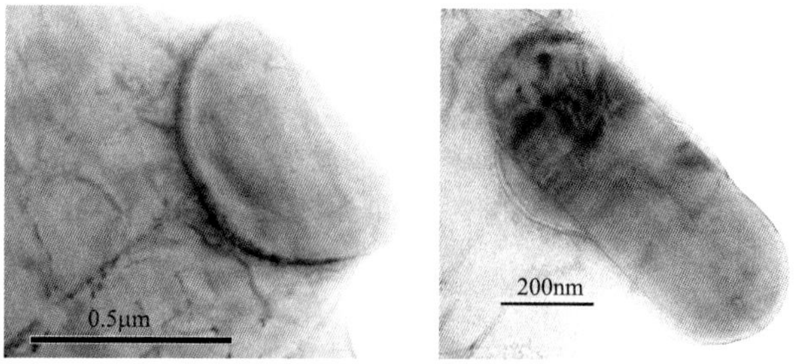

(a) (b)

图 6.1-18 321不锈钢锻件性能热处理后的Y相TEM照片及电子衍射花样

（a）Y相显微组织；（b）Y相与TiC形貌

综上所述，321不锈钢中的Y相热稳定性很高，但在热变形过程中Y相会发生破碎、断裂，协调基体变形，并在变形过程中和后续的加热过程中发生溶解。另一方面，热变形过程中Y相的断裂变形会产生孔隙，操作不当会成为微裂纹源。所以有必要通过冶炼工艺调整对合金中Y相的数量进行控制。

图6.1-19是不同变形量条件下铁素体形貌。当一次拔长量为24%时，可观察到少量铁素体被拉长，大块状铁素体未发生明显变形（见图6.1-19a）。当第二次拔长量为32%时，铁素体基本上都发生了变形，被拉长成长条形（见图6.1-19b）。已有报道指出，由于长条状铁素体的存在，会导致镦粗或大变形过程中发生环状开裂。因此，对于321不锈钢，需采用合理的锻前均匀化处理，使铁素体充分回溶，防止锻造开裂。

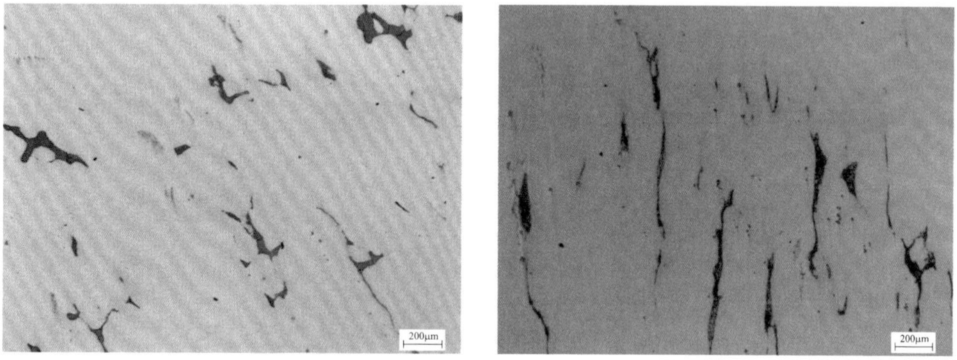

(a) (b)

图 6.1-19 不同变形量条件下铁素体形貌

（a）一次拔长变形量为24%；（b）二次拔长变形量为32%

5. 321不锈钢加热过程的表面氮化现象

在研究均匀化处理工艺对321不锈钢组织的影响试验中，著者等人发现经高温热处理后试样表层出现硬化现象，确认由氮化所致，推测其可能促进大型锻件锻造过程表面开裂，因此对表层氮化现象进行了系统地研究。本节将对氮化层内组织形貌、氮化层深度等进行分析。

图6.1-20是表面氮化层组织形貌。当加热温度超过1200℃，保温时间大于24h后，试样表面的氮化层深度均不小于1mm。氮化物形态主要呈颗粒状及枝晶状，而颗粒状氮化物主要排列成“十”字形。Ti元素倾向于在枝晶间偏析。对于试样的表层，通常晶界、枝晶间均是高温状态下氮向试样内扩散到快速通道。均匀化热处理过程是氮原子向内扩散与枝晶间Ti元素发生反应的过程，导致出现表面氮化层。

图 6.1-21 是经 1250℃×24h 热处理后 Y 相形貌与成分构成分析结果。图 6.1-21a 和图 6.1-21b 取自试样表层；图 6.1-21c 和图 6.1-21d 取自试样心部。图 6.1-21a 显示高温渗氮层内 Y 相占位区形貌发生变化，形成亮黄色区域对灰色区域的包覆结构，二者界限明显，应为物理混合组态，原 Y 相线条状连续结构有被离散化迹象。亮黄色相一般为 TiN，SEM-EDS 分析测定到富 C、N、Ti 部位，因此确认亮黄色区为 Ti（C，N）。由图 6.1-21c 和图 6.1-21d 可见，试样心部为非渗氮区，Y 相形貌及成分未有明显变化，说明无外侵 N 环境下 Y 相具有高的热稳定性。

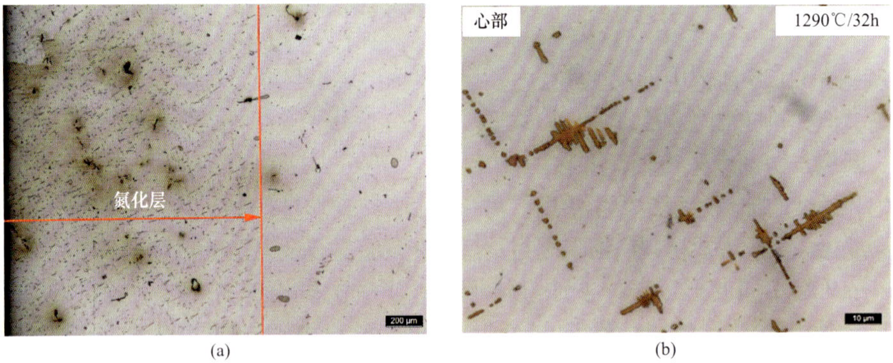

图 6.1-20　321 不锈钢高温热处理后表面氮化层形貌

（a）氮化层深度超过 1mm；（b）氮化层内析出 TiN

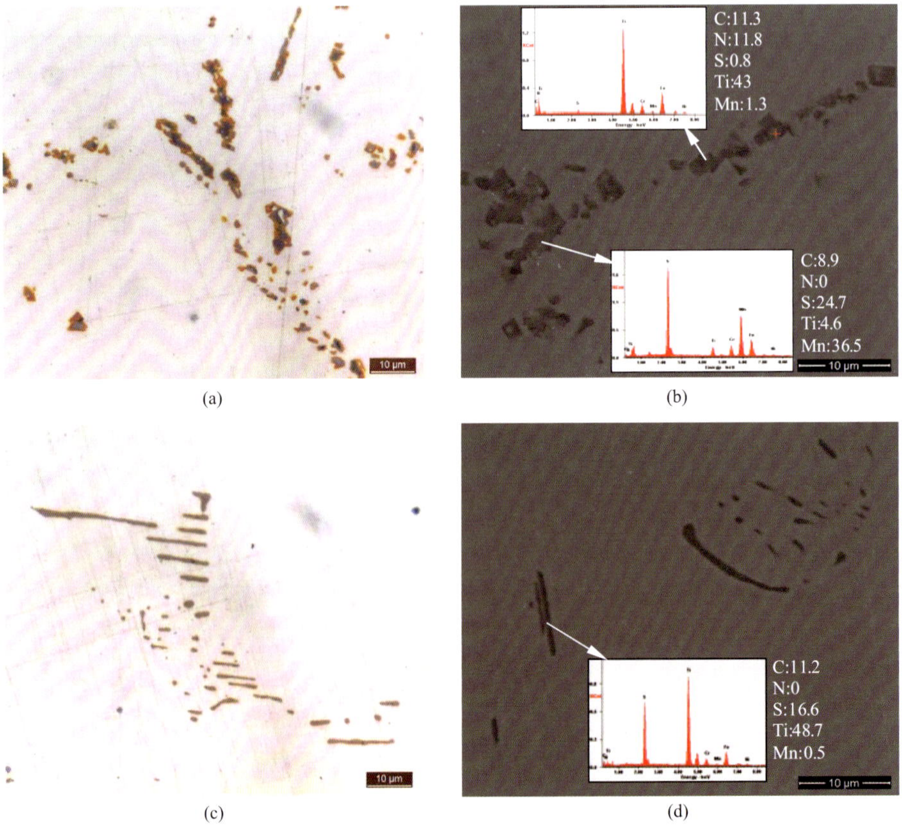

图 6.1-21　1250℃×24h 热处理态 Y 相向渗氮层内转变及心部保持热稳定[63]

（a）氮化层内的 Y 相；（b）氮化层内 Y 相的能谱分析；（c）试样心部的 Y 相；（d）试样心部 Y 相的能谱分析

为了研究表面氮化层对锻造开裂的影响，将长方形试块加热1200℃，保温24h后，磨掉两个侧面的氮化层，然后在Gleeble高温压缩试验机进行压缩变形。变形温度分别为850℃和900℃，变形速率为0.05/s，变形量为50%。图6.1-22是不同温度热变形后试样有氮化层和无氮化层表面开裂情况。从图6.1-22可以看出，在相同的变形条件下，氮化层能够促进表面开裂。因此，对于高质量要求的不锈钢锻件，可采取锻前均匀化处理后先对表面进行加工去除氮化层，然后再进行锻造。

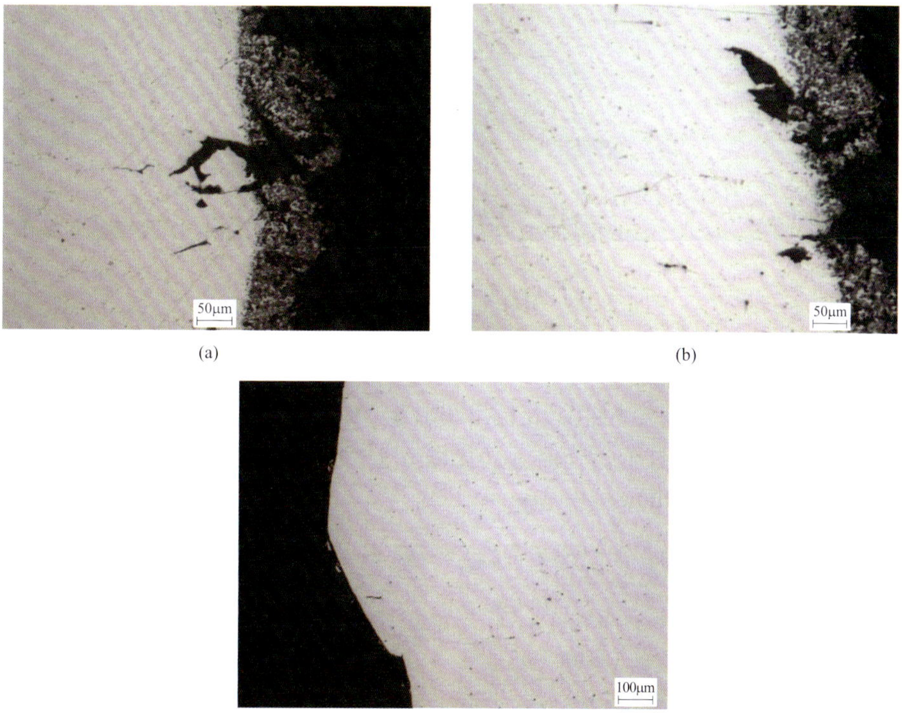

(a) (b) (c)

图6.1-22　表面氮化层对锻造开裂的影响

（a）有氮化层，850℃变形；（b）有氮化层，900℃变形；（c）无氮化层，900℃变形

1.2.2　316LN不锈钢

1. 铸态组织分析

根据ASME316LN成分要求，采用真空感应熔炼40kg铸锭，化学成分见表6.1-3，研究316LN铸态组织及其在均匀化处理过程中的组织变化。将铸锭参照图6.1-1中红线位置进行解剖，分别观察横截面和纵截面的低倍组织。与321不锈钢的放射状柱状晶组织不同，316LN的低倍组织为典型的柱状晶和等轴晶混合组织（见图6.1-23）。这类凝固模式多见于镍基合金如Inconel 617合金。

表6.1-3　　316LN的化学成分　　（质量分数，%）

元素	C	Si	Mn	P	S	Cr	Ni	Mo	N
范围	≤0.03	≤0.75	≤2.0	≤0.020	≤0.015	16.0～18.0	11.0～13.0	2.0～3.0	0.1～0.16
测量值	0.026	0.39	1.74	0.007	0.012	16.93	12.05	2.46	0.11

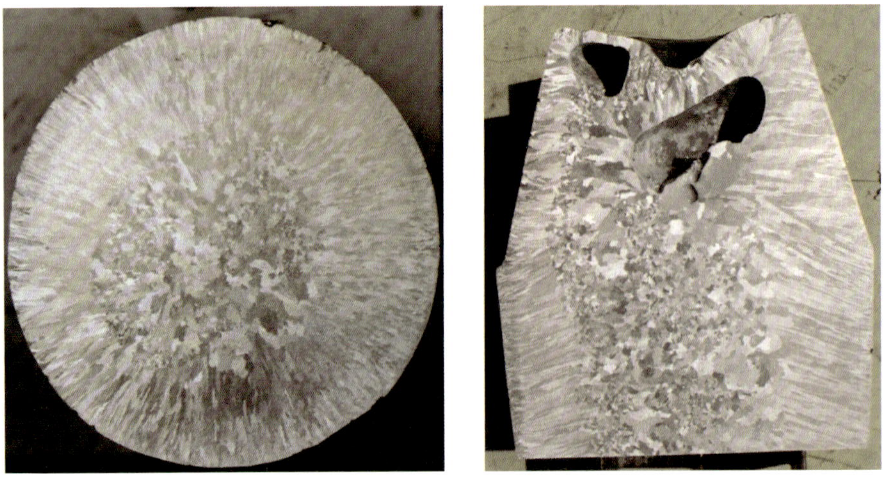

(a) (b)

图 6. 1-23　316LN 不锈钢的低倍组织分析

（a）横截面；（b）纵截面

图 6. 1-24 是 316LN 铸态金相组织及析出相形貌。从图 6. 1-24 可以看出，枝晶间含少量的铁素体，铁素体周围存在明显成分偏析（见图 6. 1-24b）；扫描电镜观察枝晶间还存在极少量的共晶相（见图 6. 1-24d）。

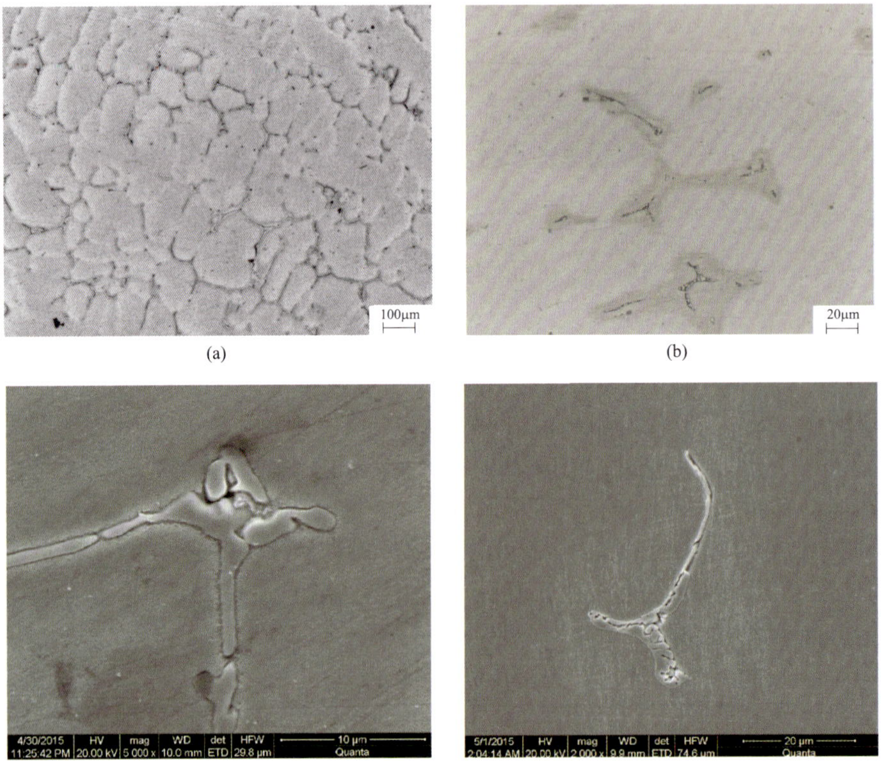

(c) (d)

图 6. 1-24　316LN 铸态组织及析出相形貌

（a）枝晶组织；（b）铁素体周围的成分偏析带；（c）铁素体；（d）共晶相

2. 均匀化处理对铁素体的影响

由于316LN不锈钢铸态组织比较简单，主要为枝晶间析出少量的铁素体和共晶相。与321不锈钢类似，当加热温度超过1000℃，在热处理过程中共晶相能够充分回溶。图6.1-25是均匀化处理温度对316LN铸态组织中铁素体的影响。可见，当温度升高到1100℃，保温24h后，枝晶基本消除，大量的条形铁素体充分回溶，仅观察到极少量球形铁素体。考虑到随着铸锭直径增加，铸锭心部特别是冒口端心部的凝固速度很慢，导致Mo等元素成分偏析严重，且析出铁素体的热稳定性增加，需要采用更高的均匀化处理温度才能使元素均匀扩散、铁素体充分回溶。

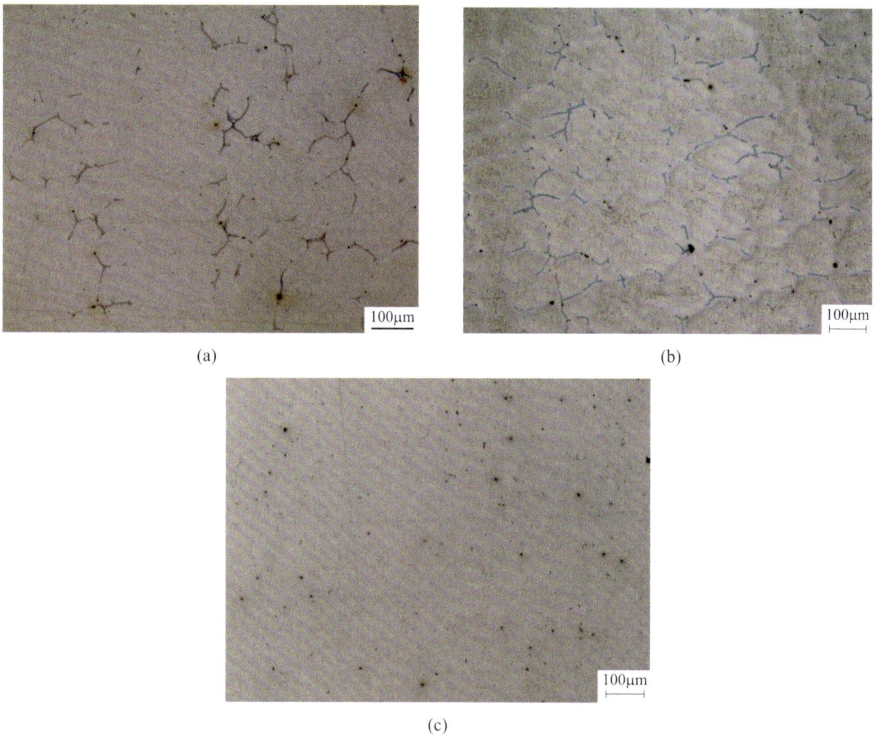

图6.1-25　均匀化处理温度对316LN铸态组织中铁素体的影响
(a) 900℃×24h；(b) 1000℃×24h；(c) 1100℃×24h

3. 成分优化设计

目前国内生产的主管道材料主要为美标ASME 316LN、法标RCC-MX2CrNi19.10和RCC-MX2CrNiMo18.12三种，其成分见表6.1-4。由于此类不锈钢均属于超低碳奥氏体不锈钢，在开展材料研究工作中，除了考虑锻造开裂、锻件晶粒粗大或混晶外，还需要考虑如何通过成分优化设计，提高材料的强度特别是高温强度。

表6.1-4　　**主管道用材料标准成分范围**　　(质量分数，%)

合金	C	Si	Mn	P	S	Cr	Ni	Mo	Cu	Nb	Co	B	N	Fe
ASME-316L	≤0.035	≤0.75	≤2.0	≤0.040	≤0.030	16.0~18.0	11.0~14.0	2.0~3.0					0.1~0.16	余

续表

合金	C	Si	Mn	P	S	Cr	Ni	Mo	Cu	Nb	Co	B	N	Fe
RCC-M X2CrNiMo18.12	≤0.035	≤1.00	≤2.0	≤0.030	≤0.015	17.0～18.2	11.5～12.5	2.25～2.75	≤1.0	≤0.15	≤0.2	≤0.0018	≤0.08	余
RCC-M X2CrNi19.10	≤0.035	≤1.00	≤2.0	≤0.030	≤0.015	18.5～20.0	9.0～10.0	—	≤1.0	≤0.15	≤0.2	≤0.0018	≤0.08	余

（1）N 含量对强度的影响。已有文献[64]指出，奥氏体不锈钢的强度与 C、N、Si、Cr、Mo、Ti 和 Nb 等元素含量有关，同时亦受钢中铁素体含量和晶粒度的影响。其屈服强度的计算公式如下：

$$
\begin{aligned}
0.2\%\,\mathrm{P.S.} = {} & 4.1+32\mathrm{N}+23\mathrm{C}+1.3\mathrm{Si}+0.24\mathrm{Cr}+0.94\mathrm{Mo} \\
& +1.2\mathrm{V}+2.6\mathrm{Nb}+1.7\mathrm{Ti}+0.16\delta_{\mathrm{Fe}}+0.46d^{-1/2}
\end{aligned} \tag{6.1-1}
$$

式中：各元素符号代表对应元素的含量；δ_{Fe}为铁素体含量；d 为钢的晶粒度。由式（6.1-1）可见，氮含量和碳含量对强度的影响很大。为了深入研究成分优化对奥氏体不锈钢组织和性能的影响规律，采用 JMatpro 热力学软件计算了在材料标准范围内 N 元素对强度的影响。

由于 N 在稳定奥氏体结构方面能力较强，且 N 原子以固溶强化的方式增强材料的强度，还可以增强加工硬化性能、疲劳强度、抗磨损性能、蠕变性能以及耐蚀性，控氮奥氏体不锈钢得到了广泛的应用。本节研究了在超低碳（C 含量≤0.03%）条件下，N 含量对 316 不锈钢强度的影响。

当固溶温度为 1060℃，晶粒度为 4 级时，热力学计算 N 含量对钢的强度的影响结果见图 6.1-26。当氮含量由 0.06% 提高至 0.16%，抗拉强度提高了 66MPa，屈服强度提高了 55MPa。特别是在 360℃ 条件下，屈服强度提高了 39MPa。因此，针对超低碳控制的法标 RCC-M X2CrNi19.10 和 RCC-M X2CrNiMo18.12 材料，在冶炼过程中应尽量控制 N 含量达到成分范围的上限。

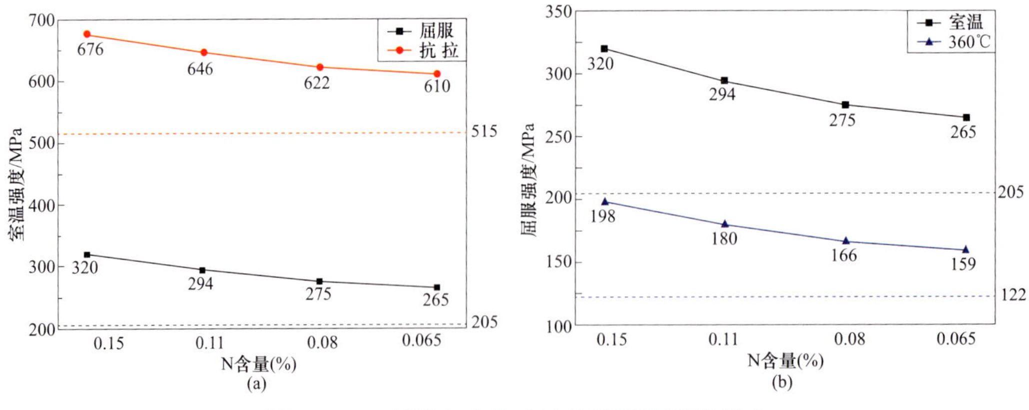

图 6.1-26 计算 N 含量对 316 不锈钢强度的影响

（a）室温强度；（b）360℃屈服强度

材料的强度除了取决于化学成分以外，还与钢的晶粒度密切相关。因此，同时考虑氮含量和晶粒度对强度的影响，计算结果见图 6.1-27。晶粒细化由晶粒度 2 级至晶粒度 6 级，其强度明显提高。这意味着在大型锻件的制造过程中，针对锻件强度偏低的不锈钢材料如法标 RCC-MX2CrNi19.10，需考虑通过锻造工艺控制和性能热处理工艺优化获得细小均匀的晶粒，以满足锻件的性能要求。

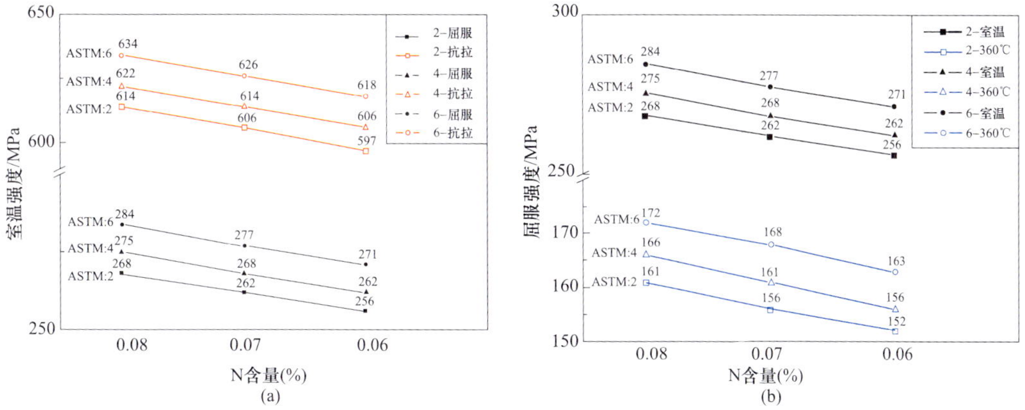

图 6.1-27　氮含量和晶粒度对 316 不锈钢强度的影响

（a）室温强度；（b）屈服强度对比

（2）成分优化对静态再结晶温度的影响。日本 JSW 公司大西敬三等人[65]研究了碳含量和氮含量对 316 不锈钢静态再结晶行为的影响（见图 6.1-28）。当碳含量为约 0.02% 时，钢中氮含量从 0.09% 提高至 0.15%，其静态再结晶温度提高了 50℃。这意味着在大型厚壁锻件的锻造过程中，变形温度区间更窄，增大了控制锻件再结晶的工艺难度。因此，在大型奥氏体不锈钢新产品的研制过程中，既要进行合理的成分优化满足产品的使用性能需求，也要相应地调整制造工艺参数，才能获得高质量的核电锻件。

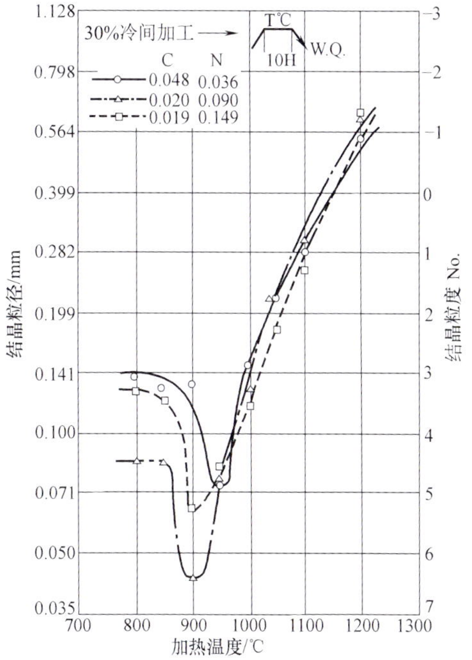

图 6.1-28　碳、氮含量对 316 奥氏体不锈钢静态再结晶行为的影响[65]

1.3　冶炼及铸锭

目前不锈钢的冶炼方法可以分为三种：一种是 AOD 法；第二种是 VOD 法；第三种是真空炉法（包括 VD、VIF）。316LN 为氮合金化的超低碳奥氏体不锈钢，当其采用 AOD 法冶炼时，合金元素 N 可以通过吹入氮气的方法加入，目前国内外冶金厂家已经非常熟练地掌握了此种方法，其氮含量可以准确地控制在±0.01% 范围内；当采用 VOD 法熔炼时，合金元素氮只能通过添加氮化合金的方法加入，由于氮化合金中含有很高的氧（可以达到 1%），导致材料的纯净度控制出现问题，从而恶化了铸锭的热加工性能。因此，目前最适宜的 316LN 冶炼工艺路线是电炉+AOD 精炼。ESR 可以细化铸锭的铸态组织，降低 S、O、P 等的偏析，从而显著提高铸锭热塑性。

锻造主管道奥氏体不锈钢（316LN、304 等）的炼钢主要分为双真空和 ESR 两种方式。随着 ESR 技术及装备的发展，ESR 有占主导地位的趋势。

1.3.1 双真空

1. 实心钢锭

主管道不锈钢双真空实心钢锭采用 AOD 或 VOD 的冶炼及真空上注的方式制造。与其他钢锭一样，不锈钢双真空钢锭越大，偏析也越严重。虽然主管道不锈钢双真空有被 ESR 取代的趋势，但法国主管道锻件供应商仍然采用双真空的炼钢方式。

2. 空心钢锭

对于主管道空心锻件而言，双真空空心钢锭具有明显的成本优势。不仅钢锭制造成本低，而且通过减小钢锭壁厚克服了大型实心双真空钢锭偏析较大的不足。空心双真空钢锭的炼钢方法详见第 2 篇第 2 章 2.4.2。

1.3.2 ESR

主管道不锈钢电渣重熔是用 AOD 或 VOD 法冶炼、大气（或真空）浇注成电极，然后在大气（或真空）状态下重熔的方式。电渣重熔虽然具有纯净和致密的优点，但随着钢锭的增大，对技术和装备的要求也越来越高。

1.4 晶粒度影响因素研究

AP1000 主管道热段 A 是集直管、弯管及管嘴为一体的整体异型大锻件，在坯料锻造成形过程中各部分变形不均匀，最后一火甚至最后几火有许多部位没有变形，带来了晶粒粗化和混晶的问题。中国一重在 AP1000 核电 316LN 主管道的试制过程中发现，管嘴部位无锻比加热火次多，变形量小于其他部位，使得该部位的晶粒度低于管身部位。为了解决晶粒粗化和混晶问题，与国内研究院所就返炉再加热温度、变形量、变形温度、变形速度和热处理温度等对 316LN 晶粒的影响进行了深入研究，提出了控制 316LN 大锻件晶粒度的方法。

1. 试验材料

试验材料为 316LN 锻坯，Gleeble 试样采用线切割的方法直接切取，加工成ϕ8mm×15mm 的压缩试样。

2. 试验方法

（1）再加热温度对 316LN 晶粒长大的影响。采用光学显微镜观察加热温度对晶粒度的影响，试验温度 1000～1250℃，温度间隔 25℃，保温 2h。

（2）变形量对 316LN 晶粒的影响。采用 Gleeble1500 试验机对 316LN 试样进行压缩变形，变形量分别为 0、5%、10%、15%、20%、30%、40%，变形温度 1000℃，变形速率 0.03/s，变形后在 1075℃保温 2h，采用光学显微镜观察试样的晶粒度。

（3）变形温度对316LN晶粒的影响。采用Gleeble1500试验机对316LN试样进行30%的压缩变形，变形速率0.03/s，变形温度分别为800℃、850℃、900℃、950℃、1000℃、1050℃、1100℃、1150℃、1200℃，变形后在1075℃保温2h，采用光学显微镜观察试样的晶粒度。

（4）变形速率对316LN晶粒的影响。采用Gleeble1500试验机对316LN试样在1000℃进行压缩变形，变形量30%，变形速率分别为0.01/s、0.03/s、0.1/s、0.3/s、1/s、3/s、10/s、30/s，变形后在1075℃保温2h，采用光学显微镜观察试样的晶粒度。

（5）热处理温度和变形量对316LN晶粒的影响。采用Gleeble1500试验机对316LN试样进行压缩变形，变形量分别为10%、20%、30%、40%，变形温度1000℃，变形速率0.03/s，变形后分别在1075℃、1100℃、1125℃、1150℃、1175℃保温2h，采用光学显微镜观察试样的晶粒度。

3. 试验结果

（1）再加热温度对316LN晶粒度的影响。经过不同温度保温2h后316LN试样的显微组织如图6.1-29所示，晶粒度级别和再加热温度的关系如图6.1-30所示。从试验结果来看，加入微量元素Nb明显延迟再结晶和提高晶粒长大临界温度，其在1050℃及以上才有明显再结晶，1075℃热处理时晶粒最细小，1150℃以下温度加热时，晶粒未见明显异常长大。1175℃和1200℃处理时，晶粒异常长大，出现混晶，在1225℃以上处理时，其晶粒明显长大。

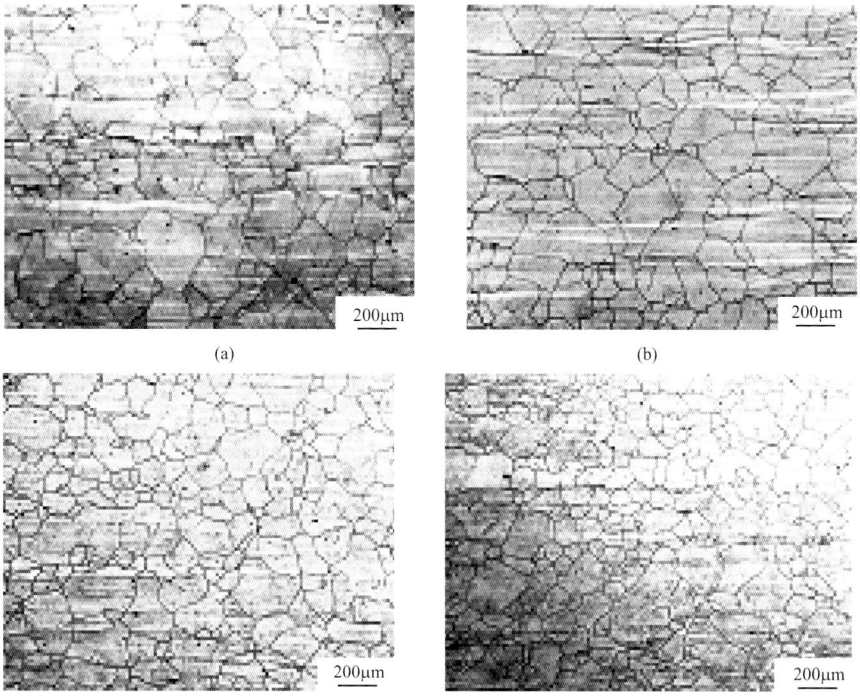

图6.1-29　再加热温度对锻坯晶粒组织的影响（一）

（a）锻态；（b）1025℃；（c）1050℃；（d）1075℃

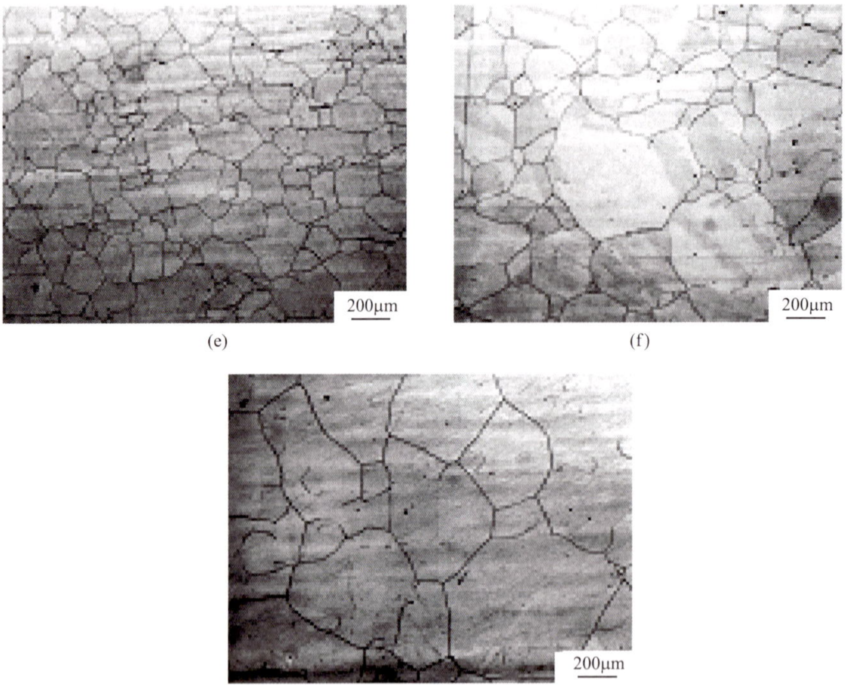

图 6.1-29　再加热温度对锻坯晶粒组织的影响（二）

（e）1150℃；（f）1175℃；（g）1225℃

（2）变形量对晶粒度的影响。经过 0%～40% 压缩变形后，在 1075℃保温 2h，晶粒度与压缩变形的关系如图 6.1-31 所示，金相组织如图 6.1-32 所示。从试验结果可以看出在 5% 变形时，晶粒存在异常长大，10% 变形量时晶粒大小基本没有变化，随着变形量进一步提高到 15% 及以上，晶粒得到显著细化，变形量越大，最终获得的晶粒越细小。

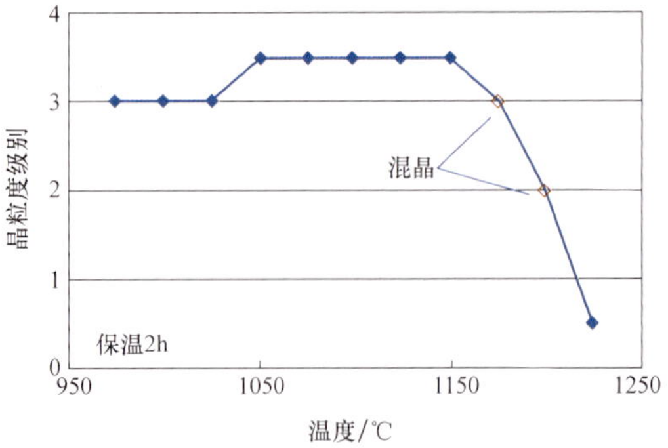

图 6.1-30　再加热温度对晶粒度的影响

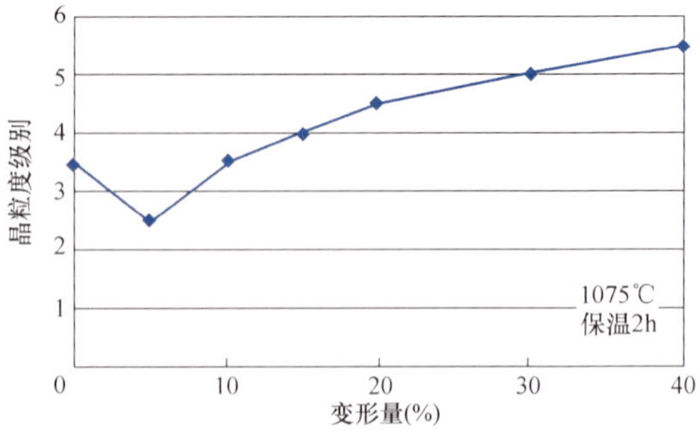

图 6.1-31　压缩变形量对晶粒度的影响

（3）变形温度对 316LN 晶粒度的影响。经过 30% 压缩变形后，在 1075℃保温 2h，晶粒度随变形温度的变化如图 6.1-33 所示，金相组织如图 6.1-34 所示。从试验结果可以看出随着变形温度的升高，再结晶组织的晶粒粗化。在 900℃以下温度变形时，316LN 可以获得 5.5 级以上的晶粒组织，在 1000℃以下温度变形时，可以获得 5 级以上的晶粒组织，在 1150℃以下温度变形时，可以获得 4.5 级的晶粒组织，在 1200℃ 变形时，晶粒度仅为 4 级。

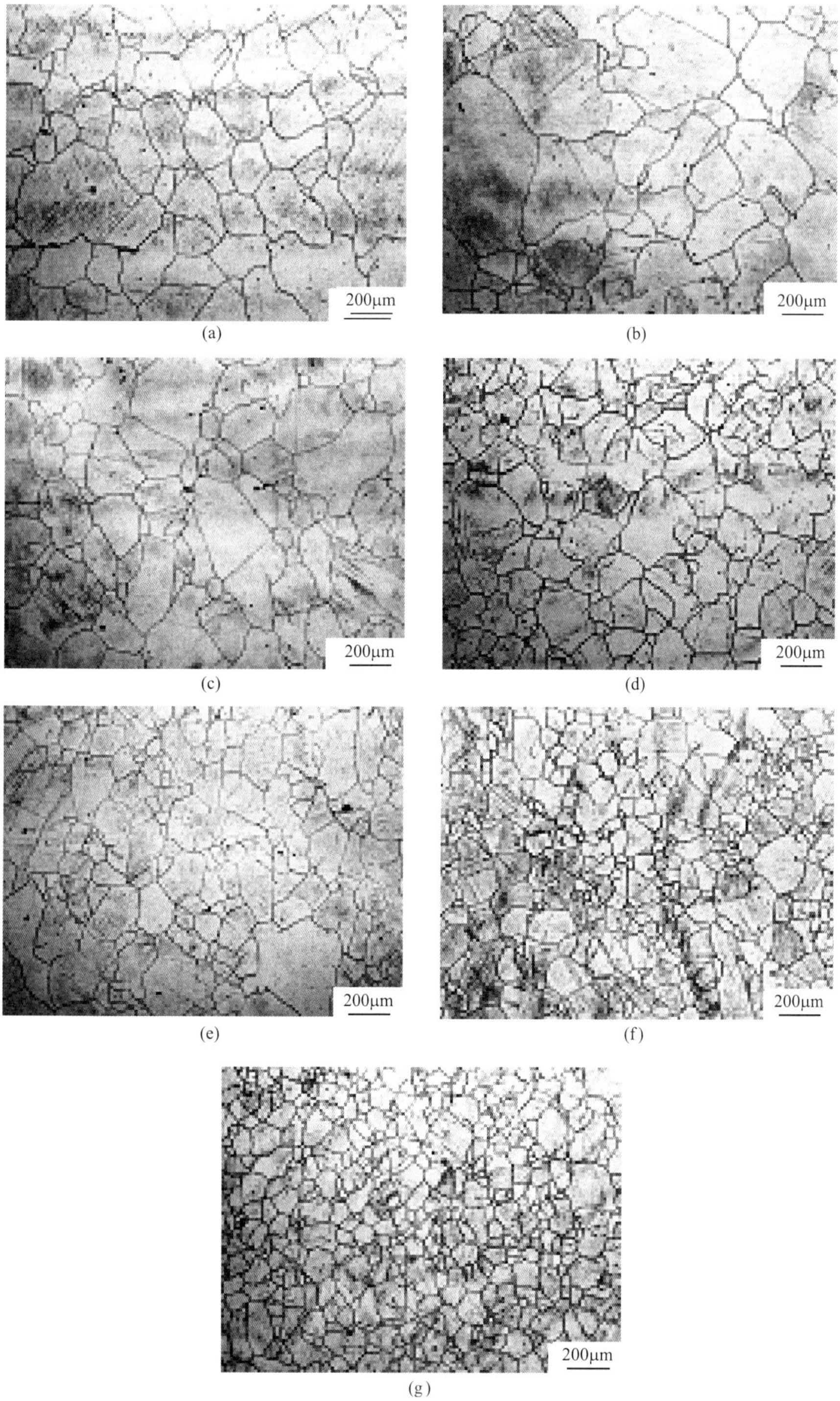

图 6.1-32　压缩变形量对金相组织的影响

（a）0%；（b）5%；（c）10%；（d）15%；（e）20%；（f）30%；（g）40%

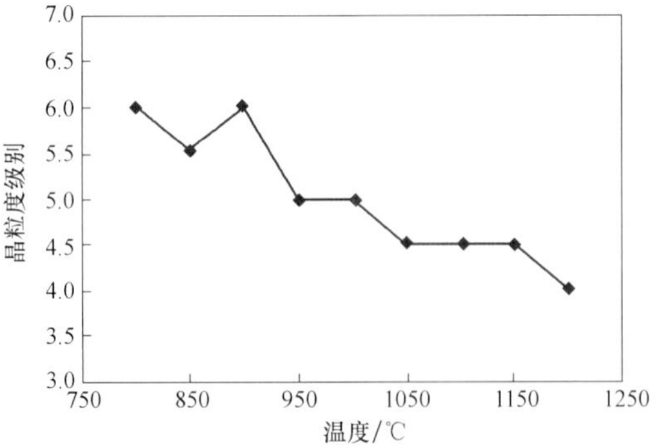

图 6.1-33　变形温度对晶粒度的影响

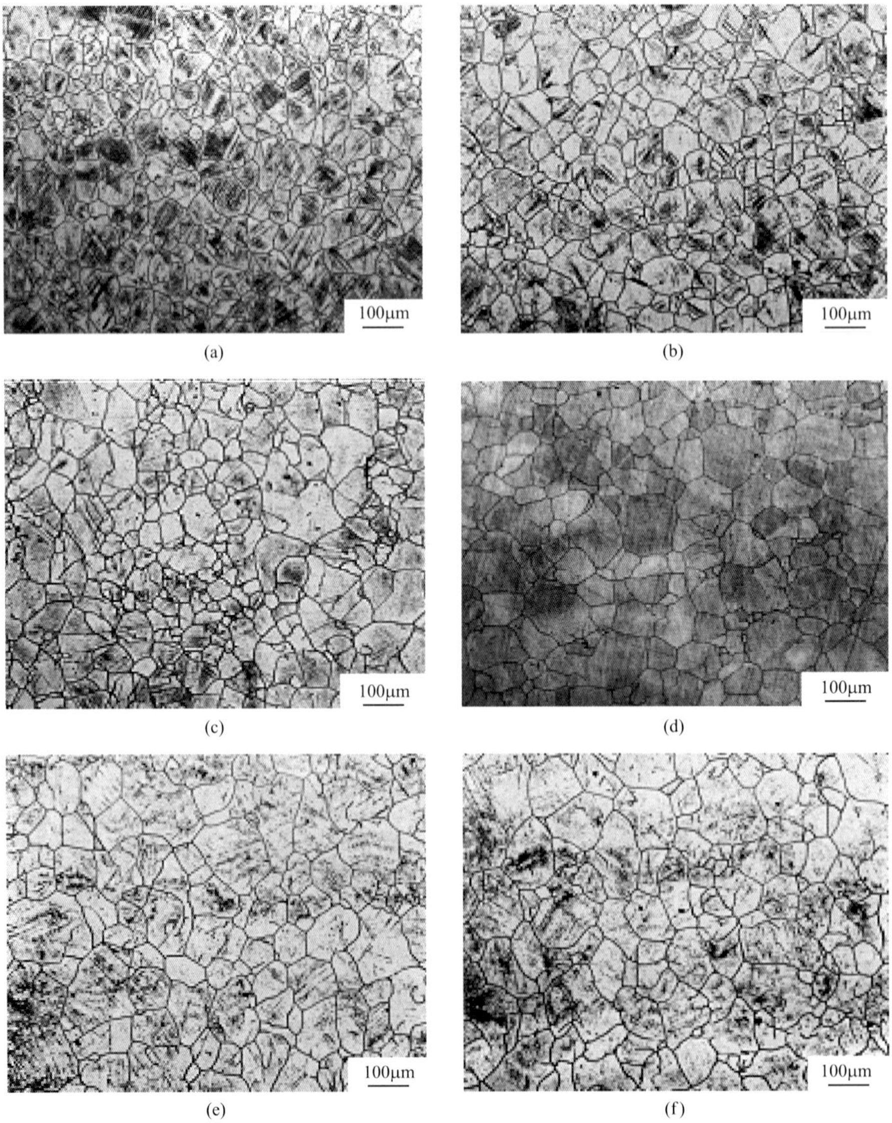

图 6.1-34　变形温度对晶粒组织的影响（一）

（a）800℃；（b）900℃；（c）1000℃；（d）1050℃；（e）1110℃；（f）1150℃

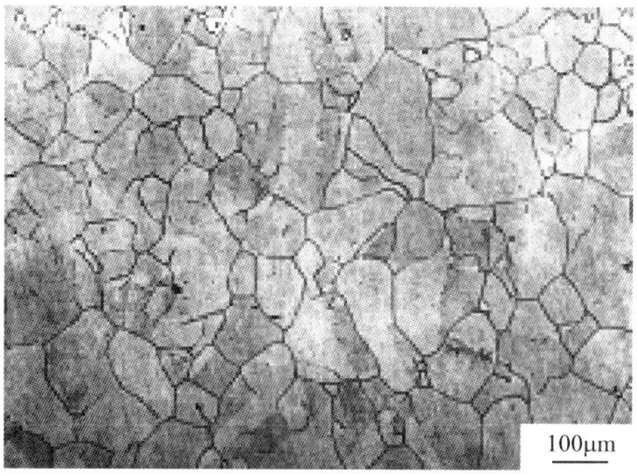

(g)

图 6.1-34 变形温度对晶粒组织的影响（二）

（g）1200℃

（4）变形速率对 316LN 晶粒度的影响。图 6.1-35 为变形速率在 0.01/s 与 30/s 之间，在 1000℃下进行 30% 压缩变形并经过 1075℃保温 2h 之后的金相组织。试验结果表明在 1000℃变形 30% 的情况下，变形速率对晶粒尺寸基本没有影响，其晶粒度均为 5 级。

（5）热处理温度对再结晶组织的影响。图 6.1-36 为 5% 变形量在 1025℃、1050℃、1075℃热处理后的组织。可见，在 1025℃热处理时，再结晶很不充分，在 1050℃和 1075℃热处理时再结晶已经完成，但是晶粒出现异常长大，导致晶粒非常粗大，其晶粒度仅为 2.5 级。

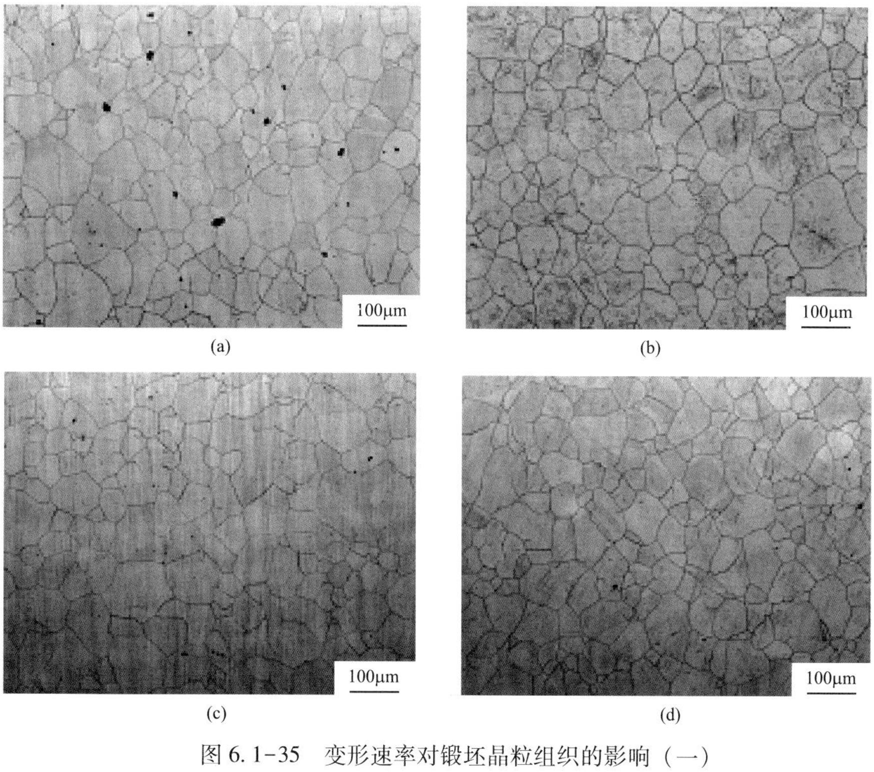

图 6.1-35 变形速率对锻坯晶粒组织的影响（一）

（a）0.01/s；（b）0.03/s；（c）0.1/s；（d）0.3/s

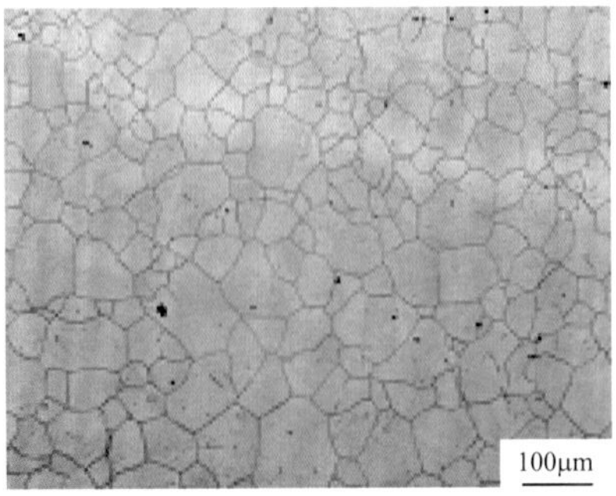

(e)

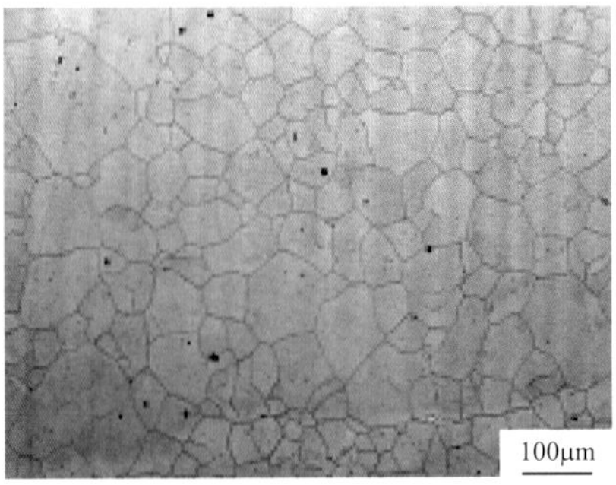

(f)

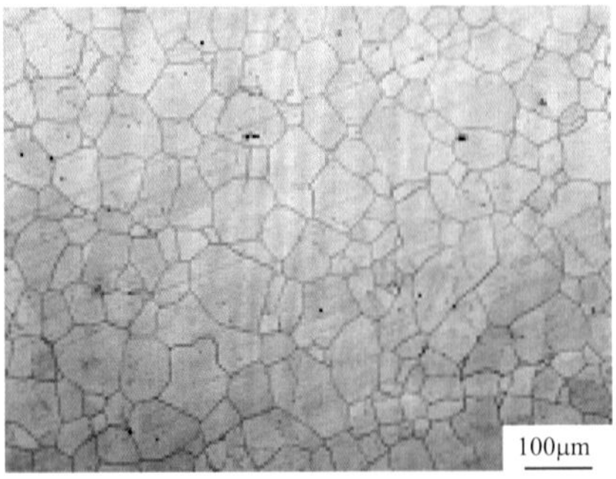

(g)

图 6.1-35　变形速率对锻坯晶粒组织的影响（二）

（e）1/s；（f）10/s；（g）30/s

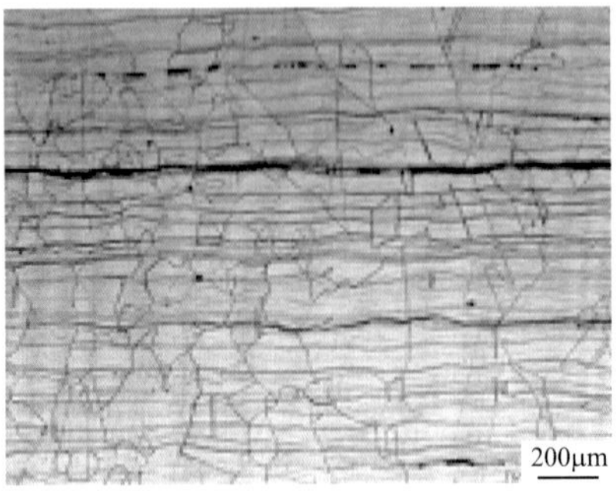

(a)

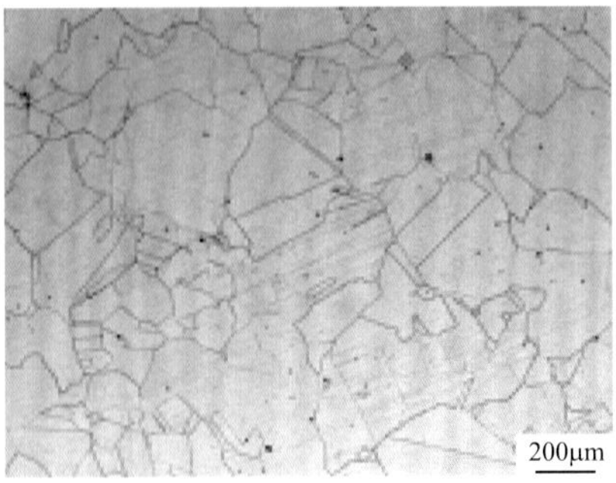

(b)

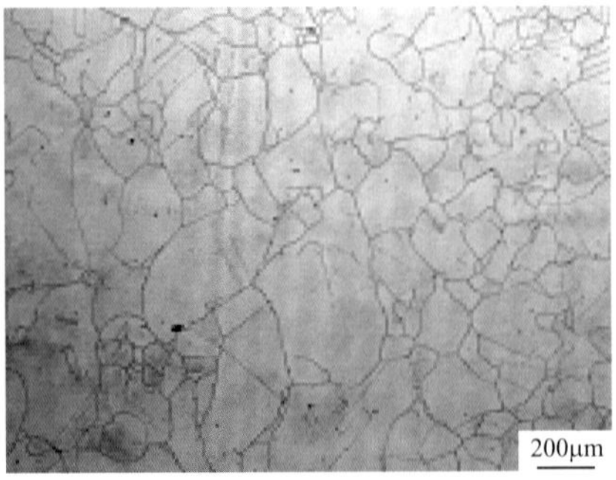

(c)

图 6.1-36　加热温度对 5% 变形量的晶粒度的影响

（a）1025℃；（b）1050℃；（c）1075℃

图 6.1-37 为在 1000℃经过 10%压缩变形的试样经 1075～1175℃加热处理 2h 后的组织。热处理温度对金相组织的影响不是很明显，在 1075～1175℃范围热处理时，其晶粒度均在 3.5 级左右。

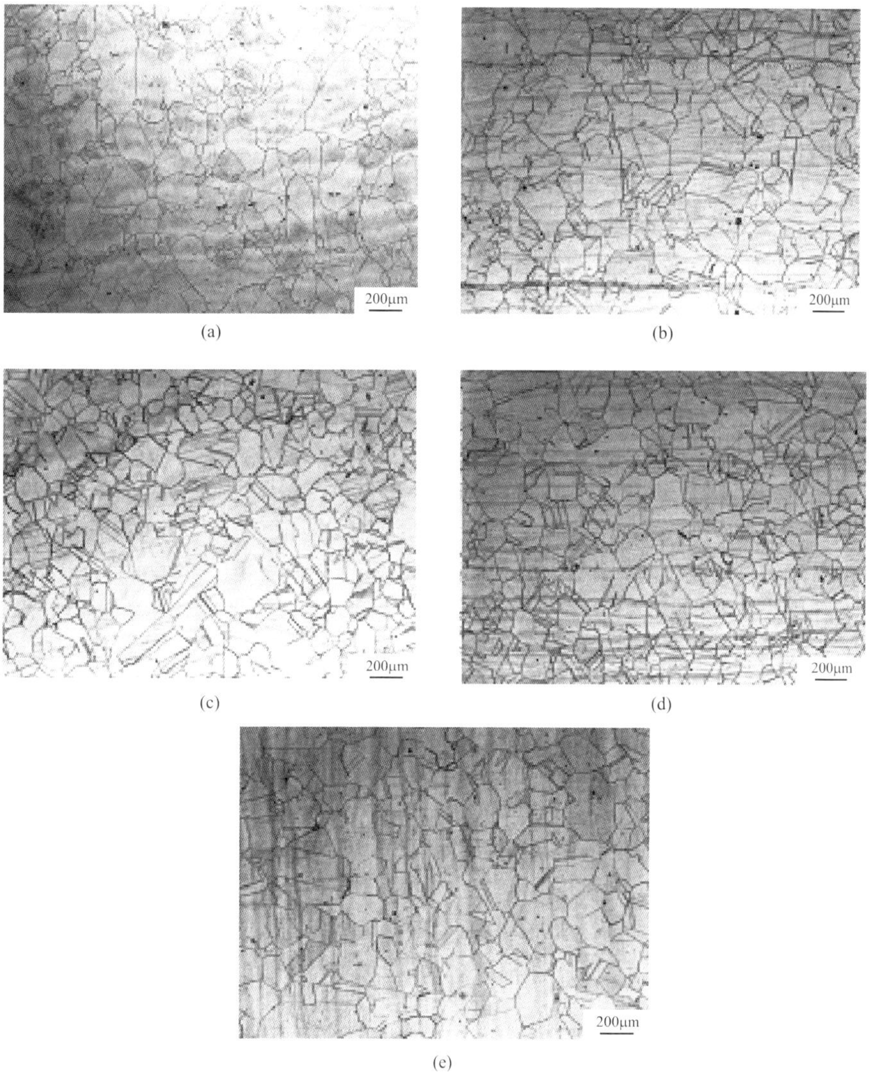

图 6.1-37 加热温度对 10%变形量的晶粒度的影响

（a）1075℃；（b）1100℃；（c）1125℃；（d）1150℃；（e）1175℃

图 6.1-38 为在 1000℃经过 20%压缩变形的试样经 1075～1175℃加热处理 2h 后的组织。随着热处理温度的提高，金相组织稍微长大：在 1075℃热处理时，其晶粒度为 4.5 级；在 1100℃处理时，其晶粒度为 4 级；在 1125℃处理时，其晶粒度为 3.5 级；在 1150℃和 1175℃处理时，其晶粒度为 3 级。

图 6.1-39 为在 1000℃经过 30%压缩变形的试样经 1075～1175℃加热处理 2h 后的组织。随着热处理温度的提高，金相组织稍微长大：在 1075℃热处理时，其晶粒度为 5 级，在 1100℃处理时，其晶粒度为 4.5 级；在 1125℃处理时，其晶粒度为 4 级；在 1150℃处理时，

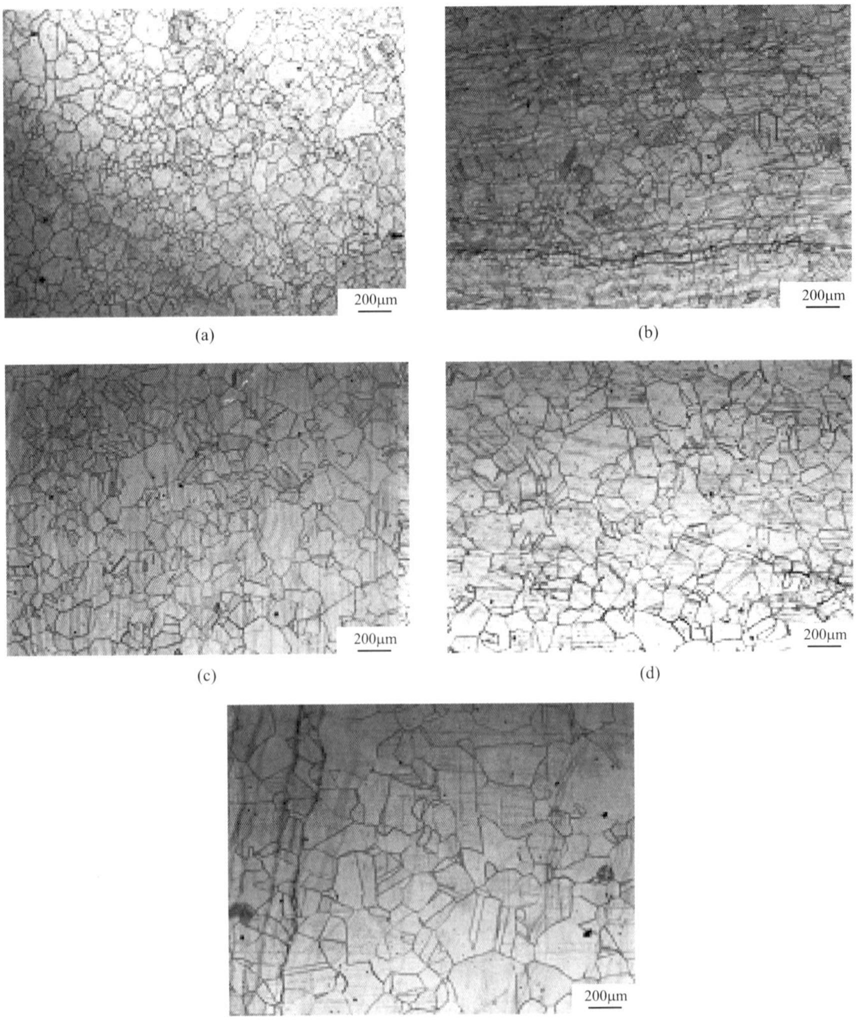

图 6.1-38　加热温度对 20% 变形量的晶粒度的影响

（a）1075℃；（b）1100℃；（c）1125℃；（d）1150℃；（e）1175℃

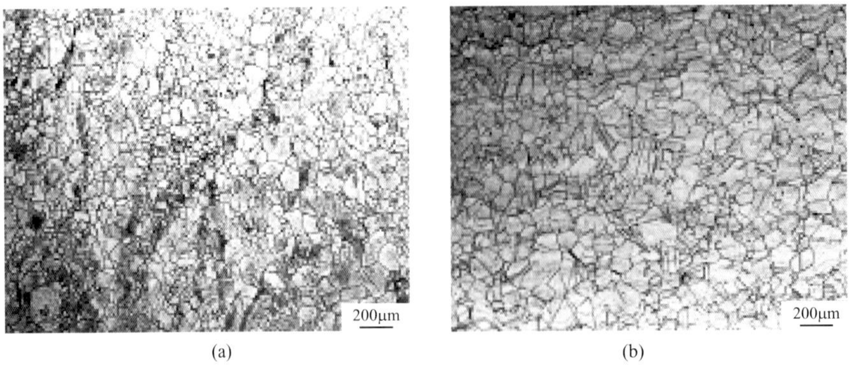

图 6.1-39　加热温度对 30% 变形量的晶粒度的影响（一）

（a）1075℃；（b）1100℃

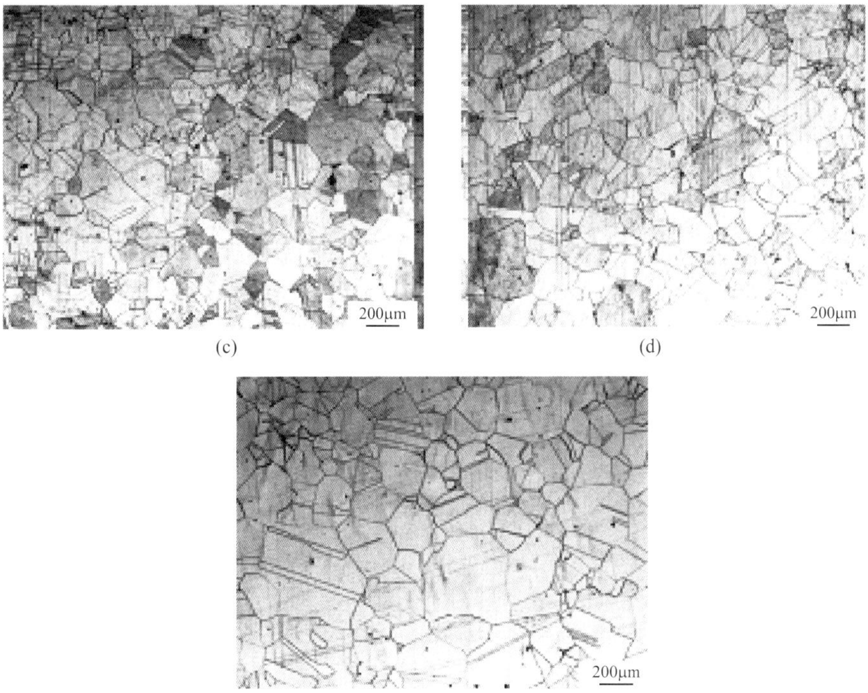

(c) (d)

(e)

图 6.1-39 加热温度对 30% 变形量的晶粒度的影响（二）

（c）1125℃；（d）1150℃；（e）1175℃

晶粒度为 3.5 级；在 1175℃处理时，其晶粒度为 3 级。

图 6.1-40 为在 1000℃经过 40% 压缩变形的试样经 1075～1175℃加热处理 2h 后的组织。随着热处理温度的提高，金相组织长大：在 1075℃热处理时，其晶粒度为 5.5 级；在 1100℃处理时，晶粒度为 4.5 级；在 1125℃处理时，其晶粒度为 3.5 级；在 1150℃处理时和 1175℃处理时，晶粒出现异常长大，金相组织表现为混晶。

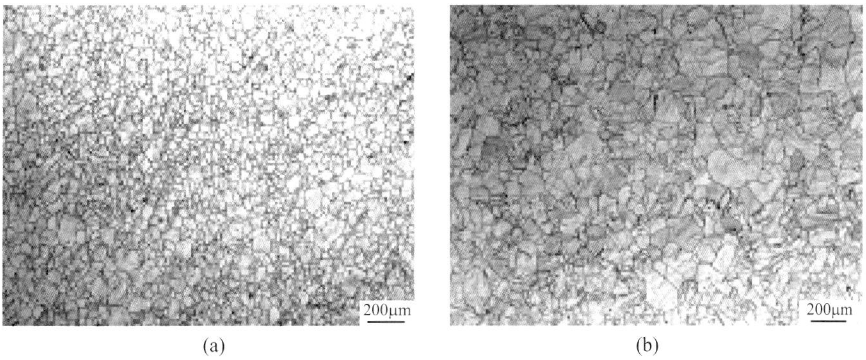

(a) (b)

图 6.1-40 加热温度对 40% 变形量的晶粒度的影响（一）

（a）1075℃；（b）1100℃

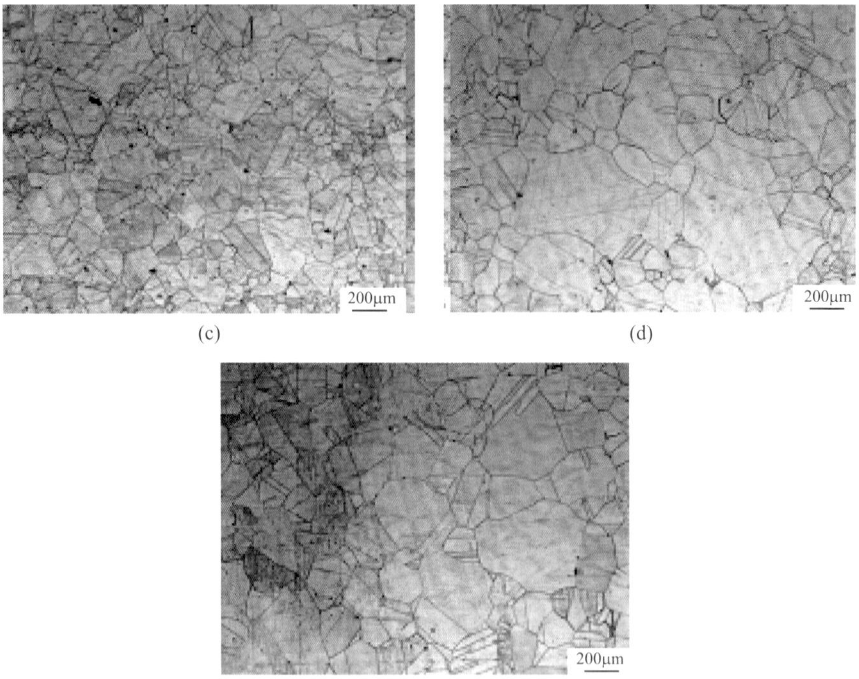

(c) (d) (e)

图 6.1-40　加热温度对 40% 变形量的晶粒度的影响（二）

（c）1125℃；（d）1150℃；（e）1175℃

4. 分析讨论

奥氏体不锈钢由于在热加工和热处理过程中不发生相变，因此其晶粒细化主要依靠再结晶进行。虽然大型不锈钢锻件需要多火次才能完成锻造成形，但其晶粒度主要受最后一火的锻造工艺参数（变形温度、变形量）和热处理温度控制。对于 AP1000 主管道热段 A 来说，由于其直管、弯管和管嘴为一整体锻件，尺寸大且结构复杂，因此其锻造变形不均匀，而且某些部位（例如管嘴）在最后一火次甚至最后几火次中都无变形，从而给晶粒度控制带来了相当大的难度。

根据图 6.1-40 的试验结果来看，当返炉再加热温度超过 1150℃后，将会发生晶粒的异常长大，出现晶粒粗化和混晶，因此最后几火次的返炉再加热温度必须控制在 1150℃以下。

从变形量对晶粒度的影响（参见图 6.1-31）来看：要想细化晶粒，其变形量应该在 15%以上；要想进一步细化晶粒，需要进一步加大变形量；在变形过程中，应该避免 15%以下的变形，否则会导致晶粒粗化。不同变形量和不同热处理温度对晶粒度的影响如图 6.1-41 所示，要想得到细小均匀的组织，最后一火的变形量最好控制在 30%左右，最后热处理温度应该控制在 1100℃以下为宜。

5. 二次再结晶

为了防止奥氏体不锈钢锻件在高温大变形拔长后获得的较细小晶粒在后续锻造中明显长大，很多文献都对二次再结晶进行了深入研究[66~68]。中国一重试验的不同成分 316LN 不锈钢晶粒长大趋势曲线如图 6.1-42 所示。图 6.1-43 是不同成分 316LN 在 1050℃保温 2h 后的金相组织，在相同加热条件下成分对晶粒尺寸亦产生较大的影响。可见对于加氮的 316 不锈钢，当加热温度不超过 1100℃，晶粒长大倾向小，晶粒细小均匀。CAP1400 主管道热段 A 及华龙一号主管道联合评定锻件（ϕ1100mm ×9700mm，八方法兰高度 2100mm）在经过高温大变形量拔长获得 5 级以上晶粒度后，在二次再结晶温度下累计加热超过 300h，晶粒没有明显长大，这一结果与文献[69]的报道完全吻合。

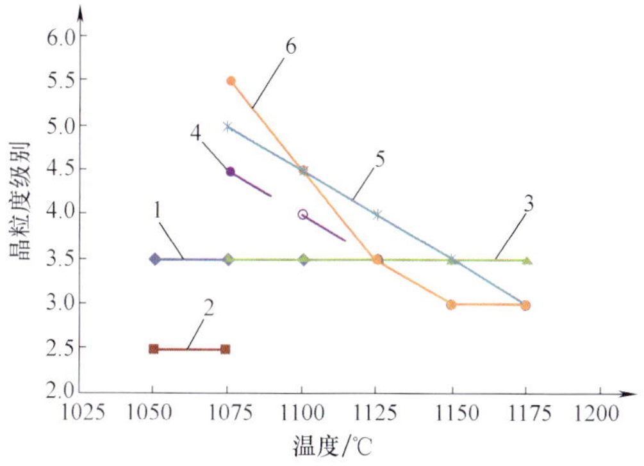

图 6.1-41　变形量、热处理温度和晶粒度的关系

1—变形量 0；2—变形量 5；3—变形量 10；4—变形量 20；5—变形量 30；6—变形量 40

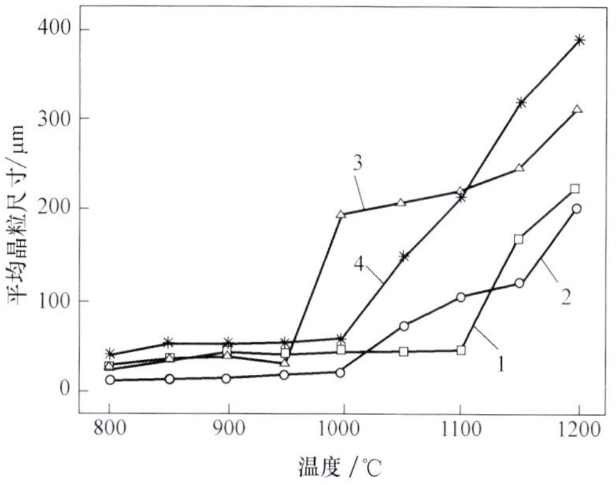

图 6.1-42　不同成分 316LN 不锈钢晶粒长大趋势曲线

1—加 N；2—加 N，加 Nb；3—加 Nb；4—标准成分

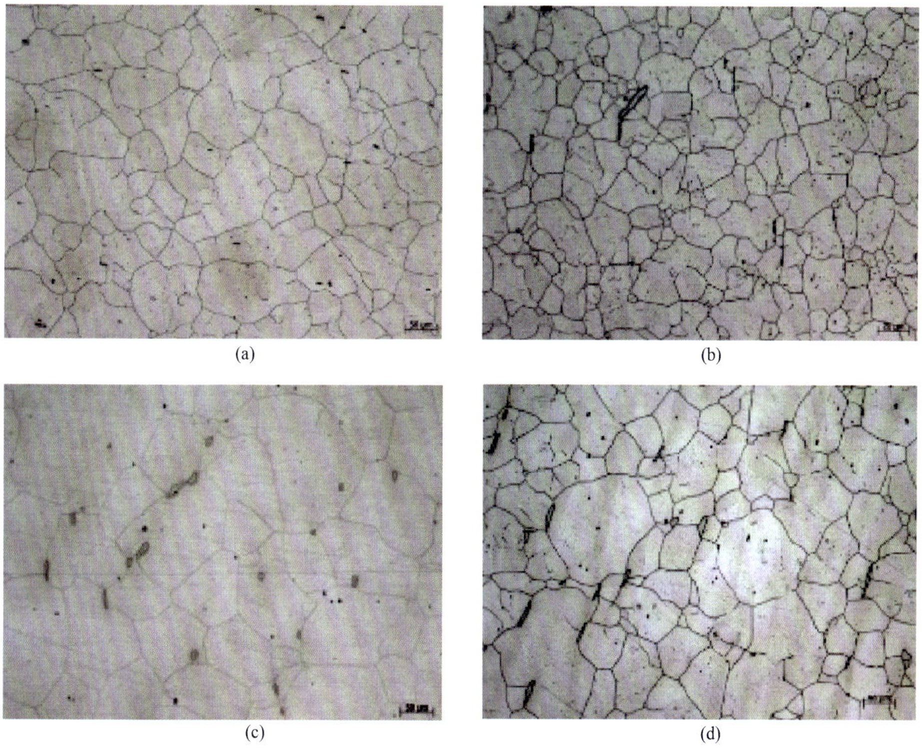

图 6.1-43　不同成分 316LN 不锈钢在 1050℃保温 2h 的金相组织形貌

（a）加 N；（b）加 N、Nb；（c）加 Nb；（d）标准成分

6. 动态再结晶

图6.1-44～图6.1-46给出了316LN不锈钢在不同温度不同应变速率下变形后的显微组织形貌。图6.1-47是不同真应变条件下316LN不锈钢的热加工图。图6.1-44显示的是316LN不锈钢以10/s的应变速率分别在900℃和1000℃条件下变形时对应的流变失稳区的显微组织形貌。从图6.1-44a可以看出，在900℃变形时，晶粒被严重压扁，晶界扭折严重，且在一些晶粒内出现了大量的滑移线，在其他很少存在滑移线晶粒的晶界附近，存在着很窄的形变带，形变带内几乎没有再结晶晶粒。

从图6.1-44b（1000℃，10/s）可以看出，滑移线的数量明显减少，分布在晶界附近的变形带内（尤其是三叉晶界区域），出现了新的细小的项链状再结晶晶粒。图6.1-44a和图6.1-44b的共同特征是，都存在着沿晶界的局部流变，这是一种流变失稳机制。项链状再结晶晶粒的出现也意味着晶界附近发生了局部流变（见图6.1-44b和图6.1-45a），但图6.1-44b处在失稳区，图6.1-45a处在稳定区。这是由应变梯度的不同造成的，借此也可以解释316LN不锈钢的流变失稳区的范围随着应变的增大而减小的原因（见图6.1-47）。

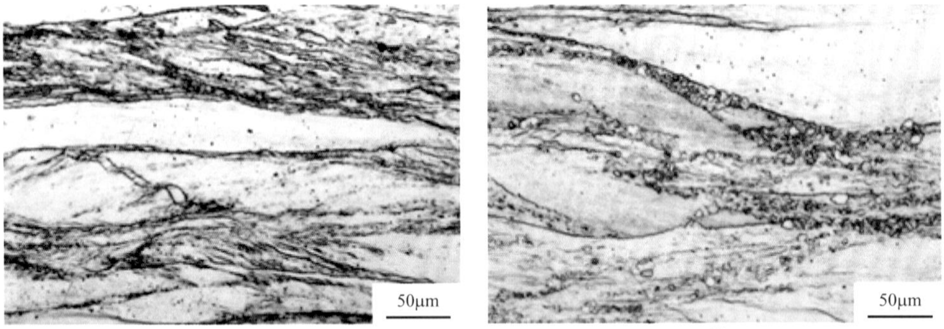

(a) (b)

图6.1-44　316LN不锈钢流变失稳区的典型组织

(a) 900℃，10/s；(b) 1000℃，10/s

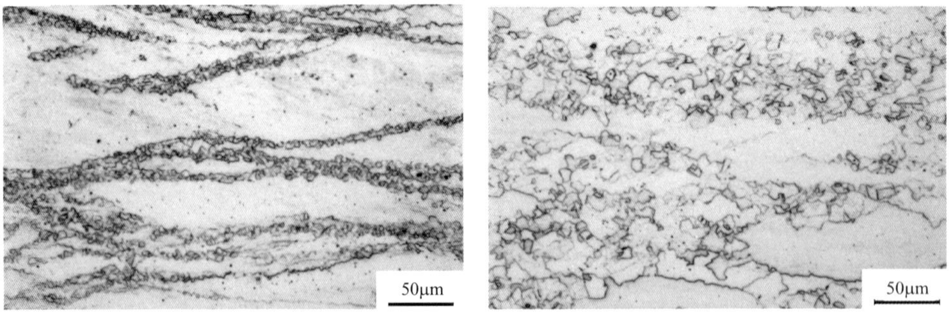

(a) (b)

图6.1-45　316LN不锈钢以0.01/s在不同温度变形后的显微组织

(a) 900℃；(b) 1000℃

SEM分析结果表明，在变形条件为900℃和10/s的试样局部位置出现了少量的微裂纹，而且大都集中在晶界上，但在其他试样中没有观察到微裂纹的存在（见图6.1-48）。因此，图6.1-44中低温高应变速率区流变失稳的出现可能是由于裂纹的作用而导致的。

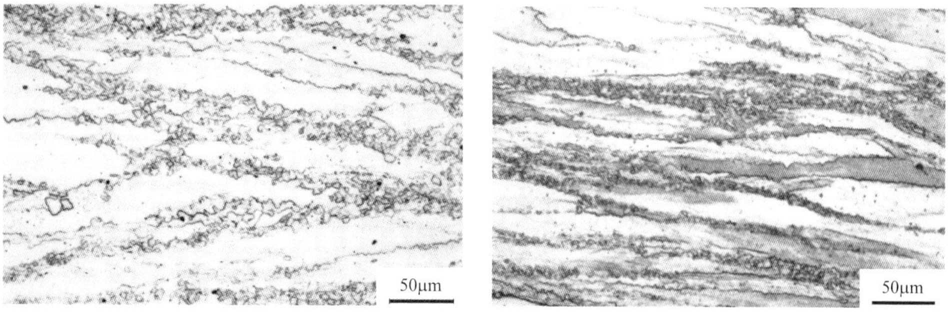

(a) (b)

图 6.1-46　316LN 不锈钢在 1000℃ 变形后的显微组织

（a）应变速率为 0.1/s；（b）应变速率为 1/s

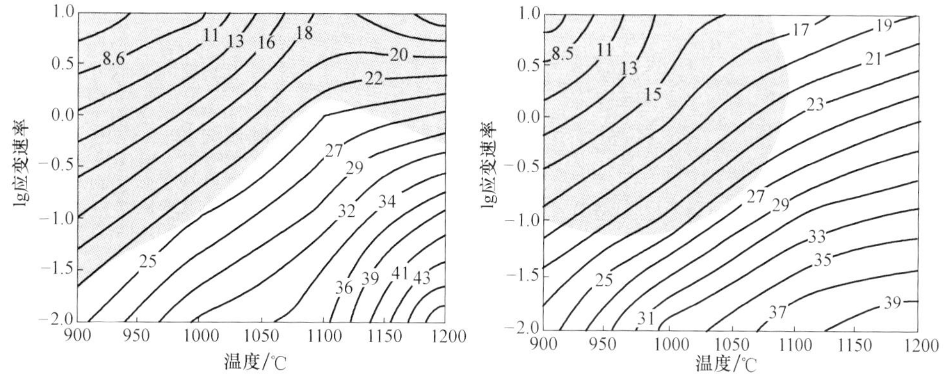

(a) (b)

图 6.1-47　不同真应变条件下 316LN 不锈钢的热加工图

（a）真应变为 0.6；（b）真应变为 1.2

316LN 不锈钢在 900℃ 和 1100℃ 双道次压缩的流变曲线如图 6.1-49 所示。从图 6.1-49 中可以看出，第一道次压缩后的等温时间越长，第二道次压缩时的屈服应力就越低，即软化程度就越大，并且变形温度越高，软化速度也越快。这里的软化机制主要包括亚动态再结晶和静态再结晶，统称为变形后再结晶。

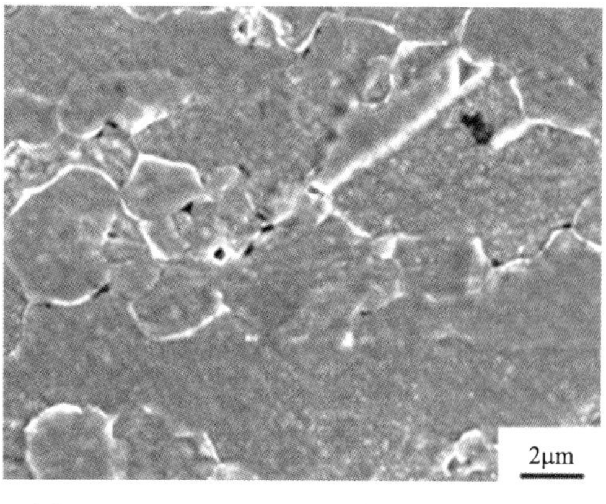

图 6.1-48　900℃ 和 10/s 变形后 316LN 不锈钢试样中的微裂纹

7. 结论

根据试验结果和分析，要想获得细小的晶粒组织，AP1000 主管道锻造时应该注意以下几点：

（1）在锻造过程中，应该尽量加大道次变形量，每砧变形量应不低于 15%。

（2）管嘴锻造成形后，应保证其返炉再加热温度不超过 1150℃。

（3）最后几火次锻造时，应该尽可能控制较低的锻造温度和较大的变形量；锻造温度应该控制在1000℃左右，变形量控制在30%左右。

（4）热处理温度控制在1050～1100℃之间。

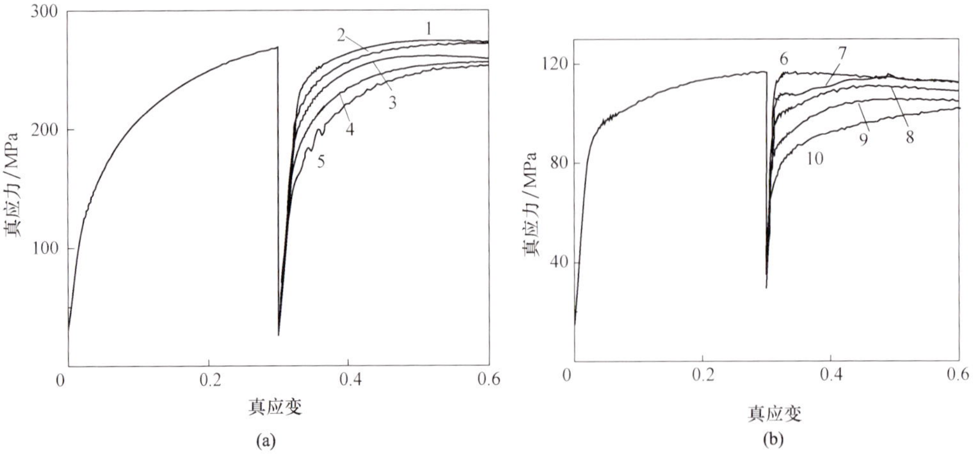

图6.1-49　316LN不锈钢不同温度下的双道次压缩曲线

（a）900℃；（b）1100℃

1—等温时间10s；2—等温时间100s；3—等温时间300s；4—等温时间600s；5—等温时间1200s；6—等温时间0.5s；7—等温时间1s；8—等温时间5s；9—等温时间10s；10—等温时间50s

1.5　晶粒细化及均匀化比例试验

充分且均匀的变形是保证不锈钢锻件晶粒尺寸细小均匀的充分必要条件，决定不锈钢锻件变形是否充分且均匀的主要因素是坯料温度与变形量。由于Gleeble3500试验机所用试样尺寸偏小，温度与变形量效应在试样上的体现不充分，为此在1MN试验机上进行晶粒细化及均匀化的相关比例试验，以期在近工业化生产条件下发现并找到温度及变形量对不锈钢锻件晶粒尺寸的影响规律。

1. 包套保温效果试验

（1）包套保温效果试验方案。以CAP1400主管道坯料制造为目标，选择同材质的坯料进行包套保温效果试验，坯料直径为ϕ80mm，高度为215mm。试验中选定两种包套方案进行保温效果对比，一种为1.5mm厚的钢板；另一种为1mm厚的镀锌铁皮（见图6.1-50）。

图6.1-50　两种包套方案保温效果试验

（a）1.5mm厚钢板包套试验；（b）1mm厚镀锌铁皮包套试验

（2）包套保温效果试验结果。坯料在1250℃保温1h后，在出炉的瞬间表面降温极快，手持红外测温仪无法准确测量坯料表面温度。当坯料表面温度降到1050℃后，温降渐缓，所以从此刻开始测温。包套保温试验的测温结果见图6.1-51。由图6.1-51可见，当坯料温度从1050℃降至850℃时，裸料用时4min，而分别采用1mm厚镀锌铁皮和1.5mm厚钢板包套的两个坯料均用时约6min。由此可见，在1050～850℃区间，包套可使坯料表面降温时长从4min增加到6min。由于该温度区间恰好是锻造操作区间，故可得出结论：包套可延长50%锻造时间。此外，两包套坯料降温速率一致，说明包套厚度及材质对坯料温降的影响差别不大。试验中对两种包套材料的降温速率也分别进行了测量，结果表明，由于包套与坯料间隙很小，其降温速率与裸料表面降温速率相当。

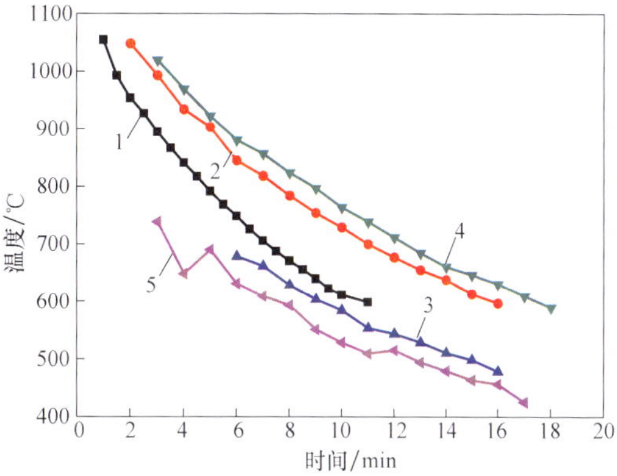

图6.1-51　包套保温效果试验测温曲线

1—不包套试样；2—1.5mm包套试样；3—1.5mm钢板包套；4—1mm包套试样；5—1mm镀锌铁皮包套

2. 包套镦粗试验

从上述包套保温效果试验中可以看出：包套能够减缓坯料降温速率。为了进一步验证不锈钢坯料温度对其晶粒尺寸的影响，选用同材质（316LN）且同规格（ϕ80mm×215mm）两根坯料进行镦粗试验，其中一根坯料的表面包裹1.5mm厚钢板为包套坯料，另一根为裸料。

（1）包套镦粗试验方案及试验过程。镦粗试验在1MN试验机上进行，设定试验工艺参数为：锤头压下速度2mm/s；压下量120mm。按设定的试验工艺参数可推算出镦粗试验锻造比为2.3，真应变为0.82，应变速率为0.01/s。试验时包套坯料与裸料均加热到1220℃并保持1h，因包套采用1.5mm厚20钢板，故保持1h后可认为包套坯料的料温与裸料等同。

镦粗试验中因1MN试验机自动控制程序出现异常，导致两个坯料实际镦粗后的高度均小于95mm的试验方案设定值，其中裸料镦粗后高度为70mm（见图6.1-52），包套坯料镦粗后高度为90mm（见图6.1-53）。

(a)　　(b)

图6.1-52　裸料镦粗

（a）镦粗过程中；（b）镦粗后

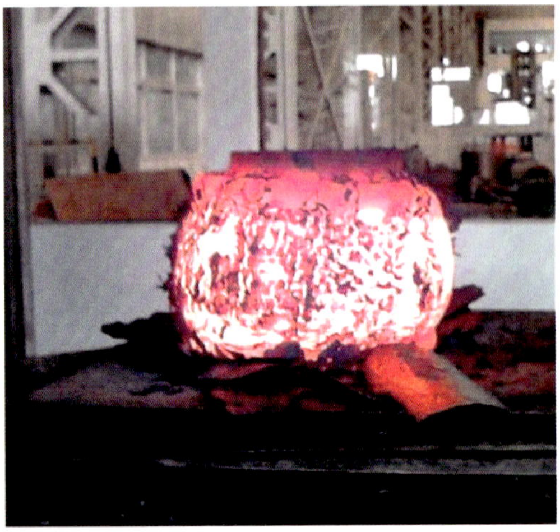

(a)

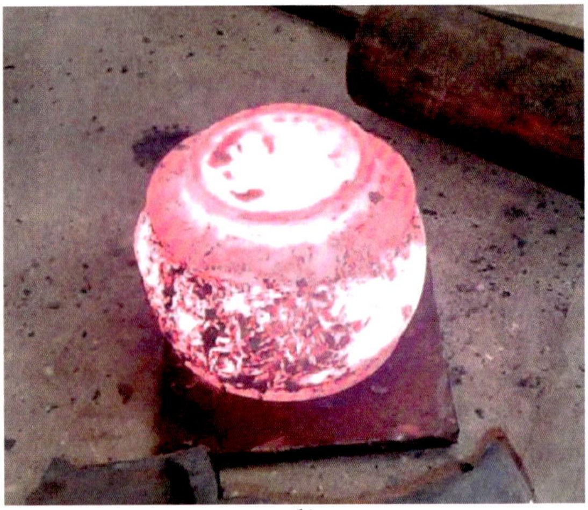

(b)

图 6.1-53　包套坯料镦粗

（a）镦粗后外圆状态；（b）镦粗后端面状态

（2）包套镦粗后坯料分解。为了验证坯料温度对晶粒尺寸的影响，镦粗后按相同方案分别对包套坯料及裸料进行解剖：先沿中线剖开（见图 6.1-54），再切成 20mm 厚试片（见图 6.1-55），然后再按图 6.1-56 所示位置加工出ϕ20mm金相试块共 2×9 个用以检验晶粒度。取样后的试片之一见图 6.1-57。

图 6.1-54　坯料沿中线剖开

（3）包套镦粗试验后晶粒度检测及分析。按 GB/T 6394《金属平均晶粒度测定方法》检测晶粒度，结果见表 6.1-5。表 6.1-5 中 A1～A9 为裸料镦粗后按图 6.1-56 位置所取晶粒度试样编号，而 B1～B9 则代表包套坯料镦粗后的晶粒度试样编号。

(a)

(b)

图 6.1-55　试片形状

（a）硬包套试片；（b）裸料试片

试验结果表明：在4、5、6部位，变形量较大且坯料温度也较高，因此可以得到细小均匀的等轴晶，无混晶现象。同时也可以看出，虽然4和6部位的变形量大于5部位，但这两部位的晶粒度却较5部位差，分析认为其原因是5部位的坯料温度更高，再结晶更充分，使得晶粒更细小，这就证明晶粒尺寸不仅与变形量有关而且与温度的关系也十分密切。

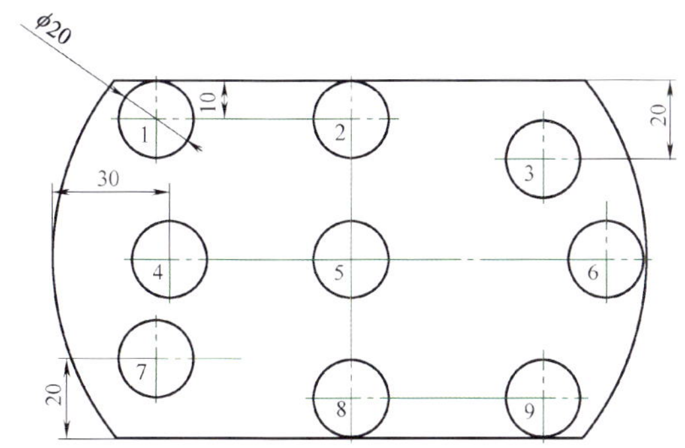

图6.1-56　晶粒度试样分布图

图6.1-57　取样后的试片

表6.1-5　　包套镦粗试验晶粒度检测结果

项目编号	A1	A2	A3	A4	A5	A6	A7	A8	A9
等效直径	275μm	392μm	298μm	75μm	49μm	48μm	183μm	242μm	225μm
晶粒度	1级	0级	1级	5级	6级	6级	2级	1级	1级
晶粒形貌	混晶/变形晶	粗大/等轴	变形晶	等轴	等轴	等轴	混晶/变形晶	粗大/等轴	混晶/变形晶
项目编号	B1	B2	B3	B4	B5	B6	B7	B8	B9
等效直径	375μm	363μm	93μm	104μm	73μm	87μm	328μm	395μm	89μm
晶粒度	0级	0级	4级	4级	5级	4级	0级	0级	4级
晶粒形貌	粗大/等轴	粗大/等轴	混晶	等轴	等轴	等轴	等轴/混晶	粗大/等轴	混晶/变形晶

在2、8部位，不仅变形量几乎为零，而且由于和室温的变形附具接触该位置料温迅速降低，不能发生再结晶，晶粒得不到细化，因此无论是包套坯料还是裸料均呈现出粗大的等轴晶粒。

对于裸料，在1、3、7、9部位，变形量差别较大，变形过程中温度下降明显，再结晶不充分，晶粒只是因变形而被拉长，没有得到细化出现混晶现象。

对于包套坯料，3与9部位的变形量虽然小于4、5、6部位，但它们的晶粒度级别却相当，只是有混晶现象，说明坯料变形温度提高后可以促进再结晶的发生，从而起到细化晶粒的作用。

包套坯料1与7部位的晶粒度出现异常，这是因为在实际试验时，该处包套在变形初期发生局部脱落，失去了变形时的保温效果使得这些区域的料温降低，发生再结晶的热力学条件不足，晶粒没有得到细化。

包套坯料与裸料的晶粒度差别不大甚至有些位置还不如裸料好，这是由于1MN试验机在镦粗时，因控制程序出现异常而导致包套坯料的实际镦粗比小于裸料而造成的。

在包套坯料和裸料的镦粗试验中，1MN试验机自动记录的压下量—镦粗载荷曲线如图 6.1-58 所示。由图 6.1-58 可以看出，在压下量为 120mm 时，裸料镦粗力 900kN，包套坯料镦粗力 700kN，包套可使镦粗力减少约 22%。

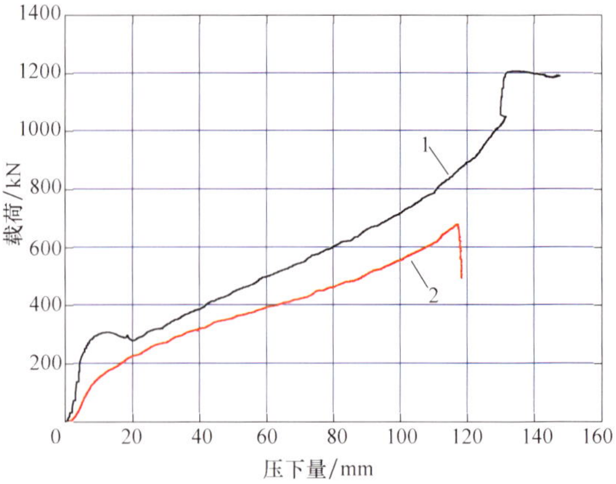

图 6.1-58　包套坯料与裸料镦粗载荷对比
1—不包套；2—包套

包套镦粗试验结果表明，如果变形温度偏低，即使在变形量超过临界值的情况下，坯料也不会发生再结晶，至少不会发生完全再结晶，坯料晶粒得不到细化只会因变形而被拉长。

3. 不同锻造比包套拔长试验

为进一步验证包套拔长时变形量对晶粒尺寸的影响，设计并进行了不同锻造比的包套拔长试验。

（1）不同锻造比包套拔长试验方案与试验过程。包套拔长试验在 1MN 试验机上进行，设定试验工艺参数为：锤头压下速度 4mm/s，每锤压下后锤头抬起高度 50mm，锤头空行程速度 10mm/s。两坯料材质均为 316LN，尺寸均为直径ϕ80mm，高度 215mm，每根坯料外面均包裹 1.5mm 厚 20 号钢板。坯料加热到 1220℃并保持 1h。

包套拔长试验设计了两个工艺方案：其中工艺 A 的拔长比为 1.7，棒料由 ϕ80mm 拔长到 ϕ61mm，总压下量 19mm；工艺 B 的拔长比为 1.3，棒料由 ϕ80mm 拔长到 ϕ70mm，总压下量 10mm。拔长试验时只对两个坯料一端 100mm 长进行拔长，坯料其余部分不变形。因为包套比较薄，所以拔长时包套不能与坯料同步变形，在拔长后两者出现分离，而且拔长比越大分离情况越严重（见图 6.1-59）。

(a)　(b)
图 6.1-59　包套拔长试验后坯料形状
（a）拔长比为 1.7；（b）拔长比为 1.3

（2）不同锻造比包套拔长试验后坯料分解。不同锻造比包套拔长试验后分别按图 6.1-60 及图 6.1-61 解剖，切下 3 个 20mm 厚试片，并按图示位置加工出 7 个 ϕ18mm金相试样。由于前期试验已表明，各试验用坯料经 1220℃保持 1h 后的晶粒尺寸没有差异，所以只在工艺 A 坯料未变形端取试样并编号为 A4 作为原始金相试样，以对比变形区与未变形区晶粒尺寸的差异。

（3）不同锻造比包套拔长试验后晶粒度统计及分析。包套坯料经不同拔长比变形后，同一横截面上不同部位的晶粒度检测结果见表 6.1-6。由表 6.1-6 可见，经过拔长比为 1.7 的变形后坯料晶粒尺寸得到了很好的改善，从原始未变形状态的 1 级细化到 5～8 级，而且由于变形时心部温度高于边缘部位，使得心部晶粒尺寸最小，这一试验结果与包套镦粗试验得到的结论一致。经过拔长比为 1.3 的变形后，坯料晶粒尺寸改善不明显，从原始状态的 1 级细化到 2 级，说明 1.3 的拔长比可以使晶粒得到细化，但效果不明显。不同锻造比包套拔长试验结果说明拔长比越大晶粒越细小。

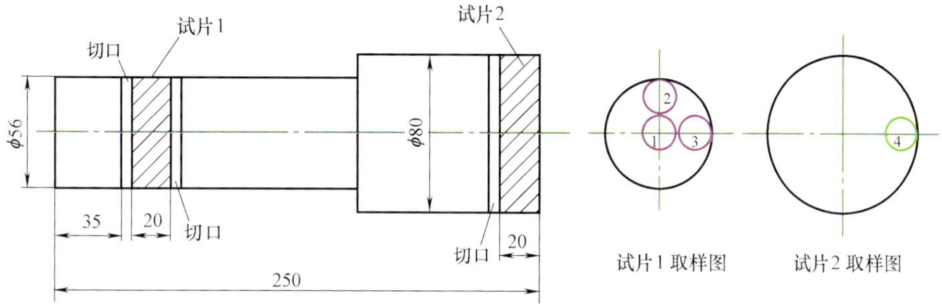

图 6.1-60　包套拔长试验后工艺 A 坯料解剖方案（拔长比为 1.7）

1—试验编号 A1；2—试验编号 A2；3—试验编号 A3；4—试验编号 A4

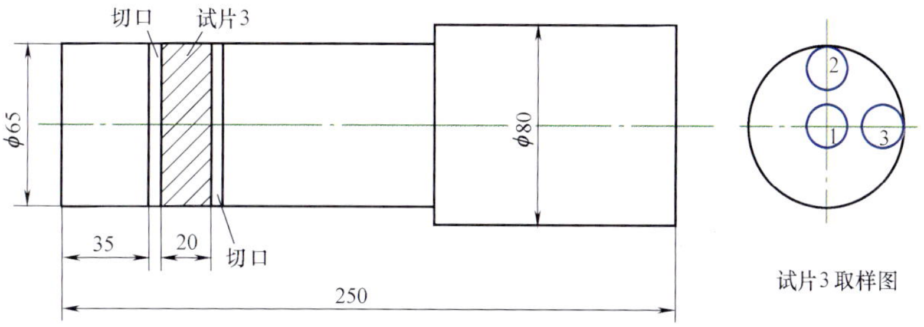

图 6.1-61　包套拔长试验后工艺 B 坯料解剖方案（拔长比为 1.3）

1—试验编号 B1；2—试验编号 B2；3—试验编号 B3

表 6.1-6　不同锻造比拔长后包套坯料同一截面不同部位晶粒度对比

拔长比 1.7	A1（心部）	A2（0°边缘）	A3（90°边缘）	A4（未变形端）
等效直径	12μm	44μm	52μm	234μm
晶粒度	8 级	6 级	5 级	1 级
说明	细小均匀	等轴	等轴	粗大、等轴
拔长比 1.3	B1	B2	B3	
等效直径	185μm	178μm	165μm	
晶粒度	2 级	2 级	2 级	
说明	粗大、等轴	粗大、等轴	粗大、等轴	

4. 相同锻造比拔长后包套坯料与裸料晶粒度对比试验

在验证了不同拔长锻造比对包套坯料晶粒尺寸的影响后，又设计并进行了在拔长锻造比均为 1.5 时，包套坯料和裸料拔长后不同部位晶粒度的对比试验，试验结果见表 6.1-7。由表 6.1-7 可见，在同一锻造比下，包套保温拔长可比裸料拔长获得更加细小均匀的晶粒度。

表 6.1-7　　相同锻造比拔长后包套坯料和裸料不同部位晶粒度对比

包套	中心	上边缘	右边缘	裸料	中心	上边缘	右边缘
等效直径	44μm	48μm	68μm	等效直径	101μm	100μm	92μm
晶粒度	6 级	5 级	4 级	晶粒度	3 级	3 级	3 级
说明	等轴	等轴	等轴	说明	混晶	混晶	混晶

1.6　不锈钢的防污染研究

为了检验主管道锻件在制造过程中去除余量（气割、气刨）、局部加热、内部异种材料支撑等对不锈钢的污染情况，开展了一系列试验研究。

1. 气割

主管道气割试样取自 AP1000 主管道热段 A 试环位置，该处尺寸为外径 957mm，壁厚 87mm。气割方式为人工吹氧。

气割试样分解情况如图 6.1-62 所示，5 个试样气割后的维氏硬度检测结果如图 6.1-63 所示。由图 6.1-63可见，主管道气割热影响区深度 48～50mm。因此，主管道锻件制造过程中应尽可能避免气割。

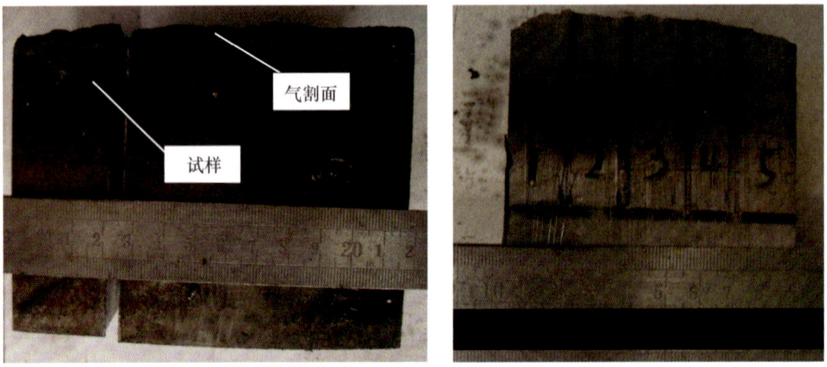

(a)　　(b)

图 6.1-62　气割试样分解加工

（a）试样分解；（b）试样加工

2. 气刨

主管道气刨试验采用型号为 B5525，规格为 5mm×25mm×355mm 的碳棒，工作电流 500A。气刨方式为手工。

气刨情况如图 6.1-64 所示，试样分解如图 6.1-65 所示，5 个试样气刨后的维氏硬度检测结果如图 6.1-66 所示。由图 6.1-66 可见，主管道气刨热影响区（碳污染层）深度不大于 5mm。因此，主管道制造过程中如采用气刨减少余量或去除裂纹，气刨后必须通过打磨或加工等手段去除热影响区。

3. 局部加热

为了在不锈钢主管道坯料锻造和热弯制过程中可以实现局部加热，对不同温度下局部加热后热影响区的组织变化进行了研究。研究结果表明，只要锻造阶段局部加热温度低于二次再结晶温度或弯制阶段局部加热温度低于固溶温度，均不会改变热影响区组织。

4. 内支撑材料

在主管道锻件的各种弯制实践中，多用钢质材料作为内部支撑，对于碳钢或低合金钢与不锈钢接触时所形成的污染，相关研究与报道较为多见，在此不做赘述。中国一重在发明用低熔点铝合金作为主管道时的内部支撑时，对铝合金与不锈钢之间相互污染的情况进行了研究。

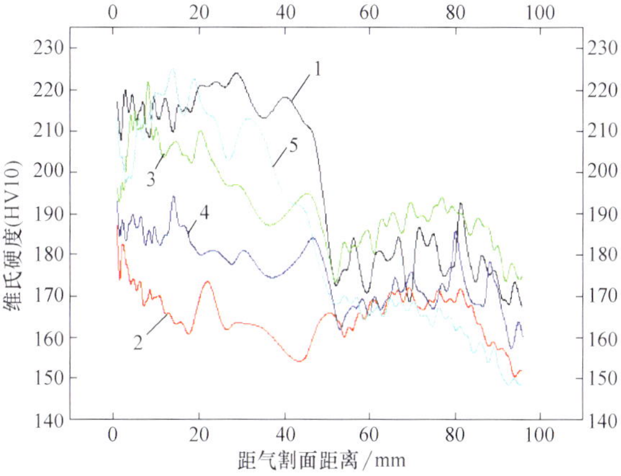

图 6.1-63　气割试样维氏硬度检测结果

1—气割 1 号试样；2—气割 2 号试样；3—气割 3 号试样；4—气割 4 号试样；5—气割 5 号试样

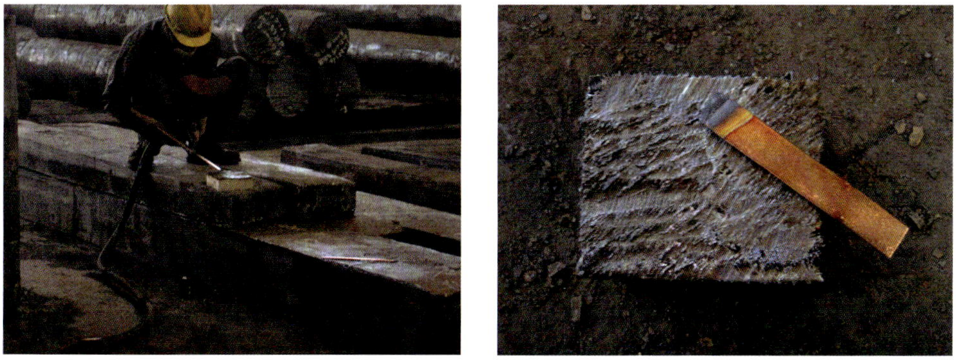

(a)　(b)

图 6.1-64　主管道气刨试验

(a) 气刨中；(b) 气刨后的表面

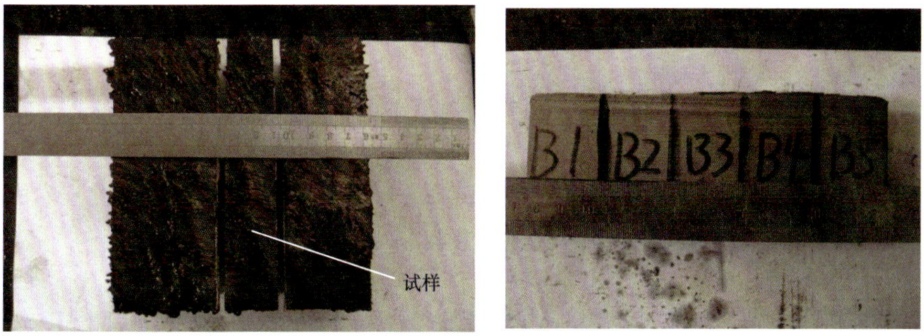

(a)　(b)

图 6.1-65　气刨试样分解加工

(a) 试样分解；(b) 试样加工

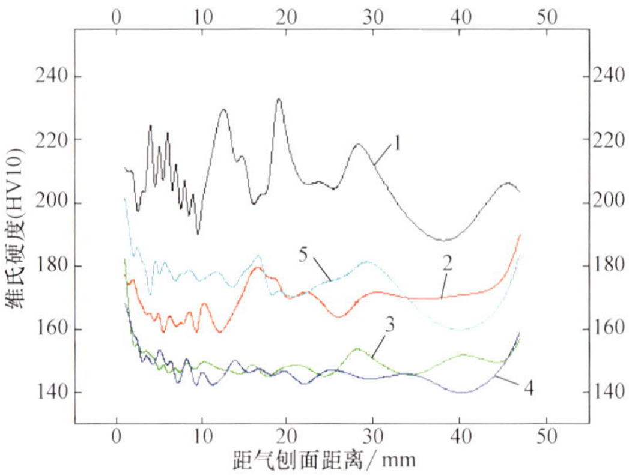

图 6.1-66　气刨试样维氏硬度检测结果

1—气刨 1 号试样；2—气刨 2 号试样；3—气刨 3 号试样；4—气刨 4 号试样；5—气刨 5 号试样

（1）检测目的。某专项主管道压弯比例试验采用铝合金芯棒作为内孔支撑，但是在弯制过程中特别是弯制后将铝合金芯棒加热熔出后，不锈钢管道内壁是否遭受铝元素污染需要经过试验确认。

（2）试验方案。试验中选取管坯材质为 316LN，铝合金芯棒牌号为 ZAl101，在 1MN 试验机上进行室温下的 90°压弯成形后，加热到 700～750℃将铝合金芯棒熔出，然后在主管道比例试验件 90°弯头的中间部位截取试样，扫描电镜下观察管道近内壁表面形貌，利用 EDX 对试样端面进行化学成分的半定量分析。

（3）检测方法。采用线切割方法将主管道比例试验件沿轴线一分为二剖开，然后分别对两瓣管道的弧段进行取样，分别标记为试样 1 和试样 2。试样内外表面不加工保持其原始状态不变，只对试样的线切割面进行机械打磨并抛光，然后用扫描电镜观察试样内、外弧段对应的内壁表面形貌，对观察位置进行化学成分点扫描及线扫描，测量目标元素含量。试样取样及观察位置如图 6.1-67 所示。

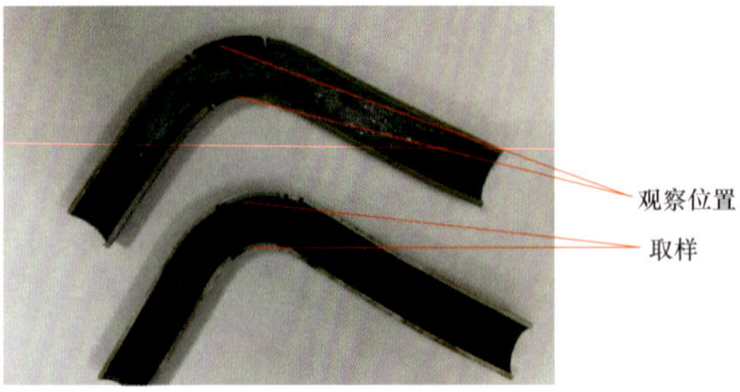

图 6.1-67　铝合金与主管道接触污染试验取样及观察位置

（4）试验结果。试样 1、2 的检测结果分别如图 6.1-68、图 6.1-69 所示，图中红色方框及红色十字为测量位置。由图 6.1-68、图 6.1-69 可以看出：主管道比例试验件弯曲弧段试样内壁附着不连续 Al 层，层厚度为 100～150μm，层中含微量 Fe 及 Cr 元素；试样基体未发现 Al 元素。上述试验结果表明：在弯曲成形及铝合金加热熔化过程中，部分熔化的铝合金附着在管道内壁，冷却后形成不连续 Al 层，不锈钢基体有微量 Fe 及 Cr 元素扩散至 Al 层，但 Al 元素没有扩散至不锈钢基体，基体化学成分不变。

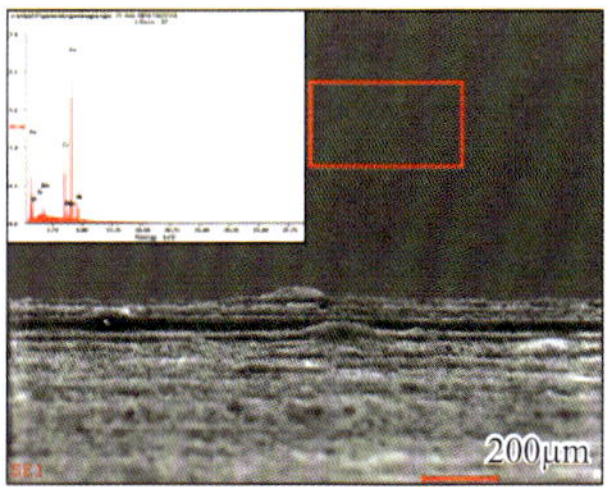

Element	Wt%	At%
SiK	00.76	01.51
MoL	02.73	01.58
CrK	17.44	18.66
MnK	00.59	00.60
FeK	68.16	67.88
NiK	10.32	09.78
Matrix	Correctio	ZAF

(a)

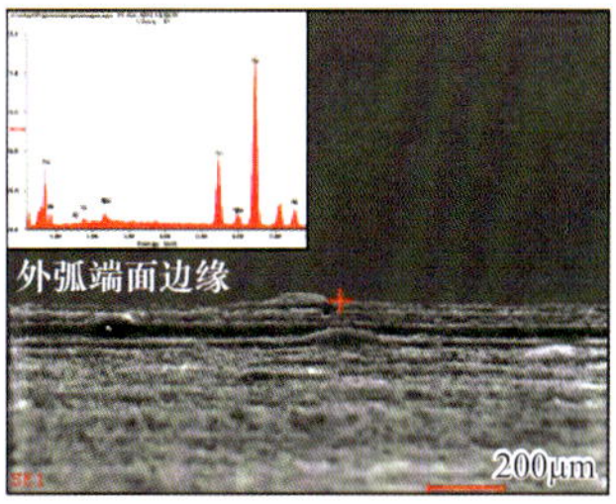

Element	Wt%	At%
SiK	00.72	01.42
MoL	02.04	01.18
CrK	16.88	18.01
MnK	00.88	00.89
FeK	69.31	68.88
NiK	10.18	09.62
Matrix	Correctio	ZAF

(b)

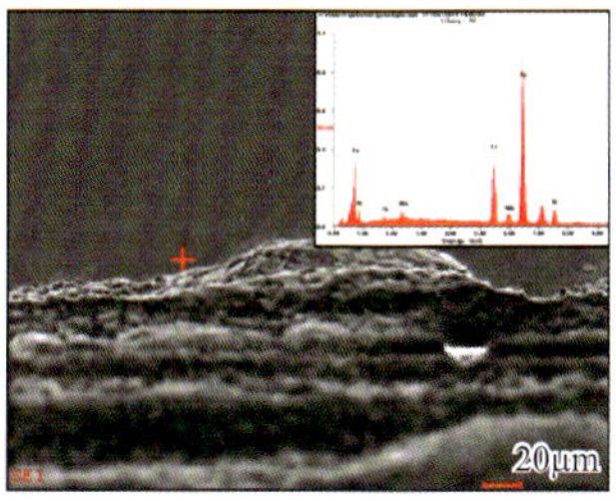

Element	Wt%	At%
SiK	00.80	01.58
MoL	02.53	01.46
CrK	16.74	17.90
MnK	01.02	01.03
FeK	67.89	67.59
NiK	11.02	10.44
Matrix	Correctio	ZAF

(c)

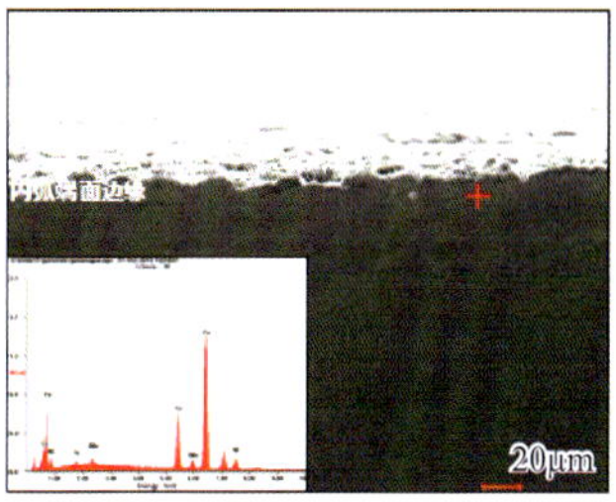

Element	Wt%	At%
SiK	00.88	01.73
MoL	01.99	01.15
CrK	17.19	18.31
MnK	00.67	00.67
FeK	69.12	68.55
NiK	10.15	09.58
Matrix	Correctio	ZAF

(d)

图 6.1-68　铝合金与主管道接触污染试样 1 的检测结果

（a）基体元素含量；（b）外弧近内壁表面 100×形貌及元素含量；（c）外弧近内壁表面 500×形貌及元素含量；（d）内弧近内壁表面 500×形貌及元素含量

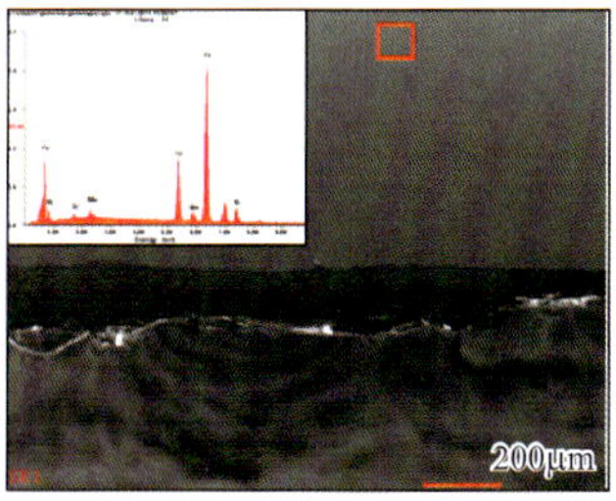

Element	Wt%	At%
SiK	00.66	01.31
MoL	02.38	01.38
CrK	17.28	18.48
MnK	00.55	00.55
FeK	69.20	68.88
NiK	09.93	09.40
Matrix	Correctio	ZAF

(a)

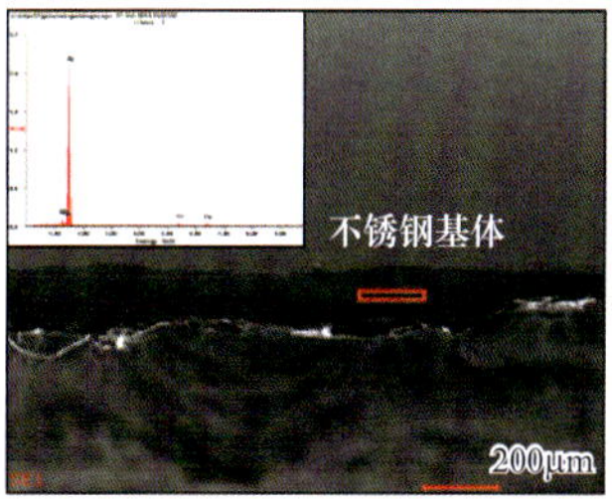

Element	Wt%	At%
MgK	03.20	03.71
AlK	87.64	91.51
CrK	04.15	02.25
FeK	05.01	02.53
Martrix	Correctio	ZAF

(b)

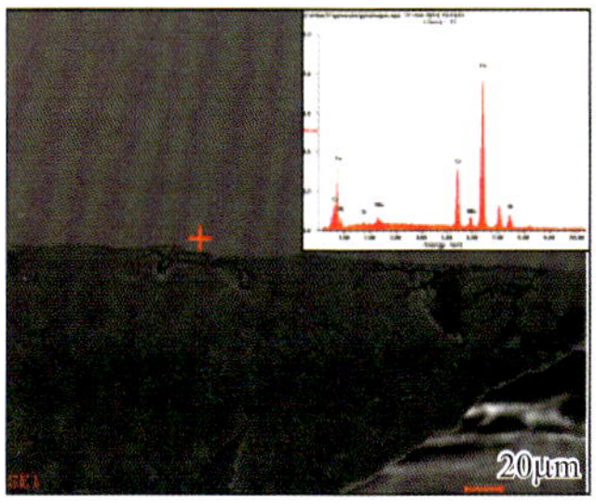

Element	Wt%	At%
SiK	00.87	01.71
MoL	02.74	01.59
CrK	17.04	18.22
MnK	00.71	00.72
FeK	68.50	68.17
NiK	10.13	09.59
Matrix	Correction	ZAF

(c)

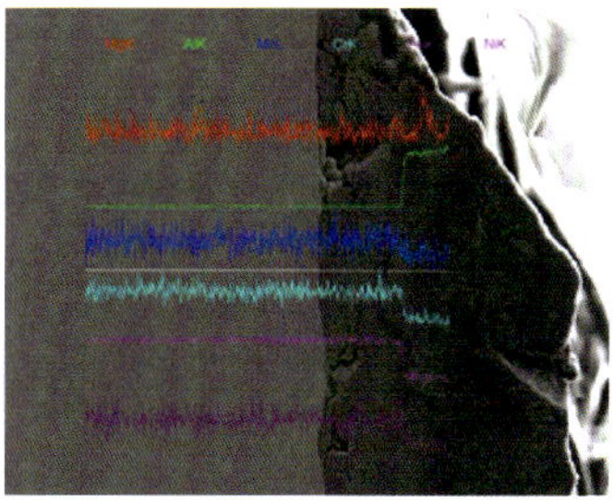

(d)

图 6.1-69　铝合金与主管道接触污染试样 2 的检测结果

（a）内弧近内壁表面 100×形貌及基体元素含量；（b）内弧近内壁表面 Al 层元素含量；

（c）内弧端面近内壁表面 500×形貌及元素含量；（d）不锈钢管基体与 Al 结合层 EDX 线扫描成分变化曲线

第 2 章　主管道锻件管坯锻造

如前所述，不锈钢自问世以来一直是材料界的“宠儿”，受到广泛而深入的关注。无论是材料种类的丰富与发展，还是材料特性的剖析与领悟，微观的机理研究与宏观的实践探索等一直在继续。虽然在中小型不锈钢锻件生产方面，国内外锻件供应商已经取到了“真经”，并可以在工业化生产中运用自如地制造出满足不同要求的各种锻件，但是，不锈钢材料较窄的变形温度区间、较高的变形抗力、铁素体等有害相的客观存在，以及无法通过热处理相变改善晶粒尺寸等因素，使得超大型不锈钢锻件的生产面临着严峻的考验，其中晶粒粗大且不均匀是迄今为止的世界性难题。

在 AP1000 核电主管道设计之初，美国西屋公司将 4 级以上晶粒度作为主管道热段 A 锻件采购验收条件之一，并在全球范围以“天价”进行采购。国内外多家锻件供应商凭借自身娴熟的不锈钢锻件制造技术与产品业绩同时中标，然而经过几年的艰苦努力与不断探索，纷纷宣告 AP1000 主管道锻件晶粒度根本无法达到 4 级，工业化生产条件下只能达到 2 级！无奈之下的西屋公司只好面对现实，将 AP1000 主管道锻件晶粒度从 4 级降低到 2 级以实现合格供货。面对这样一种状况，作为核电主管道非中标制造商的中国一重凭借一股韧劲与执着，在大型核电主管道研制方面，以晶粒度为突破口，开展了一系列试验研究工作并在实践中不断探索与创新，在尺寸更大且形状更复杂的 CAP1400 主管道研制中，不仅成功地将管坯锻件晶粒度细化到 4 级以上，而且使得锻件各部位的晶粒度均匀一致到 4～6 级。这一技术在后期的华龙一号不锈钢主管道评定件上得到应用并取得同样好的效果，近 10m 长的主管道管坯锻件各部位晶粒度均为 4～6 级。

带管嘴的核电主管道弯曲成形前所用坯料分为实心锻件和空心锻件两大类。实心锻件余量大、机加工时间长，且锻造变形既不充分也不均匀，晶粒度难以满足要求。空心锻件具有内孔余量小、管坯机加工时间短等优点，但目前空心锻件难以单独锻造出全流线仿形的管嘴，而是将管嘴部位锻成环带然后用机加工方法使管嘴成形，大截面环带锻造时锻透条件变差，截面心部（对应于管嘴根部）晶粒度不易达标。为了进一步缩短主管道坯料机加工时间，增加主管道的锻造比，细化并均匀晶粒尺寸，著者及其团队发明了“保温锻造”、“差温锻造”和管嘴“局部挤压”等技术，实现了带超长非对称管嘴的超大型不锈钢主管道空心锻件整体仿形锻造。

2.1　实　心　锻　件

迄今为止，绝大多数锻件供应商均采用锻造出实心锻件的方法制造主管道不锈钢锻件。

1. 等效直径试验锻件

在 AP1000 主管道热段 A 研制初期，中国一重使用 48t 双真空钢锭锻造了 1 件 32t 等效直径试验锻件，用来验证经数值模拟优化确定的热加工工艺的可行性。图 6.2-1 是等效直径试验锻件的锻造过程，从图中可以看出 316LN 主管道在合适的温度区间可以承受大变形量的锻造。

(a)

(b)

(c)

(d)

图 6.2-1　48t 钢锭锻造主管道等效直径试验锻件

（a）拔方；（b）归圆；（c）压凹档；（d）出成品

2. 评定锻件

在总结等效直径试验锻件的基础上，使用 97t 双真空钢锭锻造了 1 件 57tAP1000 主管道热段 A 的评定锻件。图 6.2-2 是 316LN 评定锻件的锻造过程。其中：图 6.2-2a 是 97t 双真空钢锭镦粗结束时的状态，钢锭表面出现裂纹；图 6.2-2b 是坯料在高温下大变形量拔长；图 6.2-2c是锻件出成品前状态。

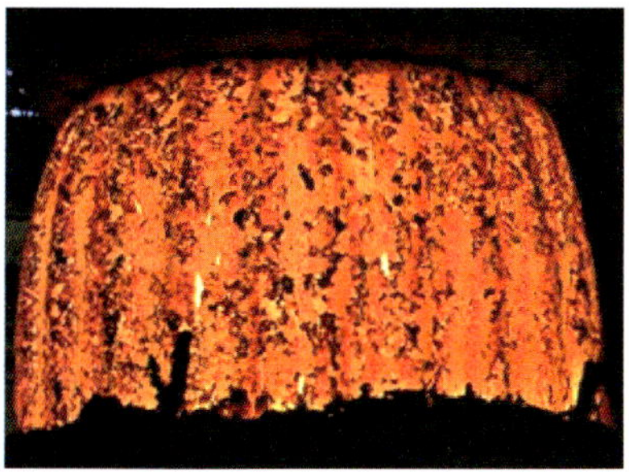

(a)

(b)

(c)

图 6.2-2　AP1000 主管道热段 A 评定锻件锻造

（a）镦粗；（b）拔长；（c）出成品

钢锭镦粗结束时表面出现裂纹（沟槽）的原因是钢锭直接镦粗且终锻温度较低造成的，可以采取在镦粗前进行小变形量预拔长（打碎树枝晶）等办法加以解决。

2.2 空　心　锻　件

为了减少原材料损耗，降低主管道制造成本，进行了大量 1∶1 试验研究工作，攻克了空心锻件端部锻造开裂、芯棒抱住、锻造管嘴时内孔椭圆等一系列难题，发明了 AP1000 主管道热段 A 锻件空心锻造技术。

1. 扁方管嘴

在主管道空心锻件研制过程中，为了进一步节省原材料，尝试了锻造扁方法兰覆盖管嘴的成形方法（见图 6.2-3），但因主管道内孔跟随变形较大（见图 6.2-4）而效果不佳。

图 6.2-3　空心主管道锻件锻造扁方法兰

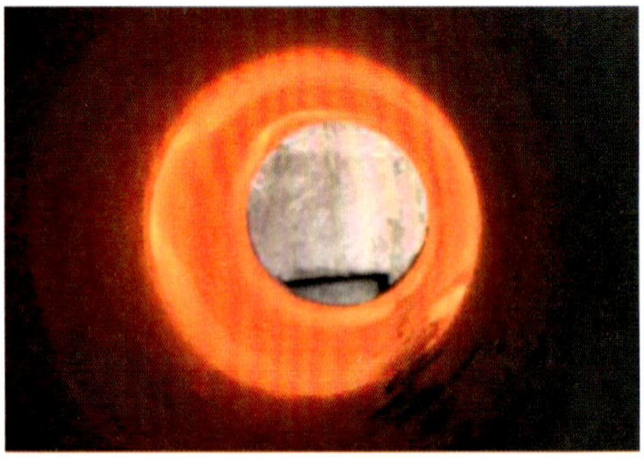

图 6.2-4　锻造扁方法兰时主管道内孔跟随变形情况

2. 八方管嘴

因空心主管道锻件锻造扁方法兰（覆盖管嘴）效果不理想，故采用锻造八方法兰覆盖管嘴（见图 6.2-5）。锻造过程中内孔虽然也产生了一定的跟随变形，但均在锻造余量范围内（见图 6.2-6）。目前生产的华龙一号主管道联合评定锻件用于覆盖热段管嘴的法兰也是锻造成八方形（见图 6.2-7）。

图 6.2-5　带八方法兰的主管道空心锻件

图 6.2-6　锻造八方法兰时主管道内孔跟随变形情况

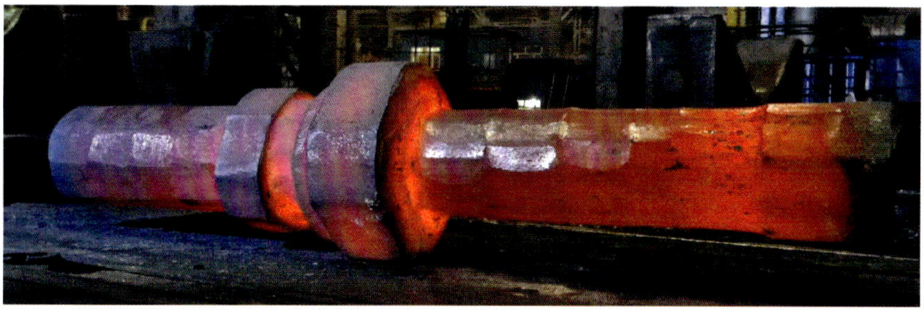

图 6.2-7　带八方法兰的华龙一号主管道联合评定空心锻件

2.3　近净成形锻件

为了实现带有超长非对称管嘴不锈钢主管道锻件的绿色制造，发明了 CAP1400 主管道热段 A 近净成形的锻造方法。

CAP1400 主管道的基本要求与 AP1000 相同，材料为 SA-376 TP316LN，零件重量 17t，但由于规格加大（主要尺寸见图 6.2-8），给冶炼、铸锭及锻造等带来更大的挑战。

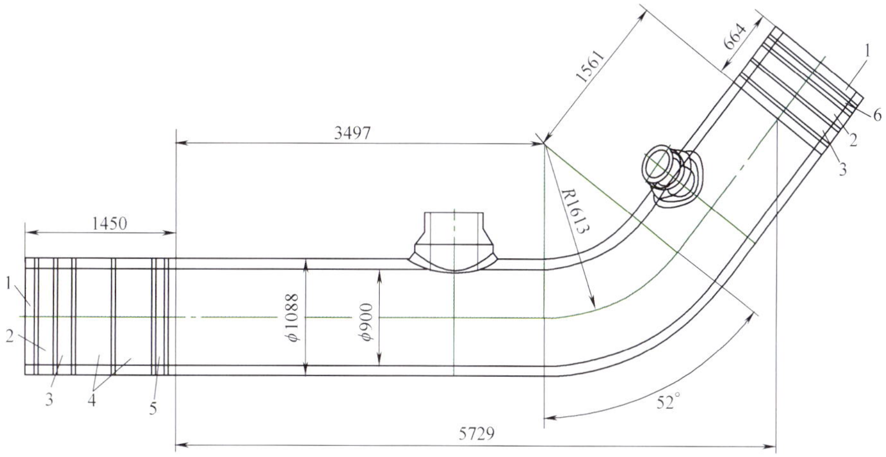

图 6.2-8　CAP1400 主管道热段 A 主要尺寸

1—本体隔热料兼低倍试环；2—性能试料；3—监管部门备查试料；4—焊接见证试料；5—存档试料；6—压扁试环

1. 高温扩散

如前所述，316LN 等奥氏体不锈钢铸锭中存在着铁素体等有害相，必须通过高温扩散加以改善或消除。

2. 镦粗

(1) 高径比对镦粗形状及难变形区的影响。由于锻造 CAP1400 主管道热段 A 空心锻件所用 78t 电渣锭的高径比较大（见图 6.2-9），

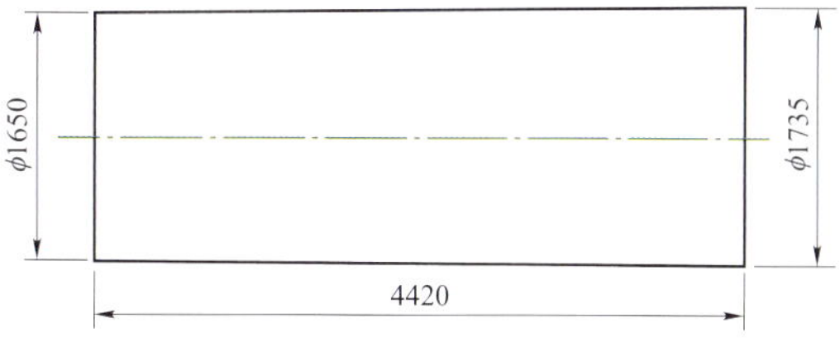

图 6.2-9　78t316LN 电渣锭尺寸

镦粗后极易出现“双鼓”形，为了预测不同高径比的坯料镦粗后的形状以及端部难变形区情况，根据镦粗火次坯料实际重量设计了三种高径比的坯料进行镦粗模拟。由于镦粗火次的火耗占比约为 0.015%，故镦粗时坯料实际重量为 78×0.985=76.83（t），三种高径比的坯料尺寸设计情况见表 6.2-1。

表 6.2-1　不同高径比时的坯料尺寸

坯料重/t	高径比	直径/mm	镦粗前高度/mm	镦粗后高度/mm	镦粗锻比
76.83	1	2319	2319	1160	2
	1.5	2026	3039	1520	2
	2.5	1709	4272	2135	2

对表 6.2-1 所列三种坯料进行镦粗，镦粗时坯料上、下端面不加隔热垫板，设定坯料初始温度 1200℃，坯料与平面镦粗板之间没有热量交换。

不同高径比的坯料镦粗后的形状与最大直径模拟结果分别见图 6.2-10～图 6.2-12。从图示的模拟结果可以看出，当镦粗比相同时，坯料的高径比越大，镦粗后端部难变形区的面积与深度也越大，因此过大的高径比对镦粗变形不利。

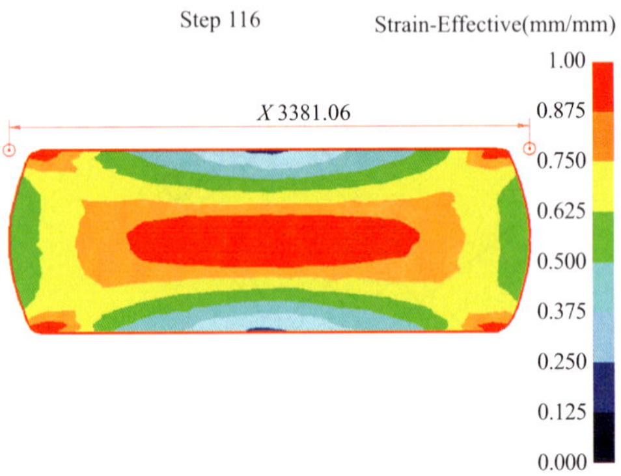

图 6.2-10　高径比 1 的坯料镦粗后形状与最大直径

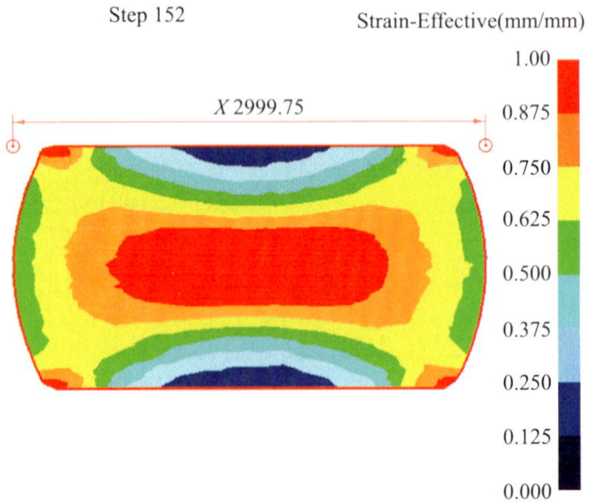

图 6.2-11　高径比 1.5 的坯料镦粗后形状与最大直径

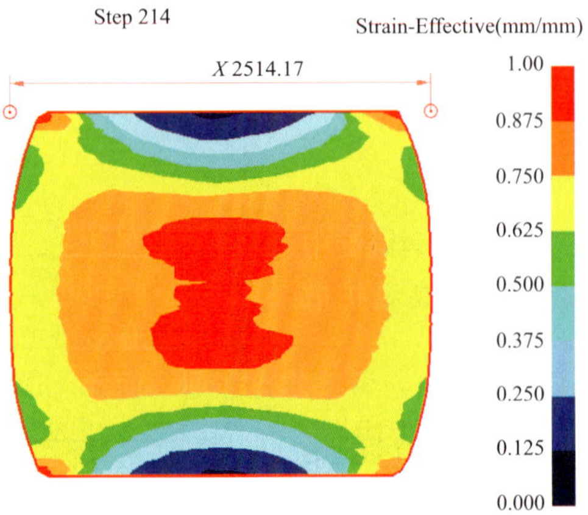

图 6.2-12　高径比 2.5 的坯料镦粗后形状与最大直径

根据体积不变原理，计算得出坯料镦粗后的理想直径为 D_0，数值模拟得到的最大直径为 D_1，将最大直径和理想直径的差值与理想直径之比定义为“鼓肚率”，不同高径比的坯料镦粗后的鼓肚率见表 6.2-2。由表 6.2-2 可见，当高径比小于 2 时，“鼓肚率”随高径比的增加而增加，但当高径比大于 2 时，“鼓肚率”随高径比的增加而有所降低。

表 6.2-2　不同高径比的坯料镦粗后的鼓肚率情况

高径比	直径/mm	镦粗前/后高度/mm	锻比	鼓肚处直径 D_1/mm	理想镦粗直径 D_0/mm	鼓肚率 $(D_1-D_0)/D_0$
1	2319	2319/1160	2	3381	3280	0.031
1.5	2026	3039/1520	2	3000	2865	0.0471
2.5	1709	4272/2135	2	2514	2416	0.0404

（2）端部放置热缓冲垫对镦粗变形的影响。为了减少或消除坯料镦粗过程中端部的难变形区，通常采用在整体镦粗后对坯料端面进行分步镦粗即“开边”的办法，但这一办法对于变形抗力大且表面开裂敏感的不锈钢锻件并不适用。为此发明了镦粗时在坯料端面与附具间放置热缓冲垫的方法以减少或消除镦粗时的难变形区。

为了将镦粗时的难变形区减至最小，使得镦粗变形更均匀，也就是镦粗后的“鼓肚”最小，需要优化设计热缓冲垫的厚度与直径尺寸，为此设计了不同热缓冲垫厚度与直径尺寸，对 78t 电渣锭的镦粗变形进行数值模拟。热缓冲垫镦粗数值模拟方案设计为：电渣锭大端朝下，坯料初始温度设为 1200℃，热缓冲垫的初始温度设为 1150℃，共设计了三个镦粗方案（见表 6.2-3）。表中三个方案的数值模拟结果如图 6.2-13 所示。

表 6.2-3　端部增加热缓冲垫镦粗方案

方案	镦粗工艺	摩擦系数
1	无热缓冲垫，镦粗盘直接镦粗	镦粗盘与坯料的摩擦系数 0.4
2	坯料上下端各垫 200mm 厚垫板，垫板直径比坯料直径大 100mm	镦粗盘与垫板的摩擦系数 0.4 垫板与坯料的摩擦系数 0.6
3	坯料上下端各垫 300mm 厚垫板，垫板直径比坯料直径大 100mm	镦粗盘与垫板的摩擦系数 0.4 垫板与坯料的摩擦系数 0.6

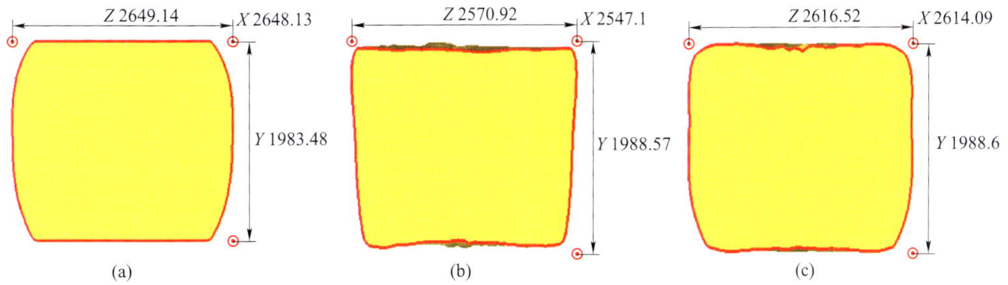

图 6.2-13　端部有无热缓冲垫镦粗的数值模拟结果

（a）方案 1（无热缓冲垫）；（b）方案 2（200mm 厚热缓冲垫）；（c）方案 3（300mm 厚热缓冲垫）

由图 6.2-13 可见，有热缓冲垫时镦粗端部难变形区明显减小，随着热缓冲垫厚度的增加，端部难变形区面积与深度会减小，镦粗变形会趋于均匀。

两端放置热缓冲垫的镦粗实际工况如图 6. 2-14 所示。图 6. 2-14a 是在下镦粗盘的保温毡上摆放下部热缓冲垫垫；图 6. 2-14b 是在下部热缓冲垫的周围堆砌保温毡；图 6. 2-14c 是在上部热缓冲垫上铺设保温毡；图 6. 2-14d 是摆放上部热缓冲垫；图 6. 2-14e 是在上部热缓冲垫上摆放上镦粗盘；图 6. 2-14f 是镦粗开始位置。

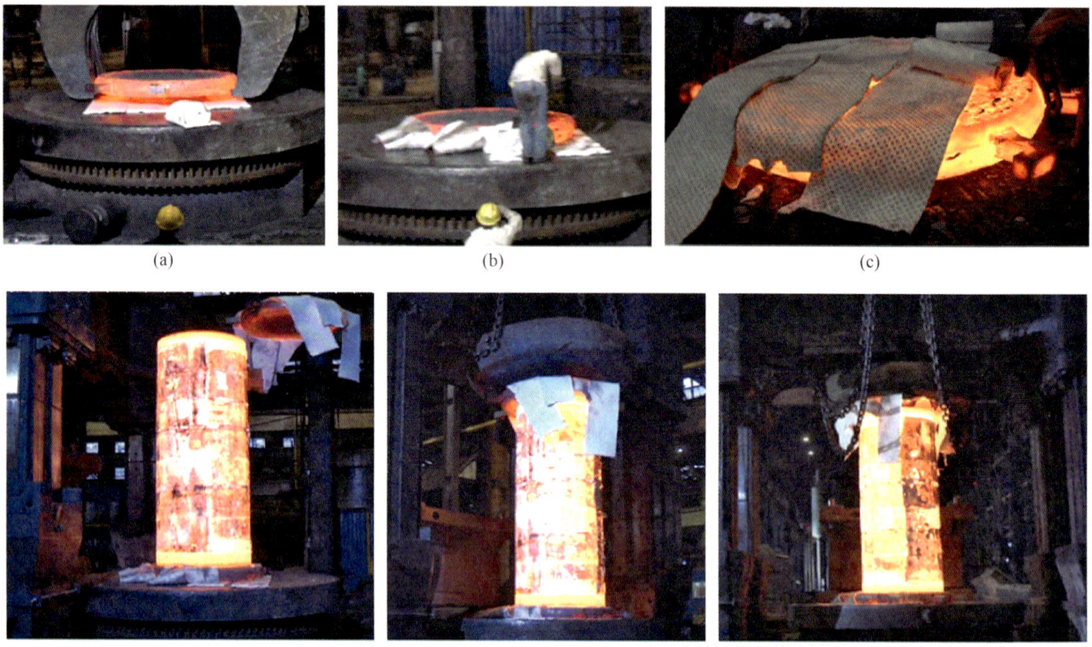

(a) (b) (c) (d) (e) (f)

图 6. 2-14　镦粗时端部增加热缓冲垫实际工况

（a）摆放下部热缓冲垫；（b）堆砌保温毡；（c）铺设保温毡；（d）摆放上部热缓冲垫；（e）摆放上镦粗盘；（f）镦粗

3. 高温大变形量拔长

小截面不锈钢锻件可以获得细小晶粒，与之相似，超大型奥氏体不锈钢锻件也可以获得细小晶粒，但这需要经过高温大变形量拔长后才能实现。由于主管道用奥氏体不锈钢的变形抗力非常大，用万吨液压机锻造百吨以上大钢锭制作的实心锻件，难以实现高温大变形量拔长，因此锻件的晶粒较粗大。文献［70，71］对动态再结晶进行了深入研究，但均难以使超大截面的主管道锻件获得 5 级以上的晶粒度，而空心锻件由于减少了壁厚，能够实现高温大变形量拔长（参见图 1. 5-23a、图 1. 5-23b），从而可以获得细小晶粒。

CAP1400 主管道热段 A 坯料经过高温大变形量拔长后冷却到室温进行晶粒度检测（见图 6. 2-15）及局部毛坯 UT 检测（见图 6. 2-16）。检测结果见表 6. 2-4。

表 6. 2-4　主管道坯料经高温大变形量拔长后晶粒度及毛坯探伤检测结果

点号	位　置	表面金相	局部单面毛坯探伤
5-2	距冒口端 400mm，距内壁 200mm	5 级，个别 2 级面积占比小于 10%	ϕ3 可探，杂波高ϕ2（3~4 个）
8-2	内壁表面，与外表面 8 点对应	5 级，个别 2 级面积占比 20%~30%	ϕ3 可探，杂波高ϕ2（3~4 个）
6-2	内壁表面，与外表面 6 点对应	6 级，2~1 级（2 级为主）面积占比约 40%	ϕ3 可探，杂波高ϕ2（7~8 个）

点号	位　　置	表面金相	局部单面毛坯探伤
12	距水口端 600mm，距内壁 150mm	6 级，2～1 级（2 级为主）面积占比～50%	ϕ3+4dB 可探，杂波高ϕ2+4dB

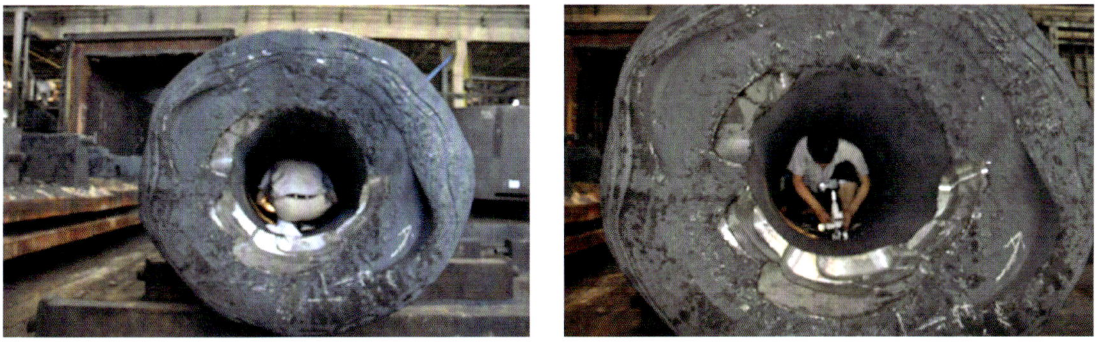

(a)　　(b)

图 6.2-15　检测晶粒度

（a）局部抛光；（b）显微镜观察及拍照

(a)　　(b)

图 6.2-16　毛坯探伤

（a）局部打磨；（b）局部 UT

4. 低于二次再结晶温度拔长

为了确保主管道坯料一火次内全截面高温大变形量拔长后获得的较细小晶粒不明显长大，后续的成形拔长及管嘴局部挤压等火次的始锻温度必须低于二次再结晶温度。尽管始锻温度低将导致锻造火次多、坯料累计加热时间过长，但细小、均匀的晶粒是超大型主管道成功的关键。低于二次再结晶温度拔长的加热及拔长如图 6.2-17、图 6.2-18 所示。

5. 差温锻造

为了实现主管道锻件绿色制造，发明了空心锻件管嘴单独锻造技术，其中之一是在坯料法兰压梅花时内孔冷却以防止内孔出现椭圆变形。坯料压梅花时内孔有无冷却的内孔变形模拟结果如图 6.2-19 所示，可以看出：内孔冷却时，压梅花后坯料内孔的椭圆度较小。坯料压梅花时内孔有无冷却的等效应力及损伤的模拟对比如图 6.2-20 所示。从图 6.2-20 中可以

图 6.2-17　低于二次再结晶温度拔长的加热

图 6.2-18　低于二次再结晶温度拔长

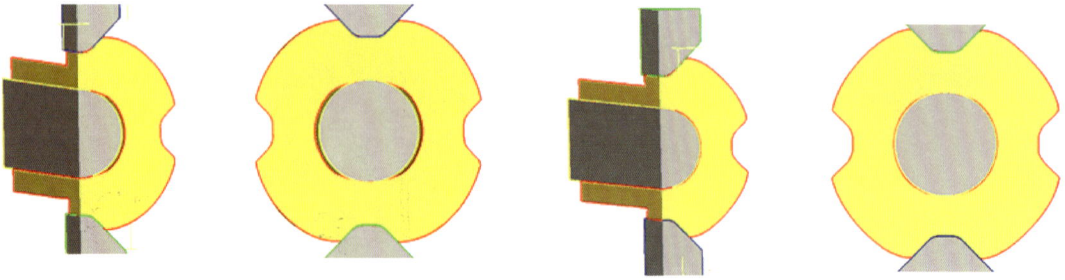

(a)　(b)

图 6.2-19　坯料压梅花时内孔有无冷却的变形对比

（a）内孔无冷却；（b）内孔有冷却

看出：内孔冷却时，压梅花后内孔等效应力比较大而损伤较小（变形越大损伤也越大）。

为了检验模拟效果，研制了内孔冷却装置，获得了满意的效果。内孔冷却冷状态调试参见图 1.2-17。

6. 管嘴挤压成形

管嘴挤压成形是带有超长非对称管嘴空心主管道锻件绿色制造的关键工序，局部挤压不仅可以增加管嘴的高度从而大幅度减少原材料损失，而且可以加大管嘴部位的锻造比进而确保该部位晶粒细小。

为了尽可能减少材料消耗，同时又使管嘴部位获得较大的锻造比，主管道法兰采取不等分压梅花，用较大的扇形局部挤压出管嘴。主管道压梅花后局部挤压管嘴数值模拟如图 6.2-21 所示，挤压梅花凸台的应变数值模拟如图 6.2-22 所示，主管道坯料锻造梅花凸台及局部挤

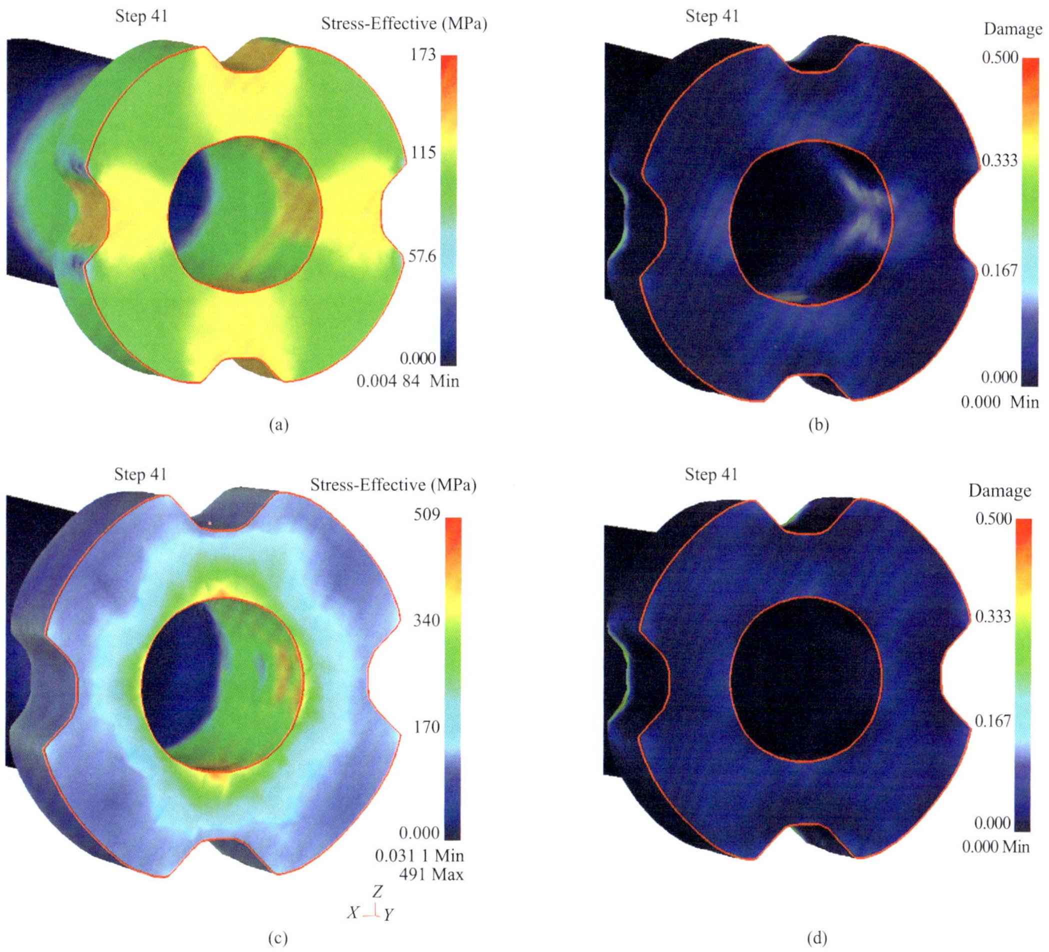

图 6.2-20　压梅花时等效应力及损伤的模拟对比

（a）内孔无冷却应力；（b）内孔无冷却损伤；（c）内孔有冷却应力；（d）内孔有冷却损伤

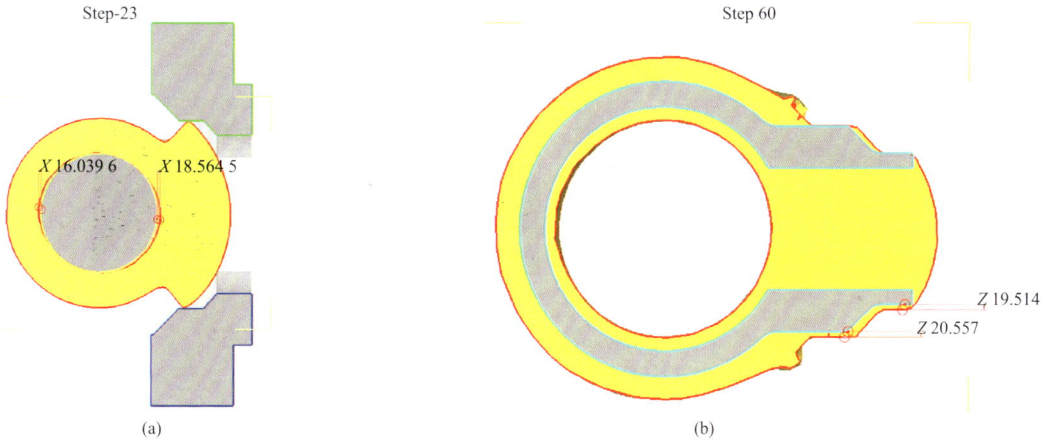

图 6.2-21　局部挤压管嘴数值模拟

（a）管嘴挤压前；（b）管嘴挤压后

压管嘴物理模拟（塑泥试验）如图 6.2-23 所示。

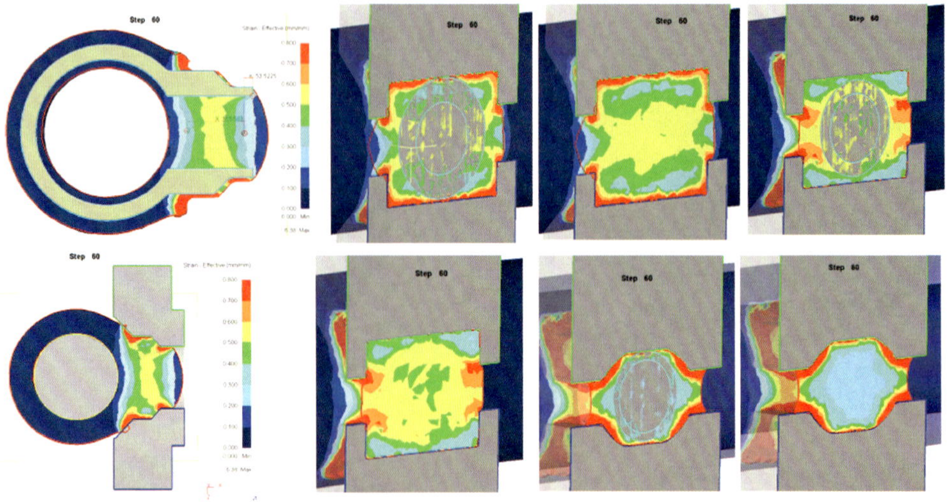

图 6.2-22 数值模拟挤压梅花凸台的应变结果

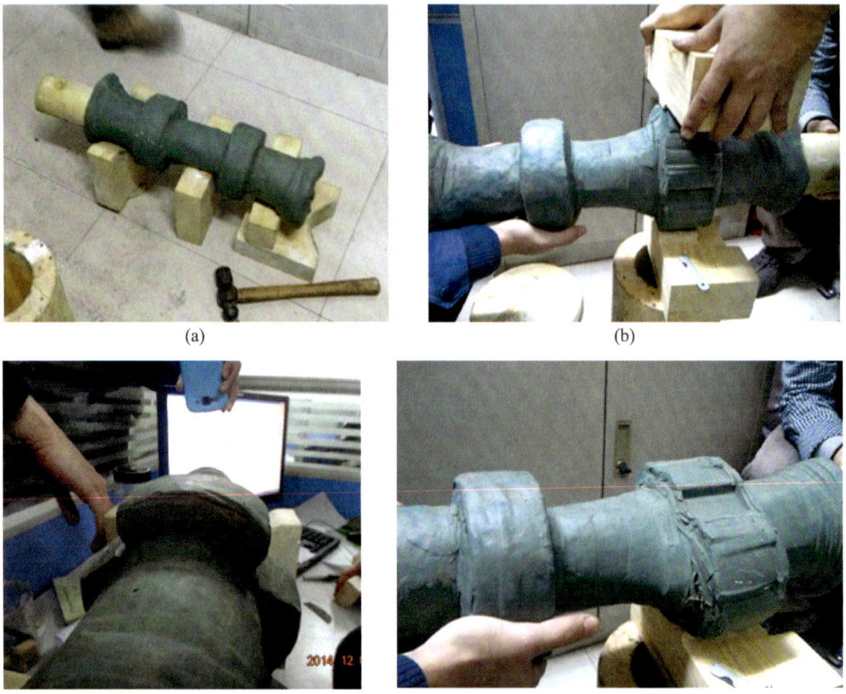

(a)　　(b)　　(c)　　(d)

图 6.2-23 主管道坯料锻造梅花凸台及局部挤压管嘴物理模拟

(a) 坯料制备；(b) 锻造梅花凸台；(c) 不等分梅花凸台；(d) 局部挤压管嘴

管嘴挤压成形等实际操作如图 6.2-24 所示，其中：图 6.2-24a 是压梅花后的形状；图 6.2-24b是锻造气割部位；图 6.2-24c 是管嘴挤压成形；图 6.2-24d 是管嘴挤压成形后修形。

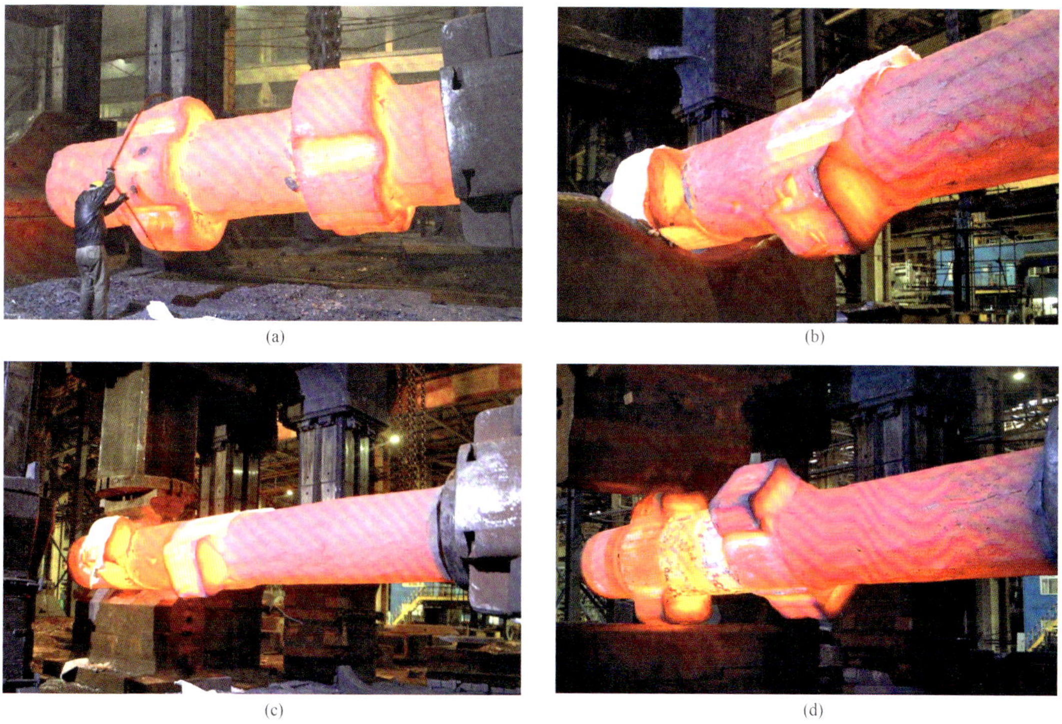

图 6.2-24　管嘴挤压等实际操作过程

（a）锻造梅花后形状；（b）锻造气割部位；（c）管嘴挤压成形；（d）挤压后修形

7. 锻造过程中的裂纹清理

如前所述，奥氏体不锈钢主管道气割热影响区深度接近 50mm，如果在锻造过程中热态下气割清理锻造裂纹，则无法消除热影响区缺陷，在后续锻造中导致裂纹扩展。实践证明，锻造过程中产生的裂纹与钢锭表面的裂纹只有通过冷状态下机加工或气刨加打磨（去除气刨的热影响区），才能有效地避免或减少后续的锻造开裂，因此主管道锻件制造过程中应尽可能避免气割。锻件制造过程中冷状态下清理裂纹如图 6.2-25 所示。

图 6.2-25　主管道锻件制造过程中冷状态下清理裂纹

（a）外圆裂纹清理；（b）端面裂纹清理

2.4　国内外制造方式对比

1. 空心锻件与实心锻件对比

主管道空心锻件与实心锻件相比，不仅可以大幅度减少原材料消耗，还由于锻造比更大、变形更均匀，从而可以获得均匀细小的晶粒。

2. 管嘴覆盖式成形与近净成形对比

（1）CAP1400 主管道热段 A。对于空心锻件而言，管嘴近净成形锻造与覆盖式成形锻造相比具有明显的优越性。以 CAP1400 主管道热段 A 弯曲成形前的管坯粗加工图（见图 6.2-26）为例，管嘴覆盖式成形锻件（见图 6.2-27）重量 77t，而管嘴近净成形锻件（见图 6.2-28）重量仅为 46t，降低原材料消耗 40%。两种管嘴锻造成形方法生产的锻件实物对比如图 6.2-29所示。

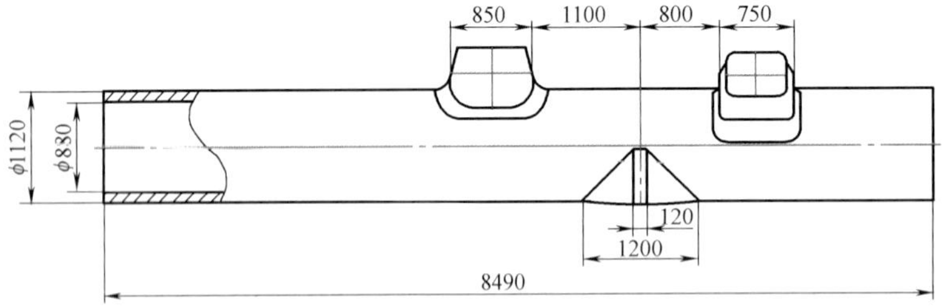

图 6.2-26　CAP1400 主管道热段 A 管坯粗加工图

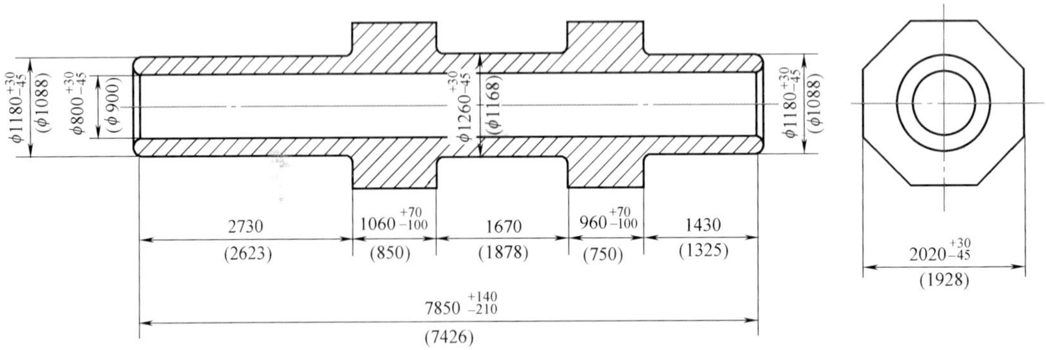

图 6.2-27　管嘴覆盖式成形锻件

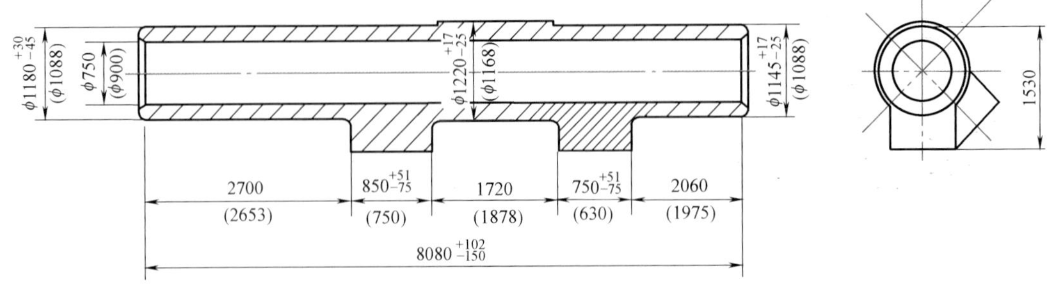

图 6.2-28　管嘴近净成形锻件

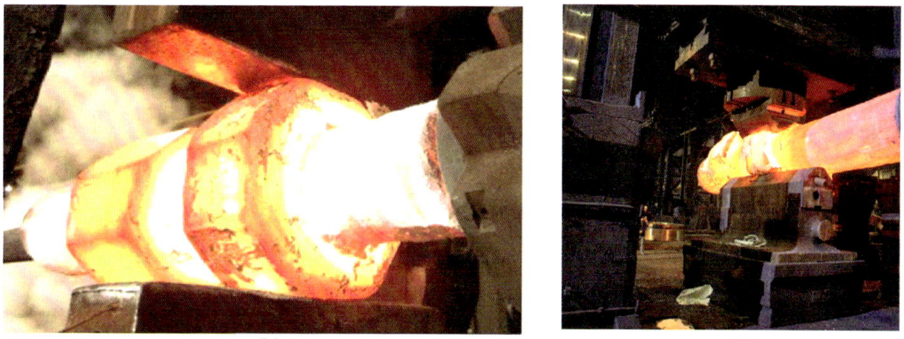

(a) (b)

图 6.2-29　两种管嘴锻造成形方法生产的锻件实物

（a）管嘴覆盖式成形锻件；（b）管嘴近净成形锻件

（2）华龙一号主管道。华龙一号主管道热段的规格和形状与 EPR 主管道相似（见图 6.2-30）。对于图 6.2-30中的 50℃弯头，国内外锻件供应商一般采用法兰覆盖式的传统制造方式，如图 6.2-31 所示。

为了实现华龙一号主管道热段的绿色制造，对 50℃弯头采取了锻造空心直段锻件，然后按图 6.2-32 的方式弯制成形。弯制后的锻件形状如图 6.2-33 所示。50℃弯头加工后的形状如图 6.2-34 所示。

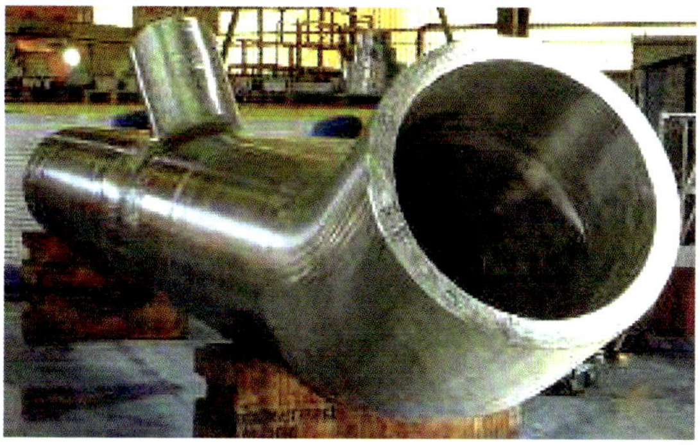

图 6.2-30　EPR 主管道热段[69]

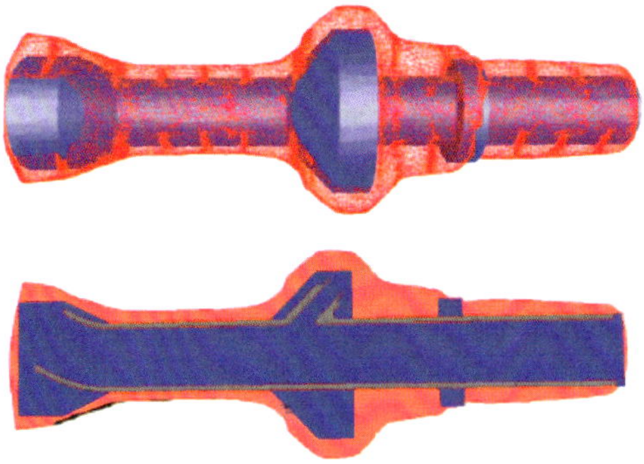

图 6.2-31　弯头法兰覆盖式制造方式[69]

(a) (b)

图 6.2-32　华龙一号主管道 50℃弯头弯制成形（一）

（a）局部加热后转运；（b）锻件摆放在下模上

(c) (d)

图 6.2-32 华龙一号主管道 50℃弯头弯制成形（二）

（c）弯制（正面）；（d）弯制（侧面）

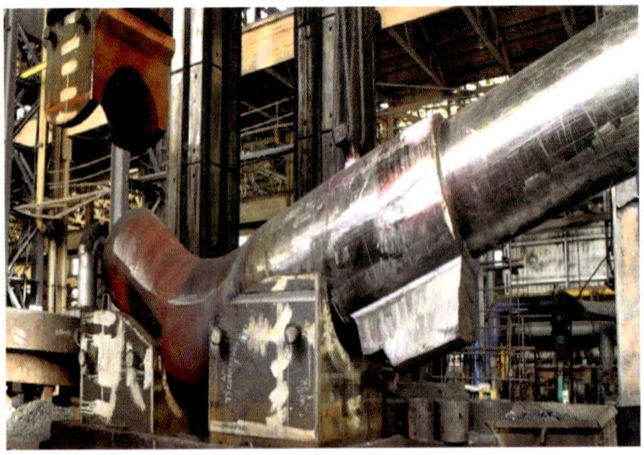

图 6.2-33 50℃弯头弯制后形状

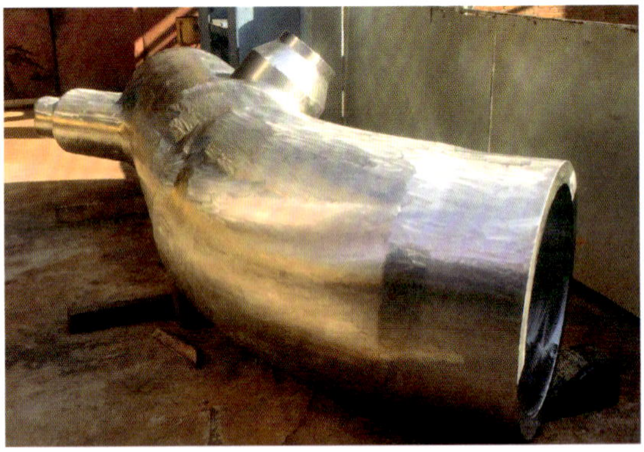

图 6.2-34 50℃弯头加工后形状

第3章　主管道弯制、机加工及热处理

3.1 弯制方式

主管道弯制有多种方式，常见的有压弯和推弯，在压弯中又分为冷弯及热弯。目前难度最大的是CAP系列主管道热段A的弯制。

1. 压弯

（1）冷弯。冷弯是将主管道坯料在室温下弯制成形。主管道坯料冷弯一般分为铰链（摆块）式和全模式两种。

铰链（摆块）式冷弯是将主管道坯料内孔填装支撑后置于铰链（摆块）式下模上，用弧形锤头压制成形（见图6.3-1）。从以往AP1000主管道热段A弯制的工程实践来看，铰链（摆块）式冷弯难以保证空间尺寸精度。

全模式冷弯是将主管道坯料内孔填装支撑后置于下模上，用组合上锤头分步压制，最后上、下合模成形。

（2）热弯。为了解决主管道冷弯成形力大导致万吨以下压机力量不足以及成形后尺寸精度难以保证的问题，在AP1000主管道热段A研制中，采用了整体或局部加热后在成形模具内弯制的制造方式（见图6.3-2），取得了较好的效果。

图6.3-1　AP1000主管道热段A铰链式冷弯

图6.3-2　AP1000主管道热段A热弯

为了实现CAP1400主管道热段A产品的绿色制造，对弯制成形又做了大量的完善性基础研究工作，数值模拟结果如图6.3-3、图6.3-4所示。

在数值模拟的基础上优化了模具设计，增加了导向定位等功能。成形模具弯制示意如图6.3-5所示。

模具材料ZG230-450，上模重量180t，下模重量166t。上、下模分别如图6.3-6、图6.3-7所示。CAP1400主管道热段A弯制上模铸件如图6.3-8所示。

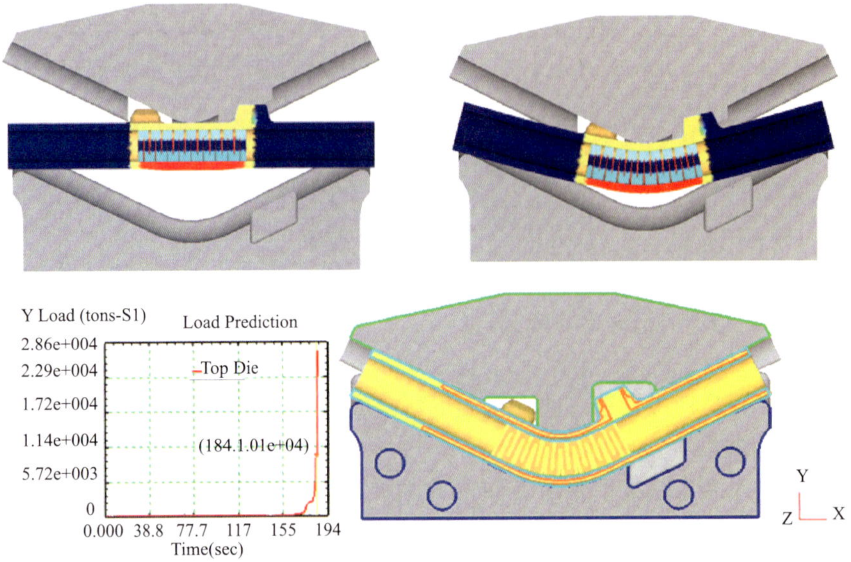

图 6.3-3　CAP1400 主管道热段 A 弯曲过程数值模拟

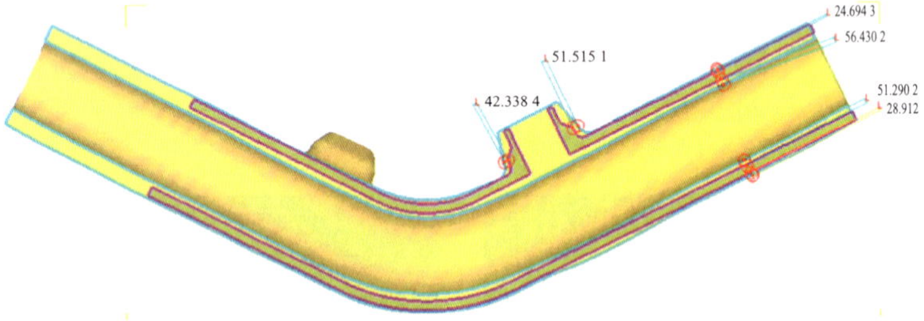

图 6.3-4　CAP1400 主管道热段 A 锻件尺寸分析

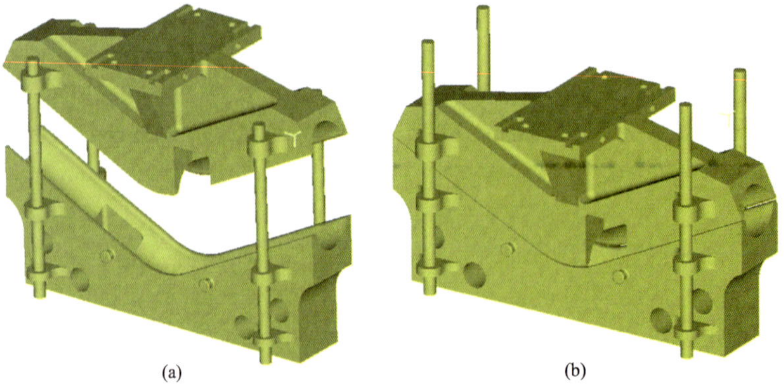

(a)　(b)

图 6.3-5　CAP1400 主管道热段 A 弯制成形模具示意图

(a) 上模、下模和导向柱；(b) 上下模合模状态

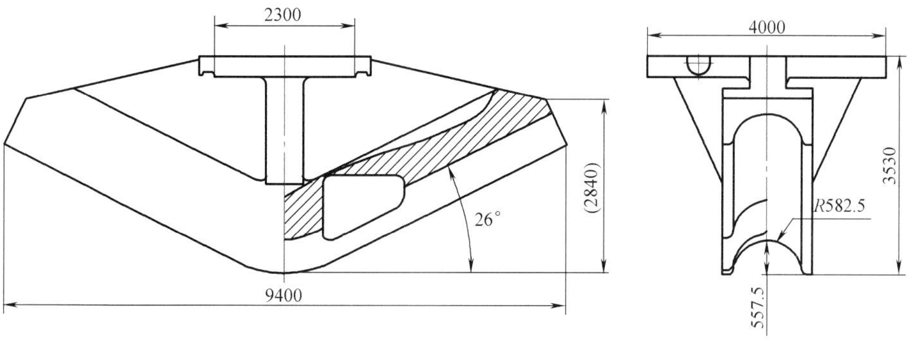

图 6. 3-6　CAP1400 主管道热段 A 上模设计图

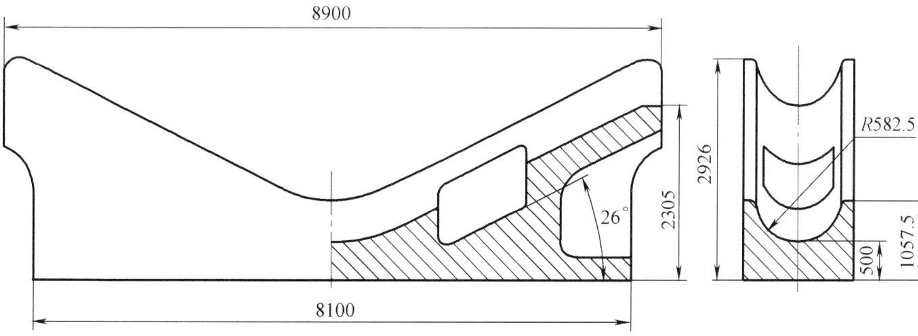

图 6. 3-7　CAP1400 主管道热段 A 下模设计图

2. 推弯

以波动管为代表的主管道其他管件可采用推弯法成形。将主管道管件通过弯曲模具以及挡块组件和顶块组件等成形附具固定在旋转工作台上，在整个推弯过程中保持其位置相对于旋转工作台不变。在推弯过程中，为提高管件直段的刚度，在其直段管腔内填加厚壁无缝钢管，其整个推弯过程分多步进行，每步仅使管件弯曲 5°，推弯过程示意如图 6. 3-9 所示。

图 6. 3-8　CAP1400 主管道热段 A 弯制上模铸件

CAP1400 主管道 180 °波动管 1 : 1 推弯照片见图 6. 3-10，尺寸检验结果见表 6. 3 - 1。从表 6. 3-1 可以看出推弯效果非常好，不用校形即可满足采购技术条件要求。

表 6. 3-1　　CAP1400 主管道 180 °波动管尺寸检验结果

检验项目		弯制角度	椭圆度	外弧减薄率	内弧增厚率	弯曲半径/mm
要求值		180°±0. 5°	≤6%	≤12%	≤12%	R1062±10
实际值	最大值	179. 6°	5. 69%	4. 58%	9. 33%	0° ～ 15° 范围内为 R1068, 15° ～ 170° 范围内为 R1062, 170°～180°范围内为 R1072
	最小值		1. 97%	0. 89%	2. 22%	

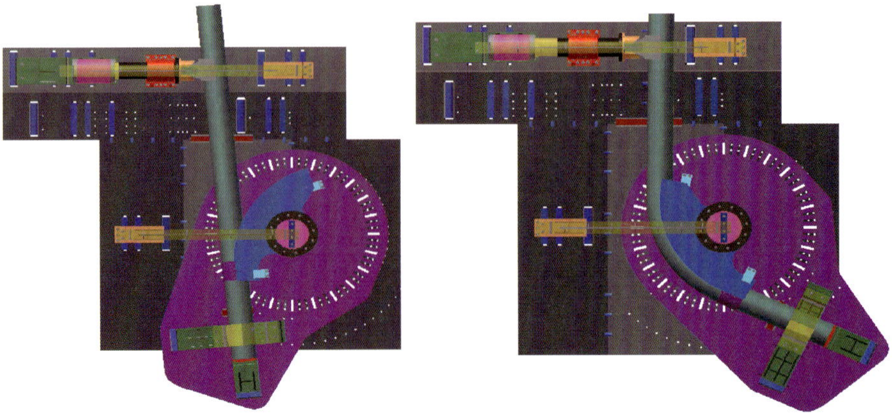

(a) (b)

图 6.3-9 推弯过程示意

（a）弯管初始位置；（b）弯管最终位置

(a) (b)

图 6.3-10 CAP1400 主管道 180 °波动管

（a）推弯过程中；（b）推弯后锻件形状

3. 翘曲

波动管的空间角度是在推弯成形后再经翘曲成形，最终成形的 AP1000 双 90°U 形并带 5°空间角的波动管见图 6.3-11。

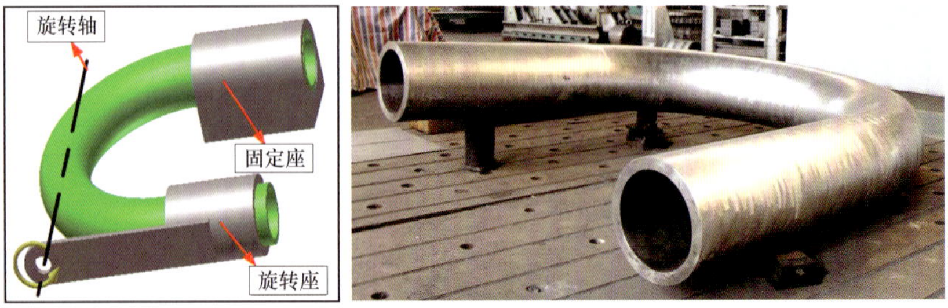

(a) (b)

图 6.3-11 AP1000 双 90°U 形并带 5°空间角的波动管翘曲成形

（a）翘曲成形原理图；（b）翘曲成形后的波动管

3.2 内 部 支 撑

为了获得满足管壁增厚、减薄、椭圆度等要求的主管道尺寸精度，无论是何种弯制方式一般都需要增加内部支撑。支撑材料不仅需要具有足够的强度，而且弯制后能够顺利取出。

1. 钢质支撑

钢质支撑的强度虽然可以满足要求，但因无法实现整体支撑而对主管道内壁产生压痕。此外，如采用热弯方式，弯制前支撑件组合填装难度较大。

2. 低熔点合金支撑

低熔点合金支撑的弯制比例试验是在 1MN 液压机上进行的（图 6.3-12）。冷、热弯制比例试验参见图 1.6-7。弯制后的各项尺寸检测均满足采购技术条件的要求。

图 6.3-12　低熔点合金支撑的弯制比例试验

采用低熔点合金作为内部支撑的弯制成形的数值模拟及比例试验的研究成果，首先在某项目主管道评定件上进行应用，弯制过程如图 6.3-13 所示。图 6.3-13a 是卧式填装低熔点合金芯棒；图 6.3-13b 是组合上模弯制前状态；图 6.3-13c 是弯制中间检测尺寸；图 6.3-13d是弯制后状态。

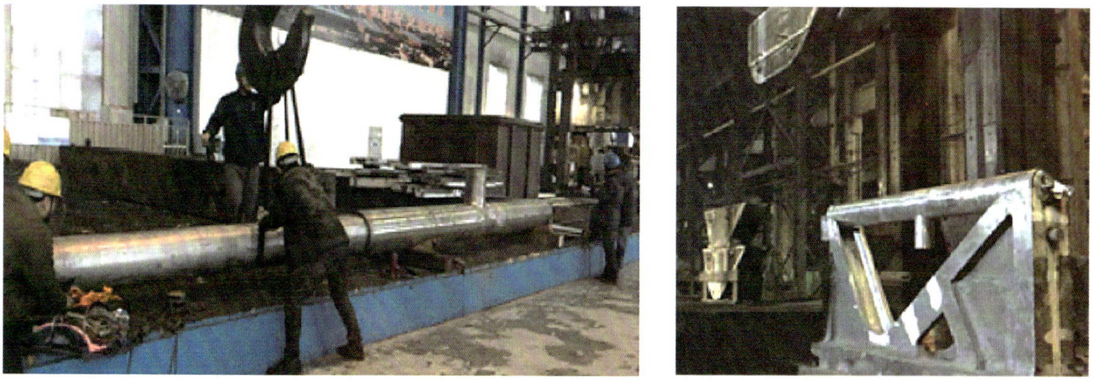

(a)　　(b)

图 6.3-13　某项目主管道评定件弯制（一）

（a）填装芯棒；（b）弯制前状态

(c)

(d)

图 6.3-13 某项目主管道评定件弯制（二）
（c）尺寸检测；（d）弯制后状态

弯制后经数控龙门铣镗床检测外部尺寸（见图 6.3-14），完全满足要求。

图 6.3-15 是 CAP1400 主管道热段 A 弯制前对附具（参见图 6.3-5）进行调试。

(a)

(b)

图 6.3-14 某项目主管道弯制后尺寸检验
（a）端部形状；（b）外弧形状

图 6.3-16 是内孔填充低熔点合金（中间用不锈钢带隔开）的 CAP1400 主管道热段 A 坯料吊运至下模上，为了使坯料在弯制过程中平衡，在坯料右侧焊有加长段。图 6.3-17 是 CAP1400 主管道热段 A 坯料弯制后状态，其中：图 6.3-17a 是合模状态；图 6.3-17b 是移去上模后的状态。

3. 不同支撑方式的对比

钢质支撑与低熔点合金支撑效果对比的数值模拟如图 6.3-18 所示，可以看出：低熔点

图 6.3-15　调试附具

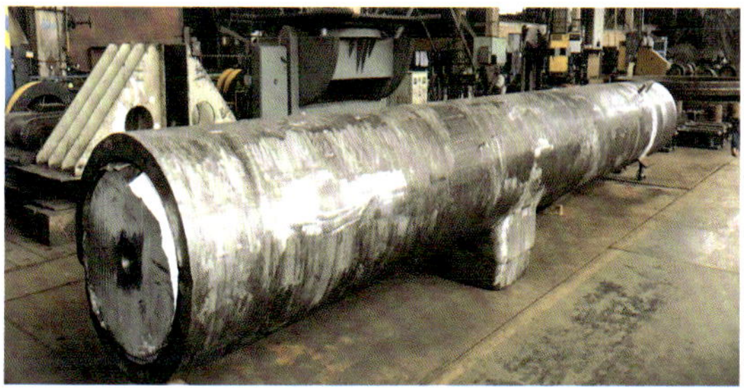

(a)

(b)

图 6.3-16　CAP1400 主管道热段 A 弯制准备
（a）填装内部支撑；（b）吊入下模

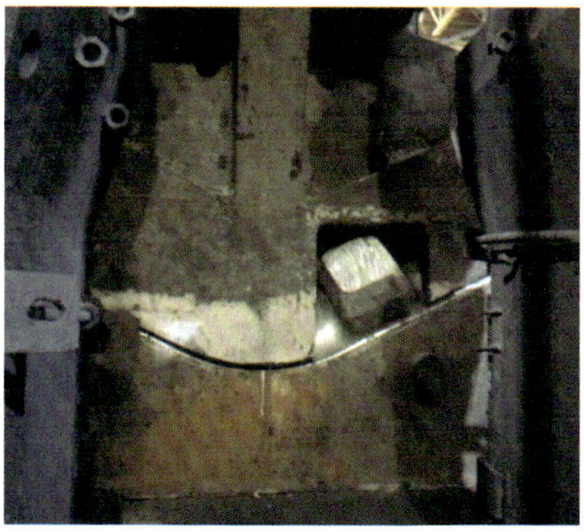

(a)

(b)

图 6.3-17　CAP1400 主管道热段 A 弯制后状态
（a）合模状态；（b）移去上模后状态

合金因其具有整体随形支撑的特点，弯制后壁厚的增厚、减薄及椭圆度均较小，而且管道内壁无压痕，因此用低熔点合金作为内部支撑具有明显的优势。

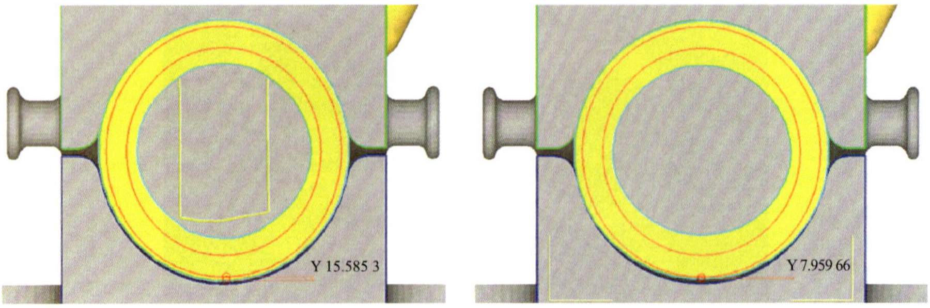

(a)　　　　　　(b)

图 6.3-18　钢板与低熔点合金内部支撑效果对比（数值模拟）

（a）加组合钢板支撑；（b）加低熔点合金支撑

3.3　机　械　加　工

主管道热段主要加工流程：镗中心孔→按成形前图样尺寸粗车外圆→镗内孔符合成形前图样尺寸→按成形前图样尺寸车外圆→按成形前图样尺寸加工管嘴→探伤→弯制成形→加工直段及管嘴基准→按固溶图样加工外形及管嘴→专机加工内弧段→探伤→固溶→取性能试料→加工管嘴坡口、端面及管座定位孔→交检。

1. 弯制前加工

用镗床加工毛坯两端面，在内孔余量范围内加工两端的200mm长的止口（用于安装内部支撑）。

按热成形前的图样尺寸在卧车上粗车外圆（管嘴除外），直径留量20mm，管嘴两侧各留量30mm。

深孔钻床扩镗内孔（见图6.3-19）符合弯制成形图。

2. 弯制后加工

采用数控龙门铣检查主管道成形后角度及两个管嘴的空间位置尺寸，并为后续铣两端直段及加工管嘴位置作基准。

数控镗床按固溶图样加工外表面、管嘴各部及内孔直段部分（见图6.3-20）。选用专用机床（见图6.3-21）加工弧段内孔。

图 6.3-19　深孔钻床扩镗内孔

图 6.3-20　数控镗床加工主管道外形、管嘴各部及内孔直段部分

工艺安排主管道在成形前内外圆均留量，在成形后通过加工内孔及外圆的方式保证主管道各部分壁厚差值在±1mm之内，内弧段的加工利用主管道加工专机进行加工，以此实现主管道等壁厚与不变径的先进制造目标。

3. 固溶后加工

选用数控镗床排钻取下两端性能试料，对试料进行分解、加工及性能试验。

图 6.3-21　主管道内弧加工专机

选用数控镗床加工管嘴坡口、两端面及管座定位孔，打磨外表面，用激光跟踪仪检测精度。

为了保证CAP1000/1400主管道热段A的空间尺寸，满足两点定位要求，应开展固溶后低应力加工研究工作。

3.4　固溶热处理

1. 晶粒度控制

中国一重在再加热温度对主管道用SA-376 TP316LN钢晶粒度长大问题上做了深入研究，1000～1250℃范围内不同加热温度下晶粒度长大趋势如图6.3-22、图6.3-23所示。

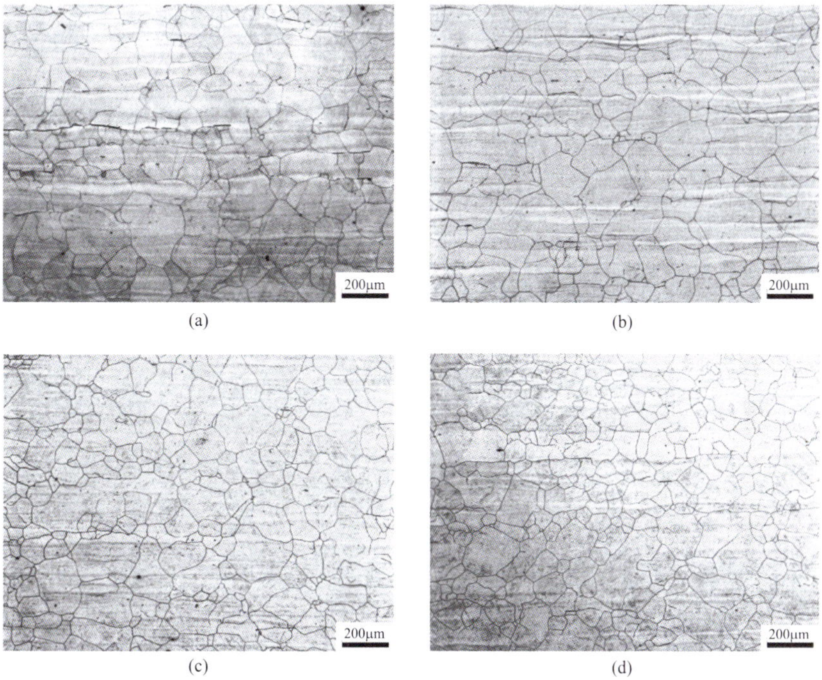

图 6.3-22　加热温度对晶粒度的影响（一）

（a）1040℃；（b）1060℃；（c）1080℃；（d）1110℃

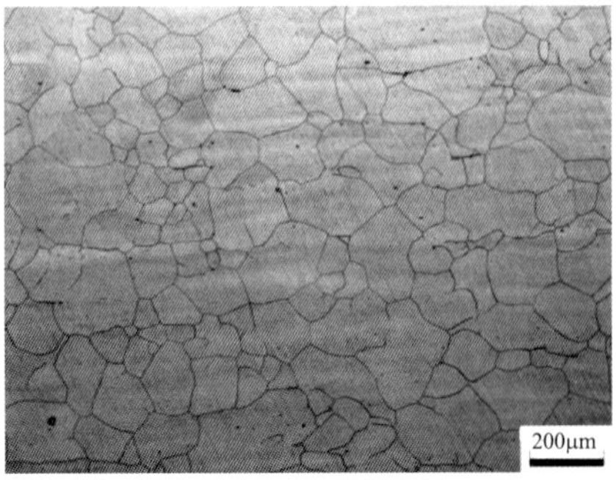

(e)

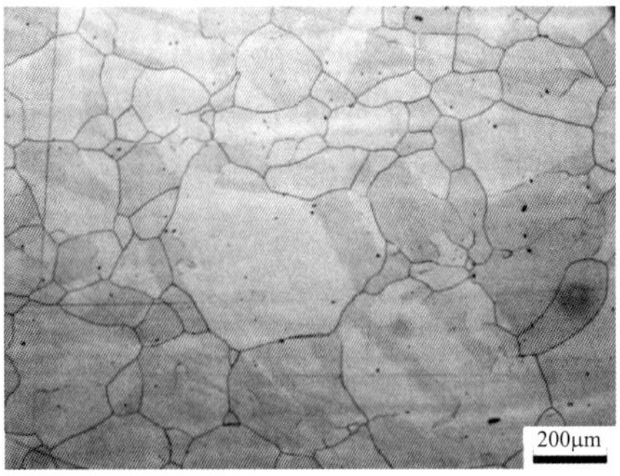

(f)

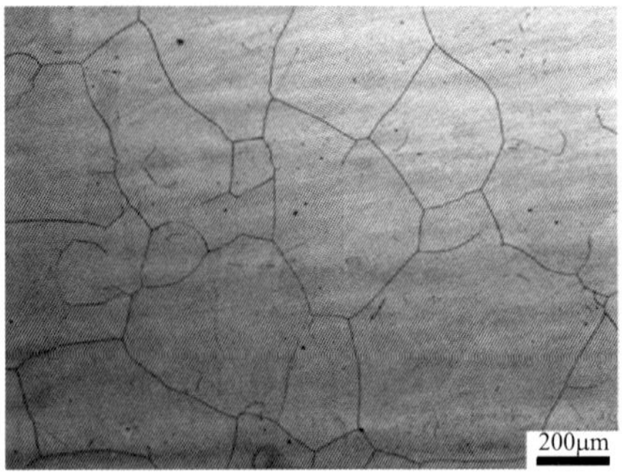

(g)

图 6.3-22　加热温度对晶粒度的影响（二）

（e）1140℃；（f）1160℃；（g）1200℃

通过系列试验，掌握了固溶热处理控制晶粒度长大的最佳加热温度区间。

2. 固溶强化温度选择

在前期投料的 AP1000 主管道科研锻件上取料，进行了系列热处理试验（见图 6.3-24），确定了获得最佳强度的热处理加热温度区间。

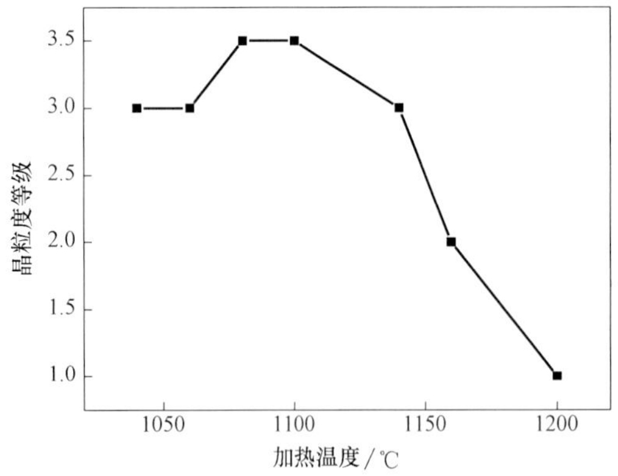

图 6.3-23　加热温度与晶粒度等级关系

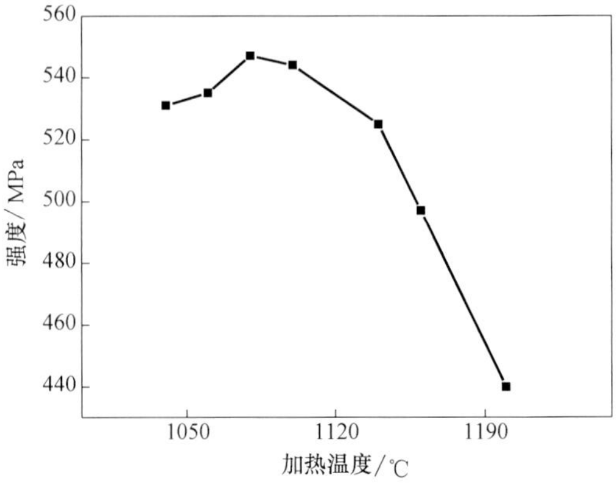

图 6.3-24　固溶加热温度与强度关系

在 AP1000 主管道固溶冷却时进行了实际冷速测量（见图 6.3-25），从出炉到入水用时 4min22s。从测量结果可见冷却能力完全满足 CAP1400 主管道制造的要求。

3. 变形控制

对于主管道热段B和冷段不存在空间角度的锻件，可直接使用不锈钢料盘装炉；对热段A则需要在管嘴处安装外部支撑结构以防止固溶加热时锻件变形。淬火时采用专用吊具直接吊工件淬火，以减少不锈钢料盘带来的蓄热量。如冷却能力足够则尽可能采用随形料盘淬火（见图6.3-26）。

对于存在空间角度的波动管，将使用料盘装炉，并在料盘上安装随空间角度变化的支撑块来防止加热时产生的变形。主管道热段固溶热处理工艺曲线如图6.3-27所示。

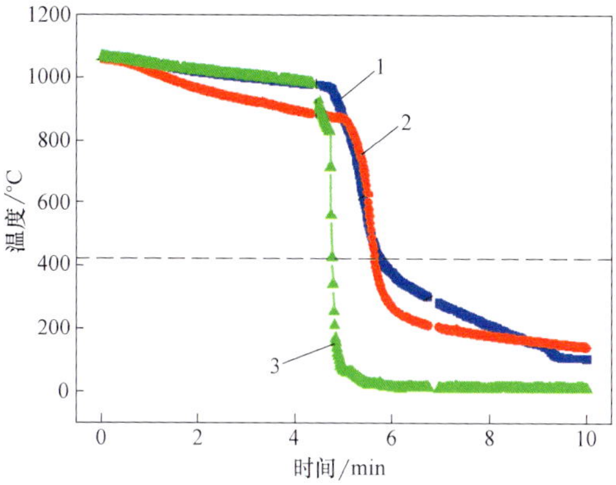

图6.3-25 主管道不同位置固溶冷却实测冷速
1—604.5℃/min；2—691.7℃/min；3—941.4℃/min

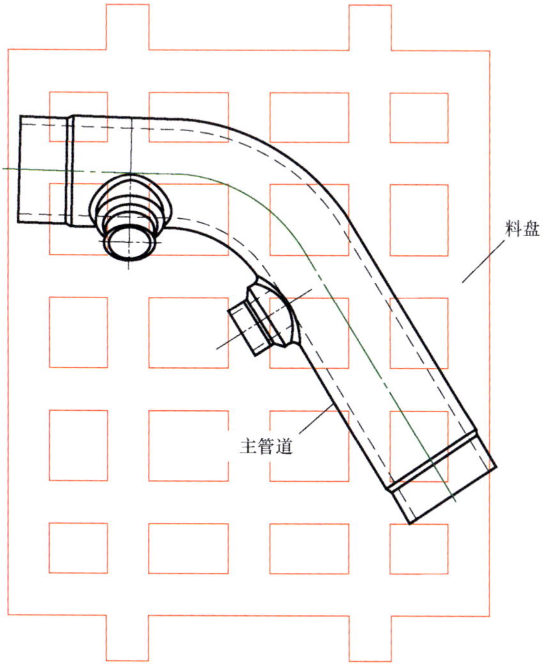

图6.3-26 主管道采用专用吊具淬火

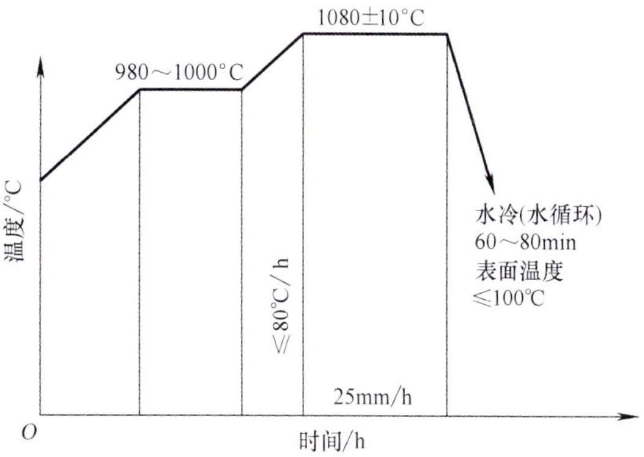

图6.3-27 CAP1400主管道热段固溶工艺曲线

为严格控制冷却过程中的变形，对主管道进行敷偶测温。以主管道热段A为例，在两端取样区加工切口位置钻孔敷偶，中间位置使用压块敷偶方式（见图6.3-28）。

几种典型主管道锻件防变形固溶热处理如图6.3-29～图6.3-31所示，为了防止变形，将主管道摆放在料盘上的随形垫铁上一起加热和冷却。为了加速主管道内孔冷却，采用了如图6.2-32所示的附具。

4. 性能检测结果

中广核华龙一号主管道90℃弯管评定锻件固溶热处理后按图6.3-33进行了解剖检测。性能检测结果如图6.3-34～图6.3-36所示。由于主管道空心锻件晶粒度细小，以及采用了特殊的锻造方式，使得强度较低的超低碳型奥氏体不锈钢获得了较高的强度，从而改写了超大型

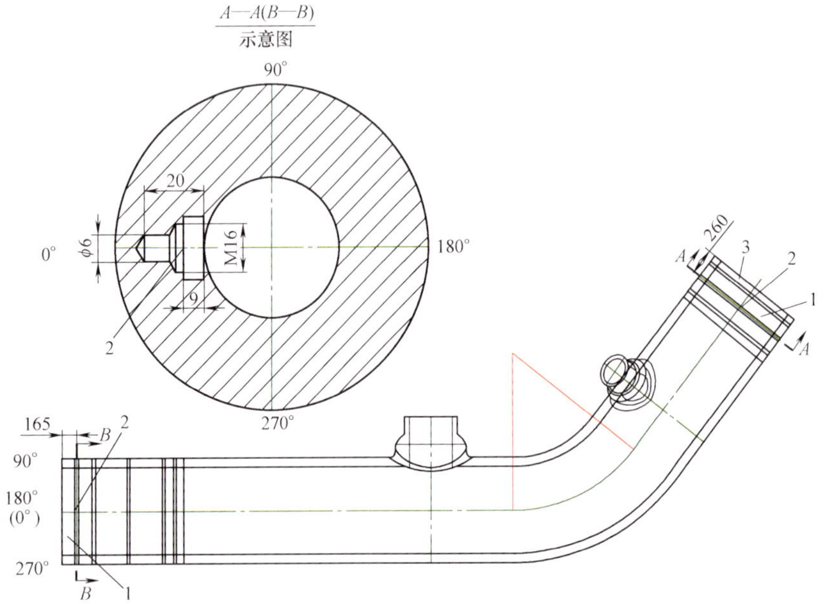

图 6.3-28　测温敷偶孔位置图

1—性能试环；2—电偶孔；3—压扁试环

304L 主管道锻件强度难以满足标准要求的历史。

图 6.3-29　华龙一号主管道 50°热段固溶热处理

图 6.3-30　华龙一号主管道 90°弯管固溶热处理

图 6.3-31　某项目主管道 90°热段固溶热处理

图 6.3-32　主管道内孔冷却附具

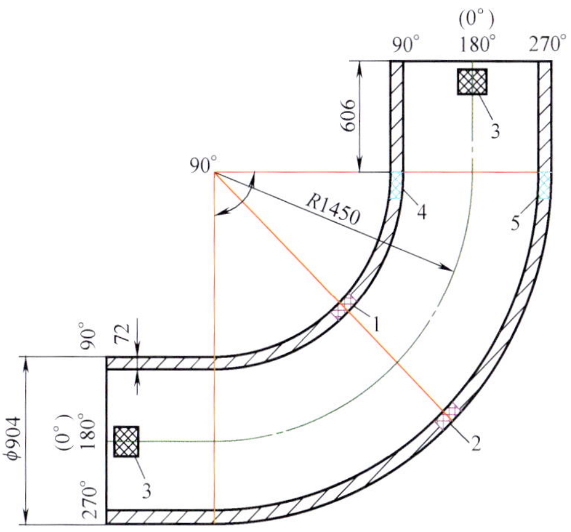

图 6.3-33　评定锻件解剖检测位置图

1—内弧试料；2—外弧试料；3—直段试料；4—内过渡区试料；5—外过渡区试料

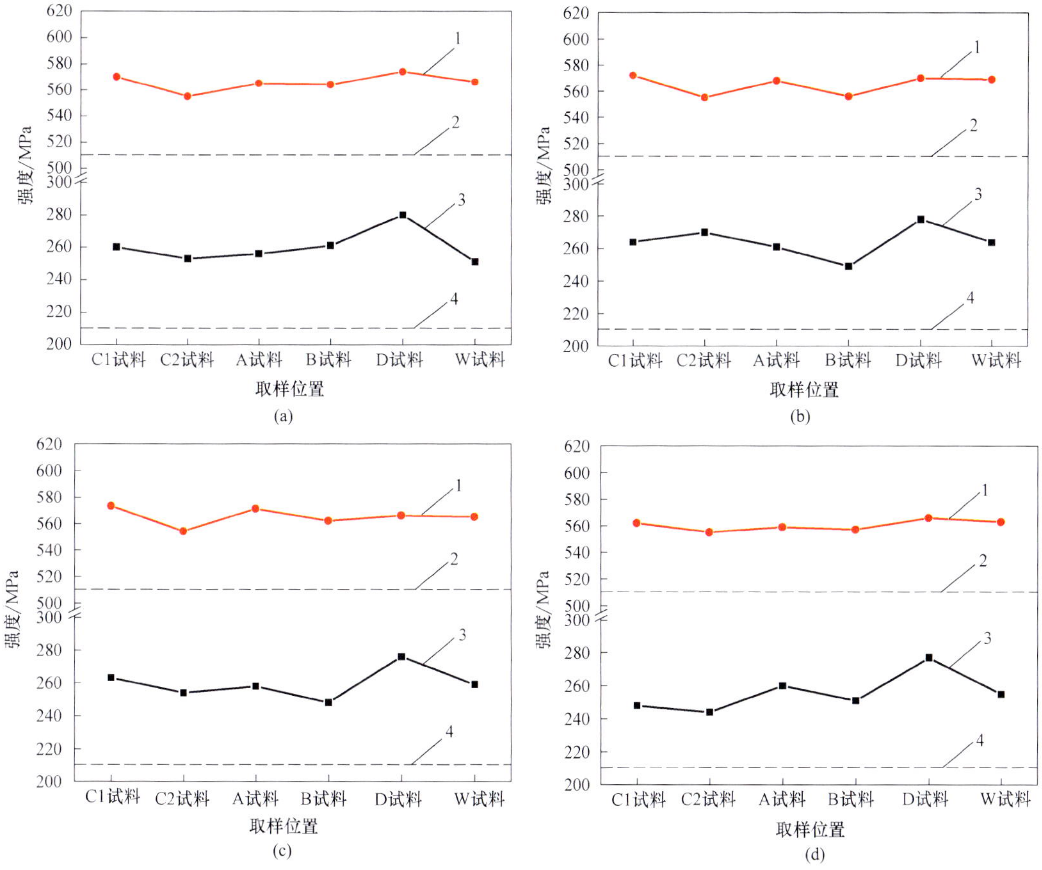

图 6.3-34　评定锻件室温强度检测结果（一）

（a）不同试料内 $T/4$ 切向室温强度对比；（b）不同试料 $T/2$ 切向室温强度对比；

（c）不同试料外 $T/4$ 切向室温强度对比；（d）不同试料内 $T/4$ 纵向室温强度对比

1—抗拉强度；2—抗拉强度要求值；3—屈服强度；4—屈服强度要求值

T 为试料厚度。

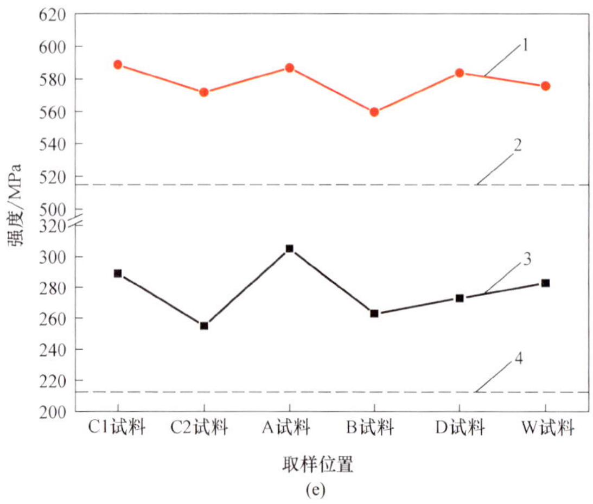

图 6.3-34　评定锻件室温强度检测结果（二）

（e）不同试料径向室温强度对比

1—抗拉强度；2—抗拉强度要求值；3—屈服强度；4—屈服强度要求值

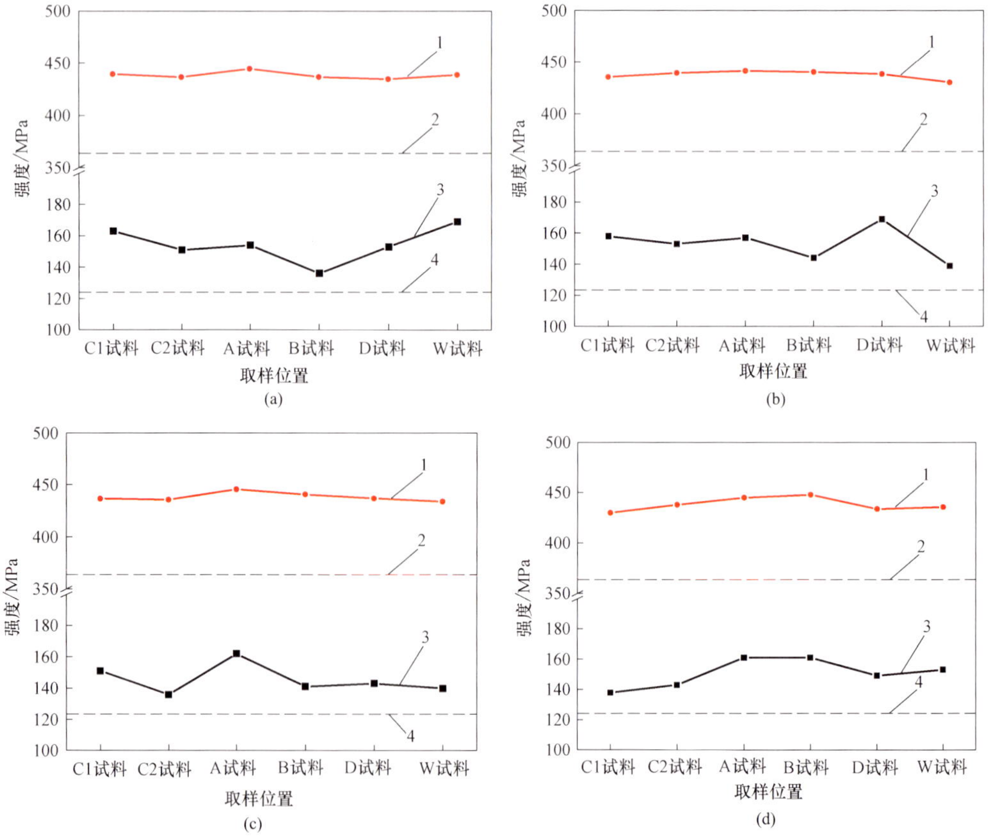

图 6.3-35　评定锻件高温强度检测结果（一）

（a）不同试料内 $T/4$ 切向高温强度对比；（b）不同试料 $T/2$ 切向高温强度对比；

（c）不同试料外 $T/4$ 切向高温强度对比；（d）不同试料内 $T/4$ 纵向高温强度对比

1—抗拉强度；2—抗拉强度要求值；3—屈服强度；4—屈服强度要求值

T 为试料厚度。

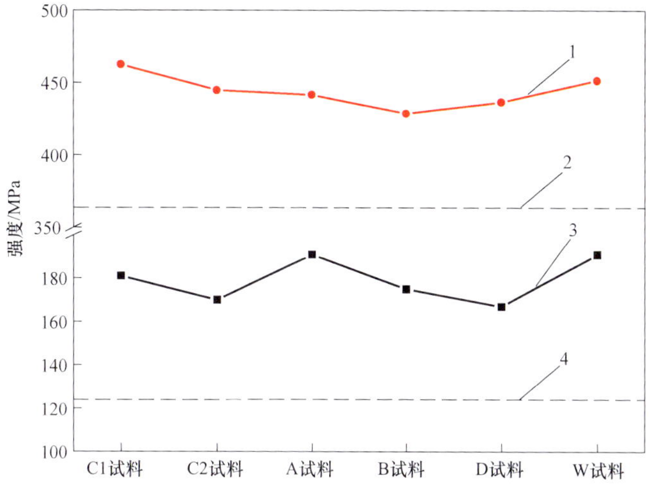

(e)

图 6.3-35　评定锻件高温强度检测结果（二）

（e）不同试料径向高温强度对比

1—抗拉强度；2—抗拉强度要求值；3—屈服强度；4—屈服强度要求值

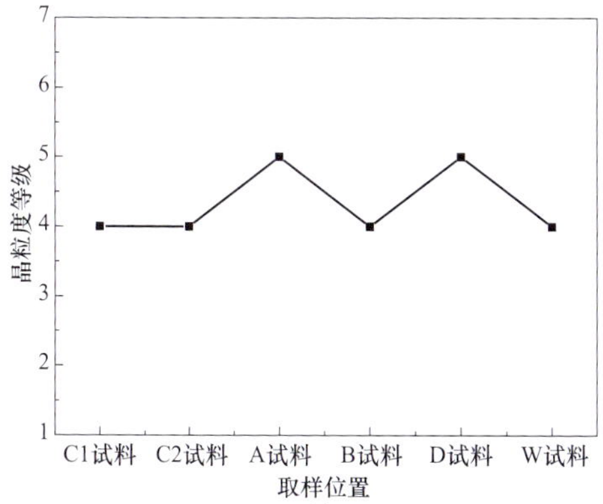

(a)

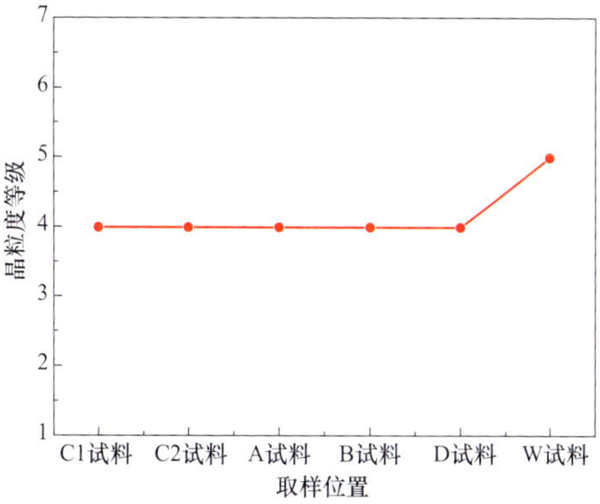

(b)

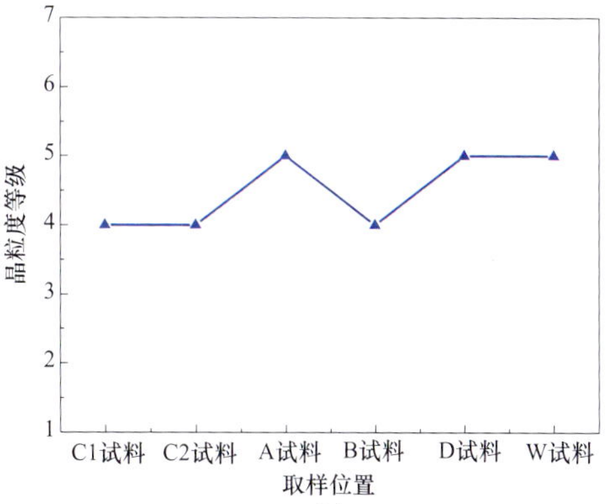

(c)

图 6.3-36　评定锻件晶粒度检测结果

（a）外表面晶粒度对比；（b）$T/2$ 晶粒度对比；（c）内表面晶粒度对比

第4章 其他不锈钢锻件

4.1 CENTER

CENTER项目压力容器锻件材质为奥氏体不锈钢，主要包括八个锻件：平顶盖、小顶盖法兰、整体封头、筒体法兰、上部变径段、堆芯筒体、底部法兰、底板。本节重点介绍三类典型的特厚且复杂大型不锈钢锻件。

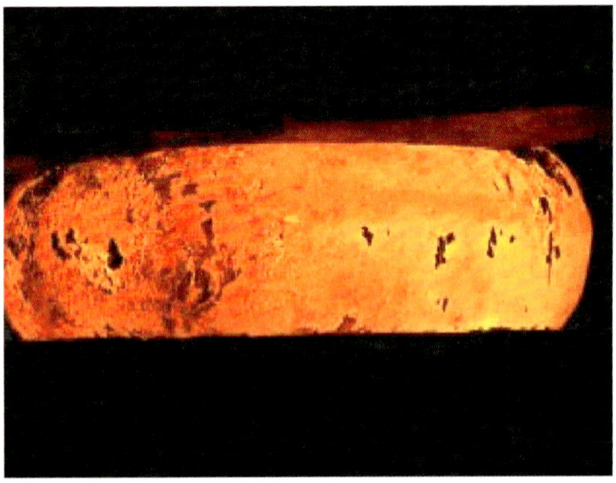

图6.4-1 平顶盖锻件

（1）以直径ϕ2300mm、厚度400mm的底板和平顶盖锻件为代表的大型特厚饼形锻件。平顶盖锻件见图6.4-1。

（2）以直径ϕ3380mm、厚度110mm的上部变径段为代表的大型变截面、异形复杂特厚锻件。上部变径段锻件如图6.4-2所示。

（3）以直径ϕ3570mm、法兰高度为500mm的整体封头锻件为代表的大型带法兰一体化封头锻件。整体封头锻件如图6.4-3所示。

上述锻件在各制造工序中难点及其解决措施见表6.4-1。

(a)

(b)

图6.4-2 上部变径段锻件

（a）锻造冲形用板坯；（b）锻件取样后状态

(a)

(b)

图 6.4-3 整体封头锻件

（a）成品锻件；（b）锻件精加工

表 6.4-1 超大型不锈钢锻件的制造难点及其解决措施

项目		难点	措施
材质特性		确保高温强度	设定适当的化学成分（C、N、δ-Fe）
制造技术	炼钢	制造高纯净度的大型钢锭	大型钢包精炼
	锻造	锻造火次多	改变钢锭形状
	热处理	热处理变形	采用控制到最小变形量的措施
	加工	加工时变形	研究产品的装夹方法
性能检测		超声波穿透性	晶粒细化

4.1.1 超大型不锈钢锻件的研究内容

通过开展成分设计、含 Ti 不锈钢大钢锭冶炼、锻造工艺参数（锻造加热温度、不同火次的锻比、成型方式）、固溶热处理、稳定化热处理参数等方面的研究工作，掌握大型复杂不锈钢锻件的制造工艺，成功地制造了反应堆压力容器用的超大型不锈钢锻件。

1. 不锈钢冶炼技术研究

（1）关键技术描述。一直以来，国内生产的不锈钢产品纯净度控制都处于较低的水平，主要表现为钢液中氧含量和夹杂物含量偏高。因此，进行不锈钢工艺研究尤为重要。CENTER 项目产品超声波检测不允许存在当量直径不小于 3mm 的缺陷，A、B、C、D 四类夹杂物技术条件要求都不大于 1.5 级。为了减少后续锻造出现裂纹的概率，要求钢液中氧含量小于 50×10^{-6}，实现上述目标要对现有不锈钢冶炼技术进行完善和提高，研究不锈钢冶炼技术，降低钢液中氧含量，提高钢锭的质量。

（2）研究过程。该产品探伤和夹杂物技术条件要求高，中国一重生产不锈钢产品，出钢前钢液中氧含量通常大于 100×10^{-6}，夹杂物含量也大于 1.5 级，因此必须采取新的工艺方法来降低钢液中氧含量和夹杂物。为了保证冶炼低氧含量钢液，采用 VOD 结束后加脱氧剂和造渣材料造还原渣的方法，当成分进入内控要求，温度在 1650～1660℃时，进行二次真空脱气操作。为满足要求采取如下控制措施：

1）采用二次真空操作。与以往 VOD 结束后调整成分直接出钢相比，精炼总时间增加 1.5～2h，真空结束后钢液温度低，钢液要采用电加热的方式升温，不锈钢液给电升温，钢液碳含量会增加，因此要严格控制电极加热时间，加热时采用第六档电压加热，减少电极加热增碳。

2）熔渣能充分吸附夹杂。根据相图可知，$CaO—SiO_2—A1_2O_3—MgO—CaF_2$ 五元精炼渣系具有合适的熔化温度和较强的吸附夹杂能力。渣系成分是：w（CaO）/w（SiO_2）为 4，w（Al_2O_3）为 25%～35%，w（MgO）为 6%，w（CaF）为 5%。为脱氧和造渣在 VOD 结束后加入全部沉淀脱氧剂（铝块 2kg/t），分批次加入扩散脱氧剂（铝粉 2.5kg/t），直到二次真空前加入完成。在加入脱氧剂的同时加入造渣材料（石灰 2000～2500kg，萤石 200～300kg），要在一小时内加入完成。当炉渣变白、氧含量［O］$\leqslant 50\times10^{-6}$ 时，包车开入真空工位进行真空处理。

3）VOD 吹氧降碳是超低碳不锈钢冶炼的关键。

① VOD 工艺方法的物理化学基础是钢液中同时存在［C］、［Cr］的氧化反应。

② 吹炼真空度的确定。VOD 吹炼开始阶段，C 含量较高，吹炼过程发生化学反应 $0.5\{O_2\}+[C]\rightarrow\{CO\}$ 十分剧烈，过高真空度也无法得到保证。根据以往生产经验，VOD 开始吹炼的真空度确定为 50～70Torr。停氧后将真空度提高至 1～2Torr，利用高真空度进一步降低钢液中［C］含量，即所谓的真空碳脱氧过程（VCD）。

③ 枪位的选定。由于 VOD 氧枪采用的是拉瓦尔式氧枪，所以吹炼过程采用固定式吹炼方式，即整个熔炼过程中氧枪枪位固定。考虑到工况条件及氧枪使用的安全，工艺中选定的枪位是 1000～1200mm，即氧枪喷头距钢液面 1000～1200mm。

④ VOD 前温度的确定。VOD 开始吹氧前温度的确定原则是：在保证吹炼终点碳合适时，与之平衡 T（温度）主要靠 C、O 反应的放热来完成，这样才能使 VOD 过程中［Cr］的氧化较少。

根据实验研究，当［Cr］=3%～30%，［Cr］、［C］、T、P_{CO} 的关系可以用式（6.4-1）表示。

$$\lg\frac{[Cr]P_{CO}}{[C]}=-\frac{13\ 800}{T}+8.76 \tag{6.4-1}$$

根据计算，在不考虑热损失的情况下，每氧化 1% 的 C 可使钢液升温 1180℃。将［Cr］= 18%，p_{CO} = 50Torr（1Torr = 133.322Pa），［C］= 0.03% 代入式（6.4-1），计算出的温度 T = 1652℃，而吹炼过程的降碳量为 0.30%～0.35%，C、O 反应可提供的温度为：118×（0.30～0.35）℃ =（35.4～41.3℃），取平均温度 38℃。因此 VOD 之前的温度为 T =（1652－38）℃ = 1614℃。

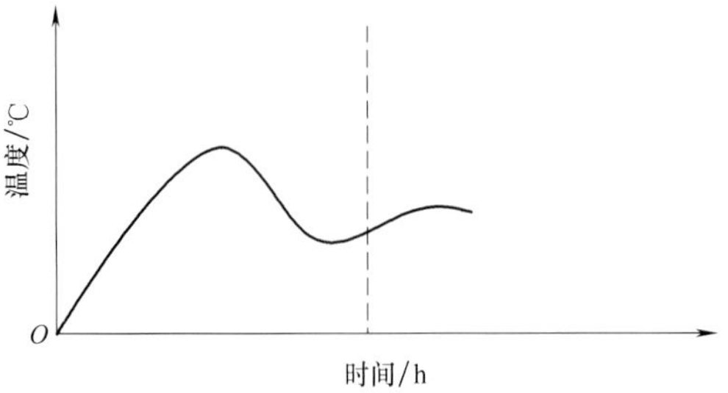

图 6.4-4　停止吹氧时废气温度参考曲线

⑤ 吹氧时间的确定。观察废气分析仪确定吹氧时间。吹氧开始后，废气温度逐渐提高。随着脱碳反应的进行，在接近停氧时，废气温度下降。当废气温度再次升高后，停止吹氧，此时［C］在 0.03%～0.05% 范围内。废气温度与时间的参考曲线如图 6.4-4 所示。

停止吹氧后，在高真空条件下保持足够的时间，利用钢液中的剩余［O］继续与［C］反应，达到脱［C］降［O］的目的，此时［C］已在0.03%以下。

（3）技术难点。CENTER工程反应堆压力容器用材料06Cr18Ni11Ti，技术条件要求A、B、C、D四类夹杂物均小于1.5级，产品UT检测是按ASME标准中对容器类产品探伤要求最严格的标准执行，相当于不允许有ϕ3mm的缺陷，技术难点如下：

1）冶炼低碳不锈钢，需要对VOD过程严格控制，以降低钢液中的［C］含量，而且对精炼钢包用耐火材料要特殊挑选，VOD结束后采用合理的供电制度，避免钢液增碳。

2）最大限度降低钢中夹杂物和气体含量，目标值［N］<150×10^{-6}，［O］<50×10^{-6}。

3）钛（Ti）元素收得率不稳定。对于含钛（Ti）不锈钢，钢中夹杂物主要是氮化钛、硫化物和氧化物夹杂。降低夹杂物和气体含量，以及提高钛（Ti）元素收得率采取的方法有：

① 在电炉冶炼阶段，对入炉的废钢、生铁和返回料使用前必须进行取样分析，符合工艺要求的方可使用。铁合金必须严格按工艺规程要求烘烤良好，氧化期降碳量不小于0.40%，采用偏心炉底出钢，快速出钢，出钢温度不能大于1660℃，减少钢液卷入气体。

② 在精炼阶段，执行LH工艺时充分脱硫使［S］≤0.005，在VOD时做到高真空高碳区强脱碳，低碳区强搅拌是降低［N］的有效手段。为了提高钛（Ti）的收得率，在VOD结束后要保证钢中［Al］在0.01%～0.02%范围内，加入FeTi后软吹15min即可出钢。

③ 在铸锭阶段，为了防止SiO_2+［Ti］=TiO_2+［Si］化学反应发生，中间包必须使用高铝砖砌筑。在浇注过程中从精炼包到中间包以及中间包到钢锭模采用全程保护浇注，防止钢液的二次氧化。破坏真空后50s内，通过窥视孔用漏斗加入第一批发热剂，用量为0.5kg/t。

（4）技术创新点。

1）冶炼不锈钢首次采用VOD+VD+LB3工艺方案，四支钢锭炉后的碳含量都达到目标值0.05%，利用该冶炼方法既提高了钢液的纯净度又满足了产品化学成分要求，可在以后冶炼高品质不锈钢产品中推广。

2）降低钢液中氧含量，冶炼过程造高铝渣系，LF炉出钢时钢液中氧含量小于50×10^{-6}，低氧含量可减轻后续锻造出现裂纹的概率。

2. 不锈钢大锻件锻造成形和晶粒度控制技术研究

（1）关键技术描述。锻造过程中出成品火次加热保温温度在1050℃时，通过大压下量（锻比大于1.6）锻造可以解决晶粒粗大问题；锻造过程中出成品前一道火次出现裂纹采取机加工方法去除，保证出成品火次按工艺方案执行；通过计算机模拟解决异形件成形问题。

（2）研究路线。通过计算机模拟解决整体封头和上部变径段成形问题。通过保温时间、保温温度、锻造压下量等研究解决晶粒粗大问题以及锻造开裂问题。

（3）研究过程。经过对图样和技术条件反复吸收和消化，对不锈钢异形件整体封头制定两种锻造方案，见表6.4-2；对下部变径段制定三种锻造方案，见表6.4-3。

表6.4-2　整体封头成形方案

方案	锻件重量/kg	钢锭重量/t	所用附具
方案1（刨窝）	42 300	83	锤头：ϕ1200mm锤头（现有）；下模：32t（新投）
方案2（冲型）	39 500	76	上模：49t；下模（新投）：28T（新投）

表 6.4-3　　　　　　　　　　　　上部变径段成形方案

方案	锻件重量/kg	钢锭重量/t	所用附具
方案 1（刨窝）	45 000	83	下模：47t（新投）
方案 2（冲形）	39 000	76	上模：33t；下模（新投）：15t（新投）
方案 3（挤压）	34 300	69	环体 1：14t；环体 2（新投）：8t（新投） 成形下模：37t；芯模（新投）板：10t（新投）

通过最终优化确定整体封头和上部变径段采用板坯冲型方式锻造，同时针对不锈钢防止晶粒度粗大问题，制定具体措施如下：

1）控制各火次加热温度和保温时间，防止晶粒长大。

2）所用附具锻造前加热至 250℃以上。

3）对锻造过程操作步骤进行细化，终锻温度不低于 900℃。

4）出成品工序锻造比不小于 1.6，锻后采取快速冷却方式。

（4）基础试验研究。

1）06Cr18Ni11Ti 奥氏体不锈钢平衡相图估算。06Cr18Ni11Ti 不锈钢平衡析出相随温度的变化曲线如图 6.4-5 所示。从图 6.4-5 可见，在温度低于 700℃区间，第二相和铁素体的析出会导致变形抗力增大。

2）晶粒长大趋势。奥氏体不锈钢锻件的锻造分为三个阶段，即开坯阶段、高温大变形阶段及成形阶段。根据每个阶段的锻件组织特征确定其锻造工艺参数如锻造温度区间等，以期获得细小均匀的锻态组织。图 6.4-6 是 06Cr18Ni11Ti 不锈钢的晶粒长大趋势曲线，从图 6.4-6 可以看出，此种不锈钢的一次再结晶温度约为 1000℃，二次再结晶温度约为 1100℃。可根据图 6.4-6 确定该不锈钢在不同阶段的锻造温度区间。

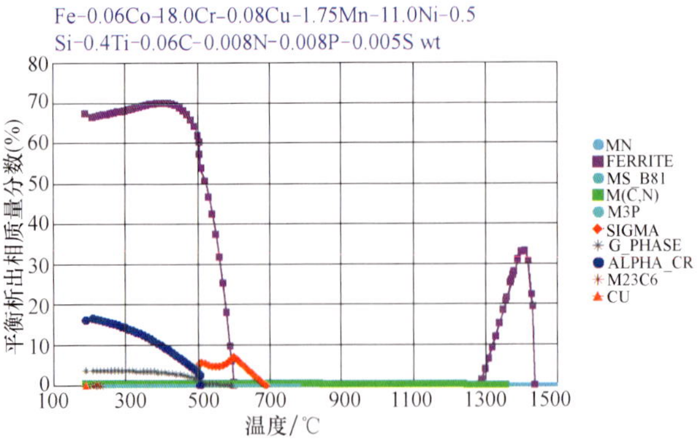

图 6.4-5　06Cr18Ni11Ti 不锈钢平衡析出相随温度的变化曲线

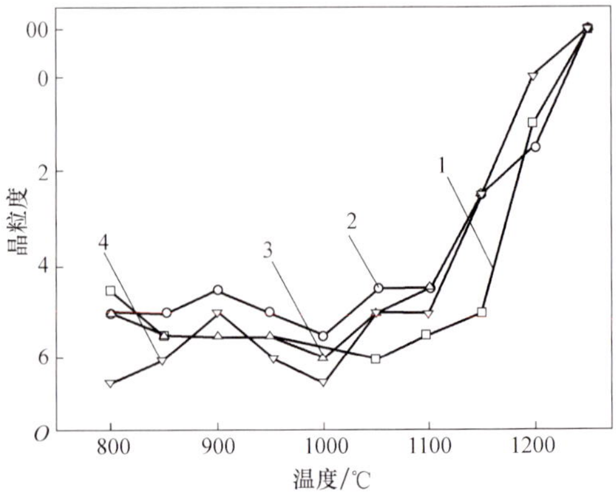

图 6.4-6　06Cr18Ni11Ti 不锈钢的晶粒长大趋势曲线

1—3h；2—5h；3—10h；4—20h

3）工艺参数对 α 相存在状态的影响。图 6.4-7 是加热温度对 321 奥氏体不锈钢中铁素体的影响。从 图 6.4-7 可以看出，随着加热温度的增加，铁素体含量明显降低，且当温度提高到 1100℃时，铁素体断开成短棒状。在 1000℃时分别保温 5h、10h 及 20h 后的金相组织如图 6.4-8 所示。当保温时间增加到 10h 时，铁素体含量明显降低。SEM 观察显微组织也得到类似规律，当均匀化温度升高到1180℃，可观察到一定量球状或短棒状铁素体组织。铁素体的回熔对温度比较敏感，可通过均匀化处理使一部分铁素体回熔，将长条状的铁素体变成短棒状甚至球状，降低其对锻造的不利影响（见图6.4-9）。

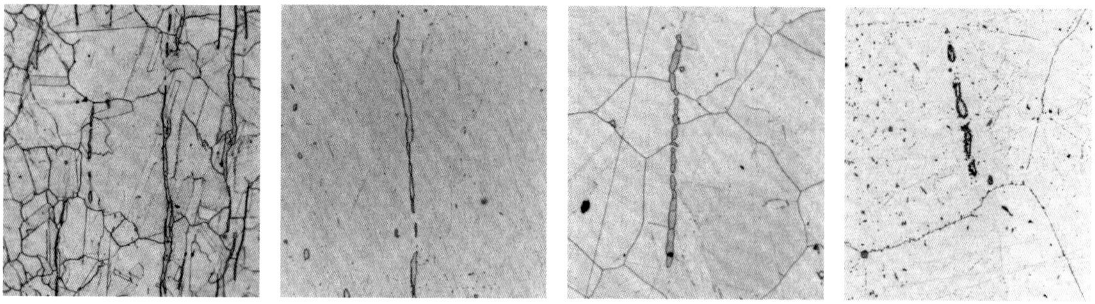

(a) (b) (c) (d)

图6.4-7 加热温度对铁素体的影响（OM）

（a）800℃×5h；（b）1000℃×5h；（c）1100℃×5h；（d）1250℃×5h

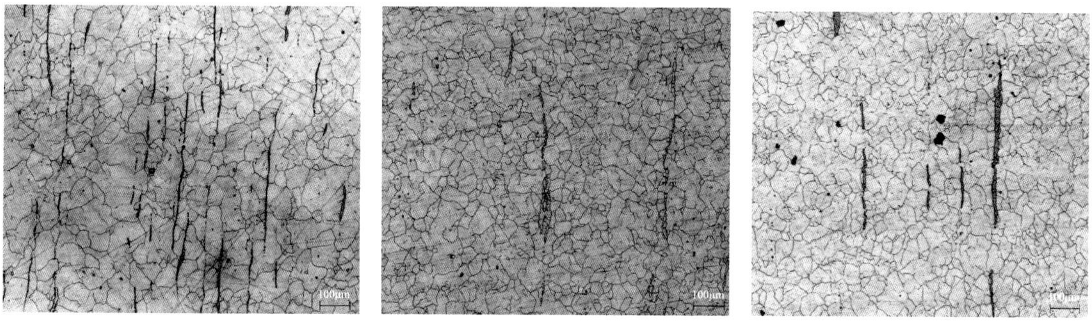

(a) (b) (c)

图6.4-8 加热时间对铁素体的影响（OM）

（a）1000℃×5h；（b）1000℃×10h；（c）1000℃×20h

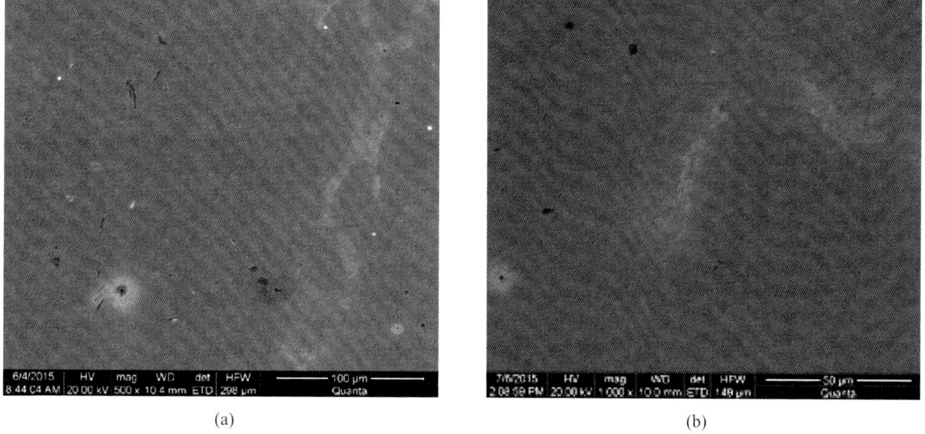

(a) (b)

图6.4-9 SEM观察α相形态变化（一）

（a）1100℃×2h；（b）1180℃×2h

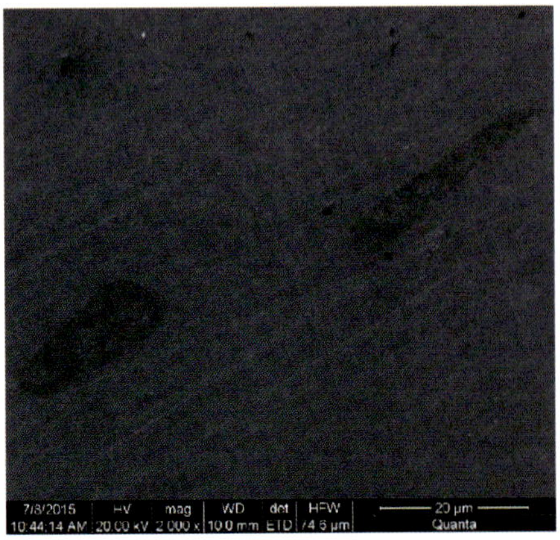

(c)

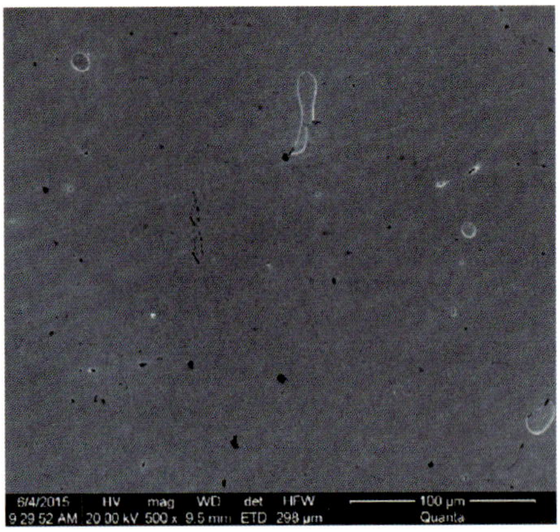

(d)

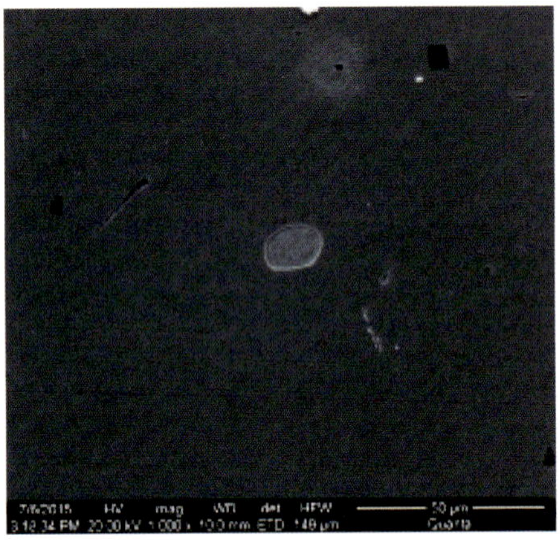

(e)

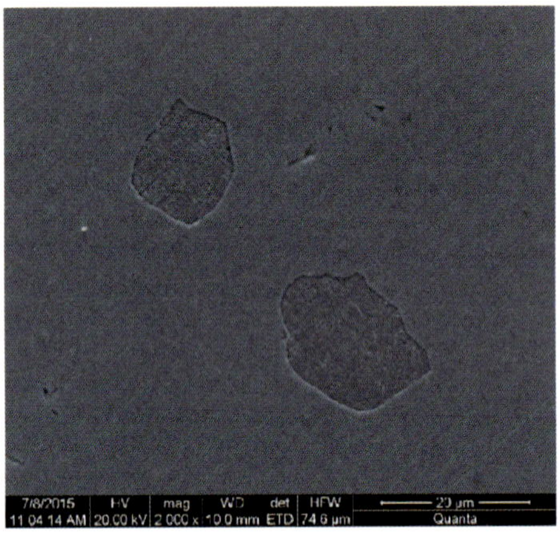

(f)

图 6.4-9　SEM 观察 α 相形态变化（二）

（c）1270℃×2h；（d）1100℃×32h；（e）1180℃×32h；（f）1270℃×32h

4）均匀化处理工艺对枝晶和铁素体的影响。随着均匀化温度的升高和保温时间的增加，枝晶消除明显。当温度为 1200℃，保温时间达到 24h，枝晶基本消除，未观察到长条状或网状的铁素体（见表 6.4-4）。

表 6.4-4　　　　均匀化处理工艺对枝晶和铁素体的影响

温度	2h	8h	24h
1100℃	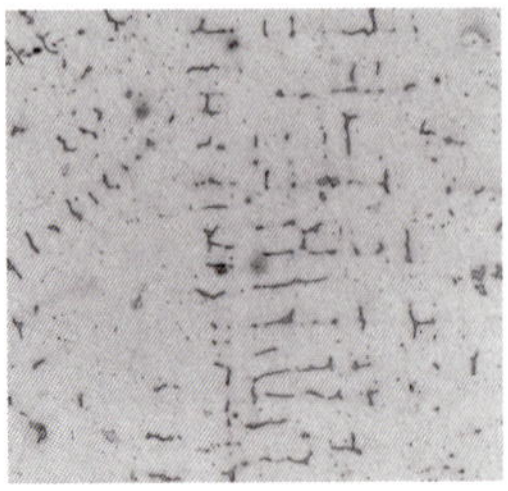	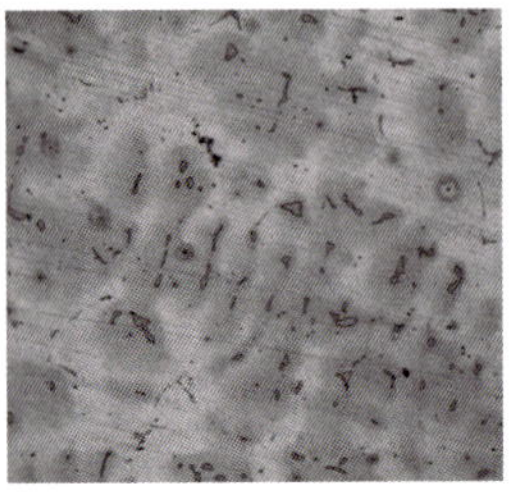	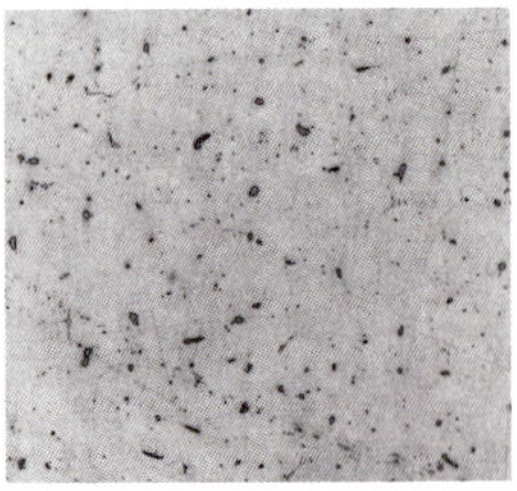

续表

温度	2h	8h	24h
1180℃	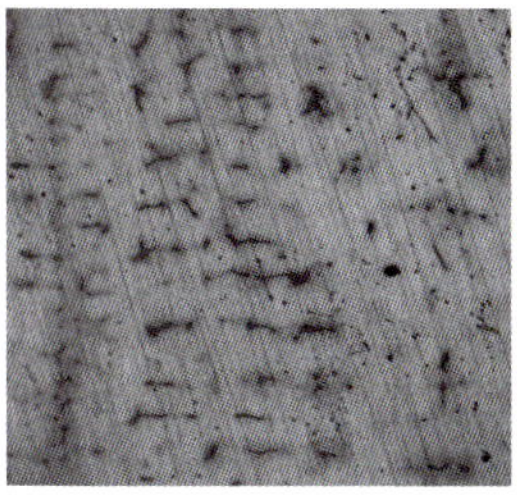	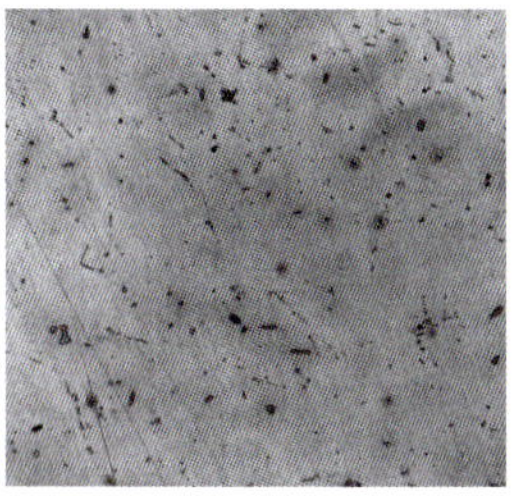	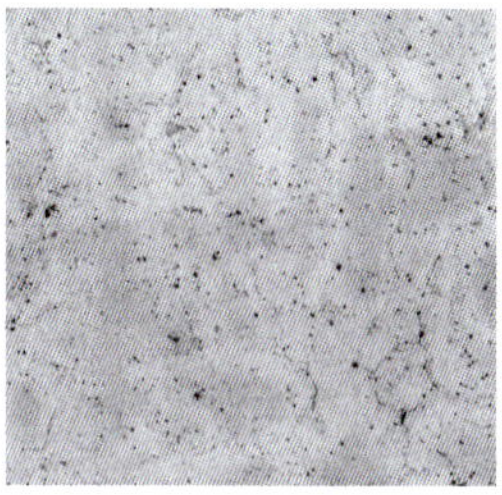
1200℃	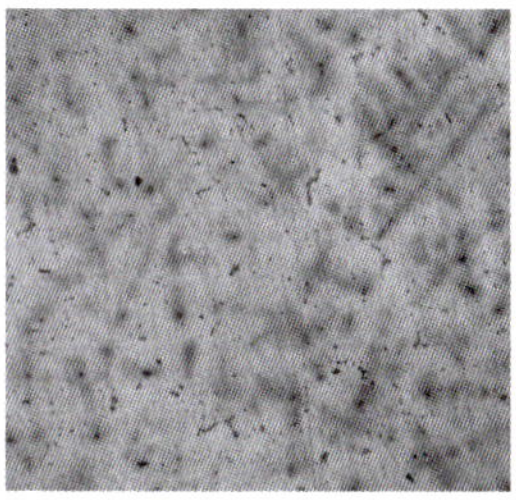		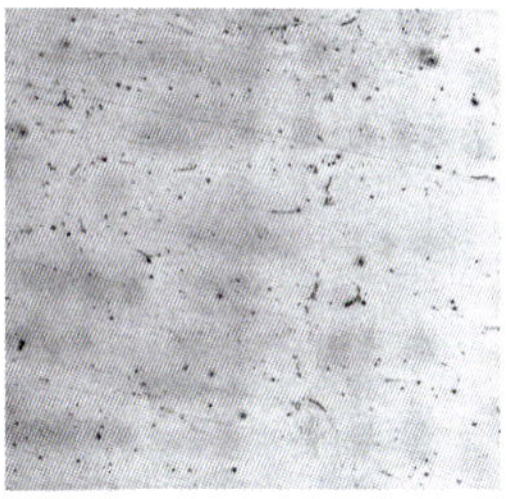

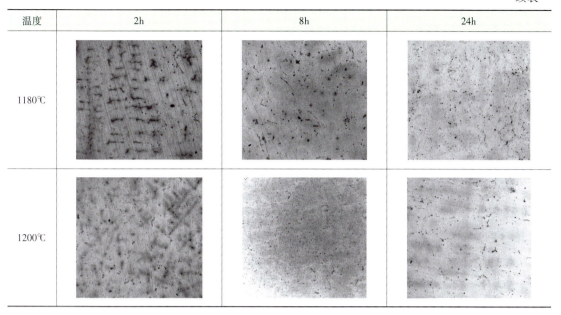

5）镦粗试验。在整体封头锻件的球面上沿圆周方向均布切取 4 块试料，试料尺寸为 150mm×250mm×δ（120mm）（试料编号为 1-1、1-2、1-3、1-4，所有试料两端面均分别打印“S”与“X”字样），具体取样位置如图 6.4-10 所示。将试料按俯视图沿轴向截面剖开，按主视图取样位置切取 9 块 20mm×20mm 试样，区分好内外表面，在检测面对面如图中标记试样编号（＊表示试料号，A 为上表面试样，B 为心部试样，C 为下表面试样），对轴向剖开截面进行晶粒度检测。

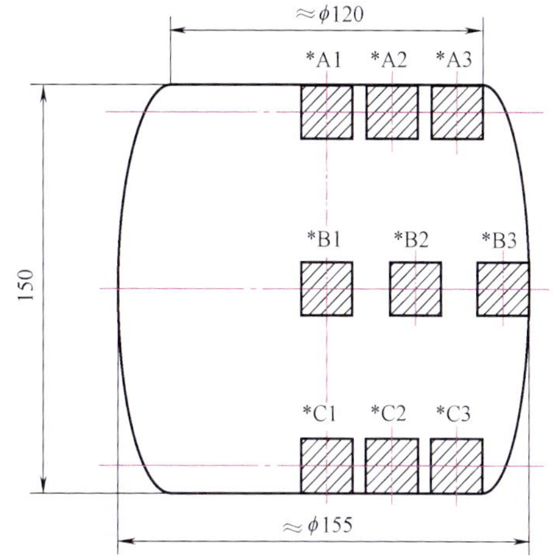

图 6.4-10　镦粗后取样图
（试料 1-1、1-2、1-3、1-4）

将试料 1-1、1-2、1-3、1-4 加工为 ϕ120mm×220mm，并在端面转移印记，利用 45MN 油压机在相同工况下同时进行镦粗变形，镦粗压下量为 70mm（锻造比 1.5），试料加热温度为 1050℃，保温 2h。

不同试验方式镦粗后超声波探伤检测结果见表 6.4-5。不同试验方式镦粗后晶粒度检测结果见表 6.4-6。

表 6.4-5　不同试验方式镦粗后超声波探伤检测结果

试样编号	锻后冷却方式	1MHz（试验前 1MHz 与 0.5MHz 均不可探）		0.5MHz		晶粒度
		端面（封头法向）	侧面（母线）	端面	侧面	试验前
1—1	空冷	ϕ3+2dB 可探，晶粒波ϕ3-4dB	同端面	草状波	草状波	00 级
1—2	水冷	同 1—1	同端面	草状波	草状波	00 级

续表

试样编号	锻后冷却方式	1MHz（试验前1MHz与0.5MHz均不可探）		0.5MHz		晶粒度
		端面（封头法向）	侧面（母线）	端面	侧面	试验前
1—3	固溶空冷	ϕ3 可探，晶粒波ϕ3-6dB	同端面	草状波	草状波	00 级
1—4	固溶水冷	同 1—3	同端面	草状波	草状波	00 级

表 6.4-6　不同试验方式镦粗后晶粒度检测结果

试样编号	变形后冷却方式	(1)	(2)	(3)	(4)	(5)	(6)	(7)	(8)	(9)
1—1	空冷	<1	<1	<1	<1	<1	<1	<1	<1	<1
1—2	水冷	<1	<1	<1	<1	<1	<1	<1	<1	<1
1—3	固溶空冷	4	4	1	4	4	4	2	4	3
1—4	固溶水冷	3	2	1	5	4	5	5	5	1
试样位置		上			中			下		
		中心	*R*/2	外部	中心	*R*/2	外部	中心	*R*/2	外部

（5）技术难点和解决方法。

1）加热温度和保温时间对不锈钢晶粒度的影响见表 6.4-7。由于奥氏体不锈钢在加热过程中无同素异晶转变，加热温度过高晶粒剧烈长大，奥氏体中 α 相会显著增多，因此始锻温度不超过 1200℃；奥氏体不锈钢的终锻温度都应该高于敏化温度，这类钢终锻温度高，变形抗力大，在 700～900℃ 区间缓冷会析出 α 相，锻造易开裂，故终锻温度不小于 900℃。

为此对于钢锭具体加热曲线作了详细规定，同时对附具进行预热，控制出炉到锻造时间，以及终锻温度（不能小于 900℃），这样就能克服高温下的变形抗力，同时降低出现裂纹概率。

2）通过合理锻造工艺解决不锈钢锻造开裂问题。在生产不锈钢锻件时，为保证产品性能，应该选择设备吨位，每一火次都详细规定具体变形过程，要求附具预热到 250～450℃，出炉到锻造时间不超过 10min，要求每一火次锻造比不小于 2，并且严格执行工艺。在不锈钢的锻造阶段，拔长工序产生裂纹概率大，拔长开始时候以小变形量轻击，待塑性提高后再重击，同时沿轴向不停翻转并送进坯料。当锻造过程出现裂纹时，应该采用机加工方法去除。生产过程中出现裂纹导致锻造火次增多，实际过程采取烧剥去除裂纹形式，不能彻底清除裂纹源。镦粗火次坯料应该放在正中，合理制定压下速度，避免裂纹出现。

表 6.4-7　加热温度和保温时间对晶粒度的影响试验结果

加热温度	1250℃				
保温时间	3H	5H	10H	15H	20H
晶粒度	<1 级	<1 级	<1 级	1 级，部分小于 1 级	2 级，部分小于 1 级
加热温度	1200℃				
保温时间	3H	5H	10H	15H	20H
晶粒度	3 级，少量 1 级	3 级，少量 1 级	1 级，少量小于 1 级	<1 级	<1 级

续表

加热温度	1150℃				
保温时间	3H	5H	10H	15H	20H
晶粒度	5 级，少量 3 级	4 级	3 级	3 级，部分小于 1 级	3 级，少量 1 级
加热温度	1100℃				
保温时间	3H	5H	10H	15H	20H
晶粒度	5 级	5 级	5 级	6 级	5 级
加热温度	1050℃				
保温时间	3H	5H	10H	15H	20H
晶粒度	6 级	6 级	6 级	6 级	5 级

注：初始晶粒度级别为 6.5 级。

3）出成品工序控制。出成品火次是锻造关键火次，最后一火温度、锻造比以及完成情况对产品晶粒度、性能有直接影响。

为获得细晶粒并充分焊合中心区微裂纹和孔隙，应保证最后一火有足够大的锻造比，变形量应大于再结晶临界变形程度（12%～20%）。通过试验研究，超过 1200℃长时间保温，晶粒会快速长大，而在 1050℃产品晶粒就不会粗大，所以后续因为晶粒粗大返修工艺加热温度不超过 1050℃。

实际加热保温累计时间均大于工艺规范所要求最小保温时间，其根本原因一是受生产节奏影响，一火次完成后到下一火次保温时间过长；二是和裂纹清理采取烧剥有关，烧剥不能根本清除裂纹源，一火次出现裂纹后，采取烧剥后在下一火次同一部位同样产生裂纹，造成出成品火次增多，锻造比较小。解决办法是：出成品火次前对坯料进行粗加工，去除坯料表面裂纹，保证出成品火次顺利进行；冷却至室温后，应该在坯料内外表面打磨出几条母线，进行 UT 初探和检测表面金相组织，如发现晶粒度探测值与技术条件要求值相差较大，可进行锻造返修，避免经过后续的粗加工，出现因没有锻造余量不能返修而打废的现象。

（6）技术创新点。

1）通过研究得出：试验在 1050℃时保温不超过 20h 晶粒度不会长大，后续的堆芯筒体、底板等锻件在此温度返修后晶粒度都没有长大趋势。

2）坯料在低温情况下通过大压下量（锻造比大于 1.6）锻造可以解决晶粒度粗大问题。

3）锻造过程中出成品前一道火次出现裂纹应采取机械加工方法去除，以保证出成品火次按工艺方案执行。

4）为保证锻件尺寸及晶粒度要求，封头类异形锻件采用板坯+冲型的制造方案，不宜采用胎膜锻成型方案。

3. 不锈钢大锻件性能热处理技术

锻件材质为 06Cr18Ni11Ti 不锈钢，其性能热处理必须保证所需的晶粒度、强度、冲击吸收能量以及抗晶间腐蚀性能良好。因此，其固溶处理温度必须选择温度要求的下限，才能保证晶粒度、强度、冲击吸收能量满足要求，稳定化热处理温度必须选择温度要求的上限，才能保证良好的抗晶间腐蚀性能。

（1）确定合理的热处理工艺。根据技术要求，综合考虑热处理工艺参数对晶粒度、强度、晶间腐蚀性能等方面的影响，开展工艺研究。

制订合理的固溶热处理工艺（包括加热制度、保温温度及时间、固溶后的快速冷却），保证整体锻件截面加热均匀、固溶充分，晶粒尺寸均匀、合适，对确保锻件最终性能至关重要。如图 6.4－11 所示为最终确定的 06Cr18Ni11Ti 钢固溶热处理工艺曲线。

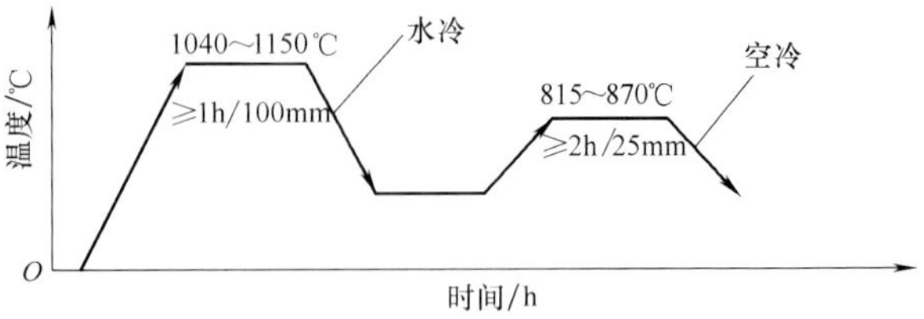

图 6.4－11　06Cr18Ni11Ti 钢固溶热处理工艺曲线

1）合理的固溶加热温度可以避免晶粒发生粗化和钢中铁素体的析出，这是保证奥氏体不锈钢力学性能和良好的抗腐蚀性的关键。在 06Cr18Ni11Ti 奥氏体钢中，碳化物最先在铁素体-奥氏体相界析出，往后依次是在晶界、非共格孪晶界及非金属夹杂物边界和共格孪晶界，最后是晶内析出。

选择合理的固溶加热温度可以保证 06Cr18Ni11Ti 锻件固溶处理后具有满意的晶粒尺寸、抗晶间腐蚀性能、α 相面积和力学性能。另外，最佳的固溶热处理温度还须兼顾稳定化元素 Ti 形成的碳化物不分解，以减少基体中碳的饱和度。

2）在 06Cr18Ni11Ti 奥氏体钢中，1200℃时碳的溶解度为 0.34%，1000℃时为 0.18%，600℃时为 0.02%，常温时更少。因此，如果固溶热处理时（尤其是 850～450℃之间）的冷却速率不足，便会形成碳化物，在晶界上析出一定量的碳化铬，造成晶界贫铬，出现晶间腐蚀现象。

从不同含碳量的奥氏体不锈钢的 TTS 曲线可以看出，碳含量越高，越容易发生晶间腐蚀。通过曲线中的“鼻尖”所对应的温度-时间即可确定出一定碳含量的不锈钢在固溶冷却过程中不析出铬的碳化物的临界冷却速度。

在保证锻件强度的前提下，尽量降低碳含量，加上稳定化元素 Ti 的作用，可以使基体中的碳含量进一步降低，从而达到锻件在固溶热处理的冷却过程中有很宽的不析出铬的碳化物的冷速范围，最终实现锻件整个截面上组织、性能的均匀性。

3）不锈钢由于导热系数小，在固溶冷却过程中很难获得较快的冷却速度。传统的浸没式淬火由于高温阶段在锻件表面易形成蒸气膜，影响锻件散热，不利于不锈钢锻件的固溶冷却。

（2）技术难点和解决方法。

技术难点：锻件晶粒度、强度、晶间腐蚀性能的协调控制。

解决办法：选择合适的固溶加热温度，避免晶粒长大，选择合适的稳定化热处理温度，通过 Ti 结合基体的多余 C，避免形成 $M_{23}C_6$ 型碳化物。

4.1.2　结论

奥氏体不锈钢大锻件制造的难点是在锻造过程中实现晶粒细化，这也是其获得所要求力学性能的重要方式。国外先进锻件供应商针对不锈钢锻件的制造进行了大量的有限元模拟、等比例试验，探索不锈钢锻件的加热温度、压下量、自由锻布锤方式等，并开发出商用程序辅助锻件制造（日本某锻件供应商制造出直径 ϕ3904mm，厚度 544mm 的大型不锈钢锻件）。国内锻件供应商以往在不锈钢锻件方面的制造经验相对较少。通过本项目对核岛设备中大量不锈钢锻件的系统研究，为核电锻件自主化做出了应有贡献，同时也使我国不锈钢整体制造水平上升了一个台阶。

4.2 堆 内 构 件

堆内构件（Reactor Internals，RIs）作为反应堆系统的一部分，是反应堆 RPV 内支撑堆芯的结构部件，同时为冷却剂流过堆芯提供通道。它的内部结构还为控制棒的运动提供导向、为堆芯测量装置提供支撑和保护以及为辐照监督管提供支撑。

RIs 由上部构件和下部构件两部分组成。上部堆芯支撑部件由上部支撑板、上堆芯板、支撑柱和导向筒组件组成。支撑柱构成上部支撑板与上堆芯板之间的空间。支撑柱的顶部和底部固定在这些板上，并在两板之间传递机械载荷。部分支撑柱对固定式堆内探测器导管起辅助支承作用。下部堆芯支撑部件是 RIs 中主要的组成部分和支撑部件。它由吊篮筒体、下部堆芯支撑板、堆芯二次支撑、涡流抑制板、堆芯围筒、径向支撑键及相关附件组成。下部堆芯支撑部件的上法兰落在反应堆 RPV 法兰的凸缘上，它的下端靠附在 RPV 内壁上的径向支撑系统来限制其横向运动。

RIs 中的大型锻件主要有堆芯支撑板和压紧弹簧。

4.2.1 堆芯支撑板

图 6.4-12 堆芯支撑板锻件

按照 RCC-M 标准 M140 的相关规定，对堆芯支撑板锻件（见图 6.4-12）进行评定。与第 4 篇第 2 章所述 CPR1000 及 CAP1400 SG 管板解剖评定不同，该锻件采取了非破坏性评定方案，即在完成标准或采购规范所要求的 0°与 180°位置上的全部检测项目后，增加 90°与 270°取样检测，同时又根据堆芯支撑板结构特点，对称选取四个孔径最大的开孔位置，采取排钻方式套取四根ϕ150mm 全厚度圆形试棒，对这些试棒进行各个方向的解剖检验，以验证锻件制造工艺的合理性与锻件的均质性。

1. 评定目的

二代加 CPR1000 堆内构件 Z3CN18-10 堆芯支撑板锻件评定是以红沿河项目为依托，在该项目堆芯支撑板锻件采购技术规范的基础上，根据 RCC-M（2000 版+2002 补遗）中 M140 及其他有关章节的要求，锻件供应商与设计方、锻件评定机构共同制定了评定要求与解剖方案，以验证锻件的纯净性与均质性、制造工艺的合理性以及质保程序的有效性。

2. 评定与解剖方案

CPR1000 堆芯支撑板最终交货尺寸是外径 3479.4mm，厚度 406.7mm，具体形状尺寸如图 6.4-13 所示。按照采购技术规范，要求在锻件外表面中间高度处对称 180°周向取样，试样中心线距热处理表面 15mm×30mm（见图 6.4-14）。

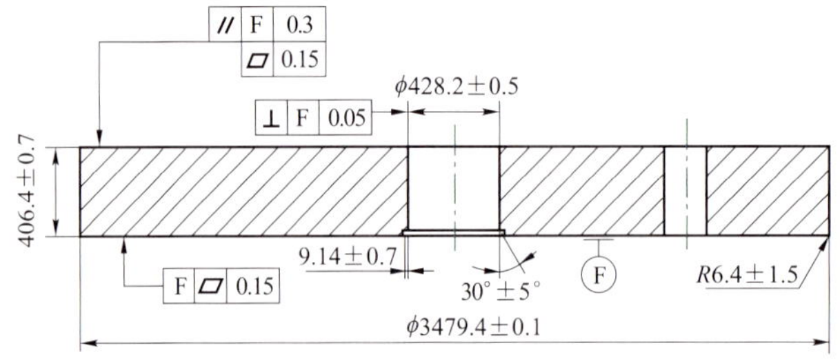

图 6.4-13　CPR1000 堆芯支撑板交货尺寸

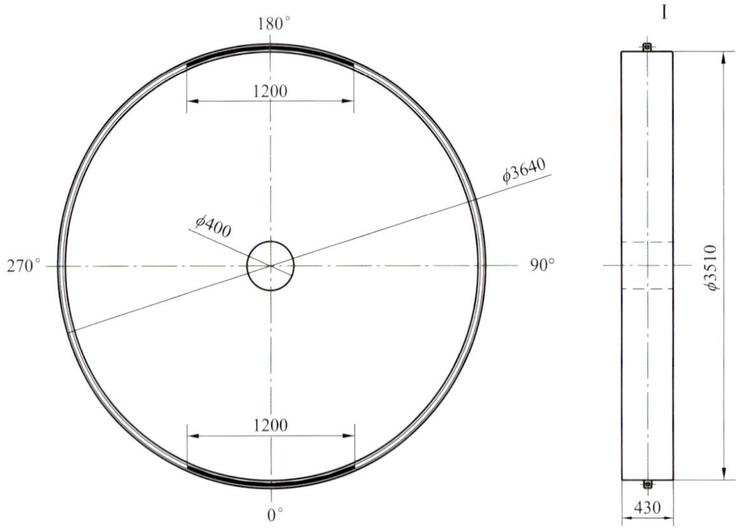

图 6.4-14　CPR1000 堆芯支撑板产品取样图

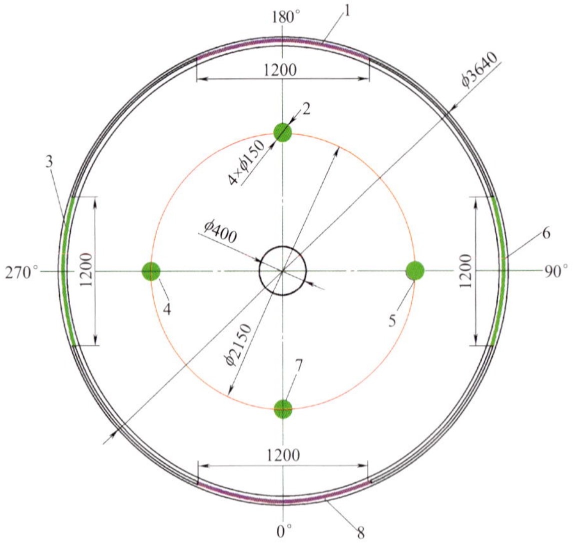

图 6.4-15　CPR1000 堆芯支撑板产品及评定取样图

1—产品性能试料 B；2—解剖试棒 Y；3—补充性能试料 D；4—解剖试棒 V；5—解剖试棒 U；6—补充性能试料 C；7—解剖试棒 X；8—产品性能试料 A

由于该堆芯支撑板锻件热处理壁厚较厚，受材料本身的特性以及制造厂热处理加热与冷却设备布置地点、起吊运输速度以及热加工制造技术水平的制约，锻件心部的机械性能可能会比取样位置差，因此产品取样位置不具有代表性，不能代表锻件心部性能。为了验证堆芯支撑板心部性能与取样部位性能的差异，对堆芯支撑板锻件进行了全面检测。CPR1000 堆芯支撑板产品及评定取样如图 6.4-15 所示。

3. 评定解剖结果

（1）产品与补充试验（试料 A、B、C、D）的检测结果见表 6.4-8。

（2）四个象限孔套料取样检测结果与表 6.4-8 所对应的检测结果基本一致。

CPR1000 堆芯支撑板评定结果表明：对于采用 RCC-M 标准要求的 Z3CN18-10 材质的堆芯支撑板锻件而言，现有热加工制造能力与技术水平可以保证热处理有效壁厚在 430mm 以下的均质性，生产的堆芯支撑板锻件具有良好的综合机械性能，外表面边缘部位取样具有代表性，可以表征心部性能。

4. 评定锻件制造

堆芯支撑板评定锻件制造流程为：冶炼、铸锭→锻造→粗加工→探伤→性能热处理→标识、取样→理化检测→精加工→UT、PT、DT、VT→标识→报告审查。

（1）冶炼和铸锭。采用电炉粗炼钢液，经精炼炉真空处理（VOD+VD）后进行真空浇注（VT）的冶炼铸锭工艺。钢锭重量 82t，内控化学成分见表 6.4-9。钢锭主要尺寸如图 6.4-16 所示。

表 6.4-8　CPR1000 堆芯支撑板产品与补充试验检测结果

取样位置	试验名称	试验状态	取样方向	试验温度	试样数量	性能指标 [$R_{p0.2}$/MPa；R_m/MPa；A（%）；Z（%）；A_{KV}/J]
A 料	拉伸	固溶	周向	室温	1	$R_{p0.2}$=284（205）；R_m=560（485）；A=61.5%；Z=79.5%
			周向	350℃	1	$R_{p0.2}$=167（115）；R_m=427（368）；A=46.0%；Z=74.5%
	夏比冲击		切向	室温	3	A_{KV}=296/296/296（平均最小值 60）
	晶间腐蚀	固溶时效		—	1	未发现晶间腐蚀
B 料	拉伸	固溶	周向	室温	1	$R_{p0.2}$=287（205）；R_m=565（485）；A=61.0%；Z=80.0%
			周向	350℃	1	$R_{p0.2}$=166（115）；R_m=427（368）；A=47.0%；Z=76.0%
	夏比冲击		切向	室温	3	A_{KV}=296/296/296（平均最小值 60）
	晶间腐蚀	固溶时效		—	1	未发现晶间腐蚀
C 料	拉伸	固溶	周向	室温	1	$R_{p0.2}$=288（205）；R_m=573（485）；A=62.0%；Z=77.0%
			周向	350℃	1	$R_{p0.2}$=175（115）；R_m=435（368）；A=45.0%；Z=76.0%
	夏比冲击		切向	室温	3	A_{KV}=296/296/296（平均最小值 60）
	晶间腐蚀	固溶时效		—	1	未发现晶间腐蚀
D 料	拉伸	固溶	周向	室温	1	$R_{p0.2}$=284（205）；R_m=557（485）；A=62.0%；Z=78.0%
			周向	350℃	1	$R_{p0.2}$=167（115）；R_m=429（368）；A=47.0%；Z=76.5%
	夏比冲击		切向	室温	3	A_{KV}=296/296/296（平均最小值 60）
	晶间腐蚀	固溶时效		—	1	未发现晶间腐蚀

注：括号内为采购技术条件要求值。

$R_{p0.2}$为屈强度；R_m 为抗拉强度；A 为伸长率；Z 为断面收缩率；A_{KV}为冲击吸收能量。

表 6.4-9　　堆芯支撑板钢锭内控化学成分表　（质量分数，%）

元素	C	Si	Mn	P	S	Cr	Ni	N	Cu	Co	B
目标	0.032	0.6	1.7	0.03	0.001	19.3	9.8	0.075	0.13	0.06	0.0010

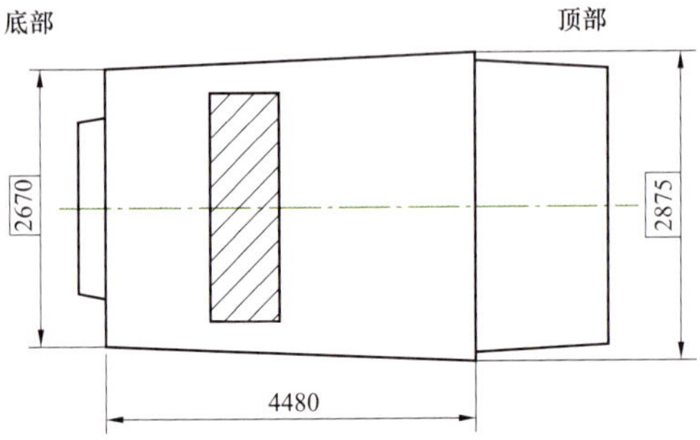

图 6.4-16　堆芯支撑板钢锭主要尺寸

冶炼及铸锭工艺过程如图 6.4-17 所示。

（2）锻造。堆芯支撑板的材料属于奥氏体不锈钢，其低温区导热性比较差，导热系数仅为普通钢的 1/3。变形抗力大，大约是碳钢的 1.5 倍。锻造温度区间窄，如始锻温度过高，则铁素体析出量增多，会使塑性下降，锻造开裂倾向较大。由于奥氏体钢没有同素异构转变，因此为了获得细小均匀的晶粒组织，锻造过程中应具有足够大的变形量。

奥氏体钢始锻温度过高，会导致锻件的塑性降低，引起锻造开裂。因此堆芯支撑板锻件的始锻温度确定为 1200～1180℃。

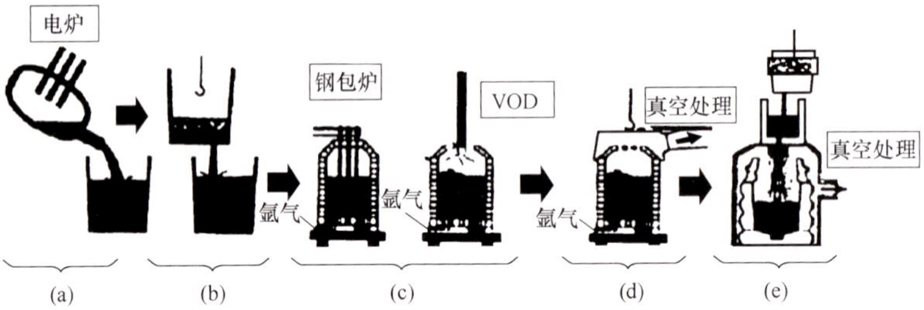

图 6.4-17　冶炼及铸锭工艺过程

（a）熔炼；（b）倒包；（c）钢包精炼；（d）除气；（e）铸锭

因奥氏体钢中含铬量较高，容易造成较大的热应力和组织应力，引起坯料开裂，所以奥氏体不锈钢的加热速度不宜过高。

合理分配各火次锻造比，特别是最后一火的锻造比应得到保证，以便获得均匀细小的晶粒及内部组织。

为了保证满足堆芯支撑板锻件各项技术指标，在水口端切除量不小于 7%，在冒口端切量不小于 13%，锻件如图 6.4-18 所示。锻造工艺流程如图 6.4-19 所示。

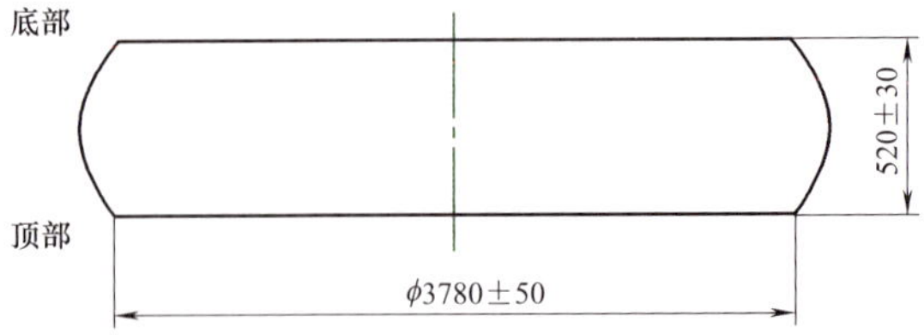

图 6.4-18　堆芯支撑板锻件图

（3）锻后热处理。传统理论认为，奥氏体不锈钢终锻后锻件心部温度偏高，为防止心部晶粒长大以及有害相析出，在锻后应采取空冷，有条件时水冷更好。然而，通过核电主管道 316LN 不锈钢锻件的研制，发现在锻后立即进入 1050℃ 炉子保温适当时间更有利于获得细小均匀的晶粒。

（4）性能热处理。性能热处理采用固溶热处理方式进行，将锻件在热处理炉中加热到奥氏体化温度，保温一定时间使其均匀化，然后在 5min 之内浸入循环水槽中，冷却一定时间使其组织完全转变，得到强度和韧性配合良好的奥氏体组织。

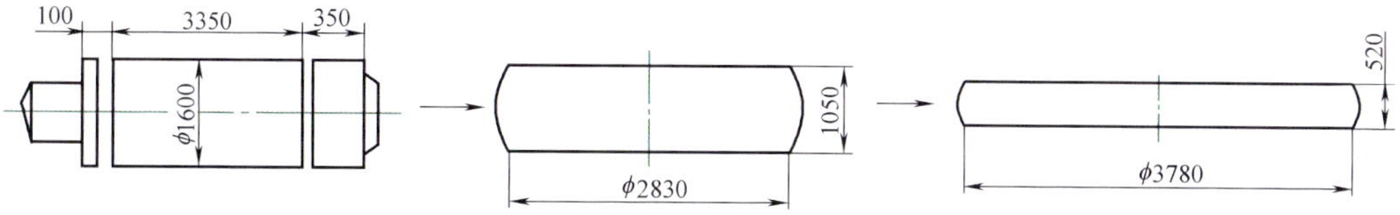

图 6.4-19　堆芯支撑板锻造工艺流程

4.2.2　压紧弹簧

按照 RCC-M 标准 M140 的相关规定，对压紧弹簧锻件（见图 6.4-20）进行评定。该锻件与堆芯支撑板锻件一样，也采取了非破坏性评定方案，即在完成标准或采购规范所要求的 0°与 180°位置上的全部检测项目后，在试环剩余部位增加 90°与 270°取样检测，以验证锻件制造工艺的合理性与锻件的均质性。

图 6.4-20　压紧弹簧锻件

1. 评定目的

二代加 CPR1000 堆内构件 Z12CN13 压紧弹簧锻件评定是以红沿河项目为依托，在该项目压紧弹簧锻件采购技术规范的基础上，根据 RCC-M（2000 版+2002 补遗）中 M140 及其他有关章节的要求，制造厂与设计方、锻件评定机构共同制定了评定要求，以验证锻件的纯净性与均质性、制造工艺的合理性以及质保程序的有效性。

2. 评定与解剖方案

CPR1000 压紧弹簧最终交货尺寸如图 6.4-21 所示。按照采购技术规范，要求在锻件内表面沿切向对称 180°取样，试样中心线距热处理表面 20mm×40mm（见图 6.4-22）。

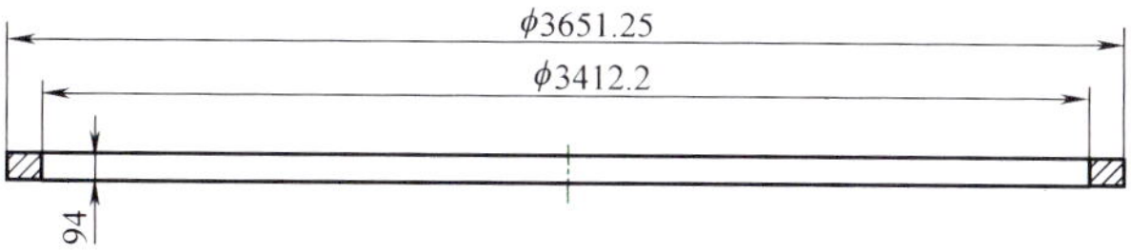

图 6.4-21　压紧弹簧锻件交货尺寸

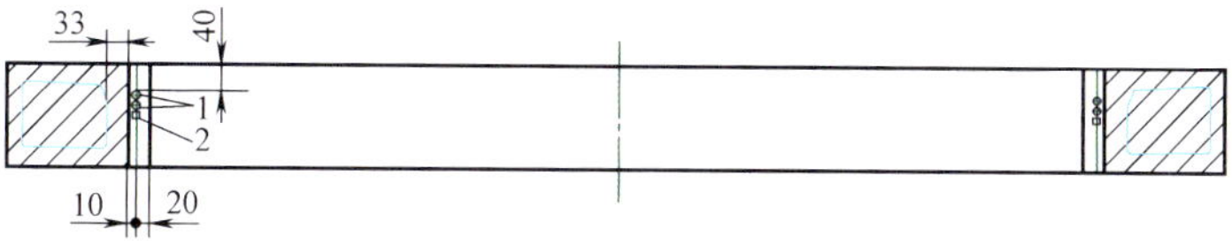

图 6.4-22　压紧弹簧锻件产品取样图

1—拉伸试样；2—冲击试样

由于该压紧弹簧锻件热处理壁厚较薄，锻件心部的机械性能与取样位置不会有较大的差

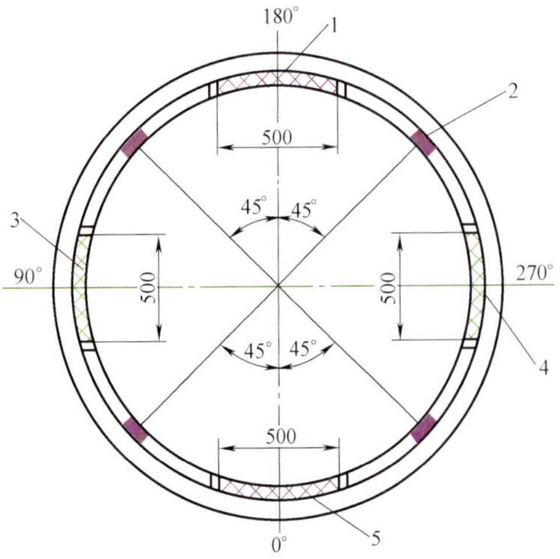

图 6.4-23　压紧弹簧锻件评定取样图
1—产品试料 B；2—硬度、化学成分试料；3—评定试料 C；4—评定试料 D；5—产品试料 A

异，因此产品取样位置具有代表性，可以代表锻件心部性能。为了验证压紧弹簧锻件的均质性，当完成产品采购技术规范所要求的检测项目后，又在性能试环剩余处增加了 90° 和 270° 取样，并按采购规范要求的检测项目进行了检测，具体评定方案如图 6.4-23 所示。

3. 评定结果

压紧弹簧产品（试料 A、B）与评定（试料 C、D）检测结果见表 6.4-10。

CPR1000 压紧弹簧评定结果表明：对于采用 RCC-M 标准要求的 Z12CN130 材质的压紧弹簧锻件而言，现有热加工制造能力与技术水平，可以保证压紧弹簧锻件具有良好的综合机械性能与均质性，内表面边缘部位取样具有代表性，能够表征心部性能。

表 6.4-10　压紧弹簧产品与评定检测结果

试验项目		试验状态	试验温度/℃	取样方向	A	B	C	D
强度/MPa	$R_{p0.2}$	HTMP	室温	切向	668	626	633	622
	R_m				812	780	788	784
	$R_{p0.2}$		350		547	515	525	515
	R_m				631	613	615	608
冲击吸收能量 A_{KV}/J			20		124/121/115	107/130/108	134/101/123	127/117/98
硬度 HBW			室温		253	250	250	249
组织			室温		回火索氏体	回火索氏体	回火索氏体	回火索氏体
晶粒度			室温		4.5	4	4	4
夹杂物			室温		A-0；B-0；C-1.5；D-1.5	A-0；B-0；C-1.5；D-1.0	A-0；B-0；C-1.0；D-1.5	A-0；B-0；C-1.5；D-1.0

4. 评定锻件制造

压紧弹簧评定锻件制造流程：冶炼、铸锭→锻造→粗加工→探伤→性能热处理→标识、取样→理化检测→精加工→UT、PT、DT、VT→标识→报告审查。

（1）冶炼及铸锭。压紧弹簧的冶炼及铸锭方式与堆芯支撑板相同，内控化学成分见表 6.4-11，钢锭重 36t。

表 6.4-11　压紧弹簧钢锭内控化学成分表　（质量分数，%）

元素	C	Si	Mn	P	S	Cr	Ni	N_2	Cu	Co	Mo
目标	0.11	0.39	0.67	0.011	0.001	12.42	1.42	0.028	0.058	0.023	0.51

（2）锻造。压紧弹簧属于马氏体不锈钢，变形抗力大，锻造温度区间窄，锻造开裂的倾

向比较大。马氏体不锈钢对冷却速度特别敏感，即使空冷也会发生马氏体转变，造成较大的组织应力，容易产生裂纹，特别是大型锻件，由于锻件表面和中心部分的马氏体转变不是同时发生，由此造成组织应力与温度应力叠加而促使锻件表面形成裂纹。

马氏体钢加热到过高的温度，会出现过多的δ铁素体与低熔点化合物，从而导致锻件的工艺塑性降低，引起锻造开裂。因此压紧弹簧锻件的始锻温度确定为1180℃。

因马氏体钢中含铬量较高，而铬有提高钢的珠光体转变温度、减缓奥氏体分解速度和降低钢的导热性的作用，从而造成较大的热应力和组织应力，引起坯料开裂，所以马氏体不锈钢的加热速度不宜过高。

马氏体钢锻件在锻后冷却时应采用缓冷方式以防止裂纹产生。

为了保证满足压紧弹簧锻件的各项技术指标，在水口端切除量不小于7%，在冒口端切量不小于13%，锻件如图6.4-24所示。

锻造工艺流程如图6.4-25所示。

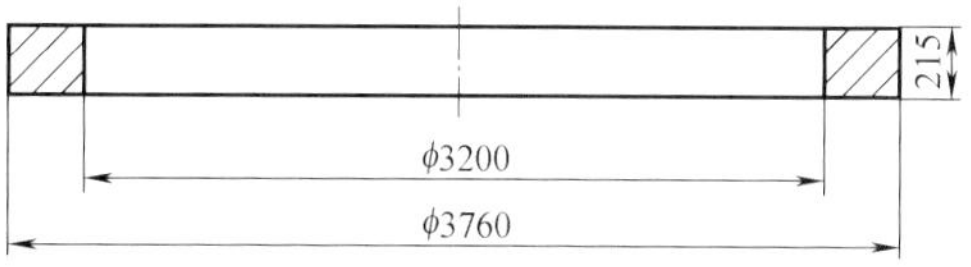

图6.4-24　压紧弹簧锻件图

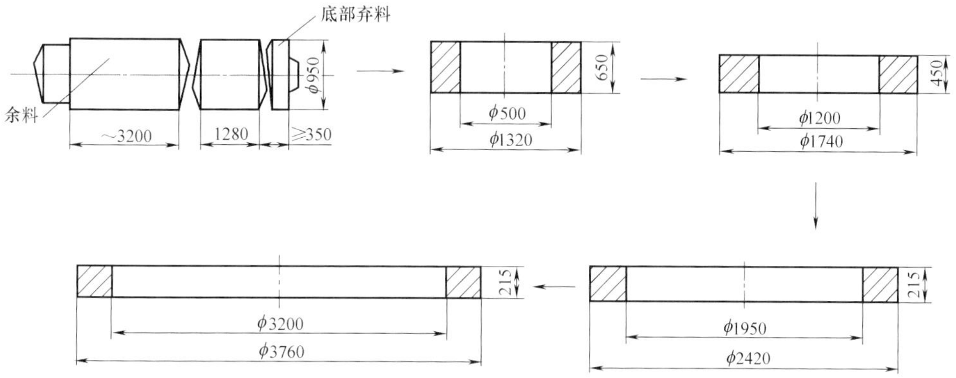

图6.4-25　压紧弹簧锻造工艺流程

（3）锻后热处理。锻后热处理采用炉冷退火的方式。锻后热处理的目的是消除锻造应力，调整组织，细化晶粒，为超声波检测做准备。

（4）性能热处理。性能热处理采用淬火加高温回火的方式进行，将锻件在热处理炉中加热到奥氏体化温度，保温一定时间使其均匀化，然后在5min之内浸入循环的油中，冷却一定时间使其组织完全转变，得到强度和韧性配合良好的回火索氏体组织。

4.3　快堆支撑环

示范快堆支撑环为一大直径大壁厚不锈钢锻件（参见图1.7-5），产品截面较复杂，由于其材质为316不锈钢，且直径超大，产品的锻造具有相当大的难度。

（1）材质特殊。产品材质为316奥氏体不锈钢，其锻造区间窄，锻造过程中容易开裂，且壁厚较大，很难保证产品最终晶粒度及综合力学性能。近年来，中国一重承担了大量不锈钢锻件产品的研发及试制，在不锈钢锻造方面积累了相当多的技术及生产经验，为承制

CFR600 支撑环产品提供了有力保障。

（2）产品尺寸超大。参照中国一重设备参数及已生产过的大型筒、圈类产品数据，拟采用分段锻造后弯曲成形再拼焊的成形路线，具体成形过程如下：

冶炼、铸锭→锻造板坯→板坯粗加工→UT 探伤→热弯曲成形→粗加工→固溶热处理→性能检测→精加工→无损检测（UT、PT、DT、VT）→标识→报告审查→包装发运。

4.3.1 冶炼及铸锭

过渡环锻件用 104t 钢锭制造，冶炼及铸锭方式为 VD+VOD+VT，即采用电炉粗炼+精炼炉 VOD 精炼+真空浇注方式进行生产。使用精选原材料，钢液在电炉粗炼阶段脱磷，并调整部分合金元素；钢液在兑入精炼炉时，执行卡渣操作，避免污染精炼钢液。钢液兑入精炼炉后，调整化学成分和温度，之后将钢液倒包到 VOD 钢包中，执行 VOD 操作，以降低钢液中的碳含量。VOD 结束后，继续调整化学成分和温度，满足要求后出钢浇注。用于浇注的钢锭模必须预先进行清洁、干燥处理，中间包清理并烘烤到 800℃ 以上。真空浇注时要求真空度小于 0.75Torr，浇注结束后使用发热剂和保护渣对冒口钢液进行保护。

4.3.2 锻造

（1）锻造过程。压钳口、倒棱、去锭底→镦粗、KD 拔长→拔出扁方坯料→粗加工成板坯→热弯曲成形。锻件图如图 6.4-26 所示。

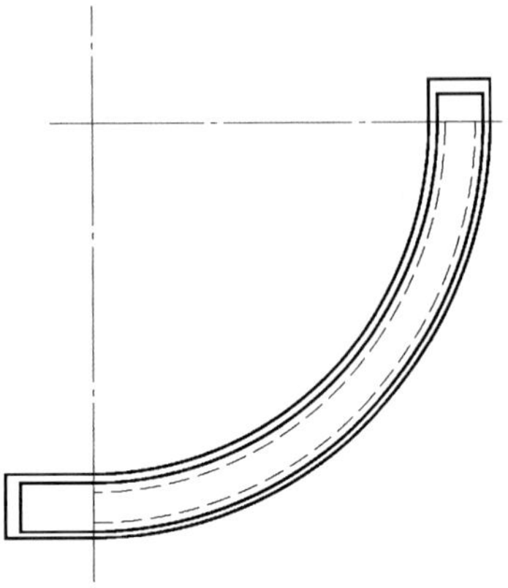

图 6.4-26　快堆支撑环弧段锻件图

（2）热弯曲成形方案。热弯曲成形采用局部分段弯曲成形方式，整个弯曲成形过程拟压三锤，具体布锤顺序及成形过程如图 6.4-27 所示。

操作机夹持坯料一端送入上下模具之间，用模具压坯料一端，压下位置如图 6.4-27a 所示，将坯料完全压靠至下模内弧面后保持一段时间后抬锤。压坯料另一端，压下时用操作机夹持另一端，找正后压下，压下位置如图 6.4-27b 所示。最后一锤压坯料中段（见图 6.4-27c），完成整个弯曲成形过程。

图 6.4-28 为模拟计算结果，材质选用 316L 不锈钢，材料模型选择纯塑性体，当成形力升高至将近 15 000t 时停止压下，换位置压下一锤。

4.3.3 热处理

1. 粗加工（调质状态）

根据焊接留量要求及 H153418WJ-JT-001 支撑环用 SA-965 Gr · F316 奥氏体不锈钢锻件技术条件要求，过渡环验证件 1/4 弧段锻件粗加工如图 6.4-29 所示。

2. 固溶热处理

过渡环锻件固溶热处理采用热处理炉加热、水槽浸水冷却。

固溶处理加热期间的时间和温度应通过设置在工件上的热电偶由时间-温度记录仪进行测定，工件上敷两支热电偶，一支在工件温度最高处，另一支在工件温度最低处。固溶处理锻件加热温度 1050℃±10℃，每 100mm 截面至少保温 1h，锻件出炉到入水时间不超过 12min。锻件固溶热处理示意图如图 6.4-30 所示。

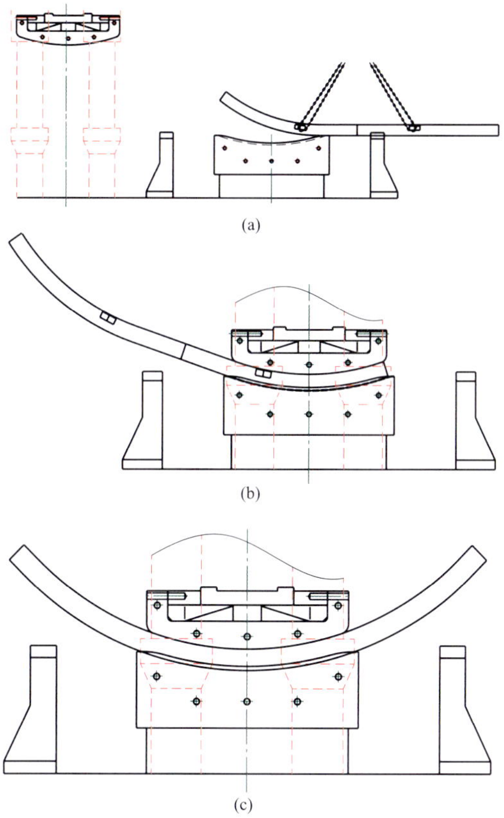

图 6.4-27 弯曲成形过程

（a）第一锤压弯；（b）第二锤压弯；（c）第三锤压弯

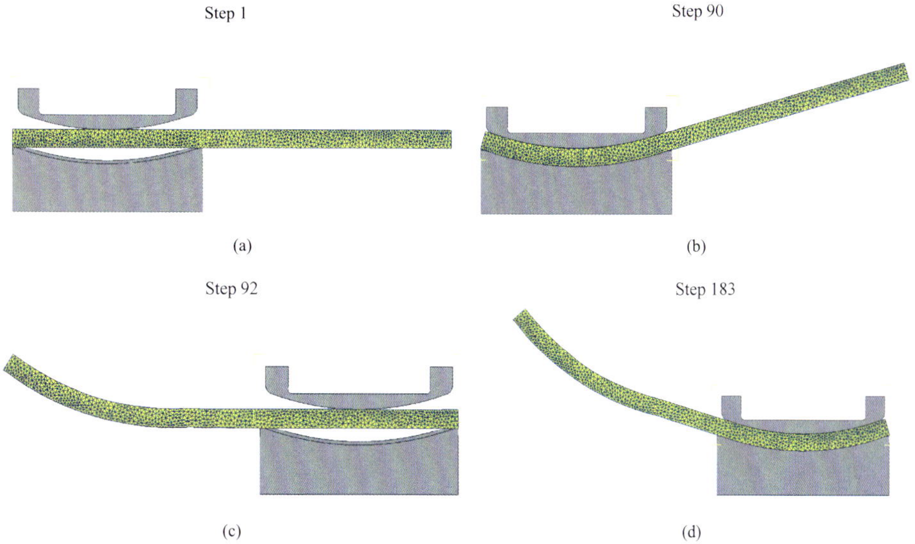

图 6.4-28 成形过程数值模拟（一）

（a）第一锤压弯开始；（b）第一锤压弯结束；（c）第二锤压弯开始；（d）第二锤压弯结束

图 6.4-28　成形过程数值模拟（二）

（e）第三锤压弯开始；（f）第三锤压弯结束

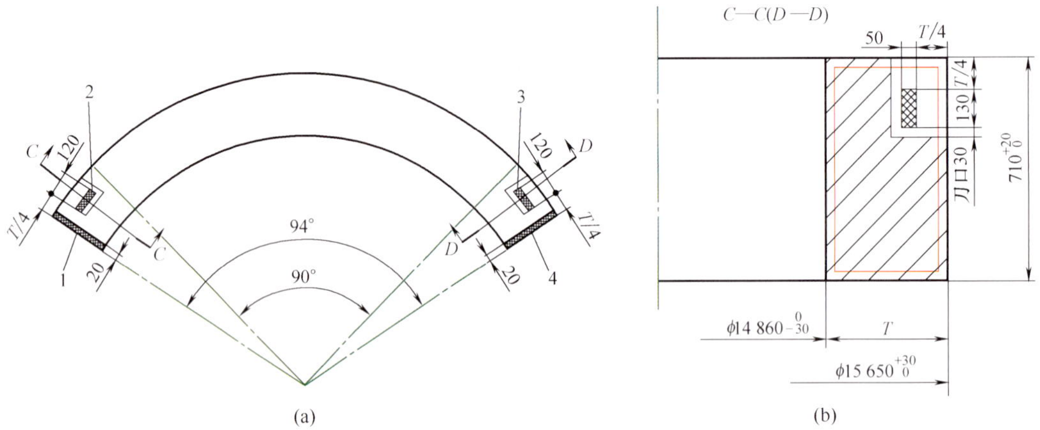

图 6.4-29　过渡环验证件 1/4 弧段锻件粗加工图

1—冒口宏观试片；2—冒口端性能试料；3—水口端性能试料；4—水口宏观试片

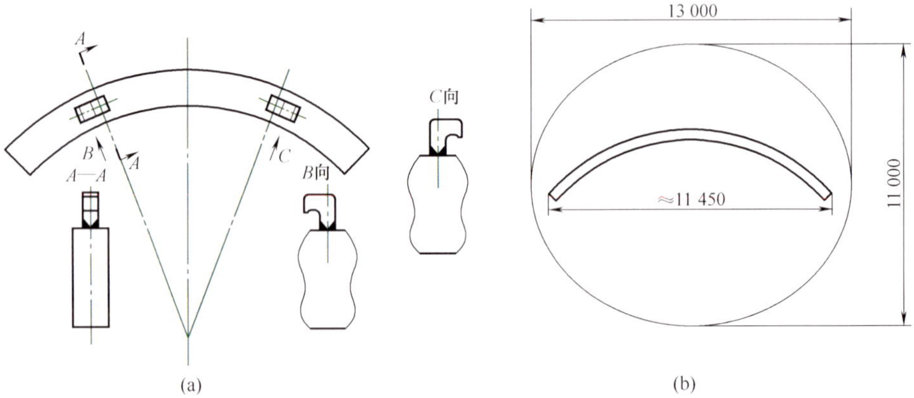

图 6.4-30　锻件固溶热处理示意图

第 7 篇　常规岛锻件研制及应用

核电常规岛的汽轮机和发电机两者的功能与火电的基本一致，都是利用高温高压蒸汽驱动汽轮机，从而带动发电机发电。不同的是，进入核电汽轮机的是低压低温的湿蒸汽，而火电汽轮机的压力和温度都很高，进入火电汽轮机的蒸汽具有很高的过热度；核电汽轮机组的转速一般为 1500r/min，是火电机组转速的一半。因而核电常规岛的汽轮机及发电机转子的规格比火电机组大得多，且还有较大的提升空间。

在核电常规岛锻件中有汽轮机整锻低压转子、汽轮机焊接转子的轮盘和轴头、汽轮机套装转子的转轴和叶轮、汽轮机高压转子以及发电机转子。

本篇重点对难度最大的汽轮机整锻低压转子锻件的研发进行详细论述；对汽轮机焊接转子的轮盘、轴头以及发电机转子锻件的研制进行了简要介绍；对制造难度较小的汽轮机套装低压转子的转轴、叶轮（见图 7.0-1）以及高压转子（见图 7.0-2）的制造未做介绍。

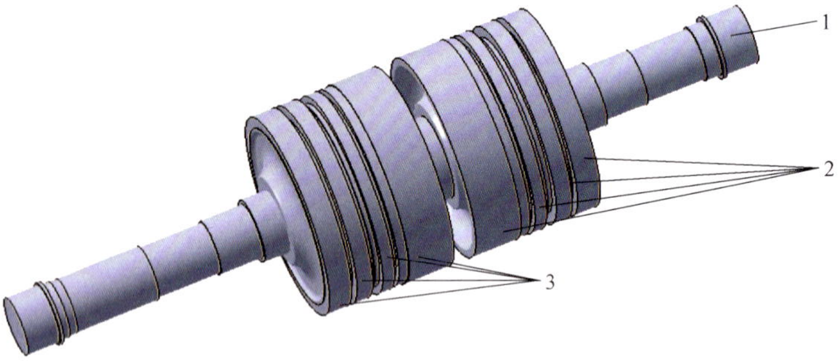

图 7.0-1　套装转子装配示意图

1—转轴；2、3—叶轮

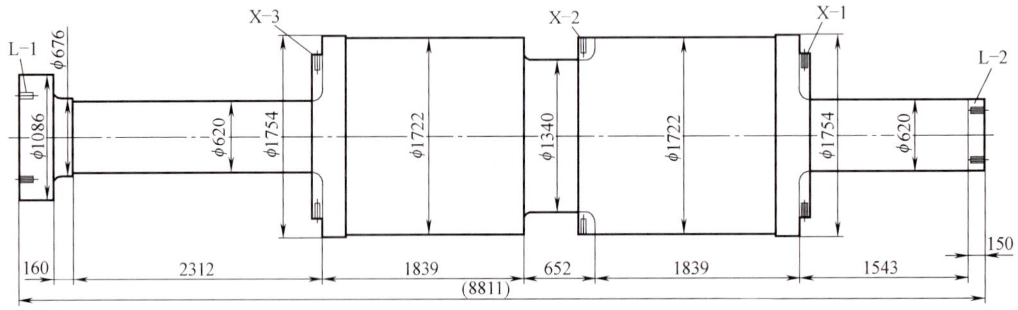

图 7.0-2　AP1000 核电汽轮机高压转子锻件交货图

第1章 常规岛转子简介

1.1 常规岛汽轮发电机组

常规岛是热能转换成电能部分，主要有汽轮机和发电机。百万千瓦核电汽轮机一般由一个高压缸和三个低压缸组成。核电汽轮机中包括一个高压转子、三个低压转子和汽缸等大型铸锻件。在汽轮机低压端联接发电机，在发电机中有一支发电机转子。百万千瓦核电汽轮发电机组结构图如图 7.1-1 所示。

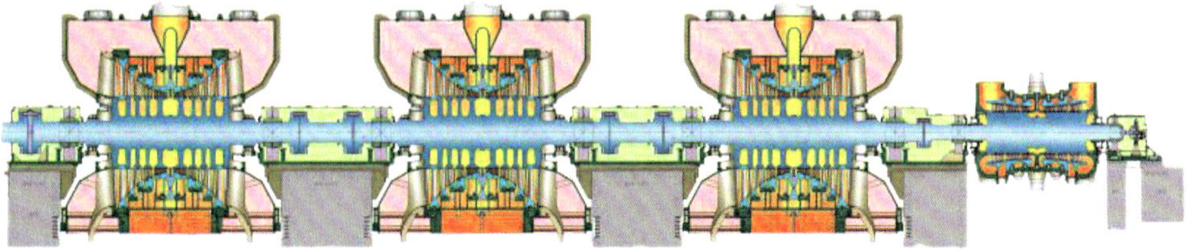

图 7.1-1 百万千瓦核电汽轮发电机组结构图

1.2 核电转子的发展历程

对汽轮发电机组的长寿期、高效率和低成本等要求，推动了转子锻件的不断改进。核电汽轮机组采用的是半速结构，其汽轮机转子和发电机转子锻件的直径增大，从而使体积和重量也相应增大。随着核电机组从几十万千瓦发展到百万千瓦，转子的尺寸和重量也越来越大。受转子锻件制造的设备能力和技术水平的限制，核电汽轮机转子经历了从套装转子、焊接转子到整锻转子的发展历程（见图 7.1-2）。

从图 7.1-2 可以看出，20 世纪 70 年代前采用的套装转子，是按转子长度锻造一个细长轴，再按转子需镶叶片的数量和直径，锻造相应的轮盘（又称为叶轮），将轮盘套装到细长轴上，组合成一个低压转子。这种结构减小了锻件的制造难度，但增加了加工难度和套装工艺的复杂性，转子质量难以保证。

随着焊接技术的发展，20 世纪 80 年代制造出焊接转子。焊接转子是将转子分成轴头、轮盘等若干个大型锻件，然后将这些锻件组焊到一起形成一个低压转子（见图 7.1-3）。这种方式可以根据锻件的制造能力，将超大型转子分成不同数量的大型锻件。法国阿尔斯通、德国西门子等公司多采用焊接转子[72、73]。焊接转子存在诸如焊缝的铸态组织、热影响区与母材性能均匀性差、焊接设备要求高、检测手段要求高、焊接人员水平要求高、缺陷判定困难等问题，制造难度非常大；由于要同时制造多个锻件，材料消耗和制造成本较高。

进入到 21 世纪，随着大型锻件制造能力的提高，研制出大型整锻低压转子，由于这种

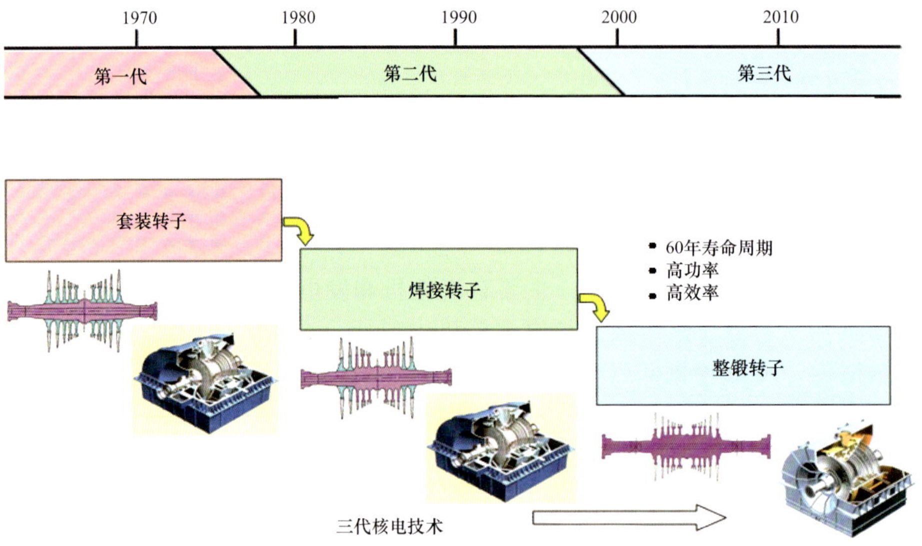

图 7.1-2　核电汽轮机转子的发展历程

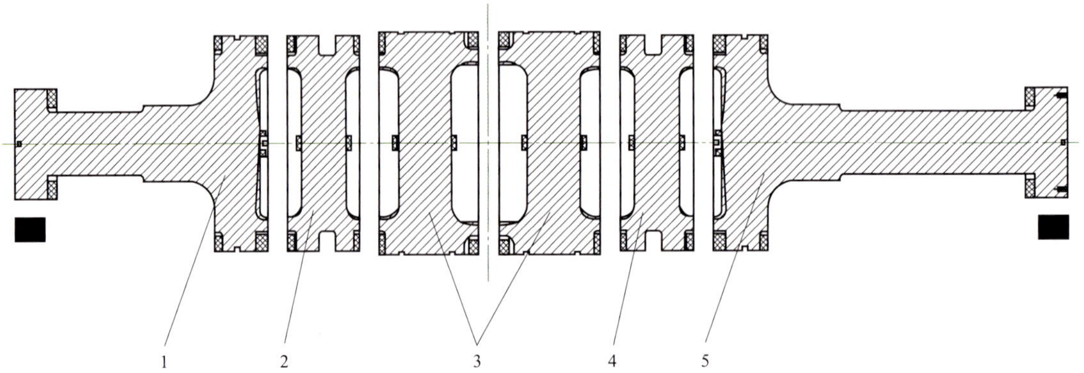

图 7.1-3　核电焊接低压转子分段示意图

1—调阀端轴头；2—轮盘Ⅰ；3—轮盘Ⅱ/Ⅲ；4—轮盘Ⅳ；5—电机端轴头

转子具有锻造纤维连续，机械性能优异、均匀、安全性高、使用寿命长、运行维护费用低等优点，可使转子的使用寿命从 40 年增加到 60 年。与套装转子和焊接转子相比，整锻低压转子优势明显，是核电转子发展的必然趋势，已经被广泛使用。

美国西屋公司（WEC）在三代核电 AP1000 机组的设计中，将常规岛汽轮机的低压转子定为整锻结构，以便满足美国核管理委员会（NRC）关于“低压缸叶轮按 ASTM A370 技术条件进行夏氏试验，所测得的断口外观转变温度（50% FATT）应不高于 0℉”的要求。而某机组选用的焊接转子材料为 2604FC1（20Cr2NiMo）的 50% FATT 要求值是不大于 20℃，无法满足不高于 0℉（≤-20℃）的要求。

常规岛发电机转子的直径比汽轮机低压转子小，但长度较大。发电机转子一直采用整锻结构。最近有报道欧洲在研究焊接结构的发电机转子。

常规岛汽轮机高压转子的尺寸是最小的，一直采用整锻结构。

1.3 核电转子工况及要求

1.3.1 转子工况

汽轮机转子工作时要承受高温、高压和高速旋转，工况条件恶劣，受力状态复杂。因此大型低压转子要求具有强度高、韧性高、脆性转变温度低、抗疲劳断裂强度高，综合机械性能[74]良好等特点。对转子锻件的成分、性能和内部缺陷等质量指标要求是大型锻件中最严格的，因此锻件的热加工制造技术更复杂。关于汽轮机安全生产方面考虑的主要问题之一是如何在高温和长时间运行状态下消除低压转子的回火脆性。

转子锻件的在役失效，使得对转子锻件内部和外部重要部位的夹杂物要求也越来越严格，标准在不断提高。为满足这些要求，已经开发出先进的炼钢方法，改进了现有的锻造方法并创新了锻造技术，以及通过化学成分和热处理方法的改进，优化了锻件的各项力学性能。大型低压转子的发展促进了转子热加工制造技术的发展，使冶炼及铸锭技术、锻造技术和热处理技术不断提高。

1.3.2 核电转子材料

大型汽轮机低压转子使用的30Cr2Ni4MoV钢（见表7.1-1）是公认的低压转子最佳材料，但这种材料是用于350℃运转的低压段，高于此温度会产生回火脆性。消除低压转子的回火脆性就显得尤为重要。研究表明，超纯钢同普通成分的钢相比，显示出良好的抗回火脆性能力和优良的韧性与强度的配合，超低的P、S含量可有效降低转子应力腐蚀裂纹，具有更优良的蠕变断裂性能[75~77]。超纯转子使用结果表明不会由于在454℃的时效温度下暴露100 000h的回火脆化而改变它们的韧性[78]。

发电机转子的材料为25Cr2Ni4MoV或26NiCrMoV12-4，两种转子材料的化学成分基本一样，制造工艺也没有差别。

表7.1-1　整锻低压转子锻件的化学成分　（质量分数，%）

C≤	Mn	Si≤	P≤	S≤	Cr	Ni	Mo	V
0.35	0.20~0.40	0.12	0.007	0.007	1.50~2.00	3.25~3.75	0.30~0.60	0.07~0.15
Cu≤	Al≤	Sn≤	Sb≤	As≤	[H]≤	[O]≤	[N]≤	
0.20	0.015	0.015	0.0015	0.020	0.0002	0.0075	0.0100	

焊接低压转子由于要考虑焊接性能，转子材料在30Cr2Ni4MoV钢的基础上不同程度地降低了合金元素的含量。

1.3.3 核电转子要求

核电转子全部要求超声波探伤，探伤标准一般为大于或等于当量直径1.6mm的缺陷要求记录，记录内容有缺陷大小、位置等。记录缺陷要提供数据，由设计方根据缺陷情况进行计算，最终确定转子是否可以使用。

第2章　核电转子制造技术及装备研究

2.1　核电转子国外研究进展

由于核电整锻低压转子锻件所需要的制造设备庞大，锻件制造技术难度大，世界上只有极少数厂家具备制造核电整锻低压转子的能力[79]。以往，能够制造百万千瓦核电常规岛整锻汽轮机低压转子产品的只有日本JSW。JSW是目前为止公认的"世界大型锻件的优秀供应商"。

在20世纪80年代中期JSW就已具备用600t级钢锭生产1000MW核电汽轮机整锻低压转子的能力。该公司在核电汽轮机整锻低压转子锻件的冶炼、铸锭、锻造和热处理等热加工制造技术和设备方面进行了大量研究。据JSW公司Yasuhiko Tanaka介绍，JSW一直在致力于开发杂质含量极少、均匀性极高的优质钢锭的生产技术，进行了一次脱气、部分二次脱气和全部二次脱气的钢中夹杂物含量比较研究。研究结果表明，采用二次脱气工艺可以获得极低的夹杂物含量[80]，采用钢包精炼和滴流脱气方法浇注600t级钢锭，全部钢液实现双真空精炼。在铸锭技术方面具有预测和控制诸如"A"形偏析、"V"形偏析区内的缩孔和化学成分偏析等不均性的方法，掌握了大型钢锭系列的设计技术，形成了大型钢锭模的新系列。在锻造工艺设计方面，使用非线性有限元法数学分析可以预测在锻造操作过程中材料的塑性变形，并应用于不同位置中存在孔穴的圆柱体锻件的轴对称镦粗，找出了对于锻实起主要作用的因素，根据孔隙的锻实情况来评估锻造工艺。为了获得均匀细小的晶粒分布，开发了整体低压转子锻件的热处理工艺，并且克服了大直径锻件的质量效应，通过多次正火也能细化晶粒。Yasuhiko Tanaka等开发的长径向套料试样所作试验结果和中心部位试样的检测得到的结果，非常有助于改进大型钢锭的质量。这些制造整锻低压转子锻件的炼钢、锻造和热处理技术保证锻件具有稳定的高质量。尽管汽轮机整锻低压转子的体积很庞大，但其性能可与常规转子锻件相媲美。为了检验比以往更大的巨型钢锭的特性，浇注了一只650t钢锭和一只670t钢锭，用于制造LP汽轮机转子[81]。K. Kajikawa介绍，650t钢锭的性能已经完成了检验，分析显示它的纯度、清洁度和化学成分分布达到了与600t锭相同的水平，这预示着可以采用650t钢锭生产高均匀性的转子锻件[82,83]。在这些结果的基础上，浇注了670t钢锭，用于试生产一只3200mm直径的LP转子锻件。

日本JCFC在1980年已能够用超过400t重的钢锭生产大型整锻低压转子锻件，从1986年起就已经能够稳定地浇注出最大500t重的转子锻件用钢锭，但受压机能力限制只能生产到500t钢锭，用于制造直径较小的核电整锻低压转子锻件，还不能生产百万千瓦级核电汽轮机整锻低压转子锻件。Yasuto Ikeda介绍JCFC为满足核电行业对锻件需求的增长，2010年完成并投入使用了650t真空罐、130MN油压自由锻压机和一台450t-m的操作机、新的立式淬火设备等，将钢锭制造能力提高到650t。为了制造出高质量的巨型钢锭，在热加工制造技术方面进行了很多研究，包括用于防止钢锭表皮下夹杂物的小浇包浇注工艺，钢锭上部沿垂直中心线正偏析的预测技术和钢锭中心孔隙预测技术；中间包浮渣是钢锭体表下非金属夹杂物的主要来源研究；开发了一个碳偏析预测公式，预测沿钢锭上部垂直中心线的碳偏析；孔隙预测技术和650t钢锭模设计技术等[84]。在2010年12月和2011年1月生产了两只650t试验钢锭，第一只钢锭主要用于确认粗加工后的钢锭特性，第二只钢锭主要用于观察试锻整锻低压转子锻件的质量。

韩国DOOSAN重工是1982年才开始生产大型铸锻件的企业，按照韩国政府的重组政策，电站业务统一由该企业经营，其他企业不生产转子锻件。为了制造百万千瓦核电汽轮机整锻低压转子锻件，从1997年开始，利用10年的时间深入研究，进行了计算机碳偏析、凝固模型和锻实缩孔和缩松缺陷的锻造工艺模拟，并研究了热处理条件对力学和冶金学特性的影响，已经生产小容量的核电转子产品，目前已研制出650t钢锭，具备了百万千瓦核电常规岛汽轮机整锻低压转子的制造能力。

2.2 锻造技术研究

锻造就是通过有足够能力的压机对钢锭进行变形，一是要将钢锭锻造成所需要的形状和尺寸；二是通过各种方法打碎铸态组织、细化晶粒，锻合疏松和气孔，切除缩孔等缺陷（对于大型锻件更为重要）。当大型钢锭的重量达到几百吨时，在钢锭的凝固过程中，不可避免地在V偏析区要形成空隙缺陷。因此，锻造操作的一个最重要的作用就是完全消除钢锭内部的空隙，实现材料的致密性和均匀性，以保证成品锻件有稳定的质量。随着钢锭尺寸显著地增大，如何采用有效的工艺去锻合内部空隙及疏松缺陷，如何创造有利的力学条件，使之在锻造过程中不出现新裂纹或夹杂物裂纹，一直是人们关心与研究的问题[85,86]。

锻造过程是以材料在高温下的变形能力即材料的流变特性为基础的。锻造过程中钢锭的加热速度、加热温度和加热时间直接影响锻造质量。锻造同浇注钢液一样，应当又热又快。此时最重要的因素是在始锻温度时将钢锭充分地均匀加热，直接装进1280℃温度的炉子，并以最大速度加热使钢锭吸热。当钢锭表面达到1280℃时，以每100mm直径最小增加4h计算均温。在大型钢锭中，为了获得可靠的锻件质量，在锻造过程中必须使孔隙闭合，钢锭必须在升高到超过1050℃温度进行锻造才能实现孔隙粘结。

由于钢锭中合金元素的宏观偏析会恶化钢锭的韧性和可锻性，因此要切除偏析部分，剩余部分用于锻造。每个锻件的金属收得率构成了一个理论上可能的60%值，冒口重量占26%，水口部分占7%，烧损为5%，余量为2%。高出上述收得率需要采取从铸造冒口以下到锻件轴身预防可能出现缩孔缺陷的措施。

大型转子锻件的主要锻造变形方式是镦粗和拔长。镦粗和拔长是锻件获得中心压实的主要手段。不同镦粗和拔长方法对锻件中心的压实效果不同，需要不断研究更有效的工艺方法。锻造工艺的模拟研究包括使用塑泥、铅和钢的物理模拟，以及使用计算机的数学模拟，其目标是改善锻件心部的压实程度。这两类模拟技术的应用大大地降低了锻件制造成本，并提高了锻件的质量。采用模拟可以通过锻造方法的最佳设计参数和过程参数实行无缺陷锻造方案设计，提高大型锻件的完整性。在未来的高科技锻造中，模拟将是设计和生产优质产品的主要工具，在实际制造以前，必须用计算机尽可能精确地模拟这些过程。

2.2.1 镦粗研究

镦粗的主要参数是高径比（H/D），同一重量钢锭根据技术条件要求适用不同的高径比。文献［87］研究了压下速度、锻件几何形状和砧形对中心压实的影响。研究认为，镦粗锻造方法实质上取决于铸锭有效尺寸、锻件的最终直径和重量。为了改善中心压实，推荐采用的高径比约为2.5，并配合使用凹形砧及底部夹具等附具。

1. 小试样物理模拟研究

（1）主要试验设备如图7.2-1、图7.2-2所示。试验参数：设锻造比为y，变形率为ε。对于镦粗，有

$$\varepsilon = 1 - \frac{1}{y} \tag{7.2-1}$$

选取的锻造比及锻造比与变形程度之间关系见表7.2-1。

图7.2-1　箱式高温炉

图7.2-2　1MN液压机

表7.2-1　镦粗锻造比与变形程度之间关系

锻造比	1.3	1.7	2.5
变形程度	20%	40%	60%

（2）试验步骤。

1）先将试样用套筒包住，用石棉塞紧，然后放入高温炉随炉升温，在1200℃下保温4h，其加热流程如图7.2-3所示。

2）预热模具（压机上下平台），然后将试样置于压机上镦粗。

3）镦粗结束后试样空冷。

对于镦粗，无法通过枝干与轴间夹角考察，只能结合镦粗变形的特点考察其流线变化规律。图7.2-4是第二次热处理后镦粗试样纵截面流线分布示意图。图7.2-4a变形较小，与铸态粗晶分布情况很近似，但随着变形程度即锻造比增大。从图7.2-4b和图7.2-4c中可以看见流线的取向性。图7.2-5是均匀网格镦粗变形过程示意图。图7.2-5a是网格初始情况，网格

边线连成水平和竖直两个方向，随着变形程度的增加，可以看到网格连线变为曲线（图 7.2-4b、图 7.2-4c）。假设初始的枝晶取向与图 7.2-5a 一致，那么当镦粗变形进行时，枝晶转化为流线，流线变化规律应与图 7.2-4 一致。结合图 7.2-4 与图 7.2-5，虽然初始枝晶取向不一致，但是变化规律是一致的。当变形足够大时，取向应该趋于一致。比较变形为 57% 的图 7.2-4c 和图 7.2-5d，流线就有一定的相似性。

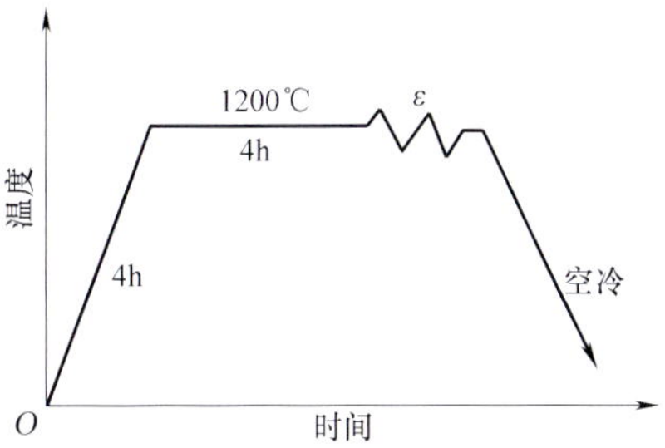

图 7.2-3　试样加热流程图

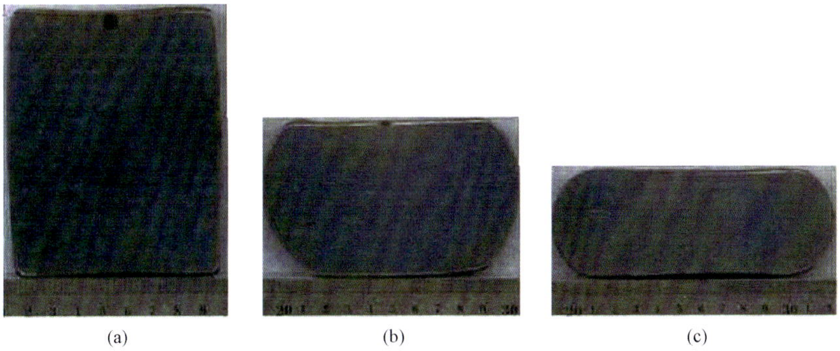

图 7.2-4　镦粗试样纵截面流线分布示意图

（a）镦粗试样 2-20%-z，实际变形 11%；（b）镦粗试样 2-40%-z，实际变形 43%；（c）镦粗试样 2-60%-z，实际变形 57%

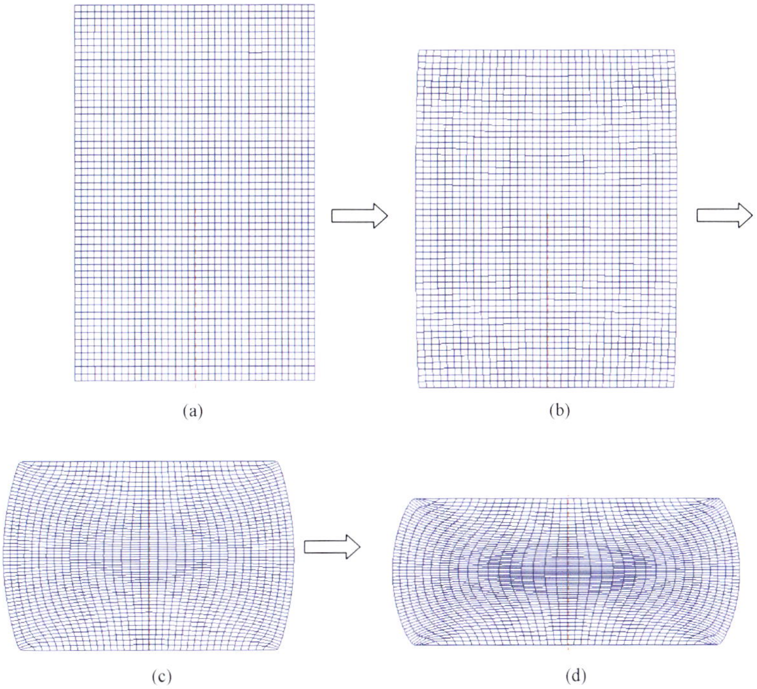

图 7.2-5　均匀网格镦粗变形示意图

（a）初始无变形；（b）变形 11%；（c）变形 43%；（d）变形 57%

2. 镦粗数值模拟研究

（1）数值模型的建立。根据物理试验实测的三组变形程度 11%、43%、57% 来模拟镦粗过程，以多孔体和塑性体来分别模拟疏松材料和致密材料，镦粗有限元模型如图 7.2-6 所示。其中，疏松模型中心直径范围ϕ64mm，内赋初始相对密度值为 0.8，其他部位为 1.0，模拟各工艺参数见表 7.2-2。

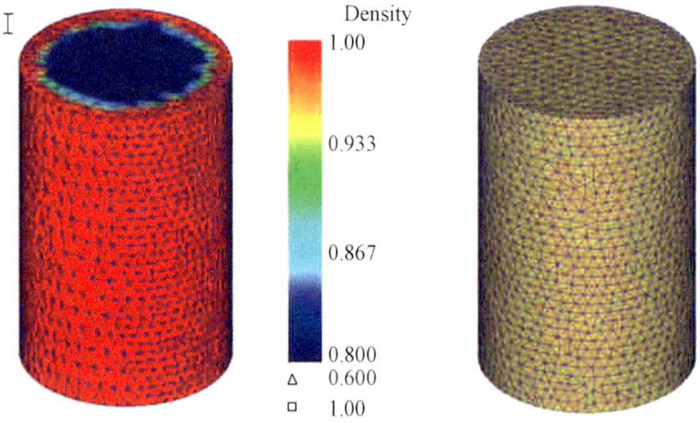

(a)　　(b)

图 7.2-6　镦粗数值模拟有限元模型

（a）疏松材料；（b）致密材料

表 7.2-2　镦粗数值模拟工艺参数

名　称	参　数
坯料尺寸/mm	ϕ80×120
坯料网格数	25 000
坯料材料模型	30Cr2Ni4MoV
坯料初始温度/℃	1200
上下砧初始温度/℃	300
环境温度/℃	20
剪切摩擦系数	0.3
坯料与上下砧间传热系数/[W/(m^2·K)]	2
坯料与空气间传热系数/[W/(m^2·K)]	0.02

（2）疏松材料和致密材料镦粗模拟过程。从图 7.2-7可以看出，当镦粗变形为 11%时（见图 7.2-7a），疏松区域大部分集中在 *B*、*C* 两条线之间，该区域密度 0.822～0.844，相比初始密度 0.8 增长较小，即致密化程度较低；当镦粗变形为 43%时（见图 7.2-7b），除了上下两个刚端密度增长较小外，中心区域密度明显增大，特别是最中心 I 线以内密度达到 0.978 以上，H 线和 I 线之间环状区域密度稍小，分布在 0.933～0.978 之间；当镦粗变形达到 57%时（见图 7.2-7c），上下两个刚性区密度增长也不大。图 7.2-7b 中的环状疏松区域即处在小变形区的疏松逐渐消失、密度逐步变大，心部大变形区域密度基本接近 1，近似致密。

由此可见，在镦粗变形过程中，倘若在刚性端出现疏松，由于摩擦影响，材料很难被压实；小变形区疏松，只有在较大的变形情况下才有可能被压实；在心部大变形区出现的疏松最容易被压实。

图 7.2-8 是疏松材料和致密材料纵截面等效应变场，左边为疏松材料，右边为致密材料。图 7.2-8a 是镦粗变形 11%等效应变场分布情况，对于同一个区域，明显可见致密材料等效应变高于疏松材料，特别是中心大变形区域，致密材料等值线 H 线以内应变达 0.14 以上，且区域面积较大，而疏松材料该区域等效应变只在 0.1～0.12 之间；同时发现疏松材料等效应变最大值 H 线出现在靠近鼓形处，原因是该位置是致密部位，而心部大变形区由于体积压缩的缘故并没有出现最大的等效应变。图 7.2-8b 是镦粗变形 43%等效应变场分布情况，可以发现当疏松基本被压实后，等效应变最大出现在中心大变形区；疏松材料 H 线以内等效应变 0.9 以上，区域面积较致密材料小。图 7.2-8c 是镦粗变形 57%等效应变场分布情况，同理，等效应变 1.35 以上致密材料区域面积较疏松材料大很多。

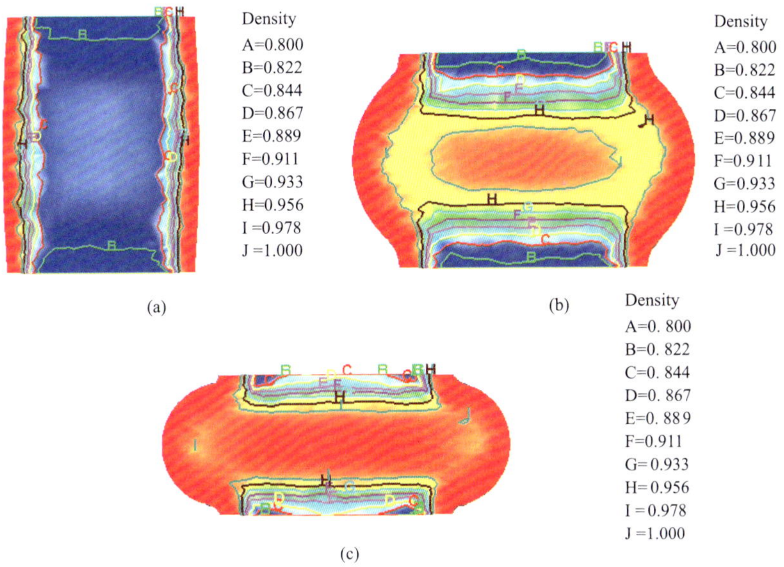

图 7. 2-7　疏松材料纵截面密度场

（a）PD1 样变形程度 11%；（b）PD2 样变形程度 43%；（c）PD3 样变形程度 57%

从整个等效应变场的分布来看，致密材料等效应变明显高于疏松材料，且随着变形程度的增加，等效应变增长比较明显。

图 7. 2-9 是疏松材料和致密材料纵截面静水应力分布情况，左边为疏松材料，右边为致密材料。当镦粗变形为 11% 时（见图 7. 2-9a），疏松材料刚性端出现少许拉应力，而致密材料全为压应力，疏松材料心部静水应力值主要分布在-4MPa～-8MPa，致密材料对应区间为-12MPa～-16MPa。当镦粗变形为 43% 时（见图 7. 2-9b），疏松材料心部静水应力在-24MPa～-30MPa，致密材料对应区间为-32MPa～-40MPa；鼓形部位均出现少许拉应力。当镦粗变形达 57% 时（见图 7. 2-9c），疏松材料和致密材料心部静水应力值均增大至-48MPa～-60MPa，但致密材料心部出现少许较大的分布在-60MPa～-72MPa 的压应力。

（3）结论。从整体看来，致密材料静水应力比疏松材料高；随着变形程度即锻造比的增加，静水应力增大；此外还可以发现，疏松材料致密部位的静水压应力大于疏松部位，静水压应力最大值出现在疏松区域和鼓形之间，而致密材料主要出现在心部。

3. 工程应用的镦粗数值模拟研究

（1）模拟条件。坯料尺寸：ϕ2800mm×6240mm（八角），钳口ϕ1900mm×1700mm，缺陷设置：连续长柱孔ϕ300mm×4915mm。钢锭初始温度 1250℃，绝对压下量 Δh = 6240mm－2600mm = 3640mm（58. 3%），压机速度 V=5mm/s。

（2）模拟结果。模拟结果参见图 1. 4-19。图 7. 2-10 是镦粗载荷曲线，镦粗达到 32% 时载荷已超出 150MN，此后只能保压在 150MN，上砧速度逐渐减慢到 1. 5mm/s。如果载荷不受限制，保持压力机速度为 5mm/s，则最大载荷要达到 260MN。镦粗会使中心缺陷孔直径加大。如果设置一串 11 个、中心距 450mm、ϕ300mm 的球孔为空洞缺陷，则钢锭中部空洞闭合效果较好，两端漏盘附近闭合效果较差。当压下量大于 8% 时，中心可闭合。

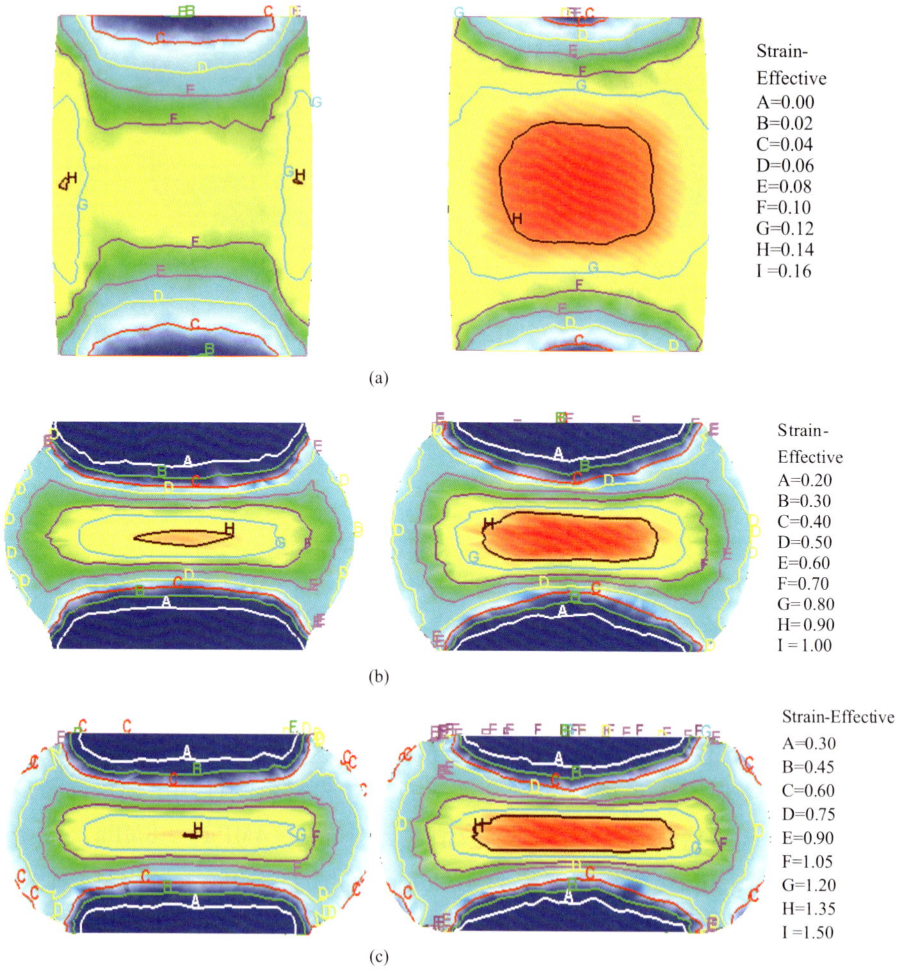

图 7.2-8　疏松材料和致密材料纵截面等效应变场

（a）PD1 样（左）和 SD1 样（右）变形程度 11%；（b）PD2 样（左）和 SD2 样（右）变形程度 43%；（c）PD3 样（左）和 SD3 样（右）变形程度 57%

2.2.2　拔长方法选择

拔长是解决大锻件质量的主要锻造手段和主要的步骤，是将钢锭或镦粗后的锻件拔长压缩成形为横截面呈八角形、方形或圆形的锻造过程。拔长目的是使钢锭或坯料受到最大的内部变形，从而使孔隙充分闭合，获得最好的组织均匀性和锻件心部材料质量。拔长可以打碎碳化物、锻合孔洞、疏松，不萌生新的裂纹源，获得均质致密的锻件[88]。孔隙闭合分为两个步骤：孔隙破碎和粘合。孔隙破碎是孔隙实际闭合和孔隙壁接触，主要受温度、流动应力、孔隙形状和方向、模具形状和应变等影响[89,90]。粘合是在合理的时间内通过在接触点形成前松后紧的晶核来实现，依靠热量和应变来提高粘合过程的速度[91]。它还可能受到熔化过程中可能存在的残余痕迹元素形成的氧化膜的影响[92]。拔长中要考虑到诸如钢锭形状、砧形、砧宽和砧宽比、温度梯度和压下量设计等参数，为实现对中心的充分压实，研究出很

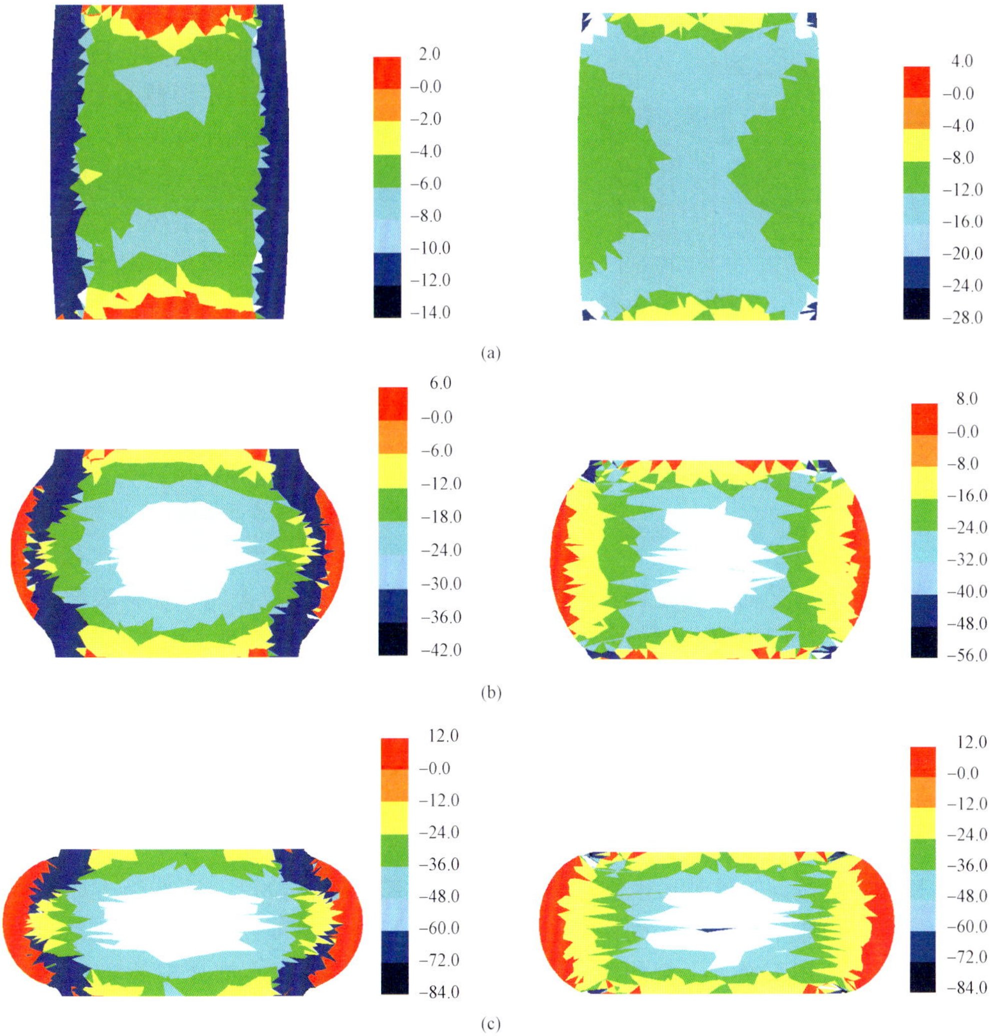

图 7.2-9　疏松材料和致密材料纵截面静水应力场

(a) PD1 样（左）和 SD1 样（右）变形程度 11%；(b) PD2 样（左）和 SD2 样（右）变形程度 43%；(c) PD3 样（左）和 SD3 样（右）变形程度 57%

多拔长锻造方法，最具代表性的是 FM 法、KD 法和 WHF 锻造法。

FM 法是上平砧、下平台的锻造方法，可以消除 Mannesman 效应，这种效应是在拔长压下时，坯料心部轴向出现拉应力的作用[93,94]。一种新的观点认为，用上下平砧拔长坯料时，只有当砧宽比 $W/H \geqslant 0.8$ 时才不会产生 Mannesman 效应，而对于 FM 法，当 $W/H > 0.3$ 时就不会产生 Mannesman 效应。拔长时的变形抗力是随着砧宽减小而减小的，因此 FM 锻造法可充分发挥水压机的锻造能力，实现中心压实，可用较小的压机锻造大型转子。FM 法拔长研究认为合理的锻造工艺参数应由砧宽比、料宽比和压下率三者匹配确定，其中压下率起决定性作用[95]。

KD 法是上、下宽 V 形砧的锻造方法，为横向性能有要求的轴类锻件提供了一种拔长锻造方法。通过控制锻件的纤维流向，改善了轴类锻件的异向性，提高了轴类锻件的横向

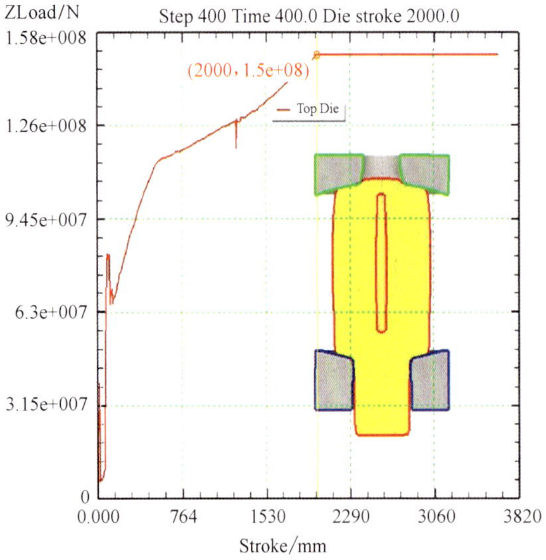

图 7.2-10　镦粗载荷曲线

力学性能。

WHF 法是上、下宽平砧锻造方法，能使转子锻件整体变形较均匀，易于控制锻造全过程。在平砧拔长矩形截面毛坯的理论方面，认证了只有砧宽比（W/H）一个工艺参数的不足，而应增加一个工艺参数料宽比（B/H），才能正确描述毛坯中心区域的应力状态与有效控制锻件质量。对于普通的圆形大型锻造钢锭，采用宽平砧、大压下量、合适的砧宽比、表面至心部的正温度梯度、半砧宽叠压以及每次压下时的错砧，达到最有效的中心压实。其他因素如上砧速度和砧缘半径对中心压实没有影响。

1. 拔长工序表面裂纹产生趋势研究

试验发现，当采用砧宽比较大的 FM 法、WHF 法等拔长工艺时，如坯料表面已存在缺陷或材料塑性较差时，坯料表面存在裂纹产生的趋势。针对 FM 法梯型砧合理角度范围（砧型角度 2°、4°、6°、8°），进行了大变形拉延造成的锻造裂纹效果研究。发现梯型砧在合理角度 6°～8°时，坯料表面产生裂纹的趋势明显降低，变形分布和应力状态等综合效果较好。因此，得出结论：采用合理角度的型砧可以控制表面裂纹产生趋势。

试验得到不同角度凸型砧的铅试件心部变形效果如图 7.2-11 所示，不同砧型参数条件下锻件表面裂纹产生情况如图 7.2-12 所示。

在拔长开始阶段，工件外形由圆形变为方形，在后续拔长阶段，转变为方坯到方坯拔长，其塑性变形效果不尽相同。同样情况下 FM 法拔长时，要使塑性变形量效果相当，圆柱坯料比方形坯料压下率大。例如圆柱坯料压下率为 20% 时，心部变形效果与方形坯料压下率为 14% 相当，砧面下刚性区面积明显减小。不同毛坯内部变形情况如图 7.2-13 所示。

2. 倒棱工艺对钢锭心部的影响

在应用截面由四方体到八方体物理模拟极端状况下的倒棱变形工艺时，试件中心面上变形情况如图 7.2-14 所示。模拟倒棱工艺试验发现，倒棱过程中塑性变形集中出现在试件表层，对坯料心部作用效果不明显。因而，倒棱工艺一般不会引起坯料心部产生缺陷，同时也不能起到积累塑性变形的作用。由此推测，因坯料或钢锭棱数增多在执行倒棱工艺时，由于绝对变形量小于上述试验，变形仍然集中在试件表面，因此，不可能对锻件心部产生较大影响。

3. 几种拔长方法的对比研究分析

根据材料的流变曲线用 Deform 软件对低压转子拔长序ϕ3300mm 进行 WHF 法、KD 法、FM 法单道次 20% 压下量的模拟。由于该模拟只是针对拔长方法的一个趋势模拟，边界条件均取相同的参数，砧宽则按中国一重现有的附具实际尺寸。几种不同拔长方法的 X、Y、Z 三向等效应变、静水压力、应力分布数值模拟如图 7.2-15～图 7.2～19 所示。

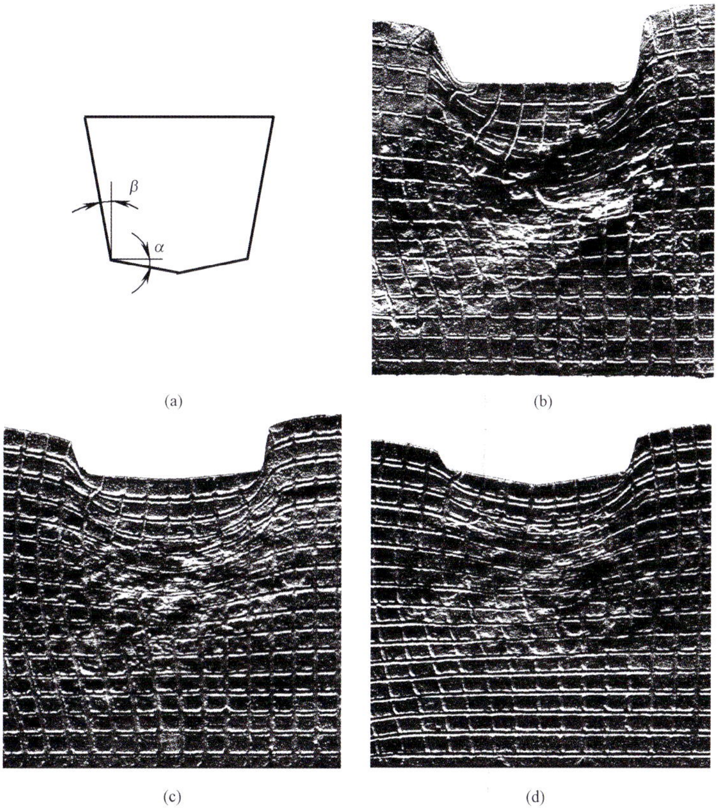

图 7.2-11　不同角度凸型砧的铅试件心部变形图

（a）凸砧横切面示意图；（b）$\beta=6°$，$\alpha=2°$；（c）$\beta=6°$，$\alpha=4°$；（d）$\beta=6°$，$\alpha=6°$

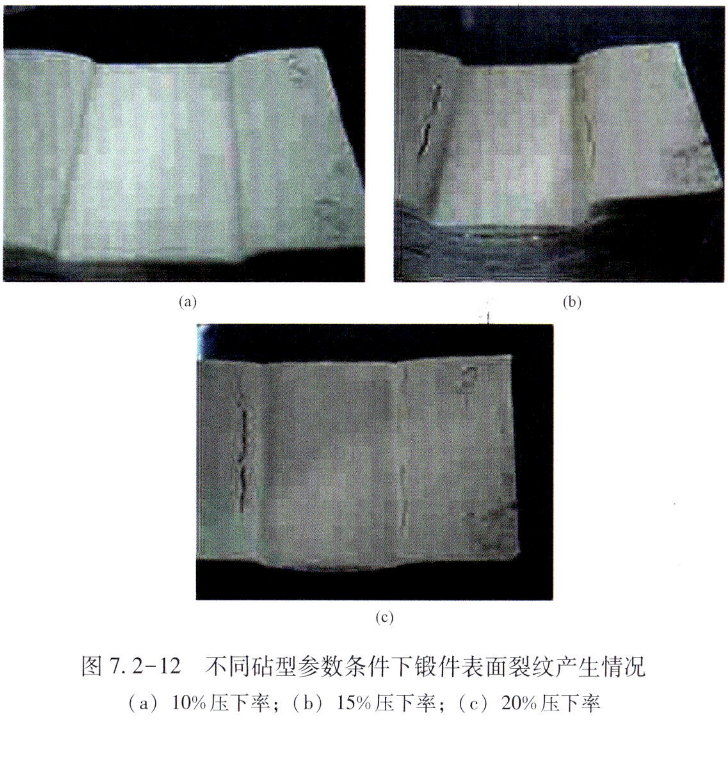

图 7.2-12　不同砧型参数条件下锻件表面裂纹产生情况

（a）10%压下率；（b）15%压下率；（c）20%压下率

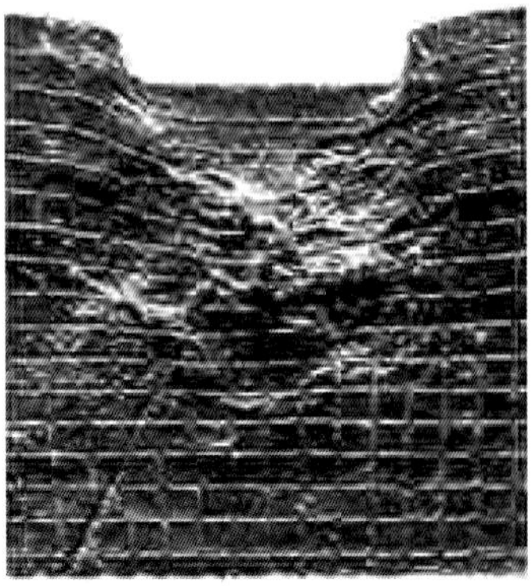

(a)

(b)

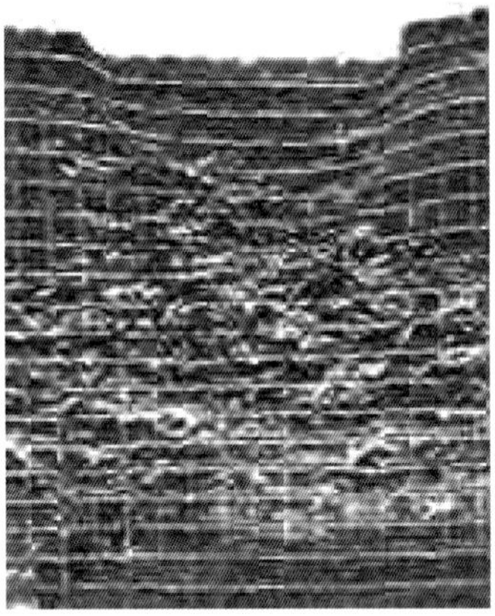

(c)

(d)

图 7.2-13　不同毛坯内部变形情况

（a）圆坯 15% 变形率；（b）圆坯 20% 变形率；（c）方坯 8% 变形率；（d）方坯 14% 变形率

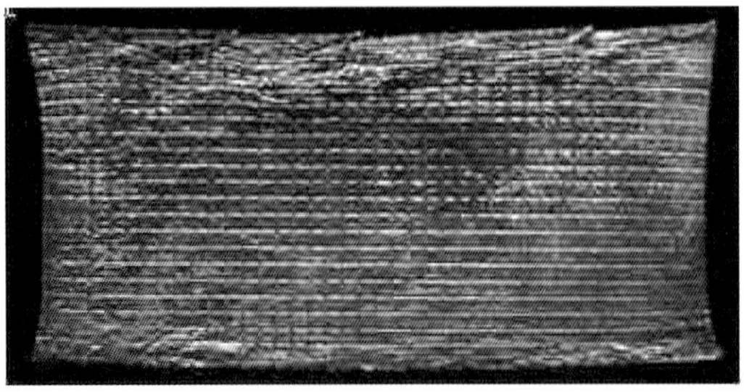

图 7.2-14　倒棱工艺时塑性变形分布

几种不同拔长方法的载荷-压下量曲线见图 7.2-20。WHF、KD、FM 三种拔长方法的对比分析参见表 4.3-1。

根据以上研究结论并综合考虑锻造 600t 级钢锭所用的 150MN 水压机的载荷、心部变形效果、设备操作的难易性、可锻造时间等因素，最终将 FM 法作为钢锭压实的主要拔长方法。

2.2.3　FM 法的优化研究

1. FM 法有限元模型的建立

FM 法有限元模型如图 7.2-21 所示，各工艺参数见表 7.2-3。

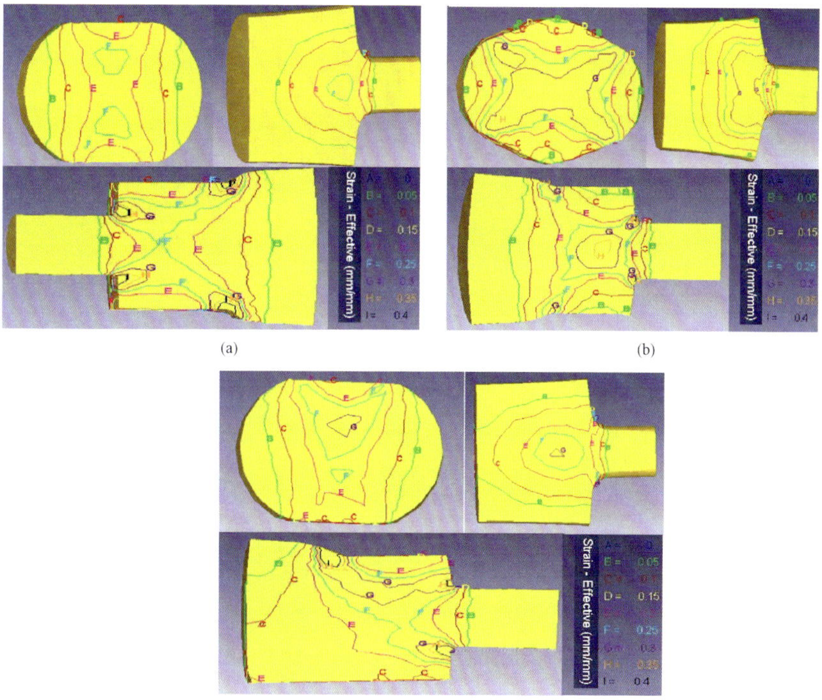

(a) (b) (c)

图 7.2-15　几种不同拔长方法的 X、Y、Z 三向等效应变分布

（a）WHF 法；（b）KD 法；（c）FM 法

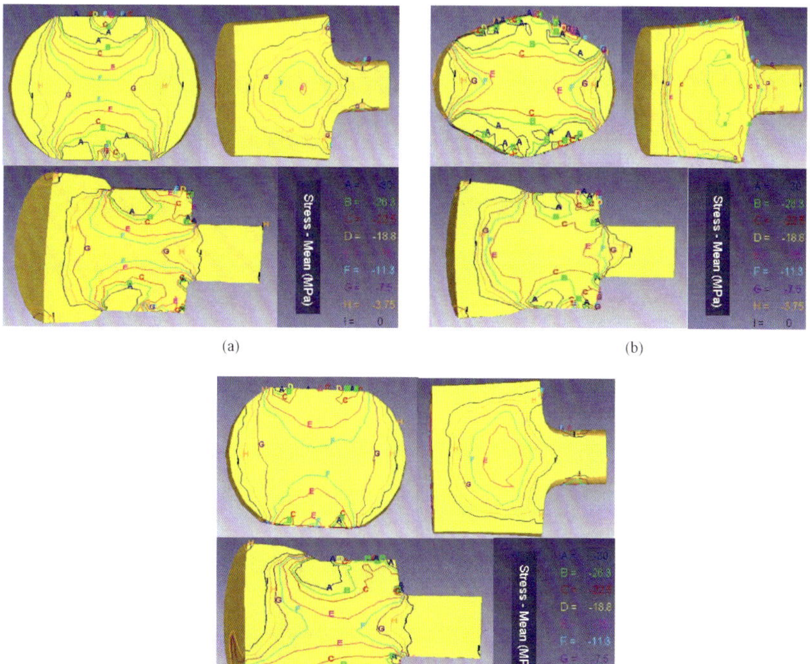

(a) (b) (c)

图 7.2-16　几种不同拔长方法的 X、Y、Z 三向静水压力分布

（a）WHF 法；（b）KD 法；（c）FM 法

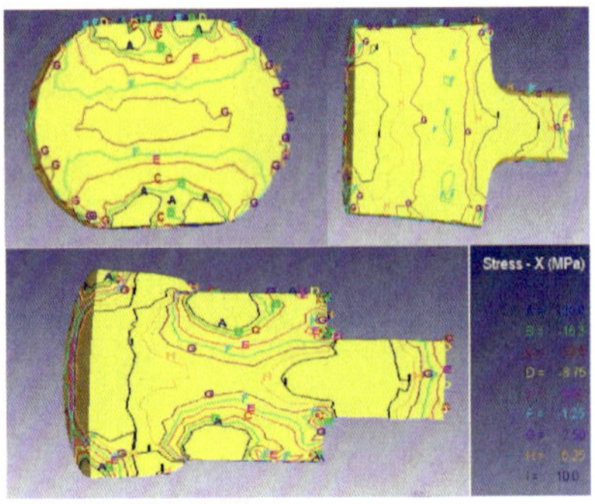

(a)

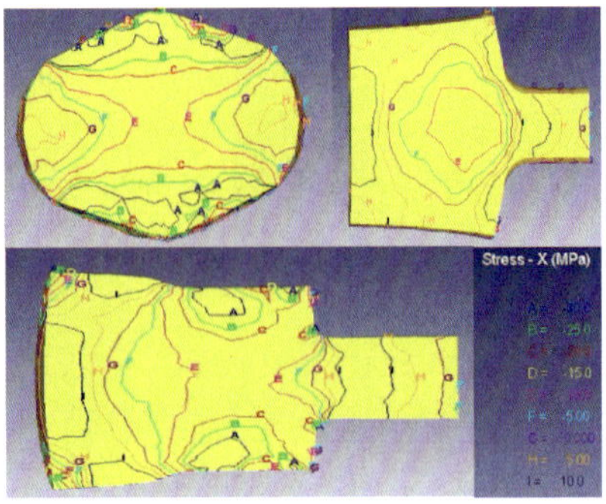

(b)

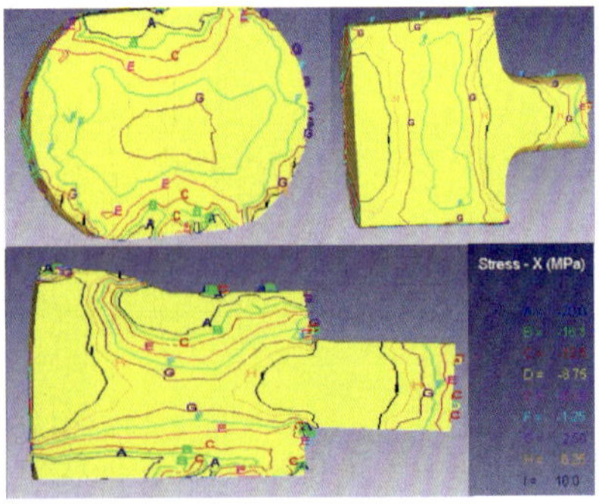

(c)

图 7.2-17　几种不同拔长方法的 X、Y、Z 三向横向 X 应力分布

（a）WHF 法；（b）KD 法；（c）FM 法

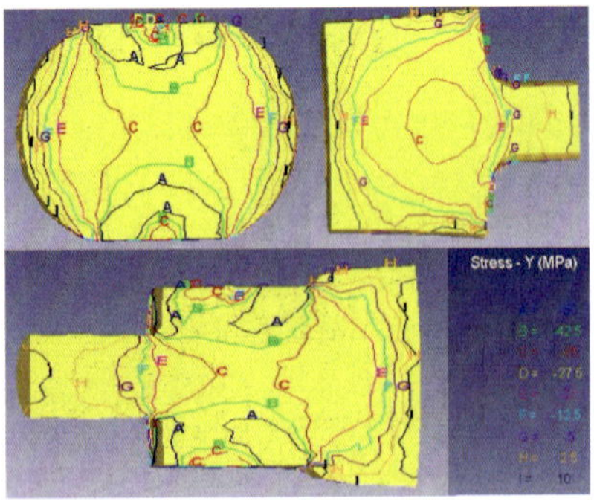

(a)

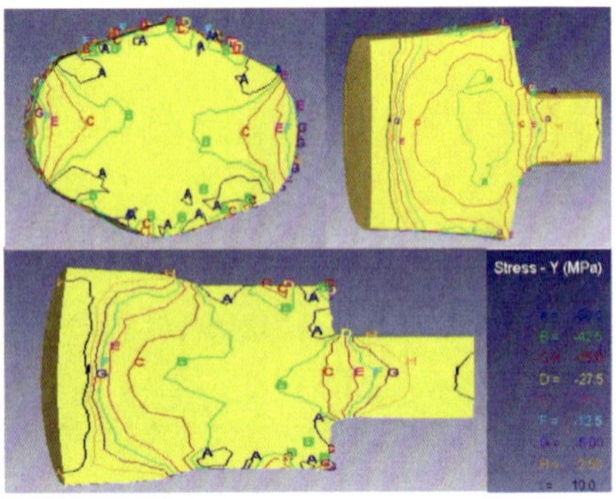

(b)

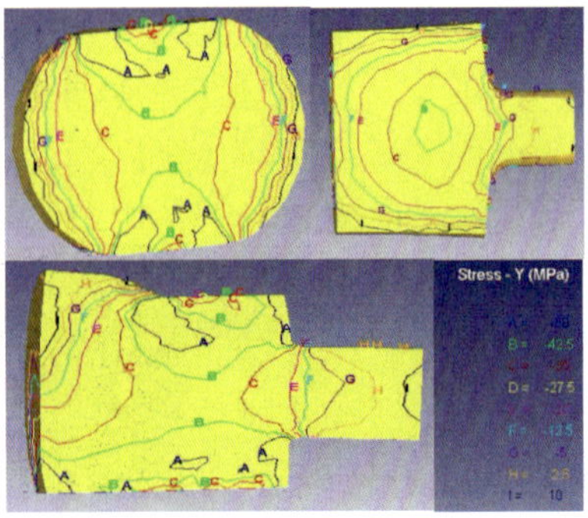

(c)

图 7.2-18　几种不同拔长方法的 X、Y、Z 三向压下方向 Y 应力分布

（a）WHF 法；（b）KD 法；（c）FM 法

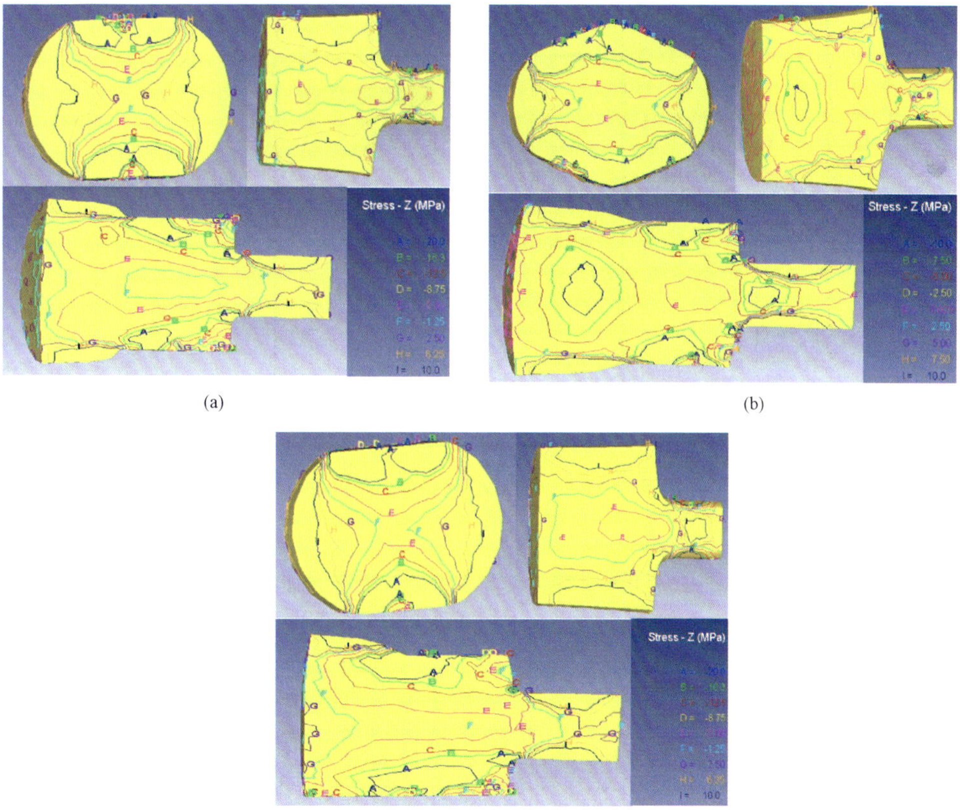

(a) (b) (c)

图 7.2-19　几种不同拔长方法的 X、Y、Z 三向纵向 Y 应力分布

（a）WHF 法；（b）KD 法；（c）FM 法

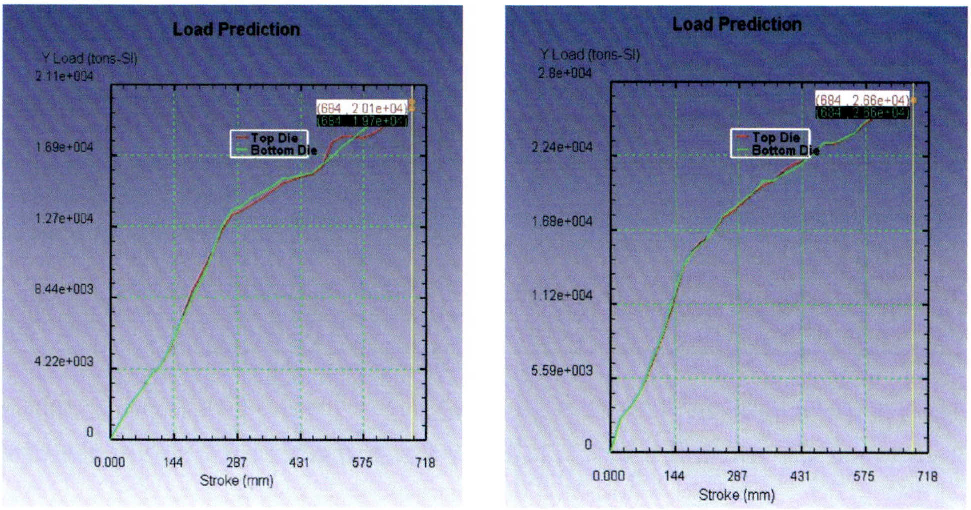

(a) (b)

图 7.2-20　几种不同拔长方法的载荷-压下量曲线（一）

（a）WHF 法；（b）KD 法

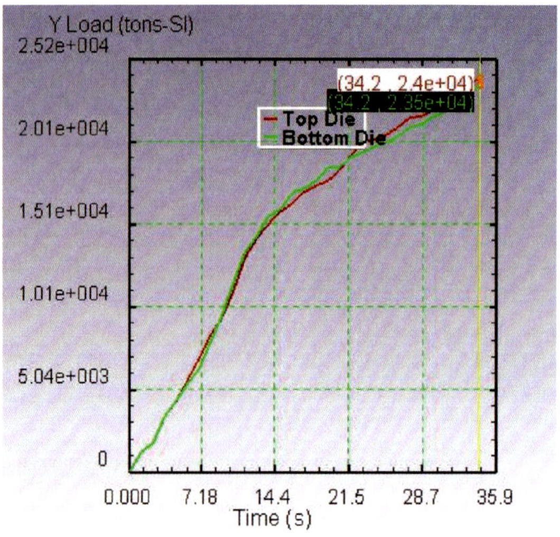

(c)

图 7.2-20　几种不同拔长方法的载荷-压下量曲线（二）

（c）FM 法

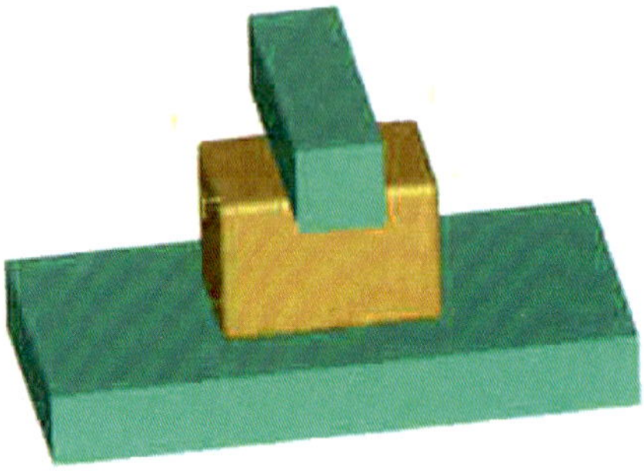

图 7.2-21　FM 法有限元模型

2. 各工艺参数对疏松压实的影响

（1）疏松模型的建立。以 DEFORM-3D 软件中多孔材料建立疏松材料模型，进行致密过程的数值模拟研究，多孔材料数学模型如下：

$$AJ'_2 + BJ_1^2 = Y_R^2 = \delta Y_0^2$$

式中：$A=2+R_2$，$B=1-A/3$，$\delta=2R_2-1$；R_2 为相对密度；J'_2 为应力偏张量第二不变量；J_1 为应力第一不变量；Y_R 为多孔材料屈服应力；Y_0 为致密材料屈服应力。

表 7.2-3　　FM 法有限元模型参数及工艺参数

名　称	参　数	名　称	参　数
坯料尺寸/（mm×mm×mm）	200×200×300	坯料温度/℃	1250
上平砧尺寸（圆角半径 12mm）/（mm×mm×mm）	120×120×400	双面压下率（%）	20
下平台尺寸/（mm×mm×mm）	100×400×800	摩擦因子	0.3
坯料材料模型	30Cr2Ni4MoV	砧宽比	0.6

疏松材料有限元模型如图 7.2-22 所示，横截面尺寸 200mm×200mm，长度 300mm，中心直径ϕ150mm 范围作为疏松部分赋予初始密度 0.8（本节数值模拟密度均指相对密度，下同），外层密度为 1。材料模型为 30Cr2Ni4MoV。

分析温度、压下率、砧宽比、摩擦因子四个因素对疏松压实的影响，只考虑单因素的影响，以温度为例：选取 800℃、1000℃、1250℃ 三组对比分析，其他三因素恒定。具体各参数选取见表 7.2-4。

因为锻件中心疏松最严重，是最难锻合的部位，也是锻件最薄弱的环节，所以，从锻件轴线选取 13 个均分点（见图 7.2-23），以轴心线 13 个点的密度变化情况来考察疏松的压实过程。P_1点坐标为（-150，0，0），P_{13}点坐标为（150，0，0），中间各点均匀分布。

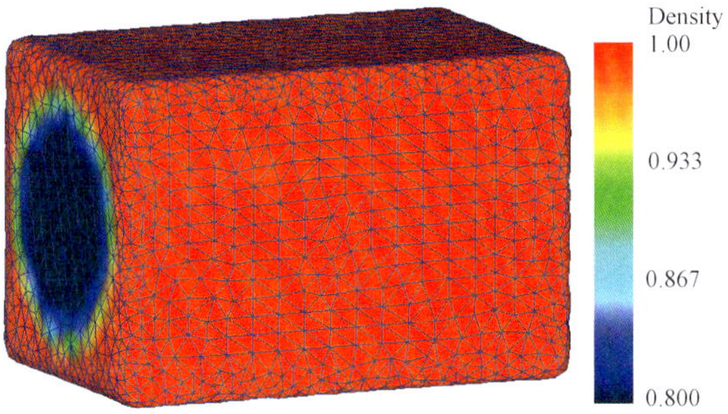

图 7.2-22　疏松材料有限元模型

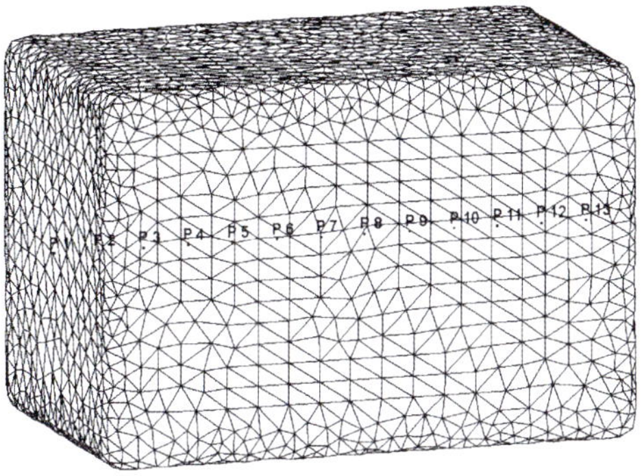

图 7.2-23　轴心线各点位置示意图

表 7.2-4　数值模拟参数分布表

参　数	温度/℃	双面压下率（%）	砧宽比	摩擦因子
温度的影响	800 1000 1250	20	0.6	0.3
压下率的影响	1250	10 20 30	0.6	0.3
砧宽比的影响	1250	20	0.4 0.6 0.8	0.3
摩擦因子的影响	1250	20	0.6	0.3 0.5 0.7

选取温度 1250℃、压下率 20%、砧宽比 0.6、摩擦因子为 0.3 的一组参数的模拟结果来说明疏松被压实的过程，图 7.2-24 和图 7.2-25 分别是截取的横、纵截面密度场，图 7.2-26 是中心线各点密度变化曲线。

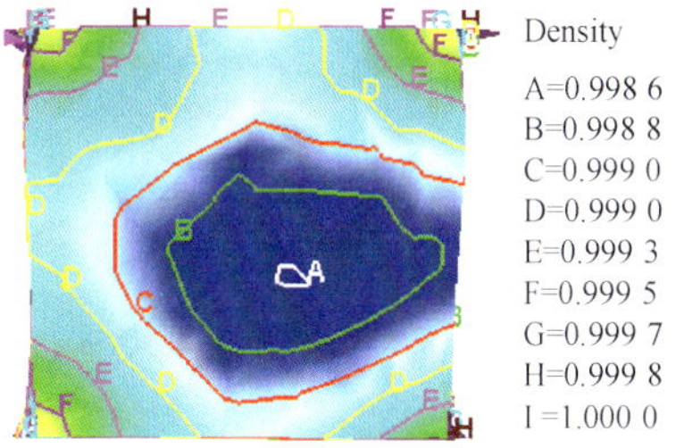

图 7.2-24　拔长三趟后横截面密度场

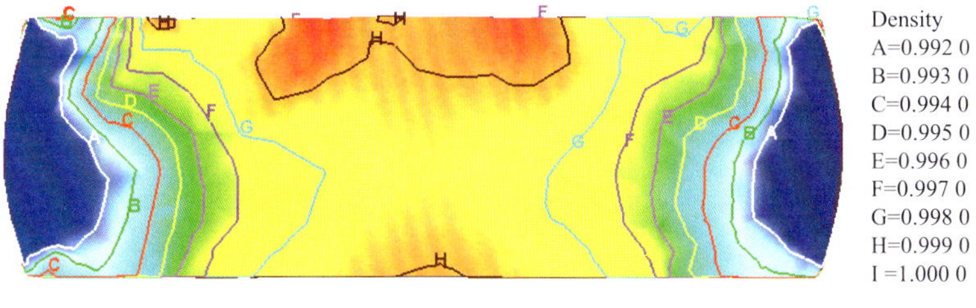

图 7.2-25　拔长三趟后纵截面密度场

图 7.2-24 是拔长三趟后横截面密度场分布，图中等值线 A 代表相对密度 0.998 6，也就是说 A 线内区域密度小于 0.998 6，占整个横截面面积极小，因此整个横截面绝大多数区域密度都在 0.998 6 以上。

图 7.2-25 是拔长三趟后纵截面密度场分布，两端部到等值线 A 范围内密度在 0.992 0 以内，等值线 A 到 G 范围密度分布在 0.992 0～0.998 0 之间，中心两条 G 线之间密度基本上在 0.998 0 以上。

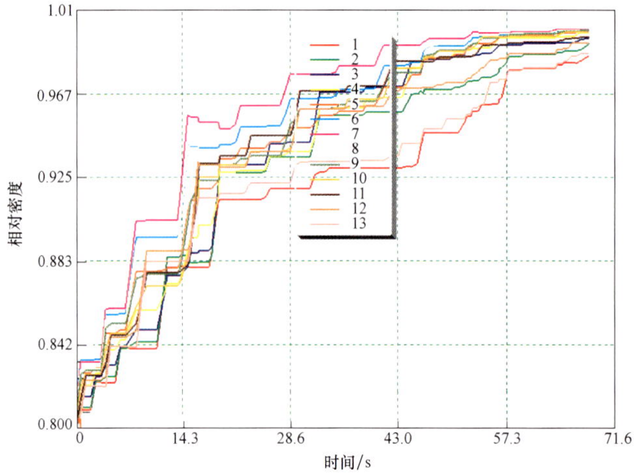

图 7.2-26　中心线各点密度变化曲线

图 7.2-26 是整个拔长过程中中心线上各点密度变化情况，1 表示 P_1 点，依次类推，很明显，随着拔长的进行，密度基本上是呈逐渐增大的趋势，即心部疏松逐渐被压实。

疏松模型以中心线 13 个点的密度及其平均值作为评价的量化指标。

（2）温度对疏松压实的影响。图 7.2-27 是三种温度下拔长三趟的密度分布曲线。三趟

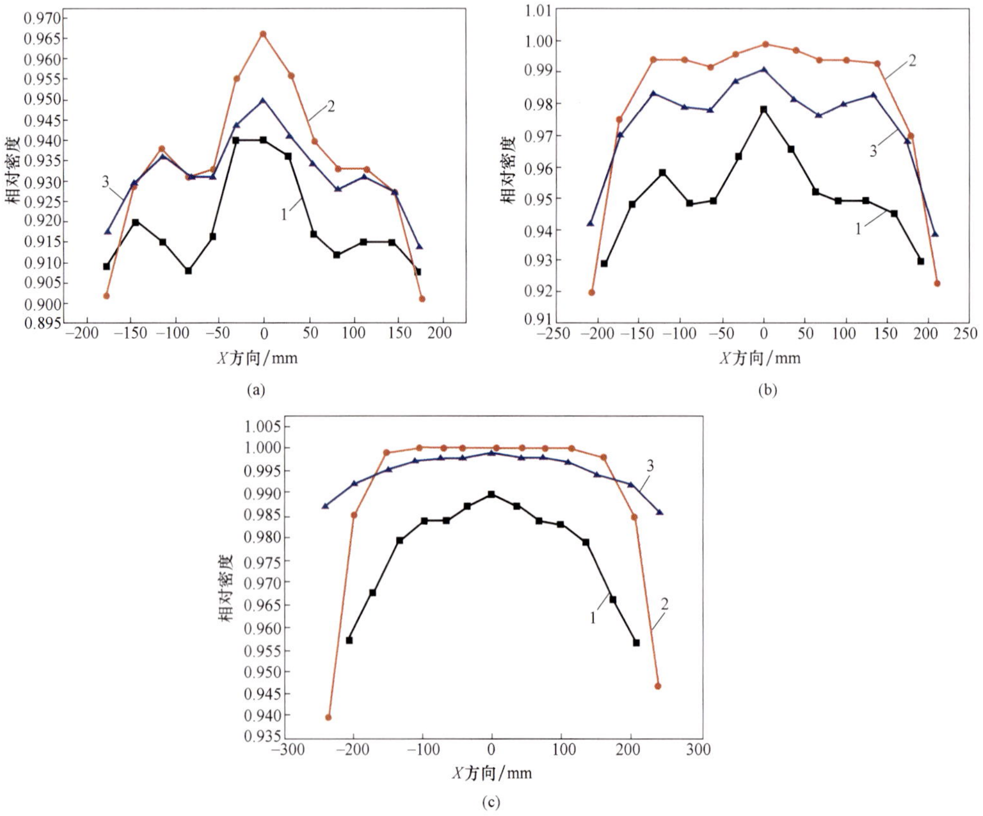

图 7.2-27　不同温度下三趟密度分布

（a）第一趟；（b）第二趟；（c）第三趟

1—800℃；2—1000℃；3—1250℃

的密度分布都反映了相同的规律，即在中心线大部分区域内1000℃密度最高、1250℃密度次之、800℃密度最小；中心线两个端部密度值较低，这是因为两端是自由端，不受基体约束，疏松难以压实，密度值偏小；中心线最中间出现密度峰值，这是因为模拟拔长时是从坯料中间往两端拔，所以第一砧下中心塑性流动往两端流动小，因而密度最大。

图7.2-28是不同温度下拔长三趟的平均密度分布曲线，第一和第二趟拔长都是温度在1000℃时平均密度最高，第三趟拔长时温度为1250℃比1000℃平均密度稍稍高一点。从图7.2-28c可以看出，1000℃时自由端的密度较低，导致密度平均值比1250℃低，如果去除自由端的影响，只考虑中心线中间部分区域的话，第三趟拔长的平均密度也是1000℃最高；因此，从整个趋势来看，1000℃疏松压实程度最高。此外比较同一温度下三趟的密度分布，随着拔长的进行，疏松压实程度增加，但是增加的速度减缓。

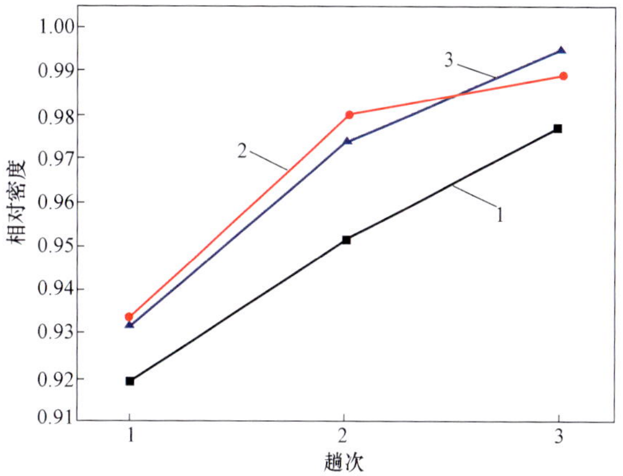

图7.2-28 不同温度下三趟平均密度分布
1—800℃；2—1000℃；3—1250℃

（3）压下率对疏松压实的影响。图7.2-29是在不同压下率下拔长三趟密度分布曲线。当双面压下率为10%时，拔长一趟后中心线密度分布在0.86～0.90之间，两趟后密度分布在0.90～0.95之间，三趟后密度分布在0.93～0.98之间；当双面压下率为20%时，拔长一趟后密度分布在0.91～0.95之间，两趟后密度分布在0.94～0.99之间，三趟后密度分布在0.985～1之间；当双面压下率为30%时，拔长一趟后密度分布在0.94～0.98之间，两趟后密度分布在0.98～1之间，三趟后密度基本接近1；很显然，压下率越大，疏松压实效果越好。

图7.2-30是不同压下率下三趟平均密度分布曲线。图7.2-29与图7.2-30反映的规律相同即30%压下率的密度最高，20%次之，10%的最小，随着压下率的增大，疏松压实程度大，增速减缓；另外随着拔长的进行，密度逐渐提高，增长速度有所减缓。

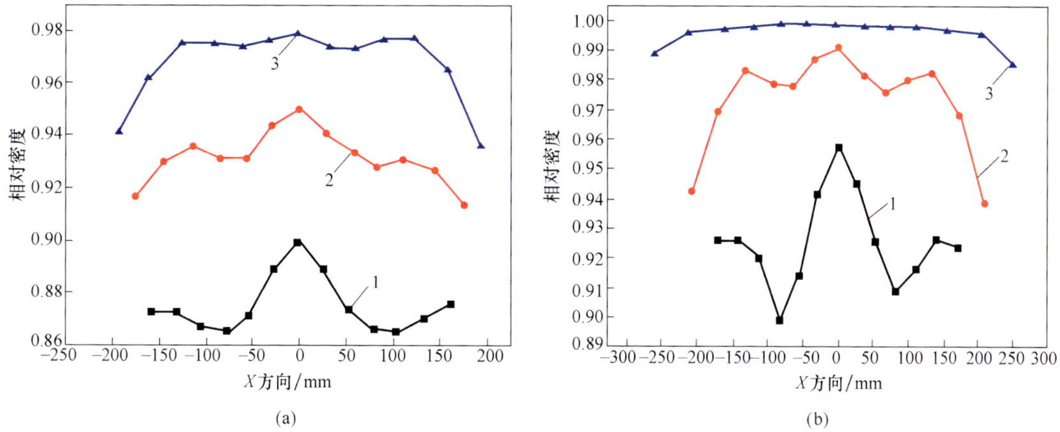

图7.2-29 不同压下率下三趟密度分布（一）
（a）第一趟；（b）第二趟
1—10%；2—20%；3—30%

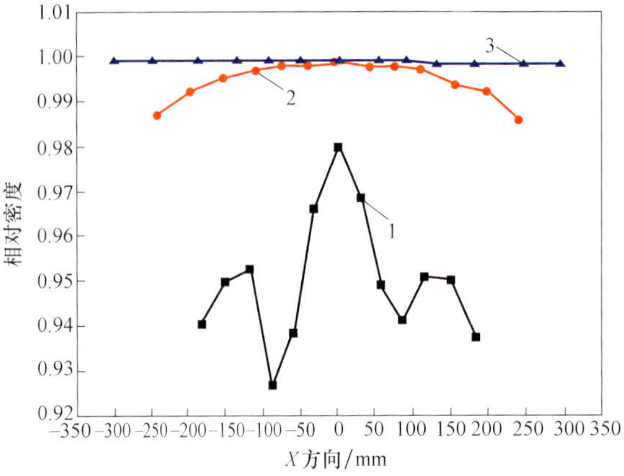

(c)

图 7.2-29　不同压下率下三趟密度分布（二）

（c）第三趟

1—10%；2—20%；3—30%

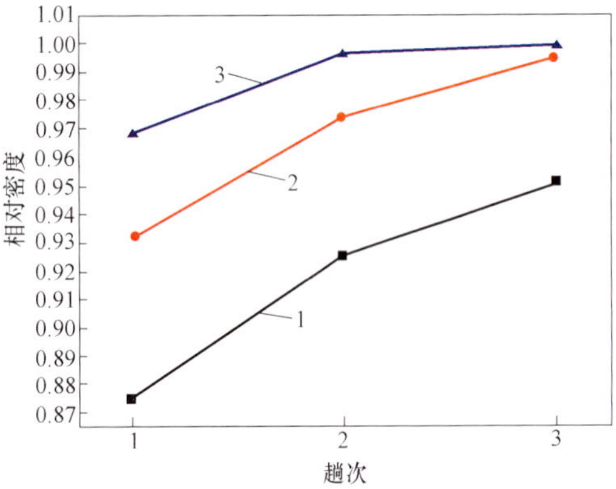

图 7.2-30　不同压下率下三趟平均密度分布

1—10%；2—20%；3—30%

（4）砧宽比对疏松压实的影响。图 7.2-31 是不同砧宽比下拔长三趟密度分布曲线，在不考虑自由端影响的前提下，前三趟基本都是砧宽比为 0.6 时密度最高；砧宽比为 0.8 时，密度波动较大，宽砧有利于创造良好的力学条件，第一砧下中心出现极大值，砧与砧之间搭接部位出现极小值。

图 7.2-32 是在不同砧宽比下拔长三趟的平均密度分布曲线，三趟的密度最高值都是在砧宽比为 0.6 时取得，说明砧宽比为 0.6 时疏松压实效果最好；随着拔长的进行，密度逐渐增加，增加的速度减缓，即疏松压实变得困难。

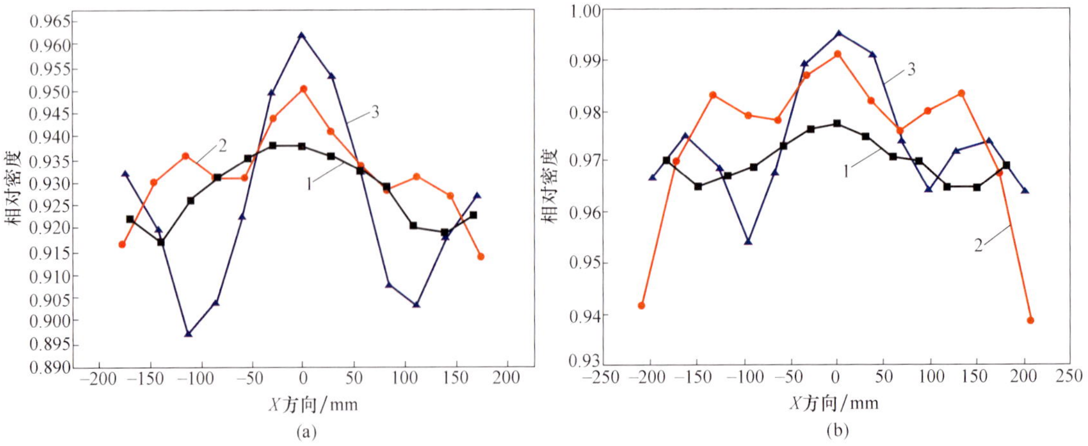

图 7.2-31　不同砧宽比下三趟密度分布（一）

（a）第一趟；（b）第二趟

1—0.4；2—0.6；3—0.8

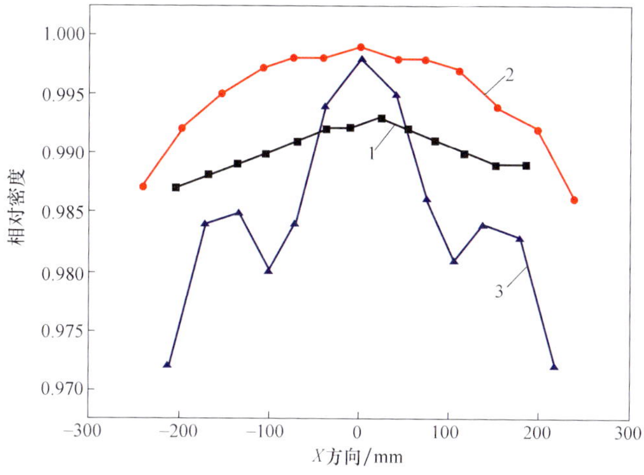

(c)

图 7.2-31　不同砧宽比下三趟密度分布（二）

（c）第三趟

1—0.4；2—0.6；3—0.8

（5）摩擦对疏松压实的影响。图 7.2-33 是不同摩擦条件下拔长三趟的密度分布曲线，如果不考虑自由端的影响，前三趟反映的规律基本一致，即随着摩擦因子的增加，疏松压实效果增加。

图 7.2-34 是在不同摩擦因子下拔长三趟平均密度分布曲线，随着拔长的进行，密度逐渐增加，增速减缓；随着摩擦因子的增加，密度增加，即疏松压实效果增加，最终密度都接近 1。

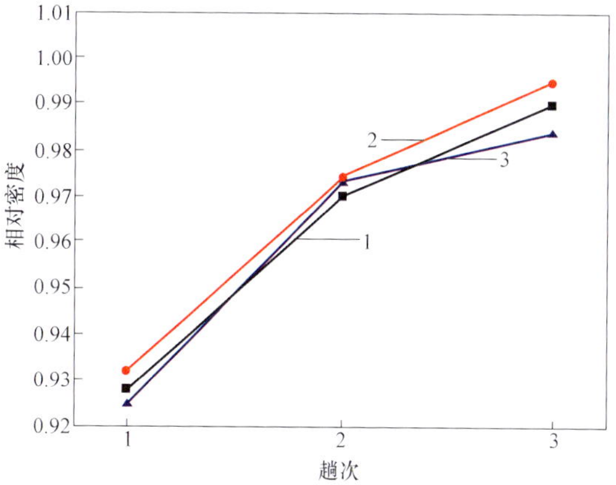

图 7.2-32　不同砧宽比下三趟平均密度分布

1—0.4；2—0.6；3—0.8

从上述分析可知，大的摩擦因子疏松压实效果好。但是对于同一趟次摩擦因子在 0.3～0.7 变化过程中，密度的变化并不大，也就是在这个范围摩擦因子对疏松压实效果影响不大。此外，摩擦因子增大会增加刚性区范围，降低了变形的均匀性，影响锻件质量。因此，综合考虑，取小的摩擦因子 0.3 更佳。

（6）不同初始密度的疏松压实过程。图 7.2-35 是不同初始密度下轴心线各点密度分布曲线。从图 7.2-35 可以看出，初始密度为 0.7 的经一趟拔长后两端 1/3 区域密度为 0.84～0.88，中心 1/3 区域为 0.88～0.94；初始密度为 0.8 的两端 1/3 区域密度为 0.92～0.94，中心 1/3 区域为 0.94～0.96；初始密度为 0.9 的两端 1/3 区域密度为 0.95～0.96，中心 1/3 区域为 0.96～0.97。

由此可见，初始密度为 0.7 需经过多趟次拔长才能达到较高的致密程度，初始密度为 0.9 的经一趟拔长后密度就达到很高值，而初始密度为 0.8 的经适当趟次拔长逐渐达到致密，另外也可以看到初始密度为 0.8 时，密度场分布比较均匀。同时，为了更好地进行疏松压实基本规律的研究，选择具有明显疏松程度的材料，兼顾计算效率，本研究以 0.8 作为疏松材料的初始相对密度。

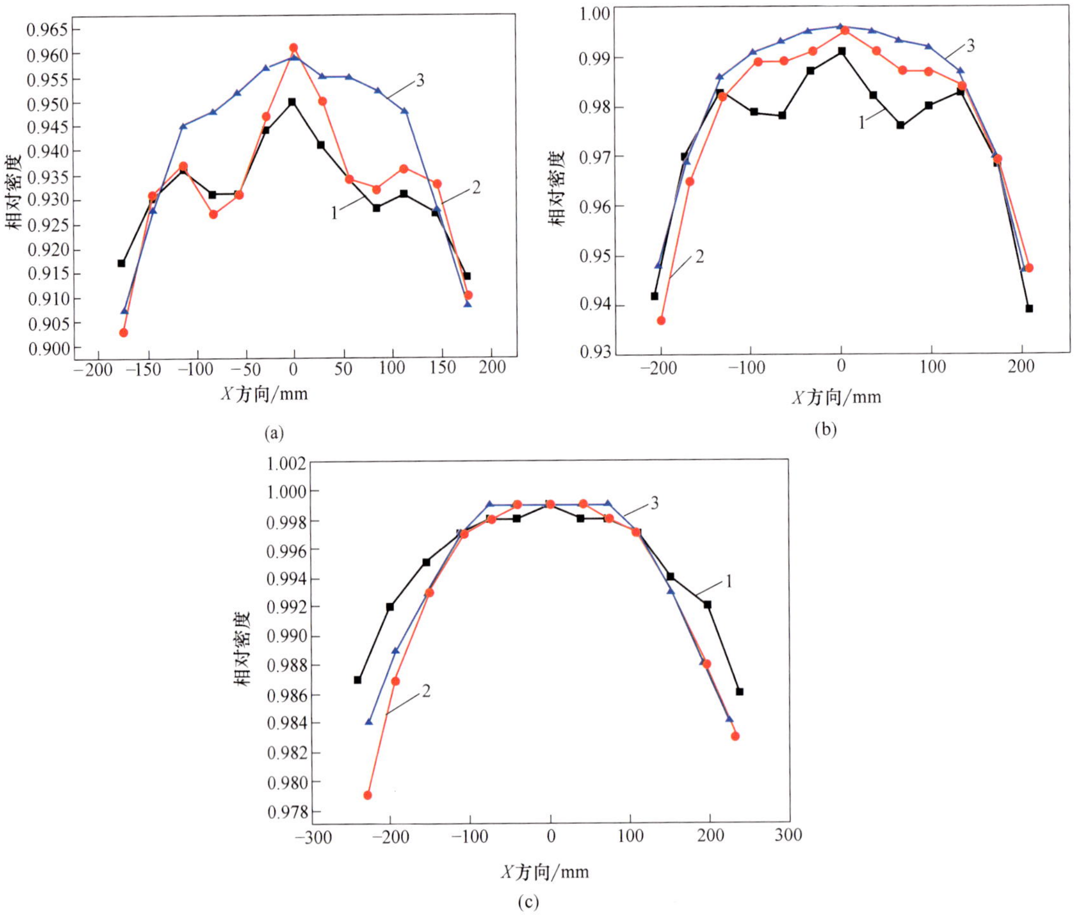

图 7.2-33　不同摩擦因子下三趟密度分布

（a）第一趟；（b）第二趟；（c）第三趟

1—0.3；2—0.5；3—0.7

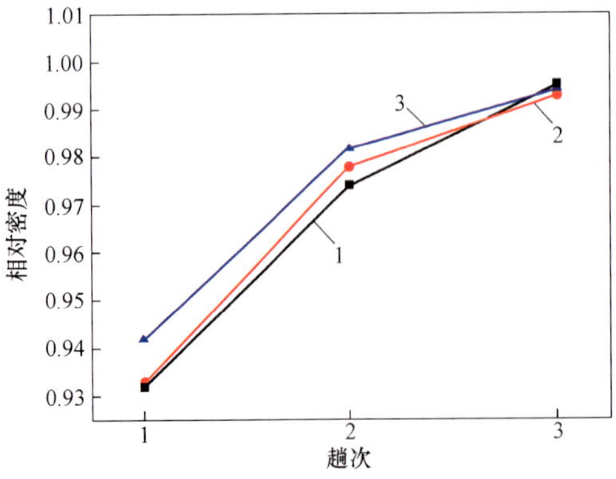

图 7.2-34　不同摩擦因子下三趟平均密度分布

1—0.3；2—0.5；3—0.7

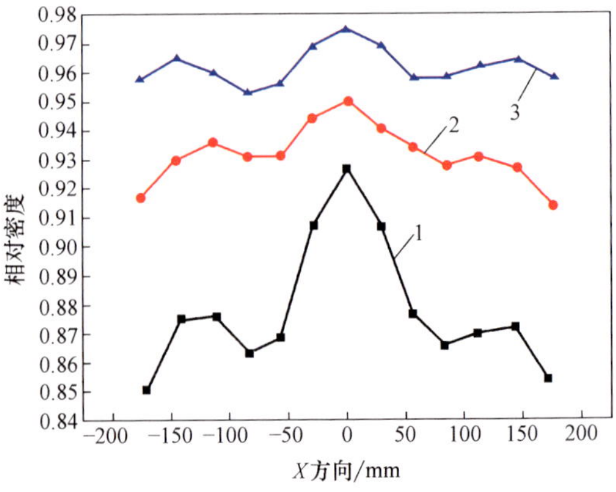

图 7.2-35　不同初始密度下轴心线各点密度分布曲线

1—0.7；2—0.8；3—0.9

（7）各工艺参数对疏松压实影响程度分析。分析温度、压下率、砧宽比、摩擦因子四个参数对疏松压实过程的影响，确定各参数对密度影响的主次因素，四因素三水平分布见表7.2-5，正交试验设计见表7.2-6。

表7.2-5　　四因素三水平分布表

水平	因素A	因素B	因素C	因素D
	温度/℃	压下率（%）	砧宽比	摩擦因子
水平1	800	10	0.4	0.3
水平2	1000	20	0.6	0.5
水平3	1250	30	0.8	0.7

表7.2-6　　正交实验设计表

试验号	因素A	因素B	因素C	因素D
1	1	1	1	1
2	1	2	2	2
3	1	3	3	3
4	2	1	2	3
5	2	2	3	1
6	2	3	1	2
7	3	1	3	2
8	3	2	1	3
9	3	3	2	1

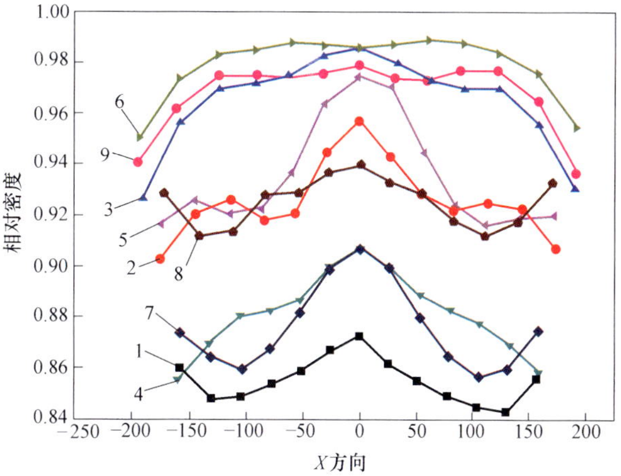

图7.2-36　中心线各点密度分布曲线

1—No.1；2—No.2；3—No.3；4—No.4；5—No.5；6—No.6；7—No.7；8—No.8；9—No.9

图7.2-36是全部9号设计FM法拔长一趟中心线13个点的密度分布曲线。从图7.2-36可以看出，最上面三条曲线是3、6、9号设计，密度最大，依次为6>9>3，三条曲线两端密度大小分布在0.92～0.95范围，中间段密度大部分分布在0.96～0.99之间；中间三条曲线密度居中，依次为5>2>8，两端密度大小在0.90～0.93之间，中间段较高，在0.93～0.97之间；下面三条曲线密度较小，依次为4>7>1，两端大部分分布在0.84～0.89之间，中间段在0.87～0.91之间。3、6、9号压下率同为30%，2、5、8号压下率同为20%，1、4、7号压下率同为10%，由此可见，随着压下率的增加，密度明显增大，压下率对密度的影响显著。另外6、5、4号设计在上中下三层的曲线中密度分布也是最高的，6、5、4号设计具有共性，温度同

为 1000℃，因此可以说温度对密度的影响也是较大的。

表 7.2-7 是正交设计结果分析表，表中 K_i 表示任一列上水平号为 i（i=1，2 或 3）时所对应的结果之和；$k_i=K_i/s$，其中 s 为任一列上各水平号出现的次数；R 为极差，任一列上 $R=\max\{k_1, k_2, k_3\}-\min\{k_1, k_2, k_3\}$；极差越大，表示该列因素的数值在设计范围内的变化会导致设计指标在数值上有更大的变化，因此，极差最大的一列，表明其因素水平对设计结果影响最大，也就是最主要的因素。

由表 7.2-7 可知，极差 $R_B > R_A > R_D > R_C$，所以对于致密化过程的影响因素从主到次顺序为 B、A、D、C，也就是说压下率对致密化过程的影响最为显著，其次分别为温度、摩擦因子、砧宽比。

结论：相比 800℃、1250℃，温度为 1000℃时疏松更容易被压实，此温度下的致密效果较好；压下率越大疏松压实效果越好，但是过大的压下率会影响料宽比而产生横向拉应力，压下率以 20% 为宜；砧宽比为 0.6 的疏松压实效果最好；摩擦因子在 0.3～0.7 之间变化对疏松压实影响不大，但是小的摩擦因子有利于锻件变形的均匀性，有利于提高锻件质量，因此，摩擦因子采用 0.3 较好；选择具有明显疏松程度的材料，兼顾计算效率，以 0.8 作为疏松材料的初始相对密度；对疏松压实过程的影响因素从主到次依次为压下率、温度、摩擦因子、砧宽比。

表 7.2-7　　正交设计结果分析

试验号	因素 A	因素 B	因素 C	因素 D	密度平均值
1	1	1	1	1	0.855
2	1	2	2	2	0.926
3	1	3	3	3	0.965
4	2	1	2	3	0.882
5	2	2	3	1	0.935
6	2	3	1	2	0.979
7	3	1	3	2	0.876
8	3	2	1	3	0.926
9	3	3	2	1	0.968
K_1	2.746	2.613	2.760	2.758	
K_2	2.796	2.787	2.776	2.781	
K_3	2.770	2.912	2.776	2.773	
平均值 k_1	0.915	0.871	0.920	0.919	
平均值 k_2	0.932	0.929	0.925	0.927	
平均值 k_3	0.923	0.971	0.925	0.924	
极差 R	0.017	0.100	0.005	0.008	
主次顺序	B A D C				

3. FM 法拔长过程中轴心偏移问题的优化

FM 法与普通锻造方法最大的区别是不对称受力，因此其锻造过程中最容易出现的问题是轴心偏移。虽然目前在锻件最终质量检测这一环节没有办法对锻件轴心偏移做出判断，但轴心偏移必然会对锻造过程以及锻件质量有一定的影响，因此从数值模拟的角度来分析，尽可能地减少轴心偏移量，进而优化锻造工艺。

FM 法压下率，指的是双面压下率，即一个方向压完后翻转 180°压另一面，总的压下率为 20%。根据以往的经验，翻转 180°前后有的采用相同的压下率，有的采用相同的压下量，没有统一的标准。这里从对比这二者出发，确定较小的轴心偏移压下方法。

图 7.2-37 是坯料沿 Z 向双面加压前后轴心线上十三个点的坐标示意图，加压前 $P_1 \sim P_{13}$ 各点 X 坐标在 -150～150 之间均匀分布，Z 坐标全为 0。

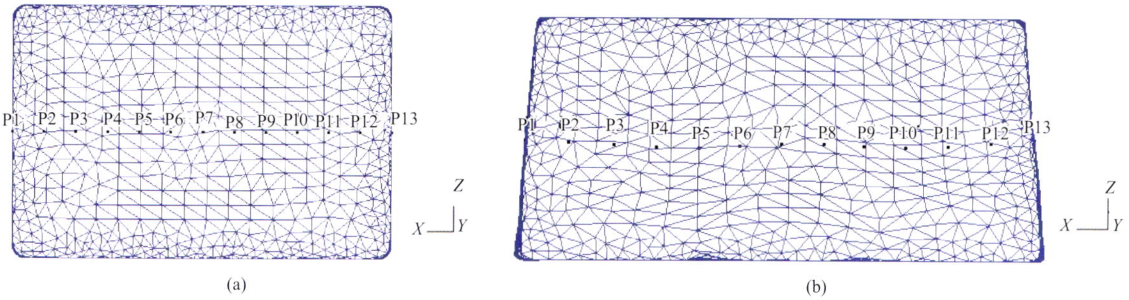

图 7.2-37 坯料沿 Z 向双面加压前后轴心线各点位置示意图

（a）加压前；（b）加压后

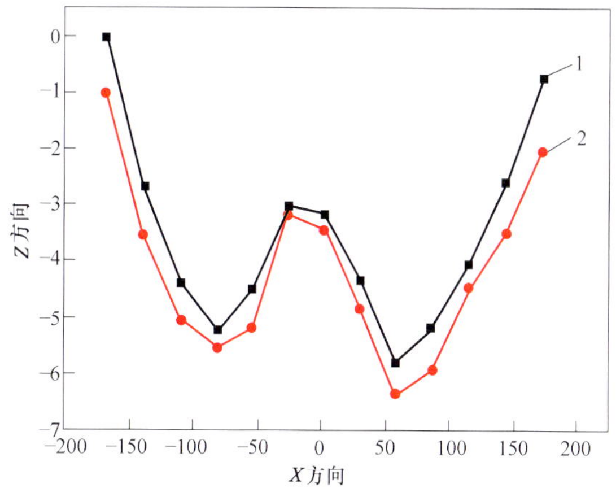

图 7.2-38 Z 向双面加压后轴心线各点偏移情况

1—偏移值；2—偏移比率

图 7.2-38 是 Z 向双面加压后轴心线各点偏移情况。图 7.2-38 中上面一条线是采用相同压下量的加压方式，下面一条线采用的是相同压下率的加压方式，显然，当采用相同的压下量压下时，轴心线上各点偏移量较小。因此，FM 法锻造过程中翻转 180°前后采用相同的压下量加压能更好地减少轴心偏移的出现。

4. FM 法拔长过程中搭接量的优化

图 7.2-39 和图 7.2-40 是坯料中间三砧分别搭接砧宽 10%、20% 的效果图（单面压下率 20%），由于上平砧工作面圆角半径为砧宽的 10%，所以 10%、20% 搭接量即为一倍的圆角半径和两倍的圆角半径搭接。图 7.2-39 中从立体图和侧面图均可见两道明显的搭接痕，图 7.2-40 中搭接部位平整光滑，由此可见 20% 搭接效果较好。

另外，搭接范围越大，相当于减小砧宽比，虽然提高了拔长效率，但是会增加火次，增大成本，实际上降低了生产效率，锻件供应商一般会采用满砧或者较小的搭接拔长。综合考虑，采用 20% 搭接效果较佳。

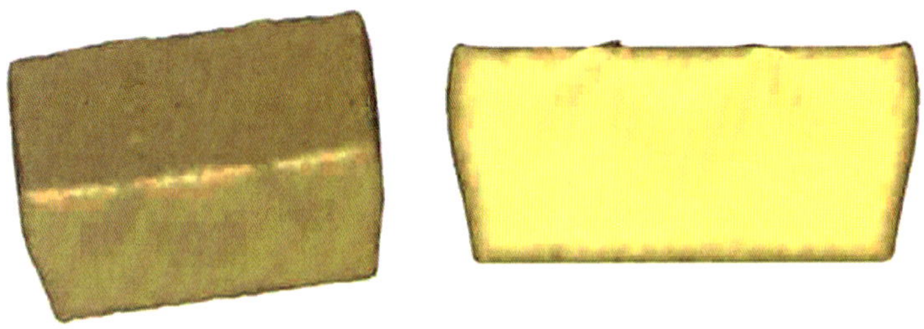

图 7.2-39　搭接 10%（一倍圆角半径）效果图

图 7.2-40　搭接 20%（两倍圆角半径）效果图

5. FM 法锻造程序的优化

国内外对 FM 法砧宽比的研究较多，得出的最佳砧宽比为 0.6～0.7。考虑到拔长效率及生产经验，一般取值偏小，在此重点研究的砧宽比为 0.6，同时选用 0.4 和 0.8 的砧宽比与 0.6 的砧宽比做对比研究。

根据以往经验选用的三组双面压下率分别为 10%、20%、30% 的对比，同样是 20% 的双面压下率为 FM 法最佳值。

本试验采用的是方截面坯料，对于方截面坯料的拔长，关键是如何保证锻造过程中锻件内部始终处于压应力状态、尽可能地减少拉应力的出现。在砧宽比不小于 0.4 时，料宽比在 0.83～1.2 范围内时可以避免横向拉应力的出现。要保证坯料在翻转前后料宽比不超出 0.83～1.2 的范围，那么初始压下率的选取就变得至关重要。

表 7.2-8 是不同初始压下率下料宽比变化情况，其中 b_0/h_0、b/h 为每一砧的初始和终了料宽比，初始砧宽比为 0.6，除初始之外的压下率均为 20%，翻转 180°前后采用相同的压下量。

表 7.2-8　　不同初始双面压下率下料宽比变化

料宽比	初始双面压下率（%）									
	12		11		10.5		10		9	
	b_0/h_0	b/h	b_0/h_0	b/h	b_0/h_0	b/h	b_0/h_0	b/h	b_0/h_0	b/h
第一趟	1.000	1.091	1.000	1.083	1.000	1.078	1.000	1.075	1.000	1.067
	1.091	1.197	1.083	1.179	1.078	1.167	1.075	1.158	1.067	1.143
	0.835	0.969	0.848	0.984	0.857	0.994	0.863	1.002	0.875	1.015
	0.969	1.144	0.984	1.162	0.994	1.174	1.002	1.183	1.015	1.198

料宽比	初始双面压下率（%）									
	12		11		10.5		10		9	
	b_0/h_0	b/h	b_0/h_0	b/h	b_0/h_0	b/h	b_0/h_0	b/h	b_0/h_0	b/h
第二趟	0.874	1.014	0.861	0.999	0.852	0.989	0.846	0.981	0.834	0.968
	1.014	1.197	0.999	1.179	0.989	1.167	0.981	1.158	0.968	1.143
	0.835	0.969	0.848	0.984	0.857	0.994	0.863	1.002	0.875	1.015
	0.969	1.144	0.984	1.162	0.994	1.174	1.002	1.183	1.015	1.198
平均值	1.020		1.021		1.022		1.023		1.025	
极差	0.362		0.331		0.321		0.337		0.364	

理论研究表明：料宽比越接近 1，锻件横向应力状态就越好。当初始双面压下率在 9%～12%范围之外时，会出现料宽比大于 1.2 的情况，即出现横向拉应力，不可取。当初始双面压下率在 9%～12%变化时，料宽比平均值基本都在 1.02 左右波动，变化较小，从这个角度看初始压下率选取 9%～12%均可。同时，当压下率取 10.5 时，极差最小，表明料宽比波动最小，那么此时坯料的应力状态均匀性最好，故 10.5%为最佳初始双面压下率。

6. 轴类件连砧拔长作用效果

FM 法连续变形多趟次翻转方法和布砧的合理控制：拔长工艺实施过程中，如果在坯料端部变形时，采用较小的砧宽比，将在端部产生拉应力，非常容易导致缺陷产生。采用任何一种拔长方法时，都应充分保证坯料端部锻造时实际砧宽比大于规定值。

在不同趟次拔长过程中，由于每砧压下时，坯料内部变形都不均匀，因此，保证坯料内部均匀的方法是通过每趟拔长过程中的合理布砧，每趟布砧时错砧 1/3～1/2，经过六趟以上拔长，基本可以保证塑性变形量均匀覆盖坯料心部。

单方向一次塑性变形压下率小于 50% 较为合理，变形量过大容易产生夹杂性缺陷引起的剪切裂纹。

FM、WHF、KD 法等工艺参数如果匹配合理，都能达到同样的变形效果，但是每一种合理工艺参数不尽完全相同。针对某工艺，可得到连砧拔长时不同阶段试件内部不同方向变形分布情况如图 7.2-41 所示。

(a)　　(b)

图 7.2-41　连砧拔长时不同阶段试件内部不同方向变形分布情况

（a）连续拔长 2 趟后 X、Y 面上变形分布情况；（b）连续拔长 6 趟后 X、Y 面上变形分布情况

由于采用 V 形砧拔长工艺，砧子与坯料接触点多，且坯料一般为圆形或接近圆形，故拔

长时砧面下刚性区小，塑性变形分布更加均匀。此外，一般型砧有三四个接触面，因而刚性区较平砧拔长时小很多，而且在不同拔长趟次中，V 形砧组合更利于改善塑性变形分布状态，该方法解决坯料表层变形问题较为有利，同时能够减小表面裂纹产生趋势。不同趟次拔长时，角度翻转 90°较为方便。对于解决坯料表层金属的变形，使整个截面变形均匀，该法较为有利。

采用上下 V 形 135°砧，或上平下 V 形 135°砧拔长，综合塑性变形效果较好。

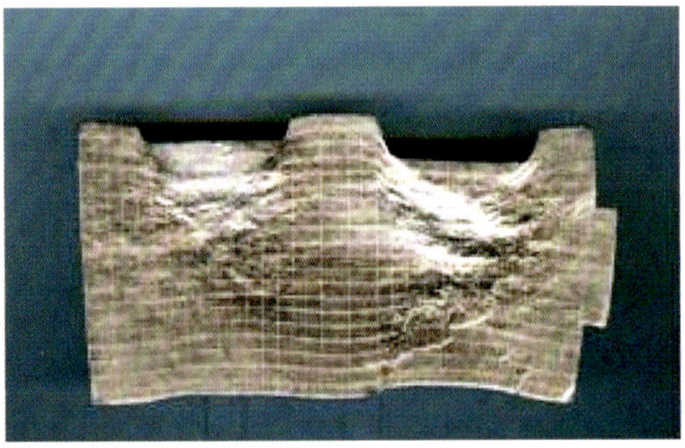

图 7.2-42　上平下 V 形砧变形分布情况

V 形砧拔长工艺的缺点是所需载荷较其他拔长方法大。典型上平下 V 形砧变形分布情况如图 7.2-42 所示。

凹形角度砧型压下时，不同砧型角度时变形分布如图 7.2-43 所示。对比图中各网格变化情况可知，随着凹形角度增加，心部变形更加不均匀。砧下刚性区变大，塑性变形变化梯度更加明显。该种方法对于增加工件心部变形量效果非常明显，能够起到部分 JTS 法的作用，而且便于操作实施。

凸形角度砧型压下时，不同砧型角度变形分布如图 7.2-44 所示。对比图中各网格变化情况可知，随着凸形角度增加，心部变形更加均匀。砧下刚性区明显减小，塑性变形变化梯度明显减小。整个试件变化更加均匀，剪切变形产生缺陷的可能性大大降低。该种成形方法对于抑制工件表面裂纹产生效果非常明显，其明显优势是提高整个工件的塑性变形均匀性。

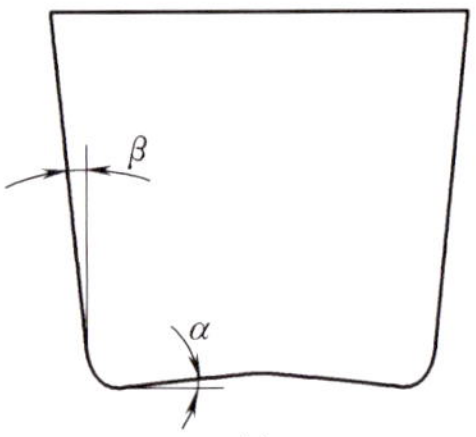

(a)

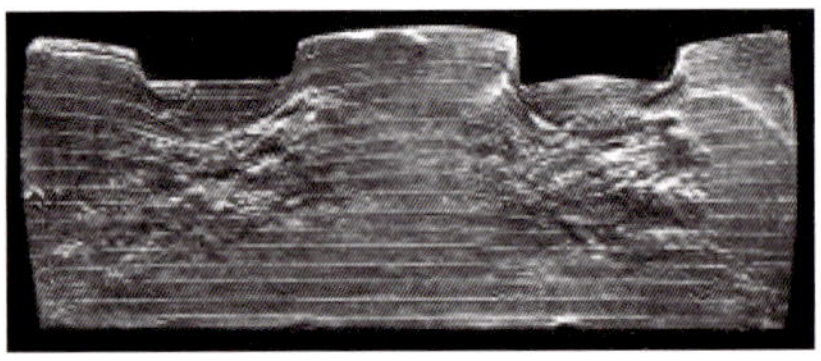

(b)

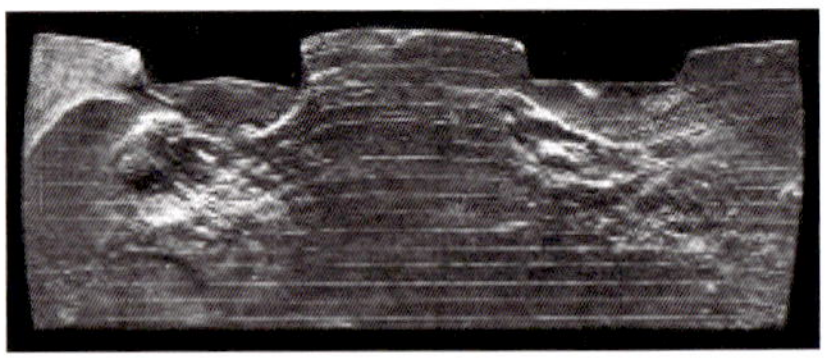

(c)

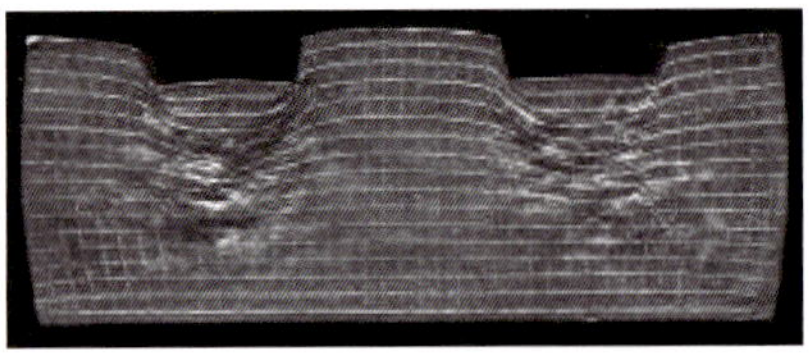

(d)

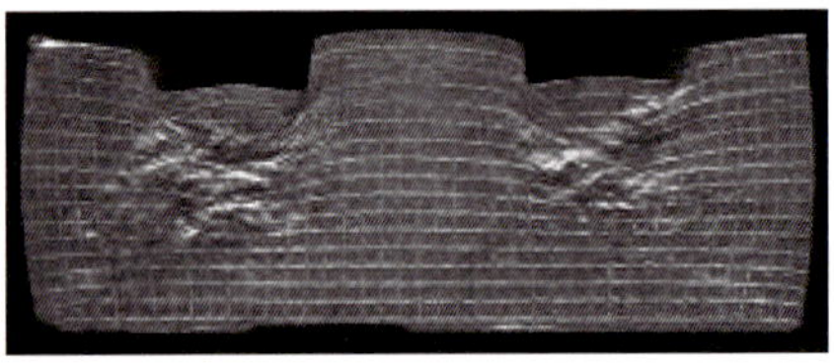

(e)

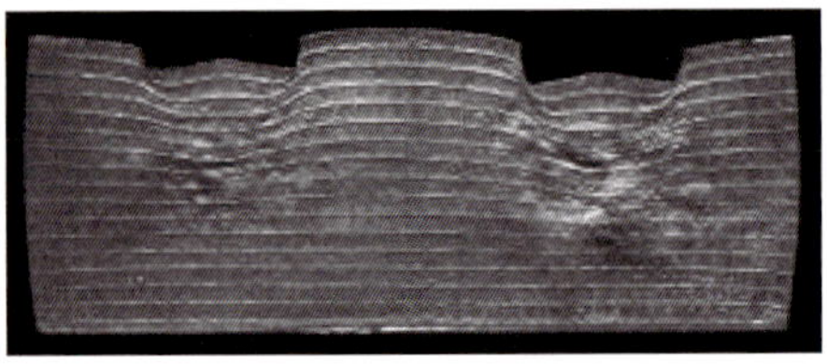

(f)

图 7.2-43　凹形角度砧时不同砧型角度变形分布结果

(a) 凹砧横切面示意图；(b) 左 $\beta=6°$，$\alpha=0°$，右 $\beta=2°$，$\alpha=4°$；(c) 左 $\beta=0°$，$\alpha=6°$，右 $\beta=4°$，$\beta=0°$；(d) 左 $\beta=4°$，$\alpha=2°$，右 $\beta=2°$，$\alpha=0°$；(e) 左 $\beta=4°$，$\alpha=8°$，右 $\beta=2°$，$\alpha=2°$；(f) 左 $\beta=6°$，$\alpha=10°$，右 $\beta=4°$，$\alpha=10°$

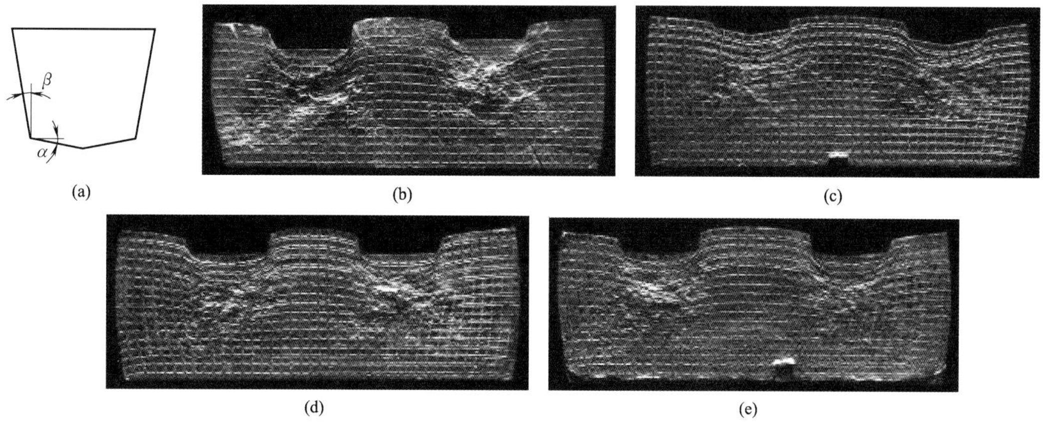

图 7.2-44　凸形角度砧的变形分布结果

（a）凸砧横切面示意图；（b）左β=6°，α=0°，右β=4°，α=0°；（c）左β=6°，α=6°，右β=4°，β=6°；（d）左β=2°，α=0°，右β=0°，α=0°；（e）左β=2°，α=4°，右β=0°，α=2°

对比不同砧型结构和不同坯料形状条件下试件变形分布规律可知，通过合理布砧和各种工艺参数的优化组合，塑性变形能够覆盖整个试件。FM 法、WHF 法、KD 法、JTS 法等每一种成形工艺都有其特点和适用范围，合理使用都能够保证锻件质量。因此，在制定锻造工艺时，应重点根据材料特性、锻件形状特征和自身设备与工附具的实际情况，系统考虑整个成形过程，优化组合多工序、多机制条件下控制锻造方法，最终确定合理的工艺参数。

2.2.4　FM 法对水压机振动的影响研究

FM 法由于采用的是上平钻、下平台的锻造方式，使得锻造时锻件上部和下部是不均匀的。采用这种方法锻造在实际生产中导致水压机振动特别大。工件越大振动现象越明显，这种振动对水压机的精度和密封等都有很大的伤害。要锻造 600t 钢锭，这种伤害将更大，为此进行了振动产生原因和如何消除的研究。

1. FM 锻造对水压机影响的模拟分析

应用有限元模拟分析 FM 法对水压机产生振动的原因，将活动横梁与上宽平砧之间摩擦设置近似为零，根据活动横梁向下运动过程中上平砧与锻件的运动位移与作用力来判定上平砧对水压机活动横梁造成的冲击与损伤。

模拟过程采用简化模型进行仿真计算，采用 2100mm 宽上平砧，坯料尺寸 5m（长）×3.5m（宽）×3.5m（高），下平台尺寸自定（略大于与坯料底面接触面积）。上砧与下平台对坯料摩擦系数设定为含有润滑的热态锻造摩擦系数 0.3，水压机横梁与平砧间摩擦系数设定为 0.08，之所以把横梁与平砧之间的摩擦系数设定过小，是为了更明显地看到坯料与上平砧之间的摩擦力引起的平砧位移，进而计算对横梁的冲击载荷。上平砧压下量为坯料高度的 20%。图 7.2-45 是 FM 法对水压机产生影响的模拟结果。图 7.2-45a 是模拟过程初始状态；图 7.2-45b 是模拟过程终止状态。从图 7.2-45 可以看出，坯料上下产生严重的不均匀变形。

图 7.2-46 是压下前上平砧与下平台水平距离，图 7.2-47 是压下 20% 后上平砧与下平台水平距离。从图 7.2-47 可以看出，上平砧向自由端方向的水平位移约为 240mm，此时上平砧的水平分力为 692t，竖直分力为 13 600t。因此在 FM 压下过程中，由于坯料的不对称变形，使得锤

头与压机横梁承受水平分力，存在向水平方向滑移的趋势，由此造成对水压机的变形与损伤。

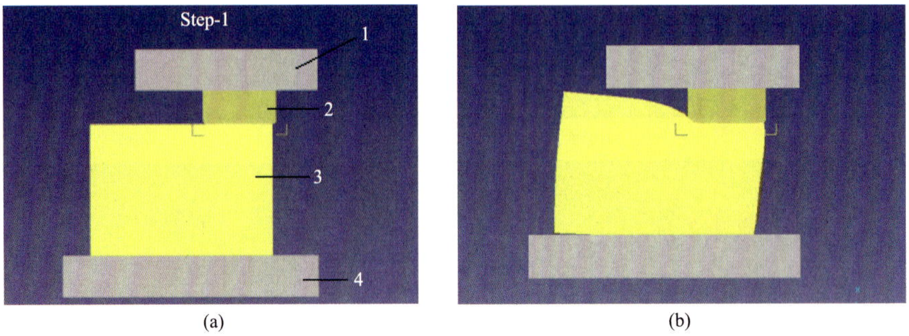

图 7.2-45 FM 法对水压机产生影响的模拟结果

（a）模拟过程的初始状态；（b）模拟过程的终止状态

1—压机横梁；2—上平砧；3—坯料；4—下平台

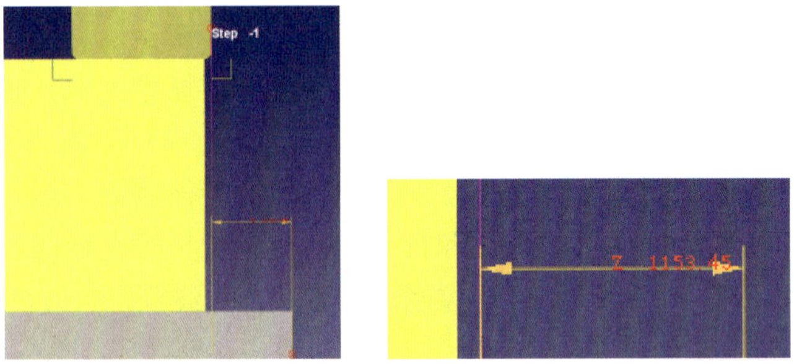

图 7.2-46 压下前上平砧与下平台水平距离

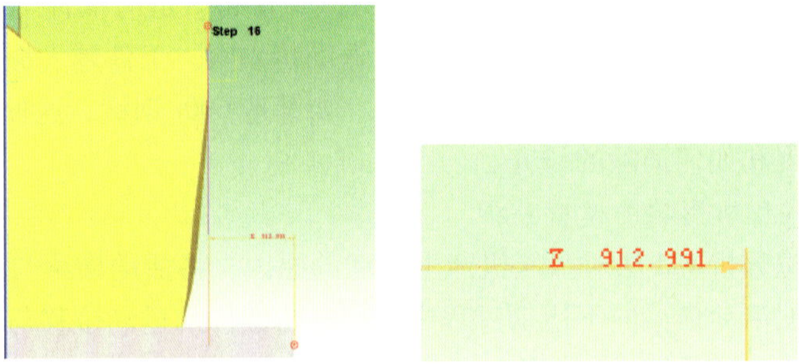

图 7.2-47 压下 20% 后上平砧与下平台水平距离

2. 消除 FM 法振动的物理试验

模拟结果表明 FM 法锻造时产生振动的原因是上钻随锻件的变形而移动，但下平台和锻件之间不产生移动，锻件带动上钻移动使水压机产生振动。为了实现使下平台移动从而消除振动的设想，采用了在下平台下面加滚动装置的办法进行了小型物理试验。试验的目的是研究采用 FM 法锻造时，下平台与工作台在滚动摩擦系数下是否存在位移，以及下平台与工作台在不同摩擦系数下对坯料压实效果有无影响。

试验设备用 2MN 四柱万能液压机，上平砧砧宽 70mm、下平台尺寸为 400mm×200mm，试验坯料的材料为 30Cr2Ni4MoV，试料尺寸规格为ϕ100mm×200mm，试验温度为 1200℃。试验分为滑动摩擦和滚动摩擦，分别如图 7.2-48 和图 7.2-49 所示。

试验是将加热的坯料按图 7.2-48 在 *A* 端压下，下平台与工作台之间为正常的滑动摩擦条件，压下量为20%；然后坯料旋转 90°，并在 *B* 端按图 7.2-49 压下，下平台与工作台之间均布 5 个 ϕ6mm 的钢棒作为滚动摩擦，压下量为 20%。

试验结果滚动摩擦试验的下平台和工作台存在位移，在上砧子与坯料接触后随着压下量和载荷的增加下平台与工作台之间产生相对位移，当压下量达到 20%时相对位移最大，约为10mm。对比两种不同的摩擦条件下两种试验件的变形状态无大的差异，试验表明宏观上两种不同的摩擦条件对坯料的压实效果没有显著影响。

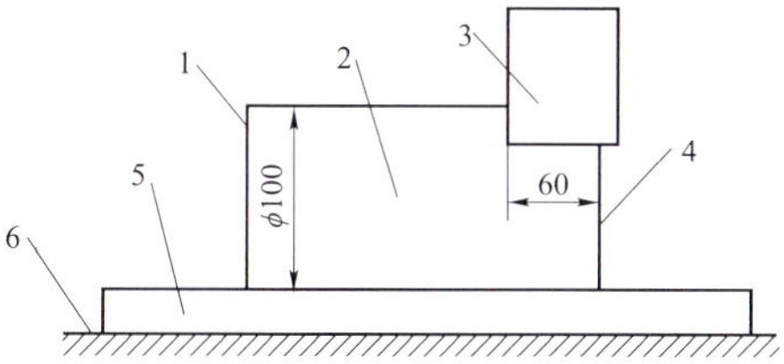

图 7.2-48　滑动摩擦试验

1—*B* 端；2—坯料；3—上砧；
4—A 端；5—下平台；6—工作台

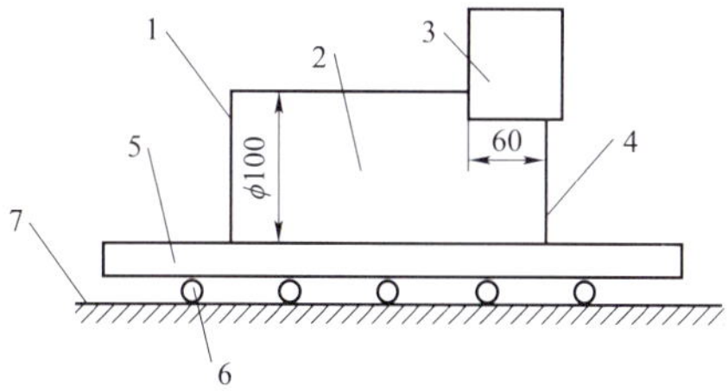

图 7.2-49　滚动摩擦试验

1—A 端；2—坯料；3—上砧；4—*B* 端；
5—下平台；6—钢棒；7—工作台

3. 滚动摩擦方式的工程试验

在完成数值模拟和物理试验后，又进行了工程试验，确定采用滚动摩擦可以消除对水压机的振动。试验是在下平台与工作台之间放置圆钢，压下后下平台的位移情况如图 7.2-50 所示。试验结果表明，加载时平台移动较大，卸载时平台移动很小；平台的最大移动量发生在第一次压下时，最大值为 150mm；整个 FM 预拔长过程中水压机无明显晃动。

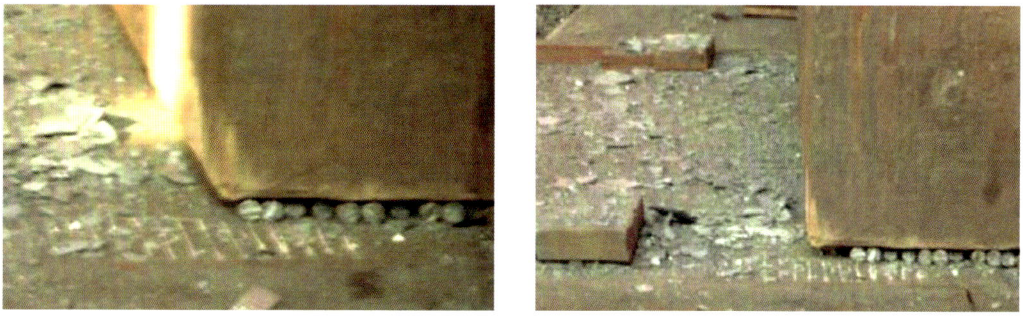

(a)　　(b)

图 7.2-50　压前与压后下平台的位移

（a）压前状态；（b）压后状态

2.2.5　JTS 锻造方法研究

JTS 锻造方法，又叫“硬壳锻造法”，是将坯料加热到锻造温度后放在空气中冷却或采用鼓风喷雾进行强制冷却，当锻坯表面冷却到 700～800℃时立即进行快速锻造，或待拔方结束的坯料表面温度降低后再锻造的方法。把坯料冷却后，坯料的截面温差可达 250～350℃。因为表面温度低，变形困难，而中间温度高，变形容易，表面就形成了一层低温的硬壳，使心部在强大的压应力状态下进行变形。这就有利于中心缺陷的焊合。

JTS 法可使坯料内部孔隙呈三维收缩（其他方法一般为二维收缩），压实、焊合效果较好，但需要的变形力较大，锻后形状特殊，必须与其他方法结合应用。

JTS 压实工艺的主要参数包括：空冷方法、空冷时间；上小砧的长度和宽度、圆角和斜度；压下量，上小砧的摆放位置。如果固定冷却方法和上小砧的位置，则参数可简化为：空冷时间 T_{cold}；砧宽比 $b=B/H$；砧长比 $a=A/W$；压下量 $w=h/H$。

式中：A，B 为上砧的长度与宽度；H 和 W 为锻件方截面的高度和宽度；h 为绝对压下量。国内某锻件供应商的经验数据为砧宽比 $b=0.533$，砧长比 $a=0.433$，压下量 $w=7\%$。

在轴向盲孔缺陷设置情况下，本研究用空洞闭合率 β 和压实不均匀度 η 两个指标作为评价压实效果的变量，它们的定义公式分别为

$$\beta=(D-p_1p_2)/D \tag{7.2-2}$$

$$\eta=\beta_O/\beta_A \tag{7.2-3}$$

式中：D 为孔洞初始直径；下标 O、A 分别为空洞轴线上正对上砧中心和端部的位置（图 7.2-51）；p_1p_2是闭合的孔洞尺寸。显然压实效果越好，闭合越大，闭合不均匀度越小。当空洞完全闭合时，$\beta=\eta=1$；空洞未闭合时，$\beta=0$，$\eta=1$。

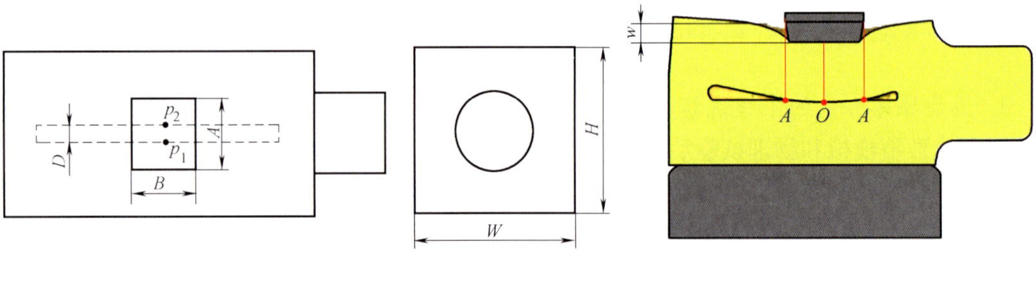

图 7.2-51　JTS 各相关参数

（a）上小砧及孔洞；（b）坯料截面；（c）压实效果

2.2.6　材料热锻性能及晶粒演化研究

1. 材料始锻温度确定

材料 30Cr2Ni4MoV 的过热过烧试验，是将试件加热至 1200℃以上温度、保温后自然冷却至室温，进行组织分析并测定冲击性能。限于试验设备条件，保证试验精度的上限温度为 1280℃。试件冷却后，显微镜观察金相组织没有发现晶界出现氧化现象，即过热现象。冲击性能试验数据证明，1280℃时材料冲击性能与 1200℃时相比没有明显降低。因此，可以将始锻温度确定为 1280℃，此温度下的原始晶粒如图 7.2-52 所示。

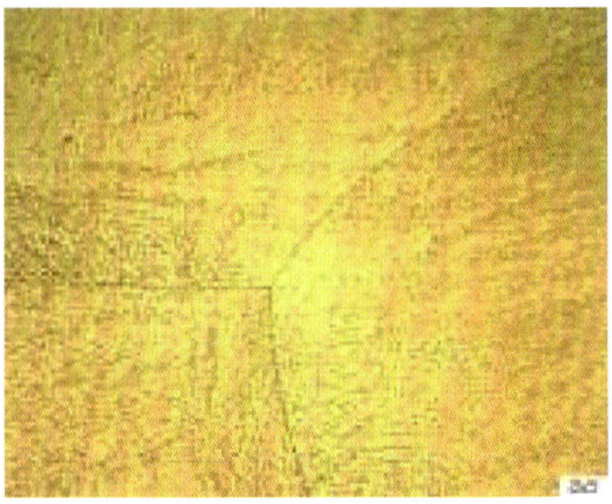

图 7.2-52　始锻温度在 1280℃的原始晶粒

2. 热锻力学性能和动态再结晶规律

（1）热锻力学性能试验。

试验材料：30Cr2Ni4MoV 转子钢，锻态，初始晶粒尺寸 275μm。

试验方法：热压缩试验获取热锻力学性能，热压缩后立即水淬，金相试验测定晶粒尺

寸，获取晶粒演化规律。

试验结果：图 7.2-53 是转子钢在不同温度和不同应变速率下的应力应变曲线，从图 7.2-53 可以看出有三类形状曲线：低温高应变速率下的应力应变曲线呈单调上升状，它对应动态回复，形成亚晶，但没有晶粒粗化和细化；在中等温度和应变速率下应力应变曲线呈单峰型，它对应动态再结晶和晶粒细化；在高温和低应变速率下应力应变曲线呈多峰型，它对应晶粒长大。引入 Z 参数

$$Z=\dot{\varepsilon}\exp\left(\frac{Q}{RT}\right) \tag{7.2-4}$$

式中：$\dot{\varepsilon}$、T 分别为应变速率和热力学温度；R 和 Q 分别为玻耳兹曼常数和激活能。图 7.2-54 为平均晶粒尺寸 D 随 Z 参数的变化。可以看出低 Z 值（高温和低应变速率）对应晶粒长大；中等 Z 值（中等温度和应变速率）对应晶粒细化；高 Z 值（低温高应变速率）对应晶粒尺寸不变。图 7.2-55 为再结晶体积分数 X 随应变的变化，图 7.2-56 是再结晶晶粒尺寸 D_2 随 Z 参数的变化，可以看出 Z 越大，D_2 越小；Z 越小，D_2 越大。当 $\ln Z_1=21.5$ 时 $D_2=D_0=275\mu m$，可认为这是晶粒细化与长大的界限。显然 Z_1 是初始晶粒尺寸的函数。

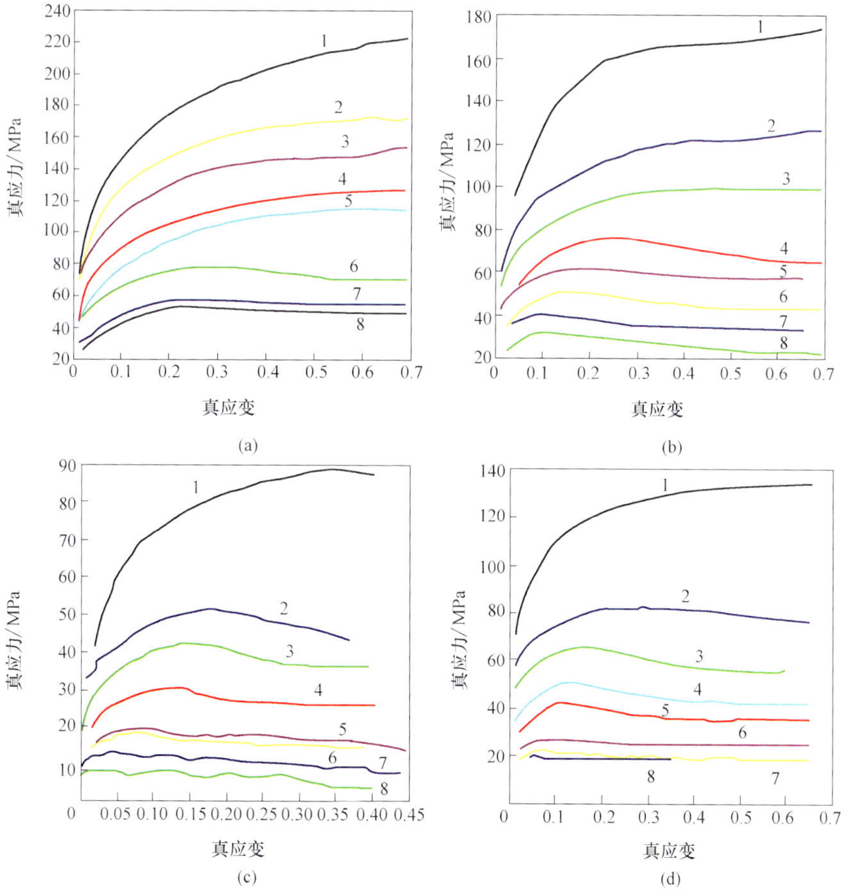

图 7.2-53　26Cr2Ni4MoV 钢的真应力-真应变曲线

(a) $\dot{\varepsilon}=10^{-1}/s$；(b) $\dot{\varepsilon}=10^{-2}/s$；(c) $\dot{\varepsilon}=10^{-3}/s$；(d) $\dot{\varepsilon}=10^{-4}/s$

1—T=1073K；2—T=1173K；3—T=1223K；4—T=1273K；

5—T=1323K；6—T=1373K；7—T=1423K；8—T=1473K

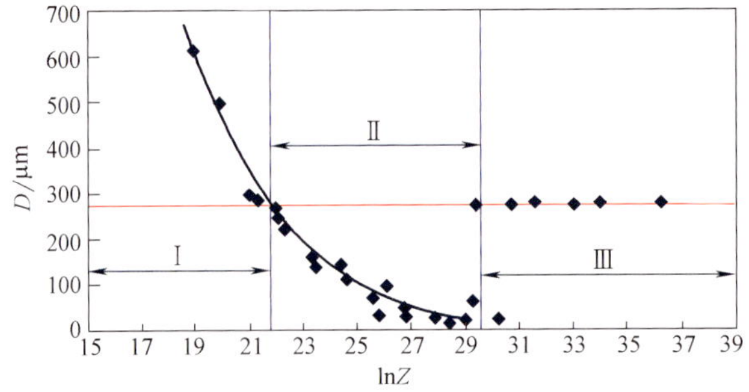

图 7.2-54 平均晶粒尺寸 D（μm）与 ln$Z$ 的关系（真应变 ε=0.7）

Ⅰ晶粒长大—Ⅱ动态再结晶—Ⅲ动态回复

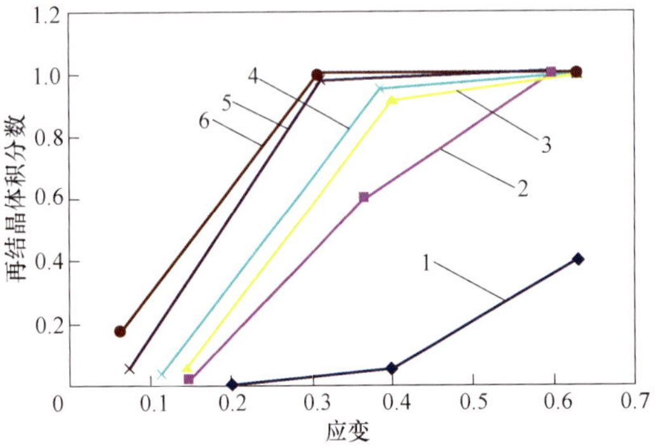

图 7.2-55 不同温度下（$\dot{\varepsilon}$ = 10^{-3}/s）再结晶体积分数随应变的变化

1—1150℃；2—1100℃；3—1050℃；4—1000℃；5—950℃；6—900℃

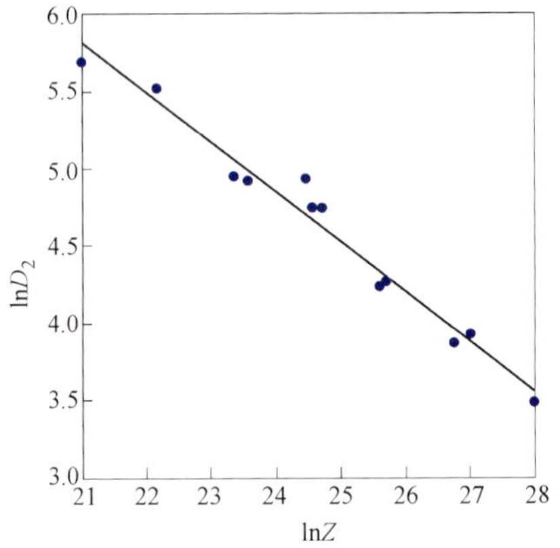

图 7.2-56 ln（D_2）-ln（Z）关系图

（2）晶粒长大规律。

1）动态晶粒长大规律。上述发生在低 Z 值情况下的动态晶粒长大过程，虽然应力应变曲线呈波浪形，但是晶粒尺寸还是随应变逐步长大，并随应变增加晶粒尺寸逐渐趋向一个稳态数值 D_s。

图 7.2-57 是动态晶粒长大稳态晶粒度 D_s 随 Z 参数的变化。从图 7.2-57 可以看出 Z 参数越小，D_s 越大，当 Z 参数趋向零时，D_s 趋向静态晶粒长大的稳态晶粒尺寸。D_s 与 Z 的关系可近似表示为

$$D_s = 649.7\mathrm{e}-0.5Z \tag{7.2-5}$$

用 D_0 表示初始晶粒尺寸，晶粒随应变的长大过程可近似表示为

$$D = D_0 + (D_s - D_0)\mathrm{e}^{-A\varepsilon} \tag{7.2-6}$$

2）静态晶粒异常长大条件。选取经过 14%、32% 和 45% 压缩变形后的三种圆柱体试样，在经过 14% 变形后的试样中平均晶粒尺寸为 442μm 的粗大晶粒占 98%，平均晶粒尺寸为 64μm 的细晶占 2%；在经过 32% 变形后平均晶粒尺寸为 159μm 的大晶粒占 40%，平均晶粒

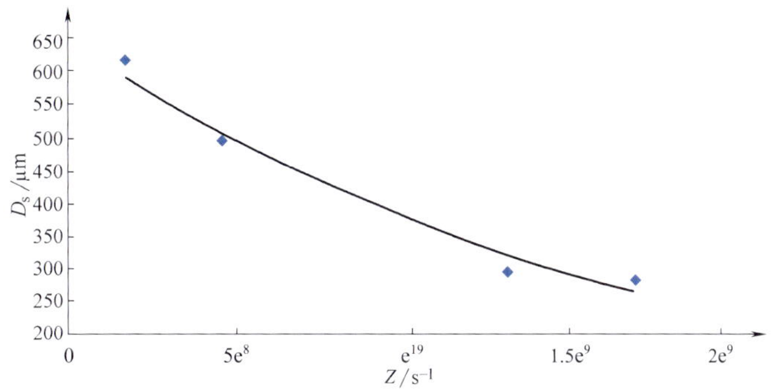

图 7.2-57　动态晶粒长大稳态晶粒尺寸 D_s随 Z 参数的变化

尺寸为 45.5μm 的细晶占 60%；在经过 45% 变形后的试样中全部为 51μm 的细晶。将这些试样在不同温度下保温 10h 后测定其平均晶粒尺寸。

图 7.2-58 是保温 10h 晶粒长大与温度和初始晶粒度分布的关系。从图 7.2-58 所示的试验测量结果可以看出：温度愈高，晶粒长大越快；当温度超过 1100℃以后，这种材料会出现晶粒异常长大，破坏锻件的材料性能；对于 10h 的保温时间，试样初始晶粒尺寸分布的差异对晶粒尺寸长大结果无明显影响。

静态晶粒长大的稳态晶粒尺寸 D_s随温度 T 上升而上升，其近似关系为

$$D_s = 6.88E-0.3\mathrm{EXP}(9.88E-0.3T) \tag{7.2-7}$$

晶粒长大的过程可能与初始晶粒度 D_0和初始塑性变形能有关。晶粒度随时间的演化过程可以近似表述为

$$D = D_0 + (D_s - D_0)\mathrm{EXP}(-A_t) \tag{7.2-8}$$

式（7.2-7）说明，如果 $D_0<D_s$，对应晶粒长大；如果 $D>D_s$，则 $D<D_0$，对应晶粒细化。但晶粒细化的前提条件必须是高温环境，并在材料内部存在变形能作为晶粒细化的驱动力，否则晶粒将保持不变。这里的静态晶粒细化可能对应的是静态再结晶和亚动态再结晶。图 7.2-59 是不同初始晶粒尺寸的转子钢材料在不同温度下晶粒粗化与细化的过程曲线，说明这些试样高温加热前都经历了 6%～15% 的高温压缩变形，存储了一定的变形能。这里可以将 2h 的晶粒尺寸近似视为稳态晶粒尺寸。

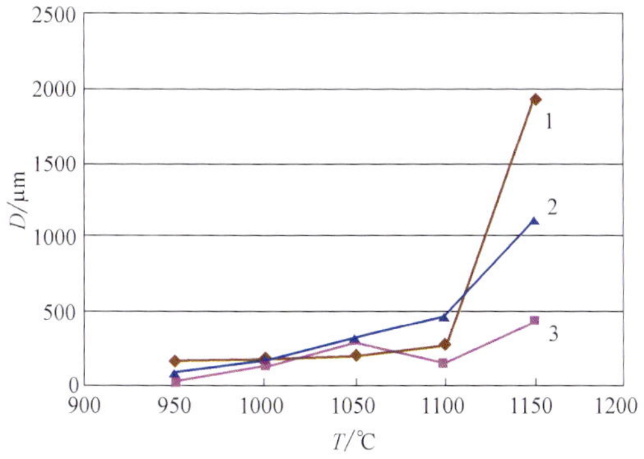

图 7.2-58　保温 10h 晶粒长大与温度和初始晶粒尺寸分布的关系

1—14%：442/98%，64/2%；
2—32%：159/40%，45.5/60%；3—45%：51/100%

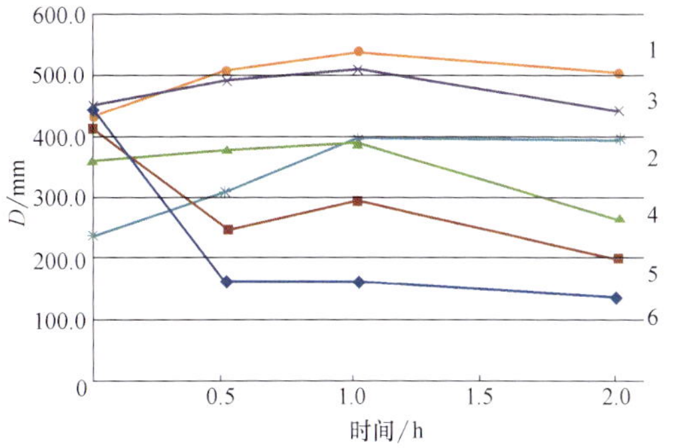

图 7.2-59　不同初始晶粒尺寸在不同温度下粗化与细化的过程（纵坐标）

1—1200℃；2—1150℃；3—1100℃；
4—1050℃；5—1000℃；6—950℃

第7篇　常规岛锻件研制及应用

（3）晶粒演化基础理论与预测公式。材料：30Cr2Ni4MoV；所考虑的微观组织演化包括动态再结晶以及晶粒细化、晶粒动态或静态长大。

1）动态再结晶公式。一个已经建立的动态再结晶的理论模型如图 7.2-60 所示。考虑一个包括很多晶粒的宏观单元，在再结晶过程的某一时刻，新形成的再结晶细晶区靠近原始晶界，晶粒尺寸为 D_2，老晶粒中心区是未完成再结晶的区域，该区域随应变增加逐步缩小。细晶区体积与单元总体积之比为再结晶体积分数 X；图中 D_1、D_2 分别为未再结晶晶粒尺寸、再结晶晶粒尺寸；D 和 D_c（$D_c=D_1-D_2$）分别为平均晶粒尺寸和最大晶粒尺寸差。通过理论分析，得到这些变量的主要计算公式。

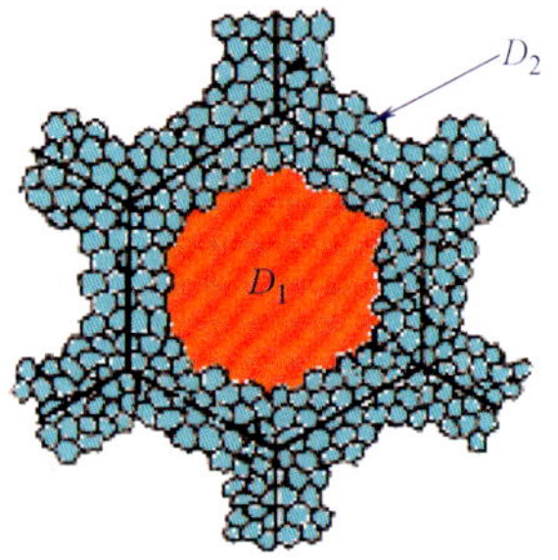

图 7.2-60　动态再结晶的理论模型

$$X = 1 - \exp\left[- c\left(\frac{\varepsilon - \varepsilon_c}{\varepsilon_{s2} - \varepsilon_c}\right)^{c_2}\right] \tag{7.2-9}$$

$$\dot{x} = - c_2(1 - x)\ln(1 - x)\frac{\dot{\varepsilon}}{\varepsilon - \varepsilon_c} \tag{7.2-10}$$

$$D = D_0\left[1 + \int_0^X (D_0/D_2)^3 \mathrm{d}x\right]^{-1/3} \tag{7.2-11}$$

$$\frac{\dot{D}}{D} = -\frac{1}{3}\left(\frac{D}{D_2}\right)^3 \dot{X} \tag{7.2-12}$$

$$D_1 = D_0(1 - X)^{1/3} \tag{7.2-13}$$

$$D_2 = K_1 Z^{K_2} \tag{7.2-14}$$

2）动态与静态晶粒长大。这里所谓动态晶粒长大仅限于变形过程中所伴随的晶粒长大，其主要特征是这种情况下应力应变曲线呈多峰型。伴随应变增加晶粒逐渐长大并趋向一个稳态数值 D_s，这个稳态数值与 Z 参数相关。静态晶粒长大指的是高温的结果，这是没有应变伴随，但是可能有先前的应变能存储在材料中。为了试验处理方便，实际上这里的晶粒长大包括了静态晶粒长大、静态再结晶和亚动态再结晶多个过程。在实际数值模拟中这一过程用于处理加热过程，冷却过程，自由锻两锤之间的变化过程。因此这一过程因条件不同可能对应晶粒长大也可能对应晶粒细化。以下是常用的计算公式：

动态
$$D = D_0 + (D_s - D_0)[1 - \exp(-A_1\varepsilon)] \tag{7.2-15}$$

$$D_s = B_1 \cdot \exp(-C_1 Z) \tag{7.2-16}$$

静态
$$D = D_0 + (D_s - D_0)[1 - \exp(-A_2 t)] \tag{7.2-17}$$

$$D_s = B_2 \cdot \exp(C_2 T) \tag{7.2-18}$$

计算公式中参数数值取自试验数据的拟合分析。这些方程将用于转子锻造过程中的微观组织预测。

2.3　热处理技术研究

大型锻件热处理分为锻后热处理和性能热处理。锻后热处理是完成锻造后直接进行的热处理，主要目的已由过去的去氢防止白点变为调整组织、细化晶粒，为调质热处理及超声波探伤作组织准备[96]。热处理方式一般为正火、回火。最终热处理是锻件经过粗加工后进行的，目的是满足锻件所要求的组织、性能。热处理方式一般为淬火、回火，淬火方式有油淬、水淬或喷淬等。核电转子热处理主要围绕着性能和组织的均匀性、强度的准确性以及中心的高韧性三个方面开展研究。

2.3.1 锻后热处理工艺研究

合理选择过冷保持时间和正火保温时间是保证转子锻件中心充分转变的必要条件。由于核电转子材料存在晶粒遗传倾向，很多学者围绕着遗传产生机理、消除遗传方法和细化晶粒工艺等方面开展研究[97,98]。文献［99］认为低压转子钢非平衡组织中的残留奥氏体薄膜对该钢的组织遗传与晶粒细化过程有着极为重要的影响。转子锻件锻后热处理的正火次数主要取决于锻件锻造最后火次的变形量，变形量越小，锻后热处理细化晶粒越困难。对过热造成的粗晶，可通过多次正火来细化[100]。日本铸锻钢1983年报道，直径2700mm的转子用900℃正火，再用850℃正火两次，然后用630℃回火[101]。正火前和正火后锻件要过冷到一定温度来保证锻件中心部位的组织转变，过冷温度的选择直接影响晶粒细化效果和组织的均匀性。

锻后热处理需要多次过冷和正火，合理选择过冷保持时间和正火保温时间是保证转子锻件中心充分转变的必要条件。为制定合理的工艺，对转子从装炉待料到第一次正火保温结束和回火过程的不同阶段的温度场和应力场进行了模拟，以期寻找出较为合理的热处理参数，对实际工艺的制定起到指导作用。

1. 过冷保温

转子完成最后一火次的锻造后将立刻入炉，在680～720℃的温度下保温30h，然后以1.5℃/h的冷却速率缓慢冷却到250℃。从图7.2-61可以看出，温度场上显示转子轴身表面温度为345℃，心部温度为375℃，轴身心部与轴身表面温差已经降到30℃。轴颈冷却较快，从模拟结果来看已经降到了300℃。等效应力最大部位仍然为轴身表面及心部，因冷却速率较慢，等效应力约为18MPa，应力较低不会产生开裂。

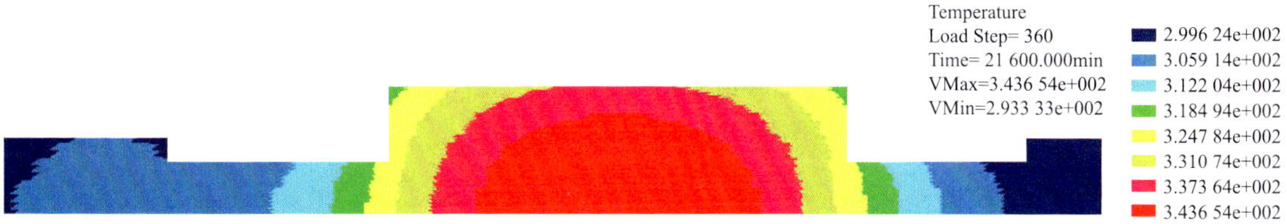

(a)

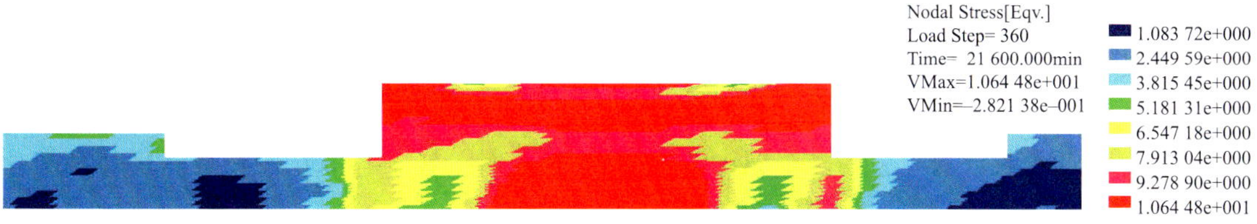

(b)

图7.2-61 过冷保温阶段的温度场及应力场

（a）温度场；（b）应力场

为使转子达到较均匀的过冷温度并进一步降低转子轴身及心部的应力，将转子在 250～300℃的温度下保温 30h，转子轴身及心部温差继续降低，转子整体的等效应力进一步下降。

2. 转子从过冷温度升温到正火保温

转子过冷保温结束后开始升温，在 250℃～700℃的过程中采用较慢的升温速率，以使表面和心部保持较小的温差。700℃以后开始采用较快的速率升温。从图 7.2-62 可以看出转子轴颈及轴身肩部温度已经达到了 890℃，但转子心部温度刚达到 680℃；炉温虽已达到 900℃，但转子表面最高温刚刚达到 887℃，所以需要有一定的均温时间，一直到转子表面达到均匀 900℃的时候开始进入转子保温阶段；轴颈部位较细，温升较为均匀，等效应力也较小，轴身直径较大，整体等效应力也较大。

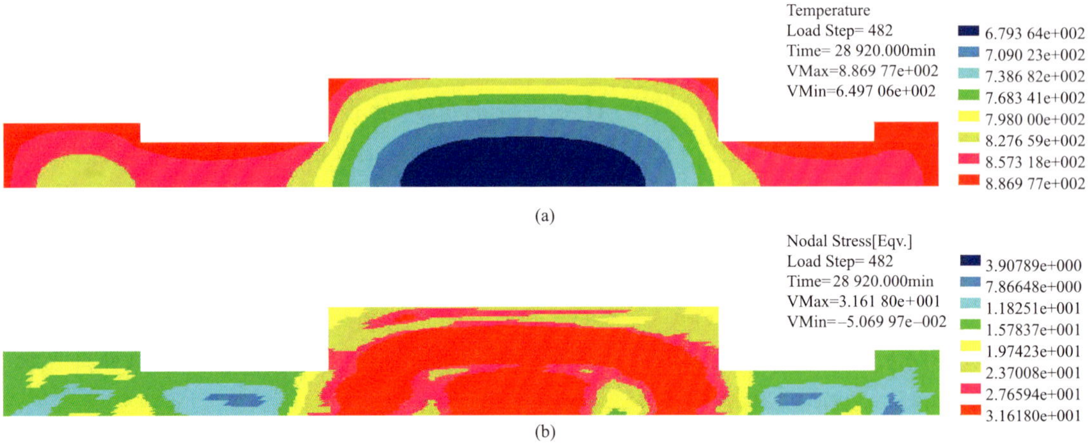

图 7.2-62　炉温刚升到 900℃时转子的温度场及应力场

（a）温度场；（b）应力场

3. 转子出炉开始空冷

转子正火保温结束后，出炉空冷，从图 7.2-63 的不同空冷时间温度场的模拟图中可以看出转子表面温降非常快，轴身直径较大处降温则相对缓慢得多，所以为使心部和表面温差较小，并为下一次的正火做好组织准备，空冷时间要足够长。空冷 60h 时，转子心部温度约为 292℃，轴身表面约为 200℃。空冷 80h 时，转子心部温度已经降到了 193℃，同时转子心部和表面温差也缩小了很多，证明空冷 80h 时间已足够。

4. 转子回火升温

从图 7.2-64 可以看出，当设定的环境温度也即炉温达到规定的 650℃时，转子表面温度刚达到 550℃，心部温度只有 320℃左右；等效应力场的模拟结果显示此时转子整体的应力都比较大，轴身表面最大处达到了 200MPa，说明转子需要一个较长的均温保温过程。

5. 转子回火保温

从图 7.2-65 可以看出，当转子回火保温达到 120h 时，转子心部及表面都已经达到了比较均匀的温度，同时等效应力最大处已经降低到 26MPa。

结合以前生产同类产品的热处理实践，模拟结果和实际还是较为接近的，因此可以参考模拟结果进行热处理工艺的制定工作。

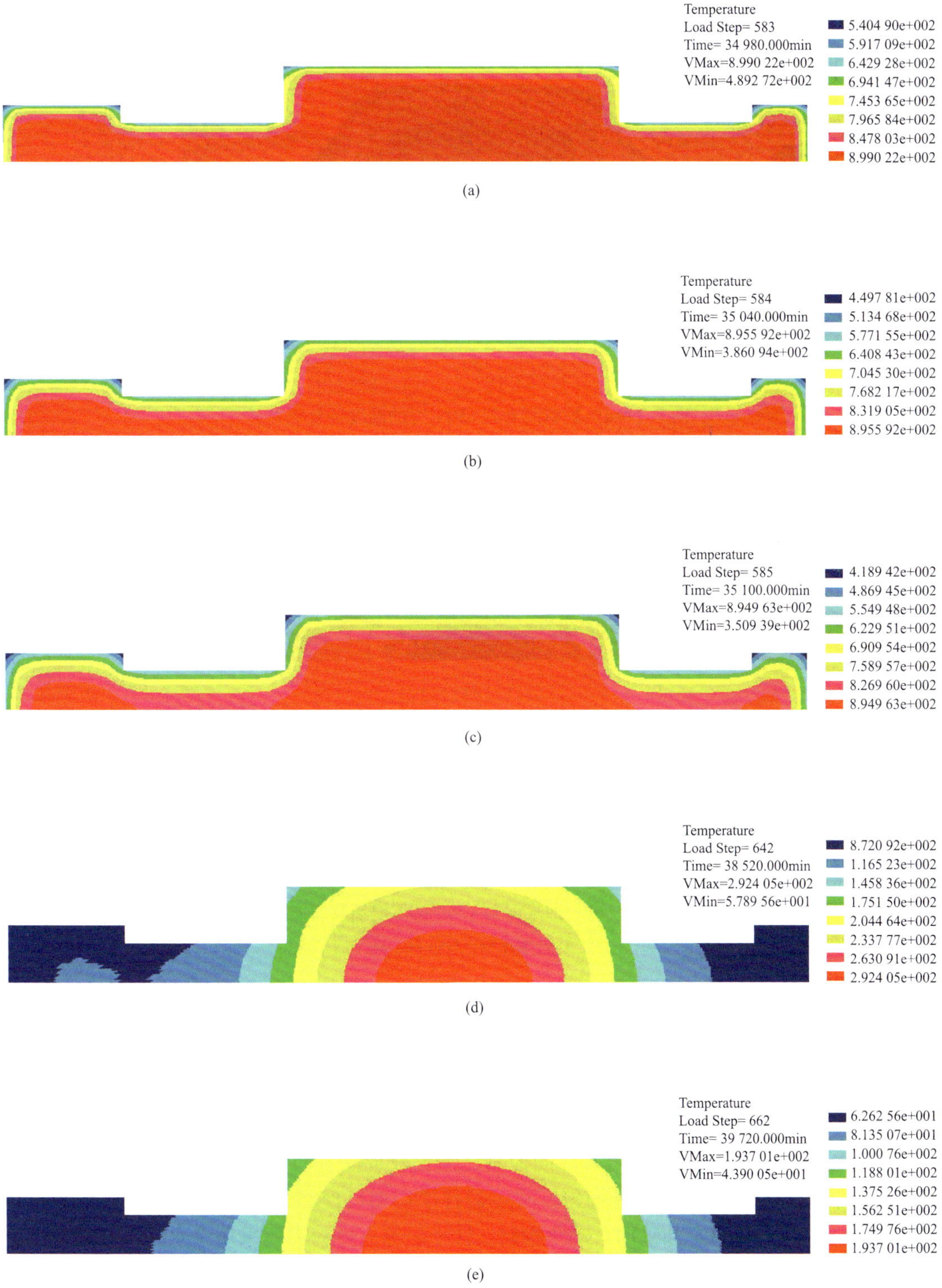

图 7.2-63　不同空冷时间温度场

（a）空冷 1h；（b）空冷 2h；（c）空冷 3h；（d）空冷 60h；（e）空冷 80h

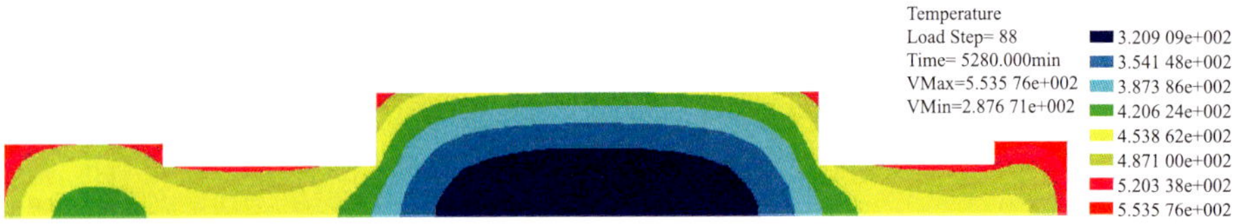

(a)

(b)

图 7. 2-64　炉温刚升到 650℃时的温度场及应力场

（a）温度场；（b）应力场

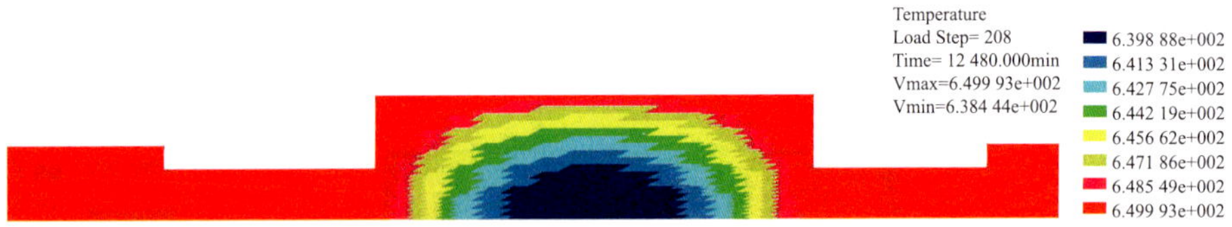

(a)

(b)

图 7. 2-65　回火保温 120H 的温度场及应力场

（a）温度场；（b）应力场

2. 3. 2　性能热处理工艺研究

核电超大型转子锻件性能热处理为调质处理，对最终产品的质量起着重要的决定作用。S. Maropoulos 等人对低压转子材料不同微观组织下的力学性能与工艺性能进行了深入研究[102~104]。转子的淬火加热温度和时间控制已经比较成熟，回火温度和时间主要取决于所要求的性能。为保证转子的性能均匀，很多锻件供应商已经将炉子的加热方式改造为电加热，并采用多区加热布置和采用自动化控制。转子的淬火冷却需要采用大水量、高压力的喷淬方式，这是一项新技术，是借助于水流速度和压力与工件表面带来的碰撞作用提高冷却均匀性和力学性能。Pola. M 认为尽管喷淬的适用性很好，但是要达到最佳效果却比较困难，因为它的效果会随着锻件形状、工艺参数即喷嘴类型（喷射角度）和分布、喷嘴/工件距离、锻件的旋转速度等变化的影响[105]。研究发现可以通过改变和组合这些参数来优化热处理工艺，进而达到均质化最终显微组织以及提高产品性能的目的。采用大水量立式喷水方式对转子进行深冷淬火处理，锻件截面在2000mm以上也可保证淬火后心部组织获得贝氏体，具有高的强度、良好的塑性和韧性、FATT通常达到室温以下[106]。

数值模拟技术已经广泛应用于材料组织、应力和热处理工艺的研究，热处理模拟的主要难点在于理解、预测、控制和优化热处理的不同阶段。Michael Taschauer已经开展了模拟热处理分析工件淬火后的自动回火、残余应力、塑性应变等对产品性能和质量的影响[107]；用数值模拟实现大型锻件热处理过程的虚拟生产，用计算机模拟工件在不同介质中淬火的温度场、组织场和应力/应变场。Hyee-young Choi讨论了化学成分、淬透性、Ms点、残余奥氏体、设计外形等的影响；制定了用特定的评定标准分析大型锻件的淬火裂纹和防止裂纹的方法[108、109]；利用试验件测试数据计算边界条件或用模拟软件计算边界条件和已有的生产和试验数据建立数据库，用计算机反馈系统预测材料达到最佳力学性能时所需的热处理参数。

采用数值模拟对性能热处理的低温保温阶段、升温阶段、奥氏体保温和淬火冷却阶段的温度场和应力场进行计算机模拟，为制定最终热处理工艺获得合理的加热、保温和冷却时间。

1. 620℃中温保持

从图7.2-66可以看出，620℃中温保持40h，轴身心部温度为473℃，轴身表面与心部温差为90℃；保温50h，轴身心部温度为512℃，轴身表面与心部温差66℃；随着保持时间的延长，轴身表面与心部的温差进一步缩小。

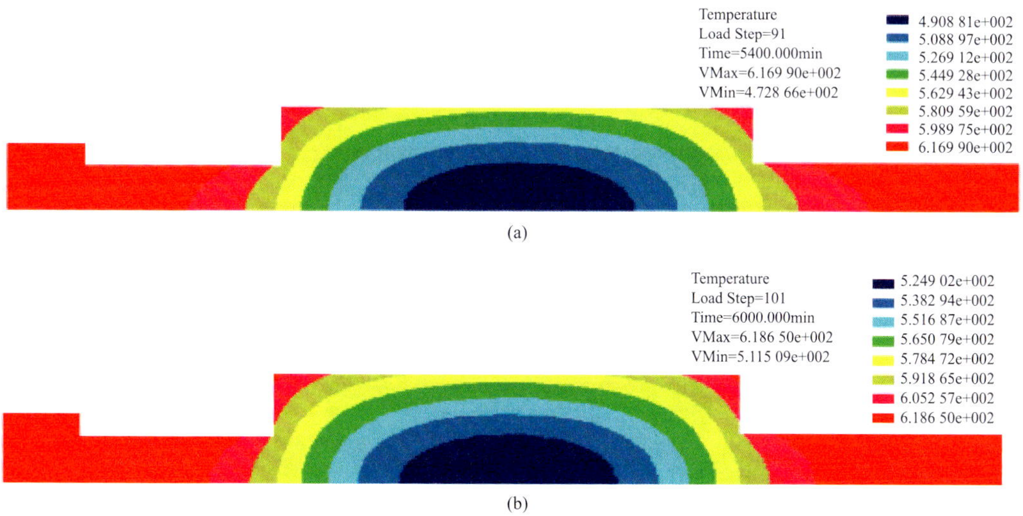

图7.2-66　620℃中温保持的温度场

（a）保温40h；（b）保温50h

2. 高温升温和保温阶段

高温升温阶段分别模拟了620℃中温保持30h后，用45h由620℃升温至840℃和850℃保温时的温度场。

620℃中温保持30h后，用45h由620℃升温至840℃保温时的温度场和应力场如图7.2-67所示。

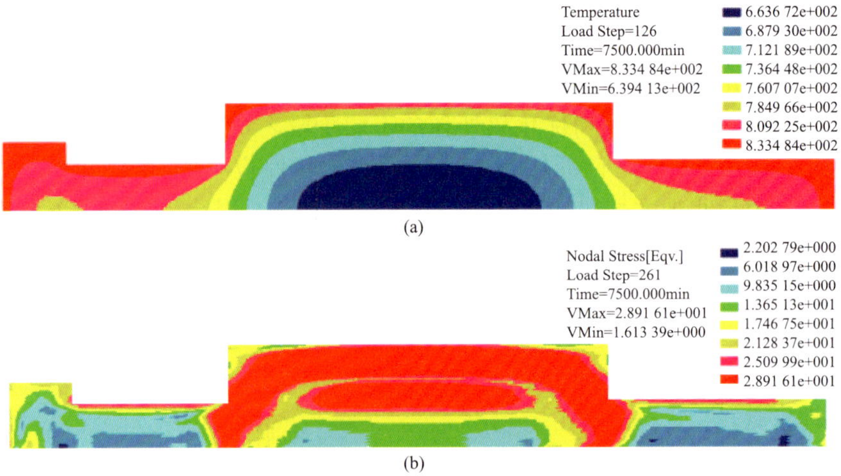

图 7.2-67　620℃中温保持 30h 后升温至 840℃保温的温度场和应力场

（a）温度场；（b）应力场

从图 7.2-67 可以看出，转子轴身表面温度为 809℃，轴身心部温度为 639℃，轴身温差为 170℃，转子最大温差为 194℃；此时，转子的等效应力最大值至为 29MPa。

转子在 840℃保温 80h 后的温度场和应力场如图 7.2-68所示。从图 7.2-68 可以看出，保温 80h 后，转子轴身表面温度为 839℃，轴身心部温度为 831℃，轴身温差为 8℃；此时，转子的等效应力最大值为 11MPa。

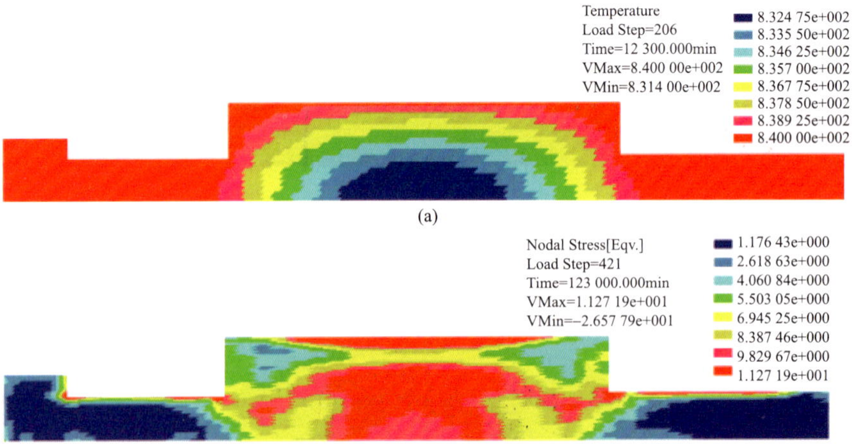

图 7.2-68　840℃保温 80h 的温度场和应力场

（a）温度场；（b）应力场

620℃中温保持 30h 后，用 45h 由 620℃升温至 850℃保温的温度场如图 7.2-69 所示。从图 7.2-69 可以看出，转子轴身表面温度为 823℃，轴身心部温度为 676℃，轴身温差为 147℃。

转子在 850℃保温 70h 后的温度场如图 7.2-70 所示。模拟结果可知保温 70h 后，转子轴身表面温度为 840℃。

图 7.2-69　620℃中温保持 30h 后升温至 850℃保温的温度场

图 7.2-70　850℃保温 70h 的温度场

由两种升温方式可见，提高温度可以缩短保温时间和提高转子中心的温度，对于保证转子中心性能有利。

3. 淬火冷却时间

在转子淬火保温完成后进行喷水冷却，使工件心部温度达到工艺要求。喷水时间直接影响转子中心部位的组织转变和性能。为此采用模拟的方式确定淬火冷却所需的时间。为保证模拟结果的准确，首先进行喷水冷却换热系数的验证。验证选用直径 1850mm、长度 1991mm 火电低压转子锻件，淬火加热温度 840℃，喷水冷却。心部与表面（深度为 46mm）的温度变化如图 7.2-71 所示，喷水 15h，心部温度约为 250℃。该结果与转子实际测温的结果基本一致，可以认为换热系数选择合理。

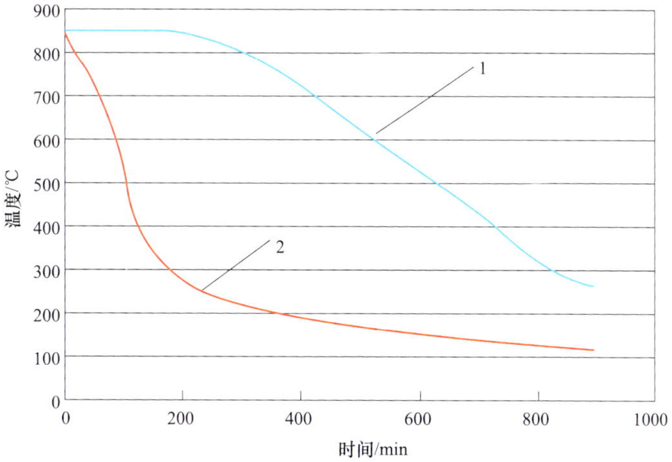

图 7.2-71　工件心部与表面温度变化

1—心部；2—表面

核电转子粗加工图的形状基本具有对称性，取四分之一进行计算，低压转子的单元网格如图 7. 2-72 所示。

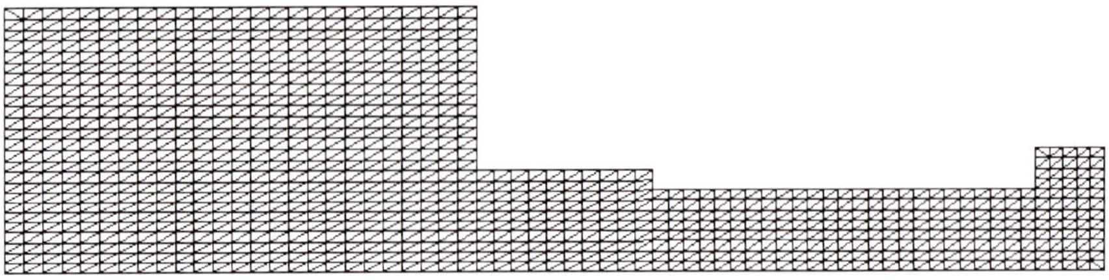

图 7. 2-72　低压转子的单元网格

首先把喷水冷却时间设定为 40h，喷水冷却结束时转子纵截面的温度分布如图 7. 2-73 所示，心部温度为 140℃。转子心部与表面（位于对称截面上）的温度变化以及心部与表面温差的变化如图 7. 2-74 所示。然后把喷水时间设定为 35～65h 之间，分析喷水冷却结束时的心部温度与喷水时间之间的关系，计算结果见表 7. 2-9。根据表 7. 2-9 中的计算结果，喷水冷却时间超过 40h 后，心部平均冷速显著下降，中心温度已经达到工艺要求，继续冷却中心降温很慢。由以上可看出，冷却时间可以确定为 40h。

图 7. 2-73　转子纵截面温度分布

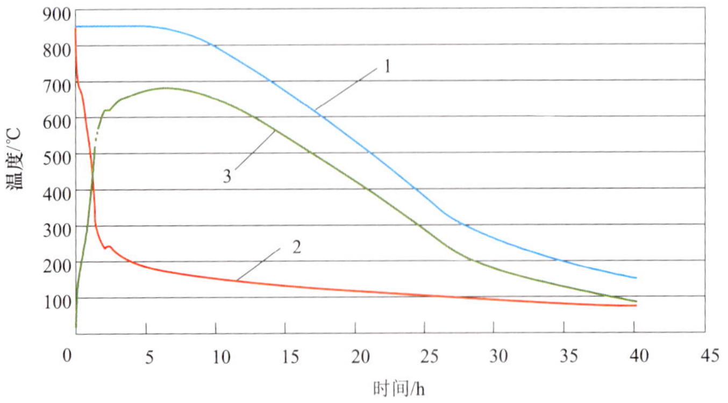

图 7. 2-74　喷水 40h 心部与表面的温度变化

1—心部；2—温度差；3—表面

表 7. 2-9　喷水时间与喷水结束时刻心部温度

喷水冷却总时间/h	喷水结束时刻心部温度/℃
35	251. 6
40	140. 1
45	109. 4
50	87. 9
55	72. 5
60	61. 3
65	53. 0

2.4 大型开合式热处理装备研制

大型转子锻件的热处理需要在垂直状态下进行加热和淬火。以往采用的是井式炉加热和井式淬火喷冷设备冷却（见图 7.2-75）。工件为吊挂式，出炉和淬火是垂直升降，要求有较高的厂房来满足工件起吊需要，还要有很深的基础安放设备。该生产方法的厂房地上和地下建设最高达 50m，在起重设备、吊装方式等方面还存在很多技术难题，实施难度特别大。核电转子热处理时不仅尺寸大、重量大，而且转子高径比大，有些长度达直径的 10 倍，为细长轴类件。为了避免传统形式设备的弊端，需要研制出用于核电转子的热处理淬火加热和冷却的新型设备。

2.4.1 加热和淬火设备形式研究

研究工作从工件在热处理过程中的移动方式入手，转子等轴类工件传统移动方式是在垂直状态下从设备上端出入，并在悬挂状态下加热和淬火。随着工件尺寸的增大，传统移动方式遇到了厂房净高不足的问题。采用工件垂直横向移动可以解决厂房净高不足的问题，但改变运动方式就要改变设备结构，为此，开展了大型开合式热处理设备的研制。开合式热处理设备如图 7.2-76 所示。

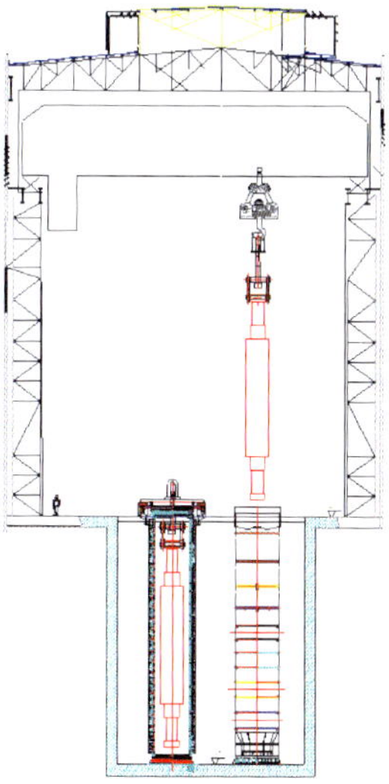

图 7.2-75 传统井式设备示意图

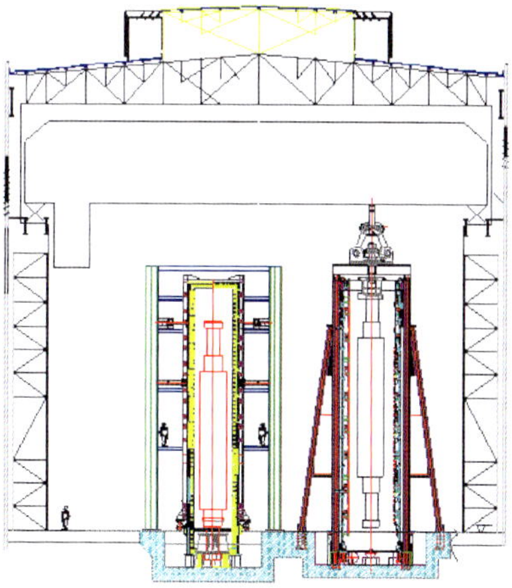

图 7.2-76 开合式热处理设备示意图

确定工件运动方式后，还需要确定工件的加热和淬火方式。若核电转子采用传统的吊挂方式，不仅要有庞大的吊具，而且工程中很难实现。传统吊挂方式如图 7.2-77 所示，吊具的一部分要在炉中加热，要占用炉子空间，使吊具在加热中变形，吊具消耗非常大。研究认为采用坐底式加热，出炉用冷态吊具起吊和移动的方式比较合理。工件淬火需要旋转淬火，坐底式旋转工件的支承和稳定性存在很大难题，现有的吊挂式比较容易实现，淬火选择吊挂式旋转淬火。

2.4.2 开合式热处理炉研制

常见的开合方式为两个半圆炉体分别左右移动的对开方式，这种炉体的高度和直径比都不大，一般不超过 2∶1。由于炉体与支撑框架整体移动稳定性差，很难实现过大的高径比，同时还存在工件扶持机构难以实现的问题。

核电常规岛转子锻件为细长轴类件，长度与直径相差很大，特别是核电发电机转子直径只有 1800mm，而长度达 17 000mm，长度与直径比接近 10∶1。所以，要求炉体的长度与直径也很大，一般要大于 6∶1。这种炉体由于开合的稳定性因素无法采用对开式炉型，为此研制出了如图 7.2-78 所示的新型开合式炉体结构。将炉壳固定在一个支撑框架结构上，使两个半圆筒炉壳旋转对开，实现炉子的开启和关闭。这种炉型结构具有稳定好、操作方便、安全可靠等优点。

2.4.3 开合式淬火设备研制

为了保证不同直径工件淬火时有相同的冷却特性，需要研究在长度 18 000mm，直径为 1200～3200mm 范围内，喷淬设备既具有纵向、周向均匀喷淬的特性，又具有大范围变径喷淬的功能。淬火过程中，重达 350t 锻件采用旋转吊具吊挂在设备的支撑平台系统上，要求整个设备具有足够的强度和刚度。

图 7.2-77 转子锻件吊挂状态

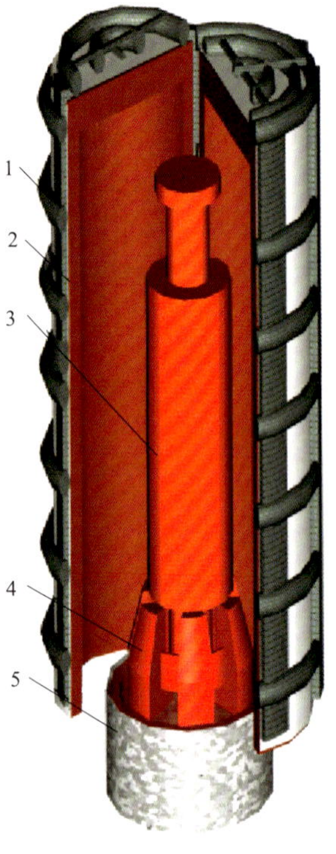

图 7.2-78 开合式炉体示意图

1—炉体支承架；2—炉体；3—转子锻件；4—锻件支座；5—炉底座

支撑平台系统结构的主要技术指标包括：

（1）最大负荷：450t（工件温度≤1050℃）。

（2）工件旋转形式：工件为吊挂旋转，旋转速度可调。

（3）淬火冷却介质：水、风、压缩空气。

（4）工件工作方式：将淬火设备的两扇门打开，用旋转吊具将锻件从加热炉中吊起（低压转子）或吊出（发电机转子），平行移动到立式淬火设备上，将吊具平梁坐在淬火设备的支承架上进行旋转喷水淬火。

（5）抗震烈度：7 度。

（6）整体竖向变形控制：0.1%高度（构件挠度：0.25%跨度）。

（7）设计平面尺寸：≤12m×10m；设计高度：22m。

采用有限元方法对大型开合式热处理设备的机架结构进行了设计计算及优化分析；通过对多个可行方案在多种荷载组合工况下力学响应的计算和对它们的结构形式、结构特性、占用空间、耗钢量等参数的比较，确定了最佳方案，如图 7.2-79 所示。方案采用立式结构，顶部为中间局部半开口的多箱室箱梁，用于承载转子，箱梁与两侧横梁刚性连接，横梁再与 4 根主立柱连接将力传至基础。主立柱间、主立柱与斜支撑间通过 H 型钢连接，以增加侧向刚度。

设计载荷下，淬火转子的最大位移为 8.46mm，位移分量 $U_X=0.65$mm，$U_Y=-4.91$mm，$U_Z=6.84$mm，转子顶部夹持部位应力 35.5MPa。机架最大位移位于顶部板梁开口区右侧，位移以 Z 正向侧移为主，位移分布云图、应力分布云图分别如图 7.2-80 和图 7.2-81 所示。

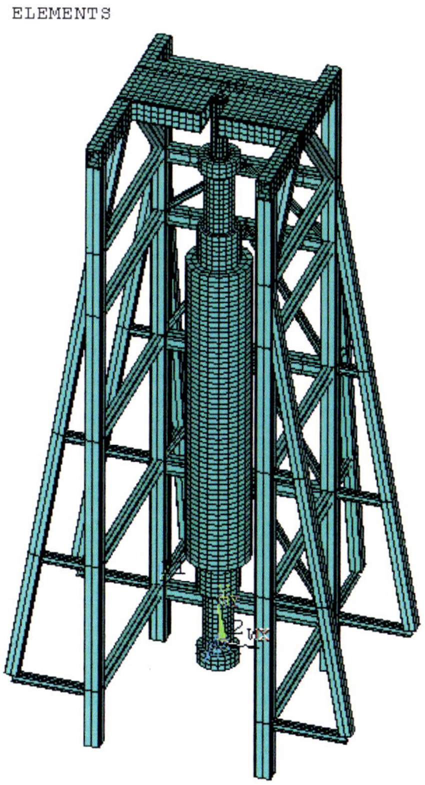

图 7.2-79　支承平台结构方案

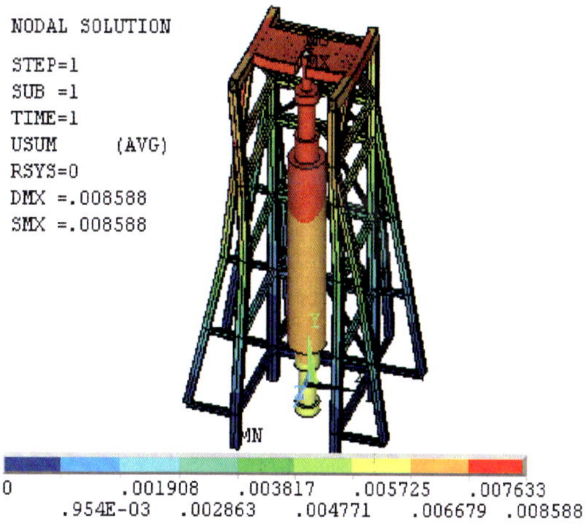

图 7.2-80　结构整体荷载下位移（m）

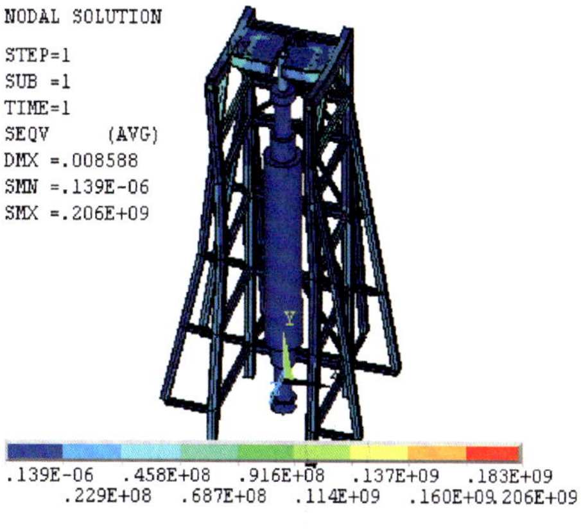

图 7.2-81　结构整体荷载下应力（Pa）

本方案采用Q345钢，计算最大应力为206MPa，小于250MPa，满足材料强度要求；最大位移为8.58mm，小于14mm，满足挠度要求。*X*向、*Z*向7度地震频谱分析的组合变形满足要求。

2.4.4 大型开合式热处理装备研制效果

立式旋转开合，凹形稳定炉体结构具有稳定性好，操作方便，安全可靠。解决了转子热处理过程中的热变形问题，减少了出炉时间，提高了热处理效果，降低了转子生产对场地及专用设备的要求。

开发出大型开合立式淬火系统，同时具备喷水、喷雾和喷风三种功能，这些喷淬功能可以单独使用，也可以组合使用，形成多功能喷淬柔性系统，具有适应不同喷淬工艺调整的能力。开发出圆环形水路局部开启结构与变直径淬火结构。实现工件喷淬均匀、冷却效果比井式热处理炉明显改善，消除了转子上部与下部的温度差，使其上下性能保持一致。大型开合式热处理设备（参见图1.3-16）已经批量用于核电转子的性能热处理，效果非常好。

第3章 核电转子试制与评定

百万千瓦级核电常规岛汽轮机整锻低压转子锻件（见图7.3-1）是目前世界上所需钢锭最大、锻件毛坯重量最大、截面尺寸最大、技术要求最高的实心锻件，是代表着轴类锻件热加工最高综合技术水平的产品，是具备国际一流锻件制造能力的标志。

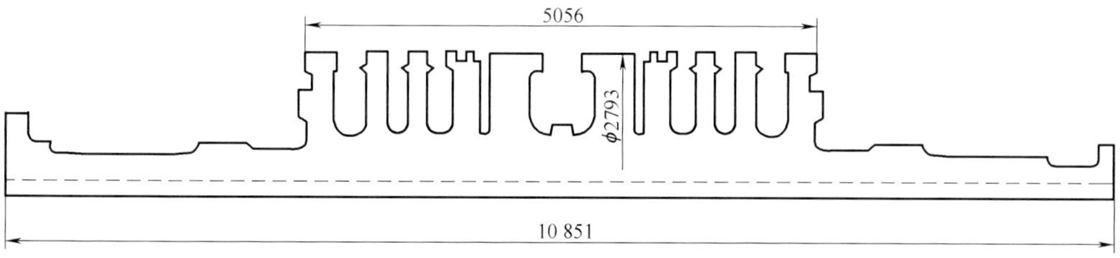

图7.3-1 核电低压转子轮廓图

该产品涉及超大型钢锭多包合浇技术、提高钢液纯净度的控制技术、超大型钢锭偏析的控制技术、超大型转子锻件中心压实的锻造技术、超大型转子锻件的晶粒细化技术、超大型转子锻件心部FATT控制技术、超大型转子锻件机械性能均匀性控制技术及ϕ3000mm超大截面的轴类件探伤技术和其他特殊检测技术等领域。

引进三代核电技术时，百万千瓦级核电常规岛汽轮机整锻低压转子锻件只有日本JSW能够制造，大型转子严重依赖进口，国内核电装备在采购周期和价格上受制于人。

为了实现核电常规岛汽轮机整锻低压转子锻件的自主化，中国一重从2008年开始联合国内优势高校及科研院所，开展了一系列科技攻关及技术改造工作。

3.1 整锻低压转子试制

试制转子以AP1000常规岛汽轮机整锻低压转子为目标，是中国一重联合哈尔滨汽轮机厂有限公司引进日本三菱公司的技术标准，采用585t钢锭制造的首支百万千瓦级的核电常规岛汽轮机整锻低压转子，又称为评定转子。本节主要介绍试制转子的科研开发、产品试制以及产品最终的检测结果。试制转子以AP1000常规岛汽轮机整锻低压转子为目标，转子的材质、轮廓尺寸与工序重量见表7.3-1。

表7.3-1 AP1000核电低压转子制造参数

名 称	材 质	主 要 尺 寸	净重	粗重	锻重	锭重
汽轮机低压转子	30Cr2Ni4MoV	ϕ2826mm×5196mm/11 241mm	173.4t	296.6t	353.1t	585t

3.1.1 冶炼及铸锭

采用MP工艺5包合浇（见图7.3-2），冶炼及铸锭方式为：LVCD+VCD。详细工艺及操作要领参照第 2 篇。各包冶炼成分和权重成分见表 7. 3-2。

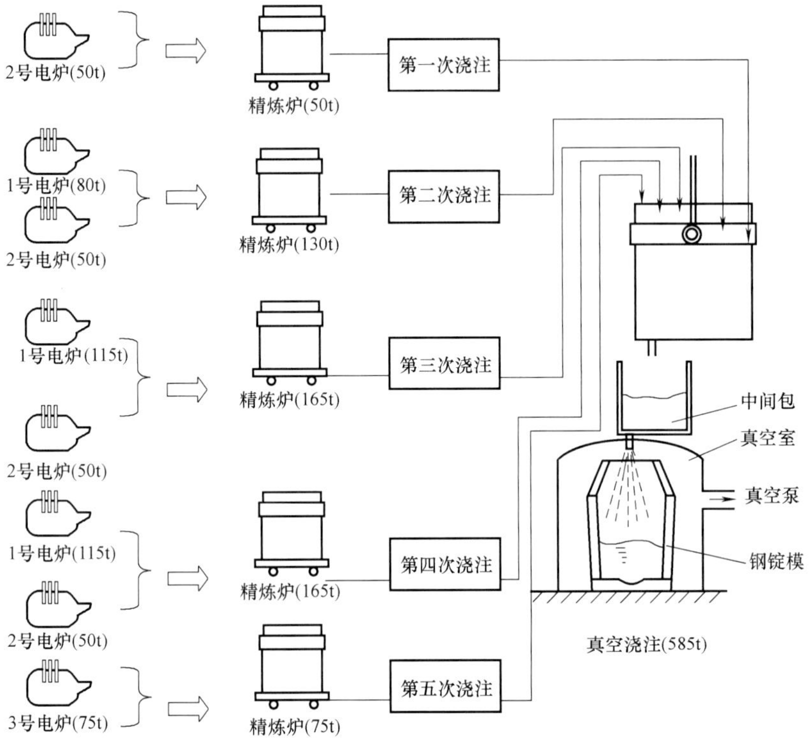

图 7. 3-2　585t 钢锭冶炼及铸锭技术方案

表 7. 3-2　　585t 钢锭各包成分及权重分析　　（质量分数，%）

炉次	材质	CF/t	C	Si	Mn	P	S	Cr	Ni	Mo	V	Cu	Al	As	Sn	Sb
5090338	30Cr2Ni4MoV（10325MUB）	165	0. 25	0. 03	0. 3	0. 003	0. 002	1. 59	3. 52	0. 4	0. 1	0. 04	0. 005	0. 004	0. 004	0. 001 5
5090339		165	0. 22	0. 03	0. 24	0. 003	0. 001	1. 66	3. 49	0. 35	0. 11	0. 03	0. 005	0. 004	0. 003	0. 001 5
6090549		130	0. 3	0. 01	0. 34	0. 005	0. 001 5	1. 77	3. 59	0. 44	0. 1	0. 04	0. 004	0. 004	0. 003	0. 001 5
6090550		75	0. 1	0. 01	0. 21	0. 003	0. 001 3	1. 75	3. 59	0. 31	0. 1	0. 05	0. 005	0. 005	0. 004	0. 001 5
7090573		50	0. 37	0. 02	0. 41	0. 004	0. 001 2	1. 77	3. 53	0. 5	0. 11	0. 05	0. 005	0. 005	0. 004	0. 001 5
权重			0. 24	0. 02	0. 29	0. 003	0. 001 4	1. 68	3. 54	0. 39	0. 1	0. 04	0. 005	0. 004	0. 004	0. 001 5

为了验证“利用多包合浇技术控制钢锭偏析”冶炼方案的合理性，委托国内某研究所对多包合浇工艺进行了数值模拟。C 偏析模拟结果如图 7. 3-3 所示。

由图 7. 3-3 可见：最大 C 偏析为 0. 51%，位于冒口底部；最小 C 偏析为 0. 15% 位于钢锭尾锥；在位于冒口以下 200mm 与尾锥以上 100mm 之间 C 的含量在 0. 16% ~0. 33% 之间。

3. 1. 2　锻造

核电整锻低压转子的锻件毛坯尺寸如图 7. 3-4 所示。根据钢锭和转子的质量和尺寸要求，制订了锻造工艺方案。采用两次镦粗三次拔长的工艺方案。镦粗采用球面镦粗板，拔长采用 FM 法和 JTS 法相结合。

转子在实际锻造过程中，既要克服锻件过大的超重问题，又要解决尺寸过大的空间问题，同时还要满足转子超大截面轴身的压实问题。压钳口、镦粗、拔长等不同火次面临不同的难题。低压转子锻造从开始到结束用时 54d，经过 13 个火次完成锻造。

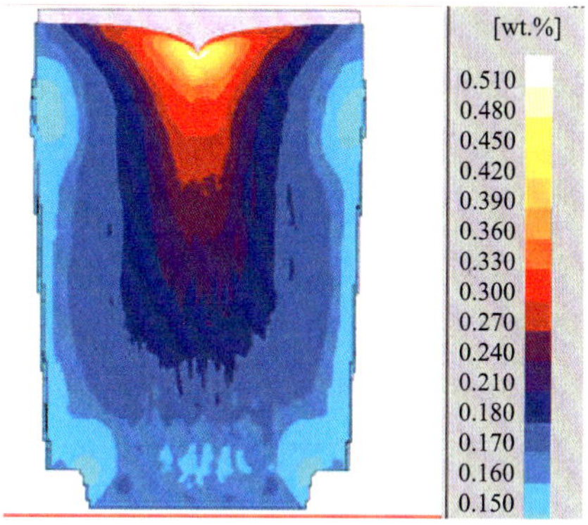

图 7.3-3　585t 钢锭 C 偏析模拟结果

压钳口在锻造全过程中坯料重量最大，对锻造设备是严峻的考验。585t 钢锭水口直径达 ϕ3700mm，冒口直径约 ϕ3960mm，单靠翻钢机自身的力量，很难将链子套在钢锭上，需要采用操作机辅助挂链子。

镦粗在改善锻件横向性能的同时，还可以为下序拔长做准备，增大锻造比以达到更好的压实效果。立料时 550t 吊钳夹持坯料位置应计算准确，若夹持距离（夹持点距水口端面）过长会出现钢锭水口横端面与吊钳吊臂干涉而无法垂直吊起坯料，重新更换吊点不仅浪费时间导致坯料降温，而且增加坯料上的夹痕。镦粗前将材料始锻温度提高至 1280℃，降低材料的变形抗力，缓解水压机压力系统压力，并在达到工艺要求的镦粗高度时适当保压一段时间以提高镦粗压实效果。

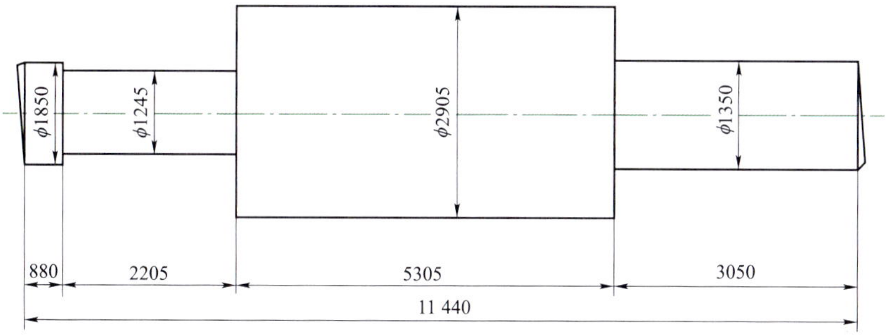

图 7.3-4　整锻低压转子锻件毛坯图

对于 ϕ3000mm 直径的实心轴类锻件，FM 法拔长压实是最首要解决的问题之一，本火次至关重要。90°翻转钢锭时钢锭坯料重达 480t，由于惯性过大容易造成翻不动或是坯料与套筒产生相对转动，需要将翻钢机的链子带在坯料上旋转。为防止 90°翻转方式容易造成钢锭水口端面不对称以至形成严重长短面现象，需要改变 FM 法拔长的翻转方式和布砧方法，如图 7.3-5 所示。

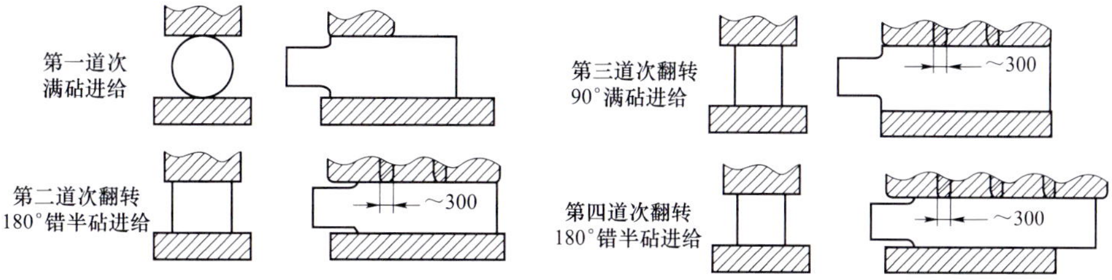

图 7.3-5　FM 法拔长的翻转方式和布砧方法示意图

拔长前坯料直径最大达 4500mm，钢锭内部不可避免地存在一些裂纹疏松性质的缺陷。为保证钢锭心部的有效压实，压下量应严格按工艺要求控制。

JTS 法合适的空冷时间应考虑到水压机的极限压力以及 JTS 法操作的时机，温度是材料变形抗力的敏感参数，在操作环境未发生改变的前提下，时间是温度场变化的主要参数。为保障 JTS 法的有效合理性，根据积累的生产经验规定坯料空冷 2.5～3h（表面温度 700～750℃）后开始执行 JTS 法操作。

出成品前需要将坯料表面出现的裂纹以及吊钳取、送料过程中产生的抓痕缺陷通过吹氧或烧剥的方法彻底清除干净；避免加热过程中开关炉门造成加热的不均匀；下料锻造小轴径时应控制压下量和旋转角度，尽量保证锻造的均匀性，尽量避免小轴径与轴身严重偏心。

600t 级钢锭锻造的每个操作环节、每个操作步骤的细节都至关重要，直接关系到设备的负荷、工艺执行的难易，以及产品的内在质量等方面。转子试制过程基本按工艺执行，满足了工艺要求，但也存在着很多考虑不周或没有意识到的问题。

试制中存在的主要问题有：转子表面裂纹及清理，转子表面缺陷的源头主要来自吊钳运输钢锭产生的钳爪抓痕、镦粗立料夹痕及 JTS 法压实后经多次镦粗拔长产生的横顺纹。为解决此类问题，采用翻转机立料（参见图 1.3-44），此外改进了 550t 运输吊钳的钳爪形状，使其仅作为夹持运输使用，减少原有钳爪抓痕的面积及深度。对 JTS 法附具也进行了改善过渡方式和倒角。裂纹清理环节应选择合理时机，避免清理过的裂纹二次产生及扩展。根据转子的生产经验，建议清理裂纹在归圆前进行，这样可以避免有裂纹位置再压下时产生与压下方向同向位移影响转子的最终直径尺寸。拔长过程中方截面过渡到圆截面时平面位置缺陷有外展空间，为此研制了转子轴身精锻专用摔子，其最大压靠直径为 ϕ2930mm，既能保证尺寸精度，又可以使轴身光整。通过对首件 600t 级钢锭锻造的总结为后续产品的批量生产奠定了基础。

3.1.3 热处理

1. 锻后热处理

由于试制转子锻后毛坯直径将近 3000mm，不仅中心部位晶粒细化非常关键，而且锻后热处理过程应力状态也极为复杂，因此，从细化晶粒的角度考虑，核电常规岛汽轮机整锻低压转子应采用三次高温正火、四次过冷转变的热处理工艺形式，通过多次重结晶来细化晶粒并减轻组织遗传。通过数值模拟，掌握各截面在锻后热处理过程中的应力变化，并在实际工艺中对降温和升温速度进行控制。转子锻件锻后热处理工艺曲线如图 7.3-6 所示。

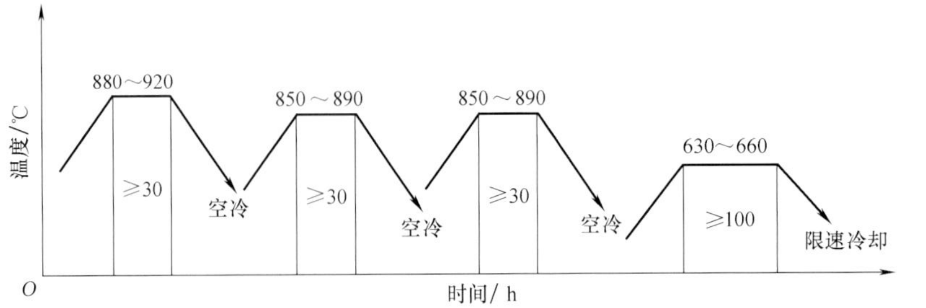

图 7.3-6　转子锻件锻后热处理工艺曲线

锻后热处理入炉执行工艺前转子锻件必须进行吹氧清除裂纹、折伤，否则将会出现开裂现象（见图 7.3-7）。

图 7.3-7　带局部裂纹转子锻件锻后热处理过程中开裂

（a）转子轴身通长开裂；（b）寻找裂纹源；（c）裂纹的局部放大

热处理装炉时在转子的轴身、轴颈敷 3 支热电偶，测量锻件实际执行工艺中的温度。从敷偶温度和炉温的曲线（见图 7.3-8）可以看出，两者温度差不大，表明工艺的升、降温速度比较合理。

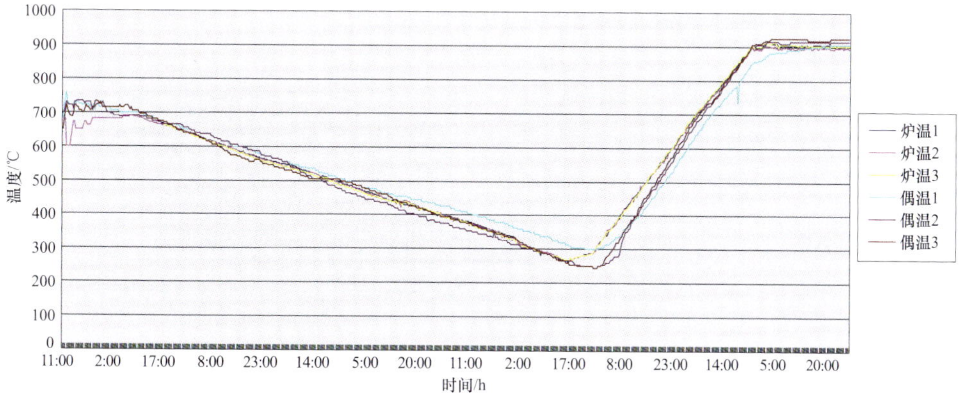

图 7.3-8　低压转子锻件实际温度情况

2. 性能热处理

转子的性能热处理工艺方式为井式电炉加热、旋转喷水淬火，工艺曲线如图 7.3-9 所示。

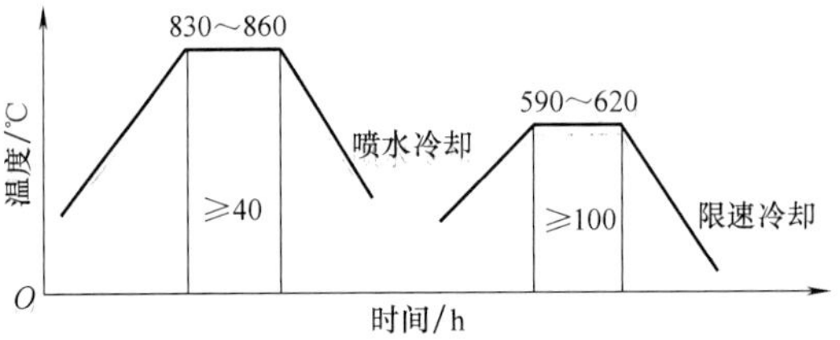

图 7.3-9　整锻低压转子性能热处理工艺曲线

3.2　试制转子的性能检测

转子取样部位如图 7.3-10 所示，其中：X1、X2、X3 为径向短棒试样，尺寸为 ϕ20mm×120mm；X4、X5 为径向长棒试样，尺寸为 ϕ20mm×620mm。为研究转子从表面依次向内部的组织、性能演变情况及调质后性能的均匀性，对 X4、X5 部位长棒分别进行切割取样。图 7.3-11 是 X4、X5 部位长棒切割示意图，图中虚线表示试棒在第一次取样时已被切除部分。

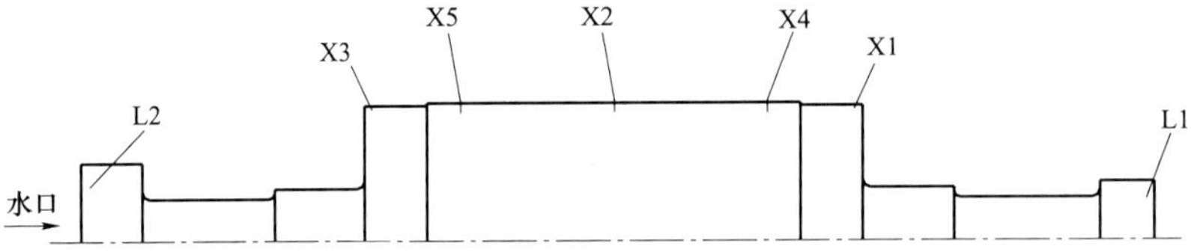

图 7.3-10　百万千瓦低压转子取样部位示意图

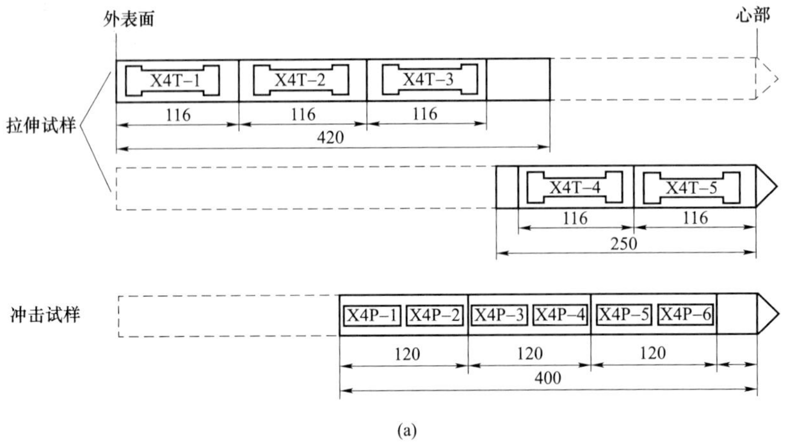

图 7.3-11　X4、X5 长棒切割示意图（一）

（a）X4

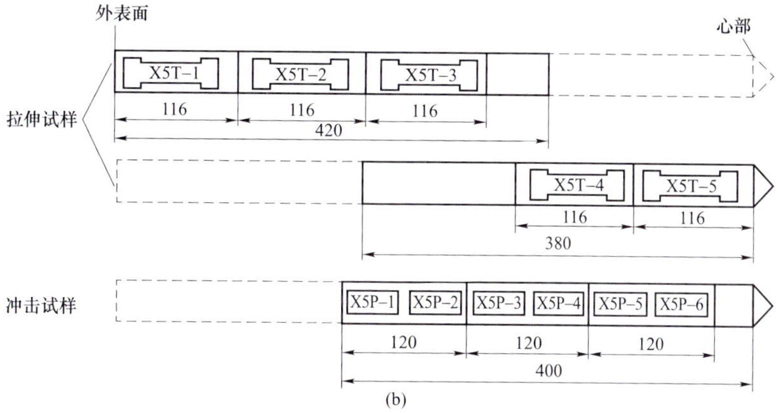

图 7.3-11　X4、X5 长棒切割示意图（二）

（b）X5

3.2.1　化学成分分析

试制转子的化学成分见表 7.3-3。对转子水、冒口依次取样进行化学成分分析，同时为了解转子轴身从表面依次向内部的成分偏析情况，对 X4、X5 部位长棒依次从表面到心部取样分析化学成分，分析结果如图 7.3-12 所示。

表 7.3-3　试制转子的化学成分　（质量分数，%）

元素	熔炼分析	成品分析	内控目标
C	≤0.35	≤0.37	0.24～0.26
Mn	0.20～0.40	0.17～0.43	0.30
P	≤0.007	≤0.009	≤0.005
S	≤0.003	≤0.005	≤0.002
Si	≤0.05	≤0.07	≤0.05
Ni	3.25～3.75	3.18～3.82	3.60
Cr	1.50～2.00	1.45～2.05	1.70
Mo	0.30～0.60	0.28～0.62	0.42
V	0.07～0.15	0.06～0.16	0.11
Sb	≤0.001 5	≤0.001 7	≤0.001 5
Cu	≤0.10	≤0.12	≤0.10
Al	≤0.005	≤0.007	≤0.005
Sn	≤0.006	≤0.008	≤0.006
As	≤0.010	≤0.015	≤0.010
H	1×10^{-6}	1×10^{-6}	
O	3×10^{-5}	3×10^{-5}	
N	5.5×10^{-5}	5.5×10^{-5}	

从图 7.3-12 结果可以看出，转子水、冒口端化学成分都非常均匀，C 及主要合金元素如 Cr、Ni 等偏析很小，此外转子轴身表面及距表面深度约 300mm 和 600mm 的化学成分依然相当均匀。

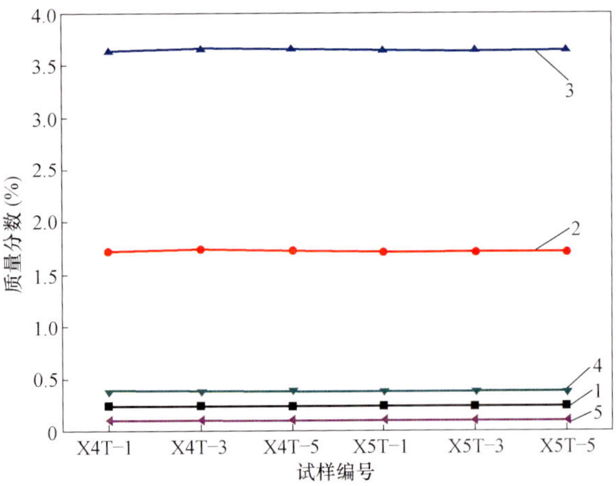

图 7.3-12　X4 和 X5 部位化学成分检测结果

1—C；2—Cr；3—Ni；4—Mo；5—V

3.2.2　力学性能分析

转子要求的力学性能见表 7.3-4，对转子不同取样部位分别进行检测，图 7.3-13～图 7.3-15 所示为 L1、X1、X4、X2、X5、X3、L2 位置以及 X4、X5 长棒试样从表面依次向内部的力学性能结果及其波动情况（取样图参见图 7.3-10）。L1、L2 为轴向短棒试样。

表 7.3-4　转子要求的力学性能指标

项目 \ 位置	外表面	中心（适用有中心孔的转子）
拉伸强度/MPa	≥724	≥724
屈服强度/MPa	621～686	≥621
伸长率（%）	≥17	≥17
断面收缩率（%）	≥50	≥50
21～27℃冲击吸收能量/J	≥68	≥68
50% FATT/℃	≤-7	≤15
上平台功/J	≥82	≥82

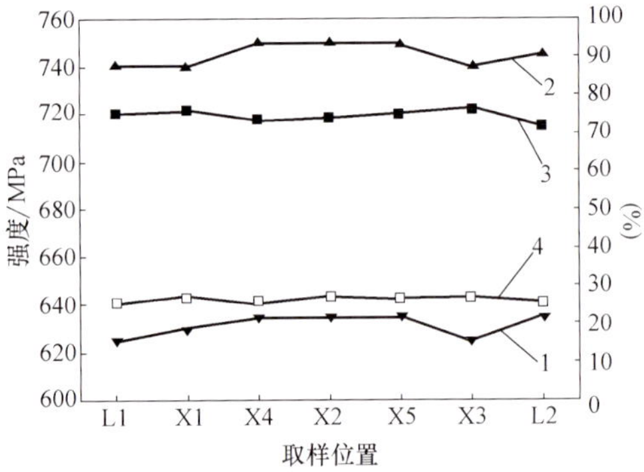

图 7.3-13　L1、X1、X4、X2、X5、X3、L2 部位主要力学性能指标波动情况

1—$R_{p0.2}$；2—R_m；3—δ；4—ψ

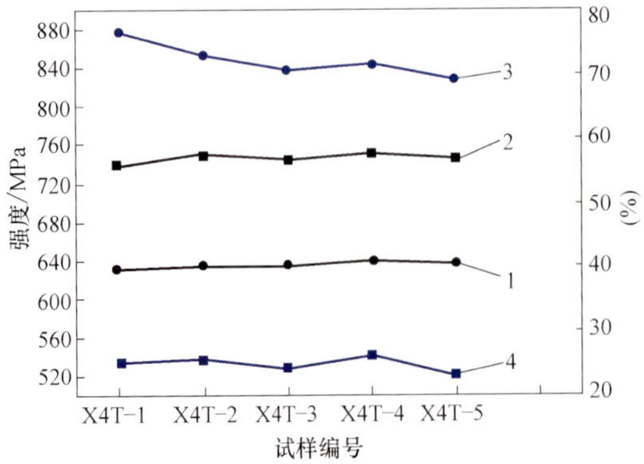

图 7.3-14　X4 部位力学性能结果

1—$R_{p0.2}$；2—R_m；3—δ；4—ψ

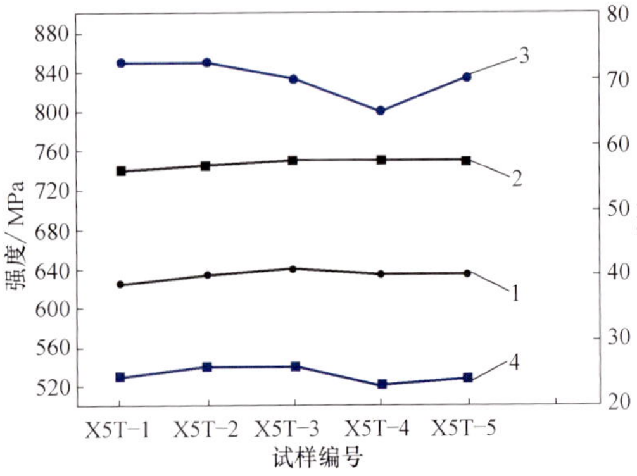

图 7.3-15　X5 部位力学性能结果

1—$R_{p0.2}$；2—R_m；3—δ；4—ψ

表 7.3-5 是长棒冲击和硬度的检测结果。上述力学分析结果表明，转子要求的取样部位力学性能均符合要求，且波动范围很小，性能均匀性很好，例如屈服强度波动范围在 20MPa 以内。

3.2.3 组织、晶粒度、夹杂物分析

对转子 X4、X5 部位进行了详细的金相检测，结果见表 7.3-6。由表 7.3-6 可见，每一试样的各类夹杂物总和均不大于 2.5，晶粒度基本都在 4 级以上，表明转子的均匀性及纯净性都很好。

图 7.3-16～图 7.3-18 依次为 X4 部位表面、距表面约 300mm 深处和距表面约 600mm 深处的组织及晶粒度金相照片。从图 7.3-16～图 7.3-18 可以看出，转子轴身从表面到心部的组织细小、均匀。

表 7.3-5　X4 和 X5 部位冲击及硬度检测结果

试样编号	AKV/J	硬度/HBW
C400-X4P-1	245	237
C400-X4P-2	220	—
C400-X4P-3	214	—
C400-X4P-4	218	236
C400-X4P-5	239	—
C400-X4P-6	209	236
C400-X5P-1	229	236
C400-X5P-2	219	—
C400-X5P-3	214	—
C400-X5P-4	217	235
C400-X5P-5	222	—
C400-X5P-6	228	234

表 7.3-6　X4 和 X5 部位金相检测结果

试样编号	组　织	晶粒度级别	非金属夹杂物								
			A（硫化物类）		B（氧化铝类）		C（硅酸盐类）		D（球状氧化物）		DS（单颗粒球状）
			细	粗	细	粗	细	粗	细	粗	
C400-X4T-1	贝氏体回火组织	5～5.5	0	0	0.5	0.5	0	0.5	0.5	0.5	0
C400-X5T-1	贝氏体回火组织	4.5～4	0	0	0.5	0	0	0.5	0.5	0.5	0
C400-X4P-1	贝氏体回火组织	5	0	0	0.5	1	0	0.5	0.5	0	0
C400-X4P-4	贝氏体回火组织	6	0	0	0	0.5	0	1	0.5	0.5	0
C400-X4P-6	贝氏体回火组织	5	0	0	0.5	0	0	1	0.5	0	0
C400-X5P-1	贝氏体回火组织	4，少量 3.5	0	0	0.5	0.5	0	0.5	0.5	0	0
C400-X5P-4	贝氏体回火组织	4.5～4	0	0	0.5	0.5	0	0.5	0.5	0.5	0
C400-X5P-6	贝氏体回火组织	4.5，少量 4	0	0	0.5	0.5	0	0	1	0	0

图 7.3-16　转子轴身 X4 部位表面组织及晶粒度照片

图 7.3-17　转子轴身 X4 部位距表面约 300mm 深处组织及晶粒度照片

图 7.3-18　转子轴身 X4 部位距表面约 600mm 深处组织及晶粒度照片

3.2.4　长心棒拉伸试验

按 FAI 要求，对转子 X4 部位长心棒进行了拉伸试验。在长心棒拉伸试验之前，先对心棒做布氏硬度检测，布氏硬度检测前的加工尺寸如图 7.3-19 所示，布氏硬度检测结果见表 7.3-7。在检测完布氏硬度后，将试棒加工成所需尺寸进行拉伸试验（参见图 1.4-32），表 7.3-8 是拉伸检测结果。

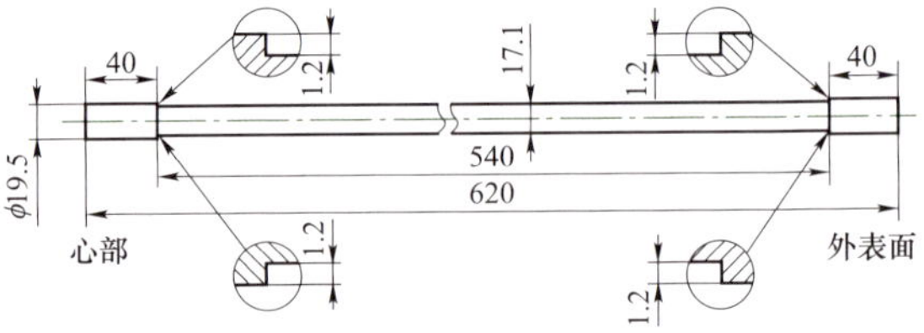

图 7.3-19　X4 部位长心棒布氏硬度检测前的加工尺寸（单位：mm）

表 7.3-7　　X4 部位长心棒布氏硬度检测结果

试样编号	布氏硬度/HBW5/750							
1-1	228.3	226.9	196.2	230.9	234.9	247.8	250.5	247.8
	236.1	246.4	231.9	233.6	230.5	232.9	231.7	228.8
	229.7	229.2	230.7	232.6	229.7	232.2	232.2	231.7
	232.4	229.0	230.0	231.2	230.0	229.2	230.9	229.7
	230.9	227.8	229.5	231.2	230.9	228.5	230.2	227.8
	229.5	232.4	224.5	230.9	230.7	233.6	227.6	219.5

注：检测顺序为转子锻件外侧（试样平头）至内侧（试样尖头）。

表 7.3-8　　X4 长心棒拉伸检测结果

$R_{p0.2}$-1/MPa	$R_{p0.2}$-2/MPa	$R_{p0.2}$-3/MPa	R_m/MPa	A（%）	Z（%）
635	635	640	755	20.5	70.0

注：$R_{p0.2}$-1 为试样上部屈服强度；$R_{p0.2}$-2 为试样中部屈服强度；$R_{p0.2}$-3 为试样下部屈服强度。

从表 7.3-8 的检测结果可以发现，长心棒（500mm 标距）试验检测结果与 X4、X5 部位依次从外向里分段切割标准试样（50mm 标距）的检测结果（参见图 7.3-14 和图 7.3-15）相吻合，从而证实了转子轴身力学性能非常均匀，同时也印证了前面组织、晶粒度检测结果的准确性。

3.2.5　无损检测

试制转子调质后对全表面进行探伤检测，未发现 ϕ1.6mm 以上可记录缺陷。试制转子解剖分段后对钢锭质量最差的水口段进行中心孔自动探伤（参见图 1.3-36），依照标准中心孔距中心孔壁 200mm 深度范围内可探，衰减情况良好，无 ϕ1.6mm 以上缺陷。

3.3　试制转子解剖

试制转子虽然在超声波探伤、化学成分和表面机械性能检测等方面满足技术要求，但是在转子各部位是否满足对于大型锻件纯净性、致密性和均匀性的“三性”要求还无法确定，为此对试制转子进行了整体解剖检测。解剖检测是评价转子锻件质量和锻件制造水平的重要手段，也是对超大型锻件炼钢、锻造、热处理技术的全面检验。解剖检测结果将为转子的结构设计和转子使用评价提供全面的基础数据。通过解剖数据与国外同类产品的数据对比，还可以确定制造技术和装备的先进性。

3.3.1　解剖方案

在获得首件转子评定所需全部检测数据后，对试制转子锻件进行了全截面解剖，主要对转子中心和转子轴身从表层到心部的各种检测数据进行采集和分析。

因试制转子截面巨大，目前加工手段尚不能实现全截面的取样分析，故按图 7.3-20 所示分三段气割后再进行机械加工。为保障中心部位的数据完整，在分段前进行镗中心孔，中心孔由两端镗，转子轴身保留一段不加工，用来进行整体低倍检验和心部截面性能数据分析。中心孔加工如图 7.3-21 所示。

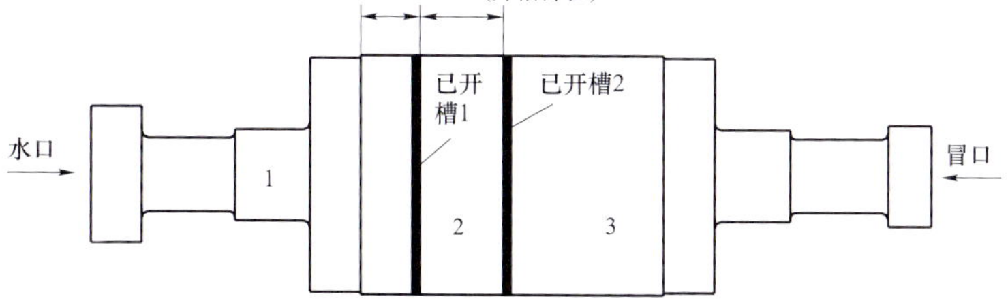

图 7.3-20　转子切割位置图

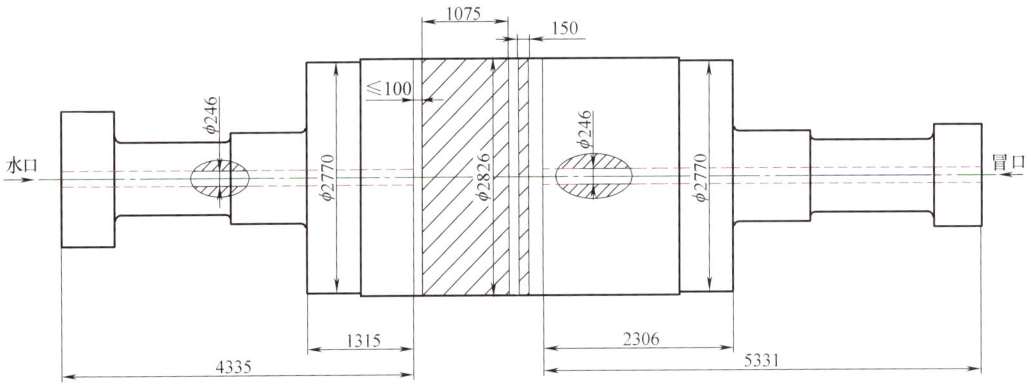

图 7.3-21　中心孔加工图

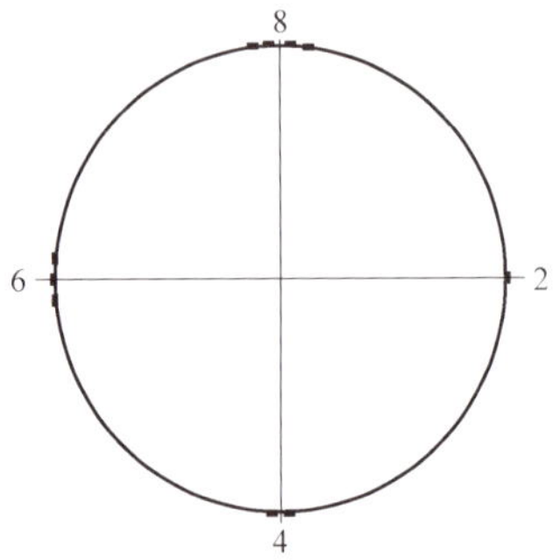

图 7.3-22　转子上的印记

在转子圆周上沿轴向（母线方向）相隔 90°加工出四条不同印记，以示区分（见图 7.3-22）。为了和后续圆环上的周向取样相对应，这四点分别命名为 2、4、6、8 点。

3.3.2　解剖

为防止试制转子锻件在火焰切割中开裂，切割前需要按转子的消除应力温度进行预热。

由于转子直径达 2850mm，没有合适的加工设备切开，采取先用车床在转子表面加工深槽（见图 7.3-23），径向 600mm 深，宽度 80mm，再用火焰切割的方法将转子分割（见图 7.3-24）。

图 7.3-23　转子表面加工深槽

图 7.3-24　转子火焰切割

试制转子被切割成三段（见图 7.3-25），为便于加工，三段均通过热处理进行软化回火，回火曲线如图 7.3-26 所示。

图 7.3-27 是转子水、冒口端轴头中心棒取样示意图，转子切割后取中心试棒，阴影部分为取样部位，每一取样部位分别取轴向拉伸、径向拉伸各一个，分别记为 1T-1，1T-2，…，轴向冲击、径向冲击各一组，分别记为 1VA，1VT，…。

(a)

(b)

图 7.3-25　转子分割后的三段

（a）水口段；（b）中间段及冒口段

将转子的中间段按图 7.3-28 进行解剖切割。酸洗片 S1、S2 均将锯床切口面作为酸洗面，做标记，将 S1、S2 正反两面车平，单面抛光，进行酸洗、低倍检验。

纵向试片加工，首先将圆片参照图 1.4-27 所示的尺寸进行切割，即在圆周上切出两个宽度为 30mm、长度为 800mm 的展片 Z01、Z02，然后将 Z01、Z02 在长度方向即原轴身方向上开 2 个汽轮机槽。展片所在圆片的位置示意图如图 7.3-29 所示。

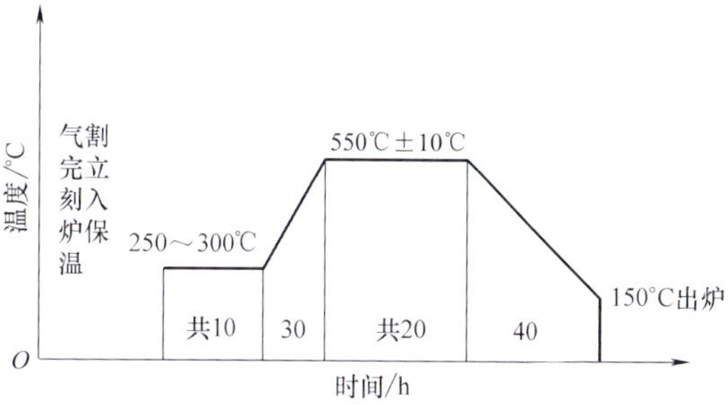

图 7.3-26　转子软化回火工艺

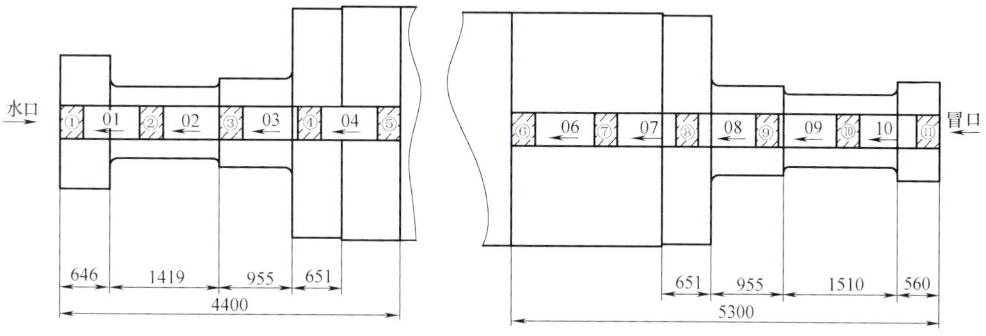

图 7.3-27　水口端轴头、冒口端轴头中心棒取样示意图

转子锯切试片现场情况如图 7.3-30 所示。将锯切下来的圆形试片按图 7.3-31 所示从外向里依次切环，进行各项检测，获得全截面的数据。对转子第 3 段的轴身横断面在不同半径分 8 个方向进行轴向套料（见图 7.3-32），进行各项检测，获得全截面的纵向数据。

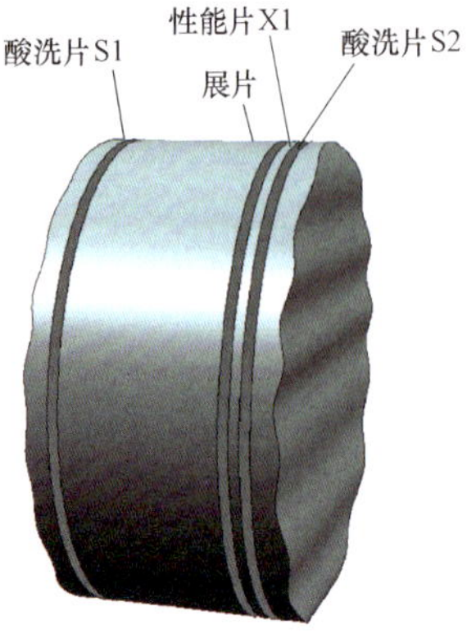

图 7.3-28　转子中间段解剖图

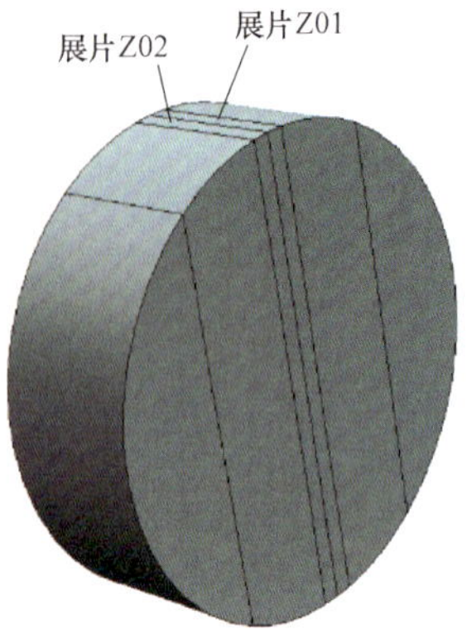

图 7.3-29　展片位置示意图

图 7.3-30　转子锯切试片

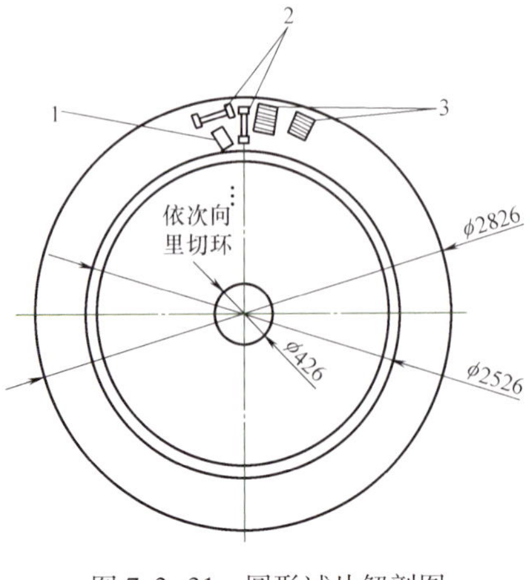

图 7.3-31　圆形试片解剖图

1—ϕ32mm×30mm 化学分析试样；2—室温拉伸试样（切向、径向各 1 个）；3—室温冲击及 FATT 试样共 13 个（冲击试样缺口方向与轴线平行）

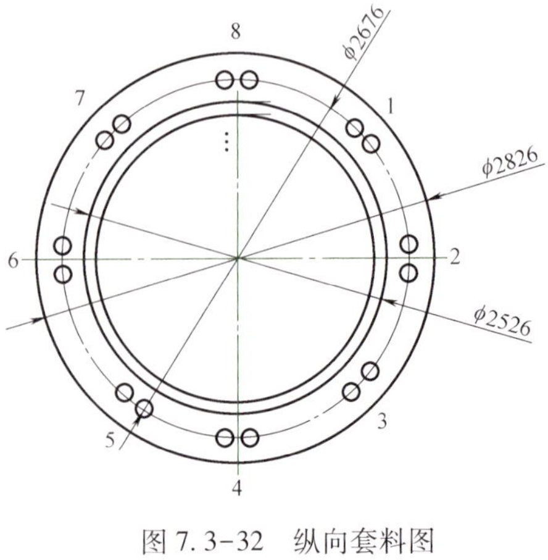

图 7.3-32　纵向套料图

3.3.3 各种解剖数据分析

1. 化学成分分析

（1）冒口端套料取样示意图如图 7.3-33 所示，沿不同圆环直径套取轴向试棒，每个圆环上分 8 个不同套料位置（见图中 1，2，3，4，5，6，7，8），各圆环直径分别为 ϕ2670mm（A）；ϕ2320mm（B）；ϕ 1970mm（C）；ϕ1620mm（D）；ϕ1270mm（E）；ϕ920mm（F）；ϕ570mm（G）。各层的化学成分见表 7.3-9。冒口端轴头成分波动如图 7.3-34 所示。

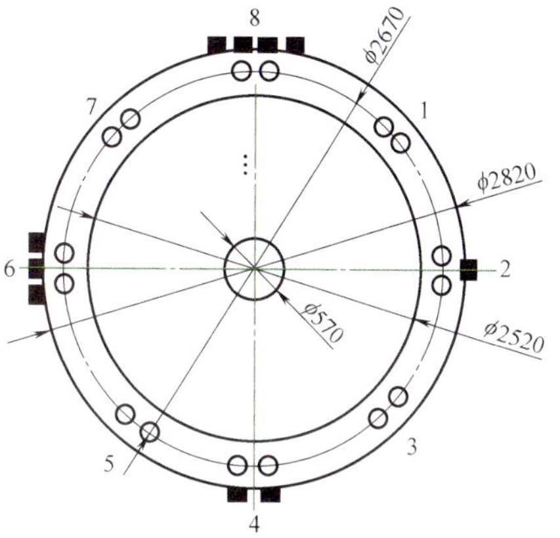

图 7.3-33 冒口端轴头轴端套料示意图

（2）中心棒化学成分。中心棒化学成分取样参见图 7.3-27 中阴影部分共 11 个测试位置，间隔约 800mm。图 7.3-35 所示为中心棒不同取样部位的化学成分结果，各不同部位化学成分均匀性较好，冒口端碳含量有所升高。从表 7.3-9 可以看出，气体含量特别是［H］含量控制得很好。

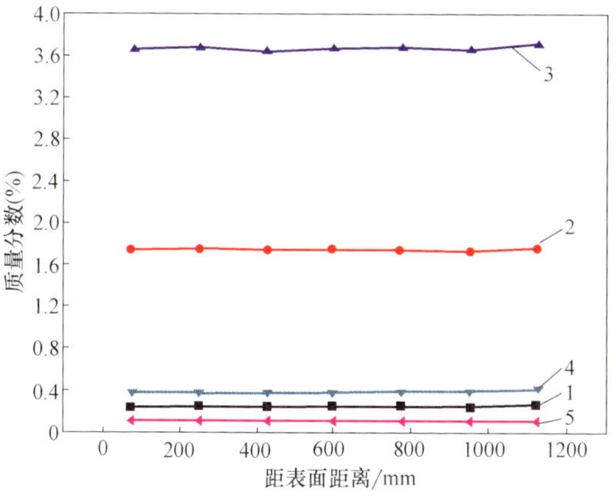

图 7.3-34 冒口端轴头成分波动

1—C；2—Cr；3—Ni；4—Mo；5—V

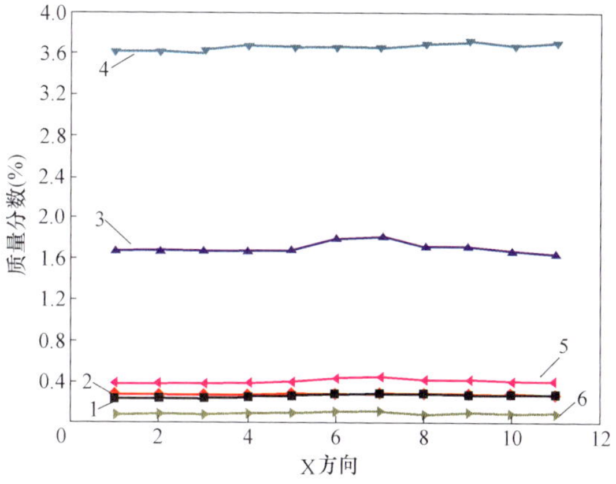

图 7.3-35 中心棒不同取样部位化学成分

1—C；2—Mn；3—Cr；4—Ni；5—Mo；6—V

表 7.3-9 冒口端轴头轴端不同取样部位化学成分（质量分数，%）

元素	A	B	C	D	E	F	G
C	0.24	0.24	0.24	0.24	0.25	0.25	0.27
Si	<0.05	<0.05	<0.05	<0.05	<0.05	<0.05	<0.05
Mn	0.27	0.27	0.27	0.27	0.27	0.27	0.28
P	<0.005	<0.005	0.005	0.005	0.005	0.005	0.005
S	0.002	0.002	0.002	0.002	0.002	0.002	0.002
Cr	1.75	1.76	1.75	1.76	1.75	1.73	1.77
Ni	3.67	3.68	3.66	3.68	3.69	3.67	3.72
Mo	0.39	0.39	0.38	0.39	0.40	0.40	0.41

续表

元素	A	B	C	D	E	F	G
V	0.11	0.11	0.11	0.11	0.11	0.11	0.11
Cu	0.04	0.04	0.04	0.04	0.04	0.04	0.04
Al	0.004	0.004	0.004	0.004	0.004	0.004	0.004
As	0.003	0.002	0.002	0.002	0.002	0.002	0.002
Sn	0.003	0.002	0.002	0.003	0.002	0.003	0.002
Sb	0.000 8	0.000 7	0.000 8	0.000 7	0.000 7	0.000 7	0.000 7
H	0.6×10^{-6}	0.8×10^{-6}	1.0×10^{-6}	0.8×10^{-6}	0.9×10^{-6}	0.7×10^{-6}	0.5×10^{-6}
O	18×10^{-6}	21×10^{-6}	25×10^{-6}	23×10^{-6}	18×10^{-6}	19×10^{-6}	20×10^{-6}
N	35×10^{-6}	35×10^{-6}	35×10^{-6}	37×10^{-6}	37×10^{-6}	38×10^{-6}	38×10^{-6}

2. 力学性能分析

（1）转子表面力学性能。转子表面力学性能参见图 7.3-13～图 7.3-15。

（2）冒口端轴头轴端性能分析。冒口端套料取样示意图参见图 7.3-27；图 7.3-36 是屈服强度变化；图 7.3-37 是抗拉强度变化；图 7.3-38 是不同圆环直径 FATT50 变化情况。表 7.3-10 是组织、晶粒度和夹杂物。表 7.3-11 是化学成分检测结果。各层及位置区分参见表 7.3-9。

结果表明各项检测结果均比较好，只有强度因受解剖时火焰切割的影响导致部分数值有些低，并非转子本身的制造原因。

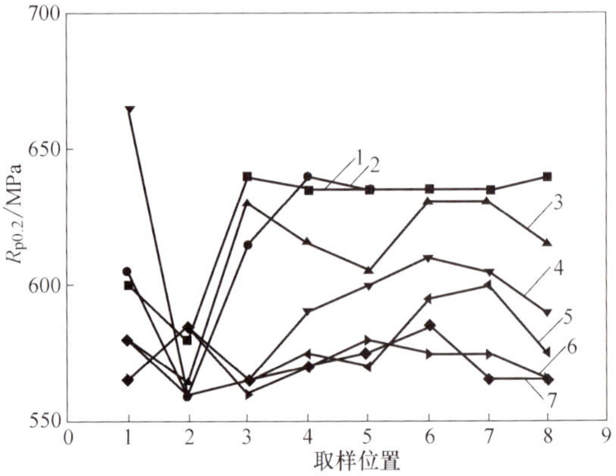

图 7.3-36　屈服强度变化情况

1—A 位置；2—B 位置；3—C 位置；4—D 位置；5—E 位置；6—F 位置；7—G 位置

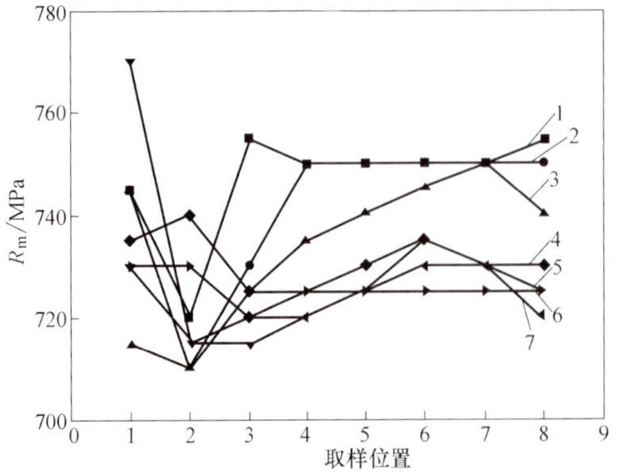

图 7.3-37　抗拉强度变化情况

1—A 位置；2—B 位置；3—C 位置；4—D 位置；5—E 位置；6—F 位置；7—G 位置

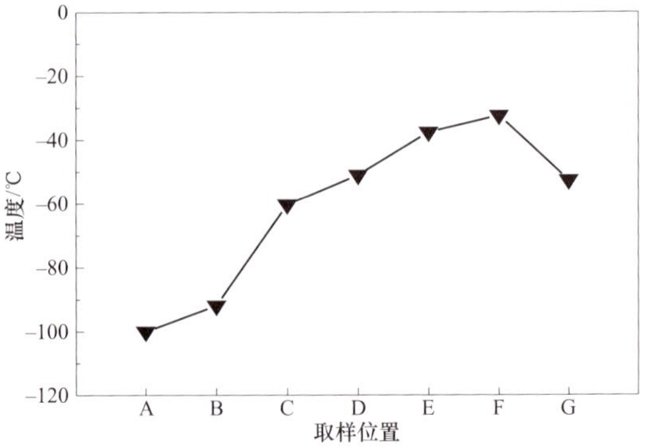

图 7.3-38　冒口端轴头轴端套料不同圆环直径 FATT50 变化情况

表 7.3-10　　　　　　　　冒口端轴头轴端不同取样部位金相检测结果

取样位置	组织	晶粒度级别	非金属夹杂物							
			A（硫化物类）		B（氧化铝类）		C（硅酸盐类）		D（球状氧化物）	
			细	粗	细	粗	细	粗	细	粗
A1	贝氏体回火组织	4	0.5	0	0.5	0	0	1.5	0	0.5
B1	贝氏体回火组织	5	0.5	0	0.5	0	0	1.5	0	0.5
C1	贝氏体回火组织	4	0.5	0	0.5	0	0	1.5	0	0.5
D1	贝氏体回火组织	4.5	0.5	0	0.5	0	0	1.5	0	0.5
E1	贝氏体回火组织	5	0.5	0	0	1	0	1	0.5	0
F1	贝氏体回火组织	5.5	0.5	0	0.5	0	0	1	0.5	0
G1	贝氏体回火组织	5.5	0.5	0	1	0	0	1	0.5	0

表 7.3-11　　　　　　　　冒口端轴头轴端不同取样部位化学成分　　　　（质量分数，%）

元素	A8	B8	C8	D8	E8	F8	G8
C	0.24	0.24	0.24	0.24	0.25	0.25	0.27
Si	<0.05	<0.05	<0.05	<0.05	<0.05	<0.05	<0.05
Mn	0.27	0.27	0.27	0.27	0.27	0.27	0.28
P	<0.005	<0.005	0.005	0.005	0.005	0.005	0.005
S	0.002	0.002	0.002	0.002	0.002	0.002	0.002
Cr	1.75	1.76	1.75	1.76	1.75	1.73	1.77
Ni	3.67	3.68	3.66	3.68	3.69	3.67	3.72
Mo	0.39	0.39	0.38	0.39	0.40	0.40	0.41
V	0.11	0.11	0.11	0.11	0.11	0.11	0.11
H	0.6×10^{-6}	0.8×10^{-6}	1.0×10^{-6}	0.8×10^{-6}	0.9×10^{-6}	0.7×10^{-6}	0.5×10^{-6}
O	18×10^{-6}	21×10^{-6}	25×10^{-6}	23×10^{-6}	18×10^{-6}	19×10^{-6}	20×10^{-6}
N	35×10^{-6}	35×10^{-6}	35×10^{-6}	37×10^{-6}	37×10^{-6}	38×10^{-6}	38×10^{-6}

（3）轴身 X1 试片性能分析。用横断面试片按图 7.3-39 中 A、B 两个直径进行加工试样。图 7.3-40 和图 7.3-41 是取样部位 A 不同取样位置切向、径向力学性能；图 7.3-42 和

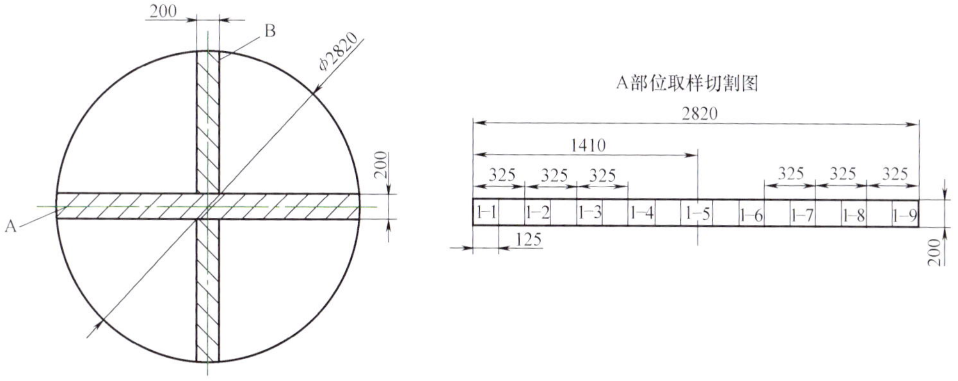

图 7.3-39　性能试片 X1 取样位置示意图

图 7.3-43 是取样部位 A 不同圆环直径 FATT50 变化情况；图 7.3-44～图 7.3-47 是 B 试验部位力学性能和 FATT 检测的结果。

在性能试片 X1 取样部位检测的金相组织、晶粒度、非金属夹杂物、化学成分等结果与转子纵向套料的结果基本一样，表明转子各项性能均匀。强度检测结果同样表现出受解剖时火焰切割的影响部分数值有些低，但影响程度不一样，表明并非转子本身的制造原因。

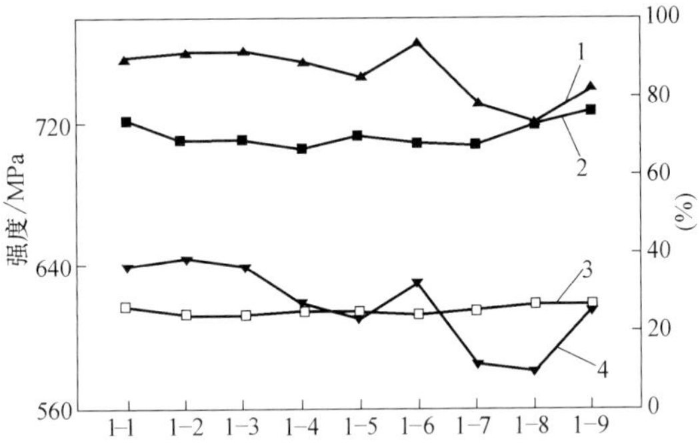

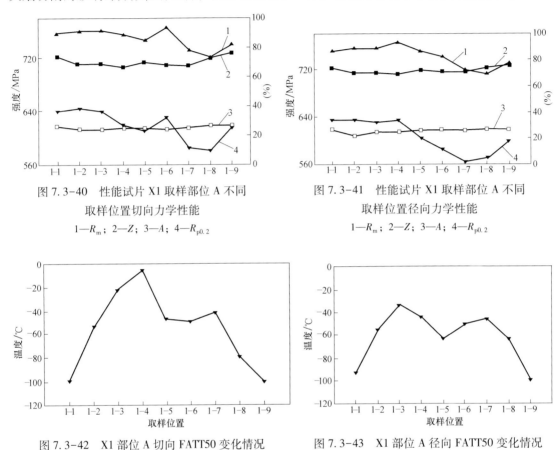

图 7.3-40　性能试片 X1 取样部位 A 不同取样位置切向力学性能

1—R_m；2—Z；3—A；4—$R_{p0.2}$

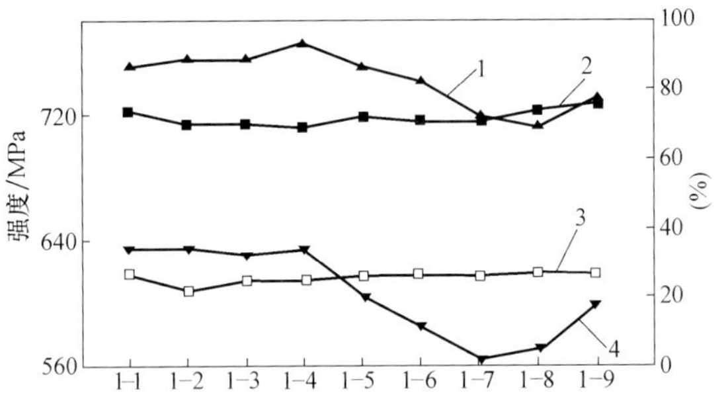

图 7.3-41　性能试片 X1 取样部位 A 不同取样位置径向力学性能

1—R_m；2—Z；3—A；4—$R_{p0.2}$

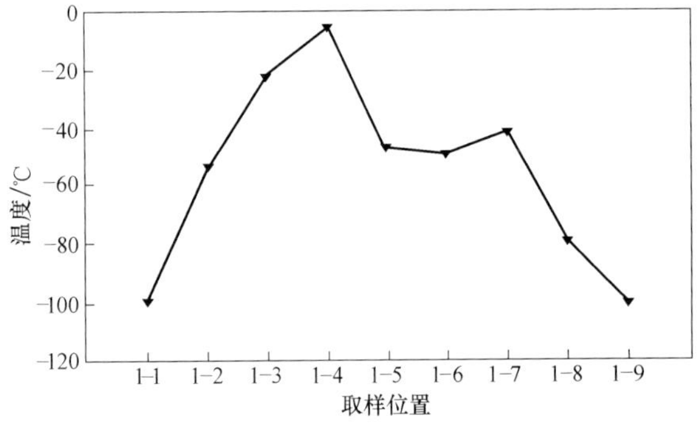

图 7.3-42　X1 部位 A 切向 FATT50 变化情况

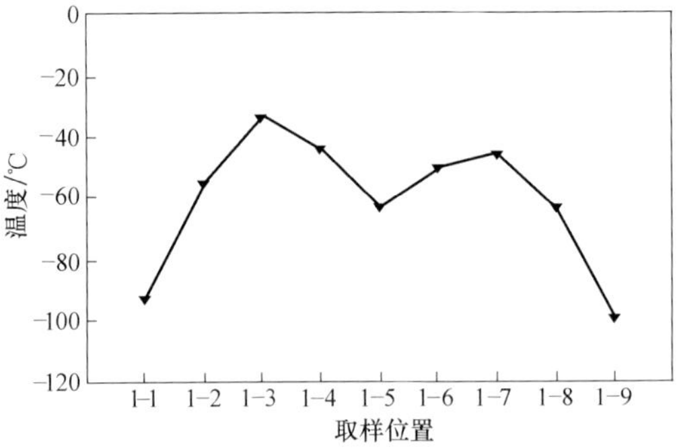

图 7.3-43　X1 部位 A 径向 FATT50 变化情况

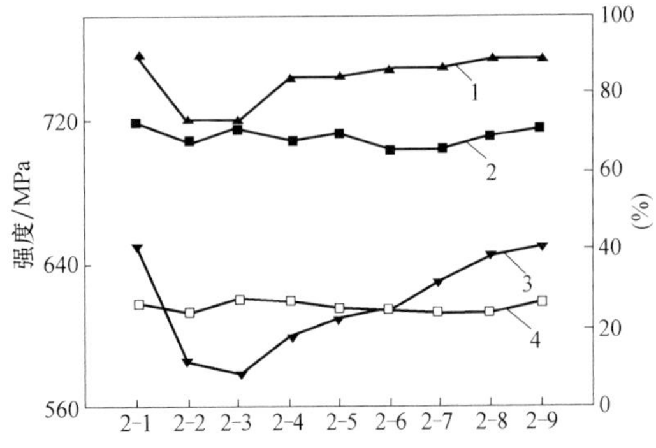

图 7.3-44　性能试片 X1 取样部位 B 不同取样位置切向力学性能

1—R_m；2—Z；3—A；4—$R_{p0.2}$

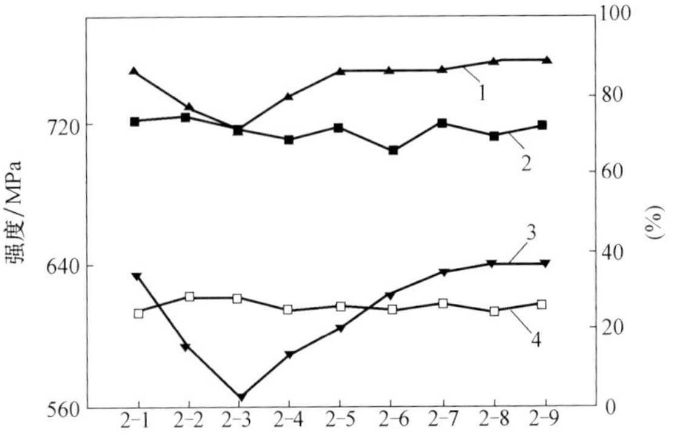

图 7.3-45　性能试片 X1 取样部位 B 不同取样位置径向力学性能

1—R_m；2—Z；3—A；4—$R_{p0.2}$

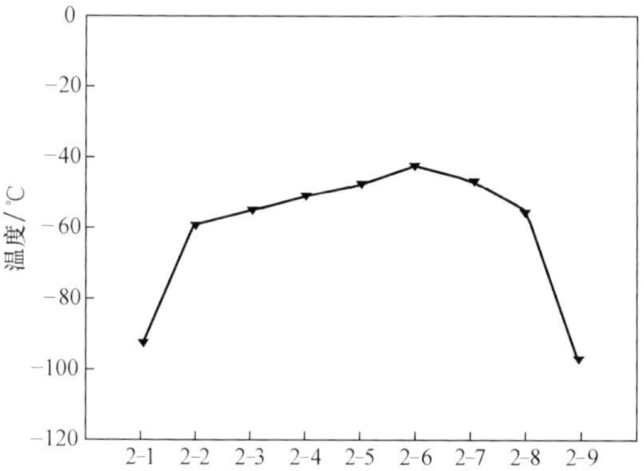

图 7.3-46　X1 部位 B 切向 FATT50 变化情况

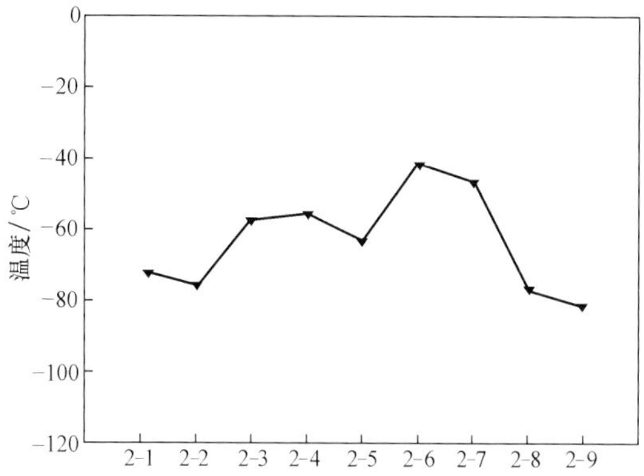

图 7.3-47　X1 部位 B 径向 FATT50 变化情况

3.3.4　解剖分析结论

通过试制转子的常规性能检测结果以及解剖的各种分析数据可以得出以下结论：

（1）汽轮机整锻低压转子锻件的化学成分、力学性能、超声波探伤结果都满足了 FAI 相关要求。

（2）采用 5 包合浇差异成分控制技术浇注 600t 级钢锭解决了超大型钢锭成分偏析等难题，C 偏析控制在 0.08% 以内。

（3）采用三次镦拔的锻造工艺可有效地解决锻件致密性问题。

（4）通过三次重结晶、四次过冷的热处理工艺，晶粒可有效细化，中心具有 ϕ1.6mm 可探性。

（5）按国家核电技术公司企业标准 QB/1300003—2011《整锻转子试验和验证规程》对中国一重研制的 AP1000 常规岛低压转子锻件化学成分、力学性能、超声波探伤、金相组织、夹杂物和晶粒度等各项检测结果进行对比和评价，该转子已经完成的试验项目完全满足各项试验和验证要求。

（6）试制转子的各项解剖数据，全面验证了冶炼、铸锭、锻造、热处理的工艺先进性，为产品质量的稳定和工艺参数的进一步优化提供了数据支持。

第 4 章　产　品　制　造

4.1　汽轮机整锻低压转子

在获得试制转子的验证和解剖数据后，常规岛汽轮机整锻低压转子锻件进入产品批量制造阶段，其中最具代表性的是用 715t 钢锭制造的陆丰 LP2 低压转子锻件加余料，以此来证明中国一重具备制造 CAP1400 常规岛整锻低压转子的能力。

AP1000 常规岛汽轮机整锻低压转子分为三种规格，轴身精加工尺寸均为 ϕ2793mm×5056mm，转子总长分别为 10 850mm、10 757mm 和 11 182mm。CAP1400 核电常规岛汽轮机整锻低压转子按有无中间轴设计成两种规格，分别如图 7.4-1 和图 7.4-2 所示。

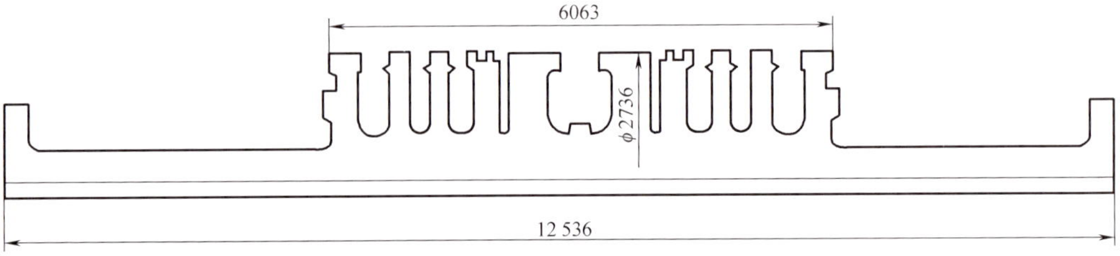

图 7.4-1　CAP1400 汽轮机无中间轴低压转子交货图

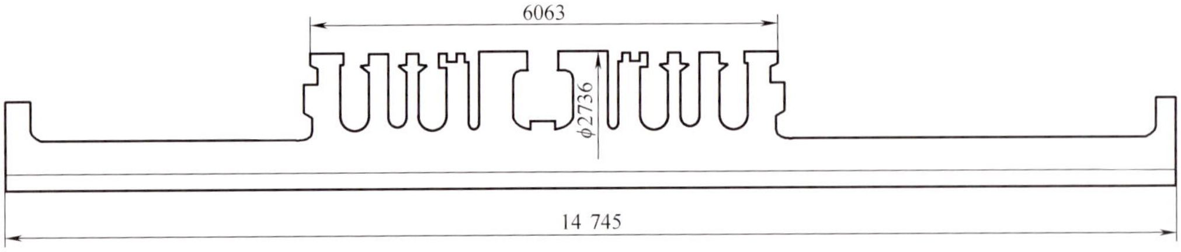

图 7.4-2　CAP1400 汽轮机有中间轴低压转子交货图

AP1000 及 CAP1400 核电五种低压转子的主要尺寸及重量参数详见表 7.4-1。

表 7.4-1　　五种低压转子的主要尺寸及重量参数

常规岛汽轮机整锻低压转子		轴身规格/mm		电机端法兰规格/mm		调阀端法兰规格/mm		锻件总长/mm	锻件重/kg
		直径	长度	直径	长度	直径	长度		
AP1000	LP1	2793	5056	1586	206	1086	166	10 851	182 140
	LP2	2793	5056	1586	206	1586	212	10 757	184 850
	LP3	2793	5056	1586	206	1586	212	11 182	186 680
CAP1400	无中间轴	2736	6063	1800	220	1800	226	12 536	253 500
	有中间轴	2736	6063	1800	220	1800	220	14 745	276 400

AP1000 和 CAP1400 常规岛汽轮机整锻低压转子的材料及化学成分、力学性能、超声波探伤等技术要求完全一致。AP1000 及 CAP1400 低压转子分别采用 600t 和 700t 级钢锭制造。五种转子的详细制造参数见表 7.4-2。

表 7.4-2　　五种转子的详细制造参数

低压转子		材料	粗加工重量/t	毛坯重量/t	锭身重量/t	钢锭重量/t
AP1000	LP1	10325MUB	301.4	366.1	470	619
	LP2	10325MUB	311.1	388.8	470	619
	LP3	10325MUB	311.3	392.8	470	619
CAP1400	无中间轴	10325MUB	359.5	411	520	680
	有中间轴	10325MUB	382.9	439	550	715

下面以 715t 钢锭制造的陆丰 LP2 低压转子为例，对常规岛汽轮机整锻低压转子锻件的制造进行介绍。

4.1.1　冶炼及铸锭

（1）工艺要点。采用 715t 钢锭制造，材质为 30Cr2Ni4MoV。控制[P]<0.005%、[S]<0.002%、[H]$<1.5\times10^{-6}$、[O]$<30\times10^{-6}$、[N]$<80\times10^{-6}$。

（2）冶炼及铸锭工艺方案。冶炼及铸锭工艺与 600t 级钢锭相同，只是因为钢锭吨位增大而采用 6 包合浇。表 7.4-3 是 715t 钢锭某一冶炼炉次冶炼情况。

表 7.4-3　　715t 钢锭某炉次冶炼情况

元素（质量分数，%）		C	Si	Mn	P	S
EAF	熔炼，脱 P，脱 Mn，脱 Si	0.02	—	0.01	0.001	0.012
出钢	出钢和出渣	0.02	—	0.01	0.001	0.012
兑钢	卡渣、增碳，加石灰、合金	0.10	0.01	0.02	0.002	0.012
LF 加热、Ar 搅拌	造还原渣	0.20	0.01	0.30	0.003	0.008
LVCD	脱气、脱 S	0.25	0.01	0.33	0.004	0.002
LF 加热	微调成分	0.30	0.01	0.34	0.005	0.002
VCD	真空浇注	—	—	—	—	—

图 7.4-3 是 715t 钢锭浇注和脱模后的情况，表 7.4-4 是 6 包合浇的权重化学成分分析结果，成分满足技术要求。

表 7.4-4　　715t 钢锭成分权重含量　　（质量分数，%）

元素	C	Si	Mn	P	S	Cr	Ni
权重值	0.24	0.03	0.30	0.003	0.001 6	1.70	3.54
元素	Mo	V	Cu	Al	As	Sn	Sb
权重值	0.41	0.11	0.03	0.005	<0.003	<0.003	<0.001 5

(a) (b)

图 7.4-3　715t 钢锭浇注和脱模

（a）浇注现场；（b）脱模现场

由于 715t 钢锭的重量远远超出中国一重 550t 锻造吊车的起重能力，所以为了减轻坯料的重量，在钢锭转运到锻造工序前将冒口的全部及水口的部分切割掉，冒口切割如图 7.4-4 所示。切割后的钢锭转运如图 7.4-5 所示。

(a) (b)

图 7.4-4　715t 钢锭切割冒口

（a）切割开始；（b）切割即将结束

图 7.4-5　切割后的钢锭转运

4.1.2 锻造

715t 钢锭是世界上已知的最大锻造钢锭，在实际锻造过程中，既要克服锻件过大的超重问题，又要解决尺寸过大的空间问题，同时还要满足转子超大截面轴身的压实问题。压钳口、镦粗、拔长等不同火次面临不同的难题。

1. 压钳口

在锻造全过程中，此火次坯料重量最大，对锻造设备是严峻的考验。715t 钢锭水口直径达 ϕ3800mm，冒口直径约 ϕ4200mm，而且压钳口的冒口端被切割成平面，单靠翻钢机自身的力量，很难将链子套在钢锭上，需采取辅助措施将翻钢机链子套在钢锭上（见图 7.4-6）。坯料压钳口如图 7.4-7 所示。

(a) (b)

图 7.4-6　翻钢机辅助挂链子

（a）挂链子前；（b）挂链子后

(a) (b)

图 7.4-7　压钳口

（a）压钳口开始；（b）压钳口结束

2. 镦粗

镦粗在改善锻件的横向性能的同时，还可以为下序拔长做准备，增大锻造比以达到更好的压实效果。本火次对压机的压力要求最高，为了解决钢锭镦粗至工艺要求压机力量不足的问题，将坯料始锻温度提高至 1280℃，降低材料的变形抗力，缓解压机系统压力，并在达到工艺要求的镦粗高度时适当保压一段时间以提高镦粗压实效果。

（1）立料。为了缩短镦粗前准备时间，采用坯料翻转机辅助立料（见图 7.4-8）。图 7.4-8a 是运输吊钳从加热炉取料转运；图 7.4-8b 是坯料翻转机翻转；图 7.4-8c 是坯料钳口装入立料盘内。

(a) (b) (c)

图 7.4-8　翻转立料

（a）取料；（b）翻转；（c）立料

（2）镦粗。镦粗流程如图 7.4-9 所示。图 7.4-9a 是用活动横梁压下坯料，以便降低坯料高度（因压力机净空间高度限制无法直接安放凹形镦粗盘）；图 7.4-9b 是安放上部凹形镦粗盘；图 7.4-9c 是镦粗开始；图 7.4-9d 是镦粗过程中；图 7.4-9e 是镦粗结束；图 7.4-9f 是镦粗后将坯料从下镦粗盘中吊出。

3. 拔长

超大型坯料的拔长是一个复杂的过程。拔长前坯料直径最大达 4500mm，钢锭内部不可避免地存在一些裂纹、疏松等缺陷，为保证钢锭心部的有效压实，同时为满足不同阶段的不同 FM 拔长目的，制定不同的拔长规程。

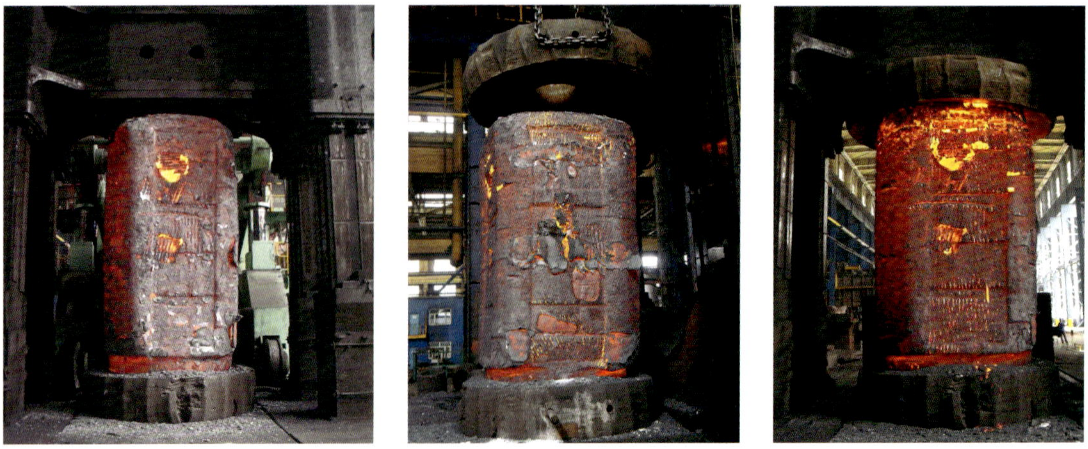

(a) (b) (c)

图 7.4-9　镦粗过程（一）

（a）预镦粗；（b）安放凹形镦粗盘；（c）镦粗开始

(d)　　(e)　　(f)

图 7.4-9　镦粗过程（二）

（d）镦粗过程中；（e）镦粗结束；（f）坯料吊出下镦粗盘

（1）第一次变截面拔长。第一次变截面拔长是从圆形钢锭到方截面的过程（见图 7.4-10）。图 7.4-10a 是第一趟拔长，从端面流线可以看出变形效果非常好；图 7.4-10b 是翻钢机链子带在坯料上旋转（因为压扁后的坯料旋转的力矩非常大，而且翻转时坯料重达 480t，用套筒无法实现坯料旋转）；图 7.4-10c 是坯料旋转 180°后第二趟拔长；图 7.4-10d 是坯料旋转 90°后第三趟拔长。

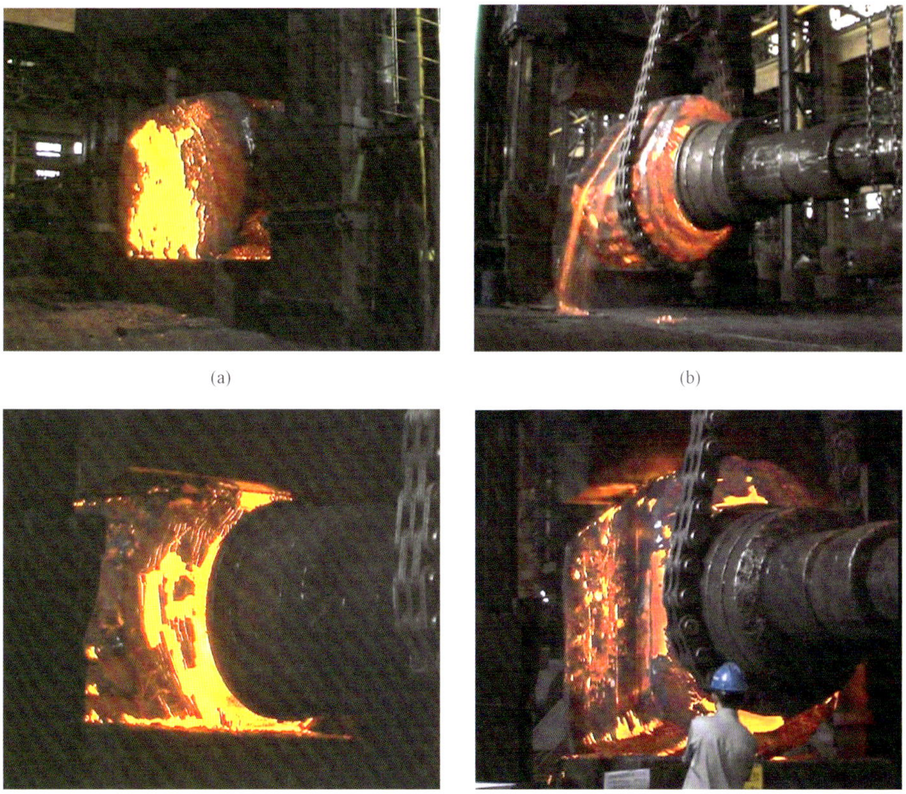

(a)　　(b)　　(c)　　(d)

图 7.4-10　第一次变截面拔长流程

（a）第一趟拔长；（b）坯料旋转；（c）第二趟拔长；（d）第三趟拔长

第一次变截面拔长变形量的确定原则：① 压下量尽可能大。② 压扁后坯料截面长度要小于压机开档尺寸。③ 坯料旋转力矩不能超出翻钢机能力。

（2）第一次不变截面形状拔长。第一次不变截面形状拔长是从较大的正方形截面到较小的正方形截面的拔长过程（见图 7.4-11）。图 7.4-11a 是上一道次拔长；图 7.4-11b 是翻钢机链子带在坯料上；图 7.4-11c 是坯料旋转过程中；图 7.4-11d 是下一道次拔长。该变形过程只是减小坯料的截面，增加坯料的长度。

(a) (b) (c) (d)

图 7.4-11 第一次不变截面形状拔长流程

（a）上一道次拔长；（b）翻钢机链子带在坯料上；（c）翻转；（d）下一道次拔长

在第一次不变截面形状拔长过程中，通过采用本篇第 2 章 2.2.4 节论述的措施，消除了 FM 法锻造对水压机振动导致的坯料形状不规则（见图 7.4-12）现象，坯料拔长效果很好（见图 7.4-13）。

4. JTS 中心压实

对于 ϕ3000mm 直径的实心轴锻件，压实是最首要解决的问题之一，本火次至关重要。

（1）倒棱角。FM 拔长后需要对正方形截面倒角（见图 7.4-14），为 JTS 中心压实做准备。为了确保坯料在棱形状态下准确定位，研制了专用“V”形附具（见图 7.4-14b）。

（2）JTS 压实。根据基础研究成果和积累的生产经验，执行 JTS 操作（参见图 1.4-22）。

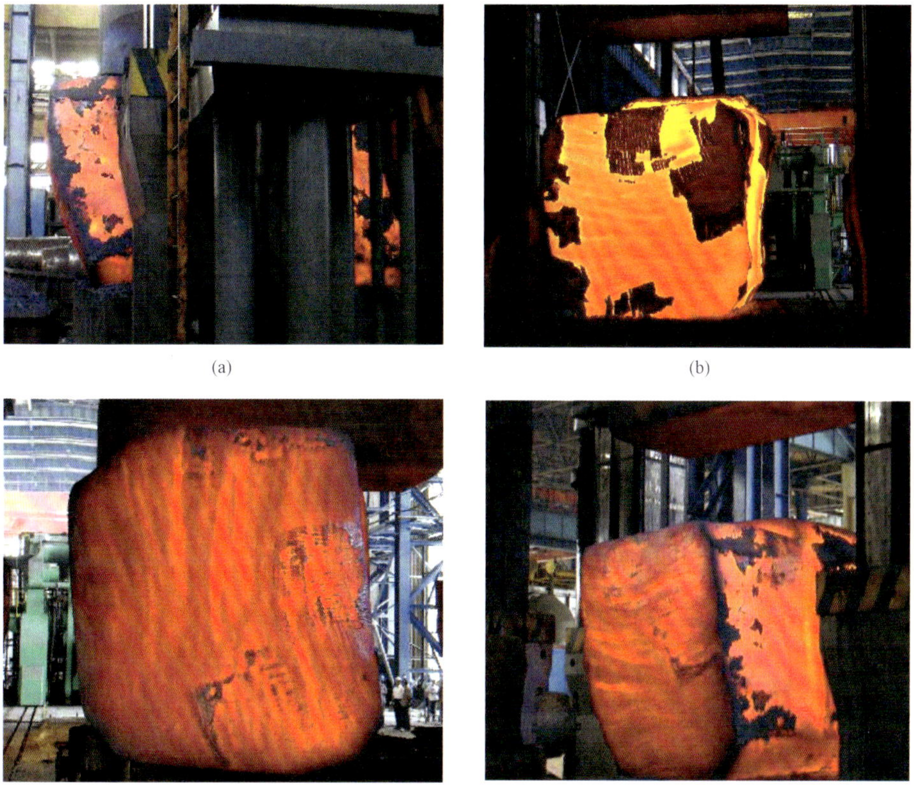
(a) (b) (c) (d)

图 7.4-12 FM 法锻造对水压机振动导致的坯料形状不规则
（a）端部满砧拔长结果；（b）翻转后拔长效果；（c）偏心锻造修形；（d）终锻后效果

图 7.4-13 FM 拔长结束后坯料形状

5. 出成品

出成品火次主要是保证产品的尺寸和表面质量。出成品前将坯料表面出现的裂纹以及吊钳取、送料产生的抓痕缺陷通过吹氧或烧剥的方法彻底清理干净；保障炉温均匀、避免加热过程中开关炉门造成加热的不均匀。

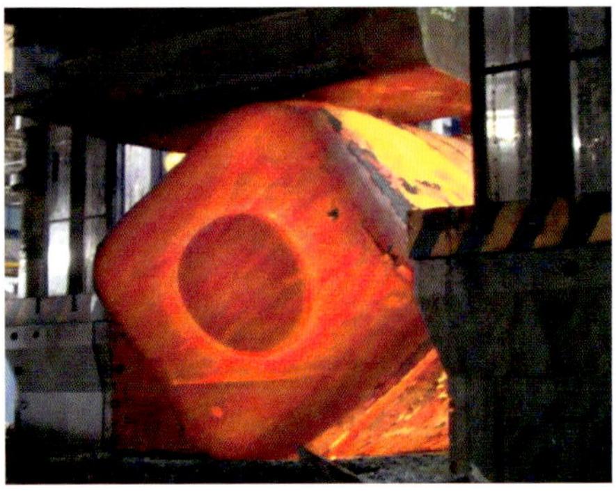

(a)

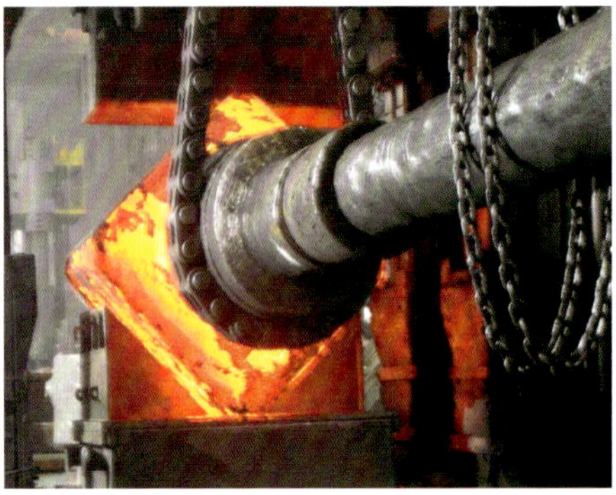

(b)

图 7.4-14　倒棱角

（a）无定位附具倒角；（b）有定位附具倒角

（1）归圆。归圆是坯料从方形截面到圆形截面的过渡，该变形过程需要小压下量、逐渐增加棱数，防止 JTS 锻造过程中的折痕（见图 7.4-15）在大变形过程中开裂。归圆过程如图 7.4-16 所示。

图 7.4-15　JTS 锻造过程中的折痕

(a)

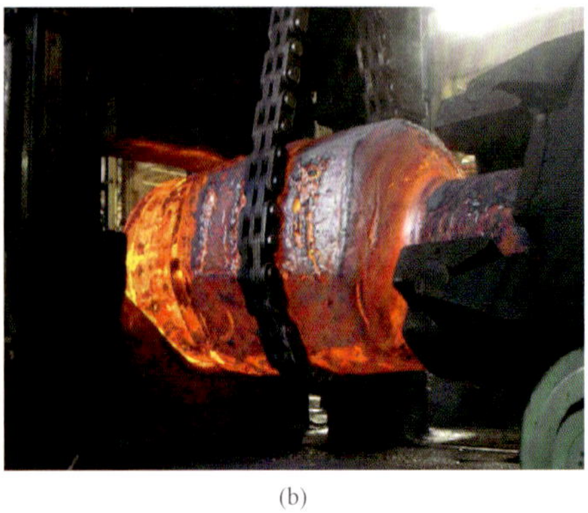

(b)

图 7.4-16　归圆

（a）从棱形到八方；（b）从八方到圆

（2）轴身锻造。坯料归圆后将轴身锻造至要求尺寸（见图 7.4-17）。图 7.4-17a 是运输吊钳上料后状态；图 7.4-17b 是翻钢机链子套在轴身上旋转锻造（此时 630t-m 操作机夹持能力不足，两台翻钢机距离又远）；图 7.4-17c 是两台翻钢机旋转锻造；图 7.4-17d 是压出轴身与轴径的分界线。在确定轴身长度尺寸后，用专用摔子光整轴身（见图 7.4-18）。

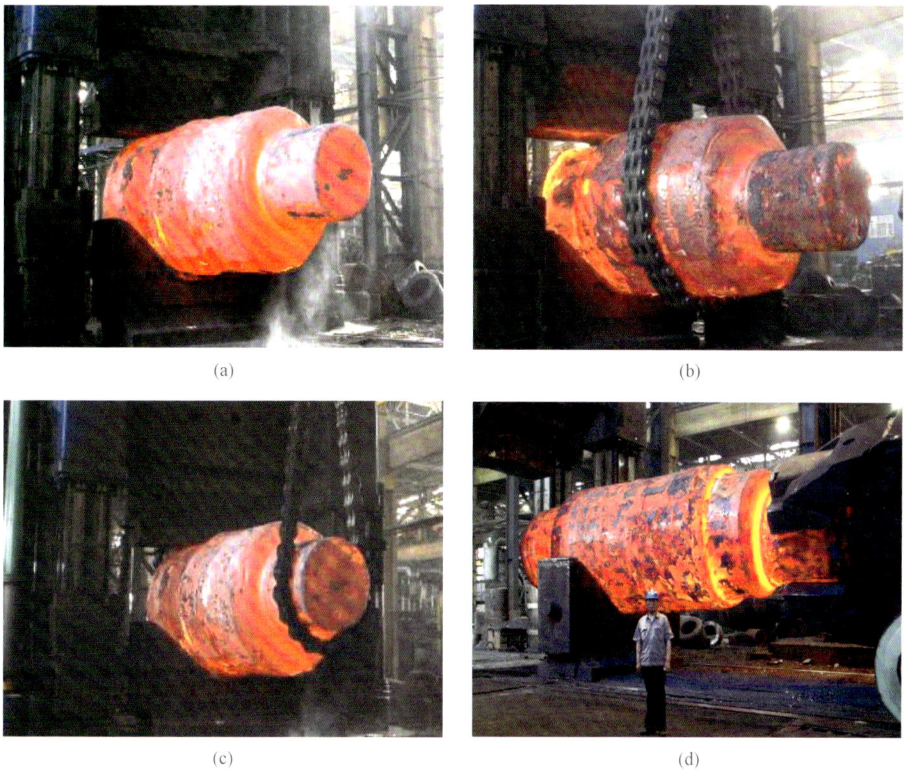

图 7.4-17　轴身锻造

（a）上料；（b）单台翻钢机锻造；（c）两台翻钢机锻造；（d）压出轴身与轴径分界线

图 7.4-18　专用附具摔大圆

（3）轴颈锻造。锻造轴径时应控制压下量和旋转角度，避免轴颈与轴身严重偏心（见图 7.4-19）。通过严格控制从压钳口开始的每一道拔长工序并采取限位等措施，确保了轴颈与轴身同心（见图 7.4-20）。成品锻件参见图 1.2-1。

(a)

(b)

(c)

(d)

图 7.4-19　偏心锻造

（a）轴颈与轴身不同心（侧面）；（b）轴颈与轴身不同心（正面）；（c）轴身拔长；（d）轴颈修形

(a)

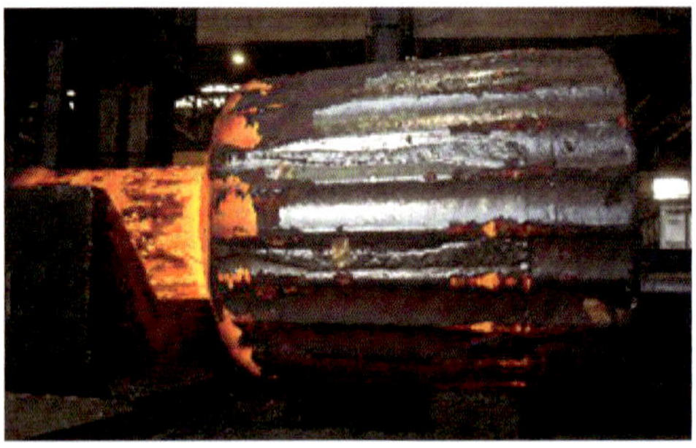

(b)

(c)

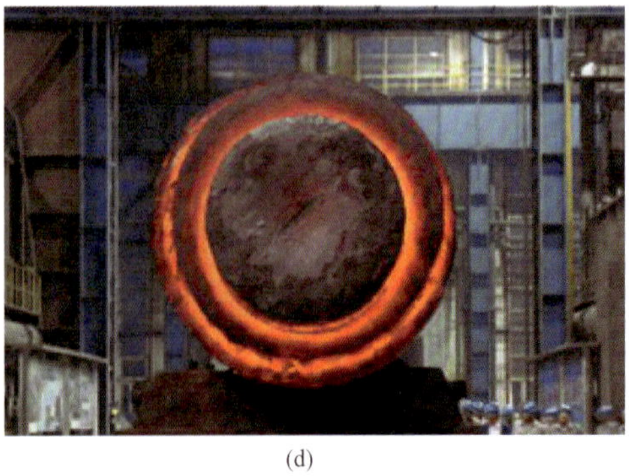

(d)

图 7.4-20　同心锻造

（a）压钳口时坯料与工作台之间增加限位；（b）控制压钳口过程中的压下量；

（c）控制拔长过程中的压下量；（d）拔长后端部状态

4.1.3 热处理

1. 锻后热处理

由于核电常规岛汽轮机整锻低压转子锻后的毛坯直径将近3000mm（见图7.4-21），不仅中心部位晶粒细化非常关键，而且锻后热处理过程应力状态也极为复杂。因此，从细化晶粒的角度考虑，需要采用三次高温正火处理、四次过冷转变的热处理工艺形式（参见图7.3-6），利用多次重结晶来细化晶粒并减轻组织遗传。通过数值模拟，掌握各截面在锻后热处理过程中的应力变化，并在实际工艺中对降温和升温速度进行控制。

图7.4-21 用715t钢锭制造的转子毛坯图

整锻低压转子锻后热处理高温保温结束后出炉空冷如图7.4-22所示，吊下台车后继续空冷。空冷过程中为了减少转子轴身与轴颈的温差，在轴颈部位套装保护罩（见图7.4-23）。

图7.4-22 核电低压转子锻后热处理（空冷）

图7.4-23 套装保护罩减少轴身与轴颈温差

2. 性能热处理

汽轮机整锻低压转子性能热处理工艺编制主要是确定转子最终热处理的冷却时间，既要保证转子中心充分冷却，又要避免由于冷却时间过长而产生开裂的风险。

为保证汽轮机整锻低压转子淬火后中心部位获得无铁素体的贝氏体组织，提高锻件综合机械性能，降低脆性转变温度，对大直径的低压转子，必须采用比较激烈的喷水淬火或浸水淬火冷却方法，而材料在激烈淬火方式下是容易产生开裂的，特别是对于大型锻件，淬火时内应力很大，控制不当会产生开裂。材料的碳含量和合金元素的含量对于淬火开裂有直接影响。根据被普遍采用的意大利台尔尼工厂的经验公式，当正偏析区含碳量不大于0.31%，正偏析区碳当量［C］≤0.75%，水淬毫无危险。整锻低压转子用钢的正偏析区含碳量按技术要求内控在 0.24%～0.26% 范围内，按正偏析区碳当量公式计算：

$$[C]=C\%+Mn\%/20+Ni\%/15+(Cr\%+Mo\%+V\%)/10 \tag{7.4-1}$$

可得正偏析区碳当量为 0.734% （<0.75%）。因此，低压转子锻件经喷水淬火无开裂危险。另外，转子用钢经真空冶炼，钢液纯净度高，淬火冷却时能承受较大的淬火内应力，使喷水淬火更加安全。

经过模拟及分析，最终确定的热处理工艺曲线参见图 7.3-9。

性能热处理是在井式炉中加热和回火，在立式喷淬系统中淬火。从转子出炉时的表面温度看，锻件加热均匀性很好。喷淬后测温，表面温度与水温基本一致，表面冷却效果很好。图 7.4-24 是转子高温保温结束后出炉被吊入立式喷淬系统中准备淬火。

(a) (b)

图 7.4-24　低压转子性能热处理

（a）出加热炉；（b）入喷淬设备

性能热处理后对转子全长四条母线进行了硬度均匀性检测，检测结果在 HB202～HB221 之间，硬度差只有 19HB，均匀性很好。对转子 9 个位置套料进行的机械性能检测结果见表 7.4-5，屈服强度差只有 15MPa，远高于技术要求值。塑性和韧性值也很好。从力学性能试样上取样进行的化学成分分析结果可知，各部位的化学成分也特别均匀。从化学成分可以看出，采用的冶炼和浇注方法对于解决钢锭偏析有效，从力学性能均匀性可以表明热处理工艺方法和参数合理，同时也表明井式炉的加热均匀性很好，立式喷淬的效果也很好。

表 7.4-5　　转子的性能检测结果

指标 位置	屈服强度/MPa	抗拉强度/MPa	伸长率(%)	断面收缩率(%)	冲击吸收能量/J	FATT50（定点）/℃
L1	651	759	25	74	257/249/269	<-100
	648	761	25	76		
L2	647	759	27.5	77.5		
	642	751	29	76		
X1	645	752	25.5	75.5	276/276/270	
	641	749	30.5	78		
X3	646	753	24.5	77.5	282/262/294	
	640	747	24	76.5		
X5	650	756	27	77	286/296/270	
	650	757	26	76.5		

续表

位置 \ 指标	屈服强度/MPa	抗拉强度/MPa	伸长率(%)	断面收缩率(%)	冲击吸收能量/J	FATT50（定点）/℃
X2	650	764	27	75	251/260/283	
	640	758	25.5	72.5		
X2A	648	760	25	74	244/243/259	
	644	763	24	70		
X4	655	767	27.5	76.5	293/288/282	
	650	762	27.5	75		
X4A	643	761	24.5	71	257/228/233	
	643	759	24	70.5		

注：验收指标：屈服强度621～686MPa；抗拉强度≥724MPa；伸长率≥17%；断面收缩率≥50%；A_{KV}≥68J；FATT50（定点）<-7℃。

转子锻件在性能热处理后按照外方提供的无损检测标准进行超声波探伤，未发现超标缺陷。转子锻件在各项检测完成后按交货尺寸进行了半精加工（见图7.4-25）。

图7.4-25　核电常规岛汽轮机整锻低压转子半精加工

4.2　汽轮机焊接转子

核电常规岛汽轮机焊接转子从工程制造角度而言可优化组合，合理分段，可分解为多个轮盘和轴头锻件，大幅降低了优质大型锻件的制造难度，易于保证锻件内在质量，可以在较小的压机上实现核电转子的工业化制造，从而降低了转子制造的设备要求和工艺难度。

目前国内的核电采用焊接转子结构设计的主要是上海汽轮机厂和东方汽轮机厂，上海汽轮机厂核电低压焊接转子选材为25Cr2Ni2MoV，东方汽轮机厂核电低压焊接转子选材为20Cr2NiMo，两者的设计规格略有差异。下面主要介绍上海汽轮机厂焊接转子所需的轮盘和轴头锻件的制造。

4.2.1　轮盘

1. 主要技术参数

轮盘锻件属于饼类锻件，最大的焊接转子轮盘直径达3300mm，锻件的成分偏析、UT探伤、锻件性能各向异性以及高强度、低的FATT性能指标是轮盘锻件工业化制造的技术难点。

图 7.4-26 为某项目轮盘的交货尺寸图。

2. 冶炼

采用碱性电炉初炼钢液，钢包精炼炉真空精炼、真空碳脱氧的冶炼方式，锭型采用 24 棱的 132t 钢锭。

3. 锻造

轮盘锻件的实际锻造过程如图 7.4-27 所示。

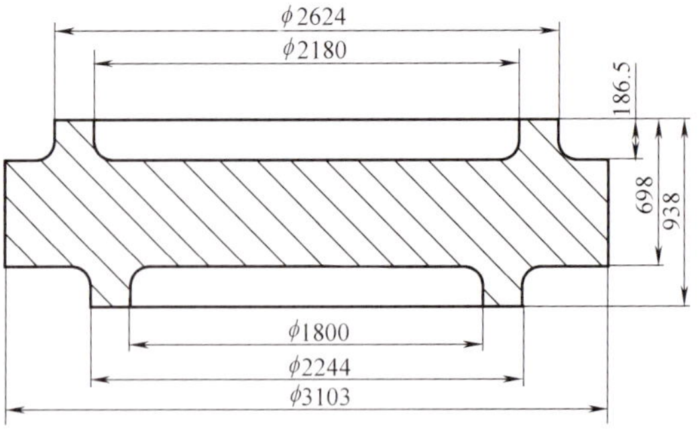

图 7.4-26 轮盘交货尺寸图

4. 热处理

（1）锻后热处理。轮盘锻件的锻后热处理为正火加回火，工艺曲线如图 7.4-28 所示。

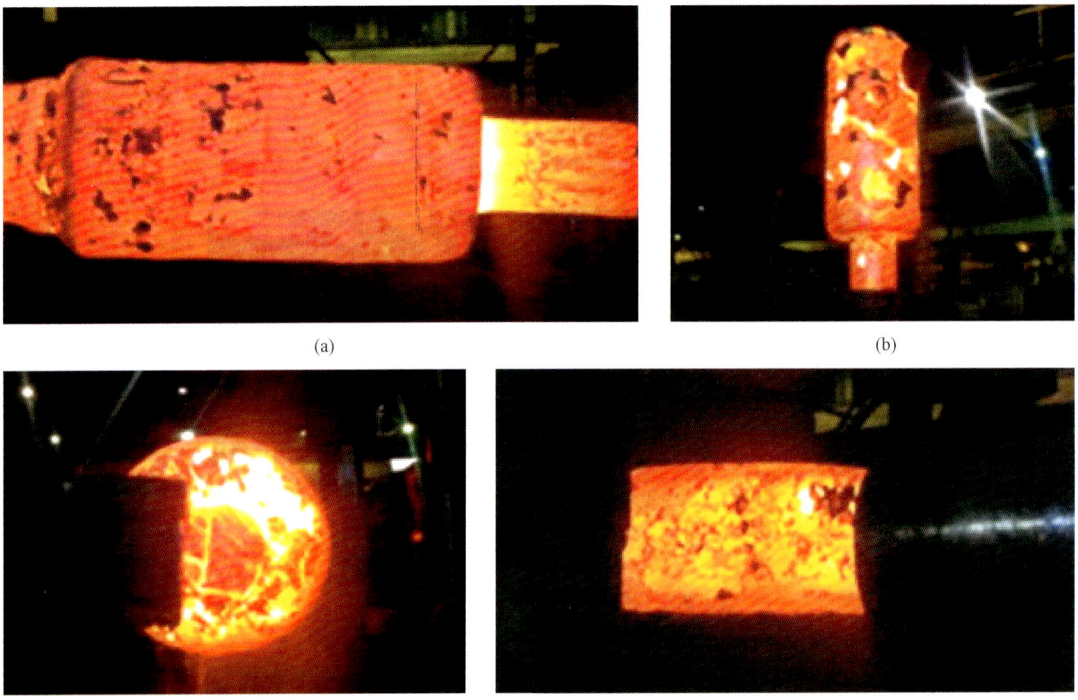

(a) (b) (c) (d)

图 7.4-27 轮盘锻件实际锻造过程

（a）拔长；（b）镦粗；（c）滚外圆；（d）平端面

（2）性能热处理。轮盘锻件性能热处理为淬火加回火，工艺曲线如图 7.4-29 所示。

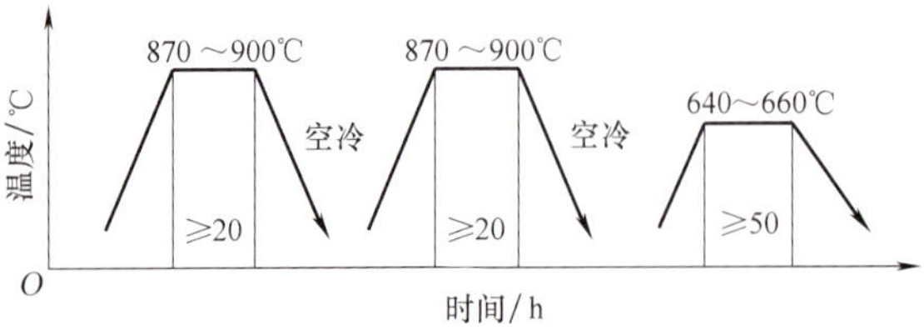

图 7.4-28 轮盘锻件锻后热处理工艺曲线

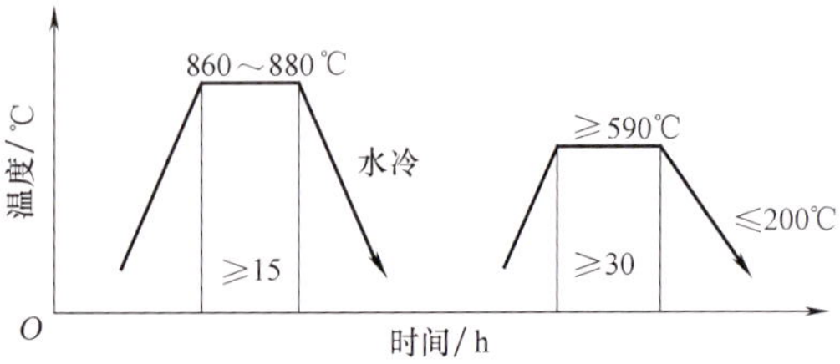

图 7.4-29 轮盘锻件性能热处理工艺曲线

5. 轮盘性能结果

轮盘的取样示意图如图 7.4-30 所示，产品的成分和性能检测结果分别见表 7.4-6 及表 7.4-7。

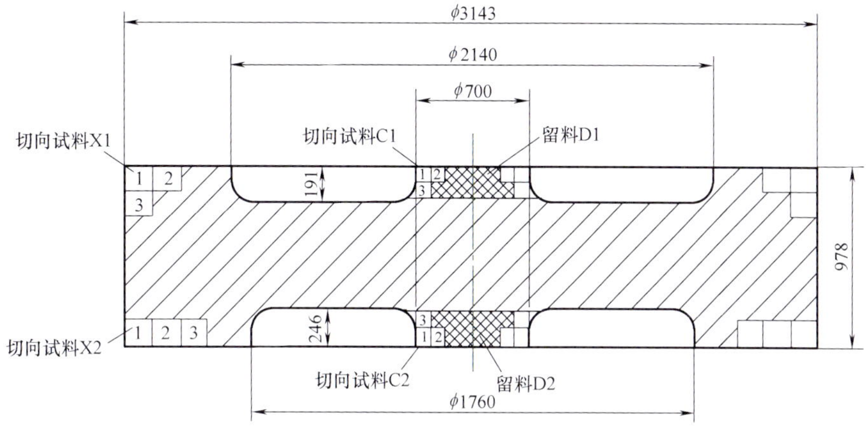

图 7.4-30 轮盘的取样示意图

表 7.4-6 轮盘产品成分 （质量分数，%）

材质		C	Si	Mn	P	S	Cr	Ni	Mo	V	Al	Cu	Sn	Sb	As
25Cr2Ni2MoV	标准	0.18～0.27	≤0.12	0.12～0.28	≤0.015	≤0.015	2.15～2.45	2.05～2.35	0.63～0.82	≤0.12	≤0.012	≤0.17	≤0.017	≤0.001 7	≤0.025
	C 部	0.21	<0.05	0.17	≤0.005	0.002	2.30	2.12	0.64	0.04	<0.004	0.04	0.003	0.000 7	0.004
	X 部	0.21	<0.05	0.17	≤0.005	0.002	2.29	2.13	0.65	0.04	<0.004	0.04	0.003	0.000 7	0.004

表 7.4-7 轮盘性能检测结果

产品名称	取样位置	屈服强度/MPa	抗拉强度/MPa	伸长率(%)	收缩率(%)	冲击吸收能量/J	FATT50/℃	上平台功/J
中间轮盘Ⅱ	X1	791	900	19.5	78	223/223/194	-50.0	201
	X2	798	906	19.5	76	203/205/213	-94.1	212
	C1	791	902	21	72	194/179/180	-28.1	181
	C2	796	889	21	73	102/100/127	-13.7	186
标准	切向	700～800	≥800	≥13	参考	≥81	≤0	—

4.2.2 轴头

1. 主要技术参数

轴头锻件呈“T”形，因其法兰与轴颈的直径相差大，锻造成形和横向性能的均匀性是轴头锻件的制造难点。本节对如何综合解决锻件的成分偏析、UT 探伤、锻件性能各向异性以及高强度、低的 FATT 性能指标的问题进行了研究。图 7.4-31 为轴头的交货尺寸图。

2. 冶炼

采用碱性电炉初炼钢液，钢包精炼炉真空精炼、真空碳脱氧的冶炼方式，锭型采用 24

棱的 205t 钢锭。

3. 锻造

T 形轴头的锻件如图 7.4-32 所示。T 形轴头法兰达3100mm 左右，轴颈约 1100mm，直径落差为 2000mm。为解决直径 3100mm 的法兰心部压实及减少整个锻件的各向异性，轴头锻件采用了两次镦粗的工艺方式，实际锻造过程如图 7.4-33 所示。

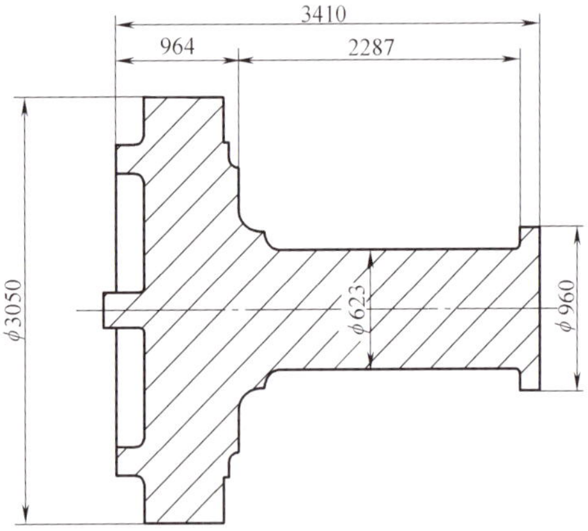

图 7.4-31 轴头的交货尺寸图

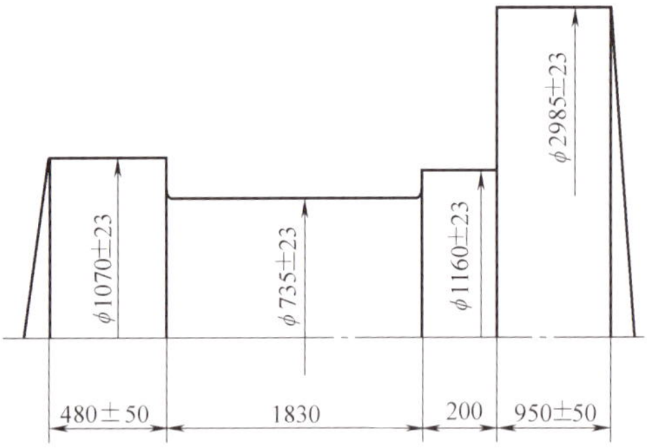

图 7.4-32 轴头锻件图

(a)

(b)

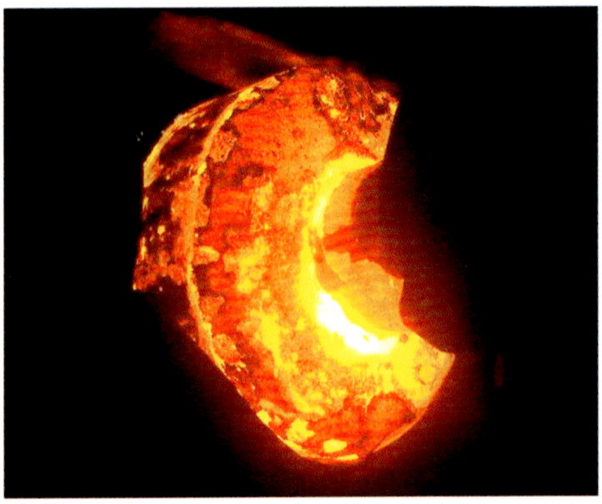

(c)

(d)

图 7.4-33 轴头的实际锻造过程

（a）立料；（b）镦粗；（c）法兰成形；（d）成品锻件

4. 热处理

（1）锻后热处理。轴头锻件的锻后热处理为两次正火加回火，工艺曲线如图 7.4-34 所示。

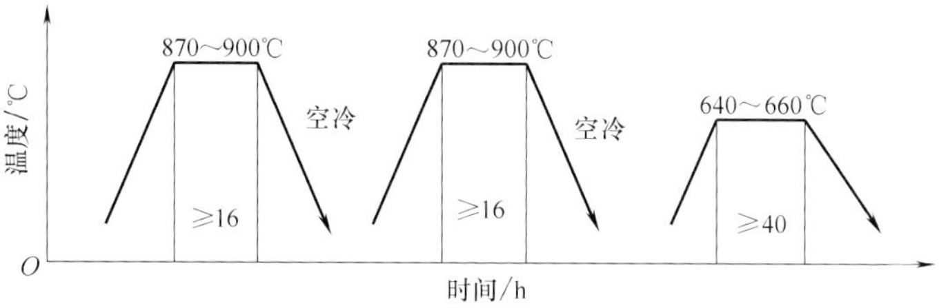

图 7.4-34　轴头锻件锻后热处理工艺曲线

（2）性能热处理。轴头锻件的性能热处理为淬火加回火，工艺曲线如图 7.4-35 所示。

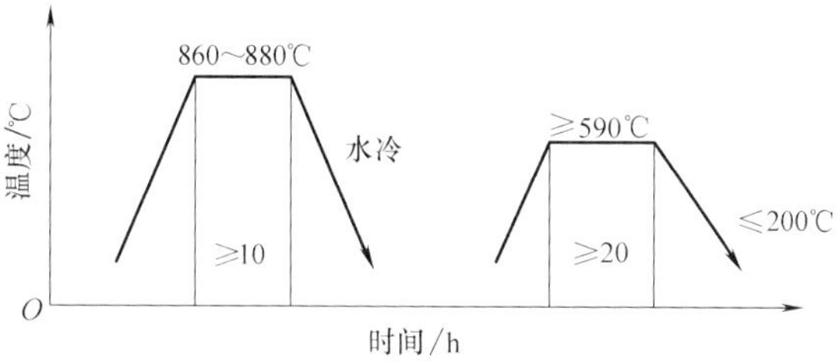

图 7.4-35　轴头锻件性能热处理工艺曲线

5. 性能结果

轴头的取样图如图 7.4-36 所示，产品的成分和性能检测结果分别见表 7.4-8 和表 7.4-9。

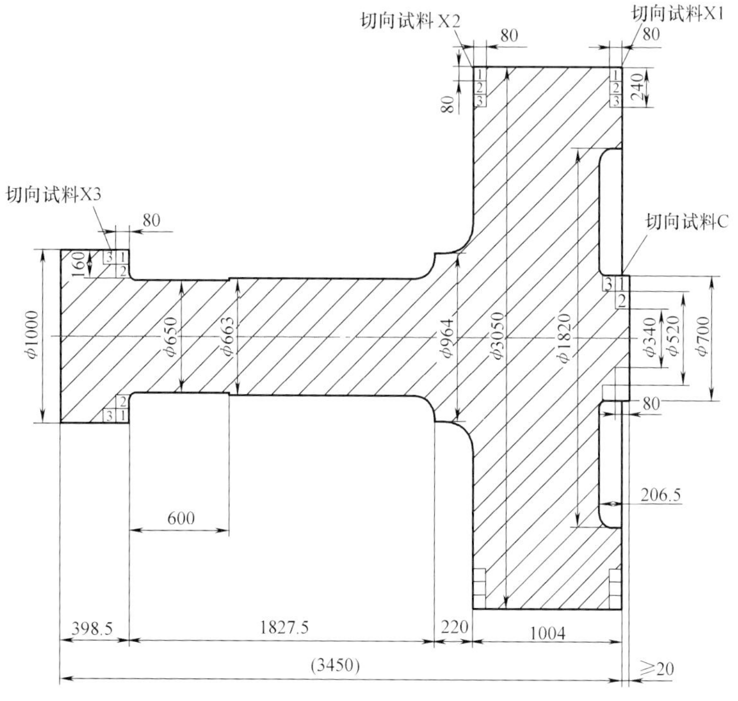

图 7.4-36　轴头的取样图

表 7.4-8　　　　轴头产品成分　　　　（质量分数，%）

材质		C	Si	Mn	P	S	Cr	Ni	Mo	V	Al	Cu	Sn	Sb	As
25Cr2Ni2MoV	标准	0.18～0.27	≤0.12	0.12～0.28	≤0.015	≤0.015	2.15～2.45	2.05～2.35	0.63～0.82	≤0.12	≤0.012	≤0.17	≤0.017	≤0.001 7	≤0.025
	C 部	0.25	＜0.05	0.20	0.006	0.002	2.35	2.27	0.70	0.048	＜0.004	0.04	0.002	0.001 1	0.003
	X1 部	0.20	＜0.05	0.17	0.005	0.002	2.33	2.20	0.67	0.05	＜0.004	0.04	0.002	0.000 9	0.003
	X2 部	0.21	＜0.05	0.19	0.005	0.002	2.29	2.18	0.66	0.046	＜0.004	0.04	0.002	0.000 9	0.004
	X3 部	0.20	＜0.05	0.18	0.005	0.002	2.27	2.16	0.66	0.045	＜0.004	0.04	0.002	0.000 9	0.003

表 7.4-9　　　　轴头性能检测结果

产品名称	取样位置	屈服强度/MPa	抗拉强度/MPa	伸长率（%）	收缩率（%）	冲击吸收能量/J	FATT50/℃	上平台功/J
轴头	X1	766	863	20.5	77	227/224/229	-72.4	214
	X2	706	810	20	77	238/239/232	-86.4	231
	X3	770	867	20	76	182/129/210	-61.0	178
	C	751	868	17	66	182/208/215	-32.1	180
标准	切向	700～800	≥800	≥13	参考	≥81	≤0	—

4.3　汽轮机低压转子整锻与分锻的对比

以国内某机组的常规岛汽轮机焊接转子为例，该焊接转子分为 6 段 5 焊缝，分体各段锻件与整锻锻件的制造参数见表 7.4-10。

表 7.4-10　　　　焊接转子分体各段锻件和整锻锻件的制造参数

类型		交货重量/t	毛坯重量/t	钢锭重量/t
整锻		300	490	740
分锻	调阀端轴头	60.5	98.4	154
	轮盘Ⅰ/Ⅳ	43.5×2	69.843 5×2	119×2
	轮盘Ⅱ/Ⅲ	64.3×2	94.435×2	172×2
	电机端轴头	65.9	92.4	154
	总计	342	519.357	890

1. 焊接转子分锻制造

分锻焊接转子由 2 件轴头和 4 件轮盘共计 6 件组合而成，单件锻件的最大截面为 3200mm，所用最大钢锭为 154t，具备 80MN 液压机能力即能实现锻造成形，热加工制造难度不大。

2. 焊接转子整锻制造

核电常规岛汽轮机转子之所以存在焊接结构，是由于设计之初受设备、工艺技术等因素制约，全球具有制造整锻转子的设备能力和技术能力的锻件供应商极其有限，适应不了核电的高速发展。随着全球制造业的发展，国内外锻件供应商的设备水平和技术能力有了质的飞跃，全球拥有 120MN 以上吨位压机的不低于 20 家。随着核电汽轮机低压转子的设计尺寸的增大，转子材料和焊接技术的限制以及核安全级别的提高，常规岛整体转子制造可以给设计师们带来新的设计选项和创作空间。

图 7.4-37～图 7.4-39 分别是所例举的焊接转子采用整体锻造所设计的交货、粗加工以及锻件图。

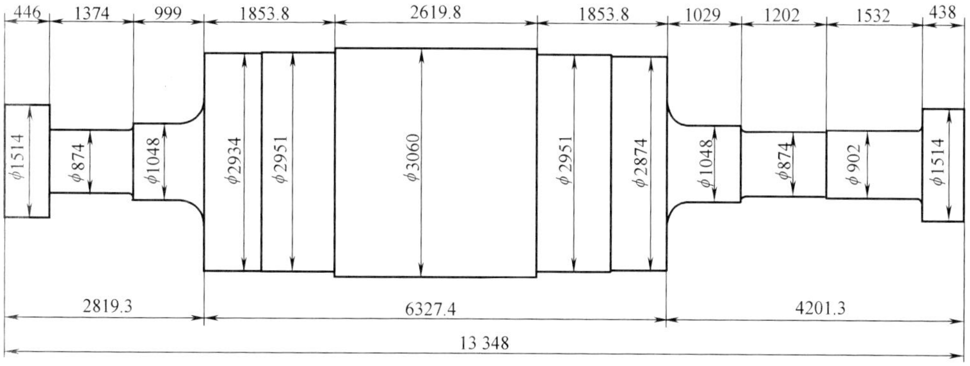

图 7.4-37　焊接转子整锻轮廓图

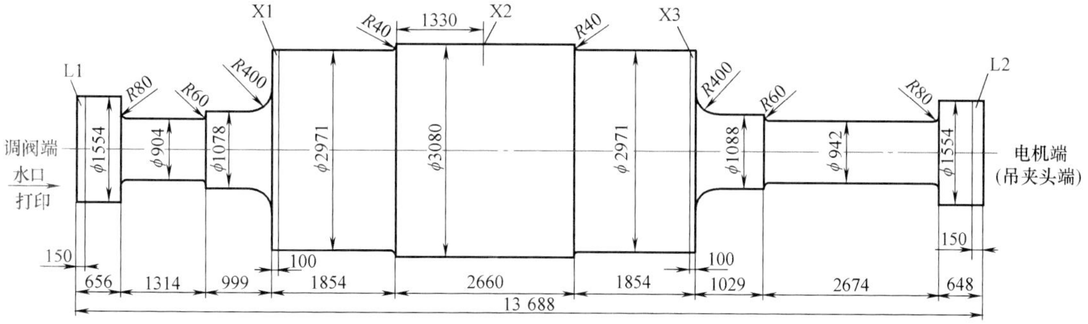

图 7.4-38　焊接转子整锻粗加工图

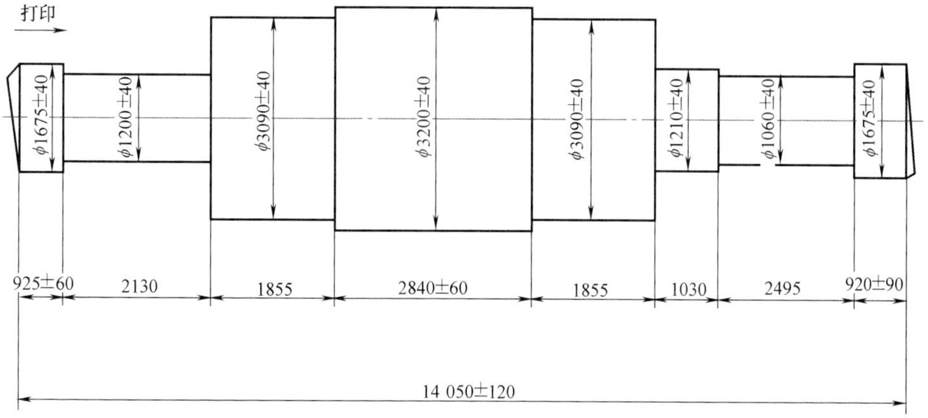

图 7.4-39　焊接转子整锻锻件图

3. 焊接转子的整锻与分锻制造的对比

从以上制造参数可以得出以下结论：

（1）从制造难度而言整锻转子的制造难度远大于分锻制造。

（2）虽然整锻转子制造所需的相关设备、工艺设计和附具的前期投入较高，但从锻件制造的钢锭吨位和所有制造工序成本考虑，整锻制造比分锻制造成本要低。

（3）就转子运转的安全和维护而言整锻转子要更具安全性。

4.4 发电机转子

1000MW 核电半速发电机转子锻件也是核电常规岛设备中的关键部件，单件交货重量已超过 250t，尽管所需钢锭重量及锻件直径均小于整锻低压转子，但因其长度超过 17 000mm，而且两端的性能要求不同，所以仍具有很大的制造难度。

4.4.1 冶炼及铸锭

发电机转子材质为 25Cr2Ni4MoV，采用 500～600t 级钢锭制造。冶炼及铸锭与整锻低压转子相同。

4.4.2 锻造

发电机转子的锻件如图 7.4-40 所示。产品主要锻造工序如图 7.4-41 所示。

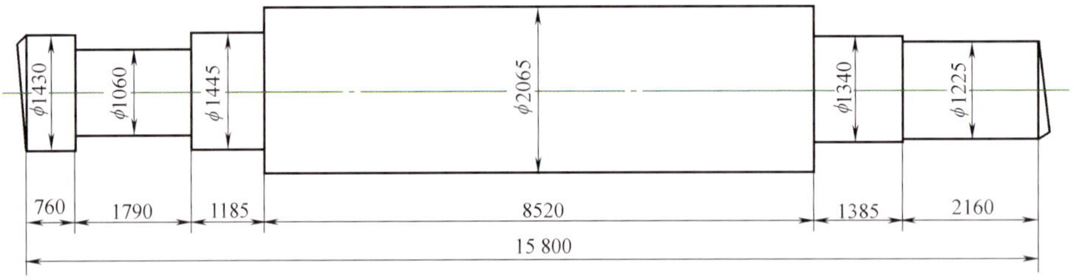

图 7.4-40　发电机转子锻件图

图 7.4-41　发电机转子主要锻造工序（一）

（a）镦粗；（b）拔长

(c)

(d)

图 7.4-41　发电机转子主要锻造工序（二）

（c）中心压实；（d）出成品

4.4.3　热处理

1. 取样设计

转子表面取样部位示意图如图 7.4-42 所示，表面性能检测合格后进行去应力退火，去应力退火后套取中心孔试料，中心孔试料取样部位示意图如图 7.4-43 所示。

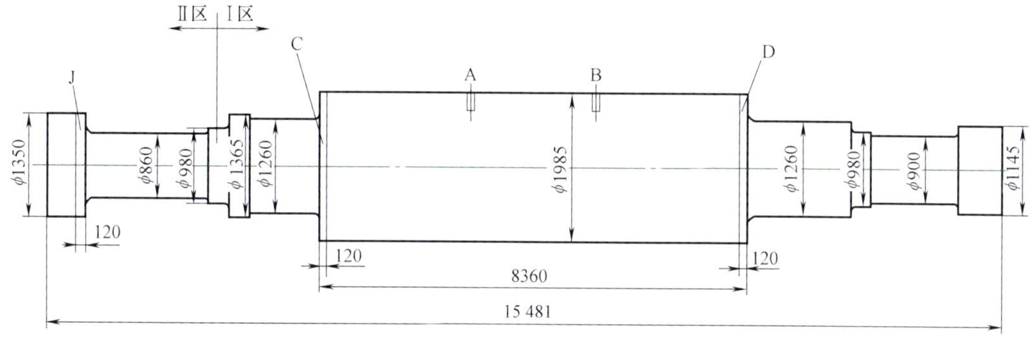

图 7.4-42　某项目核电发电机转子表面取样部位示意图

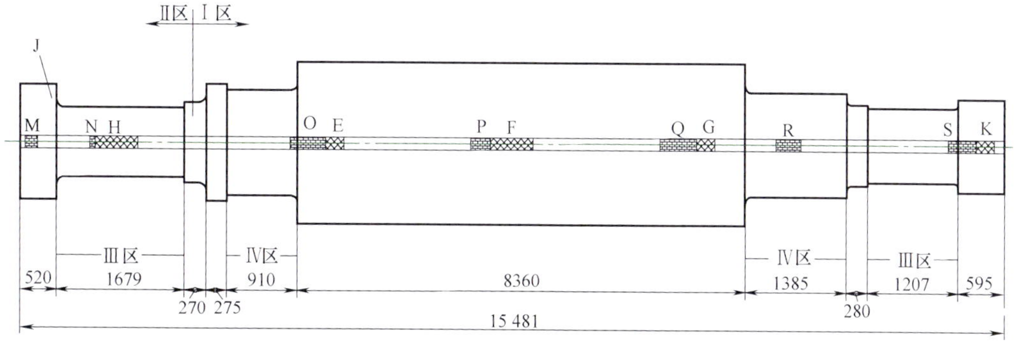

图 7.4-43　某项目核电发电机转子中心孔取样部位示意图

2. 锻后热处理

发电机转子锻件的锻后热处理为正火加回火，工艺曲线如图 7.4-44 所示。

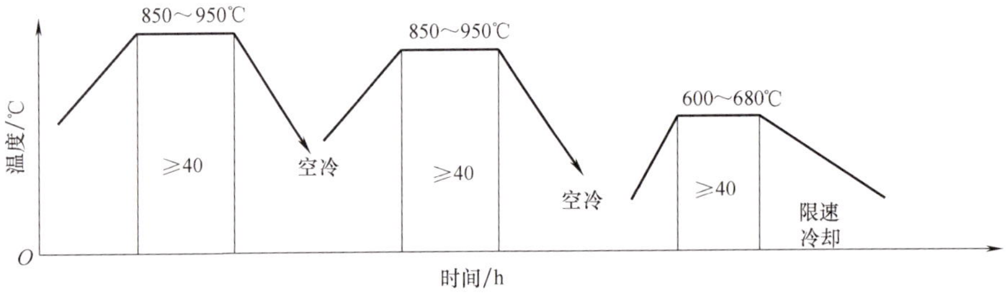

图 7.4-44　发电机转子锻后热处理工艺曲线

3. 性能热处理

发电机转子性能热处理为淬火加回火，工艺曲线如图 7.4-45 所示，淬火和回火均在垂直状态下进行。发电机转子的淬火过程如图 7.4-46 所示。图 7.4-46a 是将转子从开合式加热炉中吊出；图 7.4-46b 是转子在加热炉和喷淬设备之间空冷；图 7.4-46c 是将转子吊入喷淬设备；图 7.4-46d 是转子在喷淬设备中旋转淬火。

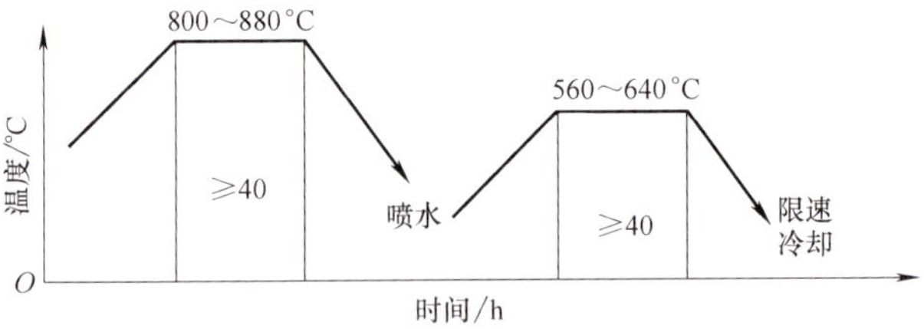

图 7.4-45　发电机转子性能热处理工艺曲线

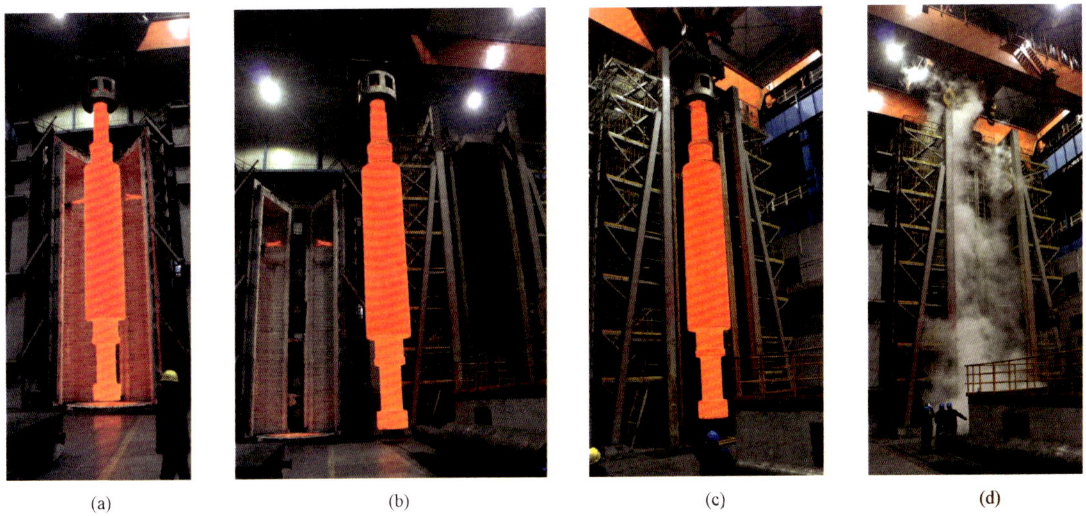

图 7.4-46　发电机转子性能热处理过程

（a）出炉；（b）空冷；（c）入喷淬设备；（d）旋转喷淬

4.4.4　产品主要技术指标

1. 化学成分

产品的表面和心部的化学成分见表 7.4-11、表 7.4-12 与图 7.4-47、图 7.4-48。

表 7.4-11 表面化学成分检测结果 （质量分数，%）

成分 \ 取样位置	J	C	A	B	D
C	0.23	0.23	0.24	0.24	0.23
Si	0.06	0.07	<0.05	<0.05	0.07
Mn	0.26	0.27	0.27	0.27	0.27
P	0.006	0.006	0.006	0.006	0.006
S	0.002	0.002	0.003 2	0.002 2	0.002
Cr	1.64	1.67	1.65	1.64	1.66
Ni	3.03	3.05	3.03	3.01	3.03
Mo	0.37	0.39	0.38	0.38	0.38
V	0.09	0.10	0.10	0.10	0.10

表 7.4-12 中心孔化学成分检测结果 （质量分数，%）

取样位置 \ 成分	C	Si	Mn	P	S	Cr	Ni	Mo	V
M	0.34	0.05	0.3	0.005	0.002	1.79	3.2	0.47	0.12
N	0.32	0.05	0.29	0.005	0.002	1.76	3.13	0.45	0.12
H	0.31	0.08	0.29	0.007	0.002	1.66	3.12	0.44	0.11
O	0.33	0.05	0.29	<0.005	0.002	1.74	3.12	0.45	0.12
E	0.31	0.08	0.29	0.008	0.002	1.66	3.12	0.43	0.11
P	0.31	0.05	0.28	<0.005	0.002	1.74	3.13	0.44	0.11
F	0.31	0.08	0.29	0.007	0.002	1.66	3.11	0.42	0.11
Q	0.29	0.05	0.28	0.005	0.002	1.71	3.11	0.42	0.11
G	0.28	0.07	0.28	0.008	0.002	1.65	3.11	0.42	0.11
R	0.28	0.05	0.27	<0.005	0.002	1.7	3.09	0.42	0.11
S	0.26	0.05	0.27	<0.005	0.002	1.68	3.04	0.4	0.11
K	0.27	0.07	0.29	0.008	0.002	1.65	3.11	0.4	0.1

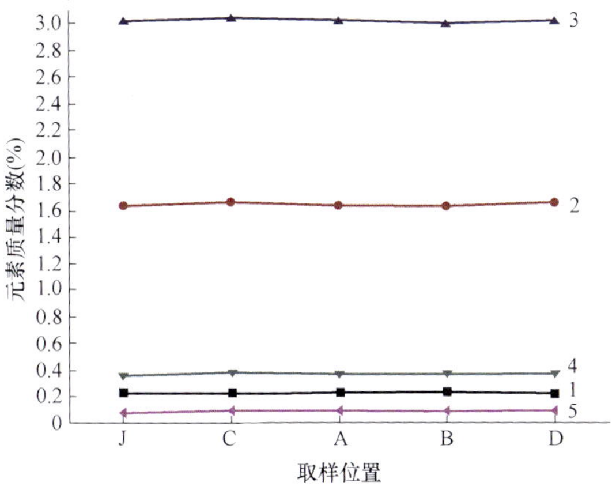

图 7.4-47 表面不同取样位置的化学成分检测结果

1—C；2—Cr；3—Ni；4—Mo；5—V

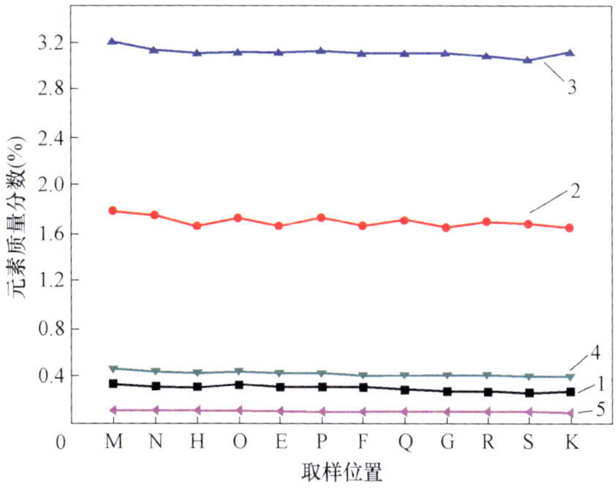

图 7.4-48 中心孔不同取样位置的化学成分检测结果

1—C；2—Cr；3—Ni；4—Mo；5—V

2. 机械性能

（1）强度及塑性。转子表面取样部位拉伸性能结果见表 7.4-13。拉伸试样均为径向，由于 1 区和 2 区性能要求不同（见表 7.4-14），在回火时采用分区热处理的方式进行控制，由于首次生产经验不足，导致 C 区抗拉强度略高于标准要求 25MPa，其余性能指标均合格。

表 7.4-13　　　　转子表面取样部位拉伸性能

试样部位	$R_{p0.2}$/MPa	R_m/MPa	伸长率（%）	断面收缩率（%）
A1	675	785	22.0	74.0
A2	675	785	21.0	74.0
B1	690	795	20.0	73.5
B2	675	800	20.5	73.5
C1	715	825	21	72.5
C2	720	825	20.5	74.5
D1	680	795	21	74.5
D2	690	800	22	73.5
J	730	835	19.5	73.5

注：1. 表中各符号代表部位参见图 7.4-42。

2. A1、B1、C1、D1 为径向外侧试样；A2、B2、C2、D2 为径向内侧试样；J 为法兰部位试样。

表 7.4-14　　　　性　能　要　求

位置和方向		外表面			中心			
		Ⅰ区		Ⅱ区	Ⅰ区		Ⅱ区	
		A，B	C，D	J	E，F，G，K		H	
		径向	径向	径向	径向	径向	径向	纵向
屈服强度/MPa		≥550	≥550	≥650	≥500	≥500	≥650	≥650
拉伸强度/MPa		640～800	640～800	740～900	≥600	≥600	740～900	740～900
伸长率（%）$L=5D$		≥16	≥16	≥16				
断面收缩率（%）		≥50	≥50	≥50				
0℃冲击值	单个值/J	≥40		≥40		≥24		
	平均值/J	≥56		≥56		≥36		
FATT/℃			≤0	≤0				≤20

转子中心取样部位拉伸性能结果见表 7.4-15 和表 7.4-16。转子去应力退火之后加工中心孔，按照取样图要求进行性能检测，F、G、K 部位拉伸性能均符合要求，H 部位抗拉强度略高于标准要求 20MPa（见图 7.4-49）。

（2）冲击韧性、强度及塑性。H、E、F、G、K 部位在 0℃的冲击性能列于表 7.4-17 和表 7.4-18 中，其数值均超过标准要求。轴向和径向冲击吸收能量对比如图 7.4-50 所示。

（3）脆性转变温度。表 7.4-19 和表 7.4-20 是 J、C、D 部位的冲击检测结果，J 部位的 18 个冲击试样，每个检测温度（分别为 20℃，0℃，-20℃，-40℃，-60℃，-80℃）各做三次冲击，总共 18 个冲击试样，根据冲击结果绘制 FATT 曲线，如图 7.4-51 所示。

表 7.4-15　　　　中心孔各不同取样部位轴向拉伸性能

取样位置	$R_{p0.2}$/MPa	R_m/MPa	伸长率（%）	断面收缩率（%）
M	765	910	19.5	67
H	780	915	20	65
O	710	855	17	65
E	705	855	20	64.5
F	680	820	21	67
Q	685	815	20.5	69.5
G	685	820	22.5	70
R	715	840	21.5	72
S	720	840	19	69.5
K	725	840	23	74

表 7.4-16　　　　中心孔各不同取样部位径向拉伸性能

取样位置	$R_{p0.2}$/MPa	R_m/MPa	伸长率（%）	断面收缩率（%）
M	780	920	18	65.5
H	795	920	16	62
O	705	850	19.5	67.5
E	710	855	21	62.5
F	680	825	20	64
Q	690	820	22	71
G	685	820	19	65
R	710	835	19.5	62
S	725	840	20	73.5
K	730	845	19.5	70

表 7.4-17　　　　中心孔不同取样部位 0℃轴向冲击性能

取样部位	试验温度	冲击吸收能量/J	断口纤维面积（%）	侧膨胀量/mm		
M	0℃	51/123/84	10/85/60	0.76	1.49	0.98
H		142/152/139	100/100/100	1.7	1.8	1.56
O		93/74/128	75/70/80			
E		121/94/85	70/60/55	1.55	1.28	1.09
F		97/97/131	60/60/65	1.32	1.15	1.46
Q		169/154/155	85/85/85			
G		137/161/151	80/85/85	1.72	1.86	1.77
R		193/188/173	100/100/100	2.03	3.01	1.99
S		207/211/209	100/100/100			
K		223/221/245	100/100/100	2.08	2.19	2.2

表 7.4-18　　　　中心孔不同取样部位 0℃径向冲击性能

取样部位	试验温度	冲击吸收能量/J	断口纤维面积（%）	侧膨胀量/mm		
M	0℃	88/68/68	60/55/55	0.92	0.84	0.84
H		137/147/137	100/100/100	1.63	1.72	1.64
O		58/78/72	15/40/40	0.7	0.97	0.97
E		94/67/50	65/55/35	1.17	0.96	0.73
F		128/123/87	80/80/45	1.7	1.56	1.27
Q		134/145/142	65/70/70	1.52	1.72	1.63
G		145/119/114	80/75/60	1.69	1.62	1.31
R		200/206/175	100/100/100	2.18	2.27	2.01
S		190/156/152	100/100/100	2.11	1.91	1.82
K		194/212/190	100/100/100	2.03	2.2	2.08

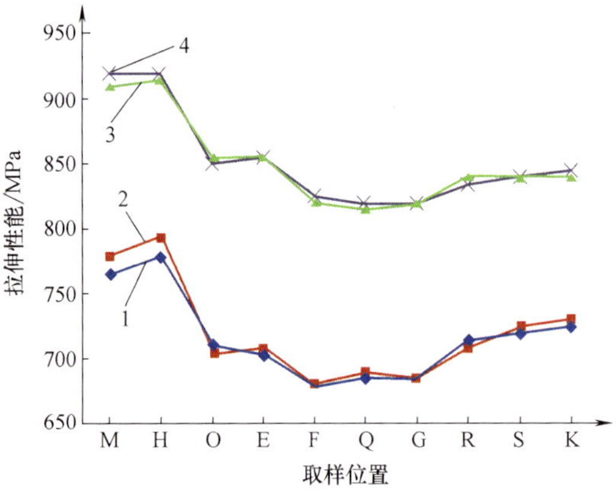

图 7.4-49　中心孔不同取样部位拉伸性能对比（轴向和径向）

1—$R_{p0.2}$轴向；2—$R_{p0.2}$径向；3—R_m轴向；4—R_m径向

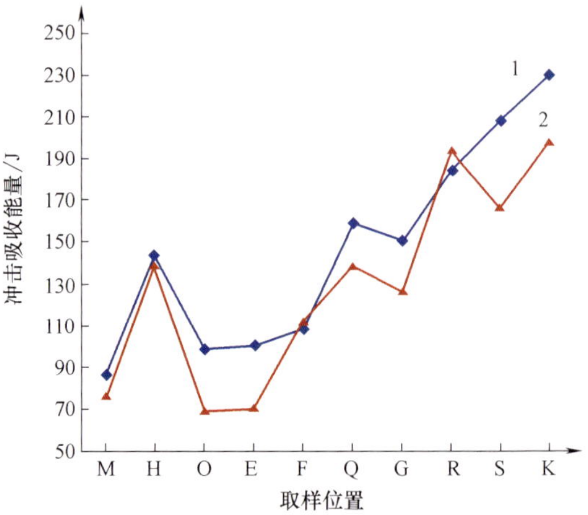

图 7.4-50　中心孔不同取样部位 0℃冲击吸收能量平均值对比（轴向和径向）

1—轴向；2—径向

表 7.4-19　　　　表面 J、C、D 部位冲击性能

取样部位	试验温度	冲击吸收能量/J	FATT/℃	上平台功/J	断口纤维面积（%）	侧膨胀量/mm		
J	20℃	187/187/232	-43.4	150	100/100/100	2.2	2.1	1.8
	0℃	215/221/232			100/100/100	2.31	2.23	2.31
	-20℃	228/218/220			100/100/100	2.27	2.2	2.18
	-40℃	176/82/171			80/40/70	2.09	0.94	1.71
	-60℃	96/9/118			25/0/30	1.33	0	1.98
	-80℃	32/54/46			0/5/5	0	0.65	0.47

续表

取样部位	试验温度	冲击吸收能量/J	FATT/℃	上平台功/J	断口纤维面积（%）	侧膨胀量/mm		
C	20℃	216/202/216	-75.3	191	100/100/100	2.29	2.18	2.19
	0℃	220/233/228			100/100/100	2.3	2.38	2.37
	-20℃	211/191/208			100/100/100	2.06	2.05	2.11
	-40℃	161/186/171			80/80/80	1.87	2.16	1.76
	-60℃	188/132/103			80/70/60	2.03	1.43	1.2
	-80℃	28/13/98			0/0/35	0	0	1.06
D	20℃	186/214/207	-49.5	186	100/100/100	1.98	2.17	2.32
	0℃	205/219/230			100/100/100	2.12	2.36	2.26
	-20℃	205/209/230			100/100/100	2.24	2.15	2.37
	-40℃	161/166/182			65/75/80	1.8	1.9	1.98
	-60℃	107/63/133			35/20/40	1.17	0.8	1.53
	-80℃	138/6/55			45/0/10	1.6	0	0.64

表 7.4-20　中心孔不同取样部位在不同温度下的轴向冲击性能

取样部位	试验温度	冲击吸收能量/J	FATT/℃	上平台功/J	断口纤维面积（%）	侧膨胀量/mm		
H	20℃	123/145/158	-45.4	123	100/100/100	1.79	1.96	1.88
	0℃	151/150/131			100/100/100	1.83	1.55	1.54
	-20℃	133/110/133			95/75/95	1.48	1.34	1.53
	-40℃	66/88/114			35/70/70	0.80	1.16	1.33
	-60℃	57/63/69			25/30/40	0.69	0.80	0.80
	-80℃	55/44/41			15/10/10	0.62	0.44	0.48
O	20℃	124/112/133	-6.9	142	90/85/95			
	0℃	93/74/128			75/70/80			
	-20℃	42/68/48			10/15/10			
	-40℃	32/55/51			5/10/10			
	40℃	132/135/142			95/95/100			
	60℃	144/152/154			100/100/100			
F	20℃	150/138/139	-13.2	150	90/85/85	1.95	1.83	1.75
	0℃	129/99/141			80/65/80	1.64	1.28	1.72
	-20℃	55/73/71			25/35/35	1.73	0.92	0.93
	-40℃	45/35/53			10/10/10	0.57	0.46	0.66
	-60℃	28/29/22			5/5/5	0.34	0.34	0.38
	-80℃	21/16/19			5/5/5	0.23	0.24	0.28

续表

取样部位	试验温度	冲击吸收能量/J	FATT/℃	上平台功/J	断口纤维面积（%）	侧膨胀量/mm		
Q	20℃	173/184/186	-30.9	173	100/100/100			
	0℃	169/154/155			85/85/85			
	-20℃	97/138/97			60/75/60			
	-40℃	96/76/70			45/30/25			
	-60℃	49/28/49			10/0/10			
	-80℃	30/42/44			0/10/10			
S	20℃	195/204/200	-77.9	192	100/100/100			
	0℃	207/211/209			100/100/100			
	-20℃	192/208/202			100/100/100			
	-40℃	152/171/172			75/85/85			
	-60℃	134/151/153			70/75/75			
	-80℃	114/114/73			60/60/15			

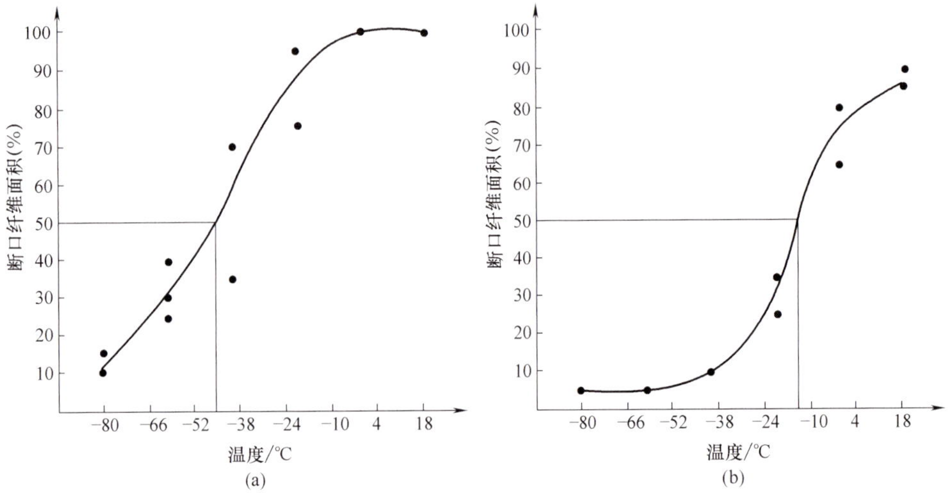

图 7.4-51　中心孔 H、F 取样部位 FATT 曲线

（a）H 部位；（b）F 部位

（4）硬度分析。转子性能热处理之后，按照图 7.4-52 所示选取四条母线检测布氏硬度，结果见表 7.4-21。其中 1 点和 10 点数据为两端轴颈处数据，2～9 点为轴身处数据。结

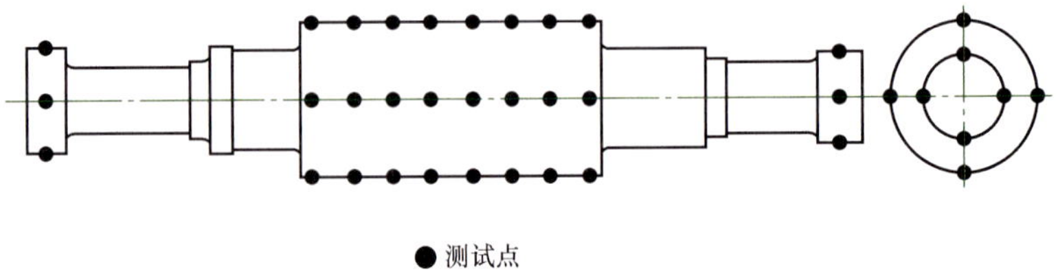

图 7.4-52　转子硬度测试点示意图

果表明转子轴身表面硬度较均匀，这也反映出转子在热处理加热及喷淬冷却过程中温度场控制良好。

表 7.4-21　　转子调质后的布氏硬度　　(HBW)

时钟＼位置	1	2	3	4	5	6	7	8	9	10
3:00	236	230	230	216	216	230	230	236	236	236
6:00	223	239	223	218	223	233	239	239	218	247
9:00	245	236	221	230	230	230	236	230	236	251
12:00	239	239	218	233	239	218	224	232	224	247

（5）磁性能。转子磁性能检测结果见表 7.4-22，满足设计要求。

表 7.4-22　　转子的磁性能

项目	要求值	实测值
H/（A/m）	B/T	B/T
27 900	≥1.975	2.03

3. 无损检测

（1）性能热处理前超声波探伤。

标准要求的灵敏度：中心 ϕ1.6mm。

探伤扫描的区域和方向如图 7.4-53 所示，扫描各部位均为径向。

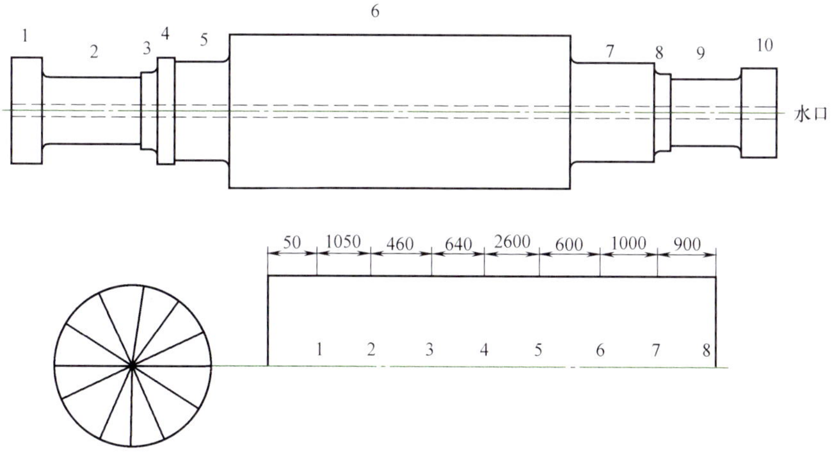

图 7.4-53　探伤扫描区域和方向

（2）性能热处理后超声波探伤。

检测时机：性能热处理后，加工中心孔前。

执行标准：1BF R22401 A

目视检查：合格

探头位置如图 7.4-54 所示，探伤结果见表 7.4-23。

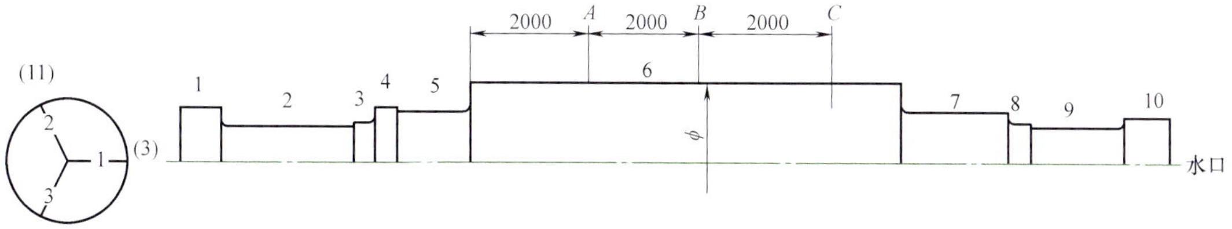

图 7.4-54　探头位置图

表 7.4-23　　　　转子的探伤结果

显示编号	噪声幅度（%SH）	显示深度/mm
1	7	中心
	11	416
2	7	中心
	14	278
3	14	290
4	9	中心
	10	352
5	14	400
6	15	245
7	13	330
8	15	200

中国一重核电常规岛发电机转子已批量生产，为宁德 3 号机组生产的发电机转子发运如图 7.4-55 所示。

图 7.4-55　宁德 3 号机组发电机转子发运

第 8 篇　存在的问题与未来发展设想

经过十几年超大型核电锻件绿色制造技术的研究与实践，著者及其团队取得了大量的成果，积累了丰富的经验，同时也遇到和发现了一些问题与不足。此外，受设备能力、研制周期及各方面认知差距等限制，还有一些课题有待进一步研究。

本篇对存在的锻件质量、标准、取样位置的代表性等典型问题进行了剖析。以全面实现超大型锻件近净成形为目标，从技术创新、装备改造和团队建设等方面对未来的发展进行了展望。

第1章 问题与不足

产品质量的稳定性一直是人们普遍关心的问题，制造难度巨大且关乎核安全的超大型核电锻件的质量更加引人注目。受原材料质量、产品价格及核安全文化等因素的影响，国内外超大型核电锻件的质量不仅有待提高，而且还有所波动。此外，随着核电锻件向超大型化、一体化方向发展，传统的制造方法及相关标准已无法适应新产品的研发。目前存在的主要问题是锻件质量不稳定，现有标准的不适应性等。

1.1 锻件质量不稳定

超大型核电锻件的合格率曾稳步提高，但近期合格率却有所下降，究其原因不外乎以下几点：① 核安全文化缺失，从“高强螺栓”等事件折射出一些人缺少对核安全的敬畏之心，存在着“无知无畏”或“缺知少畏”等现象。② 发生质量问题的根本原因分析不到位，有相当一部分流于形式。其实不是找不到原因，而是缺少高技术人才。③ 原材料质量波动较大。制造钢锭所需的耐火材料、合金炉料、造渣材料（石灰、萤石）等原材料受付款条件、验收手段等制约，良莠不齐，质量波动较大。④ 盲目降低制造成本，为了追逐利润、消化低价中标等不利因素，不计后果地降低制造成本，结果导致锻件质量不稳定。

1.2 现有标准的不适应性

在现有超大型核电锻件的生产中，通常按设计要求执行 RCC-M 标准或 ASME 标准。M310（CPR1000 和 CP1000）、华龙一号、EPR 采用 RCC-M 标准，AP1000/CAP1400 采用 ASME 标准。如前所述，RCC-M 标准是为法国锻件供应商量身定做的标准（规范），一般适合于用单包浇注的实心钢锭（钢锭越大偏析越严重）和空心钢锭制造的锻件。以下一些实践证明 RCC-M 标准不适应用 MP 工艺生产的钢锭所制造的锻件。

1.2.1 M310SG 水室封头

国外某知名核电锻件供应商在为国内某核电设备制造商生产 M310 水室封头时，没有按供货合同规定执行 RCCM 标准 M2143 关于封头冲形、管嘴翻边以及封头堆焊面（一次侧）应位于钢锭的底部等要求，而是按照自己的传统制造方式（封头旋转锻造成形，参见图 3.1-8）生产，冒口侧作为堆焊面。经过对产品进行全面检验，封头内外表面的成分几乎没有差别，性能也满足采购技术条件要求，最后经多方论证同意使用。

1.2.2 M310SG 管板

按照 RCC-M 标准规定，管板堆焊面（一次侧）应位于钢锭的底部。因为管板的一次侧

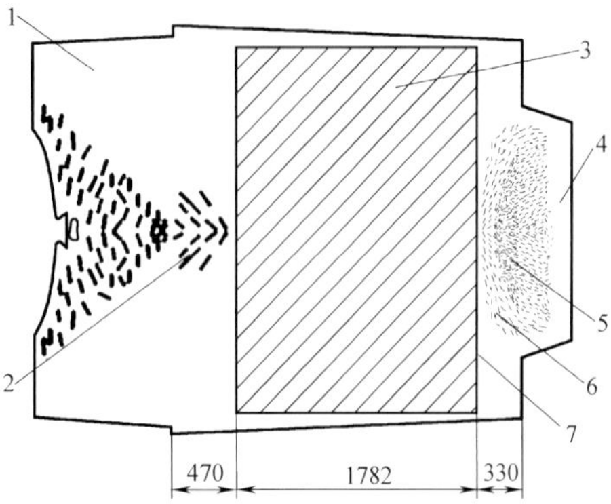

图 8.1-1　管板锻件在钢锭中的位置示意图
1—冒口；2—正偏析区；3—管板锻件；4—水口；5—沉积堆区；6—负偏析区；7—堆焊面

为堆焊面，所以优选管板锻件两侧端面中碳（C）和硫（S）含量较低的一侧端面作为管板的堆焊面。通常钢锭冒口（顶部）中心部位为正偏析区（C、S 含量较高），其冶金质量与钢锭水口（底部）相比较差（杂质较多），钢锭水口（底部）中心部位为负偏析区（C、S 含量较低），它的冶金质量相对较好（杂质较少），因此通常选择钢锭的水口端作为管板的堆焊面（见图 8.1-1）。

但如果钢锭选择合理，且钢锭冒口部位的切除量足以使正偏析区得到有效去除，则管板锻件的两侧端面都可以作为堆焊面，即钢锭顶部（冒口端）也可以作为管板一次侧。例如，中国核电工程公司（核工业第二研究设计院）和东方电气（广州）重型机器有限公司共同编制的管板锻件采购规程第 4 条关于“沿着管板轴线检测管板两侧碳、硫含量，以确定最佳的待堆焊面位置”的规定是非常合理的。

针对管板锻件关于堆焊面的特殊要求，在生产中可以采取优化钢锭设计，加大钢锭冒口端切除量等系列措施，保证钢锭冒口端正偏析区的完全去除，实现管板锻件的均质性制造，就可以将管板锻件对应于钢锭冒口端的一侧端面作为堆焊面。

1. 管板锻件钢锭冒口部位的正偏析区得到有效去除的技术措施

（1）采用 MP 工艺浇注钢锭，控制钢锭的宏观偏析。

MP 工艺适用于多包合浇钢锭的制造，即每包钢液中的 C、Mn、Mo 含量不相同，一般随浇注的先后顺序而递减，目的是减弱凝固过程中钢锭底部的负偏析区和顶部的正偏析区的成分差异，控制钢锭的宏观偏析。

（2）管板锻件锻造过程中钢锭两端需要有足够的切除量。

对于大型钢锭而言，无论采用怎样合理先进的制造工艺，其水冒口两端都会存在冶金缺陷与成分差异，因此在管板锻件锻造时必须根据钢锭实际质量，结合锻造成形工艺方法，对钢锭两端实施合理而充足的切除。RCC-M 标准中针对 CPR1000 堆型的管板锻件，规定钢锭水口切除量不小于 7%，冒口切除量不小于 13%，这些规定既不严谨也不尽合理，各锻件制造商应根据自身情况确定合理且充足的水冒口切除量，以保证管板锻件的制造质量。

2. 管板锻件钢锭冒口部位的正偏析区得到有效去除的验证方法

实际生产中可根据管板锻件采购规范中的有关要求，在锻后热处理结束后对管板锻件进行初粗加工，然后根据标识在锻件两端面（即钢锭的水口端 S 与冒口端 M）以圆心为起点，沿径向每隔 200mm 对称切取 10g 金属屑进行 C、S 化学成分分析，若两端面的 C、S 成分检测结果均符合锻件采购规范的要求且偏差不大，就可以证明钢锭冒口部位的正偏析区得到了有效去除。某项目管板锻件按照上述方法进行取样的示意图如图 8.1-2 所示，检测结果见表 8.1-1。检测结果表明，管板锻件冒口侧的化学成分完全符合锻件采购规程要求；水冒口两侧的 C 与 S 含量相当，化学成分均匀，而且冒口侧 C 含量的平均值低于水口侧，因此选择该管板锻件冒口端作为堆焊面，与管板锻件采购规程第 4 条中“沿着管板轴线检测管板两侧碳、硫含量，以确定最佳的待堆焊面位置”的规定相吻合。

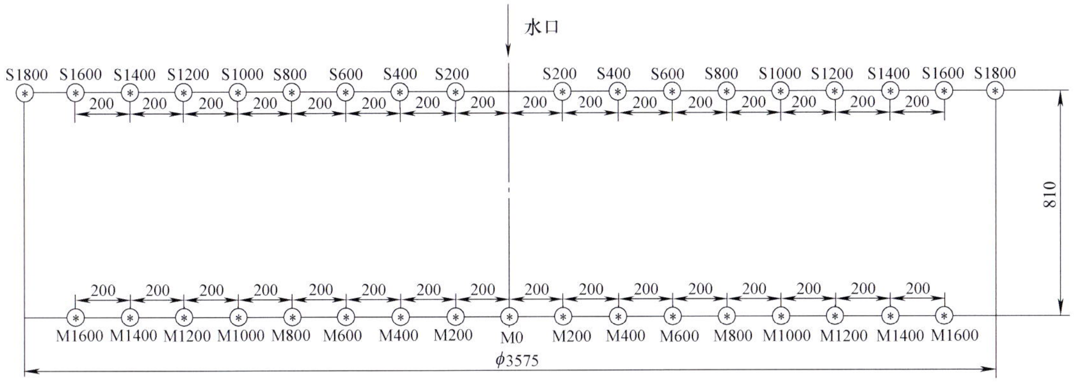

图 8.1-2　初粗加工的管板锻件两端面化学成分取样位置示意图

表 8.1-1　　管板锻件两侧端面 C、S 化学成分检测结果　　（质量分数，%）

	位置	M0	M200	M400	M600	M800	M1000	M1200	M1400	M1600	平均
冒口 M	C	0.21	0.20	0.21	0.20	0.20	0.20	0.19	0.21	0.21	0.203
	S	0.002	0.002	0.002	0.002	0.002	0.002	0.002	0.002	0.002	0.002
	位置	S1800	S200	S400	S600	S800	S1000	S1200	S1400	S1600	平均
水口 S	C	0.21	0.20	0.21	0.21	0.20	0.20	0.20	0.21	0.21	0.206
	S	0.002	0.002	0.002	0.002	0.002	0.002	0.002	0.002	0.002	0.002

3. 管板锻件两个侧面及整体的冶金质量

（1）管板锻件的无损检测结果。

该管板锻件在调质前进行一次 UT 检测，调质后进行一次 UT 检测和一次 MT 检测，检测结果均合格，而且两次 UT 检测均未发现记录性缺陷。无损检测的结果表明：该管板锻件的两个侧面的冶金质量没有差异，冶金质量整体优良。

（2）管板锻件非金属夹杂物的检测结果。

用于评定的 M310SG 管板锻件解剖示意图如图 8.1-3 所示。距冒口最近的取样部位是试环 1～试环 3 的 *T*/8 部位，夹杂物的检测结果表明，管板锻件评定件冒口部位的非金属夹杂物合格，冶金质量良好（见表 8.1-2）。

表 8.1-2　　管板锻件冒口部位的非金属夹杂物

位置	非金属夹杂物/级			
	A（硫化物）	B（氧化物）	C（硅酸盐）	D（球状氧化物）
	⩽1.5	⩽1.5	⩽1.5	⩽1.5
环 1	0.5	1.5	0.5	0.5
环 2	0.5	1.5	0.5	0.5
环 3	0.5	0.5	1	0.5

（3）管板产品锻件与评定锻件的硫印检测结果。

管板产品锻件在冒口侧端面中心 ϕ1200mm 范围内做硫印检测；管板评定锻件在水、冒口两侧端面和横剖面上做硫印检测，检测结果（见表 8.1-3）表明，无论是管板产品锻件还是管板评定锻件，钢锭水、冒口部位的偏析区均得到有效去除，锻件的冶金质量整体优良。

表 8.1-3　　管板产品锻件与评定锻件的硫印检测结果

检测位置	管板产品锻件冒口侧	管板评定锻件冒口侧	管板评定锻件水口侧	管板评定锻件横剖面
锭型偏析	0 级	0 级	0 级	0 级
点状偏析	1 级	0.5 级	0.5 级	1 级

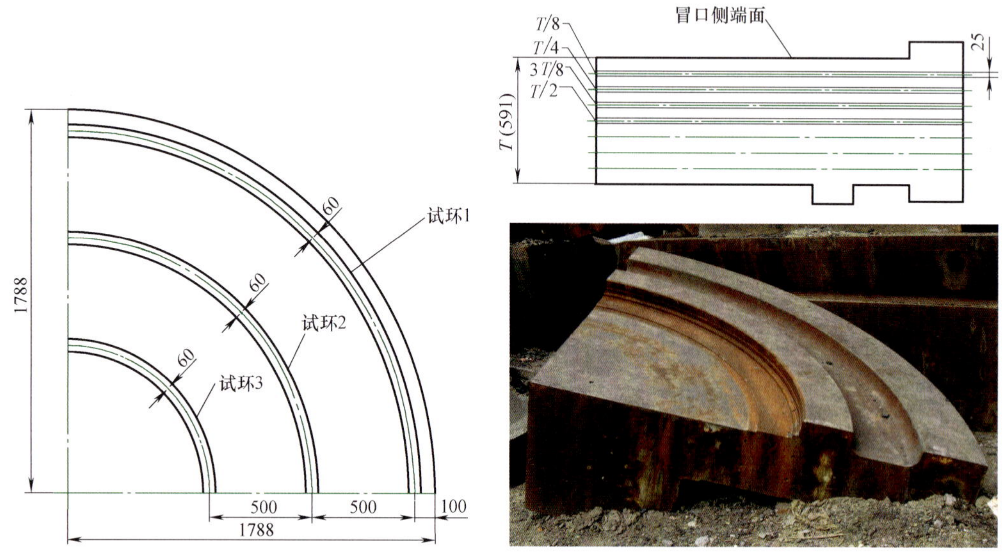

图 8.1-3　管板锻件解剖示意图

因此，相对于将钢锭底部作为堆焊面的规定，沿着管板轴线检测其两侧碳、硫含量，并根据实际检测结果确定最佳堆焊面的规定更趋合理。

1.3　热处理余量的不合理性

为保证锻件性能热处理时的形状与精加工后的零件一致或相当，锻件粗加工热处理余量一般是均匀设置的，如筒形锻件，在内、外壁均匀设置热处理余量后其形状仍为等壁厚的圆筒，典型筒体锻件热处理余量设置如图 8.1-4 所示。从图 8.1-4 可见，锻件外壁单边热处理余量为 20mm，内壁为 25mm。

长期实践统计数据表明，无论是筒形锻件还是饼形锻件在热处理后，锻件尺寸均会略微胀大。

为了更好地冷却和排出高温气体，某项目管板锻件在调质时设置了排气装置（见图 8.1-5），装炉前测量排气管与管板锻件外圆的间隙为 50mm，出炉入水冷却时发现管板锻件与排气管之间无间隙。由此推算，管板锻件在高温出炉时外径胀大至减少 100mm。

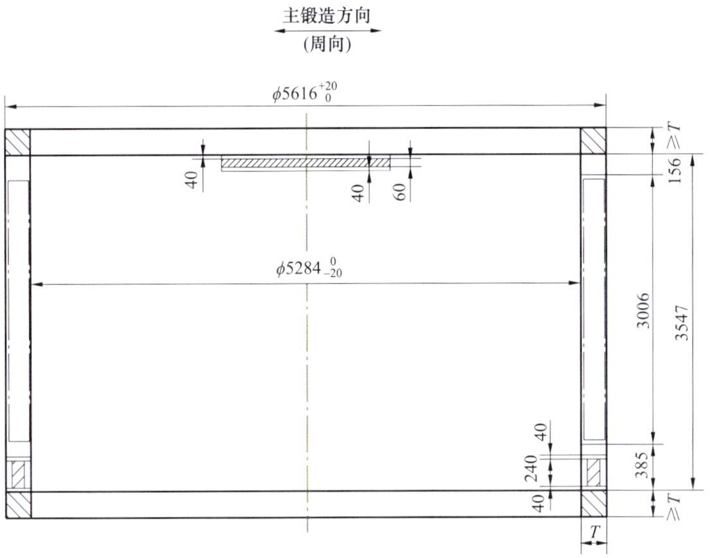

图 8.1-4　典型筒体锻件热处理余量设置

统计数据表明，直径 5m、壁厚 170mm 左右的筒体类锻件，热处理后的直径一般胀大 10～20mm。

某项目锥形筒体锻件在性能热处理后，由于变形和胀大的综合效应导致不能满足精加工要求（见图 8.1-6），图中数值为锻件处于轴向最佳位置时的内孔与外圆最小余量。

图 8.1-5　某项目管板锻件排气装具

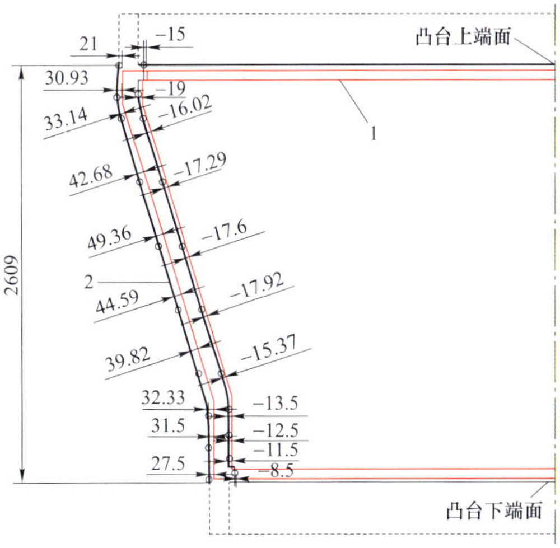

图 8.1-6　锥形筒体锻件热处理后尺寸测量数据
1—精加工尺寸线；2—实际轮廓尺寸

从图 8.1-6 可见，该锥形筒体锻件热处理后，整体胀大了 10～20mm，导致内孔无法满足精加工的要求。因此在实际锻件热处理余量设置时，应适当减小外圆余量，并加大内圆余量，以避免因热处理变形及直径胀大而导致锻件尺寸不能满足精加工要求。

1.4 特殊性能试验的不完整性

1.4.1 辐照环境下性能试验

反应堆压力容器在高温、高压及中子辐照等苛刻环境下使用，因此对材料的性能有极高的要求。目前，国内各核电锻件供应商、研究所及设计院对 RCC-M 及 ASME 标准中规定的核电锻件所用材料的性能均有较深入的研究，并已掌握满足常规性能的热加工制造技术。

RPV 锻件在服役过程中，受中子的强烈轰击，必须具有良好的抗辐照性能。目前 RPV 锻件所使用的材料为铁素体型低碳低合金高强度钢，具有体心立方结构，当遭受中子的强烈辐照后，将导致强度升高，产生辐照脆化效应，引起韧性降低，对压力容器壳体的安全危害最大。为此对残存元素 B、Co、Cu 的含量均有明确的严格要求。大量研究表明，RPV 锻件在工作温度下经过中子长期辐照后，钢中的 Cu 以富 Cu 纳米相析出，是引起辐照脆化的主要原因。

目前，对辐照脆化机理的研究比较全面，但国内锻件实际辐照条件下的性能试验数据较少，无法全面指导锻件抗辐照脆化性能的优化，锻件制造过程中的抗辐照脆化技术优化尚处于起步阶段。

1.4.2 冷却剂环境下性能试验

压水堆一回路中的冷却介质称为冷却剂或慢化剂（慢化中子），是加压的轻水（普通水），当其流经反应堆时，因吸收核反应释放的热量而温度升高，通过蒸汽发生器时，一回路冷却剂携带的热量会传给二回路水，温度降低后的一回路冷却剂流回反应堆重新吸热。由于与堆芯接触，一回路冷却剂带有放射性。

二回路中的冷却水与普通火电厂的作用相当，受热变为蒸汽发电，不存在放射性。由于一、二回路水完全隔开，因此受冷却剂影响的锻件为一回路核电主锻件。

一回路冷却剂具有放射性，因此对锻件有辐照影响，其辐照强度较堆芯区锻件的低。目前受冷却剂辐照后的锻件性能试验数据很少，无法对锻件制造过程进行抗辐照优化提供完整的依据。

1.5 材料的潜力有待挖掘

作为大型锻件制造企业的材料研究人员，能够深刻认识到产品的制造过程是以材料为基础，多个制造工序、多种工艺因素耦合在一起决定着产品的质量和生产效率。一个锻件制造商追求的目标是使其产品尽可能完美，尽量避免出现任何缺陷。因为这些缺陷将危及产品质量，进而影响市场占有率。因此，产品的开发应从顾客的建议与要求出发，根据产品的最终使用性能、焊接性、机械加工及微观纯净度等方面的要求提供特定用途的最佳材料成分，这对供应商的锻件产品质量水平的提高有很大的帮助。例如，微量硫化钙处理的奥氏体不锈钢棒材，为了改善机械加工性能要求，可采用连铸使组织中的铁素体达到一定值（铁素体含量

5% ~7%)，同时这也可以解决轧制过程中热塑性差的问题[110]。但是如果用于热锻就必须要求棒材具有较低的铁素体含量，避免在锻比较大的条件下由于条带状铁素体而引起的热裂。如果缺少这方面的信息可能将导致售后支付昂贵的失效分析费用，甚至丧失已有的市场竞争力。

在本书第 2 篇第 1 章中已经分别介绍了主要的核电锻件用材料化学成分设计及优化内容，根据锻件的性能需求而选择合适的材料系列，在此基础上通过调整元素含量配比及添加微合金化元素以期满足其使用性能如抗应力腐蚀性能等的需要。而且，通常在产品的研制过程中，供应商根据买方提供的技术规格书规定的内容生产锻件，其中包括材料化学成分、锻件晶粒度、性能及探伤要求等。但是技术规格书中要求的化学成分的元素含量范围往往比较宽，这就需要锻件供应商充分地掌握材料成分的最佳组配，根据产品制造工艺或材料的使用性能需求而开展微合金化研究工作。

在 20 世纪 80 年代，日本 JSW 的前川静弥等人[111]在开展大型奥氏体不锈钢锻件的研制工作中，深入研究了 Ti 加入 304 奥氏体不锈钢后对锻件组织与性能的影响。他指出，在相同的冷却速率下，添加 Ti 的钢中晶界析出碳化物数量减少，特别是当冷却速率仅为 5℃/min 时，明显降低了晶界碳化物的析出，显著提高了耐晶间腐蚀能力（见图 8.1-7 和图 8.1-8）。

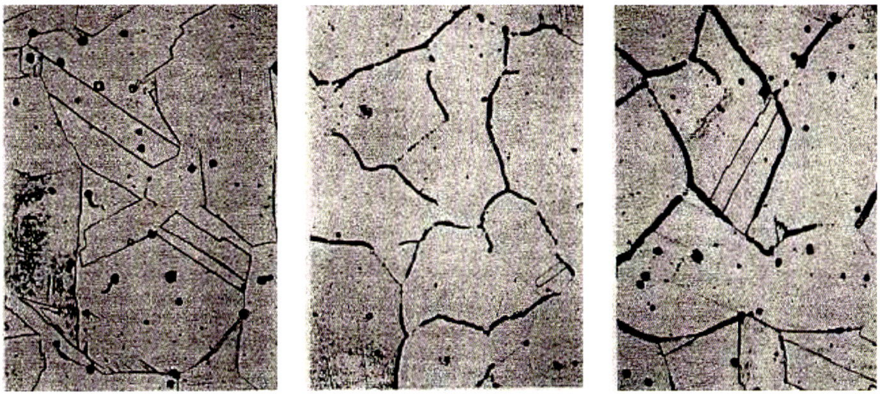

(a) (b) (c)

图 8.1-7　304 不锈钢在不同冷速下的组织形貌（×400）

(a) 200℃/min；(b) 20℃/min；(c) 5℃/min

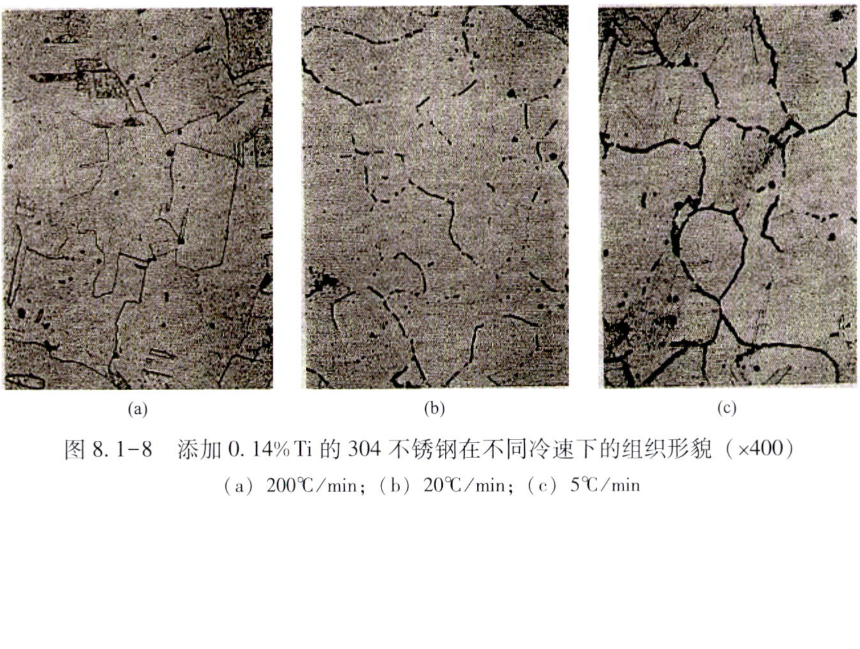

(a) (b) (c)

图 8.1-8　添加 0.14%Ti 的 304 不锈钢在不同冷速下的组织形貌（×400）

(a) 200℃/min；(b) 20℃/min；(c) 5℃/min

另外，作为锻件的制造者，他们亦研究了加 Ti 微合金化后晶粒长大趋势曲线的变化（见图 8.1-9）。从图 8.1-9 可见，当温度高于静态再结晶温度时，随着温度的升高，304 不锈钢的晶粒尺寸迅速长大。但加入 0.14% Ti 后，由于在 950～1100℃ 范围内析出 TiC，对晶界产生“钉扎”作用，阻止或减缓了晶粒尺寸长大，这就意味着在此温度区间进行加热，晶粒尺寸长大倾向很小，可利用材料的这种特性，制定合理的锻造工艺参数，以期控制锻件的晶粒尺寸。另一方面，由于此材料的固溶处理温度也在这个温度范围，因此，此平台区的出现也有利于锻件性能热处理后晶粒的控制，降低了锻件晶粒尺寸对温度的敏感性，当加热温度略微出现偏差时，对锻件晶粒尺寸影响较小。

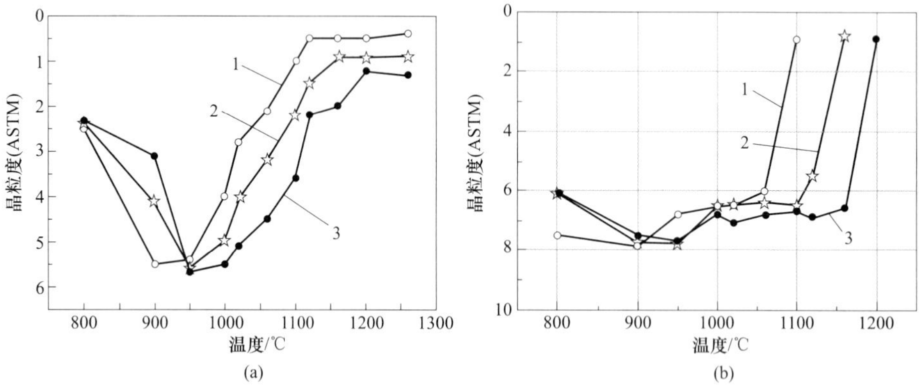

图 8.1-9　奥氏体不锈钢加热温度与再结晶晶粒尺寸的关系

（a）304；（b）304+0.1% Ti

1—100h；2—10h；3—1h

因此，在开发新产品的过程中，首先要在了解材料特性的基础上，开展与制造工艺相关的材料研究工作。只有充分掌握此材料的工艺特性，确定其最佳的材料成分组配，合理地运用微合金化元素的作用，优化制造工艺参数，才能实现新产品的研制目标，获得较高的产品合格率及稳定的产品质量。

1.6　模拟软件边界条件需要不断优化

1.6.1　超大型钢锭的凝固模拟

钢锭的凝固模拟是一个复杂的过程，钢锭越大，凝固时的影响因素越多。传统的模拟是从水口向冒口顺序凝固，但随着钢锭直径的加大，径向凝固的作用也随之增大，所以需要不断修正完善模拟时所采用的边界条件，以期获得相对可靠的模拟结果。

1.6.2　锻件成形模拟中成形力偏差

目前在大型锻件成形工艺研发方面，计算机数值模拟技术的应用越来越普及，特别是在大型锻件胎模锻造成形方面，无论是坯料设计还是模具设计，数值模拟技术都发挥了无可替代的作用。虽然数值模拟软件的种类有很多，但著者认为，它们的计算原理是一致的，软件构成和操作程序也大同小异，如果计算结果存在差异，那一定是边界条件不一样，所以数值模拟结果的准确性与可靠性，与边界条件和实际工况的符合程度密切相关。在多年实践中发现，有些数值模拟软件在模拟大型锻件成形时，对于锻件最终形状，数值模拟结果与实际结果常常十分吻合，但成形力却往往存在较大偏差，一般来说数值模拟的成形力总是比实际所用的成形力要大，究其原因主要有以下几方面：

1. 摩擦条件与实际工况存在差异

一般按照有无润滑，数值模拟软件给定的摩擦系数有 0.3 与 0.7 两种，在大型锻件成形时一般不使用润滑，所以数值模拟大型锻件成形时多采用 0.7 的摩擦系数，但这个系数值与实际情况出入较大。

2. 材料的应力应变曲线与实际的变形情况偏离较大

虽然数值模拟软件中提供了很多种类的材料模型，但是对于每一种材料而言其化学成分中各元素的可变化范围都是很宽泛的，而工程实际中生产的大型锻件的化学成分中各元素含量都是确定值，由于某些元素的微小改变会使材料特性发生很大的变化。此外，成形温度和变形速率等工艺参数对材料的应力应变曲线也有很大影响，所以在对大型锻件成形过程进行数值模拟时，为了提高模拟结果的准确度，即使材料牌号一样，一般也不使用软件推荐的材料模型，而是根据锻件实际化学成分制备同材质试样，然后根据数值模拟中确定的变形条件设计材料应力应变曲线测试方案，在 GLEEBLE 试验机上进行实测。由于试样状态一般为调质态，综合机械性能较好，所以实测的变形抗力往往偏高。

3. 变形速率与实际的变形情况偏离较大

锻件实际变形速率与材料模型中设定的数值存在偏差，而且锻件在实际变形过程中，每一时刻每一质点的变形速率都不一样，而数值模拟时常常设定上模以恒速压下。

4. 温度场存在偏差

虽然数值模拟可以做到热力耦合，但数值模拟时坯料温度场的变化与实际锻造成形时的差异很大，坯料除了与工具及空气之间存在热量交换以外，在成形过程中机械能还会转化成热能，使坯料温度升高，而这种能量的转换还不能真切地体现在数值模拟中，所以温度场的失真也会导致成形力模拟结果的失真。

综上所述，无论是摩擦条件、材料模型还是变形速率与温度场，它们都属于边界条件范畴，所以成形力数值模拟结果的失真往往是因为边界条件与实际工况存在偏离。因此，为了用好数值模拟软件，使其在大型锻件成形工艺研发方面发挥更大更可靠的作用，需要锻造工艺技术人员在日常生产实践过程中，悉心观察、勤于记录、善于总结、长期积累。只有这样才能掌握大量翔实的第一手资料，才能在数值模拟时提供出准确的边界条件，也才能实现大数据现代化生产。

1.7 取样位置的代表性有待探讨

在核电锻件制造过程中，为了验证锻件整体质量及制造工艺流程的可靠性，按照技术文件和相关标准要求，均在锻件特定位置上设置检测用试料和各种见证件材料，这些特定位置被称为取样位置。随着锻件形状的不同，锻件取样位置也会发生变化，而且会因为锻件形状的复杂程度而受到一定限制并存在较大差别。筒体类锻件根据其长度和直径，一般将取样位置设置在端部，而对于封头类锻件，一般仅在开口端设置取样位置。

1.7.1 RPV 封头

RPV 上、下封头为典型的球形封头类锻件。上封头通常分为球形封头（按 RCC-M 标准制造）和带法兰封头（按 ASME 标准制造）两类，下封头一般为球形封头。各典型 RPV 封头取样位置分别如图 8.1-10～图 8.1-12所示。

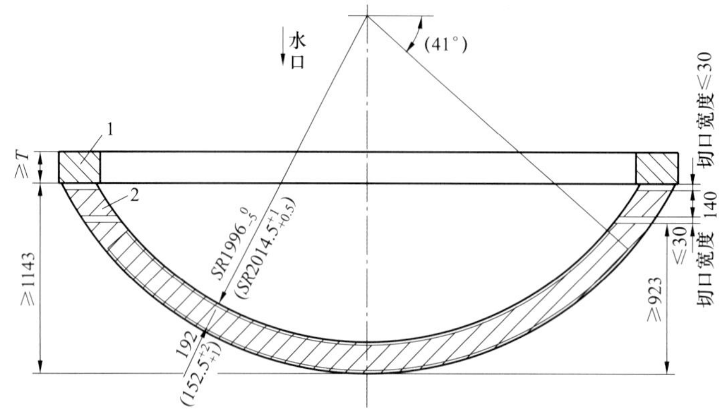

图 8.1-10　典型压力容器下封头取样位置示意图

1—热缓冲环；2—性能试料

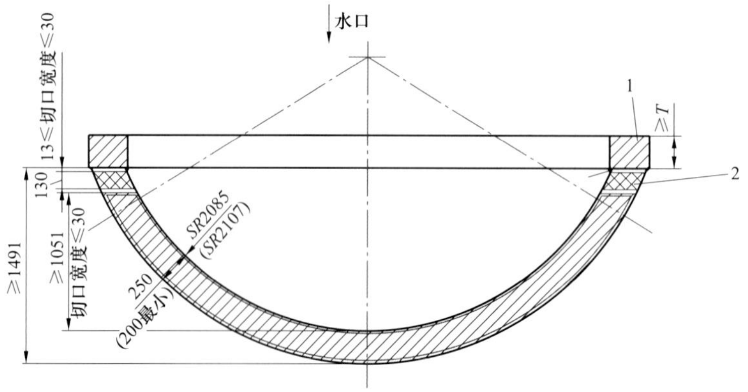

图 8.1-11　典型压力容器上封头取样位置示意图

1—热缓冲环；2—性能试料

封头类锻件一般为“碗形”，受锻件形状限制，目前通常将取样位置设置在开口端以免因取样而使锻件本体受到破坏。然而，制造大型封头类锻件所采用的大钢锭化学成分偏析在所难免，一端的检测结果不一定能完全代表锻件的其他部位，所以此类锻件仅对一端进行检测的做法存在一定的风险。例如，国外某锻件供应商生产的 RPV 上封头锻件，根据相关规定按图 8.1-11 所示位置进行取样并检测，所有检测结果均满足锻件采购规范的要求，作为合格锻件的上封头在后续于球顶部位（非取样位置）焊接 CRDM 时出现微裂纹，分析原因

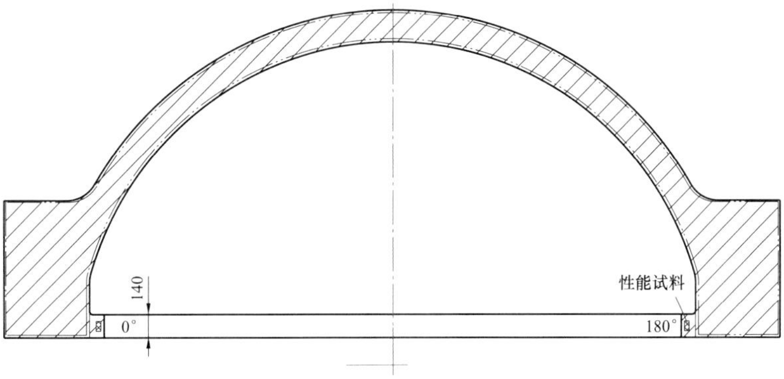

图 8.1-12　典型压力容器带法兰上封头取样位置示意图

发现球顶位置碳（C）含量超出采购规范所规定的上限。

基于上述问题，著者建议对于因形状所限不能两端取样的锻件，可在无法取样的一端进行化学成分、硬度和表面金相等不影响锻件本体尺寸的检测，用以佐证该端面的质量。

1.7.2　SG 管板

SG 管板锻件属于特厚大锻件，按照 RCC-M 标准或 ASME 标准，均为近表面取样。管板锻件的热处理壁厚从 CPR1000SG 管板的 597mm 增大到 CAP1400SG 管板的 903mm，但其取样方式基本没变，均为在水口端设置性能试环，进行近表面取样（见图 8.1-13～图 8.1-15）。

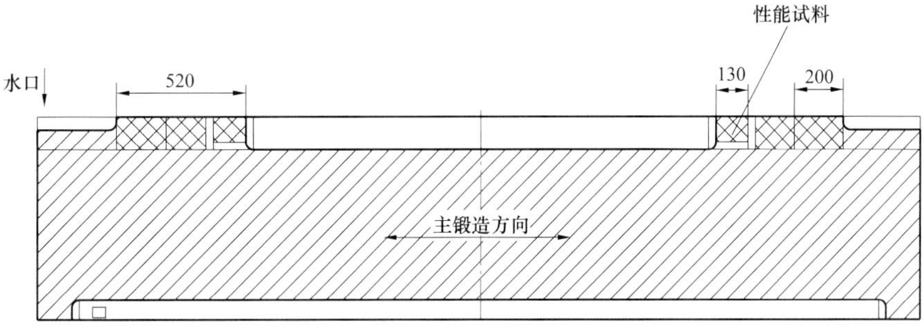

图 8.1-13　CPR1000SG 管板锻件取样图

SG 管板锻件根据标准要求，采用 18MND5 或 SA-508M Gr.3 Cl.2 材质，均为贝氏体钢，要求具有极高的强度与韧性匹配。

对于 SG 管板及壳体大锻件材质，钢的淬透性极限是指在锻件冷却速度最慢的位置获得单一贝氏体组织的最大厚度。工业生产条件下，18MND5 或 SA-508M Gr.3 Cl.2 钢大锻件的实际化学成分难以精确控制，选份结晶使得成分偏析客观存在，加热过程中大锻件各部位的组织不均匀，淬火冷却时受大锻件形状和冷却条件限制难以达到理想的冷却温度场控制状态，这些因素都将影响 18MND5 或 SA-508M Gr.3 Cl.2 钢大锻件的实际淬透性极限。通过 SA-508M Gr.3 Cl.2 材质 CCT 曲线（参见图 5.1-22）可见，要完全避开铁素体和珠光体相区，淬火冷却速率必须大于或等于 20℃/min。

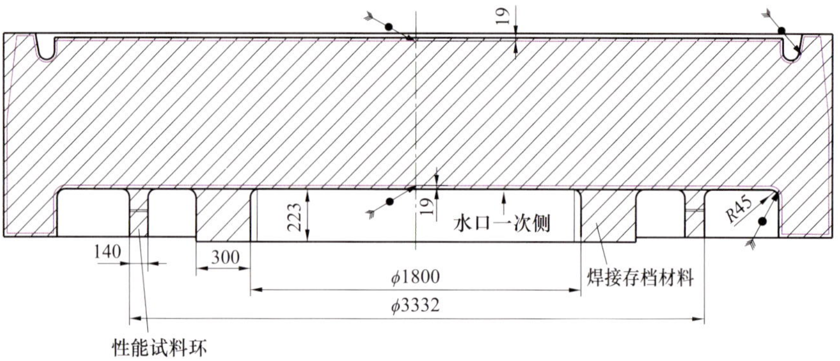

图 8.1-14　AP1000SG 管板锻件取样图

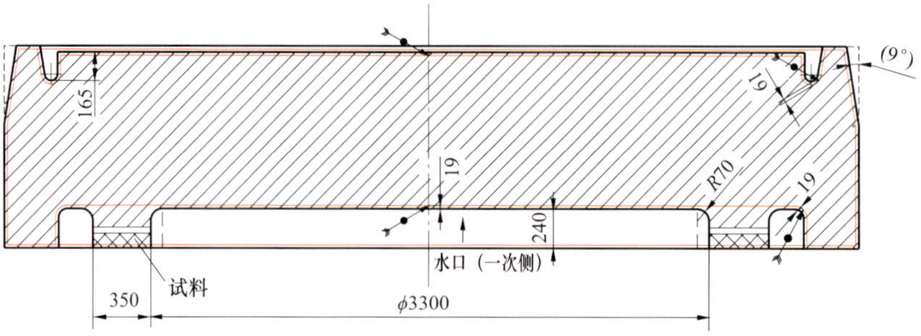

图 8.1-15　CAP1400SG 管板锻件取样图

实际工业生产中，对 600mm 壁厚的 SA-508M Gr.3 Cl.2 核电管板锻件典型位置的淬火冷速进行了敷偶测温（见图 8.1-16），从图 8.1-17 所示的实测结果可以看出，锻件心部即圆心处的 $T/2$ 位置冷速最差，平均只有 4.6℃/min，而锻件圆心处靠近水面侧 $T/4$ 位置冷速最佳，平均达到 17.8℃/min，在相同厚度（$T/2$）截面上圆心处的冷速低于半径中心即 $R/2$ 处。上述实测数据表明，在实际工业化生产中，600mm 壁厚已超出 SA-508M Gr.3 Cl.2 材质

(a)　　(b)

图 8.1-16　600mm 厚 SA-508M Gr.3 Cl.2 锻件敷偶测温

（a）测温锻件加热后状态；（b）测温锻件冷却后状态

的淬透性极限，锻件心部邻近部位将存在铁素体，导致锻件的强度和冲击韧性降低。在 SG 管板锻件现有取样方式中，取样位置靠近锻件端面与侧面，属于近表面取样，从淬火冷却条件与实测冷却速度数据看，此部位冷却速度最快，由于性能与冷却速度成正比，因此管板锻件现有取样位置的性能应好于锻件内部特别是心部位置的性能，所以 SG 管板锻件现有取样方式不能代表锻件心部性能。

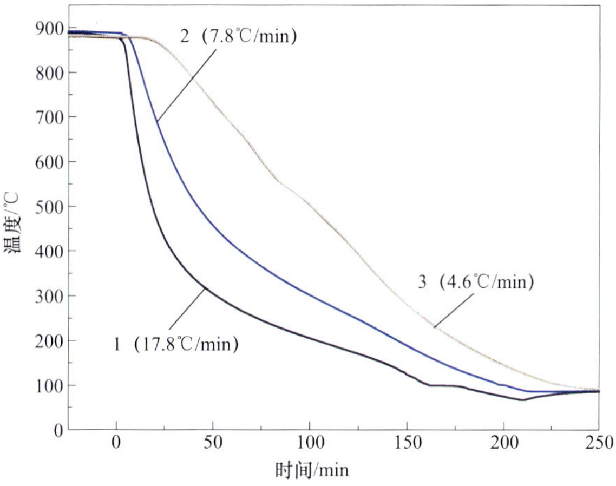

图 8.1-17　600mm 壁厚 SA-508M Gr.3 Cl.2 锻件实测冷速

1—圆心处上表面 $T/4$；2—$R/2$ 处 $T/2$；3—圆心处 $T/2$

因为 SG 管板锻件属于典型的饼型回转体，其超大壁厚及高应力区的存在（见图 8.1-18）使得全壁厚位置取料检测无法实现，因而建议锻件供应商在新堆型的管板锻件制造时应对首件进行全截面解剖，参见第 4 篇第 2 章 2.2.3 节所述，以掌握该厚壁大型锻件整体性能和质量，为后续制造提供指导。

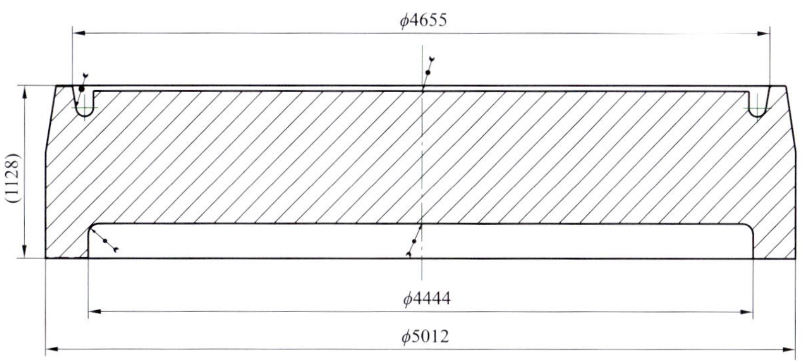

图 8.1-18　典型管板锻件精加工尺寸

第 2 章　设 想 与 展 望

2.1　材料的挖潜与研发

2.1.1　原有材料的挖潜

1. SA-508M Gr.3 钢的合金成分优化研究

（1）主要研究内容：C 含量对 SA-508M Gr.3 钢的强韧性特别是低温落锤性能的影响；合金元素 Ni 和有害元素 Cu、P 交互作用对 SA-508M Gr.3 钢的强韧性及辐照性能的影响；微合金元素 Al 与有害元素 N 的控制及其对 SA-508M Gr.3 钢性能的影响。

（2）拟解决的关键问题：确定合适的 C 含量控制范围；确定添加合金元素 Nb 等对改善 SA-508M Gr.3 钢淬透性和低温韧性的可行性；确定合适的 Al/N 比，以达到细化晶粒并提高强韧性的目的。

2. 锻造过程中的组织控制和工艺优化研究

（1）主要研究内容：建立 SA-508M Gr.3 钢高温热物性参数数据库及高温本构关系模型；模拟 RPV 锻件锻造过程的组织演化，研究锻造工艺对组织控制的影响；研究控制锻造工艺的可行性及其对锻件均质化与超细化的影响。

（2）拟解决的关键问题：研究核电锻件锻造过程中的组织演化，通过控锻、控热、控冷实现锻件的组织均质、细化或超细化，即使自由锻造成形变为可控可预测的锻造成形方法；优化控制锻造工艺。

3. 热处理过程中的组织演化及其对性能的影响

（1）主要研究内容：SA-508M Gr.3 钢热处理各阶段的组织演化及热处理工艺对组织转变的影响；研究和探索淬火冷却介质及冷却方式对组织转变的影响；SA-508M Gr.3 钢组织对强韧性特别是低温韧性与韧脆转变温度的影响；SA-508M Gr.3 钢低温强韧化机理。

（2）拟解决的关键问题：确定 SA-508M Gr.3 钢的工程临界值，即满足不同低温下的落锤性能的临界冷却速度和极限壁厚；建立 SA-508M Gr.3 钢临界冷却速度与成分、组织、晶粒度和低温落锤性能、冲击韧性或断裂韧性 K_{IC} 之间的定量化关系；探索最佳的冷却方式，优化提升 SA-508M Gr.3 钢的热处理工艺。

4. SA-508M Gr.3 材料亚温淬火的服役安全性研究

（1）主要研究内容：亚温淬火过程中的微观组织演化，合金及有害元素的偏析分布研究；辐照、长时高温条件下亚温淬火组织的稳定性及其对力学性能的影响；SA-508M Gr.3 钢亚温淬火的低温强韧化机理。

（2）拟解决的关键问题：研究和评价 RPV 锻件通过亚温淬火处理后的服役可靠性和安全性。

2.1.2　新材料的研发

1. 主要研究内容

SA-508M Gr.4 钢的合金成分设计和优化；

SA-508M Gr.4 钢的高温热物性参数和高温本构关系以及锻造工艺；

SA-508M Gr.4 钢的相变及热处理工艺；

SA-508M Gr.4 钢的微观组织结构及强韧化机理；

SA-508M Gr.4 钢的焊接性能；

SA-508M Gr.4 钢的辐照性能。

2. 拟解决的关键问题

研究和评价 SA-508M Gr.4 核电材料的优缺点及其在核电 RPV 与 SG 中应用的可行性。

2.2 制造工艺的创新

通过几十年的实践体会到：研制是一个从“简单问题复杂化”到“复杂问题简单化”的过程。核电锻件绿色制造是“质”与“量”的双重改变，即“品质”优良、“余量”更小。在炼钢方面的体现是追求“三性”，即“纯净性”“均匀性”“致密性”。在锻造方面的体现是控制“形”“粒”“力”，即“外形”接近成品，“晶粒”均匀细小，“应力”以压为主。在热处理方面的体现是力争“德才兼备”，即“高强度”“高韧性”。

超大型锻件追求的目标是“形神兼备”，既具备铸件般的复杂形状（近净成形），又拥有锻件的组织与性能（致密、均匀）。

为了实现上述目标，人们在不断探索与创新。无数实践证明，在新技术、新工艺的创新方面，不能只看到光明的一面，要首先寻找创新道路上的关键问题，逐一加以解决，才能获得一片光明。

优质锻件具体体现在纯净性、均匀性和致密性三个方面。制造工艺的创新可以从影响锻件“三性”的因素（见表 8.2-1）入手开展研制工作。从“knom-how”到“know-why”，夯实理论基础，掌握核心技术，深入开展绿色制造（一体化、近净成形）研究工作，深入挖掘材料潜力，满足核电锻件特殊性能要求，编制国内采用国外认可的核电锻件标准，为“走出去”奠定基础。

表 8.2-1　　影响锻件“三性”的因素

工序	纯净性	致密性	均匀性
冶炼	冶炼方式、原材料	—	—
铸锭/制坯	浇注方式、耐火材料	浇注/成形方式	浇注/成形方式
锻造	—	锻造方式	锻造方式
热处理	—	—	热处理方式

2.2.1 钢锭/制坯

为了解决超大型钢锭存在的均匀性及纯净性较差的世界性难题，有些材料工作者提出了用“喷射成形”技术制造超大型钢锭或用“无痕构筑”替代传统的铸锭等设想。

喷射成形（spray forming）是用高压惰性气体将合金液流雾化成细小熔滴，在高速气流下飞行并冷却，在尚未完全凝固前沉积成坯件的一种工艺。它具有所获材料晶粒细小、组织均匀、能够抑制宏观偏析等快速凝固技术的各种优点。喷射成形方法对发展新材料、改革传统工艺、提升材料性能、节约能耗、减少环境污染都具有重大作用。这种方法最早由英国奥斯普瑞（Osprey）金属公司获得专利权（1972 年），故国际上通称为 Osprey 工艺。美国麻省理工学院因采用超声气雾化技术喷射，又命名为液相动态压实工艺（Liquid Dynamic Compaction），简称 LDC 法。

由于快速凝固的作用，所获金属材料成分均匀，组织细化，无宏观偏析，且含氧量低。与传统的铸锻工艺和粉末冶金工艺相比较，它的流程短，工序简化，沉积效率高，不仅是一种先进的制取坯料技术，还正在发展成为直接制造金属零件的制程。现已成为世界新材料开发与应用的一个热点。

然而，受快速凝固等条件的制约，喷射成形技术目前仅适用于小型截面坯料或零件的制造，无法应用于超大截面的钢锭/坯料的制造。

为了解决大型钢锭偏析、缩孔等固有缺陷导致锻件质量波动的问题，中国科学院金属研究所在深入研究的基础上，已与锻件制造企业联合开展了“无痕构筑”制坯的推广应用工作。“无痕构筑”的基础是扩散连接（Diffusion Bonding，DB）。这一技术是由苏联科学家 H. Φ. 卡札柯夫于 1953 年提出的，是指在一定的温度和压力下使连接表面相互紧贴，通过微观塑性变形扩大待连接表面的物理接触，使材料间在发生微小塑性变形和蠕变的同时，原子间相互扩散形成原子量级的结合，继而形成整体的可靠连接的一种优秀连接方法。此项技术已在复合板轧制等方面发挥了积极作用。由于同种材料间扩散连接后的接头组织结构与母材基本相同，所以此项技术具有深入研究价值。但要想在制造超大型坯料上推广应用，首先需要有超大型锻挤压机，经模拟测算，构筑 500t 钢坯至少需要 900MN 的成形力。

“无痕构筑”式制坯如果能替代超大型钢锭的铸锭，将是一种革命性工艺创新。取消超大型锻件制造业的冶炼及铸锭环节，可以极大地减少污染及噪声；可以解决锻件制造业的冶炼及铸锭操作者后继无人的突出问题；可以解决超大型钢锭均匀性、致密性差的世界性难题；可以降低超大型锻件制造成本 50% 以上（取消水/冒口、减少锻造火次等）；还可以全面提高超大型锻件质量（坯料纯净性、致密性提高，氧含量降低等）。

目前，超大型锻件的坯料依然依赖超大型钢锭。本专著第 2 篇已对超大型钢锭的研制做了详细的论述，在此对 1000t 级钢锭的研制做补充说明。

1. 钢锭模的参数

（1）钢锭的横截面形状。

对于超大型钢锭而言，由于表面积已足够大，断面形状对钢锭内部质量的影响已明显弱化，所以在超大型钢锭模的设计中可以不必过多地考虑钢锭模的棱数。

（2）钢锭模锥度及高径比。

只要保证浇注过程中钢渣不进入钢锭模，锥度的大小已不重要。对于超大型钢锭而言，由于直径非常大，径向凝固已起主导作用，在直径相同的情况下，高径比的大小对钢锭质量的影响可以不考虑。国外某锻件供应商分别对等直径的 600t 及 650t 钢锭进行了解剖，发现各种解剖检验结果差异不大，因此对同样直径的 670t 钢锭不再解剖。中国一重用同一直径的钢锭模（见图 8.2-1），生产出 535～715t 多种钢锭，高径比变化范围为 0.8～1.5，每个钢锭生产的锻件经 UT 联合检验均无 1.6mm 以上缺陷。

2. 钢锭的纯净性及致密性

对于超大型钢锭而言，纯净性是至关重要的，而超大型钢锭的致密性是无法保证的。只要钢锭纯净，通过万吨压力机的合理锻造，完全可以获得致密的超大型锻件。

3. 结论

（1）在浇注过程中，防止钢渣进入钢锭模及避免钢液的二次氧化是保证超大型钢锭纯净性的关键。

（2）超大型钢锭的致密性取决于钢锭的直径，钢锭的横截面形状、锥度及高径比等的影响作用可以忽略不计。

（3）超大型钢锭的均匀性可以采用低 Si 冶炼和冒口补浇等方式加以改善。

（4）在能保证钢锭纯净性的前提下，随着能源装备进一步向大型化方向发展，千吨级钢锭的问世将指日可待。

图 8.2-1　600t 级钢锭模

2.2.2　成形

从表 8.2-1 中可以看出，锻造作为热加工的中间工序，对保证锻件的致密性和均匀性至关重要。

在锻件成形方面，锻轧成形（锻造制坯、轧制成形）实现了筒形及环形锻件的近净成形。宏润核电装备有限公司（以下简称宏润核装）在异形核电锻件近净成形方面做了大量基础研究工作。

1. 不锈钢主管道的挤压成形（见图 8.2-2）

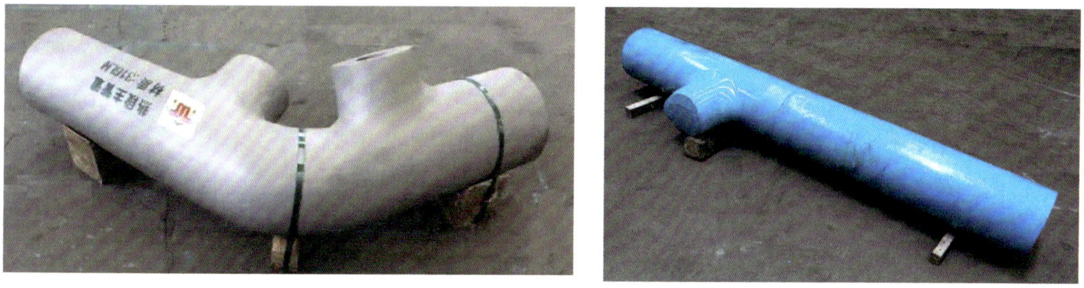

(a)　　(b)

图 8.2-2　主管道热段 1∶3 模拟件

（a）热段 A；（b）热段 B 坯料

2. 600MW 第四代快堆管道、裤型三通研发

快堆管道、裤型三通立体图及试验件如图 8.2-3 所示。

3. CAP1400 主蒸汽超级管道自主化研制（见图 8.2-4）

4. 小型堆、低温堆和船用浮动堆的核反应堆、主堆壳体集成装置开发

该项目是通过采用挤压技术，实现装置的一体化，把原来的四件组合体改进成两件组合，其安全性、可靠性都有大幅提高，并可有效降低投资，提高生产效率。一体化锻件比例试验件如图 8.2-5 所示。

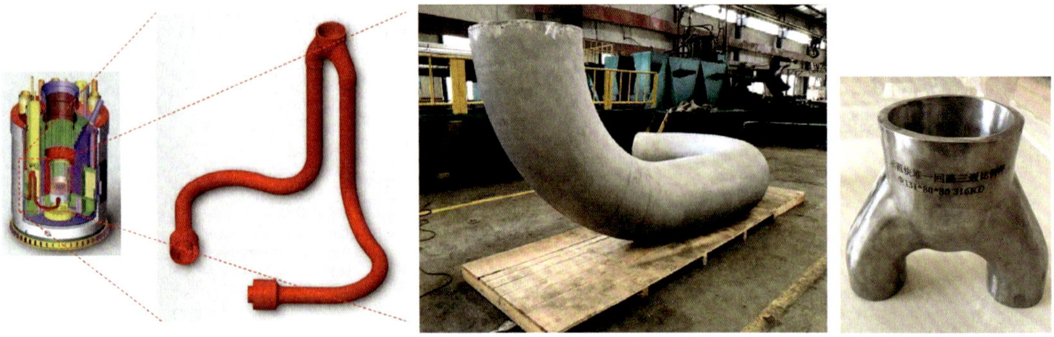

(a) (b) (c)

图 8.2-3　快堆管道、裤型三通立体图及试验件

（a）快堆管道、裤型三通立体图；（b）管道 1∶1 试验件；（c）裤型三通比例试验件

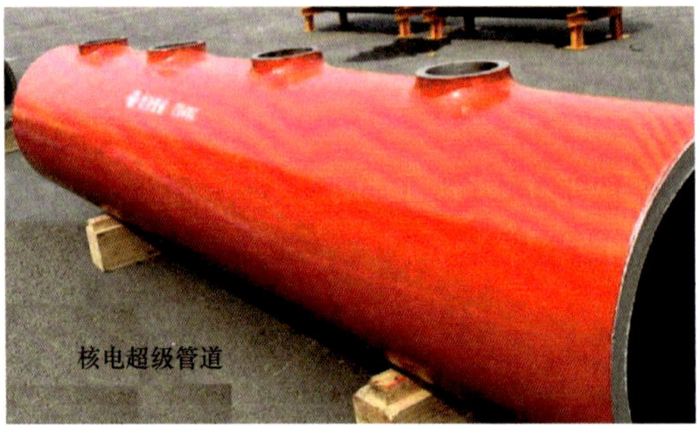

图 8.2-4　主蒸汽超级管道

图 8.2-5　一体化锻件比例试验件

5. 热挤压核电主泵泵壳产品开发

不锈钢泵壳比例试验件及 1∶1 试验件挤压成形如图 8.2-6 所示。

目前，受国内装备能力等限制，对于超大、异形锻件目前仅实现了自由锻造到仿形锻造的跨越。

为了实现异形锻件的近净成形，被冠以“增材制造”的 3D 打印、堆焊成形等也跃跃欲试跻身大型锻件制造行业。3D 打印是快速成形技术之一，是一种以数字模型文件为基础，运用粉末状金属或塑料等可黏合材料，通过逐层打印的方式来构造物体的技术。受材料、装备、凝固条件等限制，3D 打印技术尚无法应用于大锻件生产。目前的 3D 打印是成形易而改性难，仅适用于小截面。3D 打印技术如同任何渲染的软件一样，只有不断地更新才能达到最终的完善。堆焊成形虽然可以解决大截面的问题，但却存在着成形易、性能差（铸态组织）的缺陷。所以实现超大型锻件“形神兼备”的目标，只有依赖超大型的锻挤压机。经过反复模拟，超大、异形水室封头锻件近净成形需要 1150MN 的挤压力。

总之，进入新常态后的大型锻件的现状是质量大幅波动，而制造方式却是林林总总，因此需要在“中国制造 2025”的框架下统一思想，通过政、产、学、研、用的共同努力，使我国大型锻件的发展步入良性循环的轨道。

(a) (b) (c) (d)

图 8.2-6 不锈钢泵壳比例试验件及 1∶1 试验件挤压成形

(a) 不锈钢泵壳比例试验件；(b) 坯料吊入模具；(c) 挤压成形；(d) 泵壳 1∶1 试验件

2.2.3 晶粒与应力

随着大型锻件技术要求的不断提高，人们对锻件的关注点已从“成形”转向“晶粒”与“应力”。

1. 晶粒

无数实践证明，锻件晶粒粗大或混晶是无法满足塑韧性要求的，这一规律在主管道等不锈钢锻件上体现得最明显。从 316LN 主管道锻件的研制可以证明，万吨压机基本能满足 AP1000 主管道实心锻件成形后晶粒度超过 2 级的要求，但难以满足 CAP1400 主管道实心锻件的晶粒度要求。中国一重用万吨压机生产的主管道空心锻件，因截面的减小而使得近净成形后的晶粒度超过了 4 级。中国一重在研制 12% Cr 汽轮机转子初期，为了防止产生锻造裂纹而采取“轻打快锻”的成形方式，经过多火次锻造，晶粒异常长大。采用高温大变形锻造后，获得了细小均匀的晶粒（见图 8.2-7）。图 8.2-7a 是转子坯料高温大变形量拔长；图 8.2-7b 是异常长大的晶粒（由 4 幅图片组成）；图 8.2-7c 是高温大变形量拔长后细化的晶粒。

综上所述，超大型锻件的细小、均匀的晶粒是要依靠装备能力及工艺方法来保证的。

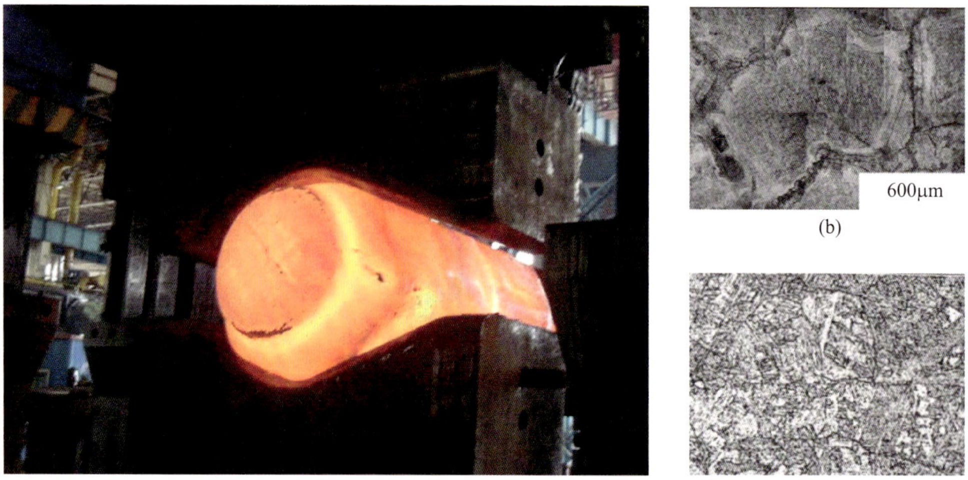

(a) (b) (c)

图 8.2-7　12% Cr 转子锻件高温大变形量锻造细化晶粒

（a）高温大变形量拔长；（b）异常长大的晶粒；（c）细化后的晶粒

2. 应力

在超大型锻件的制造方面，人们普遍重视成形技术的研究。锻件的成形已从自由锻造发展到仿形锻造，部分锻件实现了近净成形锻造。为了满足锻件高塑韧性要求，晶粒度的控制也逐渐引起重视，但对成形后锻件的应力状态却重视不够。在 12% Cr 不锈钢汽轮机转子的生产中，国内外均出现了性能热处理后在转子端部中心开裂的问题，严重时可导致锻件报废（见图 8.2-8），主要原因之一是变形抗力大的不锈钢锻件端部处于拉应力状态。经过采取性能热处理后及时清理轴端心部裂纹（见图 8.2-9）和改善转子轴端应力状态（性能热处理前

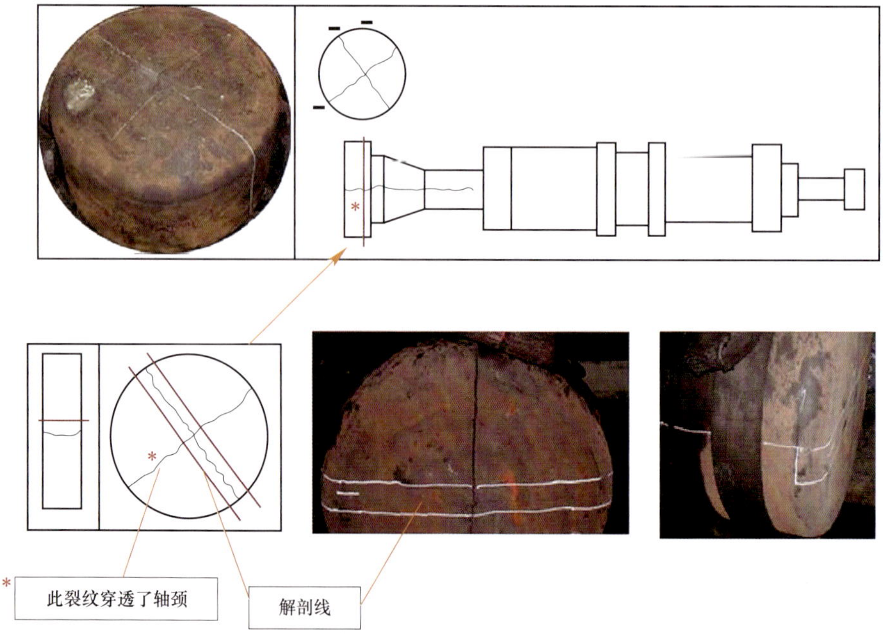

图 8.2-8　12% Cr 不锈钢汽轮机转子端部中心开裂

去掉拉应力部分）等措施，解决了轴端中心开裂的难题。图 8.2-9a 是转子淬火前状态；图 8.2-9b 是转子回火后轴端中心开裂状态；图 8.2-9c 是机加工去除轴端中心裂纹后状态。

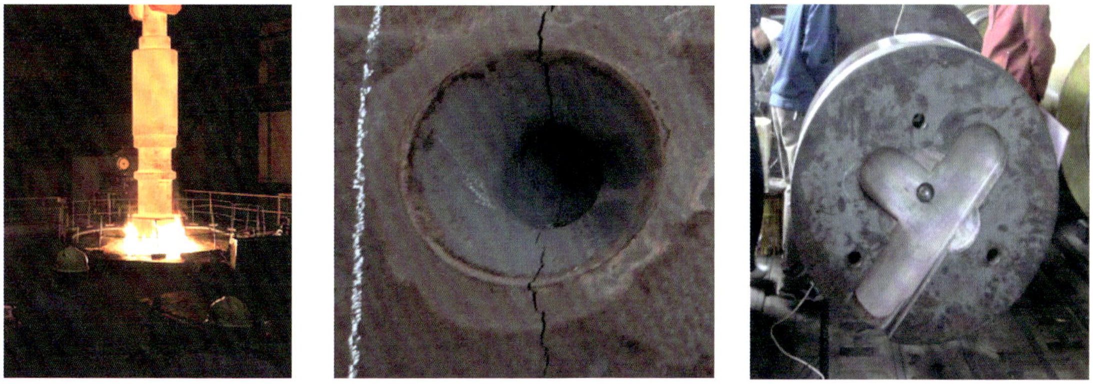

(a) (b) (c)

图 8.2-9　12% Cr 不锈钢汽轮机转子性能热处理后及时清理端部中心裂纹

（a）淬火前状态；（b）回火后轴端中心开裂状态；（c）机加工去除轴端中心裂纹后状态

从上述案例可以证明，对于优质超大型锻件而言，锻件成形后的应力状态非常重要，应提高装备能力或改进锻造方法，使锻件获得三向压应力。

2.3　设备与工装能力进一步加大

装备制造业是为国民经济发展和国防建设提供技术装备的基础性产业。我国装备制造业经过 60 多年的发展，取得了令人瞩目的成就，形成了门类齐全、具有相当规模和一定水平的产业体系，成为我国经济发展的重要支柱产业。近几年来随着能源领域重大装备的迅猛发展，装备制造业亦发生了翻天覆地的变化。在大型锻件制造方面，随着锻造压机的规模不断攀升，以及制造工艺技术与水平持续创新，使得一个又一个世界之最的问世开始让全球从业者对中国的装备制造业刮目相看！

如果说上一轮锻件制造的创新注重的是单体规模的大型化以及一体化，那么未来“中国制造 2025”的创新将会是锻件形状上的个性化与精细化、材料上的高合金化、质地上的强韧化与高密化，要实现这些创新，非超级装备莫属。所谓超级装备对于成形而言，就是能够提供强大的成形力与成形速度，具备开阔的操作空间。

为了适应超大型锻件的极端制造（一体化锻件）和绿色制造（近净成形锻造），设备及工装能力需要进一步加大。

2.3.1　200～1000MN 液压机

随着重大装备的发展，优质超大、异形锻件的需求不断增加。以压水堆核电为例，锻件不断向超大型化和一体化方向发展。超大型锻件需要超大型的液压机锻造成形，以大型不锈钢钢锭镦粗为例，由于 100～185MN 的液压机能力限制，需要多火次镦粗。如果镦粗的终锻温度控制不当，则会出现裂纹（见图 8.2-10）。另外，据国内某专家组织的团队论证，三代核电 AP1000SG 超大、异形水室封头锻件近净成形需要 1200MN 以上的压力。

(a)　　(b)

图 8.2-10　大型不锈钢钢锭镦粗裂纹

（a）泵壳；（b）主管道

意大利的 GIVA 公司研制并投入使用的 1000MN 液压机（见图 8.2-11）已在超大型锻件近净成形锻造方面发挥了巨大作用。

如果液压机吨位及空间尺寸足够，图 8.2-12 所示的某项目超大型封头就可以实现整体成形（极端制造）。

图 8.2-11　目前世界上最大的液压机

图 8.2-12　某项目超大型封头（拼焊成形）

2.3.2　1200MN 锻挤压机

1. 1200MN 锻挤压机的必要性

由于超大、异形锻件的规格巨大，无法采用模锻压机（空间小）成形，传统的制造方式是采用自由锻造压机锻造，自由锻造压机虽然空间大，但成形力较模锻压机的小，导致锻造火次多，锻造余量大，锻件的致密性较差。为了改善超大型锻件的致密性和均匀性，近年来国内外开发出了一系列绿色制造技术（胎模锻造和仿形锻造）。为了实现超大型锻件“形神兼备”的目标，非常有必要研制超大型锻挤压机。

宏润核装有着 5 年应用 500MN 挤压机的成功经验，拟研制 1200MN 锻挤压机，满足超大、异形锻件近净成形的需要。

挤压机组的一个重要应用是，充分利用普通自由锻液压机制坯上的优势，采用锻挤组合工艺，开发大型高端异形锻件。与普通的胎模锻相比，这种锻挤组合工艺制造的锻件具有更好的表面粗糙度、更高的材料利用率、更均匀更致密的内部质量。此外，较高的成形速度使得模具寿命更高，修模频率更低，生产效率更高。因此，就像锻轧组合一样，锻挤组合新工艺具有强大的生命力与应用前景，采用锻挤组合工艺制造的大型锻件一定是未来高端锻件市场上的新贵。

2. 1200MN 锻挤压机的应用范围

（1）超大、异形封头锻件。

1）CAP1400RPV 一体化顶盖（参见图 1.4-4）。

2）高温气冷堆压力容器上封头（参见图 3.4-31）。

3）沸水堆压力容器顶盖法兰（参见图 3.4-18）。

4）CAP1400SG 椭球封头（参见图 4.1-32）。

5）CAP1400SG 水室封头（参见图 4.3-1b）。

（2）CAP1400RPV 一体化接管段（参见图 1.7-3 及图 3.2-2），宏润核装已做出一体化接管段坯料的比例试验（见图 8.2-13）。此外，应用范围还可以扩大到华龙一号等压水堆 RPV 一体化接管段的近净成形。

图 8.2-13　一体化接管段坯料比例试验

将接管法兰、接管筒体及进出口接管等联合锻造成一体化锻件是国内外锻件制造工作者的梦想。如果实现这一梦想，将大幅度降低核电 RPV 设备的制造和运行成本（见表 8.2-2）。

表 8.2-2　分体式与一体化接管段制造周期及全寿期间接费用对比

序号	项目内容	一体化接管段	分体式接管段
1	接管段不锈钢堆焊	55 天	55 天
2	接管堆焊	459 天	单件完成
3	接管加工	72 天	单件完成
4	接管组焊	不需要	340 天
5	焊材成本	86.5 万元	201.3 万元

续表

序号	项目内容	一体化接管段	分体式接管段
6	接管加工成本	172 万元	28 万元
7	中间热处理	1 次，10 万元	8 次，共 80 万元
8	无损检测 UT、RT	不需要	120 万元
9	在役检测	不需要	3500 万元
10	停堆影响收益	无	49 000 万元

（3）不锈钢泵壳（参见图 5.2-1b 及 5.2-24）、阀体。

（4）“钟形”封头锻件、盲端筒体锻件。

1）CAP1400RPV 一体化底封头（参见图 1.4-10）。

2）核废料罐（参见图 5.3-3）。

（5）“无痕构筑”式制坯。

2.3.3 超大直径锻件测量装置

实践证明，最直接最准确的锻件在线测量方法是接触式测量。对于直径超过 2000mm 的超大型锻件，难以用人工实施接触式测量，故国内外开发了激光、光学等非接触式在线测量装置并得到了工程应用。为了更加准确并直接地在线测量超大型锻件尺寸，可以采用图 8.2-14 所示的方式建造超大型锻件接触式在线测量装置，图中的浅蓝色物体即测量杆与深蓝色物体即移动装置也可以安装在液压机护套上。

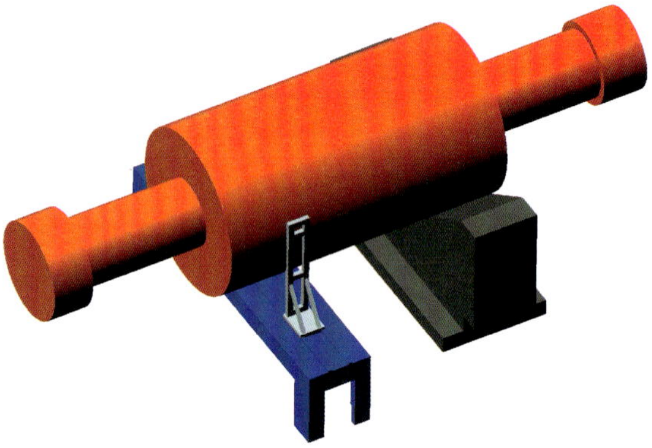

图 8.2-14　超大型锻件接触式在线测量原理图

2.4 团 队 建 设

2.4.1 学习型团队

锻件供应商人员结构基本分为管理、技术与技能三大类。锻件的热加工技术具有看不到与摸不着的特点，冶炼、铸锭、锻造、热处理技术相对独立又互相关联。技术人员编制的传统工艺基本上只是非常粗放的工序描述，技能人员在执行工艺时自由发挥的空间较大，导致相同锻件在质量方面的重现性较差。个别管理者对于非常复杂的热加工技术掌握得不够全面，往往导致做出不利的决策。因此，非常有必要建立学习型团队。合格的管理者需要学习热加工技术与技能，具备正确判断问题的能力；优秀的技术人员需要有丰富的实践经验作为基础，通过学习技能编写出详细的具有可操作性的作业指导书，同时又需要学习管理知识，降低锻件的制造成本。中国目前最缺少的是优秀的技能人员即热加工匠人，由于热加工集

“苦、脏、累、险”为一身，从业者的理论水平较低，亟须学习热加工技术，只有在理论指导下的实践才有生命力；同时，技能人员也要学习一些基本的管理知识，以便正确地理解领导者的意图。

2.4.2 综合型人才

要想将热加工技术融会贯通，夯实理论基础，掌握核心技术，实现从“knom-how”到“know-why”的飞跃，需要培养综合型人才。

队伍建设：炼钢、锻造、热处理分别设置首席研究员，负责试验产品详细作业指导书的编制；各专业设置带头人，负责组织作业指导书的实施；其余为综合试验员，在专业带头人的指挥下从事热加工工作。

参 考 文 献

[1] Wang Bo-zhong, Jiang Ping, Qu Zai-wen, Liu Kai-quan. Manufacturing of Nozzle Shell with Integral Flange for Nuclear Reactor Pressure Vessel. 17th international forgemasters Meeting, 2008: 426-430.

[2] Wang Bo-zhong, Gao Jian-jun, Cao Zhi-yuan. Development of Mono-block LP Rotor for Nuclear Power Conventional Island. 18th international forgemasters Meeting, 2011: 215-218.

[3] Wang Bo-zhong, Guo Yi, Zhang Wen-hui, Liu Cheng-he. Development of Mono-block Forged Main Coolant Piping for AP1000. 18th international forgemasters Meeting: 2011: 258-262.

[4] Wang Bo-zhong, Liu Kai-quan. Liu Ying, Zhang Wen-hui, Zhao De-li. Development of Mono-block Forging for CAP1400 Reactor Pressure Vessel. 19th international forgemasters Meeting, 2014: 391-396.

[5] Wang Bo-zhong, Liu Ying, Zhao De-li, Nie Yi-hong.Development of mono-bloc nozzle shell for CAP1400 RPV. 20th international forgemasters Meeting, 2017: 909-914.

[6] Liu Ying, Wang Bo-zhong, Guo Yi, Nie Yi-hong. Research on the near net shape forging technology for CAP1400 main pipe. 20th international forgemasters Meeting, 2017: 922-929.

[7] K. Suzuki, I. Kurihara, T. Sasaki, Y. Koyama, Y. Tanaka. Aplication of high strength MnMoNi steel to pressure vessels for nuclear power plant. Nuclear Engineering and Design, 2001(206): 261-278.

[8] Jan Terhaari, Jan Jarolimecki, Jorg Poppenhageri, Markus Humberti, Dieter Bokelmanni, Carsten Halmeni, VADIM wAGNERI. Heavy Forging for the Nuclear Primary Loop in SA-508 Gr.. 3 Cl. 2-Development and Manufacture at Saarschmiede. 19th international forgemasters Meeting, 2014: 370-375.

[9] M. Toulze, J. Talamantes-Silva, M. Kearney, P Davies and M. Yalamantes-Silva. The Extrusion of Integral Nozzles in Large Pressure Vessel Forgings. 19th international forgemasters Meeting, 2014: 381-385.

[10] Insoo Lee, Dojin Cha, Jihan Ju, Jonghyun Choi, Youngdeak Kim, Dongyoung Kim, Youngkee Back, Dongkwon Kim and Junghoon Lee. Development of a shape forging technique for the APR1400nuclear vessel hedds. 19th international forgemasters Meeting, 2014: 376-380.

[11] 桑国良，刘峰，韩野，姜伊辉. 真空吸注 A356 铝合金组织及性能研究. 铸造技术，2011（08）.

[12] 俞新路. 液压机的设计与应用［M］. 北京：机械工业出版社，2006.

[13] 郝建光. 2010. 锻造起重机的特点及配套翻料机的计算. 大型铸锻件，2011（1）：46.

[14] 张良成，张海. S A508-Ⅲ钢锻件的焊接性试验与研究. 焊接生产与研究，1996，5（3）.

[15] 戴佩琨，吴祖乾，张晨，等. 压水堆核电站核岛主设备材料和焊接［M］. 上海：上海科学技术文献出版社，2008.

[16] 李承亮，张明乾. 压水堆核电站反应堆压力容器材料概述. 材料导报，2008，22（9）：65-68.

[17] J. R. Hawthoer. Environmental degradation of materials in nuclear power systems-water reactors monterey. The American Nuclear Society, 1986: 361.

[18] T. J. Williams, A. F. Thomas, R. A. Berrisford, M. Austin, R. L. Squires and J. H. Venable. Effects of irradiation on materials. ASTM-STP 782, 1982: 343.

[19] R. G. Carter, N. Soneda, K. Dohi and W. L. Serve Microstructure characterization of irradiation-induced Cu-enriched clusters in reactor pressure vessel steels. Journal of Nuclear Materials, 2001, 298: 211-224.

[20] G. R. Odette. On the dominant mechanism of irradiation embrittlement of reactor pressure vessel steels. Scripta Metallurgica, 1983, 17: 1183-1188.

[21] G. E. Lucas, G. R. Odette, P. M. Lombrozo and J. W. Sheckherd. Effects of radiation on materials ASTM-STP 870, 1985: 900.

[22] F. A. Smidt,J. A. Spague. Effects of radiation on substructure and mechanical properties of metals and alloys. ASTM-STP529,1973:78.

[23] A. D. Amaev,A. M. Kryukov,V. I. Levit,and M. A. Sokolov. “Radiation stability of VVIR-440 vessel materials. ASTM-STP1170,1993:9-29.

[24] W. J. Phythian,C. A. English. Microstructural evolution in reactor pressure vessel steels. Journal of Nuclear Materials,1993,205:162-177.

[25] M. K. Miller,M. G. Burke. Effects of radiation on materials. ASTM-STP 1046,1990:107.

[26] M. K. Miller,M. G. Burke. An atom probe field ion microscopy study of neutron-irradiated pressure vessel steels. Journal of Nuclear Material,1992,195(1-2):68-82.

[27] Spence J,Nash D H. Milestones in pressure vessel technology. Pressure Vessels and Piping,2004,81:89.

[28] 胡本芙，卜勇，吴承建，林岳萌. N/Al 比值对 A508-3 钢的组织和性能的影响. 钢铁，1999，34（1）：39-43.

[29] Balitskii Alexander. Applications of high nitrogen steels in nuclear power plants equipments. Proceedings of international conference on high nitrogen steels,2006: 295-302.

[30] 向大林，王克武，朱孝渭. 快堆工程用不锈钢大锻件的研制. 大型铸锻件，2003，（2）：6-10.

[31] Keizo Ohnishi,Hisashi Tsukada,Masayoshi Kobayashi,et al. Development of seamless forged pipe and fitting for BWR recirculation loop piping with improved resistance to intergranular stress corrosion cracking. Japan Steel Works technical review,1983,40:41-57.

[32] Tanimoto S,Kitagawa I,Watanabe S,et al. Effect of impurity on temper embrittlement for 3. 5% Ni-Cr-Mo-V steel low pressure rotor forging. Inst of Metals,1985:31.

[33] Viswanthan R,Sherlock TP. Long-time isothermal temper embrittlement in Ni-Cr-Mo-V steels. Met Trans,1972, 3(2):459-468.

[34] Anon. Temper embrittlement study of Ni-Cr-Mo-V rotor steels-1. Effects of residual elements. ASTM Special Technical Publication,1972:3-36.

[35] Tanimoto S,Watanabe S,Kitagawa I,et al. Effect of impurity on temper embrittlement for 3. 5% Ni-Cr-Mo-V steel low pressure rotor forging. Transactions of the Iron and Steel Institute of Japan,1983,23(9):b354.

[36] 刘鑫，钟约先，马庆贤，袁朝龙. 核电汽轮机低压转子技术的发展. 锻压装备与制造技术，2009，3：13-18.

[37] 蒋仲乐. 炼钢工艺及设备. 北京：冶金工业出版社，P94.

[38] 张鉴. 炉外精炼的理论与实践［M］. 北京：冶金工业出版社，1991：231-232.

[39] 汉斯・彼得，等. 钢厂与锻造厂合作制造优质锻件. 大型铸锻件文集，1986，（1）：1-8.

[40] 田中泰彦，等. 汽轮机超纯钢低压转子的制造. 大型铸锻件，1992：57-63.

[41] 蔡康谓，何宁军. 真空碳脱氧工艺参数对 3. 5NiCrMoV 钢的影响. 大型铸锻件，1993，（4）：6−12.

[42] G. E. Danner，E. Dyble，Deoxidising steels by Vacuum Metal progress. 1961：75.

[43] 王书桓，等. $12CaO \cdot 7Al_2O_3$型精炼合成渣物性与脱硫试验. 河北理工学院学报，2001，23（3）：9-13.

[44] 康大韬，叶国斌. 大型锻件材料及热处理［M］. 北京：龙门书局出版社，1998.

[45] Komei Suzuki,Ikuo Sato,Mikio Kusuhashi,Hisashi Ysukada. Current steel forgings and their properties for steam generator of nuclear power plant. Nuclear Engineering and Design,2000(198)：15-23.

[46] 丁宇. 钢锭空洞型缺陷的锻合及空心钢锭的锻造. 大型铸锻件，1998（4）：24-33.

[47] 田代晃一，等. 钢锭模设计对大型锻造钢锭的凝固和内部质量的影响. 铁 & 钢，1981，67（1）.

[48] 曲英. 炼钢学原理［M］. 北京：冶金工业出版社，1983（8）：224.

[49] Laihua WANG,Hae-Geon LEE,Peter HAYES. Prediction of the Optimum Bubble Size for Inclusion Removal from Molten Steel by Flotation[J]. ISIJ Int. 1996,36(1):7-16.

［50］王少波. 30Cr2Ni4MoV 钢冶炼工艺研究. 一重技术，2009（1）：27-29.
［51］THIERRY BERGER，ETSUO MURAI，IKU KURIHARA，TSUYOSHI NAKAMURA，TOMOHARU SASAKI，TAKUJIYOSHIDA. MANUFACTURING OF NOZZLE SHELL WITH INTEGRAL FLANGE FOR EPR REACTOR PRESSURE VESSEL AND ITS PROPERTIES. 16th international forgemasters Meeting，2006：445-454.
［52］石伟，王本一，刘庄，曲在文，宋雷钧，刘颖. 厚壁球形封头热冲压成形的数值模拟和优化. 大型铸锻件，1998（4）（总第 82 期）：1-5.
［53］刘千帆. 核电领域用不锈钢材料简介. 酒钢科技，2010（3）：30-36.
［54］秦紫瑞，郭宁，郭珊. ZG00Cr25Ni25Mo4Cu3 不锈钢的组织与局部腐蚀行为. 特殊钢，2003，24（3）：17-20.
［55］曾莉，张威，王岩. 超级奥氏体不锈钢偏析行为及元素再分配规律. 材料热处理学报，2015，36（4）：232-238.
［56］孙彦辉，白雪峰，殷雪，等. 321 不锈钢小方坯浸入式水口堵塞研究. 工程科学学报，2016，38（增1）：109-118.
［57］余志友. 321 不锈钢冶炼与连铸工艺研究与实践. 连铸，2014（2）：1-4.
［58］佘萌，张怀征，何国球，等. 321 不锈钢低周疲劳过程中的动态应变时效. 同济大学学报（自然科学版），2014，42（9）：1391-1394.
［59］张鑫，聂义宏，许元涛. 93 吨级 321 奥氏体不锈钢铸锭铸态组织研究. 一重技术，2017（2）：35-40.
［60］JH Little，J J M Henderson. Effect of second phase particles on the mechanical properties of steel，Iron and steel Inst.，London，1971，182.
［61］柳学胜，杨凡. 00Cr14Ni14Si4 奥氏体不锈钢中微量铝硫与锻造裂纹［J］. 理化检验：物理分册，1997，33（11）：3-5.
［62］郭伟，聂义宏，许元涛，赵帅，朱怀沈，白亚冠. 321 不锈钢变形及热处理过程中 Y 相的溶解机制. 一重技术，2017（2）：41-46.
［63］赵帅，聂义宏，许元涛. 奥氏体不锈钢 321 中初生相 Ti4C2S2 高温氮化转变. 河南冶金，2016（2）：8-10.
［64］M. Shizuya，日本制钢所技报，33：16-22.
［65］Keizo Ohnishi，Hisashi Tsukada，Masayoshi Kobayashi，et al. Development of seamless forged pipe and fitting for BWR recirculation loop piping with improved resistance to intergranular stress corrosion cracking. Japan Steel Works technical review，1983，40：41-57.
［66］R. P. Siqueira，H. R. Z. Sandim，T. R. Oliveira. Texture evolution in Nb-containing ferritic stainless steels during secondary recrystallization. Materials Science and Engineering A，2008（497）：216-223.
［67］Jeony Sik CHOI and Yong YOON. The Temperature Dependence of Abnormal Grain Growth and Grain Boundary Faceting in 316L Stainless Steel. ISIJ International，2001，41（5）：478-483.
［68］M. Shirdel，H. Mirzadeh，M. H. Parsa. Abnormal grain growth in AISI 304L stainless steel. Materials Characterization，2014（97）：11-17.
［69］GUYOT Evelynet，LEBAR ROIS Emilient，MARTIN Benjamin. Advantages of the New AREVA Equipment for the Forging of Nuclear Reactor Stainless Steel Main Coolant Lines. 19th international forgemasters Meeting，2014：426-430.
［70］陈明明，何文武，刘艳光，陈慧琴. 316LN 奥氏体不锈钢亚动态再结晶行为的研究，2010（04-0083-04）：1672-0121.
［71］项建英，宋仁伯，任培东. 316 不锈钢动态再结晶行为. 北京科技大学学报，2009，31（12）.
［72］刘希涛，蒋浦宁. AP1000 核电汽轮机的创新设计特点［J］. 热力透平，2011，40（4）：225-230.

[73] 蔡志鹏，潘际銮，刘霞，等. 汽轮机焊接转子接头残余应力研究一：25Cr2Ni2MoV 钢核电转子模拟件热处理前后残余应力的对比［J］. 热力透平，2011，40（3）：159-164.
[74] 陶凯，于慎君，韩璐. 汽轮机转子材料的研究进展［J］. 材料导报 A 综述篇，2012，26（1）：83-87.
[75] WP Mcnaughton, RH Richman, RI Jaffee. Superclean 3. 5NiCrMoV turbine rotor steel: A status report—Part I: Steelmaking practice, heat treatment, and metallurgical properties[J]. Journal of Materials Engineering, 1991, 13(1): 9-18.
[76] J Rechberger, D Tromans, A Mitchell. Stress Corrosion Cracking of Conventional and Super-Clean 3. 5 NiCrMoV Rotor Steels in Simulated Condensates[J]. Corrosion-Houston Tx-, 1988, 44(2): 79-87.
[77] A Oehlert, A Atrens. The initiation and propagation of stress corrosion cracking in AISI 4340 and 3. 5 NiCrMoV rotor steel in constant load tests[J]. Corrosion Science, 1996, 38(96): 1159-1169.
[78] WP Mcnaughton, RH Richman, RI Jaffee. Superclean 3. 5NiCrMoV turbine rotor steel: A Status Report-Part II: Mechanical Properties[J]. Journal of Materials Engineering, 1991, 13(1): 19-28.
[79] 刘鑫，钟约先，马庆贤，等. 核电汽轮机低压转子技术的发展［J］. 锻压装备与制造技术，2009，44（3）：13-18.
[80] Yasuhiko Tanaka, Ikuo Sato. Development of high purity large forgings for nuclear power plants[J]. Journal of Nuclear Materials, 2011, 417(1): 854-859.
[81] Yasuhiko Tanaka. Recent Trends and Developments in The Heavy Open-Die Forging Industry in Japan[C]. forging industry association. 18th International Forgemasters Meeting Proceedings. Pittsburgh, PA, USA, 2011: 29-36.
[82] K. Kajikawa, S. Suzuki, F. Takahashi, et al. Development of 650-ton-class ingot production technology—investigation on the internal quality of the 650-ton trial ingot-[J]. JSW Technical Review, 2012, 63: 48-53.
[83] K. Kajikawa, S. Suzuki, F. Takahashi, et al. Development of the World Largest 650ton ingot for Rotor Shaft Application[J]. The Thermal and Nuclear Power Generation Convention. Collected Works. (2011), P93.
[84] Yasuto Ikeda, Koji Morinaka, Tomohiro Muraoka. Recent Technological Progress on Large Ingots for Rotor Forgings[C]. Forging industry association. 18th International Forgemasters Meeting Proceedings. Pittsburgh, PA, USA, 2011: 166-169.
[85] Alexandre Polozine, Li rio Schaeffer. Exact and approximate methods for determining the thermal parameters of the forging process[J]. Journal of Materials Processing Technology, 2005, 170(3): 611-615.
[86] Thorsten Hoffmann. Industrial Application of Open Die Forging Simulations to Improve Process stability[C]. 1th International Conference on Ingot Casting, Rolling and Forging. Aachen, Germany, 2012, ICRF-50.
[87] YoungDeak Kim, JongRae Cho, WonByung Bae. Efficient forging process to improve the closing effect of the inner void on an ultra-large ingot[J]. Journal of Materials Processing Technology, 2011, 211(6): 1005-1013.
[88] 王雷刚，黄瑶，刘助柏. 大锻件拔长工艺研究进展与展望［J］. 塑性工程学报，2002，9（2）：28-31.
[89] M. Saby, P.-O. Bouchard, M. Bernacki. Void closure criteria for hot metal forming: A review[J]. Journal of Manufacturing Processes, 2015, 19: 239-250.
[90] SI Ono, K Minami, T Ochiai, et al. Void Consolidation during Open-Die Forging for Ultralarge Rotor Shafts. 1st Report. Formulation of Void-Closing Behavior[J]. Transactions of the Japan Society of Mechanical engineers, 1995, 61(585): 2141-2146.
[91] C. Y. Park, D. Y. Yang. A study of void crushing in large forgings I: Bonding mechanism and estimation model for bonding efficiency[J]. Journal of Materials Processing Technology, 1996, 57(1): 129-140.
[92] J. Blackketter, P. Nash. Experimental Approach to Simulating the Closure of Centerline Defects in Hot Open-Die Forging[C]. forging industry association. 18th International Forgemasters Meeting Proceedings. Pittsburgh, PA, USA, 2011: 320-322.

［93］吕茂寒，齐作玉. 发电机转子、低压汽轮机转子锻造技术的进展［J］. 大型铸锻件，1991，（Z1）：64-69.
［94］小野信市，南克之，岩澤秀雄. 超大形軸材の鍛造における内部空げき圧着に関する研究：第 2 報，押込形平金敷鍛伸法の有用性［J］. 日本機械学會論文集：c 編，1995，61：3437-3444.
［95］梁晨，刘助柏，王连东. 新 FM 法拔长工艺参数匹配研究［J］. 塑性工程学报，2003，10（3）：33-36.
［96］康大韬，叶国斌. 大型锻件材料及热处理［M］. 北京：龙门书局出版社，1998.
［97］陈蕴博，张福成，褚作明，等. 钢铁材料组织超细化处理工艺研究进展［J］. 中国工程科学，2003，5（1）：74-80.
［98］王健. 大型锻件汽轮机低压转子用 30Cr2Ni4MoV 钢组织遗传研究［D］. 山东科技大学，2011.
［99］景勤，牟军，康大韬. 26Cr2Ni4MoV 钢组织遗传与晶粒细化工艺的研究［J］. 金属热处理，1997，（5）：13-14.
［100］马飞良，鲁继荣，朱洁修，等. 26Cr2Ni4MoV 钢转子热工工艺与晶粒度关系的研究［J］. 大型铸锻件，1989，（3）：1-9.
［101］杨正汉. 电站用大型锻件锻后热处理［J］. 国外金属热处理，1997，（1）：18-20.
［102］S. Maropoulos, N. Ridley, S. Karagiannis. Structural variations in heat treated low alloy steel forgings［J］. Materials Science and Engineering A, 2004, 380(1-2)：79-92.
［103］潘东煦，顾剑锋，陈睿恺，等. 30Cr2Ni4MoV 低压转子钢不同微观组织下的力学性能［J］. 金属热处理，2011，36（5）：1-4.
［104］崔晋娥，王涛. 3.5% NiCrMoV 钢超纯净低压转子锻件材料与工艺性能的研究［J］. 大型铸锻件，2007，（6）：7-10.
［105］Pola, M. G. La Veechia, A. Ferrarl, et al. New Plant for Vertical Heat Treatment and Spray Quenching of Heavy Forging［C］. forging industry association. 18th International Forgemasters Meeting Proceedings. Pittsburgh, PA, USA, 2011：106-112.
［106］刘显惠，林锦棠. 国内外汽轮机大型转子锻件材料的技术进展（二）［J］. 国外金属热处理，1999，（6）：5-8.
［107］Michael Taschauer, Gerhard Panzl, Volker Wieser, et al. New Perspeetives on Heat Treatment of Large Forgings［C］. Tteel Castings and Forgings Association of Japan. 19th International Forgemasters Meeting Proceedings. Tokyo Bay Area, Japan, 2014：493-500.
［108］叶健松，李勇军，潘健生，等. 大型支承辊热处理过程的数值模拟［J］. 机械工程材料，2002，26（6）：12-15.
［109］Hyee-young Choi, Hyun-jin Lee, Dong-young Kim, et al. Application of FEM for Preventing the Quenching Crack of Large Forgings Considering Phase Transformation［C］. Tteel Castings and Forgings Association of Japan. 19th International Forgemasters Meeting Proceedings. Tokyo Bay Area, Japan, 2014：487-492.
［110］T Ceccon. The most common failures of hot forging process of stainless steel and Ni-Alloys. 19th international forgemasters Meeting, 2014, 426-430.
［111］S Maekawa, A Tokuda, K Ohnishi, Z Onouchi. Mechanical and metallurgical properties of large-sized stainless steel forgings. J. S. W. Technical Review, 33：16-22.

索　引